Sources
in the History of Mathematics and
Physical Sciences

14

Editor: G. J. Toomer

Springer-Verlag Berlin Heidelberg GmbH

WOLFGANG PAULI

Aufnahme anläßlich der Ernennung
zum Mitglied der Royal Society in London (Zürich, 1953)

WOLFGANG PAULI

Wissenschaftlicher Briefwechsel mit
Bohr, Einstein, Heisenberg u.a.
Band IV, Teil I: 1950–1952

Scientific Correspondence with
Bohr, Einstein, Heisenberg, a.o.
Volume IV, Part I: 1950–1952

Herausgegeben von / Edited by

Karl von Meyenn

Springer

Wolfgang Pauli und die Physik
in den frühen 50er Jahren* †

Karl von Meyenn

1. Zürich als internationales Zentrum der theoretischen Physik

Der Schwerpunkt der physikalischen Forschung hatte sich in den Jahren nach dem Kriege eindeutig nach Amerika verlagert, obwohl auch die europäische und japanische Wissenschaft sich rasch von den Folgen des verheerenden Krieges erholt hatte. In England, Frankreich, und ganz besonders in den kleineren Staaten wie der Schweiz, Holland sowie in den skandinavischen Ländern wurden wieder bedeutende Beiträge zur physikalischen Forschung geleistet. Die einst im ersten Drittel unseres Jahrhunderts so erfolgreiche deutschen Forschung brauchte nach den dunklen Jahren der Naziherrschaft und unter den erschwerten Bedingungen der ersten Nachkriegsjahre eine längere Erholungspause, bevor auch sie sich wieder einen angesehenen Platz innerhalb der europäischen Staaten verschaffte. Diese allgemeine Entwicklung läßt sich auch am Inhalt des vorliegenden Briefwechsels ablesen.

Daß auch die theoretische Physik weiterhin eine Spitzenstellung in Europa einnehmen konnte, verdankte sie zum großen Teil Wolfgang Pauli, der trotz attraktiver Angebote in den U.S.A. und der erschwerten Bedingungen, die er nach seiner langen Abwesenheit in Zürich vorfand, es vorgezogen hatte in seine Schweizer Wahlheimat zurückzukehren. Der ihm 1945 verliehene Physiknobelpreis und die ehrenvolle Berufung als Einsteins Nachfolger in Princeton vergrößerten Paulis Ansehen und erleichterten ihm seine rasche Reintegration in der Schweiz.

In Anbetracht der großen Bedeutung, welche die amerikanische Physik nun erlangt hatte, erwiesen sich die durch Pauli geknüpften Verbindungen zum *Institute for Advanced Study* in Princeton für die Entwicklung der Nachkriegsphysik als äußerst vorteilhaft. Sie boten eine ideale Voraussetzung für eine langjährige internationale Zusammenarbeit auf dem Gebiete der theoretischen Physik, bei der Zürich zeitweilig eine Sonderstellung einnehmen sollte.

Über Paulis Aktivitäten während seines kriegsbedingten Amerikaaufenthaltes berichten die bereits publizierten Briefe und die Einleitung zu Band III. Die entsprechenden Vorgänge an der ETH und die Umstände, welche zu Differenzen mit dem Schweizerischen Schulrat und beinahe zu Paulis Trennung von der

---

* Die in runden Klammern eingeschlossenen Seitenangaben verweisen auf den vorliegenden Band. Die Zahlen in eckigen Klammern bezeichnen die Briefe, in denen der betreffende Gegenstand behandelt ist.

† Markus Fierz und Charles P. Enz danke ich für viele Anregungen und Verbesserungsvorschläge zum vorliegenden Text.

Hochschule führten, waren bisher nur andeutungsweise bekannt und lieferten ein verzerrtes Bild der wahren Hintergründe. Die jetzt geöffneten Akten des Schweizerischen Schulrates und ihre bevorstehende Veröffentlichung[1] vermitteln neue Einsichten und Erkenntnisse, welche diese Kenntnislücke schließen.

Infolge des Krieges und der damit einhergehenden persönlichen Bedrohung durch einen Übergriff des Nationalsozialismus auf die benachbarte Schweiz hatte sich Pauli fast sechs Jahre lang nach Princeton zurückgezogen. Seine Lehr- und Forschungsaufgaben an der ETH in Zürich mußten währenddessen durch Vertretungen und Lehraufträge überbrückt werden, die langfristig die führende Stellung der theoretischen Physik dieser Institution in Frage stellte. Während der Verhandlungen über eine vorzeitige Rückkehr oder eine andere Lösung des so entstandenen Problems kam es zu schweren Vorwürfen und harten Auseinandersetzungen zwischen Pauli und seiner Hochschule, die noch lange Zeit ihr gegenseitiges Verhältnis belasteten. Zum Verständnis der aus diesem Konflikt noch bis in die 50er Jahre hinein reichenden Wirkungen, die vielleicht sogar Paulis zeitweilige Abkehr von der physikalischen Forschung und seine stärkere Hinwendung zu psychologischen und erkenntnistheoretischen Studien bewirkten, sollen hier die einzelnen Etappen dieser Entwicklung aufgrund der jetzt vorliegenden Dokumentation dargelegt werden.

2. Paulis gespanntes Verhältnis zur ETH während der Kriegsjahre

Mit dem Einmarsch der deutschen Truppen und der Annexion von Österreich Anfang März 1938 verlor Pauli automatisch seine österreichische Staatszugehörigkeit. In der Schweiz wurde er nun als Deutscher behandelt, der damit auch der üblichen Visumspflicht unterlag, obwohl er erst am 7. März 1938 für weitere 10 Jahre als ordentlicher Professor der theoretischen Physik der ETH Zürich wiedergewählt worden war. Inzwischen hatte er 10 Jahre lang ununterbrochen in der Schweiz gewohnt und so die übliche Wartefrist für die Einbürgerung erfüllt. Als er am 24. April beim Stadtpräsidenten von Zürich sein Einbürgerungsgesuch einreichte, gab er als dringenden Grund an, daß er „als Österreicher und Halbarier die ihm fremde deutsche Staatsbürgerschaft wenn irgend möglich vermeiden möchte."[2] Der Schweizerische Schulratspräsident Arthur Rohn und seine beiden Kollegen Fritz Fischer und Paul Scherrer hatten

---

[1] Genauere Einzelheiten über diese Vorgänge vermitteln die *Amtlichen Dokumente aus dem Archiv des Schweizerischen Schulrates in den Wissenschaftshistorischen Sammlungen der ETH-Bibliothek Zürich*, die von Beat Glaus und Gerhard Oberkofler gesammelt wurden und demnächst unter Mitwirkung von Charles P. Enz publiziert werden sollen. Diese Sammlung hat mir vor dem Druck vorgelegen und wurde der nachfolgenden Darstellung zugrundegelegt.

[2] Die deutsche Paßbehörde hatte Pauli als „Halb-Arier" eingetragen, obwohl er sich selbst entsprechend dem deutschen Gesetz als „75 per cent Jewish" einstufte und damit im Falle eines deutschen Einmarsches in die Schweiz als wirklich gefährdet betrachtete (vgl. Band III, S. XXVIII). Wie später ein Gutachter bemerkte, ginge es Pauli bei seiner Amerikareise weniger um die Gelegenheit zur Abhaltung von Gastvorträgen, „als vielmehr darum, sich für den Fall einer Verwicklung der Schweiz in den Krieg und für den Fall einer politischen Umstellung oder eines politischen Umsturzes in der Schweiz in Sicherheit zu bringen." Vgl. Glaus et al. [1996, Dok. II. 63].

für ihn die übliche Bürgschaft übernommen. Trotz dieser Fürsprache wurde das Gesuch abgelehnt, weil er nicht genügend mundartlich angepaßt sei.[3] Es wurde ihm empfohlen, mit dem Antrag zwei weitere Jahre zu warten.

Inzwischen mußten Paulis Vater und seine Schwester nach der Annexion von Österreich aufgrund ihrer jüdischen Abkunft aus ihrer Heimat entfliehen. Mit Hilfe des Schulratspräsidenten konnte Pauli für seinen Vater eine Einreise- und Aufenthaltsgenehmigung erwirken, nachdem er sich bereit erklärt hatte, für den Unterhalt zu sorgen.[4] Als im September 1939 nach dem Kriegsausbruch auch die Schweiz vor einem deutschen Übergriff nicht mehr sicher war,[5] riet der Schulratspräsident Pauli, das Einbürgerungsgesuch nochmals direkt bei der *Direktion des Inneren* des Kantons Zürich einzureichen.[6]

Pauli hatte inzwischen ein ihm sehr gelegen kommendes Angebot zur Abhaltung von Gastvorträgen aus Princeton erhalten.[7] Als er daraufhin den Schulratspräsidenten bat, ihn zum Wintersemester 1940/41 zu beurlauben,[8] bezeichnete er als wichtigen Umstand für diesen Entschluß die noch immer ausstehende Antwort auf sein zweites Einbürgerungsgesuch. Rohn verständigte sofort den Chef der Polizeiabteilung in Bern von der Dringlichkeit der Angelegenheit. Zugleich beantragte er aber auch in einer Sitzung des Schulrates vom 20. Juni 1940 Paulis Beurlaubung, weil in Anbetracht der sich täglich verschlechternden Reisemöglichkeiten große Eile geboten schien. Am 5. Juli wurde Paulis Gesuch vom *Eidgenössischen Justiz- und Polizeidepartement* in Bern mit dem Hinweis auf seine ungenügende Assimilation abermals abgelehnt.[9] Weil der Schulratspräsident sich mit diesem Bescheid nicht zufrieden geben wollte, bat er den Chef der Polizeiabteilung, das Gesuch nochmals zu prüfen, denn er befürchtete, sonst den prominenten Physiker für immer zu verlieren.

---

[3] Die inzwischen verstorbene Witwe berichtete, Paulis Versuche in dieser Mundart seien so mangelhaft ausgefallen, daß sie für ein Schweizer Ohr geradezu als eine Beleidigung empfunden werden mußten. Pauli hätte deshalb jeden weiteren Versuch, die Schweizerische Sprache zu erlernen, unterlassen.

[4] Vgl. Paulis Schreiben vom 20. November 1938 an Rohn.

[5] Anstelle seines österreichischen hatte Pauli nun einen deutschen Paß erhalten, der bis zum 29. November 1940 gültig war (vgl. Band III, S. XXVIII). Danach wurde er staatenlos, falls er bis dahin nicht die Schweizer Staatsbürgerschaft erhalten konnte.

[6] Pauli war am 23. Mai 1938 von Zürich in die am See außerhalb der Stadt gelegene Ortschaft Zollikon gezogen, wo für die Einbürgerung jetzt nur noch die übliche 10jährige Aufenthaltsdauer vorgeschrieben war.

[7] Das Telegramm mit dem Angebot war am 10. Mai 1940 vom Direktor des *Institute for Advanced Study* in Princeton Frank Aydelotte aufgegeben worden. Pauli telegraphierte sofort zurück, er wäre gerne bereit zu kommen, sobald er die Einwilligung des Polytechnikums erhalten habe. Die zunächst für ein Jahr durch die *Rockefeller Foundation* finanzierte Gastprofesur wurde auf zwei Jahre ausgedehnt, nachdem Pauli dem Direktor des *Institute* mitgeteilt hatte, daß Schwierigkeiten bei der Beantragung des Visums aufgetreten wären. Das Jahresgehalt betrug US $ 5000.

[8] Nachdem er den Schulrat verständigt hatte, telegraphierte Pauli am 18. Mai nach Princeton, daß er die Einladung annehmen könne.

[9] Vgl. das Schreiben des Chefs der Polizeiabteilung vom 16. Juli 1940 an Rohn und dessen Brief vom 11. März 1942 an das *Eidgenössische Departement des Inneren*. Wie sich später herausstellte, hatte ihn „ein ihm näherstehender und durchaus wohlgesinnter Kollege" als einen „nicht assimilierbaren Ostjuden" charakterisiert.

Obwohl sich mit dem ehemaligen ETH-Rektor und Mineralogen Paul Niggli,[10] seinem Kollegen Paul Scherrer und dem ebenfalls mit Pauli befreundeten und in der Öffentlichkeit allgemein geschätzten Herausgeber des *Schweizer Spiegel* Adolf Guggenbühl Gewährspersonen erboten, deren Schweizertum und Urteil über allem Zweifel erhaben waren, hatte auch diese Anfrage keinen Erfolg.

Mit der ihm am 15. Juli zugestellten Einwilligung des Schulrates bereitete Pauli nun unter den erschwerenden Kriegsumständen und mit einem deutschen Paß versehen seine Abreise in die Vereinigten Staaten vor.[11] Nachdem er dem Schulrat Vorschläge für seine Vorlesungsvertretung für das Wintersemester übermittelt hatte,[12] traten er und seine Frau Ende Juli 1940 unter abenteuerlichen Umständen die beschwerliche Reise nach Amerika an.[13]

Als das erste Wintersemester seinem Ende entgegenging, war es für alle Beteiligten erkennbar, daß Pauli unter den gegebenen Kriegsbedingungen nicht aus Amerika zurückkommen könne. Deshalb genehmigte der Schulrat die Verlängerung des Urlaubs für das Sommersemester 1941 – und anschließend auch für das Wintersemester 1941/42 –, noch bevor Pauli ihn darum ersucht hatte.

Bereits im Winter 1941/42 wurde Paulis Abwesenheit bei den ETH-Physikern immer deutlicher empfunden, zumal eine Beendigung dieses Zustandes nicht abzusehen war. Die Inbetriebnahme des ersten Züricher Zyklotrons stand bevor, und bei der Planung der kernphysikalischen Experimente wollte man auf die Beratung eines theoretischen Physikers nicht verzichten.[14] Am 15. Oktober wies der diese experimentellen Forschungen leitende Paul Scherrer den Schulratspräsidenten auf den durch Paulis Ausfall entstehenden Schaden für die ETH-Physik hin. Er regte an, Paulis Urlaub nicht weiter zu verlängern und ihn zum Sommersemester zurückzuordnern. Paulis Visaschwierigkeiten, meinte er, seien sicher mit Hilfe eines offiziellen Schreibens leicht zu überwinden.

---

[10] Während Paulis Amtszeit wirkten an der ETH die Rektoren Paul Niggli (1928–1931), Michel Plancherel (1931–1935), Fritz Baeschlin (1935–1939), Walter Saxer (1939–1943), Franz Tank (1943–1947), Hans Pallmann (1947–1948), Fritz Stüßi (1949–1951), Henry Favre (1951–1953), Karl Schmid (1953–1957) und Albert Frey-Wyssling (1957–1961). Die eigentliche Leitung der ETH unterstand (bis 1968) dem Präsidenten des Schweizerischen Schulrates. Rohn übte dieses Amt von 1926–1948 aus und Pallmann wurde sein Nachfolger. Siehe hierzu die zum 100- und zum 125jährigen Jubiläum erschienenen Festschriften *Eidgenössische Technische Hochschule 1855–1955*, Zürich 1955 und *Eidgenössische Technische Hochschule 1955–1980*, Zürich 1980.

[11] Siehe hierzu die Einleitung zum Band III, S. XXVIIIff.

[12] Pauli hatte vorgeschlagen, daß die Physikstudenten der ETH die Vorlesungen über theoretische Physik von Gregor Wentzel an der benachbarten *Universität Zürich* besuchen könnten. Die Übungen sollte sein zunächst noch in Zürich verbleibender Assistent Joseph Maria Jauch übernehmen.

[13] Siehe Band III, S. XXIXf. Aus seiner später in Princeton eingereichten Reisekostenabrechnung geht hervor, daß Pauli und seine Frau von Genf aus mit einem Auto bis an die französisch-spanische Grenze nach Cerbère gereist waren und dann mit dem Zug durch Spanien nach Portugal weiterfuhren. Am 15. August bestiegen er und seine Frau das amerikanische Handelsschiff *Exeter*, das sie dann nach New York weiter beförderte.

[14] Eine Beschreibung dieses *Cyclotrons* lieferte Paul Scherrer in seinem Beitrag zu der erwähnten Festschrift der ETH 1855–1955, S. 575–578. Obwohl der Bau des Zyklotrons bereits im Jahre 1940 begonnen wurde, konnte es erst 1943 zum ersten Mal in Betrieb gesetzt werden. Physikalisch interessante Experimente über Kernreaktionen konnten allerdings erst Anfang der 50er Jahre durchgeführt werden. Vgl. Gugelot (1960, S. 120f.).

wird, „was man sich während der Hitlerkonjunktur in der Schweiz mit trüben Methoden gegen mich herausgenommen hat." Und mit Anspielung auf das ihm vorgeworfene unmoralische Betragen drohte er: „anderenfalls werde ich der ETH zur Einsicht verhelfen, daß sie für *ihren* moralischen Ruf in der Gemeinschaft aller Hochschulen wird besorgt sein müssen." Seine weiteren Bemerkungen über die Zukunft der Wissenschaft und der Physik an der ETH ließen aber auch eine versöhnlichere Stimmung durchblicken; denn trotz dieses launischen Verhaltens der „Dame Helvetia" hoffte er noch immer an eine Einigung mit dem Schulrat. Daß Pauli ungeachtet des ehrenvollen und mit einer dreifachen Besoldung ausgestatteten Angebotes der Einstein-Nachfolge in Princeton lieber seine Züricher Professur in die Schweiz behalten wollte, war vielen seiner Züricher Kollegen unverständlich.[32] Nach seiner Rückkunft aus Amerika berichtete Scherrer dem Schulratspräsidenten über die dort herrschende allgemeine Aufbruchsstimmung in der Physik und informierte ihn insbesondere auch über Paulis Mitteilung. Eine Kopie seines Antwortschreibens,[33] in dem er Pauli zur Annahme der Einstein-Nachfolge rät, händigte er zusammen mit einer Abschrift des Paulischen Briefes dem Präsidenten aus.

Natürlich lösten Paulis Erklärungen bei der nächsten Schulratssitzung vom 10. November 1945 große Entrüstung aus und erzeugten bei fast allen Anwesenden das Gefühl, daß nun eine endgültige Trennung von Pauli unvermeidlich sei. In der Debatte kamen jedoch auch zwei neue Gesichtspunkte auf, die im weiteren Verlauf den Stimmungsumschwung herbeiführen sollten. Nach den ersten Nachrichten über die Kernexplosionen aus Amerika hatte nämlich auch die Schweiz begonnen, ihr Interesse an einer technischen Nutzung der Kernenergie zu bekunden.[34] Die Vertreter der Industrie und des Militärs im Schulrat gaben deshalb zu bedenken, daß Pauli vielleicht in den U.S.A. bei der Entwicklung der Atombombe mitgewirkt haben und deshalb für die Interessen des Landes von besonderem Nutzen sein könnte. Zu diesem wirtschaftlich-militärischen kam aber noch ein weiteres politisches Motiv, wie aus einem Hinweis des Schulratspräsidenten hervorgeht: „Scherrer bestätigte mir, daß unser Land in den U.S.A. ziemlich allgemein als nationalsozialistisch verseucht bezeichnet werde."[35] Paulis Drohung, den guten Ruf der Hochschule anzugreifen, mußte um so ernster genommen werden, nachdem sich im November 1945 auch noch die Kunde über die Verleihung des Physik-Nobelpreises an ihn herumgesprochen hatte.[36] Es war der zweite Nobelpreis, der einem Dozenten der ETH während

---

[32] Als mögliche Gründe verwies der Schulratspräsident (in einer Sitzung vom 4. Mai 1946) auf eine in den U.S.A. infolge des großen Zustroms jüdischer Wissenschaftler ausgelöste antisemitische Welle und die hohen Steuern, die dort erhoben würden.

[33] Der Brief ist auf den 4. Oktober 1945 datiert.

[34] Scherrer war 1945 vom Bundesrat zum Präsidenten einer Studienkommission für Atomenergie ernannt worden, wodurch seinem Institut zwar kräftige finanzielle Mittel zuflossen, aber im Laufe der Zeit auch viele seiner besten Mitarbeiter in die Industrie abwanderten.

[35] Diese Fragen wurden in den Schulratssitzungen vom 15. September und vom 10. November 1945 behandelt.

[36] Am 19. November erteilte Scherrer dem Schulratssekretär Hans Bosshardt die gewünschten Auskünfte über Paulis Leistungen, für die ihm der Nobelpreis verliehen wurde.

seiner Amtszeit verliehen worden war und er war somit zugleich auch sehr geeignet, das Ansehen der Institution zu heben.[37]

Der *Fall Pauli* drohte damit zu einer politischen Angelegenheit zu werden und sollte deshalb, – auch um unliebsame Reaktionen der Öffentlichkeit zu vermeiden, – möglichst problemlos im Einvernehmen mit Pauli geregelt werden. Auf diese Weise wuchs auf allen Seiten die Bereitschaft, sich mit Pauli wieder zu versöhnen.

3. Paulis Rückkunft aus Princeton und die Wiederaufnahme seiner Tätigkeit an der ETH

Pauli traf um den 10. April 1946 in Zürich ein und residierte zunächst in dem eleganten Hotel *Belrive au Lac*. Anschließend machte er etwa zwei Wochen lang Ferien.[38] Bei seiner ersten Besprechung mit dem Schulratspräsidenten war dieser ganz „erstaunt über die Änderung seines Wesens und seiner Gesinnung. Während er früher und auch während seines Aufenthaltes in den U.S.A. oft arrogant war, war er nunmehr seltsam mild und bescheiden in seinem Auftreten, so daß unsere Unterredung einen ganz anderen Verlauf nahm, als ich auf Grund unseres Briefwechsels der letzten Jahre vorausgesetzt hatte."[39] Auch Pauli fand jetzt „Rohn bei den Verhandlungen sehr freundlich und entgegenkommend." [832]

Pauli knüpfte an die Bereitschaft zur Fortsetzung seiner Tätigkeit bei der ETH nur zwei Bedingungen. Die Angelegenheit seiner Einbürgerung sollte in Kürze geregelt werden, und außerdem verlangte er die Verlängerung seines Dienstvertrages um weitere 10 Jahre. Nachdem der Schulratspräsident zusagte, sich für beide Forderungen einzusetzen, nahm Pauli nach vorhergegangener Vorbesprechung schon am 30. April seine Vorlesungstätigkeit wieder auf. Die endgültige Entscheidung, in Zürich zu bleiben, fiel aber erst im August 1946, nachdem Pauli sich vergewissert hatte, daß man sich wirklich ernsthaft bemühte, seine Bedingungen zu erfüllen. „Meine schließliche Entscheidung läßt sich wohl kaum rein rational begründen," erklärte er seinem ehemaligen Assistenten Jauch, „vielleicht spielen auch Ängste vor künftigen Entwicklungen mit hinein, aber nicht nur das." [832] Am 1. Oktober 1946 waren die Paulis wieder in ihr eigenes Haus nach Zollikon gezogen. Den folgenden Sommer blieben sie zu Hause und genossen die Ferien in der ihnen vertrauten Umgebung. „It is very beautiful here, too," berichtete Pauli nach Kopenhagen, „and I often go to swim in the Zurich-lake." [907]

---

[37] Sein Vorgänger war der Chemiker Leopold Ruzicka, der den Nobelpreis des Jahres 1939 erhalten hatte. Unter den 8 Nobelpreisträgern, die den Preis erst nach Aufgabe ihrer Tätigkeit an der ETH erhielten, befanden sich außer A. Einstein auch P. Debye, Paulis ehemaliger Klassenkamerad Richard Kuhn und sein Schüler Felix Bloch. Siehe hierzu auch die schon erwähnte Festschrift der ETH 1955–1980, S. 577–579.

[38] Offenbar hat Pauli sich bei dieser Gelegenheit auch mit dem Direktor des Princetoner Instituts Aydelotte getroffen, der ihm am 7. April schrieb und zu einem Essen nach Lausanne einlud, um ihn zu einer Rückkehr nach Amerika zu bewegen.

[39] Siehe den Bericht der Schulratssitzung vom 4. Mai 1946.

Pauli bezog wieder sein altes Arbeitszimmer im dritten Stock des alten Physikgebäudes der ETH in der Gloriastraße 35, das in den folgenden Jahren durch Umbauten und die Verlagerung anderer Abteilungen und Institute beträchtlich erweitert wurde.[40] Auch Pauli erhielt dadurch im Jahre 1949 fünf weitere kleinere Zimmer zugeteilt, in denen nun auch seine zahlreichen Mitarbeiter untergebracht werden konnten.[41]

Neben dem gemeinsam mit den Physikern der benachbarten Universität veranstalteten Physikalischen Kolloquium gab es auch noch ein gemeinsames kleineres Seminar für theoretische Physik, in dem Doktoranden, fortgeschrittenere Studenten und die Züricher Dozenten über die neuesten Arbeiten referierten. Während des Kolloquiums saßen auf den vordersten Bänken wie üblich die Leiter der Veranstaltungen, darunter neben Pauli und Scherrer auch die beiden Ordinarien der Universität Zürich, Wentzel und Edgar Meyer. „In Anbetracht dieses Publikums war die Aufgabe nicht ungefährlich. Der Vortragende wurde oft unterbrochen – durch Fragen und Zwischenbemerkungen –, man fürchtete Paulis Kritik, aber auch Wentzel konnte durch eine schneidende Bemerkung den Vortragenden aus der Fassung bringen."[42] Nach Wentzels Weggang nahm Walter Heitler seine Stelle ein [1018]. Im Jahre 1949, nach Meyers Emeritierung, wurde außerdem der Experimentalphysiker Hans Staub auf seine Professur an die Universität Zürich berufen, und auch die ETH richtete eine zusätzliche Professur für Experimentalphysik ein, die mit dem Festkörperphysiker Georg Busch besetzt wurde.

Ungeklärt bleibt, weshalb gerade Paulis wichtigster theoretischer Partner und langjähriger Freund Gregor Wentzel zum März 1948 eine Berufung nach Chicago annahm, nachdem Pauli wieder nach Zürich zurückgekehrt war und Wentzel seine Freude darüber in einem Schreiben vom 29. Juni 1946 an Heisenberg ausgedrückt hatte: „Pauli liest wieder an der ETH und wir hoffen, daß seine Rückkehr nach Zürich eine endgültige ist." Pauli war über Wentzels Fortgang sehr betrübt und sprach von einem „sehr großen Verlust für uns."[43] Wie aus Scherrers Mitteilung an den Schulratspräsidenten hervorgeht, war Wentzel nicht abgeneigt gewesen, von der Universität an die ETH hinüberzuwechseln, falls Pauli tatsächlich freiwillig seinen Lehrstuhl räumen sollte.[44] Wentzel hatte während der gesamten Zeit von Paulis Abwesenheit einen großen Teil seiner Vorlesungen übernommen und in letzter Zeit auch mehrere Lehraufträge von der ETH erhalten, die ihm besondere Freude bereiteten. Markus Fierz, der bei Wentzel studiert und später mit ihm zusammengearbeitet hatte, entwirft folgendes Bild seiner Persönlichkeit:[45] „Sein Auftreten war aufrecht, klar und bestimmt, fast offiziersmäßig – im guten Sinne –, dabei höflich und charmant.

---

[40] Dieses 1890 fertiggestellte Gebäude wurde 1977 abgerissen, um einem modernen Bau Platz zu machen. Siehe hierzu Glaus et al. [1996].

[41] Fierz berichtet, daß die Doktoranden in der Zeit vor dem Kriege im allgemeinen zu Hause arbeiten mußten, weil dafür im Institut keine Räume vorgesehen waren.

[42] Fierz (1980, S. 134).

[43] Vgl. hierzu auch die Einleitung zu Band III, S. XLf.

[44] Vgl. Scherrers Brief vom 14. Januar 1944 an Rohn.

[45] In einem Schreiben vom 25. März 1996 an den Herausgeber.

Durch seine Fassade konnten aber plötzlich Bemerkungen unerwarteter Schärfe treten. Er war sicher vornehm und ehrlich, aber ich empfand ihn immer als ganz undurchsichtig. Er hatte eine aparte, elegante und sanfte Frau, die ihn offenbar immer geliebt hat. Also war sicher viel mehr, als nur Schärfe, hinter seiner Fassade. Aber was? Er sagte mir, daß ihn in Chicago eine neue Aufgabe erwarte, und auf derartiges könne er mit 50 Jahren nicht ein zweites Mal hoffen. Das ist plausibel."

Am Montag, den 29. April 1946 während der Vorbesprechung zu seiner angekündigten Vorlesung über die Prinzipien der Wellenmechanik im Auditorium des Hauptgebäudes der ETH und am Dienstag während der ersten Thermodynamikvorlesung begegnete Pauli seinen künftigen Studenten und Mitarbeitern. Die noch kurz zuvor von dem Schulrat befürchteten Manifestationen oder andere Unannehmlichkeiten haben sich offenbar nicht eingestellt. Es ist vielmehr anzunehmen, daß der Ruf des berühmten Nobelpreisträgers und Mitbegründers der Quantenphysik große Anziehungskraft auf die jüngeren Leute ausübte und das Auditorium füllte. Zu diesem Nimbus gesellte sich die Kunde von den zum Teil wahren und zum Teil erfundenen „Pauli-Anekdoten", seiner beim Nachdenken in rhythmische, sog. „Paulische-Eigenschwingungen" geratende Gestalt,[46] seinem bissigen Humor und den magischen „Pauli-Effekten", die sich um seine markante Persönlichkeit rankten.[47]

Allerdings dürfte dieses anfängliche Interesse bei den meisten der an Wentzels geschliffenen Vorlesungsstil gewöhnten Studenten bald wieder einer Ernüchterung gewichen sein, nachdem sie erkannten, daß Paulis anspruchsvolle Darstellung eine denkbar schlechte Examensvorbereitung gewährte. Laut der Statistik der Hochschule waren damals über 200 Studenten in der Abteilung IX für Mathematik und Physik eingeschrieben; ein großer Teil davon mußte auch die von Pauli gehaltenen Pflichtvorlesungen über theoretische Physik besuchen.

Pauli gewöhnte sich rasch wieder an seine ehemalige Wirkungsstätte. Schon im Januar 1947 konnte er Casimir mitteilen, Zürich sei jetzt sehr angenehm und auch mit seinem neuen Assistenten Res Jost sei er sehr zufrieden. Der Andrang von Studenten, die unter Paulis Anleitung arbeiten mochten, war offenbar groß. Im Juni 1949 berichtete Pauli, er sei von Doktoranden überlaufen. [1029]

Paulis Vorlesungen waren in der Tat schwer verständlich. Das war auch der Hochschulbehörde bekannt und schon mehrfach während der vorangegangenen Verhandlungen im Schulrat angesprochen worden.[48] Verschiedene seiner erfolgreichsten Schüler haben das ebenfalls bestätigt.[49] Markus Fierz erwähnte in seinem 1980 anläßlich der Verleihung der Max-Planck-Medaille verfaßten Aufsatz,

---

[46] Vgl. Band III, S. 381 und 793.

[47] Vgl. Valentin Telegdis gesammelte „Pauli-Anekdoten" in Enz und von Meyenn [1988, S. 115–120] und die 1994 von Anita Ehlers veröffentlichte Anekdotensammlung *Liebes Hertz! Physiker und Mathematiker in Anekdoten.*

[48] Der Rektor hatte während einer Sitzung des Schulrates am 10. Juli 1943 geäußert, daß „der Nachwuchs in der theoretischen Physik in der Schweiz so spärlich ist, liegt zum Teil an Pauli, der schwer verständlich doziert."

[49] Weisskopf (1988, S. 85) bemerkte, daß Pauli sich nicht immer gut vorbereitet hatte. „Er hat sich dann oft an die Tafel zurückgezogen und auf der Ecke der Tafel etwas ausgerechnet." Von Person zu Person aber sei Pauli ein besonders guter Lehrer gewesen.

daß Pauli es auch nicht gerne sah, wenn seine Assistenten an seinen Vorlesungen teilnahmen.[50] „Ich habe später herausgefunden, warum. Es kam nämlich vor, daß er mich vor seiner Vorlesung zu sich bestellte, um irgend etwas zu besprechen. Und dann kam der Moment, wo er sagte: *Nun muß ich aber bald lesen und will noch nachsehen, was ich zu sagen habe.* Danach ergriff er eines jener in schwarzes Wachstuch gebundenen Kolleghefte, in das er seine Notizen eingetragen hatte. Er hatte dies offenbar schon vor vielen Jahren getan, und zwar immer nur auf der einen Seite jeden Blattes. Auf der anderen Seite und auch zwischen schon geschriebenen Zeilen hatte er mannigfaltige Ergänzungen eingetragen. Das Ganze machte mir, wenn ich so neben ihm stehend, in das Heft sah, einen verwirrenden Eindruck. Auch Pauli blickte kopfschüttelnd in sein Heft ... und enteilte in die Vorlesung."

Aber es wurde auch darauf hingewiesen, daß die anfangs verworren und lückenhaft erscheinende Darstellung bei längerem Besuch der Vorlesung und fleißiger Mitarbeit den klaren Aufbau und den Zusammenhang im Großen erkennen ließen und deshalb für den Betreffenden äußerst lehrreich waren. Unter diesen befand sich Paulis späterer Assistent Armin Thellung, der anläßlich einer für Pauli 1983 in Wien veranstalteten Gedenktagung berichtete:[51] „Ich erinnere mich gut an den Anfang des Sommersemesters 1946. Damals verbreitete sich in Zürich die Nachricht, Wolfgang Pauli sei aus Amerika ... an die ETH zurückgekommen. Seinem Kommen gingen für uns Studenten furchterregende Gerüchte voraus. Es hieß, er sei ein schlechter Lehrer, seine Vorlesungen seien sprunghaft, oft unverständlich." Thellung konsultierte daraufhin seinen ehemaligen Gymnasialllehrer. Dieser hob auf der anderen Seite die großen Vorzüge der Paulischen Schulung hervor und zerstreute die Bedenken seines ehemaligen Schülers. Auch Thellung gehört zu den Theoretikern, die sich noch heute gerne als Paulischüler bezeichnen.

Diese Vorlesungen, die Pauli mit Hilfe seiner eben erwähnten, schon in den Hamburger Jahren angelegten und jetzt im Archiv aufbewahrten Kolleghefte durchführte, wurden in den folgenden Jahren durch seine Schüler ausgearbeitet und publiziert.[52] Paulis vielfach noch heute im Physikstudium benutzter Vorlesungszyklus wurde mehrfach nachgedruckt und von seinem letzten Assistenten Charles P. Enz auch in einer englischen Übersetzung herausgegeben.

---

[50] Fierz (1980, S. 135).

[51] Thellung (1988).

[52] Es handelt sich um folgende Vorlesungsausarbeitungen, die nacheinander durch Paulis Schüler herausgegeben wurden: Robert Schafroth *Statistische Mechanik* (1947); Adrian Scheidegger *Optik und Elektronentheorie* (1948). Eine von Paul Erdös neu bearbeitete zweite Auflage dieser Vorlesung aus dem Jahre 1957 erregte jedoch Paulis Ärger (siehe hierzu das Vorwort von Charles P. Enz zu der von ihm 1973 herausgegebenen englischen Übersetzung dieser Vorlesungen); Armin Thellung *Elektrodynamik* (1949); Urs Hochstrasser und R. Schafroth *Ausgewählte Kapitel aus der Feldquantisierung* (1950/51); Erich Jucker *Thermodynamik und kinetische Gastheorie* (1952) und die posthum durch Fritz Herlach und Heinz Enzo Knöpfel veröffentlichte Vorlesung über *Wellenmechanik* (1959).

4. Die ersten Assistenten der Nachkriegszeit
Res Jost: Wintersemester 1946/47 – Sommersemester 1949
Robert Schafroth: Wintersemester 1949/50 – Wintersemester 1952/53

Nach seiner Rückkehr besetzte Pauli zuerst wieder seine verwaiste Assistentenstelle. Nach längerer Suche konnte er zum Wintersemester 1946/47 Res Jost für diese Stellung gewinnen.[53] Jost hatte 1946 bei Wentzel promoviert und anschließend mit Møller in Kopenhagen über Heisenbergs S-Matrix-Theorie gearbeitet. [816, 830] In dieser Theorie werden bekanntlich die gebundenen Zustände eines quantenmechanischen Systems mit den Nullstellen bestimmter Matrixelemente des Streuoperators in Beziehung gesetzt. Paulis ehemaliger chinesischen Mitarbeiter Shih-Tsun Ma hatte jedoch bei einem speziellen Fall gezeigt, daß die Streumatrix überzählige Nullstellen besitzt. [819, 827, 831] Dadurch sah Pauli seine Vermutung bestätigt, daß die S-Matrix-Theorie „uns nicht über die Wellenmechanik hinausführen wird" und als Ausgangspunkt einer allgemeineren Theorie der Elementarteilchen „völlig ungeeignet" ist. [818, 832, 979] Heisenbergs „ehrgeiziger und bestechender Gedanke, alle Elementarteilchen nur als verschiedene Aspekte ein und desselben Urfeldes aufzufassen," wurde damals von vielen Physikern belächelt und hat auch Paulis fortgesetzte Kritik heraufbeschworen.[54]

Durch eine geschickte Umformung der S-Matrix gelang es Jost für eine allgemeinere Klasse von Potentialen, die *falschen* von den *richtigen* Nullstellen zu sondern.[55] [841] Josts „sehr gelehrte" Arbeit, welche auch die sog. Jost-Funktion der Streutheorie einführte, sollte nun in Zürich durch weitere Beiträge zur Quantenfeldtheorie fortgesetzt werden. [834]

Während seiner dreijährigen Züricher Assistentenzeit hat Jost viele von Paulis in- und ausländischen Mitarbeitern und Doktoranden kennengelernt und zum Teil auch mit ihnen zusammengearbeitet.[56] Unter diesen befanden sich die Skandinavier Carl-Erik Fröberg, Sven Bertil Nilsson und Gunnar Källén, der Italiener Ernesto Corinaldesi, die Polen Jerzy Rayski und Jahn von Weyssenhof, der Holländer Laurens Jansen, der Österreicher Walter Thirring, der Amerikaner Joaquin Luttinger und die Schweizer Robert Schafroth, Adrian Scheidegger,

---

[53] Siehe hierzu das bei Glaus et al. [1996, II. 154] wiedergegebene Schreiben Paulis vom 29. August 1946. Jost wurde als Assistent der oberen *Kategorie A* eingestellt, was neben der Absolvierung einer Hochschule große praktische Erfahrung bzw. eine längere Berufstätigkeit voraussetzte. Falls diese Voraussetzungen nicht erfüllt waren (wie bei Josts Nachfolger Schafroth), konnte nur eine minder honorierte Stelle als *Forschungsassistent* vergeben werden.

[54] Als Walter Thirring am 24. Juni 1950 Heisenberg seinen bevorstehenden Besuch in Göttingen ankündigte, nannte er auch die Gründe, warum viele Physiker weiterhin solche Skepsis gegenüber seiner Theorie der Elementarteilchen hegten: „Nachdem die im letzten Jahr erschienenen Rechnungen in Meson-Theorie mit den neuen Methoden durchweg zu falschen Resultaten geführt haben, dürfte auf der Liste der wohlbekannten Felder nurmehr das Dirac- und das Maxwellfeld überbleiben. Aus diesen beiden Spezialfällen bereits die allgemeine Gesetzmäßigkeit abzulesen, scheint mir eine reichlich schwierige Aufgabe zu sein."

[55] Vgl. hierzu Jost (1984, S. 180) und auch die Betrachtung über die S-Matrix-Theorie aus historischer Sicht von R. Oehme in Heisenberg [1984/93, Serie A II, S. 605ff.].

[56] Vgl. hierzu Josts eigenen Bericht anläßlich des Empfangs der Max-Planck-Medaille 1984. Siehe auch Jost [1995, S. 11–19] und Schweber [1994, S. 576–594].

Felix Villars, Armin Thellung und Charles P. Enz. Aus den benachbarten Instituten wirkten insbesondere Heitlers Doktorand Charles Terreaux und Scherrers Mitarbeiter Kurt Alder enger mit Pauli und den anderen Theoretikern seines Institutes zusammen. Fast alle Institutsmitglieder haben sich auch mit mehr oder weniger viel Erfolg an der Prüfung und der weiteren Entwicklung der damals aufkommenden Renormalisierungs-Theorie beteiligt, die für einige Jahre den Schwerpunkt der Züricher Forschung bilden sollte.

Nach den großen Erfolgen von Bethe, Schwinger, Feynman und Weisskopf bei der Erklärung des Lambshifts und des anomalen magnetischen Elektronenmomentes[57] und Dysons klärenden Untersuchungen über die Zusammenhänge der dabei zugrunde gelegten alternativen Formen der Quantenelektrodynamik[58] war das Renormalisierungsverfahren inzwischen auf weitere Probleme angewandt und ausgebaut worden. Die Aufklärung der engen Beziehungen zu Stückelbergs damals meist noch unverstandenen Arbeiten hatte vorwiegend sein Schüler Dominique Rivier übernommen.[59]

Besonders Pauli und seine Mitarbeiter beteiligten sich an der Prüfung, der Fortführung und dem Ausbau der Quantenfeldtheorie.[60] Pauli selbst wollte vor allem die Grenzen dieser Theorie erkunden und sich über die Eindeutigkeit des Verfahrens vergewissern. Sehr stimulierend wirkten dabei die Nachrichten aus Amerika, die Pauli durch Rabi, Oppenheimer und seinen ehemaligen Assistenten Weisskopf erhielt, und die ihm den Eindruck vermittelten, „that we are at the beginning of a new development in quantum electrodynamics." [928]

Durch eine Renormierung von Ladung und Masse war es nach dieser Methode möglich, auch in den höheren strahlungstheoretischen Näherungen divergenzfreie Ausdrücke zu erhalten. Die noch verbleibende Unbestimmtheit der so abgeleiteten Ausdrücke mußte durch zusätzliche Vorschriften (Regularisierung) ergänzt werden, um sie mit den Beobachtungen vergleichen zu können. Weil diese Regeln der Einführung von Hilfsmassen entsprechen, betrachtete

---

[57] Siehe Band III, S. 463f. und die dort angegebenen Literaturhinweise und insbesondere auch den Brief [921].

[58] Während des internationalen Baseler Kongresses über *Kernphysik und Quantenelektrodynamik* hatte Dyson (1950a) im September 1949 über Feynmans Strahlungstheorie vorgetragen und die Beziehung zu dem Schwingerschen Programm aufgezeigt.

[59] In den letzten Kriegsjahren 1944/1945 war auch Stückelberg von Genf nach Zürich gekommen und hatte hier in Stellvertretung von Pauli Vorlesungen über *Quantentheorie und Elementarpartikel* und *Mathematische Methoden der Quantentheorie* gehalten. Rivier hatte Stückelbergs Ergebnisse in seiner Doktorarbeit (1949) zusammengefaßt. Im Januar 1949 beantragte er ein Stipendium, um in Amerika Stückelbergs Methode mit derjenigen von Schwinger zu vergleichen (vgl. den Brief [996]).

[60] Jost und Schafroth [953, 974, 1000] berechneten die Korrekturen zur Klein-Nishina-Formel durch Ladungsrenormierung „à la Weisskopf". [952] Zusammen mit Luttinger wandte Jost die Methoden von Schwinger und Feynman auf das Problem der Paarerzeugung und der Vakuumpolarisation an. [1019, 1040, 1043] Luttinger berechnete das anomale magnetische Moment des Elektrons *ohne* Verwendung der Subtraktionsmethode. Die gleichen Rechnungen wurden anschließend für Neutron und Proton aufgrund verschiedener Typen von Mesonenfeldtheorien durchgeführt. [936, 979, 981, 985, 1000, 1006, 1019] Villars berechnete zusammen mit Thellung die magnetischen Momente der H^3- und He^3-Kerne gemäß der Møller-Rosenfeld-Theorie der Kernkräfte. [940, 983] Thellung behandelte in seiner Doktorarbeit die Beiträge der höheren mesontheoretischen Näherungen zum magnetischen Moment des Protons. [981] Källén berechnete schließlich die höheren Näherungen bei der Vakuumpolarisation. [1039]

Pauli dieses zunächst als einen Hinweis auf die Beteiligung weiterer Teilchen – außer dem Photon und dem Elektron –, die es in einer künftigen Theorie zu berücksichtigen galt.[61] „Daß meine ‚Geister-Teilchen' in Wirklichkeit gar nicht geisterhaft, sondern *wirkliche* Teilchen sein müssen, glaube ich selber." [1031] Außerdem wurde die Anwendbarkeit des Renormalisierungsverfahrens auf die verschiedenen Arten von Mesonenfeldern untersucht und die dabei auftretenden Schwierigkeiten analysiert.[62]

Zunächst befaßte sich Jost mit einer Verallgemeinerung des von Bloch und Nordsieck für die Behandlung der Bremsstrahlung entwickelten Verfahrens zur Berechnung der Compton-Streuung von Photonen kleiner Frequenz.[63] Nachdem er nachweisen konnte, daß diese Methode in erster Näherung die Klein-Nishina-Formel lieferte, berechnete er gemeinsam mit dem italienischen Gast Ernesto Corinaldesi auch noch die höheren strahlungstheoretischen Näherungen für die Streuung von Licht an skalaren Boseteilchen.[64] Mit Jerzy Rayski wurde dann mit der gleichen Methode das Problem der Vakuumpolarisation in Angriff genommen [1004, 1028],[65] das Jost anschließend gemeinsam mit dem amerikanischen Stipendiaten Joaquin M. Luttinger[66] auch zur Berechnung der strahlungstheorischen Korrekturen „à la Schwinger-Tomonaga" bei der Paar-erzeugung und der Bremsstrahlung heranzog. [1019, 1040, 1043]

Obwohl Pauli den neuen Techniken der Feynman-Graphen mit Skepsis gegenüber stand und sie als reine „Stimmungsmalerei" bezeichnete, ließ er sich doch bei ihrer Handhabung gerne durch seine jüngeren Mitarbeiter unterweisen: „Ich hoffe," schrieb er im Januar 1949 an Fierz, „mit Hilfe von Jost diese *Feynman-Theorie* noch besser verstehen zu können."

Nachdem mit dem Sommersemester 1949 Josts dreijährige Assistentenzeit ihrem Ende entgegen gehen sollte, erkundigte sich Pauli bei Bethe, ob Jost im Herbst mit Hilfe eines Schweizer Stipendiums zu ihm nach Cornell kommen könne: „Er ist ausgezeichnet eingearbeitet auf die neuen Renormalisierungs-formalismen und rechnet momentan zusammen mit Luttinger. ... Ich glaube, daß er speziell gut zu Feynman passen würde, der mehr ein ideenreicher, intuitiver Typ ist. Es scheint mir, die beiden würden sich ausgezeichnet ergänzen." [1021]

Als später an der ETH ein Extraordinariat für theoretische Physik eingerichtet werden sollte, setze Pauli sich dafür ein, daß Jost auf diese Stelle berufen

---

[61] Pauli und Villars hatten aufgrund einer zuerst von Rayski vorgeschlagenen Idee das Konzept der Regulatoren entwickelt und damit eine divergenzfreie Theorie erhalten. [1039, 1062]

[62] Siehe hierzu insbesondere Matthews (1949a, b), Matthews und Salam (1951b) und den Kommentar auf S. 4f.

[63] Jost (1947b).

[64] Corinaldesi und Jost (1948).

[65] Jost und Rayski (1949).

[66] Joaquin Luttinger wurde 1923 in New York geboren. Er hatte u. a. Schwingers Kurse über Quantentheorie in Harvard gehört, bevor er im Sommersemester 1947 als *postdoctoral fellow* zu Pauli nach Zürich kam. Luttinger (1948b, 1949) berechnete hier die magnetischen Momente von Nukleonen aufgrund der verschiedenen Mesonenfeldtheorien bis zur 2. Näherung in der Kopplungskonstanten g. Als Pauli sich in Princeton aufhielt, schlug er ihn für eine Stellung in Chicago vor. [1086] Im Herbst 1950 war Luttinger bereits auf eine Professur nach Madison berufen worden. [1163]

wurde. Trotz dieser hohen Wertschätzung ist es dann doch zu einem Zerwürfnis zwischen Pauli und Jost gekommen, das bis an Paulis Lebensende andauern sollte und selbst noch die Verhandlungen über Paulis Nachfolge überschattete.[67] Rückblickend bemerkte Jost in einem Brief über seine beiden wichtigsten Lehrer: „Wentzel hat mich eigentlich nicht mehr erziehen können. Gelernt habe ich freilich von ihm und beeindruckt hat er mich auch, aber bessern konnte er mich schon nicht mehr. Auch Pauli hat das bis zum Jahr 1956 nicht versucht. Dann freilich wollte er mich, trotz meiner expliziten Warnung, zurechtprügeln und das ging erst recht nicht mehr."

Max Robert Schafroths Ernennung zum Forschungsassistenten mit einem Jahresgehalt von 5000 Schweizer Franken „zuzüglich die gesetzliche Teurungszulage" erfolgte am 13. Oktober 1949. Schafroth war am 8. Februar 1923 in Burgdorf geboren und hatte, ebenso wie Jost, in Bern studiert. Im Herbst 1944 kam er dann an die ETH nach Zürich und erwarb 1948 bei Pauli mit einer Berechnung der Koeffizienten der inneren Konversion von K-Elektronen sein Physikdiplom. Anschließend fertigte er, ebenfalls unter Paulis Anleitung, seine Doktorarbeit über höhere strahlungstheoretische Näherungen zur Klein-Nishina-Formel mit Hilfe der Schwingerschen Subtraktionsmethode an. In seinem Gutachten vom 22. Juni 1949 lobte Pauli die „erfolgreiche Bewältigung des recht schwierigen Gegenstandes" und Schafroths „Fähigkeit zum selbstständigen Arbeiten." Nach seiner Ernennung zum Assistenten blieb Schafroth ebenfalls drei Jahre lang bei Pauli. Anschließend ging er Anfang 1953 erst mit einem Stipendium zu Herbert Fröhlich nach Liverpool, bevor er 1954 einen Ruf als *Lecturer* an die *University of Sydney* in Australien annahm.

Schon in Zürich hatte sich Schafroth mit der Theorie der Supraleitung befaßt. Er leistete wichtige Vorarbeiten für die spätere BCS-Theorie, indem er die Idee der Kopplung der Gitterschwingungen mit den Elektronen von Fröhlich übernahm und die Bildung von Elektronenpaaren für das Phänomen der Supraleitung verantwortlich machte.[68]

Ein halbes Jahr nach Paulis Tod verunglückte Schafroth zusammen mit seiner Frau tödlich bei einem Flugzeugabsturz, etwa 1000 Meilen nördlich von der australischen Stadt Brisbane. Kurz zuvor war er auf den Lehrstuhl für Theoretische Physik an die Universität Genf berufen worden. Noch am 9. Dezember 1958 hatte er Pauli geschrieben: „Wir werden im August hier abfahren, mit Kind und Kegel per Schiff, und aufs Wintersemester 59 in Genf anfangen. Vorher wollen wir noch einen langen Sommer lang im blauen Pazifik baden!"

5. Die Zusammenarbeit mit dem *Institute for Advanced Study*

Nachdem Oppenheimer im Herbst 1946 die Leitung des *Institute for Advanced Study* übernommen hatte, versuchte er wiederholt, Pauli wenigstens zeitweise für Princeton zurückzugewinnen. [919, 1099] Am 11. Oktober 1947 unterbreitete

---

[67] Vgl. hierzu Glaus et al. [1996].
[68] Schafroth (1951, 1954). Siehe hierzu auch den historischen Beitrag von Handel [1994].

er ihm seinen Vorschlag: Pauli sollte die Züricher Professur beibehalten, aber auch regelmäßig längere Forschungsaufenthalte in Princeton mit einplanen.

Ein solches Angebot war natürlich für die Züricher Theoretiker sehr vorteilhaft.[69] Neben Harvard und Cornell galt das *Institute for Advanced Study* in den 50er Jahren als die amerikanische Hochburg der Feld- und Elementarteilchentheorie; es spielte hier eine vielleicht vergleichbare Rolle, wie einst das Kopenhagener Bohr-Institut für die Entwicklung der Quantentheorie in den zwanziger Jahren. Pauli begrüßte deshalb Oppenheimers Angebot: „I heartely agree in principle that it will be best to have 'some of the good things of both solutions', namely my keeping the professorship in Zurich and going for visits to Princeton."[70]

Andererseits mußte Pauli aber in Anbetracht seiner langjährigen Abwesenheit noch etwas warten, bevor er mit einem solchen Gesuch wieder an den Schulrat herantreten konnte. Als den frühesten Zeitpunkt für einen Besuch schlug er deshalb entweder die drei Monate Februar bis April oder das Wintersemester 1949 vor, zumal im Januar 1949 in Zürich die Wahl eines neuen Schulratspräsidenten bevorstand[71] und auch die Wiederbesetzung der im März 1948 durch Wentzel freigegebenen Professur an der Universität seine Anwesenheit dort erforderte.

Pauli entschied sich, trotz eines weiteren Gegenvorschlags von Oppenheimer, schließlich für den späteren Termin, nachdem er am 10. August 1949 die Zustimmung des neuen und ihm sehr wohlwollenden Schulratspräsidenten Hans Pallmann erhalten hatte. Vor seiner Abreise regelte er noch seine Vorlesungsvertretung, indem er seinen neuen Assistenten Max Robert Schafroth mit der für das Wintersemester 1949/50 angekündigten Vorlesung über Optik und Elektronentheorie betraute.[72]

Nachdem Pauli sein Reisevisum erhalten hatte, das nach Verlust seiner amerikanischen Staatsbürgerschaft nun wieder beantragt werden mußte, trat er am 22. November die Reise mit dem Passagierschiff *S. S. Mauretania* nach New York an. Noch vor seiner Ankunft am 29. November hatte er Fierz vom Schiff aus einen stimmungsvollen Brief [1058] geschrieben, der mit der Bemerkung endete: „Ich selbst bin neugierig, ob es mir gelingen wird, in Princeton etwas Vernünftiges zu machen."

---

[69] Siehe hierzu Regis [1987, S. 139–152].

[70] Dieser (undatierte) Brief und die weitere Dokumentation zu Paulis Gastaufenthalten in Princeton befindet sich im Archiv des *Institute for Advanced Study*. Die wichtigsten Briefe aus dieser erst vor kurzem bekannt gewordenen Korrespondenz sollen im Anhang zu Band IV/4. Teil wiedergegeben werden. Dem Archivist Mark L. Darby danke ich für die Überlassung von Kopien.

[71] „Rohns Nachfolger ist Hans Pallmann geworden," berichtete Heinz Hopf am 14. März 1949 Hermann Weyl. „Agrikulturchemiker, 45 Jahre alt; bei allen, die ihn kennen (so auch bei mir) wegen seiner Frische, Herzlichkeit und Klugheit sehr beliebt."

[72] Diese Vorlesung war 1948 von Adrian Scheidegger als Hochschulpublikation herausgegeben worden, so daß Schafroth sich bei seinen Vorlesungen leicht auf diese Darstellung stützen konnte. Da der kürzlich an die Universität berufene Heitler noch nicht mit den Züricher Verhältnissen vertraut war, wurde diesmal von einer Vertretung durch ihn Abstand genommen. Ein Verzeichnis aller Haupt- und Spezialvorlesungen, die von Pauli oder einem seiner Vertreter an der ETH gehalten wurden, ist im Anhang von Glaus et al. [1996] enthalten.

Mit diesem Gastaufenthalt in Princeton beginnt nun eine enge Zusammenarbeit zwischen den Züricher Physikern und ihren amerikanischen Kollegen, die über Paulis Tod hinaus andauern sollte. Pauli schätzte diese Aufenthalte ganz besonders, weil er ohne Vorlesungsverpflichtungen sich hier ganz der Forschung widmen konnte. Nach seiner Ankunft begann er sofort mit dem Studium der neuesten Literatur zur Mesonenfeldtheorie und mit anderen Kollegen in Verbindung zu treten, die auf diesem Gebiete ebenfalls tätig waren. [1062] So nahm er auch mit seinem ehemaligen Assistenten Jauch Kontakt auf, [1059] der jetzt eine Professur an der Universität in Iowa City besaß und sich ebenfalls mit Fragen der Feldquantisierung und ihres Zusammenhangs mit der S-Matrix-Theorie beschäftigte.[73]

Paulis Auftritt bei einer Seminarveranstaltung des *Institute* beschrieb der dort anwesende Sin-itiro Tomonaga in einem Schreiben vom 10. Januar 1950 an Shoichi Sakata: „He is a stocky man who reminds me of Dr. Nishina, Sir Winston Churchill, or Mr. Shigeru Yoshida. At seminars, he is sharp and harsh, and cries, 'No! No! No!' whenever he disagrees with something. The other day, Dr. Oskar Klein spoke on his five-dimensional theory. He first postulated as a rule in any five-dimensional theories that all the physical quantities should be indpendent of the coordinate in the fifth dimension. As soon as Klein said this, Dr. Wolfgang Pauli raised an objection, saying that under such a postulate, the fifth dimension becomes meaningless. His attack was so fierce that Klein, who was up on the platform, balked. Dr. Robert Oppenheimer cut in to smooth the ruffled feathers ... and said that he would describe in the second chapter how the coordinate in the fifth dimension comes into play. Pauli went on to comment bitterly that that would be all right if it were in chapter two, but instead it would be in chapter infinity. I was very impressed that no one reacted angrily to this harsh remark."[74]

Pauli hatte diesmal drei seiner hervorragendsten Schüler, Res Jost, Felix Villars[75] und Joaquin Luttinger mitgebracht.[76] Auch sie fanden in Princeton schnell Anschluß bei ihren amerikanischen Kollegen. Zwischen Jost und Pais, der seit 1947 hier am *Institute* in Princeton arbeitete, bestanden schon seit ihrem gemeinsamen Kopenhagener Aufenthalt im Jahre 1946 freundschaftliche Beziehungen. Eine erste gemeinsame, auf der Grundlage der S-Matrix-Theorie durchgeführte Untersuchung von Jost, Luttinger und Slotnick in Princeton über die Winkel- und Impulsverteilung der Rückstoßkerne bei einem durch ein

---

[73] Coester und Jauch (1950). Später sollte auch der damals noch bei Bethe in Cornell arbeitende Fritz Rohrlich zu Jauch nach Iowa gehen, wo die beiden ihr bekanntes Werk über *The Theory of Photons and Electrons* verfaßten. Vgl. den Kommentar auf S. 94f.

[74] Matsui [1995, S. 190].

[75] Felix Villars war 1921 in Biel geboren und hatte im Mai 1946 mit einer Untersuchung des Deuteronenproblems aufgrund der Mesonentheorie mit starker Kopplung bei Wentzel promoviert. Anschließend arbeitete er als wissenschaftlicher Mitarbeiter und Assistent von Scherrer am physikalischen Institut der ETH. Mit Pauli publizierte er 1949 den bekannten Aufsatz über das Regularisierungsverfahren. In Villars Beitrag (1960) zur Pauli-Festschrift wird die Suche nach einer Lösung des Divergenzproblems in der Quantenfeldtheorie dargestellt. Nach seinem Aufenthalt in Princeton ging Villars als *Research Associate* ans MIT in Cambridge.

[76] Siehe hierzu auch Band III, S. 696ff.

Photon ausgelösten Paarerzeugungsprozeß[77] fand so großen Anklang bei den amerikanischen Experimentalphysikern, daß Jost schon im Frühjahr 1950 von Oppenheimer für fünf Jahre zum Mitglied am *Institute for Advanced Study* ernannt wurde.[78]

Das *Institute for Advanced Study* hatte sich seit Paulis letztem Aufenthalt unter Oppenheimers Leitung stark verändert.[79] Oppenheimer war von Los Alamos her gewohnt, über ein großes Heer von Mitarbeitern zu verfügen. Nun hatte er eine große Betriebsamkeit in das Institut gebracht. Unter seinen Mitarbeitern befanden sich viele seiner ehemaligen Studenten, die bereits in Berkeley und z. T. auch bei der Kriegsforschung in Los Alamos bei ihm gewesen waren. Hier fanden sie – ebenso wie bei Bethe in Cornell – die ihnen vertraute kameradschaftliche Atmosphäre wieder, und hier konnten sie sehr vorteilhaft ihre weitere wissenschaftliche Laufbahn ausbauen.[80]

In Oppenheimers gerne als *an intellectual hotel* bezeichneten Institut trafen sich die angesehensten Theoretiker aus allen Teilen der Welt, die durch die ausgezeichneten Arbeitsbedingungen und den hervorragenden Ruf des Institutes angelockt wurden.[81] Paulis Besuch traf gerade mit einer Phase intensivster wissenschaftlicher Aktivitäten zusammen, die durch die Erfolge der Schwinger-Feynman-Dysonschen Quantenelektrodynamik ausgelöst worden war. Aus Japan war um diese Zeit der schon erwähnte Tomonaga anwesend[82] – Yukawa, der damals an der *Columbia University* in New York arbeitete und gerade seinen Nobelpreis erhalten hatte, mußte seinen Besuch krankheitshalber absagen (S. 40) –, aus England wurde Paul Matthews erwartet (S. 4ff.), Bohr kam schon Ende Februar 1950 (S. 58ff.);[83] und zwischen Heisenberg und Fierz fand hier in Princeton im Herbst des gleichen Jahres 1950 ein heftiger Meinungsaustausch statt, der auch in den Briefen seine Spuren hinterlassen hat (S. 101f.).

Neben seiner wissenschaftlichen Arbeit war Oppenheimer als Mitglied vieler Ausschüsse und als Nuklearexperte häufig anderweitig beschäftigt. Kurz vor

---

[77] Jost, Luttinger und Slotnick (1950).

[78] Siehe Pais (1995).

[79] Frank Aydelotte, der zu Paulis Zeiten noch das Institut leitete, war 1947 durch Oppenheimer abgelöst worden. Unter den anderen Kandidaten, die von dem Ernennungskommittee vorgeschlagen worden waren, befanden sich auch der Medizinhistoriker Henry E. Sigerist und der *Rear Admiral* Lewis L. Strauss, den Pauli später in einem Limerick verspottete.

[80] Siehe hierzu den Bericht von Dyson [1979, S. 51ff.], der sich damals sowohl in Ithaca als auch in Princeton aufgehalten hatte.

[81] Der damals in Princeton anwesende Tomonaga sprach von einer *Galaxis des Intellekts* aus allen Teilen der Welt. Vgl. Matsui [1995, S. 196].

[82] In einem Schreiben aus Princeton vom 16. September 1949 an seinen japanischen Freund Ziro Koba berichtete Tomonaga: „After leaving Chicago, ... I finally arrived here just a week ago. On the evening of the day I arrived, I was invited to a cocktail party by Professor Oppenheimer, the director of the Institute. I drank too many of the famous *Oppenheimer martinis* and began to feel a little dizzy. I hear that Drs. Res Jost, F. Villars J. Luttinger, K. M. Case, and the others whose names are familiar in Japan are sheduled to come here this year. ... Prof. Wolfgang Pauli, for whom Jost and the others work, will come to stay for about half a year. ... It is said that Prof. Paul A. M. Dirac will arrive next week." Vgl. Matsui [1995, S. 188].

[83] Bohrs Vortrag im *Institute* über den quantenmechanischen Meßprozeß wurde durch Tomonaga beschrieben. Vgl. Matsui [1995, S. 196].

Paulis Ankunft waren am 21. Oktober 1949 Teller und Bethe in Oppenheimers *Office* gewesen, um sich mit ihm über die Frage der Wasserstoffbombe zu beraten.[84] Kurz darauf, am 31. Januar 1950, verkündete Präsident Truman den Beschluß zur Entwicklung einer Wasserstoffbombe. Damit im Zusammenhang standen die zunehmenden Verdächtigungen, die Oppenheimers Feinde schon nach Bekanntwerden der ersten sowjetischen Atombombenexplosion gegen ihn vorbrachten und die 1954 schließlich zum *Fall Oppenheimer* eskalierten (siehe S. 76ff.) und von den Solidaritätsbekundungen seiner Freunde begleitet waren.[85]

Auch andere Mitglieder des Institutes, wie der 1934 berufene Topologe Marston Morse und die schon seit langer Zeit mit Pauli befreundeten Mathematiker Oswald Veblen und John von Neumann führten neben ihrer rein wissenschaftlichen Arbeit militärische Auftragsforschung aus, was zuweilen Paulis spöttische Bemerkungen herausforderte (S. 508). Dadurch bedingt, mußten jetzt viele Geheimhaltungsvorschriften im Institut eingehalten werden. Die Aufstellung von bewaffneten Wachposten vor Oppenheimers *Office* kommentierte Pauli treffend mit seinem ironischen Hinweis auf „Fasolt und Fafner".[86] [1006]

Solche politischen Ereignisse werden in dem vorliegenden Briefwechsel allerdings nur gelegentlich und meist nur in Nebenbemerkungen erwähnt (vgl. S. 58ff.). In seiner Korrespondenz hat Pauli offenbar ganz bewußt dem rein wissenschaftlichen Gedankenaustausch den Vorzug gegeben, zumal er, wie viele andere Wissenschaftler auch, eine große Abneigung gegen jegliche Art der Verquickung von Wissenschaft mit Politik hegte.

Die physikalischen Aktivitäten des Instituts waren unter Oppenheimers Einfluß immer mehr auf die Probleme der modernen Quantenfeldtheorie ausgerichtet worden. Unter den hier versammelten jüngeren Physikern ist an erster Stelle Freeman J. Dyson zu nennen, dem es erst nach anfänglichen Schwierigkeiten und einer Intervention durch Bethe gelungen war, Oppenheimer von der Überlegenheit der bildhaften Feynmanschen und präzisen Schwingerschen Darstellung der Quantenelektrodynamik zu überzeugen.[87] Dyson war zwar vor Paulis Ankunft gerade wieder nach England abgereist (siehe S. 4ff.), aber nach einer kurzen Zwischenstation bei Peierls in Birmingham kehrte er im Herbst 1951 endgültig nach Princeton zurück. Zuvor kam er aber noch im Sommer 1951 mit einer Schweizerin jung verheiratet nach Zürich:[88] „I stayed in Zürich for six weeks and became a regular visitor at Pauli's institute, Gloriastraße 35. During those weeks Pauli was in an unusually serene mood. He invited me many times to accompany him on walks around the city, talking about physics and stopping for ice-cream at his favorite café. The exchange of letters stopped because I was talking with him. As a result of our conversations I dis-

---

[84] Vgl. Hershberg [1993, S. 471f.].

[85] Vgl. Bethe (1969, S. 404ff.), Bernstein (1982) und Regis [1987, S. 150f.].

[86] Vgl. auch Dyson [1979, S. 76].

[87] Siehe hierzu Dysons autobiographische Darstellung [1979, S. 73f.] und den dort abgedruckten Brief an seine Eltern, in dem er seine lebhaften und heftigen Auseinandersetzungen mit Oppenheimer schildert.

[88] In einem Schreiben vom 16. Juli 1995 übermittelte Dyson dem Herausgeber den folgenden Bericht über seinen Züricher Aufenthalt.

covered a proof, physically convincing but mathematically non-rigorous, that all the power-series expansions in quantum electrodynamics are divergent, whether or not one separates the high and the low frequencies. That is to say, the entire program described in the four papers[89] had failed. Pauli and I were both happy with this conclusion, he because he had always disliked and distrusted the power-series expansions, and I because the proof of divergence was simple and beautiful and gave new insight into the nature of the theory." In Princeton wurde Dyson bald als einer der maßgebenden Forscher auf dem Gebiet der Quantenfeldtheorie angesehen.

Dysons Arbeiten fanden auch in Zürich viel Beachtung und führten zu einem regen Briefaustausch mit Pauli. Andere Physiker, denen Pauli hier in Princeton begegnete und die er z. T. auch von früher her kannte, waren Chen-Ning Yang, David Feldman, Murray Slotnick, George Uhlenbeck, Abraham Pais, Kenneth M. Case, Joseph V. Lepore, José Leite Lopes, Kenneth Marshal Watson, Cécile Morette, Saul T. Epstein, Robert Karplus, Norman M. Kroll und Robert Jastrow.

Nach Paulis Ankunft in Princeton versuchte ihn Rabi für ein Übersichtsreferat über die neuesten Entwicklungen auf dem Gebiet der Quantenfeldtheorie bei dem nächsten großen Treffen der *American Physical Society* am 2. Februar 1950 in New York zu gewinnen: „In regard to your invitation to speak before the annual meeting of the Physical Society, I am afraid that my powers of persuasion are feeble. However, I will list three points: 1. I always enjoy hearing you talk about physics. 2. This feeling is shared by many of your colleagues who are also personal friends. 3. As I remember it from my days as a young physicist, it is always inspiring to see and hear one of the great *names* in physics discourse on the fundamental problems. Physics after all, as you well know, is to a considerable extent an oral tradition, and the cultivation of proper taste is perhaps the most important single factor. Techniques can be acquired by many, but not taste. I therefore think it is somewhat of a duty for an old *Quantengreis* to let himself be seen and heard as a part of the community of physics."[90]

Ein Manuskript von Paulis New Yorker Vortrag ist leider nicht erhalten, aber wir dürfen annehmen, daß er inhaltlich weitgehend mit Paulis Beitrag zum Pariser Elementarteilchenkongreß Ende April 1950 übereinstimmt (S. 83–92).

Bei dieser Gelegenheit erfuhr Pauli auch nähere Einzelheiten von den Rechnungen über Mesonenstreuung, die Feynmans Mitarbeiter Fritz Rohrlich durchgeführt hatte und die eine Beziehung zu den Arbeiten von Paul T. Matthews besaßen (S. 94f.), die Pauli bereits bei seiner Ankunft in Princeton eingehend studiert hatte. [1062, 1066] Bei der Anwendung der Renormalisierungsmethode auf dieses Problem war nämlich ein neuer Divergenztyp aufgetreten, der nur durch ein zusätzliches Glied in der Lagrangefunktion beseitigt werden konnte und der damit auch die Grenzen der Renormalisierungsmethode bei der Mesonentheorie aufzeigte. [1073, 1075, 1087]

Niels Bohrs Ankunft in Princeton Ende Februar 1950 gab Pauli nochmals Gelegenheit, mit ihm eingehend über den quantenmechanischen Meßprozeß zu

---

89 Dyson (1951a, b, c, d).
90 Aus einem unpublizierten Brief vom 16. Dezember 1949 aus dem Oppenheimer-Nachlaß.

diskutieren, über den Bohr am 20. März im Princetoner Seminar vorgetragen hatte (S. 59).

Während Paulis Aufenthaltes in Princeton bahnte sich eine engere und anhaltende Freundschaft mit dem Kunsthistoriker Erwin Panofsky an, der hier am *Institute* als Mitglied der *School of Humanistic Studies* umfangreiche Studien über Dürer und die Kunst in der Renaissance betrieb.[91] Panofsky förderte Paulis geistesgeschichtliche Interessen und regte seine Vorträge über Kepler und die Jungsche Archetypenlehre in Princeton an (S. 280ff.). Diese Beschäftigung neben der Physik sollte Pauli in den folgenden beiden Jahren ganz in ihren Bann schlagen (S. 18ff.).

Im weiteren Verlauf ihrer gemeinsamen Diskussionen rückte die Entstehung des Materiebegriffes in der mittelalterlichen Philosophie und wie sich der alte Gegensatz von Stoff und Form in den von Materie und Kraft in der neuzeitlichen Naturwissenschaft verwandelte, zunehmend in den Vordergrund.[92] In dem Auftreten solcher Gegensatzpaare, wie der Teil und das Ganze, physisch und psychisch, Geist und Materie, hell und dunkel, erblickte Pauli tief liegende Beziehungen zur Bohrschen Komplementaritätsvorstellung – als eines physikalischen Versuches zur Überwindung des Welle-Teilchen-Gegensatzpaares – und zur Jungschen Psychologie des Unbewußten. Besonders faszinierten Pauli hier die von ihm entdeckten Gemeinsamkeiten zwischen den alten Konzeptionen des Neuplatonismus und der Renaissancephilosophie[93] und den Begriffen der modernen Physik, die ihm auf einen solchen tieferen Zusammenhang hinzudeuten schienen (S. 373ff.). „Durch Bohr an das antimonische Denken gewöhnt, bin ich entschieden für die symmetrische Auffassung des Gegensatzpaares Geist-Materie und war von Fludds Bildern gefesselt, die *in der Mitte* das ‚Sonnenkind' entstehen lassen."[94] Ein Gedankenaustausch über derartige Fragen hat sich ebenfalls in einer regen und angeregten Korrespondenz mit Panofsky niedergeschlagen, die sich sowohl im Stil als auch in der Form merklich von seinen rein physikalischen Briefen unterscheidet.

Bevor Pauli am 12. April 1950 seine Rückreise nach Europa antrat, führte er noch ein langes Gespräch mit Oppenheimer über die unerfreulichen politischen Ereignisse jener Zeit. [1102] Die atomare Aufrüstung, die Spionageaffaire um Klaus Fuchs und die Koreakrise erregten damals die Öffentlichkeit und brachten Oppenheimer als Chairman des vom Präsidenten der Vereinigten Staaten für wissenschaftliche und technische Beratung im Jahre 1946 ernannten *General*

---

[91] Vgl. Panofsky [1943/71 und 1953a]. Eine autobiographische Schilderung seines Werdegangs ist im *Epilog* zu seinem Werk *Meaning of the visual arts* enthalten.

[92] Insbesondere konsultierte Pauli dazu Clemens Bäumkers gelehrtes Werk [1890] über *Das Problem der Materie bei den Griechen* und die Schriften seines „Lieblingsautors" Arthur Schopenhauer.

[93] Ganz besonders schätzte Pauli auch die Schriften des Renaissanceforschers Richard Hönigswald [1923, 1938].

[94] Pauli in einem Schreiben vom 5. Mai 1953 an C.-F. von Weizsäcker. Siehe hierzu auch die Darstellung auf der Tafel III in Paulis Keplerstudie (1952a, S. 148).

Advisory Committee zunehmend in Bedrängnis.[95] Vergeblich versuchte Pauli ihn zur Einstellung seiner politischen Aktivitäten in Washington zu bewegen. [1120]

Während der eine Woche dauernden Schiffsreise bereitete Pauli seinen Vortrag für die Pariser Konferenz über Elementarteilchen vor, die er direkt im Anschluß an seine Reise besuchte (S. 92f.). Anfang Mai war er wieder in Zürich und konnte rechtzeitig mit seinen angekündigten Vorlesungen über *Thermodynamik und kinetische Gastheorie* und über *Spezielle Probleme der Feldquantisierung* beginnen.[96]

6. Paulis Tätigkeit als Vorstand
der Abteilung für Mathematik und Physik

Die Erfahrungen der letzten Jahre und der Aufenthalt in Amerika hatten offenbar einen grundlegenden Wandel in Paulis Einstellung zu seiner Hochschule und zu ihrer Verwaltung herbeigeführt. Seine wissenschaftliche Prominenz und die sich häufenden Anerkennungen und Auszeichnungen durch die wissenschaftlichen Akademien, Gesellschaften und Organisationen (S. 115) erleichterten ihm ein solches Verhalten, weil er nun ungeachtet seiner oft kritischen und ironischen Bemerkungen mit einem größeren Entgegenkommen seitens seiner Umgebung rechnen konnte. Man hatte inzwischen erkannt, daß Paulis Kritik immer sachbezogen war und von ihm als ein notwendiges Mittel des wissenschaftlichen Austauschs und des menschlichen Umgangs angesehen wurde.

Trotz seiner großen Abneigung gegen alle Bürokratie beteiligte sich Pauli zunehmend an den Verwaltungsproblemen der ETH und zeigte bei den Verhandlungen mit den anderen Mitgliedern der mathematisch-physikalischen Abteilung eine größere Kompromißbereitschaft. Unter diesen befanden sich auch verschiedene Dozenten, die einst seine Rückkehr in die Schweiz als untragbar erachtet hatten und die nun auch sein klares Urteil und seine umsichtige Handlungsweise schätzen lernten. Franz Tank berichtete einmal in einem Gespräch, wie erstaunt jetzt seine Kollegen über Paulis administrative Fähigkeiten waren. Sie hätten sogar vermutet, Pauli habe diese Eigenschaften absichtlich verborgen, weil er sich nicht von seiner wissenschaftlichen Tätigkeit ablenken lassen wollte.

Bei den Abteilungskonferenzen trafen sich die Professoren der Mathematik und Physik, um über die akademischen und organisatorischen Probleme des mathematisch-physikalischen Hochschulunterrichtes zu beraten und die Zensuren festzulegen, welche die Studenten bei ihren Examen und Abschlußprüfungen erzielten (S. 667). Am 6. Juli 1950 wurde Pauli bei einer solchen Konferenz für die nächsten zwei Jahre einstimmig zum Abteilungsvorstand gewählt.[97] Während

---

[95] Siehe hierzu Stern und Green [1969] und die 1990 erschienene Teller-Biographie von Stanley A. Blumberg und Louis G. Panos.

[96] Beide Vorlesungen liegen im Druck vor (vgl. Anm. 52). Seiner (im Wintersemester 1950/51 fortgesetzten) Vorlesung über Feldquantisierung ist ein Anhang über den *Feynmanschen Zugang zur Quantenelektrodynamik* angefügt.

[97] Vgl. Glaus et al. [1996, III. 43]. Außerdem war Pauli jetzt auch als Vizepräsident der *Schweizerischen Physikalischen Gesellschaft* vorgeschlagen worden. [1390]

dieser Periode wurden an der ETH zahlreiche Diplom- und Doktorarbeiten fertiggestellt, bei denen Pauli als Referent oder Koreferent mitgewirkt hat.[98] Ebenso war Pauli an einer Neuorganisation des mathematischen Unterrichts beteiligt, über die er im Januar 1951 beim Schulrat berichtete, und an einer Neufassung der *Ratschläge für die Studierenden der Abteilung für Mathematik und Physik*. Der von der Abteilung empfohlene Vorschlag zur Errichtung einer neuen Professur für angewandte Mathematik mußte dagegen aus hochschulpolitischen Gründen vorerst vom Schulrat zurückgestellt werden.

7. Physik und Physikerkonferenzen in den frühen 50er Jahren

Außer an der bereits erwähnten Pariser Elementarteilchenkonferenz Ende April 1950 (S. 83ff.) hat Pauli auch an fast allen anderen größeren internationalen Veranstaltungen dieser Jahre teilgenommen, die sich mit Fragen der Feld- und Elementarteilchenphysik befaßten. Durch seine Kontakte zu verschiedenen italienischen Physikern, die an der ETH in Zürich entweder ihr Physikstudium abgeschlossen oder dort vorübergehend gearbeitet hatten,[99] erhielt er häufig die Gelegenheit, Italien zu besuchen und dort an Kongressen teilzunehmen. Im September 1950 besuchte er zusammen mit einigen seiner Schüler den 36. Kongreß der *Società Italiana di Fisica* in Bologna (S. 162) und im März 1953 eine Konferenz in Turin über nicht lokale Feldtheorien, an denen er seit dem Sommer 1952 stark interessiert war (S. 636).

Den Plan zum Besuch der großen, von seinem indischen Schüler Homi Bhabha organisierten Konferenz über Elementarteilchen in Bombay im Dezember 1950 gab Pauli jedoch wieder auf, weil ihn die Nachricht von Flugzeugabstürzen in den Alpen von einer längeren Flugreise nach Indien abschreckte. [1157, 1178] Dafür reiste er aber im Wintersemester 1952/53 mit einem Passagierschiff von London nach Bombay, um dort am Tata-Institut Vorlesungen zu halten und anschließend gemeinsam mit seiner Frau das Land zu bereisen. So erfüllte sich auch sein schon lange gehegter Wunsch, Indien und seine Kultur näher kennen zu lernen (S. 787).

Wie in alten Zeiten, so wurden auch in den 50er Jahren weiterhin die Physikertreffen im Kopenhagener Bohr-Institut und die Brüsseler Solvay-Kongresse veranstaltet. Obwohl Pauli am 13. Dezember 1950 zum Mitglied des *Conseil Scientifique* des Solvay-Instituts für Physik ernannt worden war, hat er seinen Besuch der 9. Solvay-Konferenz Ende September 1951 offenbar nur zu Gesprächen mit seinem erkrankten und bald darauf verschiedenen Freund Kramers genutzt; an den eigentlichen wissenschaftlichen Sitzungen hat er damals nicht teilgenommen (S. 369).

---

[98] Im Jahre 1952 haben Igal Talmi und Armin Thellung bei Pauli promoviert. Außerdem wirkte Pauli 1951 bei Scherrers Doktoranden Valentin Telegdi, Ibrahim Fahti Hamouda, Saleh Selim-Younis, Pierre Marmier, Jean Pierre Blaser und Felix Boehm, und 1952 bei Amos de Shalit, Ambuj Mukherji und Hans Aeppli als Koreferent mit. Paulis Gutachten sind bei Glaus et al. [1996] wiedergegeben.

[99] Es bestanden besonders gute Beziehungen zu Edoardo Amaldi, Bruno Ferretti, Gilberto Bernardini, Piero Caldirola und Mario Verde. [880] Letzterer hatte an der ETH studiert und sich im Mai 1950 hier habilitiert, bevor er einen Ruf an die Universität in Turin erhielt.

In der zweiten Juliwoche 1951 hatte Bohr zu einer Konferenz über die Probleme der Quantentheorie eingeladen (S. 338f.), zu der sich etwa 100 Teilnehmer anmeldeten. Mit Kramers Unterstützung, der Ende März 1951 auch in Kopenhagen zu Besuch war, hatten Bohr und sein damaliger Mitarbeiter Christian Møller das Programm zusammengestellt. Vier Tage lang wurde über Mesonen, Kernphysik und Feldtheorie vorgetragen und diskutiert. Die Einführungsvorträge hielten Niels Bohr und sein Sohn Aage, Powell, Wick, Bethe, Nordheim, Weisskopf, Rosenfeld, Møller und Brillouin. Pauli, der in Begleitung seines Assistenten Schafroth kam, hatte diesmal auch hier keines der Referate übernommen. Den letzten Tag hatte Bohr für eine Diskussion über Komplementarität reserviert.

Wir können annehmen, daß Pauli bei dieser Gelegenheit bereits den neuen Interpretationsversuch von David Bohm erwähnte. Bevor Bohm seine bekannte Abhandlung über die *hidden variables* am 5. Juli 1951 beim *Physical Review* einlieferte, hatte er nämlich ein vorläufiges Manuskript an Pauli geschickt [1263], den er während seines letzten Aufenthalts in Princeton kennengelernt hatte. Nach Paulis Abreise im April 1950 hatte Bohm einen Briefwechsel mit Pauli aufgenommen, der jedoch seine Ideen ablehnte und sie später sogar ein „Fastplagiat" der einst so erfolgreich von ihm bekämpften Anschauungen de Broglies nannte (S. 340ff.). In seinem Beitrag zur Festschrift für Louis de Broglie (S. 527) erläuterte Pauli seine Einwände gegen Bohms „Parametermythologie" im Einzelnen.

Im Zusammenhang mit dieser Auseinandersetzung mit Bohm stehen auch die Vorlesungen über die Theorie der quantisierten Felder, die Pauli im Frühjahr 1952 in Paris am *Institut Henri Poincaré* gehalten hat (S. 514f.). Die Einladung war durch den de Broglie-Schüler Jean-Pierre Destouches erfolgt, der schon am Anfang des Jahres Pauli in Zürich aufgesucht und mit ihm den Inhalt und die Form der Vorträge besprochen hatte. Im Anschluß an diese allgemeinen Vorträge ergriff Pauli nämlich die Gelegenheit, seinen Standpunkt gegenüber L. de Broglie und D. Bohm nochmals klarzulegen [1391].[100]

Eine weitere internationale Physikerkonferenz fand in Kopenhagen vom 3.– 19. Juni 1952 im Rahmen einer Veranstaltung des *Council of Representatives of European States for Planning an International Laboratory* statt, die die Gründung von CERN vorbereitete (S. 635).[101] Pauli kam diesmal in Begleitung des neuen Schweizer *infant prodigy* Kurt Alder, der damals bei Scherrer an einer Doktorarbeit über Richtungskorrelationen von Kernstrahlungen arbeitete [1332] und nun einen halbjährigen Studienaufenthalt in Kopenhagen verbringen

---

[100] Siehe hierzu auch die Anlage zum Brief [1313].

[101] Das Kopenhagener Institut publizierte einen maschinengeschriebenen *Report* [1953], in dem kurze Zusammenfassungen der einzelnen Beiträge und die Diskussionsbemerkungen wiedergegeben sind. Pauli beteiligte sich nur an den Diskussionen des Beitrags über die Renormalisierung in der Quantenelektrodynamik seines Schülers Källén, und an denen der Beiträge von Pais (1952d) und Møller (1952) über nicht lokale Feldtheorien.

wollte;[102] Pauli nahm jedoch nur an den feldtheoretischen Vorträgen teil und reiste schon am 15. Juni wieder nach Zürich zurück [1419].[103]

Zu einer ganz neuartigen Einrichtung wurden die durch die amerikanischen Vorbilder inspirierten Sommerschulen von *Les Houches*, die seit 1950 in der Nähe von Chamonix alljährlich veranstaltet und zum bevorzugten Treffpunkt gerade der jüngeren Physikergeneration wurden.[104] Pauli gehörte ebenso wie seine Schüler und Assistenten zu ihren frühen Teilnehmern und Veranstaltern, und beteiligte sich mit verschiedenen Vorlesungsreihen (S. 693). Im August 1952 hielt Pauli hier ein spezielles Seminar über Zeitumkehr, in dem er bereits ein Thema anschnitt, das später als CPT-Invarianz bekannt wurde.

Pauli beteiligte sich aber auch an den Veranstaltungen seiner Hochschule und an den Tagungen anderer lokaler Gesellschaften wie die der *Schweizerischen Physikalischen Gesellschaft* und der *Naturforschenden Gesellschaft Zürich*. Ein besonderer Erfolg war der im April 1951 von Ferdinand Gonseth unter dem Motto *Theorie und Erfahrung* veranstaltete Züricher Philosophenkongreß (S. 279f.), bei dem Pauli als Mitglied des Organisationskomitees mitwirkte. Pauli lieferte auch einen Beitrag, in dem er auf die Rolle der „präexistenten inneren Bilder" beim Erkenntnisprozeß einging, und der in einem engeren Zusammenhang mit der weiter unten beschriebenen Kepler-Studie stand.[105] Während einer Veranstaltung der *Naturforschenden Gesellschaft* in Zürich am 28. Januar 1952 wählte Pauli zum ersten Mal auch ein physikhistorisches Vortragsthema, indem er über die Geschichte des periodischen Systems sprach (S. 438f.). [1342] Später hat er diesen Vortrag als Beitrag zur im Juli 1954 veranstalteten großen Rydberg-Feier in Lund ausgearbeitet. In Bern, während einer weiteren Versammlung der *Naturforschenden Gesellschaft*, hat Pauli am 24. August 1952 schließlich auch noch über den Begriff der Wahrscheinlichkeit referiert, den er auch in seinen Briefen und Gesprächen mit Markus Fierz und Barthel van der Waerden einer kritischen Überprüfung unterzog. [1444, 1448, 1452]

8. Paulis Keplerstudie und ihre Beziehungen
zur Psychologie des Unbewußten von C. G. Jung

Während der in diesem Band behandelten Periode 1950–1952 hat Pauli neben seiner Physik mit großer Intensität seine psychologischen und philosophischen Interessen weiter verfolgt. Das geht deutlich aus dem hier vorliegenden Briefwechsel hervor. Unter den 429 hier wiedergegebenen Briefen sind allein

---

[102] Alder (1953). Siehe hierzu auch Paulis Schreiben vom 26. August 1952 an den Schulratspräsidenten Pallmann, der bei Glaus et al. [1996] wiedergegeben ist.

[103] Die restlichen Vorträge waren verschiedenen Vorschlägen von Robert Wilson, Jim M. Cassels, Frank Kenneth Goward, Edouard Regenstreif, Hannes Alfen und anderen für den Bau von Beschleunigungsanlagen gewidmet. Vgl. hierzu Hermann et al. [1987, S. 480f.].

[104] Siehe die Berichte der Teilnehmer Weisskopf (1951) und Luttinger (1952).

[105] Pauli (1952c). Ein Manuskript dieses Beitrags ist auch im *Pauli-Nachlaß* 6/72 in der Mappe *Philosophischer Kongreß Zürich 1952* abgelegt.

114 Briefe, die Pauli mit Carl Gustav Jung und dessen Mitarbeiterinnen Marie-Louise von Franz, Aniela Jaffé und mit seinem Freund Carl Alfred Meier austauschte. Dazu kommen 31 Briefe historisch-philosophischen Inhalts und Paulis umfangreiche Korrespondenz mit Markus Fierz, die neben der Physik auch philosophische und psychologische Fragen behandelt. Dieser ungewöhnlich große Anteil nicht-physikalischer Briefe wird in den anschließenden Teilbänden wieder geringer.

Über Paulis psychologischen Aktivitäten waren nur einige ihm besonders nahestehende Physiker genauer orientiert, weshalb dieser Bereich seines wissenschaftlichen Denkens bei seinen eigenen Fachkollegen meist ignoriert oder mißverstanden wurde. Max Born beispielsweise zeigte für Paulis philosophische Auffassungen kein Verständnis:[106] „Ich hatte auch ein oder zwei längere Gespräche mit Pauli bei Besuchen in Zürich auf Spaziergängen im Wald. Der dabei hervortretende mystische Zug seines Denkens hat mich damals recht gewundert. Meine Bedenken gegen seine Einstellung sind nicht nur sachlich, sondern auch persönlich. Warum hat er sich gerade nur Jung angeschlossen und dessen Terminologie benutzt: bloß weil dieser am selben Ort war? Auf mich macht das den Eindruck, als wenn er doch nicht so unbestechlich objektiv gewesen wäre, sondern persönlichen Einflüssen zugänglich. Als ich jung war, kam ich auch eine Zeit lang unter den Einfluß von Edmund Husserl, habe diesen dann aber rechtzeitig abgeschüttelt. Ich sage das, obwohl ich mir Paulis geistiger Überlegenheit völlig bewußt bin. Immerhin kenne ich einen oder zwei Fälle, wo er ein vollkommen falsches Urteil gehabt hat.“

Selbst von dem ihm in allen anderen wissenschaftlichen Fragen so verwandten Niels Bohr fühlte sich Pauli in diesem Punkte mißverstanden [983]. Pauli wies Anfang 1953 darauf hin, daß Bohr in letzter Zeit immer häufiger den Begriff der *Ganzheit* im Zusammenhang mit der Komplementarität verwende. „Letzteres geschieht, wenn er von der Ganzheit und Unteilbarkeit einer in der Quantenmechanik betrachteten Versuchsanordnung spricht. Diese Ganzheit und Unteilbarkeit will er in die Definition des *Phänomens* mit aufnehmen, da die Beobachtung die Verbindung der Phänomene *irrational* unterbricht. Es ist diese Irrationalität der Beobachtung, welche die ψ-Funktion verhindert, *platonisch* – d. h. in einem *metaphysischen Raum* – zu bleiben. Durch sie wird die *Wirklichkeit* der ψ-Funktion symbolisiert.“ Bohr habe nun den physikalischen Komplementaritätsbegriff als ein *allgemeines Modell für Konfliktlösung, für Vereinigung der Gegensatzpaare* eingeführt und dabei die Rolle der *Beobachtung* gegenüber der des *Unbewußten* zu sehr in den Mittelpunkt gestellt. Pauli forderte dagegen, daß „das die Wirklichkeit gültig und adäquat ausdrückende Symbol vielmehr – anders als die klassische Physik und z. B. der Feldbegriff – den irrationalen Eingriff der Beobachtung und seine Folgen als Potentialität bereits *mit*-ausdrücken“ müsse.[107]

---

[106] M. Born in einem Brief vom 18. März 1960 an Heisenberg.

[107] Aus Paulis Betrachtungen über *„Das Ganzheitsstreben in der Physik und der Konflikt Naturwissenschaft – gefühlsmäßig-intuitive Gegenposition“*, die Pauli einem Brief an M. Fierz vom 13. Januar 1953 beigefügt hatte.

Zu den wenigen Physikern, mit denen Pauli schriftlich und mündlich diese z. T. noch unausgereiften psychologischen und erkenntnistheoretischen Fragen eingehend diskutierte, gehörte Markus Fierz. Fierz weist allerdings auf die Gefahr hin, solche auch in der Korrespondenz noch erhaltene Gedanken fehlzudeuten:[108] „Daß Paulis Ansichten in zahlreichen Publikationen verzerrt werden, war zu erwarten. Die Menschen lieben Verzerrungen und Legenden. Die Überlieferung ist ja stets fragmentarisch, den Quellen mangelt der Kontext, und dieser besteht wesentlich aus einstmaliger Geisteshaltung und den die Vorgänge begleitenden Gefühlsregungen, die man sich später kaum mehr vorstellen kann. Der Paulische Briefwechsel ist freilich eine Quelle. Aber wußte ich stets, was er meinte? Und hätte er es selber immer gewußt, so hätte er mir vielleicht gar nicht geschrieben. Es schwebte uns etwas vor, was wir zu fassen trachteten:[109]

> Und was in schwankender Erscheinung schwebt,
> Befestiget mit dauernden Gedanken!

So gar dauernd brauchen die Gedanken gar nicht zu sein, wenn nur die Sache nicht gänzlich in der Schwebe bleibt. Denn nun kann man ja anfangen Nachzudenken. – So gesehen ist es falsch, in dieser Korrespondenz nach den ‚Ansichten von Pauli und Fierz‘ zu suchen, denn wir selber sind ja auf der Suche und versuchten uns Ansichten zu bilden." Auch Pauli hat in diesem Sinne 1957 in einem Gespräch mit dem Parapsychologen Hans Bender den schwebenden Charakter von Äußerungen in Briefen, „auf die man nicht festgenagelt werden will …", gegenüber der endgültigen und mehr definitiven Fassung einer Publikation hervorgehoben.[110] Gerade deshalb sind die Äußerungen in den Briefen für die Entstehungsgeschichte wissenschaftlicher Ideen von so außerordentlicher Bedeutung.

Durch die jetzt zutage getretene umfangreiche psychologische Korrespondenz müssen Paulis Ideen im Kontext der Jungschen Psychologie und in ihrer Beziehung zu seinen physikalisch-erkenntnistheoretischen Auffassungen in einem neuen Licht betrachtet werden. Aus den Briefen geht hervor, daß Pauli sich vor allem für die Psychologie der naturwissenschaftlichen Begriffsbildung (S. 375) interessierte und bei seinen Studien auf das gleichzeitige Auftreten verwandter Begriffsbildungen in Physik und Psychologie aufmerksam geworden war.[111] Er ging sogar soweit, die Entdeckung seines Ausschließungsprinzips mit dem Übergang von einer *trinitarischen* zu einer *quaternären* Grundeinstellung in Zusammenhang zu bringen, ebenso wie er den umgekehrten Prozeß auch in der historischen Entwicklung bei Johannes Kepler und dem englischen Mystiker Robert Fludd ausfindig gemacht hatte (S. 375).

---

[108] In einem Brief vom 13. Mai 1995 an den Herausgeber.

[109] Faust, Prolog im Himmel.

[110] Aus einem am 30. April 1957 in Freiburg i. Br. geführten Gespräch zwischen Pauli und Bender. Vgl. das in den historischen Sammlungen der ETH in Zürich aufbewahrte Transkript Hs. 1056a: 51.

[111] Insbesondere hat Pauli in seinen Briefen und Schriften auf das gleichzeitige Auftreten des physikalischen Feldbegriffes und der Psychologie des Unbewußten hingewiesen (S. 151ff., 194, 377). Vgl. auch Paulis Aufsätze über *Physik und Erkenntnistheorie* [1961/84, S. 113, 125]

Obwohl Paulis Bekanntschaft mit C. G. Jung und sein dadurch angeregtes Interesse an der Psychologie bis in die frühen 30er Jahre zurückreicht, ist er mit seinen eigenen Auffassungen erst nach seiner Rückkehr aus Amerika an die Öffentlichkeit getreten. Schon während seiner früheren Aufenthalte in Kopenhagen hatte Pauli von den Ergebnissen des dänischen Zoologen Johannes Schmidt über die Wanderungen der Aale gehört, die auf einen angeborenen Orientierungssinn hindeuteten. Solche bereits vor dem Denken vorhandene Instinkte der Vorstellung, die der bewußten Ausarbeitung der Ideen vorangehen, sollten nach Pauli auch als *Projektion unbewußter Inhalte* beim naturwissenschaftlichen Erkenntnisprozeß im Spiel sein. [534] Das Unbewußte wurde von Pauli in einem übertragenem Sinne als *ein ‚geheimes Laboratorium'* betrachtet, „in welchem der Individuationsprozeß vor sich geht."[112]

Als besonderes Beispiel hat Pauli diesen Vorgang dann bei Kepler untersucht, für dessen zahlenmystische Spekulationen schon sein Lehrer Arnold Sommerfeld eine Vorliebe besaß.[113] Über das Ergebnis seiner in Diskussionen mit Jung, dessen Mitarbeitern und insbesondere auch mit dem Kunsthistoriker Erwin Panofsky in Princeton vertieften Auffassungen (S. 281) hat Pauli zum ersten Mal im Februar 1948 im *Psychologischen Club* in Zürich vorgetragen (S. 18f.). Während seines dritten Princeton-Aufenthaltes hat Pauli dort seine inzwischen erweiterte Keplerstudie im Februar 1950 vor einem breiten Kreis von Fachleuten verschiedener Disziplinen wiederholt; und er fand soviel Zustimmung, daß er nun nach seiner Rückkunft in Zürich an eine Veröffentlichung denken konnte.

Bei der Ausarbeitung und Fertigstellung des Manuskriptes wurde er besonders durch die philologisch geschulte Jung-Schülerin Marie-Louise von Franz unterstützt, mit der er über das Thema ausgiebig diskutierte und korrespondierte, und von der er sich bei der Übersetzung der lateinischen Texte helfen ließ (S. 19f.). Parallel zu diesen Arbeiten entwickelte Jung seine Synchronizitätsidee als ein die Kausalität transzendierendes Prinzip und ließ sich durch Pauli über die physikalische Seite seiner Auffassung unterrichten (S. 53ff.). Die *Zusammenfassung* am Ende von Jungs Synchronizitätsaufsatz betrachtete Pauli als „Jungs geistiges Testament, das von der speziellen ‚analytischen Psychologie' wegdrängt in die Naturphilosophie im Allgemeinen und in das psycho-physische Problem im Besonderen." [1417] Nachdem Pauli und Jung ihre Arbeiten im Sommer 1951 nahezu abgeschlossen hatten, entstand der Plan einer gemeinsamen Buchveröffentlichung. Im Juni 1952 erschien schließlich das gemeinsame Werk unter dem von Pauli vorgeschlagenen Titel (S. 351) *Naturerklärung und Psyche* im Druck.

Als ein profunder Kenner der Jungschen Psychologie des Unbewußten hat Pauli nicht nur Jungsche Ideen in seinem eigenen Denksystem eingebaut, son-

---

[112] Aus einem Schreiben vom 18. Juli 1954 an M.-L. von Franz. Siehe hierzu auch den Kommentar auf S. 245ff. Insbesondere hat Pauli sich auch später mit dem in seinen Träumen immer häufiger wiederkehrenden *Spiegelkomplex* befaßt, dem er dann im Zusammenhang mit den daraufhin bekannt gewordenen Experimenten über die Verletzung der Spiegelsymmetrie eine tiefere Bedeutung beimaß.

[113] In der frühen Zeit der Quantentheorie, als Sommerfeld seine Ellipsenvereine als Modell für die Bewegungszustände der Atomelektronen einführte, ließ er sich von solchen Harmonievorstellungen leiten. Pauli hat auf dieses *innere Gefühl für Harmonie* seines Lehrers auch in seinem Nobelvortrag hingewiesen.

dern auch Jung entscheidende Impulse insbesondere zur Vertiefung seiner Synchronizitätsidee erteilt. Bei der gemeinsamen Auseinandersetzung über die Synchronizität und ihre Bedeutung in der Physik war es zu einer engeren Abstimmung ihrer Vorstellungen gekommen, die zur Klärung einiger wesentlicher Begriffe der Jungschen Vorstellungen beitrug und die auch Pauli in den folgenden Jahren zu einer konstruktiven Weiterbildung dieser Ideen einluden.

I. Das Jahr 1950

Auseinandersetzung mit Heisenbergs neuer Theorie
der Elementarteilchen und die Pariser Konferenz

[1113]	Pauli an Rohrlich	Zürich	24. Mai	1950
[1114]	Pauli an Sommerfeld	Zürich	24. Mai	1950
[1115]	Heisenberg an Pauli	Göttingen	24. Mai	1950
[1116]	Fierz an Pauli	Basel	29. Mai	1950
[1117]	Pauli an Fierz	Zürich	1. Juni	1950
[1118]	Pauli an Fierz	Zürich	2. Juni	1950
[1119]	Pauli an Jung	Zollikon-Zürich	4. Juni	1950
[1120]	Pauli an Bohr	Zürich	6. Juni	1950
[1121]	Pauli an Gustafson	Zürich	6. Juni	1950
[1122]	Pauli an Pais	Zürich	6. Juni	1950
[1123]	Pauli an Philips	Zürich	9. Juni	1950
[1124]	Pauli an Yang	Zürich	13. Juni	1950
[1125]	Pauli an Strauss	Zürich	19. Juni	1950
[1126]	Fierz an Pauli	Basel	20. Juni	1950
[1127]	Jung an Pauli	Küsnacht-Zürich	20. Juni	1950
[1128]	Fierz an Pauli	Basel	21. Juni	1950
[1129]	Fierz an Pauli	Basel	22. Juni	1950
[1130]	Pauli an Jung	Zollikon-Zürich	23. Juni	1950
[1131]	Pauli an Fierz	Zürich	24. Juni	1950
[1132]	Fierz an Pauli	Basel	26. Juni	1950
[1133]	Jung an Pauli	Küsnacht-Zürich	26. Juni	1950
[1134]	Fierz an Pauli	Basel	27. Juni	1950
[1135]	Yang an Pauli	Princeton	27. Juni	1950
[1136]	Pauli an Fierz	Zürich	28. Juni	1950
[1137]	Pauli an Jaffé	Zollikon-Zürich	29. Juni	1950
[1138]	Strauss an Pauli	London	2. Juli	1950
[1139]	Pauli an Strauss	Zürich	4. Juli	1950
[1140]	Pauli an Yang	Zürich	4. Juli	1950
[1141]	Pauli an Fierz	Zürich	5. Juli	1950
[1142]	Pauli an Heisenberg	Zürich	10. Juli	1950
[1143]	Jaffé an Pauli	Zürich	10. Juli	1950
[1144]	Pauli an Fierz	Zürich	27. Juli	1950
[1145]	Pauli an Meier	Zollikon-Zürich	1. August	1950
[1146]	Pauli an Jaffé	Zollikon-Zürich	2. August	1950
[1147]	Pauli an Pais	Zürich	17. August	1950
[1148]	Jaffé an Pauli	Zürich	17. August	1950
[1149]	Yang an Pauli	Rochester	17. August	1950
[1150]	Pauli an Jaffé	Zollikon-Zürich	19. August	1950
[1151]	Pauli an Fierz	Zürich	26. August	1950
[1152]	Pauli an Fierz	Zürich	4. September	1950
[1153]	Pauli an Seligman	Genua	24. September	1950
[1154]	Jaffé an Pauli	Zürich	25. September	1950
[1155]	McConnell an Pauli	Pittsburgh	28. September	1950
[1156]	Pauli an Emma Jung	Zollikon-Zürich	Oktober	1950
[1157]	Pauli an Panofsky	Zürich	1. Oktober	1950
[1158]	Pauli an Bohr	Zürich	3. Oktober	1950
[1159]	Pauli an Jaffé	Zollikon-Zürich	12. Oktober	1950
[1160]	Panofsky an Pauli	Princeton	16. Oktober	1950
[1161]	Pauli an Jaffé	Zollikon-Zürich	20. Oktober	1950
[1162]	Jaffé an Pauli	Zürich	20. Oktober	1950
[1163]	Pauli an Panofsky	Zürich	23. Oktober	1950

[1164]	Jung an Pauli	Küsnacht-Zürich	8. November 1950
[1165]	Jaffé an Pauli	Zürich	15. November 1950
[1166]	Pauli an Jaffé	Zollikon-Zürich	16. November 1950
[1167]	Pauli an Emma Jung	Zollikon-Zürich	16. November 1950
[1168]	Pauli an Thellung	Zürich	20. November 1950
[1169]	Montet an Pauli	Corseaux-Vevey	20. November 1950
[1170]	Pauli an Jung	Zollikon-Zürich	24. November 1950
[1171]	Jaffé an Pauli	Zürich	26. November 1950
[1172]	Pauli an Jaffé	Zollikon-Zürich	28. November 1950
[1173]	Jung an Pauli	Bollingen	30. November 1950
[1174]	Jaffé an Pauli	Zürich	2. Dezember 1950
[1175]	Jaffé an Pauli	Zürich	3. Dezember 1950
[1176]	Pauli an Jaffé	Zollikon-Zürich	6. Dezember 1950
[1177]	Gustafson an Pauli	Lund	7. Dezember 1950
[1178]	Pauli an Panofsky	Zürich	11. Dezember 1950
[1179]	Pauli an Jung	Zürich	12. Dezember 1950
[1180]	Pauli an Gustafson	Zürich	15. Dezember 1950
[1181]	Pauli an von Kahler	Zürich	15. Dezember 1950
[1182]	Pauli an Oppenheimer	Zürich	15. Dezember 1950
[1183]	Jung an Pauli	Küsnacht-Zürich	18. Dezember 1950
[1184]	Pauli an Jensen	Zürich	19. Dezember 1950
[1185]	Pauli an Dyson	Zürich	20. Dezember 1950
[1186]	Pauli an Jensen	Zürich	20. Dezember 1950
[1187]	Bohr an Pauli	Kopenhagen	23. Dezember 1950
[1188]	Pauli an Fierz	Zürich	25. Dezember 1950

In den frühen 50er Jahren ist Pauli die anerkannte Autorität auf dem Gebiete der Quantenfeldtheorie. Forscher aus allen Teilen der Welt suchen ihn in Zürich auf, um hier mit ihm und seinen Mitarbeitern über die neuesten Entwicklungen auf diesem Gebiete zu diskutieren. Besonders eng aber sind weiterhin seine Kontakte zu Princeton, wo sich im Umkreis von Oppenheimer eine Gruppe von theoretischen Physikern eingefunden hatte, die sich ebenfalls vorwiegend mit der Feldtheorie beschäftigten. Dadurch, daß Pauli selbst und viele seiner Schüler kürzere oder längere Forschungsaufenthalte in Amerika verbrachten, wurde für eine ausgezeichnete Abstimmung dieser Forschungstätigkeiten gesorgt.

Die einst so fruchtbare Zusammenarbeit mit Heisenberg und anderen deutschen Physikern kam dagegen erst viel langsamer wieder in Gang. Noch immer überschatten die Geschehnisse der nationalsozialistischen Vergangenheit und die Auswirkungen des Krieges die persönlichen Beziehungen. Nur mit großer Zurückhaltung besuchte Pauli die zu Walter Bothes 60. Geburtstag im Juli 1951 in Heidelberg einberufene Physikerveranstaltung, obwohl der ihm freundschaftlich verbundene Hans D. J. Jensen ihn eingeladen und ihm die Mitgliedschaft der *Heidelberger Akademie der Wissenschaften* angetragen hatte [1184].

Der persönliche Gedankenaustausch mit seinem einstigen Studienfreund Heisenberg war ins Stocken geraten. Als Heisenberg im Februar 1950 seine neue Theorie der Elementarteilchen Pauli zuschickte [1078], verhielt sich Pauli äußerst ablehnend [1088]. Nachdem er darin schwerwiegende von ihm als „haarsträubend" bezeichnete Mängel entdeckt hat, die durch eine Untersuchung von Fierz bestätigt werden [1116], bricht vorübergehend die Verbindung gänzlich ab. Erst durch den Gedankenaustausch mit Heisenbergs Schülern wird der wissenschaftliche Dialog im Laufe der Zeit wiederbelebt.[1]

Über Princeton und durch seine ehemaligen Schüler und Assistenten Kemmer, Peierls und Rosenfeld unterhielt Pauli auch die Verbindung zur britischen Nachkriegsforschung. Nach seinem Aufenthalt in Cornell und Princeton war Freeman J. Dyson – trotz attraktiver Angebote verschiedener amerikanischer Universitäten – im Herbst 1949 mit einem Stipendium wieder in seine englische Heimat zurückgekehrt, um dort am *Department of Mathematical Physics* der Universität von Birmingham mit Rudolf Peierls zusammenzuarbeiten. Obwohl er noch immer keinen Ph.D. erworben hatte (weil er wegen seines häufigen Wechsels die vorgeschriebene Inskriptionsdauer nicht erfüllte), war er dort von Bethe als der beste theoretische Physiker seit Dirac empfohlen worden.[2] Vor Antritt seiner Stellung in Birmingham hatte er im September 1949 an dem von der *Schweizerischen Physikalischen Gesellschaft* organisierten internationalen Physikerkongreß über Kernphysik und Quantenelektrodynamik in Basel und Como[3] teilgenommen, wo ihn Pauli näher kennenlernte.[4]

Die Kunde von Dysons beabsichtigter Rückkehr nach England hatte sich rasch herumgesprochen. Als Léon Rosenfeld sich bemühte, ihn für Manchester zu gewinnen, lehnte Dyson jedoch ab:[5] "I have arranged to settle down at Birmingham at least for one year after my return to England, and so am not at present available for a position at Manchester. No doubt when I am at Birmingham I shall be coming over to Manchester from time to time, and I hope then to see you, and discuss the problems of physics and the problem of possible appointments in the future." Im gleichen Schreiben berichtete Dyson auch über die Arbeiten die damals am *Institute for Advanced Study* in Princeton ausgeführt wurden: "You have probably heard from Pais about the things that are going on here; most of us are busily making calculations and hoping that the existing field theories will be enough to reduce mesons and nuclear forces to order, when the higher-order radiative effects are taken seriously; Pais himself however is more ambitious, and is developing a totally different kind of field theory, as yet only in the very preliminary stages.[6] Certainly the present is a fine time to be doing theoretical physics: the field is wide open."

Der als Sohn eines Missionars in Indien aufgewachsene Paul T. Matthews – er war im Alter von sechs Jahren nach Cambridge gekommen und hatte hier eine ausgezeichnete mathematisch-physikalische Ausbildung erhalten[7] – gehörte mit Freeman J. Dyson, Richard Henry Dalitz und Abdus Salam zu der durch Dirac und Kemmer geprägten jungen englischen Physikerelite, welche die weitere Entwicklung der theoretischen Physik der 50er Jahre wesentlich mitbestimmen sollte.

Durch Kemmer wurde Matthews auf Dysons Arbeiten zur Renormierung der Quantenelektrodynamik aufmerksam gemacht. Kemmer empfahl ihm, das gleiche Verfahren auch auf die Mesonentheorien mit starker Kopplung auszudehnen. Matthews konnte daraufhin in seiner Dissertationschrift zeigen, daß das Renormierungsverfahren nur für eine begrenzte Klasse von Mesonentheorien zulässig ist: für die neutrale Vektormesonentheorie und für solche skalaren Theorien, deren Kopplungsterme keine Ableitungen enthalten.[8] Daß diese Einschränkungen zu eng waren, wurde allerdings erst später durch die Untersuchungen von Chen Ning Yang und Robert L. Mills[9] erkannt.

Matthews entdeckte außerdem, daß die Renormierung der Mesonentheorien bei Einführung eines zusätzlichen $\lambda\phi^4$ Terms in die Lagrange Dichte möglich ist. Dieser Term erwies sich bei der weiteren Entwicklung der modernen Eichtheorien (Higgs Mechanismus)[10] von grundlegender Bedeutung.

In einer brieflichen Mitteilung an Fritz Rohrlich vom 1. Mai 1950 faßte Matthews seine Ergebnisse nochmals zusammen: "I have at last got a thesis off my hands and have been able to get on with more interesting things. I have obtained one result which you may not have already seen for yourself. If one considers the *charged spinless meson-nucleon (scalar coupling) – electromagnetic field combination* the primitive divergents must satisfy

$$\frac{3}{2} E_n + E_m + E_p < 5$$

and can be shown to be the same (in terms of external lines) as those for the separate pairs of interacting fields. From meson-photon scattering one has the new types of graph ($\sim\!\!\sim\!\!\sim$ photon, – – – meson, —— nucleon):

These each give the same infinite multiple of

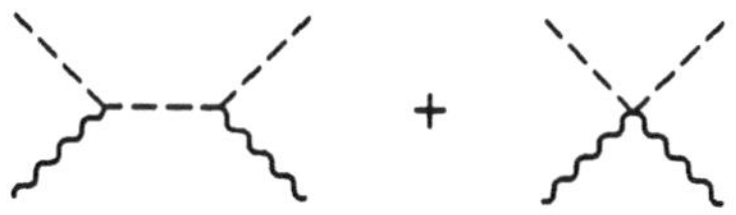

respectively and all divergences to fourth order in the coupling constants e and f can again be removed by renormalization of e and f, (except, of course, the $\lambda\phi^2\phi^{*2}$ type). This is true for both scalar and pseudoscalar mesons." In einem weiteren Brief vom 18. Mai teilte ihm Matthews noch weitere "details on the three-field mixture" mit.

Im September 1950 ging Matthews ebenfalls für ein Jahr nach Princeton,[11] bevor er im Herbst 1951 als *research fellow* zunächst wieder nach Cambridge und dann für die nächsten fünf Jahre als lecturer an der *Birmingham University* zurückkehrte. Dyson wollte ebenfalls wieder nach Amerika gehen. Vor seiner Abreise suchte er im Sommer 1951 Pauli in Zürich auf und versuchte, ihn von seinem Renormierungsprogramm einer störungstheoretischen Feldtheorie zu überzeugen. Doch Pauli blieb weiterhin skeptisch und beauftragte im Dezember 1951 Gunnar Källén, „hinter den Schleier der Dysonschen Potenzreihen zu blicken".[12]

Die hier wiedergegebene Korrespondenz zwischen Pauli und Dyson ist – ebenso wie die meisten anderen Korrespondenzen – nur lückenhaft erhalten,[13] so daß sich der Inhalt der meisten Briefe nur mit Hilfe anderer zusätzlicher Quellen rekonstruieren läßt.

---

[1] Siehe hierzu auch den Kommentar zum Brief [1116].

[2] In einem Brief an Peierls vom 2. Februar 1949.

[3] Siehe Band **III**, S. 682.

[4] Vgl. Schweber [1994, S. 555].

[5] In einem Schreiben Dysons vom 7. Februar 1949 an Rosenfeld aus dem Kopenhagener Rosenfeld-Nachlaß.

[6] Hiermit meinte er die von Pais und Uhlenbeck (1950) vorgeschlagene Theorie der nicht-lokalen Wechselwirkung. Siehe hierzu die Briefe [1087, 1087 und 1106] sowie den Kommentar zum Brief [1116].

[7] Weitere Angaben über Matthews wissenschaftlicher Laufbahn findet man in den von A. Salam (1987) und T. W. B. Kibble (1988) verfaßten Nachrufen.

[8] Siehe hierzu insbesondere die Darstellung bei Schweber [1994, S. 542ff.].

[9] C. N. Yang und R. L. Mills (1954).

[10] P. W. Higgs (1964).

[11] Vgl. hierzu Oppenheimers (im Band **III**, S. 720, Anm. 1 zitiertes) Schreiben vom 6. September 1950, in dem er Peierls die Ankunft von Matthews ankündigt.

[12] Siehe den Brief [1330].
[13] Ein in Paulis Brief [1059] vom 1. Dezember 1949 erwähntes Schreiben liegt beispielsweise nicht vor.

[1072] Pauli an Dyson

Princeton, 16. Januar 1950

Dear Dr. Dyson!

As you will see from the enclosed copy of my letter to Matthews[1] I consider now the problem of electrodynamics of charged scalar mesons as solved.[2] Moreover with the remaining divergence in the Møller interaction I have *lost* one bet from last autumn.[3]

Will you come to Switzerland in this year[4] (I shall be back by end of April) or shall I leave something here for you in the Institute, or shall I send you some book which you need to England?[5]

With all good wishes. Sincerely Yours   W. Pauli

[1] Vgl. den folgenden Brief [1073]. – Dyson kehrte bereits im September 1950 an das *Institute for Advanced Study* in Princeton zurück.
[2] Vgl. Rohrlich (1950c).
[3] Die Wette mit Dyson wird auch in Paulis Brief [1062] an Matthews erwähnt.
[4] Dyson kam erst im Sommer 1951 zu Besuch nach Zürich (vgl. den Brief [1249]).
[5] Vgl. hierzu Paulis Brief [1079] vom 9. und Dysons Antwort [1081] vom 15. Februar 1950.

[1073] Pauli an Matthews

Princeton, 16. Januar 1950
[Maschinenschriftliche Durchschrift]

Dear Dr. Matthews!

Thanks for your two new letters.[1] I am very much in favor of the latter, which I found on coming back from a local physics meeting in Rochester.[2] There I heard the final solution of the problem of electrodynamics of charged scalar mesons due to a work of F. Rohrlich, a pupil of Feynman.[3] The scattering of two charged particles on each other leads in e^4-approximation to a genuine divergence removable only by an additional term $\lambda\phi^2\phi^{*2}$ in the Lagrangian, in complete agreement with the statement of your last letter.[4] Rohrlich also proved by relativistically invariant methods that for all other processes (Compton effect, light-light scattering, Lamb shift) all divergences cancel after mass- and charge renormalization (in agreement with the earlier results of Jost and Corinaldesi).[5] Of course gauge invariance has to be taken very carefully into account. Feynman said to me that he has checked all results of Rohrlich, who will give a paper on the subject at the New York physics meeting February 2–4.[6] If you are interested in more details please write to Rohrlich at Cornell University.

I am sending a copy of this letter to Dyson.

With best wishes, Sincerely yours,   Wolfgang Pauli

[1] Matthews (1950b,c). Vgl. hierzu Paulis vorangehenden Brief [1062] vom 14. Dezember 1949.

[2] Diese kleine Konferenz war ein Vorläufer der berühmten *High Energy Physics Conferences*, die erstmalig am 16. Dezember 1950 in Rochester einberufen wurden. Vgl. hierzu den Bericht über diese Konferenzen durch ihren Urheber R. Marshak (1970).

[3] In seiner Veröffentlichung (1950a) wies Matthews auf Paulis Mitteilung hin. Siehe auch Umezawa [1956, S.297]. Rohrlich hatte bei Schwinger und van Vleck studiert und erst später Feynman kennengelernt.

[4] Vgl. hierzu auch die Bemerkungen von Matthews in dem Brief [1084].

[5] Corinaldesi und Jost (1948). Ernesto Corinaldesi (geb. 1923) hatte nach seinem Physikstudium an der Universität von Rom 1944 bei G. C. Wick promoviert und dann von 1947–1948 bei Pauli in Zürich gearbeitet. Zusammen mit Res Jost befaßte er sich nun mit den Renormalisierungsmethoden, die damals in der Quantenelektrodynamik eingeführt wurden (siehe Band **III**, S.528). Im Januar 1949 ging er zunächst zu Schrödinger nach Dublin, um dort die in Zürich erlernten Methoden in der Mesonentheorie anzuwenden und dann zu Rosenfeld nach Manchester, wo er im November 1951 sein Ph.D. erwarb. Anschließend war er vorübergehend als *Postdoctorate Fellow* unter Ta-You Wu und Ma beim *National Research Council* in Ottawa. Später ging er nach Princeton (1952–1953) zu Wigner und kehrte schließlich 1954 nach Dublin als Assistent zu Schrödinger zurück, bevor er 1955 eine Anstellung als Research Fellow an der *Glasgow University* erhielt.

[6] Rohrlich (1950b).

Paulis Züricher Assistent Max Robert Schafroth hatte sich nach seinem Schulabschluß im Wintersemester 1941/42 an der Universität Bern matrikuliert und dort während der Kriegsjahre (die mehrere Unterbrechungen durch den Militärdienst forderten) die Vorlesungen über Mathematik und Physik besucht. Im Herbst 1944 setzte er sein Studium an der ETH in Zürich fort und machte dort im Januar 1948 sein Physik-Diplom. Seine Promotionsarbeit über strahlungstheoretische Näherungen zur Klein-Nishina Formel gemäß der neuen Renormierungsmethoden hatte er unter Paulis Leitung im April 1948 begonnen und 1949 abgeschlossen. Seit dem letzten Wintersemester folgte er Res Jost als Paulis Assistent. Während Paulis Abwesenheit in den U.S.A. sollte er er ihn vertreten und ihm laufend über die Vorgänge in Zürich berichten.

[1074] PAULI AN OPPENHEIMER

Princeton, [16. Januar 1950][1]

Dear Robert!

May be you are interested in this letter of Matthews.[2] I think the point 3) is promising.

When you are through with your talk with Villars, please tell him to step into my office.[3] I want to show him a letter of Schafroth.

Best wishes

Yours

Wolfgang

[1] Das Datum wird durch den Kontext dieses Briefes nahegelegt. Da Oppenheimer sich damals ebenso wie Pauli am *Institute for Advanced Study* in Princeton aufhielt, dürfte es sich bei diesem Schreiben um eine von Oppenheimer in Paulis Büro hinterlassene Nachricht handeln.

[2] Wahrscheinlich bezieht sich Oppenheimer auf die Mitteilung von Matthews (1950b), in der die 3-Vertex-Meson-Linien erwähnt werden.

[3] Villars, Luttinger und Jost hielten sich im Wintersemester zusammen mit Pauli in Princeton auf. Siehe hierzu Band **III**, S.696f.

[1075] PAULI AN ROHRLICH

Princeton, 16. Januar 1950

Dear Dr. Rohrlich!

When I came back, I just found the enclosed letter of Matthews (which I beg you to return to me again later), which seems to simplify a great deal my situation toward him. As you will see, he also found the divergence in the Møller interaction of charged scalar meson, but he did not go far enough in his calculations in the case of the Compton effect. Do you have some further comments to that?[1]

On this occasion I want to ask you about the scattering of charged scalar mesons by *external* electro-magnetic fields?[2] Are there also remaining divergencies in this case (and can they be removed by suitable additional terms in the Lagrangian)?

With all good wishes to you, Feynman and Bethe

Sincerely Yours

W. Pauli

---

[1] Pauli war durch Oppenheimer aufgefordert worden, während des vom 2.–4. Februar tagenden *New York Meetings* der APS in einer sog. "Pauli show" über "Recent developments in quantized field theories" zu berichten (vgl. Band **III**, S. 717f.). Da Pauli anfangs zögerte, ein solches Übersichtsreferat zu übernehmen, versuchte I. I. Rabi ihm daraufhin nochmals in einem Schreiben vom 16. Dezember 1949 die Gründe auseinanderzusetzen, weshalb man auf seine Mitwirkung nicht verzichten wollte: "I therefore think it is somewhat of a duty for an old *Quantengreis* to let himself be seen and heard as a part of the community of physics." [Dieser Brief wurde erst nach Erscheinen von Band **III** gefunden. Er wird zusammen mit anderen neu aufgefundenen Briefen im Nachtrag veröffentlicht, der im letzten Teils von Band **IV** aufgenommen wird.] Inhaltlich dürfte Paulis Bericht weitgehend mit Paulis Pariser Vortrag übereinstimmen. Ein Manuskript dieses Vortrags wird in der Anlage zu Brief [1106] wiedergegeben.

[2] Rohrlich meint in einem Schreiben an den Herausgeber, seine Antwort dürfte sich auf die Substitution der äußeren Photonlinien bei Anwesenheit äußerer Felder bezogen haben, die sich auch im Falle von Divergenzen ohne Schwierigkeiten behandeln lassen. Vgl. auch Rohrlich (1950c, S. 677).

[1076] KÄLLÉN AN PAULI

Lund, 25. Januar 1950
[Maschinenschrift][1]

Sehr verehrter Herr Professor!

Für Ihren freundlichen Brief, den ich vor einigen Wochen bekommen habe, will ich Ihnen vielmals danken.[2] Es ist jetzt meine Absicht, eine kurze Mitteilung in dem Arkiv zu publizieren, und ich lege hier das Manuskript bei.[3] Darin steht eigentlich nicht mehr, als ich Ihnen schon geschrieben habe,[4] nur ist eine kurze Rechnung über Bosonen in einem äußeren Feld hinzugefügt. Es scheint mir sehr befriedigend, daß die raumartigen Flächen überhaupt nicht vorkommen. Früher sind sie ja erst nach einer mühsamen Rechnung in der Endformel eliminiert worden. Ich habe auch Yang das Manuskript gesendet und hoffe, daß meine Pläne seine nicht stören werden.[5]

In dem Brief an Yang habe ich auch gezeigt, daß die Kommutatorformeln von Schwinger[6] und die „P-Formeln" von Dyson[7] den Gleichungen in der Heisenberg-Darstellung genügen. Diese Tatsache ist zwar mehr oder weniger selbstverständlich, aber ich will zeigen, daß das explizite Nachrechnen hier wenigstens gleich einfach ist, als der ursprüngliche Beweis von Dyson. Wenn Sie daran interessiert sind, will ich hier meine Rechnung kurz entwerfen.[8] Man zeigt erst durch Rechnen den Satz: Aus

$$A^{(n)}(x) = i^n \int\limits_{-\infty}^{x_0} dx' \int\limits_{-\infty}^{x_0'} dx'' \ldots \int\limits_{-\infty}^{x_0^{n-1}} dx^n [H(x^n)[\ldots[H(x'), A(x)]\ldots]] \quad (1)$$

folgt identisch

$$(A(x)B(x))^{(n)} = i^n \int\limits_{-\infty}^{x_0} dx' \ldots \int\limits_{-\infty}^{x_0^{n-1}} dx^n [H(x^n)\ldots[H(x'), A(x)B(x)]\ldots]$$

$$= \sum_{m=0}^{n} A^{(m)}(x)B^{(n-m)}(x).^9 \quad (2)$$

Definieren wir dann $\phi^{(n)}(x)$ und $A_\nu^{(n)}(x)$ durch (1) folgt aus (2) und

$$\int\limits_{-\infty}^{x_0} dx' [H(x'), \psi^{(0)}(x)] = - \int\limits_{-\infty}^{+\infty} dx' S_k(x - x')\gamma A^{(0)}(x')\psi^{(0)}(x');$$

$$\left(H(x) = -j_\nu^{(0)}(x)A_\nu^{(0)}(x)\right)$$

sofort

$$\left(\gamma \frac{\partial}{\partial x} + m\right)\psi^{(n+1)}(x) = i \sum_{m=0}^{n} \gamma A^{(m)}(x)\psi^{(n-m)}(x).$$

In gleicher Weise bekommen wir aus der Definition

$$S^{(n)} = \frac{(-i)^n}{n!} \int \ldots \int dx' \ldots dx^n P(H(x^n)\ldots H(x')) \quad (3)$$

und aus der Identität

$$\iint \ldots \int dx\, dx' \ldots dx^n P(H(x^n)\ldots H(x')F(x))$$

$$= \iint \ldots \int dx dx' \ldots dx^n \times P(H(x^n)\ldots H(x'))F(x)$$

$$- n \int\limits_{-\infty}^{+\infty} dx \int\limits_{-\infty}^{x_0} dx' \int \ldots \int dx'' \ldots dx^n P(H(x^n)\ldots H(x''))[H(x'), F(x)]$$

$$+ n(n-1) \int\limits_{-\infty}^{+\infty} dx \int\limits_{-\infty}^{x_0} dx' \int\limits_{-\infty}^{x_0'} dx'' \int \ldots \int dx''' \ldots dx^n P(H(x^n)\ldots H(x'''))$$

$$\cdot [H(x'')[H(x'), F(x)]] - \ldots \quad (4)$$

ohne Schwierigkeit die Gleichung von Yang[10]

$$[S^{(n+1)}, \psi^{(0)}(x)] = -i \sum_{m=0}^{n} S^{(m)} \int S(x - x')\gamma_\nu (A_\nu(x')\psi(x'))^{(n-m)} dx'. \quad (5)$$

Abschließend möchte ich Ihnen noch herzlich für Ihre Mitteilung bezüglich der Möglichkeiten, Unendlichkeiten durch Renormalisationen wegzuschaffen, danken. Sie haben mich sehr interessiert und ich hoffe, daß die Rechnungen von Matthews bald publiziert werden,[11] damit ich sie hier selber lesen kann.

    Mit den besten Grüßen und nochmals vielen Dank für Ihren Brief,

Ihr sehr ergebener   Gunnar Källén

[1] Während kleinere orthographische Fehler stillschweigend korrigiert sind, wurden andere sprachliche Eigenheiten des schwedischen Autors nicht beseitigt.

[2] Wahrscheinlich handelt es sich um Paulis Brief [1066] vom 22. Dezember 1949, in dem er auf die Untersuchungen des „sehr begabten jungen Chinesen namens Yang" hingewiesen und einen Brief von ihm beigefügt hatte.

[3] Die betreffende Abhandlung Källéns (1950a) mit einer Anwendung seiner Methode auf die Vakuumpolarisation von Boseteilchen in einem äußeren Felde wurde am 8. Februar von Niels Zeilon und Ivar Waller zur Veröffentlichung vorgelegt.

[4] Vgl. Källéns Brief [1060] vom 12. Dezember 1949 an Pauli.

[5] Yang reichte seine zusammen mit Feldman erhaltenen Ergebnisse (1950) erst im Mai 1950 nach Paulis Abreise aus Princeton zur Publikation ein. In seinem Kommentar zu seinen Selected Papers [1983, S. 10] bemerkte Yang: Diese Veröffentlichung "was the result of a collaboration with David Feldman concerning the S-matrix in the Heisenberg representation, which is the representation with the most direct physical interpretation. Our main effort, to calculate directly the S-matrix in the Heisenberg representation, was not successful, although our formalism was natural and appealing. ... Pauli was very much interested in our work, and we were warned by our fellow postdocs that this might spell trouble for us. We understood what that meant when Pauli began to drop in on us and expressed irritation if we did not make progress. I eventually learned how to deal with him: one must not be afraid of him. After that, Pauli and I were on good terms."

[6] Vgl. Schwinger (1948b, c).

[7] Vgl. Dyson (1949a). Vgl. Umezawa [1956, S. 223f.].

[8] Die hier vorgeführten Ergebnisse reichte Källén (1950b) im Juni zur Veröffentlichung ein.

[9] Diese und die folgenden Formel sind auch in Källén (1950b) abgeleitet.

[10] Vgl. Yang und Feldman (1950).

[11] Vgl. Paulis Brief [1066] und Matthews (1950a und 1951a).

[1077] PAULI AN DELBRÜCK

Princeton, 26. Januar 1950

Lieber Max!

Dank für Deinen Brief und noch mehr für den Sonderdruck Deines Aufsatzes, den ich mit dem größten Interesse gelesen habe.[1] Meine „Stimmung" zu dem Thema Physik-Biologie ist ganz ähnlich wie Deine (soweit man bei mir angesichts meiner Unkenntnis der Biologie überhaupt von einer Stimmung reden kann).

Das Elend ist eben, daß man in der Biologie noch nicht zu klaren „Paradoxien" gekommen ist (wie Du es ausdrückst) – d. h. zu einem klaren Widerspruch relativ einfacher und allgemeiner Erfahrungsergebnisse mit dem heutigen quanten-physikalischen Begriffssystem, das durch Anpassung unseres Denkens an ein *anderes* Erfahrungsgebiet entstanden ist. Es ist auch mein Eindruck, daß die Quantenphysik – verglichen mit der Physik von Newton bis inklusive Einstein – der Biologie zwar stärker entgegenkommt, *aber doch noch nicht genug!*

Was an der heutigen Mikrophysik neu ist, möchte ich die *Entdeckung des Einmaligen* nennen.[2] Das wesentlich Einmalige nenne ich das, was in der physikalischen Naturbeschreibung deshalb nicht enthalten sein kann, weil sich deren Fragestellung („Gesetze" sind eben so definiert) auf das absichtlich Reproduzierbare beschränken muß.* Das Dogma der früheren Physik war, alles Einmalige sei unwesentlich, nämlich nichts als „eine neue Kombination genereller, d.h. allgemein vorhandener Elemente," daher sei die „naturwissenschaftliche" Beschreibung der Welt durch Gesetze „im Prinzip vollständig". Nun hat man aber die Fragestellung nach dem Reproduzierbaren mit dem *statistischen* Charakter der Naturgesetze bezahlen müssen und hat in dem (wegen der Komplementarität) gesetzlich unbestimmbaren Resultat *der Einzelmessung* (z.B. dem Zeitpunkt des Zerfalles eines individuellen radioaktiven Atoms) bereits innerhalb der Physik des Unorganischen in der atomaren Mikrowelt das wesentlich Einmalige angetroffen.

Für den Historiker und – wie Du bereits am Anfang Deines Aufsatzes ausführst – für den Biologen ist das Einmalige selbstverständlich. Insofern kommt also die Quantenphysik der Biologie entgegen. Es scheint mir aber in der Biologie zum mindesten noch *einen* weiteren charakteristischen Zug zu geben, zu welchem ich auch in der heutigen Physik kein Analogon sehe und den ich versuchsweise *die Integration* nennen möchte. Anknüpfend an Deine Feststellung, daß der individuelle Organismus eine unauflösbare Einheit darstelle (p. 185), entsteht die Frage, wie es denn vor sich gehe, daß aus einem einzelligen Organismus ein komplexer mehrzelliger wird. Wann bilden die vielen (oder jedenfalls mehreren) Einzelzellen einen neuen Gesamtorganismus und wann sind sie noch unabhängig. Was bringt sie dazu (Du gebrauchst mehrmals den Ausdruck 'commandeer'**), sich im Ausblick auf das Ziel der Integration gemeinsam „auszurichten" bzw. sich auf dieses hin „einzustellen". Ist es so, wie wenn die *Ganzheit* potentiell schon vorher da wäre und von sich aus Wirkungen ausüben könnte?

Ich könnte mir denken, daß es möglich wäre, auf diesem Gebiet das zu finden, was Du eine „Paradoxie" nennst, nämlich ein durch Quanten-Physico-Chemie nicht erfaßbares Verhalten. (Die Voraussetzung für die Anwendbarkeit der letzteren wäre dann eben die Zerstörung der Integration, d.h. eine Dissoziation des komplexen Organismus.) Ob das jedoch wirklich weniger schwierig ist wie bei der Reproduktion der Einzelzellen kann ich ohne Fachkenntnisse natürlich nicht beurteilen.

Gerne würde ich Deine Meinung über den Begriff „Integration" {das Problem der „spontanen Zeugung" (p. 189) gehört auch hierher} in der Biologie hören sowie auch über meine obige Darstellung der Lage in der Physik (die sich absichtlich nicht ganz an den Bohrschen Wortlaut hält, ohne diesem aber zu widersprechen) – eben in der Hoffnung, so etwas über die Physik [hinzuzulernen].

Bohr wird übrigens Ende Februar hier erwartet und will etwa 6 Wochen bleiben.[3]

Ob ich *Ende* April noch hier bin ist fraglich, vielleicht fahre ich schon Mitte April weg.[4] Ich werde Dich dies noch wissen lassen, sobald meine Pläne feststehen.

Für heute viele Grüße an Dich und Nancy[5] von uns beiden
Stets Dein
                                                            Wolfgang Pauli

[1] Delbrück (1949). Ähnliche Überlegungen über die Rolle der Komplementarität in der Biologie beschäftigten Delbrück auch noch weiterhin. Als er Pauli im Jahre 1958 das Manuskript eines im November 1957 am MIT im Anschluß an Bohr gehaltenen Vortrags über "Atomic physics in 1910 and molecular biology in 1957" zusandte, bezeichnete Pauli diese Ausführungen in einem Schreiben vom 12. April 1958 an Weisskopf als merkwürdig und mystisch.
[2] Siehe hierzu auch die Bemerkungen in dem Brief [1091] an Fierz.
* Das liegt schon in der Definition von „Zustand" in der Quantenmechanik.
** Was wissen wir über den ‚Kommandant'?
[3] Vgl. hierzu die Angaben über Bohrs Besuch im Kommentar zu [1092].
[4] Das genaue Datum seiner Abreise läßt sich nicht mehr feststellen. Wahrscheinlich schifften sich Pauli und Franca am 13. April mit dem Dampfer in New York ein (vgl. hierzu die Briefe [1100 und 1102]).
[5] Pauli hatte Delbrücks Frau Mary Adeline Bruce, die unter Freunden Manny genannt wurde (vgl. Fischer [1985, S. 108f. und 114f.]), schon 1945 vor seiner Abreise aus den U.S.A. kennengelernt (vgl. Band **III**, S. 721). Deshalb ist es bemerkenswert, daß er hier (ebenso wie in seinem Brief [1063]) ihren Namen mit „Nancy" verwechselte.

Schon im Dezember 1947 hatte sich Heisenberg in seinen Vorträgen am *Cavendish Laboratory* in Cambridge mit großem Enthusiasmus über seine Theorie der Supraleitung und über seine Vision einer künftigen Elementarteilchentheorie geäußert. Nachdem Pauli sich jedoch zusammen mit Joaquin Luttinger und mit seinem Assistenten Res Jost vergeblich abgemüht hatten, diese Arbeiten zu verstehen, bezeichnete er sie [938], „gelinde gesagt, als dichterische Phantasie."

Noch größeres Befremden erregte aber Heisenbergs Vergleich der Situation der Elementarteilchenphysik mit einem "empty frame for the future theory into which the picture has still to be painted."[1] Pauli sollte diese Äußerung später im März 1958, – als er sich von Heisenbergs Spinortheorie der Elementarteilchen distanzierte – wieder aufgreifen und zu einem bekannt gewordenen Statement umformulieren: "I can paint like Tizian. Only the details are missing."

Heisenbergs Optimismus kontrastierte jedoch, wie Born anmerkte,[2] "from that of the majority of theoretical physicists, who have spent a great amount of ingenuity and mathematical skill in an endeavour not to solve, but to eliminate, the difficulties of atomic theory arising from the appearence of infinite terms."

Im Gegensatz dazu erblickte Heisenberg das Auftreten der Divergenzen als eine natürliche Konsequenz der Tatsache, daß bei höheren Energien alle Elementarteilchen ineinander umwandelbar seien und somit auch durch einen einheitlichen Formalismus beschrieben werden müßten. Während man in der üblichen Theorie immer die Existenz eines Hamiltonoperators voraussetzte, wollte Heisenberg diese Forderung nun fallen lassen und seiner Theorie den der Erfahrung näher angepaßten allgemeineren *S*-Matrix Formalismus zugrunde legen. Dieses *erkenntnistheoretische* Verfahren hatte ihm bekanntlich auch bei der Aufstellung der Quantenmechanik große Dienste geleistet.

Heisenberg sandte sein 14 Seiten umfassendes Manuskript (1950a) „Zur Quantentheorie der Elementarteilchen" zur kritischen Begutachtung an Pauli, der sich jetzt in Princeton aufhielt und es deshalb erst mit einiger Verspätung erhielt.

In verschiedenen Briefen an Wentzel [1086 und 1090] und in einem persönlichen Schreiben [1088] an Heisenberg rügte Pauli nun den „über die physikalischen Wirklichkeiten flüchtig hinwegschwebenden Stil" und er wies auf einen „haarsträubenden" Fehler hin, den Heisenberg in dieser Arbeit begangen hatte. Schließlich riet er Heisenberg von einer Veröffentlichung ab. Doch diese Kritik kam zu spät. Heisenberg hatte die Arbeit bereits am 23. Februar 1950 bei der *Zeitschrift für Naturforschung* zur Veröffentlichung eingereicht.

Paulis weiterer Verdacht, daß Heisenbergs Theorie von einem nicht hermitischen Hamiltonoperator ausgeht und deshalb nicht die Kausalität im Stückelbergschen Sinne erfüllt, weil sie die zeitliche Abfolge von Absorption und Emission falsch wiedergibt, wurde daraufhin durch Fierz geprüft [1112] und bestätigt [1116].[3] Heisenbergs Versuche zur Entkräftung dieser Einwände wurden von Pauli als „triviale Rettungsversuche" [1122] bezeichnet und mit denen eines Tintenfischs verglichen, der einen „schwärzlichen Saft" verspritzt, wenn man ihn verfolgt [1141 und 1144].

[1] Heisenberg [1949, S. 20].
[2] Born in seiner Rezension (1949) der gedruckten Fassung der Heisenbergschen Vorträge [1949].
[3] Fierz (1050b). Siehe hierzu auch den Kommentar zum Brief [1116].

[1078] HEISENBERG AN PAULI

Göttingen, 3. Februar 1950

Lieber Pauli!

Einer alten Gewohnheit entsprechend schicke ich Dir das Manuskript einer Arbeit, die von den Elementarteilchen handelt und sich übrigens eng an Deine Arbeit mit Villars[1] anschließt. Der Ausgangspunkt ist aber nicht die Quantenelektrodynamik, sondern die Art von allgemeinerer Elementarteilchenphilosophie, wie ich sie in den letzten Jahren immer wieder getrieben habe. Nun schien mir, daß man das Programm, das ich mir früher gestellt habe, jetzt mit der neuen Mathematik à la Tomonaga u.s.w. mathematisch sauber durchführen kann. Es sieht also so aus, als stünde man jetzt auf mathematisch festem Grund, und, wie Bohr sagen würde: „man hved, hvad man kan haabe for".[2]

Noch ein paar Kleinigkeiten: Die Auszeichnung der Masse κ_o in Gleichung (2) und (3) ist formal etwas unschön, aber wenn man will, auch leicht zu vermeiden. Eine symmetrische Annahme für eine reguläre $S_{\alpha\beta}^R$-Matrix wäre z. B.

$$S_{\alpha\beta}^R(x - x') = \oint dk e^{ik_\mu(x-x')_\mu} \frac{\prod_i (ik_\nu \gamma_\nu + \kappa_i)}{\prod_i (k_\nu^2 + \kappa_i^2)}.$$

Dabei braucht man dann mindestens 5 Massen κ_i, um ein reguläres S zu bekommen. – Versucht man, schon die „richtigen" Funktionen S^R und $H(x)$ zu finden, so bildet eine Hauptschwierigkeit die Stabilität der Nukleonen. In jeder einheitlichen Feldtheorie ist es zunächst etwas wunderbar, daß ein Proton

z. B. nicht in ein Positron + Lichtquant zerfallen kann. Es scheint also noch einen Erhaltungssatz zu geben, der dafür sorgt, daß die Zahl der Nukleonen konstant bleibt.[3] Welche Invarianzeigenschaft gehört zu diesem Erhaltungssatz??

Hast Du eigentlich noch weiter über $e^2/\hbar c$ nachgedacht? Damals in Basel[4] glaubtest Du, man könnte vielleicht aus Regularisierungsforderungen etwas darüber erfahren. – Anfang März soll ich für 14 Tage nach Istanbul,[5] auf der Rückreise, hoffe ich ein paar Tage in der Schweiz bleiben zu können. Wärest Du zwischen 15. und 25. März in Zürich? Ich würde Dich dann gern kurz besuchen.[6]

Viele Grüße von Haus zu Haus   Dein W. Heisenberg

[1] Pauli und Villars (1949a).

[2] Korrekt müßte es auf Dänisch heißen: „man ved, hvad man kan håbe på", d. h. „man weiß, worauf man hoffen kann".

[3] Vgl. hierzu auch die Bemerkungen Heisenbergs in seinen Briefen [1093 und 1106] vom 25/26. März und 23. April 1950 und in seiner Veröffentlichung (1950b, S. 370). Dem zuerst von Stückelberg (1938) und Wigner (1949) formulierten und hier von Heisenberg angesprochenen Erhaltungssatz der Nukleonenzahl wurde erst Ende der 50er Jahre allgemeine Beachtung gezollt. Einen experimentellen Test haben erst Giamati und Reines (1962) durchgeführt. Die heute allgemein übliche Bezeichnung „Baryon" wurde von Pauli erst in einem Schreiben vom 13. März 1957 an Fierz verwendet.

[4] Heisenberg bezieht sich auf den von Pauli auch als „Friedenskonferenz" bezeichneten Kongress über Kernphysik und Quantenelektrodynamik, der im September 1949 in Basel stattfand (siehe Band III, S. 682) und bei dem offenbar diese Frage angesprochen wurde. Vgl. auch Paulis Antwort [1088] vom 28. Februar.

[5] Heisenberg kehrte am 24. März 1950 aus der Türkei zurück (vgl. seinen Brief [1093] an Pauli vom 25. März 1950).

[6] Da Pauli erst Ende April aus Amerika zurückkehrte, kam das Treffen nicht zustande. Vgl. hierzu auch Paulis Antwortschreiben vom 28. Februar 1950.

[1079] PAULI AN DYSON

Princeton, 9. Februar 1950

Dear Dyson!

Many thanks for your letter. – Villars is here working on strong-coupling questions of meson-theory using renormalizations with improvements of perturbation methods in the pseudo scalar-theory.[1] He was interested in your view, that the terms $\sim \phi^{*2}\phi^2$ are essential in this connection.[2] Moreover Feldman is trying to obtain a general proof that the higher approximations of electrodynamics of charged scalar mesons can all be made convergent with renormalizations plus such additional terms $\sim \phi^{*2}\phi^2$.[3] The general proof, however, is not easy.

I may come back to this question, if I know more about it. – My relativity book is, unfortunately, not obtainable.[4] I have myself only my old single copy in Zurich and the book shop's do not have it. – Do you want something else?[5]

I take this occasion to come back to your note on longitudinal photons.[6] First I wish to say, that I read your note already before it was send to print,[7] but only now I studied it more closely. I regret, that I did not reach the following conclusions at an earlier date. Of course the whole question is a pedagogical one in as much nobody doubts the final result – but this was already so before you wrote your note.

Always using your notations my first question is *why you did not mention the further supplementary condition*[8]

$$(a_3^* + ia_4^*)\psi = 0, \tag{I}$$

which besides

$$(a_3 + ia_4)\psi = 0 \tag{II}$$

must also hold to ensure the validity of Maxwell's equations? {Note, that $(a_3 + ia_4)$ and $(a_3^* + ia_4^*)$ commute.} Is this a slip or did you have some intention or idea with it?

Further: Using (I), (II) and the commutation relations one easily obtains

$$X = -i\langle a_3^* a_3\rangle_0 = -i\langle a_3^* a_4\rangle_0 = -i\langle a_4 a_3^*\rangle_0 = -i\langle a_4 a_4^*\rangle_0$$
$$-i\langle a_4^* a_3\rangle_0 = -i\langle a_3 a_4^*\rangle_0 = -i\langle a_3 a_3^*\rangle_0 = -i\langle a_4^* a_4\rangle_0 = 1 + X.$$

Using Hermiticity of a_3 and ia_4 one gets now*

$$X = 1 + X, \text{ hence } X = \infty.$$

This is also known, as the function ψ in question is according to Ma and Belinfante[9] given by

$$\psi(N_3, N_4) = \sum_{n=0}^{\infty} (-1)^n \delta(N_3 - n)\delta(N_4 - n).$$

This has always been the 'pedagogical' difficulty in question. Why you propose to overcome it by introduction of an arbitrary function $\phi(k)$ {your equation (6)} from which it can be shown that it is neither 'arbitrary' nor 'finite'?

I found it much easier, to compute directly the gauge invariant double integral (8) with the divergence relations (9) of its nucleus given at the end of your note without any use of the commutation rules for non gauge-invariant quantities as a_3, a_4 and its conjugates, only using the commutation relations for a_1, a_2 with a_1^*, a_2^* and the supplementary conditions (I) *and* (II) above. – I sketch this in the appendix,[10] it is, however, trivial. I would like to hear your opinion.

All good wishes   Yours W. Pauli

[1] Villars, Jost und Luttinger hielten sich damals zusammen mit Pauli als Gäste am *Institute of Advanced Study* in Princeton auf (vgl. Band **III**, S. 696). Anfang März reichte Villars (1950) eine Untersuchung ein, in der er den Einfluß der Feldfluktuationen auf den Energie-Impulstensor des Elektrons mit Hilfe der Regularisierungsmethode behandelte.

[2] Dyson antwortete am 4. März 1994 auf einen Brief des Herausgebers: "I do not know any published reference for this statement. I may have made the statement to Oppenheimer in Princeton in 1949, when we discussed the renormalization of meson theory."

[3] Vgl. Yang und Feldman (1950). Damals arbeitete David Feldman ebenfalls in Princeton mit Pauli zusammen. Yang und Feldman dankten in ihrer am 17. Mai 1950 bei der Zeitschriftenredaktion eingegangenen Veröffentlichung Oppenheimer und Pauli für hilfreiche Diskussionen.

[4] Pauli hatte Dyson versprochen, ihm einige Bücher zu besorgen (vgl. Paulis Brief an Dyson vom 16. Januar). Von Paulis klassischen Relativitätsartikel in der *Encyklopädie der mathematischen Wissenschaften* erschien erst 1963 ein mit zusätzlichen, die neuere Entwicklung berücksichtigenden Anmerkungen versehener deutschsprachiger Nachdruck bei Editore Paolo Boringhieri in Turin. Diese ergänzenden Anmerkungen hatte Pauli für die 1958 von Gerard Field vom mathematischen Department der Universität Birmingham besorgte englische Übersetzung des Werkes angefertigt. In einem Brief vom 21. Februar 1956, den Pauli während eines Aufenthaltes in Princeton an Markus Fierz schrieb, berichtete er über seine Empfindungen, welche diese Bearbeitung seines Jugendwerkes bei ihm auslösten: „Im ganzen komme ich mir dabei vor wie ein *Protestant*, indem ich *Rückkehr zum Evangelium* verlange (d. h. zu Einsteins ursprünglichen Arbeiten bis 1918 – nur beim kosmologischen Problem akzeptiere ich die neuere Entwicklung des *expanding universe*) – und das, was nachher kam, verwerfe."

[5] Vgl. hierzu das folgende Antwortschreiben [1081] von Dyson.

[6] Vgl. Dyson (1950b).

[7] Pauli dürfte diese Veröffentlichung für das *Physical Review* begutachtet haben. Vgl. hierzu auch die Bemerkung in Dysons Antwortschreiben [1081].

[8] Die kursiv gesetzte Passage ist in der Handschrift mit einer Wellenlinie unterstrichen.

* If one would admit "negative probabilities" – that means an indefinite metric in the Hilbert space (seems artificial anyhow!) – one could also assume a_3, a_4 both Hermitian. This would lead to $X = -(1 + X)$ or $X = -1/2$. Then there is still no arbitrary function at our disposal.

[9] Ma (1949a) und Belinfante (1949).

[10] Siehe den Appendix zum Brief [1079].

APPENDIX ZU [1079]

Introduce four-dimensional momentum space and write

$$I = \int K_{\mu\nu}(x, x')d^4x\,d^4x' = \int d^4k\,d^4k'\,K_{\mu\nu}(k, k')A_\mu(k)A_\nu(k')$$

$$\frac{\partial K_{\mu\nu}}{\partial x'_\mu} = \frac{\partial K_{\mu\nu}}{\partial x_\nu} = 0; \quad k_\mu K_{\mu\nu} = 0; \quad K_{\mu\nu}k'_\nu = 0$$

$$A_\mu(x) = \int A_\mu(p)e^{i(px)}d^4p$$

$$A_\mu(k) = a_\mu(\mathbf{k})\delta(k_0 - |\mathbf{k}|) + a*_\mu(-\mathbf{k})\delta(k_0 + |\mathbf{k}|) \tag{I}$$

$$[A_\mu(k), A_\nu(-k')] = \delta_{\mu\nu}\delta^{(4)}(k - k')\delta^{(1)}(k^2 - k_0^2)\varepsilon(k_0)$$

$$\langle\{A_\mu(k), A_\nu(-k')\}\rangle_0 = \delta_{\mu\nu}\delta^{(4)}(k - k')\delta^{(1)}(k^2 - k_0^2) \text{ without } \varepsilon(k_0).$$

This relations will *not* be used, however, in the following but *only its consequences for gauge-invariant quantities* like field strengths. On the other hand we use essentially the subsidiary conditions. They shall commute with gauge invariant quantities!

$$a_\mu(k)k_\mu = 0 \quad \text{and} \quad a_\mu^*(k)k_\mu = 0 \quad \text{or} \quad A_\mu(k)K_\mu = 0.$$

For a given four-vector k_μ we decompose now every vector F_ν in „proper" components given by

$$F_+ = F_\nu e_{+\nu},$$
$$F_- = F_\nu e_{-\nu}, \quad \lambda = 1, 2$$
$$F_\lambda = F_\nu e_{\lambda\nu};$$

where
$$(e_\lambda e_{\lambda'}) = \delta_{\lambda\lambda'}, \quad (e_\lambda e_+) = 0, \quad (e_\lambda e_-) = 0.$$

We choose $e_+^2 = e_-^2 = 0$, $(e_+e_-) = 1$. Hence $(e_\lambda k) = 0$, $e_{+,\mu} = \varphi(k)k_\mu$.

All vectors are 'real' (4$^\text{th}$ component pure imaginary) and the same for k_μ and $-k_\mu$.* {My e_+ and e_- is your $\frac{1}{\sqrt{2}}(e_3 + ie_4)$ and $\frac{1}{\sqrt{2}}(e_3 - ie_4)$.} Then one has

$$F_\nu = \sum_\lambda F_\lambda e_{\lambda\nu} + F_- e_{+\nu} + F_+ e_{-\nu}$$

$$F_+ = (F_- e_{+\nu}) \text{ etc. as above.}$$

If $F_\nu k_\nu = 0$ or $F_+ = 0$ the term with e_- vanishes. One has

$$a_\mu = \sum_{\lambda=1,2} a_\lambda e_{\lambda\mu} + a_+ e_{-,\mu} + a_- e_{+,\mu}$$

with the *supplementary conditions* $(a_\mu k_\mu)\psi = a_+\psi = 0$; therefore

$$(a_\mu^* k_\mu)\psi = a_+^*\psi = 0,$$
$$A_+\psi = 0.$$

For our $K_\mu(k, k')$ with $k_\mu K_{\mu\nu} = 0$, $K_{\mu\nu}k_\nu' = 0$ one has $K_{.+} = 0$ and $K_{+.} = 0$ (. means 'anything'). Therefore**

$$A_\mu(k)K_{\mu\nu}(k, k')A_i(k')$$
$$= \sum_{\lambda\lambda'} K_{\lambda\lambda'}A_\lambda(k)A_{\lambda'}(k) + \sum_\lambda \{K_{\lambda,-}A_\lambda(k)A_+(k') + K_{-,\lambda}A_+(k)A_\lambda(k')\}$$
$$+ K_{-,-}A_+(k)A_+(k')$$

with no A_- left. The terms with A_+ vanish using the subsidiary condition and the assumption that it commutes with all gauge invariant quantities as the A_λ's.

Using further

$$[A_\lambda(k)A_{\lambda'}(k')] \sim \delta_{\lambda\lambda'}\delta^{(4)}(k - k')\delta^{(1)} \quad (k^2) \quad \varepsilon(k_0)$$
$$\downarrow$$
$$\equiv k_\mu k_\mu$$

$$\langle\{A_\lambda(k)A_{\lambda'}(k')\}\rangle_0 \sim \text{ the same without } \varepsilon(k_0),$$
$$\sum_\rho K_{\rho\rho}(p, -p) = \sum_\lambda K_{\lambda\lambda} + K_{+-} + K_{-+} = 0$$

{The sum of $K_{\mu\nu}k_\nu = 0$, $k_\mu K_{\mu\nu} = 0$; K_{++} and K_{--} drop therefore; use $e_+^2 = e_-^2 = 0$; $(e_+e_-) = 1$; $(e_\lambda e_{\lambda'}) = \delta_{\lambda\lambda'}$; $(e_\lambda e_+) = (e_\lambda e_-) = 0$.}, one gets easily

$$\int K_{\mu\nu}(x, x')\langle\{A_\mu(x)A_\nu(x')\}\rangle_0 d^4x\, d^4x' = \sum_\rho \int K_{\rho\rho}(x, x')D^{(1)}(x - x')d^4x\, d^4x'$$

and

$$\int K_{\mu\nu}(x, x')[A_\mu(x), A_\nu(x')]d^4x\, d^4x' = \sum_\rho \int K_{\rho\rho}(x, x')D(x - x')d^4x\, d^4x'$$

which is all what one needs. If $\partial K_{\mu\nu}/\partial x'_\nu = \partial K_{\mu\nu}/\partial x_\mu = 0$ our commutation rules for $[a_3, a_3^*]$ and $[a_4, a_4^*]$ are *not* required!

---

* More generally one could choose the $e(-k)$ conjugate complex to the corresponding $e(k)$.
** The scalar product of two vectors is $F_\nu G_\nu = \sum_\lambda F_\lambda G_\lambda + F_+ G_- + F_- G_+$.

Nach seiner Rückkunft aus Amerika Anfang Mai 1950 begann sich Pauli zunehmend mit den psychologischen Hintergründen unserer modernen Naturwissenschaft auseinanderzusetzen. Gemeinsam mit seinem Freund Carl Alfred Meier und Jungs langjähriger Mitarbeiterin Marie-Louise von Franz hatte er bereits im Herbst 1947 über Keplers Archetypenlehre und ihre Beziehung zu Jungs Auffassungen über das kollektive Unbewußte diskutiert. In einem Schreiben [926] vom Dezember 1947 hörten wir zum ersten Mal von seiner Absicht, darüber im *Psychologischen Club Zürich* zu sprechen.

Aus dem damals für diesen Vortrag bestimmten Manuskript,[1] in dem Pauli sein naturwissenschaftliches Interesse an diesem historischen Konflikt näher erläuterte, ist noch ein weitgehend mit der in seiner Keplerstudie veröffentlichten endgültigen Fassung übereinstimmendes Fragment erhalten, das hier zum besseren Verständnis des Diskussionskontextes der Briefe wiedergeben sein mag:

„Wir hoffen, durch das Vorausstehende dem Leser die allgemeine Atmosphäre vermittelt zu haben, in welcher in der ersten Hälfte des 17. Jahrhunderts das damals neue quantitative, naturwissenschaftlich-mathematische Denken auf der einen Seite mit der in qualitativen, symbolischen Bildern ausgedrückten alchemistischen Tradition auf der anderen Seite zusammengestoßen ist. Dieses vertreten durch den produktiv-schöpferischen, nach neuem Ausdruck ringenden Kepler, jene durch den Epigonen Fludd, der die Bedrohung seiner archaisch gewordenen Mysterienwelt durch die neue Verbindung empirischer Induktion mit mathematisch-logischem Denken deutlich fühlen mußte. Man hat den Eindruck, daß Fludd stets im Unrecht war, wo er sich auf eine astronomische oder physikalische Diskussion einließ. Infolge seiner Ablehnung des Quantitativen mußten ihm dessen Gesetzmäßigkeiten unbewußt bleiben und er geriet notwendig in einen unversöhnlichen Gegensatz zum naturwissenschaftlichen Denken.

Doch wird uns Fludds Haltung etwas verständlicher durch ihre Einordnung in eine allgemeinere, sich durch die Geschichte hindurchziehende Scheidung der Geister, von denen die einen die quantitativen Beziehungen der *Teile*, die anderen dagegen die qualitative Unteilbarkeit des *Ganzen* für wesentlich hielten. Wir finden diesen Gegensatz z. B. bereits in der Antike in den beiden korrespondierenden Definitionen der Schönheit: die eine als die richtige Übereinstimmung der Teile mit einander und mit dem Ganzen, die andere auf Plotin zurückgehende, ohne jede Bezugnahme auf Teile, als das Durchleuchten des ewigen Glanzes des ‚Einen‘ durch die materielle Erscheinung.* Ein analoger Gegensatz findet sich später auch in dem bekannten Streit um die Farbenlehre zwischen Goethe und Newton: Goethe hat eine ähnliche Aversion gegen die ‚Teile‘ und betont stets den störenden Einfluß der Apparate auf die ‚natürlichen‘ Phänomene. Wir möchten hier den Gesichtspunkt vertreten, daß es sich bei diesen kontroversen Einstellungen um den psychologischen Gegensatz von Fühltypus und Denktypus handelt. Goethe und Fludd vertreten sicher den Fühltypus, Newton und Kepler den Denktypus und auch Plotin kann, zum Unterschied von Aristoteles und Plato, wohl nicht als systematischer Denker bezeichnet werden.[2]

Eben weil der Moderne keinem dieser beiden gegensätzlichen Typen, verglichen mit dem anderen, im Prinzip eine höhere Bewußtheit zusprechen möchte, dürfte auch für unsere Zeit, in der sowohl Fludds als auch Keplers spezielle Ideen über die Weltmusik ihre Bedeutung verloren haben, die alte historische Polemik zwischen Kepler und Fludd immer noch von prinzipiellem Interesse sein. Einen Hinweis hierfür sehen wir insbesondere auch darin, daß der ‚quaternären‘ Einstellung Fludds gegenüber der ‚trinitarischen‘ Einstellung Keplers psychologisch die größere *Vollständigkeit des Erlebens* entspricht.** Während Kepler die Seele beinahe als mathematisch beschreibbares Resonatorensystem auffaßt, war es von jeher das symbolische Bild, welches versucht, die unmeßbare Seite des Erlebens, die auch das Imponderabile der Emotionen und gefühlsmäßigen Wertungen einschließt, mit zum Ausdruck zu bringen. Wenn auch auf Kosten der Bewußtheit der quantitativen Seite der Natur und ihrer Gesetzmäßigkeiten, versuchen die ‚hieroglyphischen‘ Figuren Fludds eine *Einheit* des inneren Erlebens des ‚Beobachters‘ (wie wir heute sagen würden) mit dem äußeren Naturlauf und damit eine *Ganzheit* der Naturbetrachtung festzuhalten, die früher in der Idee der Analogie des Mikrokosmos zum Makrokosmos enthalten war, die jedoch bei Kepler bereits zu fehlen scheint und im Weltbild der klassischen Naturwissenschaft verloren gegangen ist.***

Die moderne Quantenphysik betont wieder die Störung der Phänomene durch die Messung (siehe nächsten Abschnitt) und die moderne Psychologie verwendet als Material wieder symbolische Bilder (nämlich solche, die in Träumen und Phantasien spontan entstanden sind), um Vorgänge in der kollektiven (‚objektiven‘) Psyche zu erkennen. In Physik und Psychologie spiegelt sich so für den Modernen auch der alte Gegensatz zwischen Quantitativ und Qualitativ wieder. Seit der Zeit Keplers und Fludds ist jedoch die Möglichkeit einer Brücke zwischen den extremen Polen dieses Gegensatzpaares in größere Nähe gerückt: Einerseits hat uns die Idee der Komplementarität innerhalb der modernen Physik den Widerspruch in den Anwendungen alter gegensätzlicher Vorstellungen (wie Teilchen und Welle) in einer neuartigen Synthese als nur scheinbar erwiesen, andererseits deutet aber die Verwertbarkeit alter alchemistischer Ideen in der Psychologie C. G. Jungs auf eine tiefere Einheit von psychoidem und psychischem Geschehen hin. Anders als für Kepler und Fludd erscheint uns heute aber nur ein solcher Standpunkt annehmbar, der *beide* Seiten der Wirklichkeit – das Quantitative und das Qualitative, das Physische und Psychische – als vereinbar anerkennt und einheitlich umfassen kann.“

Marie-Louise von Franz lernte Pauli kennen, als sie ihm bei der Übersetzung der lateinischen Texte der weiter oben erwähnten Polemik zwischen Kepler und Fludd behilflich war.[3] 1915 in München als Tochter eines österreichischen Offiziers geboren, der sich nach dem Ende des Ersten Weltkrieges aus Furcht vor einem kommunistischen Umsturz 1918 in die Schweiz zurückzog, hatte Marie-Louise von Franz mit dem Studium der klassischen Philologie an der Universität Zürich begonnen. 1943 promovierte sie mit einer philologischen Interpretation von Ilias-Scholien. Im Zusammenhang mit einer psychologischen Analyse kam sie – ähnlich wie Pauli – in nähere Berührung mit Jungs Gedankenkreis. Zunächst unterstützte sie mit historischen und literarischen Recherchen Jung bei seinen alchemistischen Studien. Später, nachdem 1948 das *C. G. Jung-Institut* gegründet worden war,[4] konnte sie in diesem Rahmen auch die Vorlesungen über psychologische Märcheninterpretationen übernehmen.

Um Jung nicht bei der Arbeit zu stören, wie Pauli zuweilen vorgab, suchte er den Gedankenaustausch mit ihm – ähnlich wie er es beim Verkehr mit Niels Bohr gewohnt war – oft über den Umweg über die Mitarbeiter, zumal er sich auf diese Weise weitere ihm interessant erscheinende Einblicke in Jungs Denk- und Arbeitsstil zu verschaffen vermochte.[5] „Ob, bzw. wann Sie mit ihm den Inhalt dieses Briefes besprechen oder diesen Brief ihm zeigen wollen, bleibt ganz Ihnen überlassen", teilte er im November 1949 Marie-Louise von Franz kurz vor seiner Abreise nach Amerika mit, als er er sich bemühte, Jung seine Auffassungen über den Zusammenhang der synchronistischen Phänomene mit der in der Atomphysik vorgenommenen Verallgemeinerung der deterministischen Kausalität zu übermitteln.

Als Pauli nun im März 1950 in Princeton vor einem gemischten Publikum von Physikern und anderen Mitgliedern des *Humanity Departments* nochmals seinen Kepler-Vortrag halten wollte, bat er Fräulein von Franz, ihm das ihr ausgehändigte Manuskript zuzuschicken [1080]. In einem weiteren Schreiben [1095] dankte Pauli für die Zusendung, übte aber neben allgemeiner Zustimmung zu den Äußerungen ihres (nicht erhaltenen) Briefes gleichzeitig auch leichte Kritik an einigen ahistorischen Redewendungen, die sie in der Übersetzung verwendet hatte. Der eigentliche Briefwechsel mit ihr setzt dann aber erst Anfang 1951 ein, nachdem sie ihm das Manuskript einer eigenen Studie über einen alchemistischen Text zur Begutachtung übersandt hatte [1190].

Während Pauli in den folgenden drei Jahren nur 16 – wenn auch z. T. sehr ausführliche – Briefe mit Jung austauschte, sandte er im gleichen Zeitraum etwa 80 Briefe und mehrere Manuskripte an Jungs Mitarbeiterinnen Marie-Louise von Franz und Aniela Jaffé.[6] Den größten Anteil darunter nimmt der Briefwechsel mit Marie-Louise von Franz ein. Zunächst werden in diesen Briefen vorwiegend mehr technische Fragen behandelt, die bei den Übersetzungen für den Kepler-Aufsatz auftauchten; dann aber beginnt die Diskussion im Januar 1951 zunehmend einen eigenständigeren Charakter anzunehmen. Diese wurde vor allem durch M.-L. von Franz' Beschäftigung mit der Deutung von Descartes' Träumen ausgelöst, die Pauli durch zahlreiche Gespräche und Hinweise zu unterstützen suchte [1197, 1205, 1325, 1326 und 1328]. Diese auch im vorliegenden Briefwechsel ausführlich diskutierte Descartes-Studie [1952] sollte zusammen mit der Untersuchung über *Die Passio Perpetuae* (1951) einer ihrer ersten größeren Beiträge zur Jungschen Tiefenpsychologie werden.

Infolge ihrer gemeinsamen österreichischen Herkunft und Einordnung – gemäß dem Jungschen psychologischen Funktionsschema – unter die *Denktypen*[7] fühlte sich Pauli durch eine tiefere, über das gemeinsame wissenschaftliche Interesse hinausgehende Beziehung mit Marie-Louise von Franz verbunden, die auch in dem hier wiedergegebenen Briefwechsel deutlich wird.

[1] Dieses drei Schreibmaschinenseiten (mit den Seitenangaben 33, 33a und 33b) umfassende Manuskript ist Teil des Textes, der offenbar als Vorlage für Paulis am 28. Februar und 13. März 1948 im Psychologischen Club Zürich gehaltenen Vorträge diente und später Teil der publizierten Keplerstudie (1952, S. 160–163) bildete. Sie befinden sich im Nachlaß von M.-L. von Franz unter der Signatur Hs. 176: 5.

* Die Kontroverse zwischen diesen beiden Definitionen der Schönheit spielt insbesondere in der Renaissance eine große Rolle, als sich Ficino ganz auf die Seite Plotins stellte.

[2] Pauli fügte in der gedruckten Fassung folgende Fußnote hinzu: „Insofern das auf der Kooperation von Experiment und Theorie beruhende naturwissenschaftliche Denken eine Zusammensetzung von Denken und Empfindung bildet, kann dessen Gegenpol, präziser ausgedrückt, als *intuitives Fühlen* bezeichnet werden. Über *Plotin* vgl. auch *Schopenhauer*, Fragmente zur Geschichte der Philosophie, §7: Neuplatoniker."

** Dies ist im Einklang mit den älteren alchemistischen Texten, gemäß denen erst die Totalität aller vier Elemente die Herstellung der quinta essentia und des lapis, das heißt die eigentliche Wandlung ermöglicht.

*** Als moderne Parallele zu dieser Einheits- und Ganzheitstendenz vgl. besonders die Arbeit von *C. G. Jung* „Die Synchronizität als ein Prinzip akausaler Zusammenhänge", sowie auch dessen Aufsatz „Der Geist der Psychologie" im Eranos-Jahrbuch 1946.

³ Siehe hierzu Ribi (1990).
⁴ Siehe hierzu auch Band **III**, S. 558.
⁵ M.-L. von Franz berichtete dem Herausgeber, daß Pauli bei seiner Kontaktaufnahme mit ihr seine gleichzeitige Bekanntschaft mit anderen Mitgliedern des Jungschen Kreises solange wie möglich verheimlicht hat.
⁶ Siehe hierzu auch den Kommentar zum Brief [1137].
⁷ In seinem Schreiben [1407] spricht Pauli von dem „archetypischen Hintergrund unserer persönlichen Beziehung".

[1080] PAULI AN VON FRANZ

Princeton, 14. Februar 1950

Sehr geehrtes Fräulein von Franz!

Haben Sie vielen Dank für die Zusendung meines Keplermanuskriptes.[1] Ich werde Ende März hier diesen Vortrag noch einmal halten vor einem Publikum von Physikern, die an Psychologie Interesse haben, Kunst- und anderen Historikern und vielleicht auch amerikanischen Schülern und Schülerinnen von Jung.[2]

Heute habe ich eine weitere Bitte: Im Text meines Vortrages befindet sich ein Zitat von Worten Fludds, das Sie so übersetzt haben:

„Du hast die Harmonie aus der Natur, das ist Seele und Körperwelt, herausgenommen und ins Subjekt verlegt. Deine ‚anima' ist außerhalb der Gesetze der Körper, also außerhalb der Natur."[3]

Ich habe meine früheren Notizen nicht hier (die sind in meinem verschlossenen Schreibtisch in Zollikon und zur Zeit unzugänglich). *Wissen Sie noch, wo dieses Zitat steht und wie das lateinische Original lautet?* Ich habe es in Keplers ‚Apologia' in Band V, opera omnia (herausgegeben von Frisch) nicht finden können, obwohl ich *alle anderen* Ihrer Zitate leicht identifizieren konnte. Ich hoffe sehr, daß Sie auf Grund Ihrer Aufzeichnungen (oder Ihres Gedächtnisses) die Originalstelle finden können. Für Mitteilung wäre ich sehr dankbar.

Ich lese jetzt ein kleines Büchlein von D. Saurat „Milton et le Matérialisme Chrétien en Angleterre",[4] in welchem sich auch ein größerer Abschnitt über Fludd befindet. Aus diesem* entnahm ich u. a. die kuriose Tatsache, daß Fludd mit Hilfe einer Art von Barometer (konstruiert mittels eines *partiellen* Vakuums) die Voluntas und die „Noluntas"** Dei *experimentell messen* wollte.*** Fludds rosenkreuzerische Mysterienwelt ist stark gemischt mit empiristischen Tendenzen, daher auch seine explosible Reaktion gegenüber Kepler: In seiner Naivität hatte Fludd vorher nicht gemerkt, daß naturwissenschaftliche Experimente den Ast absägen könnten, auf dem er sitzt.

In dem zitierten Buch habe ich auch über Gassendis spätere Polemik gegen Fludd gelesen, es ist eine Polemik des rationalen gegen den okkulten ‚Materialismus' (wobei sich bestätigt, daß dessen psychologische Grundlage die These des Increatum der prima materia sei, wie Professor Jung hervorgehoben hat).

Wie geht es sonst mit Geulincx' (sprich: *chö*links) Uhren[5] und Professor Jungs Arbeit über das synchronistische Phänomen?† Daß ich bei C. A. Meiers Antrittsvorlesung[6] am Poly nicht anwesend war, bedaure ich sehr.

Mit freundlichen Grüßen und in der Hoffnung, von Ihnen bald zu hören
Stets Ihr   W. Pauli

Viele Grüße an C. A. Meier, ich werde ihm bald wieder schreiben.

P.S. Mit Herrn Professor Panofsky hatte ich eine lange philologische und philosophische Diskussion über das Wort ‚faex‘ und ‚faeculenta substantia‘. Die ursprüngliche (antike) sowohl wie die alchemistische Bedeutung des Wortes ist ‚Rückstand‘ oder ‚Niederschlag‘ (englisch: *sediment*); das was schwer nach unten fällt (ursprünglich vom Satz in den Weinflaschen gebraucht) – im Gegensatz zur Essenz, die nach oben steigt. Wir haben deshalb beschlossen, ‚faeculenta substantia‘ mit *‚sedimentäre* Substanz‘ zu übersetzen (nicht mit ‚schmutzig‘).

Das hängt auch zusammen mit Fludds Doktrin, daß die Materie durch das *Zurückziehen* des göttlichen *Lichtes* entsteht oder eigentlich das ist, was nach diesem ‚Rückzug‘ übrigbleibt, aber latent schon vorher da war (siehe: Increatum).[7]

---

[1] Pauli (1952a). Vgl. hierzu auch den vorangegangenen Briefwechsel mit M.-L. von Franz, insbesondere Paulis Schreiben vom 12. November 1949, in dem Pauli sich für ihre philologische Hilfe bei der Fertigstellung der Keplerarbeit bedankt.

[2] Pauli bezieht sich insbesondere auf den Kunsthistoriker E. Panofsky, den Altphilologen Harold Cherniss, den Historiker Ernst H. Kantorowicz und den Elektrotechniker und Jungianer Max Knoll, der sich damals ebenfalls in Princeton aufhielt.

[3] Vgl. hierzu auch die Bemerkungen in Paulis Briefen [1085 und 1095].

[4] Saurat [1928]. Vgl. hierzu auch die Bemerkungen auf S. 38 und die Gassendi-Studie von Brundell [1987].

* P. 31, Figur (*vor* Torricelli!).

** Siehe Kabbala über diesen Begriff.

*** Das allerdings konnte nur das 17. Jahrhundert fertigbringen!

[5] Auf den niederländischen Okkasionalisten Arnold Geulincx (1624–1669) als den „wahren Erfinder" des Gleichnisses der synchronisierten Uhren, „um die Beziehung zwischen Geist und Materie zu erläutern", hatte Pauli in einem Brief vom 12. November 1949 an M.-L. von Franz hingewiesen. „Die Beziehung zwischen Geist und Materie war nämlich problematisch geworden, durch Descartes' Idee, daß die mechanischen Vorgänge (das war damals gleichbedeutend mit ‚materiell‘) streng *deterministisch* verlaufen, was eine *direkte Beeinflussung* der materiellen Vorgänge durch den Geist (dazu rechnete man auch den *Willen*) ausschloß." Vgl. hierzu die Darstellung in dem von Pauli häufig zitiertem Werk von B. Russell [1936/46, S. 545].

† Es gibt hier Leute, die dafür Interesse haben! Ich war sehr erstaunt darüber!

[6] Vgl. Meier (1950) und Paulis Bemerkung im Postskriptum zu [1085]. Pauli hatte bei Meiers Habilitierung als Gutachter mitgewirkt.

[7] Das *Creatum* und das *Increatum* wurde bei den Neuplatonikern als aktives und passives Gegensatzpaar eingeführt. Siehe hierzu Paulis Bemerkungen am Ende seiner Keplerstudie (1952a, S. 193f.).

[1081] DYSON AN PAULI

Birmingham, 15. Februar 1950
[Maschinenschrift, mit handschriftlichem Zusatz]

Dear Professor Pauli!

Thank you very much for your letter.[1] I am glad to hear that Villars is working on the meson theory with strong coupling. In this connection, I believe that the following piece of information is important. Powell at Bristol has established by direct measurements that the cross-section for nuclear interactions of fast (relativistic) π-mesons passing through photographic plates is the geometrical cross-section of the nuclei.[2] This is in direct contradiction with the conclusion of Piccioni (Physical Review, 1st January 1950)[3] which was based on an experiment with counters. Piccioni himself was well aware that the interpretation of his experiment was open to question. But still in the absence of other evidence one tended to believe his results. It is very good for the meson theory that this confusion is now resolved.

Now I will discuss this question of the longitudinal photons.[4] First I should say, I agree with everything you wrote about this, and I thank you for taking the trouble to write to me in such detail about it. Second, I was not satisfied with my letter when I wrote it, and therefore I sent it to Princeton for you and others to discuss, and did not send it straight to be published. Third, I will answer your specific questions.

My idea when I wrote the letter was to keep separate the following two problems. (i) The problem of the inconsistency of the supplementary condition with the commutation relations in the invariant form. (ii) The problem of explaining why the symmetrical treatment of the radiation field gives the right answers in Schwinger's theory.[5] I wished to deal only with problem (ii). I believe that problem (i) has already been sufficiently discussed and the answer to it well understood. This problem (i) is what you call in your letter the „pedagogical difficulty".[6]

Question 1. Why did I not mention the second supplementary condition

$$(a_3^* + ia_4^*)\psi = 0?$$

Is this a slip or did I have some idea with it?

Answer. This was not a slip, and also there was no special idea behind it. I did not wish to write down any more equations than were strictly necessary to the argument. It just happened that I did not need the second supplementary condition.

Question 2. Why do I propose to overcome the pedagogical difficulty by introduction of an arbitrary function $\phi(k)$ which is, in fact, neither arbitrary nor finite?

Answer. This was not my intention. I did not regard $\phi(k)$ as an „arbitrary" function, but simply as a symbol for the expectation value $\langle a_3^* a_3 \rangle_0$. Thus $\phi(k)$

is not thought of as „arbitrary" but as a quantity which is mathematically and physically meaningless. I did not mention the fact that $\phi(k)$ is formally infinite, because I did not wish to discuss the „pedagogical difficulty". My argument was intended to show that the pedagogical difficulty was irrelevant to the problem (ii) with which I was concerned.

In fact, my argument ran as follows. Introducing the notation $\phi(k)$ for the meaningless quantity $\langle a_3^* a_3 \rangle_0$, I showed that the quantities of physical interest were automatically independent of $\phi(k)$. There are two alternative ways of making calculations, either to calculate everything without allowing the quantity $\langle a_3^* a_3 \rangle_0$ to be mentioned (this is the unsymmetrical treatment with elimination of longitudinal photons), or to allow $\langle a_3^* a_3 \rangle_0$ to be mentioned and put $\phi(k) = 0$ (this is the symmetrical treatment). Since the results of the second treatment are always formally independent of the meaningless quantity $\phi(k)$, no error is introduced by writing $\phi(k) = 0$ in that treatment.

Question 3. What is my opinion of your method of using the supplementary conditions without the commutation relations for a_3 and a_4?

Answer. In practice one has to deal with such an expression as

$$\int\int dx\, dx'\, \varepsilon(x - x')[j_\lambda A_\lambda(x),\, j_\mu A_\mu(x')].$$

This divides into the two parts

$$I_1 = \frac{1}{2} \int\int dx\, dx'\, \{j_\lambda(x),\, j_\mu(x')\} \varepsilon(x - x')[A_\lambda(x),\, A_\mu(x')],$$

$$I_2 = \frac{1}{2} \int\int dx\, dx'\, [j_\lambda(x),\, j_\mu(x')] \varepsilon(x - x')\{A_\lambda(x),\, A_\mu(x')\}.$$

Now for I_2 your argument with the supplementary conditions is sufficient to prove the symmetrical treatment correct. But for I_1 one is forced in any case to use the commutation relations for a_3 and a_4. I_1 contains the ordinary Coulomb force between two electrons. Thus it seems to me that your method is no different in principle from mine.

I hope that I have expressed myself clearly enough so that you can understand what I mean, even if you do not agree with me. I must apologize for writing my first letter in so condensed a form that some of the difficulties were concealed rather than removed.

Finally, I must thank you for telling me about Feldman's work on charged scalar mesons. I will be very glad to hear how this comes out. I am sorry that your book on Relativity is not available.[7] Since you offer me another choice, please can you obtain the Einstein volume in the American Living Philosophers series. This volume I believe contains the summing-up by Bohr of his controversy with Einstein, which I have always been wanting to see.[8]

Again with many thanks,

Yours sincerely,

                                                                      F. J. Dyson

P.S. I wish to add, that I do not yet completely understand the position of the supplementary conditions in electrodynamics. Therefore everything I say is only tentative and preliminary. I hope that in the future somebody (perhaps I) will write down a fully satisfactory and clear answer to these questions.

[1] Siehe Paulis Brief [1079].
[2] Siehe hierzu Powells Übersichtsbericht (1950b).
[3] Piccioni (1950a, b).
[4] Vgl. Dyson (1950b).
[5] Schwinger (1948c, 1949b).
[6] Vgl. Paulis Bemerkung in dem vorangehenden Brief [1079].
[7] Vgl. hierzu Paulis Brief [1079] vom 9. Februar 1950.
[8] Es handelt sich um den von Schilpp [1949] herausgegebenen Band *Albert Einstein: Philosopher Scientist*, zu dem auch Pauli einen Aufsatz beigesteuert hatte. Vgl. hierzu auch den Brief [1083].

[1082] PAULI AN KÄLLÉN

Princeton, 16. Februar 1950

Lieber Herr Källén!

Ich danke Ihnen noch sehr für Brief und Manuskript (vom 25. I.), das vielen* hier nützlich gewesen ist.[1] Yang will mit der Beantwortung Ihres Briefes warten, bis er weitere Resultate hat. (Seine diesbezüglichen Rechnungen sind aber noch nicht ganz fertig.)

Wir waren natürlich ganz einverstanden mit dem Beweis Ihres Briefes, daß die Gleichungen von Yang für $S^{(1)}$, $S^{(2)} \ldots S^{(n)}$ durch

$$S^{(n)} = \frac{(-i)^n}{n!} \int \ldots \int dx' \ldots dx^n \, P(H(x^n) \ldots H(x'))$$

erfüllt werden. Ich halte es aber für wichtig, daß die Methode der Heisenberg-Darstellung so formuliert wird, daß die Hamilton-Funktion nicht explizite benutzt wird (auch nicht beim Ausrechnen der S-Matrix). Die Hamilton-Funktion stört die Invarianz bei Skalar (Spin 0)- und Vektor (Spin 1)-Mesonen und gibt Anlaß zu „Oberflächentermen", die dann wieder herausfallen. Es sollte aber alles so invariant sein wie die Rechnung über die Vakuum-Polarisation von Spin 0-Bosonen in Ihrer Arbeit,[2] *auch* die Definition der S-Matrix.

Yang kann zwar seine Gleichungen für die $S^{(n)}$ sukzessive lösen, bekommt dann aber Ausdrücke, die dem Schwinger-Formalismus entsprechen.[3] Dagegen möchte er die Resultate in der einfacheren Feynman-Dyson-Form bekommen ohne explizite Benutzung von H, so daß sie auch für Spin 0- und Spin 1-Mesonen anwendbar sind. Dies ist ihm noch nicht gelungen. Yang wird Ihnen schreiben, sobald er etwas mehr darüber weiß. Es wird mich aber interessieren zu hören, was Sie darüber meinen.

Sonst wurden in der letzten Zeit noch folgende Resultate aus diesen Theorien abgeleitet.

1. Herr F. Rohrlich (Cornell University, ein Schüler Feynmans)[4] hat für geladene Skalarmesonen (Spin 0) in Wechselwirkung mit quantisiertem elektromagnetischem Feld gezeigt: Die „Møller-Wechselwirkung" (Streuung zweier

geladener Teilchen aneinander) behält auch nach allen Renormalisationen in der e^4-Näherung eine echte Divergenz, die nur durch passende Zusatzterme der Form $\delta\lambda\phi^{*2}\phi^2$ in der Lagrangian kompensiert werden kann.[5] Es ist dies ein wichtiger Unterschied von der Positron-Theorie. (Dagegen sind Lamb-shift, Streuung von Protonen an geladenen Teilchen und Streuung von Licht an Licht in der e^4-Näherung ebenso konvergent wie in der Positron-Theorie.) – Die Situation ist demnach hier analog zur skalaren Wechselwirkung von (pseudo-)skalaren Mesonen mit Nukleonen.[6]

2. Peaslee in Zürich[7] und Kinoshita und Nambu in Japan[8] haben gezeigt, daß geladene Vektormesonen (Spin 1) eine logarithmisch divergente Korrektur ($\mu_0 e^2/\hbar c$, μ_0 = Magneton) zum magnetischen Moment bekommen (soviel ich sehe, auch zum elektrischen Quadrupolmoment). (Daß für solche Teilchen der Term $\Box\, j_\mu$ in der Vakuum-Polarisation ebenfalls logarithmisch divergiert, haben ja bereits Feldman[9] sowie Furry und Neumann[10] gezeigt.) Dieses Resultat habe ich seit langem erwartet.

Es scheint mir, wir sind nun am Ende der Anwendbarkeit der Renormalisationsidee angelangt. Immerhin wäre es interessant zu wissen, wie sich (nach Renormalisation konvergente) pseudoskalare Meson-Theorien für große Werte der Kopplungskonstante verhalten. (Mehrfach-Erzeugung von Mesonen?)[11]

Mit vielen Grüßen (auch an Professor Gustafson)   Ihr W. Pauli

---

* In einer Arbeit von Pais und Uhlenbeck (1950) werden Sie zitiert werden. (Diese Arbeit beschäftigt sich mit Operatoren wie $e^{\alpha(\Box)^2}$ und ähnlichem.)
[1] Brief [1076].
[2] Källén (1950a).
[3] Vgl. hierzu den Kommentar zu [1149].
[4] Siehe hierzu auch den Kommentar zum Brief [1108].
[5] Vgl. Rohrlich (1950b).
[6] Siehe Matthews (1949c und 1950a). In einem (im Heisenberg-Archiv aufbewahrten) Manuskript einer Ansprache von G. C. Wick (1963, S. 19) während der Kopenhagener Physikerkonferenz im Sommer 1963 erklärte er: "Thus, in the early 1950's, relativistic invariance and renormalizability came to be regarded by some as the guiding criteria, by which our choice of field-equations was to be determined, and this pointed in a more or less unique way to the so-called pseudoscalar theory with pseudoscalar (or $'g_5$) coupling."
[7] Peaslee (1950). Vgl. hierzu die Anmerkung zu Paulis Brief [1100] an Rohrlich.
[8] Kinoshita (1950) und Kinoshita und Nambu (1950).
[9] Feldman (1949).
[10] W. H. Furry und M. Neumann (1950); M. Neumann und W. H. Furry (1949).
[11] Siehe hierzu auch den Brief [1087].

[1083] PAULI AN DYSON

Princeton, 22. Februar 1950

Dear Dyson!

Thank you very much for your letter,[1] which I can answer very briefly referring to your answer of my questions. Meanwhile I also saw that two parts occurring in the result which can be written[2]

$$I_1 = \int\int K^{(1)}_{\mu\nu}(x, x')[A_\lambda(x), A_\mu(x')]dx\,dx'$$

$$I_2 = \int\int K^{(2)}_{\mu\nu}(x, x')\{A_\lambda(x), A_\mu(x')\}_0 dx\,dx',$$

where

$$\frac{\partial K^{(2)}_{\mu\nu}}{\partial x_\mu} = 0, \quad \frac{\partial K^{(2)}_{\mu\nu}}{\partial x'_\mu} = 0$$

but {because of an involved $\varepsilon(x - x')$} the divergence of $K^{(1)}_{\mu\nu}$ is *not* zero.[3] For the evaluation of I_1 therefore the commutation relations for $[a_3, a_3^*]$ and $[a_4, a_4^*]$ (equivalent to the old Fermi-rules) are necessary. But for the evaluation of I_2 they are *not*. I prefer *not* to talk of $\langle a_A, a_B^*\rangle_0$ (with A, $B = 3$ or 4) *at all* and to say that I_2 can be evaluated without it, so that the *explicite* use of your $\phi(k)$-symbol is avoided. But you can say that this is implicitly a rule to fix the value of a quantity 0, ∞ contained in I_2, so the whole remaining difference between us is a „pedagogical" one.

About the other problems of meson theory I shall write when I know more about it.

The Einstein-volume is sent to you already with my greatest pleasure.[4]

Yours sincerely   W. Pauli

Regards to Peierls.

---

[1] Siehe den Brief [1081].
[2] In den beiden Formeln wurden die Differentiale $dx\,dx'$ ergänzt, die Pauli weggelassen hatte.
[3] Vgl. Dyson (1950b).
[4] Vgl. Dysons vorhergehenden Brief [1081].

[1084] MATTHEWS AN PAULI

Cambridge, 25. Februar 1950
[Maschinenschrift]

Dear Prof. Pauli!

Many thanks for returning my work on the *spin zero meson in the electromagnetic field*,[1] with the comments of Rohrlich and Feldman. That great care must be taken over the weights of the different graphs is shown by the fact that we have obtained between us three different answers. The point is that at a vertex at which $e^2 A^2_\mu \phi^* \phi$ is operating, it is necessary to distinguish between the two photon operators and to add all the distinct contributions obtained by interchanging the roles of these two operators. (This can be seen by writing A^2_μ as $A_\mu A_\nu \delta_{\mu\nu}$ and then applying Dyson's rules.) I did not make allowance for this. (The errors happened to cancel for the light-by-light calculation.) Feldman only counts correctly when both photon lines are external. Thus his result for light-by-light is correct, but for Compton scattering is wrong. Rohrlich's equations are correct.

My calculations (as far as they have gone) and conclusions are now in complete agreement with those of Rohrlich. There has always been less disagreement then, I think, Dr. Rohrlich realized, as shown by my more recent letters to you.

On the secondary infinities from the $\lambda\phi^2\phi^{*2}$ term,[2] there is the following possibility. The constant can be taken to be $\lambda + \delta\lambda$, where $\delta\lambda$ is independent of f, and λ is a double power series in λ and f. Then the infinity from

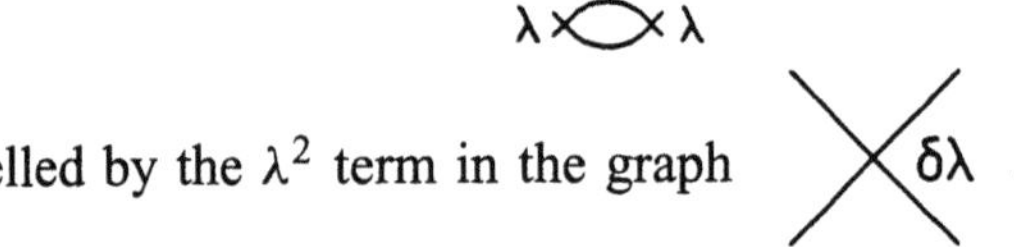

can be cancelled by the λ^2 term in the graph .

I am not sure whether this can be done to any order consistently. Something of this sort is certainly required for the photon-nucleon-pseudoscalar meson mixture, with λ replaced by e. That is to say the renormalized charge is a power series in both e and f.

Yours sincerely   P. T. Matthews
(Copy to Rohrlich and Feldman.)

---

[1] Siehe das im Anhang zum Brief [1084] wiedergegebene Manuskript und Matthews anschließende Publikation (1950b). In einer Fußnote dankt der Autor D. Feldman und F. Rohrlich für hilfreiche Anregungen beim Umgang mit den Feynman-Graphen.
[2] Vgl. hierzu auch Paulis Bemerkungen in dem Schreiben [1079] an Dyson.

ANHANG ZUM BRIEF [1084][1]

Summary   20. April 1950

It is shown that to fourth order in the coupling constants, all the divergences from the combined interaction of *spin 0-mesons (pseudoscalar-pseudoscalar interaction), nucleons and electromagnetic field* can be removed by mass and 'charge' renormalizations and the introduction of a direct meson-meson coupling term $(\delta\lambda\phi^2\phi^{*2})$.

I. Spin 0 meson in electromagnetic field[2]

$$H = aA_\mu\left(\phi^*\frac{\partial\phi}{\partial x_\mu} - \frac{\partial\phi^*}{\partial x_\mu}\phi\right) - a^2 A_\mu A_\nu\phi^*\phi\delta_{\mu\nu} - \delta\mu^2\phi^*\phi - a^2\phi^*\phi(A_\mu n_\mu)^2$$

μ is meson mass, $a = ie/\hbar c$.

The first term gives vertices 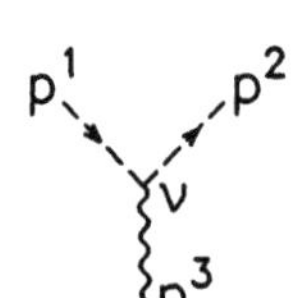 to be called 3-vertices.

The second term gives vertices  to be called 4-vertices.

The final term can be ignored if one uses the incorrect equation[3]

$$\left\langle P\left(\frac{\partial\phi}{\partial x_\mu},\frac{\partial\phi^*}{\partial y_\nu}\right)\right\rangle_0 = \frac{1}{2}\hbar c\frac{\partial^2}{\partial x_\mu\partial y_\nu}\Delta_F(x-y).$$

The errors thus introduced always exactly canceling (Physical Review **76**, 684).[4] The analogue of Dyson's rules can be put very neatly in momentum space. Thus to obtain the integral corresponding to any graph one writes

(i) for each internal photon line ($\sim\!\!\sim$)   external photon

$$\delta_{\mu\nu}\hbar c(2\pi)^{-3}D_F(p) \qquad\qquad\qquad A_k(k)$$

(ii) for each internal meson line ($-\!\!->\!\!-$)   external meson

$$\hbar c(2\pi)^{-3}\Delta_F(p) \qquad\qquad\qquad \phi^*(k)\text{ or }\phi(k)$$

(iii) for each 3-vertex

$$a\frac{1}{\hbar c}(2\pi)^4\delta(p^1-p^2+p^3)(p_\nu^1+p_\nu^2) = a\frac{1}{\hbar c}(2\pi)^4\delta(p^1-p^2+p^3)\Phi_\nu(p^1,p^2)$$

(iv) for each 4-vertex

$$a^2\left(\frac{i}{\hbar c}\right)(2\pi)^4\delta_{\mu\nu}\delta(p^1-p^2+p^3+p^4).$$

It is important to distinguish between the two photon operators at a 4-vertex and add the contributions from the various possible interchanges of their roles in any graph. Note that the factor $(p_\nu^1+p_\nu^2)$ in (iii) gives the effect of the derivatives in the first term of H.

The primitive divergents satisfy:[5]

$$E_m+E_p<5. \qquad\qquad\qquad (1)$$

and one:

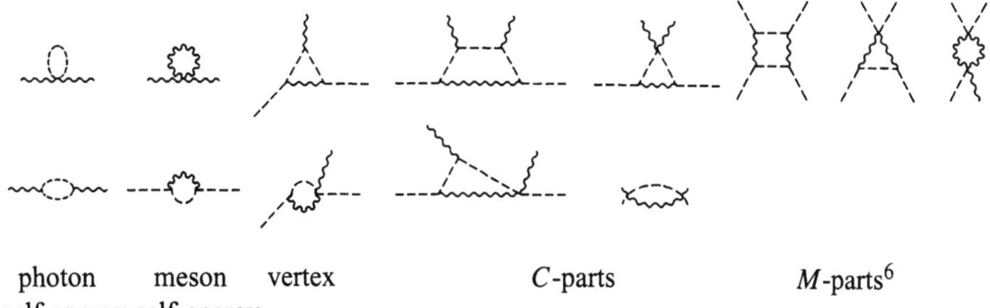

photon   meson   vertex C-parts M-parts[6]
self-energy self-energy

Figur 1

The first four groups of parts modify the terms in (i), (ii), (iii) or (iv).

Thus $\qquad D_F \to D'_F, \quad \Delta_F \to \Delta'_F, \quad (p_\nu^1 + p_\nu^2) \to \Phi_\nu(p^1, p^2),$ $\qquad$ (2)

$$\delta_{\mu\nu} \to \Theta_{\mu\nu}(p^1, p^2, p^3)$$

where to order e^2 (after mass renormalization),

$$D'_F = \left(1 + \frac{\alpha}{2\pi} A_2\right) D_F + \text{finite terms.} \qquad A'_2(k) = \left(1 + \frac{\alpha}{4\pi} A_2\right) A(k)_0$$

$$\Delta'_F = \left(1 + \frac{\alpha}{2\pi} C\right) \Delta_F + \text{finite terms} \qquad \phi(k) = \left(1 + \frac{\alpha}{4\pi} C\right) \phi(k)$$

$$\Phi_\nu = \left(1 + \frac{\alpha}{2\pi} N\right) (p_\nu^1 + p_\nu^2) + \text{finite terms} \qquad \phi^*(k) = \left(1 + \frac{\alpha}{4\pi} C\right) \phi^*(k)$$

$$\Theta_{\mu\nu} = \left(1 + \frac{\alpha}{2\pi} M\right) \delta_{\mu\nu} + \text{finite terms.}$$

In order that the infinite constants (A_2, C, N, M) can be absorbed by charge renormalization it is necessary that the infinities from the insertion (2) into the integrals corresponding to Figur 2 (a) and (b) are the same (since both

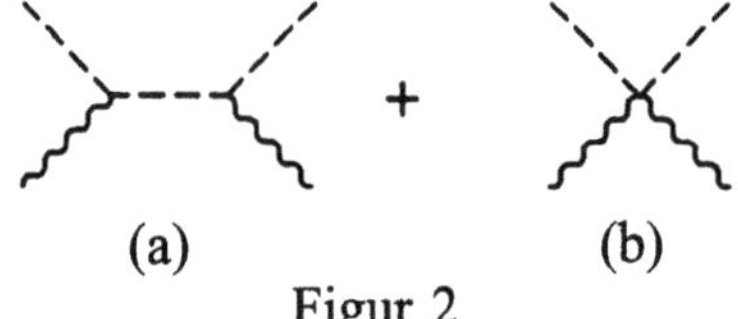

(a)   (b)

Figur 2

have factor e^2). This is (after mass renormalization)

$$A_2 + 2C + 2N = A_2 + C + M,$$

or

$$2N + C = M. \qquad (3)$$

This equation is satisfied. (This is Rohrlich's result[7] which I have checked.) The renormalized charge e_1 is

$$e_1 = \left\{1 + \frac{\alpha}{2\pi}(C - N + A_2/2)\right\} e. \qquad (3')$$

However there remains the infinity from M-parts (Figur 1) which can only be cancelled by introducing a term $\delta\lambda\phi^2\phi^{*2}$ in H with $\delta\lambda$ suitably chosen.

II. Pseudoscalar mesons and nucleons (pseudoscalar interaction) in electromagnetic field.[8]

$$H = H_1 + H_2 + H_3$$

$$H_1 = if\bar{\psi}\gamma_5\psi(\phi^*\tau_- + \phi\tau_+)$$

$$H_2 = aA_\mu\left(\phi^*\frac{\partial\phi}{\partial x_\mu} - \frac{\partial\phi^*}{\partial x_\mu}\phi\right) - a^2 A_\mu A_\nu \phi^*\phi\delta_{\mu\nu} \qquad (4)$$

$$H_3 = ie\bar{\psi}\gamma_\mu\psi A_\mu\tau_p, \qquad \{\tau_p \times (\text{proton}) = (\text{proton}), \ \tau_p \times (\text{neutron}) = 0\}$$

where mass renormalization and n_μ dependent terms have been omitted.

The rules for obtaining integrals from graphs are a combination of Dyson (Physical Review **75**, 1736),[9] Matthews (Philosophical Magazine **41**, 185)[10] (or Case,[11] Watson + Lepore[12] etc.) + section I above.

mesons lines   --➤--
nucleon lines   ————
photon lines   ∿∿∿

The primitive divergents satisfy

$$\frac{3}{2}E_N + E_m + E_p < 5 \tag{5}$$

and give modifications of factors as follows (Note that at least one of the three terms on left hand side must be zero so no new primitive divergents are introduced by line combination):

$$\tag{6}$$

$$S_F \to S'_F = S_F\left(1 + \frac{\alpha}{2\pi}B + \frac{\beta}{2\pi}B'\right) + \text{finite terms (to order } e^2 \cdot f^2)$$

$$\beta = \frac{f^2}{4\pi\hbar}$$

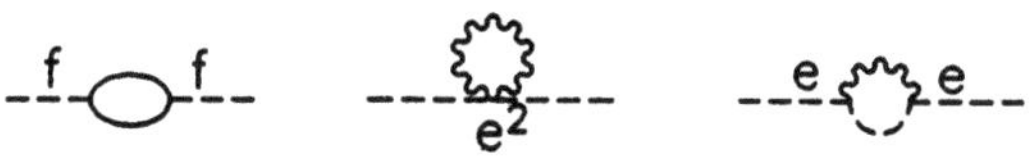

$$\Delta_F \to \Delta'_F = \Delta_F\left(1 + \frac{\alpha}{2\pi}C + \frac{\beta}{2\pi}C'\right) + \text{finite terms} \tag{7}$$

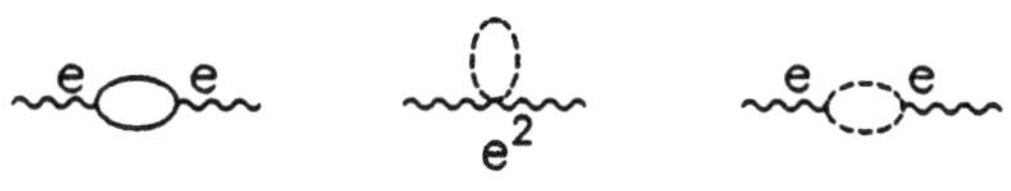

$$D_F \to D'_F = D_F\left(1 + \frac{\alpha}{2\pi}A_1 + \frac{\alpha}{2\pi}A_2\right) + \text{finite terms} \tag{8}$$

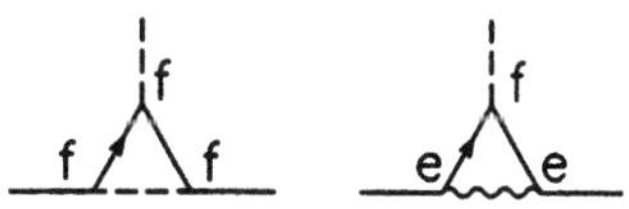

$$\gamma_5 \to \Gamma_5 = \gamma_5\left(1 + \frac{\alpha}{2\pi}P + \frac{3}{2\pi}P'\right) + \text{finite terms} \tag{9}$$

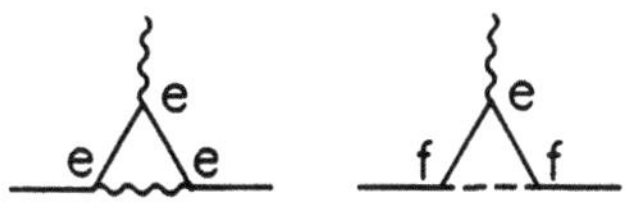

$$\gamma_\mu \to \Gamma_\mu = \gamma_\mu\left(1 + \frac{\alpha}{2\pi}L + \frac{3}{2\pi}L'\right) + \text{finite terms} \tag{10}$$

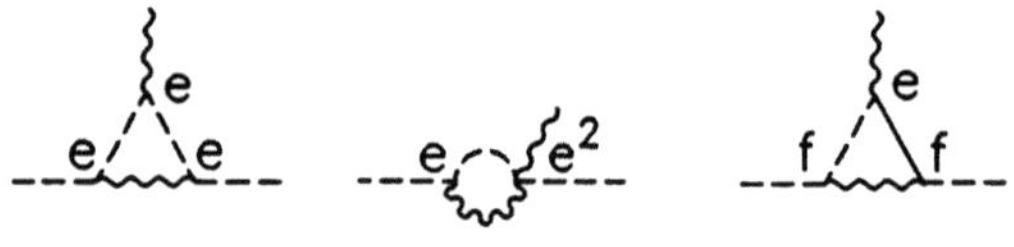

$$(p_\nu^1 + p_\nu^2) \to \Phi_\nu(p^1 \cdot p^2) = \left(1 + \frac{\alpha}{2\pi}N + \frac{\beta}{2\pi}N'\right)(p_\nu^1 + p_\nu^2) + \text{finite terms} \tag{11}$$

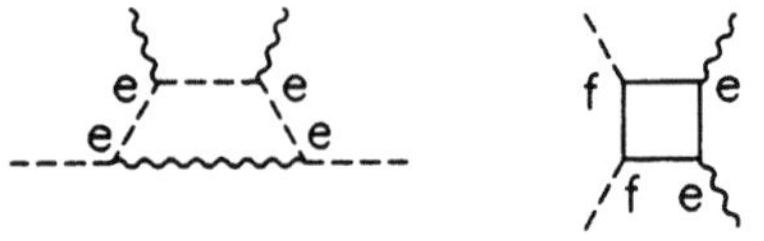

(See Figur 1, C-parts)

$$(M\text{-vertex}) \quad \delta_{\mu\nu} \to \Theta_{\mu\nu} = \left(1 + \frac{\alpha}{2\pi}M + \frac{3}{2\pi}M'\right)\delta_{\mu\nu} + \text{finite terms} \tag{12}$$

$$\tag{13}$$

To absorb these infinite constants {except (13)} by an $e\,z\,f$ 'charge' renormalization, it is again necessary that the infinities from the replacements (6)–(12) in Figur (2, a + b) should be the same, i.e. {as in (3)}

$$2(N + N') + C + C' = M + M'. \tag{14}$$

Since (3) is satisfied, the condition is

$$2N' + C' = M'. \tag{15}$$

I have checked that this condition is also satisfied.

Actually
$$N' = 0 \text{ and } C' = M'$$

(by Furry, Case **75**, 1440)[13] .

This means that extra infinity arising from Figur 2 (a) group

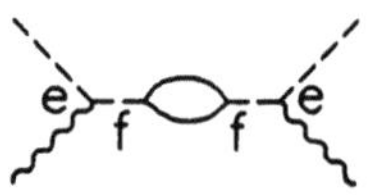

is just balanced by the extra infinity from Figur 2 (b) group.

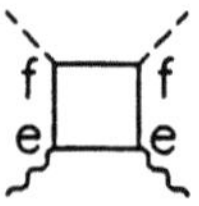

The renormalized coupling constants are

$$e_1 = \left\{ 1 + \frac{\alpha}{2\pi}\left(C - N + \frac{(A_1 + A_2)}{2} + \frac{\beta(C' - N')}{2\pi} \right) \right\} e. \qquad (16)$$

$$f_1 = \left\{ 1 + \frac{\alpha}{2\pi}\left(B - L + \frac{C}{2} \right) + \frac{\beta}{2\pi}\left(B' - L' + \frac{C'}{2} \right) \right\} f. \qquad (17)$$

This removes all divergences to fourth order in e and f except those from (13) which must be cancelled a term $\delta\lambda\phi^{*2}\phi^2$ where $\delta\lambda\Delta$, like $e_1 + f_1$, is a double power series in $e + f$.

The possible divergences from parts representing the scattering of light by light can be shown to be zero by direct calculation (in accordance with gauge-invariance).

[1] Dieses Manuskript von Matthews wurde zusammen mit seinem Brief [1108] in Paulis Nachlaß 2/457f. gefunden.
[2] Vgl. Matthews (1950b).
[3] Vgl. Matthews (1950a, Formel 15).
[4] Matthews (1949a).
[5] Matthews (1950b, Formel 3). Siehe auch den Kommentar zum Brief [1108].
[6] C- und M-parts beziehen sich auf Compton-Streuung und Møller-Wechselwirkung.
[7] Vgl. Rohrlich (1950c).
[8] Vgl. Matthews (1950c).
[9] Dyson (1949b).
[10] Matthews (1950a).
[11] Case (1949a).
[12] Watson und Lepore (1949).
[13] Furry (1937); Case (1949a, b).

In einem Schreiben vom 8. Juli 1949 an seinen Freund Carl Alfred Meier teilte Pauli diesem mit, er wolle jetzt damit beginnen, systematisch die in seinen Träumen auftretenden und „stets beträchtlich das Unbewußte (et vice versa) affizierenden" Probleme zu beobachten. Bereits seit Beginn seiner Analyse durch Jungs Mitarbeiterin Erna Rosenbaum im Februar 1932 hatte Pauli regelmäßg seine Träume zwecks Deutung ihres symbolischen Gehaltes aufgezeichnet.[1] Ein Teil dieses Traummaterials „aus über 1000 Träumen und visuellen Eindrücken" des „wissenschaftlich gebildeten jüngeren Mannes"[2] hatte Jung anschließend bearbeitet und zunächst in seinen Vorträgen[3] und Aufsätzen verwendet.[4] Später hat er sie auch als Teil seiner Bücher über *Psychologie und Alchemie* [1944] und *Psychologie und Religion* [1940] veröffentlicht. Paulis Name als Urheber der Träume sollte aber auf Paulis Wunsch hin nicht genannt werden.[5]

Nach Jungs Auffassung sind Traumfiguren symbolhaft sich äußernde Vorgänge des Unbewußten, die z. T. aus verborgenen und nicht bewußt eingestandenen Wünschen bestehen. Durch ihre Beobachtung läßt sich auch die Wiederherstellung eines in Unordnung geratenen psychischen Gleichgewichts verfolgen;[6] zu ihrem Verständnis bedarf es jedoch einer Deutung bzw. einer durch Anreicherung von Trauminhalten zu erzielenden Amplifikation.[7] Insbesondere können sich in den Träumen auf diese Weise die im Wachzustande unterdrückten Seiten der Persönlichkeitstendenzen als *Schatten* manifestieren,[8] indem sie hier als fremde Personen erscheinen.[9] Neben diesen Äußerungsformen des *persönlichen Unbewußten* betrachtet Jung noch das der gesamten Menschheit eigene *kollektive Unbewußte*, als Sammelbecken aller Urerfahrungen der Menschheit, mit den *Archetypen* als anordnendes Prinzip der Vorstellungen.[10] Das *kollektive Unbewußte* soll außerdem den weiblichen Charakter (im Traum den Mutterarchetypus) repräsentieren, während das *kollektive Bewußte* vor allem männlichen Charakter trägt.

In einem Schreiben vom 16. Juli 1949 an C. A. Meier berichtete Pauli von einem Brief, den er von dem ihm persönlich nicht weiter bekannten Kristallographen Ralph G. W. Wyckoff[11] empfangen hatte, worin dieser sein Interesse an diesen Träumen bekundete.[12] Doch Pauli wollte seine Anonymität weiterhin aufrechterhalten: „Daß man mich mit den 400 Träumen in Jungs Buch in Verbindung bringt, paßt mir natürlich gar nicht. Ich habe deshalb in meiner Antwort die Aufmerksamkeit besonders auf meinen Kepler-Vortrag gelenkt. Ich habe diese merkwürdige Zuschrift aber als einen ‘hint’ interpretiert, daß die Kepler-Arbeit doch publiziert werden soll (womit Sie ja einverstanden sein werden)."

Die in der hier erwähnten Keplerstudie vorgenommene Einbeziehung der Jungschen Idee des *kollektiven Unbewußten* in die Naturbeschreibung sollte Pauli künftig in zunehmendem Maße beschäftigen [1147]: „Natürlich nicht deshalb, weil der große C. G. Jung es gesagt hat (ich bin ja keine Frau und Autoritätsglaube ist mir nicht an der Wiege gesungen worden), *sondern weil mir die Sache an sich plausibel ist.* Wenn man überhaupt so einen Begriff wie *das Unbewußte* in der Naturbeschreibung zuläßt, ist es konsequent, es nicht nur als aus *verdrängten* Inhalten (d. h. solchen, die vorher im Bewußtsein waren) bestehend anzunehmen, sondern zu berücksichtigen, daß es alles Schöpferische im Keime als *Inhalt* enthält. Dann kam Jungs Nachweis der Archetypen (*Instinkte des Vorstellens*) – welcher den großen Vorteil hat, die Verbindung von *Manifestationen des Unbewußten* bei Einzelmenschen mit *Mythen-Motiven* herzustellen."[13]

Als gewichtigen Hinweis auf eine enge Beziehung zwischen Physik und Psychologie hat Pauli das gleichzeitige „Auftreten der Begriffe *Feld* in der Physik und *das Unbewußte* in der Psychologie im 19. Jahrhundert" angesehen.

Insbesondere interessierte ihn die mit der Quantentheorie zusammenhängende Frage einer durch den Beobachter bewirkten Störung statistischer Meßergebnisse. „Es existiert zwar ein bekanntes Theorem, wonach die in der Quantenmechanik auftretende Statistik nicht auf das Vorhandensein *verborgener Parameter* zurückgeführt werden kann. Dabei werden aber nur solche Parameter betrachtet, die ausschließlich Eigenschaften des beobachteten Systems sind. Wie aber, wenn die verborgenen Parameter auch in den Beobachtern mitsamt ihrer stets unabgeschlossenen Psyche sitzen würden? Es wäre ja dann schon verständlich, daß normaler Weise über diese *gemittelt* wird. Aber wenn es gelänge, Selektionen in Bezug auf den *Stand der Bewußtseinslage* zu machen? Ich werfe diese Frage nur auf, ohne sie voreilig zu beantworten."

---

[1] Vgl. hierzu seinen im Jungschen Familienarchiv aufbewahrten Briefwechsel mit Erna Rosenbaum. Peter Jung danke ich für die Überlassung von Kopien aus dieser Korrespondenz.

[2] Jung [1944/75, S. 60].

[3] Z. B. in Jung [1940], seinen 1937 an der Yale University gehaltenen *Terry Lectures*.

[4] Jung (1936).

[5] Siehe hierzu auch den Kommentar zum Brief [1091].

[6] Vgl. hierzu auch den Kommentar zum Brief [1147].

[7] Siehe auch den Kommentar zum Brief [1217].

[8] Dieser Begriff des Schattens wird von Jung beispielsweise in dem Brief [1127] erwähnt und auch von Pauli häufig (z. B. in den Briefen [1130, 1137, 1152, 1159, 1239, 1250, 1255 und 1325]) verwendet.

[9] In Paulis Träumen spielt diese Rolle z. B. der *Fremde* oder der *Perser*. Vgl. [1119, 1130, 1165, 1167, 1172] und die Anlage zum Brief [1200].

[10] Pauli hat in seinem Beitrag (1954) zur Jung-Festschrift die Wandlung des Jungschen Archetypen-Begriffs dargestellt.

[11] Der an der *Carnegie Institution* in Washington wirkende Kristallograph Ralph W. G. Wyckoff (geb. 1897) war vor allem durch seine Zusammenstellungen von Kristallstrukturdaten bekannt geworden, die er 1948 in einem vielbenutzten Werk herausgab.

[12] Insbesondere stehen Paulis Träume im Mittelpunkt von Jungs beiden bekannten Werken *Psychologie und Religion* [1940] sowie *Psychologie und Alchemie* [1944].

[13] Siehe hierzu auch Jungs eigene Definition des Archetypenbegriffes in seinem Aufsatz „Das Gewissen in psychologischer Sicht" (1958, dort S. 199f.). Jung hat jedoch seine Archetypenlehre im Laufe der Zeit mehrfach abgewandelt, wie Pauli in seinem Brief [1091] und systematischer in seinem Beitrag zur Jung-Festschrift (1954) zeigte.

[1085] Pauli an Meier

Princeton, 26. Februar 1950

Lieber C + A = F!

Es ist nun Zeit, Ihren Brief vom 16. Januar zu beantworten. Das Keplermanuskript ist längst eingetroffen und hat große Begeisterung bei Panofsky (auch sonst) ausgelöst.[1] Dies ist mir besonders interessant, da er kaum etwas von Jung weiß, sondern ganz anderswoher kommt, nämlich von der Seite des mittelalterlichen und Renaissance-Platonismus.* Doch sagte er mir, daß sich meine allgemeinen Schlußfolgerungen ganz mit seinen eigenen Ansichten decken. Inzwischen haben wir fleißig am Fludd weitergearbeitet.[2] Ein anderer Kollege vom ‚Humanities'-department des Instituts besitzt eine Originalausgabe von Fludds „Philosophia Moysaica"[3] (es soll das einzige Exemplar in U. S. A. sein).[4] Darin sind mehrere Bilder einer Art von „Thermobarometer" (das Vakuum ist unvollständig, daher mißt die Wassersäule weder einfach den Druck, noch einfach die Temperatur; die zeitlichen Niveauschwankungen entsprechen aber auch den Veränderungen des *Luftdruckes*, doch war dieser Begriff damals noch nicht bekannt).[5] Das Amüsante ist aber, daß Fludd ernstlich meinte, dieses Instrument spiegle im Kleinen das Schwanken der beiden polaren Prinzipien (Licht-Finsternis, formal-materiell, Sympathie-Antipathie, Voluntas-„Noluntas"** Dei) des „Makrokosmos" wider. Daher Figuren wie

In der Mitte das Instrument
Beachte: Wenn es wärmer wird *sinkt*
das Flüssigkeitsniveau, weil die
Luft, die sich oberhalb desselben
befindet, sich *in* der Glasröhre
ausdehnt. Et vice versa.

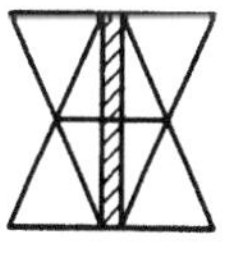

Ich werde von einigen Figuren Photographien machen lassen und mitbringen. (Sie erinnern sich wohl an die beiden Dreiecke zur Illustration der Entstehung des ‚infans solaris' in der mittleren Sonnensphäre.)[6] Es existiert also bei Fludds Mystik eine nicht ganz eingestandene empiristische Seite (es war ja Bacon und seine Schule[7] vor Fludd in Oxford, wo Fludd lebte) – analog wie umgekehrt bei Kepler – nicht nur eine Empirie sondern außerdem eine pythagoräisch-platonisch-trinitäre Mystik vorhanden war, die Keplers Deutung seiner empirischen Resultate in einer von ihm ebenfalls nicht ganz zugestandenen Weise beeinflußt hat.

Was Fludd dem Kepler vorgeworfen hat, war dies: das Experimentieren und Messen, *überhaupt alles Quantitative*, gehöre einer niederen Sphäre an als die reine Kontemplation, die Seele habe auch abgesehen von den Gesetzen der Körperwelt eine Existenz außerhalb der „Natur" (insofern sie nämlich jenen „Funken" aus dem Lichtreich in sich hat), ihr Wesen lasse sich daher nicht durch das Bild des Kreises wiedergeben (dieses ist ja ‚fäculenta', das heißt *sedimentär**** und gehört zu der „dunklen Seite"). Die Aufspaltung der Welt in ein helles und ein dunkles Prinzip fällt aber bei Fludd keineswegs zusammen mit der Aufspaltung in Materie und Psyche.[8] Die Materie hat bei ihm *auch* Teil am lichten Prinzip und die Seele des Menschen *auch* am dunklen Prinzip.[†]

Die polare Realität Fludds ist stets in einem Zwischenreich (zwischen ‚physisch' und ‚psychisch' in unserem Sinne), das durch nicht direkt von den Sinnen wahrnehmbare materielle Bewegungen, die zugleich auch Veränderungen ‚objektiv-psychischer' Art sind, beschrieben wird.

Wegen einer bestimmten Textstelle habe ich übrigens noch dem Bücherwurm geschrieben, hoffentlich funktioniert die Brille und sie kann sie wiederfinden.[9]

Etwa zur Zeit des Äquinoktiums[10] soll ich hier den Keplervortrag (auf deutsch) wiederholen,[11] vor einem kleinen Kreis, der sich aus historisch-Interessierten sowie auch aus einem deutschen *Physiker* namens Knoll und seiner Frau,[12] die sich für Jungsche Psychologie interessieren, zusammensetzt. (Ich werde ja sehen, wer kommt und werde Ihnen darüber lieber nachher berichten.)

Da haben wir nun wieder Physik und Psychologie. Die beiden sind eben zusammen ein „synchronistisches" Phänomen. Übrigens hat mir Herr Knoll ein kleines Buch vom Nazi-Heyer[13] geliehen, betitelt „vom Kraftfeld der Seele", dessen erste Hälfte „Tiefenpsychologie und heutige Physik" heißt. Der Stil ist sehr „aufgeblasen" und Herr von Weizsäcker z. B. (der theoretische Physiker – zur Zeit leider in U. S. A. – er läßt sich überall dort, wo die Physiker ihn refüsieren, von Philosophen oder Kirchenmännern einladen)[14] wird in diesem Buch als das größte Genie aller Zeiten hingestellt (weil er entdeckt hat, daß es Dinge gibt, die nicht in der Physik vorkommen, aber trotzdem wichtig sind). Von allen diesen Übertreibungen und Auswüchsen abgesehen, enthält es aber oft gute (leider nicht gründlich zu Ende gedachte) Intuitionen und Einfälle. Die Analogie „Archetypus-Kraftfeld" insbesondere wird dort ausposaunt (statt untersucht). Auch ich würde sagen: *Das Auftreten der Begriffe „Feld" in der Physik und „das Unbewußte" in der Psychologie im 19. Jahrhundert (ich zähle dieses bis 1914) ist „synchronistisch" sinnverbunden und daher auf denselben ‚Archetypus' zurückzuführen, sofern unter letzterem ein (unanschaulicher) anordnender Faktor verstanden wird.*[15]

Die Annahme, daß das Auftreten wissenschaftlicher Begriffe – *auch* in *verschiedenen* Wissenschaften – durch solche anordnende Faktoren bedingt ist, erklärt mir, daß Psychologen (siehe z. B. Heyers Buch) genau so über Physik *denken*, wie Physik in meinen Träumen auftritt. Sie erklärt mir ebenso, daß die Physiker Sie „nicht in Ruhe lassen" sowie auch (was ich vom hierher nach dem

Krieg ausgewanderten Herrn Knoll höre), daß ein kleinerer Kreis in Deutschland über die Psychologie-Physik-Situation stutzig zu werden beginnt (froh, der Welt nun wenigstens dieses Licht aufstecken zu können soweit ihnen die rituellen Übungen an teils wirklichen, teils symbolischen arischen Klagemauern dafür Zeit und Kraft übrig lassen). Es „soll" offenbar *weiter nachgedacht werden*; sollte Herr Jung selbst weitere Beiträge liefern, so würde ich mich sehr freuen, aber er ist nicht unentbehrlich; mit dem Begriff „Synchronizität" selbst hat er ja schon Beträchtliches in dieser Richtung geleistet. Ich bin jetzt überzeugt, daß die Sache auch ohne ihn weitergehen würde, ja vielleicht bereits weitergeht. (Hoch ‚Miss Perkins' und ‚der Hintergrund'!)[16]

Ich selbst habe noch weiter darüber nachgedacht, wie sich das ‚synchronisti- sche' Phänomen zur Situation in der Quantenmechanik verhält.[17] ‚Doch davon sei noch nichts gesagt, denn das kommt erst im nächsten Akt'. (*Dieses* Zitat stammt abwechslungshalber aus der „schönen Helena" von Offenbach, wo dem Menelaus diese Worte in den Mund gelegt sind.)[18]

Hier hat sich ereignet, daß das ganze Zyklotron der Princeton-University vollständig abgebrannt ist (die Ursache der Entstehung des Brandes ist nicht bekannt).[19] Ist es ein ‚Paulieffekt'? ...

Ich nehme an, daß Sie jetzt in dem bekannten Zustand sind, der immer so weitergeht, jedoch von Ihren gelegentlichen Ausrufen „So kann es nicht weitergehen", begleitet ist. Wann sind Sie auf Ihrer Frühlingsferienreise? – Ich soll vom 24. bis 29. April bei einem Physikerkongreß in Paris sein[20] und bin nachher in Zürich. Die Zeit wird schnell vergehen!

Viele Grüße (auch von Franca, die Joan sehr für ihren Brief danken läßt).
Stets Ihr   W. Pauli

P. S. Vom Poly habe ich die Einladung zu Ihrer Antrittsvorlesung am 28. I. erhalten.[21] Schade, daß ich nicht dabei war. Kann man die „zeitgemäßen Probleme der Traumforschung"[22] zu lesen bekommen?

---

[1] Vgl. Pauli (1952a).

* Ich pflege meine Beziehung in der Formel zusammenzufassen: Pauli-Physik = Panofsky-Kunst.

[2] Paulis Beschäftigung mit dem von Paracelsus beeinflußten Mystiker und Apologeten der Rosenkreuzer Robert Fludd (1574–1637) erfolgte im Zusammenhang mit seinen Kepler-Studien. Fludds von okkultistischen und biblischen Vorstellungen geprägtes Weltbild hatte im frühen 17. Jahr- hundert neben begeisterter Zustimmung auch die Kritik vieler Gelehrter wie Gassendi, Mersenne und Kepler hervorgerufen. Seine Ablehnung alles Quantitativen und Meßbaren erregte Paulis besonderes Interesse. Sie schienen ihm darauf hinzudeuteten, „daß beim quantitativen Messen auch objektive Seiten der Phänomene unter Umständen verloren gehen könnten", die auch den modernen Naturwissenschaftler angehen (zitiert aus einem Brief vom 27. Oktober 1947 an M.-L. von Franz).

[3] Fludd [1617–1621].

[4] Es handelte sich um das Exemplar von H. Cherniss, wie wir aus dem Brief [1206] erfahren.

[5] Fludds Wetterglas wurde auch als Tafel VI in Paulis Keplerstudie [1952, S. 157] aufgenommen.

** Dies ist aus der Kabbala.

[6] Diese Darstellungen aus Fludds Werk *Utriusque Cosmi Maioris* aus dem Jahre 1621 wurde ebenfalls in Paulis Keplerstudie [1952, S. 148f.] wiedergegeben.

[7] Pauli bezieht sich hier auf den Franziskanermönch Roger Bacon (~1214–1292), der in Oxford zunächst unter dem Einfluß des Franziskaners und Erneuerers der mittelalterlichen Naturwissenschaft

Robert Grosseteste geraten war und 1266 in seinem „Opus maius" den Begriff einer *Scientia Experimentalis* prägte. Vgl. hierzu auch Crombie [1959/77, S. 49f.] und Feingold (1984).

*** Nach der von Fludd im Einklang mit der Kabbala vertretenen Auffassung ist die Materie das, was zurückbleibt, wenn Gott sich *zurückzieht*. Dadurch tritt die Trennung in Essenz (licht, flüchtig) und ‚faex' (dunkel, schwer) ein.

[8] Vgl. hierzu auch Paulis Ausführungen in seinem Kepler-Aufsatz (1952a, S. 154ff.).

[†] Ein moderner französischer Autor, Saurat, geht deshalb so weit zu sagen, bei Fludd sei die Seele materiell und Fludd sei ein „okkulter Materialist". Das scheint mir zu einseitig aufgefaßt zu sein. {Pauli bezieht sich hier auf die im Brief [1080] erwähnte Studie von Saurat [1928] über Milton und den christlichen Materialismus in England.}

[9] Es handelt sich offenbar um das in dem Brief [1080] erwähnte Zitat, das Marie-Louise von Franz für ihn heraussuchen sollte.

[10] Also um den 21. März herum. Vgl. auch die Hinweise in den Briefen [1080 und 1091].

[11] Über dieses Thema hat Pauli (nach Angaben von Frau Lily Loewy) vor einem kleineren Kreise deutsch-sprechender Interessenten, unter denen sich u. a. auch Einstein befand, in von Kahlers Hause in Princeton vorgetragen. Siehe auch den Hinweis im Brief [1366].

[12] Der auch mit Fritz Houtermans befreundete Elektrotechniker Max Knoll (geb. 1897) hatte sich vor allem an der Entwicklung des Elektronenmikroskops beteiligt. Seit 1933 war er als Dozent an der Technischen Hochschule in Berlin tätig gewesen. Nach dem Kriege kam er und seine Frau, die Anthropologin Ursula Knoll, als Gäste nach Princeton, wo sie mit Pauli ihr großes Interesse an den synchronistischen Phänomenen teilten.

[13] Heyer [1949]. Der hier genannte Münchener Psychiater und Jung-Anhänger Gustav Richard Heyer wurde nach dem Kriege von dem Komitee des *Psychologischen Clubs Zürich* wegen seiner Zugehörigkeit zur Nazi-Partei von der Mitgliedschaft ausgeschlossen.

[14] Anfang Februar während des New York Meetings der APS hatte C. F. von Weizsäcker einen Vortrag über „Turbulence and the evolution of spiral nebulae" gehalten.

[15] Siehe hierzu auch den Brief [1188].

[16] Miss Perkins konnte nicht identifiziert werden.

[17] Siehe hierzu den Kommentar zum Brief [1091].

[18] Es handelt sich um die 1864 von dem deutsch-französischen Komponisten Jacques Offenbach (1819–1880) komponierte Oper *Die schöne Helena*.

In der Nacht vom 21. zum 22. Februar wurde am 18 MeV-Zyklotron des *Palmer Laboratoriums* der *Princeton University* ein Brand entdeckt. Das bereits im Jahre 1935 unter der Leitung von Milton G. White gebaute Zyklotron war nach einigen Umbauten 1941 und 1948 ununterbrochen in Betrieb gewesen. Infolge einer unbekannten Ursache hatten sich die über 3000 Liter fassenden Tanks entzündet, welche das zur Kühlung der Magnetspulen benötigte Öl enthielten. Nach Einsatz der lokalen Feuerwehr wurde die Löschtruppe der *Naval Air Station* in Lakehurst um Hilfe gebeten. Nach 8 Stunden konnte der Brand schließlich mit Hilfe eines speziellen Schaum-Löschmittels aus Sojabohnenöl in den frühen Morgenstunden gelöscht werden. Vgl. *Princeton Alumni Weekly*, 3. März 1950, S. 6f. und 24. November 1950, S. 6f.

[20] Der Pariser Kongreß über Elementarteilchen fand vom 24.–29. April 1950 statt.

[21] Carl Alfred Meier gehörte schon seit 1933 zu Jungs engsten Mitarbeitern. 1946 wurde er Präsident des *Psychologischen Clubs Zürich* und 1948 wirkte er auch bei der Gründung des *C. G. Jung Institut* in Zürich mit, dessen Präsidentschaft er bis 1957 ausübte. 1949 wurde er als Jungs Nachfolger mit dem Lehrauftrag für allgemeine Psychologie an der ETH in Zürich betraut. Bei seiner Habilitation war Pauli als Gutachter beteiligt (siehe auch den Hinweis zum Brief [1080]).

[22] Meier (1950).

[1086] PAULI AN WENTZEL

Princeton, 26. Februar 1950

Lieber Gregor!

Ich hätte Fermi schon lange seine freundliche Einladung beantworten sollen, konnte mich aber nicht entschließen nach Chicago zu fahren.[1] Teils waren es Abhaltungen hier (nun ist auch Bohr hier angekommen),[2] teils Mangel an Reiselust, teils fand ich, daß ich nicht etwas wirklich Interessantes bei der jetzigen Lage in der Physik zu sagen habe. Viele Details sind mir während meines Aufenthaltes hier wesentlich klarer geworden (besonders, daß die Positron-Quantenelektrodynamik, wo die Renormalisationsmethode funktioniert, nur ein sehr spezieller Fall ist; für allgemeine Wechselwirkungen in der quantisierten Feldtheorie funktioniert diese Methode nur mehr oder weniger schlecht!), aber in allen prinzipiellen Fragen bin ich ,stuck' und vor mir ist eine undurchdringliche Wand. (Daß ich über Fehler lachen kann, die teils jüngere Leute, teils so berühmte Herren wie Heisenberg* machen, ist dabei nur ein schwacher Trost.) Ich weiß in zunehmendem Maße besser, warum dieses oder jenes, da oder dort nicht gehen kann. Aber wäre das ein erbaulicher Kolloquiumsvortrag in Chicago?

Von Inglis hörte ich, daß Du Dich mit Paartheorie und Zurückführbarkeit des π-Mesons auf das Feld des μ-Mesons beschäftigst.[3] Es ist sicher interessant, wo *das nicht* geht! Wir müssen uns also unbedingt sehen, bevor ich wieder wegreise (Mitte April).

Nun sagt mir Oppenheimer, er denke bestimmt daran, Dich nach Princeton einzuladen. Andererseits telefonierte mir Zener, daß der 6. April ein geeigneter Tag für mein Kommen nach Chicago wäre. Entweder hier oder dort werden wir uns also treffen.

By the way, ich hörte, daß Yang (den ich sehr schätze) eine Berufung nach Chicago als assistant professor *abgelehnt* habe.[4] Es gibt noch andere gute junge Leute, die einen job suchen, z. B. Luttinger (jetzt hier am Institut), der 2 Jahre in Zürich war und den ich für sehr geeignet halte für einen Posten, wie er in Chicago frei zu sein scheint.

Franca läßt sehr grüßen und wird Deiner Frau noch selbst schreiben. Es ist *meine* Schuld, daß sie so lange nicht geantwortet hat, da ich sie veranlaßt habe, zu warten, bis meine Reisepläne klarer sind.

Ich freue mich, daß Ihr nun in eigener Wohnung seid und Euch des Lebens freut.

Also auf baldiges Wiedersehen und viele Grüße von uns an Dich und Frau

Stets Dein   Wolfgang

---

[1] Einen Überblick über die Seminare und die anderen Aktivitäten am physics department der *University of Chicago* vermittelt der Report von D. E. Nagle (1952).
[2] Siehe hierzu die Briefe [1087 und 1091].
* Er hat mir ein paper geschickt. Es ist haarsträubend! Um ein Wort von Joyce (,Ulysses') zu gebrauchen: es ist ,dreamery-creamery butter'.
[3] Vgl. Wentzel (1950a). Die Frage, ob sich das π-Meson auch als ein zusammengesetztes Teilchen beschreiben lasse, war zuerst von Fermi und Yang (1949) formuliert worden.

[4] Chen Ning Yang war nach seinem Studium bei Fermi, Teller und Urey an der University of Chicago im Herbst 1949 als postdoctoral researcher an das *Institute for Advanced Study* nach Princeton gekommen, um hier mit Pauli, Tomonaga, der ebenfalls als Gast erwartet wurde, und den anderen jüngeren Mitarbeitern des Institutes, wie K. Case, F. Dyson, R. Jost, R. Karplus, N. Kroll und J. M. Luttinger, zusammenzuarbeiten. Noch bevor das Jahr abgelaufen war, versuchte ihn Fermi nach Chicago zurückzuholen. Yang hatte jedoch gerade seine spätere Frau kennengelernt und blieb in Princeton. Vgl. hierzu den Kommentar von Yang zu seinen *Selected Papers* [1983, S. 8ff.].

[1087] PAULI AN FIERZ

Princeton, 28. Februar 1950

Lieber Herr Fierz!

Vielen Dank für Ihren Brief vom 14. des Monats.[1] – Ich habe mit der Antwort bis heute gewartet, da Yukawa letzte Woche hätte nach Princeton kommen sollen, jedoch hat er (krankheitshalber) abgesagt.[2] So habe ich ihn nur sehr kurz in New York beim physics meeting gesprochen.[3] Das Manuskript seiner Arbeit, die in der Nummer vom 15. 1. im Physical Review erschienen ist,[4] hatte ich 2 Tage vor meiner Abreise in Zürich erhalten (es ist auch dort geblieben). Mein Eindruck war, daß es hoffnungslos sei, auf diese Weise zu einer Formulierung der Wechselwirkung zu kommen, und den kräftefreien Fall fand ich als solchen uninteressant. (Nun hat aber Yukawa einen ‚Letter to the Editor' über die Wechselwirkung ans Physical Review geschickt,[5] den jedoch weder ich noch Pais verstehen können.) Deshalb hat sich hier niemand weiter mit dieser Theorie beschäftigt.[6]

Ihre Bemerkung, daß im kräftefreien Fall Yukawas Gleichungen auf eine Mixtur von Teilchen mit ganzem Spin zurückführen,* war hier deshalb neu, ist sehr aufklärend und ich finde, sie sollte kurz publiziert werden (z. B. als ‚letter' im Physical Review).[7] Es wäre aber wohl abzuwarten, was Yukawa Ihnen antwortet (worüber ich nichts weiß).

Ganz anders ist es mit der Gleichung $(\Box_x - \Box_r)U = r^2 U$ (die *nicht* bei Yukawa steht). Diese Gleichung hat Pais hier schon vor einiger Zeit diskutiert (auch für den allgemeineren Fall, daß U von $r_\nu r^\nu$ abhängt). Er wird Ihnen darüber noch selbst schreiben. – Daß „niemand an eine starke Koppelung glaubt", scheint mir *nicht* richtig, und eine relativistische Theorie mit „Rotations-Isobaren" scheint mir interessant. Die starke Kopplung ist auch deshalb wieder von Interesse, weil die Experimente in Rochester bei großen Energien eine beträchtliche Mehrfach-Erzeugung von Mesonen ergeben haben.[8]

Die Physik kommt gar nicht recht weiter – soviel ich höre auch nicht Schwinger mit seiner Quantenelektrodynamik, die er in Basel vorgetragen hat.[9] (Ich gehe Mitte März nach Cambridge, Mass. und werde ihn dort sehen.)[10] Nur verschiedene Details darüber, welche Divergenzen bei *allgemeineren* Feldtheorien (als der Positron-Quantenelektrodynamik) nach den Renormalisationen von Masse und Ladung übrig bleiben, sind deutlich geworden.[11] Dann haben Uhlenbeck und Pais ein langes paper über Gleichungen mit Operatoren wie $e^{-[\alpha(\partial^2/\partial x_\alpha^2)^2]}$ und ähnlichen ‚Exponentiels' geschrieben.[12] Für die Physik ist aber recht wenig bisher dabei herausgekommen.

Ich habe mich daher zusammen mit Panofsky hauptsächlich einer Erweiterung meiner historischen Studien über Kepler und Fludd gewidmet. Auch soll ich hier meinen Kepler-Vortrag vor einem Kreis historisch interessierter Leute wiederholen.[13]

Das Interesse für diese Sachen scheint hier sehr lebhaft, es gibt sogar Leute, die das „synchronistische" Phänomen interessiert (teilweise im Zusammenhang mit Rhine's Experimenten).[14] Ich habe über dieses sowie über den Inhalt Ihres früheren Briefes auch noch nachgedacht, möchte aber erst bei einer späteren Gelegenheit darauf zurückkommen.

Bohr ist eben hier angekommen mit Korrekturbogen einer Arbeit von ihm und Rosenfeld über „Ladungsmessung".[15] Über die „hierarchische Ordnung" der Massen wollte er aber bisher nichts Bestimmtes sagen.

Viel Glück zum Einzug ins neue Haus![16] Am 24.–29. April ist ein theoretischer Physikkongreß in Paris und ich habe versprochen, hinzukommen.[17]

Inzwischen viele Grüße   Ihr W. Pauli

[1] Dieser Brief ist nicht erhalten.

[2] Yukawa (1950a) hatte am 12. Dezember 1949 in Stockholm seinen Nobelvortrag gehalten und war anschließend wieder nach New York zurückgekehrt, wo er seit 1949 als Gastprofessor an der *Columbia University* wirkte. Hier blieb er bis zu seiner Ernennung 1953 zum Leiter des neuerrichteten Instituts für „Fundamental Physics" in Kyoto. Siehe hierzu auch Takabayasi (1983).

[3] Yukawa nahm auch am New York Meeting der APS vom 2.–4 Februar 1950 teil. Zur gleichen Zeit wurde von Yukawas japanischem Kollegen von der Kyoto Universität M. Kobayasi eine Festschrift zum 15. Jahrestag der Yukawatheorie vorbereitet, zu der auch Pauli seine Remarks „On the connection between spin and statistics" (1950e) zur Verfügung stellte.

[4] Yukawa (1950b).

[5] Yukawa (1950c).

[6] Vgl. hierzu auch Yukawas Manuskript „Versuch zu einer Einheitstheorie der Elementarteilchen", das er Heisenberg zuschickte (eine Kopie befindet sich im Heisenberg-Archiv des Münchener *Max-Planck-Institutes* für Physik).

* Ich habe nicht deutlich gesehen, warum in der Nebenbedingung $r_\mu \partial/\partial x^\mu U = 0$ einfach $r_\mu Y^f_{\mu_1 \ldots \mu_f}$ durch $\delta_{\mu\mu_1} Y^{f-1}_{\mu_2 \ldots \mu_f}$ ersetzt werden kann.

[7] Vgl. Fierz (1950b, d).

[8] Weitere Hinweise auf diese sog. Rochester-Stars findet man bei Kaplon, Peters und Bradt (1949), Marshak (1949), Bradt und Peters (1950) sowie im Brief [1082].

[9] Die von Pauli im Hinblick des Ausgleichs der Meinungsverschiedenheiten zwischen Schwinger und den Züricher Physikern auch als „Friedenskonferenz" bezeichnete Veranstaltung (vgl. die Briefe [1047, 1051 und 1062]) hatte im September 1949 in Basel stattgefunden. Schwingers in Basel gehaltener Vortrag wurde jedoch nicht in den Kongreßakten publiziert.

[10] Mitte März reiste Pauli nach Cambridge, Mass., wo er sich auch mit Weisskopf treffen wollte.

[11] Vgl. hierzu das Manuskript „The idea of renormalization of charges and masses" aus dem Pauli-Nachlaß, das in der Anlage zum Brief [1106] wiedergegeben ist.

[12] Pais und Uhlenbeck (1950).

[13] Siehe auch die Briefe [1080 und 1085] an von Franz und Meier.

[14] J. B. Rhine von der *Duke University* in Durham glaubte damals mit Hilfe von statistischen Versuchsreihen die Existenz von außersinnlichen Wahrnehmungen (extrasensory perceptions oder kurz auch ESP genannt) bewiesen zu haben. Gewisse von ihrer Umwelt isolierte Personen sollten die Fähigkeit besitzen, ohne direkten Sichtkontakt verschiedene Anordnungen von Spielkarten zu erkennen, die in weit abgelegenen Zimmern ausgelegt worden waren. Verschiedene Mathematiker versuchten daraufhin, diese Ergebnisse auf natürliche Weise innerhalb der mathematischen Wahr-

scheinlichkeit zu erklären. Rhines Experimente werden auch eingehend in den Briefen [1091 und 1170] besprochen.

[15] Bohr und Rosenfeld (1950).

[16] Fierz berichtete dem Herausgeber, daß er und seine Familie bisher am Morgartenring in Basel wohnten und daß sie sich nun dort im Byfangweg 33 ein Reihenhaus von ca. 1890 gekauft und renoviert hatten. „Mein Aufenthalt in Princeton erlaubte mir auch Abzahlung meiner Bauschulden."

[17] Dieser vom französischen *Centre National de la Recherche Scientifique* organisierte Kongreß fand vom 24.–29. April in Paris statt. Die Vorträge wurden 1953 unter dem Titel *Particules fondamentales et noyaux* in Paris publiziert. Weitere Angaben über den Verlauf dieses Kongresses findet man im Kommentar zu [1107].

Das Verhältnis der ausländischen Physiker zu ihren deutschen Kollegen war in diesen ersten Nachkriegsjahren immer noch stark durch Vorbehalte wegen ihrer politischen Vergangenheit bestimmt. Dazu hatte besonders Goudsmits „mit sehr großer Reklame hier angekündigter" Bericht über die deutschen Uranarbeiten während des Krieges in seinem 1947 erschienenen Buch *Alsos* beigetragen. „Aber die Art, wie die deutsche Wissenschaft darin verhöhnt wird, ist wenig schön," berichtete Wolfgang Finkelnburg dem Kollegen Heisenberg Anfang 1948 aus Amerika.[1] „Was Ihnen da an Unkenntnis und bewußter Verfälschung in der Atombombenfrage vorgeworfen wird, ist mehr als unerfreulich und betrifft unsere ganze deutsche Physik, als deren Vertreter Sie da angegriffen werden." Außerdem sollte Goudsmit nach diesen Angaben einen Brief mitgebracht haben, „in dem von Weizsäcker Laue rät, in der Frage der Relativitätstheorie nicht zu aggressiv zu sein bei Vorträgen. Weizsäcker wird deshalb von dieser Gruppe sehr angegriffen, und seine Einladung zu Vorträgen hier ... sei an der unnachgiebigen Haltung Francks gescheitert." Mit Ausnahme von Laue rechnete „man alle anderen Leute von Rang doch mehr oder weniger zu den Kompromisslern", die man ablehnte.

Dieses besonders gegen Heisenberg und seinen engstem Mitarbeiter und Freund Carl-Friedrich von Weizsäcker gerichtete Mißtrauen baute sich nur sehr langsam ab.[2] Als Heisenberg für den Besuch des vom 30. August bis zum 6. September 1950 in Cambridge, Mass. stattfindenden internationalen Mathematikerkongreß ein amerikanisches Visum beantragte, mußte er dem amerikanischen Generalkonsulat in Hamburg eine Erklärung über seine 1941 als Direktor des *Max-Planck-Institutes für Physik* in Berlin-Dahlem ausgeübte Tätigkeit bei der „Abwehr" liefern. Heisenberg berichtete,[3] er habe diese Tätigkeit nur deshalb übernommen, weil er sich der „unerfreulichen Kontrolle des Institutes durch ein Mitglied des Sicherheitsdienstes" entziehen wollte. „Es mag zum Teil mit meiner Tätigkeit als Abwehrbeauftragter zusammengehangen haben," erklärte Heisenberg weiter, daß „ich im Jahre 1944 an das atomphysikalische Institut von Professor Bohr in Kopenhagen entsandt wurde, das damals von deutschen Stellen besetzt worden war. Es gelang mir, das Institut von der Besatzung wieder zu befreien und unversehrt den dänischen Kollegen zurückzugeben."

Als Goudsmit hörte, man beabsichtige, Heisenberg eine Stellung in den U. S. A. anzubieten, riet er dringend ab:[4] „It must be noted, however, that Heisenberg's essential isolation during the last ten years has made him lose contact with some of the modern developments. There must be numerous young American theorists now who surpass him in fertility of ideas, but probably not in maturity of jugement."

Ebensowenig wollte man etwas von einer Einladung von Weizsäckers nach Harvard wissen, weil man annahm, eine solche Einladung an eine der angesehensten Universitäten in den Vereinigten Staaten würde seinen akademischen Einfluß in Deutschland nur unnötig vergrößern. In einer Stellungnahme vom 7. Februar 1952 äußerte sich hierzu ein bekannter amerikanischer Physiker: „I have heard with great concern that Professor C. F. Weizsäcker has been invited to teach at the summer school of Harvard this year. I

feel that this invitation will do very much harm in scientific circles abroad. ... Professor
Weizsäcker has been in the years before the war and during the war to some extent
a sympathizer of the Nazis authorities in educational and scientific and philosophical
matters. Although he has probably changed his mind on some of the important issues, he
still represents in Germany of today a philosophy which is rather near to the antirational
and antiscientific tendencies of the Nazis philosophy. He is the exponent of many
movements and organizations in Germany which propagate a tendency of vilifying the
rational scientific approach to our problems and which try to support an irrational and
emotional approach."

Natürlich war auch Pauli nicht frei von solchen Empfindungen. Sie mögen dazu
beigetragen haben, seine ohnehin stark ausgeprägte Kritikfähigkeit – wie im folgenden
Brief demonstriert wird – noch beträchtlich zu steigern.

[1] In einem Schreiben vom 6. Februar 1948 an Heisenberg.
[2] Vgl. hierzu auch Paulis Bemerkungen in seinem Brief [1085] an C. A. Meier.
[3] Siehe Heisenbergs Brief vom 1. Juli 1950 an das amerikanische Generalkonsulat in Hamburg.
[4] In einem Schreiben an Gregory Breit vom 2. Juli 1951.

[1088] PAULI AN HEISENBERG[1]

Princeton, 28. Februar 1950

Lieber Heisenberg!

Ich bin hier wieder zu Besuch und Deine Arbeit[2] wurde mir hierher
nachgeschickt. Diese scheint mir einen (eigentlich zwei) fundamentalen Irrtum
zu enthalten, der dringend Berichtigung verlangt. Ich will dies erläutern am Fall
des diskreten Massenspektrums

$$\rho(\kappa) = \sum c_i \delta(\kappa - \kappa_i); \quad \sum c_i = 0, \quad \sum c_i \kappa_i^2 = 0.$$

Man hat

$$S_j = \left(\gamma_\mu \frac{\partial}{\partial x^\mu} - \kappa_j\right) \Delta(x - x'; \kappa_j),$$

später ebenso

$$S_j^{(1)} = \left(\gamma_\mu \frac{\partial}{\partial x^\mu} - \kappa_j\right) \Delta^{(1)}$$

$$\left(\gamma_\mu \frac{\partial}{\partial x^\mu} + \kappa_j\right) S_j = 0; \quad \left(\gamma_\mu \frac{\partial}{\partial x^\mu} + \kappa_j\right) \psi_j = 0$$

$$\psi = \sum_j \frac{c_j}{\kappa_j} \psi_j,$$

$$\psi_j = \text{const.} \quad \prod_{i \neq j}' \quad \left(\frac{1}{\kappa_i^2} \gamma_\mu \frac{\partial}{\partial x^\mu} + 1\right) \psi.$$

(' über alle i, ausgenommen $i = j$)

Nun muß aber $\{\psi_j(x)\,\bar{\psi}_j(x')\}$ (Antikommutator) eine für $x = x'$ (bzw. für die einzelnen Eigenschwingungen) positiv definite Größe sein (wenigstens solange wir nicht „negative Wahrscheinlichkeiten" à la Dirac zulassen). Wir setzen also

$$\{\psi_j(x)\,\bar{\psi}_i(x')\} = \delta_{ij}\frac{\kappa_j^2}{|c_j|}(-i)S_j(x - x'),$$

während $\frac{1}{c_j}$ ohne Absolutstrich rechts unzulässig ist. Dann folgt

$$\{\psi(x)\,\bar{\psi}(x')\} = -i\,S^{\text{``R''}}(x - x')$$

mit

$$S^{\text{``R''}} = \sum |c_j|S_j(x - x'; \kappa_j). \tag{1}$$

(Ich folge hier mehr Deiner Bemerkung im Brief statt der in der Abhandlung gegebenen Formel.) Wichtig ist, daß Deine Gleichung (1) mit einem $S^R \sim \sum c_j S_j$ mit positiven und negativen c_j stets das Vorhandensein „negativer Wahrscheinlichkeiten" (an gewissen Stellen) nach sich zieht. – Offenbar bleibt sonst $S^{\text{``R''}}$ ebenso singulär wie vorher die S_j waren.

Der zweite (ähnliche) Einwand bezieht sich auf Deine Definition des *Vakuums* $\psi^+(x)\Psi_0 = 0$ (und $\Psi_0^*\psi^-(x) = 0$) {Gleichung (15), (16), Seite 8}. Diese ist in Widerspruch mit Deiner Angabe auf Seite 4, daß das Vakuum als Zustand kleinster Energie zu definieren sei (durch Anwendung der „Löchervorstellung" auf Zustände negativer Energie). Die letztere Forderung hat nämlich zur Folge, daß sich für negatives c_j die Bedeutung von „Teilchen" und „Löchern" gerade vertauscht,* und man hat

$$\langle[\Psi_i(x), \bar{\Psi}_j(x')]\rangle_0 = \delta_{ij}\frac{\kappa_j^2}{|c_j|}S_j^{(1)}(x - x'),$$

also

$$\langle[\Psi_i(x), \bar{\Psi}_j(x')]\rangle_0 = S^{(1)\text{``R''}}(x - x)$$

mit

$$S^{(1)\text{``R''}} = \sum_j |c_j|S_j^{(1)}(x - x', \kappa_j),$$

das wieder wesentlich singulär ist.

Natürlich tritt die Kombination $S_F = \bar{S}^{\text{``R''}} + \frac{i}{2}S^{(1)\text{``R''}}$ in der Selbstenergie auf, die dann wieder genauso unendlich wird wie sie es vorher war.

Das Funktionieren der Regularisierung von Villars und mir[3] ist deshalb *wesentlich* an die Benützung eines „falschen" Vakuums (verschieden vom Zustand kleinster Energie) – und falls *nur* Teilchen vom Spin 1/2 angenommen werden – sogar an das Vorhandensein „negativer Wahrscheinlichkeiten" gebunden!

Dies war Villars und mir schon lange bekannt und ist auch in einer neueren Arbeit von Uhlenbeck und Pais[4] über lineare Differentialgleichungen unendlich hoher Ordnung wieder zu Tage getreten. (Eine Kopie dieser Arbeit geht an Dich ab, vgl. insbesondere die pp. 37–38.)

Zusammenfassend kann ich mich nicht enthalten zu bemerken, daß ich Deine Fehler einigermaßen *haarsträubend* finde. Es schien mir sehr empfehlenswert, daß Du Deine Arbeit vom Druck zurückziehst, um eine große Konfusion zu vermeiden! Auch bei den jüngeren Leuten hier hat der über physikalische Wirklichkeiten flüchtig hinwegschwebende Stil dieser Arbeit großes Befremden erregt![5]

Nun zu Deiner Frage über $e^2/\hbar c$. Da hat sich gezeigt, daß die von mir erhoffte Kompensation *niemals* eintritt, sobald das Vakuum wirklich der Zustand kleinster Energie ist. Schreibt man mit e = wirkliche Ladung,** e_0 = „mathematische" Ladung

$$e = \frac{e_0}{1 + f(\alpha)}; \quad \alpha = \frac{e_0^2}{\hbar c}; \quad f(\alpha) = c_1\alpha + c_2\alpha^2 + \ldots$$

so ist *stets* $f(\alpha) > 0$ unter der genannten Voraussetzung über das Vakuum, auch dann, wenn man (unrelativistisch) abschneidet. Dies hat Schwinger allgemein (auch für Mixturen von „materiellen" Feldern) gezeigt.[6] (In einer divergenten Theorie ist $f(\alpha) = \infty$ und $e/e_0 = 0$.)

Einen speziellen Fall hiervon (Nachweis, daß $c_2 > 0$ im Ausdruck für $f(\alpha)$, wenn nur Elektron-Positronpaare angenommen werden) findest Du in der eben erschienenen Arbeit von Jost und Luttinger in Helvetica Physica Acta.[7]

Meine Regularisierungsforderung läßt sich also *nie* erfüllen.

In letzter Zeit wurde es immer deutlicher, daß das Verfahren der Erzielung eindeutiger Konvergenz durch Renormalisieren von Ladung und Masse (à la Schwinger-Feynman-Dyson) nur bei sehr speziellen Wechselwirkungen funktioniert. Im allgemeinen Fall bleiben stets auch nach Renormalisieren von Masse und Kopplungskonstanten Divergenzen zurück. (Z. B. bleibt bei der Elektrodynamik der geladenen Spin 0-Teilchen eine solche Divergenz in der e^4-Näherung der Møller-Wechselwirkung; bei der Strahlungskorrektur zum magnetischen Moment von Vektormesonen bleibt eine logarithmische Divergenz; weitere Divergenzen bei Kopplungen von Mesonen an Nukleonen.)[8]

In meinem New Yorker Vortrag[9] habe ich darauf hingewiesen, daß die mehr oder weniger starke Divergenz der Theorien (*nach* Renormalisation) ungefähr zusammenfällt mit Deiner alten (1938) Unterscheidung von „Wechselwirkungen erster und zweiter Art"[10] (wobei bei den letzteren die Näherung der Störungstheorie bei hohen Energien immer schlechter und Mehrfachprozesse immer wahrscheinlicher werden, während das bei denen „erster Art" wie Positron-Elektrodynamik *nicht* der Fall ist).

Leider bin ich im März noch nicht in Zürich (wie gerne würde ich Dich mündlich noch schärfer kritisieren als schriftlich), sondern komme dahin erst Ende April zurück.[11]

Viele Grüße

Dein W. Pauli

[1] Die Briefe [1088 und 1093] waren beide in Paulis Sonderdruck der Heisenbergschen Publikation (1950a) abgelegt.
[2] Heisenberg (1950a). – Vgl. hierzu auch Heisenbergs Brief [1078] vom 3. Februar 1950.
* Die Energiedefinition muß im Einklang sein mit der Forderung $\dot{\psi} = i[E, \psi]$ etc.

[3] Pauli und Villars (1949a).

[4] Pais und Uhlenbeck (1950).

[5] In einem (im Heisenberg-Archiv des Münchener Max-Planck-Institutes befindlichen) Schreiben an Heisenberg vom 3. August 1950 teilte H. Lehmann aus Jena mit, auch er sei bei der Herleitung der Heisenbergschen Resultate für das diskrete Massenspektrum auf Schwierigkeiten gestoßen. Vgl. hierzu auch Heisenbergs Antwort vom 10. November 1950.

[*] Vakuumpolarisation in höheren Näherungen.

[6] Siehe hierzu die Briefe [1062 und 1069].

[7] Jost und Luttinger (1950).

[8] Siehe hierzu auch die Bemerkungen in Paulis Schreiben [1082] an Källén.

[9] Pauli (1950a). Angaben über das New York Meeting findet man auch in den Anmerkungen zu den Briefen [1075 und 1187].

[10] Vgl. Band **III**, S. 718 und die Anlage zum Brief [1106].

[11] Siehe hierzu auch die Bemerkungen in den Briefen [1098 und 1100].

[1089] PAULI AN ROHRLICH

Princeton, 2. März 1950

Dear Dr. Rohrlich!

1. I have still to thank you for your comment on Matthews notes which comments I have forwarded to him together with the notes.[1] The most interesting point in your letter was your 'P. S.' regarding 'secondary' infinities (such as

and the impossibility to eliminate them with arbitrary values of the finite part of λ (in $\lambda\phi^2\phi^{*2}$). But the question arises whether one can really expect to get rid of all divergencies (in higher approximations e^{2n}) for *any* value of λ? Did you make some progress with this question? Did you finish your paper (on weight-factors) which you mentioned?[2] (In this case I would like to have a copy.)

2. Is Professor Feynman still in California?[3] (If yes, what is his address?) I would like to write to him about the lecture he will give in Paris.[4] It seems that we will be there both (April 24–29) and I want to adapt my report to his (as I did in New York).[5] I think it is not wise to separate quantum-electrodynamics from field theories in general at all.

Moreover I think that I understand now Feynman's results on "abnormal" theories (means: Spin 1/2 with Bose-Statistics *or* Spin 0 with Fermi-Statistics) also from the standpoint of second quantization. This theories use "negative probabilities" in the sense of Dirac (see my report in 1943),[6] in which *one* (or odd number of) pair(s) has always a negative probability.[7] (Total probability is conserved, but then the "vacuum" can have probabilities > 1.) I will still check that I get in this way the same formulas as Feynman in the "abnormal" case, but I have no doubt that I will.

By the way, can I get *reprints* of Professor Feynman's papers in Physical Review **76**, 749 and 769, 1949?[8]

3. Villars has now finished his paper on the stress-tensor and everything comes out as one wishes. I think he will send you a copy of his paper.[9]
Best regards (also to Professor Bethe)
Sincerely Yours

W. Pauli

P. S. In case that Professor Feynman is back already in Cornell,[10] please show him this letter with my best regards and tell him I would be grateful if he could drop me a line on the Paris-program.

[1] Vgl. hierzu Matthews Bemerkungen in seinem Brief [1084], den Pauli zu diesem Zeitpunkt offenbar noch nicht erhalten hatte. Die folgenden Diagramme findet man in Rohrlich (1950c, S. 680).
[2] Rohrlich (1950c).
[3] Feynman war damals nach seinem Brasilienaufenthalt nach Kalifornien zurückgekehrt und kam von dort direkt zu der Elementarteilchenkonferenz nach Paris.
[4] Die Pariser Konferenz über *Particules fondamentales et noyaux* sollte am 24.–29. April 1950 stattfinden (vgl. hierzu auch den Kommentar zum Brief [1107]). Es beteiligten sich 159 Wissenschaftler. Außer den Franzosen, die natürlich als das gastgebende Land den Hauptanteil stellten, waren vor allem die Engländer und Italiener zahlreich vertreten. Aus Deutschland und Rußland war jedoch kein einziger Physiker eingeladen worden. Die Hauptvorträge in den einzelnen Sektionen wurden u. a. von Louis de Broglie, Paul Dirac, Pauli, Léon Rosenfeld und Christian Møller gehalten. Feynman trug in Paris über Quantenelektrodynamik vor. Davon wurde in den Kongreßakten nur ein kurzer Bericht wiedergegeben ({vgl. Feynman (1953)}, weil sein Inhalt sich weitgehend mit den bereits von ihm publizierten Ergebnissen [Feynman (1948b, und 1949a, b)] deckte. Anschließend wurde er von Pauli nach Zürich eingeladen, wo er im Kolloquium vortrug (vgl. Mehra [1994, S. 331f.]).
[5] Pauli hatte seinen New Yorker Vortrag im Februar (vgl. die Anmerkungen zu [1075 und 1087]) ebenfalls mit Feynman abgestimmt.
[6] Pauli (1943a).
[7] Vgl. hierzu das in der Anlage wiedergegebene Manuskript aus dem Pauli-Nachlaß *Abnormal theories with "negative probabilities"*, das den Zusammenhang von Spin und Statistik im feldtheoretischen Kontext behandelt: Eine falsche Kombination von Spin und Statistik führt immer zu negativen Wahrscheinlichkeiten.
[8] Feynman (1949a, b).
[9] Villars (1950). Gleichzeitig mit Pauli hatte auch Villars sein Ergebnis Rohrlich mitgeteilt: „As you certainly know, Dr. Pauli asked me to investigate the e^2-radiation correction to $T_{\mu\nu}$ of the electron. This is now done: the results are in accordance with yours, of course. I hope you will forgive me that I call the procedure 'semi realistic' and not 'formalistic', but the former designation seems more sincere to me." [F. Rohrlich danke ich für die Überlassung einer Kopie dieses Schreibens.]
[10] Feynman war im Juli 1949 für 10 Monate nach Brasilien gereist. Vgl. Mehra [1994, S. 333ff.].

ANLAGE ZU [1089]

Abnormal Theories with "negative probabilities"[1]

a) Spin 1/2, Bose-statistics – electron-positron-pairs, positive energy

Notations §3, *1941.*[2] u^* is not any longer the Hermitian conjugate of u but the 'adjoint'.

Decomposition of u_ρ into eigenvibrations as p. 224[3]

$$u_\rho(x) = \frac{1}{\sqrt{V}} \sum_k \sum_{r=1,2} \left\{ u_+^r(k)a_\rho^r(k)e^{i(kx)} + u_-^{*r}(k)b_\rho^r(k)e^{-i(kx)} \right\}$$

$$u_\rho(x)^* = \frac{1}{\sqrt{V}} \sum_k \sum_{r=1,2} \left\{ u_+^{*r}(k)a_\rho^{*r}(k)e^{-i(kx)} + u_-^r(k)b_\rho^{*r}(k)e^{+i(kx)} \right\}$$

equations (85), (86) stay.

$$k_\omega^0 = +\sqrt{k^2 + \kappa^2}$$

$$E = \frac{1}{2i} \int \left(-u^* \frac{\partial u}{\partial x_0} + \frac{\partial u^*}{\partial x_0} u \right) d^3x = \sum_{k,r} k_0(u_+^{*r}u_+^r - u_-^r u_-^{*r})$$

replaces (98a).
Equations of motions claim

$$[E, u_\pm] = -k_0 u_\pm,$$
$$[E, u_\pm^*] = +k_0 u_\pm^*.$$

Hence

$$\left[u_+^r(k), u_+^{*s}(k) \right] = +\delta_{rs}, \quad \left[u_-^r(k), u_-^{*s}(k) \right] = -\delta_{rs}.$$

Notation [Jost]: a, b instead of u_+, u_-
Electric charge

$$e = \int u^* u\, d^3x = \sum_{k,r}(u_+^{*r}u_+^r - u_-^r u_-^{*r}) \qquad \text{replaces (98b)}$$

$$\frac{1}{V} \sum_r \sum_k \left[a_\rho^r(k)a_\sigma^{-r}(k)e^{[(kx)-\omega t]} - b_\rho(k)b_\sigma^{-r}(k)e^{-i[\ldots]} \right]^2 = -S_{\rho\sigma}^{(1)}(x)$$

$$[u_\rho(x), u_\sigma(x')] = -i S_{\rho\sigma}(x - x') = (-i)\left(+\gamma_\nu \frac{\partial}{\partial x_\nu} - m \cdot I \right)_{\rho\sigma} \Delta(x - x')$$

$$\bar{a} = a^*\gamma_4, \quad \bar{b} = b^*\gamma_4$$

$$\frac{1}{V} \sum_r \sum_k \left[a_\rho^r(k)a_\sigma^{-r}(k)e^{-i(kx-\omega t)} - b_\rho(k)b_\sigma^{-r}(k)e^{i(k,r)} \right]^2 = -i S_{\rho\sigma}(x)$$

replaces (94).

Reality condition (distinguishes pair theory from negative energy-one electron theory). Now assume (with a, b instead of u_+, u_-)

$$+u_+^* \text{ hermitian conjugate of } u_+$$
$$-u_-^* \text{ hermitian conjugate of } u_-.$$

If N has eigenvalues $0, 1, 2 \ldots$

$$\langle F(N_-)\rangle \Psi \equiv \sum_{N_-}(-1)^{N_-} |\Psi(N_-)|^2 [F(N_-)]$$

u_+, u_- absorption $u_+^* u_+ = N_+,$ $u_+ u_+^* = N_+ + 1$
u_+^*, u_-^* emission $\langle u_+^* u_+ \rangle_0 = 0,$ $\langle u_+ u_+^* \rangle_0 = 1$

$$u_-^* u_- = -N_-, \qquad u_- u_-^* = -N_- - 1$$

$$\langle u_-^* u_- \rangle_0 = 0, \qquad \langle u_- u_-^* \rangle_0 = -1$$

See 1943, p. 178, equation (20) and following; also p. 184, 185, equations (78), (80).[4]

Hence

$$E = \sum_{k,r} k_0(N_+^r + N_-^r + 1) \text{ ("zero constants" depend on order of factors)}$$

$$e = \sum_{k,r}(N_+^r - N_-^r - 1)$$

$$\langle \{u_\rho(x)u_\sigma^+(x')\}\rangle_0 = -S_{\rho\sigma}^{(1)}(x - x').$$

In negative energy one electron theory "vacuum" physically arbitrary

$$\langle u_+^* u_+ \rangle_0 = \langle u_- u_-^* \rangle_0 = 0, \quad \langle u_+ u_+^* \rangle_0 = \langle u_-^* u_- \rangle_0 = 1$$

$$u_-^* u_- = N_- + 1, \quad u_- u_-^* = N_-$$

$$E = \sum k_0(N_+^r - N_-^r), \quad e = \sum(N_+^r + N_-^r + 1)$$

$$\langle \{u_\rho(x)u_\sigma^+(x')\}\rangle_0 = -S_{\rho\sigma}(x - x')$$

$$u_+, u_-^* \text{ absorption}, \quad u_+^*, u_- \text{ emission.}$$

Write Q_ρ for u_ρ.

Charge conjugation in Bose-theory with negative probabilities[5]

$* = $ adjoint, $H = $ hermitian conjugate

$$u_+^{\prime r} = u_-^r, \quad u_-^{\prime r*} = (u_+^r)^*$$

$$u_-^{\prime r} = -u_+^r, \quad -(u_+^{\prime r})^* = -(u_-^r)^*$$

$$(u_-^{\prime r})^* = (u_+^{\prime r})_H = -(u_-^{\prime r})_{II}$$

$$(u_+^{\prime r})^* = -(u_-^r)^* = +(u_-^r)_H = +(u_+^{\prime r})_H$$

$$\psi_\rho'(x) = C_{\rho\sigma}\bar\psi_\sigma(x); \quad \bar\psi_\rho'(x) = -C_{\rho\sigma}^{-1}\psi_\sigma(x).$$

$$\downarrow$$
$$(!)$$

Then
$$\left[\psi_\rho'(x), \bar\psi_\sigma'(x')\right] = \left[\psi_\rho(x), \bar\psi_\sigma(x')\right]$$

$$\left\langle\left\{\psi_\rho'(x), \bar\psi_\sigma'(x')\right\}\right\rangle_0 = \left\langle\left\{\psi_\rho(x), \bar\psi_\sigma(x')\right\}\right\rangle_0.$$

b) Spin 0, Exclusion principle; "negative probabilities"[6]

Assume 1941, equations (11), (11*), (12), (13), p. 209 valid;[7]
Instead of (14)

$$e = \frac{\varepsilon}{i} \int \left(\frac{\partial U^*}{\partial x_4}U - U^*\frac{\partial U}{\partial x_4}\right) d^3x = \varepsilon \sum_k [U_+^*(k)U_+(k) - U_-(k)U_-^*(k)]. \quad (14)$$

As stated p. 211, equation of motion $(18)^8$ claim

$$U_+^*(k)U_+(k) + U_+(k)U_+^*(k) = 1,$$
$$U_-^*(k)U_-(k) + U_-(k)U_-^*(k) = -1.$$

Interpretation of second equation.

$$-U_-^* \text{ hermitian conjugate of } U_-$$
$$\langle F(N_-)\rangle_\psi = F(0)|\Psi(0)|^2 - F(1)|\Psi(1)|^2.$$

State "0" means $\psi(N) = \delta_{N,0}$; state "1" means $\psi(N) = \delta_{N,1}$.
For instance

$$\langle N\rangle_0 = 0, \quad \langle N\rangle_1 = -1$$
$$\langle 1 - N\rangle_0 = 1, \quad \langle 1 - N\rangle_1 = 0$$

$C = $ constant

$$\langle C\rangle_0 = C, \qquad\qquad \langle C\rangle_1 = -C.$$

Now $\quad U_+^* U_+ = N_+, \qquad U_+ U_+^* = 1 - N_+ \qquad \langle U_+^* U_+\rangle_0 = 0$

$\qquad\quad\; U_-^* U_- = -N_-, \qquad U_- U_-^* = -(1 - N_-) \qquad \langle U_+ U_+^*\rangle_0 = 1$

Hence

$$\langle U_-^* U_-\rangle_0 = 0, \qquad\qquad \langle U_- U_-^*\rangle_0 = -1$$
$$\langle U_-^* U_-\rangle_1 = +1, \qquad\qquad \langle U_- U_-^*\rangle_1 = 0$$

$\{$N. B. $\;\; U_- U_-^* = -(1 - N_-), \; U_- U_-^* = -N_-$ is equally possible.$\}$

$\qquad\quad E = \sum k_0[N_+ + N_- - 1], \quad e = \sum[N_+ - N_- + 1]$ equation $(12)^9$

$\qquad\quad i\{U(x)U^*(x')\}_+ = -\Delta(x - x')$

$\qquad\quad i\langle[U(x), U^*(x')]\rangle_0 = \Delta'(x - x').^{10}$

$$T_{\mu\nu} = -\frac{1}{4}\langle\{j_\mu(x)j_\nu(x')\}\rangle_{\text{vac}} = +\frac{e^2}{4}\langle\{\bar\psi(x)\gamma_\mu\psi(x')\bar\psi(x')\gamma_\nu\psi(x')\}\rangle_{\text{vac}}$$

$$\langle\psi_\sigma(x)\bar\psi_\eta(x')\rangle_{\text{vac}} = \frac{1}{2}\langle\{\psi_\sigma(x)\bar\psi_\eta(x')\}\rangle_{\text{vac}} + \frac{1}{2}[\psi_\sigma(x)\bar\psi_\eta(x')]$$

$$= -\frac{1}{2}S_{\sigma\eta}^{(1)} - \frac{i}{2}S_{\sigma\eta}(x - x') = -\frac{1}{2}S_{\sigma\eta}^{(-)}(x - x')^{11}$$

$$\langle\bar\psi_\sigma(x)\psi_\eta(x')\rangle_{\text{vac}} = -\frac{1}{2}S_{\eta\sigma}^+(x' - x)^{12}$$

$$T_{\mu\nu} = \frac{e^2}{16}\left(Sp(\gamma_\mu S^-(x - x')\gamma_\nu S^+(x' - x)) + Sp(\gamma_\nu S^-(x' - x)\gamma_\mu S^+(x - x'))\right)$$

$$T_{\mu\nu} = \frac{e^2}{16}\cdot 2 \cdot Sp\left\{\gamma_\mu S^{(1)}(x - x')\gamma_\nu S^{(1)}(x' - x) + \gamma_\mu S(x - x')\gamma_\nu S(x' - x)\right\}$$

$$T_{\mu\nu} = \frac{e^2}{8}Sp\left\{\gamma_\mu S^{(1)}(x - x')\gamma_\nu S^{(1)}(x' - x) + \gamma_\mu S(x - x')\gamma_\nu S(x' - x)\right\}.$$

$\Big\{$Derselbe Ausdruck mit Quantisierung nach Fermi-Dirac:

$$T_{\mu\nu} = -\frac{1}{4}\langle\{j_\mu(x)j_\nu(x')\}\rangle_{\text{vac}} = \frac{e^2}{4}\langle(\bar\psi(x)\gamma_\mu\psi(x)\bar\psi(x')\gamma_\nu\psi(x'))\rangle_{\text{vac}}\Big\}.$$

Nun ist

$$\langle\psi_\sigma(x)\bar\psi_\eta(x')\rangle_{\text{vac}} = \frac{1}{2}\{\psi_\sigma(x)\bar\psi_\eta(x')\} + \frac{1}{2}\langle[\psi_\sigma(x)\bar\psi_\eta(x')]\rangle_{\text{vac}}$$

$$= \frac{i}{2}S(x-x') - \frac{1}{2}S^{(1)}(x-x') = -\frac{1}{2}S^+_{\sigma\eta}(x-x')$$

$$\langle\bar\psi_\sigma(x)\psi_{\sigma\eta}(x')\rangle_{\text{vac}} = +\frac{1}{2}\{\bar\psi_{\eta\sigma}(x)\psi_{\sigma\eta}(x')\} - \frac{1}{2}\langle[\psi_\eta(x')\bar\psi_\sigma(x)]\rangle_{\text{vac}}$$

$$= -\frac{i}{2}S_{\eta\sigma}(x'-x') + \frac{1}{2}S^{(1)}_{\eta\sigma}(x'-x) = +\frac{1}{2}S^-_{\eta\sigma}(x'-x).$$

Also

$$T_{\mu\nu} = -\frac{e^2}{8}Sp\{\gamma_\mu S^+(x-x')\gamma_\nu S^-(x'-x) + \gamma_\mu S^-(x-x')\gamma_\nu S^+(x'-x)\}$$

$$T_{\mu\nu} = -\frac{e^2}{8}Sp\{\gamma_\mu S^{(1)}(x-x')\gamma_\nu S^{(1)}(x'-x) + \gamma_\mu S(x-x')\gamma_\nu S(x'-x)\}.$$

Vorzeichenumkehr!

Spin 1/2 *Fermi-Dirac*[13]

$$I\left\{\begin{array}{ll}\psi_\sigma(x) = \bar\Sigma'[a_i u^{(1)}_\sigma(x) + b^*_i v^{(i)}_\sigma(x)] & \langle[a_i a^*_k]\rangle_{\text{vac}} = \delta_{ik}\\[4pt] \bar\psi_\sigma(x) = \bar\Sigma'[a^*_i \bar u^{(i)}_\sigma(x) + b_i \bar v^{(i)}_\sigma(x)] & \langle[b^*_i b_k]\rangle_{\text{vac}} = -\delta_{ik}\end{array}\right.$$

$$\left(\gamma\frac{\partial}{\partial x} + m\right)u = 0 \qquad \left(\gamma\frac{\partial}{\partial x} + m\right)v = 0$$

$$\{a^*_i a_k\} = \delta_{ik} \qquad \{b^*_i b_k\} = \delta_{ik} \quad \text{etc.}$$

$$\{\psi_\sigma(x)\bar\psi_\eta(x')\} = \Sigma'\left(u^{(i)}_\sigma(x)\bar u^{(i)}_\eta(x') + v^{(i)}_\sigma(x)\bar v^{(i)}_\eta(x')\right) = -iS_{\sigma\eta}(x-x')$$

$$\langle[\psi_\sigma(x)\bar\psi_\eta(x')]\rangle_{\text{vac}} = -\frac{1}{2}S^{(1)}_{\sigma\eta}(x-x').$$

Nach *Pauli* also $\qquad\qquad$ Bose, negative Wahrscheinlichkeit; (I) bleibt*

$$[\psi_\sigma(x)\bar\psi_\eta(x')] = -iS_{\sigma\eta}(x-x')$$

$$\langle\psi_\sigma(x)\bar\psi_\eta(x')\rangle_{\text{vac}} = \Sigma'[u^{(i)}_\sigma(x)\bar u^{(i)}_\eta(x') - v^{(i)}_\sigma(x)\bar v^{(i)}_\eta(x')] = -S^{(1)}_{\sigma\eta}(x-x').$$

Daraus kann man in einem äußeren Feld S_2 ausrechnen:

$$k(x) = -j_\nu(x)A_\nu(x)$$

und daraus:

$$S_2(x) = \frac{i^2}{2} \int d^4x \int d^4x' \, A_\mu(x) A_\nu(x') \boldsymbol{P}[j_\mu(x) j_\nu(x')]$$

und den Realteil des Vakuumerwartungswertes: (Wahrscheinlichkeit des Vakuums 1 + this expression)

$$-\frac{1}{4} \int d^4x \int d^4x' \, A_\mu(x) A_\nu(x') \langle \{ j_\mu(x) j_\nu(x') \} \rangle_{\text{vac}}.$$

[1] Manuskript aus dem *Pauli-Nachlaß* 5/477–479; 481–482; 484; 486–488. Vgl. hierzu auch Feynmans Betrachtung über negative Wahrscheinlichkeiten in seinem Beitrag (1987) zur Festschrift für D. Bohm.

[2] Diese Bezeichnungen beziehen sich auf Paulis Übersichtsreferat (1941, S. 220–226) über *Relativistic field theories of elementary particles* aus dem Jahre 1941, das sich größtenteils mit dem in Band **III**, S. 834–901 wiedergegebenen Manuskript aus dem *Pauli-Nachlaß* deckt.

[3] Band **III**, S. 887.

[4] Pauli (1943a).

[5] Manuskript aus dem Pauli-Nachlaß 5/479.

[6] Manuskript aus dem Pauli-Nachlaß 5/481.

[7] Pauli (1941). Siehe auch Band **III**, S. 860.

[8] Band **III**, S. 863.

[9] Band **III**, S. 860.

[10] Von hier an ist das Manuskript in fremder Handschrift geschrieben.

[11] Anmerkung in Paulis Handschrift: „bei mir $i S^+(x - x')$" und „$= -\frac{1}{2}(S^{(1)} - iS)_{\eta\sigma}(x' - x)$".

[12] Anmerkung in Paulis Handschrift: „bei mir $i S^-(x' - x)$".

[13] Manuskript aus dem Pauli-Nachlaß 5/484.

* $[a_i a_r^*] = +\delta_{ik}$, $[b_i - b_i^*] = -\delta_{ik}$.

[1090] PAULI AN WENTZEL

Princeton, 3. März 1950

Lieber Gregor!

Oppenheimer hat mir eben von dem Telefongespräch mit Dir berichtet. Sowohl ihm wie mir würde die Woche von Montag 27. III. bis 1. IV. ausgezeichnet für Deinen Besuch passen, auf den wir uns schon alle sehr freuen.[1] (Am 24. und 25. März bin ich leider am Abend besetzt, deshalb würde ich es vorziehen, wenn Du nicht gerade diese beiden Tage wählen würdest.)

Ich danke Dir noch sehr für Deinen Brief vom 28. II., der sich mit meinem letzten Brief an Dich gekreuzt hat. Heisenberg hatte mir sein Manuskript nach Zürich geschickt, von wo es mir hierher nachgeschickt wurde.[2] Natürlich ist die von Dir erwähnte Stelle auf Seite 3, zusammengenommen mit negativem c_i ein großer Bock! Letztere widersprechen sowohl der Forderung, daß das Vakuum der Zustand kleinster Energie sein soll als auch dem positiv definiten Charakter von $\psi_\alpha^+(x)\psi_\alpha(x) + \psi_\alpha(x)\psi_\alpha^+(x)$ (solange ψ^+ das hermitesch-konjugierte von

ψ ist). Beide Umstände verwandeln Heisenbergs reguläres $\sum c_i S^F(x - x'; \kappa_i)$ automatisch in das *singuläre* $\sum_i |c_i| S^F(x - x'; \kappa_i)$. Es ist dann die letztere (singuläre) Funktion, die in seine Selbstenergien eingeht – womit man wieder dort ist, wo man am Anfang war.

Kurz bevor Dein Brief kam, schrieb ich dem Heisenberg einen Brief im „old-Pauli style";[3] ich glaube, das ist es, was er nötig hat. Ich ging sogar so weit, ihm nahe zu legen, die Arbeit vom Druck zurückzuziehen!

Mit Pais habe ich ganz interessante Diskussionen über „non localizable" fields, Exponentialoperatoren $\exp\left[-\alpha\left(\sum_\alpha \frac{\partial^2}{\partial x_\alpha^2}\right)^2\right]$ und ähnliches.[4] Für die Physik ist aber bisher dabei nicht viel Interessantes herausgekommen.

Ich freue mich also sehr, Dich bald zu sehen. Kommt Deine Frau auch mit hierher?

Viele Grüße von Haus zu Haus Dein Wolfgang

---

[1] Vgl. hierzu das vorangehende Schreiben [1086] an Wentzel, in dem Pauli den Wunsch äußerte, ihn noch vor seiner Rückreise nach Europa zu sehen. Außerdem hatte er Wentzel dort schon mitgeteilt, daß Oppenheimer ihn nach Princeton einladen wolle.

[2] Siehe hierzu den Brief [1088] an Heisenberg.

[3] Die gleiche Formulierung wählte Pauli auch in seinem Brief [1113] an Fierz.

[4] Vgl. auch die Briefe [1087 und 1088].

Auf das Phänomen der Synchronizität – als Gegensatz zur wissenschaftlich kausalen Betrachtungsweise des Abendländers – war C. G. Jung bei seiner durch den Sinologen Richard Wilhelm (1873–1930) angeregten Beschäftigung mit dem chinesischen Orakel-Buch „I Ging" aufmerksam geworden.[1] Zu dessen aus dem Altchinesischen übersetzten alchemistischen Traktat „Das Geheimnis der goldenen Blüte" hatte Jung einen längeren einleitenden Kommentar verfaßt,[2] in dem er zum ersten Mal das Auftreten psychisch und physisch parallel verlaufender akausaler Ereignisse (die er erst später als synchronistische Phänomene bezeichnete) erläuterte.

Eng damit im Zusammenhang stehen Jungs anschließende Untersuchungen über die Beziehungen zwischen *Psychologie und Alchemie*, die er 1944 zu einem Buch zusammengefaßt veröffentlichte.[3] Im Zentrum dieser Aufsatzsammlung befindet sich auch ein zuerst 1936 veröffentlichter Aufsatz über „Traumsymbole des Individuationsprozesses", in dem „über tausend Träume und visuelle Eindrücke eines wissenschaftlich gebildeten jüngeren Mannes" durch Jung ausgewertet werden.[4]

Aus dem Kommentar zum Brief [1085] und aus dem kürzlich von Paulis ehemaligen Freund, den Psychologen Carl Alfred Meier in einer separaten Ausgabe veröffentlichten Pauli-Jung-Briefwechsel[5] geht hervor, daß es sich hierbei um die Träume des jungen Pauli handelt, als dieser infolge seiner mißglückten ersten Ehe mit Käthe Deppner in eine seelische Krise geraten war und sich Anfang 1932 zur psychologischen Behandlung Jung anvertraute. Als Jung 1935 eine Auswahl dieser zum Teil von Pauli selbst interpretierten Träume in einer Studie veröffentlichen wollte, holte er sich Paulis Einwilligung ein: „Ihre Unternehmung ist mir in keiner Weise unangenehm," antwortete ihm Pauli, „wenn meine Anonymität so vollkommen gewahrt bleibt, wie Sie schreiben." Und kritisch fügte er hinzu: „ob ich wohl mit Ihren Deutungen auch immer einverstanden sein werde?"[6]

Pauli stellte die Bedingung, es solle nicht erkennbar sein, daß es sich um einen Physiker handle, weil sonst die Identität des Träumers zu leicht feststellbar wäre.

Pauli selbst hat sich über das Problem der *Synchronizität* erstmals öffentlich in seinem Vortrag über „Die philosophische Bedeutung der Idee der Komplementarität" geäußert,[7] obwohl es in seinen Briefen auch schon im Frühjahr 1948 angesprochen wurde. Eine ausführlichere Beschreibung dieser synchronistischen Phänomene unternahm C. G. Jung in seinem Beitrag „Die Synchronizität als Prinzip akausaler Zusammenhänge" zu dem gemeinsam mit Pauli veröffentlichten Buch „Naturerklärung und Psyche":[8] „Die Synchronizität ist nicht rätselhafter oder geheimnisvoller als die Diskontinuitäten der Physik", heißt es dort. „Es ist nur die eingefleischte Überzeugung von der Allmacht der Kausalität, welche dem Verständnis Schwierigkeiten bereitet und es als undenkbar erscheinen läßt, daß ursachelose Ereignisse vorkommen oder vorhanden sein könnten. Gibt es sie aber, so müssen wir sie als Schöpfungsakte ansehen im Sinne einer creatio continua, einesteils von jeher, teils sporadisch sich wiederholenden Angeordnetseins, das aus keinerlei feststellbaren Antezedentien abgeleitet werden kann."

Pauli begann sich nun für diese Probleme im Zusammenhang mit seinen Kepler-Studien intensiver zu interessieren. Mit dem bekannten Schriftsteller Arthur Koestler[9] und anderen teilte er die Auffassung, daß seit dem 17. Jahrhundert eine unheilvolle Entwicklung unseres Denkens eingesetz habe, die zu seiner heutigen Zersplitterung in Wissenschaft und Religion geführt habe: „daß nämlich in der damaligen Zeit (17. Jahrhundert) ein Faktor aus der Naturbeschreibung herausgedrängt wurde, der jetzt als ‚revenue' ‚in verwandelter Gestalt' seine Rechte wieder geltend zu machen scheint." Doch anders als Koestler wollte Pauli die Ursache auf einen psychologischen Hintergrund zurückführen. Pauli glaubte, daß die Synchronizität als das gleichzeitige Auftreten kausal nicht bedingter Ereignisse „schon im Altertum neben der Kausalität als gleichberechtigtes Prinzip der Naturbeschreibung ... vorausgesetzt wurde ... und daß es sich heute darum handle, dieses die Kausalität ergänzende ... Prinzip der Naturerklärung wieder geeignet zu formulieren."[10] Denn „erst eine solche Naturerklärung" würde Jung, im Gegensatz zur heutigen trinitarischen Physik, „als ‚quaternär' bezeichnen."[11] Ein Modell einer solchen ganzheitlichen Naturauffassung schien Pauli auch die heutige Quantenmechanik zu sein, welche kausal nicht miteinander verknüpfte Einzelsysteme einer quantenmechanischen Gesamtheit, die also keinerlei Kontakt miteinander haben, durch eine *statistische Korrespondenz* zueinander in Beziehung setzt.[12]

---

[1] Vgl. hierzu auch den Kommentar zu [1190], die Bemerkungen in dem Brief [1119] und im Band **III**, S. 346f.

[2] Wilhelm [1929]. In der 2. Auflage dieses Werkes ist auch eine Gedenkrede enthalten, die Jung am 10. Mai 1930 anläßlich einer Gedächtnisfeier für Richard Wilhelm in München gehalten hatte.

[3] Jung [1944].

[4] Als *Individuation* bezeichnet Jung [1921] die Selbstverwirklichung des Individuums, die meist im Gefolge einer Lebenskrise in der zweiten Lebenshälfte einsetzt und zur Erweiterung des Bewußtseins durch Bewußtwerden der sog. psychologisch *minderwertigen Funktion* (siehe hierzu auch das in der Anlage zu [1175] dargestellte Funktionsschema) verstanden wird. Gemäß diesem Funktionsschema entsprach bei Pauli das Denken der Haupt- und das Gefühl der minderwertigen Funktion.

[5] Meier [1992, S. 15ff.].

[6] Aus einem Schreiben an Jung vom 2. Oktober 1935.

[7] Pauli (1950a). Vgl. auch Band **III**, S. 510, 512ff. und 723.

[8] Jung und Pauli [1952].

[9] Besonders eindrucksvoll hat A. Koestler (1905–1983) diese Auffassungen in seinem bekannten 1959 erschienenen Buch „Die Nachtwandler. Die Entstehungsgeschichte unserer Weltkenntnis" dargestellt.

[10] Siehe hierzu auch die Formulierungen der Synchronizität in den Briefen [1095, 1119, 1127 1130, 1166, 1170 und 1172].

[11] Vgl. Band **III**, S. 705f. Jung hat seine Auffassung der Quaternität oder Vierheit als minimales Strukturprinzip einer durch das Runde oder den Kreis ausgedrückten Ganzheit in seinem Aufsatz „Versuch einer psychologischen Deutung des Trinitätsdogmas" (1948) näher erläutert. Die Quaternität kann demzufolge auch eine innere Struktur vom Typ 3 + 1 aufweisen, indem „eine ihrer Größen eine Ausnahmestellung einnimmt", die Jung mit der psychologisch „minderwertigen Funktion" identifizierte.

[12] Vgl. hierzu den Band **III**, S. 709 und die Bemerkungen über statistische Korrespondenz im Brief [1388].

[1091] PAULI AN FIERZ

Princeton, 20. März 1950

Lieber Herr Fierz!

Morgen ist Äquinoktium, weshalb es passend ist, wieder einmal seine Maßstäbe nachzuprüfen (wie im alten China).[1] Deshalb will ich in diesem Brief hauptsächlich einige Bemerkungen über das „synchronistische" Phänomen machen – ohne Anspruch, den Gegenstand zu erschöpfen oder zu erledigen.[2]

In letzter Zeit habe ich hier viel darüber diskutiert mit einem deutschen Physiker M. Knoll (ein technischer Physiker, der über das Elektronenmikroskop gearbeitet hat und *nach* dem Krieg hierher kam),[3] der sich für Jungsche Psychologie, Rhines Experimente[4] und das „synchronistische"* Phänomen so brennend interessiert, daß man ihn {und seine Frau; diese ist Dr. phil., hat Psychologie und Anthropologie studiert und eine Lehranalyse bei einem Herrn namens Schirn (oder Schirner) in Deutschland durchgemacht} dadurch glücklich machen kann, daß man mit ihm über diese Sachen diskutiert. Wieso er auf mich kam, das wissen die Götter (Archetypus), ich habe ihn im Hause eines Historikers[5] kennengelernt.** Für mich ist es dabei von großem Vorteil, daß mein Partner Physik versteht (im Gegensatz zu C. G. Jung). So habe ich viel hin und her überlegt, auch nach der logischen Seite hin.

Die Mitteilung Ihres letzten Briefes, daß C. G. Jungs Resultate betreffend die „für die Ehe typischen" Aspekte im Horoskop völlig im Rahmen der statistisch zu erwartenden zufälligen Schwankungen bleiben, ist mir eine Quelle ungetrübter Befriedigung.[6] Diese ganze Art von Versuch, in dem jeder irrationale Faktor ausgeschaltet ist und das Unbewußte keine Möglichkeit hat, sich zu betätigen (ein komischer Gedanke, daß wir Physiker die Psychologen des Unbewußten ausgerechnet *hierauf* aufmerksam machen müssen!) konnte ja gar nicht anders ausgehen! Die Naturwissenschaften sind eben gut genug, um das negative Ergebnis eines *solchen* Versuches vorauszusagen und es war nur das Produkt eines naturwissenschaftlich ganz ungeschulten Geistes, darüber etwas anderes zu erwarten! Denn hier handelt es sich um das Reproduzierbare und nicht um das Einmalige.[7] Das letztere ist das, worüber Aussagen möglich sind, die zu den naturwissenschaftlichen Ergebnissen *hinzukommen*, ohne diese aber ungültig zu machen. (Ich fasse „das Einmalige" so weit, daß es auch isolierte *Gruppen* von Ereignissen aufnehmen kann, nicht nur Einzel-Ereignisse.)

Über die Bedingungen des Auftretens des synchronistischen Phänomens habe ich sehr nachgedacht und glaube zwei wesentlich verschiedene Klassen unterscheiden zu können: das *spontane* und das *induzierte* Auftreten. Über ersteres hat ja C.G. Jung sehr wichtige Bemerkungen im Eranos Jahrbuch gemacht.[8] Es scheint dann einzutreten, wenn die Möglichkeit der Erweiterung des Bewußtseins durch Assimilation unbewußter Inhalte besteht und verschwindet wieder, wenn dieses Ziel erreicht ist. (Ich brauche das nicht weiter auszuführen, da es Ihnen bekannt sein dürfte.)

Für die induzierte Form ist ein typisches Beispiel die Divinatorik oder das I Ging Orakel.[9] Die „Induktion" erfogt durch eine Art von Vorbehandlung oder Ritus, der einen materiellen Vorgang als Zwischenglied zwischen „untersuchtem Objekt" (über dessen Situation etwas ausgesagt werden soll) und dem intuitiv begabten „Beobachter" (Wahrsager) einschaltet. Es scheint mir, daß durch dieses Zwischenglied in letzterem ein „subliminaler" Vorgang[10] ausgelöst wird, der in einem „synchronistischen" Sinnzusammenhang mit dem Objekt steht und auf dessen innerer Wahrnehmung die „Intuition" beruht. Der Unterschied dieser „Versuchsanordnung" vom naturwissenschaftlichen Experiment scheint mir darin zu bestehen, daß sie nicht die Reproduktion des äußeren Vorganges bezweckt, sondern die Reproduktion des Vorhandenseins eines „synchronistischen" Zusammenhanges zwischen „Beobachter" und „beobachtetem System".[11] – Nebenbei bemerkt würde ich die Bezeichnung *Sinn-Korrespondenz* der Bezeichnung „Synchronizität" bei weitem vorziehen. Denn das Wesentliche ist, daß die „Sinn-Korrespondenz" etwas zur Zeit Analoges „macht" oder „setzt" oder „hervorbringt" und *nicht*, daß die betreffenden Ereignisse zur gleichen Zeit stattfinden.

In den Naturwissenschaften scheint mir die Situation beim *Auffinden* eines Naturgesetzes eine gewisse Analogie zur Situation beim induzierten Phänomen der Sinn-Korrespondenz („Synchronizität") zu haben. Denn dieses Auffinden erfordert ja auch eine intuitive Begabung und beruht auf „Koinzidenz" zwischen innerem Bild und äußerem Vorgang.

Ist das Naturgesetz – sei es statistisch, sei es den Einzelfall betreffend – jedoch einmal erkannt, so erweist die Erfahrung die Bedingungen der Anwendbarkeit dieses Gesetzes als reproduzierbar, d.h. die Übereinstimmung unserer Erwartung mit dem Resultat des Experimentes („reasonable belief") stellt sich später automatisch ein.

Die definitorische Forderung der Reproduzierbarkeit im „Naturgesetz" hat aber den *Verlust des Einmaligen* in der „naturwissenschaftlichen" begrifflichen Beschreibung der Natur zur Folge. – Was wir in der Quantenmechanik erlebt haben, ist das Auftreten des wesentlich Einmaligen an einer unerwarteten Stelle: nämlich bei der („ungesetzlichen")*** Einzelbeobachtung.

Was mir beim I Ging Orakel entgegentritt, ist dagegen die Möglichkeit, auch über das Nicht-Reproduzierbare Voraussagen zu machen, nämlich dadurch, *daß man sich in die Richtung eines Vorganges einfühlt.* Dieses wird ermöglicht durch die „synchronistische" *Korrespondenz* zweier kausal nicht verknüpfter Vorgänge, und es ist auch dieses „Richtungsgefühl", das mir vorschwebte, wenn ich sagte, daß hierbei etwas „zur Zeit Analoges gemacht wird". Es scheint mir, daß man das spontane Auftreten der Sinn-Korrespondenz als ein Phänomen höherer Stufe von dem induzierten Auftreten in der Divinatorik unterscheiden muß. Die „Assimilation des unbewußten Inhaltes an das Bewußtsein" ist ein Vorgang, der sowohl mit einer Veränderung des Bewußtseins als auch mit einer „Reperkussion" des Unbewußten verbunden ist. Sie zeigt uns die „duple" oder „multiple" Erscheinungsform des unanschaulichen anordnenden Faktors.[§] (In dieser Verbindung ist zu bemerken, daß C.G. Jung in letzter Zeit genötigt ist, den Begriff „Archetypus" ganz außerordentlich stark zu dehnen und zu verändern – dies ist keine Kritik, sondern gibt mir Hoffnung auf ein besseres Verständnis dieser Zusammenhänge.)[12] Dieser Vorgang kann wohl als *Integration* bezeichnet werden. Er fällt *nicht* unter die Kategorie der reihenartigen Kausalkette (Reproduzierbarkeit) und auch nicht unter das (einmalige) „synchronistische" Paar. Diese *Integration* scheint mir nun der allgemeinere Fall zu sein, den Sie am Schluß Ihres Briefes vom 28. XII. gesucht haben.[13] (Ein Analogon davon existiert *vielleicht* in der Biologie, aber *nicht* in der Physik.)

Soweit bin ich bis jetzt gekommen. Vielleicht fällt Ihnen etwas dazu ein. Zeigen Sie, bitte, diesen Brief gelegentlich auch C + A = F.

Bohr hat heute einen sehr guten Seminarvortrag über die Ladungsmessung gehalten.[14] Er möchte *nicht* die „hierarchische" Ordnung der Massen haben, hält die Einmaligkeit und Kleinheit der Feinstrukturkonstante für wichtig und meint, daß bei der Comptonwellenlänge der Nukleonen etwas Neues passieren könnte (Grenzen des Feldbegriffes).

Daß gerade *der* Punkt Ihrer Überlegungen zur Yukawagleichung,[15] nach dem ich gefragt habe, noch nicht in Ordnung war, hat ja eine gewisse Befriedigung für mich – aber die eigentliche Wahrheit ist, daß mich – trotz Ihnen! – die ganze Yukawagleichung überhaupt nicht interessiert.

Also auf Wiedersehen in Paris[16] und viele Grüße   Ihr W. Pauli

---

[1] Aus den Briefen [1085 und 1095] wissen wir, daß Pauli um diese Zeit seinen Kepler-Vortrag in Princeton halten wollte. Den Äquinoktialperioden um den 21. März und 21. September maß Pauli eine besondere Bedeutung zu. In einer Anmerkung zu seinem Aufsatz über *Hintergrundsphysik* (1948) heißt es: „Nach meiner Erfahrung erfolgen bei mir Träume, in denen eine Quaternitätssymbolik und insbesondere die Geburt von etwas Neuem eine wesentliche Rolle spielt, vorzugsweise in der Jahreszeit der Tag- und Nachtgleiche, d. h. Ende März oder Ende September. Die beiden hier aufgeführten Träume sind typische Äquinoktialträume. Die beiden Äquinoktien sind bei mir Zeiten einer relativen psychischen Labilität, was sich sowohl negativ als auch positiv (schöpferisch) äußern kann." Und am 6. März 1951 teilte er auch Aniela Jaffé mit, die Äquinoktien haben „für mich immer den Charakter der Labilität, zugleich mit der Möglichkeit von etwas Schöpferischen."

[2] Siehe hierzu insbesondere die *Zusammenfassung* in C.G. Jungs Synchronizitätsaufsatz (1952), dessen physikalische Passagen Pauli kritisch überprüft hatte.

[3] Siehe hierzu auch die Angaben über Knoll in dem Brief [1085]. Nach seiner Rückkehr nach Deutschland wurde Max Knoll 1956 zum Direktor des *Instituts für Technische Elektronik* an der TH München ernannt.

[4] Vgl. hierzu auch den Brief [1087] und Band **III**, S. 510.

[§] Diesen Terminus kannte er aus Jung's Nachruf auf Wilhelm in der „goldenen Blüte". {Vgl. Wilhelm und Jung [1929].}

[5] Wahrscheinlich bei dem Historiker und Literaturkritiker Erich von Kahler, mit dem Pauli schon seit langem befreundet war.

** Es erinnert mich diese Begegnung an die „anscheinende Absichtlichkeit im Schicksal des Einzelnen" meines Lieblingsautors. [Pauli bezieht sich hier auf A. Schopenhauers Abhandlung (1850) „Transcendente Spekulation über die anscheinende Absichtlichkeit im Schicksale des Einzelnen", die auch in Jungs Synchronizitätsaufsatz [1952/90, S. 16] erwähnt wird.]

[6] Vgl. hierzu Paulis kritische Bemerkungen zu den in diesen statistischen Horoskop-Untersuchungen verwendeten Methoden in Band **III**, S. 698, 703 und 707.

[7] Auf die Bedeutung der Ausklammerung des Einmaligen aus der Naturbeschreibung hatte Pauli bereits in seinem Brief [1077] an Delbrück hingewiesen. Siehe hierzu auch die Briefe [1095 und 1170].

[8] C. G. Jung (1947).

[9] *I Ging* oder *Buch der Wandlungen* besteht aus einer Sammlung von Orakeln und Weisheitssprüchen des Konfuzianismus aus dem 7.–2. Jahrhundert v. Chr. Es enthält 64 als sinnbildliches Abbild der Welt gedachte Hexagramme, deren Linien den alle Wechselwirkungen und Veränderungen bewirkenden polaren Kräften Yin und Yang entsprechen. Siehe hierzu das von Wilhelm [1924] aus dem Chinesischen übersetzte und erläuterte Werk.

[10] Als subliminale Vorgänge bezeichnete Jung (1927) solche „Sinneswahrnehmungen, die zu schwach sind, um das Bewußtsein erreichen zu können."

[11] Jung (1952/90, S. 84) spricht hier in Analogie zum psychophysischen Parallelismus von einer „ursachelosen Anordnung" oder einem „sinnvollen Angeordnetsein".

*** Ich möchte fast sagen: „illegal".

§ Die Vorstufe des Resultates „Integration" ist die „Aufspaltung".

[12] Siehe hierzu den Kommentar zum Brief [1085] und Paulis Darstellung (1954) dieser Begriffswandlung in seinem Beitrag zur Festschrift zu C. G. Jungs 80. Geburtstag.

[13] Brief [1068].

[14] Bohr hielt sich vom Februar bis zum Mai 1950 ebenfalls in Princeton auf (siehe [1087] und den Kommentar zu [1092]).

[15] Vgl. auch Paulis Bemerkungen in seinem Brief [1087] und Fierz (1950a).

[16] Fierz besuchte ebenfalls die Ende April 1950 einberufene Pariser Elementarteilchen-Konferenz (vgl. hierzu den Kommentar zu [1107]).

Wie bereits aus dem vorangehenden Brief [1091] hervorgeht, war Niels Bohr Ende Februar ebenfalls in Princeton eingetroffen. Bereits im Herbst 1949 hatte er John Archibald Wheeler den Entwurf einer Arbeit mit dem Titel „Versuchsweise Kommentare über den Atom- und Kernaufbau" nach Princeton gesandt, der den Ausgangspunkt für ihre Zusammenarbeit über das kollektive Kernmodell bilden sollte.[1] Wheeler war schon im Januar 1950 in Kopenhagen gewesen und hatte dort mit Bohr über diese Vorschläge diskutiert. Jetzt sollte diese Arbeit hier in Princeton wieder aufgenommen werden.

Infolge der erfolgreichen Zündung der ersten sowjetischen Atombombe im September 1949 herrschte damals ein angespanntes politisches Klima. An der daraufhin einsetzenden Diskussionen über den Bau thermonuklearer Waffen in der amerikanischen Öffentlichkeit beteiligten sich auch zahlreiche Physiker, die an der Entwicklung der Atombombe teilgenommen hatten und die nun ihre Bedenken über die diversen Auswirkungen einer solchen Weiterführung der Kriegsforschung anmeldeten.[2] Am 7. März 1950 äußerte sich Robert Bacher aus Pasadena hierzu in einem Brief an Rabi: „At the moment, I am trying to figure out whether I will give a talk or write a paper about the H Bomb. Every instinct I have tells me to mind my own business and keep out of it. Some wild statements that have been made by scientists and some by politicians really make me mad. If the H Bomb were one-quarter as effective a weapon as it has been played up to be, all this fuss might be warranted. – You have probably seen Hans' [Bethes] article which is to appear in the *Scientific American* and in the *Bulletin*.[3] It is good and gives a fine presentation of the background information. He lets the whole question hinge on the moral issue which is a fine thing to rally around. I find it difficult to draw a sharp line between H Bombs and A Bombs on this score. There are also other inmoral aspects of war which are even more shocking. The point on morality is that the whole idea of war is inmoral – and should if possible be avoided. – I have strong doubts whether our security would be materially increased if we had H Bombs today. Many people would perhaps think so and therein lies the danger – both the Maginot Line concept and the fallacy of the 'Secret' coming back."

Auch Bohr wurde dadurch von seiner geplanten wissenschaftlichen Arbeit abgehalten und sie kam nicht mehr zu einem befriedigenden Abschluß.[4] Er kam jetzt erneut auf seine schon im Jahre 1945 in einem *Memorandum* formulierten Gedanken über die einzigartigen Möglichkeiten einer internationalen wissenschaftlichen Zusammenarbeit zurück. Auf dieser Grundlage formulierte er seinen bekannten „Offenen Brief an die Vereinten Nationen",[5] der nun sowohl als Sonderdruck als auch im *Bulletin of the Atomic Scientists* einer breiteren Öffentlichkeit zugänglich gemacht wurde.[6]

Unter anderem befaßte sich Bohr während seines Aufenthaltes in Princeton auch mit der Korrektur der Druckfahnen seiner gemeinsam mit Rosenfeld durchgeführten Überlegungen zum quantenmechanischen Meßprozeß. Am 20. März hatte er darüber auch einen nach Paulis Urteil [1091] „sehr guten Seminarvortrag" gehalten. Der damit im Zusammenhang stehende Brief von Dyson an Pauli [1092] war Bohrs Schreiben vom 24. März 1950 an Rosenfeld beigefügt, das wir zusammen mit Dysons Brief vom 3. April an Rosenfeld zum besseren Verständnis der Situation hier wiedergeben:

„Dear Rosenfeld! Many thanks for your kind letter with the galley-proofs of which I had not myself received a copy.[7] I was quite in agreement with the minor corrections you proposed but after some discussion with Jost and Pais I have thought that the arguments in III and IV could be presented a little more clearly with some alterations indicated on the enclosed pages to replace pp. 14–18 in the manuscript. I have already some days ago returned the proofs with these alterations and should be very glad to learn if you agree. The Physical Review will, of course, also send you a new proof.

Yesterday I gave a talk about the subject in the seminar at the Institute and in the discussion Pauli mentioned that he had just received a letter from Dyson with some remarks on our paper.[8] I include a copy of some of the passages of this letter.[9] I am not sure I fully understand what Dyson means, but, to my mind, it would appear that any rational renormalization procedure has to conform with the basic definitions of field and charge quantities. Pauli and Jost are just considering the next higher approximation in the commutation relations and they will soon write Dyson about it and explain why they are convinced there can be no contradiction between the mathematical formulation on the one side and the analysis of measurements on the other.

I wish very much that we could have been here together as in 1939 but I look forward to seeing you when I come back and take up our cooperation again. We are having many interesting physical discussions in the Institute and I hope especially that it will be possible in a near future to make some real progress with the problems of nuclear constitutions. In a few weeks Wheeler, who has returned to America, will come to Princeton to finish our joint paper[10] just before I leave.

Your many friends here join me in sending you our kindest regards and best wishes. Sincerely yours, Niels Bohr."

In dem folgenden Schreiben vom 3. April 1950 an Rosenfeld, der seit Juni 1947 neben Blackett die theoretische Physik an der *University of Manchester* vertrat,[11] bezieht sich Dyson ebenfalls auf Paulis Brief [1094]:

„In Manchester we had a conversation on the subject of the relation of renormalization physics to the Bohr-Rosenfeld analysis of measurement of field quantities. Subsequently I wrote to Professor Pauli reporting our conversation and asking him, in particular, the following specific question. Apart from difficulties connected with divergencies, that is to say, supposing that mass and charge renormalization factors were actually finite but not zero, would there remain a logical difficulty in incorporating the renormalization factors into the Bohr-Rosenfeld analysis? Particularly, is there a logical inconsistency in using the Bohr-Rosenfeld arguments which refer to directly observable and therefore renormalized fields to justify the commutation relations which theoretically hold between unrenormalized fields? You may be interested to see Professor Pauli's reply, a copy of which I enclose.

We read with interest your article in the *Manchester Guardian* on the subject of the new Einstein theory.[12] We wonder if it would be possible for you to lend us a copy of his book which we have not so far been able to see. If it is convenient we would be very grateful to have it for a week or so. This is not, of course, a matter of importance or urgency.

I hope I shall have an opportunity of having further discussions with you on these problems of interpretation of field theory either in Paris or elsewhere."

[1] Vgl. Wheeler (1963, S. 245).

[2] Vgl. hierzu auch die Stellungnahmen von U. Jetter (1950, 1954).

[3] Bethe (1950).

[4] Die Ergebnisse dieser Diskussionen wurden später von Edward Lee Hill und J. A. Wheeler (1953) publiziert. In einem Zusatz wiesen die Autoren darauf hin, daß „many of these considerations were embodied in an earlier manuscript prepared jointly with Prof. Bohr."

[5] N. Bohr (1950). Vgl. auch den Brief [1158].

[6] Siehe hierzu Pais [1991, S. 513f.] und von Meyenn, Stolzenburg und Sexl [1985, S. 348–377].

[7] Bohr und Rosenfeld (1950).

[8] Siehe auch Paulis Antwortschreiben [1098] an Dyson und Paulis Bemerkung am Ende seines Schreibens [1091] an Markus Fierz.

[9] Siehe hierzu die Bemerkung in Paulis Brief [1091] an Fierz.

[10] Vgl. hierzu den voranstehenden Kommentar.

[11] Zu diesem Anlaß erschienen im *Manchester Guardian* vom 14. und 15. Februar 1947 folgende Beschreibung seiner Laufbahn:
„From 1929 to 1931 Mr. Rosenfeld worked with Professor Pauli at Zürich and then returned to Liège, where he became a teacher of Electrical Engineering, lecturing on modern aspects of atomic theory. From 1930 to 1940 he spent part of each year in the University of Copenhagen, working in close collaboration with Professor Niels Bohr. He was appointed Professor of Theoretical Physics at Liège in 1935 and was elected to the Chair at Utrecht in Holland, in May, 1940. Dr. Rosenfeld researches on five-dimensional investigations and magnetic theory were pursued in Paris, his work on the qantum theory applied to optics at Göttingen, and that on quantum electrodynamics in Zürich. In Copenhagen he began work on Meson Theory with Professor Møller in 1938."
„The appointment of Professor Rosenfeld to the Chair of Theoretical Physics (writes a scientific correspondent) is an acquisition not only to our city but to the nation. Besides being a master in his own subject, [he] has extraordinary talents in other directions. He speaks French, English, Russian, German, Dutch, and Danish with fluency, and he has historical interests. For many Years he has been perhaps the closest of Professor Niels Bohr's collaborators. (His brillant pupil, A. Pais, accompanied Professor Bohr on his recent visit to America.) During the occupation Professor Rosenfeld completed a large treatise on the theory of nuclear forces. In the Resistance activities at the time of the liberation he was a member of the Utrecht organisation which watched German troop and supply movements, and sent reports of them to the Allies." Siehe auch den Kommentar in *Nature* vom 19. Juli 1947.

[12] L. Rosenfeld (1950). Siehe auch M. Strauss (1950) und Paulis ablehnende Stellungnahme zu Einsteins neuer Feldtheorie in seinem Brief [1139] an Martin Strauss.

[1092] DYSON AN PAULI

[Birmingham, 20. März 1950][1]
[Maschinenschriftlicher Auszug]

The other day I had a conversation with Rosenfeld, and I put to him the following question.

"Suppose that we ignore, for the time being, the fact that the mass and charge renormalizations of electrodynamics are infinite. Suppose that we had a method of making these renormalization factors finite (but not zero). Then we still have a certain logical paradox in the interpretation of the formalism. Namely, the arguments of Bohr and Rosenfeld show that there is a consistency between the commutation relations satisfied by field operators, and the laws of measurability satisfied by observed field quantities.[2] However, it would seem that in a theory with a non-zero charge renormalization, the commutation relations should refer to the unrenormalized fields, whereas the measurability relations should refer to the renormalized fields. In particular, the correspondence principle will establish a limiting relationship between a classical field and a renormalized quantum field; there will not be a direct correspondence between classical fields and unrenormalized quantum fields."

"Thus even finite renormalization factors will disturb the validity of the Bohr-Rosenfeld analysis of electrodynamics. The analysis must be extended, to take these factors into account explicitly."

"The question now is, whether the Bohr-Rosenfeld arguments can be modified in a trivial way so as to include renormalization effects logically. If the answer is yes, then the only remaining problem in electrodynamics is the problem of the divergences. If the answer is no, then we have a much more serious logical problem, from which we may learn something new and interesting."

Rosenfeld was not able to give an immediate answer to this question. But he agreed with me that the answer is probably Yes. I would be glad to learn what is your opinion.

---

[1] Die ungefähre Datierung dieses Briefes ergibt sich aus Bohrs Hinweis, daß im Anschluß an seinen am 20. März in Princeton gehaltenen Vortrag (vgl. Paulis Bemerkung in seinem Brief [1091] an Fierz) Pauli in der Diskussion das soeben empfangene Schreiben von Dyson erwähnte.
[2] Bohr und Rosenfeld (1950).

[1093] HEISENBERG AN PAULI[1]

Göttingen, 25/26. März 1950

Lieber Pauli!

Hab' vielen Dank für Deinen Brief, den ich leider erst gestern nach meiner Rückkehr aus der Türkei vorfand.[2] Der herzerfrischende Ton Deines Briefes[3] gibt mir die schöne Gewißheit, daß es Dir gut geht, und ich habe es um so mehr bedauert, Dich nicht in Zürich zu treffen.

Aber nun zur Sache: Hinsichtlich der Vertauschungs-Relation hast Du meine Arbeit[4] an einem entscheidenden Punkt mißverstanden: Ich habe nämlich *nicht* behauptet (was ich hätte näher erläutern müssen), daß $\bar\psi$ das hermitesch konjugierte zu ψ sei. Vielmehr folgt aus meinen Gleichungen (1) bis (7), daß $\bar\psi$ anders gemeint ist. Um etwa Deine Bezeichnungen zu brauchen: Setzt man $\psi = \sum_j \alpha_j \psi_j$, wobei die ψ_j die „normalen" Darstellungen der Wellenfunktionen für eine bestimmte Teilchensorte sind mit

$$\{\bar\psi_j(x);\, \psi_j(x')\}_+ = \delta_j(x - x'),$$

wobei also auch $\bar\psi_j$ hermitesch conjugiert zu ψ_j ist, so soll $\bar\psi = \sum \alpha_j \bar\psi_j$ gelten (und *nicht* etwa $\bar\psi = \sum \bar\alpha_j \bar\psi_j$). Daraus folgt dann

$$\{\bar\psi(x),\, \psi(x')\}_+ = \sum \alpha_j^2 S_j = \sum c_j S_j.$$

Also wird α_j für negative c_j imaginär, was eben zur Folge hat, daß $\bar\psi$ nicht einfach hermitesch conjugiert zu $\psi(x)$ ist. Du hast natürlich völlig recht damit, daß für das wirklich hermitesch konjugierte, das ich ψ^* nennen will, eine irreguläre Vertauschungs Relation gilt:

$$\{\psi^*(x),\, \psi(x')\}_+ = S^{\text{singulär}}.$$

Es scheint mir aber aus der mathematischen Einfachheit zu folgen, daß $\bar\psi(x)$ die „natürlichere" Bildung ist, als $\psi^*(x)$, da für eine Wellengleichung im Impulsraum[5]

$$\zeta(k)\psi(k) = 0$$

nur die Gleichung

$$\{\bar\psi(x),\, \psi(x')\}_+ = (\ )\oint \frac{dk\, e^{ik(x-x')}}{\zeta(k)}$$

als die *natürlichste* Vertauschungs-Relation erscheint.

Für den Fall fehlender „Wechselwirkung" ist jedenfalls die letztere Vertauschungs-Relation, soviel ich sehen kann, völlig äquivalent der üblichen Wellenquantisierung. Ich kann auch nicht sehen, daß bei der Definition des Vakuums und der Anwendung der Gleichungen $\psi^+(x)\psi_0 = 0$ oder $\bar\psi^+(x)\psi_0 = 0$ irgendeine Schwierigkeit entstünde. Hier scheinen mir alle Deine Bedenken wegen negativer Wahrscheinlichkeit und dergleichen völlig unbegründet.

Ein Problem entsteht also wohl nur bei Einführung einer Wechselwirkung. Auch hier scheint mir aber sicher, daß Singularitätsschwierigkeiten nicht entstehen können, solange die Wechselwirkung nur die $\bar\psi(x)$ und $\psi(x)$ (und nicht zu hohe Ableitungen der ψ, auch *nicht* die ψ^*) enthält. Du kannst aber einwenden – und darauf habe ich bisher wohl zu wenig geachtet – daß es nicht sicher ist, daß man aus den $\bar\psi(x)$ und $\psi(x)$ allein *hermitesche* Ausdrücke zusammensetzen kann. In der Tat scheint mir jetzt der als Beispiel hingeschriebene Ausdruck (8) dieser Forderung nicht zu genügen.

Diese Frage gehört in den Problemkreis: Welchen Invarianzforderungen muß die Wechselwirkungsenergie genügen? Bezeichnet man die in den $\alpha_j = \sqrt{c_j}$ vorkommende $\sqrt{-1}$ mit $\sqrt{-1} = j$, so soll also H gegen einen Vorzeichenwechsel von j invariant sein. Außerdem muß H aber noch andere Invarianzforderungen befriedigen, die für die Erhaltung der Ladung, der Nukleonenzahl u. s. w. sorgen.[6] Diesen ganzen Fragenkomplex hatte ich zunächst beiseite geschoben, da es mir zunächst nur darauf ankam, überhaupt ein konvergentes Modell einer Theorie zu erhalten. Ich sehe jetzt, daß die Forderung der Hermitizität nicht trivial zu befriedigen ist, also eine genauere Untersuchung erfordert. Andererseits sehe ich aber auch noch nicht, daß sie ernstliche Schwierigkeiten bietet, und im Ganzen kann man ja eher für Einschränkungen in der Allgemeinheit der Wechselwirkung (oder der Vertauschungs Relation) dankbar sein. Übrigens könnte es dabei genügen, daß der Ausdruck (9) für die S-Matrix[7] invariant gegen Vorzeichenwechsel von j ist – was wohl etwas weniger erfordert als die Invarianz von H selbst.

Alles in allem sehe ich keinen Grund für den in Deinem Brief geäußerten Pessimismus und glaube das Recht für das Sträuben der Haare und das Befremden einstweilen auf meiner Seite buchen zu dürfen. – Es kommt ja schließlich auf folgende einfache Fragestellung an: Kann man die Einzelteilchenwellenfunktionen so zusammenfassen, daß *reguläre* Vertauschungs-Relationen zwischen gewissen natürlichen Kombinationen von Wellenfunktionen entstehen, und zweitens: kann man vernünftige Wechselwirkungsausdrücke aus solchen kombinierten Wellenfunktionen bilden. Die erste Frage scheint mir klar mit „ja" beantwortet, bei der zweiten hoffe ich Dir in Kürze Beispiele für vernünftige Ausdrücke liefern zu können.

Also schreib mal, was Du jetzt dazu denkst. Vielleicht sollte ich zur Erläuterung der Tendenz meiner Arbeit noch folgendes hinzufügen: ich finde den bisher üblichen Versuch, mit den verschiedenen Teilchensorten anzufangen und daraus eine widerspruchsfreie Theorie zusammenzustückeln, grundsätzlich verkehrt oder jedenfalls hoffnungslos kompliziert, weil man ja gar nicht alle Teilchen und ihre Eigenschaften kennt. Man muß also damit anfangen, Modelle für einheitliche Theorien zu bilden, die sozusagen erst hinterher in Theorien für einzelne Teilchensorten zerfallen; und zwar zunächst ohne jede Rücksicht auf Details der Erfahrung.

Viele Grüße und alles Gute! Dein

W. Heisenberg

26. März 1950

P. S. Inzwischen hab' ich mir noch überlegt, daß die Forderung der Hermitizität eng zusammenhängt (oder verbunden werden kann) mit dem Erhaltungssatz für die Nukleonenzahl. Dieser Erhaltungssatz besagt ja, daß die Nukleonenzahl entweder konstant bleibt oder (bei Annahme von Antiproton und Antineutron) sich nur um eine gerade Zahl ändern kann. (Man kann diesen Sachverhalt durch eine „Nukleonenladung" ausdrücken, wenn man will.) Das heißt aber, daß im Ausdruck der Wechselwirkung H die Nukleonenwellenfunktionen ja *paarweise* auftreten müssen. Wenn man also z. B. annimmt, daß für die leichten Teilchen die c_j positiv sind, für die Nukleonen aber negativ (die α_j der Nukleonen also imaginär), so ist die Hermitizität aus dem genannten Erhaltungssatz bereits garantiert, da die α_j nur quadratisch auftreten. Natürlich bleibt jetzt die Aufgabe, einen Ausdruck in den $\bar{\psi}$ und ψ anzugeben, der den Erhaltungssatz befriedigt, aber ich sehe hier auch keinen Grund zum Pessimismus.

W. H.

---

[1] Die Briefe [1088 und 1093] waren beide in Paulis Sonderdruck der Heisenbergschen Publikation (1950a) abgelegt.
[2] Heisenberg hatte sich zwei Wochen in der Türkei aufgehalten [1078] und ursprünglich beabsichtigt, Pauli auf der Rückreise in Zürich aufzusuchen.
[3] In seinem Brief [1088] vom 28. Februar hatte Pauli die Fehler in Heisenbergs Untersuchung als „haarsträubend" bezeichnet und ihm geraten, seine Arbeit vom Druck zurückzuziehen.
[4] Heisenberg (1950a).
[5] Dieser Passus ist im Manuskriptes mit zwei seitlichen Anstreichungen hervorgehoben.
[6] Siehe hierzu auch die Bemerkung über die Erhaltung der Nukleonenzahl im Brief [1078].
[7] Heisenberg (1950a, S. 254).

[1094] PAULI AN DYSON

Princeton, 27. März 1950[1]

Dear Dyson!

I wish to answer your interesting letter regarding the comparison of the results of the Bohr-Rosenfeld analysis with the mathematical results of quantum electrodynamics for the commutators of the renormalized field {denoted by $\phi_v^{(n)}(x)$, $F_{\mu v}^{(n)}(x)$ in the following in contrast to the unrenormalized field $\phi_v(x)$, $F_{\mu v}(x)$}.[2]

Your statement (p. 2 of letter), that in a theory with a non-zero charge renormalization, "the" commutation relations refer to the unrenormalized fields is *unclear*. It is only true that *some* commutation relations refer to the unrenormalized fields and *others* to the renormalized fields. Among the former are the canonical commutation relations

$$[\dot{\phi}_\mu(\boldsymbol{x}, t), \phi_v(\boldsymbol{x}', t)] = (-i)\delta^{(3)}(x - x')\delta_{\mu v} \tag{1}$$

for quantities at the same time-instant. These relations have, however, no direct physical significance. For a comparison with the Bohr-Rosenfeld analysis it is necessary to have the commutation relations for the renormalized field (*in the Heisenberg representation*) for arbitrary time instants (in order to be able to build the necessary time average over finite space-time-regions as it is done in the Bohr-Rosenfeld analysis). Dr. *Jost* was so kind to compute the latter *including the terms of the order* $\alpha = e^2/\hbar c$ (neglecting higher orders) if one restricts oneself to its vacuum expectation value.

One first obtains until to the order $\alpha\{\theta(t) \equiv \frac{1}{2}[1 + \varepsilon(t)]\}$

$$\phi_\mu(x) = \phi_\mu^{(0)}(x) + \int d^4 x^{(1)} \bar{D}(x, 1) j_\mu^{(0)}(1)$$
$$-\frac{i}{2} \iint d^4 x^{(1)} d^4 x^{(2)} D(x, 1)\theta(t, 1)[j_\mu^{(0)}(1), j_v^{(0)}(2)]\varepsilon(1, 2)\phi_v^{(0)}(2). \tag{2}$$

First one can check

$$[\dot{\phi}_\mu(x), \phi_v(x')] = [\dot{\phi}_v^{(0)}(x), \phi_v^{(0)}(x')] \text{ for } t = t'.$$

{N. B. $\phi_\mu^{(0)}(x)$ is also the field in the interaction representation.}

Taking into account that $\phi_\mu^{(0)}(x)$ is a light-field and regularizing in the usual way (see Pauli-Villars)[3] the photon self-energy one can write (always until to the order α)

$$\phi_\mu^{(n)}(x) = \phi_\mu^{(0)}(x) + \int d^4 x^{(1)} \bar{D}(x, 1) j_\mu^{(0)}(1) - \frac{i}{2} \iint d^4 x^{(1)} d^4 x^{(2)} D(x, 1)\theta(t, 1)$$

$$\{[j_\mu^{(0)}(1), j_v^{(0)}(2)] - \langle [j_\mu^{(0)}(1), j_v^{(0)}(2)]\rangle_{\text{vac}}\}\varepsilon(1, 2)\phi_v^{(0)}(2).$$

Hence

$$\langle [\phi_\mu^{(n)}(x), \phi_v^{(n)}(x')]\rangle_{\text{vac}} = i\delta_{\mu v} D(x - x')$$
$$+ \iint d^4 x^{(1)} d^4 x^{(2)} \bar{D}(x, 1)\langle [j_\mu^{(0)}(1), j_v^{(0)}(2)]\rangle_{\text{vac}} \bar{D}(2, x') + \alpha^2(\ldots)$$
$$no\ \varepsilon(1, 2)$$

This is Jost's mean result. The corresponding expression for the field strengths is *finite* after averaging over *finite* space-time regions (but the second term becomes infinite – if no auxiliary masses are introduced – if the time extension of the domains tends to zero).

It is this final formula which has physical significance and which certainly can be justified also with the Bohr-Rosenfeld analysis, as the second term just expresses the uncertainty of the fields which results from the uncertainty of the *sources*. It is also interesting to compute formally {using one auxiliary mass M of charged pairs and playing with the *sign* of $\langle [j_\mu(1), j_v(2)]\rangle$ for these masses as Villars and I did} the commutator of the *renormalized* field for $t = t'$. Performing this calculation in the momentum space, Jost obtained from the given general formula

$$\langle [\dot{\phi}_\mu^{(n)}(\boldsymbol{x}, t), \phi_v^{(n)}(\boldsymbol{x}', t)]\rangle_{\text{vac}} = (1 - 2\gamma)(-i)\delta_{\mu v}\delta^{(3)}(\boldsymbol{x} - \boldsymbol{x}')$$

with

$$\gamma = \frac{\alpha}{3\pi} \log\frac{m}{M}, \text{ hence } \frac{e}{c_0} = (1 + \gamma)$$

in agreement with earlier results. (Without auxiliary masses, γ is, of course, infinite.)

I think that answers your question completely, at least what the approximation of the order α concerns. Do you agree now that there are *no* logical difficulties besides the divergencies? This example shows indeed that instantaneous quantities have no direct physical meaning, the correspondence principle holding only for time space averages over finite regions.

You can tell me your answer in Paris, where I shall certainly be.[4] Meanwhile, we can all sleep well about it. Bohr, who was very much interested in your letter, sends his best wishes and so do I myself.

Yours sincerely   W. Pauli

THE INSTITUTE FOR ADVANCED STUDY
SCHOOL OF MATHEMATICS
PRINCETON, NEW JERSEY

March 27, 1950

Dear Dyson,

I wish to answer your interesting letter regarding the comparison of the results of the Bohr-Rosenfeld analysis with the mathematical results of Qu. El. for the commutators of the renormalized field (denoted by $\phi_\nu^{(ren)}(x)$, $f_{\mu\nu}^{(ren)}(x)$ in the following in contrast to the unrenormalized field $\phi_\nu(x)$, $F_{\mu\nu}(x)$).

Your statement (p. 2 of letter), that in a theory with a non-zero charge renormalisation, "the" commutation relations refer to the non-renormalized fields' is unclear! It is only true, that some commutation-relations refer to the unrenormalized fields and others to the renormalized fields. Among the former are the canonical commut. rel.

$$[\dot\phi_\mu(\vec x t), \phi_\nu(\vec x' t)] = (-i)\,\delta^{(3)}(x-x')\cdot\delta_{\mu\nu} \qquad (1)$$

for quantities at the same time instant. These relations have, however, no direct physical significance. For a comparison with the Bohr-Rosenfeld analysis it is necessary to have the commun. rel. for the renormalized field (in the Heisenberg representation) for arbitrary time instants (in order to be able to build the necessary time averages over finite space-time-regions as it is done in the Bohr-Rosenfeld analysis). Dr. Jost was so kind to compute the latter including the terms of the order $\alpha = \frac{e^2}{\hbar c}$ (neglecting higher orders), if one restrict ourselves to the vacuum-expectation values.

One first obtains until to the order α $\qquad \Theta(t) = \frac{1}{2}[1+\varepsilon(t)]$

$$\phi_\mu(x) = \phi_\mu^{(0)}(x) + \int d^4x^{(1)}\,\bar D(x1)\,j_\mu^{(0)}(1) -$$

$$-\frac{i}{2}\iint d^4x^{(1)}\,d^4x^{(2)}\,D(x1)\,\Theta(t1)\,[j_\mu^{(0)}(1), j_\nu^{(0)}(2)]\,\varepsilon(12)\,\phi_\nu^{(0)}(2)$$

Faksimile des Briefes [1094]

First one can check $[\phi_\mu(x), \phi_\nu(x')] = [\phi_\mu^{(0)}(x), \phi_\nu^{(0)}(x')]$

(N.B. $\phi_\mu^0(x)$ is also the field in the interaction representation.) for $t = t'$

Taking into account that $\phi_\mu^{(0)}(x)$ is a light-field and regularizing in the usual way (see Pauli–Villars) the photon-self-energy one can write (always until to the order α)

$$\phi_\mu^{(H)}(x) = \phi_\mu^{(0)}(x) + \int \bar{D}(x\,1)\, j_{0\mu}(1)\, \frac{}{d^4 x_{(1)}} -$$

$$- \frac{i}{2} \iint d^4 x_{(1)}\, d^4 x_{(2)}\, D(x\,1)\, \theta(t\,t')\left\{ \langle [\,j_\mu^{(0)}(1),\, j_\nu^{(0)}(2)] \rangle - \right.$$

$$\left. - \langle [\,j_\mu^{(0)}(1),\, j_\nu^{(0)}(2)] \rangle \right\}_{Vac}\, \varepsilon(1\,2)\, \phi_\nu^{(0)}(2)$$

Hence

$$\langle [\phi_\mu^{(H)}(x), \phi_\nu^{(H)}(x')] \rangle_{Vac} = i\,\delta_{\mu\nu}\, D(x - x') +$$

$$+ \iint d^4 x_{(1)}\, d^4 x_{(2)}\, \bar{D}(x\,1) \langle [\,j_\mu^{(0)}(1),\, j_\nu^{(0)}(2)] \rangle_{Vac}\, \bar{D}(2\,x') \qquad - \frac{\alpha 0}{} \varepsilon(12)$$

$$+ \alpha^2 (\dots)$$

This is Jost's mean result. But the corresponding expression for the field strengths is finite after averaging over finite space-time regions (but the second term becomes infinite – if no auxiliary mass are introduced – or if the three extension of the domains tends to zero)

It is this final formula which has physical significance and which certainly can be justified also with the Bohr–Rosenfeld analysis, as the second term just expresses the uncertainty of the fields which results from the uncertainty of the sources!

It is also interesting to compute formally (using one auxiliary mass of charged pairs and playing with the sign of $[j_\mu(1), j_\nu(2)]$, giving these masses as Villars and I did) the commutator of the renormalized field for $t = t'$. Performing this

THE INSTITUTE FOR ADVANCED STUDY
SCHOOL OF MATHEMATICS
PRINCETON, NEW JERSEY

calculation in the momentum space, I just obtained (from the general formula

$$\langle [\dot\phi_\mu^{(n)}(\vec{x},t),\ \phi_\nu^{(n)}(\vec{x}',t)]\rangle_{vac} = (1-2\gamma)\,\frac{\hbar}{c}\,(-i)\,\delta_{\mu\nu}\,\delta^{(3)}(\vec{x}-\vec{x}')$$

with $\gamma = \frac{\alpha}{3\pi}\ln\frac{m}{M}$, hence $\frac{e}{e_0} = (1+\gamma)$

in agreement with earlier results [without auxiliary mass μ is, of course, infinite].

I think that answers your question completely, at least what the approximation of the order α concerns. Do you agree now that there are no logical difficulties besides the divergencies? — this example shows anew that instantaneous quantities have no direct physical meaning.[*]

You can tell me your answer in Paris, where I shall certainly be. Meanwhile, we can all sleep well about it. Bohr, who was very much interested in your letter, sends his best wishes and so do I myself

Yours sincerely
W. Pauli

[*] the correspondence principle holding only for time-space averages over finite regions.

Faksimile des Briefes [1094]

[1] Von diesem Briefe existiert auch eine maschinenschriftliche Abschrift, die sich zusammen mit einem Brief von Bohr an Rosenfeld vom 24. März 1950 und von Dyson an Rosenfeld vom 3. April 1950 in Rosenfelds Nachlaß in Kopenhagen befanden.
[2] Vgl. den Auszug von Dysons Brief [1092] an Pauli vom 22. März.
[3] Pauli und Villars (1949a).
[4] Dyson befand sich unter den 159 Gästen, welche Ende April zur Konferenz über *Particules fondamentales et noyeaux* aus mehr als 13 Ländern nach Paris gekommen waren (siehe hierzu den Kommentar zum Brief [1107]).

[1095] PAULI AN VON FRANZ

Princeton, 27. März 1950

Sehr geehrtes Fräulein von Franz!

Vielen Dank für Ihren Brief, der noch vor meinen Keplervorträgen zu Recht kam.[1] Es scheint in der Tat, daß ich Ihre Zwischenbemerkungen mit dem Text verwechselt hatte.[2] Denn „ins Subjekt verlegen" ist eine an Kant erinnernde Redeweise, die dem 17. Jahrhundert völlig fremd ist. Es scheint mir ebenfalls ein Mißverständnis, wenn Sie sagen, Fludd erwarte von Kepler, daß er „das Harmonieprinzip aus der Natur herausnehme".

Mit dem weiteren Teil Ihres Briefes war ich dann aber ganz einverstanden. Insbesondere ist es vollkommen richtig, daß aus der gleichen Prämisse: „die anima humana ist eine imago dei" Fludd schließt, „die Seele ist – wenn abgesondert von den Gesetzen der Körperwelt – *kein* Teil der Natur und könne keinen Kreis in sich tragen", während Kepler aber hieraus schließt „die menschliche Seele ist ein Teil der Natur". Darüber habe ich mir sehr den Kopf zerbrochen. Es ist wohl so zu verstehen, daß Fludd als Hermetiker, die imaginative Seite der Seele (d. h. ihre intuitiven Fähigkeiten, die die wesentlichen Erkenntnisse über den Makrokosmos vermittelt) als aus dem Lichtprinzip stammend, wesentlich höher bewertet als irgend ein quantitatives Proportionsgefühl, das (nach Fludd) wie alles Quantitative zum dunklen (materiellen) Prinzip gehört und eigentlich überwunden werden soll. Fludd ist (wie wohl die Alchemie überhaupt) antigeometrisch und antimathematisch, während bei Kepler Gott eigentlich ein Mathematiker und Geometer ist, daher für ihn das quantitative Proportionsgefühl der Seele den Zugang zum höheren Symbol vermittelt. Es ist ein alter Gegensatz, der da wieder zu Tage tritt (kein Wunder, daß Professor Jung als Nichtmathematiker auch in unserer Zeit gefühlsmäßig näher bei den Hermetikern ist).

Ebenfalls richtig ist Ihre Bemerkung, daß Fludds Lehre vom „Zurückziehen des Lichtes" direkt kabbalistisch beeinflußt ist – bzw. mit der kabbalistischen Idee identisch ist. {In Fludds späterem Werk ‚Philosphia Moysaica' (1637),[3] das mir hier im Original zugänglich ist, ist dies noch deutlicher als in seinem früheren Werk ‚Microcosmi et Macrocosmi historia …'}[4]

In meinen zwei Vorträgen[5] waren die verschiedenartigsten Leute, Physiker, Kunst- und andere Historiker, auch einige Analytiker Jungscher Richtung aus New York und anderen Orten. Unter diesen war auch Mrs. Baynes, die gerade den Wilhelmschen I Ging ins Englische übersetzt hat.[6] Sie verwickelte mich nachher in eine Unterhaltung über das synchronistische Phänomen (im Zusammenhang eben mit dem I Ging) – und schickt Professor Jung ihre Grüße.

Ich selbst habe meine Ansichten über das synchronistische Phänomen (sowie auch die schwierige Frage nach dessen Beziehung zur modernen Quantenphysik) mehrmals in Briefen an Professor Markus Fierz diskutiert.[7] Ich bin sehr froh, daß Professor Jungs statistische Reihen mit Horoskopen von Ehepaaren negativ verlaufen – aus allgemeinen erkenntnistheoretischen Gründen.[8] Denn ich bin *sicher*, daß zwischen der naturwissenschaftlichen Betrachtungsweise (die allein das Reproduzierbare registriert und begrifflich faßt) und jenem anderen Ordnungsprinzip, das Professor Jung „Synchronizität" nennt (das eben das im Sinne der Naturwissenschaft *Einmalige* ins Auge faßt) ein *echtes* Komplementaritätsverhältnis besteht.[9]

Die Zeit meiner Rückreise rückt näher: Ende April bin ich in Paris[10] und spätestens 1. Mai in Zürich.

Viele Grüße und besten Dank   Ihr ergebener W. Pauli

---

[1] Pauli hatte seine beiden Keplervorträge um die Zeit des 21. März in Princeton gehalten (vgl. [1080, 1085 und 1091]).
[2] Siehe hierzu den Brief [1080].
[3] Fludd [1637].
[4] Fludd [1617/21].
[5] Vgl. hierzu die Bemerkungen in den Briefen [1080 und 1087].
[6] R. Wilhelm [1951]. Weitere Angaben über Cary Baynes findet man in der Jung-Biographie von Hannah [1991, S. 166 und 203].
[7] Siehe die Briefe [1055, 1058 und 1068].
[8] Vgl. hierzu insbesondere die Briefe [1055, 1057, 1091 und 1119].
[9] Siehe Band **III**, S. 709f.
[10] Pauli verließ Princeton laut seinem Schreiben [1098] am 12. April 1950 und schiffte sich am 15. April in New York mit der *Ile de France* nach Frankreich ein.

[1096] PAULI AN RABI

Princeton, 28. März 1950

Dear Rabi!

I am very busy this week, but would like very much to visit your Lab during next week. Either of the 3 days April 3, 4 and 6 (means Monday, Tuesday or Thursday) would be convenient for me. I hope that one of them will also suit you. Please let me know your proposal either by phone or by writing.

Best wishes   Yours W. Pauli

[1097] Pauli an Rabi

Princeton, 31. März [1950][1]

Dear Rabi!

Thanks for your note. It will work out well on Monday. I intend to arrive in the City before 11 and then to go in an office to obtain a Sailing permit (tax clearance), which, I believe won't take too long. So I could be in Your office about at noon.

I do not know how far away your big machines[2] are. I also could come after luncheon, if this is early enough. Franca is glad to join us in the evening and is very happy about your kind invitation, which we like very much to accept.

I will try to phone you during Monday to fix our meeting.

Until then best wishes from

W. Pauli

---

[1] Jahresangabe nach Poststempel.

[2] Die Entzifferung dieses in der Handschrift undeutlich geschriebenen Wortes verdanken wir dem *Reference Staff* der *Library of Congress* in Washington D. C. und Gerhard Fichtner aus Tübingen.

[1098] Pauli an Heisenberg

Princeton, 2. April 1950

Lieber Heisenberg!

Den Inhalt Deines Briefes vom 25. 3.[1] habe ich zwar zur Kenntnis genommen, muß aber leider dazu bemerken, daß das Sträuben der Haare und das Befremden vorläufig unvermindert fortbestehen. Ist nämlich $\bar\psi$ *nicht* das hermitesch konjugierte zu ψ (noch mit γ_4 multipliziert), so ist der Tensor $\theta_{\mu\nu}(x)$ Deiner Arbeit[2] {Gleichung (11)} nicht reell und ist Energie-Impuls durch J_μ {Gleichung (13)} definiert, so sehe ich nicht, daß der Zustand $\psi^+(x)\psi_0 = 0$ (bereits ohne Wechselwirkung), der laut Deinem Brief „das Vakuum" sein soll, die kleinste Energie hat.*

Ehe dieser Umstand geklärt ist, verhalte ich mich daher zum übrigen Inhalt Deines Briefes abwartend, bis sich der nicht-hermitesche Dunst etwas verzogen hat.

Ich fahre am 12. April hier ab,[3] bin dann in Paris[4] und bin ab 1. Mai zurück in Zürich. Bis dann hoffe ich weiteres von Dir über Deine Modelle zu hören.

Mit vielen Grüßen

W. Pauli

---

[1] Siehe den Brief [1093].

[2] Heisenberg (1950a, S. 254f.)

* Auch ist dann $\bar\psi\gamma_4\psi$ – vor der Quantisierung – *nicht* positiv definit!

[3] Diese Angabe über den Zeitpunkt seiner Abreise von Princeton deckt sich mit der Bemerkung in dem Schreiben [1100] an Rohrlich.

[4] Siehe hierzu den Kommentar zum Brief [1107].

[1099] OPPENHEIMER AN PAULI

Princeton, 6. April 1950
[Maschinenschrift]

Dear Professor Pauli!

It is with pleasure that I write to you to tell you that with the concurrence of the School of Mathematics and the Faculty, and the approval of the Board of Trustees of the Institute for Advanced Study we can offer you a membership in the Institute for the five years immediately ahead, that is, from July 1, 1950 to June 30, 1955.

It is our hope that you will wish to avail yourself of this membership to spend some semesters with us in the years ahead. We will try, in the light of the then existing budgetary situation of the Institute, to support your visits by an appropriate grant-in-aid.[1]

We hope you will come back often to be with your friends in Princeton.

Robert Oppenheimer

---

[1] Weil Pauli beabsichtigte, im Wintersemester 1952 nach Indien zu reisen, und weil er außerdem auch noch seine Vorlesungen an der ETH in Zürich halten mußte, konnte er das *Institute for Advanced Study* erst wieder im Frühjahr 1954 besuchen.

[1100] PAULI AN ROHRLICH

Princeton, 9. April 1950

Dear Rohrlich!

Many thanks for your most valuable letter of April 5 and Peaslee's paper.[1] I completely agree with your criticism of Peaslee's section III, which seems to be hopelessly wrong. (Its whole idea, for which Peaslee alone is responsible, seemed to me entirely unplausible from the beginning.) [2]

There is only the small point (3) {elimination of the $\sigma^0_{\mu\nu}$ (p. 22)} of your letter, with which I disagree in favour of Peaslee (or rather of myself, because I found this identity (22) and wrote it to Peaslee.[3] The Japanese have found it independently.)[4]

This is quite trivial: for spin 0 $\tilde{\psi}\sigma^0_{\mu\nu}\psi$ means nothing else than

$$\sim i\left(\frac{\partial\phi^*}{\partial x^\mu}\frac{\partial\phi}{\partial x^\nu} - \frac{\partial\phi}{\partial x^\mu}\frac{\partial\phi^*}{\partial x^\nu}\right)$$

(the numerical factor I do not know by heart), where ϕ is the scalar field. From this the identity (132) follows with help of $(\Box - \kappa^2)\phi = 0$.

I leave Wednesday[5] and take your letter and Peaslee's manuscript with me to Paris, where I shall meet Peaslee at the conference.[6]

Hope to see you again somewhere and many thanks. When you have finished your own paper[7] please send a copy to Zürich.
Sincerely Yours   W. Pauli

[Zusatzbemerkung am oberen Briefrande:]
I would like to get the reprints of Feynman's papers in Zürich!

---

[1] Es handelte sich um das weiter unten erwähnte Manuskript von David Chase Peaslee, auf das sich auch die im Text genannten Formel-Nummern beziehen. Dieses Manuskript hatte David Feldman am 31. März Fritz Rohrlich mit der Bitte um kritische Durchsicht zugeschickt: „If you are interested in hearing more about what he [Peaslee] has to say about spin and statistics, write to him and he says he will be glad to send you a letter about it. Finally, he expresses his regrets that he had to leave so early Thursday afternoon." – David Chase Peaslee (geb. 1922) war bis zum Sommer 1950 vom MIT mit einem *AEC Postdoctoral Fellowship* bei Scherrer an der ETH in Zürich gewesen, bevor er 1951 zum research associate an der *Columbia University* in New York ernannt wurde.

[2] In seinem Manuskript für die Pariser Konferenz (siehe Anlage zu [1106]) hat Pauli Peaslees Untersuchung zwar zitiert, doch in der publizierten Fassung (1950d) wurde sein Name durch Parker ersetzt.

[3] Während Pauli noch in Princeton weilte, hatte D. C. Peaslee (1951a) im April 1950 seine im Physikalischen Institut der ETH in Zürich durchgeführte Untersuchung bereits beim *Physical Review* zur Veröffentlichung eingereicht. Diese Untersuchung, die von Pauli angeregt worden war, konnte jedoch infolge seiner kritischen Einwände erst im Januar 1951 im Druck erscheinen.

[4] Wahrscheinlich meinte Pauli die Untersuchung von Nambu und Kinoshita (1950), die er auch in seinem Bericht für die Pariser Konferenz in diesem Zusammenhang zitierte.

[5] In Übereinstimmung mit der Angabe in dem vorangehenden Brief [1098] reiste Pauli am 12. April 1950 von Princeton ab.

[6] Peaslees Name wird allerdings nicht in den Akten der Pariser Konferenz über Elementarteilchen erwähnt.

[7] Rohrlich (1950b, c). Vgl. hierzu auch Rohrlichs Brief vom 17. Juni 1950 an Oppenheimer.

Der den Berliner Neopositivisten (Reichenbach, R. von Mises u. a.) nahestehende Martin D. H. Strauss hatte 1925–1937 in Berlin, Göttingen und Prag studiert und im Winter 1937/38 mit einer von Philipp Frank betreuten Dissertation über lineare Mannigfaltigkeiten und Projektionsoperatoren im Hilbert-Raum sein Studium abgeschlossen. Insbesondere hatte er sich auch mit der axiomatischen Begründung der statistischen Transformationstheorie auseinandergesetzt.[1] Er emigrierte nach England und wirkte nach dem Kriege als Lehrer am *Acton Technical College* in London. 1952 nahm er einen Lehrauftrag am Institut für theoretische Physik der *Humboldt-Universität* zu Berlin an. Anfang 1953 half er hier eine Tagung über die „Grundlagenfragen der Quantentheorie" organisieren.

In seinem Referat „Einige allgemeine Bemerkungen zur Methodik der theoretischen Physik in Anwendung auf die Quantentheorie" schlug er eine dem marxistischen Standpunkt entgegenkommende axiomatische Begründung der statistischen Transformationstheorie vor. In einem Schreiben vom 30. Mai 1953 an Rosenfeld bezeichnete er Heisenbergs Konzeption der abgeschlossenen Theorien als „idealistischen Humbug, der sehr an Spenglers *abgeschlossene Kulturkreise* erinnert. Als philosophischer Denker oder Interpret der Geschichte der Physik ist Heisenberg überhaupt nicht diskutabel. Aus diesem Grunde haben sich auch die Sowjetwissenschaftler nicht mit Heisenberg sondern mit Bohr befaßt. Ich glaube, man begeht einen entscheidenden Fehler, wenn man die sowjetische Kritik mit Schrödinger's oder Bohm-Weizel's reaktionären Tendenzen[2] in einen Topf wirft." Trotz dieser positiven Einstellung zur offiziellen Staatsideologie geriet

Strauss bald in einen Konflikt mit den beiden führenden DDR-Physikern Robert Rompe (1906–1993) und Friedrich Möglich, die ihm seinen Lehrauftrag zu entziehen und seine Habilitation zu unterbinden suchten.[3] Möglichs Gutachten vom 14. Juli 1955 schließt mit der Bemerkung, eine Fakultät, der einst Planck, Schrödinger, Nernst und von Neumann angehörten, könne unmöglich einen Mann wie Martin Strauss habilitieren. Seine Habilitation für das Fach Physik wurde zwar abgelehnt, aber er wurde dafür 1956 mit der Leitung der Abteilung Naturwissenschaft innerhalb des Institutes für Geschichte der Medizin und Naturwissenschaft betraut.

[1] Vgl. Strauss (1936).

[2] Siehe hierzu auch den Kommentar zum Brief [1263]. Der Bonner Physiker Walter Weizel war damals Vorsitzender der *Deutschen Physikalischen Gesellschaft* in der britischen Besatzungszone. Er hatte ein kompendiöses *Lehrbuch der Physik* [1950] verfaßt und in einem später in der *Zeitschrift für Physik* veröffentlichten Aufsatz (1953a, b) eine Herleitung der Quantentheorie aus einem klassischen, kausal determinierten Modell vorgeschlagen.

[3] Vgl. Rosenfelds Schreiben vom 9. Dezember 1954 an den Dekan der mathematisch-naturwissenschaftlichen Fakultät der *Humboldt-Universität*.

[1101] STRAUSS AN PAULI[1]

London, 14. April 1950[2]
[Maschinenschriftliche Durchschrift]

Dear Professor Pauli!

I have read your *Editorial* in *Dialectica* 7/8[3] and would like to know whether you agree with the following remarks.

1. As you probably know, I have used a "logic" with restricted sentential connectability in my paper on the foundations of quantum theory (Berichte der Berliner Akademie, 1936).[4] Since this "logic" is isomorphic with the calculus of projection operators it would serve as a link between experience and the mathematical formalism if it could be deduced from experience, i. e., from physical postulates. In the paper cited above no such derivation is given, the arguments for adopting restricted connectability being of a somewhat heuristic nature. In the meantime I have made some progress towards the solution of this problem which is really a problem in syntacto-semantics (theory of language-systems) and as such could not be adequately treated in 1936. By a language-system I mean of course a system consisting of a formalized language (calculus, syntactic system) and an interpreting language, the two being linked by "semantic rules". Now if we construct Quantum Theory as a language-system, Bohr's "common language supplemented with the terminology of classical physics" will serve as interpreting language; the sentential calculus of this language is of course that of classical logic. We now define, by means of semantic rules, technical terms denoting quantum mechanical attributes, in the form

$$\mathrm{tr}(M_S^A) \cdot \mathrm{tr}(Z_{Da}^A) \equiv \mathrm{tr}(P_{s,Da}^A), \tag{1}$$

where "M" and "P" belong to the interpreting language while "Z" belongs to the language of Quantum Theory proper; "$Z_{Da}^A(s', t)$" may be read "The value of A of system s' at time t lies in the interval D_a", "$M_S^A(s', t)$" says that s' is subjected to a measurement of A, s being the measuring instruments, and "P" is a sort of protocol statement announcing the outcome of the measurement. Now the point is that while the rules (1) give some meaning to the primitive predicates Z they give no meaning to compound predicates such as

$$Z_{Da}^A \cdot Z_{Db}^B$$

unless the respective measurements can actually be performed simultaneously. This result depends only on the logical form of (1) and can be proved formally if the semantic meta-language is formalized. Thus, the conjunction of two meaningful sentences is not necessarily meaningful. This result is of course irrelevant if one takes the mathematical formalism for granted. Yet without this result, the definition of "meaning" presupposes a knowledge a priori of the quantum mechanical model, as you so rightly have pointed out. Reichenbach's objections,[5] in any case not conclusive, are in fact mistaken on purely logical (syntacto-semantic) grounds: the complementary mode of description (restricted sentential connectability) does not involve any artificial restriction of "meaning". This is the first result I have obtained by using the method of language-systems for Quantum Theory.

2. The second problem in which I could make some progress is this. With the exception of your own articles (Handbuch der Physik[6] and Dialectica) and the Bohr-Rosenfeld paper,[7] "complementarity" is always taken to mean a relationship between statements, or measurements, referring to *simultaneous* values of observables, and hence linked to questions of "meaning", or "measurability". In my opinion, this relation of *special complementary* is subsidiary in interest and importance to the relation of *general complementary* existing between any two measurements, or statements, in Quantum Theory other than those concerning constant observables. In any case, what is the logical relationship between the two kinds of complementarity? The essence of general complementarity is what you call the loss of knowledge with which we pay for any gain in knowledge by observation. Somewhat intuitively, I would say a relation of general complementarity holds between the results of two observations (or measurements) if the two results cannot effectively be used simultaneously in the same predictive or retrospective argument. This formulation seems to be wide enough to cover the relativistic quantum theory of fields. The difficulty is to give precise meaning to the operative word "effectively". Some 10 years ago when I could spend more time on this sort of question, I found a possible definition of "general complementarity" in purely logical terms which has the remarkable property that it degenerates to the definition of "special complementarity" for $t' = t$. However, it is not obvious that my definition is selfconsistent and I still have to find a proof of consistency.

3. Reichenbach's 3-valued logic[8] can be dismissed on the ground that it has no connection with the mathematical theory of Quantum Theory. Moreover, Reichenbach has not even shown that Quantum Theory can at all be formulated in a language with 3-valued logic. In order to show that it can it would at least be necessary to generalize the calculus of probability for argument expressions

(predicates) obeying his new predicational calculus. In my opinion, the root of Reichenbach's mistakes is that he starts with a wrong form for measurement statements: his predicates refer to observables instead of to physical systems (or space-time regions). Clearly, that the value of observable A lies in Da is not a property of the observable but a (possible) property of a system.

4. From the mathematical point of view, the logic of quantum theoretical language (i. e., the predicational calculus of Quantum Theory) must be isomorphic either with the calculus of projection operators or with that of the closed linear subsets. If we choose the latter we have unrestricted connectability. This would not be a serious objection if the probability for a conjunction of complementary statements were always zero, i. e. if

$$E_1 E_2 \neq E_2 E_1 \rightarrow M_1 \cdot M_2 = 0$$

(E = projection operator, M = closed linear subset). This however is not true. I have informed von Neumann of this objection some 10 years ago but remained without reply. Now Tarski, during his recent visit to London, told me that von Neumann is still very serious about his "Logic of Quantum Mechanics". Incidentally, since these quantum theoretical predicates occur as arguments of the probability function prob(,), von Neumann would have to show how to modify the calculus of probability so that it can at all be applied to his new predicational calculus.

Yours sincerely

Martin D. H. Strauss

[1] Auf die Existenz des vorliegenden Briefwechsels mit Martin D. H. Strauss wurde ich durch D. Hoffmann hingewiesen.

[2] Pauli beantwortete das Schreiben (vgl. den Brief [1125]) erst nach seiner Rückkehr aus Amerika.

[3] Pauli (1948b). Vgl. hierzu auch Band **III**, S. 522.

[4] Strauss (1936).

[5] Reichenbach (1948). Siehe hierzu auch M. Benses Aufsatz (1950) über „Logik und physikalische Theorienbildung".

[6] Pauli [1933].

[7] Bohr und Rosenfeld (1933).

[8] Vgl. hierzu auch Reichenbachs Stuttgarter Festvortrag (1951) über die dreiwertige Logik zum 70. Geburtstag von Erich Regener.

Nur wenige Tage vor seiner Abreise nach Europa hatte Pauli am 6. April von Oppenheimer die offizielle Mitteilung [1099] seiner Ernennung zum Mitglied des *Institute for Advanced Study* erhalten. Offenbar fand bei diesem Anlaß seine im folgenden Brief [1102] erwähnte „längere private Unterredung" mit Oppenheimer statt. Die beiden Physiker dürften sich bei dieser Gelegenheit auch über das Unbehagen unter den amerikanischen Physikern ausgesprochen haben, das seit der Zündung der ersten sowjetischen Atombombe im August 1949 und der dadurch ausgelösten Spionageverdächtigungen in den eigenen Reihen um sich griff.[1] Weil Oppenheimer seine Mitarbeit an dem am 31. Januar 1950 von Präsident Truman befürworteten Projekt zur Konstruktion einer Wasserstoffbombe verweigerte, wurde er zunehmend zur Zielscheibe politischer Attacken.[2]

Die Anschuldigungen des Senators Arthur McCarthy verbreiteten damals großes Mißtrauen unter den Physikern und vergifteten für lange Zeit die wissenschaftliche

Atmosphäre:[3] „McCarthy claimed that at least 500, among the 50 000 scientists whose biographies appear in *American Men of Science*, have been 'openly affiliated with the communist movement through its deceitful and seditious front organizations.' He asserts that the Federation of American Scientists was 'heavily infiltrated with communist fellow travelers' and that the largest scientific body in the world, the American Association for the Advancement of Science was being dominated by the clique of fellow travelers.' In the course of his accusations, the Senator named seven scientists ...", darunter Harold Urey, Linus Pauling, Philipp Morrison und Edward Condon.

Zahlreiche weitere Wissenschaftler wurden der Atomspionage bezichtigt und ihr Ausschluß aus den akademischen Positionen gefordert. Solche besonders gegen die Atomphysiker gerichtete Angriffe der amerikanischen Öffentlichkeit hatten zur Bildung des sog. Ausschusses zur Untersuchung von *Un-American Activities* (HUAC) geführt. Oppenheimer wurde verdächtigt, durch nachlässigen Umgang mit Atomgeheimnissen und durch seine Beziehungen zu kommunistischen Parteigängern die Weitergabe geheimer Forschungsergebnisse an die Sowjetunion ermöglicht zu haben. Am 7. Juni 1949 war er zum ersten Mal zu einem Verhör durch diesen Ausschuß vorgeladen worden. Durch unvorsichtige Äußerungen belastete er zahlreiche Mitarbeiter, die daraufhin ebenfalls vor den HUAC-Ausschuß geladen wurden.[4]

Besonderes Aufsehen erregte aber der Fall seines Bruders Frank, den Oppenheimer durch seine Aussagen stark belastet hatte. Frank Oppenheimer (1912–1985) war während seiner Ausbildung als Physiker am *Cavendish Laboratory* in Cambridge und beim *Istituto di Arceti* in Italien gewesen, bevor er 1939 seinen Doktorgrad am Caltech erwarb. Nach einem Aufenthalt in Stanford ging er 1940 zu der von E. O. Lawrence geleiteten Abteilung für elektromagnetische Isotopentrennung in Oak Ridge und anschließend nach Los Alamos, wo er unter K. T. Bainbridge bei der Vorbereitung des sog. *Trinity tests* in der Wüste von New Mexico mitwirkte. Schon damals beteiligte sich Frank an den Versammlungen der *Association of Los Alamos Scientists*, die sich bereits erste Gedanken über die Folgen der atomaren Aufrüstung machten. Nach Kriegsende kehrte er zunächst nach Berkeley zurück, um sich dann ab 1947 in Minnesota der Erforschung der kosmischen Strahlung zuzuwenden. Dabei arbeitete er intensiv mit den Physikern in Rochester zusammen, zu denen auch B. Peters und der Schweizer Physiker H. L. Bradt gehörten. Frank wurde am 14. Juni 1949 von dem *Un-American Activities Committee* vorgeladen und infolge seiner ehemaligen kommunistischen Parteizugehörigkeit und seiner Weigerung, über die politischen Aktivitäten seiner Kollegen auszusagen, noch am gleichen Tage seiner Stellung als Assistent Professor an der *University of Minnesota* enthoben.[5]

Große Erbitterung unter Oppenheimers Freunden rief auch die bevorstehende Entlassung seines ehemaligem Studenten Bernard Peters von der *University of Rochester* hervor, den Oppenheimer durch seine Aussagen ebenfalls stark belastet hatte.[6] Als Hans Bethe im Juni 1949 während seines Aufenthaltes bei einer Konferenz in Idaho Springs aus einem Pressebericht davon erfuhr, übermittelte er Oppenheimer die Stimmung seiner Kollegen: „But for many of us, the conference is overshadowed by our deep concern for the future of two of our colleagues, your brother and Bernard Peters. I can well understand how the damaging article about Peters in the Rochester paper came about. We all know the custom of the Unamerican Committee to 'leak' to the press parts of a witness's statement out of context, giving only the damaging evidence and leaving out the favorable. I can believe that your statement looked very different when it was given." Auf Bethes Wunsch hin sandte Oppenheimer daraufhin einen Brief an die Zeitung, in dem er seine Ausage über Peters korrigierte.[7]

Pauli kannte Oppenheimers sensiblen Charakter noch aus einer Zeit, als dieser während seiner Ausbildung bei ihm in Zürich arbeitete. Er befürchtete, Oppenheimer sei den auf ihn zukommenden Verhören und anderen Belastungen nicht gewachsen[8] und riet ihm deshalb, sich von seinen politischen Aktivitäten zu trennen [1176]: „Now looking at Robert it is my impression that he is not a person psychologically able to make a real fight (with all the dirt thrown at him unavoidably during such an enterprise and with his tender and nervous character). Therefore I tried to influence him as much as possible in the second direction (to retire from politics and everything which is connected with it as soon as possible) during my last private talk with him."

Diesen unerfreulichen Ereignissen des „falschen Jahrhunderts" [1102, 1110 und 1178] suchte Pauli durch seine Beschäftigung mit Kepler und der Renaissance Philosophie zu entfliehen.[9] In Princeton hatte er in dem Kunsthistoriker Erwin Panofsky (1892–1968) einen kongenialen Ansprechpartner für sein erwachendes historisches Interesse gefunden, mit dem er nun in Gesprächen und Briefen in einen regen Gedankenaustausch trat. Panofsky hatte ebenso wie Pauli seine wissenschaftliche Laufbahn in den 20er Jahren in Hamburg begonnen. Doch damals waren die beiden so stark in ihre eigenen Forschungen vertieft, daß für eine nähere Bekanntschaft keine Zeit blieb. In Princeton am *Institute for Advanced Study*, wo Panofsky sich inzwischen als angesehenes Mitglied der *School of Humanities* einen neuen Wirkungskreis aufgebaut hatte, begegneten sich die beiden von neuem. Durch ihre gemeinsamen Interessen für den ideengeschichtlichen Hintergrund der europäischen Geisteskultur kamen sie bald miteinander ins Gespräch, der sich in einem ausgedehnten Briefwechsel fortsetzte. Besonders bei seinen Untersuchungen zur Entstehung der naturwissenschaftlichen Begriffswelt aus der Sicht der Jungschen Archetypenlehre ließ sich Pauli gerne durch Panofsky beraten, der ein umfassendes historisches Wissen und ungewöhnliche Kenntnisse der alten Literatur besaß.

---

[1] Vgl. hierzu auch die Darstellung bei Kliefoth (1955).

[2] Nachdem die Russen am 29. August 1949 ihre erste Atombombe gezündet hatten und als Antwort darauf das durch Edward Teller und Ernest Lawrence vorgelegte Projekt zur Konstruktion einer Wasserstoffbombe im Januar 1950 von Präsident Truman befürwortet worden war, hatte Oppenheimer vergeblich um seinen Rücktritt als Vorsitzender des *General Advisory Committee* der amerikanischen *Atomic Energy Comission* nachgesucht {vgl. hierzu die historische Darstellung von Bernstein (1988)}. Im Gefolge dieses Geschehens wurde Oppenheimer zunehmend das Ziel der antikommunistischen Politik, die 1952 unter dem Senator Joseph McCarthy ihren Höhepunkt erreichte. Siehe hierzu die Studie über den „Fall Oppenheimer" von Stern und Green [1969, S. 152ff.], über die Wasserstoffbombe von Shepley und Blair [1954] und den Bericht in den *Physikalischen Blättern* **6**, 199 (1950).

[3] Siehe *Bulletin of the Atomic Scientists* **6**, 352 (1950).

[4] Vgl. dazu den im Kommentar zum Brief [1263] behandelten Fall von David Bohm.

[5] Vergeblich bemühten sich die in Idaho Springs versammelten Physiker (Anderson, Bethe, Brode, Greisen, Marshak, Rossi und Schein) durch eine Solidaritätserklärung vom 27. Juni 1949 an den Chairman des Physics Departments der *University of Minnesota* J. W. Buchta, Frank Oppenheimers Entlassung wieder rückgängig zu machen. Weil dieser nach seiner Entlassung keine neue Anstellung als Physiker erlangen konnte, mußte er sich (bis zu seiner Rückkehr 1959 an die Universität) der Schafzucht widmen. Später widmete er sich der Ausbildung von Physikern und gründete Ende der 60er Jahre in San Francisco das als *Exploratorium* weltbekannte technische Museum.

[6] Siehe hierzu Stern [1969, S. 70f., 124f. und 287f.] und R. Marshaks (im Oppenheimer-Nachlaß der *Library of Congress* in Washington aufbewahrtes) Schreiben vom 16. Oktober 1949 an Oppenheimer.

[7] Erst nach längeren Verhandlungen mit den amerikanischen Behörden konnte Bernard Peters 1951 die Vereinigten Staaten verlassen und eine Stellung am *Tata Institute for Fundamental Research* in Bombay annehmen.

[8] Vgl. auch die Bemerkungen in Paulis Schreiben [1120] vom 6. Juni an Bohr.

[9] In einem späteren Schreiben [1376] an Panofsky bezeichnete sich Pauli auch als einen *klassischen* Vertreter des geschätzten 20. Jahrhunderts, in dem *das Dunkle* wieder nach oben kommen will.

[1102] PAULI AN PANOFSKY

United States Lines[1], 16. April 1950

Lieber Herr Panofsky!

Nur einige kurze Bemerkungen aus dem falschen Jahrhundert:[2] Auf unserem letzten Spaziergang haben Sie wieder eine Wirkung ausgelöst: Vor meiner Abreise[3] hatte ich eine längere private Unterredung mit Robert Oppenheimer. In deren Verlauf machte ich das wohlpräparierte Statement: „It is my wish that you will never disappoint your true friends in order to please some other people, whatever the other circumstances may be".

Er war sehr herzlich und aufrichtig, aber vollkommen unentschlossen, beinahe ratlos. Ob es etwas genützt hat, weiß ich nicht, but I think I impressed him.

Am nächsten Tag beim Abschiedscocktail erhob ich mein Glas ‚on Buridans Ass'.[4] So I tried my best and that is that.

Meine Frau läßt Sie beide sehr grüßen und freut sich sehr mit Ihrem Buch.[5]

Ich muß meinen report auf dem Pariser Kongreß präparieren.[6] Inzwischen bemühe ich mich weiter, dieses heißgelaufene Jahrhundert mit Renaissance-Öl zu schmieren (um die Sache in der Sprache des ersteren auszudrücken)!

Alles Gute Ihnen beiden

Ihr ergebener

W. Pauli

[1] Dieser Brief wurde an Bord der *Ile de France* während der Reise von New York nach Le Havre geschrieben.

[2] Pauli und Panofsky faßten ihre Beschäftigung mit der Wissenschaft und der Kunst der Renaissance auch als eine Abkehr von den unerfreulichen Ereignissen der jüngsten Gegenwart auf.

[3] Pauli war am 12. April aus Princeton abgereist (vgl. Brief [1100]).

[4] Dieser Hinweis auf Buridans berühmten Esel bezieht sich offenbar auf Oppenheimers charakteristische Unentschlossenheit.

[5] Möglicherweise hatte Panofsky ihr die 1948 erschienene 3. Auflage seines bekannten Werkes über Dürer verehrt.

[6] Vgl. die in der Anlage zum Brief [1106] wiedergegebene Ausarbeitung zu Paulis Pariser Vortrag.

[1103] FRANCA UND WOLFGANG PAULI AN VON KAHLER[1]

[Cobh, 18. April 1950][2]
[Postkarte]

Liebster Kali und liebste Lilly!

Alles ist herrlich auf dem Schiff, außer daß es so blödsinnig schnell fährt, wozu? Wolfi prepariert seinen Pariser Vortrag,[3] I need a few whyskis, I miss you all badly.

Love Franca and Wolfgang Pauli.

[1] Erich von Kahler feierte im Jahre 1950 seinen 65. Geburtstag. Zu diesem Anlaß hatten ihm seine engeren Freunde und Kollegen eine kleine Festschrift gewidmet, die erst 1951 in einer kleinen Auflage veröffentlicht wurde. Neben A. Einstein, Th. Mann und H. Broch befindet sich darunter auch Paulis Beitrag.

² Ortsangabe und Datierung erfolgte nach dem Poststempel der irischen Hafenstadt Cobh, wo das Schiff anlegte.
³ Pauli bereitete den im Anhang zu Brief [1102] wiedergegebenen Vortrag für die vom 24.–29. April in Paris tagende Elementarteilchen-Konferenz vor.

[1104] PAULI AN OPPENHEIMER

Paris, 22. April 1950
[Telegramm][1]

Heartiest congratulations for your birthday.[2] Would love to be with you but hope to celebrate together as soon as you come to Zurich.[3]

Wolfgang and Franca

[1] Das Telegramm wurde durch die *Western Union* zugestellt.
[2] Pauli feierte am 25. April 1950 seinen 50. Geburtstag (siehe hierzu auch seinen Brief [1114] an Sommerfeld) während Oppenheimer am 22. April 46 Jahre alt wurde.
[3] Oppenheimer beabsichtigte im Frühjahr 1951 nach Europa zu kommen. Diese Reise mußte jedoch auf das Jahr 1954 verschoben werden. Weitere Einzelheiten über die Vorbereitungen zu dieser Reise findet man in Paulis Schreiben [1120] an Bohr.

[1105] PAULI AN OPPENHEIMER

[Paris], 22. April 1950
[Geburtstagswidmung]

TOP SECRET[1]

Der Weg zurück[2]

Die Zeit vergeht, es verfliegt der Rausch
Man sieht, was wirklich geblieben
Das Neue wird alt und Altes neu
Zur Last wird sanftes Umschlingen
Führt dich die Wahrheit nach Hause zurück
Wirst du bald den Gefährten finden

Zum 22. April 1950

¹ Dieses ist eine Anspielung auf die amerikanische Politik der frühen 50er Jahre, die bestimmte kern-
physikalische Forschungen im Zusammenhang mit einer möglichen kriegstechnischen Anwendung
als „top secret" erklärte. Vgl. z. B. Stern und Green [1969, S. 152].
² Wahrscheinlich hatte Pauli diese Verse selbst verfaßt.

[1106] HEISENBERG AN PAULI

Göttingen, 23. April 1950

Lieber Pauli!

Da Herr Zumino auch zur Tagung nach Paris fährt,[1] benütze ich die
Gelegenheit, Deinen letzten Brief[2] zu beantworten. Ich glaube inzwischen,
die durch Deinen ersten Brief[3] aufgeworfenen Fragen vollständig in Ordnung
gebracht zu haben und möchte Dir das Ergebnis kurz auseinandersetzen.

Zunächst beruhen die Einwände Deines letzten Briefs sicher einfach auf
Rechenfehlern (ohne damit das Thema der gesträubten Haare wieder aufnehmen
zu wollen).[4] Der Operator $\theta_{\mu\nu}(x)$ meiner Arbeit[5] ist zweifellos hermitesch, da
er ja gar keine Glieder enthält, die aus verschiedenen Massen gemischt sind.
Er ist vielmehr einfach die Summe aus den alten Diracschen $\theta_{\mu\nu}(x)$ über alle
Massensorten (wohlgemerkt, auch ohne Vorzeichenwechsel; man braucht also
auch die Löchervorstellung nicht, um die Vorzeichen in Ordnung zu bringen!).
Man erkennt dies leicht aus der k-Darstellung, in der der Ausdruck

$$\bar{\psi}(k')\frac{\zeta(k') - \zeta(k'')}{k_\tau'^2 - k_\tau''^2}\psi(k'')$$

die Hauptrolle spielt. Dieser Ausdruck verschwindet wegen $\zeta(k)\psi(k) = 0$
immer, wenn nicht $k_\tau'^2 = k_\tau''^2$ ist, d. h. die Massen gleich sind. Im letzteren Fall
geht er in $\partial\zeta/\partial(k_\tau^2)$ über. Da nun

$$\psi = \sum \sqrt{c_l} \cdot \psi_l = \sum \frac{1}{\sqrt{\dfrac{\partial\zeta}{\partial(k^2)_l}}}\psi_l$$

ist und

$$\bar{\psi} = \sum \frac{1}{\sqrt{\dfrac{\partial\zeta}{\partial(k^2)}}}\bar{\psi}_l$$

definiert wurde ($-\bar{\psi}_l$ ist hermitesch konjugiert zu ψ_l; da $\partial\zeta/\partial(k^2)$ zum
Teil negativ ist, kann aber $\bar{\psi}$ nicht hermitesch konjugiert zu ψ sein), geht
der oben genannte Ausdruck einfach in $\sum \bar{\psi}_l(k')\psi_l(k'')$ über ($k_\tau'^2 = k_\tau''^2$, aber
nicht notwendig $k_\tau' = k_\tau''$). Daher bleiben auch die Schwingerschen Definitionen des Vakuums voll erhalten. In anderen Worten: Ohne Wechselwirkung unterscheidet sich meine Theorie durch *nichts* von einer Theorie

alten Stils mit mehreren Elementarteilchensorten. Nur drücke ich die alten Vertauschungs-Relationen $\{\bar{\psi}_r(x'), \psi(x'')\}_+ = S_r$ aus durch die *reguläre* Vertauschungs-Relation $\{\bar{\psi}(x'), \psi(x'')\} = S(x' - x'')$, die aber nichts anderes besagt. Das neue steckt *nur* in der Annahme über die Wechselwirkung, d. h. in der Annahme, daß H durch $\bar{\psi}$ und ψ auszudrücken ist.

Dein erster Brief hat mich hier auf einen Punkt hingewiesen, den ich nicht genug beachtet hatte: daß nämlich das so gebaute H im allgemeinen (und vielleicht unvermeidbar!) nicht hermitesch ist. Aber auch diesen Punkt kann man in Ordnung bringen, indem man das Hamiltonsche Schema, d. h. den Zusammenhang zwischen H und der S-Matrix etwas verallgemeinert. Ich definiere zuerst analog zu Dyson:[6]

$$T = \sum_n \frac{(-i)^n}{n!} \int dx_1 \ldots \int dx_n P(H(x_1) \ldots H(x_n)); \tag{1}$$

dieses T ist nicht unitär, da H nicht hermitesch ist ($H^* \neq H$!). Ich definiere jetzt:

$$S = T(T^*T)^{-1/2}, \tag{2}$$

oder die Potenzreihenentwicklung: $S = \sum \frac{(-i)^n}{n!} S_n$;

$$S_1 = -\frac{i}{2} \int dx[H(x) + H^*(x)] \tag{3}$$

$$S_2 = -\frac{1}{2} \int dx_1 \int dx_2[P(H(x_1), H(x_2)) + P(H^*(x_1)H^*(x_2))]$$

$$-\frac{1}{4}[\int dx(H(x) - H^*(x))]^2$$

u. s. w.

Diese S-Matrix ist sicher unitär; bei ihrer Berechnung treten *nur reguläre* Vertauschungs-Relationen auf, und sie geht im Grenzfall einer hermiteschen Matrix $H(x)$ in die der Hamiltontheorie über. Sie ist *fast* (aber nicht ganz!) identisch mit einer S-Matrix der Hamiltontheorie zur Wechselwirkung $\frac{1}{2}[H(x) + H^*(x)]$. Das „nicht ganz" bezieht sich auf den Einfluß der Terme von $H(x) - H^*(x)$, die erstens dafür sorgen, daß alles konvergiert, und die zweitens das gewöhnliche Kausalschema der Hamiltontheorie etwas durchbrechen – aber nur in Gebieten der Ordnung der kleinsten Länge l_0, wenn die Massen mit negativen c_l sich von denen mit positiven c_l um Größen der Ordnung $1/l_0$ unterscheiden.[7]

Ich glaube mich inzwischen auch davon überzeugt zu haben, daß die Berechnung der gebundenen stationären Zustände keine Schwierigkeiten macht und fast so erfolgen kann, wie in der gewöhnlichen Hamiltontheorie. Außerdem sorgt die S-Matrix (2) dafür, daß es *zwei* Erhaltungssätze der Ladung gibt. Man kann nämlich nachrechnen, daß S gegenüber einer Vorzeichenänderung von j invariant ist, wenn j die in $\sqrt{\frac{\partial \zeta}{\partial k^2}}$ steckende $\sqrt{-1}$ bedeutet. Dieser Invarianz entspricht dann ein zweiter Erhaltungssatz, und man kann die beiden Erhaltungssätze *vielleicht* mit der Erhaltung der elektrischen Ladung und der der Nukleonenzahl identifizieren.[8] Aber das letztere ist natürlich Zukunftsmusik.

Im Ganzen glaube ich also, daß jetzt alles in bester Ordnung ist, und ich bin Dir natürlich dankbar für den Hinweis auf die nicht-hermitesche Schwierigkeit im ersten Brief.

Übrigens hatte ich eine Zeitlang versucht, hermitesche H-Funktionen zu finden. Das ist mir aber nicht gelungen und ich habe den Eindruck, daß es prinzipiell nicht geht. Wenn das so ist, so bedeutet es, daß man eben doch einen etwas schärferen Eingriff in die normale Hamiltontheorie vornehmen muß {nämlich die Gleichung (2)}, und es befriedigt mich, daß die S-Matrixtheorie solche Eingriffe ohne Schwierigkeiten ermöglicht, während nach Pais und Uhlenbeck[9] die normale Theorie, selbst bei Einbeziehung der Exponentialfaktoren, dazu einstweilen nicht ausreicht.

Ich bin neugierig, was Ihr in Paris besprecht und freue mich auf den Bericht von Zumino.

Mit vielen Grüßen an alle gemeinsamen Bekannten   Dein W. Heisenberg

---

[1] Der italienische Physiker Bruno Zumino war damals als Gast bei Heisenberg am *Max-Planck Institut für Physik* in Göttingen und nahm ebenfalls an dem Pariser Kongreß über Elementarteilchenphysik teil (siehe den Kommentar zum Brief [1108]). Angaben über diesen Kongreß findet man auch in den Briefen [1089, 1092, 1094, 1096 und 1100].
[2] Siehe den Brief [1098].
[3] Siehe die Briefe [1088, 1093 und 1098].
[4] Vgl. hierzu die Briefe [1086, 1091 und 1094].
[5] Heisenberg (1950a, Gleichung 11).
[6] Dyson (1949a, b). Diese T-Matrix wird auch bei Heisenberg (1951a, S. 18) angegeben.
[7] Diese ganz wesentliche Behauptung der Heisenbergschen Theorie war Gegenstand eingehender Kritik von Markus Fierz [1116] und führte schließlich zur Aufgabe seiner Theorie (siehe auch den Kommentar zum Brief [1116]).
[8] Vgl. hierzu auch die Bemerkung im Brief [1093].
[9] Pais und Uhlenbeck (1950).

ANLAGE ZUM BRIEF [1106]

The idea of renormalization of charges and masses[1]

Summary[2]

1. The idea of 'renormalization' of charges and masses (generally of constants already occurring in the Hamiltonian) is based on the hope, that only non observable quantities like self-charges and self-masses are divergent or ambiguous but that all observable quantities (energy levels, scattering cross sections) are unique (if the constants occurring in them are properly defined). This hope however turned out only be justified for the particular kind of interaction occurring in quantum electrodynamics (or the very similar theories of *neutral* scalar or vector mesons with vector coupling). For all other kind of interactions genuine or "primitive" divergencies remain even after renormalization. Still there are other theories, where the remaining divergencies are weaker than for others

1. The electrodynamics of charged scalar mesons
2. (pseudo) scalar mesons (charged or neutral) with scalar coupling to nucleons

$$(H_{\text{int}} = \phi\phi^*\bar{\psi}\psi \text{ or } \phi\phi^*\bar{\psi}\gamma_5\psi \text{ respectively}).$$

In both this cases the remaining divergence occurs only for the scattering of two mesons on each other. One can try to eliminate them with an additional 4th order term $\delta\lambda\,\phi^{*2}\phi^2$ in the Hamiltonian. The finite part of $\delta\lambda$ is at first arbitrary but one can try to determine it in higher approximations. The proof of the convergence of all higher approximations after addition of the 4th order term is still an open problem, which is studied at present by *F. Rohrlich*.[3] If this convergence will hold, the interesting problem of the strong coupling case (large values of the coupling constants) will occur. Its mathematical difficulty is laying just in the necessity to treat renormalization and large coupling constants at the same time, its physical interest in its possible application to multiple meson production.

All other theories are in a still more higher degree divergent as can be seen from the following table.[4] This holds particularly also for the electrodynamics of vector mesons. Here are besides one term in the vacuum-polarization the radiative corrections to the magnetic moment and the electrical quadrupolmoment of these mesons still logarithmically divergent, as was shown by Peaslee[5] and independently by Nambu and Kinoshita.[6]

The degree of the remaining primitive divergencies in the different theories (interactions) seems to be closely analogous to Heisenberg's older distinction of interactions of first and second kind.[7]

2. We shall now discuss some technical properties of the formalism of quantized field theories using as much as possible the notations of Schwinger.[8]

Slide 1[9]

D and S functions:

$$[\Phi_\mu(x), \Phi_\nu(x')] = i\delta_{\mu\nu}D(x - x') \qquad \Box D = 0 \qquad D(-x) = -D(x)$$

$$\langle[\Phi_\mu(x), \Phi_\nu(x')]\rangle_{\text{vac}} = \delta_{\mu\nu}D^{(1)}(x - x') \qquad \Box D^{(1)} = 0 \qquad D^{(1)}(-x) = D^{(1)}(x)$$

$$\langle[\Phi_\mu(x), \Phi_\nu(x')]\rangle_{\text{vac}} = \tfrac{1}{2}\delta_{\mu\nu}D_c(x - x') = \tfrac{1}{2}\delta_{\mu\nu}[D^{(1)}(x - x') - 2i\bar{D}(x - x')]$$

$$\Box\bar{D}(x) = -\delta(x) \qquad\qquad \bar{D}(x) = \tfrac{1}{2}(D^{\text{adv}} + D^{\text{ret}}) = -\tfrac{1}{2}D\varepsilon$$

$$D(x) = D^{\text{adv}} - D^{\text{ret}}$$

$$[\psi_\alpha(x), \bar{\psi}_\beta(x')] = -iS_{\alpha\beta}(x - x') \qquad \left(\gamma^\sigma\frac{\partial}{\partial x_\sigma} + m\right)S(x) = 0$$

$$\langle[\psi_\alpha(x), \bar{\psi}_\beta(x')]\rangle_{\text{vac}} = -S^{(1)}_{\alpha\beta}(x - x') \qquad \left(\gamma^\sigma\frac{\partial}{\partial x_\sigma} + m\right)S^{(1)}(x) = 0$$

$$\langle P[\psi_\alpha(x), \bar{\psi}_\beta(x')]\varepsilon(x-x')\rangle_{\text{vac}} = -\tfrac{1}{2}S_{c\alpha\beta}(x-x') = -\tfrac{1}{2}[S^{(1)}_{\alpha\beta}(x-x') - 2i\bar{S}_{\alpha\beta}(x-x')]$$

$$\left(\gamma\frac{\partial}{\partial x} + m\right)\bar{S}(x) = -\delta(x) \qquad\qquad \bar{S}(x) = \tfrac{1}{2}(S^{\text{adv}} + S^{\text{ret}})$$

To Slide 1

In all this cases the $S^{(1)}$-part of S_c appears in formula for scattering. An interpretation of the end formula with help of concrete images has to be made with caution and although I agree with the final result it seems to me that in the language the schools of Geneva and Cornell are using to describe such a case important aspects of the situation are getting lost. I wish to emphasize that in such a case it has no direct meaning to talk of processes taking places in A or B separately and that therefore the occurrence of $S^{(A)}$ in the scattering formula when the number of particles in the initial or final states are specified just expresses the fact that in general particles cannot be localized sharper than the Compton-wave length. The situation is different for the charge observer, who can localize electric charge in space and time at the expense of knowledge on the possible existence of ghost pairs.

Remarks on vacuum (state of correct energy)

a) Electromagnetic field

> Measuremnt of field-strength average in limited space time region changes the vacuum-state by producing photons = energy. But measurement reproducible – $D^{(1)}$ function determine mean-squares of field strength in such a partial volume.

b) Matter-field

> Measurement of charge average in limited space-time region changes the vacuum-state by producing pairs = energy. Best measurement reproducible. – Expression for mean squares of change in vacuum contains $S^{(1)}$-function.

No contradiction like determination of position of electron in ground-state of H. Produces energy, but never is reproducible. Further remarks for matter-field.

"Charge-observer" can not define only space-time distribution of charge energy ("ghost-pairs"). For time no vacuum, no $S^{(1)}$-function, only $\bar{\delta}$ or δ. $S^{(1)}$ and S_c appear as result of specification of particle numbers in initial or final states considered.

Example: Scattering of electrons on external fields at two regions A, B with space-like distances. No signals from A to B. It is not possible to isolate what happens in A from what happens in B, cases with electrons in initial and electrons in final state *as a whole* can be considered. Initial wave packet hits both places.

The essential feature of the theory are always a) the commutation rules for the unperturbed fields b) the vacuum-expectation values of quantities bilinear in the field components. As was shown by Bohr and Rosenfeld,[10] these quantities can be considered as measurable in principle, *after averaging them over finite space-time regions.*

While the functions with the index 1 or 2 are different from zero also for two points with a space-like distance, the other functions vanish in this case. The former always occur in states with a specified number of particles present (for instance in the vacuum) (in contra distinction to the much weaker characterization of a state by giving the electric charges and currents only).

While in the original papers of Schwinger and Tomonaga the so called interaction representation is used,[11] it seems to me of great methodical interest, that *C. N. Yang* succeeded to define all quantities of physical importance (as the S-matrix) also with the Heisenberg representation (time independent state vectors) at once.[12] The latter has the advantage not to use any curbed surfaces and their normals thus showing more directly the relativistic invariance of the defined quantities.

In order to define the S-matrix in the Heisenberg representation Yang first integrates the equations of quantum electrodynamics

$$\frac{\partial^2}{\partial x_\nu^2} A_\mu = -\frac{ie}{2}\{\bar\psi\gamma_\mu\psi + \text{charge konj.}\} = -ej_\mu(x)$$

$$\left(\gamma_\mu\frac{\partial}{\partial x_\mu} + m\right)\psi = ie\gamma_\mu A_\mu\psi,$$

with retarded potentials by

$$A_\mu = A_\mu^{\text{in}} + ie\int D^{\text{ret}}(x-x')d^4x'\,j_\mu(x')$$

$$\psi(x) = \psi^{\text{in}} - ie\int S^{\text{ret}}(x-x')d^4x'\gamma_\mu A_\mu(x')\psi(x'),$$

with
$$D^{\text{ret}} = \bar D - \frac{1}{2}D, \quad S^{\text{ret}} = \bar S - \frac{1}{2}S$$

so that A_μ, ψ coincide with A_μ^{in}, ψ^{in} for $t = -\infty$.
But one can also define

$$A_\mu = A_\mu^{\text{out}} + ie\int D^{\text{adv}}(x-x')d^4x'\,j_\mu(x')$$

$$\psi(x) = \psi^{\text{out}} - ie\int S^{\text{adv}}(x-x')d^4x'\gamma_\mu A_\mu(x')\psi(x'),$$

with
$$D^{\text{adv}} \equiv \bar D + \frac{1}{2}D, \quad S^{\text{adv}} = \bar S + \frac{1}{2}S,$$

so that A_μ, ψ coincide with A_μ^{out}, ψ^{out} for $t = +\infty$).

As A_μ^{in}, ψ^{in} obey the same commutation rules as A_μ^{out}, ψ^{out} respectively, there exist a unitary transformation leading from one quantities to the others:

$$A_\mu^{\text{out}} = S^{-1} A^{\text{in}} S, \quad \psi^{\text{out}} = S^{-1}\psi^{\text{in}} S.$$

Hereby is S just Heisenberg's S-matrix.

One can also obtain explicit expressions for S by developing these equations in powers of the charge e, but the original formalism of Dyson seems to be the more practical one. On the other hand the method of Yang can easily be extended to other cases like charged scalar mesons and makes it immediately evident, that any quantities referring to a particular choice of surfaces cannot occur in the final result for the S-matrix, as the latter is defined here from the beginning quite independent of such surfaces.

3. Until now we were dealing with some consequences of the formalism of field quantization and of relativistic perturbation theory in general. The particular technique of renormalization of charges and masses is shown by the following formulas (*slide 2* and *3*) in the examples of the self-mass and the vacuum-polarization for the electron positron theory. Both in the self-energy and in the vacuum polarization already in the e^2-approximation typically ambiguous expressions occur. Different methods have been proposed to obtain correct and unique results. While Villars and I have generalized and worked out earlier

proposals using auxiliary masses in a proper way[13] Schwinger is more directly guided by the conservation laws for energy-momentum and for charge-current the latter expressing the gauge invariance of the results. I wish to emphasize that there is no disagreement of the results of Schwinger on the one hand and of me and Villars on the other hand. I also just mention the self-stress of the electron as an interesting example for this methods, which was lately treated in papers not yet published by Kohn and Borovitz[14] and by Villars.[15] The regularization conditions $\sum c_i = 0$, $\sum c_i m_i^2 = 0$ (see *slide 2* and *3*) are sufficient to make the photon self energy disappear as it is claimed by the gauge invariance of the theory. This procedure can therefore also considered as a limiting case of the renormalization of non vanishing meson masses in the more general theories of mesons with a finite rest mass in interaction with heavy particles of spin 1/2. It is the sense of this regularization with auxiliary masses to replace all infinite integrals by finite ones, which however depend on the properties of the regulators. The check of the theory consists in showing all physical quantities to be independent of the particular properties of the regulators.

Slide 2

Self-mass

$$\delta m\, \bar{\psi}(x)\psi(x)$$

$$= -\frac{ie^2}{8} \int d^4x' [\bar{\psi}(x)\gamma^\sigma S_c(x-x')\gamma^\sigma \psi(x') + \bar{\psi}(x)\gamma^\sigma S_c(x'-x)\gamma^\sigma \psi(x)]D_c(x-x')$$

$$= -\frac{e^2}{2} \int d^4x' [\bar{\psi}(x)\gamma^\sigma [S^{(1)}(x-x')\bar{D}(x'-x) + \bar{S}(x-x')D^{(1)}(x'-x)]\psi(x) + \text{c. c.}]$$

Regularization

$$D_c(x) \to \tilde{D}_c(x) = \sum c_i D_c(x, m_i)$$

$$\sum c_i = 0, \quad c_0 = 1, \quad m_0 = 0, \quad m_i \to \infty, \quad i = 1, 2, 3, \ldots$$

$$(\Box - m^2)D_c = 2i\delta(x)$$

Remaining ambiguities. Idea of regularization: only space-time averages are reliable, present theory (based on Hamilton-formalism) overestimates meaning of instantaneous quantities.

Particular way: auxiliary masses. These are, however, not necessary. Failure of realistic standpoint.

I already mentioned in connection with Schwinger's methods to evaluate the resulting integrals that the introduction of auxiliary masses is convenient but not necessary. In the paper with Villars it was emphasized already that if such masses are used at all, to introduce them explicitly into the Hamiltonian and to treat them as real particles with positive energy and with definite values of spin, statistics and masses. This 'realistic' standpoint was for the compensation of the electron's self energy proposed and discussed by Sakata and his pupils

Slide 3

Vacuum polarization

$$\delta j_\mu(x) = \int d^4x' K_{\mu\nu}(x - x')A_\nu(x')$$

$$K_{\mu\nu}(x - x') = \frac{ie^2}{4} Sp[\gamma^\mu S_c(x - x')\gamma^\nu S_c(x' - x)]$$

$$= +e^2 Sp[\gamma^\mu \bar{S}(x - x')\gamma^\nu S^{(1)}(x' - x)] \text{ if } \int A_\nu(x)j_\nu(x)d^4x = 0.$$

Gauge invariance condition:

$$\frac{\partial}{\partial x_\mu} K_{\mu\nu} = 0.$$

Regularization

a)
$$K_{\mu\nu}(x) \rightarrow \sum C_i K_{\mu\nu}(x, M_i)$$

$$\sum C_i = 0; \quad \sum C_i M_i^2 = 0; \quad C_0 = 1; \quad M_0 = m; \quad M_i \rightarrow \infty, \quad i = 1, 2, 3 \ldots$$

Self-charge
$$\frac{\delta e}{e} = \frac{\alpha}{3\pi} \sum_i C_i \log \frac{M_i}{m}$$

b) Schwinger

$$K_{\mu\nu}(x) = \frac{1}{(2\pi)^4} \int d^4p \, e^{ipx} K_{\mu\nu}(p)$$

$$\tilde{K}_{\mu\nu}(p) = K_{\mu\nu}(p) - \left(\frac{1}{p^2} p_\sigma K_{\sigma\rho} p_\rho\right) \delta_{\mu\nu}$$

$$p_\mu \tilde{K}_{\mu\nu}(p) = 0; \quad \tilde{K}_{\mu\nu}(p_\mu p_\nu - \delta_{\mu\nu} p^2)F(p^2); \quad F(p^2) = a_0 + a_1 p^2 + \ldots$$

c) Realistic
$$2N_{1/2} = N_0; \quad 2\sum(m^i_{1/2})^2 = \sum(m^i_0)^2.$$

in Japan ('c-meson')[16] and by Pais ('f-field').[17] These authors used one neutral auxiliary particle of spin 0 (scalar field) to compensate the self energy of the electron (or at least to make it finite). Moreover in the case of the photon self energy a compensation can be reached by a particular admixture of pairs of charged particles with spin 1/2 and spin 0 fulfilling the condition c), *slide 3*, as was shown by Umezawa[18] and by Rayski and Jost.[19] It is remarkable that the same conclusion also grants the compensation of the zero point energy of the vacuum due to this kind of fields. The discussion of the particle self energies in higher approximation than e^2 would, however, need further computation.

This definite obstacle for this realistic standpoint is, however, the self charge which according to a general result of Schwinger can never compensate in any approximation of the perturbation theory for any admixture of positive energy particles as they are considered in a 'realistic' theory. Schwinger's result* is, that the quotient of the physical charge e and the mathematical charge e_0 is always contained between 0 and 1 (and is 0 in a divergent theory).[20]

It is therefore futile to search for a compensation of the self charge, but one can ask the question how the structure of a theory must be in which only the physical charge would enter. In this connection it is essential that the renormalized or physical field components $F^{(n)}_{\mu\nu}$ differ themselves from the mathematical field components $F_{\mu\nu}$ by the factor e/e_0. The latter are defined as fulfilling the usual canonical commutation laws and result from the canonical or Hamiltonian formalism of field quantization. These canonical commutation laws concern, however, typically instantaneous values of their field components, taken at the same time instant. In the beginning of my lecture I pointed out, that only averages over finite space-time regions of field components have a physical significance, a circumstance, which becomes particularly obvious in the Bohr-Rosenfeld analysis of field and charge measurements. It is therefore satisfactory that in the Heisenberg representation the vacuum expectation values of the commutator of the components of the renormalized field $F^{(n)}_{\mu\nu}$ are finite if averaged over finite space-time regions while this is not so for the mathematical field $F_{\mu\nu}$. This result was obtained by Jost by application of the invariant perturbation theory to this problem in the frame of the present theory.[21]

It is my impression that we have reached now the limit of the application of this idea of renormalization of charge and mass constants. A further progress can only be reached by quite new ideas sufficient to determine theoretically the masses of the particles occurring in nature and presumably also the value of the fine structure constant, as the lower bound of the space-time regions occurring in the discussed averaging can only be discussed in connection with these mass values and is therefore a problem beyond the range of the present ideas.

Divergencies[22]

1. Idea of renormalization as repair. Photon mass $\rightarrow$ zero

(gauge-invariance)
rules: particular case of mass renormalization.

2. Remaining ambiguities. Idea: only space-time averages are reliable;

"regularization"

Success: Observable effects do not depend on properties of regulators.
Masses particular: a) Schwinger, b) Dyson, c) Auxiliary masses (imaginary coupling constants).

3. Discussion of strictly realistic-standpoint. Patent admixture.

Agreement with Schwinger: Auxiliary masses not necessary.

$$2N_{1/2} = N_0 + 3N_1$$
$$2\sum_i (m^i_{1/2})^2 = \sum (m^i_0)^2 + 3\sum (m^i_0)^2.$$

Failure with self-charge.

4. Other theories than electrodynamics. (Spin 0 was already mentioned.)

Necessity of additional repairs (in all theories except vector coupling of neutral meson theory), "divergent" means after regularization additional arbitrary chosen constants appear.

> IIa) 1. (Pseudo) scalar mesons with charged or neutral (pseudo) scalar coupling. – Old classification of interactions of different kinds. 2. electrodynamics, of charged scalar mesons. Scattering of two charged particles is critical.
> IIb) All other meson-theories $\delta\lambda\phi^{*2}\phi^2$.

Additional difficulties in other meson-theories. Situation in nuclear forces and nucleon magnetic moments. – Possibility to blame perturbation theory for failure of theories (IIa). Multiple production of mesons.[23]

5. More trouble ahead with more than two fields, i. e. nucleon + electron + electromagnetic-field.

More fundamental remedy to be searched than 'repair' of unobservables called renormalization. It seems that we reached now the limits of this method. I may quote Dirac (Vancouver lecture).[24] – I agree with:

"However, I do not think that this success (of the recent work in quantum electrodynamics), although it is a brilliant one, contributes to a real solution of the underlying difficulties concerning the fitting together of quantum-mechanics and relativity".

Instantaneous quantities have too much emphasis in Hamilton formalism. Finite distance operators in interaction both in space and time. Instantaneous quantities do not determine uniquely future and past any longer. Quote: Feynman, Born-Green, Pais-Uhlenbeck. Exponentials of d'Alembert operator or more general even-function of this operator in exponent. Broader frame than Born's reciprocity, which has too small a basis. Even from this more general point of view, Born's statement, that a 'logically coherent system without infinities' is established in this way is premature. I even put it mildly, when I call it premature, because theories of this type, as they stand they only regularize the photon-D-functions, but have the matter (= electron-positron) field uncharged with all its infinities. At the moment it looks like as if entirely new ideas had to be incorporated into these theories in order to reconcile the property of gauge invariance of the matter field with the claim of convergence.

It is a still open question, how the space-time concept in a future theory in small regions will be used. I wish to mention, however, that Bohr and Rosenfeld in a paper on charge measurements showed, that one needs higher masses to measure the charge of light masses. Leads to hierarchical order of masses M with life time larger in comparison to $\frac{h}{Mc^2}$. I do not say that the existence of such an order of masses is in any way certain, but I do say that the old problem of Heisenberg about the position of the intersection (Schnitt) between observed system and means of observation is less simple and harmless in quantized field-theories than it was in non relativistic quantum mechanics.

I hope that by showing you not a rosy picture on the fundamental problems of quantized field theories in this lecture, I was on the other hand encouraging further speculations on this interesting subject.

In quantized field theories the position of this intersection is intimately connected with the duality between the concept of a field and of its sources. As this duality is the root of the problem of self energy a reconsideration of this properties of the intersection between observed system and means of observation in quantized field theories seems to me unavoidable.

Slide 4

$$
\begin{array}{c}
\textit{Spin zero particles}
\end{array}
$$

Interaction energy:

$$
H'(t) = \int d^3x \left[-s_\nu \Phi_\nu + e^2 \phi^* \phi \sum_{i=1}^{3} \Phi_k \Phi_k + \delta\lambda \phi^{*2} \phi^2 \right]
$$

$$
s_\nu = ie \left(\frac{\partial \phi^*}{\partial x_\nu} \phi - \frac{\partial \phi}{\partial x_\nu} \phi^* \right)
$$

Slide 5

Processes for which meson theories diverge[25]

Meson theory	Coupling	Charge	Process
S	S	neutral charged }	meson–meson scattering
	V	neutral	*all zero*
	charged	4th order neutron–proton	
PS	PS	neutral charged }	meson–meson scattering
	PV	neutral	4th order N–P
	charged	4th order N–P, N–electron	
V	V	neutral	*all all right*
		charged	4th order N–P
	T	neutral	4th order N–P?
		charged	magnetic moment
PV	PV	neutral charged }	4th order N–P
	PT	neutral charged }	4th order N–P?

[1] Paulis Aufzeichnungen für seinen Vortrag während der Pariser Elementarteilchen-Konferenz vom 24.–29. April 1950.

[2] Dieses Manuskript aus dem *Pauli-Nachlaß* [5/517–523] ist eine englische Fassung der in den Konferenzberichten unter dem Titel „État actuel de la théorie quantique des champ. La rénormalisation" abgedruckten französischen Version des Vortrags (1950d).

[3] Vgl. F. Rohrlich (1950c).

[4] Diese Tafel war dem Manuskript beigefügt. Vgl. auch die französische Fassung Pauli (1953c, S. 72).

[5] In der gedruckten Fassung wurde an dieser Stelle der Hinweis auf D. C. Peaslee durch den auf Parker ersetzt. Vgl. hierzu den Brief [1100] und Peaslee (1951b).

[6] Während ihrer Aufenthalte 1948 und 1949 in Princeton versorgten Yukawa und Tomonaga ihre japanischen Kollegen mit der neuesten amerikanischen Literatur (insbesondere von Dyson und Schwinger) zur Quantenelektrodynamik, so daß nun eine immer engere Zusammenarbeit auf diesem Gebiete zwischen den beiden Ländern zustande kam. Besonders aus Tomonagas Seminaren an der Universität von Tokio war inzwischen eine Schule junger japanischer Forscher hervorgegangen, die in den folgenden Jahren wichtige Beiträge zur Renormierungstheorie lieferten. Unter diesen befand sich auch Toichiro Kinoshita. Er hatte damals bei Yoichiro Nambu seine Doktorarbeit über eine kovariante Formulierung der Quantenelektrodynamik für skalare und vektorielle Mesonen angefertigt und in derem Verlauf meherere gemeinsame Aufsätze mit Nambu (1950) publiziert. Nambu und Kinoshita wurden im Jahre 1952 ebenfalls nach Princeton eingeladen. [Siehe hierzu Kinoshita (1988, S. 9f.)]

[7] Vgl. Band **III**, S. 718 und die Bemerkung in dem Brief [1088].

[8] Schwinger (1949c).

[9] Diese von fremder Hand für den Vortrag angefertigten und dem Manuskript nicht beigefügten Vorlagen für diese "slides" (Pauli-Nachlaß 5/356–361) sind hier an entsprechender Stelle in den Text eingefügt. Sie sind auch im Anhang der gedruckten Fassung des Vortrages (1950d) wiedergegeben. Den Text zu slide 1 hatte Pauli auf zwei gesonderte Blätter (Pauli-Nachlaß 5/525–526) geschrieben.

[10] Bohr und Rosenfeld (1950).

[11] Vgl. Schwinger (1948a, c; 1949b) und Tomonaga (1948a).

[12] Yang (1950).

[13] Pauli und Villars (1949a).

[14] Wahrscheinlich bezieht sich Pauli hier auf die Arbeiten von Sidney Borowitz und Walter Kohn (1950) und Borowitz, Kohn und Schwinger (1950).

[15] Villars (1950).

[16] Sakata (1947b). Vgl. hierzu auch Band **III**, S. 651f.

[17] Pais (1945b).

[18] Umezawa und Kawabe (1949a, b, c).

[19] Jost und Rayski (1949).

* Private communication, unpublished.

[20] Vgl. hierzu die Bemerkungen in den Briefen [1062, 1069 und 1071].

[21] Vgl. hierzu auch die Bemerkungen in Paulis Brief [1094] an Dyson.

[22] Diese von Pauli offenbar für seinen Pariser Vortrag angefertigten Aufzeichnungen über die Divergenzen in der Quantenfeldtheorie (Pauli-Nachlaß 5, 524–528) waren zusammen mit dem vorangehenden Vortragsmanuskript abgelegt.

[23] Siehe hierzu auch die Bemerkungen in dem Brief [1087].

[24] Dirac hielt im August 1949 während eines Seminars an der *University of British Columbia* in Vancouver eine Reihe von Vorlesungen über *The dynamical theory of fields. Classical and Quantum.* Ein maschinengeschriebenes Manuskript dieser Vorlesungen wurde an die Teilnehmer verteilt.

[25] Die hier benutzten Abkürzungen lauten: S: scalar; V: vector; T: tensor; P: pseudo.

Vom 24. bis zum 29. April fand in Paris der in den Briefen schon mehrfach erwähnte Kongreß über *Particules fondamentales et noyaux* statt. Er wurde unter der Leitung von Alexandre Proca vom *Centre National de la Recherche Scientifique* (C. N. R. S.) mit einer Unterstützung der *Rockefeller Foundation* veranstaltet.

Im März hatte die Sekretärin J. Bernheim des *New York Office* vom C. N. R. S. die Einladungen und das vorläufige Programm der Veranstaltung verschickt. Reise- und Aufenthaltskosten konnten weitgehend von den Veranstaltern übernommen werden. Für die aus Übersee eingeladenen prominenteren Teilnehmer wie Pauli, Bohr und Feynman konnten Schiffs- oder Flugreservierungen vorgenommen werden. Pauli reiste mit der *Ile de France*, die New York am 15. April verließ und am 22. April in Le Havre einlief. Die Veranstaltung wurde mit einem Empfang bei der UNESCO eröffnet und in den Räumen des *Institut Henri Poincaré* fortgesetzt. Pauli hielt den in der Anlage zum Brief [1106] wiedergegebenen Report über Quantenelektrodynamik, während Feynman über den gegenwärtigen Stand der Elementarteilchentheorie berichtete.[1] Anschließend reiste er zusammen mit Fierz, der ebenfalls an dieser Konferenz teilgenommen hatte, mit der Bahn nach Zürich zurück (vgl. den Brief [1151]).

Unter den 159 Teilnehmern, die auch auf einer den Kongreßakten[2] beigefügten Photographie abgebildet sind, befanden sich zahlreiche Bekannte und Mitarbeiter Paulis: F. J. Belinfante, H. Bhabha, H. B. G. Casimir, P. A. M. Dirac, F. J. Dyson, R. Feynman, M. Fierz, T. Gustafson, W. Heitler, G. Källén, N. Kemmer, O. Klein, C. Møller, R. E. Peierls, L. Rosenfeld, M. R. Schafroth, A. Thellung und I. Waller. Die französischen Gastgeber stellten etwa die Hälfte der Teilnehmer; 20 waren aus England, 11 aus der Schweiz, 10 aus Italien, 9 aus Amerika und 8 aus Belgien gekommen. Die deutschen Physiker waren dagegen nicht vertreten. Heisenberg bat deshalb seinen italienischen Gast Bruno Zumino, der seit Herbst 1949 bei ihm am *Max-Planck-Institut für Physik* in Göttingen arbeitete, einen Brief [1106] für Pauli mitzunehmen.[3]

Der Kongreß war in 7 verschiedene Sitzungen eingeteilt. Nach den Vorträgen fand eine Diskussion statt, die auch in den gedruckten Akten der *Colloques* aufgenommen wurde. Pauli hielt das Hauptreferat der Sitzung über Quantentheorie der Wellenfelder, das er während der Überfahrt von New York nach Europa vorbereitet hatte. Das in der Anlage zum Brief [1106] wiedergegebene Manuskript ist der englischsprachige Entwurf seines Vortrags, der in den *Colloques Internationaux* in überarbeiteter Form in französischer Sprache erschien.

[1] Vgl. hierzu A. Procas Schreiben vom 20. Februar 1950 an Feynman. In seiner Rede beschränkte sich Feynman jedoch mit einem Überblick über seine eigenen Arbeiten zur Quantenelektrodynamik, von dem nur ein kurzer Auszug in den *Colloques Internationaux* [1953, S. 91–92] wiedergegeben wurde.

[2] Vgl. *Colloques Internationaux* [1953].

[3] Bruno Zumino war auf Empfehlung seines Lehrers G. Bernardini im Herbst 1949 im Rahmen eines Austauschprogramms für ein Jahr zu Heisenberg an das Göttinger *Max-Planck-Institut für Physik* gekommen. An seiner Stelle ging der bei Otto Haxel ausgebildete Experimentalphysiker Buschmann nach Rom an das *Istituto di Fisica 'Guglielmo Marconi'*. Vgl. hierzu Heisenbergs Schreiben vom 31. August 1948 an G. Bernardini.

[1107] KITTY UND ROBERT OPPENHEIMER AN PAULI

[Princeton], 24. April 1950
[Telegramm][1]

Warmest thanks for your good messages. Our love to you for this mid-century birthday[2] and every affectionate good wish,

Kitty and Robert

[1] Das Telegramm wurde Pauli durch die *Western Union* über die Adresse von L. Rosenfeld beim *Institut Henri Poincaré* zugeleitet.

[2] Am 25. April feierte Pauli seinen 50. Geburtstag.

Paul Matthews hatte damals gerade seine unter Kemmers Anleitung angefertigte Dissertationsschrift abgeschlossen und wollte nun für ein Jahr zu Dyson an das *Institute for Advanced Study* in Princeton gehen. Deshalb konnte er nicht selbst an der Elementarteilchen-Konferenz teilnehmen, die vom 24.–29. April in Paris tagte. Er bat deshalb Kemmer, ein Manuskript für Pauli mitzunehmen, als dieser zu der Pariser Veranstaltung fuhr.

Matthews war es inzwischen gelungen, den durch Schwinger, Feynman, Dyson und Tomonaga entwickelten relativistisch kovarianten Formalismus mit dem Renormalisierungsverfahren der Quantenelektrodynamik auch auf die Mesonentheorie zu übertragen. Wie es sich zeigte, waren diese Methoden nur für bestimmte Wechselwirkungen der betrachteten Felder geeignet. Ein skalares Mesonenfeld ϕ und das Nukleonenfeld ψ ließen sich beispielsweise nur mit einem skalaren Wechselwirkungsterm $\bar{\psi}\psi\phi$ verbinden (bei einem pseudoskalaren Feld mußte noch ein Faktor γ^5 hinzugefügt werden).[1] Insbesondere konnte Matthews nachweisen, daß geladene Vektormesonen oder Ableitungen der Feldfunktionen enthaltende Kopplungsterme nicht zugelassen sind.[2] Andererseits war die Renormalisierung nur möglich, wenn man in die Lagrangedichte noch einen Zusatzterm $\lambda\phi^4$ (den später sog. Matthews-Term) einführte. Außerdem konnte er für die Feynman Graphen die zu Dysons Divergenzregel[3]

$$E_p + \frac{3}{2}E_f \leq 4$$

äquivalente Regel

$$E_m + \frac{3}{2}E_f \leq 4$$

für die Mesonenlinien (E_p, E_f und E_m bezeichnen die Anzahlen der äußeren Photonen-, Fermionen- und Mesonenlinien) aufstellen, aus welcher sich alle auftretenden einfachen Divergenztypen bestimmen lassen.

Diese Resultate waren zunächst nur für die niedrigste Ordnung der Störungsrechnung bewiesen. Der Beweis der Renormalsierbarkeit auch der Terme höherer Ordnung sollte neue technische Probleme wie das Auftreten sog. überlappender Divergenzdiagramme aufwerfen. Diese wurden anschließend gemeinsam mit seinem Nachfolger Abdus Salam gelöst, der das von Matthews formulierte Programm fortsetzte, als dieser nun für ein Jahr nach Amerika ging.

Abdus Salam war im Sommer 1950 aus Pakistan in Cambridge eingetroffen, um hier bei Kemmer zu promovieren. Da er sich ebenfalls vor allem für die neuen Verfahren der Quantenfeldtheorie interessierte, hatte ihn Kemmer noch rasch mit Matthews in Verbindung gesetzt, bevor dieser abreiste. Über die nun zwischen den beiden einsetzende fruchtbare Zusammenarbeit[4] berichtete Matthews – nach seiner Ankunft in Princeton – am 20. Juni 1950 seinem Kollegen Rohrlich: "During my last few weeks in Cambridge I was working with Mr. A. Salam, another pupil of Kemmer's. I have now turned over to him the general problem of the three field mixture. (I am forwarding your manuscript[5] to him.) You are quite right in your surmise that gauge invariance also gives the required relations for this case. Before I left Cambridge we had obtained your equations (A2) and (A8) for the spinless meson by a direct development of Ward's work[6] and Salam had given a proof on these lines of the required three field conditions for the restricted problem in which only proper parts are considered. (This may be in the press.) Please do not hurry to reply to this. It would be much better if we could discuss these things together. Cornell *still* seems a long way off. I wonder if there is any chance of your being near Boston this summer. I shall be here till mid-August."

Fritz Rohrlich (geb. 1921), der uns in den vorangehenden Briefen [1075, 1089 und 1100] ebenfalls schon mehrfach begegnete, war ebenso wie Pauli ein gebürtiger

Wiener. Während seines Schulbesuches hatte er dort den Anschluß an das *Deutsche Reich* mit allen seinen verhängnisvollen Folgen miterlebt. Nachdem er aufgrund seiner jüdischen Herkunft zum Zwangsarbeitsdienst herangezogen werden sollte und weiteren Verfolgungen ausgesetzt war, verließ er seine Heimat und besuchte von 1939–1943 das im damaligen britischen Mandat Palästina gelegene *Technion* in Haifa. Nach einer Ausbildung als Chemie-Ingenieur wirkte er hier als Radioingenieur, bevor er im Februar 1946 in die Vereinigten Staaten emigrieren konnte. Hier vervollständigte er 1948 seine Ausbildung als Physiker mit einer Promotion an der *Harvard University*. Nach einem Forschungsaufenthalt bei Oppenheimer am *Institute for Advanced Study* ging er 1949 als *postdoctoral research associate* für zwei Jahre zu Bethe an die *Cornell University* und beteiligte sich hier zusammen mit Richard Feynman und Philipp Morrison an dem weiteren Ausbau der in stürmischer Entwicklung begriffenen Feldtheorie. Während der Konferenz in Rochester hatte er auch Pauli kennengelernt. Ab 1951 wirkte er als lecturer an der *Princeton University*, bevor er 1953 am Department of Physics der *University of Iowa* eine Stellung als associate Professor annahm. Dort verfaßte er gemeinsam mit Paulis ehemaligen Assistenten Josef Maria Jauch das bekannte Lehrbuch *The theory of photons and electrons* [1955].

---

[1] Siehe hierzu das als Anlage zum Brief [1084] wiedergegebene Manuskript von Matthews.
[2] Vgl. hierzu die in dem vorangehenden Kommentar zum Brief [1072] erwähnte Einschränkung.
[3] Vgl. Dyson (1949b).
[4] Siehe hierzu auch die Bemerkung im Brief [1111].
[5] Rohrlich (1950c).
[6] Ward (1950a, b).

[1108] MATTHEWS AN PAULI

Cambridge, 1. Mai 1950

Dear Prof. Pauli!

I was very sorry not to be able to see you in Paris.[1] Dr. Kemmer tells me he left with you the notes *on the spinless meson-nucleon-electromagnetic field mixture*, which I gave him just before he left for the conference.[2] At that time I had only checked the renormalization condition for the pseudoscalar case. I have since verified the scalar case also. As I have done it, it looks like some very happy accident, but there must be some underlying principle. It is possible that Ward's technique {Physical Review 77, 293 (1950)}[3] would give a more general result. I wonder if you have any ideas on this.

Yours sincerely

Paul Matthews

P. S. Those notes were written rather hurriedly and I believe I put the wrong sign in one term in the expressions for the renormalized constants. This does not affect the result.

P. T. Matthews

---

[1] Vgl. hierzu den Kommentar zum Brief [1107] und den Brief [1111].
[2] Siehe auch Matthews Veröffentlichung (1950b).
[3] Ward (1950a). Vgl. auch den folgenden Brief [1113] an Rohrlich.

[1109] PAULI AN HEISENBERG

Zürich, 9. Mai 1950

Lieber Heisenberg!

Herr Zumino brachte mir Deinen Brief nach Paris,[1] wo ich dessen Inhalt auch mit Dyson besprechen konnte.[2] Über den Fall ohne Wechselwirkung bin ich jetzt ganz beruhigt. Mit Wechselwirkung ist es befriedigend, daß der „normale Hamilton-Formalismus" *nicht* ausreicht.

Was Deinen weiteren (neuen!) Ansatz[3]

$$S = T(T^*T)^{-1/2}$$

betrifft, so kommt alles auf dessen weitere Konsequenzen an.

Wie ist es z. B. mit zeitlichen Abläufen, wenn man nicht nur ebene Wellen, sondern auch Wellenpakete in Betracht zieht? (Es findet sich darüber nur die kurze Andeutung in Deinem Brief, daß erst in Gebieten der kleinsten Länge l_0 „das gewöhnliche Kausalschema der Hamiltontheorie" durchbrochen sei.) Und wie ist es mit dem klassischen Grenzfall (Korrespondenzprinzip)?

Jost in Princeton hat begonnen, sich etwas zu überlegen über die Frage wie eine Formulierung der Theorie ohne die „Selbstladung" aussehen müßte[4] (nachdem mir die *Kompensation* der Selbstladung prinzipiell mißlungen ist). Dyson war auch sehr interessiert an diesem Problem. Sobald ich etwas mehr darüber weiß, werde ich wieder schreiben.

Inzwischen viele Grüße   Dein W. Pauli

[1] Brief [1106].
[2] Vgl. hierzu Dyson (1951a, b).
[3] Vgl. Heisenberg (1951a, S. 18).
[4] Vgl. Jost und Luttinger (1950).

[1110] PAULI AN PANOFSKY

Zollikon-Zürich, 18. Mai 1950
[Postkarte mit Poststempel vom 19. Mai 1950]

Lieber Herr Panofsky!

Vielen Dank für Ihren Brief. – Wolff[1] schreibt, daß die Herausgabe von Ficinos „De vita triplici"[2] finanziell unmöglich sei. (Das „Renaissance-Öl" scheint also für Verleger unerschwinglich zu sein.)

Der Mangel an Synthese des umstehenden Bildes[3] scheint sehr typisch für „das falsche" Jahrhundert.[4]

Herzliche Grüße, auch von meiner Frau

stets Ihr   W. Pauli

[1] Es handelt sich um den Verleger Kurt Wolff (1887–1963), der seit 1913 alleiniger Inhaber des bekannten Rowohlt-Verlages war und u. a. Werke von Kafka, Heym, Werfel, Heinrich Mann und

auch Gustav Meyrinks Bestseller, *Der Golem* verlegte. 1941 emigrierte er nach Amerika und setzte dort in New York weiterhin sehr erfolgreich seine verlegerische Tätigkeit fort. Insbesondere wirkte er hier auch als Herausgeber der Emigrantenliteratur wie der Werke von Stefan George, Erich von Kahler und Hermann Broch. Später wurde er auch im Rahmen der *Bollingen Series* Verleger der *Gesammelten Werke* von C. G. Jung. Vgl. B. Zeller und E. Otten [1966/80].

[2] Siehe *Marsilii Ficini florentini ... opera et quae hactemos extitere.* Basel 1576.

[3] Die Rückseite der Postkarte zeigt zwei übereinandergelegte Bildausschnitte einer Landschaft mit See und Kirche und einer „Wirtschaft z. *Hof* " aus Ober-Bollingen, St. Gallen.

[4] Wegen der bedrohlichen politischen Lage und den Spannungen zwischen Ost und West sprach Pauli damals häufig von einem *falschen Jahrhundert*, in dem er lebte. Siehe hierzu auch die Bemerkung zum Brief [1102].

[1111] MATTHEWS AN PAULI

Cambridge, 18. Mai 1950

Dear Prof. Pauli!

I enclose more details on the problem of *renormalization in the spinless meson-nucleon-photon mixture.*[1] The situation is even more remarkable than I realized at the time of the Paris Conference,[2] because one can give the same 'bare' charge e to the proton and meson and a single renormalization of e removes the infinities (to form the order in e and f) both from the meson-photon and the proton-photon parts. There is also a potential difficulty from neutron-photon vertices which "conspires to eliminate itself". (One is still left with the $\lambda\phi^2\phi^{*2}$ term.)

The manuscript which Dr. Kemmer handed to you in Paris was written before I was really ready to make a statement on this problem and contains some errors connected with charge conservation. I have since found a notation which is simple and reliable. If double arrows denote movement of charge, then double arrowed lines must form continuous chains. Also nucleon lines must form continuous chains of either single or double arrows. These chains must be consistent with each other. Thus (a) is excluded but

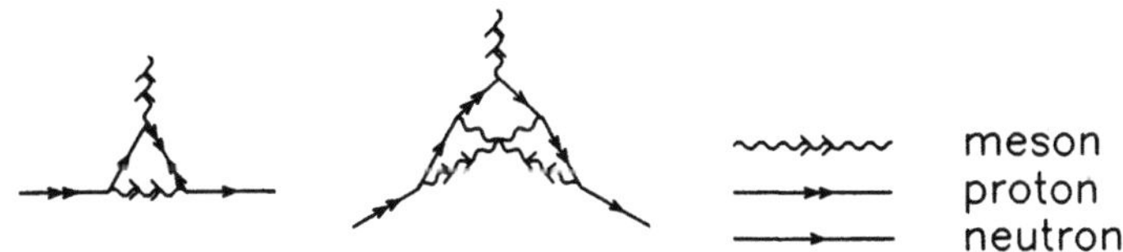

(b) is allowed. A photon line can only appear between double arrows. Thus

or   but not   or

(I think Feynman has been doing something of this sort for a long while.)

A colleague of mine Mr. Salam, also working under Dr. Kemmer, is tackling the general problem[3] (the simple meson-photon mixture must, of course, be treated first) using Ward's methods,[4] which are proving very powerful. Dyson, however, favours arguments based on gauge invariance.

Yours sincerely   Paul Matthews

[1] Vgl. hierzu die von Matthews (1950b, c) am 19. Mai eingereichten Untersuchungen.
[2] Siehe das als Anhang zu [1084] wiedergegebene Manuskript.
[3] Siehe den Kommentar zum Brief [1108].
[4] Ward (1950a, b).

[1112]   PAULI AN FIERZ

Zürich, 24. Mai 1950

Lieber Herr Fierz!

Anbei die Arbeit von Heisenberg[1] mitsamt einem Brief von ihm.[2] Ursprünglich hatte er übersehen, daß seine Wechselwirkungsenergie nicht hermitesch ist (was einen Brief von mir im ‚old Pauli style‘ von Princeton aus zur Folge hatte).[3] Man muß aber auch ohne Wechselwirkung achtgeben,

1. daß beim Antikommutator Ausdrücke vom Typus $a_l^+ a_l + a_l a_l^+$ nicht negativ gesetzt werden,

2. daß das Vakuum als Zustand kleinster Energie definiert ist (richtige Anwendung der „Löcher"-Idee).

Im beiliegenden Brief behauptet Heisenberg,[4] daß dies beides in Ordnung sei. Wenn Sie es nochmals nachprüfen könnten, wäre ich froh.

Vor allem aber habe ich (auch im Zusammenhang mit unserem letzten Gespräch über die Phasen der Streuwellen) den Verdacht, daß bei seinem merkwürdigen Ansatz $S = \frac{T}{(TT^*)^{1/2}}$ (N. B. Ist T und T^* vertauschbar?) die zeitliche Abfolge der Prozesse („Kausalität") nicht nur in mikroskopischen Bereichen (Längen der Ordnung l), sondern auch makroskopisch gestört sein muß.[5]

Es wird mich interessieren, was Sie dazu meinen.

Mit vielen Grüßen   Ihr W. Pauli

[1] Heisenberg (1950a).
[2] Siehe den Brief [1106].
[3] Vgl. hierzu die Briefe [1086, 1088, 1091 und 1094].
[4] Siehe den Brief [1106].
[5] Vgl. den Brief [1109].

[1113] PAULI AN ROHRLICH

[Zürich, 24. Mai 1950][1]

Dear Rohrlich!

What do you think on Ward's 'Letter to the Editor' in the issue of April 15 of the Physical Review?[2] Is this a real proof of the identities which you guessed?

When your paper will be finished?[3] (Please send it to us by then.) What are your plans for next autumn.*

Matthews has sent us several small notes,[4] which are, however, very difficult to read for persons who are not experts in the higher approximations of the Dyson formalism.

Best regards. Sincerely Yours   W. Pauli

[1] Das Datum dieses Schreibens wurde nachträglich durch F. Rohrlich mitgeteilt.
[2] Ward (1950a, b und 1951a, b).
[3] Rohrlich (1950c). Vgl. hierzu auch Paulis Bemerkung in seinem vorhergehenden Brief [1100].
* What about Palestine's army? Don't you think one could do something about it even in case of your return? {Weil Rohrlich bis zum Erwerb seiner amerikanischen Staatsbürgerschaft im Jahre 1956 noch den Paß des britischen Mandats Palästina besaß, bestand für ihn keine Militärpflicht im 1948 gegründeten und am 26. Februar 1950 durch Großbritannien anerkannten Staate Israel. Siehe hierzu den Kommentar zum Brief [1108].}
[4] Matthews (1950a, b).

[1114] PAULI AN SOMMERFELD

Zürich, 24. Mai 1950

Lieber Professor Sommerfeld!

Diesen Winter war ich wieder zu Besuch in Princeton und bin schließlich, nach einem Physiker-Kongreß in Paris, am 1. Mai wieder hier angekommen.[1] Daher kommt die Verzögerung meiner Antwort auf Ihren Brief vom 21. III.,[2] für den ich Ihnen noch vielmals danken möchte.

Herr Minkowski ist, soviel ich weiß, inzwischen nach Amerika gereist,[3] ich werde ihm aber jedenfalls Ihren Brief auf irgendeinen Weg zukommen lassen.

Persönlich habe ich kaum Zweifel an der Existenz der Raumladung in Körpern, die im Magnetfeld rotieren. Daß eventuelle Beschleunigungseffekte nicht aus Lorentz-Transformationen allein abgeleitet werden können, ist natürlich richtig; ich sehe aber nicht ein, warum diese, wenn überhaupt merklich vorhanden, die Raumladung gerade kompensieren sollen.

Die Form der Grenzbedingungen von Laue und mir[4] halte ich für exakt richtig (sobald keine Gleitung zweier ponderabler Medien aneinander vorhanden ist) und traue den Ihren eben so weit, als sie dieselben Resultate geben wie erstere.

Die Arbeit von Weibel über Beugung an der Kugel[5] ist nun in Eindhoven zur Nachprüfung, wo Herr Bouwkamp, ein Schüler van der Pols[6] und Spezialist für Beugung, sich für die Sache interessiert. Er hat bereits einige vorläufige

Resultate und sowie ich mehr Definitives von ihm höre, werde ich Ihnen darüber berichten.[7]

Meinen Vater fand ich hier bei meiner Rückkehr bei bester Gesundheit vor. Sein 80. Geburtstag im letzten Herbst ist hier und in Österreich sehr gefeiert worden.[8]

Ich selbst bin vor einem Monat (als ich in Paris war) 50 Jahre alt geworden, was ja aber offiziell nicht gefeiert zu werden pflegt.[9]

Mit vielen Grüßen an Sie selbst und Ihre Familie, auch von meiner Frau,
Ihr stets getreuer   W. Pauli

[1] Siehe hierzu den Kommentar zum Brief [1196].

[2] Dieser Brief ist nicht erhalten.

[3] Jan Minkowski hatte sich im vorangehenden Jahr in Zürich mit dem Problem der Unipolarinduktion beschäftigt (vgl. hierzu Band **III**, S. 582, 596, 624 und 649).

[4] Siehe M. von Laue [1913, § 23e] und W. Pauli [1921, § 36a]. Vgl. hierzu auch die Angaben in Paulis Briefen [988 und 1005] an Sommerfeld.

[5] Vgl. Band **III**, S. 581f. Es handelte sich um eine 1948 bei Pauli durchgeführte Diplomarbeit.

[6] Balthazar van der Pol (1889–1959) war Mitarbeiter des Forschungslaboratoriums von Philipps in Eindhoven und befaßte sich vorwiegend mit Problemen der Nachrichtentechnik. C. J. Bouwkamp beschäftigte sich dort mit Problemen der mathematischen Physik.

[7] Vgl. hierzu den Brief [1168].

[8] Paulis Vater Wolf Pascheles war am 11. September 1869 in Prag geboren, hatte dort an der Universität Medizin studiert und 1891 die Promotion erlangt. Nach seiner Übersiedlung nach Wien hatte er 1898 um die Erlaubnis zur Änderung seines Namens in Wolfgang Josef Pauli nachgesucht und erhalten. Am 19. März 1899 war er vom israelitischen zum römisch-katholischen Glauben übergetreten, um sich am 2. Mai des gleichen Jahres mit der Wiener Bürgerstochter Berta Camilla Schütz verheiraten zu können. Aus dieser ersten Ehe ging außer unserem Physiker auch noch die 9 Jahre jüngere Schwester Hertha hervor. Von 1898 bis zu seiner Entlassung und Vertreibung durch das Nazi-Regime gehörte der Vater dem Dozentenkörper der Wiener Universität an. Von da an verbrachte er seinen Lebensabend in Zürich in der Nähe seines Sohnes. Durch seine zahlreichen Beiträge zur Kolloidchemie gilt er als einer ihrer Pioniere. Er war u. a. Mitglied der Leopoldina in Halle und korrespondierendes Mitglied der österreichischen und der bayerischen Akademie der Wissenschaften und seine Verdienste um die Kolloidchemie wurde zum Anlaß seines 80. Geburtstags in mehreren Aufsätzen gewürdigt.

[9] Zu Paulis bevorstehenden 60. Geburtstag wurde jedoch von Fierz und Weisskopf eine Festschrift vorbereitet, die nach seinem vorzeitigen Tode nur noch als *memorial volume to Wolfgang Pauli* [1960] erscheinen konnte.

[1115] HEISENBERG AN PAULI

[Göttingen], 24. Mai 1950
[Maschinenschriftliche Durchschrift]

Lieber Pauli!

Vielen Dank für Deinen Brief. Gleichzeitig schicke ich Dir eine Arbeit,[1] die wohl schon einige der Fragen Deines Briefes beantwortet. Inzwischen versuchen wir hier, das genaue Funktionieren des Formalismus mit einer nicht-hermiteschen Wechselwirkung an einem rein quantenmechanischen Beispiel (ähnlich wie Pais und Uhlenbeck[2] das mit dem Oszillator gemacht haben) nachzurechnen.[3]

Weißt Du eigentlich etwas darüber, ob man das von Pais und Uhlenbeck erwähnte Abschneideverfahren mit einer Funktion zu einer wirklich geschlossenen Theorie ausbauen kann?[4] Ich empfinde dieses Verfahren als reichlich künstlich und würde beinahe bedauern, wenn man damit eine geschlossene Theorie machen könnte, denn die enge Verbindung zwischen der Regularität der Theorie und der Existenz mehrerer Elementarteilchen schien mir physikalisch doch sehr überzeugend, und diese Verbindung würde ja in einer solchen Abschneidetheorie völlig verloren gehen.

Mit vielen Grüßen   Dein Heisenberg

[1] Es handelte sich offenbar um die Fortsetzung (1950b) zu Heisenbergs ersten Arbeit (1950a) über die Theorie der Elementarteilchen, die am 26. Mai auch bei der Redaktion der *Zeitschrift für Naturforschung* einging. Siehe hierzu auch den Kommentar zum Brief [1117].

[2] Pais und Uhlenbeck (1950).

[3] Siehe Heisenberg (1951a).

[4] Pauli beantwortete diese Frage am 10. Juni 1950 in seinem Brief [1142].

Als sich Fierz im Wintersemester 1950 am *Institute for Advanced Study* in Princeton aufhielt,[1] hatte er Gelegenheit, einem Vortrag Heisenbergs beizuwohnen, als dieser im Rahmen seiner Amerikareise auch nach Princeton kam und dort über seine neue Theorie der Elementarteilchen referierte.[2] Bei diesem Anlaß konnte Fierz seine – in dem folgenden Brief [1116] geäußerte – Kritik an der von Heisenberg vorgeschlagenen konvergenten Feldtheorie[3] zum Ausdruck bringen. Während der anschließenden Diskussion über Heisenbergs Behauptung, durch eine geeignete Auflockerung des Kausalgesetzes in kleinen Raum-Zeitgebieten die bekannten Divergenzschwierigkeiten infolge der Unbestimmtheitsrelationen vermeiden zu können, entspann sich zwischen den beiden ein heftiges Wortgefecht, das sich in einem erregten Gespräch in der Halle des *Instituts* fortsetzte.[4] „Die Sache hat damals die Gemüter in Princeton sehr beschäftigt," erklärte Fierz heute rückblickend, „weil $D_C \equiv D_F$ bei Stückelberg-Feynman vorkommt, was man, zufolge der Phantastik der Autoren, nicht verstand. Meine Arbeit war damals noch nicht gedruckt. Sie hat mir meinen Einzug in Princeton sehr erleichtert." Fierz empfand über Heisenbergs damaliges Auftreten so großen Ärger, daß er sich des Eindrucks nicht erwehren konnte, Heisenberg habe „den klaren Blick für die wirkliche Situation" verloren.

Diese Stimmung vermitteln auch die Bemerkungen in den Briefen, die Fierz damals an seine Frau nach Basel schickte.[5] Ein Schreiben vom 29. September 1950 enthält die Mitteilung: „Am Montag soll Heisenberg hier erscheinen, und dann wollen wir ihn gehörig einteilen. Oppenheimer ist ängstlich besorgt, daß es nicht zu arg werde. Er will die kritische Arbeit privat in kleinem Kreis diskutieren, damit der berühmte Mann nicht allzu blamiert werde." Nach Heisenbergs Vortrag am Montag, den 2. Oktober berichtete Fierz: „Heute kam Heisenberg und hat im Seminar (der Universität Princeton) gesprochen. Ich bin mit einem längeren Votum in der Diskussion aufgetreten und habe, wie mir scheint, einen guten Eindruck hervorgerufen." Und am 4. Oktober, nachdem Heisenberg auch das *Institute for Advanced Study* besucht hatte: „Heisenberg war also hier und ich habe ihn tüchtig in die Enge getrieben. Er war am Ende der Disskussion einigermaßen kleiner."

In einem nachträglichen Schreiben[6] bedankte sich Fierz für Heisenbergs „freundlichen Brief, aus dem ich sehe, daß Sie meine heftige Diskussionsweise nicht übel aufgenommen haben," und erklärte seine heftige Reaktion mit dem Hinweis, daß „jeder Schweizer die Neigung hat, moralisierend-belehrend zu sein, und ich ziehe es vor, diese nicht vollkommen zu unterdrücken." Und sich an seine früheren Auseinandersetzungen mit Heisenberg während seines Aufenthaltes in Leipzig erinnernd, bemerkte er: „Trotzdem ich seit meiner Leipziger Zeit älter geworden bin, so ergreift mich die Leidenschaft noch immer bei physikalischen Diskussionen. Sie haben ganz recht, wenn Sie, und wie Sie mir die Art Ihres physikalischen Denkens erklären. Denn ich hatte das Gefühl, es gelinge mir gar nicht, mit meinen Argumenten bis zu Ihnen vorzudringen. Mir schien, alles was ich sage, werde sofort in einem vorbereiteten System – eben in jenen allgemeinen Bildern – aufgefangen und ad acta gelegt. Das hat mich erhitzt. Nie glaubte ich, daß böser Wille im Spiele sei, und in diesem Sinne war ich auch nicht gekränkt. Aber es hat mich aufgeregt, daß Sie, der Sie doch zu viel besserem im Stande sind, sich so stark vom Wünschbaren leiten lassen."

In einem *Nachtrag bei der Korrektur* zu seiner Veröffentlichung wies Fierz auf seine Diskussion mit Heisenberg in Princeton hin. Inzwischen war auch noch ein zusätzlicher formaler Einwand von Res Jost hinzugekommen, der die Unhaltbarkeit der Heisenbergschen Theorie bestätigte. Damit war Heisenbergs erster – nach dem Vorbild der Theorie von Pais und Uhlenbeck (1950) angeregter Versuch, eine Theorie der Elementarteilchen aufgrund einer Eingrenzung der *akausalen Ereignisse*[7] auf unbeobachtbare, durch seine *kleinste Länge* beschränkte Raum-Zeitgebiete aufzustellen, zunächst gescheitert.[8] Doch Heisenberg ließ sich dadurch keineswegs entmutigen und suchte in der Folge weiterhin nach neuen theoretischen Ansätzen, bei denen das singuläre Verhalten der Feldgrößen sich auf kleine Raum-Zeitgebiete beschränken ließ, zumal auch Pauli, trotz seiner allgemeinen Skepsis gegenüber einer solchen Theorie – wie er im Juli Heisenberg mitteilte [1142] –, „gar nichts hätte".[9] Dennoch kam der direkte Gedankenaustausch zwischen Pauli und Heisenberg durch diese Vorfälle abermals für eine längere Zeitspanne zu einem vorläufigen Stillstand und wurde erst über den Umgang mit Heisenbergs jüngeren Mitarbeitern wie Walter Thirring und Ernst Freese wiederbelebt. Als Pauli im Juni 1952 während der Kopenhagener Physiker-Konferenz „ein langes Gespräch auf der langen Linie" mit Heisenberg führte, gewann er jedoch den Eindruck, daß Heisenberg sich nun wieder „aus dem Fahrwasser der in rosafarbenen Optimismus eingewickelten Sterilität" befreien könnte [1444 und 1465].

Ende Oktober 1953 kam Heisenberg nach Zürich und führte dort ein längeres Gespräch mit Pauli, in dem die seit ihrer Studienzeit gemeinsam verfolgten wissenschaftlichen und erkenntnistheoretischen Interessen und Ideale wieder auflebten. „Heisenberg war früher derjenige, mit dem ich mich in wissenschaftlichen Fragen stets am besten verstanden habe," berichtete er kurz nach Heisenbergs Abreise.[10] „Durch die deutschen Ereignisse (deren Spuren sich bei Heisenberg auch in geistiger Hinsicht bemerkbar machen), trat dann eine längere Unterbrechung unserer Beziehung ein. Nun scheint er sich – dank seinem individuellen Fundament, das ihn von der deutschen Kollektivnorm abhebt – doch wieder einigermaßen geistig zu konsolidieren. So haben wir, über die theoretische Physik im engeren Sinne, wieder etwas Kontakt aufgenommen."

---

[1] Fierz war am 27. September 1950 in Hoboken eingetroffen und von dort sofort nach Princeton weitergereist. Vgl. hierzu die Briefe [1144 und 1170].

[2] Siehe hierzu den Kommentar zum Brief [1088].

[3] Am 24. August 1950 war eine entsprechende Abhandlung von Fierz (1950b) bei den *Helvetica Physica Acta* eingegangen. Ein maschinenschriftliches Manuskript dieser Veröffentlichung befindet sich im Pauli-Nachlaß 5/409 beim CERN.

[4] Vgl. hierzu auch den Hinweis bei Fierz (1950b, S. 739).

[5] Diese Auszüge aus den Briefen an seine Frau wurden dem Herausgeber freundlicherweise durch Prof. Fierz zugänglich gemacht.

[6] Dieser Brief von Fierz an Heisenberg vom 6. Oktober 1950 befindet sich in Heisenbergs Nachlaß, der z. Z. am *Max-Planck-Institut für Physik* in München aufbewahrt wird.

[7] Diese Bezeichnung für das Auftreten physikalischer Prozesse in umgekehrter zeitlicher Reihenfolge war offenbar durch Stückelberg und Feynman nahegelegt worden, wie Pauli in seinem Brief [1142] erklärt.

[8] Vgl. Heisenberg (1951a und 1951b).

[9] Heisenberg (1951a, c). Siehe hierzu auch die Darstellung von Heisenbergs späterem Mitarbeiter H.-P. Dürr (1993).

[10] In einem Schreiben vom 28. Oktober 1953 an A. Jaffé.

[1116] FIERZ AN PAULI

Basel, 29. Mai 1950

Lieber Herr Pauli!

Besten Dank für die Zusendung von Heisenbergs Arbeit,[1] die mich sehr interessiert hat. Daß alles in bester Ordnung sei, kann man allerdings bezweifeln.

Ohne Koppelung ist dies allerdings der Fall; auch die Definition des Vakuums ist richtig. Die Theorie ist dann ja einfach eine Gesamtheit von Theorien für Teilchen mit Spin 1/2, die verschiedene Massen haben.

Das Einführen eines nicht-hermiteschen H der Gestalt $(\bar{\psi}\psi)(\bar{\psi}\psi)$ dagegen halte ich für höchst bedenklich.

Zuerst ist gar nicht sicher, ob $S = T(T^*T)^{-1/2}$ wirklich unitär sei. Ja es ist nicht einmal gesagt, daß S existiert. Man müßte zuerst beweisen, daß $(T^*T)^{-1}$ existiert, daß also T^*T keine verschwindenden Eigenwerte besitzt. Weiter ist es notwendig, daß kein Vektor Ψ existiert, der der Gleichung $S\Psi = 0$ genügt, sowie auch kein Vektor Φ, der $S^*\Phi = 0$ genügt. Man kann auch sagen, daß weder T^*T noch TT^* ausgeartet sein dürfen. Ich glaube, wenn das erfüllt ist, dann ist S unitär, auch wenn $TT^* \neq T^*T$. Denn dann ist wohl die rechtsinverse von S gleich der linksinversen.

Soviel ich sehe, ist bei Heisenberg T^* nicht mit T vertauschbar, doch bin ich dessen nicht gewiß. Man mag jedoch hoffen, daß weder TT^* noch T^*T ausgeartet sei – wenigstens für gewisse Werte der Koppelungskonstanten A. Bewiesen ist das gar nicht.

Sicher ist jedoch, daß S gar nicht eindeutig ist, da man ja auch

$$S = e^{i(T+T^*)} \quad \text{oder} \quad S = e^{T-T^*}$$

setzen könnte, was alles verschieden von Heisenbergs Ansätzen ist. Die obigen Ansätze haben den Vorzug, daß sie sicher existieren, falls T regulär ist.

Weiter ist S schon in 2. Näherung akausal, und zwar natürlich nicht nur in Gebieten der Länge l_0, sondern mindestens auf dem Lichtkegel.

Man kann S_2 wie folgt darstellen:

Sei

$$\boldsymbol{H} = \frac{1}{2}(H + H^*), \quad I = \frac{1}{2i}(H - H^*),$$

dann ist

$$S_2 = \frac{1}{2} \int dx_1 \int dx_2 P(\boldsymbol{H}_1, \boldsymbol{H}_2) + \frac{1}{2} \int dx_1 \int dx_2 \varepsilon(x_1 - x_2)[I_1 I_2].$$

Ich betrachte nun den der Møllerschen Wechselwirkung[2] entsprechenden
Prozeß:

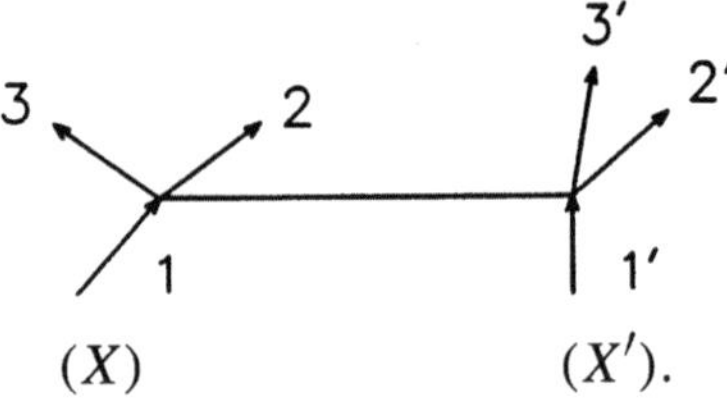

Das diesem Graph entsprechende Matrixelement ist regulär unabhängig
davon, ob die Koppelungskonstanten in H reell oder imaginär sind, und es
kommt auch nicht darauf an, ob nur ein Feld oder mehrere vorhanden sind. Der
2. Term in S_2 führt nun zu akausalen Übergängen vom Typus

$$S_2^{(I)} = \frac{1}{4} \int dx \int dx' \bar{\psi}(x)\bar{\psi}(x)\bar{\psi}(x')\bar{\psi}(x')$$
$$[S_c(x - x') + S_{ac}(x - x')]\psi^+(x)\psi^+(x').$$

Damit ist folgendes gemeint: Sei

$$G(x) = \frac{1}{2}(G_{av}^+ + G_{ret}^+ + G_{av}^- + G_{ret}^-)$$

die Greensche Funktion $G = \varepsilon\delta$. Dann ist, bis auf konventionelle Faktoren

$$D_c = G_{av}^+ + G_{ret}^- \quad \text{und} \quad D_{ac} = G_{ret}^+ + G_{av}^-.$$

Während D_c in der q-Zahl-Theorie einer retardierten Wirkung entspricht, so
bedeutet D_{ac} eine avancierte Wirkung. Das erkennt man wie folgt: positive und
negative Frequenzen ($\pm$) entsprechen in der q-Zahl-Theorie immer Absorptions-
und Emissions-Operatoren, gleichgültig ob der Spin ganz oder halbganz ist. Das
ist schon in der Korrespondenztheorie von Klein (siehe Handbuch der Physik,
Artikel „Pauli")[3] so. D_c bringt zum Ausdruck, daß nur etwas *absorbiert* werden
kann, das *vorher* da war, und daß bei einer *Emission nachher* etwas vorhanden
ist. Diese Bemerkung scheint mir die Rolle von D_c am einfachsten zu erklären.
D_{ac} ist nun gerade verkehrt in dieser Rücksicht.

Falls die Teilchen, die am Prozeß teilnehmen, genügend energiereich sind,
zieht die Wechselwirkung beliebig weit in die Ferne.

Die Akausalitäten rühren nur von I her. Das sind Koppelungsterme in H, die
eine ungerade Anzahl Faktoren α_l bzw. β_l enthalten. Wenn I in 2. Näherung
überhaupt einen Beitrag geben soll – insbesondere bei hohen Energien, so sind
auch diese akausalen Effekte da. Nun sind die von J herrührenden Singularitäten
genau entgegengesetzt gleich zu denen, die von H herkommen. Daher muß I
wesentliche Beiträge liefern. Wäre der Term in I *kausal*, dann würden sich
allerdings die Beiträge von H und I für große Energien auch bei reellen
Übergängen kompensieren und das dürfte der Grund sein, weshalb Heisenberg

meinte, daß die akausalen Vorgänge nur in Gebieten l_0 eine Rolle spielen sollten, falls die Massen sich um $\sim 1/l_0$ unterscheiden.

Die Theorie ist also akausal. Zudem ist gar nicht bewiesen, daß sie formal in Ordnung ist, weil S vielleicht gar nicht existiert oder nicht unitär ist. [[Die Rechnungen Heisenbergs sollten übrigens alle mit S_2, nicht mit T_2 gerechnet werden (Selbstenergie u. s. w.)]][4]

Abgesehen von den formalen Mängeln, finde ich die Theorie auch sonst sehr sonderbar – ich meine die Spekulationen, die Heisenberg damit verbindet. Die Teilchen, die wir beobachten, wären gemäß dieser Theorie alle „zusammengesetzt".[5] Sonst könnte man ja auch gar nicht begreifen, wieso eine Wechselwirkung großer Stärke vom Typ $(\bar{\psi}\psi)(\bar{\psi}\psi)$ gar nicht beobachtet wird (der β-Zerfall und der μ-Meson-Zerfall sind beide besonders schwach!). Höchst wunderbar ist es auch, daß in „1/10 aller Fälle" die resultierende Masse verschwinden soll und so das Licht entsteht.[6]

Die Theorie ist, falls sie sonst richtig wäre, so gemacht, daß man aus der Erfahrung fast gar nicht auf die „richtigen" Ansätze schließen könnte, denn diese beziehen sich auf eine „Metaphysik", die als solche nie in Erscheinung tritt.

Selber glaube ich nicht an die „realistische" Regularisierung. Ich hoffe, daß diese Regularisierung einmal als eine Operation verstanden werden kann, die sich mit dem Übergang von $\psi \to (\psi)^2$ vergleichen läßt (Reduktion der ψ-Funktion). Dieser Übergang wird mit den Endformeln vorgenommen, um sie mit der Erfahrung zu vergleichen. Auch die Endformeln der Quantenelektrodynamik hat man, wo man sie mit dem Experiment vergleichen kann, zu regularisieren. Ist diese Analogie wahr, dann wäre die realistische Theorie eine ähnliche Utopie wie der Versuch, die Quantenmechanik auf ein klassisches Modell zurückzuführen.

Auch das ist Zukunftsmusik, die mir jedoch lieblicher in die Ohren klingt, als diejenige Heisenbergs.

Wir werden uns bald sehen. Bis dahin meine besten Grüße   Ihr M. Fierz

---

[1] Heisenberg (1950b).

[2] Als Møllersche Wechselwirkung bezeichnet man bekanntlich die Streuung von zwei identischen geladenen Teilchen aneinander. Siehe hierzu die Bemerkungen in den Briefen [1072, 1075, 1082 und 1088].

[3] Pauli [1933, S. 201ff.].

[4] Der in [[ ]] eingeschlossene Text wurde mit einem Bleistift hinzugefügt.

[5] Vgl. Heisenberg (1950b, S. 254).

[6] Bei Heisenberg (1950b, S. 257) heißt es: „Für die Behandlung der elektrodynamischen Vorgänge müßte man ja aus den Matrixelementen der Wechselwirkung $H = A(\bar{\psi}(x)\gamma_\mu\psi(x))(\bar{\psi}(x)\gamma_\mu\psi(x))$ nur die spezielle Gruppe von Übergängen herausschneiden, die zur Entstehung (bzw. Vernichtung) eines solchen Zustandes ‚Lichtquant' führen; daß der Anteil dieser Übergänge nur in der Größenordnung von 1/10 aller Übergänge liegt, erscheint durchaus natürlich."

[1117] PAULI AN FIERZ

Zürich, 1. Juni 1950

Lieber Herr Fierz!

Vielen Dank für Ihren Brief.[1] Ich hatte immer den Verdacht, daß S schon in 2. Näherung sondern auch makroskopisch „akausal" ist und bin überaus froh, dies durch Ihre Überlegung bestätigt und bewiesen zu finden. Nur einige kleine Bemerkungen. (Ich habe die Sache auch mit Schafroth noch im Einzelnen diskutiert.):

1. Man kann statt

$$\iint dx_1 dx_2 \varepsilon(x_1 - x_2) I_1 I_2$$

auch

$$\tfrac{1}{2} \iint dx_1 dx_2 \varepsilon(x_1 - x_2) [I_1, I_2]$$

schreiben.

2. Es ist vielleicht etwas anschaulicher den Prozeß

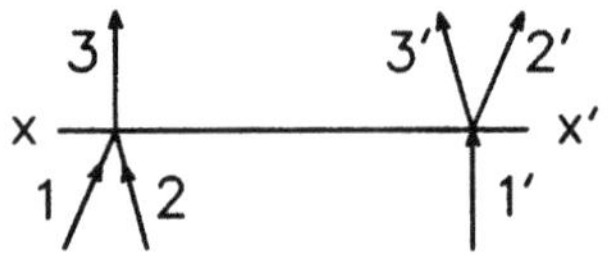

(A)

zu betrachten statt denjenigen, wo in x

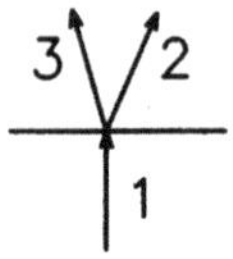

(B)

genommen ist.

Darin {in (A)} muß doch der Spezialfall enthalten sein, daß $(3) = (1')$ ein quasi reelles Teilchen ist.

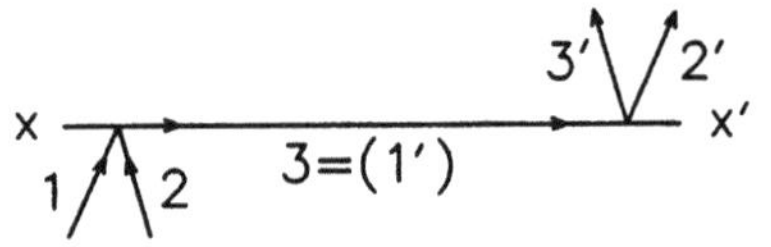

Selbst wenn die „Punkte" x und x' mit Gebieten wie New York und London identifiziert werden, muß es bei Heisenberg vorkommen können, daß *zuerst* in x' die Teilchen $2', 3'$ entstehen und *nachher* in x 1 und 2 verschwinden – übrigens gleichgültig, ob $(3) = (1')$ energiereich ist oder nicht.

Sind Sie einverstanden?

Dies scheint mir wichtig genug, daß ich Ihnen nahelegen möchte, dies Heisenberg *gleich* zu schreiben.[*2]

Inzwischen kam nämlich bereits ein Teil II von Heisenberg,[3] den ich hier beilege. {N. B. Sein Satz $S_i = S_{-j}$, p. 7[4] bedeutet in dem von Ihnen betrachteten Fall nur, daß in der S-Matrix keine Terme HI, sondern nur HH und II vorkommen.}

Auf Wiedersehen am Montag und viele Grüße   Ihr W. Pauli

^{1} Siehe den voranstehenden Brief [1116].
* Man kann ja dabei betonen, daß seine Theorie jetzt mathematisch widerspruchsfrei ist.
^{2} Fierz setzte sich daraufhin mit Heisenberg brieflich in Verbindung.
^{3} Heisenberg (1950b).
^{4} Heisenberg (1950b, Formel 10).

[1118] PAULI AN FIERZ

Zürich, 2. Juni 1950

Lieber Herr Fierz!

Ich möchte der Sicherheit halber noch zu meinem gestrigen Brief nachtragen:
Der Prozeß, den ich in der Heisenbergschen Theorie betrachten will, ist durch
folgende Figur schematisch dargestellt:

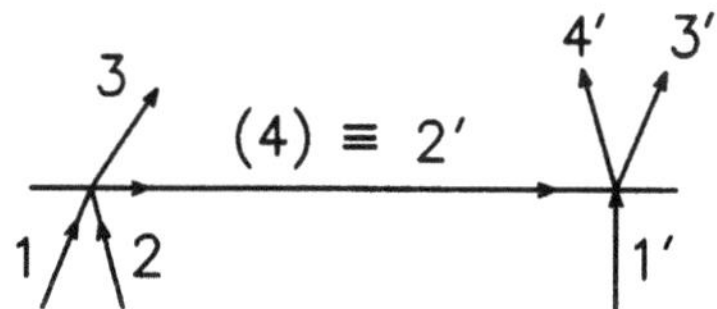

Der lange Strich gibt zur Funktion $\bar{S} = \frac{1}{2}(S^{\mathrm{av}} + S^{\mathrm{ret}})$ Anlaß,* {während $S_c =$
$S^{(1)} - 2i\bar{S}$, $S_c^* = S^{(1)} + 2i\bar{S}$, $\bar{S} = \frac{i}{2}(S_c - S_c^*) = -\frac{1}{2}S\varepsilon$, $S_{ac}^* = -S_c^*(x)$}.
Ich bin nicht sicher, ob ich in meinem gestrigen Brief die Figur richtig
gemacht habe, auf der Tafel hier ist sie richtig.
Nochmals beste Grüße

Ihr W. Pauli

P. S. Herr Schafroth läßt Sie bitten, ob Sie ihm am Montag den Brief
mitbringen könnten, den er Ihnen seinerzeit über das Regularisieren bei der
Lebensdauer neutraler Mesonen geschrieben hat.

* Bei der Schreibweise $\varepsilon(x - x')[J_1(x), J_2(x')]$ braucht man hier keinen Vakuumerwartungswert zu
bilden. Der Kommutator mal ε enthält Terme mit dem Faktor $\varepsilon(x_1 - x_2)\{\psi(x), \bar{\psi}(x')\} = i\varepsilon S \sim i\bar{S}$
und 6 weiteren ψ's oder $\bar{\psi}$'s, die bleiben.

[1119] PAULI AN JUNG^1

Zollikon-Zürich, 4. Juni 1950

Sehr geehrter Herr Professor Jung!

Als Folge unseres gestrigen Gespräches übersende ich Ihnen den Text zweier
Träume,^{2} die stattfanden, nachdem ich voriges Jahr Ihr Manuskript über das
synchronistische Phänomen gelesen hatte.^{3} Diese Träume beschäftigen mich
immer noch im Zusammenhang mit meiner Einstellung zu diesem Phänomen.
Ich möchte hier noch einige kommentierende Bemerkungen zu allen Träumen
hinzufügen (die für Sie mit zum „Material" gehören werden).

1. Der Zeitbegriff, von dem im ersten Traum die Rede ist, ist nicht derjenige der Physik, sondern derjenige der „dunklen Anima".[4] Es ist eine intuitive Beurteilung des Charakteristikums einer äußeren Situation, die allerdings auch mit den Jahreszeiten in Verbindung gebracht wird. Was für den Physiker die Zeigerstellung einer Uhr ist, das ist für diesen intuitiven Zeitbegriff die „Lage der Gegensatzpaare", nämlich welche bewußt und welche unbewußt sind. Als ich Ihnen z. B. damals, als der Traum stattfand, schrieb, das von Ihnen geschilderte Ereignis mit dem Skarabäus[5] hätte wahrscheinlich im März oder September stattgefunden, da hat – in der Sprache des Traumes – „das dunkle Mädchen eine kleine Reise gemacht, um die Zeit zu bestimmen". Dieser Zeitbegriff kann sowohl auf äußere Situationen angewandt werden als auch auf Traum-Situationen.

2. Angewandt auf den ersten Teil des zweiten Traumes (bevor „der Fremde" erscheint) würde er aussagen „Es ist Sommer". Das Fehlen des dunklen Mädchens (in späteren Träumen trat es auf) in diesem Traum – oder, was dasselbe ist, der Umstand, daß nur drei und nicht vier Kinder da sind – bedingt ein Überwiegen des Lichten auf der weiblichen (d. h. gefühlsmäßig-intuitiven) Seite. Das Lichte-weibliche ist das Erotisch-geistige und tritt oft als Vorstufe einer Begriffsbildung auf, während das Dunkle-weibliche oft auf die Realisierung einer Situation in der materiellen Körperwelt (in der äußeren Natur) tendiert. Das Fehlen des Letzteren ist ein gewisser Symmetrie-Mangel in der Anfangssituation des zweiten Traumes. Der Sommer ist zwar eine angenehme Zeit, aber er ist einseitig-unvollständig. Übrigens haben im Herbst 1948 andere Träume mit *vier* Kindern stattgefunden.

3. Das muß offenbar in sehr direkter Beziehung stehen zu dem – auf rationaler Basis offenbar unlösbaren – Konflikt zwischen meiner bewußten Einstellung und dem Unbewußten (der Anima) über die Beurteilung der beiden Knaben. Ich weiß leider nicht was die beiden Knaben sind. Eingefallen ist mir zur Kritik des jüngeren Knaben allerdings meine sehr ablehnende bewußte Haltung zu Horoskopen und Astrologie,[6] aber wahrscheinlich hat dieses Traumstück eine allgemeinere Bedeutung als diese.

4. Die entstandene Situation „konstelliert" nun offenbar den Archetypus, der mir wohlbekannt ist und als „der Fremde" in Erscheinung tritt. Er hat einen ausgesprochenen Psychopompos-Charakter[7] und dominiert stets die ganze Situation, *auch* die „Anima". Früher hatte er zwei Erscheinungsformen eine helle und eine dunkle (letztere erschien bisweilen als „Perser" im Traum). Aber im Jahr 1948 hat mit ihm eine weitere Verwandlung stattgefunden, die eine Annäherung der beiden Pole des Gegensatzpaares gebracht hat, so daß er dann als blond, aber mit einem dunklen Gewand oder umgekehrt, aber deutlich als ein und derselbe Mann erschien. (Er ist übrigens *kein alter* Mann und nicht weißhaarig, sondern eher jünger.) Ich habe viel zum Verständnis dieser Figur aus Ihrem Aufsatz „Der Geist Merkurius"[8] gelernt, da er nämlich eine ähnliche Rolle spielt wie bei den Alchemisten der Merkur. In meiner Traumsprache wäre er mit dem „radioaktiven Kern" zu identifizieren.

5. In dem hier angeführten zweiten Traum macht er nun wichtige Aussagen über das Buch, das das lichte Mädchen hat (er sagt auch, *er* habe ihr das Buch gegeben).

Zu diesem Buch fiel mir gleich beim Erwachen die Wilhelmsche Übersetzung des I-Ging ein.[9] (Die gotischen Buchstaben sind ein Hinweis auf Deutschland, wo diese gedruckt ist.) Ich ziehe diesen gerne zur Deutung von Traumsituationen heran. „Gewöhnliche" Mathematik ist für mich Algebra und vor allem der Differential- und Integralkalkül; das gibt es im I-Ging natürlich nicht. Wohl aber kommt mehrfach elementare Arithmetik drinnen vor (wie Teilbarkeit durch 4), auch haben die 64 Zeichen schon Leibnizens mathematische Phantasie angeregt.[10] Man kann den I-Ging also wohl in diesem Sinne als „populäres Mathematikbuch" bezeichnen. Der „Fremde" hat auch sonst die Tendenz – neben seinem Anknüpfen an physikalische Begriffe – den heutigen Anwendungsbereich der Mathematik als unzureichend hinzustellen. Die Unterscheidung von „physisch" und „psychisch" kennt er überhaupt nicht und er wendet Mathematik auch auf das an, was wir „die hermetische Welt der Psyche" nennen. Der Einwand, daß diese qualitativ und nicht quantitativ sei, ist nicht unbedingt zwingend, da einerseits viele Teile der Mathematik (wie die Topologie) auch qualitativ und nicht quantitativ sind und da andererseits auch in der Psyche ganze Zahlen eine wesentliche Rolle spielen. Interessant ist, daß „der Fremde" im Allgemeinen *nicht* Begriffe verwendet, die direkt Ihrer analytischen Psychologie entnommen sind. Er pflegt dafür physikalische Begriffe zu substituieren, die er dann in einem unkonventionell erweiterten Sinne gebraucht.

In dem vorliegenden Traum impliziert er nun, das kleine lichte Mädchen sollte eigentlich ebenso Mathematik können wie ich und stellt als eine Art Forderung auf längere Sicht auf, daß sie diese erlernen soll. Das „populäre Mathematikbuch" dagegen stellt er als Provisorium hin.

Das wäre also das Material. Ich glaube, daß ich einen wichtigen Schritt betreffend meine Einstellung zum Synchronizitäts-Phänomen weiterkommen würde, wenn es mir gelingen würde, die beiden Knaben des Traumes (und den Konflikt betreffend den jüngeren der beiden) richtig zu deuten. Vielleicht fällt Ihnen noch mehr dazu ein. Es liegt wohl nahe, die Kinder – es sollen ja eigentlich vier sein, waren es zuweilen auch – mit Ihrem Funktionenschema[11] in Verbindung zu bringen. Aber ich möchte mich hier nicht in zu wenig begründete Spekulationen verlieren.

In Princeton hatte ich – unerwarteter Weise – Gelegenheit, öfters über das Synchronizitäts-Phänomen zu diskutieren. Dabei gebrauchte ich gerne den Terminus „Sinn-Korrespondenz" statt „Synchronizität", um den Akzent mehr auf den Sinn als auf die Gleichzeitigkeit zu legen und um an die alte „correspondentia" anzuknüpfen.[12] Ferner betonte ich gerne den Unterschied zwischen dem *spontanen* Auftreten des Phänomens (wie in Ihrem Bericht über den Skarabäus)[13] und dem (durch eine Vorbehandlung oder einen Ritus) *induzierten* Phänomen wie bei der Mantik (I Ging oder ‚ars geomantica'). Ob vielleicht die beiden Knaben mit dieser Unterscheidung zu tun haben?

Ihrem Vortrag am 24. Juni[14] sehe ich mit großer Spannung entgegen und ich hoffe, daß es zu einer lehrreichen Diskussion (z. B. über den Begriff „Naturgesetze" in der Physik und den Begriff „Archetypus" in der Psychologie) kommen wird.

Inzwischen verbleibe ich mit herzlichen Grüßen

Ihr stets dankbarer

W. Pauli

[1] Auch abgedruckt bei Meier [1992, S. 46–48].

[2] Diese beiden Träume vom 29. Juni und vom 2. Juli 1949 sind auch in der Anlage zum Brief [1200] wiedergegeben.

[3] Es handelte sich um einen Entwurf von Jung (1952).

[4] Die dunkle Anima als Repräsentantin der Zeit wird auch in Paulis Aufsatz aus dem Jahre 1948 über Hintergrundsphysik erwähnt.

[5] Diese Begebenheit hatte Jung in seinem Synchronizitätsaufsatz (1952/90, S. 26) geschildert. Siehe hierzu auch die Bemerkungen in Paulis Schreiben vom 28. Oktober 1953 an A. Jaffé.

[6] Vgl. auch Paulis Äußerungen in Band **III**, S. 703 und im Brief [1095].

[7] Als Psychopompos oder Seelenführer wirkte in der griechischen Mythologie Hermes, der die toten Seelen auf ihrem Wege in die Unterwelt leitete. In der Jungschen Psychologie wird ihm die Vermittlungsfunktion zwischen dem Bewußten und dem Unbewußten zugesprochen. Siehe u. a. in Jungs Psychologie und Alchemie [1952, S. 70 und 79]. Bei Pauli wird diese Figur außerdem auch in den Briefen an Jung vom 25. Oktober 1946 und 28. Juni 1949 diskutiert.

[8] Jung (1943).

[9] Wilhelm [1948]. Siehe hierzu auch [1095] und den Kommentar zu [1091].

[10] Siehe hierzu die Angaben in Aitons Leibniz-Biographie [1985, S. 245ff.].

[11] Das von Jung 1921 aufgrund jahrelanger Erfahrung aufgestellte und als irreduzibel erachtete Funktionsschema des Bewußtseins beruht auf der Unterscheidung von *vier* psychologischen Grundfunktionen, des Denkens, Fühlens, Empfindens und Intuierens, die ihrerseits in ein *rationales* (Denken, Fühlen) und in ein *irrationales* (Empfinden, Intuieren) Gegensatzpaar zerfallen. Bei verschiedenen Personen können diese recht unterschiedlich entwickelt sein, indem Jung eine bevorzugte oder Hauptfunktion und eine benachteiligte oder *minderwertige Funktion* unterscheidet, die weitgehend im Unbewußten verbleibt. Durch eine Verlagerung dieser minderwertigen Funktion ins Ich-Bewußtsein bei der sog. *Individuation* wird die volle Entfaltung der Persönlichkeit erzielt. Vgl. hierzu Jung [1921].

[12] Das psycho-physische Problem im Lichte des Korrespondenzprinzips wird von Primas (1995, S. 216f.) diskutiert.

[13] Vgl. hierzu auch Paulis Hinweis auf Jungs Erlebnis mit dem Skarabäus in seinem Brief vom 28. Juni 1949.

[14] Der am 24. Juni 1950 geplante Vortrag mußte schließlich wegen Jungs Erkrankung verschoben werden (vgl. die Angaben zu Brief [1127]).

[1120] PAULI AN BOHR

Zürich, 6. Juni 1950

Dear Bohr!

Franca and I were very glad to have recent news from you and Margrethe and I still thank you so much for your friendly birthday-congratulations.[1]

Today I am writing to you mostly about the possibility of an invitation of Oppenheimer to Europe during spring 1951.[2] When I was in Princeton,[3] I thought, that the Italians are planing a physics meeting in Sicily for this time but meanwhile I heard, that they have changed their mind (and that there will be only a meeting of mathematicians in Sicily in spring '51). On the other hand, I heard both of your own plans to invite Oppenheimer to Copenhagen by then, and also of Gustafson's plans for a kind of 'housewarming-meeting' for the new Institute-building in Lund, also in spring 1951.[4] I write to you for the reason, that if we invite Oppenheimer to Zurich, we shall have to start rather early with our attempt to raise funds here for this purpose. Moreover we shall presumably not be able to pay him the whole trip from America to Europa so that a cooperation with other places in Europe would be desirable. On the other hand I feel obliged to invite Oppenheimer to Zurich also, when he would come to Europe anyhow and I also believe, that the financial problem for this would be solvable in this case without great difficulties. Therefore I beg you to let me know your intention about it in due time.

Now a few remarks on questions connected with politics – a rare topic in my letters to you.[5] Everything which is 'large scale' is too inhuman to be accessible to my sentiment, so I prefer to think about *individual* destinies, to stay human and to look how these individual fates are reflecting also a larger collective situation. In this connection I thought very much about our old friend Robert Oppenheimer during the days after my leaving the States, and I found that he managed himself in a very unfavourable or even bad situation by staying too long in his jobs – which are so near to 'Narrenhaus, D. C.' (as I liked to call this place). Every child could have predicted that his whole attitude directed toward a peaceful agreement and against an increase of armaments (an attitude much underlined by his sympathy with 'leftists' in the past, which he openly admits) will become more and more unpopular. He had or has therefore the choice either to go openly in an opposition against the government or to stay out of politics entirely (and therefore also to quit the above mentioned jobs). Now looking at Robert it is my impression that he is not a person psychologically able to make a real fight (with all the dirt thrown at him unavoidably during such an enterprise and with his tender and nervous character). Therefore I tried to influence him as much as possible in the second direction (to retire from politics and everything which is connected with it as soon as possible) during my last private talk with him. In this connection it is my own impression that *he overrates the possibility that he will be attacked, when he retires* (one can do this very peacefully by saying he wants to do now just some other things without any 'clash'). This seems to me unlikely, but, on the other hand, I am certain, that he will be attacked again and again by his enemies when he tries to stay (and, unfortunately, it is well possible that also certain facts of the more remote past, or connected with his wife and with politics – which are well known to me – will also be used during such attacks – politics being as it is in the States at present). But I doubt, that one will do him any harm when he quits, as his enemies will presumably be glad then that they get rid of him in an easy and agreeable way.

Being with this utterances in a sphere, which is very alien to me, I would be glad to hear your opinion about it. It is also of some importance that different friends of Robert do not influence him in a too different way.

I say 'influence him', as it was my impression that he was utterly undecided and even helpless (but sincere) when I talked with him.

All this was clear to me independent of the recent development, about which, I know only very little indeed. Pais has sent me some newspaper-clips about statements of some agent in California.[6] But the most important question is, whether other people are behind it and whether they will repeat these attacks at other occasions in the near future (what I am very much afraid of).

Robert's long waiting can do much damage to him and Kitty. It is so much more difficult to quit in a moment, when one is already attacked. The result of his unununderstandable waiting will only be that one will throw him out by force.

By staying he seems to me only to defend a kind of imaginary 'glamour-glory', as he actually has nothing to say anyhow in all important matters (the latter remark I made to him, during my last talk with him, too – and he did not say anything against it).

To yourself I will add only very little in this connection, as your actions will certainly not cause any damage yourself. It is only this, that in general *direct* political actions of scientists (or other spiritual persons) have not much success. Spiritual persons have interests, values and therefore also emotional attitudes, which are more complicated than those of average persons.[7] I remember on Leibniz' serious attempts to reconcile the two confessions* (Catholic and Protestant) which had no success either, although his arguments were very reasonable and very well meant.[8]

My own attitude is therefore, that we have to be satisfied with the fact – well established by history – that ideas always had great influence on the course of history and also to the politicians, but that it is better, if we leave the direct actions in politics to other persons and remain on the periphery and not in the center of this dangerous and disagreeable machinery.

In my attitude in favour of an *indirect* effect only on the bulk of other persons I am – last not least – also influenced by the philosophy of *Laotse*, in which so much emphasis is laid on the indirect action, that his ideal of a good ruler is one, whom one does not consciously notices at all.[9]

Now I said so much about other things than physics, but not in order to hide that I have to say very little about the latter, which – on the contrary – I am confessing quite openly.

With most affectionate regards to yourself and to Margrethe (also from Franca, who will write separately)

Your old W. Pauli

We are expecting Pais here for a visit in July.[10] The meeting in Paris was very nice.

---

[1] Pauli hatte am 25. April seinen 50. Geburtstag gefeiert (vgl. [1107]).

[2] Oppenheimer kam erst im Herbst 1953 nach Kopenhagen.

[3] Pauli war Anfang Mai von seinem Amerika-Aufenthalt nach Zürich zurückgekommen.

[4] Die Einweihung des neuen physikalischen Institutes in Lund sollte Ende Mai 1951 stattfinden (vgl. [1231]).

[5] Siehe hierzu auch den Kommentar zum Brief [1102].

[6] Der „Oppenheimer Fall" wurde schon damals breit in der amerikanischen Presse diskutiert. Siehe hierzu den Bericht von Ch. P. Curtis [1955] und die Studie von Ph. M. Stern [1969].

[7] Vgl. hierzu auch den Brief [1195] an M. Born.

* In a pamphlet written by Quakers, the present situation between Russia and U. S. A. was compared with the situation of Protestants and Catholics in the 17th century – which seemed to me quite defendable.

[8] Leibniz' Vermittlungsversuche zwischen Katholiken und Protestanten sind ausführlich in seinem 1847 von Chr. von Rommel edierten *Briefwechsel über religiöse und politische Gegenstände* mit dem Landgrafen Ernst von Hessen-Rheinfels behandelt.

[9] Paulis positive Einstellung zur Philosophie von Laotse wird auch in den Briefen [1147, 1158 und 1172] deutlich.

[10] Pais traf am 12. Juli 1950 in Zürich ein und trug am 14. Juli im physikalischen Kolloquium vor (vgl. [1122 und 1141]).

[1121] PAULI AN GUSTAFSON

Zürich, 6. Juni 1950

Dear Prof. Gustafson!

This is a very sad letter, to tell you that H. Bradt is not anylonger alive;[1] he died in New York in a hospital one hour after an operation. Some say it was cancer and the operation was on the lungs, the cause of death was either an embolism or heart-weakness.[2]

It must have happened rather suddenly: when I saw him on the day before my leaving of U. S. A., I did not notice any sign of disease and Jost wrote to me that he saw him one week earlier in Rochester, where he also looked normally healthy. He only mentioned that he will have 'a minor operation'. Jost also mentioned in his letter to me[3] that Mrs. Bradt, who is expecting a baby, is well so far.

Staub received a letter with a similar context from F. Bloch as I did from Jost.

I was very much shocked about this terrible news yesterday and feel still rather miserable about it.

With all good wishes to yourself and to all friends in Lund

Sincerely Yours

W. Pauli

[1] Vgl. hierzu die Angaben in den Briefen [910, 1010 und 1014] und Paul Scherrers Nachruf (1950) in den *Helvetica Physica Acta*.
[2] Siehe Band **III**, S. 630.
[3] Paulis Briefwechsel mit Res Jost war bisher noch nicht zugänglich.

[1122] PAULI AN PAIS

Zürich, 6. Juni 1950

Lieber Pais ($\pi\alpha\iota\varsigma$)![1]

Es war schön, Ihren Brief zu haben, der uns die Aussicht gibt, Sie bald bei uns zu sehen und in unserem Haus wohnen zu haben.[2] Unser Semester schließt mit 15. Juli und ich wäre deshalb froh, wenn Sie schon während dessen letzter Woche in Zürich sein könnten. Dann könnten Sie noch für ein größeres Publikum über die Nukleonenstreuung vortragen.[3] (Das letzte physikalische Kolloquium ist am 12. Juli.)[4]

Meine Frau und ich sowie viele andere Physiker bleiben auch nach Semesterschluß in Zürich, so daß Sie jedenfalls willkommen sind, auch wenn Sie erst später im Juli kommen wollten. Aber es wäre vielleicht eine ganz günstige Zusammenstellung, wenn Sie sowohl in den letzten Semestertagen als auch noch in Ferientagen hier sein könnten. (Könnten sie vielleicht den Besuch in Athen etwas abkürzen? Treten Sie dort als $\pi\alpha\iota\varsigma$ auf?)

In der Physik habe ich keinerlei neue Ideen, doch macht mir meine Vorlesung über Feldquantisierung[5] viel Spaß. Fierz und ich streiten uns brieflich mit Heisenberg herum, der triviale Rettungsversuche seiner Arbeit (die Sie kennen) versucht hat.[6] Aber die Decke ist zu kurz ...

Glauber ist wenig sichtbar;[7] er ist ehrgeizig und lebt das Leben eines arbeitslosen Genies – d. h. er lebt wie Schwinger, nur daß er nachts nicht arbeitet ...

Den Zeitungsausschnitt über Oppenheimer haben wir mit Interesse gelesen[8] – doch scheint mir, daß wie immer in den Zeitungen die Aufmerksamkeit auf einen unwichtigen Punkt gerichtet wird. Worauf es wirklich ankommt, ist wer hinter Mrs. Crouch[9] steckt. So far, so good; aber ich fürchte, die Sache wird leider irgendwie weitergehen (erinnern Sie mich, bitte, daß ich Ihnen in Zürich den Witz vom Ehemann und der „quälenden Ungewißheit" erzähle).[10]

Zugleich mit Ihrem Brief kam auch ein Brief von Jost mit dieser ganz schauerlichen Geschichte über den plötzlichen Tod von H. Bradt.[11] Ich bin noch ganz erschlagen davon!

Schreiben Sie, bitte, noch die genaue Zeit Ihres Kommens. Inzwischen alles Gute und herzliche Grüße von uns beiden

Stets Ihr $\mu\xi$ (= W. P.)[12]

---

[1] Das Wort Pais bedeutet im Spanischen Land und im Griechischen Kind. Der Grund, weshalb diese letztere Bedeutung des Namens Pauli so sehr zusagte, hat mit dem Auftreten von Kindern in seinen Träumen (vgl. Paulis Brief [1119] an Jung vom 4. Juni 1950) und seiner Suche nach ihrer psychologischen Deutung zu tun: „Am Beginn meiner Analyse (etwa 1931, wenn ich mich richtig erinnere) fand bereits ein Traum statt, in dem ‚Kinder in Schweden' vorkamen. Das Motiv hat sich später im Lauf der Analyse wiederholt, kam insbesondere am Ende derselben (1934) wieder, wurde aber niemals aufgeklärt. Eben deshalb denke ich noch heute oft daran. (Norden-Intuition, ‚Kinderland' Land der Träume)." Da Pauli glaubte, daß die Traumereignisse mit den Vorgängen im alltäglichen Geschehen in einer direkten Beziehung zueinander stehen, maß er ihnen eine tiefere Bedeutung bei. Siehe hierzu auch Jungs Kommentare in seinem Werk *Psychologie und Alchemie* [1975, S. 79ff.], in dem er sich mit einer Interpretation von Paulis Träumen auseinandersetzt.

[2] Pais besuchte im Juli 1950 Zürich und Athen. Vgl. hierzu auch die Angaben in den Briefen [1141].

[3] Kenneth M. Case und Pais (1950) hatten damals gerade eine Untersuchung über hochenergetische Nukleon-Nukleon Streuung abgeschlossen, in denen sie die in den neuen Streuexperimenten in Berkeley gefundenen Abweichungen von der Ladungsunabhängigkeit der Kernkräfte zu erklären suchten.

[4] Das Physikalische Kolloquium in Zürich fand immer an einem Mittwoch statt.

[5] Paulis Vorlesungen über *Ausgewählte Kapitel aus der Feldquantisierung* wurden von U. Hochstrasser und R. Schafroth ausgearbeitet und 1951 im Verlag des *Vereins der Mathematiker und Physiker an der ETH Zürich* publiziert.

[6] Heisenberg (1950). Vgl. hierzu auch den in der Anm. zu Brief [1117] erwähnten Briefwechsel von Fierz mit Heisenberg.

[7] Roy J. Glauber (geb. 1925) hatte in Harvard studiert und dort im Juni 1949 mit einer Untersuchung der relativistischen Mesonenfelder promoviert. (Eine in Zürich weiter ausgearbeitete Fassung seiner Dissertation wurde später in den *Progress of Theoretical Physics* publiziert.) Anschließend war er ein Semester in Princeton gewesen, bevor er vom März bis zum Oktober zu Pauli an die ETH nach Zürich kam. Er begleitete Pauli auch auf der Reise nach Italien (siehe Brief [1153]) zur italienischen Physiker-Konferenz in Bologna. Danach kehrte er zunächst für ein Jahr an das *Institute for Advanced Study* in Princeton zurück, publizierte dort eine Arbeit (1951) über mehrfache Bosonen Prozesse,

um dann vom September 1951–September 1952 eine Stellung als lecturer am Caltech in Pasadena anzutreten.

[8] Auf diese Angriffe auf Oppenheimer kommt Pauli in seinem Brief [1120] an Bohr zurück.

[9] Sylvia Crouch hatte im May 1950 vor dem *California Committee on Un-American Activities* gegen Oppenheimer ausgesagt und behauptet, daß im Sommer 1941 in Oppenheimers Wohnung in Berkeley ein geheimes Kommunistentreffen stattgefunden habe. Vgl. hierzu Stern [1969, S. 161f.].

[10] Auf eine Nachfrage des Herausgebers erwiederte A. Pais, daß er sich an einen derartigen Witz nicht mehr erinnern kann.

[11] Siehe hierzu auch den vorangehenden Brief [1121] an Gustafson. Aus Paulis Korrespondenz mit seinem ehemaligen Assistenten Res Jost scheinen leider nur wenige Briefe erhalten zu sein.

[12] Es ist uns bisher nicht gelungen, die Bedeutung der beiden Buchstaben $\mu\xi$ zu entschlüsseln. A. Pais vermutet, daß Pauli sie aus einem Roman von H. Melville entlehnt hat.

Paulis erste wissenschaftliche Auszeichnung war die Lorentz-Medaille, die ihm bereits mit 31 Jahren verliehen wurde.[1] Nachdem er nun auch den Nobelpreis für Physik des Jahres 1945 erhalten hatte, häuften sich weitere Ehrungen. Als ihm der Präsident der indischen Akademie der Wissenschaften C. V. Raman am 16. Januar 1948 mitteilte, er sei am 27. Dezember des vergangenen Jahres zum *Honorary Fellow of the Indian Academy of Science* in Bangalore ernannt worden, nahm Pauli diese Würdigung mit großer Freude entgegen.[2]

Im Mai 1950 wurde ihm nun vom Sekretär der *American Academy of Arts and Sciences* in Boston, Mass. die auswärtige Mitgliedschaft angetragen [1123]; im Dezember des gleichen Jahres wurde eine entsprechende Mitteilung durch Hans Jensen von der *Heidelberger Akademie der Wissenschaften* übermittelt [1184 und 1186].

Im Februar 1951 folgte die durch Sommerfeld angeregte Ernennung zum *korrespondierenden Mitglied der Bayerischen Akademie der Wissenschaften* [1204 und 1211]. Und 1952 wurde Pauli schließlich auch noch zum Mitglied der Kopenhagener Akademie [1223 und 1225] und der schwedischen Akademie in Lund [1393 und 1406] und in Uppsala [1361] gewählt.

[1] Siehe Band **II**, S. 70.

[2] Dieser Brief und Paulis Antwortschreiben wird zusammen mit allen anderen *Nachträgen* am Ende von Band **IV** wiedergegeben.

[1123] Pauli an Philips[1]

Zürich, 9. Juni 1950
[Maschinenschriftliche Durchschrift]

Dear Mr. Philips!

I received your kind information that I am elected a foreign honorary member of your Academy. Please convey to the members of Academy my sincere thanks for this honour.

Sincerely yours,   W. Pauli

[1] Henry B. Philips war der Sekretär der *American Academy of Arts and Sciences* in Boston, Mass., die Pauli zu ihrem Ehrenmitglied ernannte.

[1124] Pauli an Yang

[Zürich], 13. Juni 1950
[Maschinenschriftliche Durchschrift]

Dear Yang!

I thank you very much for yours and Feldman's paper.[1] At the same time I received a paper by Källén which also tries to develop the consequences of the use of the Heisenberg representation.[2] Although he renounces the derivation of the S-matrix, restricting himself to the field operators themselves. I prefer his method in comparison with yours, as he does not go back to Dyson's P-symbol and the surfaces.[3]

He also received your paper and says in a letter to me[4] about it „that Glauber's calculations make the main part of the paper". I can confirm this strange impression from my own reading and I think that the way Glauber is quoted in your footnote 14 does not go far enough.[5] It is not only „the generalization of the incoming and outgoing fields" which is due to him but most of the calculations of Section II A, which establishes the connection of your other results with the method of the interaction-representation that uses the surfaces.[6]

As I am quoted at the end of your paper I am entitled to say that I hope that you will find a better way to quote Glauber before the paper is printed.

With best regards, also to Feldman,

Sincerely yours,

[W. Pauli]

---

[1] Yang und Feldman (1950). Vgl. hierzu auch das im Pauli-Nachlaß 5/396$_{1-5}$ bei CERN befindliche Manuskript von unbekannter Hand mit dem Titel „Yang-Feldman für Spin-0-Teilchen".
[2] Källén (1950a, b).
[3] Vgl. hierzu auch [1076].
[4] Dieser Brief wurde bisher noch nicht aufgefunden.
[5] Vgl. hierzu Yangs Antwort [1135].
[6] Glauber (1951). Siehe hierzu auch die Briefe [1122, 1135, 1140 und 1149].

[1125] Pauli an Strauss

Zürich, 19. Juni 1950
[Maschinenschrift]

Dear Dr. Strauss!

After my return from the States I read your letter.[1] As I am not familiar with the technic of logistic calculus I restrict myself to a few remarks.

1. It is just the circumstance, pointed out by yourself that „the conjunction of two meaningful sentences is not necessarily meaningful", which Reichenbach calls „restriction of meaning".[2] However, we seem to agree, that we do not see any harm in it.

2. From the standpoint of physics it seems to me highly undesirable to give different names („special" and „general" complementarity) to statements

regarding two measurements whether or not they take place at the same time. Not only in my Handbuch-Artikel[3] and in the paper of Bohr and Rosenfeld (of which a confirmation is now in print),[4] but also in Dirac's book the general case has always been considered.[5] I do not see either that it is more difficult to give a precise meaning to the word „effectively" in the general case than in the particular case of two statements regarding the same time instant.

3. Your contradistinction between statements referring to observables and those referring to physical systems is not understandable to me, as every statement on observables is automatically a statement on a physical system and every statement on a physical system is in the present theory made in a form of a statement on observables.[6]

4. I talked again with von Neumann last winter on his logic of quantum mechanics and I am sure that you are entirely mistaken if you believe, that this logic is not consistent. (I advise you to write to himself again about it, the time 10 years ago was not very fortunate for it.)[7]

However, I am also certain, that neither the logical system of Neumann and Birkhoff,[8] nor any other system can be „deduced from experiment", as every such system contains additional definitions (conventions) of the logical operations which are not deducible in principle but must be assumed or rejected for reasons of *conveniences*.

Yours sincerely,

W. Pauli

[1] Brief [1101].
[2] Siehe Reichenbach [1949, S. 30 und 35] und Paulis Bemerkung in seinem Brief [882] an Reichenbach.
[3] Pauli [1933, S. 83–90].
[4] Bohr und Rosenfeld (1950).
[5] Dirac [1947].
[6] Handschriftliche Randbemerkung von Strauss: „This is true but not properly formalized by Reichenbach."
[7] Nachdem John von Neumann 1937 die amerikanische Staatsbürgerschaft erworben hatte und nach Überwindung einiger Hindernisse auch Offizier der U.S. Army geworden war, hatte er sich im Hinblick auf den unvermeidbaren Krieg in Europa intensiv mit militärischen Projekten befaßt. Im September 1940 wurde er zusammen mit Theodor von Kàrmàn und I.I. Rabi wissenschaftlicher Berater des *Ballistic research Laboratory* in *Aberdeen Proving Ground*. Siehe hierzu von Neumanns *Confidential Report* aus dem Jahre 1945, den er für das *Institute for Advanced Study* in Princeton über seine Tätigkeiten während des Krieges verfaßte und Macraes von Neumann-Biographie [1992, S. 200ff.].
[8] G. Birkhoff und J. von Neumann (1936). Siehe hierzu auch den folgenden Brief [1139] und Jammer [1966, S. 376].

[1126] FIERZ AN PAULI

Basel, 20. Juni 1950[1]

Lieber Herr Pauli!

Zur Frage, was D_c bedeute und insbesondere, woher es physikalisch kommt, daß diese Funktion einen Bestandteil enthält, der wie $1/x^2$ abfällt,[2] kann ich folgendes sagen:

Sind $D^{\pm}_{\text{av,ret}}$ Lösungen der inhomogenen Gleichungen

$$\Box\, D^{\pm} = -\delta_{\pm},$$

so ist

$$D^c = D^+_{\text{ret}} + D^-_{\text{av}}.$$

Ich habe nun diese Funktion so interpretiert: Hat man im Matrixelement den Operator

$$\bar{\psi}(x)\gamma_\mu\psi(x)D^c(x-y)\bar{\psi}(y)\gamma_\mu\psi(y)(dx)^4(dy)^4,$$

so sind die Operatoren $\bar{\psi}(x)\gamma_\mu\psi(x)(dx)^4$ und $\bar{\psi}(y)\gamma_\mu\psi(y)(dy)^4$ solche, die im Volumenelement (4-dimensional) $(dx)^4$ oder $(dy)^4$ Übergänge erzeugen. Ich betrachte $(dx)^4$. Hier sei der Übergang ein solcher, bei welchem die Energie *wächst*. (Ein Elektron oder Positron geht in einen Zustand größerer Energie oder es wird ein Paar erzeugt.) Dergleichen läßt sich nur feststellen, wenn $(dx)^4$ eine hinreichend große zeitliche Ausdehnung hat, so daß sich über die Energie etwas aussagen läßt. Man hat also wirklich über dx^4 zu *integrieren*. Dabei wird nur der Anteil D^-_{av} von D^c einen Beitrag liefern, während D^+_{ret} durch den Zeitfaktor in $\bar{\psi}(x)\gamma_\mu\psi(x)$ praktisch annulliert wird. D^-_{av} verknüpft daher das Volumen $(dx)^4$ mit einem *früheren* Volumen $(dy)^4$, was der kausalen Betrachtung entspricht: Die Energiezunahme in $(dx)^4$ rührt von einem Ausstrahlungsprozeß in $(dy)^4$ her, der früher stattgefunden hat. Im umgekehrten Falle, wo die Energie abnimmt, ist die Sache umgekehrt.

Man muß nun fragen: Wie genau kann man einen Prozeß raum-zeitlich lokalisieren, bei welchem die Energie entweder zu oder abnimmt? Diese Frage wird gerade durch das Verhalten von δ_+ und δ_- gegeben.

Es ist nun

$$\delta_\pm = \frac{1}{2}\delta(r)\left[\delta(t) \pm \frac{i}{\pi t}\right]$$

Derartige Übergänge können somit räumlich beliebig genau lokalisiert werden (was klar!), zeitlich dagegen sind sie nur recht ungenau festgelegt.

Der Zusatz $\frac{i}{2\pi}\frac{\delta(r)}{t}$ in δ_+ und δ_- entspricht, wenn man will, einer Punktladung, die zuerst zunimmt, um für $t=0$ unendlich zu werden; dann nimmt sie mit umgekehrtem Vorzeichen wieder ab. Eine solche Ladung erzeugt nun ein „quasistatisches" Potential, das natürlich auch außerhalb des Lichtkegels in $x=y=z=t=0$ von null verschieden ist.[3]

Man sieht hieraus, daß die Beiträge von D^c außerhalb des Lichtkegels nicht davon herkommen, daß „akausale", d. h. avancierte Wirkungen auftreten. Sie bringen vielmehr zum Ausdruck, daß man einen Vorgang, bei welchem man weiß, ob die Energie zu oder abnimmt, zeitlich gar nicht genau festlegen kann.[4]

Falls man Ereignisse betrachtet, die soweit auseinander liegen, daß man sich auf die Wellenzone beschränken darf, so bedeutet das, daß ihr zeitlicher Abstand $T \gg \frac{1}{\omega}$ ist, wo ω die Größenordnung der auftretenden Frequenzen oder Energieänderungen mißt. In diesem Falle spielt es keine Rolle, *wann* der Prozeß *genau* stattfindet. Seine zeitliche Festlegung ist zwar um $\Delta t \sim \frac{1}{\Delta\omega}$ unbestimmt, was aber sehr wohl klein gegen T sein kann: $\Delta t \ll T$. In diesem Falle spielen aber auch die Terme $\sim 1/x^2$ in D^c eine nur unbedeutende Rolle.

Allgemein muß man daran denken, daß in der Quantentheorie die Gültigkeit der Erhaltungssätze und der raum-zeitliche Abhang komplementär sind. Man nennt ersteres gern „Kausalität". Hier, d. h. bei Stückelberg und Feynman, ist mit „Kausalität" mehr gemeint. Zwar verzichtet man auf die Kenntnis der genauen Größe der Energieänderungen, sowie auf eine genaue zeitliche Lokalisierung. Man bringt nur *Vorzeichen* miteinander in Zusammenhang: Das Zu- und Abnehmen der Energie, das Vorher und Nachher. Kausalität meint dann, daß diese beiden Vorzeichen richtig zugeordnet werden.

Falls man jedoch die Größe der Energieänderung oder einen Zeitpunkt *genau* festlegen will, entschwindet natürlich die Möglichkeit einer derartigen Zuordnung vollständig – worüber man sich jedoch nicht zu wundern braucht.

Mit diesen Bemerkungen glaube ich, daß alle wesentlichen physikalischen Gesichtspunkte, die zu einer Deutung von D^c nötig sind, beachtet worden sind. Selber kann ich mich nun beruhigen.

Meinen Sie, daß diese Deutung in Form einer kurzen Note publiziert werden sollte?[5] Es wäre dies nicht nötig, wenn nicht andere Herren eher verwirrende Feststellungen in die Welt gesetzt hätten. Selber bin ich nicht darauf versessen, mehr schulmeisterliche Publikationen als nötig drucken zu lassen.

Mit den besten Grüßen verbleibe ich Ihr M. Fierz

---

[1] Bei dem vorliegenden Brief handelt es sich offenbar um einen Versuch für den in modifizierter Form schließlich an Pauli nach Princeton abgeschickten Brief [1128]. Solche „mißratene Briefe oder Versuche zu einem Brief" habe er gelegentlich aufbewahrt, erklärte Fierz dem Herausgeber in einem Schreiben, „wenn sie mir doch interessant vorkamen: als Andenken." Wir haben hier beide Fassungen exemplarisch wiedergegeben, weil sie interessante Einblicke über die Entstehung solcher Schriftstücke vermitteln. Es gibt weitere solche nahezu identische, z. T. aber auch unterschiedlich datierte Schriftstücke. Abgesehen von vorliegender Ausnahme soll im allgemeinen nur das später datierte Schreiben wiedergegeben und wesentliche Textänderungen in den Anmerkungen erfaßt werden.
[2] Diese Frage war im Zusammenhang mit Heisenbergs neuer Theorie aufgekommen. Vgl. hierzu auch den Brief [1116].
[3] Dieser Absatz ist im Manuskript mit einer großen Klammer versehen.
[4] Der Text ist am Rande mit einer Anstreichung versehen.
[5] Fierz (1950c) veröffentlichte seine Überlegungen „Über die Bedeutung der Funktion D_c in der Quantentheorie der Wellenfelder" schließlich im August 1950 in den *Helvetica Physica Acta*.

[1127] JUNG AN PAULI[1]

[Küsnacht], 20. Juni 1950
[Maschinenschriftliche Durchschrift]

Lieber Herr Pauli!

Leider mußte mein Vortrag über Synchronizität doch wieder verschoben werden.[2] Es geht mir jetzt wieder besser und ich habe Muße gefunden, über Ihre Träume nachzudenken.[3] Hier folgen einige Einfälle:

Traum 1.

Flugzeug = Intuition. Fremde Leute: noch nicht assimilierte Gedanken. Kann man sagen, daß Sie mit dem Zeitbegriff bewußte Schwierigkeiten hatten hinsichtlich der Möglichkeit seiner Relativität in Synchronizitäts-Fällen? Die Anima muß „eine kleine Reise machen," d. h. ihren *Ort verändern*, um bestimmte Zeit zu erreichen. Sie hat also vermutlich keine bestimmte Zeit, d. h. sie lebt im Unbewußten. Muß sich daher ins Bewußtsein verpflanzen, um Zeit bestimmen zu können.

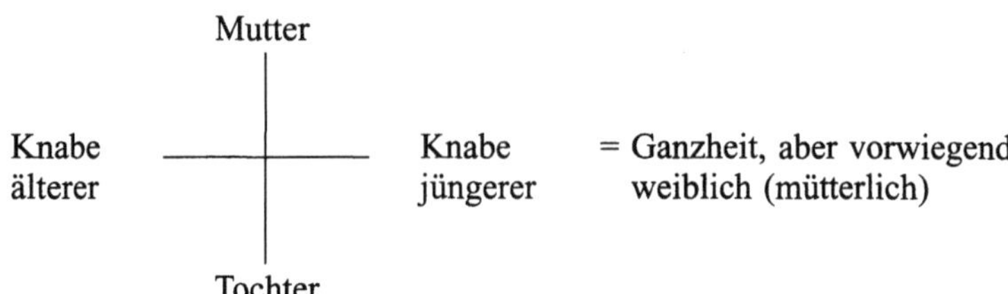

Älterer Knabe vermutlich = Ego; jüngerer = Schatten. Das Bewußtsein wäre demnach zu männlich knabenhaft, d. h. zu positivistisch eingestellt. Wird daher von der *mütterlichen* Ganzheit kompensiert. Der naturwissenschaftlich-positivistische Standpunkt vermittelt keine Ganzheitsauffassung der Natur, da das Experiment immer nur eine durch bestimmte Frage erzwungene Antwort der Natur ist. Dadurch entsteht ein intellektuell zu sehr beeinflußtes oder präjudiziertes Bild der Natur. Ein mögliches ganzheitliches Walten derselben wird dadurch am Erscheinen verhindert. Die sog. mantischen Zufallsmethoden stellen daher möglichst keine Bedingungen, um Synchronizität d. h. sinngemäße Koizidenz einzufangen.

Der Schatten wird vom Bewußtsein unter- und vom Unbewußten überschätzt. Der „Fremde" will die Anima, d. h. die weiblich empfindsame und empfindliche Seite der Persönlichkeit veranlassen, Mathematik zu studieren und zwar via „archetypische" Mathematik, wo die ganzen Zahlen noch (qualitative) *Archetypen der Ordnung* sind. Mit ihrer Hilfe läßt sich nämlich das Synchronizitätsphänomen einfangen (mantische Methoden!) und ein einheitlicheres Weltbild herstellen.

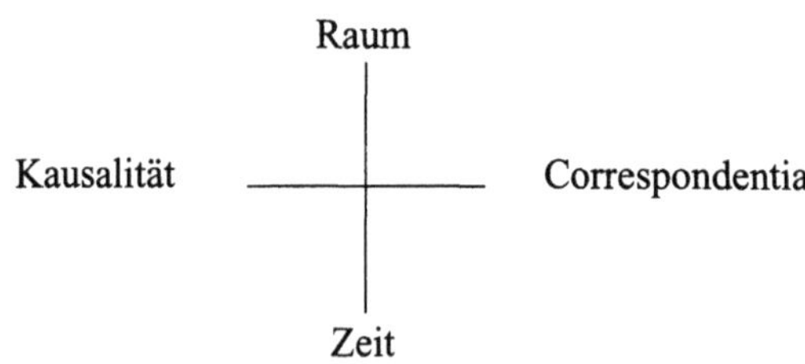

Mit den besten Grüßen   Ihr ergebener C. G. Jung

^{1} Auch abgedruckt bei Meier [1992, S. 48–49].
^{2} Jung hielt seinen Vortrag im *Psychologischen Club* (nach Angabe von Meier [1992, Anm. S. 49])
erst am 20. Januar und am 3. Februar 1951 in zwei Sitzungen.
^{3} Es handelt sich um die im Brief [1119] genannten Träume, die in der Anlage zum Brief [1200]
wiedergegeben sind.

[1128] FIERZ AN PAULI

Basel, 21. Juni 1950

Lieber Herr Pauli!

Zur Frage, was D_c bedeute, insbesondere, wie die von $D^{(1)}$ herrührenden
Terme $\sim \dfrac{1}{x^2}$ zu interpretieren seien, kann ich Ihnen das Folgende sagen:

Sind $D^{\pm}_{\mathrm{av,ret}}$ Lösungen der inhomogenen Gleichungen

$$\Box\, D^{\pm} = -\delta_{\pm} = -\frac{1}{2}\delta(r)\left[\delta(t) \pm \frac{i}{\pi t}\right],$$

so ist

$$D_c = D^{+}_{\mathrm{ret}} + D^{-}_{\mathrm{av}}.$$

Ich habe das so gedeutet: Hat man im Matrixelement den Operator

$$\int\limits_{V_x} (dx)^4 \int\limits_{V_y} (dy)^4 \bar{\psi}(x)\gamma_\mu \psi(x) D_c(x-y)\bar{\psi}(y)\gamma_\mu \psi(y),$$

so sind die Operatoren $\bar{\psi}(x)\gamma_\mu \psi(x)$ und $\bar{\psi}(y)\gamma_\mu \psi(y)$ solche, die in den 4-dimensionalen Raum-Zeitgebieten $(dx)^4$, $(dy)^4$ Übergänge eines Elektrons oder Positrons erzeugen, oder Paare erzeugen und vernichten.

Ich betrachte nun einen Übergang in V_x. Wenn die zeitliche Ausdehnung von V_x hinreichend groß ist, läßt sich feststellen, ob bei diesem Übergang die Energie zu- oder abnimmt. Ich nehme z. B. an, die Energie nehme zu, d. h. ein Elektron oder Positron vergrößert seine Energie, oder ein Paar wird erzeugt. Wegen der Zuordnung der Frequenzvorzeichen zu den Emissions- und Absorptions-Operatoren hat der für einen solchen Übergang maßgebende Teil von $\bar{\psi}(x)\gamma_\mu \psi(x)$ eine Zeitabhängigkeit mit positiver Frequenz. Daher wird bei der Integration über $dx^4 D^{+}_{\mathrm{ret}}$ in $D_c(x-y)$ annulliert und nur D^{-}_{av} bleibt stehen. Diese Funktion verknüpft dV_x mit Volumina dV_y die, soweit die endliche Zeitlänge von dV_x eine solche Aussage überhaupt sinnvoll gestaltet, *früher* liegen als dV_x. Das entspricht der kausalen Betrachtung: Die Energiezunahme in dV_x rührt von einem Emissionsprozeß in dV_y her, der früher stattgefunden hat. Nimmt die Energie in dV_x ab, so kehren sich die Verhältnisse um.

Man muß nun fragen, wie groß die zeitliche Erstreckung von V_x sein muß, damit man sicher sagen kann, ob die Energie zu oder abgenommen hat, d. h. man wird angeben müssen, wie genau sich ein derartiger Übergang zeitlich festlegen läßt. Das beantwortet gerade die Funktion δ_+ bzw. δ_-. Das Verhalten dieser Funktionen lehrt, daß die zeitliche Fixierung der Prozesse nur mit beschränkter

Genauigkeit möglich ist. Das entspricht der allgemeinen Komplementarität zwischen raum-zeitlicher Beschreibung und „Kausalität", die im Sinne der Gültigkeit von Erhaltungssätzen aufgefaßt wird.

Die Beiträge von D_c außerhalb des Lichtkegels bedeuten somit, daß eine genaue zeitliche Festlegung eines Vorganges, bei welchem das Vorzeichen der Energieänderung bekannt ist, nicht möglich ist. Wenn man will, so sind das zwar „akausale" Terme, jedoch bleibt diese Art von Akausalität im Rahmen der allgemeinen Komplementarität. Das würde ich deshalb nicht „akausal" nennen. Wenn die Ereignisse so weit entfernt sind, daß man sich auf die Wellenzone beschränken kann, so ist ihr zeitlicher Abstand $T \gg \frac{1}{\omega}$, wo ω die Größenordnung der auftretenden Energieänderungen oder Frequenzen mißt. Dann kann man im Rahmen der Unschärferelationen den Zeitpunkt des Prozesses so genau festlegen, daß diese Unschärfe $\Delta t \ll T$ und dementsprechend spielen die Beiträge von D_c außerhalb des Lichtkegels auch keine wesentliche Rolle. (Da nämlich nur nach dem Vorzeichen von ω gefragt wird, so darf $\Delta\omega \sim \omega$ selber sein, und Δt ist dann $\sim \frac{1}{\omega}$.)

Wenn man D_c die „kausale Funktion" nennt, so wird unter „Kausalität" die Zuordnung des Vorzeichens der Energieänderung zum Vorzeichen des zeitlichen Abstandes zweier Ereignisse verstanden. Da man sich nur auf Vorzeichen beschränkt, geht das ganz gut, solange man nicht Ereignisse betrachtet, die allzu benachbart sind und deren „Energietönung" nicht allzu *klein* ist. Es geht, obwohl der raum-zeitliche Ablauf und die Betrachtung von Energie- und Impulsaustausch zueinander komplementär sind.

Wesentlich scheint mir dabei, daß die „kausale Betrachtung" desto besser durchgeführt werden kann,* je *größer* die in Frage kommenden Energieänderungen sind. Diese Tatsache hat zur Folge, daß eine Theorie, bei der im Kleinen, bei großen Energieänderungen der kausale Ablauf gestört ist, meist auch im Großen, bei den gleichen Energien, eine Störung des kausalen Ablaufes eintreten wird.

Damit scheint mir die Bedeutung der D_1-Funktion in D_c hinreichend geklärt zu sein. Wenn ich Herrn Rivier in Amerika[1] sehen werde, so kann ich ihm nun seine Zweifel zerstreuen.[2] Man hat das Recht, D_c die kausale Funktion zu nennen, da sie die Reihenfolge von Prozessen immer dann richtig wiedergibt, wenn man im Rahmen der Unschärferelationen von einer solchen Reihenfolge überhaupt reden kann.

Mit den besten Grüßen verbleibe ich   Ihr ergebener M. Fierz

---

* D.h. man kann diesen Ablauf bis zu immer *kleineren* Zeitdistanzen verfolgen.
[1] Siehe hierzu die Angaben über Fierz' USA-Reise im Kommentar zum Brief [1116].
[2] Siehe hierzu die Bemerkung in den folgenden Briefen [1129, 1131 und 1134].

[1129] Fierz an Pauli

[Basel], 22. Juni 1950

Lieber Herr Pauli!

Heisenberg hat mir geschrieben und sein Brief ist gestern hier eingetroffen. Er hat jedoch meinen Einwand nicht ganz begriffen, weil ihm offenbar die Bedeutung von D_F nicht geläufig ist.

Er sieht die Sache wie folgt: Es ist

$$D_F = \bar{D} + \frac{i}{2} D^{(1)}.$$

Der Term $\frac{i}{2} D^{(1)}$ stellt seiner Auffassung gemäß die Ausstrahlung freier Teilchen dar, während $\bar{D}$ nur virtuelle Teilchen (Quanten) beschreibt. Insofern auch $\bar{D}$ eine Wellenzone hat, ist eine solche Auffassung fragwürdig. Seine Interpretation stützt sich jedoch auf die Tatsache, daß Übergänge der Gestalt

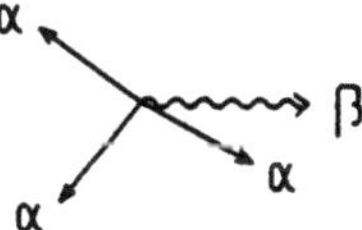

nicht vorkommen können, was aus der Symmetrie von S bei der Operation $j \to -j$ folgt. Weil nun in den Termen mit $J = \frac{1}{2i}(H + H')$ nur $\bar{D}$ erscheint anstelle von D_F, so kann man sagen, daß dies gerade bedeute, daß nur virtuelle β-Teilchen beim Prozeß

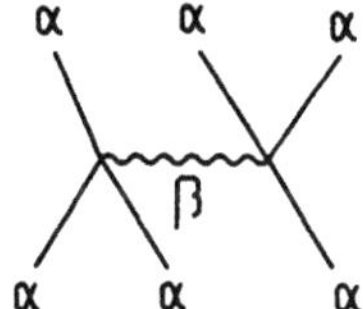

eine Rolle spielen.

Er sagt nun weiter: $\bar{D}$ bedeutet das Auftreten virtueller Quanten, die eine Wechselwirkung vermitteln. $D^{(1)}$ dagegen die wirkliche Emission eines Quants und seine nachfolgende Absorption. Man kann nun schreiben

$$\bar{D} = D_F - \frac{i}{2} D^{(1)}.$$

D_F ist kausal. $D^{(1)}$ beschreibt aber zwei aufeinanderfolgende Prozesse: Emission eines freien Quants und nachfolgende Absorption ebenderselben. Diese beiden Prozesse sind aber kausal, so daß er nicht einsieht, wo hier eine Schwierigkeit eintreten könnte!

Diese Argumentation ist sichtlich schwach. Mit dem selben Recht könnte man

$$D_{\mathrm{ret}} = \bar{D} + \frac{1}{2} D_0$$

in dieser Art deuten, was jedoch offenbar absurd ist, da ja hier in der Vergangenheit überhaupt nichts passiert.

Ich habe nun Heisenberg in meiner Antwort[1] die Bedeutung von D_F genau erklärt, so wie ich dies Ihnen mitgeteilt habe. Ich habe

$$D_{\substack{\pm \\ \text{av} \\ \text{ret}}} = \frac{1}{8\pi|\boldsymbol{x}|}\left[\delta(t \pm |\boldsymbol{x}|) \pm \frac{i}{\pi(t \pm |\boldsymbol{x}|)}\right]$$

explizit hingeschrieben und darauf hingewiesen, daß diese Funktionen nur in der Vergangenheit bzw. Zukunft eine Wellenzone zeigen, die richtig auf dem Lichtkegel liegt.

Schließlich habe ich ihm erklärt, daß $D_{\text{av}} = D_{\text{av}}^{+} + D_{\text{ret}}^{-}$ Wirkungen entspricht, die durch Quanten negativer Energie vermittelt werden. Da nimmt z. B. die Energie eines Elektrons zu und *später* nimmt dafür die Energie eines anderen Elektrons ab.

In seiner Theorie gibt es zwar keine *freien* Quanten negativer Energie, {man könnte auch sagen, daß jedes solche Quant gerade durch eines von positiver Energie kompensiert wird: $\bar{D} = \frac{1}{2}(D_F + D_{\text{av}})$.} Die Wechselwirkungen haben jedoch denjenigen Charakter, der Quanten negativer Energie entspricht. Insofern wir wissen, daß das Einführen von solchen Quanten geeignet ist, Singularitäten zu kompensieren, ist das nicht unerwartet. Ich hoffe jetzt, daß er begreifen wird, was mit „akausalen Effekten" gemeint sei.

Ich möchte übrigens noch auf folgendes hinweisen: Rivier schreibt auf Seite 62 seiner Dissertation[2]

$$D_c = D_F = \frac{i}{2}(\theta + (x^4)D^{+} + \theta^{-}(x^4)D^{-}).$$

Diese Aufspaltung ist von der von mir verwendeten $D_F = D_{\text{ret}}^{+} + D_{\text{av}}^{-}$ verschieden. D^{+} und D^{-} sind Lösungen der homogenen Gleichung und somit wenig geeignet, um den Sinn einer Greenschen Funktion zu begreifen. Indem er bei seinen „anschaulichen Schlüssen" diese Darstellung benutzt, hat er offenbar übersehen, daß die Angabe der Frequenzvorzeichen eine genaue Festlegung des Zeitpunktes, in welchem ein Prozeß eintritt, verunmöglicht. Die von mir propagierte Darstellung von D_F kommt bei Rivier *nicht* vor, ich weiß überhaupt nicht, ob sie schon irgendwer gegeben hat.

Ich glaube, daß ich am 3. Juli[3] nicht nach Zürich kommen kann, weil dann eine Sitzung in Universitätsfragen stattfinden wird, die ich absitzen muß. Aber wir sehen uns gewiß sonst noch einmal. Im übrigen kann man ja schreiben.

Mit den besten Grüßen   Ihr ergebener M. Fierz

---

[1] Siehe hierzu die (in der Anlage zum Brief [1142] wiedergegebene) Antwort von Heisenberg.

[2] Fierz zitiert hier nach Riviers nicht gedruckter Dissertationsschrift. Die entsprechende Formel steht auch bei Rivier (1949, S. 317).

[3] Der 3. Juli war ein Montag, also ein Tag, an dem üblicherweise das Züricher Montags-Nachmittagskolloquium stattfand.

[1130] PAULI AN JUNG[1]

Zollikon-Zürich, 23. Juni 1950

Sehr geehrter Herr Professor Jung!

Ich möchte mich noch sehr bedanken für Ihren Brief.[2] Besonders interessiert hat mich darin Ihre Auffassung, daß von den beiden Knaben des Traumes der ältere als „Ego", der jüngere als „Schatten" zu deuten sei.[3] Ich halte das für durchaus plausibel, aber es ist vielleicht schwierig, eine solche Annahme über jeden Zweifel sicherzustellen. Bekannt ist mir das Motiv von zwei (jüngeren) Männern, von denen nur einer mit mir spricht; es kam wiederholt in früheren Träumen vor.

Was meine bewußten Schwierigkeiten mit dem Zeitbegriff betrifft, so bezogen sie sich darauf, wie weit und wie genau eine zeitliche Koinzidenz überhaupt nötig sei, damit von einer ‚sinngemäßen Koinzidenz' gesprochen werden kann. Ist es nicht so, daß die ‚Anima' ‚Kenntnis' von sinngemäßen Ganzheiten hat eben deshalb, weil sie außerhalb der physikalischen Zeit (d. h. im Unbewußten) lebt? Die Paradoxie, daß die Anima einerseits als inferiore Funktion am meisten mit dem Unbewußten „kontaminiert" ist, andererseits infolge ihrer Nähe zu den Archetypen superiore Kenntnisse zu haben scheint, hat mich immer sehr fasziniert.

Daß es das Ziel des „Fremden" ist, eine (im gewöhnlichen naturwissenschaftlichen Standpunkt nicht ausgedrückte) Ganzheitsauffassung der Natur zu vermitteln, daran habe ich keinen Zweifel. Die Auffassung der heutigen Physik im engeren Sinne halte ich zwar für richtig innerhalb der Grenzen ihres Anwendungsbereiches, aber für wesentlich *unvollständig*. Mein Widerstand gegen den Archetypus und seine Tendenzen nimmt entsprechend ab. Letzten Herbst hatte ich einen Traum, daß „er" mir ein dickes Manuskript gebracht hat, ich habe es aber noch nicht gelesen, sondern erst mußten es fremde Leute im Hintergrund ansehen. Nach meiner Erfahrung ist es in einem solchen Fall das beste, einfach abzuwarten. An „noch nicht assimilierten Gedanken" ist bei mir jedenfalls kein Mangel.

Mit den besten Wünschen für Ihre Gesundheit und Ihrem wenn auch verschobenen Vortrag über Synchronizität weiter entgegensehend[4]

Ihr stets dankbar ergebener   W. Pauli

---

[1] Auch abgedruckt bei Meier [1992, S. 49–50].

[2] Brief [1127].

[3] Unter Ich oder Ego versteht Jung [1990a, S. 143] einen „Komplex von Vorstellungen, der mir das Zentrum meines Bewußtseinsfeldes ausmacht". Als Schatten bezeichnete er dagegen die „inferiore" primitive Seite der menschlichen Natur, jene „dunkle Hälfte der Seele, deren man sich je und je durch Projektion entledigt hat." Solche Schatten waren auch schon in Paulis früheren von Jung analysierten Träumen aufgetreten. Vgl. Jungs *Psychologie und Alchemie* [1975, S. 45 und 116f.].

[4] Zur Verschiebung des Synchronizitäts-Vortrages vgl. [1127] und zum Hinweis auf Jungs Krankheit [1133].

[1131] PAULI AN FIERZ

Zürich, 24. Juni 1950

Lieber Herr Fierz!

Vielen Dank für Ihre beiden Briefe,[1] von denen der *erste* der für uns interessantere ist.

Ihre Betrachtung über die D_c-Funktion an Hand des Operators

$$\int\limits_{V_x} d^4x \int\limits_{V_y} d^4y\, \bar\psi(x)\gamma_\mu\psi(x)D_c(x-y)\bar\psi(y)\gamma_\mu\psi(y) \tag{1}$$

ist qualitativ sicher richtig, die quantitative Seite muß man aber noch *deutlicher* machen. (Schafroth und ich wollen uns das auch noch genauer ansehen, insofern ist dieser Brief nur eine vorläufige Antwort.) Dies betrifft *erstens* Ihre Aussage „... Daher wird bei der Integration über $dx^4 D_{\mathrm{ret}}^+$ in $D_c(x-y)$ annulliert und nur D_{av}^- bleibt stehen." Dies wäre exakt natürlich nur richtig, wenn über eine *unendlich-lange* Zeit integriert würde. Nur *dann* muß ja die in der D_c-Funktion enthaltene Frequenz zu der des Produktes $\bar\psi(x)\psi(x)$ addiert, *exakt* Null geben. Es fragt sich also mit anderen Worten, wie weit für den in V_x stattfindenden *Teil*prozeß Energieerhaltung nötig ist. Jedenfalls aber würde ich *eben dann* von einem *reellen* (nicht nur virtuellen) Photon sprechen, das in V_x emittiert (absorbiert) wird, je nachdem die Energie der Elektronen und Positronen in V_x abnimmt (zunimmt). Und zwar würde ich dann von einem *reellen* Photon sprechen auch wenn formal von einer Quantisierung des elektromagnetischen Feldes dabei keine Rede ist.

Zweitens sagen Sie „diese Funktion" (nämlich D_{av}^-) „verknüpft dV_x mit Volumina dV_y, die ... früher liegen als dV_x". Das ist in dieser Form nicht wahr, da ja der *zweite* Term in

$$D_{\mathrm{av}}^- = \frac{1}{8\pi|x|}\left[\delta(t+|x|) + \frac{i}{\pi(t+|x|)}\right]$$

sowohl für positive wie für negative t von Null verschieden ist. (Dies war gerade Riviers Schwierigkeit.)[2]

Hier kommt offenbar wesentlich der Begriff Wellenzone hinein und das hängt *wieder* zusammen mit dem Unterschied von „reellen" und „virtuellen" Photonen. Ich glaube, man soll die Abhängigkeit der Übergangswahrscheinlichkeit vom raum-zeitlichen Abstand der Gebiete V_x und V_y betrachten, um das *Überwiegen der Wellenzone* sicherzustellen. (Matrixelement $\sim \frac{1}{R}$ und Zeitdifferenz T der Prozesse $\sim \frac{R}{c}$. Nur für *diese* durch „reelle" Zwischenteilchen vermittelten Prozesse soll und kann man die Zuordnung des Vorzeichens der Energieänderungen in V_x und V_y zum Vorzeichen von T verlangen. (Sie haben es zwar vielleicht ganz richtig verstanden, aber Ihr Brief ist diesbezüglich undeutlich und enthält Sätze, die wörtlich genommen, unzutreffend sind.) Die Frage ist: *mit welchem Recht beschränken wir uns auf den Lichtkegel und wie wird das physikalisch (Wellenzone) und mathematisch gefaßt.*

In dieser Verbindung möchte ich noch bemerken, daß eine besondere Komplikation auftritt, wenn die $\psi(x)$ und $\bar\psi(x)$ im Ausdruck (1) Lösungen der *kräftefreien* Dirac-Gleichung sind. Dann sorgen bekanntlich Energie- *und Impuls*-Erhaltung dafür, daß „reelle" Prozesse (nämlich mit *einem* emittierten oder absorbierten Photon) niemals eintreten und daher Ihr Integral nie Effekte in der Wellenzone gibt. Dies läßt sich allerdings leicht beheben, indem man für die $\psi(x)$ und $\bar\psi(x)$ z. B. die Lösungen der Dirac-Gleichung in einem äußeren statischen elektromagnetischen Feld einsetzt (so daß nur Energie, aber keine Impulserhaltung zu erfüllen bleibt). Beispiel: ein H-Atom in V_x, ein anderes in V_y, die Protonen als *äußere* Felder.

Ihre Zerlegung der D_c-Funktion ist in der Tat *nicht* die in der Literatur übliche (Feynman und Rivier stimmen miteinander völlig überein). Die von Ihnen benutzte Zerlegung hat zwar den Vorteil, daß sie die Frequenzvorzeichen sicherstellt, aber deshalb zugleich den Nachteil, daß die Teile *einzeln sowohl* in der Zukunft *als auch* in der Vergangenheit von Null verschieden sind. Bei der Zerlegung $D_c = D^+$ für $t > 0$, $D_c = D^-$ für $t < 0$ hat man umgekehrt scharf Vergangenheit und Zukunft geschieden, nicht aber die Frequenzvorzeichen der *Quellen* $\Box\, D_c$.

Ich weiß nicht genau, ob Ihre Zerlegung wirklich die zweckmäßigere ist, wahrscheinlich wird die Rechnung, wenn quantitativ durchgeführt, mit *beiden* Zerlegungen sehr ähnlich werden. Schafroth und ich wollen auch das noch genauer ansehen, natürlich interessiert es uns aber sehr, was Sie darüber meinen.

Nun Ihr *zweiter* Brief. Es scheint mir vor allem, daß Heisenberg die Begriffe „frei" und „virtuell" in einer Weise benutzt, die von der unsrigen wesentlich verschieden (und uns daher unverständlich) ist. Wenn in einem Prozeß

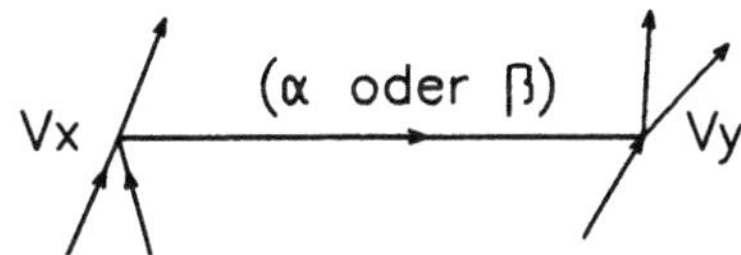

sowohl in V_x wie in V_y einzeln Energie und Impuls erhalten sind,* und wenn die Abhängigkeit des Gesamt-Prozesses von R und T (räumlicher und zeitlicher Abstand der Gebiete V_x und V_y), so ist *wie wenn* ein freies Teilchen (dem langen Pfeil entsprechend) von einem Gebiet zum anderen geht – was kann denn das nützen, daß Herr Heisenberg es dann „virtuell" *nennt*?

Ich sehe in der Zuordnung des Begriffes „frei" zu $D^{(1)}$ und „virtuell" zu $\bar D$ durch Heisenberg einen eigenartigen formalen „Nominalismus". (Man kann da schon „flatus vocis" sagen!) Es ist schlimm mit Heisenberg: in seinem Alter weiß er immer noch nicht, daß eine Schwierigkeit (z. B. Quanten negativer Energie) gewöhnlich bei der Hintertüre wieder hereinkommt, wenn man sie mit viel zu geringen geistigen Unkosten vorne hinauswirft![3]

Bitte lassen Sie mich wissen, wann er Ihnen wieder schreibt, vielleicht werde ich in diese Diskussion doch noch eingreifen müssen![4]

Es wäre aber, glaube ich, pädagogisch, wenn Sie ihm *deutlich* auseinandersetzen würden, was *wir* unter „frei" und „virtuell" verstehen und *warum* für Sie die *Wellenzone* in dieser Verbindung entscheidend ist.

Ich hoffe also, bald wieder von Ihnen schriftlich zu hören (ich schreibe auch, falls uns einige Details noch klarer werden) und Sie jedenfalls vor den

Sommerferien nochmals zu sehen. (Ich erwarte Pais hier im Juli,[5] weiß aber noch nicht genau wann.)

Mit vielen Grüßen

Ihr W. Pauli

[1] Briefe [1128 und 1129].
[2] Siehe hierzu die Bemerkungen in den vorhergehenden Briefen [1128 und 1129].
* Es nützt ebensowenig, daß Heisenberg das Vorzeichen der Energie des Zwischenteilchens so *definiert*, daß sie dann *nicht* erhalten sind.
[3] Pauli bezieht sich auf ein von ihm oft zitiertes lateinisches Sprichwort des Horaz. Vgl. Band **II**, S. 585.
[4] Vgl. Paulis Brief [1142].
[5] Vgl. hierzu die Angaben in den Briefen [1141 und 1144].

[1132] FIERZ AN PAULI

[Basel], 26. Juni 1950

Lieber Herr Pauli!

Vielen Dank für Ihren Brief. Es freut mich, daß Sie mit mir im wesentlichen einig sind. Die Einzelheiten sind zwar noch strittig, doch darüber werden wir uns einigen.

Es ist richtig, daß im gewissen Sinne die Aufspaltung

$$D_F = \theta^+ D^+ + \theta^- D^- \quad \text{und} \quad D_{\text{ret}}^+ + D_{\text{av}}^-$$

komplementär zueinander sind, in dem im ersten Falle das Zeitvorzeichen, im 2. Falle das Energievorzeichen immer das „richtige" ist. Da aber die 1. Aufspaltung gleichwohl „akausale Effekte" enthält, so nützt sie nicht viel.

Der Grund, warum ich die 2. Darstellung vorziehe, ist folgender: Kausalität bedeutet hier, daß die Vorzeichen von Energieänderungen und von Zeitunterschieden richtig gekoppelt sind. Die Bedeutung dieser Koppelung glaube ich in zutreffender Art erläutert zu haben. Nun kann man aber einen Prozeß, bei dem sich die Energie in bekannter Art ändert gar nicht genau lokalisieren. Wenn man insbesondere verlangt, daß die Energieänderung positiv oder negativ sei, so kann der Vorgang nicht besser zeitlich festgelegt sein, als wie durch δ^+ oder δ^- beschrieben wird. Das hat zur Folge, daß auch das „Früher" oder „Später" nur mit mäßiger Genauigkeit festgelegt ist.

Nun ist aber

$$D_{\substack{\pm \\ \text{av} \\ \text{ret}}} = \frac{1}{4\pi |x|} [\delta_\pm]_{\text{ret}}^{\text{av}}.$$

D. h. insofern man überhaupt davon reden kann, *wann* ein Ereignis stattfindet, wird dieses nun mit der Vergangenheit verknüpft, oder mit der Zukunft, je nach dem Vorzeichen der Frequenzänderung. Daß die Funktionen $D_{\substack{\pm \\ \text{av} \\ \text{ret}}}$ Anteile haben, die sowohl für positive wie auch negative t nicht verschwinden, bedeutet, daß der Prozeß gar nicht nur zur Zeit $t = 0$ stattfindet, sondern sich über – letzten Endes – beliebig lange Zeiten erstreckt. Entsprechend der Singularität von $\delta_\pm$ für $t = 0$

ist aber diese Zeit besonders ausgezeichnet, da geschieht die Hauptsache. Meine Formulierung: „diese Funktion verknüpft dV_x mit Volumina dV_y, die früher liegen als dV_x", ist zutreffend, insofern diese Volumina in ihrer zeitlichen Lage festgelegt werden können. Es ist also angenommen, daß, je nach den Ansprüchen an die Genauigkeit, ein hinreichend großer Spielraum für die zeitliche Lage der dV_x, dV_y offen gelassen werde. Dabei muß man natürlich einen passenden Kompromiß abschließen: Da das Zeitintervall endlich sein soll, so ist man nicht sicher, daß nicht auch Übergänge vorkommen, die die Energie verkleinern. Diese wirken in die *Zukunft*. Das ist jedoch, gemäß der Interpretation, nicht akausal, bzw. es ist nicht anders, als alles das, was im Rahmen der Quantentheorie zufolge der Unschärferelationen passiert.

Man möchte z. B. die Prozesse untersuchen, bei denen die Energieänderung im Mittel $+\hbar\nu_0$ ist, und die in einem Intervall $\sim T$ ablaufen. Die Frequenzunschärfe ist dann $\sim \frac{1}{T}$. Man kann das durch eine Quellfunktion der Form

$$c.\, e^{i\nu_0 t - \frac{t^2}{2T^2}}\, \delta(x)$$

darstellen. Diese hat man nun in positive und negative Frequenzanteile aufzuspalten, was etwa die Form

$$\left[e^{i\nu_0 t} \int\limits_{-\nu_0}^{\infty} e^{i\nu t - \frac{\nu^2 T^2}{2}} d\nu + e^{i\nu_0 t} \int\limits_{\nu_0}^{\infty} e^{-i\nu t - \frac{\nu^2 T^2}{2}} d\nu \right] \delta(x)$$

ergibt. Die zugehörige Ausbreitungsfunktion lautet jetzt:

$$\text{const.}\frac{e^{i\nu_0 t}}{|x|} \left\{ e^{i\nu_0|x|} \int\limits_{-\nu_0}^{\infty} e^{i\nu(t+|x|) - \frac{\nu^2 T^2}{2}} d\nu + e^{-i\nu_0 t|x|} \int\limits_{\nu_0}^{\infty} e^{-i\nu(t-|x|) - \frac{\nu^2 T^2}{2}} d\nu \right\}.$$

Damit man überhaupt von Vorzeichen der Energieänderung reden kann, muß der 2. Term unwesentlich werden, was dann der Fall sein wird, wenn $\nu_0 T \gg 1$. Dann ist aber auch ν_0 ziemlich scharf bestimmt; es gilt also der Energiesatz mit guter Näherung. Im 1. Term kann man bis $-\infty$ integrieren und erhält

$$\text{const.}\frac{1}{|x|} e^{i\nu_0(t+|x|)} \cdot e^{-\frac{(t+|x|)^2}{2T^2}}.$$

Der Faktor $e^{-\frac{(t+|x|)^2}{2T^2}}$ beschreibt das „kausale" Verhalten. Dieser Faktor ist nur beträchtlich, wenn $t \sim -|x|$ mit einem Spielraum $+T$.

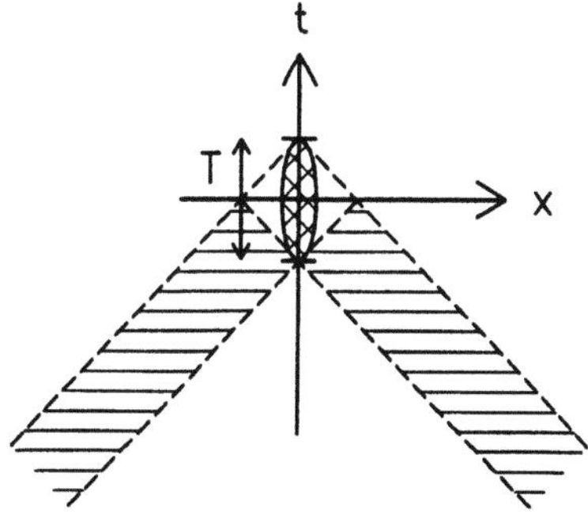

Zeitlicher Ablauf der Prozesse   Ausbreitung seiner Wirkung

Von „früher" oder „später" kann man nur reden, wenn $|t| > T$. Es kann jedoch auch $|t| < T$ sein, dann muß aber $|x| \sim T$ sein. Das ist klar; denn ein Ereignis, das zur Zeit $-T/2$ stattfand – das ist hier enthalten – kann jetzt auf die betrachtete Stelle x wirken. Wenn jedoch $|t| > T$, dann ist auch $|t| \gg \frac{1}{\nu_0}$ – man befindet sich automatisch in der *Wellenzone*. Diese kommt somit in die Theorie herein, weil nur in der Wellenzone sinnvoll *zugleich* von der Reihenfolge von Prozessen und von Energievorzeichen geredet werden kann.

Mit Hilfe des hier skizzierten Modells kann man, wie ich hoffe, auch erkennen, daß es nützlich ist, die von mir propagierte Aufspaltung von D_c zu verwenden. Es ist klar, daß dort, wo man das Stückelbergsche Kausalprinzip in aller Strenge anwenden darf, auch die andere Darstellung gebraucht werden kann, da in der Wellenzone das Vorzeichen der Energieänderung definiert werden kann. Falls jedoch die Annahme $\nu_0 T \gg 1$ zutrifft, falls man also überhaupt von der Energieänderung sinnvoll reden kann (ob sie positiv oder negativ sei!), ist es auch möglich, die Prozesse in der Nahezone zu betrachten. Meine Darstellung lehrt dann, daß auch hier keine Akausalitäten auftreten, weil immer die Möglichkeit besteht, daß der Prozeß etwas früher als $t = 0$ stattgefunden hat und daß er auf dem nahen Punkt $|x| < T$ daher zur Zeit $t = 0$ oder sogar noch vorher wirkt.

Damit habe ich über das berichtet, was mir beim Schreiben meines ersten Briefes vorschwebte. Ich hoffe, es wird verständlich sein.

[1133] JUNG AN PAULI[1]

Küsnacht-Zürich, 26. Juni 1950

Lieber Herr Professor!

Soeben entdecke ich, daß ein Brief an Sie, den ich am 2. März diktierte, liegen geblieben ist. Ich dankte Ihnen darin für Ihre Mühewaltung und den exakten Nachweis der reinen Zufallsnatur der astrologischen Zahlen.[2] Die bei größeren Zahlen sich einstellende Annäherung an einen Mittelwert ist mir schon vorher verdächtig vorgekommen. Es tut mir leid, daß dieses Versehen meiner Sekretärin Ihnen den Ausdruck meiner Dankbarkeit für Ihre wertvolle Hilfe vorenthalten hat.

Ich hatte in der Zwischenzeit anderes zu tun und war auch eine Zeit lang krank.

[C. G. Jung]

---

[1] Auch abgedruckt bei Meier [1992, S. 50]
[2] Siehe hierzu auch die Bemerkungen in den Briefen [1095, 1119 und 1147].

[1134] FIERZ AN PAULI

Basel, 27. Juni 1950

Lieber Herr Pauli!

Zu den beiden in Ihrem Briefe,[1] für den ich Ihnen vielmals danke, aufgeworfenen Fragen, möchte ich Stellung nehmen, indem ich Ihnen das, was mir vorschwebte, an einem Beispiel deutlich mache.

Wir betrachten irgend einen Prozeß, bei dem die Energieänderung im Mittel $+\nu_0\hbar$ sei, und der während der Zeit T abläuft. Ein derartiger Vorgang kann durch eine Quelle der Gestalt

$$\text{const. } e^{i\nu_0 t - \frac{t^2}{2T^2}} \delta(x) \tag{1}$$

dargestellt werden.[2] (1) hat man nun in Anteile positiver und negativer Frequenz zu teilen und avanciert bzw. retardiert zu integrieren. Das ergibt für die Aufspaltung

$$\text{const. } \left[e^{i\nu_0 t} \int\limits_{-\nu_0}^{\infty} e^{i\nu t - \frac{\nu^2 T^2}{2}} d\nu + e^{i\nu_0 t} \int\limits_{\nu_0}^{\infty} e^{-i\nu t - \frac{\nu^2 T^2}{2}} d\nu \right] \tag{1'}$$

Die zugehörige Ausbreitungsfunktion lautet somit

$$\text{const. } \frac{e^{i\nu_0 t}}{|x|} \left\{ e^{i\nu_0|x|} \int\limits_{-\nu_0}^{\infty} e^{i\nu(t+|x|) - \frac{\nu^2 T^2}{2}} d\nu + e^{-i\nu_0 t|x|} \int\limits_{\nu_0}^{\infty} e^{-i\nu(t-|x|) - \frac{\nu^2 T^2}{2}} d\nu \right\}. \tag{2}$$

Will man sicher sein, daß das Vorzeichen der Energieänderung positiv ist, so hat man $\nu_0 T \gg 1$ zu setzen. Dann spielt der 2. Term in (2) keine Rolle und im 1. Integral kann man $-\nu_0$ in der Grenze durch $-\infty$ ersetzen.

So erhält man

$$\text{const. } \frac{1}{|x|} e^{i\nu_0(t+|x|)} \cdot e^{-\frac{(t+|x|)^2}{2T^2}}. \tag{2'}$$

Der Faktor $e^{-\frac{(t+|x|)^2}{2T^2}}$ beschreibt das kausale Verhalten. Dieses Faktors halber ist (2') nur an solchen Punkten x ungleich null, die mit dem Vorgange, der bei $x = 0$ im Zeitintervall $\sim T$ stattfindet, mit einem in die Vergangenheit weisenden Lichtkegel verbunden werden können.

Das entspricht folgender Figur

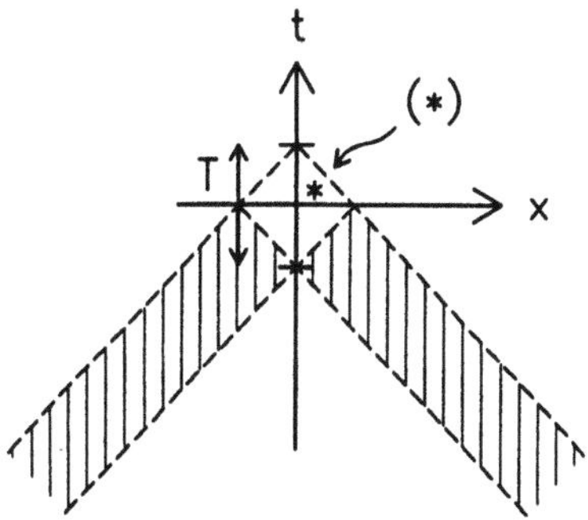

Im schraffierten Gebiete ist (2') von 0 verschieden.

Betrachtet man einen Punkt ($\times$), so wirkt dieser auf unseren Prozeß ein. Das ist jedoch nichts „akausales", da es im Intervall $\sim T$ Punkte gibt, die wirklich später als ($\times$) liegen.

Meine Aussage: „Diese Funktion verknüpft dV_x mit Volumina dV_y, die früher liegen als dV_x", trifft somit zu, falls man beachtet, daß die Worte „früher" und „später" nur einen Sinn haben, wenn man von der ungenauen zeitlichen Festlegung der Prozesse absehen darf bzw. diese richtig beachtet. Wie immer bei scheinbaren Paradoxien, die aus Unschärferelationen fließen, kann man auch hier die scheinbare Akausalität in ($\times$) durch eine passende Deutung aufheben.

Frei von Unbestimmtheiten sind jedoch nur solche Punkte, wo $|x| > T$, und das ist die Wellenzone von v_0, weil ja $Tv_0 \gg 1$ sein muß. (Wegen der hier verwendeten Fehlerfunktionen muß übrigens Tv_0 nicht sehr groß sein, z. B. wird $Tv_0 > 3$ schon ausreichen.)

Wir erkennen weiter, daß die Wellenzone dann von Bedeutung wird, weil man sicher sein muß, daß die Energieänderung ein positives Vorzeichen hat. Allgemein zeigt es sich, daß andere Einschränkungen als die, welche aus der Komplementarität von Energie und Zeit folgen, nicht vorkommen.

Wenn man sich auf den Standpunkt stellt, der Energiesatz sei erfüllt, falls $\Delta E \ll E$, so muß bei allen, im Sinne der „Kausalität" deutbaren Prozessen der Energiesatz gelten. Denn nur wenn $\Delta E \ll E$ bzw. $\Delta v_0 \ll v_0$ bin ich sicher, daß die Energieänderung bzw. die Frequenz positiv ist. (N. B. E bedeutet hier die Energieänderung, ΔE ihre Unschärfe.) Man kann daher mit Bohr das Kausalprinzip dahin deuten, daß es u. a. die Gültigkeit des Energiesatzes nach sich ziehe.

Es hilft natürlich nichts, die hier betrachtete Verteilung (1) durch eine Summe über verschiedene v_0 zu ersetzen. Denn $Tv_0 \gg 1$ muß für alle v_0 gelten, die vorkommen und dann wird bei einer konkreten Anwendung doch nur eine der Frequenzen, nämlich die dem Energiesatz entsprechende, eine Rolle spielen.

Für eine vernünftige Deutung des hier betrachteten Kausalprinzips ist es wesentlich, daß man die Komplementarität von Energie und Zeit richtig wiedergibt. Deshalb scheint mir die übliche Aufspaltung von $D_c = \theta^+ D^+ + \theta^- D^-$ unzweckmäßig,[3] weil hier so getan wird, als ob man den Zeitpunkt eines Prozesses genau festlegen könnte und doch noch wüßte, ob die Energie zu oder abnimmt. Dann gerät man jedoch, wie Rivier,[4] in Schwierigkeiten, welche von der gleichen Art sind, wie sie auch sonst in der Quantentheorie auftreten, falls man die Unschärferelationen nicht beachtet.

Falls Sie diese Ausführungen mit meinem ersten Briefe vergleichen, so glaube ich, daß alle meine Aussagen, die ich damals machte, richtig interpretiert werden können. Vielleicht kann man noch folgendes bemerken: Das Verhalten von ($2'$) gemäß einer Fehlerfunktion ist natürlich in großer Entfernung vom Lichtkegel unrichtig. Dort wird man merken, daß man eigentlich nicht bis $-\infty$, sondern nur bis $-v_0$ integrieren darf. In diesem Gebiete wird daher die Funktion langsam abfallen, wie es D_{av}^- entspricht, doch sind die Beiträge dieses Gebietes verschwindend klein. Sie entsprechen dem Umstande, daß auch der 1. Term in ($1'$) für Zeiten $t \gg T$ viel langsamer als eine Fehlerkurve abfällt – eben so wie

δ_+. Doch auch dieses Verhalten ist eine Folge der Unschärferelationen, wie das wohlbekannt ist.

Schließlich ist es physikalisch klar, daß die hier ins Auge gefaßte Vorstellung von Kausalität nur innerhalb der Wellenzone wirklich sinnreich sein kann. In der Nahezone sind ja die Wechselwirkungen von quasistatischem Charakter und darum nicht eigentlich auf den Lichtkegel beschränkt. Andererseits kann man sich jedoch auf den Standpunkt stellen, daß auch die statischen Wirkungen kausal in unserem Sinne seien, weil ja die Prozesse beliebig lange dauern verglichen zur Zeit, die das Licht braucht, um von x nach y zu gelangen. Nun, das können Sie alles auch ausdenken; Neues kommt dabei nicht heraus.

Nun käme noch Heisenberg an die Reihe![5] Lohnt es sich überhaupt da viel Worte zu machen? Mit „virtuell" meint er offenbar, daß seinen Wirkungen mit $\bar{D}$ keine freien Quanten entsprechen. Insofern $\bar{D}$ einer Wirkung entspricht, die zu gleichen Teilen durch Quanten positiver und negativer Energie vermittelt werden, könnte man dies dahin deuten, daß sich diese Quanten energetisch exakt kompensieren und deshalb nur Impuls übertragen. Doch warten wir ab, was Heisenberg dazu sagt. Ich glaube, er wird sich bekehren!

Mit den besten Grüßen verbleibe ich

Ihr M. Fierz

---

[1] Siehe den Brief [1131].
[2] Vgl. Fierz (1950c).
[3] Siehe hierzu den Brief [1132].
[4] Siehe hierzu auch die Bemerkungen in den Briefen [1129 und 1131].
[5] Vgl. Heisenberg (1950a, b).

[1135] YANG AN PAULI

Princeton, 27. Juni 1950
[Maschinenschriftliche Durchschrift]

Dear Professor Pauli!

Your letter[1] was forwarded to me from Princeton here to Rochester[2] after some delay. It took me completely by surprise and I have found it difficult to persuade myself to make an apologetic reply which criticism from a man of your position and achievement usually draws.[3]

As I have committed no other crime than not being able to obtain neat results useful for practical calculations from the Heisenberg representation, I do not feel that I should be ashamed of the original idea, unhappy though I am about the whole situation. Whether using the operators themselves instead of the S matrix is to be preferred, is perhaps a personal opinion and depends largely on the view-point.

We had absolutely no intention of belittling Glauber's contribution.[4] It was the idea of the generalization of the incoming and outgoing fields that we learned from Glauber[5] and so this was the place where we made the acknowledgment.[6] However, I do think now that our quotation did not go far enough, and it will be duely changed when the proof comes.

The identification with the interaction representation was done long before the introduction of the idea of $A(x, \sigma)$. It was written in the letter which I originally intended to send to the Physical Review, a copy of which I believe is in your possession. This part was however omitted in the final paper for the sake of continuity and also to avoid repetition.

I must say that I regret the implication of your letter that our paper contains little more than Glauber's calculations. As I have found it difficult to reconcile this with your former opinion about our work, it occurs to me that maybe you do not want now to have your name mentioned at the end of a worthless paper.[7] If that is the case, please kindly let us know.

With best regards, I remain

Yours sincerely, [Yang]

[1] Brief [1124].

[2] Yang war bereits ein Jahr lang am *Institute for Advanced Study* in Princeton gewesen, bevor ihm im Frühjahr 1950 ein Fünfjahresvertrag von Oppenheimer angeboten wurde. Dort am *Institute* hatte er auch Pauli während dessen Besuch kennengelernt.

[3] Über seine gemeinsam mit David Feldman ausgeführte Untersuchung über die *S*-Matrix in der Heisenberg-Darstellung berichtete Yang in der Einleitung zu seinen *Selected Papers* [1983, S. 10f.]: „Pauli was very much interested in our work, and we were warned by our fellow postdocs that this might spell trouble for us. We understood what that meant when Pauli began to drop in on us and expressed irritation if we did not make progress. I eventually learned how to deal with him: one must not be afraid of him. After that, Pauli and I were good in terms."

[4] Glauber (1950a, b).

[5] Siehe hierzu die Angaben über R. Glauber zum Brief [1122].

[6] In ihrer Publikation wiesen Yang und Feldman (1950, S. 976) in einer Fußnote auf die durch Glauber nahegelegte Verallgemeinerung ein- und auslaufender Felder in der Wechselwirkungsdarstellung hin.

[7] Am Ende ihrer im Mai 1950 eingesandten und im Septemberheft des *Physical Review* erschienenen Publikation dankten die Autoren Oppenheimer und Pauli für „helpful discussions". Siehe hierzu auch Paulis Antwortschreiben [1140].

[1136] PAULI AN FIERZ

Zürich, 28. Juni 1950

Lieber Herr Fierz!

Haben Sie vielen Dank für Ihren ausführlichen Brief.[1] Da Schafroth und ich inzwischen zu völlig übereinstimmenden Schlüssen gekommen sind, bleibt mir außer der Feststellung dieser Übereinstimmung nichts weiter zu sagen übrig, als daß das Problem erledigt ist, was uns betrifft.

Die letztere Einschränkung betrifft Heisenberg. Wollen wir also hoffen, daß er sich wirklich bekehren wird und lassen Sie mich, bitte, wissen, wenn Sie wieder etwas von ihm hören.

Herzliche Grüße Stets Ihr

W. Pauli

[1] Brief [1134].

Die Berliner Juristentochter Aniela Jaffé (1903–1991) gehörte zusammen mit Marie-Luise von Franz zu Jungs engsten Mitarbeiterinnen. Sie war während der 30er Jahre aus dem nationalsozialistischen Deutschland in die Schweiz geflohen und hatte 1937 Jung kennengelernt. Zunächst wirkte sie bei der Herausgabe seiner Schriften mit und beteiligte sich in der Folge auch an der Abhaltung einiger Kurse. Nach der Gründung des C. G. Jung-Institutes erhielt sie 1947 dort eine Stellung als Sekretärin, und ab 1955 wurde sie Jungs Privatsekretärin.

In dieser Eigenschaft gewann A. Jaffé zunehmend Einblicke in Jungs Gedanken- und Lebenswelt, die sie auch schriftstellerisch zu verarbeiten vermochte. Insbesondere hat sie – auf Anregung von Jungs amerikanischem Verleger Kurt Wolff hin – die von ihr seit 1957 mit Jung geführten Gespräche aufgezeichnet und als Buch unter dem Titel *Erinnerungen, Träume, Gedanken*[1] herausgegeben. Als Ergänzung zu Jungs vielfältigen, heute in einer 20-bändigen Werkausgabe leicht zugänglichen Schriften ist diese Darstellung eine wichtige Quelle für die gesamte Jung-Forschung geworden. Ebenso gab Jaffé eine Auswahl von Jungs Briefen in drei Bänden heraus, die diesen biographischen Aspekt von Jung ergänzen.[2]

Jaffés erster größerer eigenständiger Beitrag zur Jungschen Psychologie war jedoch eine ausführliche Untersuchung von E. T. H. Hoffmanns Märchen *Der goldene Topf*,[3] die sie aus des Sicht seiner Lehre des Unbewußten vorgenommen hatte und die nun als Teil von Jungs neuem Buch *Gestaltungen des Unbewußten* [1950] im Druck erscheinen sollte.[4] In den folgenden Briefen werden verschiedene Gedanken aus dieser Studie [1143, 1146, 1148, 1150, 1172 und 1190], über den psychologischen Hintergrund der Spielkarten [1146, 1154, 1160 und 1162] und über bestimmte chinesische Werke, die Paulis „chinesischer Seite" [1172] sehr entgegenkamen, ausführlich diskutiert.

Pauli hatte Aniela Jaffé offenbar bei seinen Besuchen des *C. G. Jung-Institutes* kennengelernt. Gelegentlich schrieb sie für ihn die im Zusammenhang mit seinen Vorträgen im *Psychologischen Club Zürich* anfallenden Manuskripte ab. Insbesondere hatte sie die lange Keplerstudie [1268] und – wie aus einem früheren Brief von Pauli hervorgeht[5] – auch das Manuskript über die „Hintergrundsphysik" abgeschrieben.[6] Bei dieser Gelegenheit ergaben sich auch Gespräche, die sich in einem ausgedehnten Briefwechsel fortsetzten.

---

[1] Jung [1962].
[2] Jung [1972/73].
[3] Jaffé (1950).
[4] Vgl. hierzu Jungs Briefe [1972, Band **II**, S. 181].
[5] Dieser Brief an A. Jaffé vom 28. Januar 1948 soll zusammen mit den anderen Nachträgen im letzten Teil von Band **IV** dieser Briefedition erscheinen.
[6] Siehe hierzu den Hinweis im Brief [1145] und in der Anmerkung zum Brief [1146].

[1137] PAULI AN JAFFÉ

Zollikon-Zürich, 29. Juni 1950

Sehr geehrte Frau Jaffé!
Haben Sie vielen Dank für die rasche Erledigung der Arbeit (die fr. 10.– sende ich separat mit Einzahlungsschein).[1]

Als ich das letzte Mal, nach dem kurzen Gespräch mit Ihnen, den Klub verließ, hatte ich eine sehr deutliche Intuition, daß die chinesische Geschichte

„Der Traum der roten Kammer"[2] (im Inselverlag 1948 in deutscher Übersetzung neu erschienen)[3] irgend eine wesentlichere Beziehung zu Ihnen, d. h. zu Ihrer jetzigen seelischen Lage haben müsse. Da Sie nun schreiben, daß Sie auch „mit dem merkwürdigen Gefühl des schon einmal Gelebt-habens" beschäftigt sind, bin ich einigermaßen sicher, daß ich recht habe.

Einige Worte über diesen klassischen-chinesischen Roman: eine ‚rote Kammer' kommt in diesem gar nicht vor, sondern die ist allgemein das Symbol dieser Welt. Es ist die Geschichte von einem Mann, der mit einem Edel-Stein im Mund zur Welt kommt. Der Stein ist ein Symbol für die überpersönlichen, archetypischen Inhalte, die ihn durch das Leben begleiten und die er nicht umgehen darf. In der *zeitlosen Sphäre des Steines* haben alle handelnden Personen der gewöhnlichen Welt (der „roten Kammer") *schon gelebt*. Der Held der Geschichte wird aber erst dann erwachsen, wenn er dennoch die Personen dieser Welt von den zeitlosen Gestalten (welche von den ersteren nur *vertreten* werden) unterscheiden gelernt hat.

Sonst ist die Geschichte eine ausgesprochene Propaganda für Weltflucht (buddhistisch!), aber davon kann man abstrahieren. (Nebenbei bemerkt: daß der Vater meines Freundes Schürz – in dem erläuterten Sinne – schon früher gelebt hat, und zwar als Chinese mit dem Namen ‚Tsong' – hat mich nicht wenig amüsiert.)

Möge Ihnen die ‚Geschichte vom Stein' etwas bedeuten!

Nun kehren wir wieder zum Abendland zurück. Die Treffkarten[4] sind nämlich sehr abendländisch; sie erscheinen mir als Symbol eines *Schattens, der vom christlichen Kreuz geworfen wird*. Er ist ein Inhalt, der ins Unbewußte zurücksank, als das Heidentum unterging. In der Alchemie führte er dann eine schattenhafte Existenz als ‚Gottes' „dunkler Spiegel der Welt" oder als *untere* Triade oder Trinität. In dieser Verbindung möchte ich auch darauf hinweisen, daß Schopenhauer mehrmals ein *spanisches* (maurischer Einfluß?) Sprichwort zitiert, das soviel bedeutet wie „Hinter dem Kreuz ist der Teufel".[5]

In dem Maße, als beim Modernen ‚Materie' und ‚Geist' wieder eine Ganzheit bilden,* relativiert sich jedoch das „moralische Vorzeichen", das hell und dunkel zugeordnet wird: Das Helle ist nicht mehr notwendig gut und das Dunkle nicht mehr notwendig schlecht. Ich nehme an, daß Ihnen diese sehr menschliche Erfahrung auch zugestoßen sein dürfte; damit kommen Sie aber auf einen Inhalt, der „vor langer Zeit schon einmal gelebt hat" (*d. h. im Bewußtsein war*) und der von den konkreten Personen der „roten Kammer" unterschieden werden muß. Daß Sie meinen Traum vom 24. November 1948[6] gerade getypt haben, als Sie mit ‚Treff' beschäftigt waren, ist ein ‚synchronistisches' Phänomen. (Da sehe ich den Archetypus am Werke.)

Nun habe ich schon sehr lange geschrieben und wünsche Ihnen noch gute Ferien mit meinem besten Dank

Ihr ergebener

                                                                W. Pauli

P. S. Falls Sie *später* einmal über die Treff-Karten historisches Material haben sollten, wird es mich sehr interessieren.

[1] Es handelt sich offenbar um die Bezahlung von Abschreibearbeiten, die A. Jaffé für Pauli erledigte.

[2] Der fast 1800 Druckseiten umfassende Familienroman *Der Traum der Roten Kammer* des chinesischen Dichters Tsao Chan (1719–1763) liegt bisher nur in einer gekürzten deutschen Übersetzung von F. Kuhn vor.

[3] Tsao Chan [1948]. Ein Exemplar dieses Buches befindet sich in Paulis Bibliothek, welche sich heute in der Salle Pauli bei CERN aufbewahrt wird.

[4] Siehe hierzu die Anmerkung zum Brief [1146].

[5] Dieses bei Schopenhauer [1890/92, Band **5**, S.377f.] in den *Parerga und Paralipomena*, Kapitel XV., § 174 zitierte Sprichwort wird auch im Brief [1150] erwähnt.

* Wobei die Unterscheidung „physisch" und „psychisch" zu Gunsten einer *neutralen Realität* verblaßt.

[6] Paulis Traum vom 24. November 1948 ist in der Anlage zum Brief [1200] wiedergegeben.

[1138] STRAUSS AN PAULI

London, 2. Juli 1950
[Maschinenschriftliche Durchschrift]

Dear Professor Pauli!

Many thanks for your letter of June 19.[1] I agree completely with your concluding remarks that the choice of a logical system is not uniquely determined by *experiment* but must be assumed or rejected for reasons of convenience. I doubt, however, whether one and the same *theory* can be stated in different languages possessing widely different logical syntax. As far as I am aware, neither a general proof nor a particular instance has been given to show that it *is* possible. In my unpublished Prague Dissertation (1938)[2] I have investigated this question in detail for the two proposed „logics" (von Neumann-Strauss, and Birkhoff-von Neumann).[3] Roughly speaking, the result was that the latter would be natural (convenient) for a physical interpretation somewhat different from the accepted one. I hope to have a detailed account of the situation published in due time.

I had a correspondence with Rosenfeld about the prospects of using Einstein's new unified field theory as an alternative basis for quantum electrodynamics.[4] It seemed to me that g_{ik} should be interpreted, not as the electromagnetic field, but as its potential or superpotential. I had planned to investigate the 1st approximation (weak fields)

$$g_{ik} = -\delta_{ik} + \varphi_{ik}, \quad g_{ik} = \overset{o}{g}_{ik} + \varphi_{ik}$$

taking for $\overset{o}{g}_{ik}$ the skew symmetric metrical tensor of undor theory (Belinfante).[5] A very preliminary investigation seems to indicate that the results may be of some interest. I would very much like to know whether work on similar lines has been carried out, or is in progress in Zurich.

I plan to come to Switzerland at the end of July or beginning of August, and would consider it a great advantage if I had an opportunity of meeting you and Professor Wentzel.

Yours very sincerely,   Martin D. H. Strauss

[1] Brief [1126].

[2] Strauss (1938). Vgl. hierzu auch den Kommentar zu [1101].

[3] G. Birkhoff und J. von Neumann (1936). Vgl. hierzu auch Jammer [1966, S. 376].
[4] Die entsprechende Korrespondenz wird im Kopenhagener Rosenfeld-Nachlaß aufbewahrt.
[5] Vgl. Belinfante (1939).

[1139] PAULI AN STRAUSS

Zürich, 4. Juli 1950
[Maschinenschrift]

Dear Mr. Strauss!

Many thanks for your letter. Regarding Einstein's „unified" field theory[1] I am extremely skeptical.[2] Not only it seems to be arbitrary to add a symmetrical and an antisymmetrical tensor together but also there is no reason why Einstein's system of equations should be compatible (the counting of the identities between these equations given in the appendix of the new edition of his book turned out to be incorrect).[3] Certainly no work on similar lines will be done in Zürich.

It is likely that you will meet me in Zürich by end of July, although there are vacations at that time. Professor Wentzel was going for good to Chicago some years ago, his successor being Professor Heitler.

Sincerely yours,

W. Pauli

[1] Siehe hierzu auch Rosenfelds Aufsatz (1950d) im *Manchester Guardian*.
[2] Vgl. hierzu [1138] und den Kommentar zu [1195].
[3] Einstein [1950]. Die unter dem Titel *The Meaning of Relativity* veröffentlichten Vorlesungen, die Einstein im Jahre 1921 in Princeton gehalten hatte, waren 1950 in einer 3. Auflage erschienen. In dem neuen *Appendix II*: (The generalized theory of gravitation) war ein Fehler enthalten, der in einer korrigierten Ausgabe des gleichen Jahres berichtigt wurde.

[1140] PAULI AN YANG

[Zürich], 4. Juli 1950
[Maschinenschrift]

Dear Yang!

Many thanks for your letter.[1] If you duely change your quotation of Glauber that is all that is needed and please do not worry any longer about it.

There is no contradiction between my former opinion and the statements of my last letter.[2] I still believe that your original idea, which you already had before my arrival in Princeton is very interesting and valuable. The paper of yourself and Feldman,[3] however, is written so that the reader gets the impression that Glauber's calculations make the main part of it with your original idea staying too much in the background. But this may be only my personal opinion. In any case everything seems to be settled now.

With kindest regards,

Yours sincerely,

W. Pauli

[1] Brief [1135].
[2] Brief [1124].
[3] Yang und Feldman (1950).

[1141] PAULI AN FIERZ

Zürich, 5. Juli 1950
[Kopie]

Motto:
doch die Verhältnisse –
sie sind nicht so!
(aus der Dreigroschenoper)

Lieber Herr Fierz!

„Was ich denke"? – Nach dem ersten Weltkrieg fand einmal eine wütende Polemik zwischen den beiden Nationalökonomen Werner *Sombart*[1] und Lujo *Brentano*[2] statt. Diesem Metier entsprechend wurde sie öffentlich in Zeitungsartikeln ausgefochten. Brentano begann einen Artikel in der „Frankfurter Zeitung" mit dem Satz: „Der Tintenfisch, wenn verfolgt, pflegt einen schwärzlichen Saft zu verspritzen!" Den ganzen Rest habe ich völlig vergessen, aber dieser Satz wird mir für immer in der Erinnerung haften bleiben.[3]

Sie hätten Ihren Brief an Heisenberg ebensogut mit diesem Satz anfangen können. Der „schwärzliche Saft" beginnt auf Seite 2 von Heisenbergs Brief (vom 28. VI.)[4] mit den Worten „wenn der Prozeß jedoch mit dem Energiesatz verträglich wäre …". Die „Verhältnisse" sind nämlich in Heisenbergs Theorie in diesem Fall analog zur Møllerwechselwirkung von Elektronen in *äußeren Feldern*, wenn man in der Quanten-Elektrodynamik die D_C-Funktion durch die $\bar{D}$-Funktion ersetzen würde (wobei es ganz sekundär ist, ob die Lichtquanten eine Ruhmasse haben oder nicht). Außerdem handelt es sich nicht um ein Kraftgesetz, sondern um die *Zeitmomente* der Teilprozesse mit Energieerhaltung.

Sie sind hiermit ausdrücklich ermächtigt, diesen Brief an Heisenberg weiterzuschicken.* Das „Material" will ich gelegentlich wieder retournieren.

Pais kommt am 12. abends hier an und wird am Freitag, den 14. Juli um 15 Uhr hier „über die Theorie von Proton-Proton und Proton-Neutronstreuung" vortragen.[5] Könnten Sie da eventuell kommen oder sind Sie dann schon in den Ferien?

Mit freundlichen Grüßen   Ihr W. Pauli

---

[1] Der seit 1906 als Professor der Nationalökonomie in Berlin wirkende Werner Sombart (1863–1941) gehörte zu den ersten sog. *bürgerlichen* Wissenschaftlern, die sich ernsthaft mit dem Marxismus aueinanderzusetzen begannen. Siehe hierzu B. vom Brocke [1987] und (1992) und die neue Sombart-Studie von Friedrich Lenger.

[2] Der deutsche Nationalökonom Lujo (= Ludwig Josef) Brentano (1844–1931) war u. a. Professor an den Universitäten von Straßburg, Wien und München gewesen und gehörte zu den Mitbegründern des *Vereins für Sozialpolitik*. Über seine Auseinandersetzungen mit Sombart, der ihn als *Kathedersozialist* betitelte, berichtete Brentano in *Mein Leben im Kampfe um die Entwicklung Deutschlands*.

[3] Diese Kontroverse konnte in der neueren Literatur über Sombart und Brentano nicht nachgewiesen werden.

[4] Vgl. auch das in der Anlage zum Brief [1142] wiedergegebene Schreiben von Heisenberg an Fierz.

* Es ist sogar mein Wunsch, daß Sie es tun sollen!

[5] Vgl. Case und Pais (1950a, b). Pais wollte am 14. Juli von Athen kommend in Zürich eintreffen.

[1142] Pauli an Heisenberg

Zürich, 10. Juli 1950

Lieber Heisenberg!

Ich habe nicht vergessen, Deinen Brief vom 24. Mai[1] zu beantworten. Ich wußte aber, daß inzwischen eine Korrespondenz zwischen Dir und Fierz stattfand, deren Verlauf ich erst abwarten wollte, um die Sachlage nicht unnötig zu komplizieren.[2]

Inzwischen hat mir Fierz Deinen Brief an ihn vom 28. 6. geschickt, mit dessen Inhalt ich gar nicht einverstanden bin. Beiliegend eine Kopie meiner Antwort an Fierz,[3] die Dir hoffentlich Vergnügen machen wird. (Du kannst daraus sehen, daß ich guter Laune bin.)

Die Verhältnisse in Deiner Theorie für den jetzt allein interessanten Fall, daß auch für die Teilprozesse in V_x und V_y *einzeln* der Energiesatz gilt, scheinen mir nämlich analog einer Quantenelektrodynamik, wo z. B. im Ausdruck für die „Møller-Wechselwirkung"

$$\int\limits_{V_x} d^4x \int\limits_{V_y} d^4y \, \bar{\psi}(x)\gamma_\mu\psi(x)\bar{D}(x-y)\bar{\psi}(y)\gamma_\mu\psi(y)$$

die $\bar{D}$-Funktion statt der D_c-Funktion eingesetzt ist und worin die $\psi(x)$, $\psi(y)$ nicht notwendig Lösungen der *kräftefreien* Diracgleichung sind, sondern eventuell Lösungen dieser Gleichungen in äußeren (z. B. statischen) äußeren Feldern sein können (obwohl im analogen Fall *Deiner* Theorie die kräftefreien Lösungen zu verwenden sind). Die Impulserhaltung ist nämlich hier unwesentlich und man erhält dann Teilprozesse mit Energieerhaltung im zeitlichen Abstand $t \sim r/c$ der *vier*dimensionalen Gebiete V_x und V_y und Matrixelemente $\sim 1/r$. Der Ersatz der D_c-Funktion durch $\bar{D}$ hat dann zur Folge, daß dann *auch* zuerst die Energiezunahme des Elektrons in V_x und *nachher* die Energieabnahme des Elektrons in V_y stattfinden kann. Diesen Fall nennt man „akausal" (wie ich von *Stückelberg* und besonders auch von *Feynman* gelernt habe). Es scheint mir, man solle Theorien ausschließen, wo solche „Akausalitäten" auf der *Wellenzone* in *makroskopischen* Distanzen vorkommen. (Dagegen hätte ich gar nichts gegen eine Theorie, wo solche Akausalitäten nur in Gebieten einer „kleinsten Länge l" von der Größenordnung e^2/mc^2 vorkommen. Entgegen der Behauptung in der von Dir publizierten Arbeit[4] ist diese Einschränkung jedoch in Deiner Theorie nicht aufrecht zu erhalten.)

Nun kann ich die Frage Deines Briefes vom 24. Mai betreffend die Theorien mit einer Funktion $e^{f(\Box)}$ leicht beantworten.[5] Diese Theorien sind in der Tat nur im Kleinen „akausal", aber dafür sind sie *nicht konvergent*: Nur die $\bar{D}$-Funktion wird dort regularisiert, aber – solange die Theorie eichinvariant ist – nicht D_c oder Δ_1, was zur Erreichung von Konvergenz ungenügend ist.

Diese Theorie ist daher *ebenso schlecht wie Deine*. Es gibt bisher keine Modelle (weder mit noch ohne Hamiltonfunktion), die (im erläuterten Sinne) *sowohl* Konvergenz *als auch* „Kausalität" im *Großen* erfüllen.

Bemerken möchte ich noch, daß mir Deine Behauptung, daß in Deiner Theorie die Akausalitäten sich auf Gebiete der Ordnung der kleinsten Länge beschränken, bereits in Paris verdächtig schien[6] und daß ich deshalb Fierz gebeten habe, die Sache näher zu untersuchen.[7]

Mit vielen Grüßen   Dein W. Pauli

P. S. Will man sich grundsätzlich auf den Fall *ohne* äußere Felder in der Quantenelektrodynamik beschränken, so gelangt man bei *komplizierteren* Prozessen als der Møller-Wechselwirkung ebenfalls zu „Akausalitäten" in der Wellenzone sobald D_c durch $\bar{D}$ ersetzt wird.

---

[1] Brief [1115].

[2] Vgl. hierzu den in der Anlage wiedergegebenen Brief von Heisenberg an Fierz.

[3] Brief [1141].

[4] Heisenberg (1950).

[5] Brief [1115].

[6] Pauli hatte in seinem Vortrag während des Pariser Elementarteilchenkongresses (vgl. Anlage zum Brief [1106]) über Yangs Untersuchung der S-Matrix in der Heisenberg-Darstellung berichtet. Außerdem dürfte ihm bei dieser Gelegenheit auch Heisenbergs Bote B. Zumino (vgl. den Brief [1106]) einiges über Heisenbergs neue Theorie berichtet haben.

[7] Vgl. Brief [1134].

Anlage zu [1142]

HEISENBERG AN FIERZ

Göttingen, 7. Juli 1950
[Maschinenschrift]

Lieber Herr Fierz!

Haben Sie vielen Dank für Ihren Brief. Da ich mit einigen Formulierungen Ihres Briefes nun doch gar nicht einverstanden bin, möchte ich noch einmal über diese Punkte schreiben in der Hoffnung, hier eine Einigung zu erzielen. Ihre Kritik richtet sich zunächst gegen den Satz, daß „es sich in meiner Theorie um eine Art Fernwirkung über raum-zeitliche Bereiche von der Größenordnung der kleinsten Länge" handelt. Dieser Satz war so gemeint (und so möchte ich ihn auch aufrecht halten) wie der Satz: „In der Quantenmechanik handelt es sich um eine Abänderung der klassischen Mechanik in Bereichen von der Größenordnung $\hbar$". Dieser letztere Satz scheint mir durchaus zulässig, auch wenn sich schließlich in vielen Experimenten, auch im Großen, Abweichungen von der klassischen Physik nachweisen lassen, so wie es bei der Quantenmechanik ja tatsächlich der Fall ist. {Schon die Existenz einheitlicher Substanzen oder das Nebeneinander von Interferenz und Photoeffekt (Bohr-Kramers-Slater)[1] stellt ja eine solche Abweichung im Großen dar.}

Insbesondere scheint es mir beim Problem der kleinsten Länge keineswegs unplausibel, daß es gerade auf dem Lichtkegel Paradoxien geben kann, weil ja der Lichtkegel dem Raum-Zeit-Abstand 0 entspricht. Ich möchte eigentlich vermuten, daß jede Theorie, die die kleinste Länge relativistisch invariant einführt (z. B. auch der von Wataghin,[2] Pais und Uhlenbeck[3] gemachte Vorschlag des „Abschneidens") ähnliche Paradoxien hervorbringt.

Dann schreiben Sie „falls man nicht von freien sondern virtuellen Quanten redet, verliert der Energiebegriff seinen Sinn, auch in jenen Fällen, wo seine Anwendung durch die allgemeine Komplementarität nicht eingeschränkt ist".[4] Diese Argumentation scheint mir nun ganz unberechtigt; denn jede Änderung der Theorie führt doch von selbst auch zu einer Änderung des Messungsbegriffes und des Energiebegriffs. Die Einschränkungen hinsichtlich dessen, was man „Messung einer Energie" nennen kann, müssen in der neuen Theorie also sicher größer sein als in der Quantenmechanik, sie müssen über die übliche Komplementarität und die Unbestimmtheitsrelationen hinausgehen. Sobald nachgewiesen werden kann, daß der mathemtatische Formalismus in sich geschlossen ist, so kann man sogar schon a priori sagen, daß der Messungsbegriff genau um soviel erweitert werden wird, daß die scheinbaren Paradoxien aufgelöst werden können. Es mag sehr anstrengend sein, das im einzelnen nachzurechnen (vgl. z. B. die berühmte Arbeit von Bohr und Rosenfeld),[5] aber in jeder geschlossenen Theorie ist es sicher möglich. Rein historisch gesehen aber muß doch die mathematische Theorie immer zuerst kommen und dann erst die physikalische Interpretation hinsichtlich des Messungsbegriffs. Jedenfalls war es so bei Relativitätstheorie und Quantentheorie. Ich kann das auch in Ihrer Terminologie ausführen: Solche Katzen werden überhaupt nur im Sack verkauft. Ich kann also nicht einsehen, daß die Paradoxien mit dem Energiesatz auf dem Lichtkegel jetzt schlimmer sind als die Paradoxien bei Bohr, Kramers und Slater damals waren. (Natürlich haben wir uns an die letzteren inzwischen gewöhnt.)

Mit vielen Grüßen   Ihr W. Heisenberg

[1] Bohr, Kramers und Slater (1924).
[2] Wataghin (1948).
[3] Pais und Uhlenbeck (1950).
[4] Vgl. Brief [1134].
[5] Bohr und Rosenfeld (1950).

[1143] JAFFÉ AN PAULI

[Zürich], 10. Juli 1950
[Maschinenschriftlicher Entwurf mit handschriftlichem Zusatz]

Sehr verehrter lieber Herr Professor!

Eigentlich wollte ich Ihnen erst antworten und danken, nachdem ich den Roman vom Traum der Roten Kammer zu Ende gelesen hätte.[1] Ich habe aber augenblicklich wenig Zeit, bin zudem eine langsame Leserin und möchte mich nicht durch *Hetze* um den Genuß der Lektüre bringen. Ich bin bereits ganz versunken in diese chinesische Welt und fasziniert von dem zwiefachen Aspekt des Hier und Dort. Ich bin Ihnen für den Hinweis auf dieses schöne und sehr kultivierte Buch, von dem ein ganz eigenartiger Zauber ausgeht, wirklich dankbar. Der Doppelaspekt der Welt hat mich schon immer sehr beschäftigt. Es war der eigentliche Grund, warum ich das „Märchen vom Goldenen Topf" bearbeitet habe,[2] in welchem sämtliche Personen „in Wirklichkeit" („Jenseits", vom Dichter „Mythus" genannt), und zur Verwirrung des Helden etwas ganz anderes sind. Aber jetzt – und das haben Sie gespürt – kommt das in jener Arbeit (voraus) Intuierte als eigenes Problem an mich heran. Das ist ja manchmal so.

Was Sie mir im Zusammenhang damit über das Gefühl des „Schon einmal Gelebt-Habens" schrieben, war mir sehr aufschlußreich, und ich habe mir erlaubt, es bereits in meine Arbeit aufzunehmen. Ich frage mich nur, ob dieses Gefühl nicht tatsächlich *auch* auf einer „Rückerinnerung" innerhalb der Ahnenreihe beruhen könnte (biologisch: Vererbung. Psychische Probleme, vor allem ungelöste, gehen ja durch Generationen). Letzten Endes kämen natürlich beide „Quellen" für jenes Gefühl auf ein und dasselbe heraus.

Was „Treff" betrifft, so habe ich an Watkins, London wegen Literatur geschrieben.[3] Wenn sich irgend etwas Interessantes ergibt, sage ich es Ihnen gern. Als „Schatten des Kreuzes" und als „Abbild der oberen Trinität im Untern" ergibt sich für Treff das berühmte Dilemma von 3 und 4. Darum escheint es mir als die wichtigste Farbe des Kartenspiels.

Ich danke Ihnen nochmals sehr herzlich und bin mit den besten Ferienwünschen

Ihre sehr ergebene

Aniela Jaffé

[Handschriftlicher Zusatz:] Sie haben ganz richtig gespürt, daß ich im Begriff bin, eine Art „Unterscheidungs-" oder „Ordnungsversuch" herzustellen, was schwierig, aber wenn es gelingt, unendlich wohltuend ist.

---

[1] Siehe hierzu Paulis vorangehenden Brief [1137].
[2] Jaffé (1950).
[3] Siehe hierzu die Anmerkung zum Brief [1146].

[1144] PAULI AN FIERZ

Zürich, 27. Juli 1950

Lieber Herr Fierz!

Vielen Dank für Ihren Brief vom 7.[1] – Ich habe inzwischen an Heisenberg geschrieben (mitsamt Kopie des „Tintenfisch-Briefes")[2] und von ihm nun auch eine allerdings recht unbefriedigende Antwort erhalten.[3] Im wesentlichen sagt er, er sehe nicht, „warum Abweichungen von der üblichen Kausalität in dem von Fierz diskutierten Umfang nicht wirklich vorhanden sein sollten". Es ist etwas unehrlich, wie er seinen Standpunkt stets wechselt.* (Er sagt noch, er würde Ende August für kürzere Zeit nach U. S. A. fahren, vielleicht werden Sie ihn also in Princeton noch sehen.)[4] Nun sagt er, die von uns gestellten Bedingungen an eine Theorie seien eben so, daß sie überhaupt unerfüllbar seien.

Ich glaube allerdings *sehr*, daß Sie einen kleinen Artikel über „Kausalität" nebst Kritik an Heisenbergs Arbeit veröffentlichen sollten, entweder noch hier oder in U. S. A.[5]

Pais war hier und ist wieder abgereist.[6] Die Spin-Arbeit [über] Koppelung für P–P (und auch P–N) Wechselwirkung sieht vernünftig aus.[7] Aber die sogenannten „even forces" (die Null sind für in den Ortskoordinaten der Nukleonen antisymmetrische Eigenfunktionen) von Christian und Hart[8] sind sehr rätselhaft.

Viele Grüße und gute Ferien   Stets Ihr W. Pauli

---

[1] Dieser Brief ist nicht erhalten.

[2] Briefe [1141] und [1142].

[3] Dieser Brief ist ebenfalls nicht erhalten.

* „Vor Tisch" las man doch, daß die Kausalität nur in Gebieten der Ordnung der kleinsten Länge verletzt ist! [Bei der Entzifferung des in der Handschrift undeutlich geschriebenen Wortes *Tisch* half Prof. Fierz.]

[4] Fierz war am 17. September 1950 per Bahn nach Rotterdam und von dort mit dem Schiff nach New York gereist, wo er am 27. September eintraf und sogleich nach Princeton weiterreiste. Daß er dort auch Heisenberg begegnen werde, wurde ihm von Pauli hier mitgeteilt (siehe den Kommentar zum Brief [1116]). Dort in Princeton geriet er mit Heisenberg in eine heftige Diskussion über dessen neue Theorie der Elementarteilchen. {Vgl. hierzu die Bemerkungen von Fierz (1950b, S. 739) und sein oben zitiertes Schreiben an Heisenberg vom 6. Oktober 1950.}

[5] Fierz (1950c) veröffentlichte eine solche Kritik der Heisenbergschen Feldtheorie noch im August 1950. Siehe hierzu auch [1168].

[6] Pais war am 14. Juli in Zürich eingetroffen und hatte im physikalischen Mittwochkolloquium über seine zusammen mit K. M. Case im Juni im *Physical Review* eingereichte Untersuchung zur Nukleon-Nukleon-Streuung berichtet. In einer (undatierten) Postkarte, die er damals an Rosenfeld schickte, heißt es: „Groeten uit Zürich. Ik woon hier bij de Paulis. ... Wir nehmen es ruhig."

[7] Vgl. Pais (1950) und Case und Pais (1950a, b). Siehe auch Blatt und Weisskopf [1952, S. 188].

[8] Christian und Hart (1950). Über die Arbeit dieser Autoren hatte Pauli durch Rosenfelds (1950) Referat während der Pariser Elementarteilchenkonferenz gehört.

[1145] PAULI AN MEIER

Zollikon-Zürich, 1. August 1950

Lieber C + A = Präsident!

Ich habe noch sehr nachgedacht über Ihre Einwände gegen meine Ideen über die „Wellen" auf Tafel 5, Abb. 2[1] in Jungs neuem Buch[2] (Muster p. 112; vgl. auch das „Bild 3" mit dem Hg-Gürtel vor p. 97) mit dem Resultat jedoch, daß ich Ihrer Kritik nicht zustimmen kann.

Mein Interesse dafür fällt natürlich unter den Gegenstand „Frequenzsymbolik", den ich in meinem unpublizierten Aufsatz von 1948 über „Hintergrundsphysik" eingehend behandelt habe (sowie auch auf sehr alte ähnliche Zeichnungen von mir selbst von vor etwa 20 Jahren). Dort schrieb ich insbesondere auf Seite 6:[3] „Bei der Übersetzung der Aussagen der Träume in eine neutrale Sprache wurde der durch die neuere Quantenphysik in den Vordergrund gerückte energetische Aspekt des Frequenzbegriffes stärker herangezogen als dessen ursprünglicher Aspekt einer regelmäßigen, zeitlichen Wiederholung." Während Sie (in der Kronenhalle) den naheliegenden letzteren Aspekt stark in den Vordergrund gerückt haben, glaube ich, daß man auf diesen nicht hineinfallen soll. Nicht nur scheinen mir die in den Bildern dargestellten Periodenlängen keinerlei direkte Bedeutung zu haben,* sondern ich glaube überhaupt *nicht*, daß den Bildern regelmäßig-periodische Vorgänge zu Grunde liegen – ob nun die Bilder geradlinig-offen oder kreisförmig-geschlossen sind (beide Sorten sind mir aus eigenen früheren Erfahrungen bekannt; letztere sind ein Fortschritt, da ein Zentrierungsvorgang).

Wie ich in dem zitierten Aufsatz näher ausgeführt habe, scheint mir der Sinn dieser periodischen Bilder vielmehr in einem Versuch zu bestehen, ein Diskontinuum und ein Kontinuum symbolisch zu umfassen (wobei ich offen lasse, wie weit dieser Versuch geglückt ist).

Ich bin nun in dieser Auffassung sehr bestärkt worden durch „Abb. 2" im Buch von Jung.[4] Die drei Tropfen links oben scheinen mir nämlich einer diskontinuierlichen Anschauung der Zeit zu entsprechen, bei der jeweils eine Gruppe von Ereignissen „synchronistisch" auf einen Knotenpunkt (der irgend ein „numinoser" Moment[5] sein kann) bezogen sind. Die verschiedenen Knotenpunkte sind zunächst (d. h. von einem instinktiven Standpunkt aus gesehen, der *vor* der Differenzierung des Bewußtseins in vier Funktionen liegt)[6] unverbunden, d. h. durch Unbewußtes getrennt. (Das führt zu Jungs Idee des „multiplen Bewußtseins"[7] und auch zur „Polyophthalmie",[8] wenn man sich in den Knotenpunkten Augen eingesetzt denkt, was sehr natürlich ist. Das habe ich ja auch bereits in dem zitierten Aufsatz kurz erwähnt.) Diese diskontinuierliche Auffassung oder Anschauung scheint sowohl die der Anima wie die des Animus zu sein.

In der Kronenhalle haben Sie den Unterschied der männlichen und der weiblichen Psychologie in dieser Verbindung sehr betont, ich kann Ihnen da aber nicht zustimmen; aus der in Rede stehenden Figur scheint mir im Gegenteil (wenn ich sie z. B. mit eigenen alten Zeichnungen vergleiche) hervorzugehen, daß dieser Unterschied hier *sekundär* ist. Er äußert sich z. B. darin, was in die Knotenpunkte hineingesetzt wird: ein Animus ist natürlich auf der Suche nach „bedeutenden (männlichen!) Persönlichkeiten", während die anima sich entweder des Frühlingspunktes oder des Sympathicus (Wespenphobie) bemächtigen kann. Setzt man Geburt und Tod von Einzelindividuen in die Knotenpunkte hinein, so kommt man zur Seelenwanderungsidee. Aber das scheint mir willkürlich, ich möchte lieber allgemein sagen, daß *irgend welche* „numinosen", d. h. labilen Momente (in denen die „Gegensatzpaare" einander ungefähr die Balance halten) eingesetzt werden können – wobei es mir durchaus unplausibel ist, daß sie überhaupt regelmäßige Abstände haben und wobei ich ganz einig mit Herrn Kerényi[9] und den alten Griechen bin, daß sie sich (wie der καιρος) *nicht* berechnen lassen. (Es gibt nur *einen* Fall, wo ich einer gewöhnlichen Periodizität einigermaßen sicher bin, und das ist das gewöhnliche *Jahr*, mit den Äquinoktien in den Knotenpunkten.)

Ich habe nun etwas Neues gelernt aus jener „Abb. 2": *das Diskontinuum ist mit der 3 verbunden, das Kontinuum mit der 4 (bzw. mit 2 Paaren).* Darüber habe ich mich mit C. G. Jung beim Nachtessen unterhalten. Er hat diesen

Gesichtspunkt selber auch aufgegriffen und fand ihn interessant. Es paßt auch die alte „Weltuhr"-Vision[10] dazu, indem die „*3 Rhythmen*"** diskontinuierlich getrennt sind, während die 4 (bzw. die Potenzen von 2) zur Einteilung des Kontinuums benützt werden (welche Einteilung beliebig feine Differenzierungen zuläßt). Es besteht offenbar eine *Beziehung zwischen dem Problem „der drei und der vier" und dem Problem „Diskontinuum-Kontinuum"* (wie die alten griechischen Denker richtig erkannt haben, kann *reine* Logik nie vom einen zum anderen kommen – siehe die antiken Paradoxien vom „Sein" contra „Werden", Achilles und die Schildkröte (das „Jetzt" zwischen „früher" und „später" etc.). Dieses Problem kann nur eine symbolische Lösung haben, ob man nun „Symbol" hier im Sinne der Psychologie oder der Mathematik versteht.

Nun möchte ich Sie fragen, ob Sie unbedingt insistieren wollen, daß solche Figuren wie „Abbildung 2" oder „Bild 3" als gewöhnliche physikalische Schwingungen, d. h. als kausale Vorgänge in Raum und Zeit interpretiert werden *müssen* (wie Sie dies in der Kronenhalle – nach allerdings reichlichem Alkoholgenuß behauptet haben)?

Ein solcher Standpunkt scheint mir zur „zweiten Jungschen Theorie"*** zu führen, wonach im Unbewußten kausal bedingte periodische Abläufe stattfinden (deren Periode dann noch obendrein mit der der Präzession der Erdachsen übereinstimmen soll).[11] Unnötig zu sagen, daß ich das *nicht* glaube. Dann ist es aber auch konsequent anzunehmen, daß die „Frequenz- und Wellensymbolik" in „Gestaltungen des Unbewußten" *etwas anderes bedeutet, als das, was der unmittelbare Anschein aussagt!*

Können wir uns nun, wenn wir die Sache nüchtern und bei Licht besehen, auf dieser Basis einigen?

In dieser Hoffnung grüßt Sie herzlich, Ihr alter   „Patron"

Viele Grüße auch an Herrn Kerényi: Möge die ‚Tyche' Ihnen günstig sein bei der Arbeit.

[1] Siehe Jung, *Gesammelte Werke*, Band **9**/1, S. 309.

[2] Es handelt sich um das von Jung herausgegebene Buch *Gestaltungen des Unbewußten*, Zürich 1950, in dem vier Aufsätze von Jung [„Psychologie und Dichtung" (1930), „Über Wiedergeburt" (1940), „Zur Empirie des Individuationsprozesses" (1934) und „Über Mandalasymbolik"] und A. Jaffés langer Artikel (1950) über den „Goldenen Topf" (siehe den folgenden Brief [1146]) enthalten waren.

[3] Pauli [1948/92, S. 180].

* Ich möchte z. B. wetten, daß *keine* Vorgänge existieren, deren Frequenz = 1/32 oder $1/(32)^2$ von derjenigen des Pulsschlages ist, trotz jener alten „Weltuhr"-Vision! {Diese Vision aus Paulis Träumen wurde ausführlich in Jungs Werken *Psychologie und Religion* [1940, §§ 112ff.] und *Psychologie und Alchemie* [1944, S. 237ff.] behandelt.}

[4] Jung [1950].

[5] Als Numinosum (d. h. das Geheimnisvolle, Unaussprechliche, Erschreckende) bezeichnete Jung [*Gesammelte Werke* **11**, § 6] „eine dynamische Existenz oder Wirkung, die nicht von einem Willensakt verursacht wird."

[6] Nach Jungs allgemeiner Typenlehre der introvertierten und extravertierten Menschen [*Gesammelte Werke*, Band **6**] sind die vier Grundfunktionen des Bewußtseins in die zwei dualistischen Gegensatzpaare unterteilt: als rationales Paar bezeichnet er Denken-Fühlen und als irrationales Paar Intuition-Empfindung. Weiter wird je nach dem Entwicklungsstand einer dieser Funktionen

eine bevorzugte Hauptfunktion (bei Pauli z. B. das Denken) und eine unterentwickelte oder inferiore Hilfsfunktion (wie bei Pauli das Fühlen) unterschieden. Die hauptsächlich im Unbewußten angesiedelte inferiore Funktion kann jedoch (bei der Individuation) in das Bewußtsein gehoben werden. Dadurch entsteht eine abgerundete Persönlichkeits-Struktur. In Jungs hier besprochenem Aufsatz (1934) *Zur Empirie des Individuationsprozesses* wird von einer inneren, undifferenzierten Vierheit gesprochen, die einer äußeren, differenzierteren entspricht, welche mit den vier durch entsprechende Farben charakterisierten Funktionen des Bewußtseins identifiziert werden.

[7] Vgl. auch Pauli (1948/92, § 3); Jung, *Gesammelte Werke*, Band 9/1, S. 346; und den Brief [1341] vom 13. Januar 1952 an M.-L. von Franz.

[8] Diesen Begriff verwendete Jung zur Beschreibung von Augenmotiven (z. B. auch in der Abbildung 17 seines Buches [1950]), die er als Hinweis „auf die eigentümliche Natur des Unbewußten," betrachtete, „welches als *multiples Bewußtsein* aufgefaßt werden kann."

[9] Zusammen mit dem aus Ungarn stammenden Psychologen Karl Kerényi, der ab 1941 auch zu den häufigen Besuchern der *Eranos-Tagungen* in Ascona gehörte, publizierte Jung 1942 die *Einführung in das Wesen der Mythologie*.

[10] Vgl. Jung in *Psychologie und Alchemie* [*Gesammelte Werke*, **12**, S. 237].

** Ich glaube *nicht*, daß die beiden langsameren als Rhythmen existieren, sondern daß sie als verschiedene ‚niveaux mentals‘ zu interpretieren sind. Die Bezugnahme aller 3 ‚Niveaus‘ auf denselben Mittelpunkt erzeugt ein spezielles „Harmoniegefühl". [Als *abaissement du niveau mental* bezeichnete Jung eine Herabsetzung der Bewußtseinsschwelle, bei der unerwartete Inhalte aus dem Unbewußten spontan auftauchen können (Jung, *Gesammelte Werke*, 9/1, § 264).]

*** Die Tatsache der Existenz von zwei *logisch* einander widersprechenden Theorien bei Jung (*daß sie nicht zugegeben wird, ist wahrscheinlich das, was ihn krank macht!*) entspricht *psychologisch* dem Schwanken zwischen 3 und 4 (nach dem oben Gesagten!)

[11] Pauli bezieht sich auf Jungs damaligen Versuche, das Synchronizitätsprinzip an Hand umfangreicher Daten über den Zusammenhang von astrologischen Geburtenkonstellationen mit der Wahl der Ehepartner zu prüfen.

[1146] PAULI AN JAFFÉ

Zollikon-Zürich, 2. August 1950

Sehr geehrte Frau Jaffé!

Ich möchte diesen ersten Regentag nach einer längeren Schönwetterperiode dazu benützen, Ihnen zu sagen, daß ich Ihren Artikel über den „Goldenen Topf"* mit dem größten Interesse und viel Bewunderung gelesen habe.[1] Ihre Deutung der beiden einander entsprechenden lichten und dunklen Mandalas[2] und Ihre Behandlung des Mythus, diese eine schöne Arbeit in sich selber, fand ich erleuchtend und anregend.

Nun noch einige Bemerkungen über Details, die mir aufgefallen sind. Auf p. 363 sagen Sie „denn drei ist eine dynamische Zahl, die in erster Linie mit dem Dreischritt der Zeit ... zusammenhängt".[3] Es klingt für einen Physiker etwas *dogmatisch*, daß drei „in erster Linie" mit der *Zeit* zusammenhängt. Warum nicht eher mit dem dreidimensionalen *Raum* wie die Trinität bei Kepler?

Wesentlicher als die *Zeit* (die hier vielleicht doch nur eine von mehreren Deutungsmöglichkeiten darstellt) ist mir aber der Umstand, daß in der Mandalasymbolik die Drei im allgemeinen das *diskontinuierliche* Element bilden,** während die *vier* das Kontinuum charakterisieren (z. B. die Einteilung eines Kreises, die sich beliebig verfeinern läßt in 8, 16, ... etc.).[4] Auch Ihr „Dreischritt" der Zeit ist ja (korrekter Weise) diskontinuierlich (vom Standpunkt des

Kontinuums aus würde ja für die Gegenwart zwischen Vergangenheit und Zukunft nichts übrig bleiben, was viele antike Denker ernstlich gestört hat). Es bleibt also zu untersuchen, ob nicht *außer* einer Deutung der Drei als diskontinuierliches *Nach*einander *auch* noch eine Deutung als diskontinuierliches *Neben*einander durchführbar ist. Angewandt auf das Leben ist es naheliegend bei letzterer an die Beziehung zu anderen Menschen (vielleicht speziell auch zur Frau) zu denken. Da scheint ja auch bei Hoffmann das verbindende Vierte zur Totalität zu fehlen. Vielleicht kommt man auf diese Weise zu ähnlichen Schlüssen wie bei Ihrer Deutung mit Hilfe der Zeit.

Der Goldene Topf erinnert mich sehr lebhaft an den *Graal*.[5] Es ist ein Symbol für das „*Weiblich-Unzerstörbare*". Von einem „männlichen Metall" (p. 372) würde ich lieber nicht sprechen, auch das Gold ist für mich weiblich wie alle Materie. Der Sol ist dessen Vergeistigung (und nicht mit dem Gold *identisch*), umgekehrt das Gold die Verstofflichung des Sol.*** Zu einem Symbol des „Selbst" gehören in der Tat *beide* Aspekte, *ich sehe aber, daß in Hoffmanns Symbol der eine der beiden Aspekte, nämlich der männlich-geistige fehlt; die Ganzheit ist bei ihm „mütterlich".* Es scheint mir, daß Sie auf p. 372 diese Schlußfolgerung hätten ziehen sollen.[6] Hatte wohl Hoffmann in seiner äußeren Erscheinung und in der bewußten Haltung etwas Knabenhaftes? Es würde mir zur Struktur seines Unbewußten passen. Die deutschen Romantiker (sowie ihre geistigen Epigonen) erscheinen mir nämlich (auch wenn sie de facto schon Greise sind) als „Pubertätsjünglinge".

Meine eigene Schlußfolgerung, daß der „Goldene Topf" als ein Symbol des Selbst unvollständig sei, scheint mir auch im besten Einklang zu stehen mit dem, was Sie selbst so schön und überzeugend in dem Kapitel „Der Mythus"[7] über den Drachen gesagt haben. Ich kann dem nichts hinzufügen; aber zum Schluß noch etwas zu Ihrem *Abschnitt „Die deutsche Romantik"* (p. 423 f.),[8] das über das eigentliche Thema Ihrer Arbeit hinausführt.

Es scheint mir, man soll nicht das wirkliche Mittelalter verwechseln mit dem romantisch verfälschten Bild vom Mittelalter, das Hoffmann und seine Zeitgenossen, nach rückwärts projizierend, entworfen haben. Ich glaube, daß das Mittelalter „mit seiner Mystik und seinen Ritteridealen" in Wirklichkeit *nicht* romantisch war.

Wie lehrreich ist es zum Beispiel, die ‚Todessehnsucht' der Romantiker mit den Ideen der Renaissance-Platoniker (Ficino) über Liebe und Tod zu vergleichen.[9] Für diese war die Wonne des Liebhabers ein „freiwilliger Tod" und die αφποδιτη ουρανια (amor coelestis) schloß religiös-ekstatische Zustände in sich ein. Der ‚amor intellectualis dei' Ficinos (der später bei Spinoza so wichtig wurde) scheint völlig den Undinen zum Opfer gefallen zu sein.

Noch interessanter wird es aber sein von Ihnen zu hören, wie Sie die buddhistische Weltflucht im Vergleich zur romantischen beurteilen werden, wenn Sie den „Traum der roten Kammer"[10] zu Ende gelesen haben werden. Da sind doch große und wesentliche Unterschiede: In dem chinesischen Roman sind zum Schluß alle versöhnt, *auch* der strenge Konfuzianer ‚Tsong', der nicht stirbt und sub specie aeternitatis das diesseitige Leben mit seinen sozialen Verpflichtungen vertritt. Der Held der Geschichte macht am Schluß seinen Kotau vor ihm und *keine* ‚alte Apfelfrau'[11] wird umgebracht (diese Szene erscheint mir in der Geschichte von Hoffmann als das Maximum von *Dis*harmonie). Was im Osten das Entschwinden in das Wandermönchtum ist, müßte im Abendland als normales Überhandnehmen des Kulturzweckes in der zweiten Lebenshälfte umgedeutet werden (diese wird in der chinesischen Geschichte, jedoch *nach* Erfüllung des Naturzweckes, etwas früh im Alter von nur 20 Jahren angesetzt) - das Wiederfinden des Steines als bewußter Zustand des ,Selbst'.

Im Zusammenhang mit dem Osten möchte ich, auf eine Bemerkung Ihres Briefes vom 10. Juli[12] zurückkommend, noch hervorheben, daß mir eine tiefe Weisheit darin zu liegen scheint, daß dort das ,Karma' *nicht* auf die *leiblichen* Ahnen beschränkt wird. Das ,Karma' sind eben die überpersönlichen archetypischen Inhalte (die auch das Gefühl des „Schon einmal Gelebt-Habens" hervorrufen können), die jeden Menschen durch das Leben begleiten, welche das biologisch Vererbte zwar mitenthalten, aber *weit überschreiten*.

Es ist mein Eindruck, daß die ,untere Triade' (die auch von den Treffkarten symbolisiert wird) zu diesem ,Karma' gehört und bei *allen* auftauchen muß, die in unserer Zeit den Individuationsweg beschreiten, da dieser Archetypus auf eine durch das Christentum unterbrochene Entwicklung hinweist. Ich vermute überdies, daß das so komplexe Phänomen des Antisemitismus - zum mindesten in seiner mittelalterlichen Form - mit der seelischen Geschichte der unteren Triade verknüpft ist. Ich denke dabei besonders an die Vertreibung der Juden aus Spanien am Ende des 15. Jahrhunderts.[13] Damals wurde alles, was im Christentum nicht aufgenommen war und aus dem Unbewußten hochkam, auf die Juden projiziert (vgl. Ahasver). Es würde mich nicht sehr wundern, wenn damals (oder schon etwas früher) die Treffkarten in Gebrauch gekommen wären.[14] Ich weiß nur, daß zuerst der Tarock verwendet wurde und daß dieser von den Kreuzfahrern aus dem Osten mitgebracht wurde. Vielleicht wurden aber auch die Spielkarten von den Mohammedanern direkt nach Spanien gebracht.[15] Man könnte sich hier auf interessante ,synchronistische' Phänomene gefaßt machen, die dieser Archetypus hervorgebracht haben könnte!

Dieser Brief ist nur ein bescheidener Dank für das schöne Buch mit Ihrer anregenden Arbeit.

Ihr sehr ergebener W. Pauli

---

* Vielleicht wäre ein Hinweis auf Prof. Jungs Ausführungen über das I-Ging-Zeichen der *Tiegel* auf p. 166 des Buches auch im Zusammenhang mit Hoffmanns Symbolik nützlich gewesen.

[1] Jaffé [1950]. Diese Studie war als Teil V des von Jung publizierten Buches *Gestaltungen des Unbewußten* erschienen.

[2] Siehe hierzu den Kommentar zum folgenden Brief [1147].

[3] Vgl. hierzu auch Paulis Bemerkung in seinem Brief [1147] an Pais.

** Vgl. hierzu die *drei* Tropfen in Abbildung 2, Tafel 5 (neben p. 112) im Gegensatz zu den *vier* Linien. Über dieses Bild habe ich sehr nachgedacht.

[4] Siehe hierzu auch die Bemerkungen in dem Brief [1145] an Meier.

[5] Siehe hierzu auch die psychologische Bearbeitung der Graalslegende durch E. Jung und M.-L. von Franz [1960]. Obwohl in den Briefen neben der französischen Schreibweise *Graal* manchmal auch die deutsche *Gral* vorkommt, haben wir in unserer Edition nur die erstere verwendet.

*** Vgl. Prof. Jungs korrekte Konstatierung (p. 126 des Buches): „Wie das Quecksilber eine Verstofflichung des Mercur, stellt auch das Gold eine solche der Sonne in der Erde dar" (vgl. die weiteren Ausführungen über Geist und Stoff, p. 127). Darf ich hier auch an meinen in dem unpubliziert en Aufsatz „Hintergrundsphysik" von 1948 (Sie haben ihn damals freundlicher Weise getypt) erwähnten Traum erinnern, worin eine Autorität mir sagte: „In einer Metallplatte sind eherne Töne eingraviert"? Die Metallplatte ist hier das „Weiblich-Unzerstörbare", die Töne das Männlich-Geistig-Flüchtige. Um in der Analogie zu bleiben: bei Hoffmann fehlen die „ehernen Töne", deshalb gelangt er auch nicht bis zur Quaternität.

[6] Jaffé (1950, S. 372): „Das erdhafte Gefäß weiblichen Ursprungs, ein Symbol des Unbewußten, hat sich mit dem männlichen Metall, dem Urbild sonnenhaften Geistes, dem Symbol des klarsten Bewußtseins, verbunden." Pauli merkte am Rande dieser Seite seines Exemplars ein *Halt!* an.

[7] Jaffé (1950, S. 525–532).

[8] Jaffé (1950, S. 423–451).

[9] Siehe hierzu Marcel [1958] und [1964/70].

[10] Siehe hierzu den Brief [1137].

[11] Vgl. Jaffé (1950, S. 256f.).

[12] Vgl. den Brief [1143].

[13] Nachdem die Juden in Spanien und Portugal unter der Herrschaft des Islams eine große kulturelle Blüte erlebt hatten, waren sie nach der Zurückdrängung der Mauren schweren Verfolgungen ausgesetzt. Ende des 15. Jahrhunderts schließlich wurden sie, sofern sie sich nicht taufen lassen wollten, des Landes verwiesen und breiteten sich über ganz Europa aus. Vgl. hierzu J. Trachtenberg [1945]. – Die Ahasversage und ihre symbolische Deutung wurde häufig durch Jung zitiert. Vgl. auch König [1907].

[14] Paulis schon in dem Brief [1137] bekundetes Interesse an diesen Spielkarten geht auf seinen alten *Initialtraum* zurück, der auch in Jungs Werk *Psychologie und Alchemie* [1975, S. 97f.] beschrieben ist. Dieses Thema wird auch noch in den Briefen [1150, 1156, 1159 und 1172] ausführlich behandelt.

[15] Die Spielkarten sollen im 7. Jahrhundert vom Orient nach China und Japan und von dort über die Kreuzfahrer nach Europa gelangt sein. Die alte Bezeichnung Naibi geht wahrscheinlich auf ein maurisches Wort zurück. Der bisher älteste Hinweis auf die Verwendung von Spielkarten findet sich in einer florentiner Verordnung vom 23. März 1377, die das Kartenspiel verbot. 1387 wurde das Spiel mit den *Naipes* ebenfalls durch Juan I. von Kastilien untersagt. Vgl. hierzu Detlef Hoffmann [1972] sowie auch die Angaben in den Briefen [1157 und 1160].

Als Mandala bezeichnet man im tibetanischen Buddhismus ein magisch interpretiertes Kreisgebilde, das im allgemeinen aus mehreren konzentrischen Kreisen und einem eingeschriebenen Quadrat besteht. Der äußerste als ein Feuerring ausgebildete Kreisring versinnbildlicht das Bewußtsein. Es folgen ein Diamantenkreis als Verkörperung des kosmischen Bewußtseins, ein Lotos-Kreis als Symbol der Reinheit, usw. Das Innere des Mandala besteht aus einem Quadrat (Gebäude), die das von der Sinnenwelt abgeschlossene innere Sein des Menschen symbolisieren soll.

Diese in Indien für kultische Zwecke benutzte Mandala-Symbolik (Mandala heißt im Sanskrit Kreis) wurde von Jung im Rahmen seiner Archetypenlehre als „Einheitssymbole" beschrieben, „die entweder in Träumen oder in Form von bildhaften visuellen Eindrücken während des Wachzustandes auftreten" und von ihm als Zeichen der Kompensation einer Konfliktsituation gedeutet werden.[1]

Weil auch die in Träumen, Mythen oder in Gemälden auftretenden Figuren oft die Gestalt solcher Mandalas aufweisen, benutzte sie Jung zur Analyse der seelischen Zentrierungsvorgänge (Individuation) des von ihm als psychisches Anpassungsorgan bezeichneten *Selbst*.

Diese besonders bei Konfliktsituationen in den Träumen auftretenden Mandalasymbole können nach Jung nähere Aufschlüsse über die Vorgänge im Unbewußten vermitteln: „Man sieht in solchen Fällen deutlich, wie die strenge Ordnung eines derartigen Kreisbildes die Unordnung und Verwirrung des psychischen Zustandes kompensiert, und zwar dadurch, daß ein Mittelpunkt, auf den alles hin geordnet ist, oder eine konzentrische Anordnung des ungeordneten Vielfachen, des Entgegengesetzten und Unvereinbaren konstruiert wird."[2]

Jung verfolgte die Entwicklung und Wiederherstellung solcher z. T. *gestörter* Mandalas[3] besonders bei solchen Personen, „deren Weltbild während des Einbruches unverständlicher Inhalte des Unbewußten" infolge einer Neurose „in Zustände psychischer Disposition oder Desorientierung" geraten waren.[4] Auch Paulis Behandlung während seiner psychischen Krise am Anfang der 30er Jahre beruhte auf einer Analyse der in seinen Träumen aufgetretenen Mandalas.[5]

[1] Jung [1944/75, S. 42].
[2] Jung (1955, S. 16). Siehe auch Jungs Aufsatz „Über Mandalasymbolik" (1938/50), der im Anschluß an eine „Beschreibung und Kommentierung derartiger Symbole, die im Laufe einer individuellen Behandlung auftraten, in *Psychologie und Alchemie*" entstanden war und somit direkt mit Paulis Traumanalysen zu tun hatte (vgl. hierzu den Kommentar zu [1085]).
[3] Als gestörte Mandals bezeichnete Jung [1975, S. 227] solche, die von der Kreis-, Quadrat- oder gleichschenkligen Kreuzform abweichen oder deren Grundzahl nicht vier, sondern drei oder fünf ist. „Die Drei weist auf Vorherrschaft von Idee und Willen (Trinität) und die Fünf auf die des physischen Menschen (Materialismus) hin." Dieser Gedanke (des Fehlens der 4) wird in Paulis Keplerstudie herangezogen, um die Entstehung „einer Art Verkrüppelung" des Weltbildes der klassischen Physik zu erklären, „die auch eine Geschlossenheit des psychischen Prozesses unmöglich macht" [929].
[4] Jung [1955/77, S. 116]
[5] Vgl. Jung: *Psychologie und Alchemie* [1975, S. 118ff.]. Dort in einer Fußnote auf S. 259 findet man auch eine Klassifizierung der in Paulis 400 Träumen aufgetretenen Mandala-Motive.

[1147] PAULI AN PAIS

Zürich, 17. August 1950

Lieber $\pi\alpha\iota s$!
Vielen Dank für Ihren Brief vom 13.[1] Ich freue mich sehr, daß die Instinkte wieder etwas zur Ruhe gekommen sind, obwohl es zu ihrem Wesen zu gehören scheint, daß sie „es *nicht* ruhig nehmen".

Es ist mir immer sehr angenehm und interessant zu hören, wie unvoreingenommene Leute auf Jungs Ideen reagieren. Denn es läßt sich nicht leugnen, daß in Jungs speziellem Kreis eine außerordentlich starke geistige Inzucht herrscht (infolge eines vollkommenen Mangels *schöpferischer* Geister und Talente in diesem Kreis) und daß bei Patientinnen (und Patienten) natürlich eine „unbewußte Identität" (d. h. Übereinstimmung des Unbewußten aus Analytiker und Analysand – auch ohne bewußte, äußere Überredung oder Beeinflussung durch den Arzt) besteht, die zur Folge haben kann, daß der (die) Patient(in) so zeichnet, wie der Arzt es sich im allgemeinen vorstellt.

Trotzdem halte ich aber die Idee des kollektiven Unbewußten im Allgemeinen und die Deutung der Mandala als *psychische Zentrierungsvorgänge* im Besonderen für im Wesentlichen richtig. Natürlich nicht deshalb, weil der große C. G. Jung es gesagt hat (ich bin ja keine Frau und Autoritätsglaube ist mir nicht an der Wiege gesungen worden), *sondern weil mir die Sache an sich plausibel ist.* Wenn man überhaupt so einen Begriff wie „das Unbewußte"* in der Naturbeschreibung zuläßt, ist es konsequent, es nicht nur als aus „verdrängten" Inhalten (d. h. solchen, die vorher im Bewußtsein waren) bestehend anzunehmen, sondern zu berücksichtigen, daß es alles Schöpferische im Keime als „Inhalte" enthält. Dann kam Jungs Nachweis der Archetypen („Instinkte des Vorstellens") – welcher den großen Vorteil hat, die Verbindung von „Manifestationen des Unbewußten" bei Einzelmenschen mit *Mythen-Motiven* herzustellen.[2] Sowohl bei den Äußerungen psychotisch Erkrankter, als bei Kinderträumen ist die oben erwähnte Beeinflussung durch den Arzt ausgeschlossen. {Besonders überzeugend war mir das Material, das Jung in dem Aufsatz „Die Struktur der Seele",[3] in dem alten Sammelband „Seelenprobleme der Gegenwart", Zürich, 1931** als Nr. VI. abgedruckt, mitteilt. Da ist die komische Geschichte mit dem „Sonnen-penis" und auch die mit dem „Wurm, der in die Ferse sticht" wiedergegeben.}

Auch beim Mandala existieren die Kinderträume, sowie – nach Jungs Angabe p. 184 des von Ihnen gelesenen Buches[4] – auch Zeichnungen von Patienten, die von Ärzten anderer Richtung als der Jungschen behandelt wurden. Über Mandala hat Jung erst viel später etwas publiziert (nämlich 1929)[5] als über die Archetypen im Allgemeinen.

Wie weit nun ein solcher Begriff wie das „kollektive Unbewußte"[6] und die „psychische Realität" weiteren Wandlungen unterworfen sein wird, ist schwer abzusehen. Meine persönliche Ansicht ist die, daß in einer zukünftigen Wissenschaft die Realität weder „psychisch" noch „physisch" sein wird, sondern irgendwie beides und irgendwie keines von Beiden. Deshalb glaube ich, daß Ihre Bemerkung, daß man „Kreise und Figuren hoher Symmetrie an jeder Stelle der Welt in der leblosen Natur beobachten kann" beim jetzigen Stand unserer Kenntnisse *für* Jungs Deutung der Mandala sprechen und nicht dagegen.

Soweit geht meine Übereinstimmung mit Jung. Im Einzelnen gibt es viele Unterschiede. Z.B. will ich absolut nichts mit Horoskopen zu tun haben (das Beispiel mit dem ♋ und der Krebskrankheit auf p. 172 finde ich läppisch).[7] Auch zu dem Aufsatz über den goldenen Topf[8] habe ich Einwände im Einzelnen, obwohl ich ihn im Großen-Ganzen sehr gut finde.*** Wie auf p. 363 plötzlich die *Zeit* hereingeflogen kommt (Belege werden nicht gegeben) erscheint mir geradezu als *komisch*. Das weibliche Denken ist oft so, daß ein Gedanke nicht gehandhabt wird, sondern die betreffende Frau *befällt* (bei Männern ist es ähnlich mit Gefühlen).

Eine andere Idee, mit der ich nichts anfangen kann, ist das Theologon eines Gottes, der selbst bewußt werden möchte (siehe p. 586; das hat aber nicht die Autorin, sondern ihr „Maestro" erfunden und, wenn ich mich recht erinnere, auch irgendwo schon publiziert).[9] Ich bin im Gegenteil der Meinung, daß man dem „Jenseits des Bewußtseins" kein menschliches Bewußtsein zuordnen darf; damit unterscheide ich mich von allen Sabbat- und Sonntagstheologen,[†] bin aber in Übereinstimmung mit *Laotse* (vgl. auch dessen Schüler Dschuang-Dsi)[10] sowie mit modernen Denkern, wie *Schopenhauer* (und in diesem Punkt auch mit unserem Papa Bohr).[11]

Diese Einstellung gibt dem Menschen seine Menschenwürde ohne gegenüber der Existenz des Übels in der Welt in logische Absurditäten zu verfallen. (Stürmischer Protest im weißbesternten Land!)[12]

Sie *scheint mir* außerdem konform zu sein zu dem Umstand, daß wir auch in der Physik gelernt haben, den Mikro-Objekten (Elektronen, etc.) nicht dieselben Eigenschaften zuzuordnen wie den sichtbaren makroskopischen Körpern. (Stürmischer Protest im rotbesternten Land!)[††]

Es ist heute so, daß sich sowohl die (Mikro)-Physik als auch die Psychologie (des Unbewußten) mit einer *unsichtbaren* Realität beschäftigt (bzw. eine solche „setzt", wie die Philosophen sagen). Dann muß man aber „darauf vorbereitet sein" (old-Bohr-style), dort nicht dieselben Eigenschaften zu finden wie in der Makro-Welt (z. B. Zorn, Liebe-Haß, Güte-Bosheit, eindeutige Lokalisierung im Raum-Zeit-Kontinuum).

Rozental war hier[13] mit Botschaften vom Papa-Bohr: er sei sehr müde, bekomme Puffe von allen Seiten, ließe mich aber dennoch fragen (wie naiv – oder ist es unbewußter „Wille zur Macht", von dem er nicht lassen kann?), ob ich meine, daß er (‚politisch') auf seine Weise etwas erreichen könne?[14]

Falls er das chinesische Sprichwort „Ist das richtige Mittel in der Hand des verkehrten Mannes, so wirkt das richtige Mittel verkehrt"[15] nicht gekannt hat, so hätte er es – wenn er gewollt hätte – von der Komplementarität ausgehend, leicht selbst erfinden können. Er hätte dann leicht weiter folgern können, daß – wenn auch das ‚opening of the world' das richtige Mittel sein könnte – die ‚Besternten' im Westen und Osten, welche die Macht haben, doch bestimmt die ‚verkehrten Männer' sind!

Es ist ein tragikomisches Gefühl zu sehen, wie die Besternten einander alle Eigenschaften vorwerfen, die ihnen beiden gemeinsam sind (wie z. B. Kollektivismus, Imperialismus etc.). Es bestätigt den Ausspruch „meines" Schopenhauer: „Jede Nation kritisiert jede andere – und sie haben *alle* Recht!"[16]

(Dem Papa Bohr will ich in ähnlichem Sinne an seinem Geburtstag im Oktober schreiben.[17] Aber zeigen Sie, bitte, diesen Passus meines Briefes lieber nicht unserem Freund Robert.[18] Er besteht bereits zu 80% aus Angst und diese würde sich bei dieser Lektüre nur noch weiter steigern!)

Nun, Sie haben mich „gekitzelt", es war mir sehr angenehm! Morgen wird Kramers uns besuchen, worauf wir uns sehr freuen.

Inzwischen herzliche Grüße Ihres unbesternten $\mu\xi$

---

[1] Dieser Brief ist nicht erhalten. Vgl. jedoch S. 144, Anm. 6.

* Die Geschichte dieses Begriffes ist ungefähr synchron mit der des physikalischen Feldbegriffes. Nach Andeutung bei Lichtenberg und Kant hat Eduard von Hartmann ihn sehr ausführlich verwendet, Freud hat ihn zuerst empirisch angewendet. [Vgl. Lichtenbergs *Aphorismen und Schriften* [1935], Kants [1766] *Träume eines Geistersehers* und Eduard von Hartmanns 1869 publiziertes 3-bändiges Werk über die *Philosophie des Unbewußten.* – In seinem Aufsatz über Synchronizität (1952, S. 18 der Ausgabe von 1990) weist Jung in ähnlicher Weise auf Kant als Schopenhauers Vorläufer hin.]

[2] Siehe hierzu auch Paulis Beitrag (1954) zur Festschrift von C. G. Jungs 80. Geburtstag, in dem er den Bedeutungswandel des Archetypen-Begriffes in Jungs Schriften nachzuweisen sucht.

[3] Jung (1928).

** Dieser Band ist auch sonst sehr lesenswert, besonders wenn man von Freud herkommt (was bei mir nicht der Fall ist). Vgl. auch „Seele und Erde". [Jung (1931).]

[4] Wahrscheinlich das von Jung gerade herausgegebene Buch *Gestaltungen des Unbewußten*, Zürich 1950, das u. a. auch den weiter unten genannten Beitrag von A. Jaffé über den *Goldnen Topf* enthielt.

[5] Vgl. hierzu die 1929 in dem von C. G. Jung mit R. Wilhelm herausgegebenen Werk *Das Geheimnis der goldenen Blüte* enthaltenen *Beispiele europäischer Mandalas.* Jung hatte im Jahre 1930 auch ein Seminar in Berlin gehalten, bei dem er solche Mandala-Darstellungen als Gestaltungen des Unbewußten vorführte.

[6] Siehe hierzu insbesondere C. G. Jungs Aufsatz (1935) „Über die Archetypen des kollektiven Unbewußten" im *Eranos-Jahrbuch* 1934.

[7] Vgl. hierzu Paulis ablehnende Stellungnahmen in seinen vorangehenden Briefen an M. Fierz [1091], C. G. Jung [1119] und in dem (in den *Gesammelten Werken*, Band **18/2** abgedruckten) Briefwechsel von Jung mit Fierz.

[8] Mit diesem Thema beschäftigte sich Jungs Mitarbeiterin Aniella Jaffé in ihrem Beitrag: Bilder und Symbole aus E. T. H. Hoffmanns Märchen ‚Der goldne Topf‘, zu dem von C. G. Jung herausgegebenen Buch *Gestaltungen des Unbewußten*, Zürich 1950.

*** Die Feststellung der beiden einander entsprechenden lichten und dunklen Mandalas finde ich einigermaßen überzeugend.

[9] Dieser Abschnitt der Untersuchung von A. Jaffé trägt die Überschrift „Drei und der Vierte".

† Ich habe den Eindruck, daß der „Maestro" ein gewisses Bedürfnis hat, vor *beiden* von Zeit zu Zeit eine Verbeugung zu machen. Aber da kann ich nur sagen: das habe ich nicht nötig.

[10] Jungs Auffassungen über Laotse (ca. 604–520) und Dschuang-Dsi (ca. 320 v. Chr.) als Vorläufer der Synchronizitätsidee wurden durch seine Zusammenarbeit mit Richard Wilhelm geprägt. Siehe hierzu Jung (1952) und R. Wilhelms Buch über *Chinesische Lebensweisheit* [1922].

[11] Siehe hierzu die Ausführungen im Brief [1158] an Bohr.

[12] Diese Bezeichnung wählte Pauli gerne für die U.S.A., wenn er Vergleiche zwischen den Verhältnissen in der Sowjetunion und in Amerika anstellte (vgl. die Briefe [1151 und 1158]).

†† Es erfolgen dort ernstliche Angriffe auf Papa Bohr und auch auf dortige Quantenphysiker. [Vgl. hierzu V. Fock (1951).]

[13] Stefan Rozental war seit Ausbruch des *Zweiten Weltkrieges* Bohrs engster Mitarbeiter und begleitete ihn häufig auf seinen ausgedehnten Reisen. Siehe hierzu auch seine von Klaus Stolzenburg übersetzte Biographie [1991] über Bohr.

[14] Diese Bemerkung bezieht sich auf Bohrs *offenen Brief vom 9. Juni 1950 an die Vereinten Nationen*, in dem er versuchte, auf die durch die Nutzung der Atomergie geweckten Hoffnungen und Gefahren aufmerksam zu machen. Obwohl Pauli diese Gedanken natürlich teilte, versprach er sich keine größere Wirkung solcher öffentlichen Appelle durch einen Wissenschaftler. Vgl. hierzu auch die Darstellung bei von Meyenn, Stolzenburg und Sexl [1985, S. 348ff.].

[15] In Jungs Einleitung zu dem von R. Wilhelm aus dem Chinesischen übersetzten Werk *Geheimnis der Goldenen Blüte* [1928/92, S. 12] wird ebenfalls der Ausspruch eines Adepten zitiert: „Wenn aber ein verkehrter Mann die rechten Mittel gebraucht, so wirkt das rechte Mittel verkehrt." Das gleiche Zitat wiederholte Pauli nochmals in seinem Brief [1158] an Bohr.

[16] Das genaue Zitat von Schopenhauer [1890/92, Band **4**, S. 405] lautet: „Jede Nation spottet über die andere, und alle haben Recht."

[17] Siehe Paulis Brief [1158] an Bohr.

[18] Robert Oppenheimer, den Pauli noch von seinem Studienaufenthalt in Zürich her kannte (siehe hierzu Band **I**, S. 502f.), fühlte sich infolge des über ihm schwebenden Verfahrens wegen Spionageverdacht verunsichert. Siehe hierzu auch den Kommentar zu [1102] und den Hinweis auf den Ausgang des Verfahrens in den *Physikalischen Blättern* **10**, 473 (1954).

[1148] JAFFÉ AN PAULI

[Zürich], 17. August 1950
[Maschinenschriftlicher Durchschlag]

Sehr verehrter Herr Professor!

Ich möchte Ihnen sehr herzlich danken für Ihren ausführlichen Brief,[1] dessen Anerkennung und Anregungen mir sehr viel bedeuteten. Was die Frage der Deutung von „Drei" als Zeit betrifft, so liegt hier selbstverständlich (leider) eine Unterlassung meinerseits vor, und es müßte die Deutung des diskontinuierlichen *Nacheinander* unbedingt ergänzt werden durch die des diskontinuierlichen *Nebeneinander*, und zwar auf die von Ihnen vorgeschlagene Weise: als Beziehungsproblem. Die weiter unten von Ihnen gestellte Frage, ob Hoffmann etwas knabenhaftes hatte, ist durchaus zu bejahen. Die Beziehung zu seinem Freunde Hippel,[2] die er bis zu seinem Tode durchhielt, grenzte an knabenhaft-homoerotische Schwärmerei, und das von ihm von Ferne geliebte Mädchen Julia, die Urheberin seines seelischen Leidens und zugleich seiner dichterischen Produktion, war ein musikalisches Kind von etwa 13 Jahren, als er sie kennen lernte. Solche „Kinderlieben" und Jünglingsschwärmereien kamen bei den Romantikern jeden Alters vor.

Schwieriger ist der sehr subtile Gedanke: daß der Goldene Topf ein ausschließlich weibliches Symbol sei, da das Gold als *Materie* weiblich sei und der männlich-geistige Aspekt – also: Sol als Vergeistigung des Goldes oder in einem anderen Bilde: die „ehernen Töne in der Metallplatte" fehlten. Nun ist in Bezug auf den goldenen Topf an zwei Stellen von einem ihn belebenden „Geist" die Rede: einmal erblickt Anselmus im Gold das bewegte (lebendige) Bild von Serpentina im Baum und ein andermal heißt es als besondere Charakterisierung dieses Topfes, daß sich das Reich Atlantis (also das Reich des Mythus) in ihm spiegele. Vielleicht kann man dieses bedeutsame Spiegelbild doch mit den „Tönen" vergleichen, nur bin ich unsicher, ob sich dieser „Geist" durch Sol charakterisieren läßt. Wahrscheinlich nicht. Der das weibliche Gefäß belebende Geist ist chthonischer Natur. Vielleicht wäre Sol (als Vergeistigung des Goldes) erst durch Bewußtmachung des Spiegelbildes realisiert, weshalb ja der Topf auch als Mitgift an den eine Undine heiratenden *Menschen* verliehen wird. Was aber – wie mir scheint – bei der Charakterisierung des Topfes nicht übersehen werden darf, ist die Tatsache, daß er eben doch aus Gold ist und nicht z. B. aus Kupfer (wie das ihn spiegelnde Hexengefäß) oder aus Silber. Durch die Zuordnung von Gold-Sol appelliert er sozusagen an das (männliche) Bewußtsein, weshalb es mir scheint, als müsse Ihre Deutung des Topfes als ausschließlich weibliches Symbol noch nach irgend einer Richtung, die ich im Augenblick leider nicht sehen kann, erweitert oder ergänzt werden.

Den Roman vom Traum der roten Kammer[3] habe ich nun in meinen Ferien mit großer Freude und Interesse zu Ende gelesen. Er bringt in der Tat eine sehr viel harmonischere Lösung als die unbefriedigende und eigentlich tragische Geschichte des Anselmus. Mir scheint sowohl der Kotau vor dem Konfuzianer Tschong ein wichtiges Anzeichen der Hochachtung vor den Ansprüchen „dieser Welt", als auch das hervorragend bestandene Staatsexamen, durch welches die ganze Sippe gerettet wird, und bei welchem Pao Yü – wohl nicht von ungefähr – der 7. in der Rangliste ist. Ebenso scheint mir auch Pao-Yü in seinen jungen Jahren eine viel größere Reife oder Bewußtheit der Anima (= all seine Cousinen und deren Zofen) gegenüber erreicht zu haben als dies bei Anselmus (und überhaupt bei den Deutschen) je der Fall war. Es hat mir großen Eindruck gemacht, daß er im Wahnreich der großen Leere einer weiblichen Gestalt begegnet, welche den Körper von Pao Tschai und die Gebärden und Augen von Blaujuwel hat. Sie sind zwei Seiten der Anima und beiden hat er Genüge getan. (Wiederum ganz anders Hoffmanns Anselmus, der sich von der irdischen Seite „auf ewig" lossagt.) Das Wandermönchtum habe ich, ebenso wie Sie, als Kulturaufgabe der zweiten Lebenshälfte aufgefaßt, wobei mir diese Aufgabe darum so wichtig schien, weil sich die erste Lebenshälfte ganz im matriarchal (Fürstin Ahne) beherrschten Familienklüngel abspielt. Sehr eindrucksvoll schien mir auch, wie dem dunklen, oder doch zum mindest: materialistischen Element (Frau Phönix) eine sozusagen standesgemäße Stellung innerhalb des Ganzen eingeräumt wird. Dies, sowie eine unmittelbare, fast noch primitive Einstellung der Natur gegenüber bilden einen ganz anderen Hintergrund und bieten die viel größere Chance zu einer harmonischen Lösung der Schwierigkeiten als die romantischen Konflikte. Die Vernichtung der Hexe ist in der Tat ein Äußerstes an Disharmonie, weil ja dadurch auch, wie aus dem Mythus hervorgeht, das „rechte" und das „linke" Dreieck nicht mehr verbunden sind.

Der Roman vom Traum der roten Kammer ist übrigens voller geheimer Anspielungen und Andeutungen, die man natürlich noch viel besser verstehen würde, wenn [man] sozusagen chinesische Voraussetzungen hätte. So habe ich über vieles hinweggelesen und mich an der äußerst lebendigen und beseelten Erzählung gefreut.

Sehr interessiert hat mich, was Sie über Treff geschrieben haben.[4] Gelegentlich würde ich Ihnen gern einmal den Text jenes Traumes vom Kartenspiel zeigen, der mich beschäftigt. Aber jetzt will ich Sie nicht mehr damit behelligen. Jedenfalls waren mir Ihre Bemerkungen in Bezug auf die Deutung des Traumes sehr erleuchtend.

Für heute schließe ich mit nochmaligem sehr herzlichen Dank für den Brief, sowie auch für den Hinweis auf den schönen Roman vom Traum der Roten Kammer.

Mit den besten Grüßen
Ihre sehr ergebene   Aniela Jaffé

Es ist mir an dem Roman auch klar geworden, daß – wie Sie sagen – das Karma über die leiblichen Ahnen hinausgeht, obwohl diese vielleicht mit enthalten sind. Die archetypischen Inhalte (also: die Bilder im Wahnreich der großen Leere) sind das Primäre, und im Vergleich zu ihnen spielt die Abfolge der Ahnen (gelebten Leben) eine geringe Rolle. Übrigens antwortet auch Balzacs Séraphita[5] auf Minnas erstaunte Frage, woher er sein tiefes Wissen habe, mit „Je me souviens".[6]

---

[1] Paulis Brief [1146] vom 2. August.
[2] Über E. T. H. Hoffmanns Beziehung zu seinem Freund Theodor Hippel siehe Jaffé (1950, S. 252ff.)
[3] Siehe hierzu den Brief [1137].
[4] Siehe die Bemerkungen zum Brief [1146].
[5] A. Jaffé hatte im *Psychologischen Club* zwei Vorträge über Balzacs Leben und seinen 1835 erschienen Roman *Séraphita* gehalten, dessen phantastischer Inhalt Beziehungen zu E. T. H. Hoffmanns Märchen aufwies (vgl. Brief [1150]).
[6] Pauli machte sich zu diesem Brief folgende Anmerkungen: „1. Vielleicht wäre ein Hinweis auf Prof. Jungs Ausführungen über das I-Ging-Zeichen der Tiegel auf p. 166 des Buches auch im Zusammenhang mit Hoffmanns Symbolik nützlich gewesen. – 2. Vgl. hierzu die drei Tropfen in Abbildung 2, Tafel 5 (neben p. 112) im Gegensatz zu den vier Linien. Über dieses Bild habe ich sehr nachgedacht. – Vgl. Prof. Jungs korrekte Konstatierung (p. 126 des Buches): ‚Wie das Quecksilber eine Verstofflichung des Merkur, stellt auch das Gold eine solche der Sonne in der Erde dar' (vgl. die weiteren Ausführungen über Geist und Stoff, p. 127). Darf ich hier auch meinen in dem unpublizierten Aufsatz Hintergrundsphysik von 1948 (sie haben ihn damals freundlicher Weise getypt) erwähnten Traum erinnern, worin eine Autorität mir sagte: ‚In einer Metallplatte sind eherne Töne eingraviert.' Die Metallplatte ist hier das ‚Weiblich-Unzerstörbare', die Töne das ‚Männlich-Geistig-Flüchtige'. Um in der Analogie zu bleiben: bei Hoffmann fehlen die ‚ehernen Töne', deshalb gelangt er auch nicht bis zur Quaternität."

[1149] YANG AN PAULI

Rochester, 17. August 1950
[Maschinenschriftliche Durchschrift]

Dear Professor Pauli!

Many thanks for your letter of July 4.[1]

The proof of Feldman's and my paper[2] finally came and we changed the footnote No. 14 so that it now reads:

„We are indebted to Dr. R. J. Glauber for pointing out this generalization of the incoming and outgoing fields and their relation to the Hamiltonian in the interaction representation.[3] Cf. also M. Neuman and W. H. Furry, op. cit.;[4] K. V. Roberts, Physical Review 77, 146 (1950);[5] J. S. de Wet, op. cit.[6]“

Please kindly write me at the Institute if you have any comments.

With best regards, yours sincerely,

C. N. Yang

[1] Siehe den Brief [1140].
[2] Yang und Feldman (1950).
[3] Vgl. Roy J. Glauber (1951).
[4] Neuman und Furry (1949).
[5] K. V. Roberts (1950a, b).
[6] J. S. de Wet (1950).

[1150] PAULI AN JAFFÉ

Zollikon-Zürich, 19. August 1950

Sehr geehrte Frau Jaffé!

Haben Sie vielen Dank für Ihren Brief. Ich möchte zwar nicht, daß unsere Korrespondenz zu lange wird; wenn ich dennoch einen weiteren kurzen Brief schreibe, so geschieht es hauptsächlich deshalb, um Sie zu *historischen* Nachforschungen im Zusammenhang mit den „Treff" zu veranlasssen (siehe unten).

Vorher noch ein paar andere Bemerkungen.

1. Bei der Deutung des goldenen Topfes als rein weibliches Symbol (wie der Graal) habe ich das Gold (anders als Kupfer und Silber) als *edelstes* (d. h. am schwersten oxydierbares) Metall als Symbol der *Unzerstörbarkeit* aufgefaßt. Es fragt sich, ob sich das Reich Atlantis nicht auch in einem rein weiblichen Symbol spiegeln kann und ob das bewegte Bild von Serpentina im Baum, das Anselmus im Gold erblickt, ein männlicher *Geist* ist. Ich gebe aber zu, daß im goldenen Topf *die Möglichkeit einer Spiegelung* (Metallspiegel) angedeutet ist und daß dies über ein rein weibliches Symbol (wie der Graal) hinausgeht.

(N.B. Nach Ihrem Vortrag über die Séraphita[1] betrachte ich Sie nun allmählich als Expertin für *unvollständige** Symbole des Selbst. Dort hat *auch* ausgerechnet der Hermaphrodit nicht gestimmt!)

2. Als ein wesentlicher Teil der Symbolik des Mythus im „Traum der roten Kammer" – die Rolle des *Diesseits* betreffend – scheint mir der Umstand, daß jener Stein im „Wahnreich der großen Leere" *unbrauchbar* geworden war.** *Deshalb* muß er „auf seiner Wanderschaft" hinunter, auf die Erde. Damit scheint mir die berühmte „säkulare Standpunktsverschiebung des Unbewußten" angedeutet. Die eigentliche Lebensleistung im Diesseits wäre demnach die, daß die archetypischen Inhalte wieder in Ordnung (in einen „brauchbaren Zustand") kommen. (Dies ist wenigstens die für das Abendland gültige Deutung.)

3. Nun zum „Treff". Meine äußerst lebhaften Assoziationen mit *Spanien* plagen mich. Der „Kontext" zum Treff sind bei mir: Spanische und maurische Bauten, Toledo, Bilder im Prado, Kreuzzüge, das Vordringen der Mohammedaner, die Judenvertreibung aus Spanien im 15. Jahrhundert und – last not least – das von Schopenhauer zitierte Sprichwort[†] „Detras de la cruz está el diablo" (Hinter dem Kreuz steht der Teufel).[2]

Wäre ich wissenschaftlich so unkritisch wie Balzac,[3] so würde ich die Frage, wie ich darauf komme, *auch* beantworten mit „ich erinnere mich".[††] So aber erscheint mir das unzulässig und ich sage, das ist eben ein „unbewußtes Assoziieren" (bildhaft ausgedrückt: „das dunkle Mädchen (die intuitive Funktion) hat es mir gesagt"). Der Grund davon scheint mir der, daß „das Treff im *Karma* ist." Die frühere Projektion archetypischer Inhalte, dadurch hervorgerufenes *Leid*, bringen einen Zustand hervor, bei dem diese Inhalte nach Bewußtsein drängen (siehe „Versprechen der Menschwerdung und Erlösung" bei den Elementargeistern).

Man kann natürlich mit solchen Intuitionen sehr hereinfallen. Es entsteht deshalb die Frage, ob sich tatsächliche Zusammenhänge zwischen historischen Ereignissen in Spanien, sagen wir zwischen dem 11. und 15. Jahrhundert, und dem Archetypus der *unteren* Trinität nachweisen lassen. (Der Graal wurde in die Pyrenäen verlegt und die Albigenserverfolgungen waren nicht weit von Spanien.)[4] Und was ist die wirkliche Geschichte der Treff-Karten? Wann und wo tauchen sie zum ersten Mal auf?[5]

Hier möchte ich die Fortsetzung dieses Gespräches (eventuell auch Diskussion des Traumes vom Kartenspiel, den ich nicht kenne und der Sie beschäftigt) verschieben, bis Sie etwas über diese historischen Fragen eruiert haben.

Inzwischen viele Grüße

Ihr sehr ergebener

W. Pauli

---

[1] Siehe auch den Brief [1148].

* Ist im Kommentar zum I-Ging Zeichen „der Tiegel", „vorn auf 3. Platz", „Wenn erst der Regen fällt, dann erschöpft sich die Reue", Ihre eigene Situation charakterisiert?

** Die Göttin Nü Kwa hatte ihn „wegen seiner unzulänglichen Beschaffenheit" zuletzt unbenutzt gelassen (p. 6).

† Es steht im „Dialog über Relgion". In der 2. Auflage der von Frauenstädt herausgegebenen Gesamtausgabe, Band **6**, p. 385 (in der „Parerga").

[2] Vgl. auch [1137].

3 Vgl. den in [1148] von A. Jaffé zitierten Ausspruch von Balzac.
†† Ich glaube, Prof. Jung hat Recht, daß die Quelle dieser Ausdrucksweise ein raum-zeitliches Ausdehnungsgefühl ist.
4 Vgl. Band **III**, S. 559 und 561.
5 Siehe hierzu die Anmerkung zu [1146].

[1151] PAULI AN FIERZ

Zürich, 26. August 1950

Lieber Herr Fierz!

Ihr Manuskript über die Funktion D_C etc.[1] habe ich mit Vergnügen gelesen, und ich glaube nicht, daß man die Sache besser darstellen kann. Ihre Arbeit wird doch sehr nützlich sein. {N. B. Die Gleichheit der beiden Ausdrücke für S in (2.5)[2] ist, soviel ich mich erinnere, von Heisenberg bewiesen worden. Vielleicht könnte man für den Leser ein besonderes Zitat dort anfügen.} Ist die am Schluß erwähnte Theorie „vom Typus" der Elektrodynamik bei passender Limesbildung mit der Dysonschen Elektrodynamik ganz identisch? Sie sollten auch ein Exemplar Ihrer Arbeit an Rivier schicken oder ihm nach Princeton mitbringen![3]

Bemerkung zur Geschichte der Thermodynamik: Kennen Sie im Thermodynamik-Buch von P. S. Epstein (New York 1937)[4] den Abschnitt Chapter II. Nr. 11 „history of the first law" (p. 27ff.)? Es würde mich interessieren, was Sie dazu meinen. Mich interessierte des Autors Erklärung dafür, daß diese (theoretischen Physiologen) ein so großes Interesse an den mit dem 1. Hauptsatz zusammenhängenden Problemen hatten und auch das über die Reaktion der Physiker gegen Schellings Naturphilosophie dort Gesagte.[5]

Ich habe mir neulich die Neuausgabe des „Romans de la Table Ronde"[6] gekauft, die Sie mir im Zug Paris-Basel gezeigt haben.[7] Nun habe ich gerade den eingeflochtenen Mythos (p. 56–78) gelesen. Es ist offenbar ein Versuch, heidnische Einstellungen und Symbole dem Christentum zu integrieren. Meine Aufmerksamkeit wurde speziell geweckt durch die „Île Tournoyante" (p. 64f.) und die „trois fuseaux de bois", die aus dem Baum der Erkenntnis herausgeschnitten sind (siehe auch p. 69). Leider ist meine Kenntnis der französischen Sprache sehr ungenügend und hier kommt noch hinzu, daß die Worte oft eine von der gewöhnlichen abweichende Bedeutung haben. Wissen Sie, was „fuseaux" an dieser Stelle heißt? (In meinem kleinen Lexikon steht „Spindel", was hier aber nicht passen dürfte.)

Mein Plan ist, mit meiner Frau gegen 7. September abzureisen: zuerst ins Engadin zu Freunden, dann zum Kongreß nach Bologna[8] und dann noch irgendwohin an eine der beiden italienischen Küsten in der Nähe von dort.[9]

Es ist also in der Tat eine Chance, daß Sie mich noch sehen werden, bevor Sie in das weißbesternte Land abdampfen. {Ich sehe mit einem nassen und einem heiteren Auge, wie die rot- und die weiß-Besternten einander oft eben *die* Eigenschaften vorwerfen, die ihnen beiden gemeinsam sind. „Jede Nation kritisiert jede andere – und sie haben alle Recht". (Das ist natürlich von „meinem" Schopenhauer.)[10] Zwei Völker bewohnen je die Hälfte – mit einem

Meridian als Grenze – einer Kugel. Dann wirft jedes dem anderen vor, daß es im Osten sei, während man doch im Westen sein solle. Die Lösung dieses berühmten Ost-West-Konfliktes wird darin gesucht, die Grenze in den Äquator zu verlegen. Dann wird nämlich jedes der beiden Völker sagen können, es sei selbst oben und das andere sei unten. Wie gefällt Ihnen diese Parabel?[11] Sie sehen, daß ich nach wie vor keine Zeitung lese.}

Jedenfalls freue ich mich schon jetzt darauf, daß Sie wohlbehalten und mit einigen Ersparnissen wieder *unbesternt* zurückkommen werden.

Ich hoffe also, Sie noch vorher zu sehen.

Herzliche Grüße

Ihr W. Pauli

[1] Fierz (1950a).

[2] Fierz (1950a, S. 736). Fierz folgte dieser Anregung und verwies auf Heisenbergs noch nicht veröffentlichte Arbeit, „in welche ich durch Vermittlung von Prof. Pauli Einblick hatte."

[3] Fierz reiste im September nach U. S. A., wo er in Princeton auch mit Heisenberg über dessen neue Theorie diskutieren konnte (vgl. hierzu den Kommentar zum Brief [1116]).

[4] Epstein [1937, dort S. 27–34].

[5] Schelling [1799].

[6] Vgl. hierzu die Angaben in dem Briefwechsel [1156 und 1167] mit Emma Jung.

[7] Im April 1950 während der gemeinsamen Rückfahrt von dem Pariser Elementarteilchen-Kongreß. Siehe hierzu den Kommentar zum Brief [1107].

[8] Am 24. September hielten sich die Paulis noch in Genua auf. Sie beabsichtigten, ungefähr am 1. Oktober wieder in Zürich einzutreffen (vgl. die Postkarte [1153]). Der 36. Kongreß der *Societa Italiana de Fisica* tagte vom 15.–20. September in Bologna. Vgl. *Nuovo Cimento*, Supplemento zum Band **8**, Serie IX, S. 4.

[9] Vgl. die Postkarte [1153].

[10] Vgl. auch den Hinweis auf dieses Zitat im Brief [1147].

[11] Diese Parabel wiederholte Pauli auch in seinem Brief [1158] an Bohr.

[1152] PAULI AN FIERZ

Zürich, 4. September 1950

Lieber Herr Fierz!

Vielen Dank für Ihren Brief. Es hat mich sehr interessiert, was Sie über die 3 Spindeln geschrieben haben, besonders Ihre Betonung des weiblichen Charakters dieses Symbols. (In einem größeren französischen Dictionnaire von C. A. Meier hatte ich inzwischen auch einen ausdrücklichen Hinweis auf die Parzen ($\mu o \iota \rho \alpha$)[1] beim Wort „fuseaux" gefunden.)

Ich hatte nämlich zu den 3 Spindeln sofort die überaus lebhafte Assoziation des nach *unten gespiegelten Dreieckes* bei Fludd, das ich – wie Sie sich vielleicht erinnern – in meinem Keplervortrag als Figur projiziert habe.[2] Es war so:

Der trinitarische Gott spiegelte sich nochmals „im dunklen Spiegel der Welt" wie es dort heißt. Der Archetypus ist offenbar der der *unteren* Trinität, die ein

Spiegelbild und Schatten der oberen ist.* Dies ist eine in der Alchemie ganz geläufige Vorstellung. Der zweite (aus dem Zweig des ersten paradiesischen Baumes entsprossene) Baum ist derselbe wie der arbor philosophicus der Alchemisten. Auch der Anfang des Abschnittes 1, ‚Île Tournoyante‘, wo von den 4 Elementen und den auf- und absteigenden Toten der Materie die Rede ist, entspricht genau den alchemistischen Traktaten.

Es scheint mir bedeutungsvoll, daß der Graal so direkt mit dem Bild der unteren Trinität verknüpft ist. Daß diese speziell durch Spindeln dargestellt ist, deutet – wie Sie ganz richtig sagen – auf einen Zusammenhang mit den Parzen hin. – Ich hoffe Gelegenheit zu haben, diese Sache einmal mit Frau Jung besprechen zu können, die speziell über die Psychologie der Graalsgeschichte gearbeitet hat.[3]

Princeton ist wegen ausgezeichneter Bibliotheksverhältnisse besonders gut geeignet für historische Studien. (Dort werden Sie auch leicht Epsteins Thermodynamik[4] finden.)

Grüßen Sie, bitte, alle Freunde in Princeton, besonders Robert und Kitty Oppenheimer.

Nochmals alles Gute

Stets Ihr W. Pauli

P. S. Ich bekam soeben eine Anzeige, wonach Dyson (den Sie in Princeton antreffen werden) eine Züricherin, Frau Häfeli = Haber geheiratet habe.[5]

---

[1] Siehe hierzu den Brief [1156].
[2] Vgl. Pauli (1952a, S. 148, Tafel I).
* Jung gibt mehrere Zitate darüber in *Psychologie und Alchemie* [Jung 1975, S. 296]. Auch in seinem neuen Buch *Gestaltungen des Unbewußten* zitiert er auf p. 150 einen flämischen Alchemisten *Mennens* (1525–1608), der in Verbindung mit der Trinität von der Materie spricht „die als Schatten Gottes ebenfalls dreifach vorhanden ist.“
[3] Vgl. die Briefe [1156 und 1167].
[4] Epstein [1937]. Fierz interessierte sich für dieses Werk im Zusammenhang mit seinen thermodynamischen Studien über die Kondensation.
[5] Aus dieser Ehe mit Verena Häfeli ging die Tochter Esther und der Sohn George hervor. Die Ehe war jedoch nicht von langer Dauer. Vgl. Schweber [1994, S. 566].

[1153] PAULI AN SELIGMAN

Genua,[1] 24. September 1950
[Postkarte]

Dear Dr. Seligman!
Glauber told me that you have now the lecture notes of Schwinger.[2] Please leave them for me either with Schafroth or the secretary (in case that you will go away from Zürich again).

I shall be back in Zürich approximately around October 1st.

With best regards, to Schafroth also,

Yours

W. Pauli

[1] Pauli war zusammen mit seinem Assistenten R. Schafroth, seinem indischen Gast Roy Glauber und einigen anderen Züricher Physikern (Hans Frauenfelder, Paul Huber und Werner Zünti) zum 26. *Congresso della Societa Italiana di Fisica* in Bologna, der vom 15.–21. September tagte, nach Italien gereist. Anschließend machte er Ferien an der Mittelmeerküste. (Vgl. [1157] und die von Sascha und Ernst Morgenthaler zusammen mit einem Gruß der Paulis am 26. September 1950 von Sestri bei Genua an Fritz Medicus verschickte Postkarte.)

[2] Schwingers *Lecture Notes* über Quantum Mechanics wurden erst im Jahre 1952 an die Teilnehmer seiner Vorlesungen an der Harvard University ausgegeben. Vgl. hierzu Wu-yang Tsai (1974).

[1154] JAFFÉ AN PAULI

[Zürich, 25. September 1950]
[Maschinenschriftliche Durchschrift]

Sehr verehrter Herr Prof. Pauli!

Für Ihren Brief[1] mit den tiefen und schönen Dingen über den Goldenen Topf, sowie auch über den „Traum der Roten Kammer", auf welche ich nun aber nicht mehr eingehe, danke ich Ihnen sehr herzlich. Ich möchte Ihnen aber heut über das Wenige berichten, was ich über die Spielkarten, insbesondere über die *Treffkarten* in Erfahrung bringen konnte.[2] Es gibt leider nur sehr wenig Literatur (in Zürich auch nur zum kleinsten Teil erhältlich, da es sich meist um alte, nicht mehr neu verlegte Werke handelt). Ich stütze mich vor allem auf: W. Gurney Benham: Playing Cards, London 1931 (with 242 Illustrations).[3] Die eigentlichen Ursprünge der Karten in Europa kann man mit Sicherheit nicht feststellen. Die Theorien, sie seien von China, Arabien, Ägypten importiert worden, sind wissenschaftlich nicht einwandfrei belegbar. Ebensowenig, daß Kreuzfahrer sie mitgebracht hätten. Hier argumentiert Benham meines Erachtens nicht richtig: er sagt, daß die Kreuzzüge 1291 endeten und die erste beglaubigte Nachricht über Kartenspiele stamme aus dem Jahre 1375. Diese Nachricht besagt aber, daß die Karten sehr viel gebraucht wurden, so daß man sich doch u. U. vorstellen könnte, daß eine etwa 80jährige Frist verstrichen sei zwischen ihrem Import und einer weiten Verbreitung. Eine der ältesten Nachrichten über Kartenspiele stammt von einem „obscure Italian chronicler, named Coveluzzo (died c. 1500), who states (according to Feliciano Bussi, in his *History of Viterbo* …): ‚In the year 1379 the game of cards was brought into Viterbo, which game came from Serasinia and is called amongst them Naib.‘ " *Serasinia* kann eventuell auf das Land der Sarazenen weisen. Was das Wort „Naib" betrifft, so ist dies der (noch heute) gebräuchliche Ausdruck für Kartenspiel (gewöhnlich: Naipes). Dieses Wort ist ethymologisch nicht klar ableitbar, hängt aber wahrscheinlich mit nabi, naba, naban (Arabisch) zusammen, was etwa heißt: im Zusammenhang mit Prophetie stehend. Was Naipes wörtlich heißt, ist nicht festzustellen.

In Europa tauchen die Karten zuerst in Spanien und Italien auf, wahrscheinlich noch eher in Italien. Es handelt sich dabei um die Bildkarten (Tarot, kommt vom italienischen tarocchini), erst in Frankreich wurden die Karten umgestaltet zu dem uns geläufigen Pack.[4] Der Unterschied zwischen den italienischen und spanischen Karten besteht übrigens darin, daß die Spanier die „Königin" ausschlossen und ersetzten durch einen Reiter. (Also: König, Bube, Reiter!) Im übrigen sind die spanischen und italienischen Karten sozusagen identisch.

Anscheinend sind die Bildkarten auch heut noch in diesen beiden Ländern in häufigem Gebrauch.

Es ist nun interessant, die inhaltliche Beziehung zwischen den späteren französischen und den früheren spanisch-italienischen Bildkarten festzustellen. In beiden Spielen handelt es sich um vier Grundsymbole. Dem französischen „coeur" entspricht in jenem Spiel das „Gefäß". Es ist auf den Karten mit einer solchen Liebe und oft dermaßen wertvoll dargestellt, daß die Assoziation „Graal" nicht fern liegt. „Carreau" entspricht im spanischen Spiel die „Münze", das Geldstück. Dieses wird auf den Karten ausnahmslos als ein kleines Mandala dargestellt, d. h. als ein kleiner Kreis, dem ein vielzackiger Stern einbeschrieben ist. Die Mitte ist entweder leer, oder es befindet sich darin ein zweiter Stern, ein kleiner Turm, ein Kreuz etc. Daß diese Karte auf englisch „diamond" heißt, ist aus der Identität von lapis und Mandala nicht schwer zu erklären. Man sieht aber aus solchen Zusammenhängen die Sinnhaftigkeit. „Pique" entspricht dem spanischen „Schwert".

Und nun „Treff", was das Komplizierteste ist. Im spanischen Spiel entspricht dem Treff-Symbol eine Keule (was noch heut in dem englischen Wort für die Trekk-Karte „club" deutlich ist). Manchmal heißt es auch „Stab" oder „Scepter". Die Abbildungen dieser Keule zeigen meist einen derben Baumast, mehr oder weniger keulenförmig, manchmal auch mit kleinen Sprossen (wobei die Blätter immer dreigezackt sind). Im deutschen Kartenspiel werden diese Keulen oder Treffkarten überhaupt ersetzt durch die „Blatt"-Karten. In jedem Falle deuten sie etwas Naturhaftes an, was ja auch in „trèfle", Klee, noch zum Ausdruck kommt. Einen Hinweis auf die chthonische Bedeutung der Keule scheint mir eine Karte zu liefern, auf welcher der eine mannsgroße Keule haltende König als „Wildmannli", d. h. behaart am ganzen Körper, dargestellt wird. Das dazugehörige „Wildfraueli", ebenfalls im Felle, hält bedeutsamerweise eine brennende Kerze anstelle der Keule. Merkwürdiger- oder irrtümlicher Weise ist in diesem Spiel (aus dem Jahre 1485) der keuletragende König als Coeur-König signiert; es handelt sich um französische Karten. Es hat mich eigentlich schon gar nicht mehr gewundert, als ich auf einer Darstellung einer Treffkarte (1515) nicht das dreiblättrige, sondern das 4-blättrige Kleeblatt fand. Vielleicht ist es diese Variante, die zu der schweizerischen Bezeichnung der Treff-Karte als „Chrüz" geführt hat. Daß es sich dabei sozusagen um ein „Schattenkreuz" oder um ein Kreuz in chthonischem Sinne handelt, beweist der Ursprung aus der Keule.

Es ergibt sich also für Treff eine Bedeutungsreihe von Keule (sprießend oder kahl) – Stab – Szepter – Klee (3- oder 4blättrig) – Kreuz.

Dankenswerterweise gibt Benham auch einige der alten Benennungen der Karten (soweit solche überhaupt überliefert sind). Es wird Sie gewiß interessieren und auch Ihre Intuitionen bestätigen, wenn es heißt, daß *Treff-Ass* in dem spanischen Kartenspiel als *Schlange* bezeichnet wird. Damit sind die gesamten Bedeutungen des Treff zusammengefaßt. Als Ergänzung erschien mir auch nicht unwichtig, daß Treff 4 „The Devil's Bedposts" nicht ohne Humor genannt wird.

In der mantischen Bedeutung (dies entnahm ich dem Buch Cicely Kent:[5] Telling Fortunes by Cards, London o. d. Es ist ein ganz neues Buch) besagt Treff-Ass „Papers, good news, luck, letters, newspaper". Diese an sich uninteressante

Reihe ergibt aber mit den übrigen genannten Treff-Bedeutungen etwa das, was in der Vulgär-Astrologie etwa dem Mercurius zugeschrieben wird. (Auch sollen die „Bettpfosten" dem Mercurius heilig sein, wie mir Fräulein Dr. von Franz sagte.) Im Tarot-Spiel ist die mantische Bedeutung von Clubs: Power, force, might.[6] Und dazu steht ergänzend auf einer tieferen Ebene: *the creative will.*

Die eigentlich negativen Karten sind immer Pique, während Treff (vulgär) immer auf die weltlichen Geschäfte hinzielt. Der Geist des Treff erscheint so etwas wie ein „Herr dieser Welt".

Dies ist (vorläufig) alles, was ich finden konnte. Über die von Ihnen angedeuteten kulturhistorischen Zusammenhänge habe ich bisher noch nichts feststellen können. Ich habe aber im Sinne, noch auf einem Umweg daran heranzugehen: ich möchte versuchen, Werke über Ornamente, z. B. architektonische Ornamente der verschiedenen Zeitepochen aufzustöbern. Vielleicht komme ich da noch auf das maurische, was Ihnen vorschwebte. Leider ist die ganze Literatur darüber höchst verworren und ausschließlich vom Gesichtspunkt des Kunsthistorischen geordnet. Ich stelle mir übrigens vor, daß diese „Keulen" auch etwas mit den Keulen des Shiva zu tun haben, bin aber noch nicht weiter gedrungen.

Sobald ich wieder Stoff beisammen habe, werde ich Sie es gern wissen lassen.

Bis dahin sende ich Ihnen die besten Grüße und verbleibe

Ihre sehr ergebene   [Aniela Jaffé]

---

[1] Brief [1150].
[2] Siehe hierzu auch die Anmerkung zu [1146].
[3] W. Gurney Benham [1931]. Siehe auch [1154].
[4] Vgl. hierzu die Bemerkungen in den Briefen [1146, 1160 und 1171].
[5] Kent [o. J].
[6] Vgl. hierzu die Briefe [1146, 1159, 1160 und 1171].

[1155] McConnell an Pauli[1]

[Pittsburgh], 28. September 1950

Dear Professor Pauli!

At the suggestion of Dr. J. B. Rhine of Duke University I am sending herewith a reprint titled "ESP, fact or fancy?"[2]

For the last two years here at the university of Pittsburgh we have been investigating the psychokinetic effect, and have obtained results that appear to confirm Dr. Rhines findings. We hope that the report can be published in coming year.[3]

Sincerely yours   Robert McConnell

---

[1] Robert A. McConnell beteiligte sich an den (auch in den Briefen [939, 1170, 1173 und 1179] angesprochenen) Experimenten von Joseph Banks Rhine über außersinnliche Wahrnehmungen (ESP), für die ihm Mittel von der *Bollingen Foundation* (siehe hierzu die Anmerkung zum Brief [1181]) zur Verfügung gestellt worden waren.
[2] Rhine (1949). In seinem Synchronizitätsaufsatz (1992, S. 23) erwähnte Jung, daß er auf diesen Beitrag durch Pauli aufmerksam gemacht wurde (vgl. auch den Hinweis in der Fußnote am Ende des

Briefes [1170]). Robert A. McConnell war Professor am *Department of Biophysics* der *University of Pittsburgh*.
[3] Siehe hierzu auch Rhines Buch *Parapsychology* [1957] und den Nachruf für Joseph Banks Rhine (1895–1980) im *American Journal of Psychology* **94**, 649–653 (1981). Rhines damals Aufsehen erregende Experimente über die telekinetische Beeinflussung der Ergebnisse von Würfelversuchen wurden jedoch später in der Fachwelt vielfach angezweifelt.

[1156] PAULI AN EMMA JUNG[1]

[Zollikon-Zürich], Oktober 1950
[Maschinenschriftlicher Durchschlag]

Sehr geehrte *Frau* Professor!

In meiner Arbeit über Kepler[2] stieß ich wieder auf den Archetypus der unteren chtonischen Trinität[3] (vgl. das nach unten gespiegelte Dreieck bei Fludd, das ich damals projiziert habe),[4] der mir auch aus früheren und späteren eigenen Träumen bekannt ist (in Form der Spielkarte „Treffass"[5] und in Form von drei einfachen Hölzern). Seitdem ist stets mein Interesse stark geweckt, wenn ich ihn irgendwo antreffe.

Diesen Sommer las ich nun die französische Neuausgabe der ‚Romans de la Table Ronde',* die mir Herr M. Fierz im Frühjahr in Paris[6] gezeigt hatte. Da war zugleich meine Aufmerksamkeit gefesselt durch die drei hölzernen Spindeln (trois fuseaux de bois), die in Merlins Erzählung auftreten (l. c., p. 65). Diese Erzählung (pp. 56–78) ist ein interessanter Mythos in sich selbst. Die Spindeln, von denen die eine weiß, die zweite rot und die dritte grün ist, werden auf einer geheimnisvollen, sich drehenden Insel aufgefunden. Der Abschnitt über diese Insel beginnt übrigens mit den vier Elementen wie viele alchemistische Traktate. Die Spindeln werden sodann zurückgeführt auf einen Baum, der einem Zweig entstammt, den Eva direkt vom Paradiesesbaum auf die Erde mitnehmen durfte. Dieser irdische Doppelgänger des paradiesischen Baumes war nacheinander weiß, rot und grün. Aus ihm läßt Salomons Frau diesem Mythos zufolge die Spindeln anfertigen und fügt sie dem Schwerte Davids bei. Das Schwert und die Spindeln machen dann jahrhunderte lange Fahrten auf einem Schiff, bis sie schließlich auf jener Insel gefunden werden.

Für die Auffassung, daß es sich bei den Spindeln wieder um den Archetypus der chtonischen Trinität handle – der auf diese Weise, allerdings in einer besonderen Form, in eine direkte Beziehung zur Graalsgeschichte gebracht wäre – läßt sich anführen: Die Zahl 3 wird in dem zitierten Buch öfter direkt mit der Trinität in Verbindung gebracht (siehe z. B. p. 78) und von dem Schiff, das die Spindeln und das Schwert trägt, wird später (p. 364) behauptet, es sei die Kirche. Die Spindeln haben einen chtonischen Ursprung (Baum) und sind (wie auch Herr Fierz betont hat) ausgesprochene weibliche Instrumente. Sie verhalten sich demnach zum Schiff wie die Trinität zur Kirche.

Daß dieser Archetypus hier nicht durch drei gewöhnliche Hölzer, sondern durch 3 Spindeln dargestellt wird, ist aber eine Besonderheit, die mir neu war. Zu den Spindeln gehören eigentlich Spinnerinnen, die aber in dem Mythos fehlen. Diese fehlenden Spinnerinnen dürften mit den Parzen (Moiren)

zu identifizieren sein (in den Lexika sind beim Wort ‚fuseau' die Parzen
erwähnt).[7] Man hat das Gefühl, daß im Mythos diese Spinnerinnen eine Art
christlicher „Zensur" zum Opfer gefallen sind – mit „Zensur" meine ich
nicht notwendig eine äußere Instanz, sondern eine Tendenz der ursprünglichen
Erzähler der Graalsgeschichte, alle heidnische Motive als nicht assimilierbar
zu unterdrücken.[8] (Mit der Diana sind sie allerdings an anderen Stellen nicht
weit gegangen.) Dazu paßt auch, daß die Spindeln in der späteren Erzählung
keine plausible Verwendung haben. Es wird nur gesagt, daß Galaad im Bett mit
den 3 Spindeln schläft, bevor er das Geheimnis des Graals schaut und stirbt
(siehe p. 379f.). Herr Fierz machte mich aber darauf aufmerksam, daß die sich
drehende Insel bei Plato vorkommt und zwar am Ende des „Staates", wo die
3 Moiren um die „Spindel der Notwendigkeit" sitzen.[9] Durch den (wenn auch
unausgesprochenen) Zusammenhang mit den Parzen wird das Schicksalhafte des
Archetypus betont.

Da Sie über die Graalsgeschichte eingehend gearbeitet haben,[10] während ich
ja nur dieses *eine* Buch gelesen habe, möchte ich Sie fragen, ob und wie die
drei Spindeln auch in anderen Versionen der Graalslegende auftreten.[11] Natürlich
wird es mich außerordentlich interessieren, ob Ihnen die hier versuchte Deutung
der Spindeln durch den Archetypus der „unteren Drei" genügend plausibel und
durch das Material gestützt erscheint.

Mit bestem Dank im Voraus und vielen Grüßen, auch an Professor Jung.

Ihr sehr ergebener   [W. Pauli]

---

[1] Auch abgedruckt bei Meier [1992, S. 50–52].

[2] Pauli (1952a).

[3] Als chtonische Trinität wird nach Jung (in *Psychologie und Alchemie* [1975, S. 523]) ein
in der Alchemie „als dreiköpfiges Ungeheuer dargestelltes und mit Mercurius, sal und sulphur
identifiziertes" Fabelwesen bezeichnet. Siehe hierzu auch die Bemerkungen in Paulis Brief [1152]
an Fierz.

[4] Pauli hatte im *Psychologischen Club Zürich* nochmals seinen Kepler-Vortrag gehalten, bevor er
ihn als Beitrag für das gemeinsam mit Jung herausgegebene Buch fertigstellte. Siehe auch Paulis
Bemerkung in seinem Schreiben [1152] an Fierz und die in seiner Keplerstudie (1952a, S. 148)
wiedergegebene Figur des göttlichen und irdischen Dreiecks.

[5] Siehe hierzu auch die Bemerkungen in den Briefen [1137, 1143, 1146, 1150 und 1154].

* Redigiert von Jaques Boulanger, Paris 1941, édition Plon. {Vgl. auch den Brief [1151] an Fierz.}

[6] Pauli und Fierz hatten Ende April 1950 die Pariser Elementarteilchenkonferenz besucht.

[7] Siehe auch die Bemerkung im Brief [1152].

[8] Siehe hierzu auch die Graalstudie von K. Burdach [1974].

[9] Siehe Plato: *Der Staat*, X, 616d.

[10] Vgl. hierzu E. Jung und M.-L. von Franz [1960]. Siehe auch die Deutung des 39. Traumes in
Jungs *Psychologie und Alchemie* sowie C. G. Jung, *Gesammelte Werke*, Band **6**, S. 274 und 290f.

[11] Vgl. hierzu auch das folgende Schreiben [1167] an Emma Jung.

Bhabhas Einladungen nach Bombay zu einer internationalen Konferenz über Elementarteilchen waren im Sommer 1950 verschickt worden. In einem solchen Schreiben vom
7. August 1950 an Rosenfeld heißt es: „The Tata Institute of Fundamental Research in
consultation with the International Union of Pure and Applied Physics has decided to
organize an International Conference on Elementary Particles in Bombay in December,
1950. ... The purpose of the conference is to discuss on the one hand the most recent

experimental facts concerning the elementary particles, their interactions and transformations, and on the other theoretical questions regarding their mathematical description and the successes, limitations and difficulties of such theories."

Auch Pauli hatte eine solche Einladung erhalten. Obwohl er – auch im Hinblick auf seine psychologischen Studien – ein großes Interesse für Indien und seine Kultur besaß, sagte er schließlich seine Reise ab [1168] und verschob seine Reise nach Indien bis zum Wintersemester 1952/53.[1]

Unter den anwesenden Gästen befanden sich u. a. R. Peierls, L. Rosenfeld, F. Perrin, E. Amaldi, J. Clay, P. M. S. Blackett, G. Bernardini, L. Ledermann, C. J. Eliezer, G. Wentzel und C. Møller. W. Heitler ließ seine Untersuchungen über die Möglichkeiten einer Mehrfacherzeugung von Teilchen durch Eliezer verlesen. Bryce Seligman berichtete bei dieser Gelegenheit über Fermis neue Ansätze zur Elementarteilchenphysik, die Fermi in Rom vorgetragen hatte.

Die Vorträge wurden unter dem Titel *Report of an International Conference on Elementary Particles* unter dem Patronat der *International Union of Pure and Applied Physics* und mit Unterstützung der UNESCO 1951 in Bombay veröffentlicht.[2]

---

[1] Siehe hierzu den Kommentar zum Brief [1489].

[2] *International Conference on elementary particles held at the Tata Institute of Fundamental Research*, Bombay, on 14–22 December 1950 [1951].

[1157] PAULI AN PANOFSKY

[Zollikon-Zürich][1], 1. Oktober [1950][2]

Lieber Herr Panofsky!

Nun ist einige Zeit vergangen, seit wir uns gesehen und ich benütze die Gelegenheit der Rückkehr von einer Reise nach Italien[3] und des noch nicht begonnenen Semesters, um Ihnen wieder einmal zu schreiben.

Einige lateinische Texte von Fludd sind nun endlich aus England gekommen;[4] sobald sie soweit übersetzt sind, daß ich in sie Einsicht nehmen kann, hoffe ich an die endgültige Redaktion des Kepler-Artikels gehen zu können.

Heute möchte ich Sie über eine historische Frage interpellieren, die damit allerdings nur in einem indirekten Zusammenhang steht: es ist die Geschichte der *Spielkarten*.[5] Wissen Sie irgend etwas über Ornamentik oder sonstige „iconography", die mit diesen in Zusammenhang stehen? Es arbeitet jemand am C. G. Jung-Institut in diesem Gebiet, bisher konnte aber nicht sehr viel über die Geschichte der Spielkarten in Erfahrung gebracht werden. Offenbar sind sie im Mittelalter in Italien und Spanien aufgetaucht (das heutige uns bekannte Spiel ist französisch mitsamt den Namen der Karten, es gibt aber ältere italienische und spanische Spielkarten). In dem englischen Buch von W. Gurney Benham: Playing Cards (London 1931)[6] ist angegeben, daß die älteste Nachricht über Kartenspiele von einem italienischen Chronisten stamme, der berichtet: „In the year 1379 the game of cards was brought into *Viterbo*, which game came from Serasinia (?) and is called amongst them Naib."

Es ist mir wahrscheinlich, daß entweder die Kreuzfahrer oder die Mohammedaner (Mauren) sie nach Spanien gebracht haben. Das konnte ich aber nicht nachweisen. Wissen Sie jemanden, der *spanische* Literatur darüber kennt? Die

könnte mehr enthalten als das zitierte englische Buch. Ob man nicht doch feststellen kann – trotz Benham – von wo die Spielkarten nach Europa gekommen
sind? Es dürfte wohl *früher* als im 14. Jahrhundert gewesen sein, aber im Altertum und im frühen Mittelalter waren sie bestimmt unbekannt. Auch ist es
sicher, daß sie in Europa zuerst in den Mittelmeerländern aufgetaucht sind.

Sonst setze ich auch meine Tätigkeit als ‚fellowtraveller of physics‘ fort, aber
das ist für Sie weniger von Interesse. In dieser Verbindung hoffe ich, daß es
Ihrem Sohn[7] (meinem Namensvetter) weiter gutgeht, und er die Möglichkeit
hat, ohne direkte Beziehung auf Nutzen und Schaden weiter zu arbeiten. Das
Nichtlesen der Zeitungen[8] ist mir „eine Quelle ungetrübten Vergnügens“ (wie
unser Freund Hecke gerne zu sagen pflegte) und dem Quäkerklub, von dem
ich sprach, habe ich wirklich 9 $ geschickt. In Italien habe ich übrigens gehört,
daß auch Wick (er ist trotz dieses merkwürdigen Namens Italiener) Berkeley
verlassen hat, um keinen zusätzlichen Eid schwören zu müssen.[9] Diese Berkeley-
Physiker werden so berühmt werden, wie einst die Göttinger Professoren.[10]

Mein indischer Schüler Bhabha[11] will durchaus, ich solle im Dezember
schnell nach Bombay zu einer Physik-Konferenz fliegen. Aber ich bin noch
nicht dazu entschlossen, es ist auch gerade ein Flugzeug in Kairo verbrannt.

In Italien haben uns die byzantinischen Mosaiks in *Ravenna* sehr großen
Eindruck gemacht.[12] In Bologna (wo einiges zerstört ist), war ein kleinerer
Kongreß.[13] Vorher und nachher bin ich am Meer sehr braungebrannt.

Wie geht es Ihrer Frau gesundheitlich? Wir beide lassen sie herzlich grüßen!

Mit vielen Grüßen an Sie selbst (auch von meiner Frau)

Ihr getreuer   W. Pauli

[1] Die Ortsangabe wurde von Panofsky hinzugefügt.

[2] Die Angaben über den Kongreß in Bombay und in Bologna legen für das Datum dieses Briefes
das Jahr 1950 fest.

[3] Angaben über Paulis Italienreise findet man im Brief [1153].

[4] Siehe hierzu auch den Brief [1178].

[5] Weitere Literaturangaben über die Herkunft des Kartenspiels findet man in dem Brief [1154] und
in der Anmerkung zu [1146].

[6] W. Gurney Benham [1931].

[7] Panofskys Sohn Wolfgang hatte ebenso wie sein italienischer Kollege Gian Carlo Wick (*1909)
die Universität in Berkeley verlassen (vgl. hierzu auch die Darstellung im Brief [1160]).

[8] Seine Abneigung gegen das Zeitungslesen hat Pauli des öfteren betont. Siehe hierzu Paulis Brief
(an die „Liebe Zeitungsleserin“) A. Jaffé vom 10/11. April 1953.

[9] Gian Carlo Wick, der während des Krieges in Italien die Auswirkungen des Faschismus kennengelernt hatte (seine Mutter war wegen antifaschistischer Aktivitäten angeklagt und vorübergehend
inhaftiert worden), war 1946 zuerst an die *Notre Dame University* und dann an die *University of
California* nach Berkeley gegangen. Nachdem er aufgrund seiner Verweigerung des Loyalitätseides
seine Stellung verloren hatte, nahm er eine Professur am *Carnegie Institute of Technology* in Pittsburgh an. Siehe hierzu auch Segré [1993, S. 235].

[10] Am 18. November 1837 protestierten 7 Göttinger Professoren, darunter die Gebrüder Grimm
und der Physiker Wilhelm Weber, – unter Berufung auf das Widerstandsrecht – gegen die im Zuge
der Restauration vom hannoverschen Könige vorgenommene Aufhebung des Staatsgrundgesetzes.
*Als sie daraufhin sofort ihres Amtes enthoben und z. T. auch des Landes verwiesen wurden,
enstand in ganz Deutschland ungeheures Aufsehen.* Die Öffentlichkeit reagierte mit zahlreichen
Sympathiekundgebungen für die mutigen Professoren und die Studentenzahlen an der Universität
Göttingen gingen beträchtlich zurück.

[11] Obwohl Pauli zur Teilnahme an der vom 14.–24. Dezember 1950 in Bombay stattfindenden Konferenz durch Homi Bhabha eingeladen worden war, verschob er seine Indien-Reise auf das Wintersemester 1952/53 (vgl. hierzu Band **III**, S. 290, 466 und 471 sowie den Kommentar zum Brief [1499]). Sein amerikanischer Gast B. Seligman, der ebenfalls an der Konferenz teilnahm, blieb anschließend für eine längere Zeit bei Bhabha in Bombay.

[12] Siehe auch Paulis Postkarte [1153] an Seligman.

[13] Während der Sommerferien war Pauli in Italien und hatte dort den oben erwähnten Kongreß der *Società Italiana di Fisica* in Bologna besucht.

[1158] PAULI AN BOHR

Zürich, 3. Oktober 1950

Lieber Bohr!

Der kommende 7. Oktober, zu dem ich Dir meine herzlichsten Glückwünsche sende (auch im Namen meiner Frau),[1] gibt mir die willkommene Gelegenheit, Dir wieder zu schreiben, was für mich zugleich bedeutet: *zu Worte kommen*. (Die deutsche Sprache kommt mir diesmal etwas natürlicher, was Dich aber nicht hindern soll, dänisch oder englisch zu antworten.)

[1.] Da ich über Physik im engeren Sinne leider nichts zu sagen habe, beginne ich mit erkenntnistheoretischen Fragen (die mit Komplementarität zusammenhängen), um dann zu allgemeineren Gebieten des Lebens überzugehen.

Ich war sehr froh, von Rozental zu hören, daß eine Neuausgabe Deiner Aufsätze über Komplementarität geplant ist:[2] natürlich sollte diese auch die Aufsätze „Licht und Leben"[3] sowie eventuell die neueren in „Dialectica"[4] und im „Einstein-Band"[5] mitenthalten. In der alten Sammlung „Atomtheorie und Naturbeschreibung" gibt es zwei Stellen, mit denen ich nicht einverstanden bin,[6] die ich auf dem beiliegenden Blatt notiert habe und die hoffentlich bei einer Neuausgabe verbessert werden können.[7] Im allgemeinen finde ich aber die alten Aufsätze auch heute noch ausgezeichnet.

Der Punkt, der Physikern* und Philosophen** die meisten Schwierigkeiten macht, ist derjenige, daß der Begriff „Realität der physikalischen Außenwelt" („Körperwelt") nicht mehr unabhängig von der Wahl einer Versuchsanordnung („Phänomen" in Deinem Sinne) gebraucht werden kann. „Es muß doch weiter möglich sein, zu fragen oder darüber nachzudenken, was *tatsächlich in der Körperwelt vor sich geht*, wie die Außenwelt *an sich* ist, wobei diese Körperwelt als ‚wirklich' vorgestellt ist." „Solche Vorstellungen wie ‚Wellen' oder ‚Teilchen' mögen ja ganz inadäquat sein, aber die Wirklichkeit wird doch von uns *vorgefunden* und nicht von uns *gemacht*."[8] – So lese und höre ich immer wieder. Da ist jedenfalls die größte pädagogische Schwierigkeit. Freilich bleiben alle diese Herren (die in „Endeavour" oder in „Philosophia Naturalis Principia" oder sonstwo schreiben mögen) bei einer ungenügend analysierten Situation stehen. *Sie hören alle selbst viel zu früh mit dem Nachdenken auf* (werfen aber zugleich uns vor, daß wir ihnen das Nachdenken verbieten)!

Ich selbst habe oft und viel darüber nachgedacht, von welcher Art – stets die Quantenmechanik als richtig vorausgesetzt – Aussagen oder Voraussagen über Einzelobservationen sein müßten, die nach der Quantenmechanik nicht determiniert (nur statistisch determiniert) sind. Mein Schluß ist: unsere Freiheit zu experimentieren und die Notwendigkeit, unsere Erfahrungen im Raum-Zeit-Kontinuum zu ordnen, machen es unmöglich, für diese Einzelvorgänge einen kausalen Mechanismus logisch widerspruchsfrei zu denken. Alle über die Quantenmechanik hinausgehenden Aussagen müßten den Charakter eines richtigen *Erratens* haben, wobei aber die von den Beobachtern gewählte Versuchsanordnung ebenfalls *mit* erraten werden müßte. Erraten betrifft aber jeden *Einzelfall besonders*, kann keine Aussagen machen, die sich auf *reproduzierbare Fälle* beziehen, hat nichts mit logischen Schlüssen zu tun und gibt keine Gewähr der Zuverlässigkeit für spätere Ereignisse. Ich würde auch sagen: die Lage des *Schnittes* zwischen dem, was wir *machen* und was wir *vorfinden*, ist bis zu einem gewissen Grade willkürlich, wenn auch die Existenz eines solchen Schnittes eine logische Notwendigkeit ist.

2. Ich komme nun auf ein schwierigeres Gebiet, auf das sich auch das kleine Büchlein über *Laotse* bezieht, das ich Dir als kleines Geburtstagsgeschenk geschickt habe.[9] (Der deutsche Autor, R. Wilhelm,[10] der 1930 gestorben ist, ging ursprünglich als Pfarrer nach China, bekehrte sich aber zur chinesischen Philosophie, gab das Christentum völlig auf und hat in China niemanden getauft. Er übersetzte zahlreiche alte chinesische Bücher und gründete später ein China-Institut in Frankfurt am Main.)[11] In logischer Hinsicht besteht zwar eine enge Verwandtschaft zwischen Laotses Formulierungen und Deiner Komplementaritäts-Philosophie, es ist aber auch *wesentlich*, daß sich Laotse auf ein *mystisches Erleben* bezieht (was mir Deine rein logischen Aussagen über Laotse zu stark außer Acht zu lassen scheinen). Die Mystiker aller Zeiten stimmen darin überein, daß es in einem Unwichtig-Werden des persönlichen Ich zu Gunsten eines allgemeineren seelischen (vielleicht *auch* physischen) Hintergrundes besteht. Letzterer wird als für alle verbindlich, und das Erlebnis oft als Befreiung von persönlichen Konflikten empfunden. Interessanter Weise stimmen *auch* die Mystiker aller Zeiten darin überein, daß der Begriff eines persönlichen Gottes für diese Art von Erlebnissen *unwesentlich* ist. Manche Mystiker haben gar keinen persönlichen Gott wie Buddha[12] oder Laotse, andere wie Meister Eckhart erklären Gott als ein Produkt der Seele und nicht etwas, was ohne die menschliche Seele oder unabhängig von ihr existieren kann,[13] andere wieder lassen Gott mit dem „Nichts" zusammenfallen, wobei man dann gar nicht mehr weiß, was ‚Existenz' noch bedeutet. {In dieser letzteren Beziehung ist charakteristisch „das Eine" ($\tau o\ \varepsilon v$) bei *Plotin*, von dem er sagt, man könne über dieses nur *negative* Aussagen machen!}[14]

Da ferner die Existenz des Übels in der Welt[†] mit der gleichzeitigen Verwendung der Attribute „Allmacht" und „All-Güte" auf die Gottheit unvereinbar ist[††] (das Aufgeben *entweder* des ersten *oder* des zweiten Attributes kennzeichnet zwei verschiedene Arten von Religionen – die ersteren *polar* wie in Persien – der gute und der böse Gott [ist] dann gleich stark), ziehe ich es bei weitem vor, diesen ganzen anthropomorphen Begriff der Gottheit fallen zu lassen – in Übereinstimmung mit Laotse und mit Schopenhauer.[15] Ich glaube natürlich an eine *unsichtbare Realität jenseits des menschlichen Bewußtseins* (auch unsere Atome und Elektronen sind ja eine unsichtbare Realität, nur ihre Wirkungen – d. h. was wir so interpretieren – sind sichtbar), aber man darf dieser Realität *nicht selbst Bewußtsein zuordnen* (Schopenhauer hat hier das Wort „Wille" eingeführt, was nicht sehr glücklich war; aber es war ihm vor allem darum zu tun, daß dieser ‚Wille' selbst *bewußtlos* ist). Laotse nennt seine unanschauliche Realität „Tao", sie hat kein Gefühl und ist weder gut noch böse – zugleich ein *Zustand*, in dem das Ich mit seinen kleinen Wünschen und Bewertungen sich einer kosmischen Ordnung unterwirft.[16] (Das Erleben dieses Zustandes nenne ich mystisch – zum Unterschied vom Resultat des rational-logischen Schließens.)

Es wäre noch viel zu sagen über Laotse; insbesondere glaube ich, daß die polaren Prinzipien des Yin und Yang in dem (viel älteren) chinesischen Buch der Wandlungen (I Ging)[17] – von dem auch Laotse beeinflußt ist – etwas mit unserem p und q, d. h. mit Komplementarität zu tun haben. Aber das führt weit ins Spekulative.

3. Inzwischen finden wir uns von einer lärmenden, ungebildeten, überall hineinredenden, über Menschen und Kanonen gebietenden, proselyten-machenden Ignoranz umgeben – die uns merkwürdiger Weise in einer in zwei Teile geteilten, je durch rote und durch weiße Sterne symbolisierten Form entgegentritt, mit dem unverschämten Anspruch, wir hätten zwischen beiden zu wählen.[§]

Der ersteren mehr direkt gewalttätigeren Form ist es verhältnismäßig leicht, entgegenzuhalten, daß bereits im alten Feudalstaat den Leibeigenen für den Preis absoluten Gehorsams ein gewisses wirtschaftliches Existenz-Minimum garantiert war und daß das unterscheidende Merkmal von diesem alten System gar nichts Ethisches, sondern die Industrialisierung, d. h. etwas *Technisches* sei (daher das heutige System als mechanisiertes oder elektrifiziertes Feudalsystem bezeichnet werden kann). Ich kann mich aber nicht dazu entschließen, die zweite Form für wesentlich respektabler zu halten (*ohne* so weit zu gehen, die Unterschiede der individuellen Freiheit in den beiden Formen bereits als völlig vernachlässigbar zu erklären – wie dies manche meiner Freunde tun).[18] Es ist dort dieselbe Überbewertung des Technischen und Materiellen vorhanden; in allen praktischen Fragen ist die materialistische Einstellung auch dort „die" Ausschlaggebende, sie ist nur verdeckt durch eine mit Bibelsprüchen um sich werfende, die Weltbruderschaft in der rechten, A-Bomben und FBI in der linken Hand haltende gigantische Heuchelei.

(Schon brauchte man eigentlich Fonds, um Ex-Physikern die Gründung von Hühnerfarmen zu ermöglichen,[19] sobald sie der Polizei nicht mehr genehm sind – wobei ich nach Errichtung solcher Fonds gerne zugeben möchte, daß dies ein wesentlich humaneres Verfahren ist als die Gefängnisse der „ersten Form".) Nur vom Individuum auszugehen (eine mir allein zugängliche Methode) – *so* erschien mir nämlich H. A. Compton, als er hier in Zürich seine Verbrüderungssprüche losließ,[20] und *so* erschien mir auch Wheeler gelegentlich unseres letzten Zusammenseins.[21] Es ist mir schwierig, mit solchen Menschen gesellschaftlich beisammen zu sein, so liebenswürdig und persönlich-wohlwollend sie auch sein mögen. – Denn sie sind für mich typische Vertreter des *modernen, protestantischen Tartuffe*, der zwar die Frauen in Ruhe läßt, aber die heimliche Übertretung des 6. Gebotes mit derjenigen des 5. (Du sollst nicht töten) vertauscht hat. „Ce n'est pas pêcher, de pêcher en silence" steht zwar nicht über den Schlafzimmern, aber über ganzen Fabriken und Laboratorien. Und der Protestantismus, der einst so stark die Individualität betont hat –

sogar den Priester als Vermittler zwischen Einzelseele und Gott ablehnend –
beruhigt sein Gewissen durch einen ganz oberflächlichen Kollektivismus, der
hinter solchen Begriffen wie „country" und „defense" hervorlugt. (Heine konnte
in einem Gedicht – zu einem lockeren Mädchen – noch sagen „Wenn wir
zu Hause beisammen sind – wird sich schon alles finden", aber der moderne
Tartuffe sagt „Wenn nur *recht Viele* beisammen sind, wird sich schon Alles
finden").[22] – Es muß also unbedingt die kritische Frage aufgeworfen werden,
ob die Zugehörigkeit zu einer größeren Gemeinschaft noch mit Anstand und
Moral – kurz mit derjenigen Instanz die man Gewissen nennt – verträglich ist!

Ich will die Beantwortung der Frage noch offen lassen, ich behaupte aber,
daß diese Frage aufgeworfen werden muß.

4. Es scheint mir, daß in einer solchen Situation der geistige Mensch, der an
eine unsichtbare Realität jenseits des menschlichen Bewußtseins glaubt, nichts
anderes tun kann und soll, als in einem kleineren Kreis eine andere Bewertung
des Sehens und der Dinge zu verbreiten als diejenige der oben beschriebenen
lärmenden Ignoranz. Er soll dies mehr oder weniger vorsichtig tun und diejenigen unter der jüngeren Generation erkennen und geistig-moralisch unterstützen,
die wie er selbst von einer Sehnsucht nach einer anderen Bewertung als der
kollektiven (oder gar der ‚besternten') erfüllt sind. Es sind gar nicht so wenige.

Ich bin „darauf vorbereitet", daß Du mit der in dieser Einstellung liegenden
Beschränkung nicht einverstanden sein wirst. Es scheint mir aber Dein Versuch,
in den Gang der historischen Ereignisse direkter einzugreifen, das Musterbeispiel
eines falschen und von vornherein zum Mißerfolg verurteilten Weges zu sein[23]
(so sehr ich es auch begrüße, daß Deine früheren Bemühungen von 1944 nun der
Öffentlichkeit bekannt geworden sind).[24] Deine Vorschläge *setzen voraus*, daß
das Mißtrauen der ‚Besternten' bereits einem Vertrauen gewichen sei, sind aber
nicht geeignet bei denjenigen ungeistigen Leuten, die jetzt über solche Schritte
zu entscheiden haben, {und bei der jetzigen „öffentlichen" (= kollektiven)
Meinung} dieses Vertrauen *herbeizuführen. Wer dem „Willen zur Macht" etwas
anderes, geistiges, entgegen setzen will, darf nicht selbst einem Machtwillen so
weit erliegen, daß er sich einen größeren Einfluß auf die Weltgeschichte zurechnet
als er der Natur der Sache nach haben kann.* (Es gibt Situationen, wo ein kleines
Übergewicht den Ausschlag geben kann, aber die heutige ist nicht so): Ein
chinesisches Sprichwort sagt: „Ist das rechte Mittel in der Hand des verkehrten
Mannes, so wirkt das richtige Mittel verkehrt."[25] Daher lege man kein Mittel in
die Hand des „verkehrten" Mannes, man wird damit keinen Erfolg haben.

Diese meine Einstellung ist *nicht* gleichbedeutend mit Hoffnungslosigkeit:
im Gegenteil sind wir in einer historischen Krise wie der heutigen überhaupt
nicht in der Lage, Prophezeiungen zu machen. Auch die verkehrten Männer
sind nicht unsterblich, sie wechseln mehr oder weniger rasch und auch die
öffentlichen Meinungen sind starken Schwankungen unterworfen. Daher halte
ich mich abseits und warte ab.

So bin ich also bei dieser Gelegenheit zu Worte gekommen sogar in einem
längeren Brief. Nun kannst Du antworten oder auch schweigen, was Dir
angenehmer und müheloser ist!

Nochmals alles Gute, Dir und der ganzen Familie (besonders auch Margrethe,
Aage und seiner Frau) von uns beiden.

Stets Dein alter W. Pauli

[1] Bohr feierte am 7. Oktober seinen 65. Geburtstag.

[2] Bohr [1931].

[3] Bohr (1933).

[4] Bohr (1948a).

[5] Bohr (1949).

[6] In seinem Brief [982] an Fierz hatte Pauli auch auf seine von Bohr abweichende Auffassung der Komplementarität im Rahmen seines „quaternären Schemas" hingewiesen.

[7] Siehe die in der Anlage zu [1158] wiedergegebenen Verbesserungsvorschläge.

* Siehe einen Aufsatz von Schrödinger „Was ist ein Elementarteilchen?" in der Zeitschrift *Endeavour*, Band **IX**, Nr. 35.

** Siehe einen philosophischen Herrn namens *Wein* (wird er durch Liegenlassen besser?) in einer neuen deutschen naturphilosophischen Zeitschrift.

[8] Pauli bezieht sich hier auf Bohm (siehe den Kommentar zum Brief [1263]) und die Physiker und Philosophen aus dem Umkreis von L. de Broglie. Vgl. hierzu auch das ihm von L. de Broglies Schülerin Paulette Destouches Février zugesandte Buch *La structure des théories physiques* [1951], das im Anhang ein umfangreiches Verzeichnis der diesen Standpunkt vertretenden Schriften enthält. Seine eigene Auffassung hat Pauli in seinen Aufsätzen (1952c, 1957) dargestellt.

[9] R. Wilhelm [1948].

[10] Jung hatte 1929 gemeinsam mit dem Sinologen Richard Wilhelm (1873–1930) eine deutsche Übersetzung des chinesischen Traktats *Das Geheimnis der goldenen Blüte* herausgegeben und dazu einen psychologischen Kommentar verfaßt, in dem er zu erklären versuchte, „warum es dem Europäer schwerfällt, den Osten zu verstehen.".

[11] Pauli bezog seine Kenntnisse über R. Wilhelm wahrscheinlich aus Jungs Gedenkrede auf Richard Wilhelm, der im März 1930 gestorben war. Diese „Erinnerungen an Richard Wilhelm" wurden auch den späteren Auflagen des *Traktates* beigefügt. Siehe Wilhelm [1992, S. 177–182].

[12] Vgl. *Gautama Buddha* [1983].

[13] Siehe hierzu das auch von Pauli gepriesene Werk über *West-östliche Mystik* von Rudolf Otto [1926] und die neuere Darstellung von Wehr [1989, S. 80ff.].

[14] Siehe hierzu auch die Darstellung bei Jaspers [1957, Band **1**, S. 656–723].

† Ein großer Zweig der christlichen Theologie erklärt das Übel als bloßes „Fehlen des Guten" (privatio boni). Diese ‚Löchertheorie' des Übels erscheint mir aber als so unsinnig, wie wenn einer sagte, das Weibliche bestünde nur in einem Fehlen des Männlichen.

†† Auf die unwürdige Theologie, die auf eine Art ‚Katze und Maus-Spielen' Gottes mit dem Menschen (oder dem Teufel) hinausläuft, brauche ich wohl nicht einzugehen.

[15] Vgl. hierzu Schopenhauers (auch in der Anmerkung † zum Brief [1150] zitierten) *Dialog über Religion* in *Parerga* und Paulis Bemerkungen in seinem Brief [1172].

[16] Jaspers [1957, Band **1**, S. 898–933].

[17] Siehe hierzu Wilhelm [1923].

§ Der einzige von allen Politikern, der versucht, so etwas wie ein geistiges Niveau aufrecht zu erhalten, scheint mir der indische Ministerpräsident Nehru zu sein. Er hat dabei allerdings den unschätzbaren Vorteil, über eine religiöse Tradition zu verfügen, die von derjenigen der besternten Sabbat-und Sonntags-Theologen, sowie auch von derjenigen der ebenfalls besternten Werktags-Materiologen verschieden ist.

[18] Pauli bezieht sich hier wahrscheinlich auf L. Rosenfeld, der mit der marxistischen Lehre sympathisierte.

[19] Anspielung auf den Fall von Frank Oppenheimer, der nach seiner Entlassung aus seiner Universitätsstellung Farmer wurde (vgl. den Kommentar zum Brief [1102]). Vgl. hierzu auch den kritischen Aufsatz über „Die Lage der Physik oder Die Gefahr, wichtig zu sein" von S. K. Allison (1950), der damals in den *Physikalischen Blättern* abgedruckt wurde.

[20] A. H. Compton beteiligte sich im Sommer 1950 an der Konferenz über *World Brotherhood*, die sich für internationale Zusammenarbeit und Toleranz einsetzte. Bei dieser Gelegenheit besuchte er u. a. auch Berlin und Zürich und vertrat dort den Standpunkt, daß man mit dem von dem Stockholmer Friedensaufruf geforderten Verzicht auf Atomwaffen die amerikanische Schutzfunktion in Europa gegen die Russen nicht aufrechterhalten könne. Siehe hierzu Compton [1956, S. 296ff.].

[21] Als sich Anfang 1951 erste Anzeichen für einen bevorstehenden Krieg mit der Sowjetunion abzeichneten, versuchte Wheeler die Atomphysiker erneut zu einer Zusammenarbeit für die Entwicklung thermonuklearer Waffensysteme (im Rahmen des *Projekt Matterhorn B*) in Princeton

zu gewinnen. „My personal rough guess is at least 40 percent chance of war by September," teilte er am 29. März 1951 Feynman mit. „You may be doing some thinking about what you will do if the emergency becomes acute. Will you consider the possibility of getting in behind a full scale program of thermonuclear work at Princeton through at least to September 1952?" Siehe hierzu auch Galison und Bernstein (1989, S. 321).

[22] Diese Bemerkungen dürften durch Paulis Lektüre von Schopenhauers *Dialog über Religion* inspiriert worden sein, der (in den *Parerga und Paralipomena*, Band **5**, S. 411 der Ausgabe von E. Grisebach) ebenfalls von den „heut zu Tage in Deutschland zwischen Philosophen, Naturforschern, Historikern, Kritikern und Rationalisten herumschwärmenden Tartüffes" spricht.

[23] Ähnliche Versuche wurden später von B. Russell (1955) unternommen.

[24] Pauli meint natürlich Bohrs *Offenen Brief* an die Vereinten Nationen, der aus einem zunächst als ein Memorandum für Churchill und Roosevelt während des Krieges aufgesetzten Formulierung entstanden war und den er jetzt in einer neuen Fassung der Weltöffentlichkeit unterbreitete. Siehe hierzu auch Pais [1991, S. 513ff.] und von Meyenn, Stolzenburg und Sexl [1985, S. 348ff.].

[25] Siehe auch das Zitat in dem Brief [1147].

ANLAGE ZU [1158]

Bemerkungen zur „Atomtheorie und Naturbeschreibung"

(zitiert nach der deutschen Ausgabe von 1931)[1]

Auf *Seite II* steht:

„In dieser Verbindung muß auch betont werden, daß die Bezeichnung ‚Wahrscheinlichkeitsamplituden' für die Amplitudenfunktionen der Materiewellen einer oft bequemen Ausdrucksweise angehört, die jedoch nicht auf allgemeine Gültigkeit Anspruch erheben kann."

Es ist mir völlig unverständlich, worauf sich diese Gedanken gegen den Ausdruck „Wahrscheinlichkeitsamplituden" gründen; im Gegenteil halte ich diese Terminologie in der Quantenmechanik für *so allgemein wie nur möglich!*

Auf *Seite 52* (II. Vortrag, § 6) steht:

„Daß einem solchen abgeschlossenen System ein bestimmter Energiewert zugeschrieben wird, kann als unmittelbarer Ausdruck für die in dem Satz der Erhaltung der Energie niedergelegte Kausalitätsforderung angesehen werden."

Diese Formulierung scheint mir schlecht, da einem abgeschlossenen System auch Zustände entsprechen können, die lineare Superpositionen von stationären Zuständen sind

$$\psi(q,t) = c_1 u_1(q) e^{-i\nu_1 t} + c_2 u_2(q) e^{-i\nu_2 t} + \dots,$$

so daß verschiedene Energiewerte $h\nu_1, h\nu_2 \dots$ mit verschiedenen Wahrscheinlichkeiten vertreten sind. Die Abgeschlossenheit des Systems allein *garantiert noch nicht*, daß der Energiewert des Systems ein bestimmter ist. Ob dies der Fall ist oder nicht, hängt außerdem von der Vorbehandlung (vom „Zustand") des Systems ab.

[1] Bohr [1931].

[1159] PAULI AN JAFFÉ

Zollikon-Zürich, 12. Oktober 1950

Sehr geehrte Frau Jaffé!

Die historischen Angaben in Ihrem Brief vom 25. September haben mich sehr interessiert, insbesondere erscheint mir Ihr Nachweis, daß die Keule bei den Treff-Karten primär ist, diese somit einen chtonischen Ursprung haben, überaus wertvoll. Die Bestätigung meiner Auffassung des Treff als Schattenkreuz ist mir natürlich überaus willkommen. Jedoch bin ich nicht so wie Benham[1] überzeugt von der Unmöglichkeit der Feststellung des Ursprunges der Spielkarten und der genaueren Zeit ihres Auftretens in Europa sowie der Leute, die sie nach Europa gebracht haben. Vielleicht sollte man der Bemerkung des Chronisten Bussi in der Geschichte von Viterbo näher nachgehen, vielleicht sollte man sich in spanischer Literatur noch umsehen, vielleicht noch Orientalisten fragen. Wegen Zusammenhanges mit Ornamentik habe ich an Professor Panofsky geschrieben;[2] falls ich irgend etwas höre, werde ich Sie es sogleich wissen lassen.

Heute habe ich noch eine Bitte an Sie: könnten Sie so freundlich sein, den beiligenden Brief an Frau Professor Jung, Emma zu typen[3] und die getypten Exemplare (*eine* Kopie davon) an mich zurückzuschicken, damit ich den Brief dann selbst unterschrieben an die Adressatin weiter schicken kann (hierzu die beigelegten Briefbogen).[4] Ich benütze natürlich gerne die Gelegenheit, Sie den Inhalt wissen zu lassen. Zwischen der Graalsgeschichte und den Spielkarten besteht offenbar ein synchroner Zusammenhang: In dem zitierten Buch befindet sich die Angabe, daß der Roman von Lancelot du Lac etwa 1225 erschienen sei und daß die schönsten Geschichten des Zyklus ‚de la Table Ronde‘ von verschiedenen Dichtern bereits im 12. Jahrhundert erzählt worden seien. Etwa *gleichzeitig* mit dem Entstehen und der Verbreitung der Graalsgeschichten dürfte das Erscheinen und die Verbreitung der Spielkarten in Europa zu datieren sein. Mein „dunkles Mädchen" sieht beides verbunden, d. h. auf denselben Knotenpunkt bezogen und es fragt sich eben jetzt, ob sie recht hat!

Mit vielen guten Wünschen und besten Grüßen

Ihr sehr ergebener

W. Pauli

[Zusatz am oberen Briefrand:]

P. S. C. A. Meier bringt die ‚Keule‘ des Treff oder ‚Club‘ mit der Keule der folkloristischen Figur des ‚Wilden Mann‘ in Verbindung. Diese scheint heidnischen Ursprungs (Dionysos?).

---

[1] Siehe hierzu den Brief [1154].
[2] Vgl. den Brief [1157].
[3] Es handelte sich um den Brief [1167].
[4] Paulis Brief [1167].

[1160] PANOFSKY AN PAULI

Princeton, 16. Oktober 1950

Lieber Herr Pauli!

Vielen Dank für Ihren Brief! Ich freue mich, Ihre Handschrift zu sehen und bedaure nur, Ihnen über Ihr Spielkartenproblem nur wenig sagen zu können. Mich als Kunsthistoriker hat es nur in drei Beziehungen interessiert: erstens, insofern Spielkarten Symbole des Lasters sind; zweitens, insofern man beim Kartenspiel betrügen kann, und dieses den Anlaß zu vielen Bildern des beginnenden „Naturalismus" gab, vor allem für Caravaggio und seinen Nachfolger; drittens, insofern die *Tarocchi* des 15. Jahrhunderts, die auch Dürer interessierten, eigentlich eine in Karten aufgelöste Enzyklopädie darstellen, die, wieder zusammengesetzt, das vollständige System der Welt (Primum Mobile, die Planeten, die Musen, die verschiedenen Stände etc.) veranschaulicht.[1] Über diese letztere Frage gibt es einen ganz netten Aufsatz, der Sie möglicherweise interessieren könnte: H. Brockhaus, „Ein edles Geduldspiel; die Leitung der Welt oder die Himmelsleiter" in: *Miscellanea di Storia dell' Arte in Onore di I. B. Supino*, Florenz, 1933, p. 397ff. Was die Geschichte der Spielkarten im allgemeinen, die übliche Herkunft etc. angeht (das „Serasinia" in Ihrem Text ist ja auch offensichtlich „Sarazenenland", dessen Buchstabierung im ganzen Mittelalter in wilder Weise wechselt), so gibt es darüber Berge von Literatur, von denen einige Felsbrocken in der Warburg-Bibliothek oder in Hamburg mehrere Borte füllten.[2] Ich empfehle: Catherine P. Hargrave, *A History of Playing Cards and a Bibliography of Cards and Games*, New York, 1930.[3] Dies ist eine wahre *Summa Chartologia* (469 Seiten), und Sie können sich aus dem bibliographischen Teil alles aussuchen, was Ihnen interessant erscheint – es sei denn, daß Sie nach London fahren und in dem Warburg Institut[4] selbst forschen wollen, was ich aber nicht annehme.

Hier ist es, wie sie sich denken können, „dicke Luft", sowohl im Institut, wo die „shotgun marriage" zwischen den ehemaligen Humanisten und den nunmehr, Gott seis geklagt, auf Feldmarschall Earle reduzierten Ökonomikern nicht unproblematisch ist, als auch im allgemeinen.[5] Die Berkeley-Sache war und ist toll, und mein guter Sohn, Ihr Namensvetter, hat sich *relativ* anständig benommen.[6] Er hat zuerst, was ich sehr falsch fand, das berühmte „statement", das anstelle des „Eides" in die Kontrakte der Dozenten intregriert wurde, unterzeichnet, weil er, blödsinnigerweise, an die *bona fides* der Regents glaubte. Als diese dann ihr Wort brachen und die „non-signers" herauswarfen, hat er seinerseits resigniert. Er wird daher als ein kleiner Heros gefeiert, doch ist mir nicht ganz wohl bei der Sache, da er trotz der Resignation noch da ist und sogar einen Ruf nach Columbia (als *Full* Professor!) abgelehnt hat. Nun sieht es leider so aus, als wolle sein Unbewußtes, das durchaus nicht von Berkeley weg will, eine Situation schaffen, die ihn zum Schlusse „zwingen" wird, seine Resignation zurückzuziehen. Es kann aber sein, daß ich ihm mit meiner Interpretation unrecht tue. Ganz unverzeihlich ist das Verhalten der Professoren selbst (ich meine, als Gesamtgruppe). Daß sie den sogenannten „Kompromiß" (Substitution eines „statements" für den „Eid" und eines Interviews mit dem Faculty Committee on Tenure für das „statement") annahmen, war schlimm genug. Daß dann dieses

Committee selbst sechs von den ca. 50 „non-signers" zur Entlassung vorschlug (dabei waren selbst diese sechs durchaus keine Kommunisten, sondern nur „uncooperative"), war ein Skandal. Und als dann die Regents auch die vom Committee Gutgeheißenen entließ (woraufhin Wolfgang resignierte), tat die Majorität nichts weiter als ein leises Jammergeheul auszustoßen, anstatt ihre eigenen Signatures mit Rücksicht auf den Wortbruch der Regents für ungültig zu erklären. Dies wäre natürlich das einzig wirksame gewesen, da sich die Regents dann in der Alternative gesehen hätten, entweder *alle* zu entlassen oder aber die schon Entlassenen wieder einzustellen. Aber, wie der alte *[Grävenitz]* einmal sagte:[7] „Die Menschen sind nicht schlecht, aber dumm und gemein."

In diesem Sinne, mit tausend Grüßen von Haus,
Ihr stets getreuer   Erwin Panofsky

Zeitungen lesen wir auch schon lange nicht mehr, ebensowenig Ladenburg. Dies ist zwar *subjective* eine gute Lösung, aber *objective* hilft es nicht viel.

---

[1] Das im Italienischen auch *tarocco* und im Französischen *Tarot* genannte Kartenspiel besteht aus 78 Blättern; darunter befinden sich ein *Narr*, 22 Trumpfe (sog. *Autots*, deren Folge als Lebensweg oder Initiationsstufen gedeutet und auch den 22 Buchstaben des hebräischen Alphabets zugeordnet werden) und 21 weitere numerierte Karten. Diesen Karten werden kabbalistische, astrologische und hermetische, nur den Eingeweihten verständliche Bedeutungen zugeschrieben. Siehe hierzu S. Nichols Untersuchung über *Jung and Tarot* [1980].

[2] Der Direktor der Hamburger Kunstakademie Gustav Pauli hatte im Jahre 1920 Erwin Panofsky die Möglichkeit zur Habilitation an der neu gegründeten *Universität Hamburg* geboten. Kurz darauf wurde Panofsky auf den neu eingerichteten Lehrstuhl für Kunstgeschichte an dieser Universität berufen, der bald zum Mittelpunkt der sog. *Hamburger Schule* wurde. Wichtiger Bestandteil dieser Schule waren die reichen kulturwissenschaftlichen Sammlungen, welche die der *Bibliothek Warburg*, die der *Kunsthalle* und die des *Museums für Kunst und Gewerbe* in Hamburg umfaßten. In Hamburg hatten sich auch Erwin Panofsky und Wolfgang Pauli kennengelernt, als letzterer dort als ehemaliger wissenschaftlicher Mitarbeiter von Wilhelm Lenz am Institut für theoretische Physik in den frühen 30er Jahren eine mathematische Veranstaltung besuchte. Vgl. hierzu Panofskys Bemerkung in seiner Ansprache vom 10. Dezember 1945 während des *Dinners* in der *Fuld Hall* zu Paulis Empfang des Nobelpreises. Weitere Angaben über Panofskys kunsthistorische Laufbahn findet man bei Wuttke (1992).

[3] Catherine P. Hargrave [1930].

[4] Diese aus den einstigen Sammlungen des Kunsthistorikers Aby Warburg (1866–1929) hervorge-gangene Bibliothek Warburg war zuerst in Hamburg und dann ab 1933 in London beheimatet. Siehe hierzu Paetzold [1995, S. 68ff.].

[5] Schon kurz nach seiner Eröffnung im Jahre 1933 war das *Institute for Advanced Study* durch die *School of Humanistic Studies* und die *School of Economics and Politics* erweitert worden. Dieser letzteren gehörte auch der durch sein resolutes Auftreten sich hervortuende Ökonom Edward Mead Earle an. Earle war mit Panofsky und dem Mathematiker James Alexander auch Mitglied des Komitees gewesen, das Oppenheimer als neuen Institutsdirektor vorgeschlagen hatte.

[6] Die Regents der *University of California* verlangten damals von ihren Fakultätsmitgliedern den sog. *loyality oath*, wobei von ihnen u. a. eine Erklärung verlangt wurde, nie einer kommunistischen Partei angehört zu haben. Unter denjenigen, die diesen Schwur verweigerten, befanden sich auch die Physiker Geoffry Chew, Marvin Goldberger, Gian Carlo Wick, Robert Serber und Panofskys Sohn Wolfgang. Siehe hierzu auch den Brief [1157] und die Untersuchung über die Auswirkungen des *Loyalty Programs* bei White (1951, S. 366f.).

[7] Der Name läßt sich nicht eindeutig entziffern. Möglicherweise bezieht sich Panofsky hier auf den Grafen Friedrich Wilhelm Grävenitz (1679–1754), der durch die Gunst seiner Schwester

Friederike Wilhelmine, der Maitresse des Württembergischen Herzogs zum Primierminister und Grafen befördert worden war. Als die Geliebte in Ungnade verfiel, verlor auch der alte Grävenitz und alle anderen begünstigten Familienmitglieder wieder Ämter und Würde.

[1161] PAULI AN JAFFÉ

[Zollikon-Zürich], 20. Oktober 1950

Sehr geehrte Frau Jaffé!

Heute erhielt ich die erwartete Antwort von Professor Panofsky; beiliegend eine Abschrift des für Sie interessanten Passus seines Briefes.[1] Vielleicht führen die von mir am Rand angestrichenen Angaben zu weiteren Spuren.

Für Ihre letzte Sendung noch vielen Dank, den Brief an Frau Professor Jung[2] habe ich gleich abgeschickt.

Mit vielen Grüßen   Ihr ergebener W. Pauli

[1] Es handelte sich um eine maschinenschriftliche Abschrift des ersten Absatzes aus Panofskys Brief [1160].

[2] Siehe hierzu [1159].

[1162] JAFFÉ AN PAULI

[Zürich], 20. Oktober 1950
[Maschinenschriftliche Durchschrift]

Sehr verehrter Herr Prof. Pauli!

Ich danke Ihnen vielmals für die Abschrift des mich interessierenden Teiles des Briefes von Professor Panofsky.[1] Die Angaben sind mir sehr wichtig, denn ich verliere mich hier in der „uneigentlichen" Literatur. Das letzte, was ich fand, stand in: J. Heller, Geschichte der Holzschneidekunst, Bamberg, 1823.

Es steht dort ein interessantes Zitat aus der 42. Rede des Heiligen Bernhard,[2] in der er sich gegen die „Naipes" wendet. Ich habe das Zitat nicht nachkontrolliert und kann es auch nicht ganz wörtlich übersetzen. Ich will dies noch durch Fräulein Dr. von Franz besorgen lassen. Immerhin ist es darum wichtig, weil St. Bernhard 1153 starb. Der leichter verständliche Teil lautet:

„... *Naibos*, in quibus variae figurae pingantur, sicut fieri solet in Breviariis Christi, quae figurae in eis mysticam malitiam praefigurent; ut puta Denarii avaritiam, Baculi stultitiam, seu caninam saevitiam; Calices, seu Cuppae ebrietatem, et gulam, Enses odium, et guerram, Reges atque Reginae, praevalentes in nequitiis supradictis: milites etiam inferiores, et superiores luxuriam, et sodomiam aperta fronte proclament. Et idem de consimilibus fiat."

In J. G. I. Breitkopf: Versuch den Ursprung der Spielkarten, die Einführung des Leinenpapiers und den Anfang der Holzschneidekunst in Europa zu erforschen. Leipzig 1784 steht, daß 1332 das Kartenspiel zum ersten Mal erwähnt worden sei, und zwar in den Statuten des Ordens von der Binde vom König Alphons XI. in Castilien, der diese Spiele (neben anderen) verbot. Doch seien die Quellen darüber unklar.

Ich werde nun alles daran setzen, die „Summa Chartologiae" der Catherine P. Hargrave[3] zu finden. Eventuel schreibe ich direkt an die Bibliothek Warburg. Herzlichen Dank für den sehr wichtigen Wink. Hoffentlich kann ich Ihnen dann eines Tages etwas Wichtigeres mitteilen darüber.

Mit bestem Dank und ergebenen Grüßen   Ihre [Aniela Jaffé]

---

[1] Siehe den vorangehenden Brief [1161].
[2] Von dem Mitbegründer des Zisterzienserordens Bernhard von Clairvaux (1090–1153) sind rund 900 Handschriften erhalten, darunter sein zwischen 1149–1152 entstandenes Hauptwerk *De consideratione* und seine *Sermones de tempore*, die auch von Jung häufig zu Rate gezogen wurden.
[3] Auf dieses Werk hatte Panofsky bereits in seinem vorangehenden Brief [1160] hingewiesen.

[1163] PAULI AN PANOFSKY

[Zürich], 23. Oktober 1950

Lieber Herr Panofsky!

Haben Sie vielen Dank für Ihren Brief. Im C. G. Jung-Institut wird man nun versuchen, sich das von Ihnen empfohlene Buch von Catherine P. Hargrave[1] zu beschaffen. Inzwischen hat man dort ein Zitat aus der 42. Rede des Heiligen Bernhard gefunden (der 1153 starb; es ist also wesentlich früher als das in meinem letzten Brief erwähnte) in welchem er sich gegen die „Naipes" (oder Naibi?) wendet.[2] Dieses Wort für Spielkarten tritt in den alten Texten stets auf (siehe meinen letzten Brief). Was ist seine Ethymologie? Vermutlich kommt es aus dem Arabischen (naab?), man sollte vielleicht doch Arabisten fragen. (Zusammenhang mit Magie und Zauberbüchern, vgl. auch Ritters arabisches Zauberbuch,[3] das in Spanien ins Lateinische übersetzt wurde.)

Im zweiten Teil Ihres Briefes fand ich es bemerkenswert, daß Sie nun doch unter die Psychologen gegangen sind! Sie machen ja Aussagen über das Unbewußte Ihres Sohnes. Ich halte es aber für wahrscheinlich, daß das Arbeiten in Berkeley so unangenehm werden wird, daß er jedenfalls (unabhängig von moralischen Gründen) von dort weggehen wird.[4] Mein amerikanischer Schüler Luttinger (der letzten Winter in Princeton war und jetzt Professor für theoretische Physik in Madison ist) schrieb mir kürzlich:[5]

„Apart from Physics, the atmosphere is very unpleasant in Berkeley. Both Wick and Lewis[6] have been fired for refusing to sign a Loyalty Oath, and both (so far as I know) are fighting the case in court.[7] They have only a very slim chance of winning – on the whole it is a degrading business. *In addition to that the lab is full of secret work, and is overrun by petty officials and bureaucrats of all kinds. Not for me ...*" (Unterstrichen von mir.) Wir wollen also hoffen, daß Ihr Sohn nicht mehr lange dort bleiben wird!

Nochmals herzlichen Dank und viele Grüße von Haus zu Haus, stets Ihr

W. Pauli

---

[1] Hargrave [1930].
[2] Siehe den im vorangehenden Schreiben [1162] zitierten Text.

[3] Wahrscheinlich bezieht sich Pauli auf das von Helmut Ritter herausgegebene Werk des Pseudo-Magriti, *Das Ziel der Weisen*, das 1933 noch in den von F. Saxl betreuten *Studien der Bibliothek Warburg* erschienen war, bevor diese Institution nach London übersiedelte. Vgl. auch Ritter [1955].
[4] Siehe hierzu die Darstellung von Leslie [1993, S. 181].
[5] Siehe hierzu Segré [1993, S. 234ff.].
[6] Hier ist Oppenheimers Schüler Harold W. Lewis gemeint, der zusammen mit S. A. Woythuysen in Berkeley über Mesonentheorie gearbeitet hatte.
[7] Siehe hierzu Panofkys Brief [1160] und die Bemerkungen über Oppenheimer im Kommentar zum Brief [1102].

[1164] JUNG AN PAULI

Küsnacht-Zürich, 8. November 1950
[Maschinenschriftlicher Durchschlag]

Lieber Herr Pauli!

In der Anlage erlaube ich mir, Ihnen meine Arbeit über die Synchronizität zu schicken.[1] Ich hoffe, daß sie jetzt einigermaßen im Blei ist. Ich bin Ihnen dankbar, daß Sie sie kritisch durchsehen wollen und bin Ihnen für jeden Ratschlag verpflichtet.

Mit besten Grüßen   Ihr ergebener [C. G. Jung]

[1] Es handelte sich um eine neue Fassung von Jung (1952).

[1165] JAFFÉ AN PAULI

[Zürich], 15. November 1950
[Maschinenschriftliche Durchschrift]

Sehr verehrter Herr Professor!

Ich habe mit großem Interesse Ihren Brief an Frau Professor Jung, Emma,[1] sowie den Text des Traumes mit Ihren dazugehörigen Bemerkungen abgeschrieben.[2] Ich konnte dabei Psychologie direkt erleben, wozu Ihre lebendige und heitere Schilderung des „Fremden" (wie schön, von einem solchen „Geist" begleitet zu werden), sowie Ihre einleitenden Ausführungen über die Beziehung der Archetypen zum Bewußtsein viel beitrugen. Was den Traum mit der Waage und dem „Fremden" betrifft, so war ich von seinem numinosen Charakter sehr berührt. Ich hatte überdies beim Lesen das Gefühl, das ich, selten, auch einer Architektur, einem Bild oder Musik gegenüber haben kann, und das sich nur in die simplen Worte fassen läßt: „es ist richtig, es kann gar nicht anders ein." Dabei könnte ich aber nicht eigentlich begründen, warum es als so „richtig" auf mich wirkt; ich versuche dies auch gar nicht. Über unser kurzes Gespräch im Büro möchte ich Ihnen gerne schreiben, daß es mir sehr viel bedeutet hat. Es ist (für mich wenigstens) ein Ereignis, wenn man plötzlich etwas von dem zu ahnen vermeint, was einen lebt; und wenn man sich auf diese Weise aus der Isolation des Ich einmal herausgehoben fühlt. Das ist sehr wohltuend.

[Aniela Jaffé]

P. S. Ich konnte ein Wort aus Ihrem Manuskript doch nicht entziffern.[3] Ich habe drum eine Lücke freigelassen, auf pag. 4, 8. Zeile. In Ihrem Manuskript steht das Wort auf pag. 8. Ich habe ein kleines rotes Fragezeichen hingeschrieben. Für die nicht gerade sehr talentierten Waage-Zeichnungen bitte ich um Entschuldigung.[4]

[1] Siehe den Brief [1167].
[2] Wahrscheinlich handelt es sich hier um die Träume vom 28. und 30. Oktober 1950, von denen eine handschriftliche Abschrift zusammen mit Paulis Brief [1250] vom 7. Juni 1951 unter A. Jaffés Nachlaßpapieren abgelegt war.
[3] Vgl. den Brief [1166].
[4] Die Waage-Zeichnungen deuten ebenfalls auf das in der Anlage zum Brief [1250] wiedergegebene Manuskript mit dem Traum hin, in dem diese Waage auftritt.

[1166] PAULI AN JAFFÉ

Zollikon-Zürich, 16. November 1950

Sehr geehrte Frau Jaffé!

Als Dank für Ihre große Mühe des Typens meines Briefes* (der heute an die Addressatin[1] weiterging) schicke ich Ihnen ein paar alte Verse.[2] Es geschieht nur, weil Sie danach gefragt haben (bitte nicht weiter zeigen!). Die für einen ganz anderen Zweck verfaßten Zeilen mit dem Titel „Polemik"[3] haben jetzt mein Interesse wieder erregt, weil ich mich frage, ob sie sich nicht im Grunde auch auf die Polemik Kepler-Fludd anwenden lassen, die mir damals nicht bekannt war. Die märchenartige kleine Phantasiegeschichte „Die rote und die weiße Rose" hat, ebenso wie das Gedicht „Indian Summer", sehr viel zu tun mit der Stimmung bei unserem letzten kurzen Gespräch im Büro: Ich schreibe (oder schrieb) gerne Geschichten, wo ein *Knabe* die Hauptrolle spielt, und letzten Montag fühlte ich mich auch wieder als ein solcher; und zwar war es mir, wie wenn ich über eine Klostermauer geklettert wäre. (N. B: in der konkreten Wirklichkeit würde mir das ja beträchtliche Schwierigkeiten machen!)

Das isolierte Ich sagt „Mein Schmerz ist das letzte, was mir noch gehört", aber in dem, was für mich die „Wirklichkeit" ist, da ist der Schmerz das erste, was allen und nicht dem Ich gehört. Wenn es nicht so wäre, wie hätte ich das, was ich Ihnen sagte, sonst *sehen* können? (Und das schon längst!)

Eine Jahreszeit wie den „Indian Summer" gibt es in Europa zwar nicht, aber ich wünsche Ihnen trotzdem eine solche Stimmung wie die, welche ich damals auszudrücken versucht habe.

Bitte, antworten sie auf diesen Brief jetzt *nicht*! Inzwischen studiere ich eifrig Professor Jungs neuen „Synchronizitäts"-Text.[4]

Alles Gute und viele Grüße   Ihr W. Pauli

* Das Wort, das Sie nicht lesen konnten, heißt Bolide, kommt aus der Astronomie und bedeutet einen kleineren Himmelskörper (wie z. B. Meteor).
[1] Emma Jung. Vgl. den Brief [1165].

[2] Paulis Verse und die Phantasiegeschichte sind in der Anlage zum Brief [1166] wiedergegeben.
[3] Dieser Vers vom 10. Juni 1944 wurde auch im Band **III**, S. 904 abgedruckt.
[4] Diesen Text hatte Pauli etwa vor einer Woche erhalten (vgl. [1164]).

ANLAGE ZUM BRIEF [1166]

Princeton, N. J. Oktober 1942

Indian Summer

Der Jugend ungestüm und wirr Verlangen
ist wie des Sommers Glut hinweggegangen.
Die Luft ist mild', das Laub wird farbenprächtig.
Gelöste Seele fühlt sich wieder trächtig.
Sie spricht geformte Worte, die verkünden
Und läßt, was Menschen quält und trennt, entschwinden.
Geklärter Sinn gibt richtiges Erkennen
Die off'ne Tiefe kannst du Liebe nennen.

Princeton, N. J., 30. November 1943

„Quantenmechanik und I Ging"*

„Dein Name ist dies fremde Zeichen"
Wie konnt' es mich von fern erreichen?
„Die Matrix ist mir I"
Sein Denken ist ein malend Schauen
„Die Well' entspringt Tai-Gi"
Was gibt ihm sein naiv Vertrauen?
„Was du geschrieben, kommt von dort."
Die Worte spinnen sich mir innen fort.
Ein neues Licht, zu denken wag' ich's kaum,
Der fremde Autor ist mein eig'ner Traum.

Princeton, N. J. Februar 1944

Die rote und die weiße Rose

Von den kräftigen Sonnenstrahlen des Mittags erwärmt, sitzt der Knabe zu
Hause vor dem Fenster und sieht auf den Garten hinaus. Sein Blick fällt auf das
grüne Gras und auf viele Blumen, blaue und gelbe. Zwei Blumen interessieren
ihn besonders: die rote Rose zur linken und die weiße Rose zur rechten Seite des
Weges, dort unten am Fluß. Zwar ist sein Haus schön und geräumig, aber der
Garten und die Sonne locken ihn so sehr, daß es ihm zu eng wird zu Hause. Er
öffnet die Türe und schreitet durch sie ins Freie. Noch einmal schaut er zurück
auf das Haus, dessen Namen „Ich" mit großen blauen Buchstaben unterhalb des
Daches angeschrieben ist. Dann eilt er zum Fluß, zu den beiden Rosen.

Die Neugierde verleitet ihn, sich ohne Vorsicht über das Wasser zu beugen.
Unermeßlich und abgründig dünkt ihn da die Tiefe und, bleich geworden, prallt

er mit Entsetzen zurück. In diesem Augenblick hört er die rote Rose links sagen:
„Was er gesehen, war der Tod." Doch ihre Schwester, die weiße Rose rechts,
antwortet ihr: „Du hast nicht recht, ich weiß, er sah die Liebe." Die andere
wollte sich wiederum hiermit nicht zufrieden geben und es schien sich ein Streit
zwischen ihnen zu entwickeln. Der Knabe achtete jedoch nicht auf sie, denn er
bemerkte die Wogen des Flusses, dessen Rauschen ihm stärker zu werden schien.
Er hatte gelernt, nicht mehr so sehr zu erschrecken und allmählich wandelte sich
seine Furcht in Andacht. Am Ufer niederknieend, hörte er die Wogen nun noch
lauter und deutlicher, bis er klar verstehen konnte, was die Stimme des Flusses
zu ihm sprach:

> Im freien Strome die Wogen geh'n
> Wo klar das Wasser, zwei Schwestern stehn
> Was rot dir, ist weiß hier, was weiß dort, scheint rot
> Im Tode ist Liebe, in Liebe ist Tod.
> Wo klar das Wasser, zwei Schwestern stehn,
> Wo grün die Erde, die Knaben gehn.

Als der Knabe wieder aufstand vom Ufer, sah er die beiden Rosen in stummer
Versöhnung ihre Köpfe neigen. Wärmer war ihm die Sonne und schöner der
Garten geworden. In stiller Freude wanderte er ruhig fort auf der grünen Erde,
bis er abends heimkehrte in sein Haus „Ich", älter nur um einen Tag. Am Flusse
und im Garten hatte es ihm so gut gefallen, daß er sich vornahm, am nächsten
Mittag wieder auszugehen.

Princeton, 10. Juni 1944

Polemik

> Mit falscher Flagge gleich Piratenschiffen
> Im Meer des Geistes segeln große Worte.
> Die Logik steuert sie zu Felsenriffen,
> Doch warme Strömung treibt zum rechten Orte.

---

* Dies ist der Titel eines sehr merkwürdigen Buches von dem chinesischen Autor C. T. Hsieh
(Schanghai 1937). Als ich diese Buchbesprechung in Versen schrieb, kam mir zum ersten Mal die
Idee eines archetypischen Hintergrundes der physikalischen Begriffe.

[1167] PAULI AN EMMA JUNG[1]

[Zollikon-Zürich], 16. November 1950
[Maschinenschriftliche Durchschrift]

Sehr geehrte Frau Professor Jung!

Ich habe nun Ihre beiden Arbeiten über die Graalssage soweit studiert,
daß ich auch Ihren sehr aufschlußreichen Brief beantworten kann. Sogleich
möchte ich betonen, daß ich nicht nur Ihren eigenen Auffassungen über die
Graalssage völlig zustimme, sondern daß ich den allgemeinen Typus einer

gewissen Gruppe meiner eigenen Träume, und bis zu einem gewissen Grade schon meine Faszination durch die Graalslegende überhaupt gerne als eine Bestätigung Ihrer Auffassungen ansehen möchte. Wesentlich ist mir hierbei: Die Beziehung des Graals zur Quaternität (Teil I, Schluß und Teil II, p. 51 f.), wobei sich die Lösung in der Version von Wolfram als die mehr psychologische erweist, während in den französischen Versionen die Geschichte mit dem Verschwinden des Graals tragisch endet; das Spiegelungsmotiv Christus – Judas bzw. Sitz des Christus – siège périlleux, das den Gegensatz zwischen der oberen und unteren Region darstellt;* die Auffassung der Graalslegende als Ausdruck für die Rezeption des Christentums (Assimilationsprozeß) durch das Unbewußte. Man kann wohl sagen, daß bei diesem Prozeß zunächst die Archetypen der unteren Region (*auch* die „untere Trinität") angesprochen haben, daß dann aber versucht wurde, dieses „Untere" durch Allegorien im Sinne des traditionellen Christentums mehr oder weniger zu eliminieren. Der helldunklen Gestalt des Merlin habe ich meine besondere Aufmerksamkeit zugewendet. Sie selbst haben ja dessen „Zweischichtigkeit", nämlich „halb christlich-menschlich", „halb teuflich-heidnisch" hervor (II, p. 76), weiter betonen Sie auch seine Erlösungsbedürftigkeit (II, p. 95). Auch war es mir sehr wertvoll, von *Geoffroys* abweichender Schilderung Merlins mehr als Naturwesen zu hören.[2]

Ich möchte nun, im Zusammenhang mit dieser von Ihnen formulierten allgemeinen Auffassung der Graalslegenden nochmals auf die besondere Frage der 3 Spindeln und damit direkt Zusammenhängendes zurückkommen. Sie waren ja so freundlich, diese Frage in Ihrem Brief zu behandeln, was dann in unserem letzten, kurzen Gespräch noch ergänzt wurde. Ich glaube, wir sind ganz einig, daß die „fuseaux" nicht notwendig etwas mit Spinnen (und damit mit den Parzen) zu tun haben müssen, daß sie aber als von Menschen bearbeitete prima materia und vermöge ihres Zusammenhanges mit dem Weiblichen (Salomons Frau) doch der unteren Region angehören. Ich fühle mich nun doch verpflichtet, Ihnen den früheren Traum von mir mitzuteilen, der mich überhaupt veranlaßt hat, Ihnen wegen der 3 Spindeln zu schreiben (siehe beiliegendes Blatt). In diesem Traum kommen in einer offenbar archetypischen Bedeutung 3 Hölzer vor, und als ich diesen Sommer bei Boulanger von den 3 Spindeln las, fühlte ich mich unmittelbar in die Stimmung des Traumes zurückversetzt. Der Fluß im Traume entspricht offenbar dem Mutterschoß und in diesem hat für mich ein Archetypus eine bis jetzt endgültige Form bekommen, nämlich die hell-dunkle, „zweischichtige". Er ist übrigens schon vorher zusammen mit *Holz* aufgetreten, u. a. brachte er mir einmal eine kreisrunde Holzscheibe. Es ist immer das von Menschen bearbeitete Holz, das in meinen Träumen „magische" Wirkung hat im Gegensatz zum *Naturzustand* der prima materia. Dieser Sachverhalt sowie auch das unten geschilderte weitere Traumerlebnis machen es mir wahrscheinlich, daß es sich nicht nur um eine äußere Analogie zwischen meinen Träumen und dem Graalsmythos handelt, sondern um eine *weitergehende Identität der Beziehung der Archetypen zum Bewußtsein*, trotz aller Unterschiede der jeweils zeitbedingten Problematik. So wie man einen Traum durch Vergleich mit einem Mythos deuten kann, läßt sich ebensogut ein Mythos durch Heranziehen von Träumen besser verstehen. In welcher Richtung man vorgeht, scheint dadurch bedingt, was von beiden gerade zufällig das Vertrautere ist.

In diesem Sinne möchte ich nun versuchen Ihnen zunächst jene Gestalt des „Fremden"[3] (der in dem besprochenen Traum aus dem Fluß stieg, aber in anderer Form schon da war) zu schildern, wie wenn er ein Charakter in einer Geschichte wäre, wobei ich sowohl früheres, bis 1946 zurückgehendes, als auch späteres Traummaterial berücksichtige. Es ist offenbar der Archetypus der „Manapersönlichkeit", oder des „Magiers" (ich spreche nur deshalb nicht vom „alten Weisen", weil meine Figur nicht als *alt* erscheint, sie ist eher jünger als ich). Sehr gut paßt auf ihn alles, was Professor Jung vom „Geist Merkurius" sagt. Bei der Lektüre Ihrer Arbeit habe ich aber gesehen, daß auch eine wesentliche Analogie dieser Gestalt zu *Merlin* vorhanden ist (besonders mit der Fassung von Robert de Boron). Auch meine Traumgestalt ist „zweischichtig": einerseits eine geistige Lichtgestalt von superiorem Wissen, andererseits ein chtonischer Naturgeist.[4] Aber jenes Wissen führt ihn immer wieder in die Natur zurück, und sein chtonischer Ursprung ist auch die Quelle seines Wissens, so daß sich schließlich beides als zwei Aspekte derselben „Persönlichkeit" herausgestellt hat. Er ist der Wegbereiter der Quaternitas, die ihm stets nachfolgt. Seine Handlungen sind stets durchschlagend, seine Worte abschließend, wenn auch oft unverständlich. Frauen und Kinder folgen ihm gern und er versucht öfters, sie zu belehren. Überhaupt hält er seine ganze Umgebung (besonders mich) für vollkommen unwissend und ungebildet verglichen mit ihm selbst. Die alten Schriften über Magie lehnt er nicht ab, hält sie aber nur für eine populäre Vorstufe für ungebildete Leute (z. B. für mich).** Aber nun kommt erst das eigentlich Merkwürdige, nämlich die Analogie zum „Antichrist": er ist kein Antichrist, aber er ist in gewissem Sinne ein „Antiscientist", wobei unter „Science" hier speziell die naturwissenschaftliche Betrachtungsweise zu verstehen ist, besonders diejenige, die heute in Hochschulen und Universitäten gelehrt wird. Diese letzteren empfindet er als eine Art von *Zwinguri*, nämlich als den Ort und das Symbol seiner Unterdrückung, an das er (in meinen Träumen) zuweilen auch Feuer anlegt. Wird er zu wenig beachtet, so macht er sich mit allen Mitteln bemerkbar, z. B. durch synchronistische Phänomene (die er aber „Radioaktivität" nennt) oder durch Depressionszustände oder unverständliche Affekte. Ihre Feststellung (II, p. 86) „daß das krankmachende oder ungünstig wirkende Moment in dem Nichtübernommenwerden von bewußtseinsreifen Inhalten besteht", pflegt dann wörtlich zuzutreffen. Der „Fremde" verhält sich zur heutigen Naturwissenschaft sehr ähnlich wie Ahasver zum Christentum: Jener „Fremde" ist ein Stück, das vor etwa 300 Jahren das naturwissenschaftliche Weltbild nicht angenommen hat und nun wie ein abgesprengter Teil im kollektiven Unbewußten autonom herumvagiert, und hierbei mehr und mehr mit „Mana" aufgeladen wird (besonders dann, wenn „oben" meine Wissenschaft, nämlich die Physik, ein wenig stecken geblieben ist). Man kann dasselbe auch mit etwas mehr Worten ausdrücken, wenn die rationalen Methoden der Wissenschaft nicht weiterführen, „beleben" sich diejenigen Inhalte, die etwa seit dem 17. Jahrhundert aus dem Zeitbewußtsein abgedrängt wurden und ins Unbewußte untergesunken sind. Im Lauf der Zeit bemächtigten sie sich dort des stets vorhandenen Urbildes der „Manapersönlichkeit", welch letztere von diesen Inhalten schließlich so stark eingehüllt wird, daß dieses einst aus dem Bewußtsein abgesprengte Teilstück die Physiognomie der „Manapersönlichkeit" bestimmt. Aber des „Fremden" Beziehung zur Naturwissenschaft ist letzten Endes keine destruktive, ebensowenig wie Merlins Beziehung zum Christentum: er benützt durchaus die Begriffe der heutigen Wissenschaft, sowohl der Physik (Radioaktivität, Spin) als auch der Mathematik (Primzahlen), er tut dies nur in einer unkonventionellen Weise. Insofern er letzten Endes verstanden werden will, aber in unserer heutigen Kultur noch keinen Platz gefunden hat, ist er erlösungsbedürftig wie Merlin. Es scheint mir, daß für ihn die „Höhenfeuer" der Befreiung erst in einer Kulturform brennen werden, welche die Quaternität gültig ausdrücken wird. Darüber, wann und wie dies im Einzelnen geschehen wird, ist aber, scheint mir, vorläufig noch nichts ausgemacht. Es ist aber wohl eine solche Erwartung, die für uns an die Stelle derjenigen des „dritten Reiches" durch *Gioacchino da Fiore* (II, p. 41) tritt.

Durch das Voranstehende hoffe ich die Übereinstimmung der Lage der Archetypen zum Bewußtsein, einerseits in der Graalslegende, andererseits in meinen Träumen so weit deutlich gemacht zu haben, daß meine weitere „aventure" mit Ihrem Brief wenigstens nicht mehr ganz unerwartet sein wird.

Zunächst hat die in Ihrem Brief aus den Texten zitierte Beschreibung der Anordnung der fuseaux*** mich in eigentümlicher Weise fasziniert und erregt. Es entstand eine affektive Beziehung und eine emotionale Situation. Ich begann mir zu überlegen, daß es doch merkwürdig sei, daß die „Spindeln" nicht rotieren, auch wenn sie nichts mit Spinnen zu tun haben. Das ganze erschien mir wie ein Mechanismus, um die Rotation der Spindeln zu *verhindern*: Die Rotation blieb vielmehr der Insel, als der aus den vier Elementen hervorgegangenen, von Menschen unberührt gebliebenen Urform der prima materia vorbehalten. Ich besprach sodann Ihren Brief und speziell diese Frage mit C. A. Meier, der auf die Idee kam nachzusehen, welche Rolle die Spindel in der Folklore spielt. Er fand die Angabe, daß dem Drehen der Spindeln zuweilen eine schädliche „magische" Wirkung zugeschrieben wurde, weshalb sie bei gewissen Gelegenheiten untersagt war (z. B. während des Einbringens der Ernte). Auf diese Weise entstand bei mir die Assoziation „Rotation der Spindel – magische oder sympathetische Wirkung". Etwa 2 Nächte später fand dann der auf beiliegendem Blatt verzeichnete Traum[5] statt, in welchem sich in so überrachender Weise die in Ihrem Brief beschriebene Anordnung der fuseaux in eine Waage verwandelt hat. Der Sinn des Traumes hat sicher sehr viel zu tun mit den von Professor Jung in seiner neuen Abhandlung über Synchronizität[6] diskutierten Problemen. Ich möchte aber nochmals betonen, daß der Traum nicht durch Professor Jungs neuen Text *beeinflußt* sein kann, den ich erst ganz kürzlich erhalten habe.[7] Der Traum fand beträchtlich *früher* statt, ist also als Folge der Lektüre Ihres Briefes aufzufassen.

Ich möchte ausdrücklich sagen, daß ich die Träume Ihnen nicht deshalb schicke, weil ich irgend welche Deutungen von Ihnen erwarte. Im Gegenteil bin ich bei Träumen dieser Art gegenüber „Deutungen" überhaupt recht skeptisch. Am besten haben sich mir einerseits ein möglichst weites „Ableuchten" des Kontextes, verbunden mit Nachdenken über die zum Kontext gehörenden Probleme im Allgemeinen, andererseits ein Beobachten der Träume über Zeitstrecken von mehreren Jahren bewährt. Auf diese Weise kommt eine gewisse Bekanntschaft mit dem „Standpunkt" des Unbewußten und zugleich eine langdauernde und langsame Standpunktsverschiebung des Bewußtseins zustande. Ich wollte Sie aber doch über die eigentliche Gründe meines Interesses für die Graalslegende informieren, sowie auch über die Wirkungen, die Sie ausgelöst haben. (Ob Sie diese beiden Träume auch Professor Jung zeigen wollen oder nicht, überlasse ich ganz Ihnen.)

Haben Sie nochmals herzlichen Dank für Ihre schöne Arbeit (die ich bitte, noch ein wenig behalten zu dürfen). Mit vielen freundlichen Grüßen an Sie selbst und auch an Professor Jung (dem ich alsbald schreiben werde nach genügendem Studium seiner neuen Arbeit über Synchronizität)

Ihr   [W. Pauli]

---

[1] Auch abgedruckt in Meier [1992, S. 52–56].

* Die Deutung der Geschichte des Lebens von Perceval als Individuationsweg (II, p. 84), d. h. zugleich als Versuch eines Weges zur Quaternität.

[2] Durch Geoffrey de Monmouth war in seiner *Historia regum Britanniae* (1132/35) zuerst die Gestalt des König Artus geschaffen worden.

[3] Siehe hierzu auch die Bemerkungen in den Briefen [1119, 1127 und 1190] und van Erkelens Aufsatz (1995, S. 70f.).

[4] Siehe hierzu die Bemerkung zum Brief [1156].

** Vgl. dazu Ihre Ausführungen über magische und mythische Einstellung (II. p. 25).

*** „Eine davon war an der vorderen Bettseite befestigt, so daß sie aufrecht in die Höhe stand, die zweite auf dieselbe Art an der hinteren Bettseite, die dritte lag quer oben drüber über die ganze Breite des Bettes und war in den zwei anderen eingeschraubt oder verzapft."

[5] Vgl. den in dem Brief [1165] erwähnten Traum.

[6] Jung (1952).

[7] Pauli hatte ein neues überarbeitetes Manuskript von Jungs Synchronizitätsaufsatz erhalten. Vgl. die Briefe [1164 und 1166].

Unter den jüngeren Theoretikern, die Pauli als Kandidaten für seine demnächst wieder freiwerdende Züricher Assistentenstelle betrachtete, befand sich damals der 1924 in Zürich geborene Armin Thellung. Auf ihn und Schafroth war Pauli bereits aufmerksam geworden, als er 1946 aus Amerika in die Schweiz zurückkehrte [832]. In seiner unter der Mitbetreuung von Felix Villars durchgeführten und im Frühjahr 1948 abgeschlossenen Diplomarbeit[1] hatte Thellung das Austauschmoment für H^3 und He^3 gemäß der Møller-Rosenfeld Mischung bestimmt.

Anschließend beauftragte ihn Pauli mit der Berechnung der höheren störungstheoretischen Beiträge zum magnetischen Moment des Protons aufgrund der pseudoskalaren Mesonen-Feldtheorie. Nach den glänzenden Erfolgen der Quantenelektrodynamik bei der Berechnung des in Bezug auf die Dirac-Theorie anomalen magnetischen Momentes beim Elektron wollte man nun auf ähnliche Weise auch die anomalen Nukleonenmomente erklären. Analog wie beim Elektron sollten diese Abweichungen durch die Kopplung an das Mesonenfeld hervorgerufen werden. Während Luttinger (1948b) und andere[2] bei diesen Rechnungen nur die Störungsterme bis zur zweiten Ordnung berücksichtigt hatten, erwartete Pauli hier infolge der starken Kopplung eine wesentliche Verbesserung des Resultates für die nächst höhere Ordnung.

Diese Rechnungen führten auf eine schwierige und langwierige „technische Ixerei" [1067], so daß ein baldiger Abschluß derselben nicht abzusehen war. Als Paulis Freund Kronig einen Assistenten suchte, wurde ihm Thellung für diese Stellung von Pauli empfohlen, obwohl er seine Dissertation noch nicht abgeschlossen hatte.[3] Am

1. November 1949 trat Thellung seine neue zunächst nur für 1/2 Jahr während Paulis Abwesenheit in Amerika vorgesehene Stellung als Kronigs Forschungsassistent an der Technischen Hochschule in Delft an. Im Winter 1949/50 „hielt ich für Kronig und die fortgeschritteneren Studenten eine Vortragsreihe über moderne Quantenfeldtheorie (Schwinger, Dyson, meine eigenen Rechnungen). Dann beschäftigten wir uns mit den phänomenologischen 2-Fluida-Gleichungen in He II. Die Idee der Quantisierung der Hydrodynamik kam erst 1952 auf."[4]

Seit seiner frühen Bekanntschaft mit Ehrenfest hatte Pauli stets eine besondere Vorliebe für seine holländischen Kollegen und Freunde verspürt. Zwei seiner besten Assistenten, Kronig und Casimir, waren aus Holland gekommen. Besonders eng aber war seine Freundschaft mit Hendrik Kramers und George Uhlenbeck. Mit letzterem hatte er sich während der Kriegszeit mehrmals in Amerika getroffen, um sich mit ihm über Physik und menschliche Beziehungen auszusprechen. Jetzt bot sich Pauli eine willkommene Gelegenheit, diese z.T. unterbrochene Verbindung mit seinem Freund Hendrik Kramers, und seinem ehemaligen Assistenten Casimir durch Entsendung eines Schülers wiederherzustellen. Durch Thellung ließ er sich brieflich oder mündlich über alles ihn Interessierende berichten, wenn dieser in den Ferien seine Züricher Verwandten aufsuchte.

Neben seiner Tätigkeit als Kronigs Forschungsassistent am *Laboratorium voor Technische Physica* in Delft konnte Thellung dort während seines mehr als dreijährigen Aufenthaltes auch seine ihm von Pauli gestellte Aufgabe weiterführen, die er am Ende in Zürich als Dissertation einzureichen gedachte. Pauli, der den Fortgang dieser Arbeit mit großem Interesse verfolgte [1168 und 1214], suchte Thellung schließlich zu einem rascheren Abschluß seiner Dissertation anzuspornen, zumal er ihn als künftigen Assistenten bald nach Zürich zurückzuholen gedachte [1319, 1327 und 1375].

Nach Abschluß seiner Dissertation (1952) wurde Thellung schließlich zum Sommersemester 1953 – nach Paulis Rückkehr aus Indien – für die nächsten 3 Jahre sein Assistent.

Als Res Jost im September 1963 bei Oppenheimer den Besuch von Thellung am *Institute for Advanced Study* in Princeton ankündigte, übermittelte er ihm folgende Beschreibung seiner anschließenden wissenschaftliche Laufbahn: „Auf meinen Rat hin ging Thellung dann zu R. Peierls nach Birmingham, was ihm sehr gut tat. Mit G.V. Chester begann er über Wiedemann-Franz zu arbeiten.[5] Seit ca. 4–5 Jahren ist er nun an der [Züricher] Universität. In diese Zeit fällt ein längerer Aufenthalt in Australien, woher er einen Ruf nach Hause trug. Diesen ließ er sich nicht (durch eine Beförderung zum Ordinarius) honorieren,[6] da er lieber Extraordinarius und relativ frei als Ordinarius und angebunden sein mochte."

---

[1] Thellung (1948). Siehe hierzu auch Band **III**, S.566, 574, und 725f.

[2] Case (1949a, b), Borowitz und Kohn (1950). Siehe auch Band **III**, S.579.

[3] Vgl. hierzu Paulis Brief an Thellung vom 15. September 1949: „Ich habe von Kronig gehört, daß er in diesem Winter eine Assistentenstelle an der technischen Hochschule in Delft (Holland) frei hat. Da ich doch nach Amerika fahre, schien es mir nicht ungünstig, wenn Sie dort hingingen. Sie hätten wenig Verpflichtungen (außer sich mit Kronig über moderne theoretische Physik zu unterhalten) und genügend Zeit, dort Ihre Doktorarbeit fertig zu machen. (Ihr Diplom ist genügend für diese Stelle.) Auch ist die Nähe von Leiden, wo Gorter und Kramers sind, ganz anregend." (Der volle Wortlaut dieses Schreibens wird im *Nachtrag zu Band* **IV** veröffentlicht.)

[4] Aus einer Mitteilung Thellungs vom 9/10. April 1995.

[5] Chester und Thellung (1959). Zu dieser Beschreibung seiner wissenschaftlichen Laufbahn machte Thellung folgende Bemerkungen: „Die Beschreibung von Jost stimmt nicht in allen Punkten. Mit Chester begann ich in Birmingham über die Auswertung von Kubo-Formeln (unter Verwendung des

van Hoveschen Formalismus) zu arbeiten. Erst später (1960) kam die allgemeine Herleitung (ohne Störungsrechnung, bei beliebig starker Kopplung) des Wiedemann-Franz-Gesetzes."
[6] Thellung machte folgende Präzisierung: „Die Beförderung zum Ordinarius war kaum möglich, weil damals kein Bedarf für ein vermehrtes Lehrangebot bestand. (Allerdings war es mir auch ganz recht, keine erhöhten Vorlesungsverpflichtungen eingehen zu müssen.) Die Situation änderte sich, als Heitler Dekan der Philosophischen Fakultät II wurde (1962–1964) und ich die großen Kursvorlesungen hielt und ich außerdem zwei Rufe auf Ordinariate in Deutschland (Münster und Göttingen) erhielt."

[1168] PAULI AN THELLUNG

Zürich, 20. November 1950
[Maschinenschrift]

Lieber Herr Thellung!
Ich war sehr froh wieder von Ihnen zu hören, bin aber traurig, daß ein Fehler Sie an Fortschritten Ihrer Doktorarbeit hindert.[1] Leider ist es von hier aus nicht möglich, Ihnen dabei weiterzuhelfen. Daß Weibel seine Dissertation[2] aufgegeben hat, hat wirklich keine sachlichen Gründe.

Nun noch einige Bemerkungen zu der Überlegung von Korringa,[3] über die Sie schreiben. Die Arbeit von Heisenberg in der Zeitschrift für Naturforschung ist von Fierz in voller Übereinstimmung mit mir kritisiert worden.[4] Er hat eine Arbeit über die D_C-Funktion in den Helvetica Physica Acta in Druck[5] und in dieser Arbeit finden Sie auch seine kritischen Überlegungen zu Heisenberg. Die Kritik bezieht sich darauf, daß die zeitliche Aufeinanderfolge von Emissions- und Absorptionsprozessen in dem Heisenbergschen Modell unrichtig ist, daß dieses Modell also dem widerspricht, was Stückelberg die Kausalität nennt. Dieser Widerspruch hängt direkt mit dem nicht hermiteschen Hamilton-Operator zusammen. Was Sie in Ihrem Brief nicht-lokale Wechselwirkung nennen, weiß ich nicht, bin aber sicher, daß Sie dann, wenn Sie die Divergenzen beseitigen, auch die kausale Abfolge der Prozesse wieder stören werden.[6] Ich würde Herrn Korringa dringend raten, sich mit Fierz in Verbindung zu setzen, der zur Zeit im Institute for Advanced Study in Princeton weilt.*

Meine Reise nach Bombay habe ich schließlich doch aus Zeitgründen abgesagt und werde mich sehr freuen, Sie in den Weihnachtsferien in Zürich sehen zu können.[7]

Mit vielen freundlichen Grüßen von uns allen   Ihr W. Pauli

Viele herzliche Grüße von uns an die Kronigs.

---

[1] Vgl. Thellungs im Januar 1952 eingereichte Doktorarbeit (1952).
[2] Siehe hierzu den Brief [1114].
[3] Der holländische Physiker Jan Korringa, der sich durch große Vielseitigkeit besonders auf vielen Gebieten der theoretischen Physik auszeichnete, war Kramers letzter Assistent und mit Kronig gut befreundet. Nach Kramers Tode ging er nach Amerika und widmete sich hier der Festkörperphysik.
[4] Vgl. hierzu die Briefe [1141, 1142 und 1144].
[5] Fierz (1950b).
[6] Hierzu machte Thellung folgende Bemerkung: „An die Überlegung von Korringa kann ich mich nicht mehr erinnern. Ich las damals regelmäßig die neu erschienenen Artikel über Feldtheorie;

darunter gab es auch solche über *nicht-lokale* Wechselwirkungen, aber gearbeitet habe ich auf diesem Gebiet nicht."

* Fierz schrieb mir, daß dort anläßlich eines Besuches von Heisenberg in U.S.A. eine Diskussion mit diesem stattfand, in deren Verlauf er (Fierz) ihn (Heisenberg) schließlich überzeugt habe. {Vgl. hierzu den Kommentar zum Brief [1116].}

[7] Es handelte sich um die auf Bhabhas Betreiben hin vom *Tata Institute of Fundamental Research* organisierte Elementarteilchen-Konferenz, die vom 14.–22. Dezember 1950 in Bombay tagte. Siehe hierzu den Kommentar zum Brief [1157].

[1169]   DE MONTET AN PAULI[1]

Corseaux-Vevey, 20. November 1950

Sehr geehrter Herr Professor!

Ihr so ausführlicher Brief hat mich nicht nur gefreut, sondern höchst angeregt. Ihre Äußerungen über C. G. Jung und Niels Bohr, über die Begriffe des „Archetypischen" und des „Unbewußten" sind sicher entscheidend für die Problemformulierung; und ganz besonders wichtig ist Ihr Bestreben, hier eine Brücke zu schlagen. Das Problem (Form-Beziehung) oder (Inhalt-Gesetz) oder (Symbol-Zusammenhang) scheint mir grundlegend und allen Zweigen der Wissenschaft und auch der Kunst gemeinsam. Die Kluft zwischen Biologie und Psychologie muß verschwinden. Die „biologische" Psychiatrie kann die Scheidewände zwischen dem Organischen und dem Psychischen nicht mehr aufrecht erhalten.

Das Prinzip der „Komplementarität" liegt zweifellos *schon im „Erkenntnisgrund"*, was ja aus der enormen Erweiterung bzw. Verallgemeinerung, die ihm Niels Bohr zuerkennt, deutlich hervorgeht. Hier kreuzen sich viele Fragen und Forschungen, über welche ich mich sehr gerne mit Ihnen unterhalten möchte.

Da Sie es mir in so freundlicher Weise erlauben, werde ich die nächste Gelegenheit, nach Zürich zu fahren benützen, um Sie zu besuchen. Falls Sie je an den Genfersee kommen, steht Ihnen hier ein Gästezimmer zur Verfügung.

Inzwischen grüße ich Sie bestens in vorzüglicher Hochachtung

Ch. de Montet

Die Frage ist auch in geistiger Hinsicht allerdings sehr wichtig, insbesondere wenn man bedenkt, wie kläglich die durchschnittliche Geistesverfassung ist. So sagte mir ein bekannter Psychiater, ich sei offenbar Marxist (!), da ich das Dialektische so betone. Uh!

[1] In seinem Beitrag zur Jung-Festschrift erwähnte Pauli (1954b, S. 286) Charles de Montets (1880–1951) Anregung. Er habe mit feinem Einfühlungsvermögen in psychologische und physikalische Parallelen die durch eine Messung bewirkte Störung eines physikalischen Systems in der Quantenphysik als *das Opfer und die Wahl* bezeichnet.

[1170] PAULI AN JUNG

[Zollikon-Zürich], 24. November 1950
[Maschinenschriftlicher Durchschlag mit handschriftlichen Zusätzen][1]

Sehr geehrter Herr Prof. Jung!

Ich habe mit dem größten Interesse die neue Fassung Ihrer Arbeit über „Synchronizität" studiert.[2] Über die Möglichkeit und Nützlichkeit, und im Hinblick auf die Rhineschen Experimente auch über die Notwendigkeit eines weiteren, vom Kausalprinzip verschiedenen Prinzipes der Naturerklärung bestand schon früher eine prinzipielle Übereinstimmung zwischen uns. Nach der Wendung, die Ihr Kapitel II „Das astrologische Argument" nunmehr genommen hat, scheint eine weitere Annäherung unserer Standpunkte erfolgt zu sein.

[1.] In zahlreichen Diskussionen im letzten Herbst und Winter (die mir übrigens auch Gelegenheit gaben, an von mir unerwarteten Orten ein großes Interesse für Ihren Begriff der „Synchronizität" festzustellen),[3] habe ich wiederholt meine Hoffnung geäußert, daß eine solche Wendung eintreten würde. Z. B. sagte ich damals zu M. Fierz und C. A. Meier „es ist doch paradox, daß Physiker jetzt den Psychologen sagen müssen, daß sie bei ihren statistischen Untersuchungen nicht das Unbewußte ausschalten dürfen!" [4] Nun ist aber das Unbewußte wieder hineingekommen in Gestalt des „lebendigen Interesses der V. P."* wodurch Ihre Konstatierung „des ruinösen Einflusses der statistischen Methode auf die zahlenmäßige Feststellung der Synchronizität" (p. 35) als das wesentliche Resultat Ihrer ganzen statistischen Untersuchung erscheint. Dieser „ruinöse Einfluß" besteht in der Elimination des tatsächlichen Einflusses des psychischen Zustandes der Beteiligten durch statistische Mittelwertbildungen, indem diese eben ohne Rücksicht auf diesen Zustand vorgenommen werden. Es scheint mir in der Tat eine allgemeine und wesentliche Eigenschaft der synchronistischen Phänomene zu sein, die ich sogar in die Definition des Begriffes „Synchronizität" aufnehmen möchte, das heißt, wenn immer eine Anwendung statistischer Methoden ohne Berücksichtigung des psychischen Zustandes der beim Experiment beteiligten Personen einen „ruinösen Einfluß" *nicht* zeigt, dann ist etwas wesentliches anderes als die Synchronizität im Spiel gewesen.**

Ich komme auf diesen Gesichtspunkt in Verbindung mit den Diskontinuitäten in der Mikrophysik weiter unten zurück.

Das genannte Ergebnis Ihrer Untersuchung, wonach das stets erneute Interesse der Versuchs-Person entscheidend ist, läßt sogar die Astrologie als *sekundär* für das Zustandekommen dieses Ergebnisses erscheinen und setzt für die traditionelle Astrologie günstige Resultate in Analogie zu den „Treffern" beim Rhineschen Experiment.[5]

(Hier eine kleine Zwischenfrage: beim Rhineschen Experiment wären auch solche Versuchs-Person denkbar, die einen „negativen" Effekt zeigen, d. h. die stets *weniger* Treffer finden als es der statistischen Erwartung entspricht.[6] Gibt es bei Ihrem statistischen Experiment über den Vergleich der Horoskope Verheirateter und Unverheirateter auch V. PP., welche z. B. die Sonne-Mond Konjunktion gerade umgekehrt vorzugsweise bei den Unverheirateten finden, und zwar deshalb, weil ihr psychischer Zustand einen besonderen Widerstand gegen die Astrologie aufweist? „Vorzugsweise" soll hier heißen, öfter als die

Zufallsstatistik es erwarten läßt. Daß der astrologische Fall und Rhines ESP Experiment[7] sich auch in dieser Hinsicht analog verhalten werden, dessen bin ich einigermaßen sicher, es könnte aber auch sein, daß das Hereinspielen der Archetypen in *beiden* Fällen die Möglichkeit „negativer" V. PP. verhindert.)

Die Statistik der Tabellen I bis V[8] habe ich nicht im Einzelnen nachgeprüft, da mich dies viel Zeit und Mühe kosten würde und da, wenn ich mich nicht irre, dieses ganzes Material von Herrn M. Fierz, der in dieser Materie schon einige Übung besitzt, ohnedies bereits nachgeprüft wurde. (Sollte dies, entgegen meiner Annahme, nicht der Fall sein, so würde ich sehr empfehlen, ihn auch diesmal wieder heranzuziehen.[9] Seine gegenwärtige, voraussichtlich bis etwa Ende April 1951 gültige Adresse ist: The Institute for Advanced Study, Princeton, N. J.)[10]

Jedenfalls entspricht Ihr Resultat nunmehr vollkommen meinen Erwartungen. Ein vom psychischen Zustand der Astrologen unabhängiges positives Resultat wäre dagegen mit der uns bekannten Kausalität der Vorgänge im Widerspruch. In Wahrheit ist die Natur eben so beschaffen, daß – analog zur Bohrschen „Komplementarität" in der Physik – der Widerspruch zwischen der Kausalität und der Synchronizität niemals feststellbar ist.

[2.] Dies führt mich nun zu der Frage, deren Diskussion einen Hauptteil dieses Briefes bildet. – Wie verhalten sich die in der modernen Quantenphysik zusammengefaßten Tatsachen zu jenen anderen Phänomenen, die von Ihnen mit Hilfe des neuen Prinzips der Synchronizität gedeutet werden. Sicher ist zunächst, daß beide Arten von Phänomenen den Rahmen des „klassischen" Determinismus überschreiten. Damit allein ist aber diese Frage, die an mehreren Stellen der Kapitel I und IV Ihrer Arbeit[11] berührt wird, noch nicht beantwortet. Naturgemäß ist mir diese Frage als Physiker von besonderer Wichtigkeit; seit einem Jahr habe ich viel darüber diskutiert und nachgedacht.

Die in jeder experimentellen Naturwissenschaft an ein Naturgesetz gestellte Anforderung, sich auf wenigstens im Prinzip reproduzierbare Vorgänge zu beziehen (von Ihnen ebenfalls auf p. 2 angegeben), erscheint mir von fundamentaler Wichtigkeit. In der Atomphysik hat sich nämlich herausgestellt, daß der statistische Charakter dieser Naturgesetze der Preis ist, der für die Erfüllung dieser Forderung nach Reproduzierbarkeit bezahlt werden muß. Nun hat sich nämlich in der Physik das wesentlich Einmalige (für das in den physikalischen Naturgesetzen niemals ein Platz vorhanden war) an einer unerwarteten Stelle manifestiert. Diese Stelle ist die Beobachtung selbst, die deshalb einmalig (wenn Sie wollen ein „Schöpfungsakt") ist, weil es unmöglich ist, den Einfluß des Beobachters durch determinierbare Korrekturen zu eliminieren. Der so entstandene Typus des nicht weiter auf Aussagen über Einzelfälle reduzierbaren statistischen Gesetzes, der zwischen dem Diskontinuum der Einzelfälle und dem erst in einer größeren statistischen Gesamtheit (annähernd) realisierten Kontinuum vermittelt, kann als „statistische Korrespondenz" bezeichnet werden.[§]

(Das Gesetz der Halbwertszeit beim radioaktiven Zerfall ist ein Spezialfall dieser Art.) Wenigstens die *statistischen* Regelmäßigkeiten der Naturgesetze der Mikrophysik sind jedoch (unabhängig vom psychischen Zustand der Beobachter) *reproduzierbar*. Dies scheint mir (vgl. hierzu das oben formulierte Kriterium des „ruinösen Einflußes" der statistischen Methode auf die Synchronizität) ein so fundamentaler Unterschied auch der akausalen physikalischen Phänomene (wie z. B. Radioaktivität oder irgend eine andere unter die „Korrespondenz" der Physik fallende Diskontinuität) von den „synchronistischen" Phänomenen im engeren Sinne (wie z. B. ESP Experimente oder mantische Methoden) zu sein, daß ich vorschlagen möchte, sie als *Phänomene bzw. Effekte auf verschiedenen Stufen* aufzufassen.[†] Es handelt sich bei diesen verschiedenen Stufen um einen Unterschied ähnlich dem zwischen einem einmaligen Paar und einer fortlaufenden Reihe (wobei für die letztere wenigstens die statistischen Eigenschaften reproduzierbar sind.) Obwohl es sich auch im zweiten Falle um etwas von der alten, deterministischen Form des Naturgesetzes nicht mehr Erfaßbares handelt, habe ich aber als Physiker den Eindruck, daß die „statistische Korrespondenz" der Quantenphysik, vom Standpunkt der Synchronizität aus betrachtet, als eine sehr *schwache* Verallgemeinerung der alten Kausalität erscheint. Dies kommt auch darin zum Ausdruck, daß die Mikrophysik zwar Platz schafft für eine akausale Art der Betrachtungsweise, aber dennoch für den Begriff „Sinn" keine Verwendung hat. Ich habe also große Bedenken dagegen, die physikalischen Diskontinuitäten und die Synchronizität auf dieselbe Stufe zu stellen, wie Sie es z. B. p. 58 tun. Falls Sie meinen Bedenken nicht zustimmen können, wird es mich sehr interessieren zu hören, was Ihre Gegenargumente sind.

Um den Unterschied zwischen dem Fall der Mikrophysik und allen Fällen, wo das Psychische involviert wird, zu betonen, habe ich in einem unpublizierten Aufsatz über „Hintergrundsphysik" von 1948[12] ein quaternäres Schema vorgeschlagen, in welchem diesen beiden Fällen verschiedene Gegensatzpaare entsprechen sollen. – Zur Physik gehörte das Gegensatzpaar:

Unzerstörbare Energie und Bewegungsgröße

|

bestimmter raum-zeitlicher Ablauf

zur Psychologie der andere:

Zeitloses kollektives Unbewußte — Ich-Bewußtsein, Zeit.

Natürlich kann ich nicht behaupten, daß die ganze damals vorgeschlagene Vierheit ein wirklich passender Ausdruck für die „Synchronizität" ist. Eine weitere, mir wichtige Eigenschaft dieses Schemas ist jedoch die, daß Raum und Zeit einander *nicht* gegenübergestellt werden, was einem modernen Physiker nämlich besonders widerstrebt.

Ich gebe zu, daß diese Gegenüberstellung des dreidimensionalen Raumes und der eindimensionalen Zeit in der Newtonschen Physik (von der man sagen kann, sie habe schon bei Kepler begonnen) natürlicher erscheint als in der modernen Relativitäts- und Quantenphysik, und ich bin mir auch bewußt, daß Zeit und Raum psychologisch insofern verschieden sind, als die Existenz eines Gedächtnisses (Erinnerung) die Vergangenheit vor der Zukunft auszeichnet, wofür es beim Raum kein Analogon gibt. Dennoch scheint mir die Gegenüberstellung von Raum und Zeit in Ihrem Schema auf p. 59 kaum annehmbar. Erstens bilden diese kein wirkliches Gegensatzpaar (da ja Raum und Zeit ohne weiteres zugleich auf die Phänomene anwendbar sind) und zweitens fallen auch Ihre eigenen, auf p. 17a formulierte Gründe[††] für die wesentliche

Identität von Raum und Zeit sehr ins Gewicht. Deshalb möchte ich hier den folgenden *Kompromißvorschlag* für ein quaternäres Schema zur Diskussion stellen, der die Gegenüberstellung von Zeit und Raum vermeidet und vielleicht die Vorteile Ihres Schemas und meines früheren Schemas von 1948 verbindet.

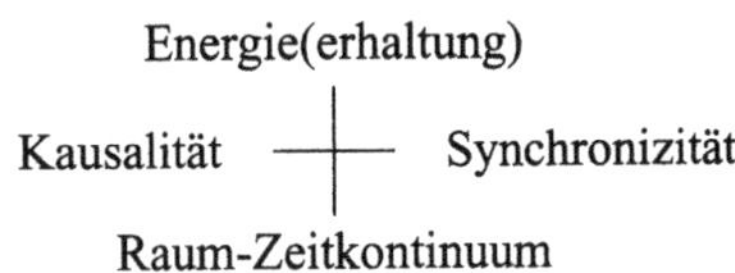

Auf p. 61, wo vom „triadischen Weltbild" die Rede ist, könnte man dann statt „mittels Raum, Zeit und Kausalität" (Zeile 8 von unten) sagen „mittels des Raumzeitkontinuums, der energetischen Betrachtungsweise und der Kausalität". Das würde auch besser zum Wort „Dreiprinzipienlehre" passen, da die *Kontinuität* (natura non facit saltus) sehr wohl als ein für das (klassische) naturwissenschaftliche Zeitalter charakteristische *Prinzip* angesehen werden kann.

[3.] Oft, wenn Sie physikalische Begriffe anwenden, um mit ihnen psychologische Begriffe oder Tatbestände zu erläutern, habe ich den Eindruck, daß es sich bei Ihnen um traumartige Vorstellungsbilder[†††] handelt; dieser Eindruck pflegt dann von dem Gefühl begleitet zu sein, daß Ihre zugehörigen Sätze eben dort aufhören, wo sie anfangen sollten. So heißt es z. B. auf p. 9: „Die physikalische Analogie hierzu" (zu einem Zusammenfallen in der Zeit) „ist die Radioaktivität oder das elektromagnetische Feld." Und *p. 10* heißt es von den Archetypen: „Sie stellen eine Art Kraftfeld dar, das man mit der Radioaktivität vergleichen kann." Solche Sätze kann kein Physiker verstehen, da er nämlich *überhaupt niemals ein Kraftfeld* (weder das elektromagnetische noch ein anderes) *mit der Radioaktivität vergleichen wird.*

Der Begriff des physikalischen Kraftfeldes fußt ursprünglich auf der anschaulichen Idee eines Spannungszustandes des den Raum durchdringenden „Äthers". Dieser Zustand würde als Vermittler von „ponderomotorischen" Wirkungen zwischen Körpern (z. B. elektrischen und magnetischen) gebraucht. Der Feldbegriff hat sich (seit Faraday) verselbständigt, indem dem Spannungszustand eine reale Existenz auch dann zugeschrieben wurde, wenn er nicht gerade mit Probekörpern sichtbar gemacht wird. Später hat man das konkret-mechanistische Bild des Spannungszustandes und des Äthermedium verlassen zu Gunsten der abstrakten Auffassung, daß der betreffende physikalische Zustand einfach durch geeignete kontinuierliche Funktionen der Raum- und Zeitkoordinaten mathematisch beschrieben wird, unter Verzicht auf anschauliche Bilder. Aufgabe der „Feldphysik" war es dann, die Gesetze anzugeben, denen diese Funktionen genügen, so wie die Vorschriften, wie diese Funktionen mit Hilfe von Probekörpern im Prinzip wenigstens ausgemessen werden können. (Über die Analogien dieses physikalischen Feldbegriffes zum psychologischen Begriff des Unbewußten und über die Parallelen in dem zeitlichen Verlauf der Entwicklung dieser beiden Begriffe, habe ich selbst einige Ideen, will aber Ihr Urteil hier nicht präjudizieren.)[13]

An der Radioaktivität ist das Wesentliche die Transmutation eines chemischen Elementes, die mit der Aussendung von Energie transportierenden Strahlen (eventuell von verschiedener Art) verbunden ist. Diese Strahlen sind „aktiv",

d. h. sie erzeugen weitere chemische und physikalische Wirkungen, wo sie auf Materie treffen.

Solche Analogien wie

$$\text{oder} \quad \frac{\text{synchronistisches Zusammenfallen}}{\text{Archetypen}} \quad \text{oder} \quad \frac{\text{Kraftfeld}}{\text{Radioaktivität}}$$

können sehr interessant sein, aber nur unter der Voraussetzung, daß angegeben wird, was das tertium comparationis ist (evenuell auch, was die Unterschiede sind). Mein persönlicher Wunch ist, daß Sie die angeführten Sätze *nicht* streichen, sondern erweitern und erläutern werden.[14]

[4.] Wie Sie selbst sagen, steht und fällt Ihre Arbeit mit den Rhineschen Experimenten. Auch ich bin der Ansicht, daß die empirischen Resulate dieser Experimente recht gut begründet sind.[#]

Angesichts der Wichtigkeit der ESP Experimente für Ihr Prinzip der Synchronizität würde ich es begrüßen, wenn Sie speziell erläutern würden, wie nach Ihrer Auffassung die sogenannten P.K. („Psychokinese") Experimente zu interpretieren sind, die Sie auf p. 8 erwähnen. Hat hier die den Wunsch betreffend die Resultate des Würfelns äußernde Person ein präfiguriertes Bild der kommenden Bewegungen der Würfel? Sie erwähnen zwar in diesem Zusammenhang eine psychische „Relativität der Masse", sagen aber nicht, was Sie darunter verstehen, und wie eine solche Annahme die P.K. Experimente erklärt. Auch in diesem Fall besteht bei mir ein Verdacht auf „traumartige Vorstellungsbilder" bei Ihnen, der von dem zugehörigen Wunsch nach weiteren Erläuterungen begleitet ist.

Es gibt noch andere interessante Details in Ihrer Arbeit (z. B. den Zusammenhang der mantischen Methoden mit der Psychologie des Zahlbegriffes), über die ich noch weiter nachdenken will, über die ich aber zur Zeit nichts für Sie Neues weiß.

Für jetzt will ich mit diesem langen Schreiben zu einem Schluß kommen und der Hoffnung Ausdruck geben, daß die noch offen gebliebenen Fragen und alle noch vorhandenen Unterschiede unserer beiderseitigen Auffassungen sich vereinigen lassen werden angesichts der am Anfang dieses Briefes hervorgehobenen Übereinstimmung über das Prinzipielle.

Mit vielen freundlichen Grüßen

Ihr sehr ergebener   [W. Pauli]

---

[1] Auch abgedruckt bei Meier [1992, S. 56–62]. Dieser Brief wurde erst am 28. November abgeschickt, weil er vorher noch von A. Jaffé abgetypt wurde (siehe den Brief [1171]).

[2] Jung hatte Pauli seine neue Fassung seiner Arbeit (1952/90) am 8. November [1164] zugesandt. Wir zitieren im folgenden nach der Taschenbuchausgabe von 1990.

[3] Siehe auch die Bemerkungen in dem Brief [1119].

[4] Dieses Bedenken gegen die Verwendung der Statistik in Jungs Synchronizitäts-Untersuchungen wird auch in Paulis Briefen [1055, 1091, 1095 und 1188] geäußert.

[*] Siehe hierzu die für mich entscheidenden pp. 33 bis 35 Ihrer Arbeit [vgl. Jung (1952/90, 59 und 61). Pauli benutzt hier die auch von Jung verwendeten Abkürzungen V.P., V.PP. für Versuchs-Person bzw. -Personen.]

[**] Die von Ihnen allerdings nur als Möglichkeit vermutungsweise angedeutete Auffassung des Verhältnisses von Körper und Seele als Synchronizitätsbeziehung (p. 52, Note 1 und p. 57) erscheint mir aus eben diesem Grunde bedenklich. Eine solche Auffassung würde übrigens mit der alten

„Zwei Uhren Theorie" von *Geulincx* im wesentlichen identisch sein. Ich bin aber ganz einig mit Ihnen, daß der „psychophysische Parallelismus" „völlig undurchsichtig" ist. [Jung (1952/90, Anm. 127 und S. 84)]

[5] J. B. Rhine [1948].

[6] Man bezeichnet diesen negativen Effekt in der heutigen Psychologie als *psi-missing* Phänomen.

[7] Pauli verwendet hier den von Rhine geprägten Begriff einer *extra-sensory perception* (ESP).

[8] Vgl. Jung (1952/90, S. 48–55).

[9] Vgl. hierzu die in C. G. Jungs *Gesammelten Werken*, Band **18/2**, S. 537–544 abgedruckten „Briefe über Synchronizität (1950–1955)". Darunter befinden sich auch zwei an Fierz gerichtete Briefe (vom 21. Februar und 2. März) aus dem Jahre 1950.

[10] Über Fierz' Aufenthalt in Princeton siehe den Kommentar zum Brief [1116].

[11] Jung (1952/90).

§ Es hat mich sehr gefreut, daß Sie meine Bemerkung über Bohrs Gebrauch des Begriffes „Korrespondenz" zitieren. (Ich habe darüber auch in meiner Veröffentlichung in *Experientia* 1950 auf p. 8 noch eine Anmerkung hinzugefügt.) Vielleicht würde Ihre diesbezügliche Note statt auf p. 42a besser auf p. 61 stehen, wo von den physikalischen Diskontinuitäten die Rede ist.

† Dies schließt nicht aus, daß Vergleiche zwischen beiden möglich sind. Auch Affekte auf verschiedenen Stufen haben neben den Unterschieden ihre Analogien.

[12] Wiedergegeben in Meier [1992, S. 176–192].

†† Dort heißt es: „Raum und Zeit sind wohl im Grunde eines und dasselbe, darum spricht man von ‚Zeiträumen' und schon Philo Judaeus sagt: *tempus est spatium motus*." {Vgl. Jung [1990b, S. 33f.]}

††† Die Berechtigung für eine solche Annahme gründe ich darauf, daß ich in Ihren Bildern oft Motive aus eigenen Träumen wiedererkennen kann.

[13] Siehe hierzu auch Paulis Bemerkungen in seinen Briefen [1179 und 1286].

[14] Jung griff Paulis Vorschläge auf und änderte unter Verweis auf seine Mithilfe die entsprechenden Textstellen.

Kürzlich wurde mir eine Arbeit von R. A. McConnell (Scientific Monthly **69**, 121, 1949) zugesandt {vgl. den Brief [1155]}. Der Autor hat die Rhineschen Versuche im Department of *physics* (!) der University of Pittsburgh wiederholt, bestätigt und erweitert. Auch diese Arbeit machte mir einen recht guten Eindruck.

[1171] JAFFÉ AN PAULI

[Zürich], 26. November 1950
[Maschinenschriftliche Durchschrift mit handschriftlichem Zusatz]

Lieber Herr Prof. Pauli!

Da es Dr. Meier mit der Abschrift Ihres Briefes an Professor Jung sehr zu pressieren schien, habe ich ihn schon am Freitag morgen im Büro (etwas in Eile) getippt. Nachher eilte es dann doch nicht mehr, so daß ich die Abschrift mit heim nahm und Ihnen erst heute schicke. Ich habe mir erlaubt, eine Kopie für mich zurückzubehalten. Da mir Professor Jung die Lektüre seines Manuskriptes der Synchronizitätsarbeit[1] (der korrigierten) für die Weihnachtsferien in Aussicht gestellt hat, wird es mir eine Erleichterung sein, Ihre sehr gewichtigen Ausführungen als hilfreichen Führer durch die schwierige Materie zur Seite zu haben. Ich sehe allerdings voraus, daß auf Ihren Brief hin, und ehe ich das Manuskript zu Augen bekomme, eine dritte Fassung entsteht.

Ich möchte gern die Gelegenheit benutzen, um Ihnen, mein lieber Herr Professor, für die Einsendung Ihrer vier Gedichte (von denen ich mir ebenfalls eine Abschrift machte) und für Ihren Brief vom 16.[2] sehr sehr herzlich zu danken. Der Vers „Indian Summer" ist echte und schönste Lyrik und zaubert eine Stimmung hervor, die mich sehr bewegt hat. Zudem vermittelt er, wie auch die

Geschichte vom Knaben, der an den Fluß ging, einen in diesem Zusammenhang gar nicht erwarteten, dann aber wie eine Befreiung empfundenen Sinn, oder einen Blick in das, was für Sie „Wirklichkeit" ist. (Soweit ich glaube, Sie zu verstehen, gilt auch für mich dieselbe „Wirklichkeit".) Die beiden anderen Gedichte empfinde ich als ausgesprochen „männlichen Geistes" – jene ersteren, besonders den „Indian Summer": menschlich. Die „Polemik" ließe sich in der Tat auf die Kontroverse Kepler–Fludd anwenden; aber es scheint mir doch noch viel weiter, archetypisch; und hängt darum mit dem tiefsinnigen und offenbarenden Vers über „Quantenmechanik und I Ging" eng zusammen.[3]

Ihr Brief hat mich vor allem darum gefreut, weil er mir sagte, daß unser kurzes Büro-Gespräch auch für Sie richtig gewesen zu sein scheint. Was das Bild der „Klostermauer" betrifft, so haben Sie damit wieder ins Schwarze getroffen, was ich Ihnen durch zwei Träume von vor ca. 4 und 3 Jahren beweisen möchte.

1. Ein Bildhauer, mächtig, schweigsam, uralt, weißes Haar, aufgekrempelte Ärmel, modelliert mein Portrait (Ganzfigur) in grünlichem Lehm. Er arbeitet rasch, fast ein wenig fieberhaft. Ich sehe ihn, wie hinter einem Schleier. Er sagt mir, er wolle diese Figur „Die grüne Nonne" nennen.

2. Ich bin in einer Kathedrale und muß warten, da die Zeit für die feierliche Zeremonie noch nicht gekommen ist. Es sind noch andere Menschen da. Ein Mann mittleren Alters kommt auf mich zu, eine Art Führergestalt. Er geht mit mir in das Seitenschiff, bis vor einen schweren tiefdunkelroten Vorhang. Einen Augenblick hebt er den Vorhang und läßt ihn sofort wieder fallen. Was ich sah, war folgendes: ein Raum, der im grauen Dämmer endlos schien. Auf dem Boden knieten Gestalten, betend, ebenfalls wartend. Es waren aber keine lebende Menschen, sondern ich erkannte sie als Totengeister. Der Führer erklärte: meine Ahnen. Es befanden sich darunter merkwürdig viele Nonnen, einige von ihnen hielten eine brennende Kerze. (Besser müßte ich sagen: es sah so aus, als ob sie eine brennende Kerze hielten.) Dann ging der Führer mit mir in das Hauptschiff zurück. Es wurden an die Wartenden Erfrischungen ausgeteilt. Ich erhielt Früchte und ein Paar Würstchen!

(Dieser Traum kam in einer sehr spannungsreichen Zeit vor einer inneren Entscheidung. Da ich nur jüdische Ahnen habe – von Vaters Seite her ursprünglich aus Spanien, von Mutters Seite her aus Polen – beziehen sich die „Nonnen" auf eine innere Haltung.) Nun will ich aber meine etwas lang geratene Epistel schließen. Danke vielmals für den Artikel über „Le Mystère du Tarot dévoilé".[4] Er sagt nicht sehr viel, aber es scheint mir, als ob der Autor mehr wisse, als er veröffentlicht. Ich überlege mir, ob ich ihm schreiben soll. Die Andeutung über den „Thesaurus sapientiae" (cahiers privés hors commerce) haben meine Neugierde geweckt.

Mit herzlichen Wünschen   Ihre Aniela Jaffé

[Handschriftlicher Zusatz:] Was Sie über den Schmerz geschrieben haben,[5] hat mich sehr berührt. Ich möchte Ihnen aber darüber gar nichts schreiben (könnte es auch gar nicht), als Ihnen danken.

[1] Jung (1952). Jung hatte Pauli eine erste Fassung des Manuskriptes schon Anfang November [1164] zugeschickt.
[2] Siehe Brief [1166].
[3] Siehe hierzu das in der Anlage zum Brief [1166] wiedergegebene Gedicht.
[4] Das Interesse an den Bildserien des Tarot „als Abkömmlinge der Wandlungsarchetypen" wurde durch Jung geweckt. Vgl. Jung (1935, S. 41) und die Angaben zum Brief [1160].
[5] Siehe Brief [1166].

[1172] PAULI AN JAFFÉ

Zollikon-Zürich, 28. November 1950

Liebe Frau Jaffé!

Ich sage es gleich: dies ist ein schwieriger Brief. Ihnen gegenüber fühle ich die *eine* große Verpflichtung, mein Ich nicht in den Vordergrund zu schieben. Tue ich es nicht, kann ich Ihnen vielleicht weiter helfen, mache ich den geringsten Fehler, irgend eine Art seelisches Geschäft für *mich* machen zu wollen, ist alles verdorben. Wird das Ich genügend reduziert und eliminiert, tritt jenes Zentrum der Leere[1] in Aktion, das zugleich der *Kern* jenes „Fremden" (des Archetypus) ist und dieses Zentrum macht ganz und heilt, nicht *ich*.

Es sind hier psychische Fähigkeiten von mir im Spiel, die Sie mehrmals beobachtet haben – jenes „ins Schwarze treffen" – Fähigkeiten, die ich für ein altes jüdisches Erbgut halte, und die eine so außerordentlich starke Gegensatzspannung zu meinen naturwissenschaftlichen Neigungen und Leistungen zu bilden schienen. Erst in letzter Zeit bin ich nahe einer Synthese.

Sie haben mir einiges Persönliche geschrieben, über Ihre Ahnen,* Ihren Schmerz (den ich so stark mitempfunden habe vor etwa einem halben Jahr) und anderes. Ich sagte kein Wort, als Sie mir aber von Ihrem Traum erzählt haben, in dem ich Sie kuriert habe, wäre es unverantwortlich gewesen, länger zu schweigen. Sie haben mir Vertrauen gezeigt, so will ich es Ihnen auch zeigen mit einigen Bemerkungen über meine allgemein geistige Einstellung (zu deren Illustration ich Ihnen auch noch meine Geschichte „Die Konfirmation" von 1947 schicke.[2] Der Versuch am Anfang, ein synchronistisches Phänomen darzustellen, und der von E. T. A. Hoffmann prinzipiell verschiedene Schluß, dürften Sie vielleicht interessieren.)

Bei mir ist alles viel komplizierter als bei Ihnen, sowohl die Ahnen wie die Religion. Die ersteren sind sowohl jüdisch als auch christlich (unter den christlichen eine etwas dekadente, nun ausgestorbene österreichische Adelsfamilie sowie auch sehr gesunde und robuste Tschechen).[3] Die jüdischen Ahnen waren lange in *Prag*, eine sicherlich sehr charakteristische Stadt (der „Golem" von Meyrink[4] hat mich stets sehr fasziniert), in der ich aber niemals gewesen bin. Meine Beziehung zur „Mutter Erde" ist ganz ausgesprochen *schlecht*. Von der geistig-jüdischen Tradition war ich stets vollkommen abgetrennt. Die katholische Religion, in der ich erzogen wurde, war mir intellektuell nicht annehmbar (schon im Kindesalter), hat mir jedoch (unabhängig von ihren Dogmen) vermitteln können, was ein Ritus und was eine Zeremonie ist. (Im Zusammenhang mit Ahnen und Ihrem Traum:[5] ich weiß, was eine *Totenmesse* ist und was sie bedeutet.) Wenn ich in meinen Geschichten einen Ritus darstellen will, benütze ich auch heute gerne katholische Riten (siehe das Küssen des Bischofsringes bei der Firmung in meiner Geschichte).

So habe ich ein jüdisches Erbgut psychischer Fähigkeiten, zusammen mit einem katholischen Sinn für Riten und Zeremonien, zusammen mit einer definitiven Einstellung, *daß die ganze Ideologie des jüdisch-christlichen Monotheismus für mich unbrauchbar ist.* In letzterer Hinsicht gehe ich sehr weit, werde Sie jetzt vielleicht vor den Kopf stoßen, fühle mich aber nun absolut verpflichtet, Ihnen nichts vorzuspiegeln. Wenn Sie z. B. (p. 586 Ihrer Arbeit über den goldenen Topf)[6] schreiben „Gott sucht den Menschen um selbst bewußt zu werden", so komme ich schon nicht mehr mit. Ich bin überzeugt, daß jenseits des menschlichen Bewußtseins schlechthin *Nichts* vorhanden ist, was „seiner selbst bewußt wird". Damit befinde ich mich in Übereinstimmung mit der Yoga-Lehre und mit dem Taoteking. Die Annahme eines außermenschlichen (göttlichen) Bewußtseins führt auf die absurdesten Scheinprobleme von Gut und Böse (darin bin ich ein getreuer Schüler von Schopenhauer).[7] Diese Probleme existieren aber nur in den Köpfen von durch den Monotheismus verwirrten Menschen und nicht in der Natur und im Kosmos. In dem Kapitel 5 des Taoteking („Nicht Liebe nach Menschenart hat die Natur: Ihr sind die Geschöpfe wie strohene Hunde …")[8] scheint mir alles darüber gesagt (in wenigen Zeilen), was nötig ist.

Hier kommt nun meine *chinesische Seite* ins Spiel: Laotse mit seinem Taoteking erscheint mir einleuchtend und großartig. Professor Jung bin ich außerdem dankbar für seinen Hinweis auf Dschuang-Dsi, den ich ebenfalls sehr eindrucksvoll finde.[9] „Wie anders wirkt dies Zeichen auf mich ein" als der jüdisch-christliche *Monotheismus*!

Meine Beschäftigung mit der Psychologie C. G. Jungs hat mich in diesen Überzeugungen nur weiter bestärkt. Jung hat hier einen Begriff des „Selbst". Da ist aber, glaube ich, nur ein äußerlich-terminologischer Unterschied zwischen Jung und mir vorhanden. „Selbst" ist ein Ausdruck, der von Deussen[10] und anderen Sanskrit-Philologen stammt; ich aber bin ein Naturwissenschaftler. Ich weiß aber aus eigener seelischer Erfahrung, daß *alles* darauf ankommt, das Ich nicht auf einen Thron zu setzen, damit das „Zentrum der Leere" oder, was dasselbe ist, der „aktive *Kern*" in Wirksamkeit treten kann. Ich verstehe, was Professor Jung meint, wenn er vor der Identifikation des „Selbst" mit dem „Ich" warnt und habe noch weitere Gründe anzunehmen, daß er mit dem „Selbst" und ich mit dem „Zentrum der Leere" oder dem „Kern" genau das Gleiche meinen. Diese Gründe stammen aus der *Alchemie.* Dort sind *goldene Brücken* für mich: da ist die Lapis-Christus-Parallele (daß „Kern" und „Lapis" nicht viel voneinander verschieden sind, liegt auf der Hand; der Lapis ist ja überdies ein „*Resultat des opus*"!). Und da ist überhaupt die Brücke zwischen Psychologie und Naturwissenschaft, zwischen Innen und Außen und damit für die ganze Gegensatzspannung in mir selber, von der ich anfangs gesprochen habe.

Dixi et salvavi animam meam![11] Nun komme ich – nachdem ich mich Ihnen geistig vorgestellt habe – auf Ihren Brief und Ihre Träume. Entschuldigend möchte ich sagen, daß ich ja kein Psychotherapeut bin und gar nicht gewohnt, Träume von anderen zu interpretieren. Es ist mir aber aufgefallen, daß der „Bildhauer" und die „Führergestalt" doch wohl auf der Subjektstufe als Animus zu deuten sind. Die 3 Farben rot, weiß, grün sind archetypisch, sind z. B. genau die der drei Spindeln in der Graalslegende.[12] Die „Nonne" ist die Frau, die sich von der Welt zurückgezogen, sich von ihr abgesperrt hat, weil die Welt sie zutiefst verletzt hat und sie den Schmerz der alten Wunde nicht ertragen kann. Dies ist der dunkelrote Vorhang. Diese Einstellung ist *verstärkt* durch die Totengeister; dies sind die archetypischen Inhalte im Karma, durch deren Projektion auf Ihre Ahnen schon früher ein Leid verursacht worden war. Sie erzeugen auch *Ihr* persönliches Leid, weil sie ein Gefälle zum Bewußtsein haben (vgl. Ihre „Elementargeister").

Ich fühle, daß eine „sinngemäße Koinzidenz" (sychronistischer Sinn-Zusammenhang) zwischen der Situation in Ihren Träumen (besonders im zweiten) und derjenigen bei unserem letzten Gespräch in Ihrem Büro vorhanden ist. Ich sehe auch, daß derselbe Archetypus, der mir als „Fremder" im Traum erscheint, diese Synchronizität ausgelöst hat. Er hat sich schon früher bemerkbar gemacht, als Sie gerade danach mit dem Traumsymbol der Treffkarten beschäftigt waren, als Sie auch meinen Traum mit den drei Hölzern[13] getypt haben. Er scheint überhaupt zu bezwecken, daß meine Fähigkeiten anderen zugute kommen sollen (statt sich nur negativ in „exteriorisierten Wirkungen" zu äußern).

Zu der Geschichte mit der roten und der weißen Rose[14] möchte ich Ihnen gerne noch berichten, daß ich damals, bald nachdem ich sie geschrieben habe, längere historische Nachforschungen über die englischen „Rosenkriege" und die *Häuser Lancaster und York* unternommen habe. Ich bin nämlich sicher, daß es sich um das *Gegensatzproblem* handelt und daß die Rosenkriege sehr viel mit dieser Symbolik zu tun haben. Ich konnte aber nur feststellen, daß die Rosen sich *nicht* in den Familienwappen der Lancaster und York finden. Bei Shakespeare gibt es in einem der Königsdramen eine große Gartenszene (ich weiß nicht mehr ein *wievielter* Heinrich), in welchem zwei Gegner einen Streit schlichten wollen, indem sie übereinkommen, daß derjenige nachgibt, der die geringere Anzahl von Anhängern aufweist.[15] Die einen haben rote, die anderen weiße Rosen angesteckt. Leider bekommen aber die Rivalen *genau gleichviel* Anhänger, was zu endlosen Kriegen und Verwicklungen Anlaß gibt.

Manchmal bin ich optimistisch und glaube, Sie seien überhaupt *schon mitten drin*, einen Konjunktionsvorgang auf einer symbolischen Ebene zu erleben (wie ich das für Sie seit einiger Zeit erwarte). Nun habe ich Ihnen meine Sympathie, meine Anteilnahme, mein Vertrauen und meinen menschlichen Respekt gezeigt, und nun will ich auch wieder zurücktreten und warten, was die Archetypen weiter tun!

Der Brief an Professor Jung ging heute ab.[16] Was immer er über seinen Inhalt denken wird, jetzt kann er doch nicht mehr sagen, er hätte nie von einem Mann einen Brief über eine seiner Arbeiten bekommen!

Mit allen guten Wünschen Ihr ergebener   W. Pauli

---

[1] Pauli bezieht sich hier auf das (in der Angabe zum Brief [1175]) wiedergegebene psychologische *Konjunktionsschema*.

* Daß Sie jüdisch sind, wußte ich wohl, daß Sie aber von Vaters Seite her aus Spanien sind, war mir neu und eine interessante Verifikation der Verstärkung der „spanischen Inhalte" in meinem „psychischen Raum", als wir über Treff korrespondiert haben.

[2] Diese Geschichte ist nicht erhalten. Der Inhalt derselben läßt sich aber aus A. Jaffés Antwortschreiben [1174] rekonstruieren.

[3] Der Vater Wolf Pascheles (1869–1955), Sohn des Prager Buchhändlers Jakob Pascheles und der Helene Utitz, war am 19. März 1899 kurz vor seiner Heirat in Wien vom israelitischen zum römisch-katholischen Glauben übergetreten. Bei dieser Gelegenheit änderte er auch seinen Namen in Wolfgang Josef Pauli. Paulis Mutter Berta Camilla Frederike Schütz (1878–1927) war die Tochter des in der israelitischen Religion aufgewachsenen und später konfessionslos gewordenen Schriftstellers Friedrich Schütz (1845–1908) und der Berta, geborene Dillner von Dillnersdorf.

[4] Das bekannteste Werk *Der Golem*, Leipzig 1916, des österreichischen Schriftstellers Gustav Meyrink (1868–1932) stützte sich auf die Kabbalistik und alte jüdische Geheimslehren und war dadurch zur Symbolfigur des jüdischen Volkes geworden. Vgl. hierzu G. Scholem [1960, S. 210–259]. Ein Exemplar der Erstausgabe dieses im *Kurt Wolff Verlag* erschienenen Romans befindet sich in Paulis Bibliothek beim *CERN*.

[5] Vgl. den 2. Traum im Brief [1171].

[6] Jaffé (1950).

[7] Ausführlicher äußerte sich Pauli darüber in seinem Brief [1158] an Bohr.

[8] Pauli besaß die erste Auflage der von R. Wilhelm ins Deutsche übertragenen Ausgabe von Laotses (ca. 3.–5. Jahrhundert v. Chr.) *Tao Te King*. Siehe auch Paulis Bemerkungen über Laotse in den Briefen [1158 und 1373].

[9] Siehe hierzu auch den Brief [1147].

[10] Der von Pauli sehr geschätzte Paul Deussen (1845–1919) war Begründer der Schopenhauer-Gesellschaft und hatte verschiedene Werke der indischen Philosophie übersetzt.

[11] „Ich habe gesprochen und meine Seele gerettet."

[12] Siehe hierzu auch den Brief [1188] an Pais.

[13] Siehe den in der Anlage zum Brief [1249] wiedergegebenen Traum vom 28. Oktober 1950.

[14] Die Geschichte mit der roten und der weißen Rose ist als Anhang zum Brief [1176] wiedergegeben.

[15] Siehe *Heinrich VI*, 2. Aufzug, 4. Szene.

[16] Paulis Brief [1170] an Jung wurde demzufolge erst am 28. November abgeschickt.

[1173] JUNG AN PAULI[1]

z. Zt. in Bollingen, 30. November 1950
[Maschinenschriftliche Durchschrift]

Sehr geehrter Herr Professor!

Empfangen Sie meinen besten Dank für Ihren freundlichen Brief,[2] sowohl wie für die gütige Aufmerksamkeit, die Sie meinem Manuskript geschenkt haben. Ihre Kritik ist mir äußerst wertvoll, materiell sowohl wie hinsichtlich der Verscheidenheit des Gesichtspunktes.

Ad. 1. Ihre Frage nach einem eventuell „negativen" synchronistischen Effekt kann ich dahin beantworten, daß *Rhine* eine Reihe von Beispielen gibt, in denen die anfangs positive Trefferzahl sich in ein auffälliges Gegenteil verkehrt. Ich könnte mir leicht denken, daß bei der astrologischen Versuchsanordnung ähnliche Dinge vorkommen. Bei der Kompliziertheit der Situation sind sie aber weit schwieriger festzustellen, indem *ich* die Versuchs-Person bin, deren Interesse sich in einen Widerstand verkehren müßte. Zu diesem Zwecke müßte ich noch einige Hundert Horoskope sammeln und bearbeiten, d. h. so lange, bis mir die Sache ad nauseam verleidet ist. Erst dann wären negative Zahlen zu erwarten.

Ad. 2. Was Sie sehr treffend als „statistische Korrespondenz"[3] bezeichnen, charakterisiert z. B. die Radioaktivität, nicht aber, wie Sie richtig sagen, die Synchronizität, indem in ersterem Fall die Regelmäßigkeit der Halbwertszeit nur bei einer großen Anzahl von Einzelfällen, in letzterem nur bei einer geringen Anzahl der synchronistischen Effekt feststellbar ist, bei einer größeren Zahl aber verschwindet. Hierin ist in der Tat keine Beziehung zwischen dem Phänomen der Halbwertszeit und der Synchronizität zu erkennen. Wenn ich die beiden Phänomene aber trotzdem in Beziehung bringe, so geschieht dies auf Grund einer anderen Analogie, die mir sehr wesentlich erscheint: man könnte die Synchronizität nämlich auch als eine *Anordnung* verstehen, vermöge welcher „Ähnliches" koinzidiert, ohne daß eine „Ursache" dafür feststellbar wäre. Ich frage mich nun, ob nicht jedes „So-sein", das keine denkbare (und daher auch nicht potentiell feststellbare) Ursache besitzt, unter den Begriff der Synchronizität fällt. Mit anderen Worten ich sehe keinen Grund, warum die Synchronizität immer nur eine Koinzidenz zweier psychischer Zustände oder eines psychischen Zustandes mit einem nichtpsychischen Ereignis sein soll. Möglicherweise gibt es auch Koinzidenzen dieser Art zwischen nicht-psychischen Ereignissen. Ein solches könnte z. B. das Phänomen der Halbwertszeit sein. Für die Beziehung von psychischen Zuständen zu einander oder zu nicht-psychischen Ereignissen verwende ich den Terminus „Sinn" als eine psychisch adequate Umschreibung des Begriffes „Ähnlichkeit". Man würde bei Koinzidenzen nicht-psychischer Ereignisse natürlich eher letzteren Begriff verwenden. (Eine Zwischenfrage: Könnte das merkwürdige Ergebnis der Rhineschen Würfelexperimente, daß nämlich bei kleiner Würfelzahl die Resultate schlecht, bei großer (20–40) aber positiv sind, hier in Betracht kommen? Ein rein synchronistischer Effekt wäre bei kleiner Würfelzahl ebenso denkbar, wie bei einer großen. Weist aber nicht das positive Resultat bei großer Zahl auf einen additionellen synchronistischen Faktor zwischen den Würfeln selber hin? Könnte nicht bei der großen Anzahl von Radiumatomen eine ähnliche Zusammenstimmung eintreten, die man bei einer kleinen Anzahl vermißt?)

Insofern die Synchronizität für mich ein bloßes Sein in erster Linie darstellt, so bin ich geneigt, alle Fälle, bei denen es sich um ein kausal nicht denkbares So-Sein handelt, unter den Begriff der Synchronizität zu subsumieren. Die psychischen und halb-psychischen Synchronizitätsfälle wären die eine Unterabteilung, die nicht-psychischen die andere. Insofern nun die physikalischen Diskontinuitäten sich als kausal nicht weiter reduzierbar erweisen, so stellen sie ein „So-sein" dar, resp. eine einmalige Anordnung, oder einen „Schöpfungsakt", so gut wie jeder Fall von Synchronizität. Ich pflichte Ihnen durchaus bei, daß diese „Effekte" auf verschiedenen Ebenen liegen und begrifflich differenziert werden sollten. Mir lag es eben zunächst nur einmal daran, das allgemeine Bild der Synchronizität zu skizzieren.

Was nun den Weltquaternio anbetrifft, so scheint unsere Divergenz auf der Verscheidenartigkeit des Gesichtspunktes zu beruhen (worauf ich schon eingangs hingewiesen habe). Die „Traumhaftigkeit" meiner physikalischen Begriffe beruht im Wesentlichen darauf, daß sie *bloß anschaulich*[4] sind, während sie bei Ihnen abstrakt-mathematischen Charakter haben. Die moderne Physik kann des Begriffes eines Raumzeitkontinuums nicht entbehren, da sie ja in ein Jenseits von Vorstellbarkeit vorgestoßen ist. Insofern die Psychologie ins Unbewußte eindringt, kann sie nicht wohl anders, als die „Undeutlichkeit" bzw. Ununterscheidbarkeit von Zeit und Raum, sowie deren psychische Relativität erkennen. So wenig die Welt der klassischen Physik aufgehört hat zu existieren, so wenig hat auch die Welt des Bewußtseins ihre Gültigkeit gegenüber dem Unbewußten verloren. Räumliche und zeitliche Maßbestimmungen bleiben verschieden, trotzdem sie zugleich auf die Phänomene angewendet werden. Meter, Liter, Kilo sind und bleiben inkommensurable Begriffe, und kein Schüler wird je behaupten, daß die Schulstunde 10 Km lang gewesen sei. So sind auch Raum und Zeit Anschauungsbegriffe, die in einem anschaulichen Weltbild ewig getrennt und gegensätzlich sind,* trotz ihrer hintergründlichen Identität. Ebenso ist die Kausalität eine glaubwürdige Hypothese, weil sie beständig verifiziert werden kann. Trotzdem wimmelt die Welt von „Zufällen", welche Tatsache aber dartut, daß es schon fast Laboratorien braucht, um den notwendigen Zusammenhang von Ursache und Wirkung auch wirklich zu demonstrieren. „Kausalität" ist ein Psychologem (und ursprünglich eine magische virtus), welches die Gebundenheit der Ereignisse formuliert und diese als causa und effectus veranschaulicht. Eine andere (inkommensurable) Anschauung, welche dasselbe in anderer Art tut, ist die Synchronizität. Beide sind mit einander identisch im höheren Begriffe des „Zusammenhangs" oder der „Gebundenheit". Empirisch und praktisch aber (d. h. in der anschaulichen Welt) sind sie inkommensurabel und gegensätzlich wie Raum und Zeit.

Ihr Kompromißvorschlag ist sehr willkommen, denn er macht den kühnen Versuch, die Anschaulichkeit zu transzendieren und das anschauliche Weltbild durch das hintergründliche zu ergänzen, ist also nicht bloß vordergründlich wie mein Schema. Ihr Vorschlag hat mich sehr angeregt, und ich halte ihn im Sinne eines totaleren Weltbildes für durchaus geeignet. Wie Sie die Beziehung Raum-Zeit ersetzen durch Energierhaltung-Raumzeitkontinuum, so möchte ich vorschlagen, statt „Kausalität" zu setzen: „(Relativ) konstanter Zusammenhang durch Wirkung", und statt Synchronizität „(Relativ) inkonstanter Zusammenhang durch raumzeitliche Kontingenz", bzw. Ähnlichkeit oder „Sinn", also durch folgenden Quaternio:[5]

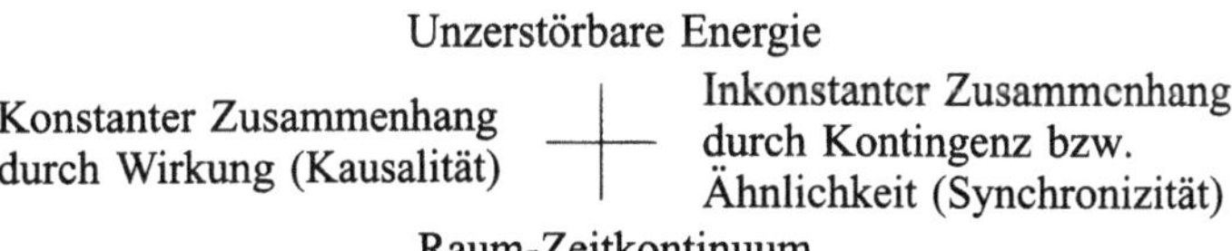

Während mein Vordergrundschema die anschauliche Bewußtseinswelt genügend zu formulieren scheint, befriedigt letzteres einerseits die Postulate der modernen Physik, andererseits diejenigen der Psychologie des Unbewußten. Der mundus archetypus, letzterer ist wesentlich charakterisiert durch die *Kontingenz* der Archetypen, welche zum einen Teil deren Undeutlichkeit, zum anderen deren Nicht-Lokalisierbarkeit bedingt. {Die Archetypen begehen beständig „Rahmenüberschreitungen", d. h. sie stören den Wirkungsbereich einer bestimmten

Ursache, indem sie, vermöge der Autonomie ihres (nicht kausalen) Zusammenhanges, kontingente Faktoren einem bestimmten Kausalablauf beigesellen.}

Ad. 3. Den Satz p. 9 (ebenso p. 10) über Radioaktivität und Feld muß ich wohl streichen, da ich ihn nicht genügend erklären kann. Ich müßte dazu wirkliche physikalsiche Kenntnisse besitzen, was leider nicht der Fall ist. Ich kann Ihnen nur andeuten, daß Strahlungsenergie und Feldspannung zwar physikalisch als inkommensurabel erscheinen, aber psychologisch eine Entsprechung zur „Rahmenüberschreitung" durch Kontingenz bei den Archetypen besitzen, bzw. deren physikalische Korrespondenz bilden. Vielleicht weiß ich auch psychologisch zu wenig, um diesen Gedanken weiter entwickeln zu können.

Ad. 4. Die psychische „Relativität der Masse" geht eigentlich logisch aus der psychischen Relativität von Zeit und Raum hervor, insofern eine Masse ohne Raumbegriff nicht definiert werden kann, und, wenn sie bewegt ist, nicht ohne Zeitbegriff. Sind diese beiden Begriffe elastisch, so wird die Masse undefinierbar, d. h. psychisch relativ, oder man könnte ebensogut sagen, die Masse benehme sich willkürlich, d. h. mit dem psychischen Zustande kontingent. Von präfigurierenden Vorstellungen der Versuchs-Person ist nichts bekannt. Nach meiner Erfahrung sind keine vorhanden. Wo solche vorkämen, würden sie m. E. das Experiment bloß stören.

Mit dem Begriff der Relativität der Masse ist nichts erklärt, so wenig als mit der Relativität von Zeit und Raum. Es ist eine bloße Formulierung.

Es ist nicht abzusehen, was unter „Relativität der Masse" *genauer* zu verstehen ist. Innerhalb der Zufälligkeit der Würfelbewegung entsteht eine „psychische" Anordnung. Beruht diese Modifikation darauf, daß die Würfel schwerer oder leichter werden, oder, daß ihre Geschwindigkeit beschleunigt oder verlangsamt wird? Der Rahmen des Wahrscheinlichen wird von der Masse (d. h. dem Würfel) genau so überschritten, wie das „Wissen" der Versuchs-Person Unwahrscheinlichkeit erlangt. Die Erklärung hierfür suche ich bei der eigentümlichen Natur des Archetypus, welche zeitweise die Konstanz des Kausalprinzips aufhebt und durch Kontingenz einen physischen und einen psychischen Vorgang einander assimiliert. Man kann dieses synchronistische Ereignis als eine Eigenschaft der Psyche oder der Masse beschreiben. In ersterem Fall würde die Psyche die Masse bezaubern, in letzterem würde umgekehrt, die Masse die Psyche behexen. Es ist daher wahrscheinlicher, daß sie beide hintergründlich kontingent sind und, unbekümmert um ihre eigenen kausalen Bestimmungen, in einander übergreifen. Eine andere Möglichkeit ist, daß weder die Masse noch die Psyche eine derartige Eigenschaft besitzen, sondern daß ein dritter Faktor, der im Bereiche der Psyche und von dieser aus beobachtet werden kann, nämlich der (psychoide) Archetypus, welcher vermöge seiner habituellen Undeutlichkeit und „Transgressivität" zwei inkommensurable Kausalabläufe plötzlich (in einem sog. numinosen Moment) einander assimiliert, ein gemeinsames Spannungsfeld (?) erzeugt oder sie beide „radioaktiv" (?) macht.

Hoffentlich ist es mir gelungen, mich deutlich auszudrücken.

Mit nochmaligen besten Dank für Ihre anregende Kritik.

Ihr sehr ergebener

C. G. Jung

P. S. Dürfte ich Sie vielleicht bitten, mir die Arbeit von R. A. McConnell[6] leihweise zu überlassen?

---

[1] Auch abgedruckt bei Meier [1992, S. 62–65].

[2] Brief [1170].

[3] In einer Anmerkung zu seinem Aufsatz (1950a, S. 15) schreibt Pauli: „Die statistische Verknüpfung dieser Wellenfunktion mit Beobachtungsreihen an gleichartigen und in gleicher Weise vorbehandelten Einzelsystemen ist analog zur oben erwähnten Verknüpfung der Trefferwahrscheinlichkeit eines Photons mit dem klassischen Wellenfeld. Dieser neue Typus eines Naturgesetzes vermittelt zwischen den Ideen des Diskontinuums (Teilchen) und des Kontinuums (Wellen) und kann daher im Sinne von Bohr als *Korrespondenz* aufgefaßt werden, die den klassisch deterministischen Typus des Naturgesetzes rationell verallgemeinert."

[4] Im Manuskript wurde das Wort *psychologisch* durchgestrichen und durch *bloß anschaulich* ersetzt. * Man muß hier psychologische Kriterien in Betracht ziehen, wo es sich um Anschauungs- und nicht um abstrakte Begriffe handelt. Raum und Zeit sind hier Gegensätze, insofern der Raum ruhend und 3-dimensional, die Zeit fließend und 1-dimensional ist. [Die in der Transkription von Meier vorgenommene Einfügung dieser Fußnote in den Text führt dort zu einer sinnentstellenden Veränderung der Aussage.]

[5] Vgl. Jung (1952/90, S. 93).

[6] Siehe [1155].

[1174] JAFFÉ AN PAULI

[Zürich], 2. Dezember 1950
[Maschinenschriftliche Durchschrift]

Lieber Herr Prof. Pauli!

Ich danke Ihnen herzlich für Ihren Brief und für die Erzählung „Die Konfirmation"[1], die mich in mehr als einer Hinsicht, nicht nur wegen des anfänglich dargestellten Synchronizitätsphänomens interessiert hat; sondern vor allem wegen der „Einführung" in das Paradox durch den Alten Weisen, mit dem kleinen weißen Bart unter dem Kinn. Es ist sehr viel Stimmung und „Ausblick" in dem Ganzen. Ganz besonders danke ich Ihnen dafür, daß Sie sich mir „vorgestellt" haben, doch kann davon, daß Sie mich etwa „vor den Kopf gestoßen" hätten, überhaupt keine Rede sein; ganz im Gegenteil. Seit Sie diesen Sommer in Hurden[2] erzählten, daß Sie häufig den I Ging befragten, wußte ich, daß das Chinesische Ihnen viel bedeutet. Ich fand das schon damals für einen Naturwissenschaftler ungewöhnlich und spürte etwas von Ihrer inneren Gegensätzlichkeit. Inzwischen ist mir diese noch viel deutlicher geworden. Darf ich noch beifügen, daß ich dachte, die (diesmal freundlichere Natur) habe es ja nicht dabei bewenden lassen, sondern Sie mit einer Kraft begabt, das Schöpferische aus der Spannung (die dessen Vorbedingung ist), herauszuholen. Es hat mich sehr zum Nachdenken angeregt, was sie über das Chinesische, insbesondere über den Vergleich von Selbst und „Zentrum der Leere" oder „aktiver Kern" geschrieben haben. Das Zitat aus Kapitel 5 des Taoteking („Nicht Liebe nach Menschenart hat die Natur: Ihr sind die Geschöpfe wie strohene Hunde …") hat mich an den kurzen Aufsatz von Goethe „Die Natur"[3] erinnert, den Sie sicher kennen, und in welchem es u. a. heißt: „Wir leben mitten in ihr, und sind ihr fremde. Sie spricht unaufhörlich mit uns, und verrät uns ihr Geheimnis nicht … Sie *scheint alles auf Individualität angelegt zu haben und macht sich nichts aus den Individuen.* Sie baut immer und zerstört immer, und ihre Werkstätte ist unzugänglich etc. etc."

Ich habe in letzter Zeit wenig chinesische Philosophie mehr gelesen und empfinde das jetzt als einen Mangel, den ich nachholen möchte.

Ihre Kritik an dem von mir geschriebenen Satz aus der Arbeit über den Goldenen Topf nehme ich völlig an und gebe Ihnen recht. Ich würde das heut nicht mehr so ausdrücken. Wenn ich Ihnen über das, was ich heute darüber denke, etwas schreiben möchte, und zwar in meiner simplen Art und Weise, so bitte ich Sie von vorne herein um Nachsicht. Sie haben es ja bestimmt schon festgestellt, daß Denken nicht gerade meine starke Seite ist, es gehört sogar zu meiner 4. Funktion (weshalb ich auch von Gedanken nie loskommen kann, und sie mich in hohem Maße faszinieren!): Wenn Sie vom „Zentrum der Leere" sprechen, so ist dieses Zentrum auch die Fülle („Leere bedingt Fülle", Taoteking, 36), wenn auch nur potentia. Aus dieser Fülle tauchen Bilder auf. („Die Wahrheit bleibt stets unsichtbar, doch ihre Freunde können Bilder von ihr ersinnen".) Das Rätsel liegt für mich in der Frage, was diese Bilder aufsteigen läßt, und wann „es" sie aufsteigen läßt. („Nach einiger Zeit wollen die Bilder, welche Menschen ersonnen haben, nicht mehr stimmen. Dann komme zurück zu mir und ich werde dir noch ältere Bilder zeigen." Wobei ja aber auch der Bilder-zeigende Alte nur ein Bild ist.) Es sieht so aus, als ob aus dem „Zentrum der Leere" etwas wirke, daher nennen Sie es wohl auch (habe ich Sie recht verstanden) den *aktiven* Kern. Die Wirkung äußert sich zunächst in Bildern, die ja aber auch immer Schicksal sind. Könnte man darum nicht schließen, es sei im Selbst (in der Leere) ein Impuls da, eine „Aktivität", die sich in Bildern manifestiert, oder die Bilder auftauchen läßt, welche dann schließlich zur Bewußtheit führen, oder doch zum mindesten führen können. (Genau so wie auch das Umgekehrte behauptet werden kann: alles Leben und alles Bewußtsein und alle Bilder drängen letztendlich in das „Zentrum der Leere" wieder zurück.) Damit ist natürlich nicht gesagt (hier liegt mein Fehler), daß sich die Leere selber ihrer Bilder bewußt wird; das wäre reiner Unsinn. Aber der Mensch wird sich, oder kann sich über etwas bewußt werden, was aus jener Leere (Fülle) kommt. Vielleicht könnte man sagen, die Leere wird im Menschen bewußt. Wobei aber immer hinzugefügt werden muß, daß die Leere ewig die Leere bleibt, sowie auch das Unbewußte ewig unbewußt bleibt. Das Rätsel ist mir der Impuls selber und die Ordnung der Bilder. („Das Uralte ist das Neue und das Neue ist uralt".)

Ich würde gerne die „Konfirmation" noch ein wenig behalten. Ich hatte nämlich noch keine Zeit sie abzuschreiben.

Was mir hilfreich erscheint und hilfreich auf mich wirkt, ist die Tatsache, daß Sie und ich den Hintergrund spüren (Sie mehr als ich) und als die gültige Wirklichkeit anerkennen. Dem entsteigt das *Vertrauen.* Sie sollten doch im Gedenken an meine innere Wahrheit „optimistisch" sein.

Jetzt gehe auch ich in das „Nicht-Tun" zurück (versuche es wenigstens) und bin

[Aniela Jaffé]

¹ Siehe Brief [1172].
² Es handelt sich um den zwischen Rapperswil und Pfäffikon gelegenen Ort am Zürichsee.
³ Goethe: „Die Natur" Fragment [von Christof Tobler]. In Goethe, Artemis Gedenkausgabe, Zürich 1949, Band **16**, S. 921–924, dort S. 922.

[1175] JAFFÉ AN PAULI

[Zürich], 3. Dezember 1950[1]

Lieber Herr Professor Pauli!

Das Conjunctions-Schema hat mir Freude gemacht, besonders die Zahlenverhältnisse von 3 und 1.[2] Es ist auch meine Auffassung, daß die Leiderzeugenden Faktoren Archetypen („karmische Inhalte") sind und daß es ohne das Leiden gar kein Bewußtwerden gäbe. (Vielleicht liegen hier – wenigstens im Bereiche des Gefühls – die „Impulse", von denen ich Ihnen im anderen Brief schrieb.) Auch ist das Leiden Vorbedingung (manchmal auch Nachwirkung) für Erlebnisse, die sich mit dem Worte „Freude" nicht eigentlich umschreiben lassen, eher mit dem Wort „Erfüllung", und die dann mit dem Bewußtwerden zusammenhängen. Manchmal allerdings beklagt sich das „Ich", daß der Winter sehr viel länger sei als der Sommer.

Ich hätte gern gestern abend noch ein wenig mit Ihnen geplaudert, nur fürchtete ich mich (Egoistin) davor, die Dinge, über die ich gern mit Ihnen gesprochen hätte (z. B. was es mit den Boten aus Spanien auf sich hat) wegen der vielen Leute im fortissimo-Tone sagen zu müssen oder Sie eben darum gar nicht fragen zu können.

Es erscheint mir (seither) nachgerade unnatürlich, wenn wir nicht einmal eine Stunde in Ruhe über dies und das sprechen könnten; es ist schon sehr viel.* Wollen Sie mir die Freude machen, einmal zu einer Tasse Tee zu mir zu kommen? Ich schreibe Ihnen dies so offen, weil ich darauf baue und damit rechne, daß wenn der „Fremde" einen Einwand hätte, sei es, daß er es unangebracht, zu früh, unmöglich oder sonst etwas fände, er es mich durch Sie wissen ließe. Es könnte eine solche Antwort nämlich an dem, was wirklich ist, nicht das Geringste ändern.

Mit herzlichen Grüßen   Ihre Aniela Jaffé

¹ Am Abend des 2. Dezember hatte offenbar zwischen Pauli und A. Jaffé ein Gespräch stattgefunden, worauf dieser Brief Bezug nimmt. Von dem Brief existiert ein handschriftlicher Entwurf und eine gekürzte maschinenschriftliche Abschrift. Die tatsächlich verschickte Fassung wurde (wie Paulis Brief [1176] nahelegt) am 4. Dezember datiert.
² Siehe die in der Anlage zum Brief [1175] wiedergegebene Abbildung.
* Worüber wir sprechen könnten oder sogar müßten.

ANLAGE ZUM BRIEF [1175]

Traum vom 30. November 1950

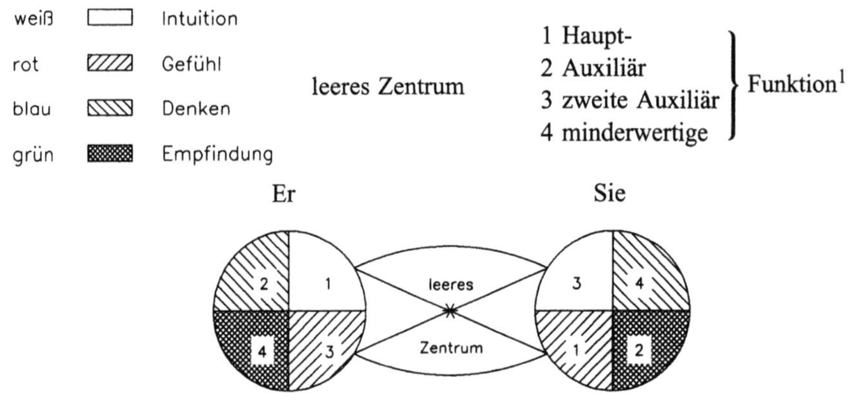

Konjunktions-Schema

Zu Traum 1. Die „grüne Nonne" wäre ein Zustand, wo als Folge eines Opfers der Hauptfunktion 1 (Gefühl) nur die Funktion 2 (Empfindung) sichtbar und bewußt ist.

Zu Traum 2. Die eigentlich wichtige Ursache für das Leid (dunkelroter Vorhang) sind nicht die äußeren Vorgänge, sondern die Gestalten, die Totengeister. Diese deute ich als Inhalte archetypischer Natur im Karma. Es war aber noch nicht an der Zeit, dieses Problem in Angriff zu nehmen, als der Traum stattfand.

Die das Leid erzeugende Situation ist archetypisch. Es handelt sich wohl letzten Endes darum, daß die Quaternität ins Bewußtsein dringen will, in der Kultur- und Geistesgeschichte wie beim Einzelnen. Ohne Leiden scheint das nicht möglich zu sein. Als Vorstufe der Quaternität erscheint oft die untere Triade.

[1] Siehe hierzu die Anmerkung zum Kommentar zu [1091]. Die im Original farbig eingezeichneten Felder wurden hier durch unterschiedliche Schraffur kenntlich gemacht.

[1176] PAULI AN JAFFÉ

Zollikon-Zürich, 6. Dezember 1950

Liebe Frau Jaffé!

Ihr Brief vom 2. Dezember[1] hat mir viel Freude gemacht, ich war etwas in Sorge über die Wirkung meiner Äußerungen über den Monotheismus. Für mich ist Gott eben gleichbedeutend mit der *Ordnung im Kosmos* (wie bei Laotse das Tao; nicht mit der Welt schlechthin wie bei den Pantheisten). Wie beschaffen diese Ordnung ist, möchte ich aber nicht durch vorgefaßte Meinungen präjudizieren, weder im Sinne des Kausalitätsprinzips noch im Sinne der Anwendung des (menschenähnlichen) Bewußtseinsbegriffes. (Gegen die letztere richtete sich meine Kritik in meinem früheren Brief.)[2]

Ihre Frage, was die „Bilder" aufsteigen läßt, möchte ich etwas anders formulieren, nämlich: wie sind die Bilder in die gesamte Ordnung des Kosmos eingebaut? Diese Form der Frage präjudiziert erstens nicht eine Antwort im Sinne des Kausalitätsprinzips und isoliert *nicht* die psychischen Bilder von den physischen (materiellen) Vorgängen. Diese Frage, welche die Ordnung der Bilder einschließt, ist, hoffe ich, der empirischen Forschung zugänglich.

Die „Konfirmation"[3] können Sie ruhig bis nach den Weihnachtsferien behalten, ich habe noch einige Kopien.

Gestern Abend fand ich auf meinem Tisch eine längere Antwort von Professor Jung[4] (ich bin jetzt sehr zuversichtlich, daß wir uns über alles einigen werden) und Ihren so sehr herzlichen Brief vom 4. d.[5] (Solche Koinzidenzen sind mir immer irgendwie wichtig.)

Was zunächst „Spanien" betrifft, so möchte ich auf eine psychologische Eigentümlichkeit meiner Imaginationen und Träume hinweisen, die seit etwa 15 Jahren sich mit einiger Zuverlässigkeit reproduziert. Es existiert bei mir ein Länder- oder Landkartenmandala, das eine Zuordnung (Abbildung, Korrespondentia) von Ländern zu den psychischen Funktionen enthält (mit unserem Standort Zürich in der Mitte).

England = Intuition   Deutschland = Denken

Zürich

Frankreich = Gefühl   Italien = Empfindung

Das Mandala läßt sich entsprechend der geographischen Lage der Länder verfeinern, z. B. Holland = intuitives Fühlen (spielte bei mir in Träumen eine große Rolle als Gegenpol zum naturwissenschaftlichen Denken, das zwischen Empfindung und Denken liegt). *Spanien* wäre dann zwischen Gefühl und Empfindung, was gerade Ihren Hauptfunktionen entspricht. Auf verschiedenen „Ebenen" haben die Symbole oft *zugleich* verschiedene Bedeutungen. (N. B. In dem alten Traum mit den 3 Hölzern[6] ist auf den von Süden nach Norden fließenden Strom das Ländermandala anzuwenden; das Gefälle ging vom naturwissenschaftlichen Denken zum intensiven Fühlen.)

Nun Ihre freundliche Einladung zu einer Tasse Tee bei Ihnen.[7] Es gibt ja viele Fälle, wo ich mich wehren muß gegen Leute, die von mir „Besitz ergreifen" wollen, aber ich habe das Vertrauen, daß es sich bei Ihnen nicht um das handelt. Auch war das Erlebnis des kurzen Gespräches mit Ihnen im Büro[8] für mich wirklich *schön*; als Sie mir den Traum erzählt haben, in welchem ich eine Rolle spielte, da war es mir auch, wie wenn ein verschüttetes Stück innerer Schönheit von Ihnen zu mir dringen würde – durch viel Schutt und Asche hindurch! So soll auch Dank von mir zu Ihnen strömen.

In diesem Sinne nehme ich Ihre Einladung an als Gelegenheit zu einer Aussprache.

Meine Nachmittage sind ziemlich besetzt, doch könnte ich mich *Dienstag* zeitweise frei machen. (Dann könnte ich vielleicht auch meinen nächsten Brief an Professor Jung zum Typen mitbringen, der aber nicht mehr so lang werden wird.)[9]

Bitte lassen Sie mich wissen, ob Sie Dienstag Nachmittag Zeit haben und wann. Es wäre viel einfacher, wenn Sie mir in die E. T. H. telefonieren würden (327330) statt zu schreiben (bitte bei der Hauszentrale meinen Namen verlangen). Freitag bin ich sowohl zwischen 11 und 12 als auch von 5 1/4 bis etwa 6 1/4 in meinem Büro erreichbar. (Andernfalls werde ich Montag Vormittag versuchen, Sie im [Psychologischen] Club telefonisch zu erreichen.)

Mit vielen Grüßen
Ihr W. Pauli

[1] Brief [1174].
[2] Siehe den Brief [1172].
[3] Vgl. hierzu [1172 und 1174].
[4] Brief [1173].
[5] Brief [1175].
[6] Dieser Traum vom Herbst 1950 wird eingehend in dem Brief vom 7. Juni 1951 an M.-L. von Franz besprochen.
[7] Siehe hierzu auch den Brief [1071].
[8] Vgl. Brief [1175].
[9] Brief [1179].

[1177] GUSTAFSON AN PAULI

Lund, 7. Dezember 1950
[Maschinenschriftliche Durchschrift]

Dear Professor Pauli!

The plans for our little congress in connection with the inauguration of our institutes do now taking form.[1] Bohr and the other Danes have promised to come,[2] and Kramers too. I have written to Oppenheimer and he likes the idea to come, if the day is possible for him.

Now a rather unexpected thing has happened. The new King likes the idea to see different parts of the country and the University will invite him. This means, practically, that we have to present a list of possible days, where he takes one or, possibly, a new day. He will, if he comes, attend the first day. The little congress will take two or three days. So we can not say the date of the meeting now. We are thinking of the first days of June, when Oppenheimer possibly can come, or the first days of May.

Now we do hope very intensely that you can come on the days that will be fixed. If you are short of time then, we hope very much that in any case you can take a plane to Sweden for these days. And we hope that Mrs. Pauli will find a possibility to come too.

We have not told of the King and of Oppenheimer to other people. I write to inform you of the present, unexpected situation and will write again as soon as we know what will happen.

Källén told me that he had sent you his new papers.[3] He has developed quite a bit, to a very great extent through his visit to Zürich.

With my best greetings to Mrs. Pauli.

Sincerely Yours
[T. Gustafson]

[1] Vgl. hierzu die Briefe [1120 und 1231].
[2] Vgl. hierzu den Brief von Bohr an Rosenfeld vom 30. November 1950 und von Rosenfeld an Bohr vom 4. Dezember 1950.
[3] Källén (1950a, b).

[1178] PAULI AN PANOFSKY

[Zollikon-Zürich], 11. Dezember 1950

Lieber Herr Panofsky!

Ich sende *Ihnen* meine herzlichen Glückwünsche zur Annahme des Rufes nach *Stanford* durch Ihren *Sohn*, meinen Namensvetter,[1] in der Hoffnung, daß dieses Ereignis Ihre weitere Beschäftigung mit der Psychologie des Unbewußten zunächst überflüssig machen wird. Wie ich höre, wird es in Berkeley wissenschaftlich ganz leer werden (auch Serber dürfte fortgehen),[2] da dort nunmehr ad majorem Huitzlipochtlis[3] gloriam gearbeitet werden wird. Lassen Sie den Hexameter und sagen Sie von Ihrem Sohn: in Kalifornien drauf – fällt er melodisch herab! Wie weit ist die Welt von Washington regiert bzw. wie klein ist der von Washington regierte Teil der Welt? Wissen die Leute dort überhaupt noch, was sie machen sollen? Hat nicht die Möglichkeit, nach Außen (d. h. Europa *und* China) wieder isolationism, Innen Militär und Polizei die größte Chance? Das ist nur eine Frage, ich prophezeie nichts!

Die Physik geht bei mir jetzt sehr under small scale, aber den Kepler hoffe ich bald fertigzustellen. Eine (als Übersetzerin) nicht ganz zuverlässige Dame[4] schickt mir übersetzte Stücke Fluddscher Polemik, von der aus England Photokopien des lateinischen Textes hierher gekommen sind.[5] Schade, daß ich Sie nicht hier habe in diesem falschen Jahrhundert,[6] wo die faeculenta substantia quantitatum (an einer anderen Stelle sagt Fludd „umbra quantitatum") so stark überhand nimmt. – Vielleicht werde ich Sie noch in distans über den einen oder anderen Punkt konsultieren!

Nach Indien gehe ich nun schließlich doch nicht![7] Die zur Verfügung stehende Zeit ist zu kurz und hinzu kommt noch, daß kürzlich 2 Flugzeuge in den Alpen verunglückt sind. Man müßte also in Rom ein- und aussteigen, was die Zeit noch knapper machen würde. Vielleicht kann ich ein anderes Mal für etwas länger zu den Elefanten fahren.

Alle guten Wünsche für Weihnachten und Neujahr an Sie und Ihre Frau von uns beiden

Stets Ihr getreuer   W. Pauli

[1] Erwin Panofskys Sohn Wolfgang hatte nach seiner Verweigerung des Amtseides (vgl. die Briefe [1160 und 1163]) eine Stellung an der *Stanford University* angenommen. Siehe hierzu Galison, Hevley und Lowen (1992, S. 62f.).
[2] Robert Serber gehörte mit Wolfgang Panofsky, Gian Carlo Wick, Marvin Goldberger und Geoffrey Chew zu den Physikern, die sich ebenfalls weigerten, den von den *Regents of the University of California* geforderten Treueeid zu schwören und zu erklären, daß sie niemals einer kommunistischen Partei angehört hätten. Vgl. hierzu G. R. Steward [1950] und D. P. Gardner [1967].
[3] Es handelt sich um den als Kriegsgott und Beschützer verehrten Stammesgott der Azteken.

4 Offenbar bezieht sich Pauli hier auf Marie-Louise von Franz, wie auch die Bemerkung in dem Brief [1071] nahelegt.
5 Vgl. hierzu auch die Bemerkungen im Brief [1157].
6 Siehe hierzu auch die Bemerkungen in den Briefen [1102 und 1110].
7 Pauli reiste erst im Wintersemester 1952/53 nach Indien. Siehe auch den Kommentar zum Brief [1499].

[1179] Pauli an Jung[1]

[Zürich], 12. Dezember 1950
[Maschinenschrift]

Sehr geehrter Herr Prof. Jung!

Ihr längerer Brief[2] hat mich nicht nur gefreut, weil mir nun Vieles klar geworden ist, sondern auch zu weiterem Nachdenken angeregt.

Ad 2. Während ich im letzten Brief vorgeschlagen habe, die Synchronizität in einem *engeren* Sinn zu definieren, so daß sie nur die bei einer kleineren Anzahl von Einzelfällen zu Tage tretenden, bei einer größeren Anzahl aber verschwindenen Effekte umfaßt, gehen Sie nun den umgekehrten Weg mittels einer Definition der Synchronizität, die in einem *weiteren* Sinn jede *akausale* und, wie ich hinzufügen möchte, *ganzheitliche Anordnung* umfaßt. Sie tun dies, damit die nicht-psychischen unter diesen Anordnungen, nämlich die in der Quantenphysik zusammengefaßten Tatsachen der „statistischen Korrespondenz"[3] mit unter den allgemeinen Begriff fallen.

Was mich bisher davon abgehalten hat, den weiter gefaßten Begriff zu gebrauchen, ist die Befürchtung, daß beim allgemeiner definierten Begriff zu viel für die psychische und halb-psychische Synchronizität *Spezifisches* verloren gehen könnte. Nicht nur handelt es sich in der Quantenphysik um Effekte, die bei großen Zahlen zu Tage treten statt bei kleinen und ist der Begriff „Sinn" hier nicht der passende (worüber Sie ja ausführlich geschrieben haben) – sondern auch *der Begriff des* (psychischen oder psychoiden) *Archetypus kann bei den Akausalitäten der Mikrophysik nicht in ungezwungener Weise angewendet werden.* Will man also die weitergehende Definition von Synchronizität gebrauchen, so muß man sich mit der Frage auseinandersetzen, welches der allgemeinere Fall ist, der den des Archetypus als anordnenden Faktor als Sonderfall umfaßt. In der Quantenphysik trifft der Beobachter eine seinem Bewußtsein unterstellte Auswahl (die stets ein Opfer in sich schließt) zwischen einander ausschließenden *Versuchsanordnungen.* Auf diese Anordnung des Menschen antwortet die Natur in einer solchen Weise, daß das Resultat im Einzelfall nicht voraussagbar und vom Beobachter auch nicht beeinflußbar ist, daß aber bei wiederholter Ausführung des gleichartig angeordneten Experimentes eine reproduzierbare statistische Regelmäßigkeit entsteht, die selbst wieder eine ganzheitliche Anordnung in der Natur ist. Die Versuchsanordnung bildet dabei ein *Ganzes,* das nicht in Teile geteilt werden kann, ohne die Resultate wesentlich zu stören und zu verändern, sodaß in der Atomphysik in die Defintion des Begriffes „Phänomen" stets die Angabe der *ganzen* Versuchsanordnung, bei der es entsteht, mit eingeschlossen werden muß.*

Die allgemeinere Frage scheint mir also die nach den verschiedenen Typen ganzheitlicher, akausaler Anordnungen in der Natur und den Bedingungen ihres Auftretens. Dieses kann entweder spontan, oder „induziert", d. h. die Folge eines von Menschen ersonnenen und ausgeführten Experimentes sein. Letzteres ist auch bei den mantischen Methoden der Fall, doch ist das Resultat des „Experimentes" (z. B. des Werfens einer Münze beim Orakel) hier nicht voraussagbar, es wird nur angenommen, daß überhaupt ein „Zusammenhang durch Ähnlichkeit" (Sinn) zwischen dem Resultat des physischen Vorgangs und dem psychischen Zustand der Person, die ihn ausführt, besteht. Bei der nicht-psychischen Akausalität ist dagegen das statistische Resultat als solches reproduzierbar, weshalb man hier von einem „*Wahrscheinlichkeitsgesetz*", statt von einem „anordnenden Faktor" (Archetypus) spricht.

So wie die mantischen Methoden auf das Archetypische im Zahlbegriff hinweisen, so liegt das Archetypische in der Quantenphysik beim (mathematischen) *Wahrscheinlichkeitsbegriff*. In dieser Verbindung ist zu bemerken, daß das Spezialgebiet „Grundlagen der Mathematik" sich momentan in einem Zustand großer Konfusion befindet als Rückschlag nach einem großangelegten, aber einseitig-naturfernen und deshalb mißglückten Versuch, diese Frage zu meistern.[4] In diesem Gebiet der mathematischen Grundlagenforschung bildet wiederum die „Grundlage der mathematischen Wahrscheinlichkeitsrechnung" einen besonderen Tiefpunkt. Nach Lektüre eines diesem Problem gewidmeten Heftes einer Fachzeitschrift[5] war ich vollkommen konsterniert über die Divergenzen der Meinungen und später hörte ich, daß die Fachleute Diskussionen über diesen Gegenstand möglichst vermeiden mit der Begründung, daß man sich darüber „bekanntlich" nicht einigen könne! Eine *psychologische* Betrachtungsweise dürfte hier daher nicht nur angebracht, sondern überaus nützlich sein.

Es scheint mir unbedingt nötig, daß Sie diese begrifflichen Differenzierungen zwischen den nicht-psychischen akausalen Anordnungen einerseits und den halbpsychischen und psychischen Synchronizitäten andererseits deutlich ausführen, wenn Sie in Ihrem Kapitel IV von den physikalischen Diskontinuitäten sprechen.[6] Sie haben dies ja selbst in Ihrem Brief bereits in Aussicht gestellt.

Unter dieser Voraussetzung habe ich nun nochmals sorgfältig die Vor- und Nachteile der engeren und der weiteren Definition von „Synchronizität" gegeneinander abgewogen. Die reine Logik läßt uns freie Hand, entweder die eine oder die andere Definition einzuführen. In einem solchen Fall gibt die in die Zukunft weisende Intuition den Ausschlag, aber das ist Psychologie und zwar die mich besonders interessierende Psychologie der naturwissenschaftlichen Begriffsbildung. Bei mir hat nun die intuitive Funktion eine so starke Tendenz zur Erfassung ganzheitlicher Strukturen, daß schließlich trotz aller Gegengründe auch bei mir ein gewisses Übergewicht zu Gunsten Ihrer *weiteren* Definition vorhanden ist: In Verbindung mit der Unmöglichkeit einer direkten Anwendung des Begriffes Archetypus in der Mikrophysik bin ich eher geneigt zu glauben, daß der heutige Begriff Archetypus noch ungenügend sei als daß Ihre *weitere* Definition an und für sich unzweckmäßig sei.[7] Seit Ihrem Aufsatz im Eranos-Jahrbuch 1946[8] scheint mir nämlich der Begriff „Archetypus" in einer starken Veränderung befindlich zu sein und rein intuitiv möchte ich weitere Umwandlungen dieses Begriffes in Zukunft erwarten. Dabei fällt auch sehr ins Gewicht, daß mehrere andere wichtige Begriffe in der Psychologie und in der Physik zugleich angewendet werden, ohne daß dies besonders beabsichtigt worden ist, wie Gleichartigkeit (Ähnlichkeit), Akausalität, Anordnung, Korrespondenz, Gegensatzpaar und Ganzheit.

Wenn man sich also nunmehr zur weiteren Fassung des Gegenprinzips zur Kausalität entschließt, dann zweifle ich nicht, daß Ihre neue Formulierung des „Weltbildquaternios" (Seite 4 Ihres Briefes), die überdies meinen früheren Wünschen sehr weitgehend entgegenkommt, dafür genau der passende Ausdruck ist. Ihr in dieser Weise ergänztes Kap. IV wäre dann etwas anderes und in gewisser Hinsicht mehr als eine bloße „Zusammenfassung"; es wäre ein naturphilosophischer Ausblick in die Zukunft.

Ad 3. Ich war ein wenig überrascht über die resignierte Stimmung, in der Sie sich in Ihrem Brief über Ihre Sätze betreffend Radioaktivität und Feld geäußert haben, denn es scheint mir zu einer solchen Resignation gar kein objektiver Grund vorhanden zu sein. Um aber bei der Erläuterung meines eigenen Standpunktes hierzu nicht an allem Wesentlichen vorbeizureden, muß ich selbst nun notgedrungen psychologisch werden; gerne setze ich mich bei dieser Diskussion mit vertauschten Rollen dem vollen Gewicht Ihrer Kritik aus.

Was zunächst die „Traumhaftigkeit" Ihrer physikalischen Begriffe bzw. Vorstellungen im Allgemeinen betrifft, so scheinen Sie mir nur sehr bedingt das Richtige zu treffen, wenn Sie in Ihrem Brief sagen, daß sie auf dem Fehlen des abstrakt-mathematischen Charakters und auf ihrer „Anschaulichkeit" beruhe. Ich kenne viele Leute (wie Chemiker oder medizinische Röntgenologen), die sich von der experimentellen Seite her der Physik nähern und die mir alle versichern, daß sie sich die physikalischen Begriffe „anschaulich" vorstellen müssen, da ihnen der mathematische Formelapparat unzugänglich sei. Bei keinem von diesen würde ich aber von einer „Traumhaftigkeit" ihrer Vorstellungen reden, vielmehr würde ich ihre Bilder „konkretistisch" nennen. Die „Anschaulichkeit" Ihrer physikalischen Vorstellungen ist vielmehr im Sinne einer *introvertierten* Anschauung zu verstehen, welche *psychische Hintergrundsvorgänge im Subjekt, die den bewußten Gebrauch der physikalischen Vorstellungen begleiten, mit zur Darstellung bringt.* Das ist es, was m. E. den traumartigen Charakter Ihrer Vorstellungen bedingt, der Analogien hervorhebt und Unterschiede außer Acht läßt. Gewöhnlich werden diese Hintergrundsvorgänge nicht wahrgenommen, ich glaube aber, daß sie im Unbewußten stets vorhanden sind. Ich selbst kenne sie sehr wohl aus „physikalischen" Träumen und deshalb meine ich, daß Ihre physikalischen Vorstellungen nicht nur interessant, sondern auch einer sinnvollen, vernünftigen Deutung zugänglich sind, wenn man sie einfach wie Traumsymbole behandelt. Dabei will ich meine (von Ihnen in so freundlicher Weise zitierte) Idee der (sowohl psychologisch als auch physikalisch deutbaren) *neutralen Sprache*[9] heranziehen, um auf diese Weise die „psychologische Entsprechung" der physikalischen Vorstellungen zu ermitteln.

Im Falle von Feld und Radioaktivität, die (wie ich in meinem letzten Brief bemerkte) von Physikern im Allgemeinen nicht mit einander verglichen werden, scheinen Sie nun eine besondere Schwierigkeit zu haben, die darin besteht, daß einer Verschiedenheit der physikalischen Begriffe eine Gleichheit ihrer psychologischen Entsprechung gegenübersteht. Ich glaube aber, daß diese Schwierigkeit nur scheinbar ist und daher rührt, daß in den Äußerungen Ihres Briefes bei der psychologischen Entsprechung zu Radioaktivität ein *wesentliches Stück fehlt.* In Wirklichkeit scheinen mir auch die psychologischen Entsprechungen zu Feld und zu Radioaktivität von einander verschieden zu sein.

Ausgedrückt in der neutralen Sprache ist beiden Begriffen gemeinsam die *Idee einer Vermittlung von Zusammenhängen zwischen räumlich* (und vielleicht auch zeitlich) *distanten sichtbaren Erscheinungen durch eine unsichtbare Realität.* Dabei sind sichtbar und unsichtbar im Sinne des Alltagsleben zu verstehen. Für dieses sind sowohl elektromagnetische Felder als auch die von radioaktiven Substanzen emittierten Strahlungen unsichtbar, nur deren mechanische oder chemische Wirkungen auf materielle Körper sind sichtbar. Beim Auffinden der psychologischen Interpretation der neutral formulierten Idee muß man berücksichtigen, daß anschauliche Vorstellungen immer der kausalen Auffassung folgen, auch dann, wenn akausale Zusammenhänge gemeint sind. Die unsichtbare Realität kann daher das kollektive Unbewußte, die sichtbaren Erscheinungen können auch bewußte Vorstellungen (diese sind ja dem vorstellenden Subjekt „sichtbar") und der „vermittelte Zusammenhang" kann ein synchronistischer sein.

Gehen wir nun zur Vorstellung der Radioaktivität über, so fällt als das unterscheidende Merkmal vom (statischen) Feldbegriff sogleich der Prozeß der chemischen Transmutation des radioaktiven Kernes ins Auge. Der Kern ist das Zentrum des Atoms, die radioaktiven Strahlen erzeugen im allgemeinen neue radioaktive Zentren, wo sie Materie treffen. Versuchen wir also folgenden Ausdruck für „Radioaktivität" in der neutralen Sprache: *Ein schließlich zu einem stabilen Zustand führender Prozeß der Umwandlung eines aktiven Zentrums ist begleitet von sich vervielfältigenden („multiplizierenden") und ausbreitenden, mit weiteren Umwandlungen verbundenen Erscheinung, die durch eine unsichtbare Realität vermittelt werden.*

Um nun die psychologische Interpretation dieses neutralen Ausdrucks zu finden, braucht man gar nicht weit zu suchen. Der mir als Traumsymbol bekannte „aktive Kern" hat eine weitgehende Verwandschaft zum *Lapis* der Alchemisten, ist also in Ihrer Terminologie ein Symbol des „Selbst".** Der Wandlungsprozeß ist als psychischer Prozeß auch heute derselbe, wie der im alchemistischen Opus dargestellte und besteht im Übergang des „Selbst" in einen *bewußteren* Zustand. Dieser Prozeß ist (wenigstens in gewissen Stadien) von der „multiplicatio" begleitet, d. h. von der multiplen Erscheinungsform eines Archetypus (dieser ist die „unsichtbare Realität"), was wieder dasselbe ist wie die „Rahmenüberschreitung durch Kontingenz" oder „Transgressivität" des Archetypus in Ihrem Brief.

Der Wandlungsprozeß ist also das in Ihrem Brief bei der psychologischen Entsprechung zur Radioaktivität fehlende Stück. Der psychische Prozeß ist derselbe wie bei den Alchemisten, aber beim physikalischen Prozeß der Radioaktivität ist nicht nur die Umwandlung des chemischen Elementes nun Wirklichkeit geworden, sondern in unseren bewußten naturwissenschaftlichen Ideen ist die Akausalität hinzugekommen. Die Symbolik scheint also gegenüber den Alchemisten differenzierter und fortgeschrittener zu sein. Ob Sie nun die

Sätze über Radioaktivität und Feld auf p. 9 und 10 Ihrer Arbeit streichen oder erläutern wollen, ist eine technische Frage, vielleicht würde eine Erklärung zu weitläufig werden.

Ad. 4. Was Sie über „Relativität der Masse" und die P. K. [psycho-kinetischen] Experimente sagen, scheint mir noch sehr dunkel, aber vielleicht können wir beim heutigen Stand unseres Wissens eben nicht mehr darüber sagen. Mit dem präfigurierten Bild der Versuchs-Person habe ich übrigens keine *bewußte* Vorstellung, sondern ein unbewußtes und vom Unbewußten her wirkendes präfiguriertes Bild gemeint. Was Ihre Zwischengfrage über das positive Resultat der Rhineschen Experimente bei großer Würfelzahl betrifft, so weiß ich die Antwort nicht.

Ich bin sehr froh über diesen Briefwechsel, denn ich habe das Gefühl, daß es nun zu einer wirklichen Aussprache über alle diese Grenzprobleme von zwei Seiten her gekommen ist.

Anbei die Arbeit von McConnell.[10] Bitte lassen Sie es mich wissen, wenn Sie Ihr Manuskript zurückbrauchen.

Mit vielen freundlichen Grüßen　　　　　　　Ihr sehr ergebener Wolfgang Pauli

Für Frau Jaffé:　　　　　　　　　　　　Brief 12. Dezember 1950
Seite 2, 3. Zeile von unten: nach *Wahrscheinlichkeitsbegriff*[†] ist (bei den Fußnoten hinzugefügt)
Seite 3. Zeile 4 von unten, Korrektur (mit Bleistift hinzugefügt!)

---

[1] Abgedruckt in Meier [1992, S. 65–70].
[2] Brief [1173].
[3] Vgl. hierzu auch die Anmerkung zu [1173].
* Bohr wendet auf den akausalen Einzelfall auch den Begriff „Individualität" an, wobei er absichtlich auf den etymologischen Zusammenhang dieses Wortes mit „Unteilbarkeit" anspielt (englisch: individuality and indivisibility).
[4] Vgl. Pauli (1953a und 1954a).
[5] In seinem am 24. August 1952 in Bern gehaltenen Referat über „Wahrscheinlichkeit und Physik" weist Pauli in diesem Zusammenhang auf das Heft 2 der Zeitschrift *Experientia* **6** (1950) hin.
[6] Siehe hierzu die Anmerkung zu [1173].
[7] Diese Verschiebung des Archetypenbegriffes bei Jung hat Pauli (1954b) in seinem Beitrag zur Jung-Festschrift aufgezeigt.
[8] Jung (1946c).
[9] Siehe Jung (1952/90, S. 90).
** Für meinen eigenen Gebrauch pflege ich gar nicht „Selbst" zu sagen, sondern eben „aktiver Kern". Es wird Sie nicht überraschen, daß mir als einem Physiker die Alchemisten näher stehen als die Sanskritphilologen.
[10] Siehe Brief [1173].
† D. h. bei der tatsächlichen Übereinstimmung der mit Hilfe dieses Begriffes berechneten Erwartung mit den empirisch gemessenen Häufigkeiten.

[1180] PAULI AN GUSTAFSON

Zürich, 15. Dezember 1950

Dear Gustafson!

Thank you very much for your letter regarding the congress in Lund connected with the inauguration of your new institute.[1] The time which you mention for it collides with our summer term but I can certainly get a leave for some days for this occasion and shall be glad to come. I also hope that Mrs. Pauli will accompany me. Her definite decision I will write to you later.

With best greetings from both of us for you and Mrs. Gustafson, sincerely yours,

W. Pauli

[1] Siehe Brief [1177].

[1181] PAULI AN VON KAHLER

[Zürich], 15. Dezember 1950

Liebe Kahlers!

Nun nähert sich wieder das Fest, wo man sich wieder verständigt und jeder fragt, wie es dem anderen geht. Ich erinnere mich noch wohl unserer langen Gespräche über „Integration" und „das Einmalige".[1] Haben Sie mit Ihren Publikationen[2] Fortschritte gemacht? Meine Kepler-Arbeit ist nahe dem Ende, ich habe noch Übersetzungen weiterer Texte von Fludd erhalten. Sie soll zusammen mit einer Arbeit von C. G. Jung über „Die Synchronizität als das Prinzip akausaler Zusammenhänge" in der „Schriftenreihe" des C. G. Jung-Institutes herauskommen.[3] Das ist ein sehr kontroverses Thema, ich habe eben vor etwa 3 Wochen Jungs neues Manuskript gelesen[4] und habe nun mit ihm einen langen Briefwechsel, damit nichts Falsches über Physik darinnen steht. Es sieht aber nun sehr konvergent aus und ich glaube, wir werden uns bald über alles einigen. Ich hoffe also, daß etwa im Frühjahr unsere Arbeiten herauskommen werden. Bitte grüßen Sie den Verleger Wolff,[5] ich werde auf die Frage der englischen Übersetzung bestimmt zurückkommen.[6]

Wie geht es den Knolls?[7] Seit dem Sommer habe ich nichts mehr von ihnen gehört. Ist Frau Knoll noch krank?[8] Wir lassen sie beide sehr grüßen.

Für Broch[9] habe ich eine Aufgabe zur Gestaltung eines Witzes nach dem Muster des berühmten „Würmer"-Examens-Witzes:[10] Es wird einer nach seinen Ansichten über Außenpolitik gefragt. Dann sagt er: China dürfte sehr wichtig sein. In China wiederum ist sehr wichtig Laotse und Dschuang-Dsi.[11] Der Befragte fährt dann weiter fort, diese mit anderen Philosophen zu vergleichen, etc. ...

Ich sollte jetzt in Indien sein, bin aber doch hier:[12] Die Zeit war mir zu knapp, ich hatte nur 3 Wochen zur Verfügung und überdies sind die Alpenflüge aus Wettergründen sehr unsicher geworden, so daß man hätte in Rom aus- und einsteigen müssen.

Das war mir dann doch eine zu große Hetzjagd. Also frohe Weihnachten und gutes Neujahr Ihnen und den Ihren, besonders auch Frau Löwy, von meiner Frau und mir selbst!

Ihr getreuer   W. Pauli

[1] Siehe hierzu auch die Bemerkungen in den Briefen [1091, 1095 und 1170].

[2] Vgl. von Kahlers Aufsatzsammlung [1952], von der sich ein Exemplar in Paulis Büchersammlung beim CERN befindet.

[3] Jung und Pauli [1952].

[4] Siehe Jungs Brief [1164] vom 8. November 1950.

[5] Es handelt sich um den bekannten nach Amerika emigrierten Verleger Kurt Wolff, den Pauli im Kriege während seines Aufenthaltes in Princeton kennengelernt hatte, und der in seinem Verlagsprogramm u. a. auch kunstwissenschaftliche Literatur (wie das 4-bändige Werk *Die italienischen Maler der Renaissance* von Bernard Berenson) aufgenommen hatte (vgl. auch den Brief [1110]).

[6] Paulis Aufsatz sollte auch im Rahmen der von der (durch Jung behandelten) Gattin des bekannten Kunstmäzens Paul Mellon zum Zwecke einer englischen Ausgabe von Jungs Werken 1945 gestifteten *Bollingen Foundation* herausgegeben werden. Eine von Panofsky betreute englische Übersetzung wurde 1953/54 von Priscilla Silz durchgeführt. Vgl. hierzu Paulis späteren Briefwechsel mit Panofsky und mit dem Präsidenten der *Bollingen Foundation* John D. Barrett. – Die englische Übersetzung des gemeinsamen Werkes erschien schließlich 1955 im Pantheon-Verlag unter dem Titel *The Interpretation of Nature and the Psyche* in den *Bollingen Series* LI. Ein Wiederabdruck der englischen Fassung des Kepleraufsatzes ist auch in Enz und von Meyenn [1994, S. 219–279] enthalten.

[7] Vgl. hierzu die Angaben im Brief [1091].

[8] Es handelt sich um die Antropologin Ursula Knoll, die Pauli in seinem Brief [1091] ebenfalls erwähnte.

[9] Der Schriftsteller Hermann Broch (1886–1951) gehörte zu dem Bekanntenkreis von Erich von Kahler, mit dem sich auch Pauli des öfteren während seiner Aufenthalte in Princeton traf.

[10] Dieser typische Wiener Witz wurde z. B. auch von Weisskopf (in seinem Interview vom 10. Juli 1963 mit T. S. Kuhn für die *Sources for the History of Quantum Physics*, S. 16) wiedergegeben: „There is a famous joke about a zoology professor who examines his student, and one knew that he always likes to ask about the worms. One only had to get to that subject somehow and then everything is fine. Now this is a pun, a Vienese pun, it's not even German. There was one student who said, ‚Herr Professor, da wär' mer. Die Würmer teilt man ein in das und das. ...'"

[11] Vgl. den Kommentar zum Brief [1157] und den Brief [1172].

[12] Pauli war zu dem vom 14.–20. Dezember 1950 in Bombay stattfindenden Elementarteilchen-Kongreß eingeladen.

[1182] PAULI AN OPPENHEIMER

Zürich, 15. Dezember 1950
[Maschinenschrift]

Dear Robert!

This is an official invitation to you to come to Zurich for some time during our summer term 1951 (lasting from end of April to middle of July) and give us here some lectures, may be similar to the lectures you gave in Pasadena (or if your time does not permit this we are also satisfied with less).

We are sorry that we cannot pay you the trip from the States to Europe but I heard that you will be invited also in Copenhagen and Lund[1] at a date, which presumably will also fall in this period of our summer term. It will be easy for us to pay you the trip from Copenhagen or Lund to Zurich and also an appropriate salary for your lectures (the exact amount of which we can fix later).

To make this invitation more official I was waiting with it for Scherrer's return from the States. He very heartily agree with this plan. So we hope very much for a positive answer from you.

Franca and I would be very glad to meet you and Kitty again at such an occasion. I am also rather sure that Franca will accompany me to Lund and Copenhagen (where I shall certainly go myself) if Kitty will be there.

With all good wishes from us to both of you for Xmas and new year,

Yours old, W. Pauli

---

[1] Über die Konferenz in Lund findet man weitere Angaben im Brief [1177].

[1183] JUNG AN PAULI[1]

[Küsnacht-Zürich], 18. Dezember 1950
[Maschinenschriftlicher Durchschlag]

Sehr geehrter Herr Professor!

Leider bin ich mit der Zusammenstellung meiner Antwort auf Ihren freundlichen Brief noch nicht bereit. Ich glaube aber, es wäre mir von Vorteil, wenn ich einmal über die ganze Sache sprechen könnte.

Wäre es Ihnen möglich, sich nächsten Samstag (23. Dezember) auf 6 Uhr Abends nach Küsnacht zu bemühen?[2] Es würde mich freuen, Sie dann nachher zum Nachtessen da behalten zu dürfen.

Für Ihren eingehenden Brief[3] bin ich Ihnen sehr dankbar. Die gegenseitige Annäherung der Standpunkte ist mir äußerst willkommen.

Mit den besten Grüßen Ihr ergebener   [C. G. Jung]

---

[1] Auch abgedruckt bei Meier [1992, S. 70].
[2] Vgl. hierzu Paulis Kommentar in seinem Brief [1188] an Fierz.
[3] Siehe Brief [1179].

[1184] PAULI AN JENSEN

[Zürich], 19. Dezember 1950
[Maschinenschriftliche Durchschrift]

Sehr geehrter Herr Kollege!

Ich danke Ihnen für Ihre offizielle Mitteilung, daß die Mathematisch-Naturwissenschaftliche Klasse der Heidelberger Akademie der Wissenschaften mich zum korrespondierenden Mitglied gewählt hat. Es ist für mich die erste Mitgliedschaft dieser Art an einer Akademie in Europa und es freut mich Ihnen sagen zu können, daß ich diese Wahl gerne annehme.

Ihr sehr ergebener   W. Pauli

[1185] PAULI AN DYSON

[Zürich], 20. Dezember 1950

Dear Dyson!

I just received your paper I „of the series"[1] and fortunately had time to read it today (where 'read' means going it trough for the first time in a preliminary way). I am glad that – using Jost + Wick + Ferretti[2] as a swimming belt – you could safely drive to the „n^{th} approximation" of the Heisenberg-operators. I also was quite happy about the analytic continuation method and I believe, that I understand it. Your remark on p. 6 „this method makes unnecessary any explicit reference to the vacuum state of the fields" was very puzzling, because for me as a physicist the rule of p. 7[3] „each pair of factors $\psi_\alpha(x)\psi_\beta(x')$ is replaced by the C-number $-i S^+_{\alpha\beta}(x - x')$" is an explicit reference to the vacuum state of the fields (although for a mathematician it may be something else). Where is this rule coming from, if *not* from a definition of the vacuum state of the fields?

I have no doubt that your good swimming belt will also be sufficient to drive you until to the nth approximation regarding the renormalization of the fields as it is announced by you. It is only after this step that things will get interesting.

You stirred the curiosity of the reader by your remark[4] „incidentally it will appear" (that is really a nice way to put it) „that our methods provide a basis for removing defect (i) (namely the expansion of everything in power of the coupling constant e), also from the analysis".

Everything depends on whether you will get farer than Nr. II of „the series". This would be a really new step which seems to me in any case beyond the reach of your present swimming belt.

Feeling rather happy after reading Nr. I, looking forward to Nr. II and 'incidentally' also to the subsequent parts of 'the series', I wish you and Mrs. Dyson[5] a very happy Xmas and a good new year (also in the name of Mrs. Pauli)

Your old　　　　　　　　　　　　　　　　　　　　　　　　W. Pauli

Regards to Pais.

---

[1] Pauli hatte ein Manuskript von Dysons am 11. Dezember 1950 bei der Redaktion des *Physical Review* eingegangenen Arbeit (1951a) erhalten.

[2] Dyson wies in einer Fußnote seiner Arbeit auf Josts im März 1950 mitgeteilte Rechnung hin. Vgl. auch Wick (1950) und B. Ferretti (1950a, b).

[3] Dyson (1951a, S. 430).

[4] Dieser Satz steht in der Einleitung von Dysons Publikation.

[5] Dyson hatte sich gerade vor kurzem mit der Schweizerin Verena Häfeli verheiratet.

[1186] PAULI AN JENSEN

[Zürich], 20. Dezember 1950
[Maschinenschriftliche Durchschrift]

Lieber Herr Jensen!

Ihren freundlichen Brief habe ich mit Dank erhalten. Dessen aufrichtiger Ton, der nichts zu verbergen braucht, hat mich besonders erfreut. Es fällt nicht allzu schwer die Mitgliedschaft einer Akademie anzunehmen, wo keinerlei psychologisch belastende Vorgeschichte vorhanden ist, eine Voraussetzung, die bei mir und Heidelberg sicher erfüllt ist. In Heidelberg war ich nur einmal – ich glaube im Jahre 1932 – anläßlich einer sogenannten Gauvereinstagung.[1] Ich stieg dort mit den Worten aus: „Es freut mich, einmal Deutschlands negatives Zentrum der theoretischen Physik zu sehen". Diese Bemerkung bezog sich natürlich auf das damalige Regime *Becker*[2] und ich bin sehr erfeut, daß sich diese Verhältnisse durch Ihre Ernennung nun wesentlich geändert haben. Ich schreibe also mit gleicher Post mit Überwindung möglicher Bedenken dem Präsidenten Ihrer Akademie, daß ich die Wahl zum korrespondierenden Mitglied annehme.

Ihre weitere Mitteilung über eine Konferenz in Heidelberg anläßlich des 60. Geburtstages von Bothe[3] hat mich sehr interessiert, und ich danke Ihnen sehr für die freundliche Einladung, an dieser Konferenz teilzunehmen.[4] Ich will mein Kommen gerne ins Auge fassen, möchte mich aber jetzt noch nicht endgültig entscheiden. Gerne möchte ich von Ihnen später weiteres über die Teilnehmer und das Programm der Konferenz hören. Offen gestanden befürchte ich, dort auch verschiedene Herren aus Deutschland vorzufinden, die ich vielleicht lieber nicht sehen möchte. Auch weiß ich nicht, ob ich selbst beim jetzigen Stand der theoretischen Kernphysik einen interessanten Beitrag zu diesem Thema liefern könnte. Wir können auf die Frage meines Kommens nach Heidelberg vielleicht noch zurückkommen.

Schon jetzt möchte ich Sie aber bitten, Herrn Bothe zum 8. Januar 1951 auch von mir meine herzlichsten Glückwünsche zu übermitteln.

Mit freundlichen Grüßen   Ihr W. Pauli

---

[1] Diese Gauvereinstagung in Heidelberg fand Ende September 1932 statt.

[2] Es handelte sich um den seit 1914 in Heidelberg wirkenden theoretischen Physiker August Becker, der 1935 die Leitung des *Philipp-Lenard-Instituts* übernahm. Jensen war im Winter 1948/49 nach Heidelberg auf den Lehrstuhl für theoretische Physik berufen worden.

[3] Die Heidelberger *Diskussions-Konferenz über Probleme der Kernphysik und Ultrastrahlung* sollte vom 1.–3. Juli 1951 stattfinden. Siehe hierzu den Kommentar zum Brief [1262].

[4] Pauli besuchte diese Konferenz, hielt aber keinen Vortrag.

[1187] BOHR AN PAULI

Kopenhagen, 23. Dezember 1950
[Maschinenschrift]

Kære Pauli!

Jeg vil ikke lade året gå til ende uden at sende dig en hilsen med tak for så meget i det gamle år og ikke mindst for dit lange brev til min 65 års fødselsdag. Jeg føler altid, hvor godt vi forstår hinanden, men hvis jeg skal prøve at være lige så fræk som du, tror jeg, at jeg til syvende og sidst forstår dig fuldt så godt, som du vil lade som, du forstår mig.

Den tilskuerindstilling, som du beskriver, er for mig en ganske klar og begrænset mulighed, men hvor jeg selv befinder mig i tilskuer- og skuespillersituationen er ikke let at sige, idet tæppet mellem scenen og parkettet stadig skifter plads. Hele spørgsmålet om åbenhed og tillid er heller ikke hverken så simpelt eller indviklet, som du vil gøre det, men altsammen muligheder i den skæbnens og handlingens verden, hvor du på din vis så ærligt søger ro i dit studium af modsætningerne, medens jeg på godt og ondt nu engang må stride for at dæmpe modsætningernes konsekvenser ved at henlede opmærksomheden på, hvad der trods alt forbinder hele menneskeheden i livets evige, utrygge og af frygt og håb lige farvede spil.

Til trods for, at denne beskæftigelse ikke mindst i dette efterår har lagt så stort beslag på min tid og mine kræfter, prøver jeg alligevel stadig at komme lidt videre med de tanker, som jeg kalder videnskab i den forstand, at de skulle være mere uafhængige af tildragelsernes lunefuldhed, og jeg er dig meget taknemmelig for din stadige interesse og opmuntring. Jeg håber meget snart at afslutte en længe forberedt artikel, hvori jeg forsøger, klarere end før, at formulere problemstillingen ved vor tale om den fri vilje og livets eksistens. Jeg glæder mig til at sende den til dig, så snart den er færdig, og høre din kritik. I overensstemmelse med dit råd tænker jeg snart at udsende et lille bind, hvori denne artikel skulle danne en naturlig afslutning. Det er min plan derefter at tage fat på en bog bygget over indholdet af mine Gifford lectures, og hvori jeg vil stræbe efter at finde en udtryksform, der skulle være mere tilgængelig for mennesker, der ikke selv har haft lejlighed til at følge den eventyrlige udvikling inden for fysikken på nærmere hold.

Med de venligste hilsner til Franca og dig selv fra hele familien og de bedste ønsker for det nye år.

Din gamle Ven Niels Bohr

P. S. Du vil om få dage modtage en meddelelse om den konferens, som vi har planlagt at afholde ved institutet i begyndelsen af juli 1951, og hvor vi meget håber, at du kan være med. Som du ved, håber vi også at se Oppenheimers her til sommer, både til konferensen og på et sommerophold i et par måneder. Også fra Lund vil man indbyde Oppenheimer til et besøg, og jeg ved jo også, at du selv håber på et besøg af dem i Zürich. Jeg ville meget gerne høre lidt om, hvordan det hele er planlagt, sådan at vi tilsammen kan overse, hvorledes man fra de forskellige sider kan bidrage til omkostningerne for Oppenheimers rejse.

ÜBERSETZUNG VON [1187][1]

Lieber Pauli!

Ich will das Jahr nicht zu Ende gehen lassen ohne Dir einen Gruß zu senden mit vielem Dank für so Vieles im alten Jahr und vor allem für Deinen langen Brief zu meinem 65sten Geburtstag. Ich fühle immer, wie gut wir einander verstehen, aber wenn ich versuchen will, ebenso frech zu sein wie Du, so glaube ich, daß ich Dich letzten Endes ebensogut verstehe wie Du Dir den Anschein gibst, mich zu verstehen.

Die Zuschauereinstellung, die Du beschreibst, ist für mich eine ganz klare und begrenzte Möglichkeit, aber wo ich mich selber in der Zuschauer- und Schauspielersituation befinde, ist nicht leicht zu sagen, weil der Vorhang zwischen der Szene und dem Parkett fortwährend den Platz wechselt. Auch die ganze Frage über Offenheit und Vertrauen ist weder so einfach noch so kompliziert wie Du sie darstellen möchtest, sondern es sind alles Möglichkeiten in der Welt des Schicksals und der Tat; wo Du auf Deine Weise so ehrlich Ruhe suchst in Deinem Studium der Gegensätze, muß ich auf wohl oder übel nun einmal kämpfen, um die Konsequenzen der Gegensätze zu dämpfen, indem ich die Aufmerksamkeit darauf lenke, was trotz allem die ganze Menschheit im ewigen, unsicheren und sowohl durch Furcht als auch Hoffnung gleich gefärbten Spiel des Lebens miteinander verbindet.

Obwohl besonders in diesem Herbst diese Beschäftigung meine Zeit und meine Kräfte so sehr in Anspruch genommen hat, versuche ich noch immer etwas weiter zu kommen mit Gedanken, die ich in dem Sinne Wissenschaft nenne, als sie von der Launenhaftigkeit der Ereignisse unabhängiger sein sollten, und ich bin Dir sehr dankbar für Dein ständiges Interesse und Deine Aufmunterung. Ich hoffe sehr bald einen schon lange vorbereiteten Artikel abschließen zu können, indem ich versuche, die Problemstellung, wenn wir über den freien Willen und die Existenz des Lebens sprechen, klarer als früher zu formulieren. Ich freue mich, ihn Dir zu senden sobald er fertig ist und Deine Kritik zu hören. In Übereinstimmung mit Deinem Rat beabsichtige ich bald einen kleinen Band herauszubringen, worin dieser Artikel einen natürlichen Abschluß bilden sollte. Es ist meine Absicht, danach ein Buch in Angriff zu nehmen, das sich auf den Inhalt meiner Gifford lecture[2] stützt und in welchem ich mich um eine Ausdrucksform bemühen will, welche mehr für Menschen, die selbst keine Gelegenheit gehabt haben, der abenteuerlichen Entwicklung innerhalb der Physik aus größerer Nähe zu folgen, zugänglich ist.

Mit den herzlichsten Grüßen an Franca und Dich selbst von der ganzen Familie und mit den besten Wünschen für das Neue Jahr

Dein alter Freund Niels Bohr

P. S. In wenigen Tagen wirst Du eine Mitteilung über die Konferenz erhalten, die wir Anfang Juli 1951 im Institut abzuhalten beabsichtigen und wir hoffen sehr, daß Du daran teilnehmen kannst.[3] Wie Du weißt, hoffen wir auch, die Oppenheimers im Sommer hier sowohl bei der Konferenz als auch zu einem zweimonatigen Sommeraufenthalt zu sehen.

Auch in Lund möchte man die Oppenheimers zu einem Besuch einladen[4] und ich weiß, daß Du selbst auf ihren Besuch in Zürich hoffst.[5] Ich möchte sehr gerne etwas darüber erfahren, wie das Ganze geplant ist, sodaß wir zusammen übersehen können, wie man von den verschiedenen Seiten zu den Unkosten von Oppenheimers Reise beitragen kann.

[Zusatz von Pauli:][6] Bohr war einen Vormittag lang in Zürich, auf der Durchreise von Italien (wo er Ferien gemacht hat) nach Kopenhagen.[7] Er will einen Artikel „On the Unity of Knowledge" für das Jubiläum der Columbia University schreiben, worin u. a. auch von *biologischen* Fragen die Rede sein soll.[8] Mit solchen habe ich mich übrigens, als hobby, in Princeton etwas beschäftigt (natürlich kritisch) und habe mit verschiedenen Fachleuten darüber geredet und auch einiges darüber gelesen. Näheres mündlich (auch über Max Delbrück und die Komplementarität).

[1] Diese Übersetzung (ohne das Post Skriptum) wurde von Pauli für Franca angefertigt. Die vorliegende Fassung wurde von Hilde Levi nochmals überprüft und verbessert.

[2] Bohr hatte im Herbst 1949 im Rahmen der in Edinburgh veranstalteten *Gifford lectures* 10 Vorträge gehalten, welche er als Grundlage für sein geplantes Buch über die Komplementaritätsidee verwenden wollte. Die Vorträge wurden deshalb vorsorglich mit einem damals noch neuartigen Tonbandgerät aufgezeichnet. Stefan Rozental, der Bohr damals auf dieser Reise begleitete, fertigte nach jedem Vortrag einen ausführlichen Bericht für eine schottische Tageszeitung an. Das geplante Buch kam aber nicht mehr zustande. Vgl. hierzu insbesondere die Darstellung von Rozental [1991, S. 100–107].

[3] Die Kopenhagener Physiker-Konferenz fand Anfang Juli 1951 statt. Weitere Hinweise auf die Planung und den Verlauf dieser Konferenz findet man in den Briefen [1206, 1233 und 1266].

[4] Im Mai 1951 sollte das neue physikalische Institut in Lund eingeweiht werden [1120 und 1181]. Unter den zahlreichen ausländischen Gästen befanden sich auch Bohr, Pauli, Kopfermann, Racah, Herzberg, Breit, Schüler und Freundlich.

[5] Vgl. hierzu die Briefe [1120 und 1177].

[6] Die folgenden Bemerkungen deuten darauf hin, daß Pauli seine Übersetzung des vorliegenden Schreibens [1187] auch an einige Kollegen (wahrscheinlich auch an Fierz) weitergeleitet hat.

[7] Diese Bemerkung deutet darauf hin, daß der Zusatz von Pauli erst viel später (1954) hinzugefügt wurde.

[8] Es handelte sich um die Feier des 200jährigen Jubiläums der *Columbia University* im Oktober 1954. Pauli bereitete zu diesem Anlaß ebenfalls eine *Radio lecture* über das Problem der Materie vor, die auch in seinen Band mit *Aufsätzen und Vorträgen* [1961/84, S. 1–9] aufgenommen wurde.

[1188] PAULI AN FIERZ

[Zürich], 25. Dezember 1950
[Maschinenschriftliche Abschrift][1]

Was die Naturphilosophie im Allgemeinen betrifft, so hatte ich gerade in letzter Zeit viel damit zu tun in Verbindung mit C. G. Jung, der mir im November eine neue ausführliche Fassung seiner Arbeit „Die Synchronizität als Prinzip akausaler Zusammenhänge" geschickt hat.[2] Damit hat eine Entwicklung ihre natürliche Fortsetzung gefunden, an der Sie verschiedentlich aktiven Anteil genommen haben und die mit meinem [un]publizierten Aufsatz von

1948,[3] den Sie ja gelesen haben, begonnen hat. Unsere Diskussionen an einem Sommerabend von 1949 und unser darauf folgender Briefwechsel über Analogien und Unterschiede der psychischen oder halbpsychischen sogenannten „synchronistischen" Phänomene einerseits, der nicht psychischen Akausalitäten der Quantenphysik andererseits sind mir dabei schon zustatten gekommen.[4]

Es war erstaunlich für mich zu sehen, wie sehr es Jung geradezu in die Physik drängt, über die er andererseits so wenig weiß – mehr noch, deren Denkweise ihm im Grunde fremd ist. In seinem Schlußkapitel IV[5] zieht er die Quantenphysik wesentlich heran, jedoch so, daß seine Bemerkungen den Physikern als dunkle Andeutungen erscheinen müssen. Da sind nicht ausgeführte Vergleiche zwischen elektromagnetischen Feldern, Radioaktivität und Archetypen, zwischen „Synchronizitäten" und quantenphysikalischen Diskontinuitäten.

Die Ähnlichkeit mit meinen „physikalischen" Träumen war mir [zu] frappant, als [daß] sie mir [nicht][6] hätte aufgehen [sollen]. Ich setzte mich hin und schrieb einen 7 Seiten langen Brief an Jung und auf seine Antwort dann noch einmal einen ebenso langen.[7] Ich versuchte ihn zu verstehen, zu deuten, wie wenn seine physikalischen Vorstellungen Traumsymbole wären (das habe ich offen ausgesprochen und begründet), ihn dagegen *nicht* in eine Position zu bringen, wo er sich verteidigen muß, sondern in eine solche, wo er sich erklären und sich selber verstehen muß. Einmal schrieb er resigniert, er könne seine eigenen psychologischen Analogien zu elektromagnetischem Feld und zur Radioaktivität aus Mangel an physikalischen Kenntnissen nicht weiter erklären; dann versuchte ich selbst ihm weiter zu helfen – mit großem Erfolg. (Er war erfreut und ging so weit, mein Verfahren mit ihm als „Psychotherapie" zu bezeichnen!)

Jung versprach mir noch einen weiteren Brief, aber ich bin schon jetzt mit dem Resultat recht zufrieden (ich glaube, auch Jung). Ich glaube, daß schließlich eine genügende Abklärung zu stande kam und daß sein Schlußkapitel (das ich stark als Jungs geistiges Testament empfinde) die Form eines naturphilosophischen Ausblickes in die Zukunft bekommen wird, der diskutabel ist und sich sehen lassen kann als allgemeiner Rahmen, der sowohl Psychologie als auch Physik in sich enthält.[8]

Ich selbst bin beeindruckt davon, daß solche Begriffe wie Gleichartigkeit (Ähnlichkeit), Akausalität, Anordnung, Korrespondenz, Gegensatzpaar (bei uns p und q) und Ganzheit sowohl in der Psychologie als auch in der Physik angewandt werden, ohne daß dies besonders verabredet oder beabsichtigt worden ist.[9] Und Jung ist sehr beeindruckt von meiner Idee der *neutralen* Sprache (die, wie Sie sich erinnern, in meinem Aufsatz von 1948 vorkam),[10] die er sogar als das eigentliche Ziel der ganzen Entwicklung betrachtet. Auch scheinen wir beide darin übereinzustimmen, daß die Zukunft von Jungs Ideen gar nicht bei der Therapie liegt (die mich übrigens nicht primär interessiert), sondern in einer einheitlichen ganzheitlichen Auffassung der Natur und der Stellung des Menschen in ihr.

Wenn Sie im Frühjahr zurückkommen,[11] will ich Ihnen gerne meinen ganzen Briefwechsel mit Jung[12] zu lesen geben und hoffe, daß dann seine Arbeit eine endgültige Form gefunden haben wird. Es ist geplant, daß sie zusammen mit meiner Kepler-Arbeit in der „Schriftenreihe" des Jung-Institutes erscheinen soll.[13]

Ihr Verdienst dabei ist, daß Jung in der neuen Fassung seiner Arbeit vom November eingesehen hat, daß er mit seinen statistischen Untersuchungen *gar nichts* zu Gunsten der Astrologie beweisen kann.[14] Die auf diese sich gründenden Erwartungen stimmen vielleicht *einmal* – als Resultat eines „Arrangements" des Unbewußten der beteiligten „Versuchspersonen" – aber bei einer großen Zahl von Versuchen wickelt sich alles heraus. (Sein Interesse für Horoskope ist mir schwer verständlich.) Schließlich war ich kürzlich (letzten Sonntag) bei Herrn und Frau Jung in Küsnacht zum Nachtessen eingeladen[15] (allein) und hatte so eine schöne Gelegenheit zu einer Aussprache über verschiedene spezielle und allgemeine Fragen.[16] Es war eine merkwürdige Begegnung, ich hatte das Gefühl, das Zauberwort „Physik" hätte mir einen Zugang verschafft in das für Männer im allgemeinen unzugängliche „Schloß", wo das Dornröschen (genannt „analytische Psychologie") sonst nur von einem Harem gepflegt wird. Jung beschuldigt deshalb die Männer (ihrer „Unsicherheit" und ihrer „Panik" gegenüber seiner symbolischen Art des Denkens in der Psychologie), die Männer natürlich Herrn Jung.

Wie das auch sein mag, ich glaube, daß in unserer Zeit beide Arten des Denkens berechtigt und notwendig sind: die im engeren Sinne männliche, quantitativ exakte und die aus einer weiblichen Seite des Mannes entstammende mehr symbolische. Ich sah den Konflikt dieser beiden Deutungsarten in der Kepler–Fluddschen Polemik; aber ich glaube, daß ich sowohl den „Kepler" wie den „Fludd" in mir selber trage und daß es für mich eine Notwendigkeit ist, zu einer Synthese dieses Gegensatzpaares zu gelangen, so gut ich kann.

Frau Jung hatte mir schon vorher auf Wunsch ihre längere Arbeit über die Graalslegende[17] und ihre Psychologie zugeschickt. Ich finde diese Arbeit sehr wertvoll, auch deshalb, weil sie sonst schwer zugängliche altfranzösische Texte zugänglich macht. Besonders interessant waren mir auch die verschiedenen Formen der Figur Merlin.

Bei jenem Nachtessen hatte ich auch Gelegenheit die Sprache auf jene 3 Spindeln (fuseaux) zu bringen, über die ich vor Ihrer Abreise nach Amerika einen Briefwechsel mit Ihnen hatte.[18] Frau Jung meinte, ein Zusammenhang mit den Parzen könne nicht vorhanden sein, da die Spindeln wie eine Art Bettpfosten so angeordnet sind (festgeschraubt), daß sie (im Gegensatz zur Insel) nicht rotieren können.[19] Dagegen könne es sehr wohl sein, daß ein Zusammenhang nicht nur mit der oberen, sondern auch mit der unteren (materiellen Trinität) vorhanden sei, da ja durch Salomons Frau ein weibliches Element im Zusammenhang mit den Spindeln auftrete.

Haben Sie das deutsche Ehepaar Knoll in Princeton kennen gelernt?[20] (Die interessieren sich so für das „synchronistische" Phänomen.)

Viele Grüße und alles Gute zum neuen Jahr.

Stets Ihr W. Pauli

---

[1] Diese (zum Teil fehlerhafte) und ohne Anrede verfaßte Abschrift befand sich in A. Jaffés Nachlaß Hs. 1091: 379.

[2] Jung (1952).

[3] Pauli bezieht sich offenbar auf seinen nur im Manuskript vorliegenden Aufsatz (1948/92) über die *Hintergrundsphysik*. Das in den *Jahresberichten* 1947/48 des *Psychologischen Clubs Zürich* publiziertes Autoreferat (1947/48) käme zeitlich ebenfalls infrage, aber dort findet man nicht den weiter unten genannten Hinweis auf die *neutrale Sprache*.

[4] Vgl. Band **III**, S. 698.

[5] Jung (1952) hatte am Ende seiner Arbeit nochmals die wesentlichen Punkte seiner Synchronizitätsidee zusammengefaßt.

[6] Diese Auslassungen und ein nachfolgendes überflüssiges d beruhen wahrscheinlich auf Abschreibfehlern.

[7] Briefe [1170 und 1179].

[8] Ähnlich argumentierte Pauli in seinem Schreiben [1179] an Jung.

[9] Siehe auch die Bemerkungen im Brief [1085].

[10] In Paulis Aufsatz über die Hintergrundsphysik. Siehe Meier [1992, S. 179f.].

[11] Fierz hielt sich zu diesem Zeitpunkt in Princeton auf (vgl. Brief [1170]).

[12] Vgl. den von Meier [1992] herausgegebenen Briefwechsel.

[13] Jung und Pauli [1952].

[14] Jung (1952) hatte zur Prüfung der Synchronizitätsidee ein astrologisches Experiment vorgeschlagen, das in der statistischen Auswertung von Ehehoroskopen bestand.

[15] Vgl. den Brief [1183].

[16] Diese Einladung hatte am 23. Dezember stattgefunden.

[17] Diese Untersuchung über die Graalslegende aus psychologischer Sicht wurde nach Emma Jungs Tod im Jahre 1955 durch M.-L. von Franz fortgesetzt und 1960 in den *Studien aus dem C. G. Jung-Institut* publiziert.

[18] Vgl. die Briefe [1151 und 1152].

[19] Vgl. hierzu auch Paulis Briefe [1156 und 1167] vom Oktober und 16. November 1950 an Emma Jung, in dem dieser Traum von den drei Spindeln eingehend erörtert wird. {Meier [1992, S. 52ff.]}

[20] Siehe hierzu die Angaben über das Ehepaar Knoll in den Briefen [1085, 1091 und 1181].

II. Das Jahr 1951

Kepler, Jung und der psycho-physische Parallelismus

[1189]	Pauli an von Franz	Zollikon-Zürich	3. Januar	1951
[1190]	Pauli an Jaffé	Zollikon-Zürich	3. Januar	1951
[1191]	Sommerfeld an Pauli	München	6. Januar	1951
[1192]	Jung an Pauli	Bollingen	13. Januar	1951
[1193]	Dyson an Pauli	Birmingham	16. Januar	1951
[1194]	Sommerfeld an Pauli	München	16. Januar	1951
[1195]	Pauli an Born	Zollikon-Zürich	21. Januar	1951
[1196]	Pauli an Dyson	Zürich	22. Januar	1951
[1197]	Pauli an von Franz	Zollikon-Zürich	31. Januar	1951
[1198]	Dyson an Pauli	Birmingham	31. Januar	1951
[1199]	Pauli an Bohr	Zürich	1. Februar	1951
[1200]	Pauli an Jung	Zollikon-Zürich	2. Februar	1951
[1201]	Pauli an Dyson	Zürich	5. Februar	1951
[1202]	Dyson an Pauli	Birmingham	15. Februar	1951
[1203]	Pauli an Dyson	Zürich	18. Februar	1951
[1204]	Mitteis an Pauli	München	20. Februar	1951
[1205]	Pauli an von Franz	Zollikon-Zürich	22. Februar	1951
[1206]	Pauli an Panofsky	Zürich	22. Februar	1951
[1207]	Pauli an von Franz	Zollikon-Zürich	25. Februar	1951
[1208]	Pauli an Aage Bohr	Zollikon-Zürich	27. Februar	1951
[1209]	Pauli an von Franz	Zürich	5. März	1951
[1210]	Pauli an Jaffé	Zollikon-Zürich	6. März	1951
[1211]	Pauli an Mitteis	Zürich	8. März	1951
[1212]	Pauli an Panofsky	Zürich	12. März	1951
[1213]	Jaffé an Pauli	Küsnacht	14. März	1951
[1214]	Pauli an Thellung	Zollikon-Zürich	18. März	1951
[1215]	Pauli an von Franz	Zürich	19. März	1951
[1216]	Jung an Pauli	Küsnacht-Zürich	27. März	1951
[1217]	Panofsky an Pauli	Princeton	29. März	1951
[1218]	Pauli an Jaffé	Lund	2. April	1951
[1219]	Pauli an Jaffé	Palermo	9. April	1951
[1220]	Pauli an Pais	Palermo	9. April	1951
[1221]	Pauli an Panofsky	Palermo	9. April	1951
[1222]	Pauli an von Franz	Taormina	12. April	1951
[1223]	Nielsen an Pauli	Kopenhagen	13. April	1951
[1224]	Pauli an Jung	Zürich	17. April	1951
[1225]	Pauli an Nielsen	Zürich	17. April	1951
[1226]	Pauli an Panofsky	Zollikon-Zürich	17. April	1951
[1227]	Pauli an von Franz	Zürich	18. April	1951
[1228]	Pauli an von Franz	Zürich	21. April	1951
[1229]	Pauli an Kronig	Zollikon-Zürich	26. April	1951

[1230]	Pauli an Seligman	Zollikon-Zürich	30. April	1951
[1231]	Pauli an Gustafson	Zürich	o. D. April/Mai	1951
[1232]	Møller an Pauli	Kopenhagen	7. Mai	1951
[1233]	Pauli an Karolus	Zürich	9. Mai	1951
[1234]	Pauli an von Franz	Zollikon-Zürich	9. Mai	1951
[1235]	Pauli an Jaffé	Zollikon-Zürich	9. Mai	1951
[1236]	Pauli an Fierz	Zürich	12. Mai	1951
[1237]	Fierz an Pauli	Basel	15. Mai	1951
[1238]	Dyson an Pauli	Birmingham	16. Mai	1951
[1239]	Pauli an von Franz	Zürich	17. Mai	1951
[1240]	Pauli an Gustafson	Zürich	18. Mai	1951
[1241]	Fierz an Pauli	Basel	19. Mai	1951
[1242]	Pauli an von Franz	Zollikon-Zürich	20. Mai	1951
[1243]	Köhler an Pauli	Swartmore, Penns.	20. Mai	1951
[1244]	Fierz an Pauli	Basel	25. Mai	1951
[1245]	Pauli an Fierz	Zürich	30. Mai	1951
[1246]	Pauli an von Franz	Lund	31. Mai	1951
[1247]	Pauli an Jaffé	Lund	1. Juni	1951
[1248]	Pauli an Hopf	Lund	2. Juni	1951
[1249]	Pauli an Fierz	Zürich	7. Juni	1951
[1250]	Pauli an von Franz	Zollikon-Zürich	7. Juni	1951
[1251]	Jaffé an Pauli	Zürich	9. Juni	1951
[1252]	Pauli an Fierz	Zürich	15. Juni	1951
[1253]	Pauli an Sänger	Zürich	15. Juni	1951
[1254]	Pauli an von Franz	Zollikon-Zürich	16. Juni	1951
[1255]	Pauli an Jaffé	Zollikon-Zürich	16. Juni	1951
[1256]	Fierz an Pauli	Basel	16. Juni	1952*
[1257]	von Franz an Pauli	Zürich	17. Juni	1951
[1258]	Pauli an von Franz	Zürich	20. Juni	1951
[1259]	Pauli an Jaffé	Zollikon-Zürich	20. Juni	1951
[1260]	Ossmann an Pauli	Wien	23. Juni	1951
[1261]	Pauli an von Franz	Zürich	25. Juni	1951
[1262]	Pauli an von Franz	Heidelberg	1. Juli	1951
[1263]	Bohm an Pauli [1. Brief]	Princeton	o. D. Juli	1951
[1264]	Bohm an Pauli [2. Brief]	Princeton	o. D. Sommer	1951
[1265]	Pauli an von Franz	Zürich	14. Juli	1951
[1266]	Pauli an Dyson	Zürich	16. Juli	1951
[1267]	Pauli an von Franz	Zürich	25. Juli	1951
[1268]	von Kahler an Pauli	Luray	26. Juli	1951
[1269]	Pauli an Staub	Zürich	28. Juli	1951
[1270]	Pauli an von Franz	Zürich	8. August	1951
[1271]	Pauli an von Franz	Zürich	15. August	1951
[1272]	Pauli und Jost an Pais	Les Houches	22. August	1951
[1273]	Pauli an von Franz	Zürich	25. August	1951
[1274]	Bohm an Pauli	São Paulo	o. D. September	1951
[1275]	Pauli an von Franz	Cervia	Anfang September	1951
[1276]	Pauli an von Kahler	Cervia	9. September	1951
[1277]	Pauli an von Franz	Forte dei Marmi	10. September	1951
[1278]	Pauli an Panofsky	Forte dei Marmi	12. September	1951
[1279]	Pauli an von Kahler	Sestri Levante	15. September	1951

* Zur Umdatierung dieses Briefes vgl. S. 329, Anm. 2.

[1280]	Panofsky an Pauli	Princeton	18. September 1951
[1281]	Pauli an von Franz	Zürich	19. September 1951
[1282]	Pauli an von Franz	Zürich	23. September 1951
[1283]	Pauli an Panofsky	Zollikon-Zürich	23. September 1951
[1284]	Pauli an Jaffé	Brüssel	25. September 1951
[1285]	Pauli an von Franz	Zürich	2. Oktober 1951
[1286]	Pauli an Fierz	Zürich	3. Oktober 1951
[1287]	Fierz an Pauli	Basel	9. Oktober 1951
[1288]	Fierz an Pauli	Basel	10. Oktober 1951
[1289]	Pauli an Fierz	Zürich	13. Oktober 1951
[1290]	Bohm an Pauli	São Paulo	o. D. Mitte Oktober 1951
[1291]	Pauli an von Franz	Zürich	16. Oktober 1951
[1292]	Fierz an Pauli	Basel	17. Oktober 1951
[1293]	Fierz an Pauli	Basel	18. Oktober 1951
[1294]	Pauli an Fierz	Zürich	19. Oktober 1951
[1295]	Pauli an Fierz	Zürich	22. Oktober 1951
[1296]	Fierz an Pauli	Basel	22. Oktober 1951
[1297]	Pauli an von Franz	Zürich	23. Oktober 1951
[1298]	Fierz an Pauli	Basel	23. Oktober 1951
[1299]	Frey an Pauli	Remscheid	26. Oktober 1951
[1300]	Pauli an von Franz	Zollikon-Zürich	30. Oktober 1951
[1301]	Pauli an Fierz	Zürich	4. November 1951
[1302]	Clusius an Pauli	Zürich	5. November 1951
[1303]	Pauli an Jaffé	Zürich	8. November 1951
[1304]	Pauli an Jaffé	Zürich	11. November 1951
[1305]	Pauli an Frey	Zürich	12. November 1951
[1306]	Tonnelat und George an Pauli	Paris	12. November 1951
[1307]	Pauli an von Franz	Zürich	18. November 1951
[1308]	Pauli an von Franz	Zürich	19. November 1951
[1309]	Bohm an Pauli	São Paulo	20. November 1951
[1310]	Pauli an Destouches	Zürich	22. November 1951
[1311]	Pauli an Rosenfeld	Zürich	22. November 1951
[1312]	Panofsky an Pauli	Princeton	27. November 1951
[1313]	Pauli an Bohm	Zürich	3. Dezember 1951
[1314]	Bohm an Pauli	São Paulo	Mitte Dezember 1951
[1315]	Bohm an Pauli	São Paulo	Ende Dezember 1951
[1316]	Pauli an Jaffé	Zürich	3. Dezember 1951
[1317]	Pauli an Fierz	Zürich	6. Dezember 1951
[1318]	Pauli an Kramers	Zürich	6. Dezember 1951
[1319]	Pauli an Thellung	Zürich	6. Dezember 1951
[1320]	Breit an Pauli	New Haven	6. Dezember 1951
[1321]	Jaffé an Pauli	Zürich	6. Dezember 1951
[1322]	Pauli an Bleuler	Zürich	7. Dezember 1951
[1323]	Pauli an Destouches	Zürich	7. Dezember 1951
[1324]	Pauli an Bleuler	Zürich	8. Dezember 1951
[1325]	Pauli an von Franz	Zürich	13. Dezember 1951
[1326]	Pauli an von Franz	Zürich	16. Dezember 1951
[1327]	Pauli an Thellung	Zürich	20. Dezember 1951
[1328]	Pauli an von Franz	Zürich	22. Dezember 1951
[1329]	Pauli an von Kahler	Zürich	22. Dezember 1951
[1330]	Pauli an Fierz	Zürich	23. Dezember 1951

[1189] PAULI AN VON FRANZ

Zollikon-Zürich, 3. Januar 1951

Sehr geehrtes Fräulein von Franz!

Die freundliche Übersendung Ihres Manuskriptes über die Parabel von der Fontana des Grafen von Tarvis[1] – deren alchemistisch-historisches Material für mich im Hinblick auf eigene Träume von besonderem Interesse ist – gibt mir eine willkommene Gelegenheit, wieder mit Ihnen in Kontakt zu kommen. Daß ich während der letzten zwei Jahre recht wenig mit Ihnen gesprochen habe, bedeutet nicht, daß während dieser Zeit eine menschliche Beziehung von mir zu Ihnen ganz gefehlt hat. Vielmehr hat der Mangel an *äußerem* Kontakt mit Ihnen während dieser Zeit damit etwas zu tun, daß es sich in manchen Fällen bei der objektiven Besprechung der Arbeiten eines Anderen nicht ganz vermeiden läßt, daß auch subjektiv persönliche Gebiete berührt werden, die hineinspielen. Davor hatte ich bei Ihnen eine besondere Scheu, so daß ein Art toter Punkt entstanden ist und ich Sie einfach vermieden habe. Einerseits war ich oft ärgerlich, als Sie mit der Arbeit gar nicht vorankamen (z. B. letzten Winter), andererseits verstand ich, daß Sie depressive Zustände hatten. Da ich zu diesen auch eine gefühlsmäßige Beziehung habe, konnte ich Sie aber auch nicht wirklich kritisieren.

Im Laufe meiner Lektüre Ihrer erwähnten Arbeit kam ich aber zu dem Schluß, daß auch in diesem mehr subjektiven Zusammenhang nun so weit ein neuer Sachverhalt entstanden ist, daß ich – zumal die Keplerarbeit im wesentlichen beendet ist – den Wunsch habe, Sie nun einmal ungestört, etwa eine kleine Stunde lang, sprechen zu können. Als Treffpunkt schlage ich den psychologischen Klub vor und als Zeit Montag oder Dienstag Nachmittag, nächste Woche. Ich werde mir erlauben, Sie bald telefonisch anzurufen, um, falls Sie einverstanden sind, die genaue Zeit unserer Unterredung festzusetzen. Ich will zu dieser auch die Figur des „Wetterglases" aus der „Philosophia Mosaica" von Fludd mitbringen,[2] um sie Ihnen zu zeigen. (Dieses Werk war mir in Amerika im Orginal zugänglich[3] – es ist recht selten –, wo ich auch die Photographie der Figur habe anfertigen lassen.) Dann möchte ich auch noch die technische Frage der Zitate des lateinischen Originaltexts in meiner Keplerarbeit kurz zur Sprache bringen.

Sie sehen, daß ich versuchen will, die richtige Mitte zwischen objektiv und subjektiv einzuhalten. Es wäre für mich sicher viel einfacher, Ihre Bitte um mein Urteil über Ihre Trevisanus-Arbeit mit ein paar konventionellen Redensarten zu *beantworten. Ich nehme Sie* aber als menschliche und geistige Persönlichkeit zu ernst, um Ihnen gegenüber eine solche Methode anwenden zu können.

Mit den besten Wünschen zum Jahrwechsel und vielen freundlichen Grüßen,
Ihr ergebener　　　　　　　　　　　　　　　　　　　　　　　　　　W. Pauli

[1] Es handelte sich um ein Manuskript über „Die Parabel von der Fontana des Grafen von Tarvis", das M.-L. von Franz zur Begutachtung an Pauli gesandt hatte. Vgl. Jung [1944, S. 299].
[2] Siehe hierzu die in Paulis Keplerarbeit (1952) wiedergegebene Beschreibung des Wetterglases.
[3] R. Fludd [1637]. Siehe auch die Bemerkung im Brief [1095].

[1190] PAULI AN JAFFÉ

Zollikon-Zürich, 3. Januar [1951][1]

Liebe Frau Jaffé!

Es war wieder sehr schön gestern bei Ihnen – diesmal kam kein „Kobold" dazwischen und ich schicke nur Prosa. Das Erscheinen des I-Ging Zeichens „der Tiegel" bei Ihnen[2] veranlaßt mich, ihnen meine alten Notizen über die Anwendung des Kommentars zu diesem Zeichen auf die Romantik zu schicken.[3] Ich wollte nämlich doch Ihnen persönlich noch etwas „geben" und nicht nur allein die alte Geschichte von 1948 schicken.[4] Das gibt ein besseres Gleichgewicht, denn es ist selbstverständlich, daß Sie mir sowohl geistig wie menschlich wesentlich näher stehen als Fräulein von Franz. Ich war *sehr* beeindruckt gestern durch die Stärke Ihrer gefühlsmäßigen Beziehung zu mir, um so mehr, als Sie sie nicht ausgesprochen haben. Sehr beeindruckt hat mich auch Ihr Traum, mit dem Mädchen-Kind von „uns"[5] werde ich mich noch sehr beschäftigen!

Mit Ihrer Bemerkung, daß mein starkes Erlebnis vom Frühjahr 1948[6] natürlich auch subjektiv war, haben Sie natürlich das Richtige getroffen. Der Archetypus, der der gleiche ist wie jener „Fremde" und in meiner Geschichte als „Professor" erscheint,[7] hat damals wieder einmal ein synchronistisches Phänomen zwischen meiner inneren Situation und der äußeren Fehlleistung von Fräulein von Franz[8] hervorgerufen, daher meine damalige starke Reaktion als archetypisch bedingt zu deuten ist. Es wird mich sehr interessieren zu hören, was Sie über die Deutung meiner Geschichte auf der *Subjektstufe* meinen. Alles was von Ihnen kommt, macht mir viel Freude.

Könnten Sie so gut sein, meine Geschichte[9] gelegentlich zu typen? Mit vielem Dank im Voraus. Stets Ihr   W. Pauli

[1] Der Brief wurde von Pauli mit der Jahresangabe 1950 versehen. Pauli hielt sich aber um diese Zeit in Princeton auf, so daß hier ein sehr häufig am Jahresbeginn auftretendes Versehen vorliegen muß. Wir haben aus diesem Grunde und mit Rücksicht auf den Inhalt des Schreibens (besonders die in Paulis Brief [1176] vom 6. Dezember 1950 angesprochene Einladung zum Teetrinken und der Hinweis auf die Gespräche im Büro) das Jahr 1951 dafür angesetzt.
[2] A. Jaffé beschäftigte sich mit dem Thema über den psychologischen Hintergrund von E. T. H. Hoffmanns Märchen *Der goldene Topf* in ihrem Beitrag (1950) zu Jungs Buch [1950]. Siehe hierzu auch Paulis Bemerkungen in seinem Brief [1146] vom 2. August 1950.
[3] Vgl. hierzu Paulis in der Anlage zum Brief [1190] wiedergegebenen Notizen.
[4] Pauli bezieht sich offenbar auf seinen Aufsatz über *Hintergrundsphysik* vom Jahre 1948 (enthalten in Meier [1992, S. 176–192]), auf den Pauli auch in den folgenden Briefen häufig zurückkommt und den er A. Jaffé offenbar zum Abtippen übergeben hatte.
[5] Über die symbolische Bedeutung des Kind-Begriffes in seinen Träumen hat Pauli sich in seinem Briefe [1119] an Jung geäußert. Siehe auch die Anmerkung zu [1122].

[6] Um diese Zeit hatte Pauli (1948) seinen oben genannten Aufsatz über „Moderne Beispiele zur *Hintergrundsphysik*" verfaßt, in dem er seine Auffassungen über die Mitwirkung des psychologischen Hintergrundes bei der Entstehung naturwissenschaftlicher Theorien durch „das Auftreten von quantitativen Begriffen und Vorstellungen der Physik in spontanen Phantasien in einem … symbolischen Sinne" durch persönliche Beobachtungen zu begründen versuchte. Diese persönlichen Erfahrungen bilden auch die Grundlage für Paulis (1952a) historische Studie über Kepler. Vgl. hierzu auch von Meyenn [1994, S. 18–24].

[7] Dieser „Fremde" ist eine häufig in Paulis Träumen auftretende Figur, der im Rahmen der Jungschen Psychologie des Unbewußten (Jung, *Gesammelte Werke* 9/II, §13–19; **11**, §131; **16**, §470) die Rolle des Schattens zugeordnet wurde (vgl. z. B. Paulis Schreiben [1119] an Jung vom 28. Juni 1949 und vom 4. Juni 1950). Zunächst war sie als *dunkler* Mann in seinen Träumen aufgetreten und deshalb mit der psychologischen Funktion des „Schattens" identifiziert worden (siehe Paulis Brief an Jung vom 11. Januar 1939). Später tauchen Figuren wie *der Blonde* und *der Perser* auf, die im Jahr 1948 zu ein und derselben Figur des *Fremden* verschmelzen (siehe Jaffé-Nachlaß, Hs. 1090: 71). In dieser späteren Form wird sie dann mit der psychologischen Funktion des *Psychopompos*, des Seelenwegweisers identifiziert, der in der Jungschen Psychologie die Personifikation des „inneren Wegweisers" oder „Selbst" ist und als solcher die Wandlung und den Reifeprozeß der Persönlichkeit (Individuation) herbeiführt (siehe hierzu auch die Anmerkungen zum Brief [1119]).

[8] Offenbar bezieht sich Pauli hier auf einige Fehlinterpretationen, die M.-L. von Franz bei der Übersetzung der lateinischen Texte seines Kepleraufsatzes (1952a) unterlaufen waren. Vgl. die Briefe [1178, 1080 und 1095] und Panofskys Kritik (in seinem Schreiben an Pauli vom 12. Dezember 1953), als er diese Texte für die englische Übersetzung des Kepleraufsatzes überprüfte. Darüber hinaus gehörte M.-L. von Franz gemäß der Jungschen Einteilung zum gleichen psychologischen Typus wie Pauli, was nach Paulis Einschätzung zu gewissen Beziehungsproblemen führte (siehe den Brief an Jaffé vom 10/11. April 1953).

[9] A. Jaffé übernahm das Abschreiben von Paulis Manuskripten und Traumaufzeichnungen, die aus seiner Zusammenarbeit mit dem Jung-Institut hervorgingen (vgl. z. B. den Hinweis am Schluß des Briefes [1137]). Dank ihrer Sorgfalt bei dieser Tätigkeit sind uns viele Schriftstücke Paulis aus diesem Interessensbereich erhalten geblieben.

ANLAGE ZUM BRIEF [1190][1]

Aus meinen Notizen vom letzten Sommer über die geistesgeschichtliche Situation der deutschen Romantik[2]

Geistesgeschichtlich ist die Romantik eine Gegenbewegung gegen die Aufklärung. Dem verfälschten Bild des Altertums der letzteren (Winckelmann,[3] ästhetisierend) stellt erstere ein verfälschtes Bild des Mittelalters gegenüber.[4] Wesentlich ist, daß zwischen den beiden Einstellungen Aufklärung-Romantik kein Konjunktionsvorgang zustande kam. *Daher* der Rückfall in die animistische Naturbelebung: Das Reich des Mythus und die Natur (sowie die persönliche Anima) spiegeln sich in der Romantik zwar im „Selbst", aber *nicht* das rationale Bewußtsein der Zeit. Daher ist das Erlebnis des „Selbst" unvollständig, defekt.

Die Situation des verhinderten Konjunktionsvorganges ist gekennzeichnet im I-Ging als Zeichen Nr. 50 „Der Tiegel"

▬▬▬▬▬▬▬▬
▬▬▬   ▬▬▬
▬▬▬▬▬▬▬▬
▬▬▬▬▬▬▬▬
▬▬▬▬▬▬▬▬
▬▬▬   ▬▬▬

und zwar speziell „die Neun am 3. Platz".[5]

Die Romantik ist wie „jemand, der in einer Zeit hoher Kultur an einer Stelle sich befindet, wo er von niemand (hier: vom wissenschaftlichen Bewußtsein der Zeit) beachtet und anerkannt wird. Das ist für sein Wirken eine schwere Hemmung. Seine (der Romantik) guten Eigenschaften und Geistesgaben werden auf diese Weise nutzlos verbraucht."

Im Geistigen ist das Gegenstück der Verwerfung der Alltagswelt, das Fehlen einer bewußten Verbindung zwischen der Universalität des kollektiven Unbewußten (der Archetypen) und der Einmaligkeit des Gegenwartsbewußtseins. Man denke an den Gegensatz Schelling-Kant.[6] Ersterer ist spekulativ, ohne Beziehung zum naturwissenschaftlichen Experiment, letzterer fixiert dogmatisch die Voraussetzungen der Wissenschaft seiner Zeit als angebliche Voraussetzungen der menschlichen Vernunft schlechtweg. Durch diese Rationalisierung des „a priori" blieb damals in der Naturwissenschaft die Beziehung zu den Archetypen unbewußt.

Im goldenen Topf ist zwar die persönliche Anima und der naturhafte Mythus (= mythologisierte Natur = Reich Atlantis)[7] auf die unzerstörbare (= „goldene") Ganzheit bezogen, aber diese Ganzheit ist deshalb weiblich dargestellt, weil *die Beziehung der Ratio zu ihr unbewußt blieb*. Deshalb ist in der Romantik das Erlebnis der Ganzheit unvollständig.

Zusatz vom 3. Januar 1951:

Ein gewisser Einfluß von *Schelling* auf die Naturforscher scheint doch vorhanden gewesen zu sein. M. *Fierz* hat sich (im Zusammenhang mit einer wissenschafts-historischen Untersuchung über Elektrizitätslehre)[8] neuerdings etwas mit Schelling beschäftigt. Er schreibt über diesen u. a.:[9] „Schelling wollte die gesamten Naturwissenschaften als einen großen Organismus darstellen, der in 3 Stufen aufgebaut ist, die durch ,potenzieren' auseinander hervorgehen, und in dem die Polarität eine besondere Rolle spielt. Dabei sind Elektrizität und Magnetismus besonders bedeutungsvoll, und das paßt mir recht gut in meinen Kram. Aber das Ganze ist doch sehr ,deutsch', kann also wohl in England nicht sehr viel Erfolg gehabt haben ...."[10]

---

[1] Dieses im Nachlaß von A. Jaffé gefundene und mit einem Zusatz vom 3. Januar 1951 versehene Fragment gehört offensichtlich zu dem voranstehenden Brief [1190]. (Auch dieses Dokument legt die Umdatierung des Schreibens in das Jahr 1951 nahe.) Ein weiteres undatiertes Manuskript ähnlichen Inhalts aus dem *Pauli-Nachlaß* mit der Überschrift „Versuch einer Deutung des ,goldenen Topfes' als rein weibliches Symbol (wie der Graal)" dürfte diese „Notizen vom letzten Sommer" gewesen sein, die Pauli sich bei der Lektüre von Jaffés Studie (1950) angefertigt hatte. Siehe hierzu auch den Kommentar zum Brief [1337].
[2] Die hier geäußerten Auffassungen stehen im Zusammenhang mit Paulis Gedankenaustausch mit den Psychologen der Jungschen Schule und der von ihr geprägten Überzeugung von der Mitwirkung des psychologischen Hintergrundes bei der Entstehung unserer naturwissenschaftlichen Begriffe.
[3] Johann Joachim Winckelmann (1717–1768) gilt als Begründer der wissenschaftlichen Archäologie und Geschichte der alten Kunst, der in seinem 1764 veröffentlichten Hauptwerk über die *Geschichte der Kunst des Altertums* neue Maßstäbe für eine idealisierende Kunstbetrachtung gesetzt hatte. Besonders durch Goethes 1805 verfaßte Schrift über *Winckelmann und sein Jahrhundert* blieb das Interesse an Winckelmann auch in der folgenden Zeit lebendig.
[4] Siehe hierzu auch die Bemerkung über das verfälschte Bild vom Mittelalter in dem Brief [1146].
[5] Die folgende Passage ist zitiert nach Wilhelm [1923, S. 188].

[6] Friedrich Wilhelm Joseph von Schelling (1775-1854) ist der einflußreichste Vertreter dieser auch als *romantische Naturphilosophie* bezeichneten Richtung des frühen 19. Jahrhunderts. In seinen frühen Schriften vertrat Schelling zwar noch die auf Kant zurückgehende Vorstellung eines durch den Widerstreit der polaren Gegensätze von attraktiven und repulsiven Grundkräften dynamisierten Weltbildes; später hat er sie jedoch durch die eigene Vorstellung einer dreiteiligen Dialektik der Naturprozesse ersetzt. In seinen Vorträgen, Schriften und insbesondere auch in der von ihm 1800–1801 herausgegebenen *Zeitschrift für spekulative Physik* propagierte er einen der atomistischen Betrachtungsweise entgegengesetzten Standpunkt einer ganzheitlich-dynamistischen Naturauffassung, der zur Folge jedes Einzelne durch das Ganze (die Idee der Natur) im Voraus (a priori) bestimmt ist. Trotz ihrer Auswirkungen auf die von der Vorstellung eines Zusammenhangs aller Naturkräfte geleiteten Entdeckungen der damaligen Physik gerieten Schellings Lehren bei den neu aufkommenden rational-empirisch eingestellten Naturforschern bald in Mißkredit. Siehe hierzu auch Paulis Bemerkung in seinem Brief [1151].

[7] Pauli bezieht sich hier auf die durch A. Jaffé (195) durchgeführte Untersuchung von E.T.A. Hoffmanns Märchen *Der goldene Topf*, in dem die Entrückung des Studenten Anselmus nach überwundener Ängste in das Land immerwährender Seligkeit Atlantis geschildert wird.

[8] Fierz (1951b).

[9] In der erwähnten Schrift (1951b) ist Schelling nicht genannt. Möglicherweise zitierte Pauli hier aus einem verschollenen Brief. Fierz kann sich jedoch nicht an eine Beschäftigung mit Schelling erinnern.

[10] An dieser Stelle bricht das Manuskript ab.

[1191] SOMMERFELD AN PAULI

München, 6. Januar 1951

Lieber Pauli!

Ihr Brief vom 23. V.[1] liegt noch immer unbeantwortet bei mir. Auch habe ich versäumt, Ihnen zu Ihrem 50. Geburtstage zu schreiben. (Leider werde ich nicht in der Lage sein, dies bei Ihrem 60. Geburtstag nachzuholen!)[2] Dafür haben Sie mir nicht den Empfang meines Bandes Optik[3] bestätigt. Wir wollen der Einfachheit halber die Versäumnisse gegenseitig kompensieren.

Auf die Gefahr hin, Sie damit zu langweilen, will ich ein paar Worte über Unipolar-Induktion hinzufügen.[4] Mit Ihren Feststellungen bin ich vollkommen einverstanden: Nicht-Verschwinden der Raumdichte ρ außer bei reiner Translation, Allgemeingültigkeit Ihrer Grenzbedingungen betreffend E^x, H^x, die ich übrigens auch in meinem Buch nirgends geleugnet habe.[5] Aber ich möchte das besondere Interesse betonen, das gewisse „quasistatische Probleme" beanspruchen können, bei denen nichts anderes passiert, als daß ein Rotationskörper in sich bewegt wird. Dahin gehören außer der Unipolar-Induktion der Röntgen- und auch der Rowlandstrom. Dann vereinfachen sich die Grenzbedingungen, es gilt: E_{tang} stetig, H_{tang} ebenfalls bis auf einen durch den Rowlandstrom hervorgebrachten Sprung.

Ein sehr guter Schüler von Bopp, namens Samelson, hat das Problem nach den Regeln der allgemeinen Relativitätstheorie sauber angepackt, natürlich unter Streichung aller Gravitations-Effekte und β^2-Glieder, zunächst für die homogene Metallkugel. Die Stromfreiheit im Inneren der Kugel wird vorausgesetzt, die Ladungsfreiheit *nicht*. Da das rotierende Polarkoordinaten-System vierdimensional nicht orthogonal ist, muß man zwischen kovariant und kontravariant unterscheiden. Es ergibt sich eine Lösung, die allen Grenzbedingungen und Differentialgleichungen genügt und ganz einfach aussieht. Es scheint mir nicht überflüssig zu sein, darüber zusammen mit Samelson kurz etwas zu publizieren.[6]

Einstweilen sitze ich an meinem letzten Vorlesungsbande[7] und muß mich oft des Dictums von Stern erinnern, „daß Sie *auch* nichts von Thermodynamik verstehen".[8]

Möge das neue Jahr uns und der Welt gnädig sein![9]

Ihr getreuer   A. Sommerfeld

---

[1] Wahrscheinlich bezieht sich Sommerfeld auf den Brief [1114], der allerdings am 24. Mai 1950 datiert wurde.

[2] Siehe hierzu die Bemerkungen über Paulis 50. Geburtstag in den Briefen [1104 und 1114].

[3] Sommerfeld [1950]. Für diesen Band hatte Pauli jedoch eine sehr wohlwollende Besprechung in der *Zeitschrift für angewandte Mathematik und Physik* **2**, 215 (1951) eingereicht.

[4] Siehe hierzu Band **III**, S. 596f.

[5] Vgl. Sommerfeld [1948/64, S. 267ff.]. Dort auf S. 269 wird in diesem Zusammenhang auch auf Paulis Encyklopädie-Artikel verwiesen.

[6] Zu einer solchen gemeinsamen Publikation mit Samelson kam es nicht mehr, weil Sommerfeld am 26. April 1951 an den Folgen eines Verkehrsunfalls starb (siehe hierzu die Angaben zum Brief [1230]).

[7] Sommerfeld [1952]. Dies Fertigstellung dieses Bandes erlebte Sommerfeld nicht mehr. Er wurde jedoch von seinem Nachfolger auf dem Münchener Lehrstuhl für theoretische Physik Fritz Bopp und seinem ehemaligen Aachener Schüler Josef Meixner im November 1952 fertiggestellt.

[8] Siehe hierzu die Bemerkungen in der Sommerfeld-Biographie von Benz [1975, S. 191f.]. Durch die Weglassung von Sterns Namen wird allerdings das auf S. 192 wiedergegebene Zitat entstellt.

[9] Sommerfelds skeptische Bemerkung bezieht auf die infolge der Zuspitzung des Korea-Krieges und den am 16. Dezember 1950 in den U.S.A. durch Truman ausgerufenen nationalen Notstand aufkommende Befürchtung vor dem Ausbruch eines neuen Krieges. Siehe hierzu auch die Anmerkung zum Brief [1158].

[1192]   JUNG AN PAULI[1]

Bollingen, 13. Januar 1951
[Maschinenschriftliche Durchschrift
mit handschriftlichen Zusätzen]

Sehr geehrter Herr Professor!

Sie haben mich zu besonderem Dank verpflichtet dadurch, daß Sie mir Mut gemacht haben. Wenn ich in den Bereich des physikalischen bzw. mathematischen Denkens sensu strictiori komme, dann hört für mich die Faßbarkeit des Begriffes auf; es ist wie wenn ich in einen bodenlosen Nebel träte. Dieses Gefühl rührt natürlich daher, daß ich die physikalische respektive mathematische Beziehung meines Begriffes nicht sehe, die Ihnen aber wohl sichtbar ist. Ich könnte mir denken, daß Ihnen aus ähnlichen Gründen der psychologische Begriff undeutlich erscheint.

Was nun den *engeren und weiteren Sinn des Synchronizitätsbegriffes*, den Sie mir so richtig auseinandergelegt haben, anbelangt, so erscheint es mir, als ob die Σ (Synchronizität in Abkürzung) im engeren Sinn nicht nur durch den Aspekt der archetypischen Bedingung, sondern auch durch den der Akausalität charakterisiert sei. Wohl kennzeichnet der Archetypus die psychischen und halbpsychischen Σ-Fälle, aber ich frage mich, ob nicht die „Anomalie" des sog. Kausalgesetzes, eben die Akausalität, nicht ein allgemeineres Kennzeichen oder eine superordinierte Bestimmung sei als die in psychischen und halbpsychischen Σ-Fällen eruirbare archetypische Grundlage. Letztere kann ja nur durch Introspektion als vorhanden festgestellt werden, bleibt aber dem Außenstehenden verborgen, solange ich ihm meine Beobachtung nicht mitteile. Ersterer kann, wenn ich ihm meine Einsicht vorenthalte, nur ein akausales So-sein feststellen, dies namentlich in jenen Fällen, wo das archetypische tertium comparationis nicht auf der Hand liegt (wie z. B. im Skarabäus-Fall).[2] Wie ich nämlich seinerzeit mit der Psychologie des Wandlungssymbols in der Messe, von der Alchemie herkommend, beschäftigt war,[3] ereignete es sich, daß eine Schlange einen Fisch zu verschlingen suchte, der zu groß für sie war. Sie erstickte infolgedessen. Fisch ist die andere eucharistische Speise, deren sich in diesem Fall nicht ein Mensch, sondern der chtonische Geist, der serpens mercurialis, bemächtigt. (Fisch = Christus, Schlange = Christus und weibliches Dunkelheitsprinzip). Ich war damals in der Lage des außenstehenden Beobachters, der *nur* die Koinzidenz, nicht aber die gemeinsame archetypische Grundlage feststellen konnte, d. h. ich verstand nicht, wieso die Schlange mit der Messe korrespondierte. Ich empfand aber den Fall aufs stärkste als sinngemäße Koinzidenz, d. h. als ein keineswegs belanglose So-sein. In diesem Fall ist das einzige Kennzeichen das akausale Vorhandensein und eben dieses hat mich in solchen und ähnlichen Fällen auf den Gedanken gebracht, daß die Akausalität die allgemeinere Bestimmung sei, während der Archetypus ein Kennzeichen darstelle, das man sozusagen gelegentlich dort konstatieren kann, wo, fast zufälligerweise, eine Einsicht möglich ist. Wenn es nun sogar im psychischen Bereich „undurchsichtige" Σ-Fälle gibt, so sind sie im halbpsychischen oder im physischen Bereich noch wahrscheinlicher. Mit anderen Worten, es dürfte sich dann herausstellen, daß der allgemeine Fall das akausale So-sein ist, während die Σ den casus particularis eines „durchschauten" So-seins darstellt.

Ich kann das Argument aber auch umdrehen und sagen: die Introspektion belehrt mich, daß für die Σ der Archetypus kennzeichnend ist, d. h. die Σ ist derjenige besondere Fall der Akausalität, in welchem der Archetypus als die (transzendentale) Grundlage erkannt werden kann. Diese Erkenntnis ist darum möglich, weil sich der akausale Fall (zufälligerweise) im psychischen Bereich ereignet, wo durch Introspektion etwas von innen erkannt werden kann, was im halbpsychischen Bereich weniger und im physischen überhaupt nicht möglich ist. Bei der nur psychoiden (d. h. transzendentalen) Natur des Archetypus ist sein bloß physisches Vorkommen keineswegs ausgeschlossen. Er kann daher ebensowohl die Grundlage der rein psychischen, wie der halbpsychischen Σ und der physischen Akausalität überhaupt sein. Die alte Lehre der creatio continua und der correspondentia erstreckte sich ja über die ganze Natur und betraf keineswegs nur das Psychische.

Ich *stimme* durchaus mit Ihnen überein, daß die Σ des psychischen Bereiches von den Diskontinuitäten der Mikrophysik *begrifflich* getrennt werden muß. Die Frage steht aber offen, ob man den Tatbestand der psychischen Σ, d. h. das archetypische Kennzeichen eine allgemeinen Akausalität subsumieren, oder letztere der universalen Geltung des Archetypus unterordnen soll. In letzterem Falle entstünde ein platonisches Weltbild mit einem mundus archetypus als Vorbild; in ersterem Falle erschiene die Σ mit ihrem archetypischen Kennzeichen als eine psychische „Anomalie" der allgemeinen Kausalität, wie auch die Akausalität als physische Anomalie derselben gelten müßte.

Ihr Gedanke, daß dem Archetypus der Wahrscheinlichkeitsbegriff der Mathematik entspricht, war mir sehr erleuchtend. Tatsächlich stellt der Archetypus nichts anderes als die Wahrscheinlichkeit des psychischen Geschehens dar. Er ist gewissermaßen das bildlich vorausgenommene Resultat einer psychischen Statistik. Man sieht dies wohl am besten in der Tendenz des Archetypus, sich immer wieder herzustellen und zu bestätigen. (Vergleiche die Wiedereinsetzung einer Göttin im christlichen Olymp!)

Ich bin natürlich sehr erfreut darüber, daß Sie Neigung bekunden, die Erweiterung des Σ-Begriffes ernstlich in Betracht zu ziehen. Sie haben unter diesen Umständen alles Recht für sich, wenn Sie eine neue Fassung des Archetypus-Begriffes fordern. Mir scheint, daß der Weg zu diesem Ziel über die Analogie Archetypus – Wahrscheinlichkeit führt. Physisch entspricht die Wahrscheinlichkeit dem sog. Naturgesetz, psychisch dem Archetypus. Gesetz und Archetypus sind beides modi und abstrakte Idealfälle, welche in der empirischen Wirklichkeit jeweils nur in modifizierter Weise vorkommen. Dieser Auffassung entspricht meine Definition des Archetypus als „pattern of behaviour".[4] Während nun aber in den Naturwissenschaften das Gesetz ausschließlich als aus der Erfahrung abgeleitede Abstraktion erscheint, begegnen wir in der Psychologie einem schon fertigen, nach allem Ermessen a priori vorhandenen Bild, das spontan z. B. in Träumen auftritt und eine autonome Numinosität besitzt, wie wenn Jemand schon im Voraus mit Autorität erklärt hätte: „Was jetzt kommt, ist von großer Bedeutung". Dies scheint mir in eklatantem Gegensatz zu dem a posteriori-Charakter des Naturgesetzes zu stehen. Wäre dem nicht so, so müßte man annehmen, daß schon immer das Bild z. B. der Radioaktivität vorhanden gewesen wäre, und daß die wirkliche Entdeckung derselben nur ein Bewußtwerden dieses besonderen Bildes darstellen würde. Die Art und Weise, wie Sie das Bild des Lapis handhaben, legt mir die Frage nahe, ob nicht am Ende die den Lapis begleitenden Symbole, wie z. B. die multiplicatio tatsächlich auf eine dem Physischen wie dem Psychischen gemeinsame, transzendentale Grundlage hinweisen. Obschon also es allen Anschein hat, als ob die Radioaktivität und ihre Gesetze ein a posteriori Erkanntes wäre, so besteht doch eine prinzipielle Unmöglichkeit, zu beweisen, daß das Naturgesetz im Grunde genommen auf etwas toto coelo Anderem als auf dem, was wir in der Psychologie als Archetypus bezeichnen, beruht. Denn schließlich ist ja das Naturgesetz, unbeschadet seiner offenkundigen empirischen Herleitung immer auch eine psychische Gestaltung und hat nolens volens seinen Ursprung ebensosehr in den psychischen Voraussetzungen. Unter diesen Umständen würde die Analogie zwischen dem Archetypus und den von ihm ausgehenden Konstellationswirkungen einerseits und den Wirkungen des aktiven Kerns auf seine Umgebung andererseits etwas mehr bedeuten als eine bloße Metapher, und der psychische Wandlungsprozeß wäre, wie Sie hervorheben, die eigentliche Entsprechung zur Radioaktivität.

Ich werde nun daran gehen, mein Manuskript im Sinne unserer Vereinbarungen zu ergänzen und hoffe, daß es mir gelingen wird, mich verständlich auszudrücken.

Indem ich Ihnen nochmals meinen besten Dank für Ihr freundliches und hilfreiches Interesse ausspreche, verbleibe ich mit freundlichen Grüßen

Ihr ergebener C. G. Jung

[1] Ebenfalls bei Meier [1992, S. 70–73] abgedruckt.
[2] Das Erlebnis mit dem gleichzeitigen Auftreten eines goldenen Skarabäus im Traumbericht einer seiner Patientinnen und eines ihm verwandten Rosenkäfers in seiner Praxis wurde von Jung häufig als Paradebeispiel eines synchronistischen Phänomens erwähnt. Vgl. Jung [1952/90, S. 26].
[3] Jung (1941).
[4] Diesen Terminus hatte Jung z. B. auch in seiner Synchronizitätsarbeit (1952/90b, S. 25) benutzt.

[1193] Dyson an Pauli

Birmingham, 16. Januar 1951

Dear Professor Pauli!

I have to thank you for two letters, one congratulating us on our marriage and one about physics.[1] Both letters were very welcome and warmly appreciated. Especially I thank you for taking the trouble to read through Heisenberg operators I,[2] a paper which, as Oppenheimer once said in a seminar, is easier to write than to read. Your second letter crossed the Atlantic twice and that is why I have not answered it sooner. I came back to England in December.

Now to answer in detail the points you raise in your second letter.

First, about these words "incidentally it will appear". The meaning of these words was that I had a program for escaping partially from the expansion in powers of the interaction, but I was only about 90% sure that it would work, and therefore I did not make any definite claims. Now in the last few days I have become 100% sure it will work (with the help of Salam)[3] and so I shall publish at once a short introductory paper explaining the main ideas of the method; a copy of this paper is enclosed.[4] This paper is a general guide to "the series" of mathematical papers which will be written in due course.[5]

I agree with you that the renormalization of the Heisenberg operators is a rather obvious business, which could hardly go wrong, and always I considered the chief application of my new technique would be to construct the "intermediate representation." I have shifted the emphasis accordingly in the later papers of the series.

You will be able to judge for yourself the extent to which I have really improved the convergence of the perturbation theory by expanding in powers of the high-frequency part of the interaction only. Of course it is still an expansion in powers of e.

The following analogy has been all the time in my mind. Suppose V is an interaction energy (for example a phenomenological potential-function or something of that kind in elementary quantum theory) which is really *bounded* so that

$$\Psi^* V \Psi < M(\Psi^* \Psi)$$

for all states Ψ. Than we consider the transformation operator

$$S(t) = P\left[\exp\frac{i}{\hbar} \int_{-\infty}^{t} g(t - t')V(t')dt')\right]$$

with a cut-off factor g. The series expansion of $S(t)$ is then majorised term-by-term by the series

$$\exp\left[M \int_{-\infty}^{t} g(t - t')dt')\right] = \exp[MT]$$

where T is the characteristic time expressing the "duration" of the function g. Therefore the series expansion of $S(t)$ is absolutely convergent. But, if we omit the cut-off factor $g(t - t')$, and $S(t)$ is the ordinary transformation operator, then $S(t)$ is not in general convergent even for a very weak smooth potential V. Therefore in this case the cut-off $g(t - t')$ is decisive in making the series expansion convergent.

Now in a field-theory, the interaction V is not bounded, because of the high-frequency divergences. So the above analogy does not prove anything directly. But I have the feeling that the physical situation is not really altered in passing from the bounded potential V to a field theory. It seems that in field theory the divergent high-frequency part of the interaction is completely compensated by renormalizations, leaving physically effective only a low-frequency interaction operator which is bounded. This argument strongly suggests (but does not prove) the following statement. The expansion in powers of the coupling constant of operators in the intermediate representation, after all renormalizations have been carried out, is a series converging like an exponential.

I should be very glad to know whether you agree with the general point of view expressed in the short enclosed paper. I am sorry the print is so illegible in places.

Second, you object to my statement that the analysis of operator products does not depend explicitly on defining a vacuum state of the fields. Here I do not quite agree with your objection. The replacement rules $\psi(x)\bar{\psi}(x') \to -iS^+(x - x')$ etc. are derived from the commutation relations of the fields *only*. Therefore the expansions of operator products are correct identities, not depending on the kind of state we are concerned with. You are right, of course, in saying that the motivation for using expansions of this kind *does* derive from the fact that the matrix elements of the elementary emission and absorption operators are defined by reference to a vacuum state. Therefore we must know something about the vacuum state before we can *use* the expansions.

With all good wishes for 1951 from both of us, and again many thanks,

Yours sincerely   F. J. Dyson

---

[1] Nur der physikalische Brief [1185] ist erhalten. In seinem Schreiben [1152] an Fierz hatte Pauli jedoch die Heiratsanzeige erwähnt, die er Anfang September 1950 von Dyson erhalten hatte.

[2] Dyson (1951a).

[3] Auf Salams Anregung hat Dyson in einer Anmerkung zu seiner Veröffentlichung (1951d, S. 398) hingewiesen. Siehe hierzu auch den Kommentar zum Brief [1111].

[4] Diese dem vorliegenden Brief beigefügte Abhandlung von Dyson (1951d) war am 23. Januar 1951 bei der Zeitschriftenredaktion eingegangen.

[5] Siehe hierzu auch die Darstellung bei Schweber [1994, S. 564f.].

[1194] Sommerfeld an Pauli

München, 16. Januar 1951

Lieber Pauli!

Es war sehr nett von Ihnen, daß Sie mir erst schreiben wollten, wenn Sie in meiner Optik weiter gelesen hätten. – Also von „Compensation" kann keine Rede sein. Was Sie mir jetzt schon geschrieben haben, hat mich natürlich gefreut. Übrigens schließt das Buch mit einem nochmaligen energischen Hinweis auf die Compensation: ‚Das Auge „sieht" keine Wellen‘.

Ich will nicht aufdringlich sein; aber, wenn Sie wirklich das Buch genauer lesen, wollen Sie dann nicht vielleicht für eine Schweizer Zeitschrift eine kurze „Besprechung" schreiben?[1] Mein Verleger würde froh darüber sein, weil er mit meinen anderen Bänden wegen der Ost-Konkurrenz schlechte Geschäfte gemacht hat. Die Helvetica Physica Acta bringen wohl keine Besprechungen? Aber vielleicht eine Lehrerzeitschrift.

Mit Samelson haben Sie recht. Sein Bruder, Topologe, ist jetzt Mathematik Professor in Ann Arbor.[2] Er möchte am liebsten auch dahin, was ich begreife.

Herzlich Ihr   A. Sommerfeld

Grüßen Sie Stern[3] und Ihre Frau! Die kleine Emden-Tocher,[4] die bei Ihnen war, ist jetzt Frau Bernaskoni (Mitarbeiterin bei Brown-Boveri) und Mutter.

[1] Siehe Paulis Rezension (1951a) von Sommerfelds *Optik*.

[2] Siehe hierzu auch den Brief [1191].

[3] Otto Stern war damals zu Besuch in Zürich (vgl. die Bemerkung im Brief [1199]).

[4] Es handelte sich um die Tochter des mit Sommerfeld befreundeten Münchener Physikers Robert Emden (geb. 1887), der 1907 in seinem Werk *Gaskugeln* die thermodynamische Behandlung astrophysikalischer Probleme begründete. Pauli hatte ihn während seiner Studienzeit in München kennengelernt.

[1195] Pauli an Born

Zollikon-Zürich, 21. Januar 1951

Lieber Herr Born!

Vielen Dank für Ihren Brief, der mich sehr interessiert hat. Allerdings fürchte ich, daß Sie von meiner Antwort sehr enttäuscht sein werden, da ich nämlich mit Ihrem Vorschlag gar nicht einverstanden bin, so gut gemeint er auch sein mag. Denn:

1. In Rußland und anderen diktatorisch regierten Ländern gibt es nur staatlich abgestempelte, oder was dasselbe ist, Parteigesellschaften. Die Moskauer Regierung duldet nicht, daß russische Gelehrte in anderen Gesellschaften Mitglied sind und ist auch in anderen Ländern vollkommen ablehnend gegen alles, was nicht den roten Parteistempel trägt. Es scheint mir deshalb von vornherein festzustehen, daß Vereine oder Gesellschaften, in denen russischen Gelehrten die Mitgliedschaft erlaubt würde, eo ipso für die Erhaltung des Friedens wertlos sein müßten. Deshalb billige ich auch ganz Einsteins Ablehnung eines „offenen Briefes".[1]

2. Während meines Aufenthaltes in Amerika im letzten Winter suchte ich lange eine Möglichkeit, eine gewisse Opposition gegen Militarismus, staatliche Konformitäts-Gesinnungsschnüffelei und gegen den Mißbrauch der internationalen Wissenschaft für nationale und destruktive Zwecke [auszuüben], ohne dabei jedoch als „Roter" abgestempelt zu sein. (Im Gegenteil ist ja das, was „rot" abgestempelt ist, in die Objekte meiner Opposition mit eingeschlossen.)

Da fand ich dann jene kleine Gruppe der „Society for Social Responsibility",[2] die meinen Wünschen entsprach um so mehr, als sie die Wichtigkeit der *individuellen* Verantwortlichkeit in den Vordergrund rückt und von jeder Stellungnahme zu sozialen Programmen absieht. (Ein Beitritt russischer Gelehrter in diese Gruppe wäre meines Erachtens auch deshalb durchaus unerwünscht, weil diese „Society" dann *doch* als „rot" abgestempelt wäre, was eben vermieden werden muß.) Mein Beitritt in diese „Society" sollte auch ein Kompliment sein vor jenen (gar nicht so wenigen) Individuen, deren Namen der Öffentlichkeit unbekannt bleiben und die wenigstens innerlich und zum Teil auch äußerlich in ihrem Leben unabhängig von jeder Frage des Erfolges an anderen Werten festhalten als denjenigen, die von den großen Politikern und den Zeitungen heute in allen Ländern als die einzig möglichen und wahren vorausgesetzt oder sogar gepriesen werden. Mit der Erwartung eines *Erfolges* hat mein Beitritt in diese Society gar nichts zu tun.

3. Meine pesönliche Einstellung zu der ganzen Ost-West-Terminologie ist die, daß sie auch in diesem tieferen Sinne so unsinnig ist wie die Frage, *welche* Hälfte einer durch einen Meridian in zwei gleiche Hälften geteilten Kugel als Westen und welche als Osten zu bezeichnen ist.[3] Was wir heute brauchten, wäre eine Synthese zwischen ostasiatischer Weisheit und abendländischer aktiver, auf naturwissenschaftliche Einsicht gegründeter Tendenz zur Beherrschung der Natur. Aus diesem Grunde fühle ich, daß ich woanders stehe als der große Lärm, daß mich die Diskussionen über defensive und offensive, über die relative Stärke von „Westen" und „Osten" (soll man nicht lieber sagen von „Teufel" und „Belzebub"?) nicht berühren, nichts angehen – ja, daß ich moralisch bereits verloren wäre, wenn ich mich überhaupt auf eine solche Terminologie (wie Sie sie auch am Beginn Ihres Briefes gebrauchen) einlassen würde.

Eben diese Haltung des einsamen Wanderers zwingt mich aber zu einer weitgehend passiven Zuschauerhaltung der Öffentlichkeit gegenüber: Meine Wirkung soll darin bestehen, was ich *lebe*, woran ich *glaube* und auch welche Ideen ich mehr oder weniger direkt zu einem kleineren Kreis von Schülern und Bekannten verbreite – nicht aber darin, daß ich in der großen Öffentlichkeit das Wort ergreife. Deshalb möchte ich es auch vermeiden, irgendwelche „offenen

Briefe" zu unterzeichnen. (Ich will nicht gerade ein „absolutes Prinzip" daraus machen, habe aber eine starke Aversion gegen öffentliches Auftreten.)

Ich weiß wohl, daß mein Standpunkt extrem individualistisch, extrem „passiv" und sicher nicht der einzig mögliche ist. Mit Niels Bohr, der auch ebenso wie wir an der Erhaltung des Friedens interessiert ist, hatte ich einen Briefwechsel über ähnliche Fragen. Er hat, anders als ich, den Wunsch, sich in der Öffentlichkeit um den Frieden zu bemühen.[4]

Was mich lähmt, ist ein Gefühl der Beziehungslosigkeit zu den kollektiven Meinungen und Werten unserer Zeit: Gegen die Politiker, Zeitungen etc. kann ich kaum durch *direkte* Wirkung aufkommen; würde ich wirklich ‚to the point' reden, würde ich doch nicht verstanden (außer vielleicht vom indischen Ministerpräsident Nehru).

Sonst geht es recht gut. In der Physik habe ich immer noch keine neuen Ideen, interessiere mich aber sehr für Fröhlichs Theorie der Supraleitung,[5] von der ich – wenn ich nicht irre – zum ersten Mal in einem Brief von Ihnen gehört habe. Wentzel hat einen Einwand gegen die Anwendbarkeit der Störungstheorie in dem Fall, der nach Fröhlich zur Supraleitung führen soll, aber dieser Einwand betrifft nicht so sehr die zu Grunde liegende physikalische Idee als vielmehr die mathematische Durchführung der Fröhlichschen Theorie. Es bleibt da noch Vieles zu tun, aber die Sache sieht recht hoffnungsvoll aus.

Viele Grüße von Haus zu Haus   Stets Ihr W. Pauli

---

[1] Einstein lehnte ebenso wie Pauli eine Beeinflussung der öffentlichen Meinung durch die von Bohr gewählte Form eines „offenen Briefes" ab.

[2] Diese *Society for Social Responsibility in Science* wurde damals von Wissenschaftlern gebildet, die sich weigerten, an Forschungen mit direkter militärischer Anwendung teilzunehmen. Siehe hierzu auch Paulis Bemerkungen in seinem Schreiben [1120] an Bohr.

[3] Diese Formulierung des Ost-West-Konfliktes findet man auch im Brief [1228].

[4] Vgl. hierzu Paulis Brief [1158] und Bohrs Antwort [1187] vom 23. Dezember 1950.

[5] Fröhlich (1950, 1951).

[1196] Pauli an Dyson

Zürich, 22. Januar 1951

Dear Dyson!

Many thanks for your new manuscript with letter (and Errata),[1] which I read not only with interest but with some excitement. It seems that I have to write to you now a third letter congratulating you to physics. The division of the whole interaction into a low frequency and a high frequency part, from which only the latter is developed into a power series of the coupling parameter (charges) seems to me very natural and very promising indeed.

There is one question of principle left in this connection, which you will probably easily be able to answer, regarding the renormalization technique. It seemed to me always until now that the difficulty of avoiding the development in power series is lying in the connection of the renormalization (even its definition!) with this particular development. Now in your new intermediate representation there must be a renormalization also in the low frequency part (though possibly a finite one) and the question arouses whether it can be carried through consistently without using the power series development.

I believe it quite possible that it can actually be done, but I am not sufficiently familiar with this technique to foresee how the renormalization business will work in the low frequency part of the intermediate representation. I would therefore appreciate it very much to get a word from you about that. I also wonder how the $H'(t)$ and H' (p. 4), which are supposed to be finite, will actually look like.

On the other hand I am not all too severe regarding the formal lack of Lorentz-invariance and gauge-invariance in the intermediate representation.

I earnestly hope that the realization of your new program will lead to further ideas regarding the role of the masses of "elementary" particles in the quantized field-theories. An improvement and above all a simplification of the mathematical basis of a theory (and it would be such a simplification to make the renormalization independent of a power series development of the *whole* interaction) often also suggests new physical ideas.

It is unnecessary to come back to this other question regarding the use of the vacuum in HOI,[2] discussed at the end of your letter, as there is agreement now between us about it. The actual shifts of the absorption-operators to the right of the emission-operators in the 'normal-products' is of course requiring an explicit division of the ψ's and $\bar{\psi}$'s into a positive and a negative frequency part – and after that there is nothing left any longer for me to ask.

Looking forward now with some tension to the things to come
as always
$\hspace{8cm}$ Yours W. Pauli

Best regards to Peierls also.

[1] Es handelte sich um das Manuskript von Dyson (1951d), das Pauli zusammen mit seinem letzten Brief [1193] erhalten hatte.
[2] Die Bezeichnung *HOI* hatte Dyson für seine Publikation (1951a) eingeführt.

Bei Jung und dessen Mitarbeitern begann Pauli zunehmend die Rolle eines selbst-ernannten „naturwissenschaftlichen Patrons des Institutes"[1] zu spielen. Zu Weihnachten 1950 war es ihm endlich gelungen, als Naturwissenschaftler sogar Zutritt zu Jungs engerem Kreis zu erhalten, wie er nach einem Nachtessen in Jungs Hause Fierz voller Zufriedenheit berichtete [1188]: „Ich hatte das Gefühl, das Zauberwort *Physik* hätte mir einen Zugang verschafft in das für Männer im allgemeinen unzugängliche *Schloß*, wo das Dornröschen (genannt *analytische Psychologie*) sonst nur von einem Harem gepflegt wird." Immer enger wurden auch seine Beziehungen zu Jungs weiblichen Mitarbeitern, wie der jetzt stark zunehmende Briefwechsel mit Marie-Louise von Franz und Aniela Jaffé erkennen läßt.[2] Zusammen mit seinen Briefen schickte Pauli ihnen auch seine Trau-maufzeichnungen, um Anregungen zu ihrer psychologischen Deutung zu erhalten.[3]

Mit seiner Kepler-Studie hatte Pauli bereits einen ersten substanziellen Beitrag zum Programm der Jungschen Schule geleistet.[4] An diesem historischen Beispiel aus dem Bereich der exakten Naturwissenschaften sollte die Wirksamkeit der Archetypen aufgezeigt werden.

Ähnliche Themen wurden aber auch von Jung und seinen anderen Mitarbeitern behandelt. Immer dort, wo Mythen, Märchen oder intensive Traumerlebnisse eine freie Entfaltung der Phantasie und eine stärkere Beteiligung des Unbewußten erwarten ließen, bot sich eine willkommene Gelegenheit zur Untersuchung der anordnenden Wirkung der Jungschen Archetypen dar. Jung selbst hatte sich im Rahmen seiner alchemistischen Studien ausführlich mit dem Werk des Abenteurers und Wundertäters Paracelsus (1494–1541) befaßt.[5] In dem vorangehenden Briefwechsel hatten wir bereits die von Jungs Ehefrau Emma bearbeitete Graalslegende [1156 und 1167] und Aniela Jaffés Deutung des Märchens vom *Goldenen Topf*[6] kennengelernt.

Eine Schlüsselfigur für ein Verständnis der Entstehung der naturwissenschaftlichen Methode und des darauf gestützten Weltbildes ist aber Descartes, der als Vertreter eines absoluten Determinismus[7] für die Spaltung (Dissoziation) der zuvor noch ganzheitlichen Naturauffassung in zwei getrennte Sektoren verantwortlich gemacht wird.[8] Die damals vollzogene Abtrennung der objektiven Außenwelt vom inneren seelischen Erleben hat Pauli als die für die moderne Naturwissenschaft charakteristische Entseelung der Natur [1197] mit den ihr innewohnenden Gefahren bezeichnet. Aus der Sicht der Jungschen Psychologie birgt aber eine solche einseitige Hinwendung zur Ratio unter Vernachlässigung des unbewußten Hintergrundes große Gefahren für den Einzelnen ebenso wie für die Menschheit als Ganzes. In einem langen Jung gewidmeten Schreiben mit der Überschrift *Aussagen der Psyche*[9] hat Pauli sich eingehend mit dieser Fragestellung auseinandergesetzt und insbesondere die Psychose und die atomare Bedrohung in unserer Zeit als solche zerstörerische Wirkungen des abgetrennten Unbewußten angeführt. „Nur eine *chthonische*, instinktive Weisheit," ein wieder näheres Zusammenrücken der Pole der Gegensatzpaare könne die Menschheit vor dem Untergang bewahren.[10]

Vor diesem Hintergrund waren die von Marie-Louise von Franz jetzt näher untersuchten Traumerlebnisse des 23jährigen Descartes,[11] als dieser während einer kalten Winternacht des Jahres 1619 in einer schwäbischen Bauernstube logierte, für Pauli äußerst aufschlußreich. Die auch in der Literatur ausführlich dargestellten Träume gewinnen aus dieser Sicht nicht nur für die künftige Entwicklung des Gelehrten, sondern auch für die durch ihn begründete naturwissenschaftliche Denkweise ein ausschlaggebendes Gewicht.

Nachdem Pauli das ihm von M.-L. von Franz Anfang Dezember 1951 übergebene Manuskript mit dem Titel *Der Traum des Descartes* studiert hatte [1325], war er von dem Ergebnis tief beeindruckt. Er stellte viele Parallelen zu seinen eigenen Träumen und zu den Gedanken fest, die er bereits 1948 in seiner *Hintergrundsphysik* beschrieben hatte. Besonders der durch von Franz' nahegelegte Zusammenhang zwischen dem von Descartes im Traum erlebten Wirbelsturm und seiner späteren Wirbeltheorie der Planetenbewegungen bezeichnete Pauli in seinem anschließenden Kommentar[12] als „ein Glanzbeispiel für die Hintergrundsphysik" seines früheren Aufsatzes.[13] Das Fehlen der *anima mundi* und damit die Verlagerung der Gefühlsfunktion ins Unbewußte „auf Kosten der älteren mehr symmetrischen Ganzheitsauffassung" [1364] bei Descartes und seinen Zeitgenossen bewertete Pauli hier als eine allgemeine Erscheinung des 17. Jahrhunderts, die das mechanistische Weltbild der Physik hervorgebracht habe [1278].

---

[1] Diese Bezeichnung wählte Pauli in seinem kritischen Schreiben vom 22. Juli 1956 an den Präsidenten des C. G. Jung-Institutes. (Abgedruckt in Meier [1992, S. 207–209].)

[2] Im vorliegenden Band erreicht dieser psychologische Briefwechsel einen Höhepunkt, indem er nahezu ein Drittel des gesamten Briefwechsels einnimmt.

[3] Im Anhang 7c findet man eine Liste dieser Träume mit Hinweisen auf die betreffenden Briefe, denen sie beigefügt waren.

⁴ Siehe hierzu den Kommentar zum Brief [1217].

⁵ Vgl. die in Jungs *Gesammelten Werken*, Band **13** und **15** abgedruckten Aufsätze über Paracelsus.

⁶ Siehe hierzu den Hinweis auf die entsprechenden Briefe im Kommentar zum Brief [1137].

⁷ Siehe hierzu auch die von Pauli sehr geschätzte Darstellung durch B. Russell [1961, S. 551].

⁸ Siehe hierzu insbesondere Paulis Kommentar zu von Franz' Descartes-Studie in der Anlage zum Brief [1328].

⁹ Das am 23. Oktober 1956 datierte Dokument ist auch bei Meier [1992, S. 133–151] abgedruckt.

¹⁰ Vgl. hierzu die im Anhang zum Brief [1200] enthaltene Bemerkung Paulis zu seinen Träumen aus dem Jahr 1948. – Die Psychologin Eva Wertenschlag-Birkhäuser (1995a, S. 92) spricht in diesem Zusammenhang von einem allgemeinen Problem des modernen Menschen, der den ihm durch seine Instinkte und das Ahnenwissen vermittelten Zugang zum inneren Kompaß verloren habe.

¹¹ M.-L. von Franz [1952].

¹² Dieser ist in der Anlage zum Brief [1326] wiedergegeben.

¹³ Siehe die Anlage zum Brief [1328].

[1197] PAULI AN VON FRANZ

Zollikon-Zürich, 31. Januar 1951

Sehr geehrtes Fräulein von Franz!

In Beantwortung Ihres Briefes möchte ich gleich sagen, daß ich mich sehr freuen werde, wenn Sie meine Keplerarbeit zitieren werden. (Ab Semesterschluß 24. Februar, werde ich sie definitiv fertigstellen.)¹ Jedoch bin ich mit Ihren Formulierungen noch nicht einverstanden:

1. Bei dem ersten Zitat fällt mir doch auf, daß „die Berücksichtigung der psychischen Gegebenheiten im Beobachter" nicht das sein kann, was im 17. Jahrhundert wirklich verloren gegangen ist. Ich möchte Ihnen vorschlagen, statt dessen zu sagen: „Das Miteinbezogen-sein der Gegebenheiten des Beobachters in den äußeren Naturlauf" (wobei ich das Wort „psychisch" vor „Gegebenheiten" absichtlich weglasse; dann kann es gut weitergehen mit der „alten Korrespondenzlehre" und „dem psychischen Faktor", so wie Sie es schreiben).

Die psychischen Gegebenheiten des Beobachters hat man auch nachher im Prinzip zu berücksichtigen versucht; das tut auch Kepler, aber mit der immer deutlicher werdenden Tendenz, sie aus der „objektiven" Naturbeschreibung zu eliminieren.² Das wesentliche am „trinitarischen" Standpunkt („klassische" Naturwissenschaft, beginnend mit Kepler) scheint mir die Tendenz, den Beobachter „loszulösen" vom „objektiven" Geschehen. Der „Quaternäre" wie z. B. Fludd, obwohl viel irrealer und in vieler Hinsicht viel unbewußter als Kepler (die quantitativen physikalischen Naturgesetze sind ja dem Fludd unbewußt), hat eine *Einheit* mit der Natur und eine *Bezogenheit* auf den Kosmos, die dem „Trinitarier" verloren gegangen ist. Mehr und mehr scheint mir dies der wesentliche Unterschied. Ich will versuchen, das in meiner Keplerarbeit noch deutlicher als bisher zu formulieren.

2. Was die „Anima" betrifft, so handelt es sich im 17. Jahrhundert um die *Entseelung der Körperwelt.*³ Bei Kepler gibt es noch die Planetenseelen und die Anima terrae (während die Anima mundi zweifelhaft geworden ist), während bei Descartes sogar die Seele der Tiere geleugnet wird und nur die anima hominis zurückgeblieben ist. Die Tendenz war also, *die Seele mehr und mehr auf den individuellen Menschen zu beschränken.* Was aufgegeben wurde

(bzw. unbewußt wurde), war die *Idee eines Objektiv-psychischen* (für uns das „kollektive Unbewußte"). (Natürlich können wir heute nicht einfach zur „Anima mundi" zurück.) *Im 17. Jahrhundert wurde die Psyche subjektiv.* Das ist es wohl, was Sie richtig fühlen (aber meines Erachtens nicht gut ausdrücken): Ich würde weder sagen, daß „das Bild der anima mundi unbewußt wurde" (weil wir ja heute diesen Begriff auch nicht mehr haben), noch, daß „das Bild der anima überhaupt aufgegeben wurde",* weil ja natürlich die Seele des Menschen geblieben ist.

Ich weiß leider nicht genau den Zusammenhang, in welchem Sie Ihre Zitate gebrauchen, bin aber sicher, daß wir uns leicht über die präzise Formulierung einigen könnten, wenn Sie mir darüber nur wenige Bemerkungen machen werden.

3. Was die Rolle der Sonne bei Kepler betrifft, so scheint es mir angebracht, den Epilog zu dessen Hauptwerk „harmonices mundi", wo Kepler sich explizite mit einem heidnischen Sonnenmythos auseinandersetzt (und mit knapper Not noch ein Christ bleibt) besonders zu zitieren.[4] In meiner Arbeit bin ich nicht ausdrücklich auf diesen Epilog eingegangen (so daß Ihr Zitat mir eine willkommene Ergänzung wäre), habe aber ausdrücklich auf Keplers Vergleich der Sonne (als „centrum mundi") mit Gott Vater hingewiesen (was Sie gerne zitieren können). Es ist die Idee der „signatura rerum" und deren Anwendung auf das Planetensystem, die es Kepler ermöglicht hat, trotz seiner „Sonnenverehrung" ein Christ zu bleiben.[5]

Ich wünsche Ihnen recht gute Besserung aus der Grippe und hoffe, Sie Samstag im Vortrag von Professor Jung zu sehen. Falls Sie *nicht* kommen können, schreiben Sie mir, bitte, dann möchte ich Sie gerne telefonisch anrufen.

Dieser Brief soll noch einen fröhlichen Schluß haben: ich hoffe auch deshalb, daß Sie Samstag kommen werden, weil ich Ihnen gerne einen alten Kalauer mit dem Namen der zwei Uhrenphilosophen Geulincx (die Holländer sprechen das übrigens aus wie „*chö*-link")[6] erzählen möchte. Die Geschichte fiel mir nämlich brühwarm ein, als Sie das letzte Mal Ihre Diskussionsbemerkung über Swedenborg[7] gemacht haben und Professor Jung „Kalauer" sagte. Aber meine Geschichte sollen Sie, bitte, weder in Ihrer Descartes-Arbeit publizieren, noch in einer ernsten Diskussion erwähnen. Da war nämlich ein Philosophieprofessor, der fragte im Examen (offenbar jenen Geulincx im Sinne habend) einen Kandidaten „können Sie mir einen Schüler von Descartes nennen?" Und dann ... (Fortsetzung mündlich).

Auf frohes Wiedersehen. Stets Ihr   W. Pauli

---

[1] Siehe hierzu den Kommentar zum Brief [1228].

[2] Diese Passage aus Paulis Brief zitierte M.-L. von Franz [1952/85, Anm. 94] in ihrer Descartes-Studie.

[3] Zitiert bei M.-L. von Franz [1952/85, Anm. 96].

* Man könnte sagen, daß „die Idee einer *objektiv existierenden* anima aufgegeben wurde"

[4] Kepler [1619].

[5] Siehe hierzu auch die Zitate aus J. Böhmes Werk *De signatura rerum* bei Wehr [1971, S. 11f.].

[6] Pauli hatte offenbar vergessen, daß er ihr dieselbe Erklärung bereits vor einem Jahr [1080] gegeben hatte.

[7] Der damals in ganz Europa bekannte schwedische Gelehrte und Spiritist Emanuel von Swedenborg (1688–1772) hatte in einem 8-bändigen Werk *Arcana coelestia* (1749–1756) seine spiritistischen

Erfahrungen publiziert, die auch Kants Interesse erregten und ihn zur Niederschrift eines (zunächst anonym veröffentlichten) Traktats über die *Träume eines Geistersehers, erläutert durch Träume der Metaphysik* (1766) bewogen. Eine von Swedenborg gestiftete *Neue Kirche* besitzt noch heute Anhänger in England und in Nordamerika. Auch Jung hatte die Visionen Swedenborgs zuweilen in seinen Schriften erwähnt.

ANLAGE ZU [1197][1]

2 Träume in gleicher Nacht

Forte dei Marmi,[2] 10. Januar [1951]

1. Ich fahre mit Auto bergauf, neben mir sitzt der etwas jüngere Physiker W. Da schält sich die Haut meines linken Beines und fällt in Massen ab, darunter wird neue rosa-farbene Haut sichtbar. Wir kommen an das Ende der Autostraße, nur ein Fußpfad geht weiter; ich stoppe.

Nun bringt mir W. einen Hut mit „falschem" (von meinem verschiedenen) Monogramm. Ich gebe ihn als nicht mir gehörig zurück. Daraufhin schneidet W. aus einem anderen Hut die Buchstaben heraus und will mir nun diesen geben. Aber auch diesen erkenne ich nicht als den meinen an und gebe ihn ebenfalls zurück. – Ich sehe, daß jetzt nur möglich wäre, im Mondlicht zu Fuß weiter zu gehen, was ich aber für zu gefährlich halte, auch ist das Ziel dieses Weges zweifelhaft. (Erwachen)

2. Der „Fremde" ist bei mir. Er sagt mir, ich müsse zu einer offiziellen Feier nach Küsnacht gehen; er würde auf einem Umweg nachkommen.

Ich gehe zu Fuß hin und trete in einen Gasthof ein, der, wie auf dem Haus angeschrieben ist, die „alte Sonne" heißt. (Sieht ähnlich aus wie in Wirklichkeit die Johannisburg.) Dort finde ich an einem Tisch sitzend die Honoratioren der Gemeinde vor. Ebenfalls am Tisch sitzt ein blondes Mädchen, d[as] sehr traurig ist. Sie sagt weinend, sie habe durch Heirat mit einem Deutschen die Schweizer Staatsbürgerschaft verloren.

Zum Schluß sagt einer der Gemeindehonoratioren: „Fräulein von Franz soll hier *auch* heiraten."

Auf den „Fremden" wartend, erwache ich.

Vorher geht ein Traum, in welchem Kinder in die Höhe steigen.[3]

Traum   3. März [1951]

Ich treffe erst die „Unbekannte", sie ist in Licht getaucht und hellblond. Ihre Stimme ähnelt ein wenig der von Fräulein F. Sie schlingt den Arm um mich und sagt: „Wenn wir jetzt zusammen Mittagessen, habe ich nur eine Bitte: wir setzen uns *nicht* neben Lise Meitner, nicht wahr?"

Dann kommen viele Physiker, u. a. Heisenberg. Ein Experimentalphysiker erklärt mir viele Arten von Flugzeugen, u. a. auch fliegende Teller. Nach dieser Instruktion verlangen sie von mir zu hören, was ich über *Trägheit* denke. Ich erkläre ihnen (und darüber bin ich nachträglich selbst sehr erstaunt): „Nach meiner Ansicht kann ausnahmsweise eine Verminderung der Trägheit eintreten bei bestimmten langen Wellen."

Nun kommt eine alte, mütterliche Frau mir entgegen, die aber nicht spricht. Daraufhin führe ich die „Unbekannte" zum Mittagstisch. Wir setzen uns nebeneinander und die vielen Physiker nehmen die übrigen Plätze ein. Plötzlich schlingt sie wieder den Arm um mich und sagt: „Schöpfer kommt *nicht* von *schaffen*, sondern von schöpfen." und plötzlich spricht sie *dänisch* weiter: „Men, kaere, Du hvider dog: at tømene"*

Dann beginnen wir zu essen und ich erwache.

Bemerkung: Fräulein F. ist bei mir assoziiert mit dem Problem des Bösen, Lise Meitner mit Kernphysik.

---

[1] Die folgenden Träume waren, obwohl einer davon aus einer späteren Zeit stammt, zusammen mit dem vorangehenden Brief [1197] unter den Papieren von M.-L. von Franz abgelegt.

[2] Pauli hielt sich zu diesem Zeitpunkt in Zürich (und nicht in Forte dei Marmi, wo er die erste Septemberhälfte 1951 mit seiner Frau die Ferien verbrachte) auf. Die Datums- und/oder die Ortsangabe ist deshalb unpassend.

[3] Der folgende Traum war zusammen mit den beiden vorangehenden Träumen mit dem Brief [1197] abgelegt.

* „Aber, Lieber, Du weißt doch, schöpfen". Das Adjektivum tom = leer, tømene = schöpfen, wörtlich „leeren".

[1198] DYSON AN PAULI

Birmingham, 31. Januar 1951[1]

Dear Professor Pauli!

Thank you once again for a very stimulating and encouraging letter. I am most happy to have your questions, which force me to express clearly some points in the theory which were previously somewhat confused.

First, I would like to state precisely what are the conditions under which the whole renormalization procedure succeeds.[2] Let

$$H_g(t, t') = H_{gi} + H_{gs} + H_{gp} + H_{ga}, \tag{1}$$

$$H_{gi} = -ie_1 g(t - t') \int A_\mu \bar{\psi} \gamma_\mu \psi(x') d^3 x', \tag{2}$$

$$H_{gs} = -mc^2 K_1(t - t') \int \bar{\psi} \psi(x') d^3 x', \tag{3}$$

$$H_{gp} = -\frac{1}{4} K_2(t - t') \int F_{\mu\nu} F_{\mu\nu}(x') d^3 x' - \frac{1}{2} K_3(t - t') \int F_{\mu 4} F_{\mu 4}(x') d^3 x', \tag{4}$$

$$H_{ga} = -\frac{1}{c^2} \left\{ \alpha_1 (g(t - t'))^2 K_4(t - t') + \alpha_1 g(t - t') g''(t - t') K_5(t - t') \right\}$$
$$\int A_i A_i(x') d^3 x'. \tag{5}$$

Here e_1 is the observed electronic charge, $\alpha_1 = (e_1^2/\hbar c)$, $K_1 \, K_2 \, K_3 \, K_4 \, K_5$ are power series (with divergent known numerical coefficients) in the parameter $[\alpha_1(g(t - t'))^2]$, and $K_3 = K_2^2(1 - K_2)^{-1}$. The index i in (5) takes the values $1, 2, 3$ only. The term (3) takes care of electron mass renormalization, the term (4) deals with charge renormalization by Gupta's method,[3] the term (5) is to compensate the transient photon self-energy and therefore depends on g' and g''. The S-transformation operator is defined by

$$S(t) = P\left\{\exp\left[-\frac{i}{\hbar} \int\limits_{-\infty}^{t} H_g(t, t')dt')\right]\right\}. \tag{6}$$

The Hamiltonian in the Schrödinger equation after making the S-transformation is $H'(t)$.

I have proved that $H'(t)$ is free of divergences under the following three conditions:

$g(z)$ is expressible as a Laplace transform

$$g(z) = \int\limits_{0}^{\infty} G(\Gamma)\varepsilon^{-\Gamma z}d\Gamma) \tag{I}$$

where $G(\Gamma)$ may be any reasonable function, having at most ordinary δ-function singularities.

$$g(0) = 1 \tag{II}$$

$$g'(0) = 0. \tag{III}$$

Conditions (II) and (III) are certainly necessary; about (I) I am not sure. (II) and (III) are just like the well-known "regulator" conditions. But they have here a very simple physical interpretation; namely the operator $S(t)$ represents a "switching on of the charge" in which the charge reaches its correct value at time $t' = t$ in a *smooth* way.

Second, to answer your question, what does $H'(t)$ look like? The answer is very simple.

$$H'(t) = H_1'(t) + H_c'(t). \tag{7}$$

Here H_1' is the leading term. This is just the original interaction $H_1(t) = \int j_\mu A_\mu d^3x$ with the matrix elements modified in the following way. Every matrix element of H_1, in which ΔE is the energy difference between initial and final state, appears in H_1' multiplied by the factor

$$m(\Delta E) = \int\limits_{0}^{\infty} e^{-it\Delta E/\hbar}g'(t)dt. \tag{8}$$

This factor (8) is simply a cut-off factor reducing the size of the high-frequency matrix elements of H_1. The cut-off is the more rapid, the more smoothly $g(t - t')$ behaves at $t' = t$. The condition (III) is sufficient to make

$$m(\Delta E) < A(\Delta E)^{-2} \tag{9}$$

as $\Delta E \rightarrow \infty$.

The correction-term H_c' in (7) is the sum of the higher-order radiative corrections to H_1' produced by the virtual effects of the high-frequency interaction which has been eliminated. Every term in H_c' also contains a cut-off factor of the form (8). Therefore the whole of $H'(t)$ is cut off at high-frequencies at least as strongly as is indicated by (9). Except for these cut-off factors, the correction terms H_c' are very similar to the radiative corrections one finds in the Schwinger theory.

It follows from this strong cut-off at high frequencies, that H' is not only explicitly divergence-free, but also *no divergences at high frequencies can be obtained from H' by any subsequent perturbation-theory expansions.*

Third, to answer your question, can the renormalization which is left in H' be carried out consistently without a power-series expansion? The answer is Yes.

All the renormalization effects which are left in H' are in fact finite and g-dependent. For example, taking the first order term H_1' and using second-order perturbation theory in the usual way, one will find an electron self-energy ε which is of the form $\left[\frac{3}{2\pi} \alpha_1 m \log\left(\frac{M}{m}\right) \right]$ where M is a g-dependent cut-off. Now in the second-order term in H_c' there will appear explicitly a compensating self-energy $-\varepsilon$. These two effects compensate exactly when we use perturbation expansion in powers of H'.

But the compensation will still occur in the same way, if one uses any method to solve the equations of motion, since the whole theory is now divergence-free. The elimination of the finite renormalization effects from H' will always be automatic, with or without power series expansion.

Unfortunately, I do not see how this discussion of the finite renormalization in H' helps towards the solution of the major problem, which is to find a definition of *infinite* renormalization effects independent of a power-series expansion. It is precisely the fact that the renormalizations are infinite which prevents us from formulating the renormalization method in a more general way.

Fourth, concerning your hope that this new method of handling the theory may suggest new physical ideas. I have here two things to say.

(i) I believe that the success of our existing field theories *destroys* the hope that by studying the consequences of such theories we might understand the masses of elementary particles etc. It seems that these theories are quite consistent with arbitrary values for particle masses. Therefore the masses can only be understood by introducing radically new ideas, going to a new level *below* the existing theories, just as atomic physics has gone below chemistry in explaining the properties of the elements.

(ii) I think that we shall derive new physical ideas by studying the present formalisms, if we are modest and do not expect too much. Let us call the present formalisms with their point-interactions and divergent constants, "singular-formalisms". Now we know that every singular formalism of a certain type is physically equivalent to a non-singular formalism, in which there are no divergences, but in which the formal invariance is lost. The outstanding mystery is: why does Nature find it necessary to formulate her laws in a singular formalism?

I conjecture that the answer to this mystery will be found if we can answer the mathematical question: what are the conditions which a non-singular formalism must satisfy in order to be equivalent to a singular one? I conjecture that in fact these conditions are rather weak. For example, it might be true that every non-singular formalism which has a physical content which is Lorentz-invariant, and which satisfies the usual requirements of causality, space-time isotropy, etc., is equivalent to a singular formalism. Probably also some other general conditions are necessary. In any case, if we can find out what these conditions are, then we shall understand why singular formalisms occur in Nature.

This is the kind of physical enlightenment which I hope we can obtain from our new understanding of the renormalization technique.

Thanking you once more, I am

Yours sincerely

F. J. Dyson

---

[1] Von diesem Schreiben existiert eine zweite nahezu gleichlautende maschinenschriftliche Abschrift (vom 1. Februar).

[2] Dyson veröffentlichte Ende März 1951 diese Ergebnisse als Fortsetzung (1951b) zu seiner ersten Arbeit (1951a) über die Heisenberg Operatoren (HOI).

[3] Vgl. Gupta (1950a, 1951b) und Bleuler (1950). Guptas Verfahren der Ladungsrenormierung bildete auch die wesentliche Grundlage für Dysons zweite oben erwähnte Arbeit (1951b).

[1199] PAULI AN BOHR

Zürich, 1. Februar 1951

Dear Bohr!

Many thanks for your letter of December,[1] which was a very beautiful one and very characteristic for the way how you express yourself. Of course I have no objection that you try "at være lige saa fræk som jeg",[2] but I do not venture to judge whether you really have reached my level of it. I made a translation of your letter into German[3] to read it both to Franca and to Stern and we were (and are) all very happy about it.

To Oppenheimer I have sent an official invitation to come to Zurich,[4] too, to give some lectures here in connection with his other invitations to Lund and Copenhagen. We could offer him a salary for lectures and to pay his travel expenses from Lund or Copenhagen to Zurich, but, unfortunately, we have no funds available to contribute to his trip from the States to Europe. Until now I did not receive any answer from him.

I also received your general invitation to the Conference in Copenhagen on July 6–10[5] and I *shall certainly come*, I hope that Franca will come with me, but this can be definitely decided at a later date. It might be, that our summer term will last a little longer in July, then I had to return to Zurich immediately on July 10th.

Stern, who is leaving us next week, is also sending his regards. All good wishes to your whole family (including your brother Harald, who as I hope, is well)[6] from both of us.

As always yours

W. Pauli

P. S. With Dyson I have a letter exchange on physics[7] (including two papers of him)[8] in continuation of the one of last year[9] (which was, as you will remember, connected with the paper of you and Rosenfeld).[10] His work might lead to some progress. We shall presumably know more about it at the time of the Copenhagen Conference.[11]

I am also looking forward to your article on free will and the existence of life, which (as you say) you hope to conclude "meget snart."[12]

---

[1] Siehe den Brief [1187].

[2] D. h. „ebenso frech sein wie ich."

[3] Eine leicht überarbeitete Fassung dieser Übersetzung ist im Anschluß an den Brief [1187] wiedergegeben.

[4] Siehe den Brief [1182].

[5] Siehe den Kommentar zum Brief [1261].

[6] Harald Bohr war am 22. Januar 1951 im Alter von 63 Jahren gestorben.

[7] Siehe die Briefe [1193, 1196 und 1198].

[8] Dyson (1951a, d).

[9] Dyson (1949b).

[10] Bohr und Rosenfeld (1950).

[11] Siehe die Vorträge über Feldtheorie von Rosenfeld, Møller und Bethe während der Kopenhagener Physikerkonferenz im Juni 1951.

[12] „Sehr bald".

[1200] PAULI AN JUNG

Zollikon-Zürich, 2. Februar 1951[1]

Sehr geehrter Herr Prof. Jung!

Haben Sie sehr vielen Dank für die Zusendung der redigierten Fassung Ihres Manuskriptes.[2] Ich habe insbesondere die neue Form des Schlußkapitels IV sorgfältig gelesen und fand, daß sie den jetzigen Stand der Probleme gut wiedergibt und, vom Standpunkt der modernen Physik aus betrachtet, nunmehr unangreifbar ist.

Ein wenig überrascht war ich über den verhältnismäßig breiten Raum, den Ihre Auseinandersetzung mit *A. Speiser*[3] nunmehr einnimmt.[4] Im Gegensatz zu Ihren eigenen Ideen sind mir diejenigen von Speiser, wie ich gestehen muß, oft schwer verständlich. Sie scheinen mir auch zum Teil überholt, insbesondere entspricht der „*Anfangs*zustand, der allein durch das Gesetz nicht bestimmt ist" und dann „völlig gesetzmäßig durch die Zeit hindurchgetragen wird" dem Standpunkt der *klassischen* Physik und nicht dem der modernen Atomphysik. In letzterer ist ja im Prinzip jede Beobachtung ein Eingriff, der den kausalen Zusammenhang der Erscheinungen unterbricht. – Ist es nicht ferner ein Rückfall in den extremen „Nominalismus" (im Sinne der mittelalterlichen Polemik zwischen „Nominalismus" und „Realismus"), einen Begriff überhaupt für ein „Nichts" zu erklären?

Aber das ist natürlich nur ein kleineres Detail im Ganzen Ihres neuen Kapitel IV, dem ich nochmals sehr lebhaft zustimmen möchte.

Ich freue mich, Sie Samstag vortragen hören zu können und verbleibe bis dahin mit vielen freundlichen Grüßen
Ihr sehr ergebener   W. Pauli

[1] Ebenfalls abgedruckt bei Meier [1992, S. 73].
[2] Jung hatte Pauli gebeten, die physikalischen Passagen seiner Synchronizitätsarbeit zu überprüfen.
[3] Speiser [1950].
[4] Vgl. Jung (1952/90, S. 66 und 93).

ANLAGE ZU [1200][1]

[Maschinenschriftliche Abschrift]

Traum   Januar 1947
                                              (Datum nicht erinnert)

Ein Kopf eines älteren Mannes mit weißen Haaren, der in einen Lichtkranz eingehüllt ist, fällt vom Himmel. Ich fürchte, er würde zerschmettern, aber er fällt aufs Wasser, schwimmt nach einigen Schwingungen oben auf und erweist sich als unzerstörbar. Ein zweiter älterer Mann erscheint neben dem Kopf.

Bemerkung: Bereits beim Erwachen erinnern mich die Züge des verklärten Mannes an meinen Freund, den deutschen Mathematiker E. Hecke, den ich kurz vorher (im Dezember) in Kopenhagen[2] getroffen habe, wo er anscheinend rekonvaleszent zu Besuch weilte.[3]

Zweiter Traum   (Nacht darauf)

Ein Mann ist da, der H. noch ähnlicher sieht als der Kopf im früheren Traum, ohne aber mit ihm identisch zu sein. Er ist von dunklen Leuten aus Dänemark umgeben, die im Chor sagen: „Getreu bis in den Tod“.

Bemerkung: Zwei Tage später fällt mir der Traum wieder ein, ich werde ganz traurig und bin fast gewiss, H. würde sterben. Dieses traurige Ereignis tritt tatsächlich ein am 13. Februar 1947.[4]

Zusatzbemerkung 1950: Es handelt sich hier um ein typisch „synchronistisches“ Phänomen zwischen einer inneren Situation und einem äußeren Ereignis. Die Träume sind *auch* auf der Subjektstufe, unabhängig vom äußeren Ereignis, zu deuten als Annäherung eines archetypischen unbewußten Inhalts ans Bewußtsein.

Traum   15. März 1947

Es sind zwei junge Männer da. Ich halte sie für Amerikaner und weiß, daß sie Physiker sind. Aber ich bin sehr verlegen, weil ich ihre Namen nicht kenne, während sie zu erwarten scheinen, daß ich sie kenne. Ich rede die beiden mit Phantasienamen an, die nicht zu stimmen scheinen. Nun geht der eine der beiden Männer fort. Der andere aber bleibt und sagt tadelnd: „Immer dieses unverbindliche, archetypische Denken, von dem die Physik-Lehrbücher voll sind.“

Zwei Träume in gleicher Nacht   11. Mai 1947

1. Ich bin allein mit einer blonden Frau. Sie führt mich in ein dunkles Zimmer und ich denke mir „Na ja, das weiß man ja, was dort passiert.“ Aber in dem dunklen Zimmer sagt sie zu mir: „Hole eine Feder, ich will dir einen Aufsatz diktieren.“

Ich erwache, völlig aus dem Konzept gebracht.

2. Ein jüngerer dunkler Mann („Schatten“) ist da und bringt in freundlicher Form konventionelle Ansichten vor. (Details nicht erinnert.) Ich antworte ihm aufgeregt, er sei ein Schwindler und er solle fortgehen.

Nun verschwindet er und ich treffe zwei Männer. Einer von ihnen sagt zu mir, er kenne einen Sänger und dieser habe ihn von einem Aufsatz erzählt, den mir eine Dame diktiert habe, und den er (der Sänger) gelesen habe. Es komme darin ein *Christus mit einer schwarz-weißgestreiften Nase* vor, der sehr demütig sei. Dadurch sei das sacrum vollständig verändert. Ich solle noch ein wenig warten.

Bemerkung 1950: Die beiden Männer, von denen nur einer spricht, sind dieselben wie in dem früheren Traum. Das Motiv der schwarz-weiß gestreiften Nase ist sehr wichtig und kehrt 1 1/2 Jahre später wieder (siehe Traum vom 24. November 1948).

Traum   18. November 1947

(Nach Studium der entgegengesetzten Pyramiden bei Fludd, die in der Mitte das Sonnenkind erzeugen.)

Die Stimme des „Blonden“ sagt: „Fludd ist auch der Kirchhoff. Halten Sie eine Vorlesung über das Wärmegleichgewicht.“ Dann halte ich eine Vorlesung über die Kirchhoffschen Sätze über Emission und Absorption und über das Gleichgewicht von Lichtenergie und materieller Energie und zeichne aber die Fluddschen Figuren in die Formeln hinein.

Bemerkung 1950: Dieser Traum scheint mir von Interesse, weil archetypische Hintergründe der physikalischen Ideen (Wärmegleichgewicht) dabei zu Tage treten.

Traum   11. Dezember 1947

(Die Tage vorher fanden Träume statt, in denen ich in finsterer Nacht umherirre. Schließlich entsteht ein Depressionszustand. Doch dann tritt der folgende Traum ein, der eine scharfe Auseinandersetzung enthält.)

Ich komme zu meiner früheren Wohnung. Da sehe ich einen dunkelhäutigen jüngeren Mann, in dem ich den Perser (siehe Traum September 1946) wiedererkenne,[5] Gegenstände zum Fenster in das Haus hineinlegen und zwar eine kreisrunde *Holzscheibe* und verschiedene Briefe. Nun kommt er freundlich auf mich zu, und ich beginne ein Gespräch mit ihm:

Ich: Sie werden nicht zum Studium zugelassen?
Er: Nein, deshalb studiere ich heimlich.

Ich: Was studieren Sie?

Er: Sie selbst!

Ich: Sie sprechen in sehr scharfem Tone mit mir!

Er: Ich spreche wie jemand, dem ohnehin alles verboten ist.

Ich: Sind Sie mein Schatten?

Er: Ich bin zwischen Ihnen und dem Licht, also sind Sie mein Schatten, nicht umgekehrt.

Ich: Studieren Sie auch Physik?

Er: Da ist mir Ihre Sprache zu schwierig, aber in *meiner* Sprache verstehen *Sie* die Physik *nicht*!

Ich: Was machen Sie hier?

Er: Ihnen helfen. Sie müssen einige Illusionen aufgeben. Zum Beispiel glauben Sie, daß Sie mehrere Frauen haben, in Wirklichkeit haben Sie aber nur eine. – Soeben habe ich durch das Fenster gesehen, daß Sie keinen Stuhl in Ihrem Arbeitszimmer haben. Sie hätten mir das sagen sollen, dann hätte ich Ihnen heute einen Stuhl in Ihr Zimmer geschmuggelt! So aber muß ich erst einen beschaffen. Ich werde mich beeilen.

Er verschwindet, und ich gehe in die Wohnung.

Der Depressionszustand und die Dunkelheit verschwinden, die Spannung läßt nach.

Bemerkung 1950: Man sieht daraus, wie stark der Widerstand des Bewußtseins gegen die Tendenz des Archetypus ist. Man sieht auch, daß dieser das allgemeine Problem der Naturerkenntnis enthüllt, das hinter dem persönlichen Problem (Assimilation der minderwertigen Funktion) liegt. – Das Symbol „Holzscheibe" ist später noch öfters wiedergekehrt. Sie scheint die Rolle der „prima materia" zu spielen.

Im Jahr 1948 finden zahlreiche Träume statt, in denen Quaternitätssymbole eine Rolle spielen, die ich in einem anderen Zusammenhang herangezogen habe. Hier begnüge ich mich damit, den folgenden Traum anzuführen, in dem eine weitere Verwandlung des vorher durch den „Perser" und den „Blonden" dargestellten Archetypus durch Annäherung der beiden Pole des Gegensatzpaares hell-dunkel vor sich geht. Er erscheint seitdem als ein und derselbe Mann.

Traum   24. November 1948[6]

Ich sehe einen Fluß, der von Süden nach Norden fließt wie der Rhein. Ein dunkler Mann geht in den Fluß und wird von ihm verschlungen. In diesem Moment erscheint „die Mutter" (der persönlichen Mutter nur ähnlich) und fragt mich, welche Farben ich gewählt habe. Da antworte ich, daß ich „schwarz-weiß" gewählt habe. Sofort erscheint ein Hexagramm mit schwarz-weißen Streifen auf einem Blatt Papier, und die Mutter verschwindet.

———	Das ist offenbar zugleich das I-Ging Zeichen Nr.
———	1 „Kien", das den schöpferischen Akt im Un-
———	bewußten bedeutet, welcher der Zeit vorausgeht.[7]
———	
———	
———	

Nun kommt ein Mann mit blonden Haaren. Da weht ihm ein Luftstrom das
Blatt Papier ins Gesicht, so daß die Streifen auf seiner Nase haften bleiben.
(Siehe früheren Traum vom 11. Mai 1947.)[8] Der Mann, der eine gestreifte Nase
hat, erschrickt zunächst, doch bemerkt er auf der Erde drei Stücke Holz. Er
denkt eine Weile nach;

dann scheint er etwas zu verstehen und streckt seine Hand über den Fluß aus.
Sofort steigt ein Mann aus dem Fluß. Er hat zwar schwarze Haare, aber ein vom
Licht umflossenes Gesicht (Züge vom Perser, vom Blonden und vom *Schatten*).[9]

Da sagt der Mann mit der gestreiften Nase zum anderen: „Wissen Sie, daß
Sie schon früher gelebt haben?" Der aus dem Fluß gestiegene antwortet „Nein".
Der Erste: „Alle sind sehr erschrocken, als Sie in den Fluß gegangen sind. Aber
ich bemerke Ihre postmortalen Wirkungen, zum Beispiel diese 3 Hölzer hier.
Diese gaben mir Sicherheit, daß Sie nur scheintot waren." Der Angesprochene
sagt darauf: „Ich beginne nun, mich an etwas Früheren zu erinnern."

Da verschwindet der Mann mit der gestreiften Nase und auch die drei Hölzer.
Der aus dem Flusse gestiegene mit dem schwarzen Haar und dem Lichtgesicht
bleibt allein zurück. Er scheint erfreut darüber, daß er wieder auf dem Land ist.

Bemerkung 1950: Es handelt sich offenbar um eine Wandlung des Archetypus
selbst als Folge des Eingreifens des Bewußtseins. Bei den 3 Hölzern fällt mir
das untere Dreieck, die chtonische Spiegelung der Trinität ein, die bei Fludd
und in der älteren Alchemie eine so wesentliche Rolle spielt. Sie kann übrigens
in Träumen auch als die Spielkarte Treff-Ass erscheinen. (Siehe Fludd: Gott
im „dunklen Spiegel der Welt".) Daher wohl auch die „Erinnerung an etwas
Früheren" im Traum. Die neue Form des Archetypus entspricht dem Merkur
der Alchemie. Dieser heißt ja gelegentlich auch „der Mann, der aus dem Flusse
steigt". Vgl. auch der „Äthiopier.")

Nachdem ich am 24. Juni 1924[10] ein Manuskript von C. G. Jung über
das Synchronizitätsphänomen gelesen habe, das mich sehr beschäftigt, finden
folgende Träume statt:[11]

Traum   29. Juni 1949

Ein Flugzeug landet, aus dem fremde Leute aussteigen. Die Stimme des
„Fremden" sagt: „Sie müssen Ihre Schwierigkeiten mit dem Zeitbegriff nicht
übertreiben. Das dunkle Mädchen muß nur eine kleine Reise machen, um die
Zeit zu bestimmen!"

Traum   2. Juli 1949

Eine blonde Frau und 3 Kinder sind anwesend: Zwei dunkle Knaben und
ein lichtes Mädchen. Die Frau ist offenbar die Mutter der Kinder, das kleine
Mädchen ist der Mutter sehr ähnlich, wie deren abgespaltene Weiterbildung. Ich
sage, daß ich viel halte von der Begabung des älteren Knaben, daß ich aber

Zweifel habe hinsichtlich der Begabung des jüngeren. Die blonde Frau (Mutter) widerspricht mir da sehr leidenschaftlich, den jüngeren Knaben verteidigend.

Nun verschwindet die Mutter mit den Knaben, und ich bleibe mit dem kleinen Mädchen (Tochter) allein zurück. Da sehe ich, daß sie ein Buch liest, was sie sehr anzustrengen scheint. Plötzlich sagt sie zu mir, „da kommt ja mein Lehrer!" und schon kommt der große hell-dunkle Mann herein (siehe Traum vom 24. November 1948.[12] Diese Figur ist seither wohldefiniert.) Er erklärt mir: „Die gewöhnliche Mathematik ist noch zu schwierig für sie. Deshalb muß ich ihr vorläufig populäre Mathematikbücher geben." Nun sehe ich gotische Buchstaben in dem Buch, das sie liest, aber die Worte kann ich nicht deutlich genug sehen.

Bemerkung: Die Abwesenheit des „dunklen Mädchens" im zweiten Traum ist sehr auffallend. Zu dem „populären Mathematikbuch" fällt mir sogleich beim Erwachen die Wilhelmsche Übersetzung des I-Ging ein. Elementare Arithmetik (speziell die Teilbarkeit durch vier) spielt darin eine beträchtliche Rolle, auch haben ja die Zeichen schon Leibnizens mathematische Phantasie angeregt (dyadisches Zahlensystem). Man kann daher den I-Ging wohl in diesem Sinne als populär-mathematisches Buch bezeichnen. Andererseits fehlt der Kalkulus oder sonstige höhere Mathematik. Die gotischen Buchstaben könnten darauf hindeuten, daß die Wilhelmsche Übersetzung[13] in Deutschland gedruckt ist. Der „Fremde" scheint aber zu implizieren, daß diese Art der Behandlungsweise des Problems nur ein Provisorium sei, das durch den Mangel an mathematischen Kenntnissen des Mädchen bedingt ist.

Zusatz 1950: Ich habe kürzlich Herrn Jung auf Wunsch diese beiden letzten Träume zugänglich gemacht[14] und von ihm beiliegenden Brief[15] als Antwort erhalten. Interessant ist mir seine Auffassung, daß die beiden Knaben als „Ego" und „Schatten" aufzufassen seien. Wie dem auch sei, die beiden Knaben müssen im wesentlichen identifiziert werden mit den beiden Männern, von denen nur einer spricht (z. B. Traum vom 15. März 1947).[16] Die Situation in Traum 2 von 11. Mai 1947 spricht für Jungs Deutung der beiden Knaben.

Die von C. G. Jung am Schluß des Briefes angegebene Quaternität dürfte vom Standpunkt der Psychologie aus richtig sein. Dem modernen Physiker widerstrebt es jedoch, Raum und Zeit als gegensätzlich zu betrachten. In einem unpublizierten Aufsatz von 1948[17] habe ich folgendes Schema vorgeschlagen, das mir dieselbe Sache mehr vom Standpunkt der Physik aus betrachtet darzustellen scheint:

	Physik	Psychologie
Weiblich (Objekt)	Unzerstörbare Energie und Bewegungsgröße	Zeitloses Kollektiv-Psychisches
Männlich (Subjekt)	bestimmter raum-zeitlicher Ablauf	Ich-Bewußtsein-Zeit

Am 2. Oktober 1949 wird mir nachmittags plötzlich nicht wohl; ich befürchte, ohnmächtig zu werden und muß mich hinlegen. Der Zustand war offenbar

psychogen und ein verdrängter Affekt. Aber die möglichen äußeren Anlässe scheinen mir alle ungenügend, um eine solche starke Wirkung zu erklären.

Am Abend des gleichen Tages wurde in einem Nachbardorf ein *Brand* gelegt. Bei einem Versuch, ein weiteres Haus anzuzünden, wird der Täter von der Polizei festgenommen. Diese Ereignisse scheinen wie mit einbezogen in den folgenden

Traum   6. Oktober 1949[18]

Ich bin mit Kollegen im Oberstock eines Hauses, wo eine Abteilungskonferenz für Mathematik und Physik stattfindet. Da sehe ich, daß unter meinem Namen ein Kochkurs angekündigt ist: „Beginn 15. Dezember". Verwundert frage ich einen daneben stehenden jungen Mann, warum der Kurs so spät anfängt. Da antwortet er, „weil dann die Verleihung des Nobelpreises stattfindet."

Nun bemerke ich, daß im nebenstehenden Raum ein *Brand* ausgebrochen ist. Ich erschrecke (*Affekt*), laufe eine Treppe abwärts, über viele Stockwerke (fortlaufen – *Angst*). Schließlich gelingt es mir, ins Freie zu kommen. Rückblickend sehe ich, daß die zwei oberen Stockwerke des Hauses, wo die Kollegen waren, vollkommen abgebrannt sind. Im Freien, zu ebener Erde, vorwärts gehend, komme ich nun in eine *Garage*. Ich sehe, daß ein Taxi auf mich wartet, und daß der Chauffeur Benzin in seinen Tank füllt. Als ich diesen genauer ansehe, erkenne ich „ihn", *den* hell-dunklen „Fremden". Sofort fühle ich mich geborgen. „Wahrscheinlich hat *er* das Feuer angezündet", denke ich, ohne es laut zu sagen. Er spricht zu mir ruhig: „Nun geht es (das Tanken), weil oben das Feuer war. Ich werde Sie dorthinfahren, wo Sie hingehören!" Dann fahre ich mit ihm davon.

Bemerkung: Ich erwachte mit einem Gefühl großer Befreiung, und es schien mir ein wesentlicher Fortschritt erzielt.

Zusatz 1950. Die Situation in diesem Traum ist ähnlich derjenigen im Traum vom September 1945, wo auch die Abteilungskonferenz mit den Kollegen stattfindet. Inzwischen ist aber der Widerstand gegen die Tendenzen des Archetypus, die dem konventionellen Geist (Kollektivbewußtsein) widersprechen, beträchtlich vermindert.

Das Feuer im Oberstock bedeutet, wenn positiv bewertet, auch das Überwinden einer gewissen Bewußtseinsstufe. Zum „Wagenlenker" vgl. auch *Krishna*.[19] Das Davonfahren im Auto bedeutet eine *Wandlung*.

Über den zuletzt erwähnten Traum habe ich damals viel nachgedacht. Schließlich habe ich folgenden Traum darüber:

Traum   6. November 1949

„Er" bringt mir ein Buch, in welchem ich lese: „Der frühere Traum (vom 6. Oktober) war eine Wandlung: *Li, das Haftende, das Feuer geht über die Dui, das Heitere, der See.* Er ist er (= ich) mit seinen Affekten identisch, dann aber bekommt er Ideen." Dann bringt „Er" ein zweites, sehr dickes Manuskript. Aber das bekomme ich noch nicht zu lesen, denn Leute im Hintergrund lesen es zuerst.

Bemerkung: Der unterstrichene Satz ist ein Zitat aus einem Vortrag von Wilhelm; über den I-Ging.**

      Li   Dui

Nach diesem Traum trat vollständige Beruhigung ein, wie so oft, wenn eine persönliche Situation als dieselbe wie eine allgemeine (archetypische) erkannt wird.

Traum   3. Februar 1951

Ich sehe große *gestreifte* Gegenstände am Boden liegen, die ähnlich aussehen wie Kokosnüsse, aber etwas länglicher und von grau-grünlicher Farbe sind. Etwa so:

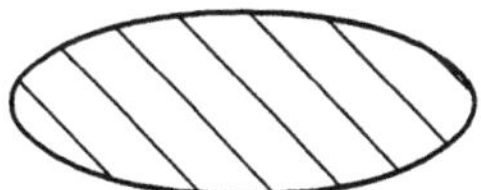

Nun kommt der „Fremde" mit einem großen Hammer[†] und zertrümmert einen nach dem anderen damit. Dabei verschwinden die Streifen. Dann nimmt er die aufgebrochenen Trümmer in die Hand, die Trümmer sind wie schalenförmige Gefäße und zu meiner Überraschung sehe ich, daß sie eine wasserklare Flüssigkeit[††] enthalten. Diese trinkt der Fremde und in dem Moment wird er jedesmal jünger, seine grauen Haare werden immer dunkler und zuletzt braun dabei. Nun sage *ich*: „Es ist wichtig, daß die Gegenstände keinen eigenen Antrieb haben. Der Saft scheint ja heilende Wirkung zu haben." Er nickt bejahend und fügt hinzu: „Wenn ich diese Flüssigkeit trinke, brauche *ich nicht* in den Krieg zu gehen. Kepler hat es auch so gemacht!"

---

[1] Diese Traumaufzeichnungen befanden sich im Nachlaß von A. Jaffé, die als Verbindungs-Person zwischen Jung und Pauli wirkte.

[2] Pauli war damals über Kopenhagen nach Stockholm zu seiner Nobelfeier gereist.

[3] Paul meint Erich Hecke (1887–1947), mit dem er während seiner Hamburger Jahre eng befreundet gewesen war. Vgl. hierzu den Kommentar in Band **III**, S. 421f. und den Nachruf auf Hecke von W. Maak (1949).

[4] Pauli entwarf zu diesem Anlaß ein Beileidschreiben [868], das er an Heckes Frau Helga senden wollte.

[5] Siehe hierzu auch den Beitrag von Robèrt (1995) zur Monte Verita-Tagung in Ascona im Juni 1993.

[6] Von diesem Traum existiert eine weitere Abschrift im Jaffé-Nachlaß, Hs. 1090: 72, die {bis auf den in Klammern eingeschlossenen Zusatz: „Züge vom Perser, vom Blonden und vom *Schatten*"} mit der hier wiedergegebenen identisch ist.

[7] Vgl. Wilhelm [1924/93, S. 25].

[8] Siehe oben.

[9] Siehe hierzu den Kommentar zum Brief [1085].

[10] Bei der Datumsangabe handelt es sich offensichtlich um einen Tippfehler. In Paulis Briefwechsel mit Jung tritt der Synchronizitäts-Begriff zum ersten Mal in einem Schreiben vom 7. November 1948 auf. Im Februar 1948 hatte er sich darüber aber auch schon in einem Brief an Jordan [939] ausgelassen. Im Oktober 1949 erwähnt Pauli [1052] eine erweiterte Fassung der Jungschen

Synchronizitätsarbeit. Wahrscheinlich hatte Pauli das oben erwähnte Manuskript erst nach seinem Besuch bei Jung Ende Juli 1949 (siehe Band **III**, S. 702f.) erhalten.

[11] Die beiden folgenden Träume hatte Pauli auch seinem Brief [1119] an Jung (vom 4. Juni 1950) mit dem Hinweis beigefügt, daß „diese stattfanden, nachdem ich voriges Jahr Ihr Manuskript über das synchronistische Phänomen gelesen hatte."

[12] Siehe oben.

[13] Pauli besaß die im Jahre 1924 gedruckte Ausgabe des Buches *I Ging* [1924/56].

[14] Siehe den bereits erwähnten Brief [1119].

[15] Es handelt sich wahrscheinlich um Jungs Antwort [1127] auf Paulis Brief [1119].

[16] Dieser bereits weiter oben erwähnte Traum ist nicht mitgeteilt.

[17] Pauli bezieht sich auf seine im Juni 1948 abgefaßten „provisorischen" Gedanken über *Moderne Beispiele zur Hintergrundsphysik* (abgedruckt bei Meier [1992, S. 176–192]), die er abtypen ließ, um sie anschließend mit Meier und Jung zu diskutieren (vgl. Band **III**, S. 560).

[18] Vgl. hierzu auch den (bei Meier [1992, S. 205] wiedergegebenen) Traum vom 7. Oktober 1949.

[19] In dem hinduistischen Lehrgedicht *Bhagavadgita* ist Krishna als symbolische Verkörperung einer Gottheit in der Gestalt des Hirtenknabens dargestellt. Krishnas Liebesspiele mit den Hirtenmädchen sollen das Spiel des Gottes mit den Seelen ausdrücken, das zu ihrer Befreiung führt. Dieses Gleichnis wurde auch oft von Jung verwendet.

** R. Wilhelm: *Der Mensch und das Sein*, Jena 1931, p. 163f. und *I-Ging*, Band **I**, p. V. [Dieses Buch befindet sich auch in Paulis Büchersammlung bei CERN.]

† Magische Waffe.

†† Aqua permanens. Streifen = numinose Wirkung; Gefahr und Möglichkeit der Multiplicatio. Jedoch *keine* Spalte. – Der Fremde *sucht* dort Nahrung.

[1201] PAULI AN DYSON

Zürich, 5. Februar 1951

Dear Dyson!

I thank you very much for your long and very clarifying letter of January 31.[1] I understood well how your new

$$H'(t) = H_1'(t) + H_c'(t)$$

is defined, that it is free of devergencies (under the conditions given by you). I also understand, that in $H'(t)$ as a whole the renormalization is automatically included.

As regards the elimination of the power-series development (in powers of the coupling constant e), that means the overcoming of the "falling short (I)" mentioned in the Introduction of your "HOI"-paper,[2] I have to rise now a decisive question: *Can the part $H_c'(t)$ of your H' be expressed or defined in a way, which does not explicitly use such a power series-development?*

If the answer is yes, I would say, that you really kept your promises in HOI, if the answer is no, I would say that you did *not* reach the goal to avoid the power series. Even if in the latter case you could prove mathematically the convergence of the power series (due to its g-dependent cut-off at high frequencies), it would be practically useless in the case of a strong coupling (high values of the coupling constant).* From the standpoint of physics a power series for H_c' is not really better than a power series for the S-matrix and if you find the physical enlightenment which you achieved not a very great one, probably this is the reason for it.

I am, therefore, very eager to hear your answer.
With kindest regards Sincerely Yours   W. Pauli

[1] Siehe den Brief [1198].
[2] Dyson (1951a).
* I guess, your expression "leading term" for H'_1 refers to a small value of the coupling constant only.

[1202] DYSON AN PAULI

Birmingham, 15. Februar 1951

Dear Professor Pauli!

Thank you very much for your last letter.[1] I will answer briefly; my wife is now in bed with pneumonia, and so I have to put physics temporarily into cold storage.

The answer to your decisive question is No. Certainly I have no way of expressing H' other than as a series expansion in g.

However, I do not agree with you that this is no better than the series for the S-matrix. At least in electrodynamics, the series for H' is really well convergent, whereas the series for the S-matrix is divergent in a trivial but still serious way. I think a convergent series is considerably more useful than a divergent one. Therefore I would claim that I have kept the promise made in the introduction to HOI to overcome short-coming (i) of the S-matrix. This promise does not (as it is written in HOI) apply to meson theories too.

Concerning the meson theories, I still hope and believe that the series for H' will be fairly well convergent, though I have only studied this question superficially. By "fairly well convergent" I mean that one can obtain answers correct to 5–10% by using three or four terms of the series. If this is possible, I would claim that my method is a decisive improvement on all other methods, which up to now (February 1951) have never given any results which could be guaranteed correct even to ±100%.

The test which I wish to be applied to my methods is "Do they enable us to decide definitely the correctness or incorrectness of meson theories by a quantitative comparison with experiment?" If they can do this, I shall be very well satisfied.

You are asking "Do the new methods give us any new theoretical insight into the foundations of physics?" This question I am content to answer in the negative.

Of course, I too would like to escape altogether from series expansions, if I could do it. But I believe the idea of renormalization is linked in a very complete way, perhaps inseparably, with the series expansions.

Yours very sincerely   Freeman J. Dyson

[1] Siehe den vorangehenden Brief [1201].

[1203] Pauli an Dyson

Zürich, 18. Februar 1951

Dear Dyson!

Many thanks for your recent letter (of February 15), which was again very clarifying, to such a degree, that in the moment there is no question left for me.

That "the idea of renormalization is linked in a very complete way, perhaps inseparably, with the (power) series expansion"[1] is just the point which makes me feel rather critically to the present quantized field-theory* and it is somewhat disappointing for me that you were until now (February 1951) not able to transcend this standpoint.

The trouble with the meson theories is, that – different from electrodynamics – you can never be sure, whether the used Hamiltonian is at all correct (the coupling constant is arbitrary and one does not know, whether – for instance – already in the Hamiltonian terms with higher powers of the coupling constant are necessary, too). I am mostly discouraged by the failure of the theories to explain quantitatively the magnetic moments of proton and neutron.[2] Many physicists (including Feynman) believe, that the whole analogy between meson-theory and electrodynamics was and is fallacious. But if you could achieve a clear-cut decision of this alternative it would certainly be a progress (also if the decision will be negative for the present meson theories).

But even apart from practical questions of computation I have the definite impression that (also in electrodynamics) a final form of a fundamental law of nature should *not* be formulated in such a way that a power series development is *essential* to get the very logical (mathematical) meaning (definition) of this law.

It is not excluded that a formal *mathematical* point of view could be helpful to find some new *physical* ideas, too. I am therefore looking forward to obtain, in due course of time, the further papers of your "series".

Meanwhile I hope that the illness of your wife will soon be safely over and we are sending our good wishes to both of you

Yours very sincerely   W. Pauli

Regards to Peierls.

P. S. I hope to have once a chat with you on the general relation of mathematics and physics. In your present age I believed, that my talent is lying in a very mathematical direction, although in a kind of "applied" mathematics,** because my interest for the laws of nature was always very prominent. But then I fell into this spectroscopic "term-zoology" where my knowledge of the theory of complex analytic functions could not be used.

The development of the big mathematical edifice of quantum-mechanics was done by others, but anyhow I could apply my knowledge of Cayley and F. Klein with this "spinors" (as Ehrenfest later called this "doublet" quantities).[3] By the way, F. Klein was always very much against the overemphasizing of the power series (Weierstraß).[4]

¹ Vgl. den vorangehenden Brief [1202].
* Even if this power series is mathematically convergent and its convergence can be proved and in spite of the practical successes of the new quantum electrodynamics.
² Dieses Problem wurde unterdessen von Paulis abwesendem Doktoranden A. Thellung (1952) bearbeitet (siehe hierzu die Briefe [1214 und 1319]).
** My favorite author was H. Poincaré (mostly: „Méthodes nouvelles de la mécanique céleste" – canonical transformations, *semi*-convergent series. Until to day I like them more than the convergent ones!) I also got some knowledge of the analytic number theory by my (now late) friend E. Hecke in Hamburg, but I never worked in this field, as I heard you did. [In seiner Fellowship dissertation aus dem Jahre 1946 am *Trinity College* in Cambridge hatte sich Dyson mit Problemen der Zahlentheorie beschäftigt. Erich Hecke war bereits 1947 gestorben (vgl. hierzu Band **III**, S. 421f.).]
³ Siehe hierzu auch die Bemerkungen in Band **II**, S. 72 und 134f.
⁴ In seinen *Vorlesungen über die Entwicklung der Mathematik im 19. Jahrhundert* schreibt Klein [1926, S. 280]: „Für Weierstraß selbst war nun ein Lebensziel gegeben: Durch streng methodische Arbeit über Potenzreihen das Umkehrproblem auch der elliptischen Integrale beliebig hohen Ranges ... – vielleicht sogar der allgemeinsten Abelschen Integrale –, zu zwingen." Als ihm dann Riemann mit einer sehr originellen allgemeinen Behandlung dieses Problems zuvorkam, erlitt Weierstraß einen Nervenzusammenbruch. In seinem Brief [1214] an Thellung bemerkte Pauli, daß man jetzt in der quantisierten Feldtheorie ebenfalls Riemann und keinen Weierstraß benötige.

Pauli wurde von seinem alten Lehrmeister Arnold Sommerfeld noch kurz vor dessem Tode zum *korrespondierenden Mitglied* der *Bayerischen Akademie der Wissenschaften* vorgeschlagen. In dem von Sommerfeld aufgesetzten und u. a. von dem Akademiepräsidenten Heinrich Mitteis¹ mitunterzeichneten Vorschlagsschreiben heißt es:²

Wolfgang Pauli, geboren in Wien 1900, kam bald nach dem ersten Weltkrieg zusammen mit seinem Schulfreund Richard Kuhn nach München. Obgleich er erst eben das Wiener Gymnasium verlassen hatte, war er bereits in der allgemeinen Relativitätstheorie vollkommen zu Hause; mathematische Schwierigkeiten gab es überhaupt nicht für ihn. Auf Grund einer von ihm publizierten Note sagte Einstein zu mir: „Sie haben in München ein mathematisch-physikalisches Genie". Da Einstein den Artikel über Relativitätslehre für die mathematische Encyklopädie abgelehnt hatte, schlug ich Pauli vor, diesen Artikel zusammen mit mir zu verfassen. Als er mir aber seine ersten Entwürfe zeigte, verzichtete ich auf jede Mitwirkung. Sein Artikel wurde ein auch heute noch nicht übertroffenes Meisterwerk.

Nach seiner Promotion in München 1922 (Thema: Das Wasserstoff-Molekülion) ging er als Assistent nach Hamburg und entdeckte hier das Ausschließungsprinzip, für das ihm vor drei Jahren der Nobelpreis verliehen wurde. Dieses Prinzip hat nicht nur der Spektroskopie die wesentlichsten Dienste geleistet, sondern es erwies sich auch als das Fundament der Theorie des periodischen Systems der Elemente. An der Schaffung der Quantenelektrodynamik hat er wesentlich mitgearbeitet. Auf die mögliche Existenz des Neutrinos hat er als erster hingewiesen, dergleichen auf die Deutung der Hyperfeinstrukturen als magnetische Kernreaktionen. Er wurde Einsteins Nachfolger an der Technischen Hochschule in Zürich und ist dahin zurückgekehrt, nachdem er während des zweiten Weltkrieges Einsteins Nachfolger am Institute for Advanced Study in Princeton gewesen war.

Im Vorjahre haben wir seinen bedeutenden Vater zum korrespondierenden Mitglied gewählt;³ die Unterzeichneten schlagen jetzt den wohl noch bedeutenderen Sohn ebenfalls zum korrespondierenden Mitglied vor.

¹ Der Jurist Heinrich Mitteis (1889–1952) war seit 1950 Präsident der Bayerischen Akademie.

[2] Dieses Schreiben ist im Archiv der *Bayerischen Akademie der Wissenschaften* deponiert. Eine Kopie wurde freundlicherweise vom Akademiearchivar R. Heydenreuter für die Edition zur Verfügung gestellt.

[3] Der in Prag geborene Vater, Wolfgang Josef Pauli (1869–1955) war außerdem noch Mitglied der *Leopoldina* in Halle und der *Österreichischen Akademie der Wissenschaften*.

[1204] MITTEIS AN PAULI[1]

München, 20. Februar 1951
[Maschinenschrift]

Sehr verehrter Herr Kollege!

Ich beehre mich Ihnen mitzuteilen, daß die Bayerische Akademie der Wissenschaften in ihrer Gesamtsitzung vom 16. Februar 1951 Sie zum

korrespondierenden Mitglied

ihrer Mathematisch-naturwissenschaftlichen Klasse gewählt hat.

Es ist mir eine aufrichtige Freude, Sie als Mitglied unserer Körperschaft begrüßen zu dürfen und ich darf der Hoffnung Ausdruck geben, daß Sie sich an der Arbeit der Akademie recht rege beteiligen werden.

Das Diplom über Ihre Aufnahme in die Akademie wird Ihnen später zugestellt werden.

Mit den besten Empfehlungen
Ihr sehr ergebener

Prof. Dr. Heinrich Mitteis
Präsident

[1] Heinrich Mitteis war der Präsident der *Bayerischen Akademie der Wissenschaften*.

[1205] PAULI AN VON FRANZ

Zollikon-Zürich, 22. Februar 1951

Liebes Fräulein von Franz!

Heute ist mein erster Tag ohne Vorlesungen, den ich gleich dazu benützt habe, um wieder an die Keplerarbeit zu gehen.[1] Zunächst habe ich die lateinischen Originaltexte zu allen von mir zitierten Stellen zusammengesucht und die meisten auch gefunden. Es bleiben einige Reste die auf beiliegendem Zettel verzeichnet sind; wenn Sie mir da helfen könnten, wäre ich sehr dankbar. Außerdem habe ich dort notiert, daß ich gerne den Band V der Gesamtausgabe von Keplers Werken (Frisch)[2] zu Verfügung hätte, vielleicht können Sie ihn in der Zentralbibliothek (falls Sie ohnedies einmal dahin gehen) für mich ausleihen. Zu den Fluddschen Texten habe ich mich noch nicht gewandt, doch kommen diese demnächst an die Reihe.

Nun zu Ihren 2 Manuskript-Seiten mit Brief.[3] Ich habe das mit Vergnügen gelesen,* habe aber gar nichts mehr einzuwenden und finde, daß es so bleiben kann und soll. – Wenn ich überhaupt noch etwas hinzufüge, so deshalb, weil Ihre Sätze über die Unmöglichkeit für Descartes und seine Zeit, sich ein „irrationales" bzw. „akausales" Verhalten Gottes vorzustellen, mich in angenehmer Weise zu weiterem Nachdenken angeregt hat und weil ich hoffe, daß das Folgende vielleicht auch Sie objektiv interessieren wird.

Im Jahre 1927 war in Brüssel eine große Diskussion über die damals ganz neue Quantenphysik (Wellenmechanik)[4] und als die Notwendigkeit des Verzichtes auf die Kausalität im alten Sinne sowie der prinzipiell statistische Charakter der Naturgesetze zur Sprache kam, wurde Einstein sehr obstinat ablehnend und sagte: „Ich glaube nicht, daß der liebe Gott *würfelt*: entweder Er hat alles vollständig gesetzmäßig gemacht oder Er hätte sich mit einem gänzlich ungeordneten Chaos begnügt. Ich glaube nicht, das Er würfelt." Dann setzte sich Einstein kopfschüttelnd wieder nieder.**

Einstein sagte oft ganz offen, daß sein Gottesbegriff mit demjenigen von Spinoza im wesentlichen übereinstimme.[5] Es ist dieselbe Einstellung wie die auf p. 20 Ihres Manuskriptes charakterisierte und sie geht sicher auf jene Zeit des 17. Jahrhunderts zurück. Es besteht da ein „ceterum censeo, probabilitatem esse *deducendam*",***[6] das tiefe gefühlsmäßige Wurzeln hat.

Was meinen eigenen Gottesbegriff (wenn man das überhaupt noch so nennen kann) betrifft, so ist für mich Gott identisch mit der Ordnung im Kosmos (nicht einfach mit der Welt wie bei den Pantheisten). Im Gegensatz zur Kirchenreligion glaube ich aber, daß unsere Ideen über die kosmische Ordnung unpräjudiziert bleiben sollen, sowohl hinsichtlich der Anwendbarkeit des (engeren) Kausalitätsprinzips (Determinismus) bzw. dessen Tragweite, als auch hinsichtlich der Zulässigkeit eines menschenähnlichen Bewußtseins-Begriffes in diesem Zusammenhange.[7] (In letzterer Hinsicht bleibe ich Schopenhauer treu.)

Auch bei einer unvoreingenommenen Betrachtungsweise erscheint ein irreduzibel-statistischer Charakter der Naturgesetze wie eine willkürliche Vielfalt und scheint kompensatorisch nach Ganzheit und Einheitlichkeit zu verlangen. Ich glaube persönlich auch, daß eine solche in der Natur irgendwo aufweisbar sein müsse, halte es aber für möglich, sogar für wahrscheinlich, daß sie jenseits der Natur-*Gesetzlichkeit* sein könnte. Sie ist nämlich vermutlich menschlicher Willkür (und schon gar der doch sehr menschlichen Forderung nach Reproduzierbarkeit) entzogen. Der statistische Charakter der Natur*gesetze* wäre demnach eine Art Antwort der Natur auf unsere (menschlichen) Fragestellungen an sie (experimentellen Anordnungen).

Hier drängt sich mir stets ein gewisses weibliches Seelen-Bild[8] objektiv auf (wie „anima mundi") mit dem bekannten Zusatz „Donna é mobile ..."; aber nur darum ist sie es, weil die kompensatorischen Ganzheits-Eigenschaften ohne Mitwirkung des *Fühlens* im Subjekt[9] nicht in dessen Bewußtsein kommen. An dem Problem, dem Fühlen hier einen *objektiven* Platz im Kosmos zu *finden*, laviere ich sehr herum.

Es interessiert mich sehr, wie von Ihrer Art von Geistigkeit aus gesehen, diese Situation aussieht. Wir werden ja bald einmal darüber reden können. (Ich habe auch keineswegs Ihre „relativ abgeschlossenen Systeme" bei den Märchen vergessen,[10] möchte sie gerne erklärt bekommen – das hängt vermutlich alles recht eng zusammen.)

Die letzte Woche mußte ich öfters ganz intuitiv an Sie denken (aber in den letzten Tagen schien es irgendwie „nicht mehr nötig"). Ich hoffe, daß es Ihnen gut geht, es ist mir aber einigermaßen wahrscheinlich, daß hinter diesem Scheinbar-Persönlichen ein objektives Problem für mich steckt. Ein Grund mehr, die Sache recht ernst zu nehmen.

Ich werde voraussichtlich Samstag oder Sonntag bei Ihnen antelefonieren, um für nächste Woche ein Zusammentreffen mit Ihnen zu verabreden. Bis dahin hoffe ich auch, zu den lateinischen Texten von Fludd zu kommen.

Inzwischen recht herzliche Grüße   Stets Ihr W. Pauli

P. S. Ich sehe eben noch, daß Sie H. Poincaré erwähnen.[11] Er war ein Lieblingsautor von mir in meinen Jugendjahren. Die Eigenschaft, Intuitionen direkt aus dem Unbewußten zu haben, teilt er aber wohl mit vielen anderen Mathematikern. Ich besitze von ihm 3 Bändchen „Wissenschaft und Hypothese", „Wissenschaft und Methode", „Der Wert der Wissenschaft " (leider nicht im französischen Original, sondern in deutscher Übersetzung; diese ist aber gut). Wenn Sie diese Literatur brauchen können, will ich sie Ihnen gerne borgen und sie das nächste Mal mitbringen. Soviel ich mich erinnere sind alle diese Bändchen leicht und angenehm zu lesen (auch für mathematische Laien).

[1] Pauli (1952a).

[2] *Joannis Kepleri Astronomi Opera omnia*, herausgegeben von Ch. Frisch, 8 Bände, Frankfurt a. Main und Erlangen 1858ff.

[3] Marie Louise von Franz beschäftigte sich damals mit der Studie *Der Traum des Descartes*, an der Pauli großen Anteil nahm. Offenbar hatte sie Pauli zwei Seiten aus ihrem Manuskript zur kritischen Durchsicht gesandt. Vgl. M.-L. von Franz [1952]; auch enthalten in von Franz [1985, S. 137–229].

* Bitte gebrauchen Sie nicht mehr das Wort „belästigen", das tut etwas weh, d. h. ist sehr disharmonisch. Ich stelle mir vor, so wie ich hierbei, würde etwa Ihr Hund empfinden, wenn Sie ihn gegen den Strich kämmen würden. – Überdies ist heute, wo ich Ihren Text gelesen habe, praktisch auch kein Semester mehr, also „prästabilierte Harmonie".

[4] Vgl. Band **I**, S. 406ff.

** Diese Bemerkung Einsteins ist publiziert worden im Volume „Einstein" der „Library of Living Philosophers" (Evanston, Illinois, 1949) und zwar im Aufsatz von *N. Bohr* „Discussion with Einstein on epistemological problems in atomic physics," p. 201f. Siehe insbesonders p. 218.

[5] Siehe Einsteins Aufsatz (zuerst veröffentlicht im *Berliner Tageblatt* vom 11. November 1930) über „Religion und Wissenschaft" und seine Einleitung zu R. Kaysers Spinoza-Biographie [1946]. Vgl. hierzu auch S. M. Markus' [1986] Studie *Der Gott der Physiker*.

*** Aus einem alten Brief Einsteins an mich. [Vgl. Band **II**, S. 109.]

[6] Abgewandelt nach dem älteren Cato, der mit dem vielzitierten Ausspruch *ceterum censeo Carthaginem esse delendam* alle seine Reden beschlossen haben soll.

[7] Siehe hierzu auch das Ende des Briefes [1297].

[8] Pauli bezieht sich hier auf Jungs Vorstellungen von *Anima* und *Animus* als Träger der Seelenbilder der weiblichen Qualitäten in der Seele des Mannes bzw. der männlichen Qualitäten in der Seele der Frau. Dieser Vorstellung entsprechend sollen sie als unterhalb der Bewußtseinsschwelle liegende archetypische Bilder der Seele auch in Träumen auftreten und bei dem Prozeß der *Individuation* (d. h. dem Differenzierungsprozeß zur Entfaltung der individuellen Persönlichkeit) eine wesentliche Rolle spielen. Vgl. Jung [1921, Kapitel 21: *Definitionen*: Seelenbilder].

[9] Unter Fühlen versteht Pauli hier eine der vier irreduziblen Grundformen der psychischen Tätigkeit. Siehe Jung [1921, Kapitel 21: *Definitionen*: Funktionen].

[10] M.-L. von Franz war an einem zwischen 1952 und 1956 von Hedwig von Beit in Bern herausgegebenen dreibändigen enzyklopädischen Werke über die *Symbolik des Märchens* beteiligt.

Sie war deshalb insbesondere auch Jungs Ansprechpartner für Fragen, die mit dem psychologischen Gehalt der Märchen zusammenhingen.
[11] Vgl. von Franz [1985, S. 148], wo auf Ausführungen über die mathematische Erfindung in Poincarés [1914, S. 35ff.] *Wissenschaft und Methode* hingewiesen wird.

[1206] PAULI AN PANOFSKY

[Zollikon-Zürich][1], 22. Februar 1951

Lieber Herr Panofsky!

Heute komme ich wieder mit einer Bitte: ich bin eben an der endgültigen Redaktion meines Kepler-Manuskriptes[2] und bemerke, daß ich von zwei Stellen (siehe Beilage, diese dient nur zu Ihrer Orientierung, habe das natürlich hier abtypen lassen) der Philosophia Moysaica* von Fludd,[3] die Sie in Princeton freundlicherweise für mich übersetzt haben, nicht den lateinischen Originaltext mit aufgeschrieben habe. Könnten Sie so gut sein, diesen für mich aus dem Exemplar von Cherniss (buchstabiere ich ihn richtig?) abtypen zu lassen und mir zu schicken? (Das Zitat ist auf beiliegenden Blättern angegeben.) In einer endgültigen Publikation müssen die lateinischen Originaltexte natürlich auch abgedruckt sein!

Für Ihre Neujahrskarte noch vielen Dank. Das von Ihnen empfohlene Buch von Catharina Hargrave[4] ist schließlich hier eingetroffen, mich haben darin einige Angaben über chinesische Spielkarten interessiert.

Den Namen Ihres Sohnes habe ich im Programm einer Physik Summer-School in Frankreich gesehen.[5] Wird er wirklich hinfahren? Kommt er sonst nach Europa im Sommer? Ich frage dies, weil man ihn dann doch hier in Zürich auch einladen sollte. Im Juli ist übrigens ein physics meeting in Kopenhagen.[6]

Ich bin froh, daß unser Wintersemester zu Ende ist (das Sommersemester dauert von Mitte April bis Mitte Juli) und grüße Sie und Frau herzlich von uns beiden (mit vielem Dank im Voraus) als

Ihr getreuer

W. Pauli

[1] Diese Ortsangabe wurde von Panofsky am oberen Rand des Briefes hinzugefügt.
[2] Pauli (1952a).
* Hier nicht erhältlich.
[3] Fludd [1637].
[4] Hargrave [1930].
[5] Wolfgang Panofsky wollte an der Summer School in Les Houches teilnehmen.
[6] Der Kopenhagener Physikerkongreß fand vom 6.–10 Juli 1951 statt (vgl. hierzu den Kommentar zum Brief [1245]).

[1207] Pauli an von Franz

Zollikon-Zürich, 25. Februar 1951

Liebes Fräulein von Franz!

Anbei meine Notizen (Abschriften) aus Fludd's ‚Replicatio'. In meinem jetzigen Kepler-Manuskript[1] habe ich das Zitat von Fludd „ergo anima non est pars naturae ... etc." mit dem Kommentar versehen:

„Ein weiterer grundsätzlicher Unterschied der Anschauungen zwischen Fludd und Kepler betrifft die Stellung der Seele in der Natur. Fludd bewertet die imaginativen Fähigkeiten der Seele, die nach seinem Standpunkt ihr Teilhaben am lichten Prinzip ausdrücken, prinzipiell höher als ihre nach Kepler so wesentliche Empfänglichkeit für Proportionen. Diese gehören nach Fludd, wie alles Meßbare und Quantitative zur Körperwelt und damit zum dunklen Prinzip. In diesem Sinne dürfte das folgende Zitat (Frisch, Vol. V. p. 491, Note 471) zu verstehen sein ..."

Nachdem mir aber nun der ganze Originaltext der ‚Replicatio' zugänglich ist, kann ich mich viel präziser ausdrücken: „Messen" und das Quantitative gehört für Fludd deshalb zu den inferioren Beschäftigungen der Seele, weil es mit dem *Teilen* und der *Vielfalt* zu tun hat, im Gegensatz zum „geistigen Auge", das die *Einheit* wahrnehmen kann. Ersteres gehört zum Diabolus und zur materia, letzteres zum lichten Deus und zur forma.

Bitte bringen Sie Freitag meine Notizen wieder mit (ich bringe Poincaré mit),[2] ich freue mich sehr darauf, das alles mit Ihnen ruhig besprechen zu können. Es wird Sie sicher interessieren, weil es sehr eng mit Ihren anderen Problemen aus den Märchen („relativ abgeschlossene Systeme") zusammen zu hängen scheint.

Aus Ihrem Brief, für den ich Ihnen sehr danke, hatte ich schon entnommen, daß eine Art „synchronistisches" Phänomen vorliegt, war deshalb am Telefon nicht mehr sehr überrascht (zumal solche Phänomene anfangen, für mich zum „täglichen Brot" zu gehören). Das „Würfeln Gottes" bedeutet offenbar nicht einen jeweils *isolierten* Zufall, sondern stets die Sinnverbundenheit *mehrerer* Phänomene.

Nun noch ein paar Bemerkungen zu den 4 Funktionen in diesem Zusammenhang: Der gewöhnliche Fall ist allerdings der, daß (mindesten) eine von diesen unbewußt ist (ich gebrauche *an dieser Stelle* nicht den Begriff „bewußtseins-transcendent" sondern den Begriff „unbewußt"). – Aber wenn die Gegensatzpaare sich ungefähr die Waage halten, gibt es noch andere Möglichkeiten: Es ist dann von allen 4 Funktionen etwas bewußt und etwas unbewußt, was sich zunächst in Phantasien äußert, die das Motiv der Verdoppelung oder der Multiplicatio enthalten (vgl. die vertikale Anordnung der verschiedenen Bewußtseinsstufen im Tantra-Yoga,[3] von denen die höhere jeweils alle tieferen in sich enthält).[4] Die höchste Harmonie ist allerdings nur dann erreicht, wenn die verschiedenen „Schichten" auf ein *einziges* Zentrum bezogen sind (konzentrische Anordnung) und nicht auf mehrere neben oder übereinander liegende Zentren.

Es ist deshalb, daß ich in Ihren Träumen (die Sie in Ihrem Brief erwähnen) Zentrierungs-Symbolik erwarte.

Die *Einheit* scheint wohl erlebbar (deshalb habe ich Bedenken gegen den Ausdruck „bewußtseins-transcendent" in diesem Zusammenhang), liegt aber wohl auf einer anderen Ebene als die „Gesetzmäßigkeit", wie sie in den Naturwissenschaften – fast möchte ich sagen „erzwungen" wird. Fludd hätte wahrscheinlich gesagt, daß unsere statistische Gesetzmäßigkeiten eine typische Manifestation des Diabolus (princeps huius mundi) seien.

Ich freue mich sehr auf Freitag 4 Uhr. Nun haben wir ja genügend Material für unsere Unterredung (*auch* die relativ abgeschlossenen Systeme).

Mit vielen Grüßen   Ihr W. Pauli

[1] Pauli (1952, S. 172).
[2] Vgl. den Brief [1205].
[3] Vgl. H. Zimmer (1933).
[4] Siehe Jungs Bemerkung zur *multiplicatio* in seinem Brief [1192].

Nachdem Niels Bohrs Sohn Aage seinen Master an der Universität Kopenhagen erworben hatte, war er 1948 als *member* des *Institute for Advanced Study* in Princeton und anschließend, von 1949–1950, als *fellow* an der *Columbia University* in New York gewesen. Jetzt setzte er seine bei Rabi im *Pupin Laboratory* der *Columbia University* begonnenen Untersuchungen über die Rotationszustände und die dadurch bewirkten Deformationen von Atomkernen[1] fort, die er 1954 als Dissertationsschrift einreichte. Diese Arbeiten standen auch in einem engen Zusammenhang mit den Arbeiten seines Vaters[2] und dem damals von Maria Goeppert Mayer in Chicago und von dem Heidelberger Physiker Hans Daniel Jensen und seinen Mitarbeitern vorgeschlagenen Schalenmodell des Atomkerns.[3] Sie verschafften ihm schon damals hohe wissenschaftliche Anerkennung und sollten ihm später den Nobelpreis für Physik eintragen.[4] Als man sich im November 1954 in Harvard nach einem Kandidaten für eine zu besetzende Physikprofessur umsah, fiel die Wahl sofort auf ihn. In dem Empfehlungsschreiben des Dekans des *Departments of Physics* der *Harvard University* McGeorge Bundy vom 24. März 1955 wurden seine wissenschaftlichen Verdienste gewürdigt:[5] „He brought together the atomic and nuclear shell model of the nucleus with the model in which the collective modes of motion of the nuclear constituents play an essential role. He has developed in a consistent way a unified collective-plus-individual-particle description of the nucleus and has shown by analysis of the pertinent experimental data that the collective aspects of nuclear dynamics play an important part in a large variety of nuclear phenomena. In a series of brilliant papers, Bohr has presented evidence for the systematic occurrences in a large class of nuclei of rotational spectra characterized by numerous regularities in spins, excitation energies and transition probabilities. ... Bohr is an excellent lecturer and answers questions very well, as was apparent to all of us who attended his colloquium talk and the series of four Loeb lectures during his visit last fall." Da man jedoch erwartete, daß Aage diesen Ruf ablehnen würde, falls er einen entsprechenden Ruf in Kopenhagen erhielt, wurden auch noch Feynman, Gell-Mann, Glauber und Abragam als weitere Kandidaten auf die Berufungsliste gesetzt.

Seit dem Herbst 1950 war Aage wieder aus Amerika nach Kopenhagen zurückgekehrt und unterstützte hier seinen Vater bei seinen vielfältigen Aktivitäten, so daß Pauli sich zuweilen an ihn wendete, wenn er Bohr nicht stören wollte.

[1] Vgl. A. Bohr (1950, 1954).
[2] Siehe hierzu den Kommentar zum Brief [1092].
[3] Vgl. hierzu M. Goeppert-Mayer (1951) und A. Bohr (1957).
[4] Siehe hierzu A. Bohrs Nobel Lecture vom 11. Dezember 1975.
[5] Dieses Schreiben befindet sich in Washington im Oppenheimer-Nachlaß.

[1208] PAULI AN AAGE BOHR

Zollikon-Zürich, 27. Februar 1951

Dear Aage!

It is only today that I know with certainty (by a letter of your mother to my wife) that your uncle Harald is not alive anymore.[1] I had heard some rumors about it already earlier (partly from Professor Nevanlinna[2] through his relations in Finland) but I tried to believe that these rumors were untrue. He meant very much for me, there is a long chain of memories, apparently small episodes which form a round and definite picture of him and which I shall never forget. Please say my deep sympathy to the whole family and please forward the enclosed letter to his wife (unfortunately I do not know her address). All this in the name of Franca too, who sends regards to all of you.

I am glad to add our congratulations to you and Marietta for the arrival of your child (boy or girl?) which, as I hear, is now out of danger and well off.[3] I hope to write about physics another time and am sending to you, your wife and to your parents all good wishes

Sincerely yours

W. Pauli

[1] Siehe hierzu auch die Bemerkungen in dem Brief [1190].
[2] Der finnische Mathematiker Rolf Nevanlinna (1895–1980) war 1936/37 mit einem Lehrauftrag in Göttingen gewesen. 1945 mußte er wegen seiner deutschen Einstellung vom Rektorat der Universität Helsinki zurücktreten. 1946 wurde er an die Universität Zürich berufen, wo er sich u. a. auch mit Problemen der mathematischen Physik befaßte.
[3] Im März 1950 hatte sich Aage Bohr in New York mit Marietta Soffer verheiratet. Sie hatten drei Kinder, Vilhelm, Tomas und Margrethe.

[1209] PAULI AN VON FRANZ

Zürich, 5. März 1951

Liebes Fräulein von Franz!

Ich war gestern wieder fleißig und schicke Ihnen beiliegenden Zettel schnell bevor ich „in die Schule" gehe. – Die lateinischen Texte habe ich nun sonst alle beisammen, aber das Problem, was für unsere heutige Zeit an der Polemik Kepler-Fludd wichtig und was unwichtig ist, zusammen mit dem anderen Problem der Beziehung der Einheit zur Vielheit* macht mir viel Kopfzerbrechen.

Ich muß darüber noch etwas Zeit vergehen lassen, um dem Unbewußten und den Archetypen eine Chance zu geben. So scheint es mir bis jetzt, es wäre zu früh, uns schon diese Woche wieder zu treffen, ich will aber entweder Donnerstag oder Freitag zwischen 12 und 1 Uhr bei Ihnen antelefonieren. Sie können mir ja auch etwas schicken, sobald Sie etwas fertig haben.

Bisher hatte ich noch nie mit einer Frau zu tun, die dasselbe psychologische Funktionsschema (Typus) hat wie ich.[1] Das gibt mir eine beträchtliche Unsicherheit: wenn zwei zugleich ihre minderwertige Funktion anwenden, so ist das wie wenn beide allein in einem Auto sitzen, das sie nicht fahren können.

Wenigstens kommt es mir ein wenig so vor.

Vielen Dank und herzliche Grüße   stets Ihr W. Pauli

---

* Innerhalb der Physik hat L. de Broglie versucht, auch eine Komplementarität „einfach-multipel" einzuführen. Aber bis jetzt ist man damit leider nicht recht weiter gekommen. {Siehe hierzu den Kommentar zu [1263] und Paulis Briefwechsel mit Bohm [1263, 1290 und 1315].}

[1] Dieses gemeinsame psychologische Funktionsschema wird in dem Schreiben [1227] genauer erläutert.

[1210] PAULI AN JAFFÉ

Zollikon-Zürich, 6. März 1951

Liebe Frau Jaffé!

Ich habe heute nochmals meine Bibliothek durchgesehen, und es scheint, daß ich die Broschüre „Die Frau in Europa" von C. G. Jung[1] doch *nicht* besitze. Wahrscheinlich habe ich sie vor sehr lange Zeit einmal gelesen, was ja aber gar nicht hindert, daß ich sie jetzt wieder lesen sollte und sie auch gerne besitzen möchte. Deshalb danke ich Ihnen noch sehr und bitte Sie, das Büchlein bis zum nächsten Mal für mich inzwischen aufzubewahren.

Sonst bin ich in einem ziemlich argen Konflikt und habe das Gefühl, die nächste Woche wird sehr kritisch für mich sein. Diese Äquinoktialperioden (um den 21 März und 21. September herum) haben für mich immer den Charakter der Labilität, zugleich mit der Möglichkeit von etwas Schöpferischem.[2] Ich bin auch neugierig, wie das Unbewußte von Frl. F. reagieren wird. Habe ich auf Frauen überhaupt eine andere Wirkung, als schließlich alle, die in meiner Umgebung sind, recht unglücklich zu machen?

Nochmals vielen Dank und herzliche Grüße   Stets Ihr W. Pauli

[1] Jung (1927a).
[2] Siehe hierzu auch die Bemerkungen zum Brief [1215].

[1211] Pauli an Mitteis

[Zürich], 8. März 1951
[Maschinenschriftliche Durchschrift]

Sehr geehrter Herr Präsident!

Ich danke Ihnen für Ihre Mitteilung meiner Wahl zum korrespondierenden Mitglied der Mathematisch-naturwissenschaftlichen Klasse der Bayerischen Akademie der Wissenschaften und nehme diese ehrenvolle Wahl gerne an.

Mit kollegialen Grüßen   Ihr ergebener [W. Pauli]

[1212] Pauli an Panofsky

[Zollikon-Zürich][1], 12. März 1951

Lieber Herr Panofsky!

Haben Sie sehr vielen Dank für die lateinischen Texte und die Übersetzungs-korrekturen in Ihrem letzten Brief (vom 1. des Monats). Ich habe nun den Originaltext der Fluddschen Polemik lesen können* (bzw. die von mir gewünschten Teile auch übersetzt erhalten) und es ist mir dadurch manches deutlicher geworden als es in Princeton der Fall war: Die negative Bewertung des Quantitativen bei Fludd habe ich in dieser Kraßheit sonst nirgends gesehen. Sie hängt aber zusammen mit dem Gegensatzpaar Einheit-Vielheit das bei Fludd mit forma (licht) – materia (dunkel) zusammenfällt,

> materia sola in multitudine dilatetur et non forma, quae semper continua est ad suum fontem lucidum'. ,Hinc ergo dicit Pythagoras scribendo ad Eusebium: Deus est in unitate, in dualitate vero est Diabolus et malum quippe in quo est multitudo materialis.[2]

Wenn daher Kepler sagt ,anima humana est pars naturae', stürzt sich Fludd auf das Wort ,pars' wie ein Stier auf das rote Tuch: Losgelöst von den Gesetzen der Körperwelt (d. h. von der ,dunklen Seite = Teufel') ist nach Fludd die Seele des Menschen so unlösbar mit der *ganzen* anima mundi verknüpft, ,wie die Sonnenstrahlen zum Sonnenkörper', daß weder von Quantität noch von Teil, noch von Proportion gesprochen werden könne.

> quatenus Deus est divisibilis in Personas tres, inde arguendo officia et proprietates ad huius mundi perfectionem productae, sic etiam et anima in partes varias dividi dicitur, unde quandoque est sensus, nunc memoria, aliquanto imaginatio, deinde ratio, intellectus, Mens etc. Qui igitur Animam considerare gestiunt rebus caducis inditam, oculis corporeis eam cum corpore eiusque proprietatibus distingui animadvertent, at qui in se et ad centrum suum revertendo, externo, quasi umbra praestigiosa, neglecto, ad interiores suos aditus penetrabit, is quidem oculis spiritualibus percipiet nec divisionem nec quantitatem inesse animae, nec in Deo (qui est supra quantum et quale, cui animae essentia continua est) numeros aut figuras geometricas posse investigari).[3]

> ... Est ergo circulus eiasque divisiones imaginariae in spiritu passivo creato et non in anima creante ....

Fludd zitiert Franciscus Georges Venetus:

> Concludit igitur, quod anima sit unica et simplex, ad res vero inferiores descendens divisa dicitur.[4]

Dies einige Kostproben. Das Messen hat zu tun mit *Quantität* und mit *Teilen*: Daher inferiore Beschäftigung, daher unsere statistischen Naturgesetze eine typische Manifestation des Diabolus (honi soit qui mal y pense)[5] – im Gegensatz zum „geistigen Auge", das die Einheit sieht.

Wie sage ich das meinem Kinde dieses 20. Jahrhunderts? Warum kann diesem Kinde die Polemik Fludd-Kepler noch interessant sein, zumal die Weltmusik (sowohl die von Fludd wie die von Kepler) auf den allgemeinen großen Friedhof geistiger Produkte gewandert zu sein scheint?

Da sind immerhin einige Züge: das Einfangen der Wirklichkeit durch symbolische Bilder („aenigmata') in der Psychologie des Unbewußten, der Begriff des ‚kollektiven Unbewußten' als ‚Ersatz' für die anima mundi und als Kompensation des Subjektiv-Werdens der Psyche im 17. Jahrhundert (Descartes), das Suchen nach einer Kategorie jenseits der Unterscheidung physisch-psychisch (bei Fludd hat *Alles* an *beidem* teil); in der Quantenmechanik: der Meßprozeß, der die Einheit zerstört, die Unmöglichkeit, Einheit zu formulieren, solange der Beobachter außerhalb der Naturbeschreibung gelassen wird (d. h. in der Physik im engeren Sinne).

Das ist doch alles nach der Zerstörung des alten metaphysischen Weltbildes ein Zurückgehen auf Älteres in neuer Form, ohne das inzwischen Erworbene (Naturgesetze der klassischen Physik) aufzugeben oder zu verlieren. Fludds Versuch, vor dem Quantitativen einfach die Augen zu schließen, war natürlich hoffnungslos und unsinnig, und das in seinem Unbewußten sorgfältig gehütete Geheimnis, daß er ein steriler Epigone war, läßt ihn hochmütig und aufgeblasen erscheinen. Und auf der anderen Seite doch wieder Fludds Instinkt für den Verlust des Wertes der Einheit des Menschen mit dem Naturlauf und der Totalität des Erlebens beim Erkennen. Aber dieses verzweifelte Sich-zur Wehr-setzen gegen jede Vergeistigung des Quantitativen ist doch bei Fludd psychologisch sehr merkwürdig!

Wie erscheint Ihnen das, als durch das ‚naturwissenschaftliche Denken' [unverdorbenem][6] Humanisten? Ist nicht das Gegensatzpaar ‚Einheit-Vielheit' doch auch das unsere? Man kann weder die Vielheit abschaffen, noch die Einheit mit Gewalt erzwingen, aber man kann immer dort, wo eine Vielheit auftritt, fragen: Wo ist die zu dieser komplementäre Einheit?

Sie sehen, ich bin selber hin und her gerissen: Es ist mir von Anfang an so ergangen, wie wenn ich in diese Polemik Kepler-Fludd persönlich hineinverstrickt wäre, d. h. wie wenn ich sowohl einen ‚Kepler' als auch einen ‚Fludd' in mir selber tragen würde. Wie wenn eine mehr *ritterliche* geistige Haltung zu jenem ‚Fludd' in mir nötig wäre, als unser Jahrhundert sie aufbringen kann und wie wenn das einseitige Festhalten der Kollektivmeinung unseres p. t. Jahrhunderts am ‚Kepler' dämonisch-zerstörerische Reaktionen von seiten des Unbewußten zur Folge hätte!

When the ‚Johannes' (Kepler) will feed together with the ‚Robertus' (Fludd)? Ich hoffe, Sie können das alles noch viel besser formulieren!

In diesem Sinne viele Grüße von Haus zu Haus   Stets Ihr W. Pauli

[1] Die Ortsangabe wurde von Panofsky am oberen Briefrand hinzugefügt.

* Ich erhielt eine Photokopie der Originaltexte des ‚Discursus Analyticus' und der ‚Replicatio' von Fludd aus England. {Siehe hierzu die bei Pauli (1952a, Appendix I und II) wiedergegebenen Texte.}
[2] Siehe Pauli (1952, S. 154).
[3] Siehe Pauli (1952, S. 179–181).
[4] Dieses Zitat von Venetus hat Pauli (1952, S. 154) ebenfalls in seiner Keplerstudie wiedergegeben.
[5] Wahlspruch des 1348 von dem englischen König Edward III. gestifteten Hosenbandordens. Siehe auch die Zitierung dieses Mottos in dem Anhang zum Brief [1291].
[6] Unleserliche Textvorlage.

[1213] JAFFÉ AN PAULI[1]

[Zürich], 14. März 1951
[Maschinenschriftliche Durchschrift]

Sehr verehrter, lieber Herr Professor!

Herzlichen Dank für die Rücksendung der Synchronizitätsarbeit. Herr Professor Jung hat in der letzten Zeit nicht mehr daran gearbeitet, obschon er wieder eine Einschaltung in petto hat. Soviel ich weiß, hat diese aber nichts mit Physik zu tun.

Beiliegendes Separatum (samt Brief) hätte ich Ihnen schon vor einiger Zeit mit Professor Jungs besten Dank zurückschicken sollen. Bitte entschuldigen Sie die Verspätung. Ich komme in letzter Zeit wieder nirgends nach.

Mit herzlichen Grüßen und Wünschen für die Ostertage,   Ihre [A. Jaffé]

[1] Ebenfalls bei Meier [1992, S. 74] abgedruckt.

[1214] PAULI AN THELLUNG

Zollikon-Zürich, 18. März 1951

Lieber Herr Thellung!

Haben Sie besten Dank für Ihre Zeilen vom 14. – Wir fahren vielleicht um Ostern weg, es ist aber noch nicht sicher, ob und wann.[1] Spätestens am 18. April muß ich jedoch jedenfalls zurück sein. Melden Sie sich also, bitte, wenn Sie nach Zürich kommen.

Daß Ihre Doktorarbeit weiter vorankommt, freut mich *sehr*.[2] Es kommt natürlich auch darauf an, ob man physikalische Schlüsse über Richtigkeit oder Unrichtigkeit dieser Mesontheorien ziehen kann.

Wann kommt Dyson nach Holland?[3] Ich habe einen recht interessanten Briefwechsel mit ihm gehabt,[4] seit Sie das letzte Mal hier in Zürich gewesen sind. Es scheint mir jedoch nach diesem Meinungsaustausch, daß er doch *nicht* das gemacht hat, was man braucht, weil er seine Aufmerksamkeit zu stark auf Konvergenzbeweise von Potenzreihen gerichtet hat (weshalb ich ihn oft scherzweise den „Weierstraß" der theoretischen Physik nenne). Es *bleibt* bei ihm – ob mit oder ohne Abschneiden der Matrixelemente bei hohen Frequenzen – so, daß die *Renormalisation nur* durch Potenzreihen nach steigenden Potenzen der Kopplungskonstanten (in der Hamiltonfunktion) *definierbar* ist. Dadurch bleibt aber die Einsicht in den Fall starker Koppelung versperrt und nur von einer solchen Einsicht verspreche ich mir einen weiteren Fortschritt.[5] Das Problem: lorentzinvariante starke Kopplung *mit* durchgeführter Renormalisation (von Masse und Kopplungskonstante) ist aber bis zu einem gewissen Grad ein rein mathematisches Problem (wenn auch ein schwieriges), das vielleicht, wenn jemand geschickt ist, auch ohne neue physikalische Ideen angreifbar sein könnte. Es ist aber mein Eindruck, daß sich Dyson mit seinen Potenzreihen-Methoden (bis jetzt, natürlich könnte sich das ändern) jeden freien Blick versperrt hat (wir brauchen einen „Riemann" und keinen „Weierstraß" in der quantisierten Feldtheorie).

Ich habe veranlaßt, daß Professor Kronig zu Gonseths Philosophenkongreß[6] (18.–21. April) nach Zürich eingeladen wird, was ihm die Möglichkeit geben würde, Reise hierher und Aufenthalt bezahlt zu bekommen, ohne viel Mühe dabei zu haben. (Kramers soll vielleicht aus Gesundheitsgründen nicht zu viele Reisen machen.)[7]

Bitte grüßen Sie auch Herrn Westerdijk.[8] Leider ist seine Sendung der Photos von Herrn Kelders Zeichnungen[9] *nicht* eingetroffen. Was kann man da machen? Die holländischen Behörden können ja wohl nicht einfach eine solche Sendung beschlagnahmen, ohne sie dem Absender zu retournieren. Es würde mich natürlich sehr freuen, die Photos zu bekommen.

Schafroth hat hier begonnen, sich etwas mit Supraleitung zu beschäftigen, aber das ist erst in den Anfängen. Ich habe meine Vorlesung über Feldquantisierung (Teil II) beendet, wobei mir einiges deutlicher geworden ist.[10] Sie wird nun ausgearbeitet. (Im Gegensatz zu Dyson habe ich dabei mit Absicht auf die „n^{te} Näherung" keinen Wert gelegt.) Sonst ist es mir aber (wie so vielen anderen auch) *nicht* gelungen, irgendetwas Neues zu produzieren.

Viele Grüße an die Kronigs und an Kramers und seien Sie auch selbst herzlich gegrüßt

von Ihrem W. Pauli

---

[1] Paulis reiste über Ostern zusammen mit Franca nach Sizilien (siehe die entsprechenden Karten aus Palermo [1219–1221] und Taormina [1222]).

[2] Armin Eugen Albert Thellung (geb. 1924 in Zürich) war damals Kronigs wissenschaftlicher Mitarbeiter an der Technischen Hochschule in Delft. Dort arbeitete er weiterhin an der ihm von Pauli aufgegebenen mesonentheoretischen Berechnung der höheren Nukleonenmomente, die er schließlich im Januar 1952 als Dissertation einreichte (vgl. den Kommentar zum Brief [1168] und den Brief [1375]). Weil Pauli demnächst einen neuen Assistenten benötigte (sein jetziger Assistent Robert Schafroth verließ ihn am 31. März 1953), wollte er diese Stelle zum Sommersemester 1953 (nach seiner Rückkehr aus Indien) mit Thellung besetzen.

[3] Dyson hielt sich damals in Birmingham auf und wollte Ende Juni 1951 nach Zürich kommen, bevor er nach Amerika an die *Cornell University* zurückkehrte.

[4] Vgl. die vorangehenden Briefe [1193, 1196, 1198 und 1201–1203].

[5] Mit dieser Aufgabe, „hinter den Schleier der Dysonschen Potenzreihen zu blicken," wurde später Källén beauftragt (vgl. den Brief [1330]).

[6] Dieser Züricher Philosophenkongreß fand vom 18.–21. April 1951 statt (siehe hierzu die Hinweise im Brief [1216]). Kronig nahm aber an dem Kongreß nicht teil [1229].

[7] Pauli sollte seinen langjährigen Freund Kramers im Herbst 1951 zum letzten Mal in Brüssel während des 9. Solvay Kongresses sehen (vgl. den Brief [1318]). Kramers starb am 24. April 1952 nach einer schweren Lungenoperation.

[8] Jan Berend Westerdijk (1917–1982) war ein holländischer Experimentalphysiker, der von 1935–1940 an der ETH in Zürich studierte und dort auch das Diplom erworben hatte. 1947 wurde er zuerst als Lektor und dann 1951 zum ordentlichen Professor an die TH in Delft berufen. A. Thellung gab auf eine Anfrage des Herausgebers folgende Auskunft: „Westerdijk kannte Pauli natürlich von seiner Studienzeit in Zürich, aber ich glaube, die beiden kamen sich erst nach dem Krieg näher anläßlich eines Besuches (mit Vortrag) Paulis in Holland. Als ich im Herbst 1949 nach Delft zog, gab mir Pauli zwei (Empfehlungs-?) Briefe mit, einen an Kramers und einen an Westerdijk. Während meiner drei Jahre in Holland sah ich beide oft. – Westerdijk war ein sehr kultivierter und feinsinniger Mensch, unterhaltsam (er hatte stets amüsante Geschichten zu erzählen), und er verstand viel von Musik."

[9] Der holländische Maler Tom Kelder war ein guter Freund von Kronig, der auch mehrere Bilder von ihm besitzt. Pauli hatte Kelder offenbar während einer seiner Holland-Besuche kennengelernt, wie aus seinem Schreiben [858] an Casimir hervorgeht. Kelder hatte auch mehrere Skizzen von Pauli anfgefertigt (vgl. hierzu auch den Hinweis in Band **III**, S. 725). Eine davon wurde bei Enz und von Meyenn [1994, S. 27] reproduziert. „Sie gleicht Pauli so wenig," urteilt Thellung, „daß ich zweifeln würde, ob sie überhaupt Pauli darstellen soll, wenn nicht ... rechts unten Paulis Autogramm stünde. Ich finde dieses Bild gar nicht gelungen und auch nicht Buddha-ähnlich." Wahrscheinlich hat Kelder sie (wie Thellung glaubt) nach der Erinnerung gezeichnet, nachdem er Pauli nochmals in Holland getroffen hatte.

[10] Siehe hierzu die von U. Hochstrasser und R. Schafroth ausgearbeitete Vorlesung von Pauli [1951].

[1215] PAULI AN VON FRANZ

Zürich, 19. März 1951

Liebes Fräulein von Franz!

Vielen Dank für den retournierten Artikel. Sie können ruhig, ohne Indiskretion zu befürchten, mir an diese (obige) Institutsadresse schreiben. Es könnte höchstens passieren, daß Ihr Brief längere Zeit hier liegen bleibt. Wenn Sie aber bald schreiben, wird auch das nicht passieren, da ich am Mittwoch den 21. hier vorbei kommen werde (im Zusammenhang mit meiner letzten Schul- (d. h. Didaktik)-Prüfung. (N. B. Welches Datum dieser 21. Sie kennen meinen Äquinoktial-Glauben![1] Ich habe auch im Sinne, Ihnen an diesem Tag zwischen 12 und 1 Uhr von hier aus zu telefonieren.)

Hoffentlich höre ich auch bald etwas von Ihnen wegen der ‚Replicatio' Fludd, ob Sie noch weitere interessante Stellen gefunden haben. (Bitte das besser nach Zollikon schicken.)

Ihre Ideen zu meinem Artikel von 1948[2] habe ich mir sogleich sorgfältig notiert, als ich nach Hause kam. Auch was Sie über Fludd sagten, ist mir in deutlicher Erinnerung (nur Meditation in Gruppen bei ihm). Vielen herzlichen Dank!

Nun noch die Poincaré-Anekdote: Es kam einmal ein Besucher zu Poincaré in die Wohnung, während dieser sehr mit einem mathematischen Problem beschäftigt war. Poincaré warf schnell einen Blick aus seinem Arbeitszimmer heraus und sagte, er würde sogleich kommen. Es vergingen aber 3 Stunden, während dessen der Besucher Poincaré nur auf und abgehen hören konnte, aber vergeblich wartete. Nach dieser Frist kam Poincaré ärgerlich aus seinem Zimmer, nahm Hut und Mantel und sagte zu dem armen Besucher nur in großer Eile: „Vous m'avez dérangé beaucoup, monsieur".[3]

Inzwischen alles Gute und Schöne, auch zum Äquinoktium![4]

Stets Ihr W. Pauli

P. S. Ich weiß heute noch nicht, ob und wann ich abreisen werde,[5] vielleicht werde ich Mittwoch schon mehr darüber wissen.

[1] Vgl. den Brief [1210].

[2] Wahrscheinlich handelte es sich um Paulis Beitrag „Die Idee der Komplementarität", den er 1948 für die Zeitschrift *Dialectica* verfaßt hatte.

[3] Eine ähnliche Begebenheit berichtete V. F. Weisskopf (1988, S. 82), als er sich 1933 als Paulis neuer Assistent in Zürich vorzustellte: „Ich kam nach Zürich und ging dort zu [Paulis] Zimmer im alten Institut. Eine große Tür, wie man sie heute nicht mehr macht, führt in ein großes Zimmer, und dort klopfe ich an – keine Antwort. Ich klopfe nochmal an – keine Antwort. Dann höre ich ganz leise: ‚Wer ist denn da, wer ist denn da?' Wie ich die Tür aufmache, sehe ich am anderen Ende beim Fenster einen Schreibtisch. Dort sitzt Pauli und sagt: ‚Warten, warten, warten, erst muß ich ixen.' Und so warte ich also fünf Minuten, dann dreht er sich um und fragt: ‚Wer sind Sie?' "

[4] Die Zeit des Äquinoktiums bedeutete für Pauli stets eine kritische Periode, wie er in den Briefen [1091 und 1209] erläutert.

[5] Pauli reiste während der Osterferien Ende März für etwa drei Wochen nach Süditalien und Sizilien (vgl. [1224]).

Vom 18.–21. April 1951 sollten abermals die sog. *Entretriens de Zürich* stattfinden, die der Mathematiker und Wissenschaftsphilosoph an der ETH Ferdinand Gonseth im Zusammenhang mit der von ihm geleiteten Zeitschrift *Dialectica* ins Leben gerufen hatte.[1] Als Hauptthema dieser *Dritten Gespräche von Zürich* hatte man diesmal „Theorie und Erfahrung" gewählt. Durch mehrere Rundschreiben waren die Teilnehmer aufgefordert worden, Vorschläge in Form von Thesen für die Diskussion einzureichen. In einem am 10. April 1951 vom Sekretariat der *Dialectica* verschickten (letzten) Rundschreiben No. 6 wurde den Teilnehmern das Veranstaltungsprogramm mitgeteilt:[2]

In den Thesen, die wir erhalten haben, sind besonders drei Gebiete hervorgetreten. Das Komitee möchte Ihnen deshalb vorschlagen, die Diskussion des Hauptthemas (Theorie und Erfahrung) vor allem auf diese drei Gebiete zu verlegen. Es sind dies:

    a) Physik und Statistik
    b) Methodik (Mathematik und Formalisierung)
    c) Psychologie (Struktur und Aufbau)

Für *Mittwoch, den 18. April,* ist folgendes Programm vorgesehen:

Vormittag 9 Uhr	Eröffnung des Internationalen Forum Zürich (IFZ)
	Ansprache der Vertreter der akademischen Behörden und des Präsidenten der Gespräche von Zürich, Prof. F. Gonseth
Nachmittag 15–17 Uhr	Beginn der allgemeinen Diskussion
17.30–18.45 Uhr	Fortsetzung der allgemeinen Diskussion.

An den folgenden Tagen, Donnerstag, den 19., Freitag, den 20. und Samstag, den 21. April werden nacheinander die genannten Wissensgebiete (Physik und Statistik, Methodik, Psychologie) besprochen.

An allen 4 Tagen, *18.–21. April,* finden die *Sitzungen* vormittags 9–12 Uhr, nachmittags 15–17 Uhr, 17.30–18.45 Uhr im Sitzungszimmer *16b des Hauptgebäudes der Eidgenössischen Technischen Hochschule* statt.

Schluß der Gespräche Samstag, den 21. April ca. 18.00 Uhr.

Ein spezielles Schreiben vom 13. April wurde an die Mitglieder des *Comité du Forum Dialecticum,* zu dem auch Pauli gehörte, verschickt. Darin wurde um die Teilnahme an der vom Rektor der ETH präsidierten Eröffnungsfeier am 18. April um 9 Uhr gebeten. „Votre présence à la séance d'inauguration du centre serait d'une importance tout particuliere", fügte Gonseth handschriftlich unter das Pauli zugesandte Schriftstück.[3]

Da Gonseth auch zu den Gründungsmitgliedern des *C. G. Jung-Institutes* gehört hatte, war es für ihn naheliegend, Jung zur Teilnahme an den *Gesprächen* aufzufordern. Jung verspürte jedoch keine Neigung dazu und erkundigte sich deswegen bei Pauli [1216], woraufhin dieser – allerdings erst nach seiner Rückkunft von der Ferienreise nach Süditalien – antworten konnte [1224].

Paulis Stellungnahme zum Verhältnis von „Theorie und Experiment" (1952c), die als eine Ergänzung „zu den Bemerkungen und Thesen von F. Gonseth und P. Bernays" gedacht war, wurde zusammen mit anderen Beiträgen dieser Veranstaltung anschließend in der Zeitschrift *Dialectica* publiziert.

---

[1] Siehe hierzu Band **III**, S. 438.
[2] Die im Zusammenhang mit dieser Tagung stehenden Dokumente befinden sich im *Pauli-Nachlaß* 6/72-133.
[3] *Pauli-Nachlaß* 6/124.

[1216] JUNG AN PAULI[1]

[Küsnacht-Zürich], 27. März 1951
[Maschinenschriftliche Durchschrift]

Lieber Herr Pauli!

Entschuldigen Sie, wenn ich Sie mit einem Briefe störe. Ich bin aber in einiger Verlegenheit, da mich Professor Gonseth angefragt hat, ob ich nicht diesen „Gesprächen von Zürich" (bzw. dem Internationalen Forum Zürich) beitreten möchte.[2] Es scheint sich wesentlich darum zu handeln, daß er meinen Namen anführen möchte. Ich bin nun ganz und gar unfähig, an solchen philosophischen Unterhaltungen teilzunehmen und würde also am liebsten nein sagen. Aber ich möchte mich Gonseth gegenüber nicht unfreundlich zeigen und erlaube mir deshalb, Sie um Rat zu fragen, da er erwähnt, daß Sie auch dabei seien.

Für eine kurze Auskunft und einen guten Rat wäre ich Ihnen dankbar.

Mit den besten Grüßen,   Ihr ergebener [C. G. Jung]

---

[1] Ebenfalls bei Meier [1992, S. 74] abgedruckt.
[2] Siehe hierzu auch den Brief [1224].

Schon bevor Pauli im Jahre 1946 Princeton verließ, hatte er begonnen, sich neben der Physik auch mit wissenschaftshistorischen Fragen auseinanderzusetzen. Entscheidend gefördert wurde diese Neigung durch den Umgang mit dem Kunsthistoriker Erwin Panofsky, der in den 20er Jahren – ebenso wie er selbst – dem Lehrkörper der Hamburger Universität angehört hatte, und den – wie Panofsky selbst oft spöttisch bemerkte, – die Nazis in das Princetoner Paradies verdrängt hatten.[1] Seit 1935 gehörte Panofsky mit dem Altphilologen Harold F. Cherniss zur *School of Historical Studies* am *Institute for Advanced Study* in Princeton.

Panofskys Vorliebe für die Renaissance bildete die ideale Voraussetzung für den gemeinsamen Dialog der beiden über diese für die Entstehung der neuzeitlichen

Naturwissenschaft so bedeutsame Epoche. Panofsky berichtete anläßlich der für Pauli am 10. Dezember 1945 in Princeton veranstalteten Nobelpreisfeier[2] über die Gespräche, die er schon damals mit ihm über Kepler und seine intuitive Denkweise geführt habe.

Durch seinen Lehrer Arnold Sommerfeld war bereits Paulis Interesse an dem z. T. noch im Mystischen verhafteten Kepler geweckt worden;[3] Keplers auf einen Glauben an die Zahlenharmonien gegründeten Planetengesetze verglich Pauli 1946 in seinem Nobelvortrag mit Sommerfelds Fähigkeit, „aus der Sprache der Spektren ... eine wirkliche Sphärenmusik des Atoms", „ein Zusammenklingen ganzzahliger Verhältnisse, eine bei aller Mannigfaltigkeit zunehmende Ordnung und Harmonie" herauszuhören.[4]

Aber auch bei der Analyse seiner Träume war Pauli bereits in den 30er Jahren mit dem alchemistischen Gedankengut der Renaissancewissenschaft in Berührung gekommen, das in Jungs Werken eine so große Rolle spielt. Im Rahmen seiner Traumdeutungen hatte Jung damals die in Paulis Träumen auftretenden symbolischen Figuren und Gestalten oft mit Vorstellungen und Bildern (anima mundi, Archetypen, Trinität und Quaternität, das Eine, etc.) in Zusammenhang gebracht,[5] die dem Neuplatonismus als der Modephilosophie der frühen Neuzeit entlehnt sind und deren Sinn er nun mit Hilfe der auch in der Alchemie praktizierten Methode der Amplifikation[6] zu entschlüsseln versuchte.[7]

Der auf den spätantiken Denker Plotin (205–270) zurückgehende und durch Marsilio Ficino (1433–1499),[8] Paracelsus (1493–1541),[9] Giordano Bruno (1548–1600)[10] und andere weiter ausgebildete Neuplatonismus setzt eine mehrstufige Gliederung alles Seins voraus.[11] Das mit Gott gleichgesetzte und nur durch symbolische Bilder faßbare *Eine* ist als Negation der Vielheit aufgefaßt. Es ist der Urquell alles Seins, in dem sowohl Denkendes als auch Gedachtes noch ungeschieden beieinander lagern. Durch Emanation zerfällt nun dieses *Eine* oder auch *Gute* in die verschiedenen Stufen des Seins. So entstehen der (mit den platonischen Ideen verwandte) Geist (oder Vernunft), die Seele, die sichtbare Körperwelt und schließlich – als unterste Stufe – die auch als nicht-Seiend (d. h. dem denkenden Verstand nicht zugänglich) oder böse aufgefaßte Materie.[12] Die Seele spielt in diesem Zusammenhang die Rolle eines Vermittlers zwischen der geistigen und materiellen Welt. Alles durch Emanation entstehende Sein trägt aber auch das Bestreben der Rückkehr zu dem *Einen* in sich, so daß die Idee eines „von Gott ausgehenden bis zur *prima materia* herabsteigenden und nachher wieder zu Gott heraufführenden" ewigen kosmischen Kreisstroms entsteht [1067]. Um den Gegensatz hervorzuheben zwischen dem Neuplatonismus und den Alchemisten, bei denen der Ausgangszustand in einem solchen Prozeß niemals wieder erreicht wird, hatte Pauli die in sich zurücklaufende Schöpfungsvorstellung der Neuplatoniker auch als ein *Hornberger Schießen* bezeichnet.[13]

Ein weiterer Anlaß für Paulis zunehmende Vertiefung in die Problematik der Renaissance-Philosophie war sein oft konsultierter „Lieblingsphilosoph" Arthur Schopenhauer, der sich besonders in seinen *Parerga und Paralipomena* ebenfalls mit dem Neuplatonismus auseinandergesetzt hatte.[14]

Erste Spuren vom „Ausflug ins 17. Jahrhundert" [926] in Paulis Briefen finden wir in seinem Briefwechsel mit Jung[15] und mit Fierz. Letzterer hatte schon seit längerer Zeit historische Studien betrieben und während des Krieges einen Aufsatz über Newton veröffentlicht.[16] Auf diesen Aufsatz Bezug nehmend, berichtete Pauli im Dezember 1947, er habe Meier versprochen, im *Psychologischen Club Zürich* einen Vortrag über Kepler zu halten.[17] Dieser Vortrag sollte den Ausgangspunkt für seine Keplerstudie bilden.[18]

Paulis eigentliches Anliegen richtete sich dabei weniger auf eine Darstellung der historischen Entwicklungen,[19] als auf eine Untersuchung über die Rolle, welche der psychologische Hintergrund bei Keplers Forschungen gespielt hat.[20]

Jung hatte in seiner Archetypenlehre stets die Bedeutung der Vierzahl oder Quaternität als Symbol der psycho-physischen Ganzheit hervorgehoben.[21] In seinen alchemistischen Studien weist Jung auf eine Beziehung der Unsicherheit zwischen drei und vier mit einem

Sowohl-als-Auch hin, der in der Psychologie des Unbewußten „ein Schwanken zwischen Geistig und Physisch" entspricht.[22] Diesen Gedanken hat Pauli auf die Situation des Welle-Teilchen-Dualismus in der Quantenmechanik übertragen.[23]

Pauli stellte nun fest [929], daß Keplers Kugelsymbol der Trinität keine solche Vierzahl aufweist und daß dieser Defekt deshalb auch „als Symbol derjenigen Einstellung" aufgefaßt werden könne, „die zum Weltbild der klassischen Physik Anlaß gab." Pauli glaubte in Keplers Schriften auch „einen nicht uninteressanten Zusammenhang ... zwischen seinem sphärischen Trinitätssymbol und seinem leidenschaftlichen heliozentrischen Glauben" nachweisen zu können [926]. Er stellte fest, die *Anima* bei Kepler und einigen anderen Naturwissenschaftlern seiner Zeit habe auf den die moderne Naturwissenschaft charakterisierenden Archetypus angesprochen, indem sie aus dem Stoff in das erkennende Subjekt gewandert sei und so zu einer Entseelung der Körperwelt führte.

Diese Fragen beschäftigten Pauli auch noch in den folgenden Jahren und regten ihn zu weiterführenden Studien an. Als er im Wintersemester 1949/50 in Princeton weilte, wiederholte er dort im Februar 1950 seinen Kepler-Vortrag vor einem gemischten Publikum, unter dem sich diesmal auch mehrere Naturwissenschaftler befanden [1080]. Ende März wiederholte er den Vortrag nochmals im Hause seines Freundes Erich von Kahler vor einem kleinen Kreis historisch Interessierter [1085, 1366].

Der Erfolg war so groß, das er nun an eine Veröffentlichung denken konnte. Ein schon 1948 für seinen Vortrag im *Psychologischen Club* vorbereitetes Manuskript hatte Pauli sich im Februar 1950 für die Wiederholung seines Vortrags in Princeton durch M.-L. von Franz zuschicken lassen [1080, 1085]. Zusammen mit Panofsky wurde nun der Gegensatz zwischen dem Trinitarier Kepler und dem Quaternarier Fludd noch weiter herausgearbeitet, wobei ihm ein von dem Altphilologen Harold Cherniss zur Verfügung gestelltes Exemplar von Fludds *Philosophia Moysaica* große Dienste leistete [1085, 1189]. Außerdem sollte auch der Zusammenhang der damals einsetzenden Einschränkung des naturwissenschaftlichen Weltbildes [1289] mit den Entwicklungen in der modernen Physik sichtbar gemacht werden [1197]. Insbesondere interessierte Pauli das komplementäre Problem von Einheit und Vielheit [1209], die Frage nach der „Stellung der Seele in der Natur" [1207] und inwiefern es „nicht Einsichten in die Natur geben sollte, die ohne Gefühl nicht gewonnen werden können" [1067]. Da das Messen mit Quantitäten und Teilen zu tun hat, gehört es aus dieser Sicht zu den inferioren Tätigkeiten, „im Gegensatz zum *geistigen Auge*, das die Einheit sieht" [1212].

Nachdem im Oktober 1950 die lateinischen Texte von Fludd aus England eingetroffen waren und die Übersetzung derselben vorlagen, konnte Pauli „an die endgültige Redaktion des Keplerartikels gehen" [1157, 1178]. Ende Dezember, als die Arbeit „nahe dem Ende ist", stand auch schon der Plan fest, sie zusammen mit Jungs Synchronizitätsartikel zu publizieren. Da Jungs physikalischen Kenntnisse unzureichend waren, mußte Pauli nun auch Jungs Text überprüfen, „damit nichts Falsches über Physik darinnen steht" [1181].

Im Sommer 1951 liegt das nahezu fertige Manuskript der Keplerarbeit vor [1255]. Paulis Vorschlag, *Naturerklärung und Psyche* als Titel für das gemeinsam mit Jung herauszugebende Buch zu wählen [1267], findet Jungs Zustimmung. Jungs Wunsch nach einer Aufnahme der Descartes-Studie[24] in dem gleichen Band wird jedoch von Pauli abgelehnt und führte zu einer vorübergehenden Verstimmung mit M.-L. von Franz [1281, 1285].

Es vergehen noch einige Monate bis zur Drucklegung des Werkes, die zur Überprüfung der lateinischen Texte genutzt werden [1272, 1278]. Am 22. September wird ein Exemplar des druckfertigen Manuskriptes an Panofsky geschickt [1283], im Dezember wird mit dem Druck begonnen [1329] und im Januar 1952 treffen die ersten Korrekturen ein [1341], so daß Pauli schon im Juni 1952 die ersten Exemplare des fertigen Buches verschicken kann [1256, 1417].

[1] In seiner Princetoner Ansprache vom 10. Dezember 1945 zur Verleihung des Nobelpreises an Pauli sagte Panofsky: „I first met the laureate sixteen or seventeen years ago ... in a lovely outdoor restaurant near Hamburg," also etwa 1929/30. Da Pauli seit dem Frühjahr 1928 bereits die Züricher Professur inne hatte, müßte das Treffen während einem seiner späteren Besuche in Hamburg stattgefunden haben. – Siehe hierzu auch Panofskys „Eindrücke eines versprengten Europäers" (1978) und den Artikel von Wuttke (1992).

[2] Siehe hierzu Band **III**, S. 328ff.

[3] Siehe hierzu insbesondere Fleckenstein (1975).

[4] Sommerfeld [1919, Vorwort]. Siehe auch die Bemerkungen in den im Band **III** abgedruckten Briefen [971 und 988].

[5] Siehe insbesondere Jung [1940] und Jung [1944/52].

[6] Als Amplifikation bezeichnete Jung die Erweiterung und Vertiefung der Traumbilder durch Assoziationen und durch Heranziehung von Parallelen aus der Mythologie, Mystik, Religion oder anderer symbolischer Äußerungen der Menschheitsgeschichte.

[7] Siehe die Briefe [1281 und 1326]. Vgl. hierzu auch die Aufsatzfolge von Atmanspacher (1992a,b, 1993).

[8] Siehe hierzu insbesondere Kristeller [1943].

[9] Paracelsus Lehre im Kontext der neuplatonischen und gnostischen Traditionen wurde von W. Pagel (1960) untersucht.

[10] Siehe Yates [1964].

[11] Siehe hierzu Armstrong (1937) und Lindberg (1986, S. 9–29).

[12] Siehe hierzu die Bemerkung am Schluß des Anhangs zum Brief [1328] und Paulis Mainzer *Predigt* (1955g). Pauli nannte die Auffassung des Bösen als ein Mangel des Guten (privatio boni) in Analogie zu Dirac auch eine Löchertheorie des Bösen [1029].

[13] Siehe Band **III**, S. 514 und 723.

[14] Siehe z. B. Paulis Kommentare über Schopenhauer und den Neuplatonismus in den Briefen [1234, 1236, 1278 und 1363].

[15] In einer an Jung gesandten Traumaufzeichnung vom 28. Oktober 1946 berichtete Pauli, ein Traum habe ihn „veranlaßt, die Arbeit an Kepler wieder aufzunehmen." (Siehe Meier [1992, S. 34ff.].) In einem Brief vom 23. Dezember 1947 an Jung kündigte Pauli „ein oder zwei Vorträge von mir über Kepler" an, in denen er „den Zusammenprall der magisch-alchemistischen mit der (im 17. Jahrhundert neuen) naturwissenschaftlichen Denkweise" darstellen wollte.

[16] Vgl. Fierz (1943a).

[17] Dieser Vortrag im *Psychologischen Club Zürich* fand am 28. Februar 1948 statt. Ein von Pauli bei diesem Anlaß angefertigtes Autoreferat ist bei Enz und von Meyenn [1988, S. 509–514] und bei Atmanspacher et al. [1995, S. 295–300] abgedruckt. A. Jaffé, die diesem Vortrag beiwohnte, hat insbesondere von Jungs anschließenden Bemerkungen Aufzeichnungen angefertigt, die in ihrem Nachlaß Hs. 1090: 13 gefunden wurden.

[18] Diese Vorträge fanden in zwei Sitzungen am 28. Februar und am 6. März 1948 statt.

[19] Vgl. hierzu auch Westman (1984) und Lindberg (1986).

[20] Pauli erwähnte in einem Schreiben an Jung vom 7. November 1948 seine Träume von vor zwei Jahren, welche den „Keplervortrag, die Idee der neutralen Sprache und die weitere Verfolgung des archetypischen Hintergrundes physikalischer Begriffe" damals bei ihm ausgelöst haben sollen. Vgl. hierzu auch die „Überlegungen zu Wolfgang Paulis Kepler-Aufsatz" von der Psychologin Eva Wertenschlag-Birkhäuser (1995).

[21] In seinem Werk *Psychologie und Alchemie* [1975, S. 268] hat Jung auf die symbolische Bedeutung der Quaternität und der Trinität als Äußerung eines inneren, psychischen Zustands hingewiesen. Besondere Bedeutung schreibt er der Tatsache zu, daß die geraden und ungeraden Zahlen seit alters her in verschiedenen Kulturen mit weiblichen bzw. männlichen Eigenschaften in Zusammenhang gebracht werden. In diesem Sinne soll eine rationalistische trinitarische Einstellung männlichen Charakter besitzen, während die ganzheitliche Quaternität ein weibliches Attribut ist.

[22] Jung [1944/75, S. 41f.].

[23] Siehe Pauli [1961/84, S. 11].

[24] Siehe hierzu auch den Kommentar zum Brief [1197].

[1217] Panofsky an Pauli

Princeton, 29. März 1951

Lieber Herr Pauli!

Ich habe Ihnen für Ihren lieben, langen Brief[1] nicht eher gedankt, weil ich in den letzten Wochen ziemlich viel Unruhe hatte. Erstens wollte ich endlich mit dem Buche zu Ende kommen, an dem ich nun seit drei Jahren laboriere (es ist nun fertig bis auf das unlösbare Problem der Illustration).[2] Zweitens war immerfort was los, teils hier in Princeton teils in New York oder New Haven, wo ich, wie ich Ihnen wohl schrieb, dieses Jahr eine etwas diskontinuierliche Gastrolle gebe. Drittens bekam meine Frau die landesübliche Grippe, und zwar mit dem angenehmen Zusatz einer schmerzhaften Augen-Infektion, für die ich ihr immer, wenn ich hier bin, alle zwei Stunden irgendwelche Schweinereien einträpfeln muß. Sogar mein Hund niest. Also verzeihen Sie die Verzögerung!

Mit dem Gegensatz Teilbarkeit und Unteilbarkeit, Messung und Totalitäts-begreifung, *quantitas* und *qualitas*, sind Sie anscheinend auf die Ur-Qualität alles Denkens gekommen. Plato stellte schon fest, daß dieses stets auf dem Doppel-prozeß der „Zerschneidung" ($\tau\mu\eta\sigma\iota\varsigma$, $\sigma\iota\alpha\iota\rho\epsilon\sigma\iota\varsigma$) und „Verbindung" ($\sigma\upsilon\mu\pi\lambda\upsilon\kappa\eta$) basiert, und er sowohl wie Aristoteles haben auch schon herausgefunden, daß dieser Doppelprozeß sich zwar in der Dialektik realisiert aber auf die Wirklichkeit insofern nicht ohne Rest anwendbar ist, als das Ganze, wenn es in kommensurable Teile zerlegt werden könnte, aber kein Ganzes mehr wäre, während, wenn die Teile inkommensurable sind, die ganze Teilung im Grunde „self-contradictory" wird. Wie Cherniss mir sagt, hat Plato daher neben der *quantitativen* Messung so etwas wie eine *qualitative* Messung postuliert, aber das ist für einen Kunsthistoriker zu hoch („ist zu hoch zu verstan, ist hie us-gelön", wie der gute Adelphus Muelich sagt, als er Buch I und II von Ficinos *Libri de vita*[3] übersetzt hatte, aber an Buch III, „De vita coelistes comparanda", Schiffbruch erlitt).[4] Man kann aber sehen, daß, *nach* Plato und Aristoteles, fast alle Weltanschauungen sich entweder für oder gegen die Messung, und die *quantitates* überhaupt, entscheiden, und daß dies wirklich der tiefste Unterschied ist zwischen den – im weitesten Sinne – rationalistisch und mystisch gestimmten Individuen. Meine mittelalterlichen Mystiker wettern ebenso gegen die *distinctiones* der Scholastiker und die Teilungsprozeduren der Mathematiker wie Bergson gegen den teilbaren „Raum" und die teilbare, daher seiner Ansicht nach „verräumlichte" Uhrzeit, der er daher die unteilbare *durée* gegenüberstellt[5] (wobei mir einfällt, daß Massenet[6] von der sehr Bergsonschen Musik Debussys gesagt hat: „ça ne commence pas, ça ne finit pas, ça dure seulement"); oder wie die modernen Gestalt-, d. h. Gesamtheitlichkeits-Psychologen gegen die Assoziations-Psychologie.[7] Ich kann Ihnen aus meiner eigenen Kenntnis nur ein Detail mitteilen, das Sie möglicherweise interessiert, nämlich die Definition der Schönheit. Diese wurde in der spießbürgerlich-stoischen und spät-akademischen Philosophie der Antike als die „Übereinstimmung der Teile miteinander und mit dem Ganzen" definiert (η $\tau\omega\nu$ $\mu\epsilon\rho\omega\nu$ $\pi\rho\upsilon\varsigma$ $\alpha\lambda\lambda\eta\lambda\alpha$ $\kappa\alpha\iota$ $\tau\upsilon$ $\upsilon\lambda\upsilon\nu$ $\sigma\upsilon\mu\mu\epsilon\rho\tau\rho\iota\alpha$),[8] und diese Definition wurde von allen rationalistisch denkenden Leuten akzeptiert: Cicero, Augustinus, Thomas Aquinos und die ganze akademisch gerichtete Kunsttheorie der Neuzeit.* Plotin aber gerät in Zuckungen über diese Defini-

tion und sagt, gerade die schönsten Dinge, z. B. die Sterne und das Himmels-
zelt, hätten überhaupt keine „Teile", und definiert die Schönheit daher als „das
Durchleuchten des ‚Einen', ewigen Glanzes durch die materielle Erscheinung."
Und darin folgen ihm solche Leute wie Dionysius der Pseudo-Areopagit (um
500), Bonaventura, Ficino – bei welchen die Schönheit unentwegt als „*claritas*
oder *nitor* des Himmlischen im Materiellen" definiert wird – und alle neueren Romantiker. Wir Kunsthistoriker haben es längst aufgegeben, uns an diesen
Definitionsversuchen zu beteiligen, vielleicht in der dunklen Ahnung, daß in
dieser Teil- und -Ganzes, Meßbarkeit- und unmeßbar-Qualitätshaftigkeits-Frage
eine echte Komplementarität vorliegen könnte. Die moderne Physik scheint ja
bewußt zur Anerkennung solcher Komplementaritäten gelangt zu sein, und daher ist es mir sehr verständlich, wenn Sie in Ihrer Seele eine Art *Sympathie* mit
Fludd fühlen (der natürlich ganz in der Reihe Plotin-Dionysius-Ficino-Agrippa-
Paracelsus steht), ohne natürlich für ihn *Partei* ergreifen und, wenn ich mir einen
„pun" erlauben darf, den Kepler mit den Fluctibus ausschütten zu können.[9]

Ich habe keine Ahnung, ob ich nicht völlig an Ihnen vorbeischreibe. Aber
es ist in meinem kleinen Gebiet, tatsächlich so, daß *sowohl* die Definition
der Schönheit als „Harmonie der Teile" *als* die Definition der Schönheit als
„unteilbares Ganzes" etwas Einleuchtendes haben und gleichwohl einander
ausschließen – oder jedenfalls auszuschließen *scheinen*. Ob es doch eine Lösung
gibt?

Alles Gute, und apologies, wenn dieses alles Sie gar nicht interessiert.

Stets der Ihre,   Erwin Panofsky

---

[1] Siehe den Brief [1212].

[2] Wahrscheinlich handelte es sich um Panofskys reich illustriertes Werk [1953] über die frühe
niederländische Malerei, das allerdings erst im Jahre 1953 in Cambridge, Mass. erscheinen konnte.

[3] Ficino [1576].

[4] Johannes Adelphus Muelich hatte im Jahre 1505 eine sehr fehlerhafte deutsche Übersetzung der
beiden ersten Bücher von Ficinos Werk *De vita triplici* veröffentlicht. Siehe hierzu die Bemerkung
in Klibansky et al. [1990, S. 397]. In seiner Dürer-Biographie [1971, S. 165] verweist Panofsky
ebenfalls auf diese Übersetzung von Muelich.

[5] Nach Henri Bergson [1920] besitzt die mathematische Naturwissenschaft nur für die praktische
Beherrschung der Natur eine Bedeutung, nicht aber für das Veständnis ihres wahren Wesens.
Dem physikalischen Zeitbegriff stellte er deshalb die sog. zahlenmäßig nicht faßbare Erlebniszeit
(durée) gegenüber. Siehe hierzu auch L. de Broglies Bemerkungen [1958, S. 166–181] über den
Bergsonschen Zeit- und Bewegungsbegriff in der neuen von G. Eder zusammengestellten deutschen
Ausgabe seines Buches *Licht und Materie*.

[6] Während Jules Massenets (1842–1912) Opern „Manon" (1884), „Don Quichotte" (1910), u. a. sich
an Gounot orientierten, vertonte Claude Debussy (1862–1918) Texte von Mallarmé und Baudelaire
im impressionistischen Stil.

[7] Siehe hierzu den Hinweis zum Brief [1289].

[8] „Die Symmetrie der Teile zueinander und zum Ganzen."

* Daher das dauernde Bemühen aller Rationalisten – Polyklet, Vitruv, Alberti, Leonardo, Dürer –
um einen natürlich auf „Teilen" beruhenden, „Proportionskanon" für Vieh und Leut'.

[9] Dieses Wortspiel gefiel Pauli so ausgezeichnet, daß er es von nun an häufig zitierte (z. B. im Brief
[1286]).

[1218] PAULI AN JAFFÉ

Zollikon-Zürich, 2. [April 1951][1]
Montag gegen Mitternacht

Liebe Frau Jaffé!

Durch unser letztes Gespräch ermutigt, habe ich den ganzen Abend geschrieben und bin nun von dem Resultat so weit befriedigt, daß ich es wagen kann, Ihnen die beiliegenden 4 Seiten zu schicken,[2] mit der großen Bitte, sie zu typen. (Der Schluß auf der letzten Seite stellt nur den Anschluß an bereits Getyptes her.)

Ich bin neugierig auf Ihren Eindruck. Meine Worte sind jetzt in guten Einklang mit dem, was ich denke und fühle.

Herzlichen Dank im Voraus und alles Gute   Stets Ihr W. Pauli

---

[1] Der 12. April 1951 fiel auf einen Montag.

[2] Wahrscheinlich handelte es sich um die Abschrift des Keplermanuskriptes, das Pauli im Dezember 1951 zum Druck gab [1278 und 1329].

[1219] PAULI AN JAFFÉ

[Palermo],[1] 9. April [1951]
[Postkarte]

Liebe Frau Jaffé!

Am Tag habe ich Ferien, aber in der Nacht (im Traum) muß ich sogar Examina bestehen. Es ist das männliche Prinzip, das mir zusetzt und nicht die Frauen (denen setze ich zu, besonders meiner eigenen, der es jetzt aber viel besser geht als am Anfang der Reise). – Von den nächtlichen Erlebnissen mit „ihm" war mir eines besonders bedeutungsvoll, bei welchem er mir das Wort „Automorphismus" (mir aus der Mathematik bekannt) an den Kopf warf. Es wirkte wie ein Mantra (Zauberwort).[2] Dieser Begriff könnte wohl zwischen Archetypus und Naturgesetz und auch zwischen Einheit und Vielheit vermitteln. (Wörtlich heißt das „sich von selbst reproduzierende Gestalt".)

Ich denke weiter darüber nach und vergesse dabei zuviel die Frauen.

Zur Kompensation diese Karte mit vielen herzlichen Grüßen,

Stets Ihr W. Pauli

---

[1] Die Ortsangabe erfolgte nach dem Poststempel. Die Rückseite der Karte zeigt eine Seeansicht von Palermo mit Blick auf Romagnola Spiaggia und den Monte Pellegrino. Pauli war mit Franca über die Osterferien nach Sizilien gefahren und kehrte am 16. April nach Zürich zurück.

[2] Siehe hierzu die Bemerkungen über den Zusammenhang zwischen dieser „Zauberformel" und dem mathematischen Begriff des Automorphismus in den Briefen [1222, 1227 und 1285].

[1220] PAULI AN PAIS

Palermo, 9. April wrong century [1951]
[Postkarte]

Dear $\pi\alpha\iota\varsigma$!

This is the first time, that I am in Sicily, a strange country mixed of Greece, Albania, Italy with wonderful bycantine Art, particularly mosaics (in which Franca is most interested). I read here Plato's letters about his trips to Sicily,[1] a good example for a completely unsuccesful attempt of a scientist to get political influence. It belongs to the director's deck of your Institute and besides it in its library. It is really 'classical'.

What about physics? As always

Yours W. Pauli

---

[1] Plato soll in den Jahren 388, 366 und 361 drei Reisen nach Unteritalien und Sizilien unternommen haben, wobei er auch mit den Pythagoräern in Berührung kam. In Syrakus beriet er Dionysios II. und unterbreitete ihm Vorschläge für eine philosophisch orientierte Staatsreform. Unter Platos in 9 Tetraden geordnetem Nachlaß befinden sich auch 13 z. T. als unecht erachtete Briefe mit wertvollen biographischen Hinweisen. Der 7. Brief enthält einen ausführlichen Bericht über Platos Erlebnisse in Syrakus. Siehe *The collected dialogues of Plato including the letters*, edited by E. Hamilton and H. Cairns. Princeton 1961. Dort S. 1560–1606. Vgl. auch Kraut [1992, S. 38].

[1221] PAULI AN PANOFSKY

Palermo, 9. April wrong century [1951]
[Postkarte]

Dear Panofsky!

I laid Kepler and Fludd aside for a short while going with my wife South until to Sicily. Looking at the wonderful byzantine mosaics we often think on you, who could certainly talk us so much about them. I hope to find some words from you when we return to Zürich (about in a week). The greek temples in Paestum and in Segesta were very impressive.

All good wishes from both of us to yourself and your wife.

As always Yours

Wolfgang Pauli

[1222] PAULI AN VON FRANZ

Taormina,[1] 12. April 1951
[Postkarte]

Liebes Fräulein von Franz!

Vor meiner Rückkehr nächste Woche (vielleicht telefoniere ich Ihnen Dienstag) noch einen Gruß aus Sizilien. – Die „konstellierten" allgemeinen Probleme (wie Einheit – Vielheit) erscheinen mir jetzt weniger unzugänglich. Lesen Sie, bitte, in dem Buch von Poincaré die Anmerkungen über „*automorphe*" Funktionen nach[2] – (Poincaré selbst sagt „Fuchssche Funktionen" welcher Name sich aber nicht eingebürgert hat). Ich bin da auf eine Spur gekommen.[3] – Es ist sehr wichtig, daß wir unsere geistig-seelische Beziehung auf einem gewissen Niveau halten und nicht „abrutschen".

Hoffentlich geht es Ihnen gut. Herzlichst   stets Ihr W. Pauli

[1] Die Ortsangabe erfolgte nach dem Aufdruck auf der Rückseite der Postkarte.
[2] Poincaré [1908/14]. In dem hier abgedruckten Aufsatz „L'invention mathématique" berichtet Poincaré, wie ihm plötzlich nach langen vergeblichen Bemühungen die gesuchte Lösung eines mathematischen Problems eingefallen war. In der 1914 von F. und L. Lindemann herausgegebenen deutschen Ausgabe *Wissenschaft und Methode* findet sich der Hinweis auf die Fuchsschen Funktionen auf S. 266 (in der Anm. 13). Siehe auch von Franz [1970, S. 118].
[3] Siehe hierzu die Mitteilung in der Karte [1219].

[1223] NIELSEN AN PAULI[1]

Kopenhagen, 13. April 1951
[Maschinenschrift]

Sehr geehrter Herr Professor!

Es ist mir eine sehr angenehme Pflicht Sie hierdurch zu benachrichtigen, daß die Königliche Dänische Akademie der Wissenschaften Sie heute als Mitglied der „naturvidenskabelig-matematiske klasse" der Akademie aufgenommen hat.

Das Diplom und ein Exemplar der Statuten unserer Akademie werden wir ihnen später zukommen lassen.

Als Mitglied unserer Akademie werden Sie, wenn Sie es wünschen, künftig folgende Publikationen erhalten:

Oversigt over selskabets virksomhed,
Matematisk-fysiske Meddelelser.

Ich bitte Sie, uns Ihren vollen Namen, Ihren Geburtstag und Ihre Adresse mitzuteilen.

Mit vorzüglicher Hochachtung   Prof. Dr. Jakob Nielsen
Sekretär
Det Kongelige Danske Videnskabernes Selskab

[1] Der 1913 in Kiel promovierte Mathematiker Jakob Nielsen war 1951 zum Nachfolger des im Januar 1951 verstorbenen Harald Bohr auf den mathematischen Lehrstuhl der Universität Kopenhagen berufen worden. Von 1946–1959 wirkte er als Sekretär der königlich dänischen Akademie der Wissenschaften in Kopenhagen.

[1224] PAULI AN JUNG[1]

Zürich, 17. April 1951

Lieber Herr Professor Jung!

Ihr Brief vom 27. März ist leider etwas lange liegen geblieben, weil ich etwa 3 Wochen lang in Süditalien und Sizilien in Ferien war.*[2]

Heute habe ich gleich mit Herrn Gonseth telefoniert, der mir sagte, er würde es sehr begrüßen, wenn Sie dem *Patronat* des „Internationalen Forum Zürich" beitreten könnten.[3] Damit sind keinerlei Verpflichtungen verbunden und schon gar nicht die Teilnahme an philosophischen Unterhaltungen. Die Lösung würde also sowohl Ihren als auch Gonseths Wünschen Genüge leisten. Die Keplerarbeit hoffe ich nun in wenigen Tagen fertigstellen zu können.

Mit vielen Grüßen   Ihr sehr ergebener W. Pauli

[1] Ebenfalls bei Meier [1992, S. 74–75] abgedruckt.
* Eine weitere Komplikation („Pauli-Effekt"?) des Schicksals dieses Briefes ist dadurch eingetreten, daß die Couverts des Briefes von Ihnen an Herrn Quispel und des anderen Briefes an mich vertauscht worden sind. Dadurch hat erstens Ihr Brief einen Besuch in Holland gemacht und wird zweitens Herr Quispel etwas verspätet zu seinem Brief kommen, da ich ihn erst gestern nach meiner Rückkehr weiterschicken konnte. In diesem Zusatz viele freundliche Grüße an Fräulein Schmid. [Marie-Jeanne Schmid war damals Jungs Sekretärin.]
[2] Der in der voranstehenden Anmerkung genannte Professor für frühe christliche Literatur an der *Universität Utrecht* Gilles Quispel (geb. 1916) war damals zu Vorlesungen am *C. G. Jung-Institut* in Zürich eingeladen.
[3] Vgl. den Brief [1216].

[1225] PAULI AN NIELSEN

[Zürich], 17. April 1951
[Maschinenschriftliche Durchschrift]

Sehr geehrter Herr Kollege!
Ich danke Ihnen für Ihre freundliche Mitteilung,[1] daß mich die Königliche Dänische Akademie der Wissenschaften als Mitglied der „naturvidenskabelig-matematiske klasse" aufgenommen hat. Diese Ernennung ist mir eine große Ehre, und ich nehme die Wahl gerne an. Es wird mich freuen, Ihre Publikationen regelmäßig zu erhalten.

Mit vorzüglicher Hochachtung   Ihr ergebener [W. Pauli]

[1] Siehe den Brief [1223].

[1226] PAULI AN PANOFSKY

Zollikon-Zürich, 17. April [1951]
„of the wrong century"

Lieber Herr Panofsky!
Gestern aus Sizilien zurückgekehrt (von wo ich Ihnen eine Karte schrieb, die vielleicht später ankommen wird als dieser Brief – der Flug Catania-Milano war wunderbar), fand ich Ihren ausführlichen Brief vom 29. III. vor, für den ich besonders danke und der mir große Freude gemacht hat. Ich werde sicher den Kepler mit dem Fludd (bzw. den fluctibus) nicht ausschütten können. Denn

‚Kepler' ist bei mir die mathematische Physik, die fluctes aber die symbolischen Bilder der unbewußten oder halb-bewußt-träumenden Seele. Es muß beides geben, und beides ist gar nicht unabhängig voneinander.

Was speziell die beiden Definitionen der Schönheit betrifft, die aus der richtigen Proportion der Teile zum Ganzen und die aus dem Anteil der Körperwelt an den (platonischen) *Ideen* (bzw. den höheren, himmlischen Sphären, bei Fludd = Form), so war mir das wohlbekannt aus Leone Ebreos ‚Dialoghi D'Amore', die ich in englischer Ausgabe vor 3 Jahren gelesen habe (London, The Soncino Press, 1937).[1] Die Sache steht sehr breit ausgeführt im dritten Dialog („Über den Ursprung der Liebe"), der Autor (sein richtiger Name ist Juda Abrahanel) lehnt die Zurückführung der Schönheit auf die richtige Proportion vollkommen ab – natürlich, er ist ja das Sprachrohr Ficinos. Ich wußte auch, daß die das Irrationale der Schönheit betonende Synthese auf Plotin zurückgeht.

Der Gegensatz Messung (= Teilung)-Ganzheit kommt auch im Streit Newton-Goethe über die Farbenlehre zum Ausdruck (den auch prompt jemand in der Diskussion nach meinem Kepler-Vortrag in Princeton vorgebracht hat).[2] Hier ist es deutlich, daß der „Rationalist" (Newton), psychologisch gesprochen, ein Denktyp, der „Irrationalist" (Goethe) ein Gefühlstyp war. Waren auch Plotin und Fludd Gefühlstypen? Über das Leben Plotins und seinen persönlichen Charakter weiß ich nichts. Aber Fludds Stärke war gewiß nicht das Denken und seine Zugehörigkeit zu dem Rosenkreuzerorden spricht für den Gefühlstyp. Ich möchte also versuchsweise den Gegensatz der beiden von Ihnen herangezogenen Definitionen der Schönheit *objektiv auf den Gegensatz von Denken und Fühlen** *zurückführen.* Dann hört aber auch der Eindruck eines Widerspruches auf und ich komme in Übereinstimmung mit Ihnen zu dem Schluß, daß die beiden Definitionen komplementäre Wahrheiten sind. (N. B. Die „Komplementarität" von Denken und Fühlen wird von Bohr öfters *explizite* als Beispiel angeführt.)

Nun noch eine Frage betreffend die Gestalt (= Gesamtheitlichkeits)-Psychologen. Wenn ich mich recht erinnere, haben Sie mir gegenüber einmal erwähnt, Köhler (?)[3] habe in Princeton einmal einen Vortrag gehalten über ein kausal nicht zu verstehendes zeitliches Zusammentreffen von durch *Sinn* (bzw. „Ähnlichkeit") verbundenen Ereignissen. Ich möchte der Sache nun doch nachgehen (da C. G. Jung eine lange Arbeit mit ähnlicher Tendenz unter dem Titel „Synchronizität als ein Prinzip akausaler Zusammenhänge"[4] fertig geschrieben hat). Sie sagten damals, dieser Vortrag sei nie gedruckt erschienen. Was war der Titel des Vortrages und *wo* ist der Autor? Könnte ich ihm schreiben? Ich wäre Ihnen sehr dankbar, wenn Sie mir etwas darüber schriftlich mitteilen könnten.

Nun nochmals vielen Dank für Ihren Brief, der sehr ins Schwarze getroffen hat: Bei Fludd ist die größere Vollständigkeit des Erlebens und die Einheit des Menschen mit der Natur, aber auf Kosten der differenzierteren Bewußtheit. Denn sobald das *Quantitative* mißachtet wird, *bleibt es unbewußt.*

Ich hoffe in den nächsten Tagen meinen Kommentar zur Kepler-Fluddschen Polemik definitiv fertigstellen zu können.

Mit vielen Grüßen von Haus zu Haus und den besten Wünschen für die Gesundheit Ihrer Frau   Ihr getreuer W. Pauli

[1] Leone Ebreo [1535].
[2] Pauli hatte seine beiden Kepler-Vorträge im März 1950 in Princeton gehalten (siehe hierzu den Brief [1080 und 1119).
* Sobald das Fühlen vom Objekt losgelöst, d. h. *abstrakt* wird, führt es notwendig zur *Mystik*!
[3] Offenbar wurde Paulis Anfrage durch Panofsky an Köhler weitergeleitet, der ihm daraufhin in einem Schreiben [1243] vom 20. Mai 1951 seine Frage beantwortete.
[4] Jung (1952).

[1227] PAULI AN VON FRANZ

Zürich, 18. April 1951

Liebes Fräulein von Franz!

Ich habe nun etwas eingehender Ihren Brief studiert und über Ihre Träume nachgedacht. Infolge einer Art von Gefühlsemanation von uns beiden, wenn wir einander treffen, komme ich oft auch nicht dazu, mit Ihnen Fragen zu besprechen, über die ich *wirklich* Ihre Meinung hören möchte. Das ist nicht gut und daß Sie dann manchmal ein wenig „benebelt" sind, ist auch nicht gut. Daß Sie sich manchmal scheuen zu reden, habe ich öfters bemerkt, dann haben Sie immer meine volle Sympathie und ich versuche zu erraten, was Sie denken.

Es ist mir daher erstens in den Träumen von Ihnen wichtig, das Sie mich zuerst nur als Hund adoptiert[1] haben, d. h. meine animalische Triebhaftigkeit, daß Sie aber im letzten Traum nicht „unten durch durften", sondern „über eine Brücke oben drüber" sollten. Es scheint mir daraus hervorzugehen – und ich glaube, wir sollten mehr darauf achten, wenn wir einander wieder treffen – daß wir mehr den amor coelestis* als den amor vulgaris pflegen müssen (um mich dieser Begriffe von Marsilio *Ficino*** zu bedienen).

Daß ich als 9 jähriger Knabe erscheine, erkläre ich mir als Beurteilung vom Standpunkt der Gefühlsfunktion aus, die ja bei mir minderwertig ist. Da bin ich keine Berühmtheit, sondern unentwickelt, vielleicht sogar infantil – zurückgeblieben.

Die Gefühlsfunktion ist aber eben als minderwertige Funktion bei mir auch direkt vom „Kern" aus regiert (Professor Jung sagt „Selbst" wo ich „Kern" sage) und nicht vom Ich her, daher der Fisch. In Ihrem Traum, wo der Fisch ins Wasser fiel und verschwand, fiel mir sofort die entsprechende Stelle in Jungs Aufsatz über die 18. Sure des Koran ein („Gestaltungen des Unbewußten", p. 73ff., speziell p. 76 und 77),[2] wo auch dem Moses der Fisch ins Meer versinkt. Aber eben an dieser Stelle erscheint dann Chadir, der „Grünende" – und bei Ihnen der „rotbraune Kranz auf grauem Grund." Zweimal kommt bei Ihnen das archetypische Bild der Überschreitung eines Flusses bzw. Abgrundes und beides Mal kommen Sie gut hinüber, was mir sehr *positiv* erscheint. Zu dem Mais fiel mir sofort *Osiris* ein (Weizen, Korn) und als ich dann den Aufsatz über die 18. Sure weiterlas, kam in der Tat die „Zerstückelung" und Osiris auf p. 82.[3]

Ihre Träume sind also sicher ein Wiedergeburtsmysterium und Ihre Wiedergeburt ist auch (für Sie) der Sinn unserer Beziehung (vgl. Ihren von mir *nicht* absichtlich angeordneten *Geburts*-Tag am Beginn dieser Beziehung).

Das ist es, was mir bis jetzt zu Ihren Träumen noch eingefallen ist, außer dem, was Sie schon selbst erwähnt haben.

Aber nun entsteht die weitere Frage, was der Sinn unserer Beziehung für mich ist. Da sollte ich Sie ja ebenso an der spontanen Tätigkeit meines Unbewußten teilnehmen lassen, wie Sie es bei Ihnen tun. Nun, ich wage noch nicht, diese Frage zu beantworten, aber einige allgemeine Charakterisierungen der Manifestationen meines Unbewußten kann ich geben. Die geistige Stagnation ist bei mir verknüpft mit einer Hemmung des Gefühls (bzw. *Angst* vor dem Fühlen). Meine Träume stellen das aber nicht als persönliches Problem dar, sondern als ein *allgemeines*, das in der Welt des Mannes diskutiert werden sollte. (Z. B. träume ich von wissenschaftlichen Kongressen, die in Rußland unter Polizeidruck stattfinden und wo niemand reden darf, was er wirklich denkt.) Der „Diktator" (des rationalen Intellektes, bzw. der Kollektivmeinung in geistigen Dingen) entgegen steht „der Fremde", eine archetypische Figur, die einen wesentlichen Aspekt des Kernes (= das „Selbst") darstellt - wobei jener „Fremde", paradoxer Weise zugleich der „sehr intim Bekannte" ist (er spielt die Rolle von „Chadir, dem Grünenden"). Er beeinflußt die „Unbekannte" (Anima), unterwirft mich regelrechten Examinis (wie in der „Schule", die ein reguläres Traummotiv bei mir ist), bringt mir Manuskripte, die ich noch nicht lesen kann, denkt immer lange nach, wie er seine Gedanken so in Worte fassen kann, das ich sie verstehen kann (es ist für ihn kein Problem, daß *er* etwas verstehen kann), ist in Opposition zu den Hochschulen und liebt Frauen und Kinder (das Gefühl). Neulich warf er mir „in der Schule" das Wort „Automorphismus" an den Kopf:[4] er sagte mir zuerst, daß die gesetzmäßige Aufeinanderfolge der Zeitmomente „*Jetzt*" (im alten deterministischen Naturgesetz) *eine sich reproduzierende Gestalt* seien und examinierte mich dann, *ob ich nicht noch andere allgemeinere Automorphismen kenne*. Da fielen mir gleich Jungs Archetypen ein (wie er sie 1946 definiert hat).[5]

Es scheint mir nun, daß im allgemeinen Fall, das *Gefühl wesentlich sein wird, um die „Gestalt" überhaupt erkennen zu können* und daß *hier* das Gefühl mit *Erkenntnis-Fragen* zusammenhängt. Es ist dieser Zusammenhang, den „der Fremde" betont und der im Weltbild der Kollektivmeinung (d. h. auch im wissenschaftlichen Weltbild unserer Zeit) keinen Platz gefunden hat. Um aber mit meinem persönlichen Problem, *eine Verbindung zwischen meinem Gefühlsleben und meinem wissenschaftlich-geistigen Leben herzustellen* (die beiden sind offenbar zu stark auseinander gefallen, daher Stagnation) und Fortschritte machen zu können, muß das *allgemeine* Problem (von dem das persönliche Problem nur ein Teil ist) aufgerollt werden. So erkläre ich mir meine Träume mit Diskussionen zwischen Männern an Kongressen etc.; Ein zu eng gewordener Rahmen soll erweitert werden.

Nun war ich mit Ihnen ebenso aufrichtig, wie Sie es immer zu mir sind. Wenn Sie mir mit ein paar Zeilen hierher antworten könnten (Sie haben ja noch Ferien) wäre ich sehr froh und dankbar. Im jetzigen Moment scheint mir nämlich in unserer Beziehung ein reger Ideenaustausch das Richtige und Wichtigste zu sein.

In aufrichtiger Freundschaft mit vielen herzlichen Grüßen   Ihr W. Pauli

---

[1] Pauli hat das Wort *akzeptiert* durchgestrichen und durch *adoptiert* ersetzt.

* D. h. eine das Gefühl mit ausdrückende meditative Geistigkeit, wie Sie auch in Ihren Träumen vorhanden ist.
** Die platonisierende Richtung läuft philosophisch im Mittelalter parallel mit der hermetischen. Prof. Jung bevorzugt die letztere, insbesondere in seinem Buch [1946] „Psychologie der Übertragung", das wahrscheinlich für uns hier in Betracht kommt. Ich habe dieses Buch nur *sehr flüchtig* vor längerer Zeit studiert und zwar aus einem besonderen Grunde: es steht auf der Titelseite, es sei für *Ärzte* bestimmt. Und auf diese bin ich nicht sehr gut zu sprechen. Prof. Jung ist eine große Ausnahme, im allgemeinen haben Ärzte (einschließlich der Analytiker) eine unwissenschaftliche Mentalität. Ich vertrete außerdem die These, daß die Zukunft der Psychologie C.G. Jungs überhaupt nicht bei der Therapie und den Ärzten liegt, sondern in die Naturphilosophie d. h. jedenfalls in die philosophische Fakultät führt. Ich hoffe, daß in Zukunft auch die ganze Traumforschung dorthin wandert. Ich möchte wirklich Ihre Meinung darüber hören, und auch, daß Sie mir mehr von der „Psychologie der Übertragung" erzählen.
² Jung [1950].
³ Siehe hierzu auch den Brief [1285].
⁴ Vgl. hierzu auch die Briefe [1219 und 1373].
⁵ Jung [1946b]: Psychologie der Übertragung. Zürich 1946; Vgl. hierzu auch Paulis Beitrag (1954) zur Festschrift für C. G. Jung.

[1228] PAULI AN VON FRANZ

Zürich, 21. April 1951

Liebes Fräulein von Franz!

Ich habe gerade ein wenig Zeit zwischen 2 Unternehmungen¹ und möchte Ihnen ein paar heitere Sachen schreiben um Sie zu amüsieren, weil es gestern so nett war.

Professor Jungs „Zwei Lausbuben-Geschichte (bzw. thriller)"² hat mir noch viel Spaß gemacht. Und es schien mir eigentlich, daß folgende Übersetzung dieses Anfanges ins Massenhaft-Kollektive ein geeigneter Schluß des thrillers wäre:

Es waren einmal viele Menschen auf der Erde, die hatten alle Sterne als Abzeichen. Aber dann beschlossen sie, die Erdkugel durch einen Meridian in zwei genau gleiche Hälften zu teilen. Die eine Hälfte nannte sich „Westen" und trug weiße Sterne, die andere „Osten" und trug rote Sterne. Und wie sie sich genannt hatten, so sollten sie heißen. (Spätere Historiker nannten jene auch die Sabbat- und Sonntags-Theologen, diese die Werktags-Materiologen). Das war der sogenannte „West-Ost Konflikt".³ Nur über eine Sache waren sie einig: diejenigen wenigen zu quälen, deren Ideen sich in den Rahmen der Besternten nicht einfügen ließen. Das waren die Hiobs. Diese meinten zum Beispiel, daß dort, wo ein menschenähnlicher Bewußtseinsbegriff sich gar nicht anwenden lasse, es auch müßig sei zu fragen, ob man einen gütig-weisen Übermenschen oder ob man zwei Lausbuben vor sich habe und gaben den folgenden Kommentar [zu] den erwähnten Massenzeichen:

„Nicht förderlich ist es, sich 2000 Jahre lang mit Unsinn zu beschäftigen. – Unheil!"

Wenn da überhaupt noch etwas helfen kann, so ist es nur eine Frau (bzw. die Anima).

Alles Gute   Stets Ihr W. Pauli

[1] Am 21. April endeten die Dritten Züricher Gespräche (siehe den Kommentar zum Brief [1216]).
[2] Vgl. hierzu auch Jung (1945b) und S. 423.
[3] Siehe hierzu auch Paulis Bemerkungen in dem Brief [1151].

[1229] PAULI AN KRONIG

Zollikon-Zürich, 26. April 1951

Lieber Kronig!

Nach Rückkehr von einer Reise nach Süditalien und Sizilien war ich sehr betrübt zu hören, daß Sie doch nicht zum Philosophen Kongreß kamen.[1] Nun bin ich um so mehr froh, daß Sie statt dessen im Mai nach Zürich kommen wollen. Da werde ich bestimmt die ganze Zeit hier sein und freue mich auf Unterhaltungen mit Ihnen. Physik weiß ich zwar nicht viel Neues, aber ich hoffe Ihnen dann meine Keplerarbeit in endgültiger Form vorlegen zu können,[2] es wird mich sehr interessieren, was Sie dazu meinen.

Wollen Sie hier einen physikalischen Vortrag halten (je nach Thema im Kolloquium oder in der physikalischen Gesellschaft, Herr Clusius[3] interessiert sich für He II)? Dann könnte man Ihnen wahrscheinlich ein (wenn auch bescheidenes) Honorar bezahlen. Die Pfingstferien sind nur sehr kurz (am Poly nur Samstag und Dienstag, an der Uni nur wenig länger) und ich gehe dann *nicht* fort.

Mit herzlichen Grüßen an Sie beide, auch von meiner Frau und auch an Thellung

Stets Ihr W. Pauli

[1] Siehe hierzu den Brief [1214].
[2] Paulis Keplerstudie erschien erst im Mai 1952 (vgl. den Brief [1408]).
[3] Klaus Clusius (1903–1963) hatte ebenfalls in Göttingen studiert und war 1936 als Professor der physikalischen Chemie an die Universität München berufen geworden. Anschließend kam er nach Zürich, wo er zum Direktor des Physikalisch-Chemischen Institutes der Universität ernannt worden war.

[1230] PAULI AN SELIGMAN

Zollikon-Zürich, 30. April 1951

Dear Bryce and Cécile Seligman!

With many thanks for the interesting letter of Bryce I am sending to both of you my most affectionate congratulations to your marriage, also in the name of my wife.[1]

Tropical jaundice is rather dangerous and I am extremely glad that it is safely over now. It is also a consolation for me, that there was also some advantage in staying in Zürich and missing the trip to India.[2] Although this is an extremely interesting country it is certainly better to stay home than in a hospital in Bombay.[3] But I hope that your next joint trip to India will be more lucky.

I shall certainly be in Copenhagen[4] and I am also planning to visit your summer school at least for a few days.[5] I intend to talk this over with Jost, as soon as he arrives in Zürich.

Schafroth made some progress with the supraconductivity-problem[6] and I give a lecture now on the theory of the solid body, leaving the field quantization for a while alone. (My lectures on this subject[7] are going to be mimeographed at present, which will be finished soon.)

Just now I had a sad experience: my old teacher Sommerfeld died this week in Munich as a consequence of a street accident in the age of 82.[8] He was literally running into a truck (it is true that he was deaf in the last time, but otherwise of good health), got a concussion of the brain and lost consciousness immediately. In this unconscious state he died a few days later (the funeral was yesterday in Munich). So he died in a similar way as once Pierre Curie did in Paris, though in a very different age.[9]

But I am leaving this sad subject, to wish again good luck to both of you, also to your possible common scientific work in future. (By the way: Cécile may be interested in the way I treated the Feynman-action principle in my mimeographed lecture. It is a kind of generalization of the WKB-method to time-dependent solutions.) Be very happy on May 2 and later!

Sincerely yours old

W. Pauli

[1] Pauli hatte Bryce Seligman DeWitt im Herbst 1949 während seines Aufenthaltes in Princeton kennengelernt (vgl. Band **III**, S. 593). Anschließend war DeWitt im Herbst 1950 zusammen mit seiner Verlobten Cécile Morette, die Pauli ebenfalls vom *Institute for Advanced Study* in Princeton her kannte, bei Pauli in Zürich gewesen. Am 2. Mai 1951 wollten beide heiraten (vgl. hierzu die Angaben zum Brief [1320] und im Band **III**, S. 625).

[2] Siehe den Kommentar zum Brief [1489].

[3] DeWitt hatte sich in Indien eine intestinale Infektion zugezogen, von der er sich nur langsam erholte.

[4] Pauli war Anfang Juli bei der Physikerkonferenz in Kopenhagen (vgl. hierzu das Einladungsschreiben [1232] von Møller).

[5] Es handelte sich um die von Cécile Morette ins Leben gerufene Sommerschule in Les Houches, die in diesem Sommer zum ersten Mal stattfand {vgl. Seligmans Bericht (1951) und den Kommentar zum Brief [1444]}. Unter den Teilnehmern befanden sich außer Pauli auch L. van Hove, M. R. Schafroth, V. F. Weisskopf und W. Heitler. Res Jost war, wie Paulis Bemerkung in der Postkarte [1272] nahelegt, nicht nach Les Houches gekommen.

[6] Vgl. Schafroth (1951). Siehe hierzu auch die historische Untersuchung von Kai Handel [1994].

[7] Paulis Vorlesungen vom letzten Wintersemester über Feldquantisierung wurden von seinem Assistenten W. M. Schafroth und U. Hochstrasser als Hochschulskript veröffentlicht [1951].

[8] An den Folgen eines tragischen Verkehrsunfalls bei einem Spaziergang im Englischen Garten in München war der 83jährige Sommerfeld am 26. April 1951 ums Leben gekommen. (Siehe auch Paulis Nachruf (1951b, 1951c).) Wie sein Verleger von der *Dieterichschen Verlagsbuchhandlung* in Wiesbaden in einem Schreiben vom 10. Juli 1951 Rosenfeld mitteilte, erlitt er „mehrere Knochenbrüche und ist nach einem vierwöchentlichen Krankenlager sanft entschlafen. Der 5. Band des Werkes [Vorlesungen über Theoretische Physik], den er im Hauptteil noch selbst vollendet hat, wird nun von seinen Schülern, Prof. Bopp u. a. vollendet." Kurz zuvor hatte Pauli gerade seine Besprechung (1951a) von dem Band 4 (Optik) abgeschlossen.

[9] Siehe hierzu Marie Curies Darstellung [1963, S. 66] in ihrer Lebensbeschreibung von Pierre Curie.

[1231] PAULI AN GUSTAFSON

Zürich, April/Mai [1951][1]

Dear Gustafson!

Many thanks for your information on the Lund festival, which I am glad to attend.[2] Unfortunately Mrs. Pauli, who is sending regards, is unable this time to come, so, please, make the room-arrangements for me alone.

As topic of my lecture (I assume that it is *not* supposed to be a popular lecture, but a general report which can also be technical) I propose: „*On the connection between spin and statistics.*" I do not know anything better but on this topic I have *not only* the old stories to tell, but also to clarify some *recent* point of views on this subject of Feynman and of Schwinger. Is an ordinary *length* of 3/4 of an hour for this lecture all right? Or longer?

Then I have three technical questions.

1. I would arrive with an airplane in Malmö at 20^{20} on May 30. What is the best local connection between the airport of Malmö and Lund? (I do not know exactly where the airport is situated. Is it the best to go first to the town of Malmö or is it advisable to search for a direct communication with Lund? (taxicab?).

2. What is the program of the conference on June 4? If possible I would prefer to go home already on June 4 with the plane leaving Malmö in the morning. Would I miss something important in this case? In this way I could be present for some lectures on June 4th (afternoon) and 5th in [in the morning][3] (I admit that it is *not* of decisive importance).

3. Do I need some evening dress (tuxedo) for the dinner on May 31? If all others come in evening dress I would like to do the same.

So I am looking forward to see you soon, and I am also very glad to see Bohr on this occasion (though I am in no way glad – and he knows it – to have an occasion to hear him talk politics).[4] A subject which interests me is this: whether or not it is wishable that scientists shall make politics. My answer is no, Bohr's answer is yes[5] and we could have a hot debate on this principal question (without talking *temporary* politics – which is entirely destructive and about which nobody can make any predictions) with the Prime Minister* (and you) as arbitrator (between Bohr and me).

Hoping to get your answer soon
Sincerely Yours

W. Pauli

---

[1] Die Datierung ergibt sich aus dem Hinweis auf die Einweihungsfeier des Physikinstitutes in Lund.

[2] In Lund sollte im Zusammenhang mit der vom 2.–4. Juni tagenden Jahresversammlung des schwedischen Nationalkomitees für Physik auch der Neubau eines physikalischen Institutes eingeweiht werden {siehe hierzu den Brief [1236] und Hulthén und Rudberg (1952)}.

[3] Unleserliche Textstelle.

[4] Bohr hielt bei dieser Gelegenheit einen Vortrag über „Atomic physics and principles of coordination of experience", während Pauli über „The connection between spin and statistics" sprach. Kürzere Zusammenfassungen der bei dieser Gelegenheit in Lund gehaltenen über 50 Referate wurden in einem Bericht über diese Veranstaltung des *Schwedischen Nationalkomitees für Physik* durch Hulthén und Rudberg (1952) publiziert.

[5] Siehe hierzu auch Paulis Brief [1158] zum 65.Geburtstag von Bohr.

* I had the pleasure to sit beside him at the Nobel dinner and found him a very sympathetic person.

[1232] MØLLER AN PAULI

[Kopenhagen], 7. Mai 1951
[Maschinenschriftliche Durchschrift][1]

Dear Pauli!

We are trying now to make a tentative program for our Conference in July.[2] Although it was our intention to limit the number of participants it still looks as if it will be rather large, about 100 or even more. This is a good deal more than at previous Copenhagen meetings, but it is hoped to keep the discussions as informal as possible.

As you know, the title of the conference is "Problems of quantum physics" and it is planned to have discussions on mesons, nuclear forces, nuclear constitution, field theory, etc. Thus, one day will be devoted to the problems of field theory and we would like to ask you whether you are willing to give an introductory talk on the recent results obtained in this field.[3] Among other participants working on related problems we are expecting Heisenberg, Dirac and Wentzel who might have to give contributions to the discussion. As you will know best yourself what you will lecture about we will not enter into details but, if you agree to giving such a talk we shall appreciate a few lines indicating the main points you will deal with and an estimate of the time you will require for the talk. For the planning of the meeting it will be very useful to us to have an approximate idea of the contents of the various talks. Of course we shall also welcome suggestions for other problems which you think might be of interest to have discussed at the meeting. Even if the free and informal discussion is the main purpose of the conference it was suggested to ask some people to tell us about special problems. Therefore, one day will be devoted to mesons and cosmic radiation and we have asked Powell to deliver the introductory talk. Bohr will lecture on complementarity[4] on the afternoon of Thursday, the same on which field theory is planned to occupy the morning. As to theory of nuclear constitution and nuclear reactions, we have asked Weisskopf to speak on Monday,[5] and we would like to have Wick (on Saturday) to introduce the discussion of artificially produced mesons.[6]

Looking forward   [Møller]

---

[1] Diese Durchschrift von Møllers Schreiben wurde im Møller-Nachlaß in Kopenhagen gefunden.

[2] Es handelte sich um die *Konferenz über Probleme der Quantenphysik*, die vom 6.–10. Juli 1951 in Kopenhagen stattfinden sollte (siehe den Kommentar zum Brief [1261]).

[3] Ein Beitrag von Pauli ist in dem Programm nicht aufgeführt.

[4] Am Donnerstag, den 10. Juli sollten laut einer *second approximation* des Programms L. Rosenfeld, Chr. Møller und H. Bethe über Feldtheorie, L. Brillouin über Informationstheorie und N. Bohr über Komplementarität sprechen.

[5] Außerdem sollten Aage Bohr und Lothar Nordheim in der Vormittags-Sitzung über Kernstruktur berichten.

[6] Wick und Bethe fiel das Referat über künstlich erzeugte Mesonen zu.

Der Hochfrequenztechniker und seit 1946 als beratender Ingenieur in Zürich tätige August Karolus (1893–1972)[1] wohnte in der Nähe von Pauli in Zollikon. Damals arbeitete er gerade an einem Aufsatz zum 60. Geburtstag seines Kollegen John Eggert, in dem er die 5 verschieden optischen Verfahren zur Bestimmung der Lichtgeschwindigkeit beschreiben wollte.[2] Bei dieser Gelegenheit wies er auch darauf hin, daß alle diese Verfahren – bis auf eine Ausnahme – die von ihm im Jahre 1925 angegebene Lichtmodulation durch den Kerr-Effekt verwendeten. Offenbar hatte er Pauli um weitere Literaturhinweise gebeten, woraufhin ihm die folgende Auskunft [1233] erteilt wurde.

[1] Siehe hierzu den biographischen Artikel von F. Schröter (1953) im *Archiv der elektrischen Übertragung* und Gerlach (1973). Karolus ist auf dem Friedhof in Zollikon neben Pauli, Hopf und Eggert begraben.
[2] Karolus (1951).

[1233] PAULI AN KAROLUS

Zürich, 9. Mai 1951

Betrifft: Anfrage über Literatur zur Messung der Lichtgeschwindigkeit
Liebe Caroli!

Ich konnte heute von den amerikanischen Physikern [Lindt][1] und Jeffries (dieser aus Stanford) folgende Information erhalten: Ginzton ist Direktor des Microwave-Laboratory in Stanford und hat in ‚*Electronic*' wohl nur allgemein über die in seinem Laboratorium gemachten Arbeiten referiert.

Die wirklich ausführliche Untersuchung ist die Doktor-Thesis von *K. Bol*[2] *(jetzige* Adresse: Sperry Gyroscope Co., Research Department, Garden City, N. Y. – dort Näheres erfragbar), die in Ginztons Laboratorium gemacht wurde. Die ausführliche Arbeit ist zwar in Vorbereitung (wenn nicht schon im Druck), ist aber bis jetzt noch nicht erschienen. Vorläufig existieren nur private Laboratoriums-Reports darüber.

Mit freundlichen Grüßen Ihr
W. Pauli

[1] Dieser Name ist unleserlich wegen Textverlust durch Lochung.
[2] Kees Bol (1950).

[1234] PAULI AN VON FRANZ

Zollikon-Zürich, 9. Mai 1951

Liebe … !

Ich fand, nach Hause gekommen, Frau Jaffés Sendung der getypten Seiten vor. Beiliegend ein Exemplar.[1]

Dann fand ich in „meinem" Schopenhauer interessante Sachen: 1. Über *Plotin* sagt er:* „*… seine Gedanken sind nicht geordnet, nicht vorher überlegt; sondern er hat eben in den Tag hineingeschrieben, wie es kam.* Von der liederlichen, nachlässigen Art, mit der er dabei zu Werke gegangen, berichtet, in seiner Biographie, Porphyrius. Daher übermannt seine breite, langweilige Weitschweifigkeit und Konfusion oft alle Geduld, so daß man sich wundert, wie nur dieser Wust hat auf die Nachwelt kommen können. ... Und dennoch sind bei ihm große, wichtige und tiefsinnige Wahrheiten zu finden, die er auch allerdings selbst verstanden hat: denn er ist keineswegs ohne Einsicht; daher er durchaus gelesen zu werden verdient und die hierzu erforderliche Geduld reichlich belohnt."

Ich bin sehr beruhigt: *kein* Denktyp!

Ein anderes Zitat desselben Autor (Schopenhauer):** „*Scotus Erigena* erklärt, im Sinne des Pantheismus ganz konsequent, jede Erscheinung für eine Theophanie: dann muß aber dieser Begriff auch auf die schrecklichen und scheußlichen Erscheinungen übertragen werden: *saubere Theophanien!*" (N. B. Sie können einem schon Fieber machen!).

Auf baldiges Wiedersehen und alles Liebe und Gute   stets Ihr W. Pauli

---

[1] Wahrscheinlich handelte es sich um ein Manuskript für die Keplerstudie.
* Schopenhauer: Fragmente zur Geschichte der Philosophie: §7, Neuplatoniker. {Schopenhauer [1890/92, Band **4**, S. 75]; Siehe auch das gleiche Zitat in dem Brief [1236] an Fierz.}
** Die Welt als Wille und Vorstellung, Ergänzungen zum 4. Buch; Kapitel 50, Epiphilosophie. {Schopenhauer [1890/92, Band **2**, S. 758]; Pauli zitierte die gleiche Stelle auch in einer Fußnote der Anlage zum Brief [1291].}

[1235] PAULI AN JAFFÉ

Zollikon-Zürich, 9. Mai 1951

Liebe Frau Jaffé!

Es ist gar kein Gestammel! Sie haben ganz Recht mit Ihrer Deutung zu je einem Denktyp und einem Fühltyp weiblichen Geschlechtes.

– Der Schritt zu dem neuen „Schöpferischen" – nun on verra!

Ich habe in meinen Notizen ein Zitat aus *Milton* („Lost paradise") gefunden:[1]

> Boundless the deep, because I am who fill
> Infinitude, nor vacuous the space.
> Though I uncircumscribed myself retire
> And put not forth my goodness, which is free
> To act or not, *Necessity and Chance*
> *Approach me not, and what I will is fate*

Also spricht der Herr, Miltons Gott! Das nenne ich das alte „Katz- und Mausspiel" zwischen Gott und Mensch.

Er ist schon „gut", aber er braucht seine Güte nicht in Handlungen umzusetzen ... Na!

Viele herzlichen Dank   Stets Ihr [W. Pauli]

---

[1] Milton [1667].

[1236] PAULI AN FIERZ

Zollikon-Zürich, 12. Mai 1951[1]

Lieber Herr Fierz!

Zunächst einige kleine Fragen betreffend den Zusammenhang von Spin und Statistik. Aber ich muß auch erklären, wieso ich dazu komme: Am 31. Mai soll in *Lund* ein neues physikalisches Institut eingeweiht werden (mit der Anwesenheit des Schweden-Königs in dieser kleinen Stadt und viel Essen und Trinken), wozu man mich eingeladen hat[2] (da ich derjenige war, der Gustafson seinerzeit geraten hat, bei dieser Gelegenheit ein Fest zu veranstalten, kann ich nicht gut absagen; ich werde also für 3–4 Tage nach Lund, bzw. Malmö, hin- und zurückfliegen). Natürlich will man aber von mir auch eine Vorlesung haben (eine Art ‚report‘ über einen von mir zu bestimmenden Gegenstand) und ich weiß nichts besseres als jenes ‚Spin und Statistik‘. Ich wollte ja schon in Bombay darüber vortragen, wozu es dann nicht gekommen ist.[3] Da sind es nämlich nicht *nur* die alten Geschichten, die ich zu bieten habe, sondern ich bin wieder durch „S. Majestät" Julian I. Schwinger etwas gereizt in dieser Sache. In einem neuen paper – mimeographed notes sind eingetroffen – (es fehlt nicht das „I" hinter dem Titel),[4] will er alles ganz anders machen als ich es früher tat, indem er nämlich jenen Zusammenhang von Spin und Statistik allein auf die Betrachtung des Verhaltens bei *Zeitumkehr* basieren will. In einer quantisierten Feldtheorie führt er hierfür die Vorschrift ein, daß man von jeder Matrix zur transponierten übergehen, d. h. in Operatorschreibweise die Reihenfolge aller Faktoren umkehren soll.

So far, so good. – Aber es scheint mir, daß er noch weitere besondere Vorschriften braucht, um zu Ausschließungsprinzip für Spin 1/2, zu symmetrischer Statistik für Spin 0 von hier aus zu gelangen. Es ist nämlich zu beachten, daß es zweierlei Transformationen gibt, die das Vorzeichen der Ladung ändern, eine mit und eine ohne Vorzeichenumkehr der Zeit. Beide kombiniert, geben eine Transformation mit Zeitumkehr, aber *ohne* Umkehr des Ladungsvorzeichens. (Bei *dieser* Kombination behält das elektromagnetische Skalarpotential und die elektrische Feldstärke das Vorzeichen bei Umklappen der Zeitachse, das Vektorpotential und die magnetische Feldstärke *ändern* es; dies alles, falls die *Raum*koordinaten *nicht* gespiegelt werden.) Ich bin ziemlich sicher, daß Schwinger, wenn er nur die letztere Transformation betrachten würde, *nichts* ableiten könnte (dann ist z. B. die Einstein-Bose-Quantelung der *Ein*-Elektrontheorie für Spin 1/2 formal möglich). Daher wohl *physikalisch* der Zusammenhang Spin-Statistik mehr mit der Transformation des Ladungsvorzeichens (worüber ich bereits 1940 ein paper mit Belinfante in ‚Physica‘ publiziert habe) als mit der Zeitreversibilität verknüpft sein dürfte.

Es interessiert mich natürlich zu hören, was Ihr physikalisches Gefühl darüber ist, aber das ist nicht eigentlich das, was ich Sie fragen wollte. Sondern ich erinnere mich, daß Sie mir seinerzeit über *die unitären Darstellungen unendlichen Grades der Lorentzgruppe* eben in dieser Verbindung mit Spin-Statistik geschrieben haben.[5] (Ich habe diese Briefe nicht mehr, vielleicht finden Sie aber noch Ihre eigenen alten Notizen darüber.) Natürlich hat man dann neue Möglichkeiten, die Energie auch für halbganzen Spin bzw. die Ladung auch für ganzen Spin positiv definit zu machen. Was ich gerne von Ihnen wissen möchte ist, ob Sie 1. diese Darstellungen ∞-en Grades für genügend wichtig halten, um sie in der in Lund zu haltenden Vorlesung überhaupt zu erwähnen und ob 2. bei *diesen* Darstellungen irgend etwas Neues bei Zeitumkehr passiert. – Ich mußte eine etwas lange Einleitung machen, um zu diesen Fragen zu kommen, da sie sonst keinen vernünftigen Zusammenhang gehabt hätten. Habe ich nicht *doch „die Physik aufgegeben"*?

Unser Gespräch in Bern über *Plotin* hat mir sehr geholfen. Ich fand nachher noch bei „meinem" Schopenhauer eine Stelle über Plotin,* die Wasser auf unsere Mühle ist und Ihnen hoffentlich so viel Spaß machen wird wie mir:[6]

Plotinus nun endlich, der wichtigste von allen Neuplatonikern, ist sich selber sehr ungleich, und die einzelnen Enneaden sind von höchst verschiedenem Wert und Gehalt: die vierte ist vortrefflich. Darstellung und Stil sind jedoch auch bei ihm meistenteils schlecht: er hat eben in den Tag hineingeschrieben, wie es kam. Von der liederlichen nachlässigen Art, mit der er dabei zu Werke gegangen, berichtet in seiner Biographie, Porphyrius. Daher übermannt seine breite, langweilige Weitschweifigkeit und Konfusion oft alle Geduld, so daß man sich wundert, wie nur dieser Wust hat auf die Nachwelt kommen können. Meistens hat er den Stil eines Kanzelredners, und wie dieser das Evangelium, so tritt er Platonische Lehren platt: wobei auch er was Platon mythisch, ja halb metaphorisch gesagt hat zum ausdrücklichen prosaischen Ernst herabzieht und Stunden lang am selben Gedanken kaut, ohne aus eigenen Mitteln etwas hinzuzutun. Dabei verfährt er revelierend, nicht demonstrierend, spricht also durchgängig ex Tripode, erzählt die Sachen, wie er sie sich denkt, ohne sich auf eine Begründung irgend einzulassen.** Und dennoch sind bei ihm große, wichtige und tiefsinnige Wahrheiten zu finden, die er auch allerdings selbst verstanden hat: denn er ist keineswegs ohne Einsicht; daher er durchaus gelesen zu werden verdient und die hierzu erforderliche Geduld reichlich belohnt.

Ich möchte mir also diesen „Kanzelredner" (bestimmt *kein* Denktyp!) doch gerne bei Ihnen ausborgen,[7] zumal Fludd vieles von ihm übernommen hat: daß die $\psi v\chi\eta$ von Natur aus Eine ist (anima mundi) und nur mittelst der *Körperwelt* in viele zersplittert sei; die durch die $\sigma\varepsilon\iota\rho\alpha\iota$ (Ketten) vermittelte ‚correspondentia' – und Anderes. Auch interessieren mich Plotins Ideen über den Zeitbegriff.

Auf Wiedersehen, Montag den 21., vielleicht schreiben Sie aber schon vorher. (Heisenberg habe ich *nicht* geantwortet, werde es auch bleiben lassen!)[8]

Mit herzlichen Grüßen   Stets Ihr W. Pauli

---

[1] Offenbar am gleichen Tage hat Pauli (einem von Franca Pauli angefertigten Transkript zufolge) zusammen mit Res Jost eine Ansichtskarte von der „Schifflände-Bar" in Zürich an A. Pais nach Princeton gesandt. Darauf stand: „Recommandation of Princeton: The is a free – Seminar. $\mu\xi$ Res" [Siehe PLC 0409,3].
[2] Vgl. hierzu auch das Schreiben [1231] an Gustafson.
[3] Siehe den Kommentar zum Brief [1157].
[4] Vgl. Schwinger (1951c).
* Fragmente zur Geschichte der Philosophie, §7, Neuplatoniker.
[5] Siehe Band **III**, S. 426ff.
[6] Vgl. auch die Zitierung dieses Textes in dem Brief [1234].
** *Anmerkung von mir*: Sehr charakteristisch für den intuitiven oder Fühl-Typus! P.
[7] Siehe auch Paulis Bemerkung über die Plotin-Lektüre in seinem Brief [1373] an Panofsky.
[8] Ein entsprechender Brief von Heisenberg konnte nicht aufgefunden werden.

[1237] FIERZ AN PAULI

Basel, 15. Mai 1951

Lieber Herr Pauli!

Da ich am 21. kaum vor dem Seminar auftauchen kann, weil ich vorher C + A = F besuchen möchte, so schreibe ich Ihnen jetzt, obwohl ich leider das meiste über die unitären Theorien vergessen habe.[1] Zwar habe ich vor 4 Jahren einige Notizen gemacht, aber diese sind unvollständig; ein Blatt ist zudem verloren gegangen.

Ich kann aber doch folgendes sagen, wobei ich mich auf den Fall reeller μ beschränke ($\mu = -i\alpha$, wo $\alpha > 1$, das ist der ausgeartete Fall).

Man gehe so vor:

Wenn $Q_{l,m,j}(\vartheta, \varphi, \chi)$ die Eigenfunktionen des symmetrischen Kreisels sind, so bilde man

$$\sum_{l,m,j,\mu} a_{l,m,j,\mu}(x_u) \frac{r^{-i\mu}}{r} Q_{l,m,j} = \psi(r, \vartheta, \varphi, \chi; x_u). \tag{1}$$

Dabei ist $l \geq |m|$ und $l \geq |j|$. $r, \vartheta, \varphi, \chi$ sind „Spinvariable", x_u die Raum-Zeit-Variablen.

Bei Lorentztransformationen sind die $a_{l,m,j,\mu}$ eine Darstellung

$$\vartheta_{\kappa,\kappa^*}, \quad \text{wo } \kappa = \frac{1}{2}(-i\mu - 1 + j); \quad \kappa^* = (-i\mu - 1 - j)\frac{1}{2}.$$

Da bei Spiegelungen κ mit κ^* vertauscht wird, also $j \to -j$ geht, so ist

$$\sum_{l,m} \left\{ |a_{l,m,j,\mu}|^2 + |a_{l,m,-j,\mu}|^2 \right\}$$

invariant und natürlich positiv.

Man kann daher eine „Skalare Theorie" machen, indem man die Gleichung

$$\Box Q_{l,m,j,\mu}(x_u) = M^2 a_{l,m,j,\mu}(x_u) \tag{2}$$

ansetzt. j und μ betrachte man als feste Parameter, wobei man, um die eigenartige Verdoppelung $\pm j$ zu vermeiden, stets $a_j = a_{-j}$ verlangen kann. Denn die Transformationsmatrizen hängen ja nur von j^2 ab. Damit die Spinvariablen überhaupt eine Rolle spielen, muß man diese in die Wechselwirkung explizit einführen. Sind die $I_{\mu\nu}$ die infinitesimalen Lorentztransformationen, so kann man z. B. ansetzen $cF_{\mu\nu}I_{\mu\nu}$ als Koppelung, wo $F_{\mu\nu}$ das elektromagnetische Feld. Auf diese Art hat das Teilchen ein zu l proportionales magnetisches Moment, sowie ein von l, j, μ abhängiges elektrisches Moment. Dies letztere macht Übergänge zu höherem l. Weil die Masse von l nicht abhängt, so ist das unschön. Man kann sich aber nun dadurch helfen, daß man einen „Massenoperator"

$$\text{const.} \left(T_{\mu\nu}T^{\mu\nu} - 2T_{\mu\nu}T^{\mu\lambda}\frac{k^\nu k_\lambda}{k_\rho k^\rho} \right) \tag{3}$$

einführt,[2] der zu M^2 zu addieren wäre. k_ρ ist dabei die Wellenzahl von $a_l \ldots (x_u)$, der Operator ist also im Impulsraum dargestellt und ist nicht lokal. Ich sehe aber nicht, daß dies viel schadet. Er hat die Eigenschaft, im Ruhsystem von k_ρ die Eigenwerte const. $(l + 1)^l$ zu besitzen, so daß $M^2(l) = M_0^2 + \text{const.}\, l(l + 1)$ wird. Dadurch werden die großen l unterdrückt.

Da in dieser Theorie die Energie positiv ist, kann man sie nach der Bosestatistik quanteln, was auch immer der Wert von j sei.

Abgesehen davon, daß eine solche Theorie gewiß entsetzlich divergent ist, hat sie vielleicht noch andere Viehfehler,[3] die ich jedoch im Augenblick nicht sehen kann.

Neben dieser „skalaren Variante" kann man natürlich noch Theorien machen, die mehr der Dirac-Theorie entsprechen. Diese führen jedoch zu imaginären Massen, von denen ich nicht weiß, ob man sie durch Nebenbedingungen eliminieren kann. Wenn man z. B. im Spinraum Operatoren

$$u_1 = \sqrt{r}\cos\vartheta/2e^{i\frac{\chi+\varphi}{2}}, \quad u_2 = \sqrt{r}\sin\vartheta/2e^{i\frac{\chi-\varphi}{2}}$$

$$u_i = \bar{u}_1, \quad u_2 = \bar{u}_2, \quad \partial^\alpha = \frac{\partial}{\partial u_\alpha}, \quad \partial^{\dot\alpha} = \frac{\partial}{\partial u_{\dot\alpha}}$$

einführt, so kann man Gleichungen, die Funktionen der Art (1) enthalten, [verdrehen]:[4]

$$p^{\alpha\dot\beta}u_\alpha\partial_{\dot\beta}\psi = m\varphi, \quad p^{\alpha\dot\beta}u_{\dot\beta}\partial_\alpha\varphi = m\psi.$$

Da $u_\alpha\partial_{\dot\beta}$ von j nach $j + 1$, $u_{\dot\beta}\partial_\alpha$ von $j + 1$ nach j führt, so muß ψ j und $-j - 1$, ψ $j + 1$ und j enthalten. Das System ist sodann spiegelinvariant. Man kann jedoch auch hier die j-Verdoppelung durch eine „Realitäts-Forderung" vermeiden. Bei Spiegelung vertauschen nämlich φ und ψ und gleichzeitig j und $-j$. Der Fall $j = 1/2$ ist dann der von Majorana, wo $j - 1 = -j$ ist. Aber eben, da gibt es nun imaginäre Massen. Die reellen Massen hängen von l ab und werden, mit wachsendem l immer kleiner. Auch das spricht gegen eine derartige Theorie. Auch fürchte ich, daß hier Ladung und Energie, beide, positiv und negativ sein können, was natürlich die Theorie auch unbrauchbar machen würde.

Als mathematisches Spielzeug sind ja diese Theorien ganz lustig. Aber ich habe immer das Gefühl, man wolle hier den imaginären Charakter der Zeit, der ja zur Folge hat, daß die endlichen Darstellungen der Lorentzgruppe nicht unitär sind, künstlich umgehen. Das ist wohl ungesund. Vielleicht hat es eben doch, im Sinne C. G. Jungs einen tieferen Sinn, daß die Zeit, als 4. Koordinate, imaginär ist.

Im übrigen habe ich einige Mühe mich wieder in diese Formalismen hineinzudenken, habe besonders den Spinorkalkül stark vergessen. Sie sollten aber vielleicht doch eine Bemerkung machen, daß es noch die unitären Theorien gibt, und wenn Sie diese, obwohl sie wahrscheinlich tot geboren sind, endgültig abschlachten könnten, wäre das verdienstlich. Denn früher oder später wird ja doch jemand diese Dinge wieder ausgraben.

Was den Plotin betrifft,[5] so freut es mich, daß unser Gespräch „im 19. Jahrhundert" Ihnen nützlich war. Wenn man die typologische Frage stellt, so glaube ich, daß Plotin, zum Unterschied von Goethe – auch wenn man von der doch geringeren Gestaltungskraft absieht – ein viel einseitiger[er] Mann war, da bei ihm nicht nur das Denken, sondern auch die Empfindung wenig entwickelt ist. So mangelt ihm das Gegenständliche, das Goethe so sehr auszeichnet und ihn auch dort, wo er, wie in der Farbenlehre, auf dem Holzweg war, nicht eigentlich konfus macht. Die recht ekelhafte Beschreibung Porphyrius' des vernachlässigten, salbungsvoll-überchwänglichen Greises ist hierfür typisch. Wissen Sie übrigens, ob es eine Beziehung zwischen den Betrachtungen Plotins über Zeit und Ewigkeit und denen Augustins in seinen Bekenntnissen gibt?

Jetzt fällt mir noch ein, daß Sie mich wegen der Beweise von Spin und Statistik gefragt haben. Da scheint mir, daß eine allzu formale Beweisart den Zusammenhang nur verwischen kann. Wenn man eine kräftefreie Theorie hat und auf die Existenz irgendwelcher lokaler Größen verzichtet, dann kann man doch machen, was man will, d. h. jede Statistik anwenden. Man muß ja nur verlangen, daß die Eigenzustände entweder gar nicht oder einfach, oder aber mit den Zahlen $0, 1, 2\ldots$ besetzt sind. Da die Aufspaltung in positive und negative Frequenzen relativistisch invariant ist, so geht das auch relativistisch ohne weiteres. Man will ja aber in die Theorie Kräfte einführen, und dazu ist es zuerst einmal nötig, daß eine Energie und Ladung existiert, die durch die Feldgröße zur Zeit t allein ausdrückbar sei. Darum ist es physikalisch offenbar auch richtig, die Eigenschaften der Ladung – die eben aus einer Ladungsdichte folgen soll – zu studieren, um so mehr als gerade die Ladung aufs innigste mit den Kräften zu tun hat. Es scheint mir dagegen wenig sinnvoll, einen scheinbar allgemeineren Beweis zu führen, wo die Allgemeinheit mit Hilfe unausgesprochener Voraussetzungen erschlichen ist.

Nun also, beste Grüße und auf Wiedersehen Ihr M. Fierz

---

[1] Siehe hierzu die in Band **III**, S. 419ff. diskutierten Untersuchungen von Bargmann (1947) und Harish Chandra (1947b) sowie Fierz' Beitrag (1966) zur Festschrift für V. F. Weisskopf.
[2] Pauli schrieb neben die Formel „$T_{\mu\nu}$ schief".
[3] Dieser umgangssprachliche Ausdruck bedeutet soviel wie ein Charakterfehler, ein angeborener Fehler oder auch eine schlechte Angewohnheit, die man ablegen sollte.
[4] Dieses Wort ist im Manuskript nur schwer erkennbar.
[5] Siehe den vorangehenden Brief [1236].

[1238] DYSON AN PAULI

Birmingham, 16. Mai 1951

Dear Professor Pauli!

It was a great pleasure to me to receive your letter of February 18 with its autobiographical postscript.[1] Since I had then nothing more to say I did not answer it.

Now you may be interested to hear some 'hot news' from Ithaca. Baranger who was a student of Feynman and is now a student of Bethe has finished the calculation of the relativistic correction to the second-order part of the Lamb-shift,[2] i. e. the part which is in the non-relativistic dipole approximation

$$\int \frac{dk}{k} \sum_n \frac{|(\nabla V)_{n0}|^2}{E_n - E_0 + k}.$$

The correction is + 6.9 Megacycles. This removes two-thirds of the famous 11 Megacycles discrepancy. I have no doubt that the remaining 3–4 megacycles will eventually be found in the same sort of way.[3]

The relativistic correction to the first-order part of the shift, the term in $(\nabla^2 V)_{00}$, has not yet been fully calculated by Baranger. But Kroll in Columbia has done the calculation and finds the result zero to the required order of accuracy.[4]

About my own work there is nothing new to report. Papers II and III have now been written and mimeographed at Princeton. You will receive a copy of II[5] in the near future. It contains little that you do not know already.

As you know, my wife is in Zurich,[6] and I am hoping to be able to leave England and join her some time before the end of June, with luck about June 20.[7] I would be extremely happy if I could arrive while you are still in Zurich, and hear your views on the relation of mathematics to physics[8] and on many other things.

I have been meditating a little on the long-range problems of theoretical physics, especially the problem of understanding the renormalization program on a deeper level and escaping from the power-series expansions. It seems to me that the road ahead leads to a complete descriptive theory of elementary particles, based on the renormalization technique with power-series expansions. This theory may well be able to describe accurately the results of all possible experiments on the atomic scale, and still contain no explanation of the need for renormalization nor of the nature and variety of elementary particles nor of the mystic number 137. Beyond this descriptive theory, there is an absolute darkness.[9]

In this darkness there is one faint glimmer of light. The singular point-interactions, which are the most arbitrary feature of the present quantum field-theories, are just the types of interaction which could occur in a theory with general relativistic invariance. Therefore I believe that after the descriptive theory there must come the big jump to General Relativity.

Yours sincerely F. J. Dyson

---

[1] Siehe Paulis Brief [1203].

[2] Michael Baranger hatte damals gerade seine Dissertation (1951) über relativistische Korrekturen zum Lamb shift bei Bethe an der Cornell University abgeschlossen.

[3] Siehe hierzu die Publikation von Karplus, Klein und Schwinger (1952) und von Baranger, Dyson und Salpeter (1952).

[4] Siehe Bersohn, Weneser und Kroll (1952).

[5] Dyson (1951b). Der Teil III wurde unter einem anders lautenden Titel als Dyson (1951c) veröffentlicht.

[6] Dysons Frau Verena Häfeli, die eine Züricherin war, besuchte ihre Schweizer Verwandten. Siehe hierzu auch den Brief [1152].

[7] Siehe hierzu den Brief [1249].

[8] Diese Frage hatte Pauli in seinem oben erwähnten *autobiographischen Postskript* angesprochen.
[9] Seine allgemeinen Auffassungen über die künftige Entwicklung der Quantenfeldtheorie hat Dyson in zwei allgemeinen Aufsätzen (1952a, 1953) dargelegt.

[1239] PAULI AN VON FRANZ

Zürich, 17. Mai [1951]

Liebes Fräulein von Franz!

Es war ein so netter Nachmittag gestern und nachher sind mir noch viele Zusammenhänge eingefallen zwischen verschiedenen Gegenständen, die wir im Lauf der Zeit, scheinbar unzusammenhängend, besprochen haben.

Vor allem habe ich den Eindruck bekommen, das u. a. österreichische Inhalte „konstelliert" sind und zwar solche, die bei mir zum „Schatten" gehören. {Ich habe Ihnen ja schon gesagt, daß bei mir Träume von einer inzestuösen (illegitimen) Verbindung zwischen einer dunklen Frau und einem ihr sehr ähnlichen jungen Mann aufgetreten waren, die deutlich darauf hinweisen, daß eine Trennung der Anima vom Schatten bei mir nötig bzw. bereits im Gange ist.}[1] Dazu gehört nämlich bei mir ein gewisser Gefühlskomplex, den ich kurz als den „pazifistischen" bezeichnen will.*

Diese Sache begann schon damit, als ich während meiner in den ersten Weltkrieg fallenden Pubertätszeit nicht nur den Krieg heftig ablehnte, sondern auch entgegen meiner Umgebung mir die Einstellung gebildet hatte, daß Österreich durch die Kriegserklärung an Serbien „kollektiv-schuldig" geworden sei (um jetzt diesen Ausdruck von C. G. Jung darauf anzuwenden). Deshalb hat es mich außerordentlich interessiert, was Sie selbst darüber gesagt haben (nämlich, daß im Unbewußten bereits eine Dissoziation im alten Österreich begonnen hatte und daß der Krieg gemacht worden war, um das zu verbergen oder um diesem Schicksal zu entgehen – während es gerade herbeigeführt wurde). Es hat mich auch sehr interessiert, was Sie über Ihren Vater erzählt haben, da es doch so sein muß, daß er an dieser „Kollektivschuld" teilhatte.[2]

Nun, das würde ja alles einfach der Geschichte angehören und wäre jetzt ohne praktische Bedeutung für mich – wenn nicht 1945 – mutatis mutandis – eine Wiederholung meiner früheren Stimmung eingetreten wäre. Wie in Österreich während des ersten Weltkrieges hatte ich in diesem Jahr in U. S. A. plötzlich das Gefühl, mich in einer „kriminellen" Atmosphäre zu befinden – und zwar damals, als jene „A-Bomben" abgeworfen wurden. (Über dieses Abwerfen fand eine später veröffentlichte Kontroverse statt[3] und ich gehöre zu denjenigen, die es für ungerechtfertigt halten. Es existiert eine von vielen Physikern unterzeichnete Petition gegen den Abwurf der Bomben, die *vor* der tatsächlichen Anwendung dieser Waffe in Japan unterschrieben und eingereicht wurde, die aber von den militärischen Stellen schließlich beiseite geschoben wurde.) Meine Anima wurde sehr reizbar und machte gelegentlich Zornesausbrüche, bis ich von U. S. A. (im Februar 1946) abgereist war. Meine Geschichte über die „Besternten"[4] ist auch in *diesem* Zusammenhang zu werten.

In der Schweiz fühle ich mich relativ recht wohl, da wenigstens die Leute und das Land nicht in diese Art von Kollektivschuld verwickelt sind (weder in den Krieg von 1914 noch in die Anwendung von A-Bomben in 1945). Nach dem ersteren Ereignis begann meine Wendezeit – „meine schwache und schlechte Beziehung zur Mutter-Erde" hat *viel* mit jenem „pazifistischen" Komplex zu tun – von der ich aber hoffe, das sie nun mehr ihr Ende gefunden hat (nachdem ich ja hier auch eingebürgert bin). Aber nun ist etwas vielleicht Schlimmeres eingetreten: zwar ist meine (geographische) Umgebung jetzt *nicht* in die „Kollektivschuld" verwickelt, wohl aber mein Beruf: die *Physik.*

Meine bewußte Haltung ist allerdings die, daß es ganz unvernünftig sei, wegen dieser politisch-militärischen Ereignisse etwa gar die Physik aufzugeben, da ja die Wissenschaft-Treibenden nicht verantwortlich seien für die Anwendungen, die man davon macht und da diese Anwendungen *stets* sowohl nützlich wie schädlich sein können. Aber anders das Unbewußte, die Anima. Vielleicht entwickelt sie in diesem Zusammenhang Widerstände gegen die Physik und macht, daß mir nichts (oder nur wenig) Gescheites einfällt. Wird das neue Ereignis von 1945 mich nun zu einer Migration auf geistigem Gebiet veranlassen, nämlich weg von der Physik im engerem Sinne? Vielleicht ist ein solcher Schritt auch sonst schon konstelliert? Oder soll dieser „pazifistische" Komplex, als zum Schatten gehörig, von der Anima abgetrennt werden und wird diese dann wieder „vernünftig" reagieren?

Ich weiß, es ist eine Schicksalsfrage, die letzten Endes nicht vom Ich entschieden wird. Es würde mich aber *sehr* interessieren, wie Sie diesen ganzen „Komplex" bei mir beurteilen, ich wüßte niemand der dafür kompetenter wäre.**
(Natürlich muß ich Sie da sehr um Diskretion bitten, man kann bei diesen Dingen heutzutage nie vorsichtig genug sein.) Wenn Sie mir hierher ans Poly kurz darüber schreiben könnten, wäre ich froh.

Mit vielem Dank, alles Liebe   stets Ihr W. Pauli

---

[1] Vgl. hierzu Jungs Ausführungen in seiner *Psychologie der Übertragung* [1946b], wo er den Inzest-Traum als Symbol der Selbstwerdung oder Individuation beschreibt. Jung [1991b, S. 59f.]
* Es gehören bei mir auch noch andere Probleme zum Schatten, die mit dem jüdischen Problem zu tun haben. Selbst bei sorgfältiger Kritik konnte ich aber keinen *direkten* Zusammenhang zwischen diesen und dem „pazifistischen" Komplex finden. Und im Moment ist es der *letztere*, der mir wesentlich mehr zu schaffen macht als erstere (siehe unten).
[2] M.-L. von Franz' Vater hatte als österreichischer Offizier am ersten Weltkrieg teilgenommen. Siehe hierzu den Kommentar zum Brief [1080].
[3] Pauli bezieht sich auf die Stellungnahmen verschiedener Physiker, wie den sog. Franck-Report. Siehe hierzu den Hinweis in Band **III**, S. 291 und das bekannte Buch von A. K. Smith [1965].
[4] Siehe den Brief [1228].
** N. B. Hat es irgend eine symbolische Bedeutung, daß die Jungen meiner Verwandten, die bei der k. k. Marine waren, den Familien Namen *Adam* hatten? Ihrer Herkunft nach waren es Tiroler.

[1240] Pauli an Gustafson

Zürich, 18. Mai 1951

Dear Gustafson!

Many thanks for your letter. Everything will be all right and I am expecting
Nilsson at the Airport Malmö at 20^{20} on May 30 and will go home again on
June 4 morning.[1]

As for the tickets for the airplane, I ordered them already, so – I am afraid – if
you would send them, it would give rise to confusion. But I was able to pay the
ticket in Malmö with my money in Sweden (having an account in "Göteborg's
Bank" in Stockholm). As the money remained in Sweden in this way, it will be
easy for you to repay it to me later, if you wish.

I am also very glad, to see my old friend Kramers again at this occasion.

Au revoir   Sincerely Yours W. Pauli

---

[1] Pauli reiste nach Lund, um dort an der Einweihungsfeier des neuen physikalischen Instituts
teilzunehmen (vgl. den Brief [1236]).

[1241] Fierz an Pauli

Basel, 19. Mai 1951

Lieber Herr Pauli!

Gestern habe ich erfahren, daß mein Onkel K. H. David, der Komponist,[1]
gestorben ist und am Montag um 5^h wird er in Zürich begraben. Ich werde an
das Begräbnis gehen müssen und kann daher nicht zum Seminar kommen. Falls
es sich als erwünscht erweisen würde, so könnte ich gelegentlich über meine
Ideen die Kondensation betreffend vortragen.[2] Mir wäre das lieb, denn es ist
eine etwas heikle Frage und ich bin um jede Kritik froh.

Zu meinem letzten Brief kann ich noch nachtragen: Man könnte auch vom
Gleichungssystem

$$\square\,\psi = M^2\psi$$
$$(j + 1 + \mu^2)M^2\psi + T_{ik}T_{il}\frac{\partial^2\psi}{\partial x_l \partial x_u} = 0$$

reden. Die 2. Gleichung führt dazu, daß im Ruhesystem jeder ebenen Welle
das Impulsmoment-Quadrat den Wert $j(j + 1)$ besitzt. Wie man jedoch in einer
solchen Theorie Kräfte einführen könnte, weiß ich nicht. Als Beispiel einer
Theorie, in der der übliche Zusammenhang zwischen Spin und Statistik nicht
gilt, würde jedoch das Gleichungssystem ausreichend sein.

Mit besten Grüßen   Ihr M. Fierz

---

[1] Es handelte sich um den in St. Gallen geborenen Schweizer Komponisten, Dirigenten und
Musikkritiker Karl Heinrich David (1884–1951), den M. Fierz als „geistreichen und höchst unter-
haltsamen Mann" in bester Erinnerung bewahrt.
[2] Siehe die Ende Juni 1951 eingereichte Untersuchung von Fierz (1951).

[1242] PAULI AN VON FRANZ

Zollikon-Zürich, Sonntag, 20. Mai [1951]

Liebes Fräulein von Franz!

Das Problem, von dem ich Ihnen geschrieben habe, plagt mich sehr und hat sich danach in einen Traum fortgesetzt (siehe beiliegendes Blatt).[1] Gestern (Samstag) war ich nicht im Poly (hoffe, Montag ein paar Zeilen von Ihnen dort vorzufinden), sondern war bei dem schönen Wetter über Mittag in der „Solitude",[2] wo ich mich von meinem Problem durch stundenlangen Klatsch mit der Wirtin (Frau Stiefel) erholt habe. (Ich habe, glaube ich, nun alles erfahren was es über den alten Herr Hofman von der „Johannisburg" zu erfahren gibt.)

In dieser Verbindung viele Grüße und Dank an Miss Hannah,[3] die sehr freundlich zu mir war am Telefon (ich habe Samstag nur zu Ihnen telefoniert, weil ich gerade unterwegs war).

Ich hoffe, Dienstag Nachmittag Zeit zu finden, Sie zu sehen (werde Dienstag zwischen 12 und 1 Uhr noch telefonieren). Ich bin sehr begierig, mit Ihnen über diese Probleme und über den Traum zu reden, ich glaube nämlich auch an eine gewisse „Synchronizität" mit *Ihren* Problemen, insbesondere mit dem „Geist" Ihres Vaters, denn der „pazifistische" Komplex[4] hatte bei mir stets einen engen Zusammenhang mit der Einstellung zum Tod.

Vielen Dank und alles Liebe und Gute, auf bald!   Stets Ihr W. Pauli

---

[1] Siehe die Anlage zum Brief [1242].

[2] M.-L. von Franz berichtete dem Herausgeber (in einem Schreiben vom 10. April 1995): „*Solitude* und *Johannisburg* sind zwei Ausflugziele und Landgasthäuser oberhalb von Küsnacht, wohin Pauli mit mir und oft auch anderen spazierte und einkehrte."

[3] Die mit M.-L. von Franz befreundete Analytikerin Barbara Hannah war mehrere Jahre lang am C. G. Jung Institut in Zürich tätig und hat später in einer biographischen Darstellung [1976] ihre Erinnerungen an ihre Zusammenarbeit mit Jung veröffentlicht.

[4] Siehe hierzu den Brief [1239].

ANLAGE ZU [1242][1]

Traum 19. Mai [1951]

Ich spreche erst lange mit einer dunklen Frau, ihr berichtend, daß ich eine Berufung als Professor für theoretische Physik habe, jedoch voller Bedenken sei, sie anzunehmen. Im Hintergrund bemerke ich den „Fremden", der ungeduldig zu sein scheint.

Ich will dann das Haus, in dem ich mich befinde (es ist ähnlich der E. T. H.) verlassen, es fällt mir aber ein, daß ich zuerst in der Garderobe meinen Mantel und meinen Hut abholen müsse. Dort sind aber sehr viele Mäntel und Hüte und ich kann die meinen nicht finden. Da sehe ich plötzlich, daß der „Fremde" die ganze Garderobe kontrolliert. Er kommt auf mich zu, zeigt mir eine mir bisher verborgene Stelle weiter rückwärts und sagt zu mir: „Da ist noch etwas". Ich sehe dort noch weitere Mäntel und Hüte liegen, aber nicht so viele wie vorne gewesen waren. Zum Schluß finde ich wenigstens einen Hut mit meinen Initialen (W. P.). Aber er hat innen gelbe Farbe, ich erkenne ihn nicht als den meinen wieder und, als ich erwache, hab ich immer noch Zweifel (N. B. offenbar zu *Unrecht*) ob er auch wirklich mein Hut sei.

Bemerkung: Der Traum ist sehr charakteristisch für die Struktur meines Unbewußten. Die Konstruktion ist: ich bin noch gar nicht Professor für theoretische Physik, soll es erst werden und habe Widerstände dagegen. Es fragt sich aber, was der Traum unter „theoretische Physik" versteht. Sicherlich etwas anderes als üblich und zwar ein *weiteres* Gebiet: „Physik" umfaßt dann *auch* die Psychologie und τεορια hat oft den ursprünglichen Sinn von „Anschauung" in meinen Träumen. Jedenfalls aber deutet „Professur" auf Mitteilung an andere und auf die objektive allgemeine (nicht-private) Natur der Probleme hin. Der Hut hat Mandalanatur.[2]

---

[1] Dieser Traum wurde nochmals in der Anlage zum Brief [1250] dargestellt.

[2] Auf die Mandala-Natur des Hutes in Paulis Träumen hatte Jung [1935/36] bereits in dem 1. der von ihm in *Psychologie und Alchemie* diskutierten Pauli-Träume hingewiesen. Siehe Jung [1971/90, Band **12**, S. 67].

[1243] KÖHLER AN PAULI

Swartmore, Pennsylvania, 20. Mai 1951
[Maschinenschrift]

Sehr verehrter Herr Kollege!

Die Äußerungen über Kausalität, die ich einmal in Princeton machte, waren ganz harmloser Natur. Sie bezogen sich auf einen Typ kausalen Denkens, den man sehr häufig bei Naturvölkern findet,[1] der aber (trotz David Hume) auch im europäischen Denken noch immer eine Rolle spielt und immerhin im begrenzten Umfang eine gewisse objektive Berechtigung hat. Es handelt sich nicht um „causality by induction" sondern um „causality by transmission", charakterisiert dadurch, daß Wirkungen den verursachenden Bedingungen ähnlich sind – wie z. B. in der Physik um einen langen prismatischen oder zylindrischen und stationär durchströmten Leiter, ein Magnetfeld entsteht, welches in nächster Nachbarschaft die Symmetrieeigenschaften der Strömung hat, solange der umgebende Raum als physikalisch homogen angesehen werden kann. David Hume hat seine Beispiele wohl etwas einseitig ausgewählt.[2] Ich lege einen Abdruck eines anthropologischen Artikels bei, in welchem kurz von diesen Dingen die Rede ist. Die Seiten 282ff. beziehen sich am unmittelbarsten auf Kausalität.

Mit den besten Empfehlungen Ihr sehr ergebener   Wolfgang Köhler

---

[1] Köhler bezieht sich hier auf Lévy-Bruhl, dessen bekanntes Werk *La mythologie primitive*, Paris [2]1935 Pauli schon früher gelesen hatte (vgl. Band **II**, S. 341).

[2] David Hume erläuterte seine Analyse des Kausaldenkens in seinem *Treatise of human nature* (1738/40) durch Vorführung vieler Beispiele.

[1244] FIERZ AN PAULI

[Basel], 25. Mai 1951

Lieber Herr Pauli!

Sowohl bei V. Bargmann (Gleichung 10. 26)[1] wie auch bei Harish Chandra[2] kommen die Kreiselfunktionen vor, aber keiner der Autoren sagt einem dies.

In der „skalaren Variante" der Theorie, wo man einfach $\Box \, \psi = M^2 \psi$ hat, kann man Energie und Ladung durch

$$\frac{1}{2} \iint \left\{ |\mathrm{grad}\,\psi|^2 + M^2 |\psi|^2 \right\} dV \, d\Sigma$$

(Σ ist der Spinraum)

$$= \frac{1}{2} \sum_{l,m} \sum_{\pm j} \int \left\{ |\mathrm{grad}\, a_{l,m,j,\mu}(x)|^2 + M^2 |a_{l,m,j,\mu}|^2 \right\} dV$$

und

$$\frac{1}{2i} \int (\psi^* \dot{\psi} - \dot{\psi}^* dV = \sum \left(\frac{1}{i} \dot{a}^* a - a^* \dot{a} \right) dV$$

definieren. Harish Chandra hat eine ganz analoge Spintheorie, mit Größen, die sich nach $\vartheta_{1/2,0} \times \vartheta_{\dot{\Delta},\mu}$ transformieren. Hier ist die Ladung positiv und die Energie $\pm$. Im kräftefreien Fall kann man, wie gesagt, z. B. in der Skalartheorie die Nebenbedingung

$$R_{ik} \frac{\partial^2 \psi}{\partial x_i \partial x_u} = j(j+1)M^2 \psi$$

hinzufügen, wobei

$$R_{ik} = R_{ki} = \frac{1}{2} T_{lm} T_{lm} \delta_{ik} - T_{li} T_{lk}$$

ist, und die T_{lk} die infinitesimale Lorentztransformation. Da ich aber nicht weiß, wie man in einer solchen Theorie Kräfte einführt, so bleibt die Physik unklar. Aber gerade das ist erwünscht, damit man sieht, daß der Zusammenhang Spin-Statistik im allzu formalen Rahmen nicht bewiesen werden kann.

Ist

$$F = \sum_{l,m} a_{l,m,j,\mu}(\boldsymbol{x}) \frac{r^{-i\mu}}{r} Q_{j,m,l}(\vartheta;\chi,\varphi),$$

dann gilt $u_\alpha \partial^\alpha F = \left(r \frac{\partial}{\partial r} - i \frac{\partial}{\partial \chi} \right) F = 2\kappa F; \quad 2\kappa = i\mu - 1 + j$

$$u_{\dot{\alpha}} \partial^{\dot{\alpha}} F = \left(r \frac{\partial}{\partial r} + i \frac{\partial}{\partial \chi} \right) F = 2\kappa^* F; \quad 2\kappa^* = -\mu - 1 - j$$

Da sich, bei Spiegelung, κ mit κ^* vertauscht, so vertauscht offenbar $j \leftrightarrow -j$. Die Frage der Spiegelungstransformation ist mir übrigens nicht ganz klar, darüber müssen wir also vor allem reden.

Ich besitze einen Auszug von Harish Chandras Arbeit, in welchem ich alles, was in seiner Arbeit steht, stark vereinfacht zusammengestellt habe. Ich hoffe, daß wir mit dieser Hilfe die Sachen begreifen werden.[3]

Mit besten Grüßen   Ihr M. Fierz

N. B. Ich werde versuchen, ca. 11.15 bei Ihnen einzutreffen – am Montag.

[1] Bargmann (1947).
[2] Harish Chandra (1947).
[3] Ein weiterer folgender Absatz, in dem die Operation der Spiegelung ausgeführt ist, wurde von Fierz wieder gestrichen.

[1245] Pauli an Fierz

Zürich, 30. Mai 1951

Lieber Herr Fierz!

Schnell vor der Abreise[1] noch eine kleine Bemerkung über die $Q_{jlm}(\vartheta, \psi, \chi)$ (Kugelkreiselfunktionen) mit *halb*ganzen j, l, m. Es ist sicher, daß für diese *zunächst kein* Entwicklungssatz (bei Drehung des Koordinatenkreuzes) gilt, da die neuen $Q_{jlm}(\vartheta', \psi', \chi')$ verschiedene Verzweigungslinien haben wie die alten $Q_{jlm}(\vartheta, \psi, \chi)$, d. h. man kann – im Gegensatz zum Fall *ganz*zahliger j, l, m die neuen Q' nicht ohne weiteres nach den alten Q entwickeln.

Ich habe nun Ihre Magnetpolarbeit (Helvetica Physica Acta 17, 27, 1943)[2] nochmals gelesen und habe gesehen, daß offenbar die *zusätzliche Eichtransformation* (erwähnt auf p. 31 oben in Verbindung mit den zu μ proportionalen Zusätzen, die auch den kleinen Unterschied Ihrer R_k gegenüber den Ausdrücken z. B. bei Sommerfeld, l. c.[3] bedingen) die Sache wieder in Ordnung bringt.

Diese zusätzliche Eichtransformation ist offenbar *wesentlicher*, als Sie am Montag gedacht haben. Es fragt sich nun, ob sie sich in natürlicher Weise in die mit Hilfe der Q_{jlm} (für halbzahlige j, l, m) formulierten Darstellungstheorie der Lorentzgruppe inkorporieren läßt, wenn man a priori nichts von Magnetfeldern weiß. Das ist wohl der Fall, wenn man bei der Entwicklung der gedrehten Q' nach den alten Q noch das Anbringen eines Eichfaktors $e^{i[f(\vartheta', \psi', \chi') - f(\vartheta, \psi, \chi)]}$ zuläßt.

Abgesehen von diesem *einen* Punkt habe ich, glaube ich, nun alles, was Sie gesagt haben, verstanden.

Am Montag will ich nach Zürich zurückkommen.

Nochmals vielen Dank und herzliche Grüße   Ihr W. Pauli

[1] Pauli wollte noch am gleichen Tage nach Lund fliegen (siehe den Brief [1240]).
[2] Fierz (1943b).
[3] Sommerfeld: *Atombau und Spektrallinien*, Band **II**, Braunschweig 1939, S. 162.

[1246] PAULI AN VON FRANZ

[Lund], 31. Mai 1951[1]
[Postkarte]

Liebes Fräulein von Franz!

Heute habe ich zum ersten Mal gesehen und gehört, wie bei der Verleihung des Doktors ein Böllerschuß abgegeben wird und den Kandidaten ein Hut aufgesetzt wird (der gleiche Hut den Damen wie den Herren).

Alles Liebe und Gute   Stets Ihr W. Pauli

---

[1] Die Orts- und Jahresangabe wurde dem Poststempel entnommen. Auf der Rückseite der Postkarte ist die Universität Lund abgebildet.

[1247] PAULI AN JAFFÉ

Lund, Grand Hotel, 1. Juni 1951

Liebe Frau Jaffé!

Leider bin ich in letzter Zeit gar nicht dazu gekommen, Sie zu besuchen. Aber am Montag komme ich zurück und hoffe, Sie Donnerstag oder Freitag (wenigstens um 5 Uhr etwa) sehen zu können. Dann wird die Vorlesung hier hinter mir sein und auch die ausländischen Besucher in Zürich[1] werden wieder fort sein.

Mit meinen eigentlichen Problemen bin ich gar nicht weiter gekommen und auch die Träume geben mir vorläufig zu wenig Anhaltspunkte. In der Physik gibt es für mich im Moment höchstens Kleinigkeiten. So habe ich ein wenig Sorge wie wohl alles weiterlaufen wird. Wie kann es überhaupt weiterlaufen?

Andere Freunde und Bekannte flüchten sich in die Politik oder in die „Therapie am laufenden Band" (wie C + A = F).

Ich bin kritisch für solche Auswege. Dann passieren diese Liebesgeschichten „linker Hand". Aber die Träume scheinen nur zu sagen, daß es sich dabei „in Wirklichkeit" um *allgemeine* Probleme handelt (und ich glaube nicht, daß man das um- oder wegdeuten soll). Ich bin vielleicht nicht intelligent genug oder nicht gefühlsstark genug (oder beides), um weiterkommen zu können.

Aber immer wenn ich aus Ihrer Klause am Neumarkt[2] herauskomme, sieht mir die Lage doch etwas hoffnungsvoller aus.

In diesem Sinne (hoffentlich) auf baldiges Wiedersehen.

Mit vielen Dank für alles Gute und Liebe   Stets Ihr W. Pauli

---

[1] Wahrscheinlich bezieht sich Pauli auf den (im Brief [1249] erwähnten) Besuch von Ferretti und Dyson.

[2] A. Jaffé wohnte in dem in der Nähe des Züricher Universitätsviertels gelegenen Neumarkt, Nr. 16.

[1248] PAULI AN HOPF

[Lund], 2. Juni [1951][1]
[Postkarte][2]

Lieber Herr Hopf!
Viele herzliche Grüße dem dritten Kumpan. Wir haben hier feucht fröhliche Gespräche über die Geschichte der Hamilton-Jacobi-Theorie.

W. Pauli

[Zusatz von M. Riesz:]
In freundlicher Erinnerung und mit herzlichen Grüßen   Marcel Riesz

---

[1] Die Orts- und Jahresangabe erfolgte nach dem Poststempel.
[2] Die Rückseite der Postkarte zeigt eine Vorderansicht des Hauptgebäudes der Universität Lund.

[1249] PAULI AN FIERZ

Zürich, 7. Juni 1951

Lieber Herr Fierz!
Ich habe noch weiter meditiert über die Darstellungstheorie im Falle halb-ganzer (= halb-ungerader) j, l, m und es scheint mir, daß die Schwierigkeiten ganz verschwinden, sobald ich Ihre mich sehr verwirrende Terminologie* genügend vergessen hatte. Ich schlage als Eichtransformation einfach die Multiplikation mit $e^{i(\varphi+\chi+\vartheta)/2}$ vor** mit dem *gleichen* Vorzeichen von i im Exponenten für *alle* Zustände $Q_{j,l,m}$. Das heißt: man setze

$$Q_{j,l,m}(\vartheta, \varphi, \chi) = e^{\frac{i(\varphi+\chi+\vartheta)}{2}} \, \bar{Q}_{j,l,m}(\vartheta, \varphi, \chi) \tag{I}$$

und für den gedrehten

$$Q_{j,l,m}(\vartheta', \varphi', \chi') = e^{\frac{i(\varphi'+\chi'+\vartheta')}{2}} \, \bar{Q}'_{j,l,m}(\vartheta', \varphi', \chi').$$

Dann sollten sich die $\bar{Q}'$ nach den $\bar{Q}$ entwickeln lassen, da nun beide *eindeutig* auf der Kugel sind (im Gegensatz zu den ursprünglichen Q, Q'). Man sollte diesen Ansatz noch mit Ihren Formeln $(2, 3)^1$ für dz und $dx \pm i\,dy$ vergleichen und zeigen, daß die Singularitäten für $\vartheta = 0, \pi$ und $\vartheta' = 0, \pi$ nichts schaden. (Die Vorzeichen von φ, χ, ϑ im Exponentialfaktor in $\square$ sind willkürlich, sollen aber ein für alle Mal unabhängig vom Zustand festgesetzt werden.)

Gilt ein Entwicklungssatz für die $\bar{Q}'$ nach der $\bar{Q}$, so ist man fertig, da die Koeffizienten dann eine Darstellung bilden und überdies $|\bar{Q}|^2 = |Q|^2$ ist. Wesentlich ist nur, *daß die Eichung unabhängig von j, l, m ist.* (Faktoren $e^{i(\varphi\pm\chi)}$ ohne 1/2 schaden ja nichts.)

Man soll auch noch die zu $\mu = -i\frac{\partial}{\partial\chi}$ proportionalen Zusätze in Ihren Formeln $(2, 3)$ (Helvetica Physica Acta 1944)^2 für die d_k bei infinitesimalen Drehungen explizite kontrollieren.

Ich glaube nicht, daß man viel anderes als (I) für den Eichfaktor ansetzen kann. Die Sache hat mit dem zu tun, was Wigner so gelehrt „representation up to a factor (scilicet vom Absolutbetrag eins)" genannt hat.[3]
Viele Grüße   Ihr W. Pauli

P. S. Es wäre nett, wenn Sie nach Kopenhagen kämen. In der Woche vom 25.–30. Juni werden Ferretti[4] und Dyson[5] in Zürich sein.

* Nämlich, daß die zu halbzahligen j, l, m gehörigen Wellenfunktionen *„die Spinoren seien"(!)* Ich muß jedoch unterscheiden zwischen der Beschreibung *eines* Zustandes durch ein- oder zwei-komponentige Wellenfunktionen!
** Bei *ein*komponentiger Wellenfunktion ist das etwas einfacher als das $R(\vartheta, \psi)$ im §3 meiner Arbeit in Helvetica Physica Acta 1935.
[1] Fierz (1943b, S. 30).
[2] Pauli bezieht sich hier auf Fierz (1943b), wo diese Formeln angegeben sind.
[3] Vgl. Wigner (1939).
[4] Den italienischen Physiker Bruno Ferretti hatte Pauli wahrscheinlich schon 1946 während der ersten Nachkriegs-Konferenz in Cambridge (siehe Band **III**, S. 348) kennengelernt.
[5] Dyson hatte seinen Besuch um den 20. Juni im Brief [1238] angesagt. Wie Dyson später in seiner *Pauli-Memorial Lecture* (1974) berichtete, hatte er damals im Sommer vier glückliche Monate in Zürich verbracht: „I still remember vividly the days in the summer of 1951 when Pauli would sometimes feel hungry in the middle of the afternoon and go out to an open-air café on one of the little streets near the Gloriastrasse for a dish of ice-cream. Sometimes I would go with him, and we would discuss the stability of the universe over our ice-cream. I was then in the process of discovering that a certain type of mathematical series which had been my chief hope for understanding the laws of nature actually diverges." Siehe hierzu auch den Brief [1330].

[1250] PAULI AN VON FRANZ

[Zollikon-Zürich], 7. Juni 1951[1]

Liebe!
Ich habe nun nochmals meine Notizen über eigene Träume aus den letzten Monaten durchgelesen, um Hinweise über meine eigenen Probleme zu enthalten. Einer schien mir sehr bedeutungsvoll: in dem Traum, wo das „berühmte" $e^S X e^{-S}$ vorkommt,[2] wurde mir nachher eine Abhandlung gebracht mit dem Titel „Trägheit, Relativität und Quanten". Ich habe einige Assoziationen dazu:

1. Die physikalische Relativitätstheorie bringt Trägheit, schwere, Masse (Gewicht) und Energie in festen unauflösbaren Zusammenhang – und zwar auf kausaler Basis.

2. Die Quantentheorie fügt ein diskontinuerliches akausales Element hinzu.

3. Professor Jung spricht von „psychischer Relativität" der Masse in Verbindung mit Rhines Würfelexperimenten. Trotz längerer schriftlicher und mündlicher Auseinandersetzungen mit ihm darüber ist mir die Sache nicht so deutlich, daß ich einigermaßen zufrieden bin.

4. Da ist aber noch ein sehr „numinoser" Traum von mir vom letzten Herbst,[3] in welchem „der Fremde" die rechte statt die linke Schale einer Waage zum sinken brachte, indem er auf einer Waagschale ein Stück Holz um 90° gedreht

hat. Er sagte dazu, daß im Falle die Hölzer in beiden Schalen parallel stehen, die Waage *gar nicht wirklich das Gewicht anzeige*, daß sie aber das Gewicht „richtig" anzeige, wenn die Holzstücke nicht parallel (sondern *so*

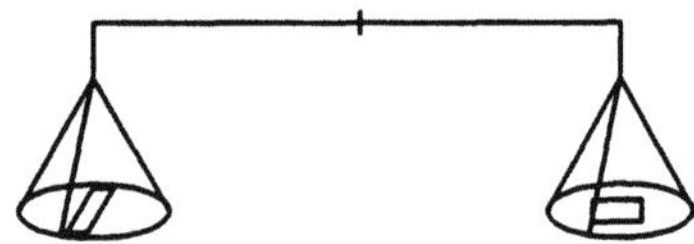

seien.)

5. Der Fall paralleler Hölzer war also *das*, was später mit $e^S X e^{-S}$ bezeichnet wurde, und was einen jüngeren Physiker und *Sie* (auf der Subjektstufe: den Schatten und die Anima) „verfolgt".

6. Zu $e^S X e^{-S}$ war mir eingefallen: eine „sich durch Abbildung selbst reproduzierende Gestalt", die als eine Entfaltung der Einheit e in die Vielheit außen erscheint. Diese „Gestalt" scheint mir den Begriff „Archetypus" im Sinne von C. G. Jung 1946 (ich glaube, daß bei ihm damals eine *Veränderung* dieses Begriffes eingetreten ist) mitzuenthalten.

7. Die Traumaussage vom Herbst ist, daß diese „Gestalten" auch die physikalischen Vorgänge unter Umständen modifizieren können, wogegen sich mein konventionell-rationales Bewußtsein sträubt. Es scheint aber meine Aufgabe zu sein, diese Situation weiter zu ergründen und begrifflich zu analysieren.

7 ist eine so gute Zahl, um zunächst aufzuhören. Ich fühle mich in diesem Moment so wohl wie schon lange nicht. {Eine „private" Deutung der „Abhandlung" (Trägheit etc.) scheint ausgeschlossen.} Ich fühle mich so, wie wenn ich einen Anschluß an einen kosmischen Strom wiedergefunden hätte. Und nun *weiß* ich auch, daß Sie in meiner Haltung mir gegenüber in jeder Hinsicht 100% Recht haben!

Nächsten Montag und Dienstag kann ich leider *nicht*, da ich Montag Seminar und Dienstag um 5 Uhr eine Konferenz habe. Ich kann aber *Montag den 18. Juni* und hoffe, daß Sie dann auch frei sein werden. Sehr froh wäre ich, wenn Sie mir bald über *Köhlers* Abhandlung[4] Ihre Ansichten schreiben würden (und diese dann auch referieren würden). Es ist schade, daß er keine *eigenen* empirischen Daten oder Experimente zu seiner „causality by transmission" angibt.

Wenn mir noch etwas einfällt, schreibe ich wieder!

Stets Ihr getreuer W. Pauli

---

[1] Die Sieben wurde von Pauli zweifach unterstrichen.
[2] Vgl. hierzu auch die Briefe [1275 und 1285].
[3] Paulis Traum vom 28. Oktober 1950 ist in der Anlage wiedergegeben.
[4] Vgl. hierzu die Hinweise in den Briefen [1265, 1278, 1283 und 1289].

ANLAGE ZU [1250]

Traum   19. Mai [1951][1]

Ich spreche erst lange mit einer dunklen Frau darüber, daß ich einen *Ruf* als Professor für theoretische Physik habe, jedoch Bedenken trage, ihn anzunehmen. Die Frau ist ganz passiv, im Hintergrund ist jedoch „der Fremde", der ungeduldig zu sein scheint.

Dann gehe ich in die Garderobe des Gebäudes (es ist ähnlich der E.T.H.), wo ich meinen Mantel und meinen Hut suche. Lange finde ich nichts. Der „Fremde", der wie ich nun bemerke, die ganze Garderobe kontrolliert, zeigt mir einen rückwärtigen kleinen Raum in der Garderobe, wo noch Mäntel und Hüte liegen. Zum Schluß finde ich einen Hut mit meinen Initialen W.P., der aber innen gelb ist. Zwar habe ich Zweifel, ob er wirklich mein Hut ist, aber ich nehme ihn schließlich.

Traum   10. Juni [1951][2]

1. Ich gehe zuerst mit einem älteren Ehepaar (er Maler, beide künstlerisch; – die Frau vertritt *auch* den Mutter-Archetypus) in der Natur, wo wir eine Reihe von phallischen Säulen mit Inschriften in Keilschrift* finden. Der andere Mann bleibt zurück, doch seine Frau und ich sind ganz fasziniert davon. Wir gehen weiter und kommen in einen verfallenen Tempel** (ohne Dach) mit 4 solchen Säulen in 4 Ecken.

2. Ich fahre im Tram oder *elektrischen* Bus; den der „Fremde" führt. Neben mir die dunkle Frau wieder ganz passiv. Der Fremde zeigt mir eine Starkstromleitung, auf die ich achten soll wegen Gefahr. Vom phallischen Ende der Leitung sagt er: „Wenn man es anfaßt, wird man Christus!" (Bedeutet das „sterben"?)

Traum   13. Juni [1951][3]

Maurer und Arbeiter sind fleißig damit beschäftigt, die Inneneinrichtung eines ganz neuen Laboratoriums fertig zu stellen. Hell scheint die Sonne herein.

Traum   16. Juni [1951][4]

Ich bin mit mehreren fremden Leuten zusammen, da kommt die „Unbekannte" (Fräulein Franz *ähnlich* sehend) herein. Ich bin gehemmt und tue vor den Leuten so, als ob ich sie nicht kennen würde, aber es besteht ein geheimes Einverständnis zwischen ihr und mir.

Dann gehe ich allein weiter und treffe einen alten Chinesen (wohl ein spezieller Aspekt des „Fremden"). Ich erinnere mich nicht mehr, ob er etwas gesagt hat, aber ich bin von seiner Erscheinung sehr beeindruckt. Ich setze mich dann an meinen Schreibtisch (offenbar zu Hause in Zollikon), um der „Unbekannten" einen Brief zu schreiben.

Als ich damit eben anfangen will, fällt mein Blick auf einen Zettel, in welchem mit meinem Namen eine *öffentliche* Vorlesung „Über meine chinesischen Inhalte"*** angekündigt ist. „Das ist ja schon heute und sehr bald", sage ich zu mir selbst, „ich muß gleich in die Stadt fahren, um zu meinem Vortrag rechtzeitig zur Stelle zu sein." Nun lasse ich alles liegen auf dem Schreibtisch und eile fort.

[1] Dieser Traum wurde bereits in der Anlage zum Brief [1242] dargestellt.
[2] Siehe auch Paulis Bemerkungen zu diesem Traum in seinem Brief [1257].
* Historismus – *Assyrisch.* Die Keilschrift ist bei mir stets zugleich eine Schrift, die niemand *mehr* versteht und *auch* eine Schrift, die *noch* niemand versteht. – Die Säulen haben eine direkte Beziehung zum *grünen* Baum, doch diesmal Menschenwerk.
** Erinnerung an Paestum und Segesta. {Siehe hierzu die Bemerkung im Brief [1221].}
[3] Von den folgenden Träumen existiert auch eine von M.-L. von Franz angefertigte Abschrift.
[4] Dieser Traum wird nochmals im Brief [1472] diskutiert.
*** Da ist eine direkte Beziehung zur „Keilschrift" vom 10. Juni. Die Vorlesung hat zu tun mit dem Ruf als *Professor* vom 19. Mai.

ANHANG ZU [1250][1]

Traum   28. Oktober 1950

Ich finde mich in einer bewaldeten Landschaft, links unten ist ein Tobel, er ist dunkel. Es werden in der freien Natur Experimente mit Strahlen und elektrischen Strömen gemacht, bei denen eine Frau und mehrere Kinder anwesend sind. Da bei mir ein dringender Verdacht geheimer Zuleitungen (Kabeln) aus dem Tobel besteht, will ich die Experimente überprüfen. Als ich jedoch mit der Frau und den Kindern in den Tobel hinuntersteigen will, werde ich wiederholt von blendenden Blinklichtern beleuchtet. Ich fürchte, daß diese von gefährlichen Kriminellen herrühren, halte es für zu gefährlich weiter zu gehen und bleibe zögernd stehen.

Da tritt von rechts der „Fremde" auf, in seiner mir nun gewohnten helldunklen Gestalt. Sofort wird es taghell und die falsche Zuleitung tritt klar zu Tage. Zu meinem Erstaunen befindet sich aber neben dieser ein 2ter Kabel, das „richtige". Kriminelle sind jedoch nicht (oder nicht mehr) zu sehen. Sofort durchschneidet der Fremde die falsche Zuleitung, dann führt er uns (mich, die Frau und die Kinder) zurück auf den Hügel, von dem wir gekommen waren. Als wir wieder oben angekommen sind, sagt er zu mir: „Nun werde ich Ihnen etwas zeigen!" Zu meinem großen Erstaunen sehe ich nun eine Waage vor mir. In jeder ihrer Schalen liegt ein Holzstück (horizontal von rückwärts nach vorne gerichtet).

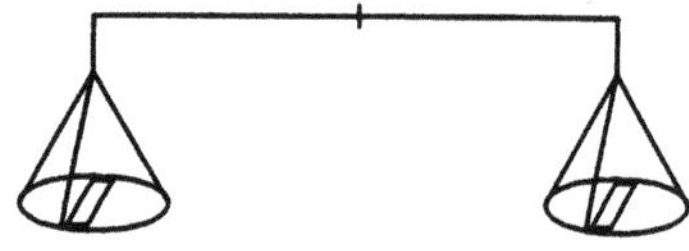

Ich sehe, daß die linke Waagschale sinkt. Da erklärt mir der „Fremde": „Sie glauben jetzt, das linke Holz sei schwerer. Das ist ganz falsch. Sie haben gar nicht das Gewicht des Holzstückes, sondern den ‚Spin'* bestimmt und zwar deshalb, weil die Holzstücke parallel sind. Sehen Sie nur ... ." Er dreht jetzt das linke Holz, so daß es (horizontal bleibend) von links nach rechts zu liegen kommt. Sofort sinkt die rechte Waagschale. Lachend sagt der Fremde: „Jetzt zeigt die Waage richtig", während es immer heller wird und ich erwache.

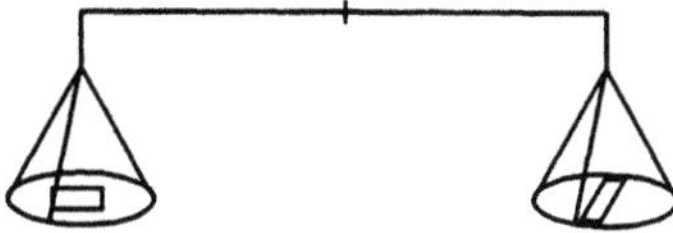

Zusätzliche Bemerkungen zum Traum[2]

1. Es wird zwei mal ein ähnlicher Fehler korrigiert, zuerst die „falsche" Zuleitung, dann die parallele Stellung der Holzstücke. Während ich aber vom ersten Fehler schon selbst eine deutliche Vorstellung hatte, war mir der zweite neu und nur dem „Fremden" bekannt. Es ist wichtig, daß dieser eine scharfe Unterscheidung von falsch und richtig macht.

2. Die Waage zerfällt deutlich in eine obere und eine untere Region. Die obere, bestehend aus dem Waagebalken und den zwei vertikalen Stücken gibt genau die Anordnung der Spindeln wieder, [von] denen im Brief von Frau Professor Jung, Emma[3] die Rede war. Die untere Region enthält die Waagschalen, welche die Rolle von *Gefäßen* spielen, und die Holzstücke. Man ist geneigt, die obere Region als der Tag- und Bewußtseinswelt zugehörig konkret zu deuten als wirkliche Waage. Die untere Region mit den Gefäßen und den Holzstücken dürfte jedoch als dem kollektiven Unbewußten angehörend, symbolisch aufzufassen sein.

3. Zur Parallelstellung der Hölzer fällt mir die „sympathetische" Wirkung des Plotin und anderer spätantiker Autoren ein. Das Drehen des linken Holzstückes wäre dann als eine Veränderung eines (archetypisch bedingten) Inhaltes des kollektiven Unbewußten aufzufassen.

4. Es fragt sich nun, wie für den Modernen das zu deuten ist, was den Alten als „sympathetische" Wirkung erschien. Der Traum scheint direkt auszusagen, daß da archetypische Inhalte einen Einfluß auf das physische Gewicht haben können und daß dieser Einfluß auch wieder aufgehoben werden kann. Es fällt mir hierzu ein, daß Professor Jung öfters den Ausdruck „psychische Relativität der Masse" gebrauchte; leider ist es mir jedoch nicht klar, was er damit meint. Wohl aber glaube ich zu verstehen, daß mein (von mir ebenfalls noch unverstandener Traum und Professor Jungs zitierte Bemerkung etwas Ähnliches ausdrücken wollen.

5. Charakteristischer Weise träumte ich zwei Tage darauf, ich hätte auf einem Tisch *vier Schlüssel* gefunden, von denen der vierte neu ist. Lachend steckte ich dann einen Schlüssel in die Tasche und sagte: „Es ist klar, daß jetzt etwas Neues beginnt."

---

[1] Auf diese Traumaufzeichnung (die in der Handschrift von M.-L. von Franz verfaßt ist) bezieht sich Pauli in seinem Brief [1172] und in seinem vorangehenden Schreiben [1250] an M.-L. von Franz. Ein maschinengeschriebenes Transkript dieser Aufzeichnung (mit den hier aufgenommenen *zusätzlichen Bemerkungen* von Pauli) befindet sich außerdem im Jaffé-Nachlaß Hs. 1090: 73.

* Spin ist ein dem Physiker sehr geläufiger Begriff; das Wort ist englisch und bedeutet „Moment der Eigenrotation". Es könnte hier in etwas übertragenerem Sinne auch als „Drehmoment" oder

„Drehtendenz" interpretiert werden. Die so dem Zustand der Figur 1 inhärente „Tendenz", welche die rechte Waage stört, würde also schon vorher nach der später ausgeführten Operation der Drehung des linken Holzstückes um 90° verlangen.

[2] Die folgenden *zusätzlichen Bemerkungen* sind nur der erwähnten Abschrift im Jaffé-Nachlaß Hs. 1091: 73 beigefügt. Wir geben sie an Stelle der im vorliegenden Manuskript enthaltenen stichwortartigen Kurzfassung wieder.

[3] Siehe die Briefe [1156 und 1167].

[1251] JAFFÉ AN PAULI

[Zürich], 9. Juni 1951
[Maschinenschriftliche Durchschrift]

Lieber Herr Pauli!

Etwas in Eile, aber sehr gern und mit erneuter Spannung habe ich Ihre inhaltreichen Seiten abgeschrieben. Ich bin immer berührt von Gedanken, die ganze Zeitepochen mit Sinn erhellen, und dadurch so etwas wie einen Rhythmus oder eine Harmonie (?) der Historie des Geistes aufweisen. – Darüber hinaus gibt es für mich noch ein paar persönliche Überlegungen, warum mir Ihre Gedanken so wichtig sind: ich habe schon manchmal mit Professor Jung darüber gesprochen, daß der Fühltypus heutzutage im Grunde (als *Typus*) eine Minderbewertung erfährt, ich verstehe nun warum, und ich verstehe auch, daß Professor Jung gerade in den letzten Werken (z. B. der Übertragung)[1] den Standpunkt des Fühltyps wieder mehr zur Geltung bringt.

So kann ich nur sagen, daß mir Ihre Gedanken persönlich (zum Verstehen meiner selbst) viel bedeuten. – Aber ich bin natürlich noch darüber hinausgegangen, in meinen persönlichen Spekulationen und habe an Sie gedacht. Es scheint mir nämlich, als ob Sie im Augenblick an derselben Stufe stünden, wie Professor Jung *vor* der Synchronizitätsarbeit,[2] nur vom anderen Ende her, und nur mit einer Chance größerer Leichtigkeit, weil das Psychologische (Symbolische) Sie ja schon seit so langem begleitet. Und weiter dachte ich, daß es doch gar nicht von ungefähr ist, daß Sie im Augenblick eine Beziehung je zu einem Denktyp und einem Fühltyp weiblichen Geschlechtes haben.[3] Das scheint mir in Ihnen die Synthese vorzubereiten. (Wenn Sie finden, ich irre mich, oder es sei ganz daneben, dann sagen Sie es mir doch bitte das nächste Mal.) Der Schritt zu dem neuen „Schöpferischen" bei Ihnen scheint mir darum so schwierig (und so bedeutend), weil er nicht mehr auf der alten Linie zu vollziehen ist, und auch nicht einseitig auf einer anderen, sondern weil nun beides zusammen dabei sein muß. Darum freue ich mich ja auch so, daß Sie das Unbewußte den Medizinern entreißen wollen. Das ist ganz richtig, und die Mediziner wissen ja sowieso nichts damit anzufangen. Der Abend über die Trinitätsarbeit von Jung bei den katholischen Medizinern war unter aller Kritik.

Jung hat mir das Manuskript über die Anna Kingsford zurückgeschickt,[4] und die Deutung über die „Wolke, die rotiert" ebenso sehr beanstandet, wie Sie es mit Recht taten. Ich werde ihm gelegentlich Ihre Mitteilungen darüber erzählen. Das Bienenbuch[5] habe ich bestellt. Anscheinend besitzt Jung es schon, wie mir Marie-Jeanne[6] sagte, aber ich behalte es entweder mit Begeisterung für mich, oder biete es dem Club via C plus A[7] an.

Mit herzlichen Grüßen und guten Wünschen und in Eile   A. Jaffé

[1] Jung [1946b].
[2] Jung (1952).
[3] Nach der Jungschen Typeneinteilung war M.-L. von Franz ein Denktyp und A. Jaffé ein Fühltyp.
[4] Der englische Abenteurer und Mystiker Edward Maitland (1824–1897) hatte 1884 zusammen mit der Theosophin Anna Kingsford eine Hermetische Gesellschaft gegründet. Auf Maitlands [1896] zweibändige Darstellung des Lebens der Kingsford hatte Jung in seinen Schriften mehrfach (z. B. in Jung [1940]) verwiesen.
[5] K. von Frisch [1948].
[6] Marie-Jeanne Schmid war Jungs langjährige Sekretärin.
[7] Das Zustandekommen dieser von Pauli häufig benutzten Abkürzung C + A = F für C. A. Meier wird im Band **III**, S. 512 erklärt.

[1252] PAULI AN FIERZ

Zürich, 15. Juni 1951

Lieber Herr Fierz!

Gestern war der große Gruppengelehrte *Bargmann* hier bei mir und ich habe ihm unsere Probleme mit den halbzahligen j, l, m in der Darstellungstheorie der dreidimensionalen Drehgruppe und des zugehörigen Entwicklungssatzes vorgelegt.

Er meinte (was mir alles überaus plausibel ist), man solle eine Mannigfaltigkeit wählen, auf der die Funktionen *eindeutig* sind, d. h. man solle auf die „Überlagerungsgruppe" – das ist in diesem Falle die Gruppe der linearen unitären Transformationen mit Determinante 1 von zwei komplexen Veränderlichen – zurückgehen. Euler hat dann schon 4 reelle Größen eingeführt (lineare Kombinationen der beiden komplexen Veränderlichen und ihrer konjugierten Komplexen), deren Quadratsumme eins wird:

$$\xi^2 + \eta^2 + \zeta^2 + \chi^2 = 1 \qquad (I)$$

(siehe z. B. Sommerfeld-Klein, Theorie des Kreisels).[1] Auf der dreidimensionalen Oberfläche dieser Kugel im euklidischen vierdimensionalen Raum wird dann die Darstellung *eindeutig* und überdies wird das invariante Volumelement das übliche Oberflächenelement der Kugel

$$\frac{d\xi \, d\eta \, d\zeta}{\chi} .$$

Bargmann meint, daß die durch (I) verknüpften ξ, η, ζ, χ die natürlichen Parameter für den allgemeinen Entwicklungssatz sind (und nicht die 3 Eulerschen Winkel).

Viele Grüße

Ihr W. Pauli

[1] Klein und Sommerfeld [1897–1910].

[1253] PAULI AN SÄNGER

Zürich, 15. Juni 1951

Sehr geehrter Herr Dr. Sänger!

Ich möchte Sie heute fragen, ob Sie im Prinzip bereit wären, das Korreferat der Dissertation Sulzer „Intensitätsverteilung eines kontinuierlichen Absorptionsspektrums in Abhängigkeit von Wellenzahl und Temperatur"[1] zu übernehmen. (Das Referat übernimmt Scherrer). Die Arbeit ist bei Dr. Wieland ausgeführt worden, der auch ein Gutachten über sie abgegeben hat. Ich habe sehr gewünscht, daß er das Korreferat übernimmt, leider hat mir aber das Rektorat das *abgelehnt*, mit der formal-juristischen Begründung, daß Herr Wieland nicht an der E. T. H. sei. So bin ich in einiger Verlegenheit. Nun hat Herr Wieland vorgeschlagen, daß *Sie* das Korreferat dieser spektroskopischen Arbeit übernehmen könnten, daher meine Anfrage. Natürlich kann der Korreferent Wielands Gutachten benützen.

Mit bestem Dank im Voraus, Ihr ergebener   W. Pauli

---

[1] Vgl. P. Sulzer (1950).

[1254] PAULI AN VON FRANZ

Zollikon-Zürich, 16. Juni 1951

Liebe!

Anbei schicke ich Ihnen:

a) vier Träume (von denen Sie den ersten schon kennen), die direkt mit meiner Beziehung (sowie auch mit dem früheren Traum vom grünen *Baum*,[1] der aus dem rechten Fuß gewachsen war) zu tun haben;[2]

b) weil Sie in Ihrem Brief meinen alten Traum mit der Waage genannt haben, den genauen Text dieses Traumes samt einem alten Brief von mir* an Frau Professor Jung[3] als Kontext dazu. Wenn Ihnen schon etwas dazu einfiel, bin ich verpflichtet, Sie den *ganzen* Kontext wissen zu lassen. Dieser betrifft wesentlich die Graalsgeschichte, daher auch Frau Professor Jung mit hereinkam. Die auf p. 5, Note 1 zitierte Stelle in einem vorausgegangenen Brief von ihr hatte mich buchstäblich so in Aufregung versetzt, daß dann dieser Traum erfolgte.

Zur „psychischen Energie" möchte ich noch nachtragen, daß ich die von Ihnen angeschnittene wesentliche Frage auch in meinem Aufsatz über Hintergrundsphysik[4] (den Sie gelesen haben) benützt habe. Auf p. 7 dieses Aufsatzes schrieb ich:[5] „Nun, die physikalische Energie bleibt weiter ausnahmslos unzerstörbar; sie verwandelt sich *nicht* in verborgene nicht physikalische Energieformen (wie etwa *psychische Energie*)."

Ich brenne schon sehr darauf, mit Ihnen über das alles in Ruhe sprechen zu können – Montag Nachmittag habe ich viel und gut Zeit, Sie hoffentlich auch.

Also auf bald und alles Liebe!   Stets Ihr W. Pauli

¹ Vgl. hierzu auch die Bemerkung im Brief [1285].
² Siehe den in der Anlage zum Brief [1250] wiedergegebenen Traum vom 10. Juni 1951.
* Dieses Getypte möchte ich gerne später gelegentlich wieder zurück haben.
³ Vgl. den Brief [1169].
⁴ Vgl. Meier [1992, S. 176–192].
⁵ Pauli (1948/92, S. 180).

[1255] PAULI AN JAFFÉ

[Zollikon-Zürich], 16. Juni 1951

Liebe, gute Frau Jaffé!

Obwohl Sie mich zu Ihrem Vortrag „nicht eingeladen" haben, möchte ich mich doch noch ausdrücklich entschuldigen, daß ich heute nicht kommen kann, weil ich heute Abend nicht frei bin. Hat hierbei die schwarze Magie der Anna Kingsford noch aus ihrem Grabe mitgewirkt?

Ich hoffe aber, daß eventuelle Pauli-Effekte heute Abend sich nur gegen diese und nicht gegen Sie auswirken werden. Meine Gedanken und Wünsche werden heute Abend bei Ihnen sein.

Hoffentlich haben Sie Dienstag Nachmittag etwas Zeit für mich, dann will ich Ihnen auch das Kepler Manuskript bringen.¹ Diesen hat man übrigens öfter einen „lichten Magier" genannt. Ich bemerke plötzlich ein gewisses Gegensatzpaar. Kepler – Kingsford und ich werde nachdenklich.² Mein Unbewußtes ist jetzt sehr aktiv, „in Fahrt".

Also ein „Hals- und Beinbruch" und ein „auf Wiedersehen" von Ihrem getreuen   W. Pauli

¹ Siehe das in der Anlage zum Brief [1255] wiedergegebene Manuskript von Appendix III zum Kepleraufsatz.
² Siehe hierzu den Brief [1321].

ANLAGE ZUM BRIEF [1255]

[Maschinenschriftliches Manuskript]¹

Zur Diskussion²

Die Polemik zwischen Kepler und Fludd hängt geistesgeschichtlich zusammen mit dem Vorhandensein von zwei verschiedenen philosophischen Strömen im Mittelalter, die ich kurz als die *platonische* und die *alchemistische* (oder hermetische) bezeichnen möchte. Zwischen beiden Richtungen gibt es einerseits wichtige Übereinstimmungen und sogar vermittelnde Übergangsstufen, aber doch auch grundsätzliche Unterschiede, die ich für mehr als bloß Nuancen halte. Das Leben der mehr oder weniger pantheistisch aufgefaßten, das heißt mit der Ganzheit des Kosmos identifizierten Gottheit besteht für den Platoniker in einem kosmischen Kreislauf, beginnend mit der Emanation erst der „Ideen" und

„Seelen", dann der Körperwelt aus der Gottheit und endend mit der Rückkehr aller Dinge zu Gott. Die Vorstellung vom Opus und seinem Resultat und damit die Idee einer Wandlung ist dem Platoniker fremd. Der Endzustand des Kreislaufes ist mit dem Anfangszustand identisch* und dieses Spiel geht ewig weiter. Was ist nun aber der Sinn dieses ewigen Kreislaufes, wenn er doch zu keinem Resultat führt? Auf diese Frage antwortet der Platoniker: die Schönheit. Die Ursache des Kreislaufes ist selbst unveränderlich und unbeweglich, sie sieht die Dinge allein durch ihre Schönheit an.** Der Kreislauf folgt einer sich selbst genügenden, durch die ein für alle Mal festgelegten Regeln des Spiels garantierten Schönheit und braucht kein Resultat. (Wie Goethes Lynkeus[3] sagt der Platoniker „Es sei wie es wolle, es war doch so schön.") Die Seele des Einzelnen kann nichts anderes vollbringen als sich diesem kosmischen Kreislauf einfügen, und dadurch der Schönheit des Kosmos teilhaftig werden.*** Dies ist der Zweck der Kontemplation, welche stets mit der „Melancholia", das heißt mit dem Heimweh der Seele nach ihrem göttlichen Ursprung beginnt. (Die Parallele zur „Melancholia" der Platoniker ist bei den Alchemisten die „nigredo".)[4]

Trotz aller Bewunderung für die Philosophie der Platoniker scheint es mir, daß die Einstellung der Alchemisten mit ihrem filius philosophorum als Symbol der gewandelten Ganzheit dem modernen Empfinden näher steht. Insbesondere ist die platonische Idee einer Ursache, die zwar wirkt, auf die aber nicht zurückgewirkt werden kann, für den modernen Naturforscher, der an die Relativität der Wechselwirkungen gewöhnt ist, nicht annehmbar. Ich glaube auch, daß diese Idee einer psychologischen Kritik kaum standhalten kann, da sie durch eine besondere, keineswegs allgemein gültige Psychologie ihrer Autoren bedingt zu sein scheint, bei welcher die Rückwirkung des Bewußtseins auf das Unbewußte außerordentlich viel schwächer war als der Einfluß in der umgekehrten Richtung.

Die Platoniker sind, wie wir das auch bei Kepler gesehen haben, im allgemeinen trinitarisch eingestellt, wobei die Seele eine Mittelstellung zwischen Geist und Körper einnimmt. Es dürfte jedoch von besonderem Interesse sein, daß bei dem frühesten platonischen Denker des Mittelalters, nämlich bei *Scotus Eriugena* sich auch die Quaternität findet. In seinem Werk „de divisione naturae"[5] führt er zwei Gegensatzpaare ein, das eine aktive creans (schaffend) und non creans (nicht schaffend), das andere passive creatus (geschaffen) und non creatus (nicht geschaffen). Mit Hilfe dieser dem mathematisch Denkenden sehr zusagenden Terminologie gelangt Scotus zu seinen vier Naturen. Dies soll durch die hier zu benützende schematische Figur verdeutlicht werden, aus der auch der Zusammenhang mit dem platonischen Kreislauf von Emanation und Reabsorption zu ersehen ist. Die Identifizierungen der Stadien 1 bis 3 des Kreislaufs mit den drei göttlichen Personen hat Scotus Eriugena dem Kirchendogma zuliebe vorgenommen. Beim vierten Stadium, der natura nec creata nec creans scheint er jedoch in eine große Verlegenheit geraten zu sein. Als Platoniker läßt er nicht wie die Hermetiker zugleich mit dem Vierten eine Wandlung des Ganzen in Erscheinung treten. Da er zum Ausgangspunkt zurückkehren will und ihm hier keine vierte göttliche Person zur Verfügung steht, fiel ihm nichts besseres ein, als so zu tun, als ob die natura nec creata nec creans dasselbe wäre wie die natura creans nec creata am Anfang, wofür offenbar nicht der geringste Grund vorhanden ist. (Auf diesen Umstand hat mich besonders Professor M. Fierz hingewiesen.) Auf die Frage, wo der Vierte geblieben sei, läßt sich also im besonderen Fall von Scotus Eriugena die Antwort geben: „in der Identifikation mit dem ersten".

Scotus Eriugena (um 850) „De divisione naturae", Quaternität dieses Autors:[6]

1. natura creans nec creata.   2. natura creans creata.
Origo: *Gott-Vater*   „Ideen": *Gott-Sohn*

                              Creans

                Increatum   Creatum

                        Non creans

4. natura nec creata nec creans.   3. natura creata nec creans
Ziel: theosis (deificatio)   „Welt": Emanationsprodukte,
                                                          Körperwelt, Materie;
                                                   theophania, *Heiliger Geist.*
                                           „Gott hat sich in der Welt erschaffen"

Ich will versuchen, noch näher zu erläutern, was ich unter einer Untersuchung naturwissenschaftlicher Erkenntnisse nach innen verstehe und hierbei auch die Psychologen nach ihrer Meinung fragen über einige Ideen, die ich selbst als durchaus hypothetisch ansehe. Als Beispiel für die Anwendung einer solchen Untersuchung nach innen habe ich die Entstehung der klassischen Mechanik im 17. Jahrhundert gewählt, die mit der heliozentrischen Idee aufs engste verknüpft ist. Da hierbei eine außerordentliche Erweiterung des menschlichen Bewußtseins stattgefunden hat, versuchte ich, allgemeine Ergebnisse der von Professor Jung begründeten analytischen Psychologie über das eine Erweiterung des Bewußtseins begleitende seelische Geschehen auf diesen geistesgeschichtlichen Vorgang anzuwenden. Diese herangezogenen Ergebnisse der Psychologie betreffen das Entstehen eines neuen Zentrums, das sowohl bewußte als auch unbewußte Inhalte umfaßt und das von Professor Jung auch als „Selbst" bezeichnet wird. Die Zentrierungsvorgänge sind stets gekennzeichnet durch die symbolischen Bilder des Mandala und der Rotationsbewegung.[7] Letztere wird in chinesischen Texten sehr anschaulich als „Zirkulation des Lichtes" bezeichnet.

Da bei den Forschern, welche die klassische Mechanik begründen halfen, der Blick nur nach außen gerichtet war, konnte erwartet werden, daß die erwähnten inneren Zentrierungsvorgänge mit den zugehörigen Bildern nach außen projiziert werden würden. In der Tat konnten wir speziell an Keplers Anschauungen feststellen, daß das Planetensystem mit der Sonne als Zentrum zum Träger des Mandalabildes geworden ist, wobei die Erde zur Sonne sich verhält wie das Ich zum „Selbst". Es scheint, daß hierdurch die heliozentrische Lehre bei ihren Bekennern Zuschüsse von starkem emotionalem Gehalt aus dem Unbewußten erhalten hat. Hierzu möchte ich noch folgende weitergehende Hypothese hinzufügen: Die Projektion des erwähnten symbolischen Bildes der inneren Rotationsbewegung auf die äußere Rotation der der Himmelskörper dürfte wesentlich dazu beigetragen haben, dieser äußeren Rotation einen über die Erfahrung hinausgehenden absoluten Charakter zuzuschreiben.

Auch in der späteren, zunächst abschließenden Phase der Entwicklung der Mechanik scheint die Eigenschaft der Absolutheit von einem inneren Vorgang nach außen verlegt worden zu sein. Bei der Vollendung der Mechanik durch Newton (1687) haben sich die Ideen des absoluten Raumes und der absoluten Zeit zu völliger Allgemeinheit entwickelt. Es ist jedoch sehr merkwürdig, daß diese Begriffe sogar in Newtons theologische Ideen eingegangen sind. (In dieser Verbindung möchte ich gerne auf zwei Vorträge von Professor Markus Fierz verweisen: einen Vortrag über Newton,[8] den er 1942 vor der Naturforschenden Gesellschaft in Zürich gehalten hat und einen anderen Vortrag von ihm in diesem Club, in welchem er auch die besondere Rolle des Raumes in Newtons Theologie erwähnt hat.) Nach den Ergebnissen der analytischen Psychologie treten nun bei einem vorläufigen Abschluß des Prozesses der Erweiterung des Bewußtseins stets besondere Symbole des neuen Zentrums in Erscheinung. Deshalb möchte ich die folgende Hypothese zur Diskussion stellen, die vielleicht geeignet ist, die bizarre Rolle des absoluten Raumes in Newtons Theologie etwas verständlicher zu machen: *Das „Selbst" erscheint bei Newton nach außen projiziert als absoluter Raum in einer absoluten Zeit.*

Dieser eigentümliche Vorgang war zugleich eine charakteristische Begleiterscheinung der Trennung des Weltbildes in ein naturwissenschaftliches und ein religiöses. Als großer Naturforscher hat aber Newton deutlich geahnt, daß hiermit etwas nicht in der Ordnung ist und diese Probleme haben entsprechend zu schweren Depressionszuständen bei ihm Anlaß gegeben. Eine kritische Prüfung zeigte in der Tat, daß die Vorstellung des absoluten Raumes gar nicht geeignet ist, eine solche symbolische Funktion zu erfüllen. In der Physik hat ja die besonders durch *E. Mach* im letzten Jahrhundert eingeleitete Kritik des absoluten Raumes schließlich zu *Einsteins* allgemeiner Relativitätstheorie geführt.[9] Die moderne Psychologie hat ihrerseits durch Professor Jungs erwähnten Nachweis der inneren Zentrierungsvorgänge die Situation so völlig geändert, daß dieses neue Zentrum oder „Selbst" nun völlig als ein objektiv-Psychisches, das heißt als der Seele zugehörig angesehen wurde.

Hier möchte ich gerne die Psychologen fragen, ob sie auch heute die Natur des „Selbst" als eine rein psychische betrachten. Ich habe nämlich einige Zweifel an der ausschließlichen Richtigkeit des psychologischen Standpunktes, gemäß welchem alles was außen ist, als „Projektion" von etwas Psychischem anzusehen wäre. Aber ich anerkenne die psychologische Untersuchungsrichtung „nach innen" als gleichberechtigt und komplementär zur physikalischen Untersuchungsrichtung „nach außen" und hoffe, daß beide zusammen schließlich zu einem neuen Gleichgewicht, das heißt zu einer neuen geistigen Einheit führen werden. Auch die gegenwärtig erst eben begonnene geistige Entwicklung muß wieder zum Bewußtwerden eines neuen Zentrums führen. Wenn es sich herausstellen sollte, daß das allmähliche Bewußtwerden dieses neuen Zentrums mit einer weiteren Relativierung von Raum und Zeit verknüpft ist, so würde mir das eben als befriedigende und konsequente Weiterentwicklung des im 17ten Jahrhundert eingeschlagenen Weges erscheinen.

Zur Figur der beiden Dreiecke, p. 21[10]

Neben oberem Dreieck steht die Erklärung I: „Divinissimum et formosissimum Illud objectum in subscripto aqueo speculo mundano conspectum".

Übersetzung: Jener allergöttlichste und formvollendetste Gegenstand (Gott) gesehen im unten dargestellten dunklen Spiegel der Welt.

Zum unteren Dreieck II: „Trianguli incomprehensibilis umbra simulacrum seu reflexio in speculo mundano visa." Übersetzung: Das Schattenbild, Abbild oder der Reflex des unfaßlichen Dreieckes gesehen im Spiegel der Welt.

Im oberen Dreieck hebräisch: Übersetzung: Jahwe (?)

Im Text steht darunter III: „At vero quaternus Trismegistus appellavit mundum ipsius Dei imaginem, eatenus ipsius Dei imaginem et simulacrum in mundi spiritu, tamquam effigiem humanam in speculo, conspici dicimus". Übersetzung: Doch insoweit Hermes Trismegistos die Welt das Abbild Gottes selbst genannt hat, soweit – behaupte ich – läßt sich auch das Bild Gottes selbst und sein Abbild im Weltgeist ähnlich wie ein Menschenbild in einem Spiegel erblicken.

[1] Der erste Teil dieses Manuskripts (bis zum Diagramm der Quaternität des Scotus Eriugena) entspricht dem Appendix III der Paulischen Keplerstudie [1952a, S. 192–194].
[2] Diese Bemerkungen sind auch mit leichten Veränderungen im Appendix III von Paulis Kepleraufsatz (1952a, S. 192–194) wiedergegeben. Siehe auch Pauli-Nachlaß 10/72–77
* Scotus Eriugena: „Finis enim totius motus est principium sui; non enim alio fine terminatur nisi suo principio a quo incipit moveri".
** Scotus Eriugena: „Ita rerum omnium causa omnia, quae ex se sunt, ad se ipsum reducit, sine ullo sui motu, sed sola suae pulchritudinis virtute."
[3] Der Turmwärter Lynkeus in Goethes *Faust*, 2. Teil, 3. Akt.
*** In dem Renaissance-Platonismus von *Leone Ebreo* und *Marsilio Ficino* erscheint der Kreislauf speziell als „circulus amorosus". Nach diesen Autoren beruht die Wonne der Liebe darauf, daß die Liebenden sich in diesen kosmischen Kreisstrom einschalten. Der Begriff amor ist dabei so weit gefaßt, daß sowohl der Erkenntnistrieb als „amor intellectualis" als auch die ekstatischen Zustände der religiösen Propheten als „amor coelestis" darunter fallen. – Über die alchemistische Parallele zum „circulus amorosus" vgl. die Bilderserie in C. G. Jung, Psychologie der Übertragung. Ferner in dessen „Psychologie und Alchemie" die Abbildung 131, p. 350, die dem Beginn dieses circulus entspricht.
[4] Vgl. Panofsky und Saxl (1923) und Klibansky et al. (1964/90).
[5] Eriugena [1681].
[6] Dieses Diagramm wurde auch am Ende von Paulis Kepleraufsatz (1952a, S. 194) wiedergegeben.
[7] Solche persönlichkeitsbildenden Zentrierungsvorgänge im Unbewußten stehen auch im Mittelpunkt der Traumanalyse, die Jung in den frühen 30er Jahren mit Pauli vorgenommen hat. Siehe hierzu Jungs Werk *Psychologie und Alchemie* [1944/52, S. 59f.].
[8] Fierz (1942).
[9] Siehe hierzu Paulis Ausführungen in seinem Relativitätsartikel [1921, S. 744f.].
[10] Pauli (1952a, S. 148).

[1256] FIERZ AN PAULI

Basel, 16. Juni 1952[1]

Lieber Herr Pauli!

Besten Dank für die Zusendung des Buches, welches die Gedanken Jungs zum Pauli-Effekt enthält sowie Ihre schöne Keplerstudie.[2] Ich bin froh, daß Sie in dieser auf den negativen Ausfall der astrologischen Untersuchung Jungs hinweisen.[3] Trotz meines Namens, der dort vorkommt habe ich immer die

Meinung vertreten, die Resultate seien rein statistischer Natur. Die Verteilung der Häufigkeiten der Horoskope ist nämlich sehr gut eine Poissonverteilung, wie sie auch theoretisch in diesem Falle herauskommen sollte.[4]

Sicher scheint mir, daß das Schwanken Jungs in Bezug auf die Auffassung des Σ daher rührt, daß hier zwei Prinzipien unterschieden werden müssen. Diese entsprechen, wie ich glaube, immer noch dem alten psycho-physischen Dualismus, der somit in Σ zwar vereinigt, aber nicht aufgehoben ist.

Es ist richtig, daß Sie auf Leibniz hinweisen.[5] Bei ihm sind die beiden Prinzipien der Satz vom Widerspruch und der vom zureichenden Grund. Der erste steht für das Gesetzliche: Die Prinzipien sollen widerspruchsfrei und vollständig sein und aus ihnen folgt zwangsläufig alles weitere. Was jedoch die Prinzipien seien, weiß man nicht bzw. das soll aus dem zureichenden Grund folgen, der allerdings im Ratschluß Gottes verborgen ist. Den beiden Prinzipien entspricht der Gegensatz des Idealen oder bloß logisch Möglichen und des Realen, d. h. der wirklichen Existenz. „Leicht beieinander wohnen die Gedanken, doch hart im Raume stoßen sich die Sachen" heißt es ungefähr irgendwo im Wallenstein.[6]

Bei Leibniz ist der „zureichende Grund" der Existenzgrund, d. h. das eigentlich schöpferische Prinzip. Denn dieses kann nicht in der Logik gefunden werden und gehört darum nicht zu den Vorstellungen der Monaden. Die Existenz ist darum eine Wirkung Gottes, die eigentlich ewig da ist oder überzeitlich wirkt: die Monaden werden so von Gott erhalten, wie die Sonne ihr Licht erhält, sie sind Ausblitzungen Gottes.

So gesehen ist das Uhrengleichnis unpassend, da es den Schöpfungsakt in die Vergangenheit und damit in die Zeit verlegt.

Es ist bemerkenswert, daß Jung dazu kommt, das „ursachlose Angeordnetsein" mit jedem Schöpfungsakt zu identifizieren, und dabei die Eigenschaften ganzer Zahlen erwähnt. Damit wäre also Σ das, wo sich der „zureichende Grund" offenbart, den ich den „Sinn" nennen würde. Es ist genau jene Unterscheidung, die im Faust gemacht wird, wie der „Logos" als schöpferisches Prinzip verworfen wird, da es offenbar als zu nah dem „Satz vom Widerspruch" empfunden wird – das Wort wird gesprochen; indem wir Worte sprechen, kann es Widesprüche geben – und an seine Stelle setzt Faust den Sinn. Von den Platonikern wurde der Sinn offenbar mit der Schönheit identifiziert, was mit dem trinitarischen Denken zusammenhängt. Dieses ist ästhetisch und hat darum kein Verständnis für das Erdhafte der Welt.

Ich möchte also Propaganda dafür machen, den Gegensatz zwischen den beiden Prinzipien nicht aufzuheben, sondern den Dualismus solange zu ertragen, bis wir ihn wirklich auflösen können.

In der klassischen Physik wird das Kontingente, der Schöpfungsakt in die unendlich ferne Vergangenheit verlegt als Anfangszustand einerseits und als die zufällige Struktur der Naturgesetze auf der anderen Seite. Die Quantentheorie hat gelehrt, daß der Anfangszustand immer wieder neu geschaffen werden kann. Zeigen vielleicht die Rhineschen Experimente, daß auch die „Gesetze" je neu erzeugt werden? Die Gesetze haben, glaube ich, etwas mit der Einstellung des Bewußtseins zu tun. Bei Leibniz sind sie das, was die Ordnung in den Vorstellungen der Monaden regelt und diese wird von deren Bewußtsein erkannt.

Der Sinn, als schöpferisches Prinzip, hat wohl kaum viel mit dem Bewußtsein zu tun. Er wird aber vom Bewußtsein erlebt und zwar dort, wo ihm Inhalte neu zufließen. Er muß vom Bewußtsein gesucht werden: Sucht, so werdet ihr finden!

Es scheint nun so zu sein, daß der Ort, wo der Sinn gefunden werden kann, von der Einstellung des Bewußtseins abhängig ist: Man nennt das, glaube ich, die Konstellation des Unbewußten. Vielleicht ist es so:

Dort wo das Bewußtsein ist, sind die Gesetze und da ist kein Sinn. Der fließt ein, wo das Bewußtsein, ohne abgeschlossen zu sein, endet – eine offene Menge. Ich stelle mir das so vor:

Das Bewußtsein hat die Tendenz, Abgeschlossenheit vorzutäuschen, so wie wir beim Sehen ein ganzes Bild sehen trotz des blinden Flecks in der Netzhaut. Die Grenze des Bewußtseins, die keine eigentliche Grenze ist, wie bei einer abgeschlossenen Menge, sondern ein bloßes aufhören, liegt gewöhnlich im Dunkeln. Wenn es aber eintritt, daß die Grenze im inneren des Bewußtseins liegt, und dieses doch nicht aufgelöst wird, dann spricht der Sinn und es kann zu Σ führen.

Die Starrheit der Gesetze scheint mir eine Folge der Abschließungstendenz des Bewußtseins zu sein und diese sollten somit nurmehr statistisch gelten, wenn diese Abgeschlossenheit sich lockert.

Das sind meine Spekulationen zu diesem Thema. Ob sie dem entsprechen, was Sie gerne hören wollten, weiß ich nicht. Das Thema ist ja ungeheuer schwierig; ich fühle [mich] ihm bei weitem nicht gewachsen.

---

[1] Das Schreiben trägt keine Unterschrift und ist folglich wohl als ein weiterer Versuch (vgl. den Brief [1420]) von Fierz anzusehen, sich zu der ihm von Pauli zugesandten Keplerstudie zu äußern.
[2] Es handelt sich um das gemeinsam von Jung und Pauli 1952 herausgegebene Werk *Naturerklärung und Psyche*. Diese Tatsache deutet darauf hin, daß der Brief erst 1952 verfaßt sein konnte. (Die letzte Ziffer der Jahresdatums ist undeutlich geschrieben und wurde zunächst als eine 1 interpretiert. Weil diese Fehldatierung erst festgestellt wurde, als das Werk sich bereits im Druck befand, konnte eine Umstellung des Briefes nicht mehr vorgenommen werden.)
[3] Vgl. Jung (1990b, S. 58f.) und die dort ebenfalls abgedruckten Briefe von Fierz an Jung vom 21. Februar und 2. März 1950.
[4] Siehe hierzu auch die in Jungs *Gesammelten Werken* **18/2**, S. 537–544 abgedruckten Briefe von Fierz an Jung vom 21. Februar und 2. März 1950.
[5] Einen Hinweis auf Paulis Bemerkungen über Leibniz findet man auch bei Jung (1952/90, S. 76f.).
[6] Schiller (1800), *Wallensteins Tod*, 2. Akt, 2. Szene.

[1257] VON FRANZ AN PAULI

Zollikon-Zürich, Sonntag, 17. Juni 1951

Lieber!

Vielen herzlichen Dank für die ausführliche Antwort vom 14ten! Ich bin frei morgen Nachmittag ab 12.00 an – habe Alles abgeschüttelt und freue mich auf Sie! Wir könnten eventuell einen Ausflug per Schiff machen, wenn laufen zu heiß wird – aber Sie können das Alles bestimmen! Das was Sie über die Energie schreiben, hat mich sehr interessiert. Ich glaube aber, daß man für psychische Energie auch einen Enthaltungssatz postulieren muß –

wenigstens tun wir das ja dauernd empirisch voraussetzen: wenn jemand deprimiert oder „leer" ist, vermuten wir eine entsprechende „Aufladung" des Unbewußten. Ich operiere sogar soweit gehend bei Mythendeutungen, daß ich rechne: wenn eine archetypische Figur verschwindet (die „Ladung" so klein wird, daß es unterschwellig wird) *muß* ein Äquivalent auftreten. Bisher habe ich das immer bestätigt gefunden. Außerdem läßt sich beobachten, daß wenn ein Mensch A einem andern B „psychische Energie" absaugt, A sich intensiver belebt fühlt, B lahm. B kann nur aufholen wenn er durch Meditation (Einsparung von Energieverschwendung an äußere Objekte) sich wiederbelebt. Die Träume intensivieren sich auch meistens bei einem „Steckenbleiben" des Bewußtseins usw. In Deutschland war die Intensivierung der kollektiven Energie (Begeisterung etc.) begleitet von einem deutlichen „abaissement" im Individuum, usw. usw. Ich glaube also, daß wir immer unbewußt oder bewußt die Idee einer Erhaltung der psychischen Energie *voraussetzen*, wobei aber ein Individuum nur ein *relativ* geschlossenes energetisches System darstellt, weshalb der Satz nie ganz restlos erwiesen werden kann.

In Ihrem quaternären Schema, das Sie mit Jung aufbauten, setzten Sie an eine Stelle: Unzerstörbarkeit der Energie und vis-à-vis: Zeit-Raum-Kontinuum, wenn ich mich recht erinnere und Sie sagten, daß „Unzerstörbarkeit der Energie" eine empirisch nicht nachweisbare Tatsache sei, aber ein Postulat a priori.[1] Ich glaube, wir verwenden dieselbe archetypische Vorstellung als Hintergrund, um psychische energetische Prozesse zu beschreiben. Ich glaube, ich könnte das empirisch wahrscheinlich machen. Demnach würden psychische energetische Prozesse jeweils in einem relativ geschlossenem System psychischer Energie ablaufen, genau parallel zu physikalischen energetischen Prozessen. Aber das löst mir nicht das Problem der *Beziehung* der beiden „Energien"? Ich komme da momentan nicht weiter.

Ihre Definition von (bzw. Korrektur von Humes) Kausalitätsbegriff hat mich sehr interessiert: das Entscheidende ist also die Einordnungsmöglichkeit in ein begriffliches System von Naturgesetzen, wobei wohl letztere erst noch mathematisch formulierbar sein sollten? Das begriffliche System beruht auf den Archetypen, also stehen die „Gestalten" auch hinter der Kausalität genau wie hinter der Synchronizität. Beides wären also nur komplementäre Begriffe um ein und denselben „transzendenten" Zusammenhang zu beschreiben.[2] Das ist mir nun endlich klar.

Aber nun kommt das Problem von der Komplementarität. Ihre physikalische Definition ist mir verständlich, sie setzt keinen Zusammenhang voraus, außer der unausgesprochenen Voraussetzung, daß beide komplementären Beschreibungen (Partikel- und Wellentheorie z. B.) *ein gleiches* (?) Phänomen[3] betreffen (Licht).

Psychologisch stellt es sich anders: nehmen Sie den Fall A ist einseitig extravertiert: seine Träume weisen komplementär dazu auf den Wert des Innen. B. ist auch relativ einseitig extravertiert: seine Träume weisen nicht oder weniger auf den Wert des Innen. Solches ist empirisch bekannt. Ergo kompensieren Träume die Bewußtseinseinstellung nicht nach einem allgemeinen gleichen Balance-Prinzip, sondern sie sind eben komplementär, d. h. *ergänzen* die bewußte Einstellung nach Maßgabe eines *individuell verschiedenen* Regulators des Gesamthaushaltes, i. e. des Selbst. Komplementär setzt in der Psychologie also die Existenz das Selbst voraus (vgl. Jungs Energetik). Daraus folgt aber, daß der komplementäre Zusammenhang der Träume zur Bewußtseinslage ein *akausaler* Zusammenhang ist und man aus einer Bewußtseinslage A nicht einen kompensierenden Traum B mit Sicherheit erwarten kann, weil das Auftreten des Traumes von der spezifischen Beschaffenheit des „Selbst" abhängt. Es gibt also kein „mechanisches" Ausbalancieren, sondern jeder Traum ist eine Art „Schöpfungsakt" vom Selbst.

Wie steht das – bei der physikalischen Komplementarität? Dort wird die Voraussetzung, daß man *ein* sich *selber an sich identisches* Phänomen[4] beschreibe, gemacht, wobei die uns möglichen Theorien[5] zu einander komplementär sind (sich logisch ausschließend). Der Zusammenhang der komplementären Theorien ist nur negativ formuliert: sich logisch ausschließend: wie wäre es, wenn man ihn positiv zu formulieren suchte?

Das sind nur so ein paar Überlegungen, auf die ich keine Antwort weiß.

Ihren Traum von den zwei Hölzern, den Sie mir am 7. Juni schrieben[6] und zu dem Sie nun noch so viele Ergänzungen geschickt haben, finde ich faszinierend, verstehe ihn aber nicht. Ich schreibe Ihnen daher da nur so ein paar Einfälle dazu:

[1.] Ich glaube aus gefühlsmäßigen Gründen daran, daß die „Gestalten" auch physikalische Vorgänge unter Umständen modifizieren können, aber ich verstehe, daß Sie es nicht annehmen ohne logische Gründe. Es scheint mir eine Gemeinsamkeit zwischen dem Rhineschen Experiment und dem Waagen-Traum darin zu bestehen, daß in beiden Fällen die „just so" Anordnung im Raum etwas zu bedeuten hat. Die Würfel liegen so und nicht anders und die räumliche *Lage* des Holzes ist wichtig in bezug auf die Masse bzw. meßbare Energie.

2. Wenn ich recht verstanden habe, besteht in der modernen Physik die Theorie, daß der Raum endlich sei.

(Ist die Raumkrümmung eine Konstante?) Ergo – denk ich als Laie weiter – hat er eine Grenze, ergo eine *Form*. Also hat dann auch jedes Objekt in diesem Raum nicht nur eine relative Lage (relativ zu dem umgebenden Objekten) sondern eine „absolute Lage" im Gesamtraum; letzterer ist nicht getrennt denkbar von den in ihm verteilten energetischen Phänomen – ergo: die „absolute Lage im Raum" hat einen bestimmenden Einfluß auf die Masse (bzw. Energie).

Zum Anfang des Traumes. Die „Kriminellen" sind wohl „verblendende" unbewußte Vorurteile, so wie Sie einmal bei Kepler sagten, daß archetypische Vorstellungen sowohl zur Bildung physikalischer Theorien fördernd sind wie auch hemmend, befangen machend. Diese Leute im Tobel bewirken, daß sich unbewußte Vorstellungen überkreuzen oder überblenden. Es hat aber auch ein positives Element darin: sie beleuchten Sie, also den Beobachter in seinem Vorgehen. Alle solche „Vorurteile" (z. B. trinitarische Beschränkung von Keplers Denken) verraten persönliche Strukturen. Der „Fremde" will dem gegenüber eine neue „objektive" allgemeine Wahrheit aufbringen – diese Geschichte mit der Waage. Ich glaube, daß das eher etwas Physikalisches meint: daß es da noch einen Zusammenhang von spezifischem Atomgewicht und Spin (bei Isotopen?) gibt, der noch nicht gesehen ist. Gleiche „absolute Raumlage" läßt den „Spin" messen als Übergewicht nach links, 90° Drehung das Gewicht. „Spin" und spezifisches Gewicht sind somit eventuell komplementär verbunden.

Der „Spin" kann doch „rechts herum" oder „links herum" gehen (?), das hat eine Bedeutung, falls man eine absolute Form des Raumes annähme, wodurch die absolute „Richtung" des Spins auf die Energie (Masse) einen Einfluß hätte? Holz ist „materia", drum glaube ich, es ist ein physikalisches Problem dahinter! Allgemeiner noch weist es sicher irgendwie darauf hin, daß „Anordnung" Einfluß auf Energie-Masse hat, wegen der Existenz eines „inhärenten Drehmomentes". Psychologisch wäre Anordnung = Effekt eines Archetypus (hier des Fremden = Geist) das inhärente Drehmoment = „Trägheit" der Bewußtseinseinstellung, die korrigiert sein muß, weil sonst Übergewicht nach links (des Unbewußten) entsteht. Die Waage ist das gesamte psychische System, oben abstrakt, unten materiell, oben geistig, unten weiblich (Gefäße) und erst noch $\begin{smallmatrix} \bullet & | & \bullet \\ \rule{1.2em}{0.4pt} & + & \rule{1.2em}{0.4pt} \\ \bullet & | & \bullet \end{smallmatrix}$ Anordnung, wie in dem Vier-Eier-Traum.[7]

Zu den 4 Schlüsseln fällt mir ein: ein arabischer Alchemist Artephius[8] sagt, der lapis sei ein viereckiges Haus mit 4 Eingängen, das man mit 4 Schlüsseln (= Verfahren, Methode) öffnen könne. Wer nur mit einem, 2 oder 3 Schlüsseln hineinzugehen versuche, erblicke darin Nichts, wer mit 4 Schlüsseln hineingehe, sehe darin ein strahlend weißes Licht.

Zum Traum vom 10. Juni [1951];[9]

Baum *und* Säule sind Symbole der „großen Mutter", deshalb gehen Sie wohl auch mit einer Muttergestalt zu ihnen – oder sie sind Symbole des „Sohngeliebten" der großen Mutter: Attis, Tammuz, Osiris und Christus (!). Säule = Weltstütze = Mutter als *Natur* Geheimnis der Materie. Inschrift: alt und neu: = archetypische „patterns", die zur Entdeckung neuer Naturgesetze führen. Sie sind von der „Mutter" = Natur fasziniert, verlieren den Mann (Künstler) = subjektiv Gestaltenden. 2. ist Kompensation zu diesem Teil; der „Fremde" warnt vor dem Christus-werden = Opfer der großen Mutter werden durch zu großen Wunsch nach Idealismus, Licht – Nicht annehmen des individuell Weiblichen und der Erde, d. h. zu große Unschuld. Der Archetypus des Hierosgamos von Mutter und Sohn (Maria-Christus, etc.) ist wie „Starkstrom" – eventuell einer der falschen Kabel, die der Fremde schon vorher zerschnitt?

[Zum Traum vom] 16. Juni [1951][9]

Es scheint wieder als ob Sie die Diskussion mit der Anima zu lange von einer öffentlichen geistigen Aufgabe abhält. Chinesische Inhalte weist eventuell auf die Synchronizität: I Ging hier ??

Alles Liebe!

M.-L. von Franz

---

[1] Randnotiz von Pauli: „stimmt nicht!"
[2] Am Rande von Pauli angestrichen.
[3] Das Wort wurde von Pauli gestrichen und durch das Wort „Objekt" ersetzt.
[4] Nochmals von Pauli gestrichen und durch das Wort „Objekt" ersetzt.
[5] Von Pauli gestrichen und durch das Wort „Vorstellungsbilder" ersetzt.
[6] Vgl. den Brief [1250].
[7] Vgl. das Bild 4 in Paulis Aufsatz über die *Hintergrundsphysik* (Meier [1992, S. 190]).

⁸ Des Artephius Schrift *Clavis maioris sapientiae* ist in der berühmten zwischen 1659 und 1661 von Lazarus Zetzner in 6 Bänden herausgegebenen Sammlung alchemistischer Traktate *Theatrum chemicum* enthalten.
⁹ Siehe die in der Anlage zum Brief [1250] wiedergegebenen Träume.

[1258] PAULI AN VON FRANZ

[Zürich], 20. Juni 1951

Liebe!

Hurra, ich habe soeben die gesuchte Stelle im „Mysterium cosmographicum" von Kepler gefunden. In der Poly-Bibliothek fand ich eine *deutsche* Übersetzung derselben durch Max Caspar (Augsburg 1923), die auch Keplers Anmerkungen zur 2. Auflage dieser Bücher (1621) enthält.[1] In diesen Anmerkungen und zwar zum *9. Kapitel* steht wirklich:

1. Ich rede hier mit den Astrologen. Wenn ich *meine* Meinung sagen soll, so glaube ich, daß es am Himmel kein böses Gestirn gibt, und zwar unter anderen Gründen ganz besonders deswegen, weil sich des Menschen Natur im Bereich der Erde bewegt, die den Ausstrahlungen der Planeten eine Einwirkung auf sie selber verleiht; *es ist geradeso wie beim Gehör, das, mit der Fähigkeit ausgestattet, Akkorde zu unterscheiden, der Musik eine solche Macht verleiht, daß sie den, der sie hört, zum Tanzen anreizt.* Darüber habe ich viel gesagt in meiner *Antwort* auf die Einwände des *Doktor Röslin* gegen das Buch „Über den neuen Stern", und auch an anderen Stellen da und dort, auch im IV. Buch der Harmonik vielen Orts, besonders in Kapitel 7.

Nun bleibt uns aber immer noch die Aufgabe den lateinischen Originaltext zu finden.

Sind Sie sicher, daß in der Gesamtausgabe von Frisch Keplers Anmerkungen zur 2. Auflage des „Mysterium cosmographicum" fehlen? (In der deutschen Übersetzung stehen sie nach jedem Kapitel separat.) Können Sie nun weiterhelfen?

Der Montag Nachmittag war wunderbar!* Nur in der Hitze der Ereignisse und Gespräche habe ich vergessen, Sie nach den Konklusionen in C. G. Jungs letzter Schrift[2] zu fragen. (Dürfen Sie das, ohne Indiskretion, berichten?)

Es fällt mir hierzu eine von *Schopenhauer* berichtete Anekdote ein. Sein Buch „Die Welt als Wille und Vorstellung"[3] war durch einige Jahrzehnte ganz unbeachtet geblieben. Endlich, als der Autor schon älter wurde, stieg der Absatz des Buches beträchtlich. Beim Empfang dieser Nachricht von seinem Buchhändler soll er – damit natürlich den Christengott meinend – gesagt haben: *„Die Aktien des alten Juden sinken!"*

Es ist mein Eindruck, daß dieselben Aktien nun auch bei Professor Jung sinken. Womit ich Sie ausdrücklich ermächtige, ihm diese Geschichte von Schopenhauer zu erzählen.

Alles Liebe und Gute! Stets Ihr W. Pauli

---

¹ Kepler [1596/1621]. In der deutschen Übersetzung von M. Caspar befindet sich das Zitat auf S. 62.
* Ich kam Punkt 7 Uhr 20, sehr im Laufschritt, oben noch trocken bleibend, nach Hause! Und Sie?
² Wahrscheinlich Jungs Buch [1952], das Pauli auch in dem Brief [1270] erwähnt.
³ Schopenhauer [1819/44].

[1259] PAULI AN JAFFÉ

Zollikon-Zürich, 20. Juni 1951

Liebe Frau Jaffé!

Zum Dank für den schönen und harmonischen Nachmittag habe ich mich gleich hingesetzt und einige charakteristische Stellen aus Schopenhauer für Sie abgeschrieben. In der Broschüre von Thomas Mann, die beiliegt,[1] finden sich auch noch einige, besonders die auf p. 59.

Mit allen guten Wünschen für Ihren Vortrag II.   Ihr getreuer W. Pauli

Aus *Schopenhauers* Schrift „Über die Universitäts-Philosophie"[2]

... Daher bestimmt die herrschende Philosophie einer Zeit ihren Geist. Herrscht nun also die Philosophie des absoluten Unsinns, gelten aus der Luft gegriffene und unter Tollhäuslergeschwätz vorgebrachte Absurditäten für große Gedanken, – nun da entsteht, nach solcher Aussaat, das saubere Geschlecht, ohne Geist, ohne Wahrheitsliebe, ohne Redlichkeit, ohne Geschmack, ohne Aufschwung zu irgend etwas Edlem, zu irgend etwas über die materiellen Interessen, zu denen auch die politischen gehören, Hinausliegendem – wie wir es da vor uns sehn. Hieraus ist es zu erklären, wie auf das Zeitalter, da Kant philosophierte, Goethe dichtete, Mozart komponierte, das jetzige hat folgen können, das der politischen Dichter, der noch politischeren Philosophen, der hungrigen, vom Lug und Trug der Literatur ihr Leben fristenden Literaten und der die Sprache mutwillig verhunzenden Tintenklexer jeder Art. – Es nennt sich, mit einem seiner selbstgemachten Worte, so charakteristisch, wie euphorisch, die ‚Jetztzeit': ja wohl Jetztzeit, d. h. da man nur an das Jetzt denkt und keinen Blick auf die kommende und richtende Zeit zu werfen wagt. Ich wünsche, ich könnte dieser ‚Jetztzeit' in einem Zauberspiegel zeigen, wie sie in den Augen der Nachwelt sich ausnehmen wird. Sie nennt inzwischen jene so eben belobte Vergangenheit die „Zopfzeit". Aber an jenen Zöpfen saßen Köpfe; jetzt hingegen scheint mit dem Stengel auch die Frucht verschwunden zu sein.

Aus *Fragmente zur Geschichte der Philosophie*[3]

... Ich soll wohl auch, als ein guter Patriot, mich im Lobe der Deutschen und des Deutschtums ergehn, und mich freuen, dieser und keiner andern Nation angehört zu haben? Allein es ist; wie das spanische Sprichwort sagt: cada una cuenta de la feria, como le va en ella. (Jeder berichtet von der Messe, je nachdem es ihm darauf ergangen.) Geht zu den Demokolaken und laßt euch loben. Tüchtige, plumpe, von Ministern aufgepuffte, brav Unsinn schmierende Scharlatane, ohne Geist und ohne Verdienst. Das ist's, was den Deutschen gehört; nicht Männer wie ich. – Dies ist das Zeugnis, welches ich ihnen, beim Abschiede, zu geben habe. Wieland (Briefe an Merck, S. 239)[4] nennt es ein Unglück, ein Deutscher geboren zu sein: Bürger,[5] Mozart, Beethoven und andere mehr würden ihm beigestimmt haben: ich auch. Es beruht darauf, daß $\sigma o\varphi o\nu\ \epsilon\iota\nu\alpha\iota\ \delta\epsilon\iota\ \tau o\nu\ \epsilon\pi\iota\gamma\nu\omega\sigma o\mu\epsilon\nu o\nu\ \tau o\nu\ \sigma o\varphi o\nu$, oder il n'y a que l'esprit qui sente l'esprit.

Aus Aphorismen zur Lebensweißheit: Von dem, was Einer vorstellt[6]

Die wohlfeilste Art des Stolzes hingegen ist der Nationalstolz. Denn er verrät in dem damit Behafteten den Mangel an *individuellen* Eigenschaften, auf die er stolz sein könnte, indem er sonst nicht zu Dem greifen würde, was er mit so vielen Millionen teilt. Wer bedeutende persönliche Vorzüge besitzt, wird vielmehr die Fehler seiner eigenen Nation, da er sie beständig vor Augen hat, am deutlichsten erkennen. Aber jeder erbärmliche

Tropf, der nichts in der Welt hat, darauf er stolz sein könnte, ergreift das letzte Mittel, auf die Nation, der er gerade angehört, stolz zu sein: hieran erholt er sich und ist nun dankbarlich bereit, alle Fehler und Torheiten, die ihr eigen sind, $\pi\nu\xi$ $\kappa\alpha\iota$ $\lambda\alpha\xi$ zu verteidigen. Daher wird man z. B. unter fünfzig Engländern kaum mehr als Einen finden, welcher miteinstimmt, wenn man von der stupiden und degradierenden Bigotterie seiner Nation mit gebührender Verachtung spricht: der Eine aber pflegt ein Mann von Kopf zu sein. – Die Deutschen sind frei von Nationalstolz und legen hiedurch einen Beweis der ihnen nachgerühmten Ehrlichkeit ab; vom Gegenteil aber die unter ihnen, welche einen solchen vorgeben und lächerlicher Weise affektiren; wie dies zumeist die ‚deutschen Brüder' und Demokraten tun, die dem Volke schmeicheln, um es zu verführen. Es heißt zwar, die Deutschen hätten das Pulver erfunden: ich kann jedoch dieser Meinung nicht beitreten. Und Lichtenberg frägt:[7] ‚warum gibt sich nicht leicht jemand, der es nicht ist, für einen Deutschen aus, sondern gemeiniglich, wenn er sich für etwas ausgeben will, für einen Franzosen oder Engländer?' Übrigens überwiegt die Individualität bei weitem die Nationalität, und in einem gegebenen Menschen verdient jene tausend Mal mehr Berücksichtigung, als diese. Dem Nationalcharakter wird, da er von der Menge redet, nie viel Gutes ehrlicherweise nachzurühmen sein. Vielmehr erscheint nur die menschliche Beschränktheit, Verkehrtheit und Schlechtigkeit in jedem Lande in einer anderen Form und diese nennt man den Nationalcharakter. Von *einem* derselben degoutiert, loben wir den anderen, bis es uns mit ihm etwa ebenso ergangen ist. – Jede Nation spottet über die andere, und alle haben Recht.

[1] Während seines Aufenthaltes in Long Island im Mai/Juni 1938 verfaßte Thomas Mann einen Essay über Schopenhauer, der noch im gleichen Jahr in der Literatur-Zeitschrift *Ausblicke* in Stockholm veröffentlicht wurde. Als eigenständige Broschüre war er 1948 nochmals in Zürich erschienen.
[2] Schopenhauer, *Sämmtliche Werke*, Band **4**, S. 165–228. Dort S. 201f.
[3] Schopenhauer, *Sämmtliche Werke*, Band **4**, S. 45–162. Dort S. 118.
[4] Goethes Jugendfreund Johann Heinrich Merck (1747–1794) war ein bedeutender Gelehrter und Literaturkritiker, der mit Christoph Martin Wieland (1733–1813) und vielen anderen Zeitgenossen einen regen Briefwechsel führte. Vgl. Karl Wagner, Hrsg.: *Briefe von und an Johann Heinrich Merck.* Darmstadt 1838. [Goethe, Hamburger Ausgabe 1, 629ff.]
[5] Gottfried August Bürger (1747–1794) ist vor allem durch seine 1786 erschienenen Lügengeschichten *Wunderbare Reisen … des Freiherrn von Münchhausen* bekannt geworden.
[6] Schopenhauer, *Sämmtliche Werke*, Band **4**, S. 351–554. Dort S. 404.
[7] Lichtenberg: *Vermischte Schriften*, 1844, Band **II**, S. 122.

[1260] OSSMANN AN PAULI

Wien, 23. Juni 1951
[Maschinenschrift]

Sehr geehrter Herr Professor!

Ein Mensch schreibt Ihnen, den Sie nie gesprochen und gewiß wenig bemerkt haben, der Sie aber oft am Fenster Ihres Wiener Studierzimmers sah und durch einen Aufsatz in den „Salzburger Nachrichten" vom 16. Juni 1951 über das „Institute for Advanced Study" veranlaßt wurde, an Sie zu denken.

Eine entschwundene Zeit stieg dadurch auf, und mit etwas Melancholie stellte ich fest, was von ihr übrig geblieben und was sich aus ihr entwickelt. Mein Hinweis bedarf keiner Antwort, vielleicht hat es aber für Sie einen Reiz, trotz der Unvollkommenheit des Bildes auf diese Vergangenheit zurückzuschauen.

Die Aussicht aus Ihrem Wiener Studierzimmer ist die gleiche wie ehedem. Noch immer überschattet der hohe Baum in der Mitte unseres Gartens das geräumige Rasenbeet mit den Rosenstauden und hochaufgeschossener Flieder an der Straßenseite schenkt das Gefühl der Geborgenheit. Und das Haus Nr. 16 mit dem viereckigen, flachen Turm und der Verandatreppe in den Garten ist unverändert in seinem Aussehen.

Meiner Frau, als Susi Janiczek in diesem Hause aufgewachsen, ist noch gegenwärtig, daß Sie als etwa 4jähriger Bub in unserem Garten ihr Aquarium mit großem Interesse bestaunten und daß die Nähe der örtlichen Beziehung sich 1913 in S. Martino di Castrozza wiederholte.

Als ich im Feburar 1917 – ein junger Hauptmann mit weißen Aufschlägen – die Susi Janiczek heiratete, bezogen wir zuerst die Mansarde, dann das Hochparterre von Nr. 16. An Ihre hochverehrte Mutter, mit der ich ab und zu sprach, kann ich mich lebhaft erinnern. Auch mit Ihrem Vater kam ich manchmal ins Gespräch. Einmal hatte er die Güte, meinen greulich anzuhörenden Morgenhusten zutreffenderweise als ungefährlich zu erklären.

In den 20er Jahren war der Garten der Tummelplatz unserer beiden Söhne. Dann kam die Zeit, da Dr. Koreff in den I. Stock von Nr. 18 einzog, wo er bis 1938 verblieb. 1934 starb der Vater meiner Frau nach mehrjährigem Krebsleiden. Von 1938 bis 1943 lebten meine Frau und ich in Berlin-Schlachtensee, während ihre Mutter die Hochparterrewohnung hütete; der I. Stock war anderweitig vermietet. In diesen drangen am 5. November 1944 vier Brandbomben, die aber meine Frau gelöscht hat. Damals brannten in der Umgebung viele Häuser und auf Nr. 18 sind im I. Stock die Fenster zum Teil noch jetzt vernagelt. Der oberste Teil der Anton Frankgasse wurde stark verwüstet und in der Fahrbahn gähnte ein mächtiger Trichter, der erst nach vielen Monaten zugeschüttet wurde. Überhaupt gab es zu Kriegsende im Villenviertel zwischen Gymnasiumstraße und Türkenschanzpark zahlreiche, groteske Ruinen, die jedoch jetzt zumeist durch Neubauten ersetzt sind.

Meine Frau und ihre Mutter haben die schwerste Notzeit gut überstanden. Das Essen mußte aber lange Zeit auf einem kleinen Ziegelofen im Garten zubereitet werden. Durch Wochen war es auch notwendig, das Wasser von einem ferngelegenen Brunnen zu holen. Nun leben wir mit der 77-jährigen Mutter meiner Frau und dem 33-jährigen, 1950 aus der Gefangenschaft zurückgekehrten Sohn wieder zusammen in der Hochparterrewohnung von Nr. 16. Die von Nr. 18 bewohnt der bekannte Orchesterdirigent Moralt. Die Räume im Stock darüber sind noch unbenützt. Unser jüngerer Sohn ist 1943 als Flieger im Luftkampf bei Bremen gefallen und ruht auf dem Grinzinger Friedhof.

Vor einigen Wochen war Franz Theodor Csokor bei uns zu Besuch. Wir sprachen von Ihrer Schwester Hertha,[1] von der wir auch ein Buch gesehen haben.

Verehrter Herr Professor, wir grüßen Sie herzlich über die Länge der Jahre und die Weite des Ozeans.

Ich bin Ihr sehr ergebener   Friedrich Ossmann

[1] Paulis acht Jahre jüngere Schwester Hertha (1909–1973) war 1938 nach der Annexion Österreichs durch die Deutschen nach Paris geflohen und dann 1940 in die U.S.A. emigriert, wo sie eine erfolgreiche Laufbahn als Schriftstellerin begann. Dort heiratete sie 1951 den Übersetzer ihrer Bücher *Ernest B. Ashton* und erwarb 1952 die amerikanische Staatsbürgerschaft. Siehe hierzu auch den Hinweis im Band **III**, S. 4.

[1261] PAULI AN VON FRANZ

Zürich, 25. Juni 1951

Liebe!

Anbei 2 Träume, die vielleicht geeignet sind; etwas mehr Licht auf den *Sinn* unserer Beziehung zu werfen, zumal Sie darin nunmehr ganz gleichberechtig mit mir auftreten. Ich habe den Eindruck, daß die „Chinesen" eben diejenige psychische Realität sind, die Sie an mir faszinierend finden und andererseits auch diejenige, die mein erotisches Leben (d. h. sowohl Sexualität als auch Geistigkeit) beherrschen. Es wird mich sehr interessieren, was Ihnen dazu einfällt. Vielleicht sind wir nun ein Stück weitergekommen.

Alles Gute und Liebe und hoffentlich auf Wiedersehen morgen (Dienstag)

Stets Ihr W. Pauli

ANLAGE ZU [1261]

Traum 1   24. Juni [1951][1]

1. Ich treffe erst Fräulein von Franz privat in der Nähe des psychologischen Clubs. Was sie sagte, war nicht erinnert.

Dann aber müssen wir *beide* hintereinander *Vorträge* halten, die mit Namen angekündigt sind, zuerst ich, dann sie.

Zu meinem Vortrag kommt es wirklich, dabei sitzt sie mit anderen, fremden Leuten (teils Chinesen) im Auditorium. Ich schreibe etwas auf von klassischer Mechanik – mécanique rationelle und mécanique irrationelle, finde zwei auf französisch geschriebene Briefe und schreibe Formeln auf mit p und q (komplementäre Gegensatzpaare).

2. Das Vorlesungsmotiv geht weiter, offenbar soll jetzt die Vorlesung von Fräulein von Franz daran kommen. Die Leute gehen noch in den Gängen vor dem Hörsaal spazieren. Ich bemühe mich, sie zusammenzurufen, damit wir anfangen können.

Traum   25. Juni [1951]

Ich fahre nach Deutschland, finde aber, daß ich meinen Paß vergessen habe, den ich brauche, um in die Schweiz zurückzukommen. Dazu fällt mir ein, wenn ich morgen wieder zu einem Kongreß nach Deutschland fahre, kann ich den Paß auch nicht holen, da er ja bei Cook ist. (N. B. Das entspricht den Tatsachen.)

Ich treffe dann jedoch hilfreiche Leute, die mir Informationen geben über einen Eisenbahnzug, der ohne Paßkontrolle in die Schweiz zurückfährt und über den versteckten Weg, wie man zu ihm gelangt. Ich muß von der linken Seite aus einsteigen und es sind *lauter Chinesen* in dem Zug. Es heißt, er würde dann bei einer Festung vorbeifahren, wo Militär sei, aber das würde mich auch unbehelligt passieren lassen.

[1] Siehe auch die Diskussion über diesen Traum im Brief [1472].

In Heidelberg tagte vom 1.–3. Juli 1951 eine sog. *Diskussions-Konferenz über Kernphysik und Ultrastrahlung.*[1] Im Mittelpunkt dieser Konferenz stand das 1948 von Otto Haxel, J. Hans D. Jensen und Hans E. Suess sowie von Maria Göppert-Mayer vorgeschlagene Schalenmodell des Kernes, welches das Rätsel der magischen Zahlen bei der Kernstruktur löste.[2] Diesem Modell zufolge bewegt sich jedes Nukleon in einem zentralen Kraftfeld, zu dem noch eine – im Vergleich zur Nukleonenwechselwirkung – starke Spin-Bahn-Kopplung hinzukommt. Auf diese Weise kann der Zustand eines jeden Nukleons außer den für ein Zentralkraftfeld charakteristischen Quantenzahlen n, l noch durch die Quantenzahl j des Gesamtdrehimpulses festgelegt werden. Die sog. magischen Kerne sind dann ähnlich wie bei den Atomhüllen solche mit abgeschlossenen Schalen.[3]

Es war eine der ersten nach dem Kriege in Deutschland stattfindenden Physikerveranstaltungen, zu der auch zahlreiche ausländische Gäste gekommen waren. Darunter befanden sich Maria Göppert-Mayer (Chicago), L. Nordheim (Los Alamos), J. Clay (Amsterdam), T. Lauritsen (Pasadena), Ch. Peyrou (Paris), G. Lindsström (Stockholm), W. Zünti (Zürich), V. F. Weisskopf (z. Z. Zürich),[4] P. Huber (Basel) und O. Kofoed-Hansen (Kopenhagen).

Über Paulis Teilnahme gibt es außer der folgenden Karte [1263n], die seine Anwesenheit bezeugt, und eine Bemerkung in einem Schreiben [1268n] an seinen Kollegen Hans Staub in dem vorliegenden Briefwechsel keine weiteren Hinweise.[5] Da Paulis Züricher Assistent R. Schafroth ebenfalls an der daran anschließenden Konferenz in Kopenhagen teilnehmen wollte, mußte Pauli die an der ETH gehaltene Vorlesung über Elektrodynamik ausfallen lassen.

Diese zunächst für Juni angesetzte Kopenhagener *Konferenz über Probleme der Quantenphysik* war mit Rücksicht auf die Terminschwierigkeiten der geladenen Teilnehmer schließlich auf den 6.–10. Juli 1951 verschoben worden.

In einem Schreiben vom 5. April 1951 hatte Bohr seinen langjährigen Mitarbeiter L. Rosenfeld über den Stand der Vorbereitungen und die Ziele dieser Konferenz unterrichtet:[6] „It has been specially difficult to work out how many people we can allow ourselves to invite to the June conference and just how far the funds available to cover participants' travel expenses can be stretched. The number of participants at the conference will be rather large, as most of our former colleagues (around 100) have said they will be attending. Under these circumstances, we have had to tell countless people interested in attending that we cannot invite any more participants. However, that's not the case for the Manchester group, with whom we work very closely, and just as on Blackett's recommendation we've sent an invitation to Butler, I have also sent one to Podolanski. As far as other colleagues of yours are concerned, I'll leave it up to you to decide who you think should come. As you'll see from the enclosed circular, the UNESCO funds for traveling expenses fall unfortunately short of the money needed, and therefore I hope that some of your colleagues will be able to get a contribution from the

English end. From what Peierls has told us this should also be possible for some of the Birmingham group.

As for the organization of the conference itself, we thought that every day there should be a lecture on one of the major topics, which would serve as an introduction to the ensuing discussion. During the discussion it is of the utmost importance that the differing views, opinions and expectations of those attending can emerge as clearly as possible from the more or less formal contributions, but at the same time there should naturally be opportunities to hear statements from everyone who has something new to say, particularly any comments that might shed light on the situation and lead to progress. With Kramers, who has just been out here on a visit, I have begun to draw op a programme, and as soon as we have a better idea of the shape it will take, I'll get in touch to sound you out about it. In the meantime I would be grateful to hear what results your colleagues would like to talk about."

Auch Pauli hatte Anfang Mai von Møller eine Einladung [1232] erhalten. In einem ersten Entwurf des Programms vom 23. Mai waren nur die einzelnen Themen und ihre Reihenfolge festgelegt, die man an den 5 Tagen behandeln wollte. Am 12. Juni 1951 war nochmals eine *second approximation* des Programms an die Teilnehmer verschickt worden.

Die Konferenz wurde am Donnerstag Abend, den 6. Juli mit einem Tee-Trinken im Institut eröffnet. Der eigentliche wissenschaftliche Teil begann am nächsten Tage mit einem Eröffnungsvortrag von Niels Bohr und anschließenden Referaten über Mesonenphysik von C. F. Powell und G. C. Wick, und über Kernkräfte von H. A. Bethe. Am Sonntag fand ein Ausflug nach Nordseeland statt. Der Montag und Dienstag war dem Problem der Kernstruktur (A. Bohr, L. Nordheim), den Kernreaktionen (V. Weisskopf) und der Feldtheorie (L. Rosenfeld, C. Møller, H. A. Bethe) vorbehalten. Abschließend fand unter Bohrs Leitung eine allgemeine Diskussion über Komplementarität statt.

---

[1] Eine maschinengeschriebene Broschüre mit Kurzfassungen der gehaltenen Vorträge wurde von den Studenten der Physikalischen Institute in Heidelberg angefertigt und von H. Maier-Leibnitz herausgegeben. Dem ehemaligen Status einer Besatzungszone entsprechend, dankte der Herausgeber auch dem Captain Behnke für seine tatkräftige Unterstützung.

[2] Siehe hierzu insbesondere das Referat von Haxel, Jensen und Suess (1948) und die Darstellung von M. Göppert-Mayer (1951).

[3] Aufgrund dieses Schalenmodells wurde damals von Igal Talmi eine Doktorarbeit in Zürich angefertigt, zu der Pauli ein sehr positives Gutachten lieferte. Siehe hierzu die bei Glaus und Oberkofler [1996, Dokument III. 77] wiedergegebene Stellungnahme vom 13. November 1951.

[4] Weisskopf war zum Sommersemester 1951 zu Gastvorlesungen an der ETH über „Ausgewählte Kapitel aus der Theorie der Kernstruktur" nach Zürich eingeladen worden.

[5] Die genannte Broschüre enthält nur eine Liste der Vortragenden. Paulis Teilnahme an dieser Konferenz ist außerdem auch durch sein Urlaubsgesuch vom 14. Juni 1951 für die Zeit vom 2.–14. Juli 1951 beim Schulratspräsidenten Hans Pallmann bezeugt. Siehe hierzu die Wiedergabe dieses Dokumentes bei Glaus und Oberkofler [1995, Dokument III. 60].

[6] Dieses Schreiben befindet sich in Kopenhagen im Rosenfeld-Nachlaß.

[1262] PAULI AN VON FRANZ

[Heidelberg],[1] 1. Juli [1951]
[Postkarte]

Alles Liebe von meiner ersten Station. – Ich atme langsam auf nach dem Rummel der letzten Tage in Zürich.

Herzlichst   Stets Ihr W. Pauli

[1] Die Orts- und Jahresangabe erfolgte nach dem Poststempel.

Der aus dem kleinen amerikanischen Bergwerksort Wilkes-Barre in Pennsylvania kommende David Bohm (1917–1992) hatte 1943 bei Oppenheimer promoviert. Während des Krieges wurde er aufgrund des Verdachtes kommunistischer Konspiration – er war offenbar ebenso wie sein Freund Giovanni Rossi Lomanitz durch Oppenheimer auf eine Liste möglicher Agenten gesetzt worden – von den amerikanischen Sicherheitsbehörden beschattet. Man gestattete ihm aus diesem Grunde auch nicht, Oppenheimer nach Los Alamos zu begleiten, als dieser dort die Leitung des Atombombenprojektes übernahm.

Noch bevor der Krieg beendigt war, wandte sich Bohm erneut an Oppenheimer, weil er nun wieder gerne mit ihm zusammmenarbeiten wollte: „Now that the war in Europe has been won,“ schrieb er ihm am 6. März 1945 aus Berkeley, „there is a general feeling around here that the work at the University of California Radiation Laboratory will either be cut down or eliminated altogether. ... It is with the hope that you will be able to make some suggestions as to what I ought to do that I am writing you. – During the past year, I have been doing some fascinating work on plasma, which I like to continue for a while, if possible.[1] Ultimately, however, I do want to get back to the good old high energy field of nuclear physics and cosmic rays. I have an idea that many of the concepts met with in the investigation of plasma will be helpful in the nuclear regions, where the virtual pairs and virtual photons are present in great densities. ... Mainly, however, I should like to get back to work on some fundamental aspects of physics, where new things are always happening. ... If you are coming back soon, I would very much enjoy working with you again.“

Bohm blieb bis 1947 in Berkeley am *Radiation Laboratory* der University of California und setzte dort gemeinsam mit David Pines seine Forschungen über Plasma-Physik und die Theorie der Synchrotron-Beschleunigung fort. Er gehörte im Juni 1947 auch zu den Teilnehmern der berühmten Shelter Island Konferenz, die für die Entwicklung der amerikanischen Nachkriegsphysik eine so fundamentale Rolle gespielt hatte.[2] Als Oppenheimer 1947 mit der Leitung des *Institute for Advanced Study* in Princeton betraut wurde, folgte ihm Bohm dorthin und nahm eine Stellung als Assistant Professor an der *Princeton University* an.

Im Mai 1949 wurde Bohm vor das Komitee für *Un-American Activities* geladen um über seine Beziehungen zu seinen kommunistischen Freunden auszusagen.[3] Weil er sich weigerte, wurde sein Kontrakt mit der Princeton University nicht erneuert; er mußte sich nach einer anderen Stellung umsehen.[4] Nachdem es ihm nicht gelang, eine dauerhafte akademische Position in den Vereinigten Staaten zu finden, ging er im Herbst 1951 mit seinem Mitarbeiter Ralph Schiller nach Brasilien und nahm dort auf Einsteins Empfehlung die durch den Weggang von Gleb Wataghin freigewordene Professur an der Universität von São Paulo an.[5] Kurz nach seiner Ankunft in São Paulo am 10. Oktober 1951 wurde ihm sein Paß von der amerikanischen Konsularbehörde abgenommen, so daß er Brasilien für mehrere Jahre nicht mehr verlassen konnte.

Hier in Brasilien hatte sich damals ein aktives physikalisches Forschungszentrum gebildet, das viele ausländische Besucher anzog.[6] Pauli hat seinen beabsichtigten Besuch in Brasilien [1403] nicht mehr ausgeführt. Feynman war dagegen im Sommer 1952 – noch vor Antritt seiner neuen Professur am Caltech in Pasadena – nach Rio de Janeiro gereist und hatte dort am *Centro Brasileiro de Pesquisas Físicas* mit Guido Beck, Cesar Lattes und José Leite Lopes zusammengearbeitet. Hier traf er auch Bohm und diskutierte mit ihm über dessen *hidden variable interpretation* der Quantenmechanik.[7] Der einzigen Person, der er hier wissenschaftlich nahe stehe, sei Feynman, teilte er Erich von Kahlers Tochter Hanna mit, die mit ihm befreundet war. „Right now, I am in Rio giving a talk on the quantum theory. About the only person here who really understands is Feynman, and I am gradually coming him over. He already concedes that it is a logical possibility. Also, I am trying to get him out of his depressory trap of doing long and dreary calculations on a theory that is known to be of no use. Instead, maybe he can be gotten interested in speculating about new ideas, as he used to do, before Bethe and the rest of calculators got hold of him."[8]

Schon in Berkeley hatte Bohm mit der Arbeit an seinem bekannten Buch über *Quantum Theory* begonnen, das erst 1951 im Druck erschien.[9] „I wrote my book Quantum Theory in an attempt to understand quantum theory from Bohr's point of view", erklärte Bohm später in einem Interview.[10] „After I'd written it I wasn't satisfied that I really understood it, and I began to look again. I sent copies to Einstein, to Bohr, and to Pauli. I got no answer from Bohr, and enthusiastic answer from Pauli, and Einstein answered saying he'd like to discuss it with me since I was at Princeton. He felt the book was about as good as you could do about Bohr's point of view, but he still wouldn't agree. We discussed it, and the basic criticism of quantum mechanics was not its lack of determinism but its lack of any way of conceiving the structure of the world in any way at all. That is, essentially, Bohr says it is inherently ambiguous or meaningless to give a more detailed description of the nature of reality than is determined by Heisenberg's uncertainty principle; not merely that it is unknown, but that it has no meaning. ... In particular, there was no real way of representing or understanding what is meant by movement or process in the quantum mechanics. One could only discuss an observation, and than another one, and than another one, with the wave function collapsing from one to the other, ..."

Trotz dieser hier von Bohm berichteten begeisterten Zustimmung zu seinem Buch hat Pauli gegenüber seinem neuen Interpretationsversuch eine ganz andere Meinung vertreten. Besonders beunruhigte ihn die „teuflische Wirkung" dieser Idee auf Louis de Broglie, der „nun auf seine Bieridee der singulären Wellen zurückkommen will" [1368], die Pauli ihm 1927 während der Solvay-Konferenz so erfolgreich ausgeredet hatte. Und in einem Schreiben [1337] an Fierz sprach er in Anlehnung an Jungs Terminologie von einer *Schattentheorie*[11] und begann über Bohm zu spotten, der ihm „Briefe wie ein Sektenpfaff" schreibe „um mich zu bekehren – und zwar zur alten, von ihm aufgewärmten théorie de l'onde pilote von de Broglie (1926/27)". Im Zusammenhang mit der bevorstehenden Feier zu Louis de Broglies 60. Geburtstag bezeichnete er Bohms Theorie als ein „Fastplagiat". Schließlich behauptete er in seinen Briefen an Fierz [1337, 1352 und 1353], physikalische Argumente gefunden zu haben, die Bohm und die „Parametermythologen" völlig widerlegen. Später bezeichnete er die verborgenen Parameter als Mosquito-Parameter, die sich vermehren, wenn man sie fangen will.[12]

Bohm konnte allerdings nicht begreifen, wieso gerade Pauli seine Theorie ablehnte. „All his views were fundamentally close to my own. ... It is ironic, that in rejecting hidden variables he was also rejecting something that was giving a great deal of support to what he regarded as most important. Unfortunately, at the time it was difficult to communicate, as we had no occasion to meet and as my ideas on the subject were not yet very clearly expressed.“[13] Bohm glaubte, die Ursache liege in Paulis vermeintlicher positivistischer Einstellung „of not postulating constructs that do not correspond to things that can now be observed" [1314]. „Was Herrn Bohm bei mir reizt und ärgert, ist der Umstand, daß ich erklärte, kein Positivist zu sein" [1337].

Pauli war dagegen unter dem Einfluß seiner psychologischen Sichtweise immer mehr von der klassisch-kartesischen Voraussetzung des losgelösten Beobachters [1313 und 1314],[14] der ein *abgekartetes Spiel* [1388] hinter den Kulissen voraussetzt, abgerückt: „For me, however, it is much more satisfactory if the laws of nature themselves exclude in principle the possibility even to *conceive* the disturbances in the observers own body and own brain connected with his own observations." Bohms Vorschläge zur Beseitigung der quantentheoretischen Unbestimmtheit der physikalischen Gesetze durch eine kausale Ergänzung mit Hilfe seiner *hidden variables* verglich Pauli mit Descartes bekanntem Versuch, mit Hilfe seiner Zirbeldrüse (die Pauli Descartes' Unbewußtem gleichsetzt) die von ihm in Ausdehnung (bzw. „Fühlen") und Denken gespaltene Realität wieder zusammenzuführen.[15] Er sprach von Bohm deshalb als einem einfältigen Narren, dem „natürlich nicht mehr zu helfen" sei [1337].[16]

Dennoch hat Pauli Bohms Vorstoß ernst genommen. Unter den gegebenen Umständen mußte er befürchten, daß, „wenn ich mich in Schweigen hülle", Bohm besonders bei den jüngeren Physikern Zuspruch erhalten könnte. Deshalb veröffentlichte er in der de Broglie-Festschrift eine kleine Note,[17] in der er „in aller Schärfe gegen diesen Unsinn Stellung" nahm [1340]. Born konnte daraufhin am 26. November 1953 Einstein mitteilen,[18] daß durch Paulis Überlegung „Bohm nicht nur philosophisch, sondern auch physikalisch erschlagen," sei.

[1] Vgl. Bohm und Pines (1951a, b).

[2] Siehe hierzu Band **III**, S. 411. In Berkeley hatte sich Bohm (1946) auch mit Diracs neuer Methode der Feldquantisierung befaßt und den Zusammenhang mit dem alten Verfahren von Heisenberg und Pauli untersucht.

[3] Siehe hierzu auch die Bemerkungen über die Aktivitäten dieses Komitees im Kommentar zum Brief [1102]. Über diese Aktivitäten gibt es auch eine umfangreiche Literatur. Vgl. hierzu Carr [1952], Freeland [1972], Schrecker [1986], Forman (1987), Kevles (1989) und den Aufsatz von J. Wang (1992), in dem insbesondere der Fall von Edward U. Condon untersucht wird.

[4] Vgl. den Schluß des Briefes [1263] und die Darstellung bei Stern [1969, S. 436ff.].

[5] Über Bohms Aufenthalt in Brasilien berichten Freire Jr., Paty und da Rocha Barros (1994).

[6] Siehe hierzu auch die Angaben zum Brief [1290] und den ausführlichen Bericht von Ribeiro (1952a, b).

[7] Siehe hierzu auch Mehra [1994, S. 333 und 340f.]

[8] Dieser Briefwechsel wurde mir freundlicherweise von Hanna Loewy-Kahler zugänglich gemacht.

[9] Wie Jammer in seinem Festbeitrag (1988, S. 692) zu Bohms 70. Geburtstag behauptete, soll Pauli „in general terms" dieses Buch sehr gelobt haben.

[10] R. Temple: David Bohm. *New Scientist*, 11. November 1982, S. 7f.

[11] Zu diesem Begriff des *Schattens* siehe den Kommentar zum Brief [1085] und die Benutzung desselben in den Briefen [1281, 1284 und 1326]. In Paulis Nachlaß 6/1-71 befindet sich auch eine Mappe mit der Überschrift *Schattenphysik*, in der die in diesem Band **IV**/1 wiedergegebene Korrespondenz mit D. Bohm und diverse Manuskripte seines Beitrags (1953c) zur L. de Broglie-Festschrift enthalten sind. Vgl. hierzu auch Stapp [1993, Kapitel 7].

[12] In einem Brief vom 8. März 1957 an Fierz. – Wie wenig ernst viele Physiker damals Bohms Auffassung nahmen, geht auch aus folgender Bemerkung Heisenbergs (in einem Schreiben vom 16. April 1958 an Rosenfeld) hervor, der die Existenz einer anderen als die der bisherigen Interpretation der Quantentheorie bestritten. „Ich gebe Ihnen zu, daß der Ausdruck *Kopenhagener Interpretation* insofern nicht ganz glücklich ist, als man meinen könnte, daß es noch andere Interpretationen gibt,

wie z. B. Bohm annimmt.Wir sind natürlich beide darüber einig, daß diese anderen Interpretationen Unsinn sind, und ich glaube, daß dies in meinem Buch [Heisenberg bezieht sich hier auf seine im Winter 1955/56 gehaltenen und 1958 publizierten *Gifford Lectures*] und den früheren Aufsätzen auch genügend klar herauskommt." – Eine Zusammenstellung der historischen Literatur zum Interpretationsproblem in der Quantenmechanik findet man bei DeWitt (1971).

[13] Bohm in einem Schreiben vom 2. Dezember 1983 an den Herausgeber.

[14] Dieser Terminus tritt in diesem Zusammenhang zuerst in Paulis Schreiben [1197] vom 31. Januar 1951 an M.-L. von Franz und dann wieder in dem Brief von M. Fierz [1288] auf. Pauli verwendete ihn von nun an häufiger in seinen Vorträgen, Publikationen und Briefen. In einem Schreiben vom 5. Mai 1953 an C. F. von Weizsäcker erörterte er diese Frage auch im Zusammenhang mit seiner Keplerstudie: „Wie ich nun in meiner Arbeit wenigstens angedeutet habe, scheint mir Fludd viel näher der symbolischen Formulierung der *Einheit des Seins* gewesen zu sein, die doch wieder so paradox in ‚Beobachter' und ‚Außenwelt' zerfällt (‚Schnitt'), als Kepler mit seinem ‚losgelösten Beobachter' der klassischen Physik. Der ‚archaische' Fludd hatte das stärkere Gefühl dafür, daß die ‚Lage des Schnittes' willkürlich ist (Heisenberg)." Ebenso schrieb er am 15. Mai 1953 an M.-L. von Franz: „Das Festhalten an diesen Voraussetzungen macht es notwendig, sich auf *statistische* Gesetzmäßigkeiten zu beschränken und den Einzelfall zu ‚opfern'. Einstein dagegen möchte ‚den Fünfer und das Weggli' *zugleich* haben, schreit ‚unvollständig', regrediert zum losgelösten Beobachter der klassischen Physik und stellt ‚Weltformeln' in einen blauen Dunst (der den Beobachter nicht enthält)."

[15] Siehe hierzu insbesondere Paulis Bemerkungen in den Anhängen zu den Briefen [1326 und 1328].

[16] „Der Weg scheint mir zu billig," urteilte auch Einstein in seinen Briefen vom 12. Mai 1952 und vom 12. Oktober 1953 an Born. Er verfaßte daraufhin für den Festband [1953], den die Universität Edinburgh zu Borns Emeritierung herausgab, „ein physikalisches Kinderliedchen, das Bohm und de Broglie ein bißchen aufgescheucht hat."

[17] Pauli (1953c).

[18] Vgl. hierzu auch den Aufsatz von M. Jammer (1988) zu Bohms 70. Geburtstag.

[1263] BOHM AN PAULI

Princeton,[1] o. D. [Juli 1951]
[1. Brief][2]

Dear Dr. Pauli!

I am sorry that I delayed answering your letter for so long, but I thought it preferable to wait until I had sent you a new copy of my manuscript.[3] I hope that this new copy will answer some of the objections to my previous manuscript. I particularly call your attention to appendix B of paper II, in which your criticisms are answered in detail, also to sections 4 and 7 of paper I, and section 2 of paper II. To sum up my answer to your criticisms of de Broglie in the Solvay Congress Reports,[4] I believe that they were based on the excessively abstract assumptions of a plane wave of infinite extent for the electrons ψ function.

As I point out in section 7 of paper I, if you had chosen an incident wave *packet* instead, then after the collision is over, the electron ends up in *one* of the outgoing wave packets, so that a stationary state is once more obtained. As long as incident and outgoing wave packets overlap appreciably, the particle energy will fluctuate violently. These fluctuations which occur in the interpretation that I suggest have their counterpart in the usual interpretation. For as long as wave packets can show appreciable interference effects, then the usual interpretation asserts that the system is not in any *one* of the stationary states corresponding to the various components of the wave function. Instead, the system must cover all of these states in some sense simultaneously. Now in the inelastic scattering problem, this means that as long as the outgoing wave packets corresponding to different energies overlap appreciably, the energy of the outgoing electron is not well defined, and in fact, its precise value has no meaning. All that we can say is that *in a process of measurement* the coefficient, C_E yields a probability,* $P_E = |C_E|^2$, that a given definite value of E will be obtained. But the energy measuring apparatus plays a key role in destroying interference between the ψ_E and thus in making it possible for us to consistently ascribe a definite energy to the outgoing electron. Thus, both in the usual interpretation and in the interpretation that I am suggesting, a definite and constant energy of the outgoing particle can occur *only after the outgoing packets have ceased to interfere appreciably* (either because they have obtained classically describable separations in space, or because the outgoing electron has interacted with a system that is equivalent to an energy measuring device).

I have not yet found anyone who could show any lack of consistency in the interpretation of the quantum theory that I am suggesting. I think you will discover that it is completely consistent. Moreover, as I have pointed out in the manuscripts, this interpretation provides a much broader and richer framework of concepts than is provided by the usual interpretation, a framework that may be needed for a correct interpretation of phenomena associated with distances of the order of 10^{-13} cm or less.[5] In your letter, you imply that this interpretation is too "simple-minded".[6] I do not think, however, that conceptual simplicity can be regarded as something that disqualifies a theory. In fact, it is usually the simplest concepts that have the most far reaching implications, and thus lead to new ideas of great and unsuspected depths. (As an example, one can consider Newton's equations of motion.) In the interpretation of the quantum theory that I am suggesting, the simple idea of a precisely deformable particle acted on by a force due to a wave field, ψ, likewise may have hitherto unsuspected implications. There, as shown in paper II, in the analysis of the experiments of Einstein, Podolsky, and Rosen, two distant particles may interact directly at an infinite speed of transmission of impulses. At present, we cannot control or predict the course of this interaction, and therefore cannot use it to send a signal. If the usual interpretation of the quantum theory is correct, all quantities concerned are just so poorly defined that such a signal cannot conceivable be sent. But in the interpretation that I suggest, a control of this interaction is in principle possible, and could be accomplished if we only know the right way to do it. Thus, there might be a systematic and controlled interaction between distant objects which could be used in a new way to transmit signals at infinite speed under special conditions and with special arrangements of matter. As long as we accept the usual interpretation, however, we are committed as a matter of principle never to seek such possibilities.

Finally, I wish to say a few words about my situation. I have been acquitted in my trial, but have not been retired at Princeton.[7] At present, I am working temporarily for a small industrial laboratory in Florida,[8] but the long run possibilities are poor. There is no chance of my being hired in an American University. I have applied for a passport, but the probability that I can get one is small.[9] I don't think you realize the extent to which the sanity of the American people has been destroyed. The future of this country looks very dark indeed.

I would appreciate your comments on my new manuscripts.

Sincerely

D. Bohm

---

[1] Wie Bohm am Ende seines Schreibens mitteilt, arbeitete er damals für ein Industrielabor in Florida. Dem Aufdruck eines Briefes an die mit ihm befreundete Hanna Loewy-Kahler (siehe den Kommentar zum Brief [1263]) zufolge hat er dort auch in dem in Palm Beach gelegenen Hotel Shamrock logiert. Der vorliegende Brief nennt aber Princeton, 1 Evelyn Place (wo die von Kahlers wohnten) als den Absendeort. Es mag sein, daß Bohm nur vorübergehend von Florida zu einem Besuch nach Princeton gereist war.

[2] Von der Korrespondenz zwischen Pauli und David Bohm aus dem Jahre 1951 liegen uns leider nur ein Brief [1313] von Pauli und 7 (z. T. undatierte) Antwortschreiben von Bohm vor. Die Datierung dieser Briefe konnte nur aufgrund ihres Inhaltes in sehr unbestimmter Weise vorgenommen werden. Auf eine Nachfrage des Herausgebers (vom 2. Dezember 1983) nach dem Verbleib dieser Briefe antwortete Bohm: „It is true that Pauli and I exchanged a number of letters but, unfortunately, I do not know what happened to these letters, as I have moved around a great deal since this correspondence took place." Weitere Briefe von Pauli *an* Bohm konnten – wie eine Anfrage bei Basil Hiley, einem der Bearbeiter des Bohm-Nachlasses, ergab – bisher nicht aufgefunden werden.

[3] Es handelt sich um die Manuskripte von Bohm (1952a, b), die am 5. Juli 1951 bei der Redaktion des *Physical Review* eingegangen waren. Siehe hierzu auch den kürzlich erschienenen Aufsatz von Albert (1994).

[4] Vgl. L. de Broglie (1928).

* Where $\psi = \sum_E C_E \psi_E(x) e^{-iEt/\hbar}$

[5] Vgl. Bohm (1952a, Anm. 6).

[6] Ähnlich urteilte Einstein, als er in seinem Brief vom 12. Mai 1952 an M. Born äußerte: „Der Weg scheint mir zu billig." In einem Schreiben an Bohm vom 28. Oktober 1954 hat Einstein seinen Standpunkt näher begründet: „But it seems to me that we are still quite remote from a satisfactory solution to the problem. I myself have tried to approach this by generalising the law of gravitation. But I must confess that I was not able to find a way to explain the atomistic character of nature. My opinion is that if an objective description through the field as an elementary concept is not possible, than one has to find a possibility to avoid the continuum (together with space and time) altogether." {Zitiert nach Fine (1993, S. 270).}

[7] Vgl. hierzu auch die im Oppenheimer-Nachlaß der *Library of Congress* in Washington, D.C. aufbewahrte Korrespondenz zwischen Bohm und Oppenheimer.

[8] Angaben über Bohms Entlassung und seine Auswanderung findet man in dem voranstehenden Kommentar.

[9] Siehe hierzu die Angaben von Phillip Stern in seiner Darstellung des *Oppenheimer Falls* [1969, S. 436f.]

[1264] BOHM AN PAULI

Princeton, o. D. [Sommer 1951][1]
[2. Brief]

Dear Dr. Pauli!

Thank you very much for your letter. It is true that I am going to São Paulo, Brazil,[2] but not true that I am getting warned.

With regard to your questions raised in the letter, they are answered in my "long" paper.[3] You really have put one in an impossible position. If I write a paper so "short" that you will read it, then I cannot answer all of your objections.

If I answer all of your objections, then the paper will be too "long" for you to read. I really think that it is your duty to read these papers carefully, especially if you wish to carry out your promise of sending me your "permanent and persistent scientific opposition".

With regard to the questions that you raise, I suggest that you read especially paper II, Sections 5, 6, 7, and appendix B. There you will see that I do not regard the so called "observable" as having any fundamental significance I noted, it is only a potentiality whose precise value is determined just as much by the at present unknown state of the measuring apparatus as by the state of the observed system itself. You will see that this interpretation leads in every conceivable measurement to precisely the same results as are given by the usual interpretation. Thus, although the particle is at rest in a stationary state, when one measures its momentum, the particle is given a momentum as a result of its interaction with the measuring apparatus. The Fourier component, $|\varphi(p)|^2$, yields only the probability that a value, p, will be obtained *in a measurement* and is not in general equal to the momentum the particle had before the measurement took place. In this regard, the problem is similar to that which has *always* been raised by Bohr namely the influence of the measuring apparatus on the results of the measurement. Only I say that we have a model that permits us in precise terms to *conceive* of how this influence is effected.

With regard to de Broglie, I am ready to admit that he thought of the idea first.[4] However, the essential point is not the credit for who got this idea first. The fact is that de Broglie came to the erroneous conclusion that the idea does not work. My main contention is that de Broglie did not carry his ideas to a logical conclusion, and that if he had, he would have seen that they led to precisely the same results as are required experimentally and as are obtained from the usual interpretations.

Hoping that you will read my papers and analyze these questions carefully, sincerely Yours   D. Bohm

P. S. Please address future communications to Departamento de Fisica, Facultade de Ciencias, Letras e Filosofia. Universidade de São Paulo, São Paulo, Brasil.

---

[1] Das Datum wird durch den Hinweis nahegelegt, daß Bohm zu diesem Zeitpunkt bereits seinen Entschluß gefaßt hatte, nach São Paulo zu gehen.
[2] Siehe hierzu den Bericht von Ribeiro (1952) über den Zustand der physikalischen Forschung in Brasilien.
[3] Bohm (1952a, b).
[4] Vgl. hierzu die Bemerkungen in dem Brief [1340].

[1265] PAULI AN VON FRANZ

Zürich, 14. Juli 1951

Liebe!

Haben Sie sehr vielen Dank für Ihren Brief vom Sonntag. Sie haben mit der Frage nach der Beziehung der physikalischen Energie zur „psychischen Energie" darin einen sehr wesentlichen Punkt berührt, der mir schon lange einiges Kopfzerbrechen macht und den ich mit einigen Physikern (u. a. mit M. Fierz) öfters diskutiert habe. Für den Physiker ist erstens der Begriff Energie mit der Idee des *Erhaltungs*satzes verbunden und ist zweitens die physikalische (und quantitativ meßbare) Energie allein schon erhalten, kann sich daher *nicht* in andere „psychische" Energieformen verwandeln; insbesondere gilt für „psychische Energie" überhaupt kein Erhaltungsatz (wenigstens nach Ansicht der Physiker,* daher für uns dieser Begriff in seiner jetzigen Form überhaupt schwer akzeptabel ist.

Was weiter die Definition der Kausalität betrifft, so ist sie allerdings vom rein empirischen Standpunkt aus (in Anlehnung an Hume) zu formulieren als „Immer wenn A, so B *und* Variation von A hat Variation von B zur Folge." Aber ein Denktyp wird hinzufügen, daß die in die Naturgesetze eingehenden Begriffe nicht so *direkt* mit Beobachtungsdaten verknüpft sein müssen und wird sagen: „Ein Kausalzusammenhang $A \rightarrow B$ besteht dann, wenn dieser sich in ein begriffliches System von Naturgesetzen einordnen läßt, in solcher Weise, daß die logischen Konsequenzen dieses Systems mit der Erfahrung im Einklang sind".

Mit Ihrer Kritik von Köhler und besonders der von Ehrenfelsschen Qualitäten[1] bin ich völlig einverstanden.

Ich freue mich schon sehr darauf, die Diskussion über „psychische Energie" und über Persönliches (Träume etc.) Montag[2] mit Ihnen fortsetzen zu können (werde Montag Mittag noch telefonieren).

Bis dahin mit vielen lieben Gedanken   Stets Ihr W. Pauli

P. S. Komplementarität ist für den Physiker definiert als die Feststellung, daß die gleichzeitige Verwendung zweier Begriffe oder Bilder, von denen jeder einzelne zulässig ist und gebraucht wird, unmöglich bzw. undenkbar und daher ausgeschlossen ist.

---

* Physikalische Gesetze haben nicht *Ausnahmen*, enthalten aber *Lücken*.

[1] Der Brentano-Schüler und Psychologe Christian von Ehrenfels (1859–1932) aus Prag gehörte mit Wolfgang Köhler (1887–1967), Max Wertheimer (1880–1943) und Kurt Koffka (1886–1941) zu den Begündern der Gestaltpsychologie.

[2] Der folgende Montag fiel auf den 16. Juli.

[1266] PAULI AN DYSON

Zürich, 16. Juli 1951

Dear Dyson!

It would be nice to see you again; as my plans are now in the vacations very much dependent on the weather it would be best if you could phone to me. Tomorrow (Tuesday) in the later afternoon I shall presumably [be] at the Institute (in the Gloriastraße 35). – How is the situation with your baby?[1]

With the conference in Copenhagen[2] I was quite satisfied. Møller (and in a somewhat different way also Stückelberg) reported on a convergent and relativistically invariant S-matrix formalism in which an (invariant) formfactor is introduced in the interaction energy.[3] At a sharp time instant there is then neither an integral of energy-momentum nor an integral of the electric charge, moreover the gauge-invariance is 'sacrificed to the Gods' (as it was already made by Uhlenbeck-Pais). In a logical respect this seemed to me clarifying, but as one is left with a redundance of theories (embarras de richesse of indeterminable functions), they probably can *all* be dismissed for reasons of physics. Moreover the connection with the renormalization should be investigated more closely than it has been done until now. Probably this formalisms are connected with the circumstance, that the so-called non renormalizable interactions can also be made (relativistically invariant) convergent if an infinite number of indeterminate additional constants (or an indeterminate function) is admitted. I think, one should know better, how energy and charge would behave according to such theories, particularly if the derivations from what one is usually accustomed are then really restricted to very small times (of order $\frac{e^2}{mc^3}$ let us say). – What is your opinion about it?

Otherwise we heard from Bethe and Wick reports on things,[4] which you have written to me before (I do not know how good the experiments are, on which Marshak bases his conclusion of the pseudoscalar-character of the π-meson) and long reports of Powell[5] and Butler on the „V-mesons".[6] They certainly exist, but regarding the details (ways of decay etc.) I am waiting.[7]

With best regards to both of you from Mrs. Pauli and me and all good wishes
Sincerely Yours

W. Pauli

---

[1] Die Tochter Esther wurde am 14. Juli 1951 in Zürich geboren. Siehe auch die Anmerkung zum Brief [1152].

[2] Die Kopenhagener Physikerkonferenz über Problems of quantum physics hatte vom 6.–10. Juli 1951 stattgefunden (siehe hierzu den Kommentar zum Brief [1262]).

[3] Bei dieser Gelegenheit lernte Pauli die Formfaktortheorie von Kristensen und Møller (1952a) kennen, mit der er sich in den folgenden Jahren eingehend beschäftigen sollte.

[4] Bethe und Wick referierten bei dieser Gelegenheit über künstliche Mesonenerzeugung (vgl. [1238]).

[5] Powell hatte am 6. Juli in seinem Vortrag während der Kopenhagener Veranstaltung über Mesonen und kosmische Strahlen gesprochen.

[6] Siehe hierzu Rochester und Butlers (1953) Referat über neu entdeckte instabile Teilchen und die historischen Berichte von Rochester (1985) und Butler (1988).

[7] Siehe hierzu auch die Berichte über neue Beobachtungen von V-Teilchen in *Physikalische Blätter* **8**, S. 29f., 140, 177 und 279.

ANLAGE ZU [1266]

Notes on the mixed representation
[1951][1]

F. J. Dyson

The idea of the mixed representation is to represent as directly as possible the causal sequence of events in a measurement of physical quantities. In such a measurement one must control the initial state of the system before the measurement by a knowledge of the ingoing fields; one controls the final state of the system after the measurement by a knowledge of the outgoing fields.

Let $Q(x)$ be any physical quantity at the space-time point x; $Q(x)$ is an operator in the Heisenberg representation. Let Ψ_1 be an initial state, Ψ_2' a final state, both specified by a specification of the ingoing fields; the matrix element of $Q(x)$ between them is

$$\Psi_2'^* Q(x)\Psi_1.$$

When we specify Ψ_2' by specifying the outgoing fields, we write $\Psi_2' = S^{-1}\Psi_2$ where Ψ_2 is the final state described in terms of the outgoing fields, and S is the S-matrix. The matrix element of $Q(x)$ than becomes

$$\Psi_2^* S Q(x)\Psi_1$$

and so we write

$$Q(x)_M = S Q(x)$$

for the operator $Q(x)$ expressed in the mixed Heisenberg representation.

The field A_μ^{in} may be separated into a positive-frequency part $A_\mu^{\text{in}+}$ describing emission of photons, and a negative-frequency part $A_\mu^{\text{in}-}$ describing absorption. A causal description will use $A_\mu^{\text{in}-}$ to describe the initial state in a physical measurement, and $A_\mu^{\text{out}+}$ describe the final state.

Now we have

$$A_\mu^{\text{out}+} = S^{-1} A_\mu^{\text{in}+} S.$$

Therefore in the mixed representation the initial state will be specified by $S A_\mu^{\text{in}+}$, the final state by $S A_\mu^{\text{out}+} = A_\mu^{\text{in}+} S$.

From Yang's integral equations, taking positive and negative frequency parts, we have

$$(A_\mu^-(x))_M = S A_\mu^-(x) = S A_\mu^{\text{in}-}(x) + \int dx'(j_\mu(x'))_M D^{\text{ret}-}(x - x').$$
$$(A_\mu^+(x))_M = A_\mu^{\text{in}+}(x)S = + \int dx'(j_\mu(x'))_M D^{\text{adv}+}(x - x').$$

Adding these two equations

$$(A_\mu(x))_M = A_\mu^0(x) + \int dx' D^0(x - x')(j_\mu(x'))_M \tag{A}$$

where

$$A_\mu^0(x) = S A_\mu^{\text{in}-}(x) + A_\mu^{\text{in}+}(x)S$$

satisfies $\Box A^0_\mu(x) = 0$, (but *not* the usual free-field commutation relations).

This operator $A^0_\mu(x)$ is just the correct combination of incoming and outgoing fields that one needs for a causal description.

Further

$$D^0(x - x') = D^{\text{ret}-} + D^{\text{adv}+}$$

$$= \bar{D} + \frac{1}{2}[D^+ - D^-] = \bar{D} + i D^{(1)} = i D_F(x - x').$$

Thus we obtain also the „causal" D-function.

Similarly we have for the electron field

$$(\psi(x))_M = \psi^0(x) + e \int dx' S_F(x - x') \gamma_\mu (A_\mu(x')\psi(x'))_M \tag{A}$$

with

$$\psi^0(x) = S\psi^{\text{in}-} + \psi^{\text{in}+} S.$$

The interaction representation

Transferring our operator into expressions depending on the ingoing fields only, we get the usual formulae of the interaction representation. In particular we have

$$S = P \left[\exp(-i \int_{-\infty}^{\infty} (j^{\text{in}}_\mu(x') A^{\text{in}-}_\mu(x'))dx' \right].$$

Further we have

$$(Q(x))_M = P \left[Q^{\text{in}}(x), \exp(-i \int_{-\infty}^{\infty} (j^{\text{in}}_\mu(x') A^{\text{in}}_\mu(x'))dx' \right]. \tag{B}$$

It is easy to verify that $(A_\mu)_M$ and $(\psi(x))_M$ as defined by (B) actually satisfy the integral equations (A). One need only observe that

$$[A^{\text{in}-}_\mu(x), A^{\text{in}}_\nu(x')] = i\delta_{\mu\nu} D_F(x - x') \qquad \text{for } \varepsilon(x - x') = 1$$

$$[A^{\text{in}+}_\mu(x), A^{\text{in}}_\nu(x')] = -i\delta_{\mu\nu} D_F(x - x') \quad \text{for } \varepsilon(x - x') = -1.$$

Now from the formula (B) it is possible to calculate in a systematic way the operators $(A_\mu(x))_M$ and $(j_\mu(x))_M$ just as one can calculate the S-matrix. This is the main practical advantage of the mixed representation. One should in this way be able to define in a general way the "renormalized" field operators in the mixed representation.

Note. In these formulae factors of 2 and i are not guaranteed.

---

[1] Das folgende Manuskript befand sich im *Pauli-Nachlaß* 4/318–323. Zusammen mit dem Manuskript waren auch die Publikationen von Källén (1950) und von Dyson (1951d) abgelegt.

[1267] Pauli an von Franz

Zürich, 25. Juli 1951

Liebe!

Ich war sehr froh zu hören, daß es Ihnen in England gut gefällt;[1] ich habe das auch erwartet und Extraversion ist ja auch nötig.

Morgen fahre ich ins Engadin und bleibe dort bis etwa 5. August.[2] Nachher will ich Ihnen von hier aus wieder schreiben, dann nach Cornwall, auch über meine Reisepläne für die Sommerschule in Savoyen.[3] Nun freue ich mich sehr auf die Erholung.

Ich habe noch nachgedacht über meine (Ihnen bereits bekannten) Träume[4] und fand, daß das, was C. G. Jung im Eranos-Jahrbuch von 1946[5] über Trieb-Geist, Archetypen und über rot + blau = violett sagt, sehr hilfreich und brauchbar ist zur Deutung der Baum-Symbolik sowohl wie auch der phallischen Säulen mit der Keilschrift. Es handelt sich um einen bildhaft-archetypischen Ausdruck der Komplementarität* von Trieb und Geist.

Von C + A = F hörte ich am Telefon, daß Professor Jung nun einverstanden zu sein scheint mit der Publikation seiner Synchronizitäts – und meiner Kepler-Arbeit im gleichen Heft der Schriftreihe, wie das ja immer geplant war.[6]

Er versprach auch das fertige Manuskript der ersteren „zu beliebiger Verwendung" für nächste Woche (es ist nur mehr sehr wenig daran zu tun). C + A fragte mich bei dieser Gelegenheit nach einem passenden, für beide Arbeiten gemeinsamen Titel dieses Heftes (wie das üblich ist). Gestern dachte ich noch darüber nach und fand

„Naturerklärung und Psyche".

(Ich zog auch „Naturwissenschaft" oder „Naturphilosophie" in Betracht, aber „Naturerklärung" scheint mir besser.) Was ist Ihre Meinung?

Frau Jaffé ist fast fertig mit der Abschrift. Ich möchte Sie aber sehr bitten, sobald Sie zurückkommen, alle lateinischen Texte noch einmal auf Typfehler anzusehen.

Meine Mappe aus Kopenhagen hat jemand von selbst ins Auto wieder zu mir zurückgebracht.[7] Sonst passieren aber weiter unwahrscheinliche Dinge um mich herum. Zum Beispiel: Ich war öfters im Strandbad Küsnacht schwimmen. Diesmal traf ich nachher ein verzweifelt in der Seestraße umherirrendes Ausländerpaar (wahrscheinlich Belgier), die sich schließlich ein Herz faßten und mich fragten: „Où est ici la chapelle de la reine Astride?"[8]

Von England kam noch ein anderer Brief (knapp vor Ihrem) enthaltend eine Geburtsanzeige: es ist ein Mädchen mit dem in diesem Falle recht ausgefallenen Namen Myriam. Es ist in jeder Hinsicht ein Sonderfall!

Meiner Frau ging es gut in Kopenhagen,[9] aber kürzlich bekam sie Abzesse in einem Ohr, die sehr schmerzhaft sind. (Dabei ist sie gar nicht wehleidig und hatte sonst nie etwas mit den Ohren zu tun.) Deshalb bin ich etwas bedrückt im Moment.

Weiter alles Gute und Liebe.   Herzlichst stets Ihr W. Pauli

[1] M.-L. von Franz wollte in England Freunde besuchen und einen Vortrag halten. Die weiter unten erwähnte Reise nach Cornwall fand jedoch erst bei einer späteren Gelegenheit statt, wie M.-L. von Franz dem Herausgeber mitteilte.

[2] Siehe die Postkarte [1269].

[3] Siehe hierzu den Kommentar zum Brief [1444].

[4] Siehe den in den Briefen [1254, 1257, 1267 und 1285] erörterten Traum vom 10. Juni 1951

[5] Jung (1946c).

[*] Daher die anderen Träume mit meinen Formeln an der Tafel und die „Vorlesungen" im Traum.

[6] Jung und Pauli [1952].

[7] Anfang Juli 1951 war Pauli in Kopenhagen bei der Physiker-Konferenz gewesen [1206 und 1249].

[8] Die *Königin Astrid-Kapelle* befindet sich in Wirklichkeit nicht am Zürichsee, sondern am Vierwaldstättersee. Sie wurde zum Gedenken an die Frau des belgischen Königs errichtet, die in den 30er Jahren durch seine draufgängerische Fahrweise dort ums Leben gekommen war. Die Kapelle ist eine beliebte Pilgerstätte für belgische Touristen.

[9] Franca war offenbar mit bei der Anfang Juli in Kopenhagen abgehaltenen Physikerkonferenz gewesen.

[1268] VON KAHLER AN PAULI

Luray [Virginia], 26. Juli 1951

Geliebte Paulis!

Mein Gewissen ist schwer. Vor Monaten, ich weiß schon nicht mehr *wieviel* Monaten, kam der wunderbare, rührende „Fleißzettel",[1] wie Einstein das nennt, der wirklich ein Zeugnis im eigentlichsten Sinne, ein Segen für mich und meine Lebensarbeit ist, und der mir, ich sag' es offen, mehr Freude gemacht hat als irgendeine andere der wunderbaren Bezeugungen und Widmungsgaben, die Freunde mir zu einer „Festschrift" gesammelt haben:[2] weil hier der Sinn und die innerste Absicht meiner Arbeit so genau getroffen ist. Ich war erst sehr geärgert, als ich erfuhr, daß man dies herausgefordert hatte, und ich war doch sehr glücklich, als ich es las!

Und doch und trotz alledem kommt mein Dank so spät! Zunächst freilich wußte ich Euch auf Eurer südlichen Reise[3] und zögerte diesen Brief hin, bis Ihr wieder zuhause wäret, aber dann wurde ich so überschüttet von traurigen und widerwärtigen Dingen – dieses ganze vergangene Jahr stand unter einem bösen Zeichen und war eines meiner schwersten, es war eine jener Serien, die einen fast an „Konstellationen" glauben lassen – nun, ich geriet in eine solche Depression, daß ich meine ganze Korrespondenz auf die sträflichste Weise verkommen ließ. Ich hatte alle Mühe, mein nächstes Tagewerk zustande zu bringen. Und schließlich dann kam auf alles das drauf noch der Tod von Broch,[4] von dem Sie sich denken können, was er für uns und mich bedeutet. Der ganze Komplex dieses Ereignisses, alles was es begleitete, rückenthüllte und nach sich zog, war so phantastisch und überwältigend, daß wir noch lange brauchen werden, um es ganz zu begreifen und zu integrieren. Es ist unmöglich, das in einem Brief zu berichten, denn es geht in große menschliche Tiefen. Es muß warten bis auf ein gutes, langes, ausführliches Zusammensein – wie sehr und dringend wünschten wir uns das, und wie fehlt Ihr uns überhaupt! Auch diese Distanzen, diese dreckigen Umstände, die die wahren Lebens- und Herzensbedürfnisse blockieren! Wäre all das Widrige nicht gewesen, so hätte man dieses Jahr endlich an eine Europareise denken können. Aber wie die Dinge liegen, ist wieder einmal weder Zeit noch Geld dafür da. (Und so viel Neues ist inzwischen aufgekommen und mir eingefallen, so viel wieder, den Wolfgang zu konsultieren und zu „brauchen"!)[5]

Dieses Jahr hat nun der gute Paul Oppenheim[6] sich unser angenommen und uns unserer Trübsal, unserem inneren und äußeren (Princetoner) Dschungel entrissen, indem er uns für ein paar Wochen auf ein kleines Waldhaus in Virginia eingeladen hat, das er vorigen Winter für seinen (momentan Europa befahrenden) Sohn gekauft hat. Es ist schön und still hier, erholsam durch Entrücktheit, nur leider doch recht heiß und ohne irgendwelches Wasser, weder See noch Fluß in der Nähe, vom Meere ganz zu schweigen, und ohne dieses belebende Element ist keine Landschaft für mich vollkommen. Immerhin hat dieser Aufenthalt sehr gut getan und unseren Lebensmut wieder ein bißchen hergestellt, und wir sind recht traurig wegen dringlicher Angelegenheiten (u. a. auch Brochs Nachlaß betreffend)[7] morgen wieder nach Princeton zurück zu müssen.

Wo seid Ihr wohl gerade? Hoffentlich und wahrscheinlich auf einer schönen Tour, in den Bergen oder an der See! Habt es gut, seid mir nicht böse wegen meiner unverzeihlichen Briefsäumigkeit, und laßt es mich nicht durch Schweigen entgelten, sondern gebt wieder etwas Längeres und Ermunterndes von Euch. Wir bedürfen es sehr!

Innigen Dank und alle erdenklichen guten Wünsche und Grüße!
Immer   Euer Erich

Wann erscheint denn der Kepler? Ich erwarte ihn mit großer Ungeduld!

---

[1] Zu Erich von Kahlers 65. Geburtstag war ein kleines Bändchen mit einer Würdigung seines Werkes durch seine engeren Freunde und Mitarbeiter erschienen. In dem hier (auf S. 31) abgedruckten „Fleißzettel" hatte Einstein ihn als einen der wenigen bezeichnet, „who disinterestedly serve the cause of truth, reason and justice – they alone justify any hope of an endurable future for mankind."
[2] Unter diesen anderen befanden sich neben Th. Mann, H. Broch und dem Verleger K. Wolff auch Pauli, der (auf S. 43) in seinem Beitrag seine Beziehung mit Kahler durch den Satz festhielt: „*It's impossible not to be needed by Kahler*, for me Kahler himself means: Integration."
[3] Wie wir aus dem Schreiben [1221] wissen, hatte Pauli während seiner Reise nach Sizilien auch Segesta und Paestum besucht.
[4] Erich von Kahlers Freund Hermann Broch war im Mai 1951 in Yale gestorben.
[5] Diese Bemerkung bezieht sich natürlich auf Paulis obengenannte Widmung zum 65. Geburtstage.
[6] Paul Oppenheim war ein guter Freund und Nachbar der von Kahlers.
[7] E. von Kahler verfaßte eine Studie über *Die Philosophie Hermann Brochs*, die 1962 bei J. C. B. Mohr in Tübingen erschien.

[1269] PAULI AN STAUB[1]

[Celerina], 28. Juli 1951
[Postkarte][2]

Lieber Herr Staub!
Das letzte, was ich von Ihnen gehört habe, war Ihre Umkehr in Basel auf der Fahrt nach Heidelberg.[3] Hoffentlich sind Sie wieder ganz wohl inzwischen.

Ich wohne hier im ‚Palazzin' von Dr. Guggenbühl und das Wetter ist ideal.
Herzliche Grüße und gute Ferien dem ganzen „Dreimädelhaus".
Stets Ihr   W. Pauli

Das Haus ist nicht so modern, wie Ihres, aber auch nett. Adolf Guggenbühl[4]

---

[1] Hans Staub war ein alter Bekannter von Pauli, der 1949 zusammen mit Walter Heitler an die *Universität Zürich* berufen worden war (siehe Band **III**, S. 56 und 633).

[2] Die Rückseite der Postkarte zeigt eine Dorfpartie von Celerina. Die Karte wurde am 30. Juli 1951 abgestempelt.

[3] Wahrscheinlich hatte Staub seine beabsichtigte Teilnahme an der Konferenz über Kernphysik und Ultrastrahlung aufgegeben, die vom 1.–3. Juli 1951 in Heidelberg anläßlich von W. Bothes 60. Geburtstag tagte (vgl. auch den Brief [1186] und den Kommentar zu Paulis Postkarte [1262] an M.-L. von Franz).

[4] Adolf Guggenbühl (1896–1971) war ein mit Pauli befreundeter Schweizer Publizist und Verleger. 1925 gründete er zusammen mit seinem Schwager die politisch-literarische – aber ideologisch nicht festgelegte – Monatszeitschrift *Schweizer Spiegel* und trat in den 40er Jahren als ein entschlossener Gegner des *Dritten Reiches* auf. So veröffenlichte er z.B. Wolfgang Langhoffs Bericht [1935] *Die Moorsoldaten*, in dem dieser die selbst erlebten Greuel in den deutschen Konzentrationslagern schilderte. Als Pauli im Frühjahr 1946 aus den U.S.A. in die Schweiz zurückkehrte und abermals um die schweizerische Einbürgerung nachsuchte, wurde er dabei von Guggenbühl tatkräftig unterstützt. Franca Pauli schätzte die Freundschaft zu Guggenbühl weniger, weil er ihr zu „bürgerlich" erschien. Diese Angaben verdanke ich zum größten Teil Prof. M. Fierz.

[1270] PAULI AN VON FRANZ

Zürich, 8. August 1951

Liebe!

Ich war froh, von Ihnen wieder einen Brief vorgefunden zu haben, nachdem ich wieder in Zürich und heute zum ersten Mal wieder im Poly bin.[1]

Die *alte* Publikationsfrage (von der ich ja erst gehört habe, als schon alles entschieden war)[2] nehme ich nicht mehr ernst; dagegen ist es vielleicht ernst zu nehmen, daß Sie über unsere Beziehung ein wenig unsicher geworden sind. Es könnte sein, daß die wahren Gründe hierfür Ihnen noch unbewußt sind und daß der Zusammenhang mit dem altem Publikationsstreit nur scheinbar ist. Das ist wenigstens mein erster Eindruck und der ist oft richtig.

Als ich zurückkam (meine Frau konnte nicht ins Engadin kommen), mußte ich meine ganze psychische Energie ihr zuwenden, damit es ihr wieder besser geht,[3] was nun langsam einsetzt.

Am 15. August (etwa) fahre ich für 4–5 Tage nach Savoyen, (wie ich Ihnen schon sagte).[4] Wenn ich von dort zurückkomme (gegen 20. August) hoffe ich, Sie zu sehen. Wahrscheinlich fahre ich dann noch mit meiner Frau (bis etwa Mitte September) in Ferien (im einzelnen ist noch nicht bestimmt, wann und wohin).[5]

Heute war ich bei Frau Jaffé in ihrem Büro, um noch einige kleine Änderungen im getypten Kepler-Manuskript mit ihr zu besprechen. Ein Exemplar wird sie für Sie zurückbehalten und ich will auch die Originaltexte von

Fludd zu Ihnen nach Küsnacht schicken, damit Sie, wenn nötig, das Latein im getypten Manuskript nachkontrollieren können. Ich bin Ihnen im Voraus sehr dankbar für Ihre Mühe, wenn Sie das Latein und die Übersetzungen noch einmal sorgfältig durchlesen werden.

(N. B. Es fehlt im Manuskript noch ein Schlußabsatz, worin ich allen, die geholfen haben, danken will, natürlich auch Ihnen.)

Daß das Unbewußte eine (mir und anderen) unverständliche Sprache redet, das ist bei mir der Normalfall – und gar nicht „eher unangenehm" – ich pflege das *positiv* (auch bei Ihnen!) zu werten, als etwas Schöpferisches. – Bei mir wimmelt es wieder von Formeln in den Träumen; sicher hat es etwas mit der Komplementarität von Geist und Trieb zu tun, aber vielleicht mit etwas anderem auch noch.

Nun lese ich im Plotin, dessen deutsche Übersetzung mir M. Fierz vor den Ferien geborgt hat.[6] Anbei ein kleiner Notiz-Zettel (den ich gerne gelegentlich wieder haben möchte) über die „Privatio boni" bei Plotin.[7] Auch in Verbindung mit Professor Jungs neuer Hiob-Arbeit[8] war es mir doch sehr interessant, daß diese Scheidung der Geister auch außerhalb des Christentums schon stattfand: Plotins Opposition zur privatio-boni-Auffassung des Bösen waren offenbar die Gnostiker.

Nun auf baldiges Wiedersehen, dem ich mit Spannung entgegensehe!

Gute Erholung und alles Herzliche und Liebe, stets Ihr W. Pauli

---

[1] Pauli war zur Erholung ins Engadin verreist (vgl. die Schreiben [1267] und [1269]).

[2] M.-L. von Franz hatte damals eine psychologische Studie über den Traum des Descartes [1952] abgeschlossen. Jung wollte diese gerne zusammen mit seinem Synchronizitätsaufsatz (1952) und Paulis Keplerstudie (1952a) veröffentlichen. Als Pauli diesen Gedanken ablehnte (zunächst – laut einer Auskunft von M.-L. von Franz – ohne den Aufsatz gelesen zu haben), war es zwischen den beiden zu einer Verstimmung gekommen.

[3] Franca litt an einem schmerzhaften Abzeß am Ohr (vgl. [1267]).

[4] Vgl. den Brief [1267].

[5] Pauli reiste schließlich am 27. August nach Italien [1273].

[6] Siehe hierzu auch die Bemerkung im Brief [1284].

[7] Vgl. hierzu die Ausführungen über den Privations-Begriff in der aristotelischen Philosophie bei G. Kafka [1922, S. 31ff.].

[8] Jung [1952].

[1271] Pauli an von Franz

Zürich, 15. August 1951

Liebe!

Es ist schade, daß ich gerade morgen, wenn Sie kommen, wenn auch nur kurz, verreisen muß (nach Savoyen).[1]

Aber ich konnte das nicht gut früher besorgen, weil nun Bekannte von mir nach Zürich gekommen sind,[2] die eben wieder wegfahren und nicht so bald wieder kommen. Aber ich komme ja am 21. oder 22. wieder zurück und hoffe bestimmt, Sie dann vor eventuellen weiteren Ferienreisen zu sehen, worauf ich mich schon riesig freue!

Über Keplers „Traum vom Mond"[3] habe ich noch einiges nachgelesen. Eine gedruckte Sonderausgabe habe ich bisher nicht aufgetrieben. Der ursprüngliche lateinische Titel ist: „Somnium seu Opus posthumum de Astronomia Lunari." Die ganze Schrift ist abgedruckt in Frisch, Opera, Volume VIII, p. 27–123.[4] Eine Beeinflussung liegt vor durch Plutarch „De facie in orbe Lunae".[5]

Es ist zwar nicht ein wirklicher Traum, die Einleitung zum mindesten ist aber märchenhaft – phantastisch und so könnte diese Schrift wohl zu Ihrer Sammlung von Träumen historischer Persönlichkeiten passen.[6] Ich vermute, daß sie einiges Licht werfen könnte auf Keplers Beziehung zu seiner Mutter, die ja der Hexerei beschuldigt wurde, also psychisch die dunkle Seite von Keplers Unbewußten darstellt – eben diejenige Seite, die bei Keplers trinitarischer Einstellung keinen Kontakt mit dem Bewußtsein hatte und zugleich das fehlende Vierte ist.[7] Wenn Sie also einmal Zeit und Lust haben, diese Schrift Keplers zu lesen, wird mich Ihr Urteil sehr interessieren.

Es scheint mir wesentlicher, daß Sie in Ihren Publikationen möglichst selbstständig auftreten, als daß Sie in möglichst großer Nähe von Professor Jung publizieren.[8] Für meine jüngeren Mitarbeiter in der Physik ist immer das Erstere das Wichtige, damit sie in der Öffentlichkeit bekannt werden und nicht nur als mein Anhängsel erscheinen.

Lassen Sie sich, bitte, mit dem Kontrollieren des getypten Textes meiner Keplerarbeit nur Zeit, viel wichtiger als Eile ist dabei die Sorgfalt.

Vielen Dank im Voraus.

Also auf bald!

Ihr getreuer W. Pauli

---

[1] Pauli reiste zur Sommerschule in Les Houches (vgl. auch [1267 und 1270] und den Kommentar zum Brief [1444]).

[2] Um welche Bekannte es sich handelte, konnte nicht mehr festgestellt werden.

[3] Es handelt sich um Keplers 1634 posthum herausgegebene Mondastronomie, die man auch als den ersten science fiction Text bezeichnet hat. Eine deutsche Ausgabe von Ludwig Günther erschien 1898 unter dem Titel *Somnium: Traum vom Mond*.

[4] Frisch [1858ff., Band **8**, S. 27–123].

[5] Eine deutsche Übersetzung von Plutarchs Schrift *Über das Mondgesicht* erschien 1968 in Zürich.

[6] Siehe hierzu die Sammlung von Traumbeschreibungen bekannter Persönlichkeiten durch Marie-Louise von Franz [1985].

[7] Siehe hierzu die Darstellung bei M. Caspar [1948, S. 281–304].

[8] M.-L. von Franz hatte bisher ihre umfangreichen Studien (1951/83) als Beitrag zu Jungs Schriften publiziert.

[1272] PAULI UND JOST AN PAIS[1]

Les Houches, 22. August 1951[2]
[Postkarte]
[Maschinenschriftliches Transkript]

Habe gehört, die einzige Neuigkeit in U. S. ist die, daß Sie leichten Herzens sind. Die einzige *gossip* in Europa ist, warum Sie diesen Sommer nicht hergekommen sind.[3] (Zu lang zu schreiben.)

Part II ist immer noch ein Symbol für $\pi\alpha\iota\varsigma + \mu\xi$.

Grüße von den Josts. Brief folgt …

¹ Diese an A. Pais in Stanford adressierte Ansichtskarte wurde von Franca Pauli transkribiert. Das Original der Karte scheint nicht mehr erhalten zu sein.
² Die Datierung und Ortsangabe erfolgte nach dem von Franca Pauli vermerkten Poststempel. Der 22. August war Paulis letzter Tag bei der *Summer school* in Les Houches.
³ Vgl. hierzu den Kommentar zum Brief [1444] und B. Seligman de Witts (1951) Bericht „Theoretical Physics in the Alps", der im Dezember 1951 in *Physics Today* veröffentlicht wurde.

[1273] PAULI AN VON FRANZ

Zürich, 25. August 1951

Liebe!

Mittwoch Abend kam ich zurück,¹ konnte Sie aber nicht erreichen, so nehme ich an, Sie sind in Ascona (seinerzeit sagten Sie mir, glaube ich, Sie würden nicht zur Tagung fahren).² Leider fand ich auch kein Lebenszeichen von Ihnen am Poly vor.

Nun fahre ich mit meiner Frau am Montag (den 27.) früh in Ferien nach Italien.³ Sie hat es sehr nötig. Ich bin ein wenig deprimiert, weil es sich immer so fügt, daß wir zu verschiedenen Zeiten in Zürich und unterwegs sind – und uns immer verfehlen. Zwischen 10. und 15. September etwa komme ich zurück. Ich beginne aber, infolge der langen Trennung von Ihnen ein wenig zu leiden.

Sonst weiß ich nicht viel Neues. I am stuck! – Daß das Unbewußte einem direkt sagt, was man machen soll, ist zwar sicher unter Umständen möglich; es ist aber doch wohl die Ausnahme, bei mir ist das nie der Fall. Es ist eher so, daß meine Träume meine Stimmungen und Probleme in einer amplifizierten Form wiederspiegeln, die dann manchmal verschiedene seelische Schichten im gleichen Bild einheitlich ausdrücken. Sonst nichts Neues. Hoffentlich war Ihr Aufenthalt in England⁴ positiv für Sie und sind Sie gut erholt.

Alles Gute, Liebe und Herzliche, Stets Ihr W. Pauli

¹ Der vorangehende Mittwoch fiel auf den 22. August. Pauli war demnach vom 15.–22. August bei der Sommerschule in Savoien gewesen. Vgl. die Schreiben [1270 und 1272].
² In Ascona fanden alljährlich die seit 1933 von Olga Fröbe-Kapteyn ins Leben gerufenen *Eranos-Tagungen* statt. Die diesjährige 20. Veranstaltung stand unter dem Motto *Mensch und Zeit*. Unter den Vortragenden befand sich auch Paulis Bekannter Max Knoll, der hier seinen Vortrag „Wandlungen der Wissenschaft in unserer Zeit" hielt, den er später nach der Drucklegung mit einer Widmung an Pauli sandte. Jung sprach „Über Synchronizität". Die Vorträge wurden von Joseph Campbell auch als Buch herausgegeben.
³ Diese Ferienreise nach Italien dauerte vom 27. August bis zum 15. September.
⁴ Siehe hierzu die Bemerkungen in dem Brief [1267].

[1274] BOHM AN PAULI

São Paulo, [o. D., September 1951]
[3. Brief]

Dear Dr. Pauli!

I hope that you will forgive my abruptness in this letter and in the last one, in that I do not answer your questions in full. Right now, I am very busy getting ready to leave for Brazil in a few days, but after I get there, I shall try to give you a more extended answer.[1] Meanwhile I shall only very briefly indicate my answer to your last letter.

First, it is true, as you say, that it would depend on the state, which part of the pressure on the wall is due to the particle and which part to the wave. There is, however, nothing inconsistent in this, because the *actual* pressure is always the same in this interpretation as in the usual interpretation. Thus, there is no experiment that could disprove this interpretation of the theory. Let me remind you that the usual interpretation leads to a renunciation of our customary method of *conceiving* of a system as *a single precisely defined whole*. It is hard for me to see why you regard a model in which a particle is acted on by a force due to the ψ field is unplausible, while you regard a theory in which all of our ability to even *conceive* of the world in objective terms as more plausible. As form, I am willing to consider either possibility as you know, my book[2] is based on the usual interpretation, and I did this because I then believed that no other interpretation was available. However, my own feelings are that if an objective and realistic interpretation is available, then I would strongly prefer it.

I will write you more later.

Sincerely D. Bohm

---

[1] Vgl. hierzu den Brief [1290].
[2] Bohm [1951].

[1275] PAULI AN VON FRANZ

[Cervia, Anfang September 1951][1]
[Postkarte]

Viele herzliche Grüße mit dem Bild aus Ihrer antiken Welt.[2] – Hier habe ich Zeit, über vieles nachzudenken:

1. Das Einheit-Vielheitproblem ist auf der persönlichen Ebene ein *Beziehungs*problem. Das Unbewußte betont aber, daß es zugleich ein *allgemeines* (naturphilosophisches) Problem ist, (wobei insbesondere die Rolle des Gefühles bei der Erkenntnis in Frage kommt).

2. Auf Grund einer Art von pseudo-mathematischer Schlußweise bin ich zu dem Resultat gekommen, daß $e^{S} X e^{-S}$ psychologisch etwas mit dem Enthaltensein zu tun hat.[3]

Inzwischen alles *Gute* Ihnen und dem Hund

Stets Ihr W. Pauli

---

[1] Die Datierung erfolgte aus dem Kontext des Briefes.

2 Die Rückseite der Postkarte zeigt den Neptun-Tempel und die Basilika von Paestum. Wahrscheinlich hatten die Paulis aber nur Venedig und Ravenna besucht, wie der durch die folgende Karte [1276] belegte Aufenthalt in Cervia nahelegt. Paestum hatten sie während der vorangehenden Italienreise besucht [1221].

3 Siehe hierzu die weiteren Auseinandersetzungen (in den Briefen [1250 und 1285]) mit dieser in Paulis Träumen aufgetretenen „Zauberformel".

[1276] Pauli an von Kahler

[Cervia], 9. September [1951]
[Postkarte][1]

Liebe Kahlers!

Ich freute mich von Frau Knoll zu hören, daß es Ihnen (Kahler) wieder gut geht und so senden wir herzliche Wünsche zur Genesung.[2] – Über Biologie hatte ich noch viele Diskussionen, besonders auch mit Bohr,[3] dessen Ansichten Kahler erfreuen würden. Aber eine Synthese ist noch nicht in Sicht.

Alles Gute

Ihr W. Pauli

Von Februar bis August lag ich auch platt auf der Nase,[4] zwei Wochen Schwimmen in der Adria machen aber vieles wett!

Herzlichst

Euere Franca

1 Die Rückseite der Karte zeigt den Hafen des an der Adria gelegenen Badeortes Cervia.

2 Siehe hierzu den vorangehenden Brief [1268].

3 Pauli war Bohr Anfang Juli bei der Kopenhagener Physikerkonferenz (siehe den Kommentar zum Brief [1245]) begegnet.

4 Franca litt an einer Ohrenentzündung, wie Pauli in seinem Schreiben [1267] berichtete.

[1277] Pauli an von Franz

Forte dei Marmi (Grand Hotel), 10. September 1951[1]
(Nicht hierher schreiben, reise bald ab.)

Liebes Fräulein von Franz!

Ein Problem, das ich schon in einem früheren Brief erwähnt habe, hat mich noch weiter etwas beschäftigt: die privatio boni bei *Plotin*. Natürlich ist dieser durch die Kirchenväter darin beeinflußt, aber es fragt sich, ob nicht doch eine unabhängige Quelle bei ihm dafür vorhanden ist, nämlich „das Gute" (als Begriff) bei *Plato*. Es ist ein deutliches Streben bei Plotin vorhanden, seinen Begriff $\tau o \ \varepsilon v$ an Platos $\tau o \ \alpha\gamma\alpha\vartheta ov$ anzuhängen.[2] So werden Plotins Ideen uneinheitlich: einerseits behauptet er die Unmöglichkeit über das „Eine" irgendwelche positiven Aussagen zu machen wegen dessen prinzipieller Jenseitigkeit der Möglichkeiten menschlichen Erkennens („negative Theologie"), andererseits ist es auch das „Gute" und das Böse gehört zu den nicht-seienden Dingen. Nun bin ich kein so guter Plato Kenner. Wie ist bei diesem das Böse? Kann man sagen, daß bei Plato bereits die Idee der privatio boni[3] angedeutet oder vorgebildet sei?

Diese Fragen sowie Keplers „Traum vom Mond"[4] möchte ich gerne in Ihre Hände legen. Ob der letztere (via „das Vierte") implizite auch eine Antwort des Unbewußten auf die privatio boni-Idee enthält?

Hier habe ich noch über Renaissance-Philosophen gelesen.[5] Die Elimination der Anima mundi* als Mittlerin der Beziehung zwischen den einzelnen Planetenseelen war wesentlich sowohl für Kepler als auch für Galilei. Die entstandene Leiche wurde dann durch den Archetypus geometriae ausgefüllt (richtige Proportion, etc.) und hier drang die Mathematik in die Naturbeschreibung ein und die „moderne" (klassische) Physik wurde geboren.

Ende der Woche komme ich nach Zürich zurück, Montag den 17. bin ich voraussichtlich Vormittag in der E. T. H. Sehen wir uns dann endlich wieder?

Alles Herzliche und Liebe   Stets Ihr W. Pauli

---

[1] Offenbar waren die Paulis von der Adria nach der italienischen Westküste gereist, um ihre letzten Ferientage in dem bei Massa gelegenen Badeorte Forte dei Marmi zu verbringen.
[2] $\tau o\ \varepsilon v$ heißt „das Eine", $\tau o\ \alpha\gamma\alpha\vartheta o v$ „das Gute". Siehe auch [1284].
[3] Vgl. auch die Bemerkung im Brief [1270].
[4] Siehe Kepler [1898]. Siehe hierzu auch die Angaben im Brief [1271].
[5] Siehe hierzu August Riekel [1925] und Cassirer [1932].
* In der Frührenaissance war diese sehr en vogue.

[1278] PAULI AN PANOFSKY

Forte dei Marmi, 12. September 1951[1]

Lieber Herr Panofsky!

Am letzten Tag vor unserer Heimreise aus den Ferien schicke ich Ihnen noch diese Zeilen. (Entschuldigen Sie, bitte, den Bleistift, ich nehme nie eine Feder in die Ferien mit.)

Inzwischen wird noch das Latein und die Übersetzung in dem endgültigen, getypten Manuskript meiner Kepler-Arbeit durchkontrolliert.[2] Dann – wohl in den nächsten Tagen – geht die Arbeit in Druck und Sie bekommen eine Kopie zugeschickt. Ihre Bemerkung, ich könne „den Kepler nicht mit dem fluctibus ausschütten" war mir psychologisch eine große Hilfe.[3] Diesen Sommer habe ich noch (in deutscher Übersetzung) im Plotin gelesen.[4] Er ist mir unangenehm und mühsam zu lesen, da er kein Denktyp und voller Widersprüche ist. (Schopenhauer nennt seinen Stil den eines Kanzelredners und [rügt weiter],[5] er trete den Plato ebenso platt wie der moderne Kanzelredner das Evangelium.)[6]

Einer dieser Widersprüche scheint mir dieser: Einerseits soll $\tau o\ \varepsilon v$ so sehr jenseits aller menschlichen Erkennbarkeit sein, daß positive Aussagen über dieses nicht möglich seien; andrerseits hängt Plotin sein $\tau o\ \varepsilon v$ an Platos $\alpha\gamma\alpha\vartheta o v$ an und erklärt, das Böse gehöre zu den „nichtseienden" Dingen. (Das soll nicht bedeuten, es sei schlechthin nicht vorhanden, sondern es sei nur gleichsam wie ein „Schatten" der „seienden" Objekte.)

Da ist Plotin wohl beeinflußt durch die „privatio boni" Theorie des Bösen, welche die Kirchenväter vertreten.

(N. B. Mir ist das sehr verdächtig, man kann nicht bei allen Gegensatzpaaren so verfahren wie bei warm-kalt. Eine Frau besteht nicht nur im Fehlen des Männlichen und Schmutz ist nicht nur ein Fehlen des Reinen. Warum soll das Böse nur ein Fehlen des Guten sein?) Wissen Sie etwas mehr über die Auffassung des Bösen bei Plato? Hat der auch diese „Löchertheorie" (wie ein moderner Physiker sagen würde) des Bösen?

Viel positiver bin ich zu Plotins Ideen über Einheit-Vielheit und die Spaltung der *einen* anima mundi durch das „dunkle Prinzip" des Materiellen eingestellt. Fludd übernimmt das übrigens en bloc. Denn warum können verschiedene Menschen überhaupt einander verstehen (so beschränkt der Umfang dieses Verstehens auch sein mag), wenn die „Monaden" „keine Fenster haben"? Die einzig vernünftige Antwort scheint doch die zu sein: weil die Einzelseelen auf etwas Gemeinsames bezogen sind. Und warum soll dieses Gemeinsame nicht psychisch oder zumindesten *auch* psychisch sein?

Übrigens war die Elimination der *anima mundi* als Medium der Wechselbeziehung zwischen den Planetenseelen (diese Idee war ja in der Frührenaissance wieder sehr in Mode) nicht nur für Kepler, sondern auch für Galilei sehr wichtig. Hier drang die Mathematik, Geometrie und die *Messung* ein; das Entstehen der wissenschaftlichen Mechanik und das Verschwinden der *anima mundi* aus der Philosophie gingen Hand in Hand.

Noch eine Frage: wo kommt das Wort „archetypus", das Kepler (auch C. G. Jung) und *Augustin* verwenden in der früheren Antike vor? Bei Plato wohl nicht (der sagt ειδες). Steht es bei Aristoteles?[7]

Es ist sehr schade, daß wir so getrennt sind, so versuche ich gelegentlich den Gedankenaustausch wenigstens durch Briefe zu pflegen.

Hier haben wir uns beide in 2 1/2 Wochen sehr gut erholt und gedenken Ihrer und der Ihren sehr herzlich. Lesen Sie nur nicht zuviel Zeitungen aus dem falschen Jahrhundert.[8]

Viele Grüße auch an Ihren in Stanford „melodisch herabgefallenen" Sohn, meinen Namensvetter.

Noch etwas: Köhler schickte mir eine Arbeit mit anthropologischen Bemerkungen über „Causality by Transmission"! Dieser Begriff ist aber noch recht unklar.

Herzlichst,   stets Ihr W. Pauli

---

[1] Das folgende Schreiben wurde mit Bleistift auf einen vorgedruckten Briefbogen mit dem Aufdruck „Grand Hotel, Forte dei Marmi" geschrieben.

[2] Vgl. die Briefe [1271 und 1282].

[3] Vgl. den Brief [1226].

[4] Sieh hierzu die Bemerkungen in den Briefen [1270, 1271 und 1278].

[5] Unleserliche Textstelle.

[6] Schopenhauer, *Sämmtliche Werke*, Band **4**, S. 75. Vgl. hierzu auch die Bemerkungen in [1236].

[7] Vgl. S. 579, Anm. 3.

[8] Siehe hierzu den Kommentar zum Brief [1102].

[1279] Pauli an von Kahler

Sestri Levante, [15.] September [1951][1]
[Postkarte]

Liebe Kahlers!

Vielen Dank für Euren Brief[2] und herzliche Grüße zum Semesterbeginn von einer Spätsommerreise nach Italien. – Als ich das Thema Ihres Vortrages[3] sah, dachte ich, Sie seien ein Held!

Herzliche Grüße an Sie beide   Ihr W. Pauli

Zuerst haben wir in der Adria geschwommen, dann im Ligurischen, Lasagne verde gegessen und viel „Bitter Campari" getrunken – und zwischendurch habe ich sogar zum Malen Zeit gefunden. Ihr hättet dabei sein sollen!

Tante belle cose,   Euere Franca

---

[1] Orts- und Jahresangabe wurden dem Poststempel (auf der der Edition zur Verfügung stehenden Kopie) entnommen, während 25. 9. von Hand geschrieben wurde. Dieses Datum kann aber nicht zutreffen: Die hier in der Karte mitgeteilten Angaben über die Zeit und die Stationen der Reise stimmen gut mit den anderen Informationen über die in der ersten Septemberhälfte 1951 durchgeführte Italien Reise überein. Aber am 17. September war Pauli bereits wieder aus Italien zurückgekehrt (siehe die Bemerkung in dem Brief [1278]), so daß schon aus diesen Gründen der 25. September für diese Karte nicht in Frage kommen kann. Außerdem hat Pauli am 25. September auch noch ein Schreiben [1284] in Brüssel verfaßt. Wir haben deshalb tentativ an Stelle des 25. den 15. September angesetzt.

[2] Möglicherweise handelt es sich um den Brief [1268] vom 26. Juli.

[3] E. von Kahler hielt im Wintersemester 1951/52 an der *Cornell University* (in Anlehnung an sein früheres Buch [1937]) mehrere Vorträge über die Deutschen, die nach seinem Tode auch in Buchform unter dem Titel *The Germans* erschienen und ins Deutsche übertragen wurden. In seiner noch unter den Nachwirkungen der Weimarer Republik entstandenen Auffassung versuchte er, die Andersartigkeit der historischen Entwicklung des deutschen Staates durch Vergleich mit derjenigen der anderen europäischen Staaten sichtbar zu machen.

[1280] Panofsky an Pauli

Princeton, 18. September 1951[1]

Lieber Herr Pauli!

Vielen Dank für Ihren Brief,[2] den ich sogleich beantworte, weil es mir immer eine große Freude macht, mich, wenn auch über eine Distanz von 3500 (?) Meilen, mit Ihnen zu unterhalten und dadurch die hierzulande schwer aufrechtzuerhaltende Überzeugung, daß der Mensch ein *animal rationale* ist, einigermaßen wiederherzustellen. Es kommt hinzu, daß es mir heute abend besonders willkommen ist, einen guten Freund *in absentia* bei mir zu haben, denn meine gute Frau ist im Hospital am Vorabend einer Operation, die hoffentlich – nichts Unangenehmes enthüllen wird. (Es handelt sich um die Beseitigung einer Geschwulst, die sich als Nachwirkung ihrer großen Operation vor 5 Jahren gebildet hat, und, wie gesagt, hoffentlich nur ein sogenanntes Neurofibroma ist.)

Also: das erste Vorkommen des Ausdruckes αρχετυπος (oder, wie es öfters heißt, αρχετυπον) ist ein ganz interessantes Problem. In den echten Aristotelischen Schriften kommt das Wort *nicht* vor, nur in der apokryphen Schrift *De mundo*,[3] die von den weisen Männern ins erste Jahrhundert *nach* Christus gesetzt wird. In dieser Zeit (und später) ist es bei vielen Griechen zu finden (Plutarch,[4] Lukian,[5] Philodemos,[6] Dionysius von Halikarnass[7] etc. etc.). Alle Stellen sind im *Thesaurus Graecae Linguae*[8] zu finden. So ist denn, kurioserweise, das rein chronologisch früheste Beispiel bei *Cicero* (Briefe an Atticus, 12, 5 und 16, 3),[9] der es natürlich aus einer inzwischen verlorenen griechischen Quelle hat (möglicherweise doch eine nicht erhaltene Aristotelesschrift, oder irgend ein Stoiker – das kann man aber nicht mehr feststellen). Natürlich hat dieses Vorkommen des griechischen Ausdrucks bei einem so bekannten und auch im Mittelalter stets gelesenen lateinischen Autor sehr zur Popularisierung des Wortes beigetragen. Es war sozusagen im lateinischen Schrifttum adoptiert worden als der Vater gerade im Sterben lag.

Und nun das Problem des Bösen. Sie haben mit vollem Rechte die Unzulänglichkeit der Plotinischen Konstruktion hervorgehoben. Diese Unzulänglichkeit ist aber, glaube ich, *überall* zu bemerken, wo ein philosophisches System *einen* allmächtigen und allgütigen Gott – heiße er nun ϑεος, το εν oder sonstwie – postuliert. Dann ergibt sich notwendig die Ansicht, daß entweder das Böse nur negativ bestimmt werden kann, oder daß der Allgütige Schöpfer es selber erschaffen oder jedenfalls zugelassen hat, entweder um dann, generell wie individuell, ein Erlösungswerk vollziehen zu können,* oder, wie Augustinus einmal sagt, um das Gute recht eigentlich gut zu machen, so wie ein Maler das Licht nur durch den Schatten darstellen kann.

Plato, nach dessen Ansicht Sie fragen, wird von dieser Aporie *nicht* betroffen, aus dem einfachen Grunde, daß er *kein* allmächtiges, geschweige denn allgütiges, *Schöpfungs*prinzip voraussetzt. Sein sogenannter „Gott" ist nur ein ϑεμιουργος, ein „Handwerksmeister" der, wie Plato einmal direkt sagt, „es so gut macht, wie es geht", indem er mit *Systemen*, nicht *geschaffenen*, Materialien arbeitet, nämlich: a) den Ideen; b) dem materie-erfüllten Raum des physischen Universums (χορα), c) den aus beidem gemischten menschlichen Seelen. Unter dieser Voraussetzung geht alles gut auf: es gibt 3 Arten des Bösen:

1. das *positiv* Böse, das genau so von Ideen abgeleitet ist wie alles andere, z. B. eine durch Gift (oder, heutzutage, einen *bacillus* oder *ein virus*) verursachte Krankheit; denn es gibt eben eine *Idee* des Giftes oder des *bacillus*.

2. das *negativ* Böse, das aus dem Mangel des Guten folgt, z. B. wenn ein Mensch krank wird, nicht weil er Gift geschluckt oder sich von einem anderen angesteckt hat, sondern weil er nichts zu essen kriegt. Böse Handlungen des Menschen fallen *immer* unter diese Kategorie des Negativen, denn sie beruhen nach Plato (und Sokrates) auf der *Unkenntnis* dessen, was gut ist. Wer eine alte Frau ihres Geldes wegen totschlägt, *weiß* nicht, daß ihm selbst der Mord mehr schadet als das Geld ihm nützt: ουδεις εκων αμαρταν ει.[10]

3. das relative oder komplementäre Böse, das sich aus der unangenehmen Eigenschaft des Raumes, bzw. der Materie, ergibt, daß, wenn irgendwo eine Veränderung *a* eintritt, die „gut" ist, diese Veränderung viele andere, *x, y, z* zur Folge hat, die, in ihrem eigenen Zusammenhange, schlecht sein können. Wenn

der $\vartheta\varepsilon\mu\iota\upsilon\upsilon\rho\gamma\upsilon\varsigma$ – der, wie gesagt, „es so gut macht wie es geht" – es irgendwo regnen läßt, um eine Hungersnot zu stillen, kann dieses selbe Wasser (ganz abgesehen davon, daß es woanders fehlt) Krankheitskeime ausbrüten, die im Trocknen sich nicht entwickeln können, u. s. w. In diesem Sinne ist – wie bei Plotin – die *ganze* materielle Welt etwas Böses, da sie notwendig hinter der Idee des Guten zurücktritt und ihr oft geradezu widerspricht. Nur ist das für Plato gar kein Problem, da eben niemand, selbst der brave $\vartheta\varepsilon\mu\iota\upsilon\upsilon\rho\gamma\upsilon\varsigma$ nicht, für die Diskrepanz zwischen Idee und $\chi\upsilon\rho\alpha$ verantwortlich ist. Alles dieses ist, leider sehr verstreut, sehr schön dargestellt in Cherniss' Buch: *Aristotle's Criticism of Plato and the Academy.*[11]

Gegenwärtig scheint der $\vartheta\varepsilon\mu\iota\upsilon\upsilon\rho\gamma\upsilon\varsigma$ (der übrigens bei Boccacio „Demogorgon" heißt) selbst von der *Absicht,* es einigermaßen gut zu machen, genug zu haben; was man schließlich, bei der prinzipiellen Aussichtslosigkeit seiner Bemühungen, verstehen kann.

In diesem Sinne alles Gute Ihnen beiden!
Stets Ihr   Erwin Panofsky

[Der folgende Text wurde am oberen Rand des letzten Briefbogens hinzugefügt:] P. S. Es besteht eine, natürlich sehr vage, Aussicht, daß wir im Sommer nächsten Jahres nach Europa kommen. Ich soll im Juli auf einem Kongreß in Amsterdam erscheinen und von ca. 15. August bis Ende September in Schweden sein. In der Zwischenzeit wohl Belgien und Frankreich, wo man sich vielleicht treffen könnte.[12]

---

[1] Das folgende Schreiben wurde mit Bleistift auf einen vorgedruckten Briefbogen mit dem Aufdruck „Grand Hotel, Forte dei Marmi" geschrieben.

[2] Siehe den Brief [1278].

[3] Die Schrift *De mundo* wird unter die sog. Pseudo-Aristotelischen Schriften eingeordnet.

[4] Der durch seine große Gelehrsamkeit sich auszeichnende Plutarch (ca. 45–125 n. Chr.) war einer der eminentesten Vertreter des Mittelplatonismus und hat besonders in seinen Parallelbiographien Leben und Werk vieler berühmter Griechen und Römer festgehalten.

[5] In der (undeutlich geschriebenen) Handschrift ist *Lusian* zu lesen. Panofsky bezog sich offenbar auf den berühmten Sophisten und Satyrikers *Lukian* (ca. 120–180 n. Chr.).

[6] Philodemos von Gadara (ca. 110–40 v. Chr.) war ein Schüler des Zenon von Sidon, der sich um 80 in Italien niederließ und bei Neapel eine epikureischen Philosophenschule gründete.

[7] Der griechische Gelehrte Dionysius von Halikarnaß lehrte in den Jahren 30–38 v. Chr. in Rom und hinterließ ein umfangreiches rethorisches und historisches Schriftwerk.

[8] *Thesaurus Graecae Linguae* [1831–1865].

[9] Diesen Hinweis auf Cicero hatte Panofsky wahrscheinlich in *Paulys Realencyclopädie der Altertumswissenschaften*, Neue Bearbeitung, 3. Halbband, Stuttgart 1895 unter dem Stichwort $A\rho\chi\eta\varepsilon\tau\upsilon\pi\upsilon\nu$ gefunden, wo es als „das Original eines Kunstwerkes im Gegensatz zu den Nachbildungen" bezeichnet wird. „Auf Schriftwerke übertragen bezeichnet $A\rho\chi\eta\varepsilon\tau\upsilon\pi\upsilon\nu$ das eigenhändige oder, was häufiger der Fall ist, überhaupt das zur Vervielfältigung bestimmte Exemplar eines Autors." – Einem glücklichen Umstand verdankt man die Erhaltung eines großen Teils der Korrespondenz des römischen Dichters und Gelehrten M. Tullius Cicero (106–43 v. Chr.), darunter insbesondere seine in 16 Büchern gesammelten *Briefe an* [den Freund] *Atticus*, die uns wichtige Einblicke in seine Persönlichkeit und das Zeitgeschehen der Jahre 67–43 v. Chr. vermitteln. Eine lateinisch-deutsche Ausgabe von Ciceros *Atticusbriefen* wurde 1959 von Helmut Kasten im Münchener Heimeran Verlag veröffentlicht.

* Gewissermaßen eine *Umkehrung* der schönen Redensart: „Wärst net aufigstiegen, wärst net abigfallen."

¹⁰ „Kein Mensch verliert etwas freiwillig."
¹¹ Cherniss [1944].
¹² Pauli versuchte vergeblich, Panofsky im September 1952 noch vor seiner eigenen Abreise nach Indien in Holland zu treffen (vgl. den Brief [1440]).

[1281] PAULI AN VON FRANZ

[Zürich],¹ 19. September 1951

(Das Äquinoktium² nähert sich
mit Riesenschritten und meine
Spannung steigt.)

Liebe!

Das Folgende ist eine kleine Meditationsübung, ein sehr provisorischer Versuch, meine Ideen etwas klarer zu machen, was ich nur erreichen kann, wenn ich schreibe.

Ich sah Sie heute morgen noch deutlich vor mir wie jemanden, dem *sein Symbol* weggenommen worden ist oder der es durch (meine) Nachlässigkeit nicht hat finden können. Der Gedanke kommt mir, ob nicht Ihrer außerordentlich starken Bewertung des *Ortes* der Publikation Ihrer Arbeit³ ein „konkretistisches Mißverständnis" zu Grunde liegt, ob diesem ganzen Tatbestand nicht eine weitere, symbolhafte „Bedeutung" zukommt. Auf der konkretistischen Ebene bleibt mir Ihre starke Bewertung dieses Ortes nach wie vor unverständlich, die symbolische Ebene kommt jedenfalls *meinem* Verständnis weitgehend entgegen:

Der Publikationsort ist die menschliche *und geistige* Situation, der eine (das früher erscheinende Heft der Schriftreihe) die Situation, aus der Sie erlöst, befreit sein wollen, der andere (das Heft, in welchem die Arbeiten von C. G. Jung und mir erscheinen sollen) eine ersehnte Ganzheit, in die Sie mit Hilfe des Geistes gelangen wollen: Physik und Psychologie, Natur und Geist, *Seele und Erde.* Sie wollen *gelesen* werden, d. h. aus der Isolierung von anderen Menschen soll die geistige Arbeit Sie herausführen: Sie sind ja sehr abgeschnitten in Ihren menschlichen Beziehungen. Das erste Heft wird zu wenig gelesen: bedeutet *Inzucht.* Die geistige Arbeit soll Sie in Kontakt mit Menschen bringen, dazu ist es nötig, daß sie objektiv genügend wichtig ist und genügend *Vielen* etwas zu sagen hat. Auf der konkretistischen Ebene ist das Erscheinen Ihrer Arbeit in jenem anderen Heft als „Vorteil" entwertet, der anständiger Weise durch die Liebe nicht erkauft werden kann. Auf der symbolischen Ebene könnte aber bei Ihnen gerade die (persönliche) Liebe zum Ziel führen, daß Sie auch mit geistigen Produkten allgemeinere Beachtung finden und Ihre geistige Isolierung* ebenso beendet würde wie die menschliche. Eros ist *auch* Geist.

Das objektive Problem, das nun hinter der persönlichen Situation steht, ist die Beziehung von Fühlen und Denken. Wahrscheinlich ist das auch das Problem der Träume von Descartes, denn im 17. Jahrhundert begann die Trennung der beiden. Offenbar kann das Fühlen noch nicht ganz direkt an die gedanklich-wissenschaftlichen Inhalte der heutigen Psychologie und der heutigen Physik angeschlossen werden (entspricht meiner Idee einer „zu starken Auszeichnung" von Ihnen – d. h. auf der Subjektstufe: der Anima).

Dem von mir erstrebten Ausweg entspricht es, vorher noch eine weitere *Amplifikation* zu suchen.[4] Es fragt sich nun, ob man auf der konkretistischen Ebene, wirklich noch weiter Arbeiten (außer den *drei* existierenden) hätte finden können, die in das Heft gepaßt hätten. Da sehe ich wieder jene „fremden Leute" (bzw. „Chinesen") in meinem Traum-Auditorium vor mir, von denen die eigentliche Faszination ausgeht (die auch *hinter* unserer persönlichen Beziehung steckt). Sie sind das fehlende Vierte. Vielleicht sind es Arbeiten, die noch gar nicht geschrieben sind, vielleicht zum Teil von unbekannten Autoren. Aber die Sache ist nicht hoffnungslos: Im Unbewußten existieren Sie schon, man träumt bereits von Ihnen.

So weit bis jetzt meine Meditation. Gestern, nachdem ich in den Zug gestiegen war, fiel mir sogleich ein Traum ein, in welchem Küsnacht eine wesentliche Rolle gespielt hat und der (in jener für das Unbewußte charakteristischen symbolisch-amplifizierenden Weise) mit unserer Beziehung zu tun hat. Ich bin sehr gespannt, wie Sie ihn deuten werden. Er hat aber *auch* mit dem allgemeinen Problem der Beziehung von Fühlen und Denken zu tun. Bald darauf folgten Träume, die mit meinem pazifistischen Komplex[5] zu tun haben und am Montag[6] fand ich beiliegende Broschüre** unter meiner Post im Institut vor, die ich Ihnen nur aus psychologischen Gründen schicke. Sachlich hat sie meines Erachtens keinen Wert, die Vorschläge sind zu rationalistisch und zu heroisch (lebensfern). Diese Broschüre ist aber geeignet, um mir selbst bewußt zu machen, warum mich die äußere Sachlage so aufregt: mit dem Gefühl gebe ich dem Autor Recht, mit dem Denken aber nicht. Die ganze dort geschilderte Situation spiegelt eine *innere* Situation auf der Subjektstufe wieder: das Zerfallen der eigenen Seele in die beiden Hälften Denken und Fühlen. Ohne letzteres entsteht ein Schatten, der konventionell-intellektuell und etwas versteckter sadistisch-boshaft und leicht kriminell ist (vgl. die Figur des Physikers W im beiliegenden Traum).[7] Ohne Denken aber ensteht ein mystisch-sektiererisches-heroisches Fühlen, das gerne dem Schatten gegenüber „abrüsten" (d. h. die ratio ganz *opfern*) möchte. (Rußland ist mit dem „Schatten" zu parallelisieren: rationalistisch und kollektiv-massenhaft, d. h. auch konventionell; schreckt auch nicht von Terror zurück.) Das Bewußtsein allein kann offenbar keine Lösung ergeben; dazu braucht es die „göttliche Gnade" (‚deo concendente'). Diese beruht darauf, daß die Ganzheit im Unbewußten präexistiert und von sich aus Wirkungen hervorruft. {Im Traum durch die Schweizer Staatsbürgerschaft dargestellt. Die Schweiz hat in meinen Träumen mit der *neutralen Lage* zu tun. Was sagen Sie zu dem durch Heirat „deutsch" gewordenen blonden Mädchen? Sie scheint das diametrale Gegenstück vom Schatten (dem ‚heroischen Gefühl', siehe oben, entsprechend) und daher psychologisch als dessen Widerpart an diesen gebunden. Die Schweiz ist auch das konkrete Leben, Erde. Dieses Fühlen hat den Kontakt mit der Erde verloren.}

Es fragt sich, wie weit der Schatten ein Angstprodukt ist. In Amerika besteht eine durch schlechtes Gewissen hervorgerufene Massenhysterie,[8] die den Weg zur Katastrophe begleitet. Dagegen möchte der Autor der Broschüre ankämpfen. Er ist aber „all *zu gut*" und bleibt im Trinitarischen hängen.

Zu diesem Vergleich der äußeren Situation mit der Individual-Psyche paßt gut der Schluß von Kapitel V des „Aion".[9] Dieses Kapitel habe ich mit großem Vergnügen gelesen, meine Plotin-Zitate hätten übrigens auch gut hineingepaßt.

Ich weiß selber noch nicht, ob wir uns diese Woche noch sehen werden, vielleicht telefoniere ich morgen. (Freitag kann ich *nicht*.)
Inzwischen alles Gute   Stets Ihr W. Pauli

---

[1] Wie weiter unten aus dem Brief hervorgeht, war Pauli bereits seit Montag, den 17. September wieder in Zürich.

[2] Die Bedeutung des Äquinoktiums für Pauli ist in den Briefen [1091 und 1210] näher beschrieben.

[3] Offenbar war es darüber zu einer Verstimmung gekommen, wie der Brief [1270] nahelegt. Siehe hierzu auch den Kommentar zum Brief [1217].

* „Verstoßen" sein und „gefangen" sein.

[4] Unter Amplifikation ist nach Jung die Deutung eines Traumerlebnisses durch eine bereichernde Beschreibung des Trauminhaltes zu verstehen.

[5] Siehe hierzu die Briefe [1239 und 1241].

[6] Der 19. September war ein Mittwoch, so daß der Montag auf den 17. September fiel (vgl. auch Paulis Bemerkung im Brief [1277]).

** Bitte *nicht* für mich aufbewahren, kann nach Lektüre weggeworfen werden – Sie kommt wohl von *Quäkern*. {Vgl. auch die Anmerkung zu [1157].}

[7] Diese Traumaufzeichnung ist nicht erhalten.

[8] Pauli bezieht sich auf die Kommunistenverfolgungen in Amerika. Vgl. [1195].

[9] Jung [1951]. Kapitel V dieses Werkes lautet „Christus, ein Symbol des Selbst."

[1282] PAULI AN VON FRANZ

[Zürich], 23. September [1951][1]

Liebes!

Vor der Abreise[2] schnell noch meinen Dank für Ihre rasche Übersendung des korrigierten Manuskripts.[3] So konnte ich noch selbst die Korrekturen in den anderen Exemplaren anbringen (bitte schreiben oder sagen Sie mir gelegentlich noch das genaue Zitat des Artikels von Bömer;[4] ich habe von diesem Artikel in Princeton gehört, habe ihn aber nicht gesehen) und konnte auch ein Exemplar an Herrn Panofsky schicken.

Von diesem bekam ich eben einen Brief,[5] in welchem er u. a. über die Frage spricht, wo sich zuerst das Wort $\alpha\rho\chi\varepsilon\tau\nu\pi o\varsigma$ (manchmal $\alpha\rho\chi\varepsilon\tau\nu\pi o\nu$) findet. Außer [Erwähnung] vieler Autoren aus dem 1. Jahrhundert *nach* Christus stellt er folgende merkwürdige Behauptung auf: die chronologisch früheste uns bekannte Stelle, in der sich das Wort findet, sei *Cicero* (Briefe an Atticus 12, 5 und 16, 3).[6] Das würde bedeuten, daß Ciceros griechische Quelle unbekannt ist. Was halten Sie davon?

Die Angabe des italienischen Philosophieprofessors, daß sich das Wort bei früheren Schülern von Plato finde, konnte ich nirgends bestätigt finden.* (N. B. Weder dieser noch Panofsky sind Fachleute im engeren Sinne, doch traue ich letzterem mehr.) Es ist doch eine ganz amüsante philologische Frage.

Wenn ich zurückkomme (werde wohl am 1. Oktober telefonieren),[7] sprechen wir dann auch über das Buch „Aion".[8] Ich bin selbst neugierig, ob und wieviel ich auch an den mir von mir selbst verbotenen Früchten (Kapitel VI bis IX)[9] naschen werde!

Alles Gute und Liebe   Stets Ihr W. Pauli

[1] Der weiter unten genannte und auch in dem folgenden Schreiben [1283] erwähnte italienische Philosophieprofessor, den Pauli offenbar während seines Aufenthaltes in Italien gesprochen hatte, legt den Zusammenhang der beiden Briefe und ihre Datierung ins Jahr 1951 nahe.

[2] Pauli wollte nach Brüssel reisen.

[3] Offenbar handelt es sich um das auch in den vorhergehenden Briefen [1270, 1271 und 1278] erwähnte Kepler-Manuskript (1952a).

[4] Wahrscheinlich handelte es sich um den Philologen F. Böhmer, der 1936 eine bekannte Studie über den lateinischen Neuplatonismus veröffentlicht hatte. Vgl. Pauli (1952a, S. 134).

[5] Pauli hatte sich bei Panofsky nach der Herkunft des Wortes Archetypus erkundigt. Dessen Antwortschreiben [1279] vom 18. September 1951 wird auch in einer Notiz (PLC Bi 60_1) von Pauli erwähnt. Siehe auch Panofskys Anmerkung zu Paulis Brief [1278].

[6] Siehe hierzu den Hinweis im Brief [1279].

* Er hat sie aus dem Thesaurus Graecas Linguae.

[7] Pauli beabsichtigte, den vom 25.–29. tagenden 9. Solvay-Kongreß in Brüssel zu besuchen.

[8] Jung [1951]. In den genannten Kapiteln V bis IX seines Buches behandelte Jung das das Christentum in seiner langjährigen Geschichte stets begleitende Symbol des Fisches aus psychologischer Sicht. Das Buch enthielt in seiner ursprünglichen Ausgabe in seinem zweiten Teil auch M.-L. von Franz' Studie (1951) über *Die Passio Perpetuae*.

[9] Jung [1951]. Die Überschriften der entsprechenden Kapitel lauten: *Kapitel VI*. Das Zeichen der Fische; *Kapitel VII*. Die Prophezeihung des Nostradamus; *Kapitel VIII*. Über die geschichtliche Bedeutung des Fisches; *Kapitel IX*. Die Ambivalenz des Fischsymbols.

[1283] PAULI AN PANOFSKY

Zollikon-Zürich, 23. September 1951

Lieber Herr Panofsky!

Ihr Brief hat mich sehr gefreut und interessiert. Zunächst alle guten Wünsche von uns beiden an Ihre Frau und schreiben Sie, bitte, bald wie es ihr geht und wie die Operation abgelaufen ist.

1. Von dem Wort $\alpha\rho\chi\varepsilon\tau\upsilon\pi o\varsigma$ (als *Gegensatz* hierzu wird zuweilen das Wort $\varepsilon\kappa\tau\upsilon\pi o\varsigma$ gebraucht) hat ein italienischer Philosophieprofessor (ich traf ihn wieder in Forte dei Marmi; er ist kein Fachmann im engeren Sinne) behauptet, es komme bereits bei frühen Schülern von Plato (Mitgliedern der Akademie) vor. Ich konnte das aber nicht bestätigt finden und es ist wohl möglich, daß dieser Kollege sich irrt.

2. Das *Böse*. – Ihre Angaben über Platos Stellung dazu sind mir sehr wertvoll. Der Gegensatz zwischen „Seiendem" und „Nicht-Seiendem" geht wohl bis Parmenides zurück, hat aber bei diesem keineswegs eine moralische Färbung. Plötzlich im ersten christlichen Jahrhundert – eben als charakteristisch *christliches* Symptom, das dann auch bei Nichtchristen dieser Zeit auftritt – tritt jener Gegensatz „gut-böse" in den Vordergrund. Bei Plotin wird (logisch unbegründet, aber offenbar aus einem tiefen psychologischen Bedürfnis entsprungen) „gut-böse" mit dem alten „seiend-nicht-seiend" identifiziert. Und Gott erhält plötzlich die Qualität des „summum bonum", die ihm doch sonst nicht zugesprochen wird; besonders dann *nicht*, wenn er als allgegenwärtig gedacht wird.* – Es ist interessant, hierzu die jüdische Religion und zwar insbesondere die alttestamentarischen Gestalten des *Jahwe* und des *Satan* zu vergleichen. Man kann wohl nicht sagen, daß Jahwe „gut" ist, noch daß Satan ihm absolut entgegengesetzt war. Manchmal ist letzterer fast ein „Genosse"

Jahwes. Was wissen Sie darüber? Im Buch Hiob ist Jahwe *auch* böse. {Übrigens soll es gnostische Sekten gegeben haben, die lehrten, Gott habe *zwei* Söhne: der eine Christus (der Logos), der andere „Satanael".}

Manchmal versucht er, das Menschengeschlecht quantitativ auszurotten – so, als ob er genug hätte – (in der Gegenwart kommt es einem auch so vor) – aber dann bleibt doch einer übrig (Noah). Das könnte man maliziös so ausdrücken: die Ausrottung der Menschheit ist ihm zum Schluß *doch* mißlungen!

Die christliche Theologie des „summum bonum" und die „privatio boni" ist sowohl absurd wie historisch einzigartig. Die ganze *materielle* Welt als „böse" zu bezeichnen ist konsequent; aber das Materielle als „Fehlen des Geistigen" zu definieren wäre absurd.

3. Die Kepler-Arbeit – leider mußte ich eine Kopie *ohne Figuren* verwenden, von diesen habe ich kein Duplikat – habe ich gestern (mit gewöhnlicher Post) an Sie abgeschickt. Ich brauche sie *nicht* zurück; vielleicht werden aber auch andere Leute in Princeton dafür Interesse haben. Größere Änderungen kann ich nun nicht mehr machen; ich hoffe aber, daß auch die Renaissance den richtigen Platz gefunden hat. Wichtig ist die *Elimination der anima mundi* als Vermittlerin zwischen den Planetenseelen. Das spielt auch bei Galilei eine wesentliche Rolle (Gegensatz zur Frührenaissance). Hier drang das Quantitative, d. h. die Mathematik ein und die wissenschaftliche Mechanik entstand.

4. Es ist schade, daß *Köhler*[1] mir kein Material geschickt hat, aus welchem hervorgeht, ob *eigene empirische* Ergebnisse ihn zum Begriff der „causality (oder causation) by transmission" geführt haben. Das wäre mir interessanter gewesen als sein allgemein gehaltener Kommentar zu Lévy-Bruhl (und zu Hume).[2]

Die Aussicht, Sie vielleicht nächsten Sommer sehen zu können macht mir schon jetzt viel Freude!

In diesem Sinne stets   Ihr alter W. Pauli

---

* Zeus = „pater omnipotens" ist nicht „gut".
[1] Vgl. hierzu den Brief [1278] vom 12. September 1951.
[2] Vgl. hierzu den Brief [1243].

Pauli war am 25. September offenbar gerade in Brüssel eingetroffen, wo vom 25.–29. September der 9. Solvay-Kongreß tagte, der diesmal der von Pauli nicht sehr geschätzten Festkörperphysik gewidmet war. Zusammen mit Hans Kramers, Christian Møller und Nevill Mott gehörte Pauli dem wissenschaftlichen Komitee an (die beiden anderen Mitglieder desselben F. Perrin und J. R. Oppenheimer waren nicht gekommen).

Auf der zu diesem Anlaß angefertigten Photographie der Teilnehmer ist Pauli allerdings nicht zu sehen. Offenbar hatte Pauli sich nach Erfüllung seiner amtlichen Pflichten von der Veranstaltung zurückgezogen, um sich mit seinem Freund Kramers näher über Supraleitung und anderes zu unterhalten. Hier in Brüssel sollte er ihn zum letzten mal sehen. Kramers starb am 24. April 1952 nach kurzem Leiden an einem Lungentumor.[1]

---

[1] Siehe auch die Angaben zum Brief [1318].

[1284] Pauli an Jaffé[1]

[Brüssel], 25. September 1951

Äquinoktialgedanken

Die beiden ⊥ stehenden Fische habe ich nun verdaut[2] zusammen mit allerlei kollektivem „Standard-Mogel" von Deutschen und von Kommunisten, von Amerikanern die „nur gut" zu sein vorgeben und entsprechend viel Angst haben („niemand kann uns leiden" „wir sind eingekreist" „rings von Neidern umgeben" – welche Töne aus Deutschlands wilhelminische Epoche kehren da wieder!).

Das Alles ist wohl geeignet, einen wieder über das Böse nachdenklich zu machen. Nun habe ich wieder Plotin gelesen (in deutscher Übersetzung, die mir M. Fierz geliehen hat; mit Fräulein von Franz habe ich dieses übrigens ausführlich besprochen). Obwohl Nicht-Christ, ist er doch ganz der privatio boni Idee verfallen.

Parmenides mit den „seienden" und den „nicht seienden" Dingen, Plato mit der $\chi\omega\rho\alpha$ (= materia, erfüllter Raum des physischen Universums) und den $\varepsilon\iota\delta\eta s$ (Ideen) sind daran unschuldig. Insbesondere muß bei Plato der Demiurg (= „Handwerksmeister") mit vorgegebenem (nicht geschaffenem) Material arbeiten „so gut es eben geht", auch das Böse ist von den Ideen abgeleitet und für deren Diskrepanz mit der $\chi\omega\rho\alpha$ ist niemand verantwortlich.

Aber Plotin hängt sein τo $\varepsilon\nu$ („Das Eine") an Platons $\alpha\gamma\alpha\vartheta o\nu$ an, und identifiziert den Gegensatz „gut-böse" mit dem alten seiend – nicht seiend. In II. 9 (letzte Abhandlung der 2. Enneade) geht es los. Sie hat den Titel „gegen die, welche sagen, der Demiurg des Kosmos und der Kosmos seien böse (schlecht) (Gegen die Gnostiker)". Die Zitate hätten in Kapitel V des „Aion" gut gepaßt: „man darf im Bösen nichts anderes sehen als eine weniger vollkommene Einsicht, einen geringeren Grad des Guten, sein stufenweises immer geringer werden".

„Das Böse ist unter den nichtseienden Dingen .... Das nicht-Seiende ist wie das Schattenbild vom Seienden verschieden" etc., etc.

Dabei paßt das gar nicht in sein sonstiges Gedankensystem, daß nämlich das „Eine" an sich dem menschlichen Erkennen entzogen sei. Es ist wie ein *spaltender Wahn* (macht sein philosophisches System sich selbst widersprechend), Plotins anderen Ideen aufgepropft. Aber dieser Wahn war das Zeichen der Zeit und hat offenbar auch die Nichtchristen erfaßt.

Nun habe ich weiter nachgedacht, auch unter Benützung von Träumen. In einem von diesen kam wieder ein *leeres* Zentrum vor. Nun möchte ich folgende Formulierung wagen (und Sie Ihnen als Gefühlstyp unterbreiten):

> Sowohl das Gute als auch das Böse sind nur ein
> *Fehlen der Leere,*
> die Leere ist τo $\varepsilon\nu$ und τo $\varepsilon\nu$ ist die Leere.

Die Leere ist nicht „nichts", sondern eben das äußerst Wirkungsvolle. Aber sie ist die Leere, weil sie sich der Veranschaulichung durch Bilder und auch durch Worte entzieht. Die Leere ist auch synonym mit einer tieferen *Einheit* von physischem und psychischem Geschehen („neutrale Sprache!"). Diese Einheit scheint im Gefolge eines Konjunktionsvorganges aufzutreten, d. h. wirkt anordnend und nicht als „Ursache" im engeren Sinne. Die vollständige Abwesenheit bewußter Zwecke stellt sie jenseits des menschlichen Gut und Böse. Die ethische Betrachtungsweise ist notwendig für den Menschen, aber auf ethischer Basis allein, scheint mir die letzte Wirklichkeit der „Leere" (= das „Eine") nicht erreichbar.

Ich weiß, daß eine solche Formulierung mehr künstlerisch als wissenschaftlich ist, aber Plotin + „Aion" haben mich zu dieser angeregt – und zugleich ist es die beste „Antwort auf Hiob",[3] die ich geben kann.*

Es ergeben sich mir noch weitere Betrachtungen über phallische Symbole des aktiven Kernes („Selbst", vgl. „Aion"),** und über die Beziehung der *Sexualität* zur Einheit von Physischem und Psychischem** und zur Herstellung der „Leere" (Archetypus „mysterium coniunctionis"). Die will ich aber noch nicht definitiv zu formulieren versuchen.

Ich möchte einmal mit Ihnen diskutieren, ob Ihnen eine solche Formulierung etwas sagt. Inzwischen viele Grüße.

Hoffentlich geht es Ihnen gut!

Stets Ihr
W. Pauli

---

[1] Von diesem Schreiben ist außerdem eine maschinengeschriebene Abschrift vorhanden.
[2] Hinweis auf das bei Jung in seinem neuen Buche *Aion* ausführlich behandelte Fischsymbol.
[3] Jung [1952].
* Diese Antwort ist, *daß auch das Gute zu den „nicht-seienden Dingen" (Parmenides) gehört* (nicht nur das Böse wie bei Plotin).
** Es handelt sich mir darum, zwischen zwei weit voneinander entfernt stehenden Stellen dieses Buches eine Verbindung herzustellen. Sage Ihnen in Zürich die Seiten.

[1285] PAULI AN VON FRANZ

[Zürich], 2. Oktober 1951

Liebe!

Schnell noch ein paar weitere Gedanken: Zunächst möchte ich im Zusammenhang mit unserem letzten schönen Gespräch nochmals auf meinen Versuch zurückkommen, Ihre Reaktion zur Publikationsfrage[1] auf einer symbolischen Ebene zu verstehen, wobei das Heft der „Schriftenreihe" der Situation entspricht, aus der Sie herauskommen wollen, das andere (das die Synchronizitätsarbeit von Jung und meine Keplerarbeit enthalten soll), der neuen Situation, in die Sie kommen wollen:

Ich hatte ein merkwürdiges Erlebnis als ich von Ihnen fortgegangen war: nach unserem Gespräch erschienen *Sie selber* mir plötzlich wie ein „*zeitloses Dokument der Seele*". Dieser Ausdruck – wohl eben deshalb weil ich ihn, auf Descartes' Träume angewendet, recht unangebracht fand – kam zu mir zurückgeflogen wie ein Vogel und Ihnen hat die ἀναγκη diese Überschrift „zufallen" lassen. Ich sah Sie plötzlich – im Sinne eben jener „ganzheitlichen"

Anschauung meiner „fremden Leute" – in einem größeren überindividuellen, d. h. in Jungs Terminologie „archetypischen" Ablauf *enthalten* und es schien mir, daß *das Einmalig-zeitbedingte in Ihrem Leben zu wenig verwirklicht ist.* Seit etwa dem Abschnitt Ihres Lebens, als Sie zu Jung kamen und die „Perpetua"[2] geschrieben haben, sind Sie irgendwie *außerhalb der Zeit.* Wenn wir nun jenes spätere Heft der „Schriftenreihe" mit dem *20. Jahrhundert* identifizieren, erscheint mir Ihr sogenannter Ehrgeiz als Ausdruck Ihres unbewußten Wunsches, *in die Zeit zu kommen,* – d. h. geboren zu werden. (Vgl. die Wiedergeburtssymbolik – Weizenkörner – in Ihrem Traum am Anfang unserer Beziehung und die Rolle Ihres Geburtstages dabei.)[3] Wenn Sie von Vielen gelesen würden, würden Sie natürlich in der Zeit sein.

Nun waren Sie sowohl, als auch mein „Schatten" in einem Traum von mir im März von $e^S X e^{-S}$ verfolgt.* Zu dieser Zauberformel[4] waren meine Einfälle: 1. eine *Abbildung* und 2. die Einheit und Basis *e*, die sich in eine Vielheit entfaltet. Später erschien in einem Traum wie ein Mantra das Wort „Automorphismus" (= eine sich von selbst reproduzierende Gestalt).[5] Es ist mir interessant, daß nun die Charakterisierung „Automorphismus" für einen Mathematiker gut auf die Ringformel auf p. 370 des „Aion"[6] passen würde: Die kleinen Vierheiten reproduzieren sich hintereinander und auch in der größeren Vierheit. Die Bezogenheit der kleineren Vierheiten auf die größere involviert aber eine Relativierung der Zeit.

In Ihrem Fall würde die kleine Vierheit Ihrem persönlichen Leben entsprechen, die große Vierheit ABCD dem Ablauf von der Zeit der Perpetua über die Zeit des Trevisanus und die des Descartes[7] zu dem in der kleinen Vierheit noch nicht erreichten Ziel des 20. Jahrhunderts. Wenn Sie dorthin kommen, findet die Wiedergeburt statt. – Ich glaube Sie haben Recht, mit Ihrem Verhalten mir gegenüber und ich habe *auch* Recht mit meiner Ansicht, es sei noch eine weitere Amplifikation nötig,[8] bevor Sie zu diesem Ziel kommen können.

Ich habe auch noch nachgedacht über die *Gefühlsbeziehung* zu gut und böse. Die Sache ist nicht so hoffnungslos schwierig wie es mir gestern Nachmittag zu sein schien: Das Gefühlsproblem ist nur so lange unlösbar, als man ein „böses" Ereignis *isoliert* betrachtet. Aber die Ganzheits-Anschauung (ϑεωρια) meiner „fremden Leute" – die ja eben dann möglich ist, falls *auch das Gefühl* sich mit im „Tao" befindet – setzen jedes Einzelereignis in einen größeren Zusammenhang (wobei sie womöglich noch jeden kleineren Zeit-Ablauf auf ein oder mehrere größere abbilden). Und sobald sich die Zeit relativiert, relativiert sich auch Gut und Böse (und zwar *nicht nur intellektuell, sondern auch gefühlsmäßig*), indem jedes Ereignis je nach dem Zusammenhang, in welchen man es einbezieht, entweder als gut oder als böse erscheint. (Jedes Gute enthält ein Böses und jedes Böse ein Gutes.)

Nun, so weit bin ich bis jetzt gekommen. Vielleicht denken Sie etwas darüber nach und schreiben Sie mir, bitte, ins Poly, was Sie darüber denken. – Ich wäre Ihnen übrigens dankbar, wenn Sie mir C. G. Jungs Aufsatz über den „philosophischen Baum"[9] leihen könnten, den Sie oft zitieren. Haben Sie einen Sonderdruck? Wegen meines Traumes mit dem grünen Baum[10] interessiert mich die Baumsymbolik sehr – und auch deshalb, weil dieses Symbol als phallisch einerseits und als Baum der *Erkenntnis* andererseits ebenfalls das ultrarote und das ultraviolette Ende des Aspektes der gleichen „Gestalt" vereinigt.

Inzwischen lese ich nochmals Ihre Perpetua, vielleicht kann ich dann noch mehr über Sie sehen. Was ich fühle, kann ich nicht adäquat in Worten sagen, aber das Resultat des Fühlens ist eine neue $\vartheta\varepsilon\omega\rho\iota\alpha$ (Anschauung), die ich immer versuchen werde, Ihnen zu vermitteln.

In diesem Sinne auf Wiedersehen.   Stets Ihr W. Pauli

[1] Siehe hierzu die Briefe [1270, 1271 und 1281].

[2] M.-L. von Franz (1951).

[3] Siehe hierzu die Bemerkungen im Brief [1227].

* Sie erschienen mir dann als von einem Torus (Ring) umgeben.

[4] Das gleiche Symbol wird auch im Brief [1250], in der Karte [1275] vom Anfang September 1951 an M.-L. von Franz und in der Anlage zum Brief [1325] erwähnt.

[5] Pauli hatte diese Assoziation während eines Traumes in Palermo, wie er A. Jaffé [1219] mitteilte. Siehe hierzu auch die Briefe [1227 und 1289].

[6] Im Kapitel XIV seines Buches hat Jung [1951] die betreffende aus einem großen und vier kleineren Quadraten zusammengesetzte Ringformel zur Illustration einer sog. Quaternio ABCD als symbolhafte Einheitsdarstellung seiner vier psychologischen Grundfunktionen herangezogen.

[7] Vgl. hierzu den Brief [1189] und von Franz (1952) und [1952].

[8] Siehe hierzu auch die Bemerkung im Brief [1281].

[9] Jung (1945). Eine wesentlich erweiterte Fassung ist ebenfalls abgedruckt in Jungs *Gesammelten Werken*, Band **13**, S. 271–376.

[10] Vgl. den Brief [1254].

Die geistesgeschichtliche Bedeutung der Gegensatzproblematik von licht-dunkel, warm-kalt, Einheit-Vielheit [1209, 1212], männlich-weiblich [1391], gut-böse [1291, 1364, 1373], Idealismus-Materialismus [1395], physisch-psychisch [1291, Anlage], Materie-Form [1363, 1391], Zufall und Notwendigkeit [1497], kausal und akausal [1388], etc. und ihre zentrale Rolle in der Jungschen Psychologie beginnt Pauli von nun an zunehmend zu beschäftigen.[1] Bei Jung sollte nämlich das als seelisches Zentrum aufgefaßte, durch einen Kreis, ein Quadrat oder eine Quaternität symbolisierte und die bewußte als auch unbewußte Psyche umfassende *Selbst* durch eine Vereinigung der Gegensätze (Coniunctio) verwirklicht werden, „welches Einmaliges mit Ewigem und das Einzelne mit dem Allgemeinsten verbindet".[2]

Das parallele Auftreten solcher Gegensatzpaare auch in der modernen Physik war für Pauli ein weiterer Hinweis auf die von ihm angenommene tiefliegende Beziehung zwischen Physik und Psychologie [1179, 1180]. Wie Pauli 1953 in seiner *Radio-Lecture* zur Feier des 100jährigen Jubiläums der *Columbia University* äußerte, war es gerade die Tatsache, „daß es in der Physik echte Gegensatzpaare gibt, wie Teilchen gegen Welle, Ort gegen Bewegungsgröße, Energie gegen Zeit, deren Gegensatz nur auf eine symmetrische Weise überwunden werden kann," welche den größten Eindruck bei ihm hinterließ. Die besondere Eigenart dieser neuartigen Gegensatzpaare war aber, „daß nie ein Partner zugunsten des anderen ausgemerzt wird, sondern sie werden beide in eine neue Art von physikalischen Gesetzen übernommen, das den komplementären Charakter des Gegensatzes angemessen ausdrückt."[3]

Sein Interesse als Physiker richtete sich dabei vorwiegend auf die Psychologie der naturwissenschaftlichen Begriffsbildung.[4] Besonders aufmerksam verfolgte er die Entwicklung der Materievorstellung, die in Analogie zur *privatio boni*-Lehre des Platonismus entstand und die Pauli in Anlehnung an die Diracsche Löchertheorie treffenderweise auch als eine *Löchertheorie des Bösen* bezeichnet hatte [1029, 1278].

Weil das Böse hier durch ein Fehlen des Guten definiert wird, soll auch die von einem
dunklen Prinzip beherrschte Materie durch einen Mangel des Geistigen erklärt werden
[1283]. Eine positivere Fassung wurde diesem Materiebegriff durch Aristoteles und seine
Nachfolger verliehen, indem sie die Materie oder *Hyle* hier als etwas der Möglichkeit
nach Seiendes, also als dem begrifflichen Denken Zugängliches, bezeichneten.[5]

Die negative Bewertung alles Materiellen durch seine Vermischung mit dem ethischen
Gegensatzpaar gut-böse[6] hat nach Paulis Meinung hier ihren Eingang in die europäische
Geistesgeschichte gefunden und durchzieht über Fludd und den Renaissance-Platonismus
das gesamte abendländische Denken.[7]

Vielmehr als die Lehre des *privatio boni* sagten Pauli dagegen die mehr symmetrischen Ganzheitsauffassungen der Gnostiker [1270] und Plotins Ideen über das Einheit-
Vielheit-Problem [1236, 1278] zu, die bereits gewisse Züge der Bohrschen Komplementaritätsauffassung vorwegnahmen.

In dem folgenden Schreiben [1286] an Fierz möchte Pauli durch eine Unterscheidung
zwischen *kompensatorischen* (oder auch polaren) und *komplementären* Gegensatzpaaren
den Unterschied der beiden Auffassungen noch deutlicher herausstellen.[8] Als Paradebeispiel eines komplementären Gegensatzes gelten ihm natürlich die schon oben erwähnten
Gegensatzpaare, die sich durch die nicht-vertauschbaren Größen p, q der Quantenmechanik ausdrücken lassen. Kompensatorisch hingegen sind solche Größen, die sich bei
ihrem Zusammentreten aufheben. Auch weist Pauli auf gut-böse und bewußt-unbewußt
als ihr psychologisches Gegenstück hin.

Was Pauli mit diesen Überlegungen zur Gegensatzproblematik aber anstrebte, war das
weitaus bedeutendere Unternehmen einer *umfassenden Coniunctio*, wie er anläßlich eines
Kommentars zu einem Traum äußerte, den er am 20. Dezember 1952 während seines
Indienaufenthaltes in Bombay[9] erlebt hatte. „Ich will aber versuchen," erklärte er dort,
„noch etwas deutlicher zu sagen, was ich mit dem Schlußteil meines Kepleraufsatzes[10]
eigentlich sagen wollte: das feste in der Hand halten des *Schwanzes*, das heißt der
Physik, gibt mir unverhofft Hilfsmittel, die sich vielleicht auch bei dem größeren
Unternehmen, *das Haupt zu umfassen*, verwerten lassen. Es scheint mir nämlich in der
Komplementarität der Physik mit ihrer Überwindung des Gegensatzpaares *Welle-Teilchen*
eine Art *Modell oder Vorbild für jene andere, umfassendere Coniunctio* vorzuliegen. Die
kleinere *Coniunctio* im Rahmen der Physik, die von Physikern konstruierte Quanten-
oder Wellenmechanik, weist nämlich, ganz ohne die Absicht ihrer Erfinder, gewisse
Merkmale auf, die auch für die Überwindung der anderen … Gegensatzpaare verwertbar
sein dürften."

Hierzu machte Pauli noch folgende erkenntnistheoretische Erklärungen: „Durch
die Zulassung von Ereignissen und Verwendung von Möglichkeiten, die sich nicht
mehr als prädeterminiert und unabhängig vom Beobachter existierend auffassen lassen,
kommt die für die Quantenphysik charakteristische Art der Naturerklärung in Konflikt
mit der alten Ontologie, die einfach sagen konnte: *Physik ist die Beschreibung des
Wirklichen* (Worte von *Einstein*), etwa im Gegensatz zur *Beschreibung dessen, was
man sich bloß einbildet* (Worte von *Einstein*). *Seiend* und *Nicht-seiend* sind keine
eindeutigen Charakterisierungen von Eigenschaften, die nur kontrolliert werden können
durch statistische Versuchsreihen mit verschiedenen Anordnungen, die einander unter
Umständen ausschließen."

---

[1] Die Problematik der Gegensatzpaare und ihre Überwindung (durch eine Vereinigung oder
Coniunctio der Gegensätze), als deren physikalisches Vorbild Pauli die Quantenmechanik anführte,
spielt auch in Paulis späteren Briefen an Jung eine zentrale Rolle. Vgl. z.B. Paulis Schreiben vom
27. Februar 1953 an Jung.

[2] Jung, *Alchemie und Psychologie* [1972, S. 34].

[3] Siehe Pauli [1961/84, S. 8].

[4] Siehe hierzu Paulis *Bemerkungen zur Psychologie der naturwissenschaftlichen Begriffsbildung* in der biographischen Sammlung PLC Bi 67 in seinem Nachlaß. Vgl. hierzu auch von Meyenn [1994, S. 18–23].

[5] Der auf Aristoteles aufbauende Begriff der *Hyle* wurde später als *materia* ins Lateinische übersetzt. Siehe hierzu auch Happ [1971].

[6] Siehe hierzu die Bemerkungen in den Briefen [1354, 1357, 1362-1364, 1366, 1373, 1376, 1391 und 1396].

[7] Siehe hierzu die Anlage zum Brief [1328]. Pauli hat seine Ideen zur Entwicklung des Materiebegriffes auch im März 1955 auf dem Mainzer *Internationalen Gelehrtenkongreß* in seiner *Predigt* dargestellt. Vgl. Pauli [1961/84, S. 105f.] .

[8] Dieses Thema hatte Pauli bereits 1948 in seiner *Hintergrundsphysik* angeschnitten. Vgl. Meier [1992, S. 182].

[9] Siehe hierzu den Kommentar zum Brief [1489].

[10] Pauli [1952, S. 155f.].

[1286] PAULI AN FIERZ

Zürich, 3. Oktober 1951

Lieber Herr Fierz!

Ich habe nun Ihren Aufsatz[1] gelesen und danke auch noch für den schriftlichen Zusatz. Natürlich hat mich die Psychologie der unitarischen versus dualistischen Theorie der Elektrizität sehr interessiert, handelt es sich doch um einen Sonderfall der Psychologie der naturwissenschaftlichen Begriffsbildung (da die zu erklärenden empirischen Tatsachen ja für beide Theorien die gleichen waren). Ebenso interessierte mich besonders Ihr schriftlicher Zusatz über die trinitarischen und die quaternären Gelehrten (die letzteren sind manchmal Nicht-Denker), wobei Sie unter die ersteren Spinoza, Leibniz, unter die letzteren Voltaire und Kant zählen. (Ihre positive Einstellung zu Voltaire ist mir sehr sympathisch.)

Ich bin ja auf Kepler als Trinitarier und *Fludd* als Quaternarier gestoßen – und fühlte bei mir selbst, mit deren Polemik, einen inneren Konflikt mitschwingen. Ich habe gewisse Züge von beiden, sollte aber jetzt in der zweiten Lebenshälfte zur quaternären Einstellung übergehen. Das Problem ist, daß dabei die positiven Werte der trinitarischen Einstellung nicht geopfert werden dürfen. (Herr Panofsky in Princeton, der so sehr Wortspiele bzw. Kalauer liebt, hat mir einmal so amüsant geschrieben: „Sie können heute eben den Kepler nicht mehr mit dem Fluctibus ausschütten!")[2]

Übrigens möchte ich bemerken, daß einst (in Hamburg) mein Weg zum Ausschließungsprinzip eben mit dem schwierigen Übergang von 3 zu 4 zu tun hatte: nämlich mit der Notwendigkeit, dem Elektron statt der *drei* Translationen, noch einen weiteren *vierten* Freiheitsgrad (der bald darauf als „Spin" erklärt wurde) zuzuschreiben. Mich dazu durchzuringen, daß entgegen der naiven „Anschauung" auch die vierte Quantenzahl die Eigenschaft *eines* und desselben Elektrons ist (ebenso wie die bekannten *drei* jetzt mit n_r, l, m_l bezeichneten Quantenzahlen) – das war eigentlich die *Hauptarbeit*. {Ich hatte so sehr zu kämpfen mit den damals geglaubten Theorien, die die vierte Quantenzahl dem *Atomrest* (Rumpf) zugeschrieben hatten.}

Als ich begann, mich mit Keplers Trinitätsbild zu beschäftigen, wußte ich noch nichts von der Fluddschen Polemik und noch weniger, daß die Vierzahl für Fludd eine so wesentliche Symbolbedeutung hat (die betreffende längere Stelle wird in meiner Arbeit abgedruckt und übersetzt) – ich wußte nur, daß für Kepler die ihm wohl bekannte pythagoreische Tetraktys *keine* symbolische Bedeutung hatte.[3] So bin ich diesmal auf der psychologischen Linie *wieder* auf das Problem des Überganges von 3 zu 4 gestoßen. In beiden Fällen hat bestimmt nicht Herr C. G. Jung mir das suggeriert, noch lag von vornherein eine bewußte Absicht vor, mich ausgerechnet mit dem Problem 3 und 4 auseinanderzusetzen.

Deshalb bin ich ziemlich sicher, daß mit diesen Zahlen *objektiv* ein wichtiges psychologisches und vielleicht naturphilosophisches Problem verbunden ist.

Im allgemeinen bin ich ganz einverstanden mit allem was Sie gesagt haben. Es fragt sich aber, ob man nicht noch einiges *hinzufügen* sollte – eventuell bei einer späteren Gelegenheit, wenn Sie die Sache auch in den Handel bringen wollen. (Ich habe das Gefühl, daß in diesem Fall die Arbeit umfangreicher sein sollte.)

Z. B. sollte man doch noch bemerken und ausführen, daß die „Löchertheorie" Diracs ein nicht ganz geglückter neuerer Versuch ist, die relativistische Quantenmechanik des Elektrons im Sinne der unitarischen Theorie der Elektrizität zu interpretieren.

Dann zum Gegensatzproblem: in der Physik gibt es nun *kompensatorische Gegensatzpaare* (durch positive und negative Größen dargestellt wie die beiden elektrischen Ladungen) und *komplementäre Gegensatzpaare* (durch nicht vertauschbare Größen dargestellt wie p und q).[4] Das ist eine sehr wichtige Unterscheidung, denn es ist meine persönliche Ansicht, daß sie im Psychologischen ihr Gegenstück hat: Ein kompensatorisches Gegensatzpaar scheint mir – wie auch Ihnen – gut und böse, ein komplementäres Gegesatzpaar aber bewußt – unbewußt (im Chinesischen ist das Entsprechende Yang und Yin). Nach meiner Ansicht krankt die analytische Psychologie noch sehr am Fehlen dieser Unterscheidung (was mit der ungenügenden mathematisch-naturwissenschaftlichen Bildung ihrer Vertreter zu tun hat). (Siehe unten.) Ich wäre sehr froh, wenn Sie ganz schulmeisterlich auf dieser begrifflichen Differenzierung in Ihrem Aufsatz insistieren würden.

Diese Sache bringt mich nun auf eine andere, in Ihrem Aufsatz ebenfalls behandelte: Die prinzipiellen Schwierigkeiten des Feldbegriffes. Sie haben die „Setzung" der *Realität* des Feldes sehr schön dargelegt auf p. 14: „Aber Faraday dachte, daß das Feld vorhanden sein müsse, ob wir es nachweisen oder nicht, genau so, wie wir glauben, der Mond sei vorhanden, ob wir ihn anschauen oder nicht." Man kann noch hinzufügen: „genau so wie wir annehmen, daß die Bewegung des Mondes dieselbe sei, ob wir ihn anschauen oder nicht" (was über dessen bloßes Vorhandensein noch sehr hinausgeht).* Das ist natürlich der ganze Pferdefuß, sowohl hinsichtlich der Physik (*quantisierte* Feldtheorie) als auch hinsichtlich der psychologischen Analogie.

Ich bin etwas anderer Ansicht als Sie, indem ich der Unmöglichkeit des leeren Raumes in der quantisierten Feldtheorie nicht dieselbe Bedeutung zuschreibe wie Sie. Nach meiner Meinung bleibt der Pferdefuß nämlich in der quantisierten Feldtheorie trotzdem *doch ganz derselbe* wie in der nicht quantisierten klassischen: Es sollte so sein, daß ein Feld ohne die zu dessen Messung nötigen Probekörper auch mathematisch-logisch nicht *denkbar* ist. In Wirklichkeit ist es aber in der jetzigen Theorie so: setzt man $e = 0$, beschreibt also Lichtfelder, so sind diese, seien es klassische Felder oder Photonen, *ohne* Ladungen mathematisch möglich; setzt man $e \neq 0$ und beschreibt Elektronen, Positronen und Photonen (Schwinger), so sind diese mathematisch möglich *ohne* die in den Meßapparaten vorhandenen schweren Massen, die man braucht, um die Felder oder Ladungsdichten in kleinen Räumen (der Ordnung $\hbar/mc$, m = Elektronmasse) auszumessen. Das wahre Komplementaritätsverhältnis zwischen der Möglichkeit, *dieselben* physikalischen Objekte entweder als Felder oder als Probekörper (Meßapparate) aufzufassen (ersteres dann, wenn *andere* Objekte als Meßapparate fungieren) ist im jetzigen Formalismus *nicht* ausgedrückt. (N. B. Was nützt es mir, daß *kein* leerer Raum möglich ist?)

Und nun zur psychologischen Analogie des physikalischen Feldbegriffes überzugehen, so scheint er mir im Begriff des *Unbewußten* zu liegen. Der letztere ist ungefähr synchron mit ersterem aufgekommen und später auch praktisch angewendet worden. Auch durch das „Unbewußte" ist nämlich eine Realität „gesetzt" – und zwar ebenso wie beim physikalischen Feld eine (im Sinne des Alltagslebens) *unsichtbare Realität, die zwischen räumlich (und vielleicht auch zeitlich) distanten sichtbaren Erscheinungen einen Zusammenhang vermittelt.* Deshalb scheint mir hier eine tiefere Ähnlichkeit vorhanden als eine bloße äußere Analogie. Den Probekörpern entspricht dabei das Bewußtsein. Und diese sinngemäße Korrespondenz zwischen den beiden Begriffen Feld-Unbewußtes geht meines Erachtens auch weiter dahin, daß bei beiden der entsprechende Pferdefuß vorhanden ist. Auch der Begriff des Unbewußten wurde anfangs in der analytischen Psychologie so verwendet, als ob man es beobachten könnte ohne es zu verändern. Und obwohl das Gegenteil von deren Vertretern zuweilen zugegeben wird, sind doch viele Aussagen derselben über das Unbewußte noch viel zu sehr im Sinne der oben „klassizistisch" genannten „Idee der objektiven Realität im Kosmos" gehalten. Das scheint mir insbesondere dann der Fall, wenn von C. G. Jung versucht wird, gesetzmäßige Aussagen über die zeitliche Abfolge der „Archetypen" zu finden (er nennt das die „Dynamik des Selbst")[5] – die unabhängig vom Eingreifen des Bewußtseins der Menschen Gültigkeit haben sollen. Diese Aussagen erinnern mich in ihrem Typus doch allzusehr an die klassischen Maxwellschen Gleichungen. Ein Analogon zur quantenmechanisch-komplementären Beschreibungsweise ist noch nicht vorhanden, was mit dem Fehlen einer befriedigenden quantisierten Feldtheorie sinngemäß zu korrespondieren scheint.

Dieser letzte Abschnitt sind meine persönlichen Ansichten und wohl noch nicht hinreichend belegbar, um zur Publikation geeignet zu sein. Aber die Korrespondenzen zwischen psychologischen und quantenmechanischen Begriffen im allgemeinen {ich führe an: Gleichartigkeit (Ähnlichkeit), Akausalität, Anordnung, Korrespondenz, Gegensatzpaar und Ganzheit – diese Begriffe werden in beiden Disziplinen angewendet, in denen sie aber unabhängig formuliert worden sind}, sind zu frappant, um nicht an einen tieferen Sinn des in der Geistesgeschichte *gleichzeitig* Auftretenden zu glauben.

Und eben das wollte ja auch Ihr Aufsatz an anderen Beispielen für andere Zeiten zeigen.

Es wird mich sehr interessieren zu hören, was Sie über meine Ideen meinen!

Nochmals herzlichen Dank für letzten Sonntag Mittag[6] und viele Grüße an Sie und Ihre Frau

stets Ihr W. Pauli

[1] Fierz hatte Pauli seine von der Universität Basel als Broschüre (1951b) herausgegebene Schrift über *Die Entwicklung der Elektrizitätslehre als Beispiel der physikalischen Theorienbildung* zugesandt.

[2] Siehe Paulis Bemerkung im Brief [1278].

[3] Mit der bereits von den Pythagoräern betonten Sonderstellung der Tetraktys oder Vierzahl hat sich Pauli auch in seinen späteren Briefen [1383] und Schriften häufig beschäftigt. Dieses Interesse war durch Jung geweckt worden, der auf die psychologische Bedeutung der auch in Paulis Träumen auftretenden Vierzahl bzw. Quaternität in seinen 1937 gehaltenen *Terry Lectures* über *Psychologie und Religion* [1940, Kapitel 2] hingewiesen hatte.

[4] Siehe hierzu den voranstehenden Briefkommentar [1286].

* Ich nenne das vielleicht „die klassizistische Idee der objektiven Realität im Kosmos".

[5] Im XIV. Kapitel seines neuen Buches *Aion*, auf das Pauli sich auch in seinem vorangehenden Brief [1285] an M.-L. von Franz bezogen hatte, behandelte Jung die *Struktur und Dynamik* des Selbst.

[6] Pauli war offenbar von Fierz zum Mittagessen eingeladen worden.

[1287] FIERZ AN PAULI

[Basel], 9. Oktober 1951
[1. Fassung][1]

Lieber Herr Pauli!

Vielen Dank für Ihren langen und inhaltsreichen Brief. Mich haben nicht nur Ihre philosophischen Ideen, sondern auch die biographischen Einzelheiten sehr interessiert. Sie zeigen, daß bei Ihnen „drei und vier" sozusagen an die Oberfläche steigen, derart, daß Sie darüber stolpern müssen. Ich bin nicht so weit, werde vielleicht auch nie so weit kommen. Jedenfalls habe ich gegenwärtig meist das Gefühl in einem Urwald zu wandern und könnte nicht sagen, ob ich nun trinitarisch oder quaternarisch sei. Aber vielleicht brauche ich selber das gar nicht zu wissen.

Jetzt möchte ich zuerst etwas über das Vakuum sagen. Mit Ihrer Formulierung der Problematik in der Feldtheorie bin ich völlig einverstanden. Ich meine aber, diese habe mit dem Raumproblem zu tun. Das sieht man an folgenden Indizien:

1. Die Divergenzen verschwinden, sobald man eine „kleinste Länge" in die Theorie einführt. Nur geht dann die Lorentzinvarianz verloren. Aber gleichwohl wurde, ohne Erfolg, versucht, die Geometrie im Kleinen so abzuändern, daß der Raum irgendwie atomistisch wird.[2]

2. Die *lokalen* Größen, z. B. die Feldstärke an einer Stelle x, t; oder die Ladungsdichte, die sind divergent.

Nun sind wir einig, daß in der Theorie die „Komplementarität Feld-Probekörper" nicht richtig ausgedrückt ist. Die Probekörper dienen der Messung lokaler Größen. Es scheint mir deshalb, daß die Lokalisierung, das Räumlichsein der Erscheinungen in der Theorie ebenfalls falsch formuliert ist. Man tut ja so, wie wenn die Felder im „leeren Raum" wären, wie wenn der Raum auch entleert werden könnte. In der klassischen Physik ist das, als Gedankenexperiment, möglich. Es gibt Lösungen der Gleichungen, wo ganze Raumgebiete völlig leer, auch leer von Feldern, sind. Deshalb braucht man hier eine Theorie des Raumes, die unabhängig davon ist, was diesen Raum erfüllt: Es gibt die Geometrie des Raumes und die Naturgesetze der Dinge im Raum. Leibniz hat bekanntlich die Absurdität dieses Sachverhaltes lebhaft empfunden.[3] Er wollte kein Vakuum zugestehen, denn der Raum sei ja nur die Ordnung gleichzeitiger Existenzen. Wo also nichts ist, da ist auch keine Ordnung und kein Raum. Aus dieser Ansicht läßt sich aber kein für die Physik nützlicher Raumbegriff ableiten, solange man klassische Physik treibt: die „klassizistisch objektiv reale Welt", die ich gerne die absolute Welt nenne, weil sie keinen Beobachter enthält, befindet sich im absoluten Raum. Dieser Raum ist auch in der Relativitätstheorie noch insofern absolut, als man ihn, ohne auf seinen „Inhalt" Rücksicht zu nehmen, charakterisieren kann und weil er sogar ohne allen Inhalt möglich ist. Dieser absolute Raum ist ein Ersatz für den fehlenden Beobachter und deshalb ist er das „sensorium dei": Gott ist der alleinige Beobachter.

In einer richtigen Quantentheorie der Felder, wo der Beobachtungsakt und die Möglichkeit zu lokalisieren zutreffend beschrieben wird, sollte es nicht mehr nötig sein, den Raum noch extra einzuführen. Umgekehrt, als das Einstein wünscht, sollten aus den Naturgesetzen die Raumgesetze folgen. (Also nicht aus der Geometrie die Naturgesetze!) Das kann man aber natürlich nur dann hoffen, wenn es keinen leeren Raum gibt, wenn man diesen nicht ausräumen kann. Die Felder sind nicht im Raum, sondern sie spannen ihn auf. Der Raum ist deshalb nicht ein geometrisches Gedankending, sondern er ist ein bestimmter Aspekt der Welt.

Da ich leider nicht weiß, wie eine richtige Feldtheorie aussieht, so sind diese Bemerkungen etwas nebulös. Aber gleichwohl sollte es so sein, daß der Raum eigentlich die Folge gewisser Messungen, die man „Lokalisierung" nennt, ist.

Wie es so geht, wenn man nichts versteht, so fallen einem allerhand Sachen ein, die man als zuammenhängend empfindet, deren Zusammenhang aber nicht klar ausgedrückt werden kann. So fällt mir jetzt noch folgendes ein:

In der Feldtheorie kommt das Funktional ϕ, die Schrödingerfunktion vor. ϕ beschreibt den Zustand auf einer zeitartigen Fläche σ: $\phi[\sigma]$. Bekanntlich sind die Lösungen von

$$i\frac{\partial \phi}{\partial \sigma} = H\phi \qquad \text{(a)}$$

divergent, falls H endlich ist. Nun renormalisiert man, dann ist aber H divergent. Wenn man nun die Theorie interpretiert, wie man soll, so sagt sie aus: Wenn man durch eine Messung zur Zeit $t = 0$ den „Zustand" ϕ festgestellt hat, so kann man mit Hilfe von (a) Aussagen über die Statistik späterer Messungen machen. Um den Zustand $\phi(0)$ festzustellen, braucht man aber unendlich viele Messungen – d. h. man kann ihn gar nicht wirklich feststellen. Wenn man aber nicht den Zustand $\phi(0)$, sondern nur den mittleren Zustand in einem endlichen

Zeitintervall τ haben will, dann ist man gerettet. Dann messe man nämlich zuerst die Energie, z. B. durch Wägen, was mit einer Genauigkeit $1/\tau$ möglich ist. Man findet z. B. den Wert $E_0 \pm 1/\tau$. Sodann weiß ich, daß keine reellen Quanten $h\nu \gg E_0 + 1/\tau$ vorhanden sein können. Also kann ich mich auf das Spektrum $\nu < \nu_0 \gg E_0 + 1/\tau$ beschränken. Das sind endlich viel Freiheitsgrade. Die Renormalisierung bedeutet offenbar eine Korrektur der Gleichung (a), indem dem, was im Gebiet $\nu > \nu_0$ passiert, durch diese Rechnung getragen wird. Die renormalisierte Theorie beschreibt daher, wie mir scheint, nicht wirklich lokale Größen. Ich könnte mir denken, daß einer geschickt genug ist, das, was ich hier geschildert habe, mathematisch auszudrücken. Dann müßte man sehen, wie die Raumstruktur durch Messung bestimmt wird.

Wie gesagt, der Zusammenhang dieser Dinge ist nebulös und Neues ist damit nicht gesagt. Aber vielleicht fällt Ihnen oder jemandem anders etwas Gescheites ein!

Jetzt kommen wir zum Dualismus. Sie betonen die Existenz von zweierlei Typen von Gegensätzen: die kompensatorischen: $\pm$, und die komplementären: p, q. Zusammen wäre das eine Quaternität, wenn man die beiden Typen nur zusammennehmen könnte. Das kann man aber vorerst nicht, weshalb Sie auch nicht sagen, daß hier eine Quaternität vorliege. Zu dieser gehört ja eine innere Relation der Partner, die z. B. als Rotation bezeichnet wurde, womit eine gewisse Symmetrie ausgedrückt werden soll. Ja, wenn „*Ladung*" und „Feld" als komplementäre Aspekte begriffen werden könnten, dann wäre man etwas näher gerückt, weil die *Ladung* das $\pm$ enthält.

In der Psychologie, da gibt es so etwas. Nämlich, falls gut-böse $\pm$ entspricht, bewußt-unbewußt aber p, q; dann könnte man auf das von Jung zitierte Herrenwort hinweisen:

> Wenn du weißt, was du tust, bist du gesegnet.
> Wenn du nicht weißt, was du tust, bist du verflucht.

Die Guten werden aber sonst gesegnet, die Bösen verflucht. Weiter gibt es eine mir liebe Maxime: Moralisch urteilen sollte man nur über sich selber, und kann es auch. Über andere soll man nicht richten, aber man kann sagen, ob sie bewußt oder unbewußt handeln: „Vater vergib ihnen, denn sie wissen nicht, was sie tun." Das kann man aber über sich selber nicht, denn man weiß ja nicht, daß man unbewußt handelt.

Wenn man nun das eigene Bewußtsein mit den Probeladungen in Parallele setzt, so gilt bei diesen $\pm$, bei jenen „gut-böse". p, q, das hat mit dem gemessenen Objekt zu tun, also mit dem „anderen". Falls an diesen Betrachtungen überhaupt etwas Richtiges sein sollte – wovon ich nicht überzeugt bin – so würde ich daraus folgern, daß der Dualismus $\pm$ in der Physik noch eine tiefere Bedeutung hat, als diejenige, die wir jetzt sehen.

Nun hat die Ladungskonjugation bekanntlich etwas zu tun mit der Zeitumkehr. Wenn daher ein tieferes Verständnis der Lokalisierung durch Messung Licht auf das Wesen von Raum und Zeit werfen sollte, müßte auch das $\pm$ Problem in neuem Licht erscheinen.

Verzeihen Sie, wenn ich, ohne auf Systematik zu achten, so weiterfahre, wie mir die Sachen einfallen. Tue ich das nicht, so wird dieser Brief nie fertig und noch monströser, als er zu werden verspricht.

Ich komme also auf etwas ganz anderes. Sie und ich, wir reden so, wie wenn Feld und Probekörper komplementäre Begriffe wären. Das ist aber nicht bewiesen, wenn ich auch glaube, daß etwas derartiges der Fall sei. Aber es gibt doch einen wichtigen Unterschied: p, q, das ist ein komplementäres Paar. Aber es gibt eine Unzahl solcher Paare, die durch kanonische Transformationen auseinander hervorgehen. Die kanonischen Transformationen sind Drehungen im Hilbertraum. Eine analoge Gruppe von Transformationen ist mir aber im Fall Probekörper-Feld nicht deutlich. Es sieht so aus, als ob dies Paar eine ausgezeichnete Bedeutung hätte. Die Bezeichnung komplementär wird jedenfalls in einem weiteren, und wir müssen es zugeben, in einem nicht ganz verstandenen Sinne gebraucht.

Wenn man nun bewußt-unbewußt komplementär nennt, so verwendet man auch hier diesen Terminus in solch einem weiteren und nicht ganz klaren Sinne. Und daher macht man auch nicht die Zuordnung

$$\text{Bewußt} \quad \rightarrow \quad p$$
$$\text{Unbewußt} \quad \rightarrow \quad q$$

was schwer zu begründen wäre, sondern

$$\text{Bewußt} \quad \rightarrow \quad \text{Probekörper}$$
$$\text{Unbewußt} \quad \rightarrow \quad \text{Feld.}$$

Anstelle von „Bewußtsein" sollte man vielleicht lieber Ich-Komplex sagen. Wenn man schläft, so ist man ja nicht bewußt. Aber die Permanenz des „Ich" bleibt bestehen. Wenn ich aufwache, so bin ich wieder der gleiche. Dem entspricht sodann die Kontinuität der Zeit. Die Zeit ist, auch wenn man schläft, nie wirklich leer – so denke ich. Denn wäre sie das, so müßte man in die Psychologie eine „absolute Zeit" einführen, und das scheint mir unsinnig.

Weiter sind zwei komplementäre Aspekte immer von gleichem Umfange. Das Bewußtsein ist jedoch viel enger als das Unbewußte. Allerdings könnten beide doch das gleiche Gewicht besitzen – ja, das muß man wohl zugeben. Keines hat ja irgendeinen Sinn ohne das andere. Wenn nichts gewußt wird, dann ist es ja gleich, was geschieht – es geschieht so gut wie nichts. Wenn man alles weiß, dann geschieht auch nichts, das ist klar.

Jetzt fällt mir noch etwas zum Vorherigen ein: Ich wollte den $\pm$ Dualismus der Reflexion des Einzelnen auf sich zuordnen, die Komplementarität seiner Beziehung zum anderen. Dieser letztere Dualismus sollte daher in der Psychologie der Übertragung[4] eine besondere Rolle spielen. Unter diesem Gesichtspunkte muß man also das Buch Jungs nochmals durchgehen.

Jetzt sind wir auf der vierten Seite, die der Theorie gemäß kritisch werden wird.

Hier sollte ich noch sagen, ob die Parallele Feld-Unbewußtes begründet werden kann. Denn das habe ich bisher nicht näher untersucht. Man kann hier den Namen „Feld" selber, der ja merkwürdig ist, anführen. Die Naturforscher sprechen von „Feldbeobachtungen" und meinen damit das Beobachten in der freien Natur. Daraus läßt sich eine Analogie gewinnen. Weiter ist das „Feld" die moderne Fassung der Idee der Einflüsse und Ausflüsse.[5] Diese sind aber zweifellos Bezeichnungen für unbewußte Wirkungen. Der Einfluß, den man auf andere hat, geht sicher vorwiegend über das Unbewußte. Bewußt wird niemand beeinflußt; denn dann muß man so nicht sagen, sondern dann nimmt er einen Rat an oder er verwirft ihn. Männer werden daher von Frauen beeinflußt, von Freunden beraten. Ein einflußreicher Freund eines mächtigen Mannes ist immer eine dubiose Figur.

Der Feldbegriff hat auch eine Analogie zur Milieu-Vorstellung. Group-Psychology ist heute in England und Amerika große Mode. Das ist etwas, wie die unitäre Feldtheorie Einsteins, indem das kollektive Milieu alles erklären soll, so wie das allgemeine Feld die ganze Physik enthalten soll. Der Mensch wird damit zum Herdentier degradiert – also unbewußt. Er wird auch amoralisch, und das ist wichtig, weil sich hier wieder zeigt, daß der $\pm$ Dualismus wohl doch mit p, q (in allgemeiner Fassung) etwas Quaternäres bildet.

[1] Das vorliegende Schriftstück enthält keine Grußformel und kann deshalb als erste Fassung eines nicht mehr erhaltenen Briefes angesehen werden. Siehe auch das folgende z.T. gleichlautende Schreiben [1288], das offenbar die zweite Fassung einer Antwort auf Paulis „schwierigen" Brief [1286] darstellt.
[2] Vgl. hierzu auch die historische Untersuchung von H. Kragh (1994) über die universelle Länge bei A. March und W. Heisenberg.
[3] Siehe hierzu auch Fierz (1947).
[4] Vgl. Jung [1946b].
[5] Diese im 18. Jahrhundert verbreitete Auffassung der Ein- und Ausflüsse, die auch der Erklärung der elektrischen und magnetischen Erscheinungen diente, wurde später durch die Einführung sog. Fluida oder Imponderabilien (wie Wärmestoff, Lichtäther, elektrische und magnetische Fluida) ersetzt. Siehe hierzu Rosenberger [1887–1890] und Meya und Sibum [1987].

[1288] FIERZ AN PAULI

[Basel], 10. Oktober 1951
[2. Fassung][1]

Lieber Herr Pauli!

Vielen Dank für Ihren langen und inhaltsreichen Brief.[2] Seine Beantwortung hat mir einige Mühe gemacht, denn es sind darin sehr viele Fragen angeschnitten, zu denen ich gerne etwas sagen möchte; aber es zeigt sich dann immer, daß es schwierig ist, ordentlich darüber zu denken.

Sehr haben mich auch die biographischen Einzelheiten über 3 und 4 interessiert. Bei Ihnen scheint dies Problem an die Oberfläche zu steigen, wo es bei anderen meist nur im Unbewußten wühlt.

Zuerst möchte ich etwas über das absolute Vakuum sagen. Mit Ihrer Formulierung der Problematik der Feldtheorie bin ich ganz einverstanden. Um sie zu lösen nützt es gewiß nichts, daß es keinen leeren Raum gibt, aber das war auch nicht meine Meinung. Das Raumproblem ist jedoch mit jener Problematik verflochten; und zwar unlösbar.

Die Probekörper nämlich dienen zur Messung lokaler Größen. Da nun das Meßproblem in der Theorie nicht richtig ausgedrückt ist, ist auch die Lokalisierung und damit das Räumliche der Erscheinung unrichtig formuliert. Man tut so, wie wenn die Felder „im Raum" wären, wie wenn also der Raum an sich da wäre und auch entleert werden könnte.

In der klassischen Physik ist das „Ausräumen" eines Gebietes, als Gedanken-experiment möglich. Daher braucht man hier eine Theorie des Raumes, die un-abhängig davon ist, was diesen Raum erfüllt. Es gibt die Geometrie des Raumes und die Naturgesetze der Dinge im Raum.

Leibniz hat schon die Absurdität dieser Auffassung lebhaft empfunden.[3] Er wollte darum kein Vakuum zugestehen, denn der Raum sollte eine Ordnung gleichzeitiger Existenzen sein. Wo also nichts ist, ist keine Ordnung möglich, also auch kein Raum. Er konnte aber auf dieser Grundlage keinen für die Physik nützlichen Raumbegriff ableiten und dies um so weniger, als für ihn „Ordnung", als eine Relation, nichts wirkliches war, sondern in die Prädikate der einzelnen Monaden aufgelöst werden sollte.

Ich glaube darum, daß der klassischen Physik der absolute Raum angemessen ist. Die „klassisch objektive reale Welt", die ich gerne „absolute Welt" nenne, weil sie vom Beobachter losgelöst ist,[4] befindet sich im absoluten Raum. Absolut ist dieser, weil er von der ihn erfüllenden physikalischen Wirklichkeit unabhängig ist. In diesem Sinne ist auch der Raum der Relativitätstheorie absolut, weshalb Einstein vorschlug, ihn Äther zu nennen. (Wenn ich mich nicht täusche, hat er irgendwo diesen Vorschlag gemacht.)

In einer richtigen Feldtheorie sollte die Theorie der Lokalisierung auch eine Theorie des Raumes ergeben. Dieser sollte also irgendwie durch die Probekörper „erzeugt" werden, also in einem viel tieferen Sinne als in der Relativitätstheorie, Funktion des Beobachters sein.

Man könnte sagen, daß in der klassischen Physik der Raum ein Ersatz für den fehlenden Beobachter sei. So wäre es ganz vernünftig, ihn als „sensorium dei" zu bezeichnen: Gott ist der alleinige Beobachter.[5]

Wenn es einen leeren Raum gibt, dann ist der geometrische Raum sinnvoll und notwendig. Wenn es aber keinen leeren Raum gibt, so sehe ich die Notwendigkeit des geometrischen Raumes in der Physik nicht ein. Dann ist es auch verkehrt, wie Einstein es will, die Naturgesetze aus der Geometrie herleiten zu wollen.

Schon in der jetzigen, renormalisierten Quantenelektrodynamik ist der Raum ein Fremdkörper geworden. Das Funktional $\phi[\sigma]$, wo σ die zeitartige Fläche bedeutet, existiert meiner Meinung nach gar nicht. Was existiert, ist nur eine Größe, die den „mittleren Zustand" während einer Zeit τ beschreibt, wobei die Länge von τ von der Messung abhängt, mit deren Hilfe ich den Zustand bestimme. Weil aber keine Formulierung dieser Messung existiert, kann man auch die Theorie nicht richtig formulieren.

Sie haben zweierlei Typen von Gegensätzen unterschieden: die kompensatori-schen ($\pm$) und die komplementären (p, q). Zusammen wäre das eine Quaternität, falls eine Beziehung zwischen den 4 Partnern aufweisbar wäre. Eine solche muß ja vorhanden sein und wird z. B. als Rotation bezeichnet, wodurch auch eine ge-wisse Symmetrie ausgedrückt ist.

Direkt ist dergleichen nicht sichtbar, weshalb Sie auch nichts von einer Quaternität sagten. Indirekt gibt es aber Zeichen, die eine solche Spekulation nicht ganz unsinnig erscheinen lassen. Dabei muß man allerdings das Paar: Feld, Probekörper mit unter die (p, q)-Gegensätze rechnen, was theoretisch vorderhand nicht bewiesen ist und wohl nur bei Erweiterung dieses Begriffes möglich sein kann. Setzt man sich aber über diesen Punkt hinweg, dann könnte man z. B. folgendes machen:

Das „Feld" ist das zu beobachtende System und man kann darin z. B. entweder Quantenzahlen oder Phasen messen. Ihnen wäre (p, q) zuzuordnen.

Die Probeladungen sind $\pm$.

Ich weiß, daß das mäßig überzeugend ist.

Es gibt aber psychologisch etwas ähnliches. Moralisch soll man nämlich über andere nicht urteilen; ein solches Urteil ist wohl immer eine Projektion. Selber kann man aber wohl wissen, was gut und böse ist. Beim anderen dagegen kann man sehen, ob er bewußt oder unbewußt ist, was man von sich selber nie wissen kann. Die Verflechtung der beiden Gegensätze ist ausgedrückt im von Jung zitierten Herrenwort

<blockquote>Wenn du weißt, was du tust, bist du gesegnet.
Wenn du nicht weißt, was du tust, bist du verflucht.</blockquote>

Psychologisch scheint mir der $\pm$ Gegensatz dann richtig, wenn der einzelne über sich selber reflektiert (Problem des Schattens). Die Beziehung zum anderen sollte dagegen durch den (p, q)-Gegensatz charakterisiert sein. Unter diesem Gesichtspunkt wäre Jungs Buch über die Psychologie der Übertragung[6] nochmals durchzulesen.

Auf jeden Fall glaube ich, daß der $\pm$ Gegensatz auch in der Physik noch eine tiefere Bedeutung hat, als diejenige, die wir heute kennen. Theoretisch hat die Ladungskonjugation eine Beziehung zur Zeitumkehr oder zur Spiegelsymmetrie des Raumes. Falls das Raumproblem durch eine Theorie der Lokalisierung durch Messungen in neuem Lichte erscheinen sollte, müßte auch Licht auf den $\pm$ Gegensatz fallen. Dadurch würde dann auch die Relation zwischen (p, q) und $\pm$ deutlicher.

Jetzt will ich aber noch etwas zur Parallele Feld-Unbewußtes, Probekörper-Bewußtsein sagen. Die Sache hat manches für sich und ich habe diese Parallele auch im Vorhergehenden benützt. Aber ganz klar ist die Situation doch nicht.

Man könnte nämlich von den Begriffen Feld und Quellen des Feldes ausgehen, welch letztere punktförmige Singularitäten im Felde sind. Die Quellen wären eine Art individueller Prinzipien, die man dem Ich-Komplex vergleichen könnte. Das Feld wäre dagegen sozusagen kollektiv – ein Milieu.

Der Versuch, alles mit Hilfe des Feldes allein zu erklären, entspricht einer Psychologie, die alles auf die Wirkung eines kollektiven Milieus reduzieren möchte. Sie führt zur heute so populären „Group Psychology". In einer solchen wird der Mensch zum Glied einer Herde degradiert. Dadurch wird er in der Tat unbewußt und verliert seine moralische Verantwortung. Diese Erwägung zeigt, daß $\pm$ (Moral, gut-böse) viel mit dem Menschen als Individuum, als Einzelnem, zu tun hat. Er steht als Einzelner der Gesellschaft gegenüber und so ist er gut und böse. Entsprechend sind die Feldquellen isoliert in diesem Feld positiv oder negativ.

Ich habe in meinem Aufsatz das Feld als moderne Fassung der Idee von Einflüssen und Ausflüssen aufgefaßt.[7] Einflüsse sind aber psychologisch unbewußte Wirkungen. Bewußt wird niemand beeinflußt, sondern er nimmt einen Rat an oder verwirft ihn. Männer werden daher vorzüglich durch Frauen beeinflußt, von Freunden beraten. Der einflußreiche Freund des mächtigen Mannes ist immr eine dubiose Figur.

Das psychologische Problem der Beeinflußung hat nun mit der Psychologie der Übertragung[8] zu tun. Ein Mann wird von seiner Frau beeinflußt, weil er eine Übertragung auf sie hat. Die Übertragung geht vom Mann aus, der Einfluß von der Frau. Das Verhältnis ist zudem wechselweise. Wenn man die Wirkung als solche der Übertragung erkennt, so ist die Frau eine Anima, also handelt es sich um eine Wirkung des Unbewußten. Insofern aber die Frau auf den Handel eingeht – und das muß sie, wenn die Übertragung eintreten soll – so geht von ihr eine Wirkung aus, sie hat Einfluß. Man kann dann aber nicht sagen, daß dieser Einfluß von der Anima ausgehe. Er geht von der wirklichen Frau aus die ihrerseits vom Animus besessen ist. In diesen Relationen, die wohl nicht sehr gut geschildert sind, erblicke ich ein komplementäres Verhältnis.

[1] Diese zweite Fassung des Briefes wurde laut Paulis Erwiderung [1289] am selben Tag geschrieben wie der dann an Pauli abgeschickte Brief.
[2] Siehe den Brief [1286].
[3] Vgl. hierzu auch die Leibniz-Studie von Fierz (1947).
[4] Diese Bezeichnungsweise für eine derartige Situation wurde von Pauli übernommen (vgl. S. 247 und die Anmerkung zum Brief [1313]).
[5] Siehe hierzu auch Fierz (1954).
[6] Jung [1946b].
[7] Fierz (1951b, S. 15f.).
[8] Vgl. Jung [1946b].

[1289] PAULI AN FIERZ

Zürich, 13. Oktober 1951

Lieber Herr Fierz!
Ihr Brief vom 10.[1] hat mich außerordentlich interessiert und ich will versuchen, teils widersprechend, teils ergänzend einiges hierzu zu bemerken.

1. Ihre Formulierung: „Daher braucht man hier (in der klassischen Physik) eine Theorie des Raumes, die unabhängig davon ist, was diesen Raum erfüllt. Es gibt die Geometrie des Raumes und die Naturgesetze der Dinge im Raum." Und: „absolut ist dieser (der Raum), weil er von der ihn erfüllenden physikalischen Wirklichkeit unabhängig ist. In diesem Sinne ist auch der Raum der Relativitätstheorie absolut, weshalb Einstein vorschlug, ihn Äther zu nennen"* – diese Ihre Formulierung wird meines Erachtens der allgemeinen Relativitätstheorie *nicht* gerecht. Diese ist ja eben ein Versuch, gerade die Geometrie (natürlich des zum 4-dimensionalen Raum-*Zeit*-Kontinuum ergänzten

Raumes) mit den Naturgesetzen der Dinge in der Raum-Zeitwelt zu *verknüpfen*. Bekanntlich geschieht dies durch die Differentialgleichungen, welche den aus dem verjüngten Riemannschen Krümmungstensor R_{ik} gebildeten Ausdruck $R_{ik} - \frac{1}{2} g_{ik} R$ dem Energietensor T_{ik} proportional setzen. Und alle rufen freudig gerade das Gegenteil aus zu dem, was Sie in Ihrem Brief sagen: nämlich „Nur mehr die Verknüpfung von Raum-Zeit *und Dingen* ist jetzt absolut!"

Ich bin über diesen Teil Ihres Briefes ziemlich ungehalten, weil mir das wieder zeigt, daß bereits die, verglichen mit mir, nur wenig jüngere Generation (von den noch Jüngeren ganz zu schweigen!) die allgemeine Relativitätstheorie vollständig *verdrängt* – und auch deshalb, weil ich weiß, wie wichtig Einstein gerade diese Sache war.

Nach dieser dringenden Richtigstellung (mit Diagnose: *Verdrängung!*) erhebt sich nun die weitere Frage, ob die in der allgemeinen Relativitätstheorie erreichte Abhängigkeit des Raumes (bzw. der Raum-Zeit-Welt) von den Dingen auch genügend sei. Die Frage stellen, heißt schon sie verneinen. Da ist es interessant, daß Einstein selbst immer *mehr* wahrhaben oder erreichen wollte als in seinen eigenen Differential-Gleichungen (siehe oben) steckt: nämlich, es *sollte in einem leeren Raum* (d.h. *materiefreien*) Raum ($T_{ik} = 0$) auch notwendig $g_{ik} = 0$ sein.** Einstein kam zu diesem Postulat auf Grund der Machschen Betrachtungsweise (siehe beiliegenden Vortrag) der Trägheit, doch konnte er im Rahmen seiner Theorie dann seinen physikalischen Wunsch nicht mathematisch erfüllen: (Die kosmologische Seite der Angelegenheit erwies sich als nicht stichhaltig, da die frühere Beschränkung auf *statische* Lösungen unzulässig ist.) Es blieb so, daß für $T_{ik} = 0$ die (pseudo)-euklidische Minkowski-Welt eine mögliche Lösung der Feldgleichungen ist. Die Raum-Zeit – oder vielleicht besser: der „Zeit-Raum" – ist zwar nicht mehr ganz unabhängig von den Dingen in dieser klassischen Theorie, aber – um die Sache boshaft zu sagen – er ist durch die Dinge in ihm nur „leicht gekräuselt"! (Wodurch meine obige Kritik Ihres Briefes auch nachträglich gemildert ist.) – Ich bin einverstanden mit der Formulierung, daß die Unerfüllbarkeit des Einsteinschen Postulates (bzw. der ursprünglichen Machschen Betrachtungsweise) in der allgemeinen Relativitätstheorie ein tiefes und wesentliches Anzeichen für die Unzulänglichkeit der klassischen Feldphysik ist.

2. Ich komme nun von der Physik des 20. Jahrhunderts sogleich zurück auf Newton und sogar noch etwas weiter zurück: zur Naturphilosophie der italienischen Renaissance. Das hat sehr viel mit dem Ende Ihres Briefes zu tun, der von Newton handelt; es ist ganz sachgemäß, denn das Ende enthält latent den Anfang und das noch Ältere ist immer das Neue (mit welcher Formel ich immer gerne die Konservativen und die Umstürzler zugleich widerlege). Die Funktion der englischen Neuplatoniker bei Newton war offenbar, die Verbindung mit der Naturphilosophie der Renaissance herzustellen, denn damals war man sehr neuplatonisch (seit Ficino oder wahrscheinlich schon länger) und *damals hat sich auch der Raum gegenüber den Dingen verselbständigt!* = entmaterialisiert. Nach meiner Ansicht handelt es sich dabei um die Vorwegnahme einer Wendung der Naturwissenschaft durch die Philosophie: Man mußte wegkommen von der peripatetischen Tradition, wonach die Dinge „einen Ort suchen", was mit der Vorstellung begründet war, *daß die Orte im Raum als solche* physikalische

Qualitäten haben. Diese These war in der Renaissance *kontrovers* geworden, von vielen beibehalten (sogar von dem sehr neuplatonischen Giordano Bruno; die Unendlichkeit des Raumes ermöglicht ihm Pantheismus) aber von manchen verworfen. Von letzteren möchte ich hier auf Grund meines sehr lückenhaften historischen Wissens (möge es von Basel aus – gesegnet sei diese humanistische Polis – ergänzt werden!) Bernardino *Telesio* (1508–1588) und Francesco *Patrizzi* (1529–1597) erwähnen. Ersterer leugnete die physikalischen Qualitäten der Raumpunkte (wenn ich nicht irre, betonte er auch deren vollkommene Gleichwertigkeit, d. h. – modern ausgedrückt – die Homogenität des Raumes), letzterer verfocht die „absolute" Existenz des Raumes *jenseits der Dinge*. (Man sehe auch noch bei *Campanella* nach!) – Man kann nicht genug betonen, wie *sehr* die Probleme von Leibniz, Spinoza und Newton in der italienischen Renaissance aufgerollt waren! [2]

Zum Neuplatonismus der Renaissance (siehe Ficino) gehörte aber auch wesentlich die *anima mundi*, die auch eine ‚anima movens' war. Jeder Planet hatte eine Einzelseele, doch wie kamen diese miteinander in Beziehung: auch noch seelisch, durch die *anima mundi*, an der ja die Einzelseelen *teil* haben. (N. B. Ich sehe Herrn Fludd vor mir, wie er bei dem Wort „Teil" sofort die Stirne runzelt – also sagen wir ihm zuliebe: „mit der die Einzelseelen, sofern sie dem lichten Prinzip angehören, identisch sind".)

Im 17. Jahrhundert jedoch kam die anima mundi aus der Mode, diese Idee *verblaßte*. (Gerne würde ich wissen wie Ihr Epigone H. More und sein Kreis[3] sich dazu gestellt hat – was ist das noch für ein Neuplatonismus *ohne* die anima mundi?) Und eben durch die so entstandene Lücke drang Proportion, Geometrie, Mathematik in die Ideen über die Bewegung ein und drängte zur Empirie, zur Messung. Man sieht diesen Prozeß deutlich nicht nur bei Kepler, sondern auch bei Galilei. Dieser *verwarf* nicht nur die aristotelisch-peripatetische Tradition sondern *auch den Neuplatonismus* einschließlich anima mundi und ging auf die Pythagoräer *und auf Plato selbst* zurück. („Das noch Ältere ist immer das Neue"!)

Mit diesem Fortschritt (analytische Geometrie, Newtonsche Mechanik) aber entrückte der Raum in den Olymp des Absoluten und die Beziehung von Seele und Materie wurde ein besonderes Problem, das im Dämmerlicht des „Parallelismus" verschwand, so wie die Venus in der Morgendämmerung verschwindet.

Nun scheinen wir aber zu beginnen darunter zu leiden, daß man im 17. Jahrhunder zu weit gegangen ist (vgl. meine Keplerarbeit) und von damals her kommen „revenues",*** die mich nachts, und zuweilen auch tags, verfolgen – so wie die Venus als Abendstern zurückkehrt.[†] Wenn etwas unsichtbar wird, so bleibt es doch wirksam vorhanden und schon hat uns die allgemeine Relativitätstheorie in ihrem durch die Dinge „gekräuselten" „Zeit-Raum" die von den Peripatetikern überlieferte Idee der physikalischen Qualität der Raumpunkte (Orte) in der verwandelten Gestalt des g_{ik}-Feldes zurückgebracht (wenn sie auch nicht gleich den ganzen *horror vacui* zurückbringen konnte!)

3. Nun kommt die große Krise des Wirkungsquantums: man muß das Einmalige und den „Sinn" desselben opfern, um eine objektive und rationale Beschreibung der Phänomene zu retten. Wenn zwei Beobachter dasselbe tun,

ist es wirklich auch physikalisch nicht mehr dasselbe; nur die *statistischen Durchschnitte* bleiben im allgemeinen dieselben. *Das physikalisch Einmalige ist vom Beobachter nicht mehr abtrennbar* – und geht der Physik deshalb durch die Maschen ihres Netzes. Der Einzelfall ist *occasio* und nicht *causa*. Ich bin geneigt, in dieser „occasio" – die den Beobachter und die von ihm getroffene Wahl der Versuchsanordnung mit einschließt – ein „revenue" der im 17. Jahrhundert abgedrängten *anima mundi* (natürlich „in verwandelter Gestalt") zu erblicken. La donna é mobile – auch die *anima mundi* und die *occasio*.

Es ist hier etwas offen geblieben, was früher geschlossen schien und meine Hoffnung ist, daß durch diese Lücke *neue Begriffe* an Stelle des „Parallelismus" eindringen werden, die einheitlich *zugleich* physikalisch und psychologisch sein sollten. Möge eine „glücklichere Nachkommenschaft" dies erreichen.

Als Beispiel möchte ich sehr vage diskutieren, daß der Begriff „Archetypus" noch nicht diese erhoffte Eigenschaft hat, indem er in der Atomphysik nicht in natürlicher Weise anwendbar ist. Es schwebt mir hier als Oberbegriff so etwas wie „Automorphismus" vor (mir aus der Mathematik bekannt: automorphe Funktion und gruppentheoretisch in abstrakter Algebra). In den deterministischen Theorien sind die „dummen" Flächen $t = $ const. (vgl. in Ihrem Brief das über $\psi[0]$ Gesagte) sich immer wieder reproduzierende „Gestalten", aber diese sind *von zu spezieller Art*. Das Wort „Gestalt" deutet auch auf „Gestaltpsychologie" (Wolfgang *Köhler*) hin,[4] andrerseits könnte sie auch eine mit [Sinn] verbundene Form sein; deren Tendenz sich zu reproduzieren, könnte auch C. G. Jungs synchronistisches Phänomen umfassen sowie das, was dieser *früher* als Archetypus bezeichnet hat. (Seit 1946 hat sich das bei ihm etwas geändert.)[5] – Wie gefällt Ihnen „Automorphismus" in diesem Zusammenhang? Fällt Ihnen noch etwas zu diesem Wort ein?

4. Sehr interessant ist mir Ihr Versuch, ein komplementäres und ein kompensatorisches Gegensatzpaar zu einer Quaternität zusammen zu setzen. Daran habe ich noch nicht gedacht, ich weiß auch nicht, ob alle echten Quaternitäten von dieser besonderen Art sind.

Ich will auch noch weiter darüber nachdenken, will aber über das Beziehungsproblem Mann-Frau noch etwas hinzufügen. Falls die inneren Figuren Anima-Animus hierbei (wenigstens relativ) bewußt werden, tritt eine Verdoppelung ein im Sinne von

		–	+			
p	Mann		Frau		$-p$	$+p$
				$=$		
q	Anima		Animus		$-q$	$+q.$
		–	+			

Dadurch entsteht etwas, was einmalig und doch von objektiver Bedeutung ist und ich pflege diese Ganzheit als „Zentrum der Leere" oder auch als „aktiven Kern" zu bezeichnen – letzteres in bewußter Anlehnung an den radioaktiven Kern der Atomphysik.

Hier kommt jene merkwürdige psychologische Symbolbedeutung der „Radioaktivität" herein, über die ich hier nichts wiederholen will, weil wir uns einmal an einem Sommerabend in unserem Garten in Zollikon länger darüber unterhalten haben.

In der Hoffnung, von Ihnen wieder über den Inhalt dieses Briefes etwas zu hören, mit vielen Grüßen   stets Ihr W. Pauli

[1] Siehe die beiden vorangehenden Brieffassungen [1287 und 1288].

* Ich lege Ihnen gerne den betreffenden Vortrag Einsteins bei, bitte ihn gelegentlich wieder zu retournieren. „Nur mehr die Verknüpfung von Raum-Zeit *und Dingen* ist jetzt absolut!"

** Dies entspricht *genau* Ihrer Forderung, daß es unmöglich sein *sollte*, den Raum „auszuräumen"!

[2] Siehe hierzu auch die Darstellung bei Atmanspacher (1995, S. 242f.).

[3] In seiner späteren Newton-Studie (1954, S. 85–95) hat Fierz auch die Beziehung zwischen Newton und dieser Philosophenschule um Henry More (1614–1687) dargestellt. Siehe auch Fierz' Bemerkungen in seinem Antwortbrief [1292].

*** Skandinavisch: „Gengangere" (zugleich Titel des bekannten Stückes von Ibsen). Die Liebe gen ist derselbe Wortstamm wie das englische *again* (= wieder). D. h. natürlich, daß das englische Wort aus dem älteren dänischen (agen) abgeleitet ist.

[†] Ich glaube, daß *jede* Vermehrung des Bewußtseins so vor sich geht, daß dabei auch etwas im Unbewußten verschwindet, was vorher bewußt war und was danach viel später wiederkehrt. Das will ich mit dem Bilde der Venus ausdrücken und auch mit dem Spruch „das noch Ältere ist immer das Neue".

[4] Vgl. hierzu auch den Brief [1243]. Wolfgang Köhler (1887–1967), der einst mit Max Wertheimer die Berliner Schule der *Gestaltpsychologie* begründet hatte, gehörte nun in Amerika zu den führenden Vertretern dieser Richtung. Vgl. Wolfgang Köhler: *Die Aufgabe der Gestaltpsychologie*. Berlin 1971.

[5] Dieser Wandlung des Jungschen Archetypus-Begriffes ist Pauli in seinem Beitrag (1954b) zur Jung-Festschrift nachgegangen.

[1290] BOHM AN PAULI

São Paulo, o. D. [Mitte Oktober 1951][1]
[4. Brief]

Dear Dr. Pauli!

At last I am in Brazil, after many delays. I think that I shall like it here. The atmosphere is much better than in the U. S. The University is rather small, however, and the physics department is not very well organized. In fact, one part of my job is to help get it into a better state. There are 2 people here who were trained in Princeton. Dr. Tiomno[2] and Dr. Schützer, who are now teaching here.[3] There are also about 4 graduate students in theoretical physics. The experimental work being done here is with a 23 meV betatron and with a van de Graff accelerator, both of which are now being put into operating correlation.[4]

I shall now try to answer some of your objections to my interpretations of the quantum theory. First, a few general remarks.

1. In the second version of the paper,[5] these objections are *all* answered in detail. The second version differs considerably from the first version. In particular, in the second version, I do not need to use "molecular chaos".

2. You refer to this interpretation as de Broglie's.[6] It is true that he suggested it first, but he gave it up because he came to the erroneous conclusion that it

does not work.[7] The essential new point that I have added is to show in detail (especially by working out the theory of measurements in paper II) that this interpretation leads to *all* of the results of the usual interpretation. Section 7 of paper I[8] is also new, and gives a similar treatment to the more restricted problem of the interaction of two particles, showing that after the interaction is over, the hydrogen atom is left in a definite "quantum state" while the outgoing scattered particle has a corresponding definite value for its energy. As I have already pointed out, I do *not* need to refer to "molecular chaos" in proving this result. If one man finds a diamond and then throws it away because he falsely concludes that it is a valueless stone, and if this stone is later found by another man who recognize its true value, would you not say that the stone belongs to the second man? I think the same applies to this interpretation of the quantum theory.

It is difficult for me to answer your objections in detail without simply repeating what is in section 7 of paper I and in the first five or six sections of paper II.[9] However I shall try.[10] The prototype of all the problems that arise is contained in the treatment of the scattering of an incident particle (coordinate y) by a hydrogen atom (with an electronic coordinate x). The initial wave-function takes the form of a product

$$\Psi_i = \psi_0(x)e^{-iE_0t/\hbar}f_0(y, t),$$

where $\psi_0(x)$ is the wave function of the ground state of the hydrogen atom, E_0 is the ground-state energy, and $f(y, t)$ represents an incident packet for the incoming particle. At this time, the electron-particle has some definite location, x, and the incoming particle has the location, y, (which is practically certain to be somewhere in the region where $|f_0(y, t)|$ is appreciable).

Now, when the incident packet reaches the hydrogen atom, interaction will occur. The wave function can then be written

$$\Psi = \Psi_i + \sum_n \psi_n(x)e^{-iE_nt/\hbar}f_n(y, t).$$

{This follows by definition, since this is an expansion in terms of the complete set, $\psi_n(x)$.} At this time, the wave-function varies in a very complicated way with position and time. Because the quantum mechanical potential, $U = -\frac{\hbar^2}{2m}\frac{(\nabla_x^2+\nabla_y^2)|\Psi|}{|\Psi|}$ contains $|\Psi|$ in the denominator, violent fluctuations in U may occur where $|\Psi|$ changes by an appreciable fraction of itself. Violent transfers of energy and momentum will occur between the particles, and the motion at this time will be very chaotic, resembling Brownian motion. However, this chaotic motion is, as we shall see later, just what is needed to bring about the correctness of the statistical ensemble with a probability density, $P = |\Psi|^2$.

Ultimately, however, the behavior of the wave function will become simple again. You will easily convince yourself that the outgoing waves, $f_n(y, t)$, must eventually take the form of packets. (This follows from the packet character of the incident wave.) Moreover, the nth packet will move with a speed corresponding to the kinetic energy of the outgoing particle $V_n = \sqrt{\frac{2T_n}{m}}$, where

$T_n = T_0 + E_0 - E_n$. (These results follow from an elementary mathematical treatment.) Thus each outgoing packet has a speed different from that of every other. You will easily convince yourself that after some time, every packet must become separated from every other packet by a classical order of distance. Moreover, the outgoing particle must enter *one* of these packets (since $P = |\Psi|^2$, so that the particle will not be in the places between the packets, where $|\Psi|$ is negligible). But since the quantum-mechanical potential for the system is $U = -\frac{\hbar^2}{2m}\frac{(\nabla_x^2+\nabla_y^2)|\Psi|}{|\Psi|}$, we see that the potential on the x particle is not affected by y packets that do not contain the outgoing particle. Thus, the potential on *both* the x and on the y particle is the same as if the wave function were $\Psi = \psi_n(x)e^{-iE_nt/\hbar}f_n(y, t)$, and as if the other packets did not exist (n is here the *actual* packet entered by the outgoing particle).

We conclude then that the hydrogen atom and the outgoing particle are each left in a state of definite energy. The fluctuations suggested by you and de Broglie do not actually persist when a wave packet is constructed. It is true that while the wave packets $f_n(y, t)$ overlap, there are violent fluctuations, but ultimately these will disappear after the wave packets separate. Moreover, a corresponding result is obtained in the usual interpretation. Thus, while the packets $f_n(y, t)$ overlap (in the usual interpretation) it is meaningless to say what the energy of each particle is, for because of interference, each particle must be said to cover *all* energies simultaneously (in some sense). In my interpretation (and this part is mine, not de Broglie's), the particle energy is not meaningless but it is definite and actually fluctuates continuously but chaotically, as long as the packets overlap. Both interpretations lead to the same physical results. For the usual interpretation states that if the *energy* is measured a definite result will be obtained, with a corresponding probability given by the function. One way of measuring the energy (in fact the usual way) is to allow the packets time enough to separate clearly so that the velocity can be measured. As I show in appendix B of paper II, however, *any* way of measuring the energy must lead to the same results.

You may now ask the question "What if the outgoing packets $f_n(y, t)$ eventually come together again? Will the hydrogen atom not be affected?" The answer is – yes. But the *same* result is predicted in the *usual* interpretation. For if the outgoing packets are brought together by some method that does not destroy interference, the state of the hydrogen atom *can* be affected. This is an essential aspect of the quantum theory, which must be retained for its overall consistency. Of course, if some property of the outgoing particle is *measured*, then in the usual interpretation, interference is destroyed, so that thereafter, no such effects on the hydrogen atom can be produced by actions carried out on the outgoing particle. Similarly, in my interpretation, I show in paper II that after a *measurement*, the effects of the measuring apparatus are such that interference between the $\psi_n(x)$ is destroyed. Thus, in every respect, my interpretation leads to *precisely* the same experimental results as those of the usual interpretation.

A few other points should be mentioned. First, it has been shown that under the action of the potential, $V + U$, the probability distribution, $P = |\Psi|^2$ is preserved by the equations of motion. The question now arises "Suppose that we had initially an arbitrary ensemble, for example, a well-defined particle position and momentum. Would the ensemble, $P = |\Psi|^2$ ultimately be established?" The answer is – yes. First, we note that wherever a particle interacts with an external system, such as atoms of a gas, walls of the apparatus, a measuring apparatus, etc., violent fluctuations in its momentum and energy occur, similar to those described in connection with the scattering of an electron on a hydrogen atom. Even if the particle position were initially known, these fluctuations would in practice make it very difficult for us to follow the motion in detail, moreover, they would introduce a chaotic character in the motion, analogous to that of Brownian motion, so that in time, the particle would tend to cover the entire region in which $|\Psi|$ was appreciable. Now the ensemble $P = |\Psi|^2$ is known to be stable once it is in existence. The only remaining problem is to show that, because of the chaotic motion described above, an arbitrary ensemble tends to decay into an ensemble with $P = |\Psi|^2$. This is analogous to proving the H theorem, which states that in classical statistical mechanics, an arbitrary ensemble tends, because of chaotic collisions, to decay into the Gibbs ensemble. I can now prove a similar theorem for the quantum-mechanical ensemble. Thus, the complicated and chaotic motion that occurs in interaction, to which you and de Broglie objected so strongly, is just what is needed to establish the ensemble, $P = |\Psi|^2$. It is therefore something that is desirable in the theory.

Let us now discuss von Neumann's proof that quantum theory is inconsistent with hidden causal parameters.[11] His proof involves the demonstration that no "dispersionless" states can exist in the quantum theory, so that no *single* distribution of hidden parameters could possible determine the results of *all* experiments (including for example, the measurements of momentum and position). However, von Neumann implicitly assumes that the hidden variables are only in the observed system and not in the measuring apparatus. On the other hand, in my interpretation, the hidden variables are in *both* the measuring apparatus and the observed system. Moreover, since different apparatus is needed to measure momentum and position, the actual results in each respective type of measurement are determined by *different* distributions of hidden parameters. Thus, von Neumann's proof is irrelevant to my interpretation.[12]

It appears that von Neumann has agreed that my interpretation is logically consistent and leads to all of the results of the usual interpretation. (This I am told by some people.) Also, he came to a talk given by me and did not raise any objections.

As far as the theory of measurements is concerned, this is just a generalization of the problem of the interaction of her particles. I suggest that you read paper II to obtain a description of this theory. There is however one important point that must be stressed. The measurement of a so-called "observable" does not necessarily disclose the corresponding property of the particle. The reason is that the final results of the measurement depend both on the particle variables and on the ψ field in a way that is very complicated and difficult to disentangle. Thus, the observed result is not necessarily simply related to the particle position or momentum. In fact, these variables would not be "hidden" if such a simple relation existed, for then we could measure them. As an example, consider a stationary state, in which the particle momentum is zero. When the momentum "operator" is measured, the ψ field of the particle is so disturbed that the particle can gain momentum from the ψ field. In fact, its ultimate momentum will be just equal to the value of the momentum "operator" as observed. This I prove in paper II.[13] Such a disturbance occurs even if in the usual terminology the measurement is made by an apparatus that does not "disturb" the momentum. For such an apparatus is one in which the interaction Hamiltonian contains only operators that commute with the momentum. This means only however that in the "classical" part of the interaction, no disturbance of the particle momentum occurs. But in the "quantum-mechanical" potential, a strong disturbance does occur. This disturbance is just what is reached to make my interpretation lead to the same results as those of the usual interpretation.

With regard to the measurement of pressure, this is just a special case of a general measurement, so that both interpretations must lead to the same result. Here, we must be careful to take into account the actual structure of the pressure-measuring mechanism and treat it quantum-mechanically, if we wish to obtain a description of the process to a quantum-level of accuracy. It would merely be a repetition of paper II to go through this procedure for a pressure measurement. One remark is however helpful here. Taking into account the structure of the measuring apparatus is the counterpart in my interpretation of Bohr's taking into account the disturbance due to the measuring apparatus in the usual interpretation. However, in my interpretation the measuring apparatus and the observed system must be considered as a single system if we wish to obtain a consistent description of how the observed system ends up in a single definite state, corresponding to the actual results of the measurement, and not in a superposition of states. Thus, some of the discussions appearing in your post-card and last letter is not really applicable here, since it leaves out of account the interaction of the pressure-measuring mechanism with the observed system. The fact is that as I have pointed out, the actual results of each individual measurement are determined by hidden variables existing in the pressure-measuring mechanism as well as in the observed system. What I can do is to show that when this mechanism is taken into account, my interpretation can causally and continuously lead to the same actual results as those of the usual interpretation. In this connection, one must remember that what we must predict to the *actual* result of a pressure measurement carried out with a real pressure-measuring instrument, and not an abstract pressure defined in a somewhat arbitrary way.

I hope that this letter will answer some of your objections.

Sincerely

D. Bohm

---

[1] Die Tatsache, daß dieser Brief wenige Tage nach Bohms Ankunft in Brasilien geschrieben wurde, legt diesen Zeitpunkt nahe.

[2] Die brasilianischen Physiker Jayme Tiomno und Walter Schützer hatten durch Vermittlung von Paulis ehemaligen Schüler Leite Lopes 1948/49 ihre Ausbildung bei J. A. Wheeler in Princeton erhalten. Zusammen mit M. Schönberg, C. M. G. Lattes u. a. gehörten sie zu dem von G. Wataghin und G. Occhialini an der Universität von São Paulo eingerichteten Zentrum für Höhenstrahlungsforschung. Hier lernten sie auch viele amerikanische Kollegen (insbesondere R. Feynman und Cécile Morette) kennen, die später Brasilien besuchten. Zusammen mit Wheeler

fertigte Tiomno auch einen umfassenden und vielbeachteten Bericht über das beim Mesonenzerfall auftretende Elektronenspektrum an, der während der Pocono-Konferenz vorgelegt wurde.

[3] Jaime Tiomno und Walter Schützer hatten zuvor bei Wheeler in Princeton gearbeitet. Aus der Zusammenarbeit von Bohm und Schützer ging eine Veröffentlichung über das Problem von Statistik und Wahrscheinlichkeitsdeutung hervor, die erst 1955 zur Veröffentlichung gelangte. Durch Tiomnos Bemühungen wiederum wurde auch Feynman an das Centro Basileiro de Pesquisas Fisicas nach Brasilien eingeladen (siehe hierzu Mehra [1994, S. 333]).

[4] Einen ausführlichen Bericht über den Zustand der Physik in Brasilien veröffentlichte der brasilianische Physiker J. Costa Ribeiro (1952a,b) kurz darauf in den Physikalischen Blättern.

[5] Es handelte sich im wesentlichen um die von Bohm (1952a, b) zur Veröffentlichung eingereichte Version.

[6] In dem von R. Peierls ins Deutsche übersetzten Werk von L. de Broglie [1929, insbesondere Kapitel 9 und 10] stellte de Broglie seine Versuche zusammen, der Wellenmechanik mit Hilfe der als Stromlinien des Ψ-Feldes (dem sog. *Führungsfeld*) interpretierten Teilchenbahnen und einem zusätzlichen *Quantenpotential* eine deterministisch erscheinende Gestalt zu verleihen. De Broglie hatte jedoch seine Konzeption damals aufgrund von Paulis Kritik 1927 während des Solvay-Kongresses aufgegeben. Siehe hierzu auch Paulis Beitrag (1953) zur de Broglie Festschrift.

[7] Siehe hierzu Bohms Erklärung in seiner Veröffentlichung (1952b, Appendix B).

[8] Bohm (1952a).

[9] Bohm (1952b).

[10] Siehe hierzu auch die Darstellung bei Bohm [1957, Kapitel IV].

[11] Diese vielzitierte Behauptung, daß eine deterministische Ergänzung der Quantentheorie (z.B. durch Einführung sog. *verborgener Parameter*) ohne wesentliche Abänderungen ihrer Aussagen prinzipiell nicht möglich ist, hat J. von Neumann in seinem bekannten Buch über *Die mathematischen Grundlagen der Quantenmechanik* [1932, S. 108 und 170f.] veröffentlicht. Siehe hierzu auch Baumann und Sexl [1984, S. 22ff.].

[12] Siehe hierzu Paulis Gegenargument in seinem folgenden Schreiben [1323] an Destouches.

[13] Bohm (1952b).

[1291] PAULI AN VON FRANZ

[Zürich], 16. Oktober [1951]

Liebe!

Anbei eine Plauderei über Alchemie und die „Aurora".[1] Mit Absicht habe ich diejenigen Nuancen meiner Auffassung zum Ausdruck gebracht, die sich von der C. G. Jungschen etwas unterscheiden – ohne dieser zu widersprechen – was wohl daher rührt, daß ich von der Physik und der Naturphilosophie her an dieses Gebiet herankomme und nicht von der Psychotherapie her. Es ist etwas lang geworden, aber die Gedanken kamen mir leicht. Die Details der Aurora zu deuten, habe ich natürlich gar nicht beabsichtigt. Falls mir noch etwas einfällt, schreibe ich wieder. Vorläufig habe ich in Aussicht genommen, Sie Dienstag 23. Oktober zu sehen, werde an diesem Tag aber noch zwischen 12 und 1 Uhr mittags telefonieren. Für eventuelle schriftliche Kritik meiner Äußerungen wäre [ich] aber schon vorher verbunden.

Ihr getreuer W. Pauli

[1] Siehe den Anhang zum Brief [1291]. Pauli beschäftigte sich auch noch weiterhin mit diesem Thema, wie die Bemerkung im Brief [1481] zeigt.

ANHANG ZU [1291]

1. Prinzipielles zur Alchemie

Als das Bedeutende an der Alchemie erscheint mir ihr in einer hinsichtlich des Gegensatzes physisch-psychisch *neutralen* Sprache ausgedrücktes Einheitserlebnis, das auch die emotionale Sphäre miteinschließt und daher zugleich ein numinos-religiöses Erlebnis ist. In religiöser Sprache ausgedrückt kann man sagen, daß der Alchemisten Weg zum „Einen" (oder Gott) mit einem Abstieg in die Körperwelt beginnt, daher auch diese Körperwelt letzten Endes zum religiösen „Ziel" führt.

Leider sind für einen Modernen, der gerade ein solches Einheitserlebnis anstrebt, einige Wenn's und Aber's hinzuzufügen: Vor allem beruht das alchemistische Erlebnis auf einigen Illusionen über die physikalisch-chemische Seite ihres Prozesses (wie Goldmachen etc.): Auf Grund unseres heutigen physikalisch-chemischen Wissens fällt leider die Hälfte der alchemistischen Aussagen dahin, weshalb der psychologische Ausdruck „Projektion" berechtigt wird und nach Jung nur der psychische Teil der Alchemie verwertbar bleibt. Bei einem *wirklichen* psycho-physischen Einheitserlebnis *sollte* aber der umgekehrte Ausdruck „Introjektion" (von der Physis in die Psyche) ebenso korrekt sein wie „Projektion" (aus der Psyche in die Physis).

Deshalb müssen wir aus dem alchemistischen Einheitsparadies Vertriebenen einen neuen Weg zum „Einen" suchen – wieder mit einer „neutralen Sprache", aber mit einer neuen – mit *unserem* Wissen über die Physis.

Der von den meisten Religionen (Christentum, Platonismus, Yogalehre des Ostens) beschriebene Erlösungsweg zur Leere (Gott, das „Eine" oder Nirwanah) ist ein Weg zu einem ekstatischen Zustand, bei welchem ähnlich wie im Tod das materielle Objekt ins Unbewußte versinkt. Daher im Osten das objektlose „reine Subjekt des Erkennens" (meines Erachtens ein prinzipiell unmöglicher Grenzfall) das ideale Ziel ist. Demgegenüber scheint für den Modernen *wie einst für den Alchemisten* ein Weg zum *schöpferischen Gleichgewicht zwischen den Gegensatzpaaren* (geistig, psychisch – materiell, chthonisch, physisch; gut, licht – böse, dunkel, etc.) das Erstrebenswerte.

Wenn nun das Ziel für uns dasselbe ist wie für die Alchemie muß doch der Weg dahin mutatis mutandis verschieden sein.

Um mit unserem Verstehen (im Gegensatz zum nicht mitteilbaren *Erleben*) der Natur so weit zu kommen, muß, so scheint mir, *sowohl* die Physik *als auch* die Psychologie noch weite Wege gehen. Noch sind diese „Schubladen" getrennt und erst in unseren Träumen ist etwas wie eine aurora consurgens einer künftigen Einheit zu sehen. Solche Entwicklungen können aber meines Erachtens nicht überstürzt oder gar übersprungen werden.

Eine weitere Kritik der Alchemie bezieht sich auf die allegorische Form* ihrer Traktate. Das erscheint mir als eine sehr schwächliche und unkünstlerische Weise, die emotionale Seite des Erlebens mit zum Ausdruck bringen zu wollen, es ist etwa so, wie wenn heute jemand mit Allegorien über die theoretische Physik entweder ein Dichter werden oder eine religiöse Sekte gründen wollte!

Allegorien erreichen nie die Wirkung natürlicher Symbole oder eines echten Kunstwerkes!

2. Der alchemistische „Prozeß" als unteres (materiell-chthonisches) Spiegelbild des circuitus spiritualis' der Platoniker**

Bei den Renaissance-Platonikern (Marsilio Ficino und von diesem abhängig Leone Ebreo = Judas Abrahanel, Dialoghi d'amore)[1] werden die Dinge (d. i. die materielle Welt) von Gott emaniert (die für diese Emanation angegebenen Gründe sind mir nicht überzeugend)*** und bilden die sogenannten Theophanien[†] (schon bei Scotus Eriugena), um nachher wieder zu Gott zurückzukehren (mit Resultat schlechthin Null).

Aber dieser circuitus spiritualis[††] hat nun eine wesentliche Beziehung zur *Liebe*, die nur ein anderer Name für diesen kosmischen Kreisstrom ist. Die Wonne der Liebe für die einzelnen Individuen soll nämlich darauf beruhen, daß sie sich in diesem kosmischen Kreisstrom einschalten. Die betreffende Stelle in Ficinos „In Convivium Platonis Commentarium" lautet (siehe II, 2, Bibl. 90, p. 1324):

Quoniam si Deus ad se rapit mundum mundusque rapitio, unus quidam continuus attractus est a Deo incipians transiens in mundum, in Deum denique desinens, qui quasi circulo quodam in idem, unde manabit, iterum remeat. Circulus itaque unus et idem a Deo in mundum, a mundo in Deum, tribus nominibus nuncupatur: procit in Deo incipit et allicit, pulchritudo; procit in mundum transiens ipsum rapit, amor; prout in autorem remeans ipsi suum opus coniungit, voluptas.

Zwischen der Wonne der Liebenden und den ekstatischen Zuständen von Moses und Paulus ist kein prinzipieller Unterschied: amor coelestis (Platos $\varepsilon\rho\omega\varsigma$ = christliche caritas).

Wie verschieden nun scheint das alles von der Alchemie! Doch bei näherem Zusehen zeigt sich eine ganz merkwürdige *Entsprechung*, die bis in viele Einzelheiten geht (vgl. Fußnote 1, Seite 60) – so daß namentlich wenn der Anfang des opus dargestellt ist, *es oft schwer zu sehen ist*, ob man es mit einem platonischen oder hermetischen Autor zu tun hat:

Platonisch	Hermetisch
Die Dinge werden von Gott emaniert	Ein Blitz fährt von oben in die prima materia
Die Seele hat *,Melancholia'* nämlich Heimweh nach der himmlischen Heimat	Erste Stufe: *nigredo*
Sie steigt langsam auf in Kontemplation durch die verschiedenen Sphären	Der artifex steigt in den Stoff *hinunter* Dann aber: aurora consurgens
Ende: *amor coelestis* führt schließlich zu *,coincidentia oppositorum'* *,Kuss Gottes'* (Kabbala) wird gerne zitiert von den Platonikern.	Ende: unio mystica mit der Gottheit chymische *Hochzeit* *Lapis* = filius philosophorum

Es wäre wohl möglich, diese Parallelen bis in viele Details zu ergänzen. Die beiden Richtungen laufen seit altersher parallel. Ich glaube nicht, daß eine älter ist als die andere. Aber sie durchdringen sich manchmal und es gibt Übergangsformen.

Die Alchemie und ihr Prozeß erscheint mir oft wie ein ins Materielle nach unten gespiegelter und daher vermenschlichter Platonischer Kreisstrom. Man kann aber wohl nicht behaupten, daß die letzere Idee die ältere sei. Es sind wie zwei Anschauungen von im Grunde einer und derselben Sache und ich komme nicht von dem Eindruck los, *daß die verbleibenden Unterschiede eigentlich auf Mißverständnissen von beiden Seiten beruhen.* Bei der Alchemie sind ja auch welche (Goldmachen) und bei den Platonikern ist eben alles gut, vollkommen – die Emanation der Welt geschah nur aus höchster *Liebe* Gottes (honny soit qui mal y pense)[2] und der Platoniker steigt kontemplierend von Tugend zu Tugend bis zu seinem Ursprung zurück. (Siehe nochmals p. 3, Fußnote 2:[3] Wäre er nicht „herunter-emaniert", so könnte er auch nicht wieder heraufsteigen – „also" gibt es kein Böses. Das ist im Grunde schon bei Plotin so.)

Bei aller Kritik geben mir aber die so überraschenden Parallelen der beiden Richtungen sehr zu denken und stimmen mich hoffnungsvoll. Es ist wie bei der oberen und der unteren Triade (Trinität): Der Alchemist ist die chthonisch-materielle Entsprechung des Platonikers, so wie der Antichrist die des Christ ist. Der große Unterschied ist, daß beim opus des Alchemisten etwas herauskommt, was vorher nicht in dieser Form da war (Bewußtwerdung), beim Platoniker aber nicht.

Inzwischen hat sich die Physik mit ihren Elementen-Umwandlungen der ursprünglichen Alchemie wieder genähert (nachdem die wissenschaftliche Chemie sich zunächst von ihr entfernt hat) und die Jungsche Psychologie hat die Alchemie angetroffen als Kompensation ihrer früher zu starken Entfernung von der Physis. Physis und Psyche treffen wieder zusammen, aber diesmal, scheint es, in der *unsichtbaren* Realität (Atom, kollektives Unbewußte). Es besteht kein prinzipieller Grund, warum diese unsichtbare Realität nicht *ohne Allegorie* in neutraler Sprache beschreibbar sein sollte.

In dieser Verbindung möchte ich dem Kenner der Alchemie sehr raten, einmal *Dürers* Melancholie eingehender zu betrachten.[4] Wird sich das Geheimnis, daß diese Dame niemand anderer ist als die alchemistische Nigredo (ob nun dem Künstler bewußt oder nicht), einmal herumgesprochen haben, so wird sich dieser Betrachter nämlich alsbald in einem ihm wohl vertrauten Milieu von Symbolen[§] (mit Saturn als prima materia) befinden, und es werden ihm voraussichtlich bald noch weitere Lichter aufgehen – die er aber nicht in den dicken Büchern meines Freundes Panofsky über dieses Bild finden wird, dem ja Psychologie und Alchemie ganz unbekannt sind. So wie die von ihm geliebten Neuplatoniker (und so wie auch der gnostische Christus im Pleroma) hat er nämlich seinen Schatten von sich abgeschnitten, so daß dieser sich nicht in seinen Büchern befindet, sondern ganz woanders.[§§]

3. Einige Bemerkungen zur Aurora

Es ist aus dieser Einstellung und Stimmung heraus, daß ich an die Lektüre der „Aurora Consurgens" heranging.[5] Zunächst erschien mir die allegorische Plünderung der Bibel und des Hohen Liedes eine so enorme Geschmacklosigkeit, daß ich lange brauchte, um meine Abneigung zu überwinden. Ich kann hierfür auch nicht die Entschuldigung geltend machen, daß es nötig war, etwas zu cachieren, denn dazu ist der erotisch[§§§]-chemische Inhalt wieder zu manifest. Eher ist es mein Eindruck, daß der Autor *sich selbst* davon zu überzeugen suchte, daß er im Grunde ja nichts anderes glaube als was in der Bibel steht (Gretchen: „mit anderen Worten sagt das der Herr Pfarrer auch"). Der Autor erscheint mir in dieser Hinsicht *naiv*. Auch der gescheiteste Mensch ist dann naiv, wenn er etwas unbedingt glauben will. Eine andere, mir haltbar erscheinende Erklärung kann ich für diese Allegorien nicht finden, denn ein etwaiger Versuch einer Täuschung der Leser wäre meines Erachtens viel zu plump. Für die Naivität des Autors spricht auch, daß insbesondere die letzte Parabel eine gewisse poetische Schönheit aufweist, obwohl nur fremde Texte zusammengestellt sind. So habe ich mich dann langsam an diese merkwürdige Form gewöhnen können.

Ich habe im Vorangehenden absichtlich Ficino (1433–1499) und *Dürer* erwähnt, weil ich „schmecke", daß die Aurora etwa aus der gleichen Zeit stammt (was auch mit den vorhandenen Zeitangaben übereinstimmt); stark spüre ich die „Renaissance" am Werke. Das Zeichen dieser Zeit ist ja die Erweiterung und Wandlung des Christentums, nebst dessen „Umsturz" oder dessen Leugnung. Auch das mag jene allegorische Form erklären.

Im einzelnen finde ich auch einige alte Bekannte: Anklänge an die Rittergeschichten in der 2. Parabel (Eva bringt das Verderben, Maria vertreibt es wieder[#] – wenn ich nicht irre, spielt so etwas in der Graalsgeschichte eine Rolle)[6] und in der 7. (letzten) Parabel die drei geheimnisvollen Worte. (Ich erinnere mich, daß in den alten Texten vom Graal, eben in Verbindung mit der *Trinität*, geheimnisvolle und *nicht angegebene* Worte Josephs von Arimathäa wichtig sind.)

Die „untere" Triade in der 4. Parabel (Maß, Zahl und Gewicht)[7] erinnert mich natürlich gleich an das cm gr sec-System. Hierzu ist zu bemerken, daß in der Physik die gewählte Zahl an Grundeinheiten eine Konvention, daher psychologisch mitbedingt ist.

Die „Liebe" als kosmogonisches Prinzip, das Spiel der Gegensatzpaare (Gegensatz-Vereinigung), Christus als der zweite Adam, sind ja zu bekannt, um besonders erwähnt zu werden. Die Weisheit als Braut und die „große Wolke, welche die ganze Erde schwarz überschattet", habe ich ja schon erwähnt.

Natürlich ist die letzte Parabel (entsprechend Conjunctio von Sol und Luna mit multiplicatio, chymischer Hochzeit) die großartige Formulierung eines *psycho-physischen Einheitserlebnisses* von kosmischem Charakter, und es ist immer das Anzeichen eines gesunden Eros, wenn die persönliche Sexualität nur als Symbol für jenes Größere so bedeutungsvoll erlebt wird.

---

* Besonders bei Christus-Lapis oder Messe-Opus Parallelen.
** Ich referiere speziell Marsilio *Ficino*, von dem ich soviel von *Panofsky* gehört habe.
[1] Vgl. hierzu auch Band **III**, S. 559 und 725.

*** Sie sind im wesentlichen eine *Umkehrung* des Wiener Volksspruches: ‚Wärst nit auffi g'stiegen, wärst nit abg'fallen.' [Vgl. S. 364, Anm. **.]

† Hierzu Schopenhauers Kritik „Scotus Eriugena erklärt, im Sinne des Pantheismus ganz konsequent, jede Erscheinung für eine Theophanie: dann muß aber dieser Begriff auch auf die schrecklichen und scheußlichen Erscheinungen übertragen werden: *saubere Theophanien*!" Steht in „Welt als Wille und Vorstellung, Ergänzungen zum 4. Buch, Kapitel 50, Epiphilosophie". [Vgl. *Schopenhauers Werke*, Band **2**, S. 758. Vgl. hierzu auch den Brief [1234].]

†† Ficino [1482]: *Theologia Platonica*, **X**7, Bibl. 90, p. 234: divinus influxus, ex Deo manans, per coeles penetrans descensus per elementa, in inferiorem materiam desinens … . Siehe auch ebenda **IX**, 4, p. 211.

2 Diesen Wahlspruch der Träger des um 1350 von König Edward III. gestifteten Hosenbandordens zitierte Pauli auch schon in dem Brief [1212].

3 Das entspricht in der vorliegenden Transkription der vorangehenden Fußnote ***.

4 Vgl. hierzu auch den Brief [1364] und Paulis Bemerkungen über die Polemik zwischen Kepler und Fludd, die in einem Manuskript aus dem Jaffé-Nachlaß [Hs. 1090: 67] mit der Überschrift: „Zur Diskussion" enthalten sind (vgl. S. 323). Darin versucht Pauli diese Polemik mit den beiden philosophischen Strömungen des ausgehenden Mittelalters, die er als die platonische und die alchemistische bezeichnete, in geistesgeschichtlichen Zusammenhang zu bringen: „Das Leben der mehr oder weniger pantheistisch aufgefaßten, d. h. mit der Ganzheit des Kosmos identifizierten Gottheit besteht für den Platoniker in einem kosmischen Kreislauf, beginnend mit der Emanation der *Ideen* und *Seelen*, dann der Körperwelt aus der Gottheit und endend mit der Rückkehr aller Dinge zu Gott. Die Vorstellung vom Opus und seinem Resultat und damit die Idee einer Wandlung ist dem Platoniker fremd. Der Endzustand des Kreislaufes ist mit dem Anfangszustand identisch und dieses Spiel geht ewig weiter. Was ist aber nun der Sinn dieses ewigen Kreislaufes, wenn er doch zu keinem Resultat führt? Auf diese Frage antwortet der Platoniker: die Schönheit. … Die Seele des Einzelnen kann nichts anderes vollbringen als sich diesem kosmischen Kreislauf einfügen, u[m] dadurch der Schönheit des Kosmos teilhaftig zu werden. Dies ist der Zweck der Kontemplation, welche stets mit der *Melancholia*, das heißt mit dem Heimweh der Seele nach ihrem göttlichen Ursprung beginnt. (Die Parallele zur *Melancholia* der Platoniker ist bei den Alchemisten die *nigredo*.)" Panofsky hat jedoch in seinem Schreiben [1378] vom 5. März 1952 Paulis Deutung nicht zugestimmt.

§ Ob man die „große Wolke, welche die ganze Erde schwarz überschattet" Melancholie oder Nigredo nennt, kommt natürlich auf eins heraus. Ebenso, ob man von der Weisheit als Braut oder von der αφροδιτε ουρανια spricht.

§§ Anmerkung für Kenner: Hier muß ich jenes freundlichen Tieres, des Hundes gedenken, der in der psychologischen Beurteilung meiner Träume (übrigens auch des „befreundeten" Philosophen Schopenhauer) eine so große Bedeutung hat, da er gewöhnlich eine wichtige Eigenschaft (bzw. Figur des Unbewußten) *exterriorisiert* darstellt. Mein Freund Panofsky nun hatte während des Krieges einen Hund – von ihm charakteristischer Weise „Moses" genannt, der uns manchmal auf unseren Spaziergängen begleitet hat; oft aber auch nicht. Er hatte nämlich die Eigenschaft zu *vagieren* und kam dann stundenlang oder sogar während mehrerer Tage nicht nach Hause. Panofsky pflegte dann seufzend zu sagen: „Er kommt nur noch, wenn er etwas zu fressen haben will …" Für die ganzheitliche Betrachtungsweise gilt immer das Voltairesche Wort: „Le superflu – chose très nécessaire".

5 M.-L. von Franz [1955]. Vgl. Jung [1944, S. 430f.].

§§§ „Eros" fasse ich so *weit*, daß auch die Psychologie *jeder* menschlichen *Beziehung* zwischen Mann und Frau darin enthalten ist.

Natürlich hier ins Erotisch-Chemische transferiert wie alles. (Die Seele wird vernichtet – und kehrt wieder.)

6 Vgl. hierzu die Untersuchung von Emma Jung und M.-L. von Franz [1960].

7 Vgl. M.-L. von Franz [1955, Kapitel 9]: „Wie der Vater, so der Sohn und so auch der heilige Geist, und diese drei sind Eines, Körper, Geist und Seele, da alle Vollkommenheit in der Dreizahl besteht, das heißt in Maß, Zahl und Gewicht."

[1292] FIERZ AN PAULI

Basel, 17. Oktober 1951

Lieber Herr Pauli!

Einen langen und dicken Brief haben Sie mir geschrieben, der voller Beziehungen ist.[1] Zuerst beschimpfen Sie mich etwas um nachher allerdings Ihre Kritik wesentlich zu mildern.

1. Der Freudenruf „Nur mehr die Verknüpfung von Raum und Zeit und Dingen ist jetzt absolut" war eben eine Übertreibung. Die Gleichungen

$$R_{ik} - \frac{1}{2} g_{ik} R + \lambda g_{ik} = 0 \tag{1}$$

stellen mit $\lambda \neq 0$ oder $= 0$ einen völlig leeren Raum dar – es sind keine Dinge in ihm enthalten, nur Gravitationswellen, die aber von kleinen Massen herrühren. Die Eigenschaften dieses leeren Raumes kann man studieren, das nenne ich die Theorie des absoluten Raumes. Hierbei muß ich gar nichts über die Naturgesetze der Dinge wissen, die nachher in den Raum gesetzt werden sollen.

Allerdings, der Raum ist kein starrer Behälter mehr, sondern sozusagen elastisch: indem er auf die Dinge wirkt wird er auch selber leicht deformiert. Weiter folgt schon aus der „Theorie des absoluten Raumes" (1), daß alle Materie im Raum den Energiesatz erfüllen muß: $\partial T_{ik}/\partial x_k = 0$.

Diese beiden Dinge bedeuten eine Verknüpfung zwischen Raum und Materie, die aber, wie Sie selber sagen, ungenügend ist. Was Einstein hoffte, das weiß ich, auch sind mir die Ideen Machs bekannt. Sie finden aber offenbar in einer „klassischen Welt" keinen Platz.

Wenn man mich kritisieren will, dann muß man etwas anderes erwähnen. Durch die allgemeine Relativitätstheorie wird nämlich die Raumproblematik analog zu derjenigen des Feldes. Eine Quantisierung der allgemeinen Relativitätstheorie, des Gravitationsfeldes, würde eine solche des Raumes, der Geometrie, bedeuten. Es ist daher nicht ausgeschlossen, daß eine Weiterentwicklung der Feldtheorie, insbesondere der Elektrodynamik, nur möglich ist, wenn gleichzeitig die Gravitation in Betracht gezogen wird. Experimentelle Anzeichen hierfür gibt es allerdings keine.

2. Jetzt kommen wir zu den Platonikern. Ihre Maxime „das noch Ältere ist immer das Neue" ruft in mir den Hymnus an Hafis im West-Östlichen Diwan wach:[2]

Unbegränzt

Daß du nicht enden kannst, das macht dich groß,
Und daß du nie beginnst, das ist dein Looß.
Dein Lied ist drehend wie das Sterngewölbe,
Anfang und Ende immerfort dasselbe,
Und was die Mitte birgt ist offenbar
Das was zu Ende bleibt und Anfangs war.

Nun töne, Lied mit eignem Feuer!
Denn du bist älter, du bist neuer.

Die Stimmung dieses prachtvollen Gedichtes ist platonisch, ruft sie doch Erinnerungen an das Symposion wach!

Wenn Sie hoffen, daß aus Basel Ihre historischen Kenntnisse ergänzt werden könnten, so muß ich Sie, was die Philosophie der italienischen Renaissance betrifft, leider enttäuschen. So viel oder so wenig, ich weiß, ist es sicher richtig, daß damals die Diskussion um das Wesen des Raumes anhält. Dabei scheint jedoch eine Tendenz zu bestehen, das neue Raumerlebnis und den Spiritualimus zu verbinden. So etwa, wenn Giordano Bruno die Unendlichkeit des Raumes als Zeichen seiner Göttlichkeit nimmt.

Cartesius hat dann als erster scharf getrennt zwischen ausgedehnten Körpern und denkenden Geistern, welch letztere unräumlich sind.

Henry More, der Descartes verehrte und mit ihm korrespondierte,[3] hat diese extreme Lösung nicht anerkannt. Daß die Tiere Automaten seien, schien ihm unsinnig – lieber wollte er ihnen eine unsterbliche Seele zugestehen. Ganz wie Bruno war ihm der Raum etwas spirituelles, da er ewig, unendlich und unzerstörbar ist und auch ohne Körper bestehen kann. Er ist eine Art allgemeiner Ausdruck der wirklichen Gegenwart Gottes. Im Raum ist eine spirituelle Substanz, die *anima mundi*, ausgegossen. Diese gibt den Körpern Bewegung und Gestalt. Sie ist kein mechanisches Prinzip; denn aus der Mechanik allein kann auch die Körperwelt nicht erklärt werden. Überdies spielt sie, als oberster Groß-Quartiermeister Gottes die Rolle eines Psychopompos.

Wie die Welt als Ganzes, so hat auch jeder Organismus seine Seele. Diese ist ein „plastisches", d. h. gestaltgebendes Prinzip, eine Entelechie.

Bei Newton finden sich diese Ideen in nur wenig veränderter Gestalt. (Siehe die 31. „Frage" am Schluß der Optik.)[4] Er betrachtet die Materie als passiv, die aktiven Prinzipien, Gravitation, chemische Kräfte und Elektrizität, sind ihr nicht inhärent. Sie sind entweder direkte Wirkungen der schöpferischen Gottheit, die durch ihre Gegenwart den Raum konstituiert oder folgen aus der Wirkung einer spirituellen Substanz.

Ich vermute, daß Newtons Krise 1692/93 nicht zuletzt durch die Anstrengung bedingt war, seinen naiven, an philosophischer und alchemistischer Tradition genährten Spiritualismus gegenüber der von ihm entdeckten Physik aufrecht zu erhalten.

In jenem Jahr bekam er mit seinem Freund Locke heftigen Streit, weil dieser die eingeborenen Ideen leugnete. Das führt zum Materialismus, so rief er ihm zu. Er muß gefühlt haben, und Leibniz hat ihm das auch vorgeworfen, daß seine Physik dorthin führt. Er konnte das aber nicht zugeben und ertrug daher lieber einen Bruch in seinem Weltbild, als daß er, folgerichtig die Konsequenzen ziehend, die alten Ideen über Bord warf.[5]

Er hat weiter, um zu beweisen, daß sein Standpunkt nicht unlogisch sei, immer sehr betont, daß aus den Naturgesetzen die Gestalt der Welt gar nicht folge, daß das Planvolle des Planetensystems und der tierischen Organisation (Bilateralsymmetrie, gleicher Bauplan aller höheren Tiere) nur durch das Wirken eines Schöpfers, nicht durch Zufall bedingt sein könne. Auch die Naturgesetze sind dem freien Willen des Schöpfers entsprungen und er hat vielleicht im unendlichen Raum noch andere Welten mit anderen Gesetzen und

„Elementarteilchen" geschaffen (31. Frage der Optik), „denn im Hause des Herrn (d. i. das Universum) sind viele Wohnungen".

Die starke Betonung der „Freiheit" ist ebenfalls für die Cambridge Platonics typisch (siehe zu diesen: Ernst Cassirer, Studien der Bibliothek Warburg 24.[6] Die platonische Renaissance in England und die Schule von Cambridge), die sich damit in Gegensatz zu Calvin und den Puritanern stellten.

Sie betonen, daß im 17. Jahrhundert die Idee der *anima mundi* verblaßte, eine Lücke ließ, und daß durch diese die Liebe zur Proportion, zur Geometrie entstand, die zur Empirie drängte. Es scheint mir typisch, daß nun der junge Newton experimentierte (Optik). Später dagegen „laborierte" er als Alchemist und spekulierte als Theoretiker. Die Prinzipia ist ein Lehrbuch der theoretischen Physik.

Weiter hat Newton den „Parallelismus", sei es in der Art des Descartes, sei es als prästabilierte Harmonie nie als vernünftig anerkannt. Gott wirkt frei und wir wirken frei.

3. Sie wollen als Oberbegriff zu „Archetypus" den Begriff des „Automorphismus" einführen. Es scheint, daß dieser Terminus sich Ihnen aufdrängt, man weiß nicht recht, warum.

Ein Automorphismus ist eine Abbildung eines Systems auf sich selber. Fueter fragte mich in der Dr. Prüfung:[7] „welche Automorphismen sind allein interessant?" Die Antwort war: die inneren Automorphismen! D. h. also, die Abbildung geschieht mit Hilfe eines Elementes des Systems selber. Es handelt sich also um etwas, was die „reflexive Struktur" des Systems offenbart: Das System vermag sich in sich selber zu spiegeln.

Der Erkenntnisprozeß ist etwas derartiges. Die Archetypen scheinen mir jedoch in diesem Zusammenhang eher den Elementen des Systems zu entsprechen, welche die inneren Automorphismen erzeugen, oder noch besser, den Elemente-Klassen zu entsprechen, die solches leisten.

Ich glaube überhaupt, daß der Begriff Archetypus – oder was man auch immer an seine Stelle setze – einer Differenzierung bedarf. Ursprünglich sind die Archetypen die „Dominanten des kollektiven Unbewußten". Sie haben eine Tendenz, oder die Psychologen haben diese, mit dem kollektiven Unbewußten identisch zu werden. Es scheint mir nun zweckmäßig, Archetypen von den archetypischen Bildern zu unterscheiden. Letztere sind spezielle Realisationen der ersteren. Sodann gibt es archetypische Situationen in denen die Archetypen, als archetypische Bilder, auftreten. In der Situation besteht eine bestimmte Beziehung zwischen den Archetypen, die die Situation charakterisiert. Diese ist also eine *Relation zwischen* den Archetypen. Die Relationen sind dynamisch und entwickeln sich unter dem Einfluß des Bewußtseins. Der Individuationsprozeß ist eine solche Entwicklung. Die Symbole des „Selbst" sind, so scheint es mir, keine Archetypen, sondern Darstellungen eines Prozesses. Dieser kann als sich entwickelnde Relation zwischen archetypischen Bildern dargestellt werden. Auch das Trinitätssymbol ist ein Bild eines derartigen Prozesses zwischen drei archetypischen Figuren. Mit zum Prozeß gehört in diesem Fall auch die Lebens- und Leidens-Geschichte des Heilands und das Pfingstwunder. Ebenso Weltschöpfung und Sündenfall.

C. G. Jung hat nun stellenweise eine führende Figur im Individuationsprozeß als „Symbol des Selbst" bezeichnet und das finde ich verwirrend und unnötig.

„Automorphismus", das wäre der Name für einen Prozeß, in dem sich die innere Symmetrie, der Beziehungsreichtum, eines Systems offenbart. Man kann sich auf den Standpunkt stellen, daß ein jeder Prozeß, bei dem etwas herauskommt ein Offenbarungsprozeß sei. Offenbar werden hierbei Relationen. Z. B. im christlichen Offenbarungsprozeß wird Gott als Vater sichtbar. Familien-Verhältnisse, das sind die klassischen Beispiele für Relationen. Die Verwandten heißen deshalb in romanischen Sprachen dementsprechend.

Der „radioaktive Kern" scheint mir ein Symbol für den „Prozeß" als solchen zu sein: ein „Emanationszentrum".

Die archetypischen Bilder kann man sodann als Offenbarungsträger bezeichnen. Sie stellen den Prozeß in concreto dar, lösen ihn auch aus. Sie sind ein Produkt der Archetypen und des Bewußtseins. Soviel über den „Automorphismus".

4. Es freut mich, daß Ihnen mein Versuch aus (p, q) und $(\pm)$ eine Quaternität zu machen, nicht von vorneherein unsinnig vorkommt.

Was nun die Frage anlangt, ob alle Quaternitäten diese Struktur haben, so möchte ich sie – cum grano salis allerdings – bejahen.

Beispiele:

1. Ich nenne

Denken und Empfindung	„männlich"
Fühlen und Intuition	„weiblich"

Jung nennt

Denken und Fühlen	„rational"
Intuition und Empfindung	„irrational"

2. Die vier Elemente.

Wasser und Luft	sind feucht
Erde und Feuer	trocken
Wasser und Erde sind	kalt
Feuer und Luft sind	warm

Die vier Elemente sind das klassische Beispiel. Feucht und trocken scheinen bewußt und unbewußt zu entsprechen. So sagt Heraklit:[8] Den Seelen ist es Tod, Wasser zu werden. Das bezieht sich wohl auf den Abstieg der Seele aus dem Feuerhimmel während der Geburt. Sie verliert dabei ihr ursprüngliches Bewußtsein.

Warm geht nach oben, kalt nach unten. Hierin ist ein polares Motiv enthalten.

3. Die Kategorien Kants.[9] Diese sind allerdings schwieriger zu verstehen. Seine Tafel lautet[10]

1. *Quantität*
Einheit, Vielheit, Allheit
(Extension, Größe, Raum)

<table>
<tr><td>

2. *Qualität*
Realität, Negation,
Limitation
(Intensität, Grad)

</td><td>

3. *Relation*
Substanz und Akzidenz
Kausalität
Wechselwirkung
(Kausalität)

</td></tr>
</table>

4. *Modalität*
Möglichkeit, Dasein, Notwendigkeit
(Erhaltung der vorhandenen Substanz)[11]

Die Worte in ( ) entsprechen dem, was Kant „Grundsätze des reinen Verstandes" nennt, die in einem späteren Kapitel erklärt werden.[12] Kant selber teilt
die Kategorien so ein

> (1, 2) bezieht sich auf die Anschauung
> (1) auf seine Anschauung
> (2) auf empirische Anschauung

Er nennt das „mathematische" Kategorie

> (3, 4) bezieht sich auf die Existenz der Gegenstände
> (3) in ihrer Beziehung aufeinander
> (4) in Beziehung auf den Verstand.

Er nennt dies „dynamische" Kategorien. Diese Nomenklatur finde ich
unglücklich, weil „mathematisch" und „dynamisch" gar kein Gegensatz ist. Es
handelt sich um den Gegensatz von „potentiell" und „aktuell" im Sinne Leibniz!
Für ersteres gilt der Satz vom Widerspruch, für letzteres der von zureichendem
Grund. Ich möchte

> (1, 3) mathematisch nennen (*nicht* (1, 2), da Qualität nichts mit Mathema-
> tik zu tun hat!) Denn die Mathematik ist die Lehre allgemeiner Relationen
> zwischen Quantitäten.

> (2, 4) bilden einen Gegensatz hierzu, sie sind unmathematisch. Um einen
> Namen zu haben, nenne ich sie „empirisch".

Andererseits ist

> (1, 2) mit Kant als „anschaulich" zusammenzufassen.
> (3, 4) nenne ich dann, als Gegensatz, „begrifflich".

Das aristotelische Schema kann man auch auf die 4 Funktionen in anderer
Art anwenden:

$$\text{Sei } p = \text{Bewußt}, \quad q = \text{Unbewußt}$$
$$+ = \text{Superiore Funktion}, \quad - = \text{inferiore Funktion}$$

Für einen intuitiven Denker z. B. vermittelt die Empfindung zum unbewußten
Gefühl. Daher entspräche er dem Schema. Die Intuition aber hilft dem bewußten
Denker.

	+	−
p	Denken	Intuition
q	Empfindung	Gefühl

Man lernt hieraus, daß was in der Psychologie ein komplementärer, was ein kompensatorischer Gegensatz ist, von der Betrachtungsweise abhängt. Man kann natürlich mit diesen Einteilungen der Quaternitäten spielen und sehen, ob die Analogien zu finden sind. Ich glaube aber, daß nicht viel dabei herauskommt.

Wichtig scheint mir, daß das aristotelische Schema durch zwei Gegensatzpaare eine Quaternität zu erzeugen auch anderswo nachgewiesen werden kann. Dabei fällt mir auf, daß Jung, wie Kant, nur die eine Art der Einteilung angibt. Jung wollte allerdings ursprünglich

> Denken und Empfindung der Extraversion
> Fühlen und Intuition der Introversion

zuordnen.[13] Aber das hat er aufgegeben, weil es ja nicht geht. Aber es scheint mir klar, daß die Funktionen so geteilt werden können.

Da Sie der Meinung sind, die Psychologen hätten die Bedeutung des komplementären Gegensatzpaares noch nicht erfaßt, so könnte man diese Funktionen als komplementär auffassen. Ich glaube aber, daß die Einteilung relativ zu einem Typus wichtiger ist. In der Physik ist es ja auch nicht von vorneherein festgelegt, was die Variabelnsätze p_k und q_k sind.

Soviel über die Quaternitäten.

Mit besten Grüßen verbleibe ich Ihr   M. Fierz

---

[1] Vgl. den Brief [1289] vom 13. Oktober.

[2] Goethe [1960/66, Band 3, S. 303.]. Die hier von Fierz wiedergegebene Fassung enthält noch die alte Schreibweise.

[3] Vgl. Ch. Adam und P. Tannery [1974, Band V].

[4] Newton [1704/1983, S. 248–270].

[5] Vgl. R. S. Westfall [1980, S. 535ff.].

[6] Cassirer [1932].

[7] Markus Fierz promovierte 1936 bei Gregor Wentzel an der Universität Zürich mit einer Untersuchung über Kernkräfte. Der Hilbert-Schüler Karl Rudolf Fueter (1880–1950) gehörte seit 1916 dem Lehrkörper dieser Universität an und hatte zusammen mit anderen die *Schweizerische Mathematische Gesellschaft* gegründet.

[8] G. S. Kirk, J. E. Raven und M. Schofield [1994, S. 223].

[9] Paulis Interesse für diesen Gegenstand mag durch seine Gespräche mit M.-L. von Franz entstanden sein, die Kants Kategorienlehre auch in ihrer Descartes-Studie [1952/90, S. 166] im Zusammenhang mit dem Kausalitätsproblem anschnitt.

[10] Vgl. Kant [1787, B 106].

[11] Zusatz von Pauli: „Später korrigiert, gehört unter 3." Vgl. auch den folgenden Brief [1293].

[12] Kant [1787, B 187ff.].

[13] Vgl. Jung [1921/30].

[1293] FIERZ AN PAULI

Basel, 18. Oktober 1951

Lieber Herr Pauli!

In meinem letzten Brief möchte ich etwas, die Kantsche Kategorie betreffend, nachtragen.

Erstens habe ich, irrtümlicherweise, unter 4. (Erhaltung der Substanz) geschrieben, was natürlich Unsinn ist; denn das gehört unter 3. wie Kausalität. So dumm war Kant nicht. Unter 4. soll es heißen „materielle Wahrheit" oder „Übereinstimmung mit der Erfahrung".

Die Worte in Klammern entsprechen den Grundsätzen des reinen Verstandes, die unter folgende 4 Titel gebracht werden

 1. Axiome der Anschauung
 2. Antizipationen der Wahrnehmung
 3. Analogien der Erfahrung
 4. Postulate des empirischen Denkens überhaupt.

Kant hat durch G. B. Jäsche seine Vorlesungen über Logik ausarbeiten lassen.[1] Sie sind nach seinem Tod erschienen. Da Kant bekanntlich die Kategorien logisch begründet – sie entsprechen den möglichen Operationen des Verstandes – so wirft diese Logik ein gewisses Licht auf die Kategorien-Tafel.

In der Logik werden die „Vollkommenheiten eines Erkenntnisses" aufgezählt. Ein Erkenntnis ist vollkommen, wenn es *allgemein* (Quantität), *deutlich* (Qualität), *wahr* (Relation), *gewiß* (Modalität) ist.

In Bezug auf Wahrheit und Gewißheit herrscht nun allerdings bei Kant eine Verwirrung. Es scheint, daß die Angelegenheit nur dann in Ordnung kommt, wenn man unter Wahrheit hier nur formale Wahrheit, also Widerspruchslosigkeit, versteht. Gewißheit ist dann die materiale Wahrheit, die bekanntlich keinen logischen Charakter hat.

Die Aufzählung erinnert mich sehr an die Art, wie Jung die Vollständigkeit seiner 4 Funktionen begründet.

Sodann gibt es in der Logik eine Aufzählung der reinen Verstandesschlüsse. Das sind logische Identitäten, die man auch als Axiome auffassen könnte, und die unter die 4 Titel gebracht werden. Man kann die Schlüsse mit Hilfe der Zeichen

$$A(x)\text{: } „x \text{ ist } A"; \quad (x)\text{: } „\text{alle } x"; \quad (Ex)\text{: } „\text{es gibt ein } x"; \quad \rightarrow\text{: folgt}; \quad \bar{A}\text{: } „\text{nicht } A"$$

so darstellen:

1. Quantität $(x)A(x) \rightarrow (Ex)A(x); \quad A(a) \rightarrow (Ex)A(x); \quad (x)A(x) \rightarrow A(a)$

2. Qualität $L \leftrightarrow \bar{\bar{L}}; \quad (x)\bar{L}(x) \rightarrow (\bar{y})\bar{L}(\bar{y}); \quad (Ex)L(x) \rightarrow (Ey)\bar{L}(\bar{y})$

3. Relation $(x)[M(x) \rightarrow S(x)) \rightarrow (Ey)[S(y) \rightarrow M(y)]$ (a)

$\overline{(x)(M(x) \rightarrow S(x)} \rightarrow \overline{(x)[S(y) \rightarrow M(y)]}$ (b)

$(Ex)[M(x) \rightarrow S(x) \rightarrow (Ey)[S(y) \rightarrow M(y)]$ (c)

4. Modalität $(x)[M(x) \rightarrow S(x)] \rightarrow (x)[\overline{S(x)} \rightarrow \overline{M(x)}]$

Auch hier hapert es mit der „Modalität": „Drei sinds, wo ist das vierte geblieben?" Die Sache ist nämlich so:

1. sind Aussagen über die Zeichen „alle", „es gibt", die man ja „Quantoren" nennt.

2. sind Aussagen über die Funktion der Negation.

3. *und* 4. sind Aussagen über das Folgezeichen, nämlich inwieweit Schlüsse umkehrbar sind.

Der Unterschied von 3. und 4. beruht darauf, daß in 3. entweder nichts, oder nur die Quantität (3, a) bei der Umkehrung ändert. Bei 4. aber ändert sich die Qualität. Kant behauptet, daß dabei ein „assertorisches" in ein „apodiktisches" Urteil verwandelt werde, was ich für falsch halte.

Indem 3. und 4. gespalten werden, d. h. die Sätze über Umkehrung von Folgerungen, erhält er 4. Schlußarten. Meine Zuordnung, nämlich

(1) und (3) als „mathematisch"
(2) und (4) als „empirisch"

zusammenzufassen äußert sich darin, daß (1) und (3) die Quantoren, (2) und (4) die Negation enthalten.

Ich glaube, daß die Verwirrung in Bezug auf die Modalität eng mit der Idee Kants zusammenhängt, es gebe synthetische Sätze a priori, d. h. nicht analytische Aussagen, die *apodiktische Gewißheit* mit sich führen.

Daher glaubte er, der Begriff der Gewißheit gehöre in die reine Logik und suchte ihn da irgendwo aufzufinden.

Das „vierte" gehört aber nicht in die Logik, die in sich trinitarisch sein dürfte, sondern ist der Repräsentant des irrationalen, der Wirklichkeit, der Empirie. Es ist bemerkenswert, daß Kant unter dem Titel „Modalität" in der Logik auch über den Begriff der Wahrscheinlichkeit handelt. Eine Logik der Wahrscheinlichkeit gebe es aber nicht, so sagt er.

Ich hatte bisher immer größte Mühe, die Kategorien Kants zu verstehen. Ich konnte keinen Sinn dahinter finden. Jetzt aber glaube ich, daß doch einer gefunden werden kann. Von einem nicht nur formalen Standpunkt aus, ist die Sache gar nicht dumm. Es ist auch schön, daß der Konflikt 3 oder 4 auch hier in Erscheinung tritt und daß gerade das Vierte, die Modalität, problematisch ist. Bei einem introvertierten Denker wie Kant muß das natürlich das Problem der „wirklichen" Geltung seines Denkens sein.

Mit bestem Gruß Ihr   M. Fierz

---

[1] Nachdem der alte Kant nicht mehr in der Lage war, seine Schriften selber für den Druck vorzubereiten, hat er zwei seiner Schüler beauftragt, seine Vorlesungsmanuskripte herauszugeben. Gottfried Benjamin Jäsche arbeitete daraufhin die Logik-Vorlesung aus und veröffentlichte sie im Jahre 1800. (Siehe I. Kant: *Schriften zur Metaphysik und Logik*, herausgegeben von W. Weischedel, Wiesbaden 1958. Dort die Vorrede Jäsches, S. 423–431.) Da Jäsche jedoch nicht beachtete, daß diese Vorlesungen z. T. zu ganz verschiedenen Zeiten entstanden waren, enthält der Text viele innere Widersprüche.

[1294] Pauli an Fierz

[Zürich], 19. Oktober 1951

Lieber Herr Fierz!

Vielen Dank für Ihren interessanten langen Brief. Diesmal will ich aber nur mit ein paar kurzen Bemerkungen antworten, um unsere Korrespondenz nicht zu „verdünnen".

1. Einstein hat immer versucht, *alle* Lösungen des leeren Raumes, d. h. der Gleichungen

$$R_{ik} - \frac{1}{2} g_{ik} R + \lambda g_{ik} = 0$$

durch Zusatzbedingungen (wie Geschlossenheit des 3-dimensionalen Raumes) auszuschließen. (Gravitationswellen sollte es dann nur geben, wenn irgendwo „wirkliche" emittierende und absorbierende Quellen vorhanden sind.) Wir sind aber einig, daß dieser Gewaltstreich *nicht* gelungen ist.

2. Die Anklänge an den Hymnus von Hafis[1] waren mir gänzlich entgangen. Ich habe diese nun nachgelesen.

Meine Quellen zur Renaissance sind nur kleinere Bücher *über* dieselbe, keine Originale. Über Telesio weiß ich noch, daß bei ihm Erkenntnis ein Sonderfall der Tastwahrnehmung (!) ist,[2] offenbar ist er ein Empfindungstypus! „Entellectio longe est sensu imperfectio". (Die Herren meinen über die Natur zu reden, wenn sie *über sich* reden – eine weit verbreitete Krankheit der Philosophen!) Bei ihm ebenso wie bei *Patrizzi* findet sich *Lichtmetaphysik*:* Das Licht vermittelt die räumlichen Beziehungen der Dinge an die „Seelensubstanz". Bei *Patrizzi* noch Anklänge an die Mystik. Bei ihm ist ausdrücklich Raum unabhängig und vor der Materie.

Was Sie über Henry More schreiben, ist *reine* Renaissancephilosophie![3] – Ich verstehe nun durch Sie eine große *Tragik* in Newton.

3. Ihren Abschnitt über Archetypus und Automorphismus habe ich auch C. A. Meier gezeigt. Er opponierte hauptsächlich gegen Ihre Formulierungen, daß eine archetypische Situation eine *Relation* zwischen den Archetypen sei und dagegen, daß das „Selbst"** und seine Symbole Prozesse seien. C. A. möchte dieses „Selbst" nur als *Resultat* eines Prozesses haben, wie bei den Alchemisten der lapis ein Resultat des „opus" ist. – Mit Ihrer Feststellung, „Automorphismus" sei der Name für einen Prozeß (bzw. für eine Operation oder „opus") „in dem sich die innere Symmetrie, der Beziehungsreichtum, eines Systems offenbart" – damit bin ich ganz einverstanden.

4. Ihre Darlegungen über die aus (p, q) und $(+, -)$ zusammengesetzten Quaternitäten finde ich sehr anregend. Immerhin ist es ein wenig künstlich, „Feucht – trocken" als komplementär (wie p, q) aufzufassen.

Unser erstes Seminar ist voraussichtlich am 5. November mit einem Vortrag von Schafroth über die Supraleitung.[4] Sie bekommen noch eine Einladung.

Inzwischen viele Grüße. Stets Ihr

W. Pauli

---

[1] Vgl. den Brief [1292].
[2] Siehe hierzu den Brief [1289].

* Beziehung zur Gnosis und Hermetik und zum Neuplatonismus.
[3] Vgl. Fierz (1954, S. 85ff.).
** Ich pflege diesen Terminus nicht zu verwenden – er ist mir zu sanskritologisch (Deussen). – Ich sage „Kern", wovon „radioaktiver Kern" ein Sonderfall ist.
[4] Vgl. hierzu Schafroth (1951).

[1295] PAULI AN FIERZ

Zürich, 22. Oktober 1951

Lieber Herr Fierz!

Ihren weiteren Brief über die Kategorientafeln Kants[1] habe ich mit Interesse gelesen. Eben wegen seiner Idee a priori = apodiktisch gewiß (die mir sehr preußisch zu sein scheint und eine magische Entsprechung zum „Kanonier Piffke"[2] hat), verstehe ich mich schlecht mit Kant. Ich kann also nichts direkt dazu sagen, kann aber indirekt antworten durch analoge Betrachtungen über „meinen" *Schopenhauer*. Ich beziehe mich insbesondere auf dessen Abhandlung „Über die *vierfache* Wurzel des Satzes vom zureichenden Grunde" (die übrigens irgendwo von C. G. Jung im Zusammenhang mit der *Quaternität* zitiert wird) – eine durch beständige Ausfälle gegen die „Professorenphilosophie der Philosophieprofessoren" den „Scharlatan Hegel" und die Deutschen, denen man alles aufbinden könne, auch sehr unterhaltende Schrift.

1. Unser erkennendes Bewußtsein zerfällt nach Schopenhauer in Subjekt und Objekt und enthält nichts außerdem. „Objekt für das Subjekt sein und unsere Vorstellung sein, ist dasselbe. Alle unsere Vorstellungen sind Objekte des Subjektes und alle Objekte des Subjektes sind unsere Vorstellungen." Alle unsere Vorstellungen zerfallen in 4 Klassen (siehe Schema unten). Das unmittelbare Objekt des inneren Sinnes ist das „Subjekt des Wollens", welches für das erkennende Subjekt Objekt ist. Das erkennende Subjekt wird nie erkannt, ist nie Objekt.

Ich möchte zunächst vorschlagen, das Wort „Wille" durch „Trieb", entsprechend „Wollen" durch „dem Triebe folgen" zu ersetzen, indem ich mich gerne C. G. Jungs Definition (siehe dessen „Psychologische Typen" unter „Definitionen")[3] anschließe; wonach der „Wille" nur derjenige Teil des Triebes sei, der bewußt ist. Ich möchte hierzu weiter bemerken, daß man in der Renaissance statt „Trieb" gesagt hat „amor", was mir sowohl besser als schöner zu sein scheint. Seit dem 19. Jahrhundert gilt aber das Wort „Trieb" als besonders „wissenschaftlich" (worüber ich allerdings der Meinung bin, daß sich das bei einer kritischen Prüfung als unzutreffend erweist).

Ich übersetze mir also im 20. Jahrhundert „*Die Welt* als Wille und Vorstellung" mit „Die Welt als Trieb und Vorstellung, als Eros → verbindend und Logos → unterscheidend, als Subjekt und Objekt, als unbewußt und bewußt, als p Yin und q Yang", kurz, „*als komplementäres Gegensatzpaar*", dessen Name sich dann als unwesentlich herausstellt.

2. Nun die *vier* Klassen der Objekte (Vorstellungen). Ich gebe an erster Stelle ihre Namen, an zweiter in (...) die Anwendung des Satzes vom zureichenden

Grunde, unter {...} ihr „subjektives Korrelat", alles genau nach Schopenhauer in folgendem Schema:

1. anschauliche, empirische Vorstellung
(Kausalität)
{Verstand}

2. Begriffe, abstrakte Vorstellungen   3. Raum und Zeit
(Erkenntnisgrund der *wahren* Urteile)   (Geometrie und Arithmetik)
{Vernunft}   {Sinnlichkeit}

4. Subjekt des Wollens = Objekt für das erkennende
Subjekt
(Gesetz der Motivation = Kausalität von innen gesehen)
{innerer Sinn = Selbstbewußtsein}

Offenbar sind (1) und (4) empirisch, (2) und (3) logisch-mathematisch; andrerseits (1) und (3) extravertiert, (2) und (4) introviertiert. Sind Sie einverstanden?

Würden Sie hier auch (+, −) anwenden?[4]

Herzliche Grüße. Stets Ihr   W. Pauli

---

[1] Brief [1293].

[2] In der Umgangsprache ist Piefke (Pauli schrieb Piffke) die übliche Bezeichnung für einen Aufschneider oder Dummkopf. In Österreich wird ein (Nord)deutscher oft auch abwertend Piefke genannt. Auf eine Anfrage teilte M. Fierz (ex tempore) die ihm aus seiner Jugendzeit noch in Erinnerung gebliebene Persiflage einer (sich auf die Erstürmung der Düppeler Schanze während des Deutsch-Dänischen Krieges 1866 beziehende) *Leutnants-Prüfung in Preußischer Kriegsgeschichte* mit: Ein Oberst (Bass) stellt einem in Achtung erbietender Stellung vor ihm stehenden Leutnant (Tenor) folgende Fragen: *Oberst*: Was ist Deutschland sozusagen? *Leutnant*: Deutschland ist sozusagen das Herz Europas. *Oberst*: Gut mein Sohn. Was war darum Deutschland oft? *Leutnant*: Deutschland war darum oft der Schauplatz wüster Kämpfe. *Oberst*: Gut mein Sohn. Nenne mir solch einen wüsten Kampf! *Leutnant*: Der Kampf an der Düppeler Schanze war solch ein wüster Kampf. *Oberst*: Gut mein Sohn. Wer wurde dort buchstäblich in Stücke gerissen? *Leutnant*: Der Kanonier Piefke wurde dort buchstäblich in Stücke gerissen. *Oberst*: Gut mein Sohn. Vgl. auch Goetz [1930, S. 179].

[3] Jung [1921/30].

[4] Diese Frage wurde mit Bleistift hinzugefügt.

[1296] FIERZ AN PAULI

[Basel], 22. Oktober 1951

Lieber Herr Pauli!

Zu Ihrem Brief möchte ich kurz (wird es kurz?) antworten und zu Kant etwas beifügen. Letzteres hauptsächlich auch darum, weil Sie sich mit ihm nicht so gut verstehen und ich etwas vermitteln möchte. Denn das, was Sie als preußisch empfinden, ist teilweise äußerlich und teilweise das Zopfige seiner Zeit überhaupt, das natürlich charakteristische Farben abgibt. Gleichwohl ist er ein interessanter Denker mit bedeutender Introspektion begabt, was schon daraus hervorgeht, daß er in unserem Zusammenhang Lehrreiches zu sagen hatte.

Zu seinen Kategorien möchte ich noch folgendes sagen. Die richtige Unterscheidung der vier Seiten einer Vierheit ist immer schwierig. Irgendwo, wie auch bei den 4 Funktionen, ist das Licht am hellsten. Anderes ist mehr oder weniger unbewußt und da haben dann die Gegensätze eine Neigung zu verschwimmen. Das scheint mir nun auch bei Kant so zu sein.

„Quantität", das hat er verstanden, wie er auch eine kohärente Theorie von Raum und Zeit besaß (d. h. er konnte diese Theorie so darstellen, daß es klar ist, was er meint und man ihn darum auch leicht kritisieren kann).

Auch „Relation" ist noch ziemlich klar, wenn auch hier schon Kontamination (mit „Modalität") auftritt. Immerhin sind darunter „Kausalität" und die „Erhaltungssätze" enthalten. „Relation" war aber damals noch ein schwieriger Begriff, weil es in der aristotelischen Logik nur Relationen zwischen Aussagen, keine zwischen Objekten gibt. Letztere müssen stets auf Prädikate der einzelnen Objekte reduziert werden.

„Qualität" wäre an sich eine plausible Kategorie, aber bei Kant erscheint sie merkwürdig verdünnt und mit „Quantität" vermischt: Jedes Ding hat einen „Grad", eine „Intensität": d. i. doch eigentlich eine Quantität. Daher bezeichnet er dann „Qualität" als mathematisch, was gewiß kurios ist.

„Modalität" (möglich, wirklich, notwendig), hier wird er fast ganz verworren. Daß er merkt, daß hier der Begriff der Wahrscheinlichkeit hereinkommt, das ist ein Lichtblick. Sonst scheint der Begriff aber stark mit „Relation" vermischt.

Nun sollte aber wohl Modalität etwas mit dem wirklichen Vorhandensein der Dinge oder der wirklichen Anwendbarkeit der Begriffe zu tun haben.

Aus diesen Schwächen des Verständnisses seiner eigenen Quaternität schließe ich, daß die Beziehung Kants zur Wirklichkeit schwach war. Er war ja auch, wie viele andere Philosophen, eingefleischter Junggeselle. Die Beziehung zum Weiblichen fehlte ihm ebenso.

Eigentlich ist deshalb nur (Quantität, Qualität) von (Relation, Modalität) klar unterschieden. Man kann nun fragen, woher das komme, denn die Erklärung: „mangelnder Sinn für die Wirklichkeit" ist nur negativ und ungenügend, da er in vielem wieder eine beträchtliche Introspektion besitzt, die ihm hätte helfen können.

Nun weiß ich, daß er das Wesen von ($\pm$) klar erkannte. Dieser Gegensatz ist, in gewissem Sinne, sehr formalen Charakters. *Er erzeugt Symmetrie*: die Gegensätze halten sich die Waage. Genau diese Möglichkeit hat Kant in Bezug auf die Welt ins Auge gefaßt. Kants Sinn für Symmetrie ist ja auch sehr ausgesprochen – Schopenhauer macht sich drüber lustig („Hauptwerk" 1. Band, Anhang, Kritik der Kantschen Philosophie:[1] „Zufolge seines obersten Leitfadens zu aller Wissenschaft, nämlich der Symmetrie, ...")

Die polaren Gegensätze treten auseinander und können gleichzeitig angeschaut werden. Es scheint sodann, daß durch die von ihnen erzeugte Spannung („Gegensatzspannung") die Welt aufgespannt würde. Diese Idee ist weitverbreitet aber nicht ganz richtig. Sie führt zum „klassizistisch-absoluten Weltbild". Man erhält so nämlich nur ein höchst gesetzmäßig-symmetrisches, aber gänzlich sinnloses Gebilde.

Es scheint zwar doch sinnvoll, aber nur deshalb, weil in ihm, unerkannt, noch ein anderer Gegensatz wirksam ist. Das ist der mit (p, q) bezeichnete.

Die Gegensätze (p, q) treten nicht auseinander, so daß man beide zugleich anschauen kann. Denn auf einer der beiden Partner sitze ich ja selber. Hieraus entspringt deshalb nicht Symmetrie sondern *Sinn und Wirklichkeit.* (Gut und Böse sind formal symmetrisch. Aber praktisch, d. h. insofern sie für mich wirklich sind, durchaus nicht.)

Den komplementären Gegensatz hat also Kant offenbar nicht recht erfaßt (was begreiflich ist). Aus diesen Erwägungen heraus komme ich dazu, die Paare

$$(\text{Quantität, Relation}) \longleftrightarrow (\text{Qualität, Modalität})$$
$$\text{mathematisch} \qquad\qquad \text{empirisch}$$

als komplementär aufzufassen, d. h. sie sind für Kant komplementär.

Schopenhauers vierfache Wurzel, die mit dem pompösen: „Platon der Göttliche und der erstaunliche Kant ...“ anfängt, war das erste, was ich von Schopenhauer las. Er ließ von Kants schön gestutztem Gartenbeet nur die Kausalität übrig, sah sich aber genötigt, nun diese in vier Teile zu teilen: denn vier müssen's ja sein! Also hat er 1. „kausale“ Gründe; 2. logische Gründe, 3. Seinsgründe (Geometrie) und 4. Motive (Zwecke, finale Gründe).

Nun hat er sicherlich eine Neigung, 1. und 4. doch zu identifizieren – nicht was die Worte, aber was sozusagen den Effekt angeht. Das, was man „Willensfreiheit“ nennt, konnte er nicht naiv anerkennen. Das hängt mit seinem praktischen, nicht nur (theoretischen) Pessimismus zusammen. Ebenso ist es klar, daß die „Seinsgründe“ etwas unklares sind. Hier scheint also das Paar (1, 4) und (2, 3) wohl unterschieden: Empirie und Logik, das weiß er zu unterscheiden. Dagegen ist das, was Sie zweckmäßig „extravertiert“ und „introvertiert“ nennen, mit der Tendenz behaftet, ineinander zu verschwimmen.

Was hier logisch-mathematisch und empirisch heißt, das würde ich bei Schopenhauer durch $\pm$ unterscheiden. Denn diesen Gegensatz kann er anschauen, ohne in Verwirrung zu geraten. Besonders viel Sinn wird daraus auch nicht geboren, da er diese Sache sehr formal ansieht (siehe seine Bemerkung zum Beweis des Pythagoreischen Lehrsatzes oder die Farbenlehre: Da sieht man, daß ihm die Mathematik nichts sagt, so daß man „logisch-mathematisch“ und „empirisch“ hier ganz praktisch naiv, ohne Problematik auffassen darf. Bei Kant ist das anders.)

Das zweite Paar ist offenbar komplementär. Hier ist er leidenschaftlich, tief blickend und blind zugleich.

Zum Schluß: in der Physik kennen wir $(\pm)$ (Raum, das Feld, das von $\pm$ Ladungen „aufgespannt“ ist, „absolute Welt“) und auch (p, q). Aber wir können diese beiden Paare noch nicht zu einer Quaternität vereinigen. Daher glaube ich auch nicht, daß ich den vollen Gehalt dieser Situation verstehe.

Wenn wir hier mit diesen Begriffen spielen, so fällt mir auf, wie „dynamisch“ sie sind. Irgendwie ist immer beides wirksam und es hängt dann von der Problemstellung ab, welcher Aspekt vorwiegt.

Mit besten Grüßen   Ihr M. Fierz

Man könnte von einem „mathematischen“ oder „formalen“ Gegensatz sprechen: $\pm$. Er erzeugt die Symmetrie. Und von einem „verwirklichenden“ oder „realen“: (p, q): Er erzeugt eine Totalität oder Realität.

Goethe, Sprüche in Reimen:[2]

Erkenne dich! – Was soll das heißen?
Es heißt: Sey nur! und sey auch nicht!
Es ist eben ein Spruch der lieben Weisen
Der sich in der Kürze widerspricht.

Erkenne dich! – Was hab ich da für Lohn?
Erkenn' ich mich, so muß ich gleich davon.

Als wenn ich auf einen Maskenball käme,
Und gleich die Larve vom Angesicht nähme.

Andre zu kennen, das mußt du probieren,
Ihnen zu schmeicheln oder sie zu verxieren.

Ursprünglich nur Quantität und Qualität als Gegensatz.

Man meinte, Mathematik habe es mit Quantitäten allein zu tun. Hiernach wurde die Relation als neues Prinzip erdacht. Diese drei sind aber immer noch „absolut“.

Bei Kant tritt die Modalität als neues Motiv auf. Diese ist bei ihm mit der Relation vermischt, und nicht recht verstanden. Ebenso ist in Bezug auf „Qualität“ eine Unklarheit. Diese ist, in der Anwendung mit der „Quantität“, vermischt. Daher erkennt er nur den Gegensatz

$$\text{Quantität, Qualität} \longleftrightarrow \text{Relation, Modalität.}$$

---

[1] Schopenhauer [1890/92, Band 1, S. 550]. Fierz ersetzte allerdings in diesem Zitat Schopenhauers Bezeichnung *Weisheit* durch das Wort *Wissenschaft*.
[2] Siehe Goethe [1960/66, Band 1, S. 439].

[1297] PAULI AN VON FRANZ

Zürich, 23. Oktober 1951

Liebe!
Heute will ich nur kurz über zwei Erlebnisse des gestrigen Abends berichten, der sehr anregend und sehr spannend war. – Der ausgezeichnete Vortrag Hadorns[1] handelte von chemischen Beeinflußungen der Chromosome, die *erbliche* Einflüsse zur Folge haben. (Darüber wird wohl bald ein gedrucktes kurzes Autoreferat vorliegen, das ich Ihnen gerne zeigen will, wenn es Sie interessiert.)

Ich bin jetzt sehr froh, daß ich Ihnen *vor* diesem Abend erzählt habe, daß ich geträumt habe, ich sei bis nach Pasadena in Californien gefahren. Von wo ist nun (ohne, daß ich etwas davon wußte) Herr Hadorn kürzlich nach einem längeren Aufenthalt zweck wissenschaftlicher *biologischer* Forschungen zurückgekommen? Von Pasadena, das nämlich ein biologisches Zentrum ist, nun mit Beadle[2] als Chef. Dort wurde ja früher auch Morgan und die Drosophilia berühmt und dort ist auch mein Freund Max Delbrück (von dem ich Ihnen schon früher einmal erzählt habe und den Hadorn dort täglich getroffen hat). Ich spürte schon das vorletzte Mal starke geistige Widerstände bei Ihnen gegen alles, was mit Biologie zusammenhängt, und das letzte Mal wollten Sie mich sogar in die

Turbulenz hineinreden! (Auf diese Ihre geistigen Widerstände habe ich zuerst mit Eros, dann aber mit Fortlaufen reagiert, was beides aber eines und dasselbe ist.)

Das synchronistische Auftreten von Pasadena (einmal im Traum, das andere Mal als längerer und wichtiger Aufenthaltsort Hadorns) ist sicher sehr bedeutungsvoll* und vielleicht wirft das zweite der Erlebnisse noch mehr Licht darauf. In der Nachsitzung in der Kronenhalle sagte Hadorn – auf Gespräche mit verschiedenen Physikern in Pasadena anspielend – plötzlich „Die Physiker sind alle die reinsten Mystiker, wenn sie über Biologie reden!" Es ist mir nicht entgangen, daß hier bei uns (= den Physikern) eine Projektion des Unbewußten stattfindet und zwar von ganz analoger Art wie diejenige von C. G. Jung in die Physik und von den Alchemisten in den chemischen Prozeß – es ist die Projektion am unbekannten „Stoff". (Bei Ihnen geht das offenbar auch am turbulenten Wasser, was mir aber für diesen Zweck zu wenig unbekannt ist.)

Durch Ihre Weigerung auf die Biologie einzugehen, haben Sie Ihre von mir gewünschte Rolle der Anima nicht richtig gespielt, worauf ich natürlich „animös" gereizt wurde.

Nun noch ein anderer Gegenstand, zu dem mich die „Anima" hinüberleitet. Des hagestolzen Junggesellen Schopenhauers Pudel war natürlich dessen exterriorisierte „Anima" und er nannte dementsprechend seinen Hund – „Atma" (die Weltseele).[3] (Es ist eine gewisse Analogie zu Panofskys „Schatten"-Hund „Moses".)

Was mich an Schopenhauer fasziniert hat, war immer seine *Insistenz auf der Realität des Bösen,*** aus welcher auch seine Ablehnung des „$\theta \varepsilon o s$" als „jüdische" (in Wahrheit christliche, Schopenhauer hat beides stets identifiziert) Mythologie resultiert. Meine ablehnende Haltung gegen den Theismus hat sonach wahrscheinlich bei mir gefühlsmäßig viel mit den Problemen zu tun, die C. G. Jung in seinem neuen Buch Hiob[4] zu behandeln scheint.

Ich lehne aber nicht nur einen „guten" Gott ab, sondern jeden Gott mit Bewußtsein, während ein etwaiger „unbewußter Gott" nicht verantwortlich gemacht werden kann und von Schopenhauers „Willen" nicht wesentlich verschieden ist.

Mit vielen Entschuldigungen   Stets Ihr getreuer W. Pauli

---

[1] Hadorn (∗ 1902) war seit 1939 Professor für Zoologie in Zürich und befaßte sich vorwiegend mit der experimentellen Erforschung der Entwicklungsphysiologie.

[2] Pauli schrieb fälschlich „Biedel". Er meinte jedoch den bekannten Genetiker und späteren Nobelpreisträger George W. Beadle, der 1946 Direktor der biologischen Abteilung am Caltech in Pasadena geworden war und sich für Max Delbrücks Berufung an diese Institution eingesetzt hatte.

* Da ist der „Fremde" im Spiel!

[3] Schopenhauer besaß eine große Vorliebe für Pudel, die ihn auf seinen Spaziergängen begleiteten. Er nannte sie entweder *Atma* (Weltseele) oder, mehr freundschaftlich, auch *Butz.* Zahlreiche Kupferstiche von Hunden zierten die Wände seiner Wohnung. Sie gaben Anlaß zu dem Gerücht, daß er in seiner Wohnung mit einem Rudel Hunde hause. Siehe hierzu A. Hübscher: *Arthur Schopenhauer. Leben und Werk in Bildern.* Frankfurt a. M. 1989. Dort S. 292f.

** Vgl. das Zitat über die Theophanien in meinem letzten Brief.

[4] Jung [1952].

[1298] Fierz an Pauli

Basel, 23. Oktober 1951

Lieber Herr Pauli!

Auf Ihren Brief möchte ich folgendes antworten: Sie fragen, ganz am Schluß
(mit Bleistift), wie es mit ($\pm$) stehe.[1] Weiter haben Sie es früher künstlich
gefunden, feucht und trocken als komplementär zu betrachten. Daher muß
ich über den Charakter dieser Gegensätze etwas sagen. Das ist natürlich, wie
alles Frühere, ganz versuchsweise gemeint, obwohl ich die Sachen dogmatisch
formuliere.

Der polare Gegensatz

Die polaren Gegensätze treten auseinander und erzeugen so eine Gegensatzspannung. Diese spannt die „Welt" auf – eine weit verbreitete Idee. Die Gegensätze können *gleichzeitig* angeschaut werden und die aufgespannte „Welt"
ist gegensätzlich symmetrisch. Das dieser Einstellung entsprechende Weltbild ist
sozusagen abstrakt, jenseits von Gut und Böse, hat den klassizistisch-absoluten
Charakter.

Der komplementäre Gegensatz

Hier kann von einem „Auseinandertreten" nicht wohl gesprochen werden.
Ebenso gibt es nichts, was man als „Gegensatzspannung" bezeichnen könnte. p
und q kann nicht gleichzeitig „angeschaut" werden. Man könnte p und q als
„relative Gegensätze" bezeichnen. Dies insofern, als es willkürlich ist, was p
sei: Etwas ist p und dann ist das „andere" q. Ich glaube, p und q legen eine
„Bedeutung" oder einen „Sinn" fest (Tao), sie sind „für einen Beobachter",
also wesentlich nicht absolut. Dieser Gegensatz hebt deshalb das absolute,
klassizistische Weltbild auf insofern dieses beziehungslos und daher auch sinnlos
ist.

Um das, was ich als „relativ" bezeichne noch besser zu erklären: Nord- und
Südpol wären „absolute" Gegensätze wie $\pm$. Mein Standpunkt auf der Erde und
derjenige meines Antipoden, die sind komplementär. Ich kann – allerdings nur
außerhalb der Erde stehend, ja eigentlich nur vom Unendlichen her blickend,
Nord- und Süd-Pol beide zugleich sehen: ($\pm$) ist nicht „für einen Beobachter".

Stehe ich aber „mit festen, markigen Knochen auf der wohlgegründeten,
dauernden Erde", so sehe ich nur meinen Standpunkt, nicht aber den des
Antipoden, wo immer auch ich stehe.

Kant hat die polaren Gegensätze wohl verstanden und dementsprechend einen
hohen Sinn für Symmetrie besessen. (Siehe Schopenhauers Kritik an Kant
im „Hauptwerk": „Zufolge seines obersten Leitfadens zu aller Wissenschaft,
nämlich der Symmetrie, ...")[2] Klar hat er andererseits

(Quantität, Qualität) und (Relation, Modalität)

unterschieden, die er „mathematisch" und „dynamisch" nannte. Daher glaube
ich, sie seien in seiner psychologischen Situation polare Gegensätze. Quantität
und Qualität sind aber bei ihm kontaminiert, ebenso Relation und Modalität. Das

hängt offenbar mit seinem mangelnden Sinn für die Wirklichkeit zusammen: Er hatte keinen Sinn für den komplementären Aspekt der Gegensätze. Darum ist auch seine Ethik starr und wirklichkeitsfern.[3] Denn der Sinn von Gut und Böse wird eben durch diesen komplementären Aspekt erteilt.

Schopenhauers vierfache Wurzel,[4] die mit „Platon der Göttliche und der erstaunliche Kant" anfängt, läßt von Kants schön gestutztem, symmetrischem Garten nurmehr die Kausalität übrig. Die muß nun aber, der großen Vierheit halber, der auch er opfert, vierfach gespalten werden. Er hat 1. „kausale" Gründe, 2. logische Gründe, 3. Seinsgründe (Raum-Zeit) und 4. Motive.

Nun konnte er aber die „Willensfreiheit" nicht naiv anerkennen, so daß 1. und 4. im Effekt identisch werden. 2. und 3. aber sind in Bezug auf ihre Unterscheidung dubios. Hier hat Leibniz klarer gesehen, der unter dem „zureichenden Grund", den er vom „logischen Grund", der auf dem Satz vom Widerspruch beruht, so unterschied, daß der „zureichende Grund" das Prinzip der wirklichen Existenz sei, während Mathematik und Logik nur von Möglichkeiten handle. Im „Seinsgrund" Schopenhauers sollte etwas von der Irrationalität des Wirklichen mitschwingen, dann wäre die Sache besser. Schopenhauer unterscheidet *klar* (1, 4) von (2, 3), d. h. empirisch von logisch-mathematisch. Das, was Sie „extravertiert" und „introvertiert" nennen, kann er nur mühsam unterscheiden. Das sind wieder die komplementären Gegensätze. Das andere würde ich wieder polare Gegensätze nennen, denn mit ihrer Hilfe kann man klassische Physik treiben.

Sein Fall liegt aber insofern günstiger, als der Kants, als er schon der Erkenntnis komplementärer Gegensätze näher gerückt ist. Daß Kausalität und Motive komplementär sind, scheint mir klar zu sein. Daß aber Schopenhauer dieses Problem nicht ganz erfaßte, sieht man aus seiner Abhandlung über die Freiheit des Willens:[5] „Unsere Thaten sind allerdings beim ersten Anfang, daher in ihnen nichts wirklich Neues zum Dasein gelangt: *sondern durch das was wir tun, erfahren wir bloß was wir sind"*.

Das „bloß" ist typisch. Nein, indem wir etwas tun, sind wir etwas und werden *zu* etwas. Der teleologische Charakter der Motive ist verkannt bei Schopenhauer. Das Wesen wird als absolut gegeben vorgestellt – woraus dann durchaus logisch der Pessimismus folgt. Indem Schopenhauer, wie wenig andere, kein Verkleisterer ist, sieht man bei ihm auch deutlicher als bei anderen, wo seine anfechtbaren Voraussetzungen liegen.

Übrigens waren beide, Schopenhauer und Kant, unbeweibt, was ganz zu ihnen paßt.[6] Alten Junggesellen muß man etwas nachsehen können, um sie schätzen zu können.

Um nochmals auf die Typenlehre zurückzukommen: Nehmen wir als Beispiel einen „empfindenden Denktypus". Bei ihm sind Denken und Empfindung polare Gegensätze, die ihm die bewußte Welt aufspannen. Fühlen und Intuition sind dazu komplementär. Falls diese anderen ganz unbewußt sind, so hat sein Bewußtsein keine Tiefe und er findet keinen Sinn im Leben. Zudem stört sein Fühlen das Denken, seine Intuition das Empfinden, was sich in einem Verkennen der Wirklichkeit äußert, weil er Wertungen mit Gedanken, und die in Objekte projizierte Intuition für Empfindungen hält. Wenn er sich über die Intuition seinem Fühlen nähert, so tritt eine gewisse Entwertung der Empfindung ein

– wenn etwas Neues bewußt wird, wird etwas anderes unbewußt. Er gewinnt so die Fähigkeit, den „Schnitt", der die komplementären Variablen trennt, zu verlegen. So erweisen sich aber zugleich die vorher absolut-polaren Gegensätze als gleichzeitig relativ und komplementär.

Vielleicht ist durch diese Betrachtung ein neuer Zug im Verhältnis von $(\pm)$ und (p, q) sichtbar geworden.

Die aristotelische Quaternität[7] scheint mir jetzt wie eine Antizipation, ein noch leeres, aber gleichzeitig faszinierendes Schema, dessen Sinn sich erst jetzt langsam entfaltet. Dadurch wird es weniger formal, aber auch komplizierter.

Übrigens – betreffend der Unbeweibtheit der Philosophen: Schiller hat gesungen: denn das Weib ist falscher Art, *und die Arge liebt das Neue.*

Da sieht man, und das ist richtig, wie die Frauen, die ja dem Mann die Realität vermitteln, gar nicht die Meinung Schopenhauers und anderer „Klassizisten" teilen, daß „nichts wirklich Neues zum Dasein gelangt". Schopenhauer hätte dazu gesagt, das sei kindischer Unverstand. Daraus, daß man Kinder auf die Welt setze, folge ja noch nichts.

Nun aber Schluß! Herzliche Grüße   Ihr M. Fierz

---

[1] Vgl. Brief [1293]. Dieser Brief ist offenbar die endgültige Fassung von [1296].

[2] Vgl. auch das Zitat im Brief [1296].

[3] Kants durch seinen sog. *kategorischen Imperativ* charakterisierte Ethik ist in seiner *Grundlegung zur Metaphysik der Sitten* [1785] enthalten.

[4] Siehe Schopenhauers Schrift [1813/47] *Über die vierfache Wurzel des Satzes vom zureichenden Grunde.* In *Sämmtliche Werke* 3, 7–177, dort S. 15.

[5] Schopenhauers *Preisschrift über die Freiheit des Willens* aus dem Jahre 1839 ist enthalten in *Sämmtliche Werke*, Band 3, S. 381–481.

[6] Siehe hierzu R. Safranski [1987]. Kant sagte in späteren Jahren über seine Ehelosigkeit: „Da ich eine Frau brauchen konnte, konnt' ich keine ernähren; und da ich eine ernähren konnte, konnt' ich keine mehr brauchen." Vgl. auch Karl Vorländer [1957, Band I, S. 194].

[7] Vgl. Brief [1292].

[1299]   FREY AN PAULI

Remscheid, 26. Oktober 1951
[Maschinenschrift]

Hochverehrter Herr Professor!

Am 10. Dezember 1951 kehrt zum 50. Male der Tag wieder, an dem bei der ersten Verleihung der Nobelpreise Professor Dr. Wilhelm Conrad Röntgen mit dem Nobelpreis für Physik ausgezeichnet wurde.[1]

Die außerordentliche Bedeutung der Entdeckung „einer neuen Art von Strahlen" für den wissenschaftlichen Fortschritt wird dadurch hervorgehoben, daß seitdem wiederholt Nobelpreise für Arbeiten über die Erforschung der Röntgenstrahlen und ihre Anwendung verliehen wurden.

Nicht ohne Beziehung steht die Entdeckung der X-Strahlen zu den Erkenntnissen, die durch Ihr Exclusions-Prinzip gewonnen wurden und im Jahre 1945 Anlaß boten, Ihnen, hochverehrter Herr Professor, ebenfalls den ehrenvollen Nobelpreis für Physik zuzuerkennen. Beide Entdeckungen, Röntgens Strahlen und Ihr „Pauli-Verbot" stehen dicht diesseits und jenseits eines Einschnittes, der die „klassische" von der neueren Physik trennt, und durch die Untersuchungen Max Plancks über die Strahlung eines schwarzen Körpers offenbar wurde. Der Einschnitt, nicht als Kennzeichen einer physikalischen Evolution, sondern als Charakteristikum einer besonders ungestümen Evolution der Physik gewertet, ermöglicht es, beide Entdeckungen als Teilaussagen einer einzigen Erscheinung anzusprechen.

Nach Ansicht des Kuratoriums des Röntgenmuseums besteht begründeter Anlaß, der Ehrung W. C. Röntgens vor 50 Jahren in einem Festakt zu gedenken. Das Verbindende Ihrer physikalischen Erkenntnis und Röntgens Entdeckung hat das Kuratorium bewogen, Sie, hochverehrter Herr Professor, zu diesem Festakt am 8. Dezember 1951, 10. 30 Uhr, in Remscheid-Lennep, der Vaterstadt Röntgens, ergebenst einzuladen.

Der letzte Schüler und Assistent Röntgens, Herr Professor Dr. Richard Glocker[2] von der Technischen Hochschule Stuttgart, hat sich bereit erklärt, den Festvortrag zu übernehmen. Herr Professor Dr. Glocker wird über das Thema „Röntgens Entdeckung und ihre Bedeutung für Medizin, Naturwissenschaft und Technik" sprechen.

Indem ich namens des Kuratoriums des Röntgenmuseums um die Ehre Ihrer Teilnahme bitte, verbleibe ich mit vorzüglicher Hochachtung

Ihr sehr ergebener   [Frey]

Oberbürgermeister der Stadt Remscheid und Vorsitzender des Kuratoriums des Röntgenmuseums in Remscheid-Lennep.

---

[1] Der damalige deutsche Bundespräsident Theodor Heuss hatte am 14. Januar 1950 eine vielbeachtete Rede über Conrad Wilhelm Röntgen (1845–1923) gehalten, die das Interesse an dem Physiker auch außerhalb der wissenschaftlichen Fachkreise weckte. Am 8. Dezember 1951 fand in Remscheid eine vom dortigen Oberbürgermeister Walter Frey (1909–1966) inszernierte große „Röntgen-Jubelfeier" statt, über die u. a. auch in den *Physikalischen Blättern* **8**, 31–32 (1952) berichtet wurde.
[2] Richard Glocker (1890–1978) war außerdem Vorstand des *Röntgen-Laboratoriums* der Technischen Hochschule in Stuttgart.

[1300] Pauli an von Franz

Zürich, 30. Oktober 1951

Liebe!

Vielen Dank für Ihren Brief. Die Sachen mit der Anima kann ich schon ein wenig aufklären. Die Rolle, die ich in meinem Brief[1] gemeint habe – und von der ich annehme, daß ich sie oft mehr oder weniger bewußt *gewünscht* habe – ist die der „femme inspiratrice". Ich hab mir bewußt gemacht, daß ich immer dann etwas irritiert bin, wenn ich finde, daß Sie *diese* Rolle nicht gut genug spielen und daß ich dann die Tendenz hatte, sie auf erotischem Wege herbeizurufen. Auch die „femme inspiratrice" ist eine Animarolle, wenn auch auf etwas höherer Stufe als eine bloße Betätigung des Machttriebes.

In meinen letzten Träumen ist einiges Mathematische (auch im Zusammenhang mit Briefen von Fierz), was mit Gegensatzpaaren zu tun hat, ferner Farben
und Landesgrenzen, was ebenfalls mit Gegensatzpaaren zu tun hat und auch mit
dem Mandala. Ich beobachte inzwischen weiter.

Sie werden also bald wieder von mir hören. Inzwischen herzlichst,

Stets Ihr W. Pauli

[1] Brief [1297].

[1301] PAULI AN FIERZ

Zürich, 4. November 1951

Lieber Herr Fierz!

Schade, daß Sie nicht kommen können. – Über die akademische Frage des
Energie-Impulstensors weiß ich nicht viel mehr als in meinem Enzyclopädie-
Artikel[1] steht. Lesen Sie aber, bitte, noch eventuelle Neuauflagen des *Laueschen
Relativitätsbuches*[2] nach. Soviel ich weiß, hatte ich damals eine kleine Korrespondenz darüber mit *Laue*, der steif und fest den symmetrischen Tensor verfocht. Es war mir nämlich verdächtig, daß letzterer zu unsinnigen Folgerungen
über die *Strahlrichtung* in bewegten Medien führt (vgl. Enzyclopädie-Artikel,
p. 672). Reduziert sich die Frage nicht einfach darauf, ob die ponderomotori-
sche Kraft $\frac{\varepsilon\mu-1}{c^2}\frac{\partial S}{\partial t}$ in *ruhenden* Körpern (p. 667, oben) richtig oder falsch ist?
(Ich glaube eher das letztere.) – Wir *damals* „Jüngere" haben uns schon da-
mals damit begnügt, das alles als „phänomenologische Orgien" zu bezeichnen.
– Übrigens hat Max Abraham in allen Kontroversen ein ganz außerordentliches
Talent bewiesen, das Falsche zu treffen.

Ich danke Ihnen auch noch für Ihren früheren Brief über Schopenhauer.[3]
Seine Schwierigkeiten betreffend das komplementäre Gegensatzpaar rühren
natürlich vom deterministischen Dogma her, (das insbesondere in der Frage
der Willensfreiheit bei ihm recht negativ zu Tage tritt – wie auch die von
Ihnen zitierten Stellen zeigen). Dieses war eben zeitbedingt, solange man
die Quantenmechanik nicht hatte. – In Schopenhauers Abhandlung „Über die
anscheinende Absichtlichkeit im Schicksal des Einzelnen"[4] (die ich für besser
halte als sein Hauptwerk), bricht aber der komplementäre Standpunkt beinahe
durch.

Viele Grüße Stets Ihr   W. Pauli

[1] Pauli [1921].
[2] Laue [1911/1921, **1**. Band, S. 133].
[3] Brief [1296].
[4] Schopenhauer (1851b).

[1302] CLUSIUS AN PAULI[1]

Zürich, 5. November 1951
[Maschinenschrift mit handschriftlichem Zusatz]

Lieber Herr Pauli!

Ich danke Ihnen herzlich für Ihren Brief vom 3. November, bei dem die Mendelejeff-Zitate mich außerordentlich interessiert haben. Sie haben sehr recht, wenn Sie sagen, daß das „zu weit vorausgeeilt" bei Mendelejeff einen in der Tat ganz außerordentlich beeindruckt.[2] Ähnlich ist es mir mit dem Satz von Marignac gegangen.[3] Er steht in der Genfer Zeitschrift: Bibliothèque universelle (Archives des sciences physiques et naturelles **9** (1860) 106,[4] und ist nur mit C. M. unterzeichnet. Es besteht aber nicht der mindeste Zweifel wegen des Inhalts des ganzen Artikels, der sich um chemische Atomgewichtsbestimmungen dreht, daß der Verfasser Marignac ist, welcher damals, 1860, in Genf wirkte. Der fragliche Satz heißt wörtlich:

Ne pourrait-on pas supposer que la cause inconnue, mais *probablement différente des agents physiques et chimiques que nous connaissons*, qui a déterminé certains groupements des atomes de la matière primordiale unique, de manière à donner naissance à nos atomes simples et à imprimer à chacun de ces groupes un caractère spécial et des propriétés particulières, a pu en même temps exercer une influence sur la manière suivant laquelle ces groupes d'atomes obéissent à la loi de l'attraction universelle, de telle sorte que *le poids de chacun d'eux n'est pas exactement la somme des poids des atomes primordiaux qui le constituent?*

Wegen der Rydbergschen Arbeiten will ich mich umtun und Ihnen im Kolloquium Bescheid sagen.[5]

Übrigens ist heute auch ganz in Vergessenheit geraten, daß Lecoq de Boisbaudran[6] im Jahre *1875* das Gallium entdeckt hat[7] auf Grund gewisser Überlegungen, die er hinsichtlich der Linienspektren homologer Elemente angestellt hatte.* Er war ein französischer Privatgelehrter, der aber ganz ausgezeichnete Leistungen vollbracht und sehr originelle Arbeiten geschrieben hat.

Mit herzlichen Grüßen bin ich stets Ihr   Klaus Clusius

---

[1] Klaus Clusius (1903–1963) war damals als Professor für physikalische Chemie an die Universität Zürich berufen worden (vgl. die Angaben zum Brief [1229]). Wahrscheinlich hatte ihn Pauli im Zusammenhang mit seiner Beschäftigung mit der Geschichte des periodischen Systems der Elemente um Literaturhinweise gebeten. Siehe hierzu auch den Brief [1333, 1339 und 1346].

[2] Siehe hierzu die von K. Seubert in der Reihe *Ostwalds Klassiker der Wissenschaft*, Nr. **68** herausgegebenen Abhandlungen von Lothar Meyer und Dimitri Mendelejeff.

[3] Der Genfer Chemiker Jean Charles Marignac (1817–1894) war ein eifriger Vertreter der chemischen Atomistik. Mit Hilfe der Spektralanalyse und genauer Atomgewichtsbestimmungen vermochte er verschiedene neue Elemente unter den seltenen Erden zu entdecken. Siehe hierzu die historische Untersuchung von DeKoksky (1972/73).

[4] Marignac (1860).

[5] Pauli stellte offenbar schon damals die Literatur für seinen Vortrag (1955a) über Rydberg zusammen, den er Anfang Juli 1954 während der Rydberg-Jahrhundertfeier in Lund halten wollte. Vgl. auch die Hinweise in dem Brief [1333] von Nilsson.

[6] Der als freier Forscher in Paris wirkende Spektrochemiker Paul Émile Lecoq de Boisbaudran (1828–1912) entdeckte später auch noch die seltenen Erden Samarium, Dysprosium und Holmium.
[7] Lecoq de Boisbaudran (1875a, b, 1877a, b).
* Im Gmelinschen Handbuch der Chemie steht im Artikel „Gallium" folgendes über Lecoq de Boisbaudran: „Geleitet von eigenen Vorstellungen über spektrale Gesetzmäßigkeiten, die eine Lücke in einer Reihe von betrachteten Elementen erkennen ließen, gestützt von Annahmen über das chemische Vorhandensein des zu entdeckenden Elementes fand er durch sorgfältige Prüfung aller bei der Aufbereitung des Minerals anfallenden Anteile auf spektroskopischem Wege ein neues Element." Lecoq scheint Mendelejeffs Arbeiten nicht gekannt zu haben; jedenfalls ist sein Ausgangspunkt eine chemische Untersuchung von 1862/63. Literatur: *Compte rendu* **81**, 493; 1103 (1875); *Annales de chimie et de physique* [5] **10**, 100 (1877); *The Chemical News and Journal of Physical Science* **35**, 148 (1877). d. O!

[1303] PAULI AN JAFFÉ

[Zürich], 8. November [1951]

Liebe Frau Jaffé!

Heute hatte ich etwas Muße und las abends in der Bibel das ganze Buch Hiob.[1] Meine Anfangsstimmung war vollkommen präjudiziert gegen Jahwe.[2] Dies hatte zur Folge, daß sich mir kompensatorisch, während ich weiter las, eine ganz andere Bilder- und Gedankenserie auftat oder enthüllte. Es war ganz unerwartet und als Fabel formuliert, etwa so:

Es lebte einmal ein unwissender Barbar namens Hiob, doch er hatte Ausdauer, Pistis und Charakterstärke. Da sprach Jahwes Genosse Satan zu diesem: „Es ist leicht an Dich zu glauben, wenn es einem immer gut geht und unter der falschen Voraussetzung, das Leben sei eine Sonntagsschule, in der Unglücksfälle und Krankheiten nur strafende Folgen sichtbar nachweisbarer Sünden und böser Taten sind und dem Guten und Gerechten nicht wiederfahren können. Unwürdig ist es für einen Mann wie Hiob, auf diesem Niveau zu bleiben. Er soll eines Anderen belehrt werden und dennoch an Dich glauben." Und Jahwe nickte seinem Genossen Gewährung, nur sein Leben müsse er dem Hiob lassen.

Und so kam es und Hiob ging es ebenso schlecht wie es ihm früher gut ging. Da besuchten ihn drei Fremde und wollten ihn bestärken in seinem „Christian-Science" Aberglauben, indem sie ihm sogar einreden wollten, sein Leiden sei eine Folge von Sünden und Frevel. Doch Hiob war weise genug, an seiner Schuldlosigkeit mit gutem Gewissen festzuhalten, doch töricht genug, dem Kosmos gegenüber moralisch auf seinem „Recht" zu insistieren.

Da erschien ihm Jahwe im Wettersturm, ließ sich auf Recht und Moral gar nicht ein, sondern bemühte sich wohlwollend, Hiob in einer diesem möglichst verständlichen Weise die Anfangsgründe der Zoologie beizubringen. Dieser ist davon so beeindruckt, daß er die Sonntagschulidee des Lebens aufgibt und wieder gesund und glücklich wird, während die abergläubischen Freunde ihn auf Befehl Jahwes um Verzeihung bitten müssen.

Und wenn er nicht gestorben ist, so lebt Hiob *heute* noch.

Mit herzlichen Grüßen und mit der Bitte um analytische Behandlung der Fabel.

Stets Ihr   W. Pauli

¹ Jung schrieb damals an seinem im Jahre 1952 veröffentlichten Buch *Antwort auf Hiob*, wodurch auch Paulis Interesse an dieser Thematik geweckt worden war (vgl. hierzu die Bemerkungen in den Briefen [1270, 1283, 1284 und 1297]). Pauli hatte die Lektüre des entsprechenden Bibeltextes auf Anraten von A. Jaffé zunächst verschoben.
² Pauli schrieb „Jachwe". Hier wurde der Name der üblichen Schreibweise angepaßt.

[1304] Pauli an Jaffé

[Zürich], 11. November 1951

Liebe Frau Jaffé!

Ich schreibe Ihnen heute noch einige Nachträge zu meinem letzten, etwas rasch skizzierten Brief, dessen recht mangelhafte Form ich zu entschuldigen bitte. Es hat sich mir aber darum gehandelt, spät abends einen Eindruck noch festzuhalten, bevor er sich verändert oder gar verflüchtigt hat.

Zunächst sehe ich einen gewissen Zusammenhang meines anscheinend plötzlichen Entschlusses, die Hiobgeschichte zu lesen, mit dem Traum, den ich auch Ihnen das letzte Mal erzählt habe. Sie werden sich erinnern, daß ich in diesem Traum anfangs in der Zeitung gelesen habe, „wir freuen uns mitteilen zu können, daß Hitler nun endgültig fort ist". Es scheint mir nun naheliegend „Hitler" hier analytisch auf der Subjektstufe auch als eine gewisse, meine eigene jüdische Seite verdrängende Tendenz des Bewußtseins zu deuten. Denn ich fühle selbst eine beträchtliche Veränderung in mir *auch* in dieser Hinsicht, seit dieser Traum stattgefunden hat. Deshalb gestatte ich mir auch, gerade Ihnen nun etwas ausführlicher zu schreiben.

Das Wort „Fabel" in meinem letzten Brief ist falsch und sollte durch das Wort „Parabel" ersetzt werden. Es war ja eine Parabel von der Desavouierung des Christian-Science-Aberglaubens durch Jahwe und der Bewußtwerdung Hiobs, die eine conditio sine qua non seiner Heilung war: nämlich sein Aufgeben der naiven Idee („Sonntagsschul-Idee") eines für Gute und Gerechte leidlosen Zustandes auf Erden und der Idee der Möglichkeit einer Rückversicherung gegen Unfälle mit der Vorsehung durch ethisch richtiges Handeln.*

In dem Schlußgespräch zwischen Hiob und Jahwe empfand ich eine sehr versöhnlich-menschliche Note. Es ist wie wenn sich zwei Juden am Versöhnungstag mit einem gewissen sous-entendu unterhalten: Ohne es auszusprechen sagt Jahwe: „Ich bin schon ein ‚rechter‘ Weltschöpfer, es ist doch nicht alles auf der Erde nur Lohn und Strafe; ich mußte doch auch dafür sorgen, daß die Zoologie in Ordnung ist" und Hiob sieht ein „Man darf auch einen Weltschöpfer nicht gefühlsmäßig *überfordern* mit Wünschen nach garantierter Gesundheit für Gerechte. Es gibt ja noch viele Dinge auf Erden, die so ein geplagter Weltschöpfer berücksichtigen muß und die ich noch gar nicht verstehe; da muß man schließlich froh sein, daß er es *so* weit gebracht hat!"

Der Jude, wenigstens der Moderne, hat einen gewissen Sinn für das Relative, der dem Christen zu fehlen scheint. Diesem scheint die geschilderte, wenigstens teilweise resignierende Gefühlshaltung wesentlich schwerer zu fallen.

Meines Erachtens ist gerade die orthodoxe Metaphysik ein Haupthindernis für das Akzeptieren dieser Gefühlshaltung. Diese Metaphysik brauche ich gar nicht zu akzeptieren, auch nicht die alt-jüdische. Für mich ist der Jahwe des Buches Hiob anders als der Archetypus des „Alten Weisen" in C. G. Jungs Psychologie. Und ich habe ein deutliches Gefühl, daß er *auch* ein Produkt von Hiobs Seele ist, entstanden aus dem Zusammentreffen von Hiobs Individualseele mit dem kollektiven Unbewußten. Jahwe ist in der diskutierten Geschichte ein Bild von Hiobs umfassenderer, zum Teil unbewußter, Persönlichkeit, die seiner bewußten Persönlichkeit bei weitem an Einsicht überlegen ist.

Es handelt sich mir also nicht um die Metaphysik, wohl aber um die Psychologie, das heißt um die seelische Einstellung. Wenn Sie mir nun seinerzeit berichtet haben, C. G. Jung hätte sich dahin geäußert, daß Jahwe und sein „Kumpan" (N. B. ich würde fast sagen, sein „Assistent") Satan gemäß dem in der Bibel stehenden Geschichte den Hiob wie „zwei Lausbuben" sinnlos *quälen* – so kann ich nur sagen, daß ich das nicht nachfühlen kann. Und in der „Parabel" meines letzten Briefes habe ich versucht, dieser Einstellung eine andere, zur Gestalt des Jahwe *positive* eingestellte gegenüberzustellen. Sollte es sich herausstellen, daß diejenige Einstellung, welche die Hiobsgeschichte *sadistisch* empfindet, der christlichen, meine abweichende dagegen der jüdischen Psychologie entspricht? Dies will ich ganz offen lassen, bekenne mich aber endgültig zur zweitgenannten Auffassung.

Dies ist mir wesentlich, wo hingegen ich auf die orthodoxe Metaphysik pfeife. Für mich sagt die Hiobsgeschichte im Grunde gar nichts anderes aus, als die Verse des Taoteking, die ich Ihnen schon früher einmal zitiert habe:[1] „Nicht ist Liebe nach Menschenart in der Natur …" Ich fühle und sehe eine sehr tiefe Übereinstimmung zwischen der Auffassung des Buches Hiob mit dieser Auffassung des Taoteking.

In diesem Sinne nochmals herzliche Grüße. Stets Ihr W. Pauli

---

* Hierzu möchte ich noch bemerken, daß ein *brahmanischer* Priester dem Hiob selbstverständlich gesagt hätte: „Dein Leiden ist eine Folge Deiner Sünden *in einer früheren Existenz*". Eine solche Metaphysik ist empirisch weder widerlegbar, noch beweisbar.

[1] Vgl. die Briefe [1176 und 1178].

[1305] PAULI AN FREY

Zürich, 12. November 1951
[Maschinenschriftliche Durchschrift]

Sehr geehrter Herr Oberbürgermeister!

Ich danke Ihnen sehr herzlich für die ehrenvolle Einladung,[1] zu einem Festakt am 8. Dezember zum 50. Jubiläum der Verleihung des Nobelpreises an Professor Röntgen nach Remscheid-Lennep zu kommen. Ich hätte das sehr gerne getan, zumal ich als Student Professor Röntgen in München noch persönlich gesehen und gehört habe.[2] Zu meinem großen Bedauern gestatten mir jedoch meine Verpflichtungen in Zürich nicht, zu diesem Termin die Reise in Ihre Stadt zu unternehmen. Indem ich Sie bitte, meine freundlichen Grüße an die Teilnehmer an dem Festakt zu übermitteln, verbleibe ich

mit vorzüglicher Hochachtung Ihr sehr ergebener [W. Pauli]

[1] Siehe den Brief [1299].

[2] Pauli hatte während seiner Studienzeit in München mehrfache Gelegenheit, die Vorlesungen des alten Röntgen zu hören, obwohl er sich in keine derselben eingeschrieben hatte (vgl. Paulis Kollegienbuch an der Universität München). Im Wintersemester 1919/20 hielt Röntgen zum letzten Mal die Experimental-Vorlesung I, bevor er im Frühjahr 1920 in den Ruhestand trat. Röntgen starb 1923 im Alter von 78 Jahren und wurde auf dem alten Friedhof in Giessen beigesetzt. Siehe hierzu auch Fölsing [1995].

Am 15. August 1952 sollte Louis de Broglie seinen 60. Geburtstag feiern. Zu diesem Anlaß wollte eine kleine Gruppe seiner Schüler am *Institut Henri Poincaré* eine Feier veranstalten. Ähnlich wie Albert Einstein zu seinem 70. Geburtstag[1] durch den von A. Schilpp herausgegebenen Band geehrt worden war, wollte man nun auch L. de Broglie mit einer solchen Festschrift eine Freude bereiten. Dem Vorbilde entsprechend sollten L. de Broglies Freunde, Kollegen und Schüler aufgefordert werden, Aufsätze einzusenden, die sich mit ihm und seinem Werk befassen.

Der französische Wissenschaftsautor André George[2] und Louis de Broglies Schülerin Marie-Antoiniette Tonnelat[3] wurden von einem zu diesem Zwecke gebildeten *Comité Louis de Broglie* beauftragt, die von diesem Komitee ausgewählten Personen anzuschreiben. Am 12. November 1951 wurde ein erstes Rundschreiben [1306] an verschiedene Forscher mit der Bitte um Beiträge für die Festschrift verschickt.

Die meisten eingesandten Arbeiten befaßten sich naturgemäß mit der Entstehung und Weiterbildung der Wellenmechanik und ihrer Interpretation. Einstein und seine neue Mitarbeiterin B. Kaufman sandten außerdem einen Bericht über den neuesten Stand der allgemeinen Gravitationstheorie. Kramers Beitrag über die Neutrinotheorie des Lichtes sollte zugleich auch seine letzte wissenschaftliche Veröffentlichung werden. Pauli nahm diese Gelegenheit zum Anlaß, um dem besonders durch David Bohm wiederbelebten Versuch einer deterministischen Deutung der Quantentheorie entgegenzutreten.[4] Anstelle einer Autobiographie und einer Erwiderung auf die in den eingesandten Arbeiten dargelegten Probleme fügte Louis de Broglie zum Abschluß des Werkes einen *Gesamtüberblick* über die Entstehung seiner eigenen Arbeiten hinzu.

Von der 1953 bei *Editions Albin Michel* in Paris veröffentlichten Sammlung der über 40 eingegangenen Beiträge zu den verschiedenen Arbeitsgebieten de Broglies wurde auch eine gekürzte deutsche Ausgabe herausgegeben.[5]

[1] Siehe Band **III**, S. 643.

[2] André George (1890-1978) war ein bekannter französischer Publizist und Schriftsteller, der u. a. seit 1937 die Zeitschriften *Sciences d'aujourd'hui* und *Les Savants et le monde* herausgab. Als Freund von L. de Broglie bereitete er die Feier zu Louis de Broglies 60. Geburtstag mit vor, zu der er auch einen Aufsatz beisteuerte. Vgl. hierzu auch den in Band **4** der von Michel Biezunski [1989, S. 110] herausgegebenen französischen Ausgabe von Einsteins ausgewählten Schriften enthaltenen Schriftwechsel zwischen Einstein und André George.

[3] Marie-Antoinette Tonnelat (1912–1980) hatte sich als Schülerin von Louis de Broglie auch ausführlich mit Einsteins Relativitätstheorie beschäftigt und mehrer Bücher über dieses Thema veröffentlicht. Sie war Professorin für theoretische Physik am *Collège de France*.

[4] Siehe hierzu auch die Briefe [1306, 1355, 1358, 1365 und 1387] und über Paulis Pariser Vorträge den Kommentar zum Brief [1347].

[5] L. de Broglie [1953/55]. Die unter dem Titel *Louis de Broglie und die Physiker* herausgegebene gekürzte deutsche Ausgabe dieses Buches enthält auch eine Rückübersetzung von Paulis Beitrag ins Deutsche. Ein handschriftliches Manuskript von Paulis deutschem Originaltext befindet sich im *Pauli-Nachlaß* 6/40-54.

[1306] GEORGE UND TONNELAT AN PAULI

Paris, 12. November 1951
[Maschinenschrift]

Monsieur le Professeur!

Le soixantième anniversaire de Monsieur Louis de Broglie aura lieu le 15 août 1952. Un Comité de disciples et d'amis voudrait célébrer cette date en publiant un livre d'hommages au grand physicien. Nous nous adressons aux principaux savants étrangers et français ayant eu quelque rapport avec la Mécanique ondulatoire, ou avec son promoteur personnellement. Nous recourons aussi à quelques philosophes ou écrivains et, enfin, aux plus anciens élèves de Monsieur de Broglie.

Votre nom est au premier rang de ceux auxquels nous devions penser. Aussi nous permettons-nous de vous écrire pour vous prier de bien vouloir nous adresser un témoignage destiné à être inséré dans ce livre jubilaire.

Ce témoignage pourrait consister en un article concernant Louis de Broglie, ou en un mémoire se rapportant soit aux principes, soit à l'histoire, soit aux applications, soit aux conséquences philosophiques de ses travaux.

Toutefois, étant donnés la nature de l'ouvrage et le peu de temps dont nous disposons, il est très désirable que les signes mathématiques soient évités ou du moins fort réduits, qu'une dizaine de pages du format courant (environ 25 lignes chacune) ne soit pas dépassée, et qu'enfin ces pages nous soient adressées avant le 15 février 1952.[1]

Nous nous excusons à la fois de ces précisions et de la liberté que nous prenons de faire appel à votre obligeance. Notre recueil d'hommages serait bien incomplet si votre nom n'y figurait pas.

Nous vous prions, Monsieur le Professeur, de croire à nos sentiments de très haute considération.

Pour le Comité   Marie-Antoinette Tonnelat   André George

Prière d'adresser les réponses: Comité Louis de Broglie, Institut Henri Poincaré, rue Pierre Curie, Paris V°.

[1] Vgl. hierzu Paulis Antwortschreiben [1344].

[1307] PAULI AN VON FRANZ

[Zürich], 18. November [1951]

Liebe!

Haben Sie noch sehr vielen Dank für Ihren Brief, der mich sehr gefreut hat. Inzwischen ist meine Traumgeschichte, über die wir uns das letzte Mal so lange unterhalten haben, wieder weitergegangen, worüber ich Ihnen zwei neue Träume schicke.

Am Abend vorher hab ich ein wenig in der „deutschen Theologie" gelesen (die auch von C. G. Jung im ‚Aion' gelegentlich zitiert wird).[1] Von dem allgemeinen Neuplatonismus abgesehen (dieser ist ja nicht so sehr von Marsilio Ficino verschieden) hat mich als Begriffspaar des „richtigen" und des „falschen" Lichtes darin interessiert. Es ist schon auffallend, wenn einer dem Licht *nicht* die Finsternis, sondern ein „falsches" Licht gegenüberstellt und sogleich kam mir der Gedanke, daß das „richtige" Licht wahrscheinlich nicht ganz richtig und das „falsche" nicht ganz falsch sein dürfte. Deutlich wird vom Autor der deutschen Theologie das richtige Licht auf Christus als Urheber, das falsche auf den Antichrist als Urheber angeführt. Letzteres wird aber auch „als eigentlich der *Natur* zugehörig" bezeichnet, während ersteres als „Gott zugehörig" angesehen wird. Dieses Begriffspaar hat offenbar eine sehr enge Beziehung zur defensiv-polemischen Haltung gegen die Heilig-Geist-Bewegung (vgl. zu dieser C. G. Jungs Ausführungen in ‚Aion‘), die das ganze Buch (die „deutsche Theologie") durchzieht.

In dieser Verbindung erscheint es mir interessant, daß das „falsche Licht" dieses Autors offenbar dasselbe ist, wie das „*lumen naturae*" *des Paracelsus,*[2] das dieser zwar auch dem Licht der „göttlichen Offenbarung" gegenüberstellt, aber wie mir scheint mit Recht – ebenfalls *positiv* bewertet. Offenbar hat die ganz negative Bewertung des „falschen" Lichtes beim „Frankfurter" (Autor der deutschen Theologie) einen direkten Zusammenhang mit dem „Abschneiden des Schattens" bei allen neuplatonischen Mystikern – während Paracelsus natürlich mehr auf der alchemistischen Seite und eigentlich ein „Materialist" („Urstoff"-Idee) ist.

Hoffentlich ist Ihre Erkältung wieder ganz vorüber. Ich würde Sie sehr gerne in dieser Woche sehen, und zwar könnte ich Mittwoch oder Donnerstag (eventuell auch Freitag) *Vormittag.* Ich will noch telefonieren, um Ihren Stundenplan zu erfahren.

Bis dahin herzlichst   Stets Ihr W. Pauli

---

[1] Jung zitierte die *Theologia Germanica* beiläufig im Kapitel VI von *Aion.* Pauli besaß eine deutsche Übersetzung dieses von Meister Eckhart beeinflußten Werkes des deutschen Mystikers aus Frankfurt, eines unbekannten Autors des späten 13. Jahrhunderts, der in der Literatur als der Frankfurter bezeichnet wird: *Eine Deutsche Theologie.* Übertragen und eingeleitet von Joseph Bernhardt. München 1950. Vgl. hierzu auch R. Haubst: Johannes von Franckfurt als mutmaßlicher Verfasser von *Eyn deutsch Teologia. Scholastik* **33**, 375 (1958). Siehe hierzu auch die Bemerkung im Brief [1325].

[2] Die Bedeutung eines solchen *inneren Lichtes* als eine während des Schlafes wirkende Schulmeisterin bei Paracelsus und seinen Nachfolgern wurde u. a. durch Jung in seinen Studien über Paracelsus (*Gesammelte Werke* 13, Kapitel III: Paracelsus als geistige Erscheinung) und auch in seinem Werke *Psychologie und Alchemie* [1944/75, S. 295f.] dargestellt. Siehe hierzu auch M.-L. von Franz [1952/90, S. 195], Abt (1995, S. 127).und den diesem Thema insbesondere gewidmeten Aufsatz von Eva Wertenschlag-Birkhäuser (1995a).

ANLAGE ZU [1307]

Traum 18. November [1951]

1. Ich treffe den japanischen Physiker Nishina,* der mir mitteilt, er habe die Aufgabe, die chinesischen Arbeitsmädchen** über die Alpen nach Süden zu führen; er kenne aber nicht die richtigen Wege, ob ich ihm nicht helfen könne. Ich antworte ihm positiv, daß ich die Wege noch von meinen Eltern in Österreich her wisse und daß ich gerne bereit sei, ihm zu helfen. Da zieht Nishina ein Schriftstück aus der Tasche, das die Überschrift „Erneuerung" trägt. Es ist wie ein Vertrag abgefaßt, der mich verpflichtet, als eine Art Angestellter Nishina zu helfen, die Mädchen über die Alpen zu bringen. Ich unterschreibe ganz ruhig und zuversichtlich. – Dann treffe ich eine Dame, die meiner wirklichen Frau ähnlich sieht.*** Sie kann nicht verstehen, was Nishina und seine Chinesinnen mit mir zu tun haben, und ich kann es ihr auch nicht verständlich machen, obwohl sie es gerne verstehen *möchte*. Während ich erwache, noch im Halbschlaf, kommt mir der Gedanke, ich hätte es vielleicht mit *Blumen*† versuchen sollen.

Zweiter Traum (in gleicher Nacht)

2. Ich bin mit meinem Assistent Schafroth in meinem Büro des Physikgebäudes in der Gloriastraße und bespreche mit ihm Pläne über meine Vorlesungen. Die Sonne scheint sehr hell ins Zimmer. Da klopft es an der Türe und ein blondes Mädchen kommt herein. Sie stellt ein neues Tintenfaß, das sie mitgebracht hat, zusammen mit anderen Schreibgeräten auf meinem Schreibtisch.

Da sage ich zum Assistenten, ich müsse doch *gleich* in den Hörsaal hinuntergehen und die Vorlesung halten, sonst müßten die Leute im Auditorium zu lange auf mich warten.

---

* Nishina ist ein Japaner, der in Europa Physik studiert hat, sich also dem Okzident angenähert hat. Ich kannte ihn gut in den 20er Jahren, wo ich mit ihm in Hamburg (dort wohnten wir bei der gleichen Wirtin) und in Kopenhagen beisammen war. Er ist ein sehr freundlicher Mann und ich sah ihn im Winter 1949 in Amerika wieder, wo er sich kurz auf der Durchreise aufhielt. Später hörte ich leider, daß er gestorben ist.

** Siehe Traum vom 3. November. – Es scheint, daß die Chinesinnen inzwischen beträchtlich nach Westen gewandert sind, und sich unter der vermittelnden Führung Nishinas (die Traumfigur halte ich für den „Fremden" in einer besonderen Form) stark dem Zentrum genähert haben.

*** Die meiner Frau ähnlich sehende Dame ist auf der Subjektstufe die minderwertige Empfindungsfunktion, die zwar mit meinem Verstand, aber nicht mit meiner „chinesischen" Seite Kontakt hat.

† Vgl. hier die „Botanik" im Traum vom 3. November.

[1308] PAULI AN VON FRANZ

Zürich, 19. November 1951

Liebe!

Nachdem ich den letzten Brief[1] an Sie abgeschickt habe, las ich noch die „Theologia deutsch"[2] zu Ende und dieser Text wurde mir dann noch viel amüsanter: Nachdem er das „falsche Licht" mit Natur = Antichrist = Teufel = Eigenwille des Menschen = Adam = Paradiesesbaum tapfer identifiziert hat, wirft der „Frankfurter" gegen Schluß des Textes plötzlich eine Frage auf, von der man sogleich sieht, daß er sie auf Grund ihrer (neuplatonisierenden) Voraussetzungen nie wird beantworten können. Es ist die Frage „Warum hat Gott den Paradiesesbaum (nach Voraussetzung = Eigenwillen des Menschen) überhaupt *erschaffen*, wenn dieser dem Willen Gottes und Christus und allem, was ausschließlich gut und liebenswert ist, doch so sehr zuwider ist". Der Autor ist überaus ehrlich, diese Frage aufzuwerfen, ich will aber hier sein Gestammel darüber nicht wiederholen,* denn man merkt, daß der Frankfurter selbst sich gar nicht wohl dabei fühlt. Wenn er ein einigermaßen geschulter Denker gewesen wäre, hätte er mit dieser Frage – d. h. mit der Frage, wieso der Mensch und sein Bewußtsein für Gott nötig ist – mit dem ersten Wort der ersten Zeile *angefangen*. Daß man mit einer Paradoxie stets die Philosophie beginnen muß, statt mit ihr zu enden {nachdem man verzweifelt und vergebens versucht hat, jede Paradoxie (N. B. auch die Trinität) zu vermeiden}, das sollte doch zum ABC jedes einigermaßen geschulten Denkers gehören.

Es ist aber doch eine gewisser Verdienst die Frage ausdrücklich gestellt zu haben und ich glaube, daß sie die Türen nicht schließt, sondern öffnet.

Sofort hätten sich anregende Folgerungen ergeben über die Komplementaritäts-Beziehung vom Eigenwillen des Menschen zum „Gotteswillen"** (wenn man die Numinosität und Zielstrebigkeit des Unbewußten so bezeichnen will) sowie über den „Wunsch Gottes", der Mensch möge auf ihn *zurück*wirken.

Gerne möchte ich Sie noch über Ihre spezielle Evolutions-Idee (von der sogenannten „Bewußtwerdung Gottes") fragen, *wie sie mit anderen Evolutions-Ideen zusammenhängt.* Wie war es gemäß Ihrer Idee mit Gott (der unbewußten Psyche) bevor es überhaupt Menschen gab, wie ist ihr Zusammenhang mit der Darwinschen Evolution, wie derjenigen mit Bergsons evolution créatrice?[3] Die Idee, daß die objektive Psyche (wenn Sie so wollen: Gott) überhaupt in der Natur von Anfang an (bereits *vor* dem Menschen) einen *Spielraum für Eigenwillen* läßt, *damit* dieser auf sie oder ihn oder es *zurück*wirke, scheint mir nämlich einigermaßen bestechend zu sein.

Ich schreibe dies alles auch deshalb, weil meine bewußten Gedanken mit meinen Träumen nun sehr eng zusammenhängen. Also hoffentlich auf baldiges Wiedersehen.

Stets Ihr W. Pauli

---

[1] Brief [1307].

[2] Siehe hierzu die Angaben in den Briefen [1307, 1325 und 1334].

* Z. B. Gottes Wille könnte gar nicht *wirken* ohne den Eigenwillen der Menschen – aber die Logik sagt, daß aus der neuplatonisierenden Voraussetzung eine Notwendigkeit für Gott zu *wirken* überhaupt nicht gefolgert werden kann.

** Daraus hätte sich weiter ergeben: das „richtige Licht" ist insofern auch nicht richtig, als es das „falsche Licht" nötig hat und das „falsche Licht" ist insofern auch richtig als es vom richtigen Licht „erschaffen" ist. – So relativiert sich von selbst alles in ganz natürlicher Weise.

[3] In seinem 1907 veröffentlichten Werk *L'évolution créatrice* hatte Bergson als Folge seiner Auseinandersetzung mit dem Darwinismus den *élan vital* als ein treibendes Prinzip der Schöpfung eingeführt, das ihm als Ursache der Vielfalt und Variabilität alles Lebendigen gilt.

[1309] Bohm an Pauli

São Paulo, [20. November 1951][1]

Dear Dr. Pauli!

Thank you for your last letter.[2] I think that at last we are on the point of being able to understand each other.

Let me answer your points one by one.

1. I have changed the introduction of my paper[3] so as to give due credit to de Broglie, and have stated that he gave up the theory too soon (as suggested in your letter).

2. The problem of the position of the "intersection" between the observer and the observed system.

My point of view is (like Bohr's, and I assume also yours) that the observer and the observed system are inseparably connected. *However*, I differ from the usual point of view in that I am assuming that the laws governing the interconnection of observer and observed system are *at least in principle* subject to a precise description and analysis, with the aid of the so-called "hidden parameters". The *practical* question then arises as to whether an observer can actually eliminate (or correct for) the disturbances in the observed system which to some extent originate in his own body and even in his own brain. The answer is that as long as the present *mathematical* form of the quantum theory is valid, no such a correction is even in principle possible. However, the interpretation of de Broglie (as extended by me) is potentially capable of leading to a richer variety of laws of nature than those which are consistent with the usual interpretation. Thus, the usual interpretation *must* assume a linear and homogeneous equation governing the coefficients of the "state vectors" in Hilbert space. From my point of view, no such an assumption is necessary. I would say that the usual proof of the equivalence of Schrödinger's and Heisenberg's formulations of the quantum theory is misleading. I believe that the equation governing ψ may, for example be non-linear, and that the usual wave equation is only a linear approximation. It is a well-known phenomenon even in classical physics, that the linear approximation to any differential equation can be expressed in matrix form. Thus, one may, if one wishes, in a linear electrical circuit, define an "impedance matrix". This does not mean that a condenser is in some mysterious way *completely* described by its impedance matrix. It only means that for *certain purposes*, namely, in electrical processes involving small enough currents, all the properties of the condenser which are significant *in this limited set of experiments* can be tabulated with the aid of such a matrix. But the condenser is actually a structure that is infinitely richer in content than its impedance matrix. Similarly, I believe that an electron is infinitely richer in content than is its Heisenberg matrix. Some of this additional richness can manifest itself under conditions in which the wave equation is non-linear. Moreover, from my point of view, there could also be a *direct coupling* between the at present "hidden" particle position and the ψ function, analogous to the coupling between the electromagnetic field and the position of the electron. As I show in my paper,[4] if such a coupling should exist, then the precise particle positions would cease to be "hidden", since observable physical properties would then depend on their precise values. Moreover, under such conditions, I can show that the disturbance produced by the observer may be less than that implied by the uncertainty principle.

You may ask "Where do those richer laws apply"? My answer is that for the past 15 years we have unsuccessfully tried to understand phenomena in the domain of distances smaller than 10^{-13} cm. People have assumed a) that causality might be even weaker here than in the atomic domain. b) That space and time might lose their meaning, c) that no description of such processes is possible at all, and that we must restrict ourselves to tabulating their large-scale results with the aid of an "S" matrix, which is to be determined by some as yet non-existent mathematical rules. However, among all the possible changes that have been considered, people have avoided questioning the weakest assumption of all; viz, that all of physics must be contained in the theory of linear Hilbert spaces. The only possible justification for such a point of view would be that no-one had yet succeeded in producing a counter-example. But I believe that I have produced a counter-example, so that there is no justification whatever for such an assumption, as I show in my paper, it is quite possible to contemplate theories which would be inconsistent with the usual interpretation, but which reduce to the usual theory at distances much greater than 10^{-13} cm. If this is true, then after we understand the new laws governing short distances, we should be able to make measurements much more precise than would be consistent with the uncertainty principle. Even though the observer still disturbs the hidden variables in the measuring apparatus, the effects of this disturbance *on the nuclear system of interest* can in principle be reduced a great deal below the limits set by the uncertainty principle, *provided* that, for example, the equations become appreciably non-linear at short distances. In other words, the transmission of an irreducible disturbance through a atom of material systems in an undiminished (or undamped) way is a consequence of the assumption of a simple linear and homogeneous wave equation. But hitherto, wherever we have found linear differential equations, we have always found that they are only approximations to non-linear equations (e. g. sound, light, equation for heat flow, etc.). There is no way to prove that the same is not true for ψ waves; in fact, it seems implausible to me to suppose that even though in all other fields, nature must be described by non-linear equations, there will be one field, viz, quantum theory, where no such considerations will *ever* be needed. But if the equations are actually non-linear in a higher approximation, then the usual interpretation cannot be the ultimate one.

I therefore believe that the practical necessity of restricting the description to a *part* of the world will not *necessarily* lead to a limitation on the accuracy of description of *that part*, but that it does so only under *present* conditions of experiment, in which we do not know how to take advantage of the richer laws prevailing at a more fundamental level, which would permit us to reduce these disturbances far below limits set by our present incomplete laws.

As for the paradox of Einstein, Rosen and Podolsky, my views are as follows:

Wherever as the present general linear-homogeneous equations governing ψ are valid, my interpretation leads to the same results as those of the usual interpretation, and therefore can lead to no inconsistencies. It could conceivably lead to inconsistencies if the laws were modified, as I suggested, in such a way that measurements of unlimited precision were possible. For example, we could then use such measurements to transmit signals from one object to another faster than light. However, such possibilities would be expected to arise only in connection with the more general laws needed for understanding phenomena associated with distances less than 10^{-13} cm. (It is true, however, that with the aid of such processes, a signal might be transmitted faster than light over distances much greater than 10^{-13} cm, but to take advantage of such signals in a causal way, you would need to make measurements having an accuracy of the order of 10^{-13} cm.)

In answer to the objection, I wish to raise the question of whether relativity *in its present form* is necessarily valid, in connection with measurement processes of such high accuracy. Actually we have proof only that relativity in its present form holds for distances much greater than 10^{-13} cm. It is very easy to contemplate modifications in relativity which would reduce to the usual form of relativity in connection with processes not depending on distances as small as 10^{-13} cm, but which would consistently permit the transmissions of signals faster than light with the aid of processes that depended significantly on the more fundamental laws needed for such short distances. Let us recall that the essential new idea in special relativity was to introduce a definition of simultaneity that depended on the speed of the observer. In general relativity, this definition also depends to some extent on the surrounding distribution of matter through the gravitational potentials, $g^{\mu\nu}$. But to retain the spirit of general relativity in my interpretation of the quantum theory, the definitions of simultaneity (and of distance in space) should depend on *all* physically significant fields, and therefore the ψ field of the whole system. This definition must reduce to the usual definition only when the wave equation for ψ reduces to its usual linear form (i. e., in general, for distances greater than 10^{-13} cm). Actually, as far as *very accurately measured processes* are concerned, the difference between the usual relativistic definition of simultaneity and the one needed at the more fundamental level may be of physical significance at distances much greater than 10^{-13} cm, but such differences would only show up in connection with physical processes that are sensitive to the more fundamental laws, and therefore not in connection with any processes (such as atomic processes) which are now understood.

I have been able to introduce consistently such a new definition of simultaneity, in which the metric depends on the ψ field of the whole system $\psi(x_1, x_2, x_3, \ldots x_n)$. Thus, *at a very precise level* the meaning of simultaneity depends in principle on what *the whole world is doing*.* At a less precise level, however, one may introduce the usual relativistic definition as an approximation. In terms of the "true" definition of simultaneity, no impulses can be transmitted at an infinite speed, if one uses the approximate relativistic definition, however, then apparent inconsistencies can arise, just as if one uses the Newtonian definition of simultaneity when Einstein's definition is needed, one may obtain inconsistencies. If one adopts such a point of view, one is led to the idea that even distant systems in space may have intimate interconnections, but that these interconnections produce important results only if these systems are sensitive to the more fundamental laws holding at very short distances. (It is also conceivable that the fundamental laws need to be changed in connection with parameters other than the size; for example, the degree of order, or organization of the system.) Actually, this concept of interconnection of everything is already foreshadowed by Bohr's idea of the *indivisible* connection of all material systems. But it is now my belief that Bohr's idea of incomplete describability and incomplete precision of definition (although consistent) serves to blur out the incredibly rich possibilities of interconnection that can be understood only by sharpening up our concepts to the highest possible degree.

Sincerely   D. Bohm

P. S. As far as pressure measurements are concerned, the pressure must be defined in terms of the mean momentum transmitted to the wall of a container by the contents. This wall must also be described quantum-mechanically (i. e. in terms of a ψ field and "hidden") precisely defined particle positions, if we wish to understand the disturbance of the contents of the box by the hidden parameters in the wall. When this is done, the usual results are obtained for the *observed* pressure.

Finally I shall say that even though we cannot *at present* correct for the disturbance due to the measuring apparatus, we can *conceive* of how the human being disturbs the apparatus in precise terms. It is true that such a conception presupposes that the person who conceives of this is left outside the system. But as long as one admits the possibility of richer laws such as I have described, it is possible to imagine that the *part of the world under consideration* has been observed with the aid of the richer laws holding in connection, for example, with very short distances. This means that as in classical physics, one can *conceive of the part of the world under consideration* as existing in a state that is substantially independent of what is going on in the mind of the man who is conceiving of it. (In other words, one can imagine that the interconnection between one-self and a certain fact of the world, e. g., a nucleus, is through a piece of apparatus that diminishes the disturbing effects of this inter-connection to a negligible level.)

---

[1] Das Datum wurde von fremder Hand auf dem Brief vermerkt. Ebenso hat auch Pauli in seinem Brief [1314] auf ein Schreiben dieses Datums hingewiesen.

[2] In einem undatierten Schreiben an Hanna Loewy-Kahler (siehe den Kommentar zum Brief [1263]) weist Bohm ebenfalls auf diesen (verschollenen) Brief von Pauli hin: „Also I got a letter from Pauli, in which he practically concedes that the idea is logical, and in which he raises mostly philosophical objections. I answered these in another letter, and I am now awaiting a reply from Pauli."

[3] Siehe Bohm (1952a, S. 167).

[4] Bohm (1952a, b).

* Even in general relativity, this is so to a small extent, because of the $g^{\mu\nu}$. But if the ψ field is involved, the interpendence is much more fundamental.

[1310] PAULI AN DESTOUCHES

Zürich, 22. November 1951

Cher Monsieur!

Je vous remercie beaucoup de m'avoir transmis la très gentille invitation de l'Institut Henri Poincaré.[1] Je serai très heureux d'y faire trois ou quatre leçons. Malheureusement j'ai tant perdu l'exercice de la langue française qu' il serait très peu satisfaisant pour tous les participants si je parlais français. Je vous proposerai donc que je parle anglais.[2] Il me serait toutefois possible de faire rédiger à l'avance des notes de ce cours en français que je vous ferai parvenir à temps afin que vous puissiez en faire tirer des copies et les distribuer aux participants. Mon expérience me dit par contre qu'il est très desagréable pour tout le monde si le référant lit son cours dans un manuscript.

J'espère que vous serez d'accord avec ma proposition. Le sujet des leçons serait: „Quelques chapitres choisis de la théorie des champs quantifiés", et l'époque qui me conviendrait: la seconde moitié du mois de mars ou la première du mois d'avril 1952.

Veuillez agréer, Monsieur, l'expression de mes salutations les plus distinguées.

W. Pauli

[1] Pauli trug im Frühjahr 1952 am *Institut Henri Poincaré* über quantisierte Feldtheorien vor. Für diesen Zweck bereitete er auch *lecture notes* vor, die zur Verteilung an die Teilnehmer ins Französische übersetzt und vervielfältigt werden sollten [1371]. Die Nachforschungen nach Exemplaren dieser Vorlesungsskripte in den Archiven des *Institut Henri Poincaré* waren bisher ergebnislos. – Siehe hierzu den Kommentar zum Brief [1347] und die Briefe [1323, 1337 und 1387].

[2] Da die Bestimmungen der Stiftung, welche die Vorträge finanzierte, nur die französische Sprache gestattete, vereinbarte Pauli mit Destouches, erst im 3. Vortrag zur englischen Sprache überzugehen [1337].

[1311] PAULI AN ROSENFELD

Zürich, 22. November 1951

Lieber Herr Rosenfeld!

Auf meinen Rat hin kommt Herr *W. Baltensperger* zu Ihnen.[1] Er hat bei mir diplomiert und es würde mich sehr freuen, wenn er bei Ihnen seine Doktorarbeit ausführen könnte.[2]

Mit freundlichen Grüßen   Ihr W. Pauli

[1] Walter Baltensperger ging nach Abschluß seiner Diplomarbeit über das gestörte Siliziumgitter zu Rosenfeld an die Universität in Manchester.

[2] Vgl. Baltensperger (1951).

[1312] PANOFSKY AN PAULI

Princeton, 27. November 1951

Lieber Herr Pauli!

Ich habe noch nie ein so schlechtes Gewissen gehabt wie diese ganze Zeit Ihnen gegenüber. Daß ich Ihnen bis heute nicht für Ihr Kepler-Manuskript[1] gedankt habe, ist unentschuldbar, und ich kann nur versuchen, Ihnen die Genesis meines Nichtschreibens (oder wenn Sie wollen, die Nicht-Genesis meines Schreibens) zu erklären und hinzufügen: „Et dimitte peccata nostra."

Also: Zunächst hatte ich meine aus dem Hospital zurückgekehrte Frau noch etwas zu pflegen.[2] Dann entstanden große, noch nicht beseitigte Schwierigkeiten wegen der Drucklegung meines langen und langweiligen Niederländerbuches.[3] Dann verursachte die Kombination von „faculty matters" (ich bin dies Jahr „Executive Officer", nebbich) mit dem Ableben meines guten, alten Jerry,[4] der trotz aller Bemühungen schließlich in seinem 13. Lebensjahre schmerzlos umgebracht werden mußte, eine erhebliche Störung meines Metabolismus, der sich bisher durch die Formel $P = \frac{\sqrt{S}}{t}$ ausdrücken ließ (P = Produktion in Seiten = Anzahl; S = Spaziergänge mit Hund in englischen Meilen; t = Zeitverbrauch für „faculty matters" in Stunden), nun aber durch den Ausfall des Faktors S gleich Null wurde. Und schließlich versuchte ich, um Ihren Aufsatz, den ich ja kannte, etwas besser würdigen und verstehen zu können, mich etwas mehr in die ältere Literatur über die Geschichte der Wissenschaften im 16. und 17. Jahrhundert hineinzulesen – um so mehr als ich, nach jahrelanger Verdummung durch meine entzückenden aber unproblematischen Niederländer, mich wieder in das jetzt so akute „Renaissance"-Problem zurückfinden möchte. Sie wissen ja wohl, daß es nach Ansicht vieler Leute gar keine Renaissance gegeben hat (oder jedenfalls nicht auf den Gebieten der Mathematik, Astronomie, Physik und Anatomie), während andere diese Renaissance entweder nur aus dem soziologisch bedingten Interesse in technischen Problemen („operational Theory") oder, umgekehrt, nur aus dem Wiedererwachen oder der Erstarkung neupythagoräischer Zahlenspekulation erklären.[5] Sie kennen vielleicht Herrn Mahnke, der in einem Buche „Unendliche Sphäre und All-Mittelpunkt"[6] den *ganzen* Kepler aus dieser Mystik ableiten will; ein Amerikaner namens Durand sagt geradezu:[7] „Kepler was an animist; his three laws of planetary motion were the unexpected pot of gold at the end of a Pythagorean rainbow" (*Isis*, XXXIII, 1941–42, p. 700).* Um alles dieses brauchen Sie sich ja nicht zu kümmern. Ich aber, der ich gern die Dinge, die in der Kunstgeschichte ganz offen zutage liegen (und sowohl von den Anti = Renaissancisten als den „operationalists" als den Mystlern völlig ignoriert werden) mit den Befunden der Wissenschaftsgeschichte in Einklang zu setzen versuchen muß, muß mich durch diese ganze Literatur, soweit ich sie verstehen kann, durchzufressen versuchen. Darüber ist die ursprüngliche Absicht – Ihren Kepler-Aufsatz besser würdigen zu können – etwas vernebelt worden; ich habe schon einiges gelernt (gerade auch auf dem Gebiet der Geschichte der *Experimental*-Physik** und der Medizin) und sehe, von fern, eine Art Licht – das freilich auch eine Aurora borealis sein kann. Aber im Augenblick bin ich noch so konfus, daß ich Sie tausend Sachen zu *fragen* hätte, aber keine einzige, die ich Ihnen *sagen* könnte. Nur das eine: daß mir Ihr „Kepler", der sich, Gott sei Dank, auf einer völlig anderen Ebene bewegt, und dessen Ergebnisse sich zu denen der „embottled historians" wirklich so verhalten wie Astronomie zu Astrologie, mir ähnliche Bedeutung gewinnt, wie der Polarstern dem verirrten Schiffer. Ich bin wirklich sehr dankbar dafür. Und fast hätte ich vergessen, Sie zu fragen, ob Sie das mir gütigst übersandte Schreibmaschinenexemplar zurückhaben wollen. Ich würde es liebend behalten, bis der Aufsatz im Druck erscheint; aber wenn Sie es brauchen, steht es Ihnen natürlich zur Verfügung.

Von hier ist nicht viel zu berichten. Im Institut ist es ganz nett. Kantorowicz ist ein sehr angenehmer Zuwachs,[8] und wir haben jetzt einen kleinen supper club (Pais, Cherniss, Kantorowicz, Placzek, J. von Neumann, ein Psychologe namens Bömer[9] und *parsitas mea*), der alle 4 Wochen zusammenkommt, und in dem *keine Vorträge* gehalten werden.[10] Neumann hat eine gute Erfindung gemacht: beliebige „statements" daraufhin zu untersuchen, wie oft man den einzelnen Worten ein „nebbich"[11] hinzufügen kann, ohne den Sinn des „statement" zu verändern. Der Satz: „England urges the U. N. to work for a settlement between Russia and the U. S." hat zum Beispiel einen „nebbich value" 5.

Trotzdem sollten Sie wieder einmal herkommen.

Wir alle vermissen Sie, am meisten aber Ihr alter   Erwin Panofsky

---

[1] Pauli (1952a). Das Manuskript hatte Pauli am 22. September an Panofsky verschickt.

[2] Pauli hatte sich in seinem letzten Schreiben [1283] nach dem Verlauf der Operation von Dora Panofsky erkundigt.

[3] Panofsky [1953b].

[4] Panofsky war ein großer Hundefreund, und sie spielten in seinem Leben eine wichtige Rolle, wie wir auch den Bemerkungen in den Briefen [1216 und 1297] entnehmen können.

[5] Siehe hierzu das 1960 von Panofsky veröffentlichte Werk über *Die Renaissancen der europäischen Kunst*.

[6] Mahnke [1937].

[7] Durand (1942).

[*] Vielleicht ist aber ein Aufsatz von Cassirer (obgleich Sie ihn ja nicht so gerne mögen) von Interesse: „Mathematische Mystik und mathematische Naturwissenschaft – *Lychnos* (Annals of the Swedish History of Science History), **II**, 1940, 248–265.

[**] Sehr interessant z. B. die Kontroverse über Galileis angebliche Experimente auf dem Schiefen Turm von Pisa; und bei der Gelegenheit habe ich entdeckt, daß Galilei einen glänzenden Aufsatz über das Wesen der Malerei und der Skulptur geschrieben hat!

[8] Der in Deutschland ausgebildete Historiker Ernst H. Kantorowicz hatte aus Protest gegen das sog. Beamtengesetz 1934 seinen Frankfurter Lehrstuhl niedergelegt. Nachdem er noch fünf weitere Jahre in Berlin seinen historischen Forschungen nachgegangen war, emigrierte er nach Amerika. Nach erfolgreichem Neubeginn in Berkeley war er ebenso wie manche andere Kollegen nicht bereit, den damals von den Regents der *California University* verlangten antikommunistischen Loyalitätseid abzulegen. Daraufhin verlor er 1951 abermals seine Stellung, unmittelbar darauf aber wurde er an das *Institute for Advanced Study* berufen.

[9] Wahrscheinlich handelt es sich um die auch im Brief [1282] genannte Person.

[10] Siehe hierzu den Kommentar zum Brief [1343].

[11] Über Fragen des *Nebbichismus* hatte Pauli bereits mit Ehrenfest korrespondiert (vgl. Band **II**, S. 136 und 140). Dieses Bewertungskriterium durch Zuweisung eines *nebbich values* stimulierte Pauli zu einem Brief [1343] mit Fragen an den *Supper Club*.

[1313] PAULI AN BOHM

Zürich, 3. Dezember 1951[1]
[Maschinenschrift]

Dear Dr. Bohm!

I just received your long letter of November 20[2] and I also have studied more thoroughly the details of your paper.[3] I do not see any longer the possibility of any logical contradiction as long as your results agree completely with those of the usual wave mechanics and as long as no means is given to measure the values of your hidden parameters both in the measuring apparatus and in the observed system. As far as the whole matter stands now, your "extra wave-mechanical predictions" are still a check, which cannot be cashed.

Going now more into detail I wish to make the following remarks to your last letter.

Ad 1) It should also be stated that de Broglie had formulated already the "quantum-potential energy".[4]

Ad 2) About the question on the meaning of the linearity of the equation for the Schrödinger-function (or in quantized field theories the Schrödinger-functional) I thought very much in earlier days. (This question can of course be considered quite independently of the streamline-picture.) I think that the fundamental difference of this ψ-function from classical fields is the fact, that the former is in a polydimensional space and not in ordinary space-time. Just in connection with this fact and with the problem of the intersection between the observer and the observed system I have formulated on p. 147 and 148 of my Handbook-article[5] an argument for the necessity of linearity of the Schrödinger-equation. In connection with your letter I have reconsidered my old argument and found it still correct (one can generalize it a bit in a formal respect). The possibility to formalize an "apparatus" seems to me essentially connected with the linearity of the Schrödinger equation.

Moreover I do not see any reason whatsoever that the deviations from the present theory will stay restricted to small distances (of order 10^{-13} cm) as soon as you introduce a kind of direct coupling between the ψ-function and some new hidden parameters. There is no logical connection between such a coupling with the smallness of distances and I am rather certain that in this way the logical consistency and the agreement with experience of quantum-mechanics would be spoiled for all distances. In this connection I wish also to point out that the whole streamline picture is essentially non relativistic (as it fails both for photons and for pair generation). Therefore I cannot consider an argument as sound, which claims to reform the theory in the relativistic region, whilst it attacks just the non relativistic part of the theory which is correct.

Ad your post script: Since Descartes it was the ideal of natural philosophy to conceive a system of laws in which an entirely loose and untied observer is looking from outside at a part of the world completely determined by these laws.[6] For me, however, it is much more satisfactory if the laws of nature themselves exclude in principle the possibility even to *conceive* the disturbances in the observers own body and own brain connected with his own observations.

I think it is now the right moment to interrupt our correspondence and to await whether you will be able to make further progress with your idea. Please let me know as soon as you have new results.

Meanwhile all good wishes for Xmas and New Year,

Sincerely yours,

W. Pauli

[1] Eine Kopie des vorliegenden Briefes wurde durch Basil Hiley vom *Birbeck College der University of London* zur Verfügung gestellt. Von diesem Brief existiert außerdem ein undatierter handschriftlicher Entwurf im *Pauli-Nachlaß* (vgl. das hier wiedergegebene Faksimile).

[2] Siehe den Brief [1309].

[3] Bohm (1952a, b).

[4] Diesen Hinweis hat Bohm in seinen Mitte Januar 1952 publizierten Aufsatz (1952a, S.170) unterlassen; wahrscheinlich war eine Änderung zu diesem Zeitpunkt nicht mehr möglich.

[5] Pauli [1933].

[6] Zur Unterscheidung zwischen einem *klassischen* außerhalb des Systems stehenden und einem durch seine undeterminierbaren Einwirkungen das System verändernden Beobachter hat Pauli in Anlehnung an eine Bemerkung von Fierz [1288] die Bezeichnung des *losgelösten Beobachters* geprägt. Siehe z. B. seine in *Physik und Erkenntnistheorie* [1961/84, S.22 und 7f.] abgedruckten Aufsätze „Wahrscheinlichkeit und Physik" (1952) und „Materie" (1954).

ANLAGE ZU [1313][1]

Über de Broglies „Streamline-quantum-force" image

Anwendung auf stehende Wellen.

$$U_n = e^{i\nu_n t}\sin\left(n\frac{\pi}{L}x\right)$$

$$E_n = \hbar\nu_n = \frac{\hbar^2\pi^2}{2mL^2}n^2.$$

Kraft auf Wand (Druck × Fläche) gegeben durch

$$K = -\frac{\partial E_n}{\partial L} = \frac{2E_n}{L}.$$

Nach de Broglie Teilchen in Ruhe (innocent baby at rest).[2]
Potentielle Quantenenergie {de Broglie, Kapitel 9, §1, equation (7)}:[3]

$$F_1 = -\frac{\hbar^2}{2m}\frac{\Delta a}{a}, \quad \psi = ae^{i\varphi}$$

$$-\frac{\Delta a}{a} = k_n^2, \quad k_n = n\frac{\pi}{L}$$

$$F_1 = \frac{\hbar^2}{2m}k_n^2 = E_n.$$

In diesem Zustand ist die ganze Energie, also der ganze Strahlungsdruck durch die ‚powerful nurse' verursacht. In anderen Zuständen zwei Summanden, ein Beitrag vom Baby und ein anderer von der nurse.

Dear Dr. Bohm,

I just received your long letter of Nov. 20 and I also have studied more thoroughly the details of your paper. I do not see any longer the possibility of any logical contradiction as long as your results agree completely with those of the usual wave mechanics and as long as no means is given to *measure* the values of your hidden parameters both in the measuring apparatus and in the observed system. As far as the whole matter stands now, your "extra-wave-mechanical predictions" are a check (still), which cannot be cashed.

Going now more into detail I wish to make the following remarks to your last letter.

Ad 1) It should also be stated that de Broglie had formulated already the "quantum-potential-energy".

Ad 2) About the question on the meaning of the linearity of the equation of the Schrödinger-function (or in quantized field theories the Schrödinger-functional) I thought very much in earlier days. (This question can of course be considered quite independently of the streamline-picture). I think that the fundamental difference of this ψ-function (or functional) from classical fields is the fact, that the former is in a polydimensional space and not in ordinary space-time. Just in connection with this fact and with the problem of the interaction between the observer and the observed system I have formulated on p. 147 and 148 of my Handbook-article an exact argument for the necessity of the linearity of the Schrödinger-equation. In connection with your letter I have reconsidered my old argument and found it still correct (one can generalize it a bit in a formal respect). The possibility to formalize an "apparatus" seems to me essentially connected with the linearity of the Schrödinger equation.

Faksimile des Briefes [1313]

Moreover it is my opinion I do not see any reason whatsoever that the deviations from the present theory will stay restricted to small distances (of order 10^{-13} cm) as soon as you introduce a kind of direct coupling between the ψ-function and some new hidden parameters. There is no logical connection between such a coupling with the smallness of distances and I am rather certain that in this way the logical consistency and the agreement with experience of the quantum-mechanics would be spoiled for all distances. In this connection I wish also to point out that the whole streamline picture is essentially non relativistic (as it fails both for photon and for pair generation). Therefore I cannot consider an argument as sound which claims to reform the theory in the relativistic region, whilst it changes the non relativistic part of the theory which is just correct.

Ad your postscript: Since Descartes it was the ideal of natural philosophy to conceive a system of laws in which an entirely loose and untied observer looking from outside at a part of the world completely determined by these laws. For me, myself, it is much more satisfactory if the laws of nature themselves exclude the possibility even to conceive the disturbance in principle of the observers in his own body and his own brain connected with his own observation.

I think it is now the right moment to interrupt our correspondence and to await Aldea. You will be able to make further progress with your ideas. Please let me know as soon as you have new results.
Meanwhile all good wishes for Xmas and new year
Sincerely yours

Über de Broglie's "quantum – quantum-force" image

Anwendung auf stehende Wellen.

$$v_n = e^{iV_n t}\, \sin\!\left(n\frac{\pi}{L}x\right) \qquad E_n = \hbar\, v_n = \frac{\hbar^2 \pi^2}{2m\, L^2}\cdot n^2$$

Kraft auf Wand (Druck × Fläche) gegeben durch

$$K = -\frac{\partial E_n}{\partial L} = \frac{2 E_n}{L}$$

Nach de Br. Teilchen in Ruhe (innerhalb baly at rest).
Potentielle Quantenenergie (de Br. Kap. 9, § 1, eq. (7)).

$$F_1 = -\frac{\hbar^2}{2m}\frac{\Delta a}{a} \qquad\qquad \psi = a\, e^{i\varphi}$$

$$-\frac{\Delta a}{a} = k_n^2 \qquad k_n = n\frac{\pi}{L}$$

$$F_1 = \frac{\hbar^2}{2m}\, k_n^2 = \overline{E_n}.$$

In diesem Zustand ist die ganze Energie, also der ganze
Strahlungsdruck durch die "powerful wave" verursacht.
In anderen Zuständen bei Summanden ein Beitrag
von Baly u. ein anderer von der wave.
The $\underline{=\text{pilot wave}}$ wave is physically real, because baly is arbitrarily far from the wall.

---

1) To ascribe $\psi(x)$ 'physical reality' and not to $\varphi(\rho)$
destroys a group transformation group of the theory

2) To assume 'baly' and 'wave' both real introduces
ugly feature, just as das "trajectories.
       stream-line.")

3) Incompleteness visible more in life-phenomena than in small
distances – Large scale cooperation in principle everywhere

Nurse $\equiv$ pilote wave is physically real, because baby is arbitrarily far from the wall.[4]

1. To ascribe $\psi(x)$ 'physical reality' and *not* to $\varphi(p)$ destroys a transformation group of the theory.

2. To assume 'baby' and 'nurse' *both* real introduces ugly features, just as does stream-line-trajectories.

3. 'Incompletness' visible more in life-phenomena than in small distances. – Large scale cooperation in principle everywhere.

---

[1] Dieses Blatt befand sich zusammen mit Bohms vorangehendem Schreiben [1313] im *Pauli-Nachlaß* 6/13. Die Tatsache, daß es z. T. auf Deutsch abgefaßt ist und die spöttischen Bemerkungen vom „innocent baby at rest" und der „nurse" enthält, deuten darauf hin, daß Pauli diese Notiz für seine Diskussion mit Fierz vorbereitet hat.

[2] Siehe hierzu die Bemerkung über die Welle als Kindermädchen des als Baby bezeichneten realen Teilchens in Paulis Brief [1337] an Fierz.

[3] L. de Broglie [1929, S. 96].

[4] Die folgenden 3 Zusatzpunkte wurden mit Bleistift hinzugefügt.

[1314] BOHM AN PAULI

São Paulo, o. D. [Mitte Dezember 1951][1]

Dear Dr. Pauli!

I hope that you will excuse me for re-opening our correspondence at the time,[2] but I wish merely to add a few details against your arguments concerning the necessity of a linear equation for ψ (p. 147 and 148 of your Handbuch article).[3]

Your argument is aimed at showing that the possibility of "formalizing" an apparatus seems to be essentially connected with the linearity of Schrödinger's equation. First, I repeat what I said in my last letter, that in classical theory, it is perfectly possible to "formalize" an apparatus, with non-linear equations. Therefore, your statement cannot be perfectly general, but must contain some additional assumption. As far as I can see, this additional assumption seems to be that the probability that an observable "A" has the eigenvalue "a" is $|C_a|^2$, where $\psi = \sum_a C_a \psi_a$, and ψ_a is an eigenfunction of A. However, as I have explained in detail in paper I, Section 4 and in paper II, Section 7, (as well as in paper I, Section 9),[4] the probability function is equal to $|\psi(x)|^2$ only under condition in which the (linear) Schrödinger's equation is a good approximation. Obviously if the equation governing ψ is changed, $|\psi(x))|^2$ cannot be conserved. Yet (as in classical statistical mechanics), in each case, one can, if one wishes, define a probability function that is conserved. As I show in my papers, after Schrödinger's equation becomes a good approximation, then the true probability function, $P(x)$, approaches $|\psi(x)|^2$, as a result of the chaotic motions occurring whenever the system in question interacts with other systems. (This is very much like the H theorem in classical statistical mechanics, where likewise the probability distribution ultimately approaches an equilibrium Gibbs ensemble as a result of chaotic motions resulting from collision etc.) Thus, in general, when the equations are non-linear, your implicit assumption concerning the nature of the probabilities need not be true, so that your conclusions concerning the necessity of a linear equation cannot be drawn. In both this case, and that of von Neumann's theorem about the impossibility of a causal interpretation of the quantum theory, you try to avoid the possibility of "hidden variables" by appealing instead to "hidden assumptions".[5]

Since you admit the logical consistency of my point of view, and since you cannot give any arguments showing that it is wrong, it seems to me that your desire to hold on to the usual interpretation can have only one justification; namely, the positivist principle of not postulating constructs that do not correspond to things that can not be observed.[6] This is exactly the principle which caused Mach to reject the reality of atoms, for example, since no one in his day knew how to observe them. As for your objections about the polydimensional character of the ψ function, I have shown in my previous letter that they lead to no inconsistencies and that they provide a perfectly good set of concepts. This is no reason why some aspects of reality should not be polydimensional. This merely means a closer unity between distant systems than we had previously been led to suppose. After all, we must not expect the world at the atomic level to be a precise copy of our large scale experience (as proponents of the usual interpretation are so fond of saying). Rather than accept a perfectly logical and definite concept of polydimensional reality that leads to the right results in all known cases, and opens up new mathematical possibilities, you prefer the much more outlandish idea that there is no way to conceive of reality at all at the atomic level. Instead you are willing to restrict your conceptions to results that can be *observed* at the long scale level, even though more detached conceptions are available, which show at least, never the production of these results *might* be understood causally and continuously. It is hard for me to understand such a point of view on the part of a person who claims that he is not a positivist.

Sincerely

D. Bohm

[1] Den Hinweis auf seinen Handbuchartikel gab Pauli in seinem Schreiben [1314] vom 3. Dezember 1951, so daß dieser Brief auf jeden Fall nach diesem Datum geschrieben sein muß.
[2] Pauli hatte in seinem Brief [1313] empfohlen, die Korrespondenz solange zu unterbrechen, bis Bohm neue Fortschritte erzielt habe.
[3] Pauli [1933, S. 147f.].
[4] Bohm (1952a, b).
[5] Vgl. hierzu Paulis im Brief [1323] erhobenen Einwand.
[6] Siehe hierzu Paulis Kommentar in seinem Brief [1337] an M. Fierz.

[1315] BOHM AN PAULI

São Paulo, [Ende Dezember 1951][1]

Dear Dr. Pauli!

I was very glad to receive your letter, and to learn that at last you admit the logical consistency of the causal interpretation of the quantum theory. I agree with you that the time has come to end our correspondence, but before doing this, I should like to clear up several points that you mentioned in your letter.

1. There is no trouble in treating "photons" in the causal interpretation.[2] Only one does not use the concept of "photon". Even in the usual interpretation, as you know, there is much trouble if one tries to describe a "photon" as particle. But as I show in paper II, appendix A, one must introduce the vector potentials $A(x)$ (or their Fourier components q_k). The ψ field is then (as in the usual interpretation) a function of all the q_k

$$\psi = \psi(\ldots q_k \ldots).$$

Writing $\psi = Re^{iS/\hbar}$, we obtain $\pi_k = \frac{\partial S}{\partial q_k}$, where π_k is the momentum conjugate to q_k. Now, each of the q_k and π_k has a well defined value at each instant of time. However, this value is not given by Maxwell's equations but by modifications arising from the super wave field, ψ. By arguments similar to those used for a single electron, we readily obtain

$$\ddot{q}_k + k^2 C^2 q_k = \hbar^2 \frac{\partial}{\partial q_k} \sum_{k'} \frac{1}{R} \frac{\partial^2 R(\ldots q_{k'} \ldots)}{(\partial q_{k'})^2}.$$

Thus, as $\hbar \to 0$, we obtain the simple Maxwell's equation in the classical limit. But at a quantum level of accuracy, the q_k propagate by a different law. In fact, a little study shows that the quantum-mechanical term (*for the case of a wave packet*) introduces violent and chaotic fluctuations in the propagation of the q_k. Occasionally these fluctuations become so large that the electromagnetic field can transfer a full quantum to an atom in a short time, even though the classically calculated intensity is very small. This process is in principle determined by all the q_k, etc., but since in practice we do not control these *at present*, we can predict only the probability of such a transfer. Needless to say, it is easily shown that this point of view leads to *precisely the same results as those of the usual interpretation in every possible case.* Thus, the photon is not in this interpretation to be regarded as a particle at all, but the violent fluctuations of the electromagnetic field create some particle – like attributes.

2. *Pair creation.* The problem of pair creation is no more difficult in the causal interpretation than in the usual one. First, we consider the one-particle Dirac-wave function, ψ, which is now regarded as a combination of four objectively real spinor fields. We define the velocity at each point, not as $\frac{\nabla S}{m}$, but as

$$V^m = \frac{\psi^* \alpha \psi}{\psi^* \psi}.$$

It is now consistent to regard $\psi^* \psi$ as the probability density of particles, for from the well-known conservation equations, we obtain

$$\frac{\partial(\psi^* \psi)}{\partial t} + \mathrm{div}(\psi^* \psi V) = 0.$$

The spinor ψ also enables one to define quantities like $\frac{\psi^+\gamma^\mu\gamma^\nu\psi}{\psi^*\psi}$, which can be connected with the spin of a particle. However, in this point of view, the usual "spin" is not due to intrinsic rotation but rather to a tendency of the orbit of the particle to precess, as can be seen by applying Dirac's equation, and obtaining

$$\psi^+\gamma^\mu\psi = \frac{1}{2i}\left(\frac{\psi^+\partial\psi}{\partial x^\mu} - \frac{\psi\partial\psi^+}{\partial x^\mu}\right) + \frac{\partial}{\partial x^\nu}(\psi^+\gamma^\mu\gamma^\nu\psi).$$

The latter part represents the circulatory (or vortex) part of the motion. When one obtains the equations of motion for V, one discovers, as to be expected, that there is a quantum-mechanical vector potential, which gives rise to an effect similar to a magnetic field, which makes the orbit process and thus creates the so-called "intrinsic" magnetic moment and angular momentum.

To take into account pair creation, one assumes, with Dirac, that the negative energy states are all occupied in the vacuum. There, the creation of a pair is simply a transition from a negative to a positive energy state.

To sum up, there are *no* precesses which can be treated by the usual interpretation and which cannot also be treated in the causal interpretation.

3. *Linearity of equations.* I have read your discussion in the "Handbuch"[3] but cannot agree that your arguments have any force of necessity. It seems to me that you are for practical purposes implicitly assuming the eternal verity of the present general form of quantum theory at the outset. For example, in the days before quantum mechanics was known, it was perfectly easy to treat the relation between apparatus and system of interest in purely classical terms, without assuming any fundamentally linear basis. Similarly, if it turns out that the more accurate theory which we now seek should have terms resembling classical terms, I can see no difficulties in formulating a consistent theory of the relation between observing apparatus and system of interest. I fear that your discussion in the "Handbuch" resembles von Neumann's proof of the impossibility of hidden variables,[4] in that both proofs are based on rather restrictive assumptions whose nature is never brought out explicitly.

4. Possibilities of inconsistency if changes are made in quantum theory. You claim that any changes at 10^{-13} cm must surely produce inconsistencies even in the domain where the present theory is known to be correct.[5] However, your claim cannot be proved. All of our previous experience indicates that no such difficulties are to be expected. Thus, when Einstein proposed to change the definition of simultaneity by introducing special relativity, it could have been argued that "if we give up the solid basis of an absolute time, we may expect inconsistencies in the description on the temporal order of events at different places". But the essential point here is that Einstein replaced the consistent system of Newton and Galilei by another equally consistent system. Similarly, one could argue that quantum-mechanics might produce inconsistencies in the classical domain, but we know that no such inconsistencies occur, because quantum-mechanics replaces classical theory by another equally consistent body of theory. Now, it is true that certain large-scale classical experiences will be affected by quantum laws; for example, those cases where individual quantum

effects are amplified to a classical level. Similarly the effects of certain aspects of the theory of relativity can be felt at the non-relativistic level, notably, the release of nuclear-energy. But such effects do not lead to inconsistencies, because in such case, the new theory as *a whole* is consistent. Similarly, if we change the quantum theory at 10^{-13} cm, there is no particular reason to expect inconsistencies, as long as the new theory as a whole is consistent. To be sure, we will expect that under special conditions, the effects of these changes will be felt at a macroscopic level of dimension. Indeed, if this did not happen, we could never observe, whether the new theory was correct or not. Measurements carried out at the atomic level and interpreted with existing theories would never show up these new effects. But *very accurate measurements interpreted with the aid of a better theory* might, for example, show that in certain cases, impulses were transmitted faster than light. If we retain the present theory of relativity, this might lead to inconsistencies, but I have already been able to develop modifications of relativity which would permit such effects to be consistent. But such new effects would show up only in measurements that are more accurate than we now know how to carry out. An analogy would be the measurement of quantum fluctuations. Such fluctuations are inconsistent with classical theory, but will appear only in measurements carried to a level of accuracy at which classical theory fails. Similarly, measurements showing the instantaneous transmission of impulses would have to be carried out at a level of accuracy at which the present form of quantum theory fails (i. e. beyond the limit set by the uncertainty principle).

In this connection I should like to point out that special relativity is based essentially on Maxwell's equations. But as I have shown, the causal interpretation implies the inadequacy of Maxwell's equations. In this domain where this inadequacy can clearly be demonstrated (perhaps at 10^{-13} cm, or in measurements of extremely great precision, i. e. with precision exceeding the limits set by the uncertainty principle) we may expect that the geometric concepts suggested by Maxwell's equations need to be modified. This is exactly what I am now doing.

5. *The general question of consistency.*[6] You suggest that the modifications of the quantum theory suggested by me *may perhaps* be inconsistent. However, it is a fact that the present form of quantum theory + relativity is *already inconsistent* when applied to real problems, such as in connection with elementary particles. In fact, for the past 20 years, the combined efforts of all the physicists in the world have not resolved these inconsistencies, but have only made them sharper and clearer. Thus, there is already a high probability that the usual quantum theory may limit our concepts to an unfruitful domain. On the other hand, the causal interpretation suggests a whole new domain of untried theories, which I can already see, show much promise of being able to lead us out of these difficulties. On the other hand, the usual interpretation presents us with a singularly depressing and hopeless outlook for the future.

6. *The relation of the brain to the rest of the world.*[7] You have expressed a strong preference for a theory in which it is impossible even to *conceive* of separation between the human brain, etc. and the rest of the world. Now, it must be admitted that this is a very weak argument, once it has neither factual

nor logical basis. Even if this assumption were true (which I doubt) there is at present no proof that this failure of separations must occur because of processes taking place at the level of quantum mechanics. The brain is a complex organ, and it might very well be necessary to penetrate level upon level of at present unknown processes before we are even ready to study such questions. To bring the brain in as an argument for or against a proposed physical theory is certainly unjustified on the basis of the little that we now know about this organ.

Moreover, whatever the events of being able to conceive of the brain as separate from the world or not, I believe that the present form of the quantum theory achieves the result of not being able to separate them at too high a cost. For not only does the usual interpretation not permit us to conceive of the brain, as separate, but at the fundamental level, it does not permit us to conceive of *anything at all*. We are reduced to a mysterious mathematical symbolism, which is not connected with any individual physical system, but which somehow is able to predict only statistical averages. It seems to me that the advantages of being able to conceive of the world are so obvious that if it is at all possible, we should do so immediately. I see no advantage in refraining from conceiving of something that we can consistently conceive of, just because it might also permit us to conceive of the brain as separate from the rest of the world. You could with equal force argue that you would not accept a theory that could permit us to conceive of the world without God, as democracy, as communism, or what have you. Such questions, however, are so many levels removed from physics *at present* (not necessarily in the very distant future when we will know much more) that I now think it is unwise to attach appreciable importance to them when it comes to the choice of a physical theory.

One more point. The usual quantum theory makes the question of the *individuality* of an object or event a complete mystery, since it cannot be described in any terms at all. It can only be *experienced* in an indescribable fashion, which follows no rule or law. On the other hand, the causal interpretation bases the concept of individuality on the infinite number of qualitative and quantitative levels of complexity of any object or event. This complexity and depth of levels is so great that no two objects or events are identical. Thus, each object or event is unique, and in a sense, infinitely different from every other, because of the infinite number of levels. But at each level, this difference can in principle be naturally described, and understood as originating in the appropriate causal laws.

I personally feel that the latter concept of individuality is much richer and more fruitful than the former. Thus, as applied to a human being, the former would in the last analysis lead us to believe that individuality is an arbitrary thing depending only on the lack of causality at the quantum level. But I believe that there are infinite numbers of causal levels below the quantum level (as well as above it). The individual is what he is because of the precise way in which these causal laws operate.

Thus, when I want something, this is not an arbitrary or chance theory, but I experience it as a necessity of my very form of being. This suggests that real choices are not arbitrary and random, but are determined by a causal level that we do not now know how to analyse (and which we can never analyse *completely* because of its infinite qualitative and quantitative complexity). To be able to carry out a choice in response to our fundamental needs determined by the causal laws which make us what we are is the meaning of freedom.

Before we finish this discussion, I think it would be profitable if you would comment in the points raised in this letter. Meanwhile I wish you good health and a good Christmas and New Year.

D. Bohm

P. S. Please write to address printed in this letter,[8] and *not* to Avenida Angelica 160.

[1] Diese Datierung erfolgte auf Grund des Inhaltes und der Angaben am Ende des Briefes.
[2] Dieser und die folgenden hier behandelten Einwände hatte Pauli in seinem Schreiben [1313] vorgebracht.
[3] Pauli [1933, S. 96 und 105].
[4] Neumann [1932, S. 108]. Eine Zusammenstellung der entsprechenden Textstellen findet man auch bei Baumann und Sexl [1984, S. 22f.].
[5] Siehe hierzu Paulis Einwand in seinem Brief [1353] an M. Fierz.
[6] Siehe hierzu auch Bohms Darstellung in seinem später veröffentlichten Buch [1957] *Causality and chance in modern physics.*
[7] Siehe hierzu von Neumann [1932, S. 223]. Der Hintergrund für Paulis Auffassung ist natürlich seine Überzeugung von einer psycho-physischen Einheit aller Phänomene.
[8] Die Institutsadresse lautete: Universidade de São Paulo, *Facultade de Filosofia, Ciencias e Letras,* Caixa Postale 8105, São Paulo.

[1316] PAULI AN JAFFÉ[1]

[Zürich], 3. Dezember 1951
[Maschinenschriftliche Durchschrift]

Liebe Frau Jaffé!

Vielen Dank für die Zusendung der Buchbesprechung vom Hoyle;[2] ich habe sie schnell durchgelesen und finde, daß sie ein sehr gutes Bild von Hoyle und seinem Buch gibt. Ich kenne Hoyle recht gut[3] und war auch in seinem Vortrag in Zürich. Seine Mischung von Phantastik und Wissenschaft scheint mir schlechter Geschmack (ich halte das für weiblich – d. h. präziser, ich halte Hoyle für einen Gefühlstyp). Seine „Materie des Hintergrundes" und seine continuous creation der Materie aus Nichts halte ich für reinen Unsinn. Ich sehe keinen Grund, an der Erhaltung der physikalischen Energie zu zweifeln. Ich bin mir darüber klar, daß diese Art von Kosmogonien *gar keine Physik, sondern Projektionen des Unbewußten* sind. Und damit sind wir wieder beim Thema meines alten Aufsatzes über „Hintergrundsphysik"[4] angelangt.

In einem gewissen Zusammenhang hiermit möchte ich erwähnen, daß ich in letzter Zeit weiter über „Symbole des Kernes" (nach C. G. Jung: Symbole des „Selbst" oder „imagines Dei") nachgedacht und auch A. Huxleys „Perennial Philosophy" wieder vorgenommen habe.[5] Sie scheint mir ähnliche Mängel zu haben wie die (von Huxley übrigens sehr geschätzte) „Theologia, Deutsch",[6] die ich kürzlich gelesen habe. Man sieht nicht ein, warum der „Ground" den

Schöpfung genannten „Fall in die Zeit" gemacht hat und wieso *er* ein Bedürfnis haben kann, von einem menschlichen Bewußtsein erkannt zu werden. Mit anderen Worten, Huxleys Voraussetzungen sind mir zu geradlinig-buddhistisch-platonisch und enthalten nichts von Cusas coincidentia oppositorum oder gar von der Paradoxie komplementärer Gegensatzpaare.[7] Ich kenne bis jetzt nur zwei logisch widerspruchsfreie religionsphilosophische Systeme: das eine ist das statisch-taoistische (Lao-tse), das andere ein evolutionistisches, das wesentlich auf einer angenommenen Rückwirkung des menschlichen (bzw. bereits des vormenschlichen) Bewußtseins auf den „Kern" (Sie können sagen: auf das „Gottesbild") beruht.[*]

In letzterem Fall stelle ich mir das gerne so vor, daß in diesem mann-weiblichem Symbol (vgl. hierzu die Aufsätze von Frau A. Jaffé) gerade der weibliche Teil (Materie, Energie – siehe meinen Aufsatz über Hintergrundsphysik)[8] der zeitlos-unveränderliche, der männliche Teil der möglicherweise veränderliche, im „Chronos" verhaftete ist.

Nun will ich Sie zu letzterem fragen: Meinen Sie, daß dies objektiv richtig ist oder halten Sie eine solche Idee mehr für charakteristisch für einen männlichen Denktypus und seine besondere Psychologie?

Vielleicht rufe ich Sie morgen (Dienstag) an.

Mit vielen herzlichen Grüßen　　　　　　　　　　　　　　　　stets Ihr W. Pauli

---

[1] Ebenfalls bei Meier [1992, S. 75–76] abgedruckt.

[2] Hoyles Buch [1950] über *The nature of the universe* fand auch in astronomischen Fachkreisen viel Beachtung. Siehe hierzu das bei Lightman und Brawer [1990, S. 51–66] abgedruckte Interview mit Hoyle.

[3] Fred Hoyle (geb. 1915) hatte in Cambridge studiert und dort unter Peierls und Diracs Anleitung seinen Doktor gemacht. Später wandte er sich der Astrophysik zu und verfaßte zahlreiche populärwissenschaftliche Schriften, in denen er u. a. auch sehr spekulative Ideen über den Ursprung und die Evolution des Kosmos verbreitete. Zusammen mit Hermann Bondi und Thomas Gold hatte er 1948 das sog. *steady state model* des Universums aufgestellt, das auf der Idee einer kontinuierlichen Materie-Erzeugung begründet ist. Ebenso hatte er zur Erklärung der Weltschöpfung die Bezeichnung eines *big bang* geprägt. Weitere Hinweise auf Hoyles frühere wissenschaftliche Laufbahn findet man in Band **II**, S. 561f. und **III**, S. 830f.

[4] Siehe hierzu die Hinweise in den Briefen [1256 und 1330].

[5] Paulis große Wertschätzung für A. Huxley geht aus seiner häufigen Erwähnung seiner Schriften in seinen Briefen hervor (vgl. Band **III**, S. 212, 559, 676 und 732). In Paulis Büchersammlung befindet sich unter den insgesamt 11 Werken dieses Autors auch die 1945 erschienene Ausgabe der *Perennial Philosophy*.

[6] Siehe den Brief [1308].

[7] Siehe hierzu auch den Anhang zum Brief [1326] und den Brief [1373].

[*] Ich halte die Annahme einer solchen Evolution des „Gottesbildes" für *möglich*, aber nicht für bewiesen. – Im Buddhismus wird der „Wille zum Leben" als „Irrtum" betrachtet. Es ist mir aber schwierig, zu denken, daß als bloße Folge eines Versehens Leben dann überhaupt möglich sein soll.

[8] Pauli (1948/92, S. 184).

[1317] Pauli an Fierz

Zürich, 6. Dezember 1951

Lieber Herr Fierz!

Dank für Ihren Brief und den Sonderdruck. Gerne bestätige ich Ihnen nochmals, daß ich Wert darauf lege, die Arbeit von Talmi in den Helvetica Physica Acta erscheinen zu lassen[1] und daß man sie nicht gut kürzen kann. Es ist dabei wesentlich, daß die Arbeit *eine Dissertation* ist, ferner daß ich sie genau gelesen habe und glaube, man würde sie nicht mehr verstehen, wenn man kürzen würde. (Sonst bin ich aber empfindlich dafür, wenn eine Arbeit zu langwierig geschrieben ist.)

Schade, daß Sie beim Seminar nicht anwesend waren, ich war nämlich sehr bedrückt: Källén hat mathematisch sehr „virtuos" und souverain vorgetragen, aber niemand konnte verstehen, was der physikalische Sinn der Näherung der betreffenden Autoren ist. Dies war gerade der Eindruck, den Källén mit Absicht hervorgerufen hat, vielleicht hat er auch recht damit. Aber ich bin – wie Sie – nicht ganz sicher, daß diese Näherung wirklich gar so dumm ist und so habe ich nichts gelernt letzten Montag.

Stückelberg war übrigens hier und wieder sehr vernünftig.[2] Wir werden noch ein Seminar vor Weihnachten haben (am 17.), an welchem Bleuler über Fragen der Zeitumkehr sprechen wird;[3] Sie bekommen natürlich wie immer eine Einladung.

Viele Grüße
Stets Ihr

W. Pauli

---

[1] Es handelte sich um die bei Pauli an der ETH Zürich durchgeführte Dissertation von Igal Talmi (1952), von der wie üblich ein Auszug in den *Helvetica Physica Acta* veröffentlicht wurde. Siehe hierzu auch das bei Glaus und Oberkofler [1996, Dokument III. 77] abgedruckte Gutachten Paulis zu dieser Dissertation.

[2] Siehe hierzu den Hinweis in Band **III**, S. 6.

[3] Siehe hierzu auch den Brief [1322]. Während der vorangehenden Seminarveranstaltung hatte Schafroth am 5. November über Supraleitung [1294] gesprochen. Die Frage der Zeitumkehr war schon früher durch Bleuler und Heitler (1950) untersucht worden.

[1318] Pauli an Kramers

Zürich, 6. Dezember 1951

Lieber Kramers!

Ich höre, Du seist wieder zurück von U. S. A. und möchte deshalb entsprechend meiner Verabredung von Brüssel fragen,[1] wie es mit Deinen Überlegungen zur Supraleitung steht.[2] Konntest Du eine Arbeit aufschreiben?

Fröhlich hat seinen Besuch in Zürich auf das nächste Sommersemester verschoben,[3] da er im Moment noch nichts Gutes über Supraleitung zu erzählen hat. Auch die Arbeiten Schafroths[4] sind bis jetzt nur Vorarbeiten. Nach den vielen Reisen bist Du nun sicher recht müde, so daß es wohl nicht zweckmäßig wäre, Dich *jetzt* nach Zürich einzuladen – es sei denn, daß Du ohnehin

Ferienpläne für eine Reise in die Schweiz hast. Ich werde Dich aber jedenfalls wissen lassen, wann Fröhlich nun herkommen wird, hoffe aber schon vorher auf etwas Schriftliches von Dir über Supraleitung.[5]

Für heute viele Grüße an Dich und Deine Frau und Familie von uns beiden

Stets Dein W. Pauli

[1] Pauli hatte in Brüssel während des Solvay-Kongresses mit Kramers gesprochen (vgl. den Brief [1284]).

[2] Schafroth hatte darüber laut Brief [1294] am 7. November im Züricher Seminar berichtet.

[3] In den Briefen aus dem Jahre 1952 gibt es keinen Hinweis auf einen solchen Besuch Fröhlichs.

[4] Vgl. Schafroth (1951).

[5] Kramers war schon damals sehr krank und starb am 24. April 1952. In seiner letzten Publikation, die er im November 1951 während eines Aufenthaltes am *Institute for Advanced Study* in Princeton abschloß, behandelte er das Problem der Suprafluidität von Helium II. Siehe hierzu Kramers Briefe vom 13. September 1950 und 27. Dezember 1951 an Oppenheimer, in denen er auch seine Ansichten zur Planung einer *European Collaboration* in expensive nuclear physics darlegt, die zur Gründung von CERN führten.

[1319] PAULI AN THELLUNG

Zürich, 6. Dezember 1951

Lieber Herr Thellung!

Ich habe immer noch Ihren interessanten Brief vom 27. September[1] zu beantworten und möchte bei dieser Gelegenheit gerne sagen, daß ich bestimmt hoffe, Sie werden nun Ihre Doktorarbeit abgeben,[2] wenn Sie in den Weihnachtsferien nach Zürich kommen.[3] Man soll eine Sache auch nicht allzu lange hinausziehen, sonst wird sie a) am Ende doch entwertet als Folge der japanischen Konkurrenz[4] b) wäre es schön, wenn Sie noch im Wintersemester (am Ende desselben) das Doktorexamen machen könnten – und bei einer solchen Arbeit braucht es eine gewisse Zeit, bis Referat und Korreferat gemacht sind.

Wann kommen Sie? Dann sprechen wir auch über Zukunftspläne? Was denkt man in Delft über die letzten japanischen Arbeiten über He II (siehe letztes Heft des „Progress Theoretical Physics"; wenn ich nicht irre, heißt der Autor Toda?).[5]

Herzliche Grüße an Sie selbst und an Professor Kronig.

Stets Ihr

W. Pauli

[1] Dieser Brief ist verschollen. Thellung glaubt, in diesem Schreiben Pauli die Resultate seiner Dissertation mitgeteilt zu haben.

[2] Thellung brachte Pauli seine Doktorarbeit (1952) am 21. Dezember 1951: „Er las sie über die Feiertage und gab sie mir am 3. Januar 1952 zurück. Im Eiltempo wurden Referat und Korreferat geschrieben, so daß die Doktorprüfung schon am 17. Januar stattfinden konnte, bevor ich nach Holland zurückfuhr." Das Referat wurde von Pauli, das Korreferat von Paul Scherrer angefertigt. Siehe hierzu auch den Brief [1375].

[3] Vgl. hierzu auch die Darstellung bei Thellung (1988).

[4] Im Februar 1951 war eine in Japan durchgeführte Untersuchung von Nakabayasi und Sato (1951) eingegangen, in der die anomalen magnetischen Nukleonen-Momente mit Hilfe der pseudoskalaren Mesonentheorie behandelt worden waren.

[5] Morikazu Toda und Akira Isihara (1951). Siehe auch das Übersichtsreferat von Meyer und Band (1949).

[1320] BREIT AN PAULI

New Haven, 6. Dezember 1951
[Maschinenschrift]

Dear Pauli!

There is a letter here from Bryce Seligman DeWitt[1] who is looking for a position and is offering Yale his services as a theoretical physicist. He lists you as one of the people who might know about his qualifications. According to DeWitt's letter he is interested in rather abstract and difficult parts of theoretical physics and the question arises whether he is good enough to be successful in such work. I wonder whether you would like to express an opinion concerning this matter as well as his suitability for a university position in general.

With kindest regards from Marjorie and myself to both of you,
Sincerely

Gregory Breit

[1] Bryce Seligman De Witt war damals als Visiting Fellow am *Tata Institut of Fundamental Research* in Bombay, wo er sich eine langwierige Amöben-Infektion zuzog. Er verheiratete sich am 2. Mai 1951 mit Cécile Morette-Payen (vgl. den Brief [1230]), die ebenfalls in Princeton gearbeitet und später nach ihrer Rückkehr nach Frankreich die so erfolgreiche *Ecole d'Été de physique theorique* in Les Houches ins Leben gerufen hatte. Vgl. hierzu den Kommentar zum Brief [1444] und die von der *Université de Grenoble* im Mai 1960 herausgegebene Broschüre mit den *Nouvelles* der *Ecole d'Été de physique theorique*, die auch eine Liste der Teilnehmer aus den Jahren 1951–1959 enthält. Siehe hierzu Dyson [1992, S. 332].

[1321] JAFFÉ AN PAULI

[Zürich], 6. Dezember 1951
[Maschinenschriftliche Durchschrift]

Lieber Herr Pauli!

Ich danke Ihnen sehr herzlich für Ihren Brief, der mir außerordentlich wertvoll war und mich sehr zum Nachdenken angeregt hat. Dies habe ich ja immer nötig, da ich auch zu der Gruppe der Fühltypen gehöre, und mir darum das kosmische Bild von Hoyle mächtigen Eindruck gemacht hat.[1] Es hat mir allerdings auch großen Eindruck gemacht, ohne die rätselvolle, wenn auch entscheidende Frage der „Hintergrundsmaterie". Er hat eine sehr eindrückliche Art, einem die Bewegtheit und unendliche Größe des Kosmos gefühlsmäßige, – fast anschaulich – näher zu bringen. Mich hat es fasziniert, aber ich habe Ihnen nicht umsonst die Besprechung geschickt: ich wollte Ihre Kritik. Zu Ihrer Frage nach der objektiven Richtigkeit ist zu sagen, daß nach meiner (an Jungs Ideen geschulten) Meinung eine Objektivität in diesen Fragen nicht möglich ist, aber auch nicht notwendig. Ich habe den Eindruck, daß jeder Forscher und Denker von der letzlichen Gültigkeit seines Systems überzeugt ist und auch sein muß, und daß eben gerade diese merkwürdige „Wandlung des Gottesbildes" damit zusammenhängt, daß das menschliche Bewußtsein (aus einem unerklärlichen Drange, der für mein Gefühl das eigentliche Wesen seines Menschseins darstellt) immer tiefer in die Geheimnisse der Materie, der Seele und des Kosmos dringt. Ich habe allerdings den Eindruck, als würde Ihre Ansicht etwa an der Grenze des heute Möglichen stehen; sie ist umfassend und darum vollständig befriedigend. Diese Ansicht ist aber durchaus gefühlsmäßig. Man kann diese Dinge, wie Sie sehr richtig sagen, ja nicht beweisen. (Ich möchte mit Ihnen noch sprechen darüber.) Auch über das Problem der „Hintergrundsmaterie" möchte ich noch sprechen; soviel ich Sie verstehe, nehmen Sie eine „seit Ewigkeit existierende" Materie an („... der weibliche Teil – Materie, Energie – der zeitlos-unveränderliche ... Teil"). Ich schreibe Ihnen dazu ab, was Hoyle sagt, was ich natürlich nicht beweisen kann.

[Anlage: Eine Postkarte mit einer Abbildung von drei Karten-spielenden Jünglingen und dem handschriftlichen Zusatz von A. Jaffé:][2] Zur Erinnerung an das Jahr 1951, an Anna Kingsford und an Wolfgang Pauli.[3]

---

[1] Siehe hierzu die Bemerkungen und Angaben über Hoyle im Brief [1316].
[2] Dazu gab A. Jaffé den nachträglichen Hinweis: „Bezieht sich auf Paulis damaliges Interesse an Tarot-Karten, die auch mich (im Zusammenhang mit A. Kingsford, cf. Manuskript) beschäftigten. Ich recherchierte einiges für Pauli."
[3] Siehe hierzu die Briefe [1251 und 1255].

[1322] PAULI AN BLEULER

Zürich, 7. Dezember 1951

Lieber Herr Bleuler!

Ich habe noch im Anschluß an unsere letzte Zusammenkunft[1] mit Stückelberg über dessen „Lemma" nachgedacht[2] und habe gesehen, daß man dieses – so wie auch den entsprechenden klassischen Satz über Zyklen (siehe Tolman, Chapter V)[3] – sehr einfach beweisen kann, wenn man die von Gibbs eingeführte (und von mir in meiner Vorlesung über statistische Mechanik[4] sowie auch in der Arbeit von Fierz und mir[5] in der Zeitschrift für Physik benützte) *nicht*-symmetrische Funktion

$$L(x, y) \equiv x(\log x - \log y) - x + y \qquad (x, y \text{ positiv})$$

$$L(x, y) > 0 \text{ für } x \neq y \qquad (I)$$

benützt. {N.B. Sei $x = z \cdot y$; $L(x, y) = y \cdot \{z \log z - z + 1\} = y \int_1^z \log z \, dz > 0$, was zu beweisen war.}[6]

Sei nun – wie in der beiliegenden Arbeit aus der Sommerfeld-Festschrift 1928*[7] –

$$\text{(N.B. } \sum_n \frac{dW_n}{dt} \equiv 0. \rightarrow \text{Normiere } \sum_n W_n = t.)$$

$$\frac{dW_n}{dt} = -W_n \sum_m{}' A_{nm} + \sum_m{}' A_{mn} W_m \tag{1}$$

$$\text{(N.B. } A_{nm} \text{ soll konvergieren.)}$$

worin der $'$ bedeutet $n \neq m$ und

$$A_{nm} \geq 0 \text{ für } n \neq m. \tag{2}$$
$$\text{(Natürlich } 0 \leq W_n \leq 1.)$$

Nun bilden wir

$$S = -\sum_n W_n \log W_n, \tag{3}$$

berechnen $\frac{dS}{dt}$, setzen aber *nicht* (wie l.c.) die Symmetrie der A_{nm} voraus. Man findet

$$\frac{dS}{dt} = -\sum_n \log W_n \frac{dW_n}{dt} = \sum_n \sum_m A_{nm} W_n \log W_n - A_{mn} W_m \log W_n)$$
$$\text{hier Indizes } m, n \text{ vertauschen}$$
$$\downarrow$$
$$= \sum_n \sum_m{}' A_{nm} W_n (\log W_n - \log W_m).$$

Nun schreibe mit der L-Funktion von oben

$$\frac{dS}{dt} = \sum_n \sum_m{}' A_{nm} L(W_n, W_m) + R \tag{4}$$

$$R = \sum_n \sum_m{}' A_{nm} W_n - A_{nm} W_m = \sum_n W_n, \quad \sum_n{}' A_{nm} - \sum_m{}' A_{mn}$$
$$\downarrow$$
$$\text{Vertauschung der Indizes } n, m.$$

Die Stückelbergsche Bedingung[8]

$$\sum_m{}' A_{nm} = \sum_m{}' A_{mn} \tag{5}$$

ist also hinreichend dafür, daß

$$R = 0, \text{ also wegen (I) und (2) } \frac{dS}{dt} > 0. \tag{6}$$

($\frac{dS}{dt} = 0$ nur bei Gleichheit aller W_n.)

Bemerkungen

1. Es tritt keine Schwierigkeit für unendlich viele Zustände ein, da die A_{nm} positiv sind und alle Summen in (5) {und daher auch in (I)} absolut konvergieren, wenn sie überhaupt konvergieren. Letzteres muß notwendig vorausgesetzt werden.

2. In dem von Tolman l. c. betrachteten klassischen Fall eines Zyklus von N Zuständen kommt von selbst

$$\frac{dS}{dt} = C\{L(W_1, W_2) + L(W_2, W_3) + \dots L(W_N, W_1)\},$$

was ein Herauspicken des Maximums der N Zellen $W_1 \dots W_N$ überflüssig macht. – Nur in dem Sonderfall eines aus 2 Elementen bestehenden Zyklus wird L symmetrisiert.

3. Ich habe mich nicht weiter damit beschäftigt, ob Stückelbergs Bedingung (5) auch notwendig ist für das „H-Theorem" (will das aber gerne glauben) da ja – wie Stückelberg bereits gesagt hat – die Bedingung (5) in einem [...][9] Zusammenhang mit der Unitarität der S-Matrix steht.

Sei

$$SS^t = S^t S = 1$$

und nunmehr

$$A_{nn} \equiv - \sum_m{}' A_{nm}$$

$$A_{nm} = \delta(w_n - w_m)\frac{1}{1\pi} = |(n|S|m)|^2, \quad W = \frac{\text{Energie}}{\hbar}.$$

N. B. Der Faktor $\delta(w)$ bringt die Dimension von $[A] = \sec^{-1}$ in Ordnung. Auf der „Energieschale" mit Breite ΔE kann man auch schreiben $A_{nm} = |(n|S|m)|^2 \cdot \Delta E$.

Dann folgt (5) aus

$$\delta_{nm} = |(n|S|m)|^2 + \sum_m{}'|(n|S|m)|^2 = |(n|S|n)|^2 + \sum_m{}'|(m|S|n)|^2.$$

Ich glaube „this settles the case". – Sie können das alles bei Ihrem Seminarvortrag benützen,[10] wenn Sie nur Stückelberg gebührend erwähnen.

Mit herzlichen Grüßen an Sie und Professor Heitler. Stets Ihr   W. Pauli

---

[1] Bleuler sollte am 17. Dezember seinen (im Brief [1317] angekündigten) Seminarvortrag über das Problem der Zeitumkehr halten.

[2] Das Interesse an diesen Fragen war offenbar durch Stückelberg geweckt worden, der durch Pauli auf eine in der Literatur bestehende Lücke in der Beweisführung des Boltzmannschen H-Theorems aufmerksam gemacht worden war. Siehe hierzu Stückelberg (1952, S. 577).

[3] Im Kapitel V von Tolmans bekannten Werk [1938] wird die Quantentheorie der Stoßprozesse und das Problem der Reversibilität in der statistischen Mechanik behandelt. Paulis hatte bereits Anfang 1940 in einem Brief [588] an seinen Assistenten Jauch Kritik an Richard C. Tolmans Darstellung der statistischen Mechanik angemeldet.

[4] Pauli [1947].

[5] Pauli und Fierz (1937).
[6] Dieser Beweis wurde später durch Stückelberg (1952, S. 579) publiziert.
* Ich betrachte eine „Energieschale" des großen Phasenraumes wie in l. c. Kapitel I, §2. Man kann die W_n und A_{nm} über Zellen von je G_n (bzw. G_m) Zuständen verschmieren, d. h. mitteln. Es ist aber auch dann *nicht* nötig, die G_n explizite einzuführen, wie das in l. c. geschehen ist.
[7] Pauli (1928).
[8] Vgl. Stückelberg (1952).
[9] Unleserliche Textstelle im Manuskript.
[10] Dieser Vortrag über seine gemeinsam mit Heitler durchgeführte Untersuchung der Zeitumkehr und Feldquantisierung sollte am 17. Dezember stattfinden (vgl. den Brief [1317]).

[1323] PAULI AN DESTOUCHES

Zürich, 7. Dezember 1951
[Maschinenschrift]

Cher Monsieur!

J'ai reçu votre lettre du 30 novembre et j'attends maintenant des nouvelles de votre part concernant le problème de la langue de mes leçons à Paris.[1]

A propos des deux manuscrits[2] que vous avez eu l'obligeance de m'envoyer je joins la copie d'une lettre à Mr. Bohm[3] dans laquelle vous trouverez ma position critique envers le travail de cet auteur.[4] En plus j'aimerais souligner spécialement le fait (admis par Mr. Bohm même) que les paramètres cachés chez lui se trouvent non seulement dans le système, mais aussi dans l'appareil. Si donc on mesure une fois la grandeur q, une autre fois avec un tout autre appareil la grandeur p, des paramètres cachés tous différents entreront en jeu dans les deux cas. C'est ici que se trouve la raison pourquoi la démonstration de J. von Neumann ne peut pas être appliquée au cas présent; elle suppose en effet que les paramètres cachés appartiennent uniquement au système observé.[5] C'est en même temps pourquoi la valeur physique de cette étrange théorie* me semble très questionable, de même qu'à Mr. L. de Broglie: je ne vois à présent aucune possibilité de jamais déterminer les valeurs de ces paramètres hypothétiques sans tomber dans un regrès à l'infini.

Avec mes meilleurs hommages à Mr. L. de Broglie, Madame Destouches-Février, je vous prie d'agréer, cher Monsieur, mes salutations les plus cordiales.

W. Pauli

[1] Pauli war eingeladen, um im Frühjahr 1952 Vorlesungen über quantisierte Feldtheorien am *Institut Henri Poincaré* zu halten (siehe den Brief [1306] und den Kommentar zum Brief [1347]). Diese Vorträge standen im engen Zusammenhang mit L. de Broglies erneutem Interesse an der quantisierten Feldtheorie, über die er ebenfalls am *Institute Henri Poincaré* Vorlesungen hielt. De Broglies in den Jahren 1951–1952 gehaltene Vorlesungen wurden 1990 durch Asim Barut mit Unterstützung von de Broglies Schüler Georges Lochak herausgegeben.
[2] Wahrscheinlich hatte ihm Jean-Louis Destouches seine Diskussionsbemerkungen während der Kopenhagener Konferenz über Quantenphysik vom Juli 1951 und ein 70 Seiten umfassendes Manuskript seiner Schrift *Sur l'intepretation physique de la mécanique ondulatoire* geschickt, die sich beide mit der Interpretationsfrage befassen. Vgl. auch Destouches (1952a,b). Weitere Angaben über Destouches und eine Auswahl seiner Schriften findet man in der nach seinem Tode von H. Barreau, P. Février und G. Loschak herausgegebenen Gedenkschrift *Jean-Louis Destouches, physicien et philosophe (1909–1980)*.

[3] Vgl. Paulis Brief [1313].
[4] Siehe hierzu den Kommentar zum Brief [1263].
[5] Siehe hierzu auch die Darstellung bei Bunge (1956), Baumann und Sexl [1984] und bei Cushing [1994, S. 131ff.].
* Comme vous le savez, cette théorie admet l'existence simultanée de deux éléments distincts de la réalité: 1. la position de la particule; 2. la fonction ψ, non exclusivement statistique, déterminant vitesse et accélération de la particule.

[1324] PAULI AN BLEULER

Zürich, 8. Dezember 1951

Lieber Herr Bleuler!

Dies ist nur ein sehr kurzer (?) Nachtrag[1] betreffend Historie und Literatur zum H-Theorem in der klassischen Mechanik. – Ich habe gesehen, daß Tolman (in dem Buch, das ich in meinem letzten Brief zitiert habe – chapter V, VI) nur von Boltzmann abgeschrieben hat, ohne diesem eine neue Idee hinzuzufügen. (Tolman hat sogar oft die gleichen Buchstaben wie Boltzmann verwendet.)

Die Sache, um die es sich handelt, steht in Boltzmanns Vorlesungen über Gastheorie, Band II, (erschienen 1898, ich zitiere nach dem unveränderten Abdruck von 1912) und zwar nur das letzte, VII-Kapitel, insbesondere §79–82.[2] – Hier eine kleine „Anleitung": Auf p. 231 (§79) unterscheidet Boltzmann scharf zwischen „entgegengesetzten" Stößen, bei denen die Geschwindigkeiten umgekehrt sind und „entsprechenden" Stößen, bei denen die Geschwindigkeiten nicht umgekehrt sind, sondern im Anfangszustand die gleichen Werte haben wie beim direkten Stoß im Endzustand. Offenbar hat Boltzmann klar gesehen, daß im allgemeinen Fall von Stößen zwischen rotierenden Molekülen der „entsprechende" Stoß *nicht* zum Ausgangszustand des direkten Stoßes zurückführt und hat deshalb das H-Theorem auf eine allgemeinere Basis gestellt.

Zu diesem Zweck erfolgt ein überaus kühner Schritt im §81. Er gibt den Zuständen einen endlichen Spielraum (nicht ganz präzise Bedingungen), so daß (p. 236 oben) „die Moleküle nur eine *endliche* Anzahl von Zuständen anzunehmen im Stande sind" und eine Reihe aufeinanderfolgender „entsprechender" Zusammenstöße sich nach endlich vielen Schritten zu einem Zyklus schließt, d. h. zum Ausgangszustand zurückkehrt. – Das tönt ganz wie Quantentheorie, aber in einem Punkt scheint mir hier Boltzmann doch nicht ganz konsequent zu sein: Wenn man in der klassischen Mechanik den Anfangszustand nur unpräzise vorgibt, sind die Folgezustände nicht mehr eindeutig determiniert. Boltzmann nimmt aber an, daß die unpräzise definierten Zustände doch völlig determiniert durchlaufen werden: deshalb bekommt er kein Analogon zur Auswahl zwischen verschiedenen Möglichkeiten (wie die verschiedenen Übergangsmöglichkeiten und -Wahrscheinlichkeiten bei gegebenem Anfangszustand) in der Quantenmechanik.

Nach meiner Ansicht hätte Boltzmann ein solches „korrespondenzmäßiges" Analogon bekommen, wenn er konsequent gewesen wäre. So aber hat Boltzmann einen Pseudo-Determinismus (Eindeutigkeit der unpräzise bestimmten Bahnen, wo man doch weiß, daß bei unpräzise gegebenen Anfangsgeschwindigkeiten die

Bahnen *im Laufe der Zeit beliebig weit* auseinanderlaufen). – Auf p. 240 (§82) kommt Boltzmann nochmals auf diese Frage zurück und sagt, daß das aber alles für das H-Theorem nicht viel ausmache, da auch bei präzisem Anfangszustand das System schließlich dem Ausgangszustand doch wieder beliebig nahe komme („Quasizyklus").

Mathematisch handelt es sich um folgendes (Tolman hat es nur abgeschrieben und ich habe schon in meinem letzten Brief kurz darauf angespielt). Auf p. 238 (§81), Gleichung (274) und vorher, handelt es sich um den Ausdruck

$$-\log X = C[\alpha(\log\alpha - \log\beta) + \beta(\log\beta - \log\gamma) + \cdots + X(\log X - \log\alpha)].$$

{N. B. Ich habe mir erlaubt, beide Seiten der Gleichung mit (-1) zu multiplizieren; ferner betrachte ich *nur* $\log X$, nicht wie Boltzmann die Größe X.}

Bei einem wirklichen Zyklus ist das α am Ende das gleiche wie das α am Anfang. In diesem Fall ist, mit der Gibbsschen nie negativen* Funktion[3]

$$L(x, y) \equiv x(\log x - \log y) - x + y,$$
$$-\log X = C[L(\alpha, \beta) + L(\beta, \gamma) + \cdots + L(X, \alpha)] > 0,$$

da exakt

$$(\alpha - \beta) + (\beta - \gamma) + \cdots + (X - \alpha) = 0.$$

Bei einem Quasizyklus bleibt der Rest C ($\alpha_{\text{Anfang}} - \alpha_{\text{Ende}}$). Boltzmann hat vielleicht das richtige Gefühl gehabt, daß dieser Rest in dem über alle Anfangszustände *integrierten* Ausdruck von $-\frac{dH}{dt}$ beliebig klein gemacht werden kann.

Das kann ich nicht so schnell überblicken und würde gelegentlich gerne Ihre Meinung darüber hören. Jedenfalls hat Boltzmann klar gesehen, daß das H-Theorem auf eine viel allgemeinere Basis gestellt werden kann als die nur für sphärische Systeme geltende „detailed balance" (wie man heute sagt).

Ehrenfest hat die zitierten Überlegungen Boltzmanns in popularisierter Form in alle Welt getragen,[4] wohl auch zu Tolman, der sie dann in seinem Buch (allzu unverändert) wiedergegeben hat.[5]

Herzliche Grüße und auf Wiedersehen

Stets Ihr

W. Pauli

---

[1] Siehe den Brief [1322].

[2] Im VII. und letzten Abschnitt des 2. Teils von Boltzmanns *Vorlesungen über Gastheorie* [1898, S. 217–265] sind die „Ergänzungen zu den Sätzen über das Wärmegleichgewicht in Gasen mit zusammengesetzten Molekülen" enthalten.

* Es beruht dies darauf, daß $\int_{1}^{z} \log z\, dz$, so wie es hier steht, sowohl für $t > 1$, als auch für $0 < z < 1$ positiv ist.

[3] Siehe hierzu den Hinweis im Brief [1322].

[4] Vgl. P. und T. Ehrenfest (1912, S. 69).

[5] Tolman [1938, S. 134ff.].

[1325] Pauli an von Franz

Zürich, 13. Dezember 1951

Liebe!

Seit etwa einer Woche habe ich viel erlebt, obwohl *äußerlich nichts* geschehen ist. Anfang voriger Woche hatte ich eine sehr starke Depression, während der ich mich wie von einer night-mare verfolgt fühlte. Diese bestand in der Zwangsvorstellung, irgendwo ist oder war einmal ein absolut Vollkommener. Aus purem Übermut erfand er die Zeit und entsetzliches Leiden in ihr, in die er viele Lebewesen herunterwarf aus keinem anderen Grund als damit der Vollkommene angeschaut und gelobt werden könne und damit die mutwillig Heruntergeworfenen wieder zu ihm hinaufsteigen können. Es war ein Alpdruck absoluter Sinnlosigkeit, von dem ich mich lange nicht befreien konnte. Offenbar war es eine Art seelischer Vergiftung, die ich mir beim Lesen der Theologia-Germanica[1] und nachher beim Wiederlesen von Huxleys Perennial Philosophy[2] geholt hatte. Später kam mir aber die Idee, die weibliche Seite des Kernes sei zeitlos unveränderlich (wie in der Physik die Energie, vgl. meinen alten Aufsatz über „Hintergrundsphysik")[3] die männliche aber sei dem Chronos verhaftet und möglicherweise veränderlich.[4]

Diese Stimmung hat sich dann in dem „großen" Traum (siehe Beilage)[5] fortgesetzt.* Nach diesem fühlte ich mich sehr erleichtert und bald ganz beruhigt. Jetzt fühle ich mich sehr zufrieden und wohl.

Bald darauf bekam ich von Ihnen das Descartes-Manuskript.[6] Ich habe das Gefühl, daß da irgend ein synchronistischer Zusammenhang ist, indem das meinem „großen" Traum zu Grunde liegende Problem etwas zu tun haben könnte mit den Problemen der Träume von Descartes. Ich habe nunmehr begonnen, Ihr Manuskript zu studieren und Sie werden wohl bald (in 2 bis 3 Tagen) weiteres von mir hören.[7] Was ich zu sagen haben werde, ist wahrscheinlich beeinflußt (oder antizipiert) von der Stimmung meines letzten Traumes.

Also vorläufig alles Herzliche.

Stets Ihr W. Pauli

---

[1] Pauli besaß eine deutsche Übersetzung der *Deutschen Theologie* des anonymen Autors, den man in der Literatur als den Frankfurter bezeichnet hat. Die Vorstellung eines *nur guten* Gottes (summum bonum) lehnte Pauli ebenso wie Schopenhauer ab [1283], weil Allmacht und Güte nicht miteinander verträglich sind. Siehe hierzu auch die Bemerkungen in den Briefen [1307, 1308 und 1316].

[2] Siehe auch den Hinweis auf seine Lektüre von Huxleys Buch und die damit im Zusammenhang stehende erneute Beschäftigung mit der Hintergrundsphysik im seinem Brief [1316].

[3] Pauli (1948/92).

[4] Vgl. hierzu den Kommentar von van Erkelens (1995, S. 74f.).

[5] Siehe die Anlage zum Brief [1325].

* Das Problem ist offenbar das einer *Sinngebung*.

[6] Descartes hatte sich vom Herbst 1619 bis zum Winter 1620/21 im Donauraum aufgehalten und kam mutmaßlich im Sommer 1620 nach Ulm, wo er den an der Rosenkreuzerbewegung interessierten Mathematiker Johann Faulhaber kennengelernt haben soll. Hier in der *Ofenstube*, in der Nacht vom 10. auf den 11. November 1620, soll Descartes in einem Zustand höchster Erregung drei Träume durchlebt haben, die seine wichtigste Entdeckung, die *scientia mirabilis*, inspirierten. Marie-Louise von Franz hatte in ihrer Schrift [1952] dieses Traumerlebnis aus der Sicht der Jungschen Psychologie des Unbewußten behandelt und darüber mit Pauli diskutiert.

[7] Siehe die Anlage zum Brief [1326].

ANLAGE ZUM BRIEF [1325][1]

Wichtiger Traum[2]   9. Dezember [1951]

Traum: Ich bin auf einem Schiff und es herrscht ein sehr starker Sturm. Am Außenbord des Schiffes steht der Fremde als größerer dunkler Mann. Er seilt sich an und trifft Anstalten, ins bewegte Meer zu springen. Ich halte das zuerst für reinen Sport, aber er ruft mir zu, er wolle aus dem Meer einen Menschen (N. B. er sagte *nicht*, ob Mann oder Frau) herausziehen. Nun springt er tatsächlich, wenn auch angeseilt, ins Wasser und ich sehe ihn nicht mehr.

Sodann gehe ich in einen größeren Raum auf dem Schiff, es ist eine Art Salon. Ich sehe, daß dort eine Art offizielle Sitzung stattfindet und zwar, um einen neuen Professor zu wählen. Das Resultat der Wahl, das ich aus mehreren etwas wirren Stimmen heraushören kann, ist ein Mann mit dem Namen: „*Peter Strom*".

Dieser tritt ein und hat eine ganz unförmige Gestalt, insbesondere einen merkwürdig plattgedrückten Kopf, etwa so

und alle Horizontaldimensionen sind stark verlängert. Er hat gewisse Züge des dunklen Mannes, der ins Wasser gesprungen war. Nun geht er erst von links (er kam aus der linken Türe herein) auf einer Art Rampe oder Bühne bis ganz nach rechts, kehrt dort um und bleibt dann in der Mitte der Bühne stehen.

Da sehe ich, daß er sich *in zwei gespalten* hat, wenn auch noch nicht ganz. Vorne ist er ein dunkler Mann, aber dahinter scheint sehr deutlich eine sehr schöne lichte Frau durch. Die beiden sind sehr ähnlich wie Geschwister, in der Mitte des Körpers noch aneinander gewachsen, so daß sie sich nur schwierig fortbewegen können (wie siamesische Zwillinge), es ist aber kein Hermaphrodit sondern es sind deutlich zwei Personen, mit getrennten Beinen und insbesondere mit getrennten Köpfen. Das plattgedrückte Gebilde von früher hat sich in zwei zerlegt und nunmehr sind zwei schön gestaltete Köpfe vorhanden, ein weiblicher und ein männlicher.

Bemerkung. Der Traum ist ähnlich einem früheren Traum von 1947,[3] wo auch der Fremde seine Gestalt gewandelt hat, indem ein neuer Mensch aus dem Flusse stieg, in den der frühere Mann vorher hineingesprungen war. Aber sonst ist die Situation jetzt anders. Der Fremde hat offenbar die Tendenz, weibliche Teile, die vorher in ihm noch enthalten waren, sichtbar aus sich herauszustellen. Das ist ein „Verdoppelungs-Motiv".[4] (Siehe meinen früheren Aufsatz über Hintergrundsphysik[5] und den folgenden Traum). Dieses deutet auf *eine Bewußtwerdung mit Rückwirkung auf das Unbewußte* hin, ebenso auch der Sturm (Pneuma).

Traum   12. Dezember [1951]

Die „lichte Frau" hat ein Manuskript in der Hand, das sie mir zu lesen gibt. Ich konnte mich beim Erwachen nicht an alles erinnern, doch erkannte ich das

Manuskript als eine Abhandlung über *Spektroskopie*. Schon im Traum hatte ich hiervon die Assoziation („Dubletts‘).

Traum   13. Dezember [1951]

In der Natur (Wald-Landschaft) in normalem Tageslicht wandernd erblicke ich vor mir in einem Tal ein leerstehendes Haus. Da höre ich hinter mir die Stimme eines Kommandanten (wohl mit „Peter Strom" zu identifizieren) in militärischem Tone rufen:

„Die Station besetzen lassen!"

Die Station beziehe ich auf das leere Haus und überdies sehe ich, daß mehrere Leute mir folgen, teils fremde teils jüngere *jüdische* Studenten, und auf meine Anordnung warten. Unter diesen Leuten ist auch ein jüngerer dunkler Mann, hochgewachsen, hager mit leicht jüdischen Zügen. Ich erkenne ihn wieder, er erinnert mich an einen Berg, wo auch er von „$e^{S}Xe^{-S}$" verfolgt war,[6] aber ich erwähne nichts darüber. (Für mein Gefühl hat er „Schatten"-Qualität, was aber nicht unbedingt etwas rein Negatives bedeuten soll.)

Die Anordnung des Kommandanten erscheint mir sehr vernünftig und ich führe sie mit den Leuten mit Leichtigkeit aus. Als wir nun unten sind, ertönt wieder die Stimme des Kommandanten:

„Die Waren beschlagnahmen!"

Da sehe ich, daß verschiedene Lebensmittel, und zwar – sehr prosaisch wie in einem Delikatessengeschäft – Fleisch – und Wurstwaren – in dem Haus liegen. Ich nehme sie, dem Befehl folgeleistend, alle an mich.

Nun kommt der junge Schatten-Mann (siehe oben) zu mir, scheint sehr zufrieden, sagt mir aber: „Ich brauche von Ihnen nunmehr unbedingt 300 Schweizer Franken." Ich ziehe diese aus meiner Tasche und gebe sie ihm, denn ich will mich nicht unnötig schlecht stellen mit ihm; habe ihn sogar ganz gerne.

---

[1] Dieser Traum wird eingehend in dem Beitrag von van Erkelens (1995) zur im Juni 1993 abgehaltenen *Monte Verità*-Tagung in Ascona diskutiert.

[2] Dieser Traum wird durch van Erkelens (1995, S. 75ff.) kommentiert.

[3] Dieser Traum vom Januar 1947 ist in der Anlage zum Brief [1200] wiedergegeben.

[4] Siehe hierzu auch die Bemerkungen über die psychische Verdopplung in den Briefen [1207 und 1289].

[5] Vgl. auch die Hinweise auf diesen Aufsatz in den anderen Briefen [1254, 1325, 1330].

[6] Diese in seinen Träumen auftretende „Zauberformel" hatte Pauli auch schon in seinen früheren Briefen [1250 und 1275] erwähnt.

[1326]   PAULI AN VON FRANZ

Zürich, 16. Dezember 1951

Liebe!

Anbei ein etwas lang gewordener Kommentar[1] zu Ihrer Descartes-Arbeit.[2] Es interessiert mich insbesondere die am Schluß desselben aufgeworfenen psychologischen Fragen mit Ihnen weiter zu diskutieren.* – Nun bin ich ganz froh, daß ich die Arbeit nicht früher gelesen habe;[3] dann hätte ich sie nämlich sehr wahrscheinlich von oben bis unten umgekrempelt – und gerade das habe ich immer schon vermutet und wollte es vermeiden. Denn ich hielt es für wichtig, daß Sie selbstständig und allein eine Arbeit publizieren; nur so können Sie Ihre Erfahrungen machen, was immer für Mängel oder Fehler daraus entstehen mögen: An fremden Einsichten entsteht keine eigene geistige Reife. Ich hoffe deshalb auch bestimmt, daß Sie an Ihrem Text nichts mehr ändern können.

Zu meinen letzten Träumen[4] kann ich noch eine Amplifikation[5] vornehmen und zwar was das leere Haus und die militärischen Kommandos betrifft. In einem späteren Traum kam ein leer stehender Schützengraben vor und dann hieß es, die *Russen* hätten früher dort gekämpft, *hätten aber die ganze Gegend geräumt und leer zurückgelassen.*

Das ist wohl ein Folge jenes „Sturmes" im früheren Traum[6] und es scheint mir günstig.

Nun liegt bei mir der ganze Schlüssel der Situation bei der weiblichen Figur: Mit dem Kopf allein habe ich nichts mehr zu sagen.

In diesem Sinne sehr herzlich   Stets Ihr W. Pauli

---

[1] Siehe die Anlage zum Brief [1326].

[2] M.-L. von Franz [1952/85]. Wir zitieren im folgenden nach der neuen Ausgabe der von M.-L. von Franz untersuchten Träume in ihrem 1985 erschienenen Buch.

* *Sehr richtig* ist Ihre Bemerkung, daß diese Problematik von Descartes auch für den Modernen wichtig ist!

[3] M.-L. von Franz hatte es (laut einer mündlichen Mitteilung an den Herausgeber) Pauli verübelt, daß er die Aufnahme ihrer Descartes-Arbeit in das von ihm und Jung vorbereitete Werk Naturerklärung und Psyche ablehnte, obwohl er sie noch gar nicht gelesen hatte (vgl. den Kommentar zum Brief [1217]).

[4] Siehe die in der Anlage zu dem vorangehenden Brief [1325] mitgeteilten Träume.

[5] Vgl. hierzu den Kommentar zum Brief [1217] und die Anmerkung zum Brief [1281].

[6] Vgl. den in der Anlage zu [1325] beschriebenen Traum vom 9. Dezember 1951.

ANLAGE ZU [1326]

[Dezember 1951]

1. Vorwürfe gegen Descartes? Allgemeines zur Psychologie der Philosophen

An einigen Stellen der Arbeit ist es mir einigermaßen unangenehm aufgefallen, daß die psychologische Untersuchung in eine Art lehrhaftes Besserwissen gegenüber Descartes umschlägt und dazu benützt wird, diesem nachträglich gute Ratschläge zu erteilen oder ihm Vorhaltungen zu machen. Ich glaube hierin einen gewissen Animus zu erkennen und bin deshalb versucht auszurufen „Nicht diese Töne …!" Der Zweck einer solchen psychologischen Untersuchung scheint mir der zu sein, die *kompensatorische Funktion des Unbewußten* nachzuweisen sowohl gegenüber dem Zeitgeist des 17. Jahrhunderts als auch gegenüber dem Umstand, daß der Träumer ein Philosoph ist (was ihn ja schon vom Durchschnittsmenschen erheblich unterscheidet). Wird dann der Traum zusammen mit der bewußten Einstellung des Träumers als Bild einer *schicksalhaften Konstellation* aufgezeigt – *ohne* Insinuation, der Träumer hätte irgend etwas „anders machen" oder „besser verstehen" sollen – so ist die Darlegung gegen jeden Vorwurf einer Überheblichkeit gefeit. Das ist in Ihrer Arbeit auch oft schön und richtig eingehalten, aber nicht immer.

So wie der Text dasteht, scheint mir das nicht immer der Fall. Ist das „Verstehen" eines Traumes überhaupt etwas Absolutes und Endgültiges? Was wird man nach 300 Jahren über uns alle sagen: was wir wohl alles dann „nicht verstanden" haben werden (einschließlich Traumdeutungen nach C. G. Jung, obwohl das *heute* das Beste sein mag, was man mit einem Traum anfangen kann). Ob Descartes viel hätte ändern können an seinem Leben und seinem System, wenn ihm ein visionärer Engel Jungs Deutungen mitgeteilt hätte, das wird sich nie feststellen lassen. Es ist auch meines Erachtens gar keine interessante Frage. (In der Arbeit wird aber an einigen Stellen mehr oder weniger deutlich impliziert, als ob es darauf ankommen würde. Ist das nicht der „Wille zur Macht" eines kaschierten Animus?) Lassen wir also Descartes ruhig seine Träume „nicht verstehen" und den „vom Unbewußten angedeuteten Weg verfehlen"!* Wahrscheinlich braucht es für diesen Weg ohnehin noch weitere Jahrhunderte und *wir* von heute haben auch noch viel davon „nicht verstanden" und „verfehlt"!

Es scheint mir auch eine zu strenge Kritik, wenn (Fahne 176)[1] gesagt wird, es fehlte Descartes „die Kraft, um sich dem geistigen Kampf seiner Zeit zu stellen". Descartes hat erfolgreich in der Kollektivität gewirkt durch seine *veröffentlichten Schriften*, die einen *nachhaltigen Einfluß* ausgeübt haben. (Es hat ja drei Jahrhunderte gebraucht, bis das mechanistische Weltbild – an das immer noch einige glauben – durch ein weiteres ersetzt wurde und die Beziehung von Physis und Psyche ist immer noch eine offene Frage.) Das unterscheidet ihn doch z. B. wesentlich von einem Eremiten, der irgendwo in einem Kloster sein Leben beschließt, ohne daß je jemand von ihm hört und der dabei auch ein wertvoller Mensch sein könnte. {Der Ausdruck „ins Kollektivleben hinausgejagt" auf Fahne 167[2] scheint mir also auch nicht der richtige Ton. Es ist natürlich richtig, daß der Traum stattfand, *bevor* Descartes seine Publikationen in die Kollektivität gestellt hat und es ist wohl auch richtig, daß das Gehen durch Straßen im Traum eine Annäherung seines psychologischen Zustandes an die des (kollektiven) Durchschnittsmenschen bedeutet.}

Daß Descartes allein hätte imstande sein sollen mit wild gewordenen Theologen umzugehen – in einer Zeit, wo G. Bruno gerade von ihnen verbrannt worden war und wo dem Galilei von den Vertretern der Religion der Liebe die privatio boni in seinem Kerker sehr realistisch ad veritas demonstriert wurde – das kann man von einem philosophischen Denker, der auch kein Weltmann zu sein braucht, gar nicht verlangen. Es war daher sehr weise von Descartes „bei seinen alten Schulmeistern Hilfe zu suchen" (Fahne 176)[3] „jedesmal wenn er angegriffen wurde" und die Unterlassung dieser Vorsicht wäre mir geradezu als ein sträflicher Leichtsinn erschienen.

Heutzutage ist das natürlich anders, was die *römischen* Theologen betrifft, die laufen ja der Wissenschaft geradezu nach,** weshalb es nicht schwer ist, mit ihnen umzugehen. Wenn ich mir aber vorstelle, ich sei ein Mendel-Genetiker

und in Russland, dann wäre ich längst in einem Kerker verschwunden und nicht
einmal ein Schulrat hätte mir geholfen. So gibt mir das *Spiegelbild* der „roten
Theologen" des 20. Jahrhunderts eine gute Möglichkeit, mich in die Mentalität
der schwarzen Theologen des 17. Jahrhunderts einzufühlen – es wäre zu schade
gewesen, wenn Descartes nicht vorsichtig genug gewesen wäre!

Nun beende ich aber diesen kritischen Teil meines Kommentars mit einer
kurzen Bemerkung zur Note 4 auf Fahne 163,[4] wo vermutet wird, daß das Fehlen
der anima mundi im System Descartes mit der Nicht-Integration der Anima
(bzw. Gefühlsfunktion) zusammenhängt. Dieser hypothetische Zusammenhang
ist mir mehr als fraglich: wir haben ja die Gegenbeispiele Plato, Plotin, Marsilio
Ficino, bei denen sicher „das Vierte fehlt" (Ficino ans Homosexuelle streifend),
die Anima wohl kaum integriert ist, wohl aber die anima mundi in deren
philosophisches System wesentlich eingeht. Das Fehlen der anima mundi bei
Descartes entspricht vielmehr dem Zeitgeist des 17. Jahrhundert (siehe unten),
meines Erachtens ganz unabhängig von persönlichen Problemen.

Dies führt uns direkt zu einer interessanten Frage: Die Regel, *daß bedeutende
Philosophen unverheiratet waren und daß Frauen in ihrem Leben eine höchst untergeordnete Rolle spielen*, hat kaum Ausnahmen.*** Sie gilt unabhängig vom
psychologischen Typus des Philosophen (siehe unten) (auch unabhängig davon,
ob die anima mundi im philosophischen System vorkommt) bei so verschiedenen
Persönlichkeiten wie z. B. Plato, Marsilio Ficino, Descartes, Leibniz, Spinoza,
Newton, Kant, Schopenhauer. Man kann da fast von einem Naturgesetz sprechen. Es ist in der Descartes-Arbeit eine schöne Gelegenheit versäumt, diese
allgemeine Regel psychologisch zu deuten. Daß Denker und Intellektuelle ihre
Wurzeln anderswo haben als in der Erde,[†] daß sie „der Mutter ferne" sind, ist
wohlbekannt. Aber bei großen Philosophen ist darüber weit hinausgehend noch
die genannte Besonderheit vorhanden (während z. B. Naturwissenschaftler und
andere Gelehrte oft Familie, mit Weib und Kindern haben). Das Vernachlässigen
der Frauen und das Zölibat bedeutet offenbar psychologisch, *daß die individuell-
persönliche Anima beim Aufstellen eines philosophischen Systems mehr mit Be-
schlag belegt ist (weshalb sie dann wirkliche Frauen nicht „besetzt")* als bei der
Tätigkeit anderer Gelehrter. Das philosophische System hat dann oft die Funktion einer „Ersatz-Frau". Dies kann nun noch mehr oder weniger bewußt so
sein; bei den *Denk*typen unter den Philosophen im Besonderen pflegt das ganz
unbewußt vor sich zu gehen. Die haben dann eine „praktische Vernunft" oder
einen Pudel „Atma" oder   last not least – eine verzauberte Zirbeldrüse, wo sich
Denken und Fühlen treffen (und es daher gründlich „spukt").[5] Aber wir haben
– angesichts dieses „Naturgesetzes" – wohl *kein Recht*, von bedeutenden Philosophen *etwas anderes zu verlangen*. Sind weder neurotische Symptome noch
bewußte Konflikte vorhanden, so müssen wir *bescheiden* und zufrieden sein!

*2. Philosophische Systeme und psychologischer Typus des Autors. Geschichtli-
ches zum ‚Cogito ergo sum' und zu Raum und Zahl*

Es gibt kaum ein Gebiet wo sich C. G. Jungs psychologische Typen besser
anwenden lassen als [auf] die Autoren philosophischer Systeme. Besonders
in Zeiten, wo es noch keine wissenschaftliche Psychologie gab, pflegen
die Philosophen oft ihre Hauptfunktion allgemeingültig als Grundlage der

menschlichen Existenz oder als *identisch* mit Existenz darzustellen (was manchmal sogar auf den Kosmos oder Gott übertragen wird). Ich bin ganz einverstanden mit dem, was Sie in dieser Beziehung über die Psychologie des ‚cogito ergo sum' gesagt haben (eine Frau könnte mit dem gleichen Recht sagen, ‚amo ergo sum'; über Empfindungstypen siehe unten).

Nur historisch möchte ich ergänzend bemerken, daß – wenn ich nicht irre – etwas Ähnliches zum ersten Mal bei Avicenna[††] (= Ibn Sinna) auftritt (im Traktat über die Seele).[6] Er hat (auch in seiner Theologie) eine Identität zwischen dem *intellegere* und dem *esse* angenommen. {Es ist wohl eine auf Aristoteles zurückgreifende Reaktion gegen das *gefühlsmäßige Gefasel* (das bezieht sich insbesondere auf die „privatio boni") der Philosophen (Plotin!) und Theologen (ich schätze Augustin sicher nicht höher ein als Plotin in dieser Hinsicht) der ersten christlichen Jahrhunderte. *Ich glaube die Denktypen waren damals alle Gnostiker!* Über Arabien kam das strengere und systematischere Denken im Mittelalter auch in den Okzident und führte in der Scholastik zu einer Wiederbetonung des Logischen.}[7]

Ein Übersetzer von Avicenna, D. Gundissalinus († 1151) schrieb eine eigene Abhandlung ‚De Anima' dazu.[8] Dort steht eine im Mittelalter bekannt gewordene Allegorie zur Seele von einem Mann, der ohne Kontakt mit der äußeren Welt ist, dessen eigene *Gedanken* ihn aber zur Evidenz bringen, daß er *existiert* und daß *er* denkt. Ob Descartes das wohl gekannt hat? Wahrscheinlich wohl! (Es sollte dies bei Gundissalinus verdeutlichen, daß die Seele unsterblich und spirituell sei.)

In Privatbriefen[9] habe ich oft vom „Cogito, ergo sum von Avicenna-Descartes" gesprochen (siehe Anmerkung am Schluß).

Nun zu den *Empfindungstypen* unter den Philosophen. Alle Sensualisten halte ich für solche (von E. Mach ist mir das aus persönlicher Bekanntschaft ganz sicher). Das Denken ist dann zweifelhaft, Begriffe sind „Gedankensymbole für Empfindungskomplexe" (Mach), die Sinne trügen *nie*, die Empfindungen sind „unmittelbar gegeben" (*nicht* das Denken!), was wir Sinnestäuschungen nennen, sei gar keine Täuschung der Sinne, sondern das seien „nichts als" *falsche Schlüsse*, die wir – mit unserem stets unzuverlässigen und zweifelhaften *Denken* – aus dem stets wahren Sinnesempfindungen bereits gezogen hätten.

Ein Musterbeispiel für diesen Typus ist der (für Descartes Philosophie auch sonst noch wichtige) Renaissance-Philosoph *B. Telesio* (1508–1588).[†††] Ganz anders als ‚cogito ergo sum' schreibt er „Intellectio longe est sensu imperfectior" (im Buch ‚De rerum natura')[10] und die Erkenntnis ist ihm ein „Sonderfall der Tastwahrnehmung"(!)

Interessanter Weise nimmt er aber einen gegenüber den Dingen absolut und selbstständig gewordenen *Raum* an – irgendwie kompensatorisch zum Sensualismus. Das gleiche geschieht gleichzeitig auch bei F. Patrizzi (1529–1597).[11] In seiner ‚Pancosmia' schreibt er:[§]

„Spatium ergo extensio est hypostatica per se substans, nulli inhaerens. Non est quantitas. Et si qnantitas est, non est illa categoriarum, sed ante eam, eiusque fons et origo." – „Neque enim individua substantia est, quia non est ex materia et forma composita. Neque est genus, neque enim de specibus neque de singularibus praedicatur.

Sed alia qualdam extra categoriam substantia est. Quid igitur, corpusne est an incorporea substantia? Neutrum ad medium utriusque … corpus incorporeum est et non corpus corporeum. Atque utrumque per se substans, per se existens, in se existens."

Es war damals für die spätere Entwicklung der Physik wichtig, von der peripatetischen Tradition loszukommen, wonach die Orte als solche physikalische Qualitäten haben. (‚Jeder Körper sucht seinen Ort' etc.) Durch das Leugnen dieser Qualitäten oder ‚Valenzen' wurden die Raumpunkte gleichwertig, der Raum selbständig; einerseits wurde es Galilei möglich, seine Fallgesetze zu suchen und zu finden, andererseits rückte die Geometrie wieder durch Rangerhöhung in den Mittelpunkt des Interesses und im 17. Jahrhundert wurde die Zeit reif für ihre Verschmelzung mit der Analysis und Algebra (Koordinatensystem – Descartes).[§§]

Patrizzi ist auch Vertreter einer Lichtmetaphysik, die ja auf ganz alte Quellen zurückgeht (vgl. dazu auch Nikolaus Cusanus).[12] Von da geht diese Entwicklung weiter über G. Bruno und Kepler bis zum „Sonnengleichnis" von Descartes (das Sie auch zitieren).

Das Verwerfen der anima mundi {entgegen der Frührenaissance (Ficino)} spielt ebenso wie bei Kepler auch bei Galilei eine wichtige Rolle. Er geht hierzu vom Neuplatonismus auf Plato selbst zurück, wobei er besonders den Dialog „Menon" erwähnt.[13]

An die Stelle der anima mundi scheint im 17. Jahrhundert allgemein der *Archetypus der Zahl* (teils mit Rückgriff auf die Pythagoräer verbunden) zu treten. Es ist zugleich ein Sieg des Quantitativen und der Idee der Messbarkeit über das „bloß" Qualitative. Ob zuerst die Idee der anima mundi verblaßte und dann die „Zahl" und die „Proportion" in die Lücke nachdrängte oder ob zuerst die letztere wieder mächtig wurde und die Weltseele hinausdrängte ist kaum zu entscheiden. Daß aber im 17. Jahrhundert die Eine ging und das Andere kam, ist ein überpersönlicher Rythmus des Geistigen dieser Zeit (sicher unabhängig von allem persönlichen).

3. Die Triade „Herr N., der Mann im Schulhof und die Melone" als psychologisches Problem[14]

Bei den Spukphänomenen[15] ist mir aufgefallen, daß sie bei Descartes immer dort auftreten, wo Gefühl und Denken einander treffen. Ist nicht das, was Descartes von der Zirbeldrüse sagt, eine Art von 'Spukphänomen', das dort eintreten soll? (Ich kenne da Descartes' Werk zu wenig.) Jedenfalls erscheint mir der Ort der Zirbeldrüse als durch Descartes und bei Descartes „verzaubert". – Daß der Spuk nur weiblich sei, wird übrigens nicht gesagt.

Und gehören nicht auch die Wirbel (tourbillons) bei Descartes zum Spuk? Diese Wirbel sind physikalisch so unsinnig, daß größere Anstrengungen der Physiker nötig waren, um sie Descartes Anhängern wieder auszureden. Newtons berühmter Ausspruch ‚Hypotheses non fingo' dürfte sich zum größten Teil auf diese Wirbel beziehen. Wenn etwas physikalisch unsinnig ist, dann *muß* es wohl ein psychologisches Symbol für etwas sein. Sie haben sicher völlig recht, es so aufzufassen. Ich möchte aber noch die Frage weiter diskutieren, *wofür* bei Descartes diese Wirbel eigentlich stehen. Mir selbst erscheinen sie, wie gesagt, ganz wie Spuk-Phantome. Ihre Deutung (Fahne 170)[16] als Projektion eines Circumambulatio[17] ist einleuchtend. Vielleicht ist aber doch noch mehr dahinter!

Sehr gut fand ich Ihre Deutung von Herrn N. als unchristlich heidnische Schattenfigur und den anderen Herrn im Schulhof als Katholiken. Auch die Deutung der Melone (sei sie nun von Ihnen oder von Professor Jung, den ich ja selbst darüber diskutieren hörte) als Frucht = Resultat eines Reifeprozesses, Anima mit Lichtsamen (gewisse Analogie zur Anima mit Streifen) und Rotundum leuchtet mir ein.[18]

Nun fragt sich aber, ist das schon die „Totalität", ist es der ganze Kern? *Wo ist dessen männliche Seite?* Offenbar in den zwei genannten Herren. *Wie ist die Beziehung der männlichen zur weiblichen Seite des ‚Kernes'?* Das ist gerade das Problem, das mich beschäftigt. Es hat also wirklich etwas zu tun mit Descartes Problem! Ist es nicht nur eine *Verheißung* der Ganzheit nach einem langen Reifungsprozeß und Weg, was der erste Traum bedeutet? Ist es schon diese Ganzheit selbst, wirklich so einheitlich wie am Schluß (p. 61) gesagt wird?

Wenn die männliche Seite des Kernes („Selbst") fehlt, ist oft die Beziehung des Bewußtseins zum Unbewußten noch ungenügend. Und bei Descartes ist wirklich eine *Teilung* (mehr das als eine Entsprechung wie bei Spinoza) des Weltbildes eingetreten. Das vollkommene Fehlen der Freiheitsidee (ist nicht ein Analogon dazu die Calvinistische Prädestinationslehre?),[19] das Zurückdrängen der Seele bis in die Zirbeldrüse, die Leugnung der Seele der Tiere ist ein Extrem, das von vielen Zeitgenossen nicht geschluckt wurde (siehe die „occasionalistische" Reaktion dagegen).§§ Ich kann nicht sagen, daß mir Descartes speziell sympathisch wäre (es ist nicht deshalb, daß ich ihn anfangs in Schutz genommen habe). Newton, Galilei, Kepler habe ich persönlich beträchtlich lieber.

Der Schluß der Arbeit scheint mir dem Descartes wieder nicht gerecht zu werden. Es wird so dargestellt, als ob Descartes sich zwar „strebend bemüht", aber nichts erreicht hätte. Das ist keineswegs so. Ganz abgesehen von seinen großen Leistungen in Mathematik und Physik, hat er erkenntnistheoretisch die Konsequenzen des mechanistischen Weltbildes aufgezeigt und die Stellen deutlich gemacht, wo es auf Schwierigkeiten (ja, auf Absurditäten) führt. Dies ist namentlich der Fall beim psychophysischen Problem; Die Diskussionen über dieses hat Descartes mächtig in Schwung gebracht und sie ist seither nicht mehr eingeschlafen. Ähnliches gilt von der Diskussion über Kausalität und Freiheit.

Ich bin mir darüber klar, daß dieser Kommentar ein sehr einseitiges Bild gibt von dem Eindruck, den ich von Ihrer Arbeit bekommen habe: Über lange Partien derselben habe ich geschwiegen, nämlich eben dort, wo ich einverstanden und zufrieden gestellt war. Über die Traumdeutung selbst wage ich nichts zu behaupten, da habe ich nur Fragen gestellt, die ich noch mündlich zu diskutieren hoffe. Auch bin ich kein genügender Kenner von Descartes, um etwas über dessen Stellung zum Problem Gut-Böse und zur privatio boni sagen zu können.[20]

---

* Die Stufe des mechanistischen Weltbildes konnte auf keinen Fall übersprungen werden!
[1] M.-L. von Franz [1952, S. 180].

[2] M.-L. von Franz [1952/90, S. 168].

[3] M.-L. von Franz [1952/90, S. 180].

** Diese Bemerkung bezieht sich darauf, daß ich aus Italien von einer Rede gehört habe, die der Papst bei der Eröffnung der päpstlichen Akademie gehalten hat. (Leider habe ich nicht ihren Text zu sehen bekommen.) Darin nimmt er die moderne Physik für das Christentum (oder gar für den Katholizismus?) in Anspruch. – Könnte mir einer der im psychologischen Klub oder im C. G. Jung Institut herumwimmelnden Theologen diese Rede des Papstes verschaffen?

[4] M.-L. von Franz [1952, Anm. 97 auf S. 164].

*** Sokrates mit seiner Xanthippe bestätigt wohl nur die Regel.

† Ein Philosoph ist kein Regenwurm noch hält er sich für einen.

[5] Siehe hierzu auch die Bemerkungen in [1396 und 1398].

†† Meine Quelle ist: A. M. Goichon: *La Philosophie d'Avicenne*. Paris 1944. [Siehe auch den vom gleichen Verfasser geschriebenen Artikel „Ibn Sina" in der *Encyclopaedia of Islam*, Band **III**, Leiden/London 1971, S. 941–947.]

[6] In dieser vom Neuplatonismus beeinflußten Schrift des arabischen Arztes und Philosophen Ibn Sina (980–1037) wurde die Idee einer von Gott geschaffenen alles durchdringenden Weltseele vertreten, die großen Einfluß auf das mittelalterliche Denken ausübte. Eine deutsche Übersetzung findet man in Horten [1907/09].

[7] Zusatzbemerkung von Pauli zu dieser Textstelle am Ende des Manuskriptes: „Nachtrag zu S. 6 (oben): Auf Seite 50 des Manuskriptes {M.-L. von Franz [1952/90, S. 223]} hätte ich stärker betont, daß Descartes dabei stets an *ältere*, ihm bekannte *Ideen* anknüpft. Dies widerspricht natürlich gar nicht Ihrem Gesichtspunkt, daß Descartes diese Ideen verwendet hat, um archetypische Inhalte des Unbewußten zu eliminieren."

[8] Es handelt sich hier um den Mitte des 12. Jahrhundert lebenden spanischen Theologen und Übersetzer aus dem Arabischen Dominicus Gundissalinus, der in seinen Schriften auch die engen Beziehungen zwischen Physik und Mathematik hervorgehoben hatte. Pauli mag seine Kenntnisse der Lektüre des Buches von Baeumker [1890] entnommen haben, das er im Zusammenhang mit seinen Studien über die Entstehung des Materiebegriffes konsultierte.

[9] Diese *Privatbriefe* liegen uns leider nicht vor.

††† Meine Quelle ist R. Hönigswald: *Denker der italienischen Renaissance*. Basel 1938. [Dort S. 126.]

[10] B. Telesio [1565/87]. Descartes hat jedoch den Vorgang der Sinnesübertragungen bereits rein mechanisch erklärt, während Telesio noch beseelte Substanzen voraussetzte.

[11] Die Pancosmia erschien als letzter seiner in vier Teilen 1591 in Ferrara publizierten Schrift *Nova de universis philosophia*. Siehe hierzu auch den Brief [1294].

§ Auf Fahne 162 sollte man vielleicht besser „Vereinheitlichung" statt „Vereinfachung" der Mathematik sagen. {M.-L. von Franz [1952/90, S. 163]}

[12] Auf Nikolaus von Kues (1401–1464) Anschauungen über Gegensatzpaare (coincidentia oppositorum) als Zeichen einer Dissoziation des einheitlichen Archetypus hat Pauli auch in seinem Brief [1373] an Jung hingewiesen.

[13] Vgl. die deutsche Übersetzung des Galileischen *Dialogo* [1891/1982, S. 202].

[14] Diese Fragen behandelte M.-L. von Franz in ihrer Untersuchung [1952/90, S. 176-198] sehr ausführlich.

[15] Vgl. von Franz [1952/90, S. 160, 166 und 214].

[16] M.-L. von Franz [1952/90, Anm. 118 auf S. 169]. Hier wird auf Jungs Deutung der linksläufigen Zirkumambulation – im Gegensatz zu der nach Bewußtheit zielenden rechtsläufigen – als eine Hinwendung zum Unbewußten verwiesen. Pauli kannte diese Deutung aus seiner Traumanalyse: in *Psychologie und Alchemie* [1975, S. 171ff.] wurde sie im 18. Traum beschrieben.

[17] Als Circumambulatio bezeichnete Jung in Psychologie und Alchemie [1975, S. 173] „die ausschließliche Konzentration auf die Mitte" als dem Ort der schöpferischen Wandlung.

[18] Das *Runde* war Pauli aus Jungs alchemischen Studien [1935/36] als Symbol der Ganzheit bekannt.

[19] Calvin vertrat in dieser Lehre den Gedanken, Gott habe nur bestimmte Menschen für die Seligkeit auserwählt, während alle anderen ohne ihr Zutun für die Verdammnis bestimmt sind.

§§ Der Cambridger Neuplatoniker More sagte, er würde lieber auch einem Hund eine *unsterbliche* Seele zusprechen als gar keine!

[20] Der am Ende des Manuskriptes angefügte „Nachtrag zu S. 6 (oben)" ist an der entsprechenden Textstelle als Fußnote wiedergegeben.

[1327] PAULI AN THELLUNG

Zürich, 20. Dezember 1951

Lieber Herr Thellung!

Haben Sie noch vielen Dank für Ihren Brief vom 8. Dezember. – Morgen (Freitag, 21.) findet ab 17 Uhr eine Weihnachtsfeier unseres Institutes statt und zwar in der Wirtschaft „Morgensonne" (zwischen Endstation der Linie 5 und Zoo).[1] Sie wären hierbei sehr willkommen.[2] Könnten Sie vielleicht am Nachmittag etwas vorher ins Institut kommen und wir könnten dann zusammen dorthin gehen? Ich bin jedenfalls vorher hier.

Källén und Thirring sind beide hier,[3] Thirring erst seit kürzerer Zeit. Källén kann wohl die Renormalisationen durch Gleichungen *definieren*, in denen die Potenzreihenentwicklung nach der Kopplungskonstanten (Ladung) nicht explizit vorkommt.[4] Was er aber noch nicht weiß ist, ob diese Gleichungen unabhängig von dieser Reihenentwicklung Lösungen haben oder nicht.[5]

Schafroth ist zur Zeit im Militärdienst und nachher in den Weihnachtsferien in Bern. Es ist aber möglich, daß er zu unserem Weihnachtsfest kommt.

Mit freundlichen Grüßen   Ihr W. Pauli

---

[1] Thellung gibt hierzu folgende Auskunft: „Die Wirtschaft *Morgensonne* liegt auf dem Zürichberg, 2 Minuten von der Tramstation *Allmend Fluntern*, auf dem Weg zum Zoo. An diesen Weinachtsfeiern kamen jeweils die Experimentalphysiker und die Theoretiker zu einem Nachtessen zusammen. (Vorher gab es manchmal noch eine Wanderung, einmal einen Zoobesuch.) Dabei wurden kurze Reden gehalten. (Ich erinnere mich, wie Pauli einmal eine Rede anfing mit den Worten: ‚Unvorbereitet, wie ich mich habe, …' und dann über den – absichtlich gemachten – Scherz so lachen mußte, daß er beinahe nicht mehr weiter kam.) Es gab auch Produktionen von Assistenten und Studenten, einmal eine humoristische Zeitung, usw."

[2] Weil Schafroths Assistentenzeit demnächst ablief, benötigte Pauli einen neuen Assistenten. Dafür hatte er bereits Thellung ausersehen, der bei Kronig in Delft arbeitete und seine Züricher Dissertation demnächst abschließen wollte (vgl. den Brief [1375]).

[3] Källén kehrte erst Ende Februar 1952 nach Lund zurück.

[4] Siehe Källén (1952a) und die Weiterführung dieses Renormierungs-Verfahrens durch Lehmann (1954) und Gell-Mann und Low (1954).

[5] Siehe hierzu auch die Angaben in dem Brief [1375].

Marie-Louise von Franz war bei ihrer Traumstudie nicht weiter auf die physikalischen Verdienste von Descartes eingegangen. Die für das kartesische System so wichtige Idee der instantanen Lichtausbreitung und Vorstellung über den – die Planeten auf ihrem Umlauf mitführenden – Ätherwirbel hatte sie in ihrer Arbeit nur am Rande erwähnt. Pauli sah sich deshalb veranlaßt, hier nochmals als wissenschaftlicher *Institutspatron* aufzutreten und die entsprechenden Ergänzungen zu dieser Darstellung vorzunehmen. Er verfaßte ein längeres in der Anlage zum Brief [1328] wiedergegebenes Schreiben, in dem er historische Erläuterungen zur Geschichte der Lichtgeschwindigkeitsmessung vermittelt und sich über die Bedeutung der kartesischen Physik ausläßt.

Offenbar erinnerte sich Pauli noch von seiner Jugendzeit her an die Schriften Ernst Machs, in denen diese Fragen ausführlich behandelt sind.[1] Daneben las Pauli aber auch die z. T. in Übersetzungen vorliegende Originalliteratur, die er entweder selbst besaß oder sich von Freunden auslieh. Durch Gespräche mit seinem Nachbarn und Kollegen, den seit 1946 in Zollikon wohnenden Hochfrequenztechniker August Karolus (1893–1972), war Pauli auch über die subtilen Probleme der Präzisionstechnik orientiert, die bei den modernen Lichtgeschwindigkeitsmessungen auftraten.[2]

Paulis Bemerkungen offenbaren sein großes historisches Einfühlungsvermögen und vermitteln neuartige Einblicke in die ideengeschichtlichen Zusammenhänge. Seine Aufmerksamkeit ist dabei vor allem auf den psychologischen Hintergrund dieser Vorgänge gerichtet. Ganz besonders interessieren ihn dabei die offenbar in der Physik und in dem allgemeinen Zeitgeschehen parallel in Erscheinung tretenden *Projektionen* des Unbewußten in die äußeren Erscheinungen, wie z. B. die kartesischen Wirbel. Diese Projektionen können nach Jung auch eine *Dissoziation* oder Spaltung ganzheitlicher Strukturen bewirken.[3] Solche Projekionen sind es auch, die Pauli für die Entstehung des einseitigen naturwissenschaftlichen Weltbildes verantwortlich macht, und die er mit dem Verschwinden des quaternären Symboles im 17. Jahrhundert in Zusammenhang stellt. Mit diesen Vorgängen geht auch die Verselbständigung des Raumes im Rahmen des Newtonschen Weltbildes einher als ein *antimaterialistisches Schutzsymbol* gegen den durch Descartes heraufbeschworenen Materialismus.

Pauli glaubte jedoch, daß neben eine solche *nach innen* gekehrte psychologische auch eine komplementäre *nach außen* gerichtete physikalische Untersuchungsrichtung treten müsse. Beide zusammen sollten schließlich ins Gleichgewicht gebracht und zu einer neuen geistigen Einheit verschmolzen werden. Den Beginn einer solchen Kulturerneuerung stellte er bereits fest, die sich in der Wahrnehmung synchronistischer und anderer Phänomene äußert und uns wieder in die Lage versetzt, über Fragen wie „Notwendigkeit und Freiheit" vernünftig nachzudenken.[4]

---

[1] Der in der Anlage zum Schreiben [1328] zitierte *Experimentalphysiker aus dem 19. Jahrhundert* äußert etwa die gleichen Gedanken, die auch 1866 Mach in seinem Grazer Vortrag „Über die Geschwindigkeit des Lichtes" und in seinen *Prinzipien der physikalischen Optik* [1921, S. 32–40] anführt.
[2] Siehe hierzu Paulis Briefe [1233 und 1432] an Karolus.
[3] Siehe hierzu Paulis Ausführungen in der Anlage zum Brief [1255].
[4] Vgl. die Anlage zum Brief [1328].

[1328] PAULI AN VON FRANZ

[Zürich], 22. Dezember [1951]

Liebe!

Noch einige kurze Daten zur Geschichte der Optik. *Descartes* Ideen über die momentane Lichtausbreitung stehen in seinem Buch Dioptrices in Kapitel I.[1] Außer seinem philosophischen Vorurteil[2] ist aber andererseits sehr positiv zu bewerten sein Hinweis *auf die Himmelsräume* für die Möglichkeit einer Messung der Lichtgeschwindigkeit. (Sein spezieller Vorschlag, die Mondfinsternisse zu benützen, ist von Huygens, Traité de la lumière, 1690 später kritisch diskutiert.)[3] Dieser Hinweis Descartes' hat doch wohl anregend gewirkt und hat vielleicht auch *O. Römer* bei der richtigen Interpretation seiner Beobachtung (1674 etwa) über die Verspätung der Verfinsterung* des einen der Jupitermonde – im Falle, wo sich die Erde in Jupiter*ferne* befindet – geholfen.[4] Descartes optische Forschungen sind wesentlich besser als seine Philosophie (gemäß der alle Wirkungen im Prinzip *Stöße* sein sollen und gemäß der es nur die Realitäten

Ausdehnung und Denken geben soll). – Es ist, wie wenn Descartes „getrennte Schubladen" gehabt hätte![5]

Auch Kepler glaubte an die augenblickliche Fortpflanzung des Lichtes (Paralipomena ad Vitellionem, p. 9),[6] „weil das Licht keine Masse und kein Gewicht hat, daher die bewegende Kraft in einem unendlichen Verhältnis dagegensteht". Galilei's Ansicht („Discorsi')[7] ist jedoch derjenigen von Kepler und Descartes entgegengesetzt. Dagegen hat Galilei *nicht* daran gedacht, die Himmelsräume zur Bestimmung der Lichtgeschwindigkeit zu verwenden. *Das bleibt Descartes Verdienst in dieser Sache.*

Die terrestrische Messung der Lichtgeschwindigkeit war erst im 19. Jahrhundert vor etwa 100 Jahren möglich (Fizeau 1849).[8] Man mußte immerhin ein Zahnrad von mehr als 700 Zähnen mit einer Tourenzahl von etwa 10 pro Sekunde laufen lassen und einen Lichtweg von etwa 8 bis 10 km verwenden.[9] Die Herstellung schneller Rotationsgeschwindigkeiten erfordert eine gewisse „Motorisierung" der experimentellen Technik.[10] Bei Fizeaus Methode ergibt sich die Lichtgeschwindigkeit bei bekannter Länge des Lichtweges aus derjenigen Rotationsgeschwindigkeit des Zahnrades, bei der zum ersten Mal Abdeckung des Lichtes (Verdunkelung) eintritt.

Die heute zu Präzisionsmessungen der Lichtgeschwindigkeit benützte Methode ist etwas später von einem anderen französischen Physiker: Foucault[11] gefunden worden. Sie beruht darauf, daß ein schnell rotierender Spiegel seine Lage etwas gedreht hat, wenn das Licht auf seinem Wege, von einem anderen festen Hohlspiegel zurückgeworfen, wieder zum rotierenden Spiegel zurückgekehrt ist. Dadurch entsteht eine Verschiebung des von letzterem erzeugten Bildes, die der Messung zugänglich ist und die Lichtgeschwindigkeit ergibt. Bei Foucault hatte der Spiegel eine Tourenzahl von etwa 1000 pro sec, aber der Lichtweg betrug nur einige Meter.

Nochmals vielen Dank für die Flasche Marc (auf die ich „so oder so" zurückkommen werde) und recht frohe Weihnachten!

Stets Ihr   W. Pauli

---

[1] Der Traktat *La Dioptrique* erschien zusammen mit den *Méthéores* und der *Géométrie* zuerst in französischer Sprache als Anhang zu R. Descartes' Hauptwerk *Discours de la méthode* 1637 in Leiden. Die lateinische Übersetzung, auf die Pauli sich hier bezieht, wurde erst 1644 von Elzevier veröffentlicht.

[2] Die Frage dieser Ausbreitungsgeschwindigkeit war deshalb so wichtig, weil Descartes 1634 behauptet hatte, daß seine gesamte Lehre sich als unhaltbar erweisen würde, wenn diese endlich wäre. Vgl. hierzu Sakellaridis (1982).

[3] Chr. Huygens [1690]. Einen historischen Überblick über die verschiedenen Verfahren der Lichtgeschwindigkeits-Messung findet man in dem Handbuchartikel von Wolfsohn (1928).

* Sein Eintritt in den Schatten des Jupiter.

[4] Diese bekannte erste Bestimmung der endlichen Lichtgeschwindigkeit durch Olaf Römer (1644–1710) wurde in einer historischen Studie von I. B. Cohen (1940) untersucht.

[5] Auf Descartes' getrennte Schubladen verweist Pauli auch in seinem Brief [1337] an Fierz. Vgl. hierzu auch F. Scott [1952]; D. M. Clarke [1982]; D. Garber (1992).

[6] J. Kepler [1604/09]. Siehe hierzu das historische Übersichtsreferat über die optischen Theorien von Kepler von Aiton (1976) und die eingehendere Untersuchung von Lindberg (1986).

[7] G. Galilei [1638].

[8] Fizeau (1849). Hippolyte Fizeau (1819–1896) gewann für diese Leistung den Preis der französischen Akademie der Wissenschaften des Jahres 1856.
[9] Siehe hierzu u. a. Rosenberger [1887/90, S. 469ff.].
[10] Siehe hierzu die kritische Bemerkung in der folgenden Anlage zum Brief [1328].
[11] Foucault (1854). Pauli schrieb den Namen von Léon Foucault (1819–1868) inkorrekter Weise Fouceault, was M.-L. von Franz (in einem nicht erhaltenen Schreiben) beanstandete (vgl. Paulis Hinweis in der Anlage zu [1328], welche offenbar nicht gleichzeitig mit dem Brief anlangte).

ANLAGE ZU [1328]

Christian Huygens, Traité de la Lumière (in meiner Ausgabe p. 6 und 7), gedruckt 1690, geschrieben 12 Jahre früher in Frankreich laut ‚Preface‘.[1]

„Pour voir donc si l'extension de la lumiere ce fait avec le temps, considerons premierement s'il y a des experiences qui nous puissent convaincre du contraire. Quant à celles, que l'on peut faire icy sur la Terre, avec des feux mis à de grandes distances, quoy qu'elles prouvent que la lumière n'employe point de temps sensible à passer ces distances, on peut dire avec raison qu'elles sont trop petites et qu'on n'en peut conclure sinon que le passage de la lumière est extremement viste. Mr. Des Cartes qui estoit d'opinion qu'elle est instantanée, se fondoit, non sans raison, sur une bien meilleure experience tirée des eclipses de lune: laquelle pourtant, comme je feray voir, n'est point convaincante. Je la proposeray un peu autrement que luy, pour en faire mieux comprendre toute la consequence."

Es folgt eine längere, für Physiker interessante Erörterung der Argumentation von Descartes (diese steht in dessen Dioptrices, Kapitel 1).*[2] Huygens verwirft diese als quantitativ zu ungenau, obwohl im Prinzip korrekt. Er akzeptiert dann Römers Beobachtung und Schlüsse, die er genau bespricht.[3]

Eigene Bemerkung: In seinem Bestreben, seine vorgefaßte unrichtige Meinung auch durch *empirische* Argumente zu stützen, hat Descartes die allgemeine Aufmerksamkeit doch darauf gelenkt, daß die *astronomische* Empirie geeignet sein müsse, um Aussagen über die Lichtgeschwindigkeit machen zu können. So setzt sich der Zeitgeist eben durch!

Bei den Experimenten von Fizeau und Foucault (letzterer Name schreibt sich natürlich ohne e, was ich gerne berichtige) habe ich die „Motorisierung der Technik" wohl etwas anachronistisch übertrieben: Im Jahre 1849 gab es noch keine elektrischen Motoren – nur eine Bogenlampe, unter anderen Lichtquellen, antizipierte das Zeitalter der Elektrizität – und Fizeau produzierte seine 10 Umdrehungen pro Sekunde bescheiden mit einem Uhrwerk, das mit Gewichten angetrieben war.[4] Die Pariser Akademie veranstaltete damals ein Preisausschreiben für die Bestimmung der Lichtgeschwindigkeit und Fizeau und Foucault arbeiteten um die Wette. Fizeau war zuerst fertig und gewann den Preis; aber es war nicht so ganz gerecht, denn der langsamere Foucault hatte zum Schluß den genaueren Wert.

Seitdem werden *beide* Methoden angewendet, Amerikaner verwendeten auch eine Kombination von beiden. Neuerdings hat man in Fizeaus Methode, die mechanische Unterbrechung durch das Zahnrad, ersetzt durch eine elektrooptische, die 10 Millionen mal statt 10.000 mal in der Sekunde vor sich geht; aber das Prinzip bleibt dasselbe.[5]

Nun wird man unbescheiden und anspruchsvoll mit der Präzision: Der neueste Wert ist $c = 299.790 \pm 6$ km/sec, aber über den „großen" Fehler von ± 6 km schütteln die Herren ärgerlich den Kopf und unter den Technikern gilt er als eine Art von öffentlichem Skandal. Der Kampf um die sechste Ziffer hat begonnen. Aber den können wir ruhig anderen überlassen und wollen lieber unseren Blick wieder nach rückwärts wenden.

Als in der zweiten Hälfte des 19. Jahrhunderts die Darwinsche Theorie aufkam, sagte ein Experimentalphysiker etwa Folgendes: „Kann man nicht sagen, daß Fizeaus Apparat von Galileis Laternen *abstammt*? Um die Lichtgeschwindigkeit zu messen, versuchte Galilei die natürliche Lichtfortpflanzung durch 2 mit je einer Laterne versehene Beobachter geeignet zu unterbrechen. Die Methode war zu grob und Galilei konnte sein Ziel nicht erreichen. Aber er fand die richtige Laterne – den Jupitermond – mit dem sein Nachfolger zum Ziel kam: Wenn auch im Herzen Europas die Kultur nach dem 30-jährigen Krieg vernichtet war, so berief doch der ‚Roy Soleil' bedeutende Gelehrte nach Paris.[6] Unter diesen waren der Italiener Cassini und der Däne Römer, die auf der Pariser Sternwarte den Jupitermond beobachteten,[7] wie er – exakter und zuverlässiger als die Laternen Galileis – durch den Schatten des Jupiter regelmäßig zu - und abgedeckt wurde. Das Motiv der periodischen Wiederholung kam hinzu zu jenem anderen Motiv der Unterbrechung des Lichtes. Der lange Lichtweg des Erdbahndurchmessers steht zur Verfügung. Römer berechnet daraus zum ersten Mal die Lichtgeschwindigkeit. Beide Motive finden sich wieder in Fizeaus Apparat: Der eine von Galileis Beobachtern ist nun durch einen Spiegel, der andere durch ein Zahnrad ersetzt. So geht die Evolution vor sich!"[8]

Auch wenn man nicht den naiven Fortschrittsglauben des 19. Jahrhunderts teilt, ist es sehr lehrreich, die Geistesgeschichte – und insbesondere auch die Geschichte der Physik und der Naturwissenschaften – unter dem Gesichtspunkt zu untersuchen: *Was ist wohin gekommen?*[9] Denn wir haben gelernt, daß jede Bewußtwerdung auch damit bezahlt wird, das etwas, was vorher schon – wenn auch manchmal undeutlich – bewußt war, dabei wieder im Unbewußten verschwindet, das pflegt dann „in verwandelter Gestalt" als „revenant"[†] wieder aufzutauchen. Und so ging es wohl auch mit der Kausalität im 17. Jahrhundert. Ich brauche hier ja nicht uns Bekanntes darüber zu wiederholen, sondern will nur darauf hinweisen, daß wir in Descartes und Newton zwei ganz verschiedene Haltungen zum Problem Notwendigkeit contra Freiheit studieren können. Für Descartes ist die Freiheit aus seinem bewußten Weltbild verschwunden und seine Realität ist *gespalten* in Ausdehnung und Denken, deren Zusammenhang angeblich in der Zirbeldrüse, in Wirklichkeit aber im Unbewußten Descartes' stattfindet, und vom Gefühl spricht er gar nicht, da spukt es zuviel.[10] Gewiß ist ihm nur das Denken und der Gott der Gesetzmäßigkeit. Das zuverlässige Denken und die Gesetzmäßigkeit kompensiert im Bewußtsein die nicht zugegebene skeptische Gefühlshaltung (wie ich von Ihnen gelernt habe). Weil diese nicht zugegeben wird, *muß* außen alles schnurgerade, starr[††] und über-einfach sein; kein Vakuum, eigentlich keine Zeit, nur geometrische Qualitäten der Materie – da ist Descartes im Sinne *seiner* Zeit „unmodern"; „modern" ist er in Mathematik und Optik. Weiter habe ich von Ihnen gelernt, wie Descartes in den Wirbeln Manifestationen des Hintergrundes konkretisiert. Es wäre ein Glanzbeispiel für die „Hintergrundsphysik" meines früheren Aufsatzes[11] gewesen (doch kannte ich damals Descartes' Träume nicht). Denn Descartes' Wirbel-„Theorie" war im 17. Jahrhundert als Physik um nichts besser als heutzutage z. B. White's Book „The unobstructed universe"[12] [und] ähnliche „pathologische" Produkte: *man kann damit nichts erklären!*

So ist Descartes' philosophisches Weltbild auch sehr verschieden von dem, was man *später* ein „mechanistisches Weltbild" genannt hat. Gemeinsam ist nur das Trägheitsgesetz, im wesentlichen war das Galilei bekannt.[13] Ich will es jetzt so formulieren: „Nur die Beschleunigung eines Körpers ist von außen verursacht, die Geschwindigkeit nicht. Bei Fehlen einer äußeren Ursache bleibt die Geschwindigkeit einfach der Größe und Richtung nach gleich. Daß dann aber die Ruhe die einzige Möglichkeit sei, erweist sich als Irrtum. Als Anfangszustand kann zum Ort auch noch die Geschwindigkeit beliebig vorgegeben sein." Eine merkwürdige *Zweiheit* trat da auf: Ort und Geschwindigkeit, wovon sich letztere mehr und mehr zum Impuls (oder „Bewegungsgröße") verselbständigt hat. (Den letzteren Begriff hatte Descartes zum Teil, wobei er aber dessen *Gerichtet*-sein übersah.)[14] Hier sollte im 20. Jahrhundert ein *komplementäres Gegensatzpaar* erscheinen!

Mein Aufsatz Hintergrundsphysik[15] scheint hier auch sonst „zurückzukehren": da sind jene „Feuerfunken", diese Vielheit die auch im periodischen „Streifen-Symbol" erscheint. Es kann wohl ein „multiples Bewußtsein" des Menschen[†††] in eben den *Traum- oder Trancezuständen* darstellen, in welchem das Symbol oder auch die Funken *erscheinen*. Unabhängig von „Bewußtsein" bedeutet es aber vor allem eine *„multiple Erscheinungsform"* eines Archetypus. Es ist derjenige Moment, der im I-Ging durch das Zeichen Dschen (Erschütterung, Donner und auch Frühling) dargestellt ist[16] und der immer die Gefahr einer Dissoziation in sich trägt. Ein solcher Moment war nun geistesgeschichtlich bestimmt im 17. Jahrhundert vorhanden. Descartes' Träume scheinen mir sehr wesentlich unsere Kenntnisse von den Hintergrundsvorgängen in jener Zeit zu bereichern. Welches sind die archetypischen Inhalte, die hier in Erscheinung treten?

Wie ich aus der Analyse der Heliozentriker (z. B. G. Bruno) und besonders von Kepler zu zeigen versucht habe, ist es nicht nur die Trinität, die in den dreidimensionalen Raum projiziert wird, *sondern auch das Mandala*, das dann als Sonne mit den Planeten erscheint – ein Bild, das auch die *Rotationssymbolik* des Mandala (bei Descartes die *Wirbel!*) mit zum Ausdruck bringt.[17] Der projektionserzeugende Faktor ist dabei offenbar die *Anima*. Etwas von ihr bleibt dabei zugleich unbewußter Weise im Objekt, auf das projiziert wird, hängen. *So geht die Anima damals allmählich aus der Kirche heraus und in ein Mandala, das irgendwo angehängt wird oder erscheint* (bei Descartes in der Melone).[18] (Das Verschwinden der Madonna im Protestantismus scheint mir *auch* ein deutliches Anzeichen des „Austrittes" der Anima aus der Kirche zu sein; man vgl. für den Katholiken auch den Polifili-Roman.)[19] Das meint hier auch das Zeichen ‚Dschen'. Bei Descartes scheint mir dieser (überpersönliche) Prozeß bereits weiter fortgeschritten und wir sehen hier den Beginn der *Dissoziation* – (in Wissen – Glauben, in Denken und Gefühl, in Kausalität und Freiheit, in Materie und Seele). Ich glaube aber, es ist eine Stufe, die nicht übersprungen werden kann. Es scheint mir, daß auch das Mandala dann zunächst wieder im Unbewußten verschwand – und deshalb müssen *wir* nun wieder auf das 17. Jahrhundert zurückgreifen.

Newton ist kritischer, bewußter, weniger starr – und dabei charakteristischer Weise ein viel besserer Physiker als Descartes, – mir übrigens wesentlich sympathischer. Ich glaube, daß Newton (im Gegensatz zu Descartes) das Menschenmögliche für seine Zeit geleistet hat; aber auch er kann die Dissoziation nicht ganz vermeiden, hat seelische Schwierigkeiten und depressive Zustände. Im Gegensatz zu Descartes hält er die Anwendbarkeit der Kausalität für begrenzt, glaubt *wörtlich* an die Wunder der Bibel sowie auch an die Möglichkeit eines Eingreifens Gottes in die Natur (in einem akausalen Sinn). (Ich stütze mich auf Mitteilungen von M. Fierz.)[20] Und was ist bei ihm aus dem Mandala geworden? Merkwürdiger Weise erscheint ihm das Symbol des Ganzheits-Kernes als *absoluter Raum*: sensorium Dei (von dem sein physikalischer Raum nur ein Abbild sei). Er fürchtet den „Materialismus" und kompensiert diese Angst durch Übertreiben der Absolutheit des Raumes in *seinem* philosophischen Weltbild. Dieser Raum und die Fernkräfte sind ihm zugleich das *antimaterialistische Schutzsymbol* gegen Descartes und Hobbes.[21] (Wie ich andererseits bemerkt habe, kommen ihm gewisse Renaissance-Philosophen sowie auch die anti-aristotelische Entwicklung der Mechanik*** seit Galilei bei dieser Verselbstständigung des Raumes sehr entgegen.) Ich sehe darin aber eine gewisse verzweifelte Verkrampfung, die sich erst jetzt im 20. Jahrhundert allmählich zu lösen beginnt. Dies hängt auch eng mit dem *Verschwinden des quaternären Symboles* im 17. Jahrhundert zusammen. Dieses bleibt ganz bei den damals bereits „archaisch" gewordenen Menschen wie z. B. Fludd zurück.

Erst heute sind wir wieder in der Lage, über Notwendigkeit und Freiheit vernünftig nachdenken zu können – wo solche Begriffe wie „akausaler Zusammenhang", „(ungewöhnliches) synchronistisches Geschehen", „statistisches Naturgesetz" aufkommen. („Wunder" ist, glaube ich, ein sehr irreführendes Wort und bedeutet nur den Ausdruck unseres Erstaunens und Nicht-verstehens). – Immerhin hat das Christentum – ohne natürlich in der Lage zu sein, die Widersprüche zu klären und das Problem gedanklich anzupacken (dünn sind die Gedanken der faselnden Gefühlstypen der ersten christlichen Jahrhunderte – sie hätten sich entschieden mehr *nach rechts* niederbeugen sollen!)[22] – sich so weit die Balance gewahrt, daß innerhalb derselben die Möglichkeit offengeblieben ist, Gott *sowohl in der Gesetzmäßigkeit als auch im „Wunder" zu verehren.*[§] Dies ist sicher eine weise Neutralität in einer wichtigen Frage.

Zum Schluß möchte ich nun *noch das Wort auf Sie überleiten* in der Frage des Problems von Gut und Böse, in welchem ich mich gar nicht kompetent fühle und nur kurz meine eigene Gefühlshaltung (zugleich also meine eigene, persönliche Ketzerei) charakterisieren will:

Ich halte es für zum Wesen einer jeden *Schöpfung* gehörig, daß ihr Resultat *nicht* vorausgewußt oder beeinflußt werden kann, d. h. ihren autonomen Charakter. Das Darübersetzen eines *Bewußtseins* eines (womöglich gleich „allwissenden"!) Schöpfers erscheint mir dabei als Verfälschung des Wesens des Kosmos (und sogar der Idee einer Schöpfung) – aber noch als viel mehr, nämlich als eine richtige Blasphemie. Angesichts des Leidens in der Welt, macht eine solche Annahme – wie meines Erachtens Schopenhauer endgültig nachgewiesen hat[23] – den Schöpfer notwendig zum bösen Demiurgen (bzw. zum absichtlich-boshaften Dulder des Teufels). Ich halte daher eine solche Annahme eines *bewußten* Schöpfergottes nicht nur für einen akademischen Irrtum von im Denken schwachen Gefühlstypen der ersten christlichen Jahrhunderte,[§§] sondern für eine kosmische *Projektion der bösartigen [Seite]*[24] *des Unbewußten* der Urheber dieser Idee.

Diese meine gefühlsmäßige Überzeugung scheint auch im Einklang mit den historischen Tatsachen: denn kaum war die Religion der Liebe verkündet, da gab es auch schon die jeweils „andere" böse Sekte, auf die das „liebe Deinen Nächsten wie Dich selbst" nicht angewendet wurde. Hielt der Athanasier etwa dem Arianer die andere Backe hin?[25] Und so ging *das Schreckensregiment des persönlichen Gottes der Liebe* weiter in einer Geschichte, die von Blut und Feuer dampft. Und heute geht dieser Terror mit unverminderter Heftigkeit weiter durch die säkularisierten Theologen des Kommunismus. (Die Herren in Rom können sich gebärden wie sie wollen, es *bleibt* so, daß der Kommunismus geistig vom Christentum abstammt. Das „was ist wohin gekommen?" läßt sich in diesem Fall leicht beantworten; man muß nur weit genug – bis zu den Anfängen des Christentums – zurückgehen.)[26]

Eine Besserung verspreche ich mir nur von dem Durchdringen der wahrhaft religiösen Idee eines unbewußten, und mit der Numinosität des Unbewußten koinzidierenden Gottes, der auch *keine* „prima causa" ist, sondern sich sowohl in der Vielheit der wandelbaren und sich wandelnden Ursachen, als auch im Bewußtsein des Menschen, als auch in den akausalen Zusammenhängen, als auch in einer *nur begrenzten* Planmäßigkeit in der Natur manifestiert – die es ihr (bzw. dem unbewußten Gott) erlaubt, „ohne Liebe nach Menschenart" (Taoteking),[27] aber auch ohne Bosheit, Experimente („probieren") anzustellen und uns dann wegzuwerfen „wie die strohenden Opferhunde" (Taoteking), wenn sich das in die kosmische Ordnung fügt. Die komplementären (und die nur polaren) Gegensatzpaare dieser Welt erscheinen dann (Gut und Böse einschließlich), einerseits als unabänderliche Realität, andererseits aber paradoxerweise auch als Ausdruck einer nur indirekt erschließbaren *Einheit* und Harmonie, die mit dem unbewußten Gott identisch ist. (Mit der letzteren Aussage nähere ich mich solchen Paradoxien wie die *Trinität* im Christentum, ohne mich aber speziell auf die Dreizahl festzulegen.)

[[Ich versuche, langsam weiterzukommen und mir die Sache immer wieder von einer anderen Seite her zu überlegen. Es ist sehr interessant, aber recht mühsam. Giordano Bruno scheint mir eine gute Illustration zu Ihren Ausführungen über naturwissenschaftliches und christliches Denken. Kommen wir zusammen mit unseren Ideen?

Herzlichst   W. Pauli]][28]

1. Ob man sagt, die untere Triade drängt nach oben oder die obere drängte nach unten ist wohl Geschmacksache. Die *Quelle* der sich hierbei äußernden „*Dynamis*" scheint mir der *Archetypus* des Ganzheits-Kernes („*Selbst*") zu sein. Wahrscheinlich sind beide Bewegungen nur Teilstücke einer *Rotation*, die der letztgenannte Archetypus in Gang setzt.

2. Der Weg der Gottheit in die Natur, die dann widerspruchsfrei, logisch, rational (*wir* wenden solche Prädikate nur auf Ideen und Gedankensysteme, nicht auf Naturvorgänge an) ja sogar gut erscheint, findet sich sehr deutlich bei *Giordano Bruno* (verbrannt in Rom 17. Februar 1600).[29] Dieser ist unwichtig für die Naturwissenschaften, aber sowohl in psychologischer wie in religionsphilosophischer Hinsicht bedeutsam. Bei ihm wird in der Tat eine leidenschaftliche Vergöttlichung und Verherrlichung der Natur vorgenommen, die ihresgleichen sucht und zugleich mit einem enthusiastischen *Optimismus* verbunden ist. Die *Unendlichkeit* des physikalischen Raumes macht ihm dessen Identifizierung mit dem unendlichen Gott möglich, die „Multiplicatio" äußert sich in seiner Annahme *vieler* Sonnensysteme, die so sind wie unseres. Es ist eine Art *Pantheismus*, und zwar ein völlig bewußter. Es *ist* eine Weiterentwicklung des christlichen Denkens.

Giordano Bruno ist wesentlich *neuplatonisch*:[30] Gott selbst ist ihm wesentlich unerkennbar, er bewirkt nur „auf unsagbare Weise" das Erkennbare. Leider ist mir nicht bekannt, ob und inwiefern Bruno trinitarisch ist. (Plotin hat eine Art Trinität, nämlich das „Eine", den „Nous" und die „Seele", welche 3 jedoch hierarchisch *über*einander geordnet und *nicht* wie in der christlichen Trinität *gleichgeordnet* sind.)

Was ist dann überhaupt noch unbewußt geblieben? Nun, es ist sicher das vierte *Böse*. Denn die privatio boni ist die feststehende Formulierung der *neuplatonischen* Gefühlshaltung (ich halte sie primär für neuplatonisch und nur sekundär für christlich; sie findet sich speziell bei Plotin und auch bei Scotus Eriugena; Bruno *muß* sie wohl auch haben – ich weiß es leider nicht explizite – schon wegen seines allgemeinen Optimismus). Erst viel später sollte die Natur auch *böse* werden, wie in Darwins „Kampf ums Dasein" (Fressen und gefressen werden, Überleben des Stärkeren, etc.)

Daß aber die materielle Welt hinauf (in die geistige Erfassung) und die geistige (Gott) hinunter (nämlich in die Natur) drängte, das war bewußt und nicht unbewußt! Der Impuls kam vom *Archetypus des „Selbst"* her.

Das Fehlen (oder nur unvollständige Vorhandensein) *der Quaternität* halte ich aber für *wesentlich* für diese ganze Epoche (16. und 17. Jahrhundert).

3. Daß im 17. Jahrhundert das Mandala (die *Ganz*heit) wieder ins Unbewußte verschwand, hat wohl einen *geistesgeschichtlich-naturwissenschaftlichen* Grund. Die „Wirklichkeit" zerfiel scharf in einen *meßbaren* sichtbaren Teil (*ma*kroskopische Physik) und in einen *unmeßbaren unsichtbaren* Teil (Seele ohne Psychologie). Der zweite Teil (einschließlich Gott) wurde mehr und mehr für nur subjektiv und prekär gehalten und man suchte ihn hinauszudrängen. Die ältere „neutrale Sprache" der Alchemie und deren psycho-physisches Einheitserlebnis wird durch die Entstehung der wissenschaftlichen Chemie als irrtümlich und unhaltbar nachgewiesen.

---

[1] Eine deutsche Übersetzung von Huygens *Traité de la lumière* erschien 1890 in *Ostwalds Klassiker der exakten Wissenschaften* Nr. 20. Den betreffenden Absatz findet man dort auf S. 12.

* Ist die in Ihrem Buch enthalten? Ich glaube, ja.

[2] Mit Descartes' Versuchen zur Bestimmung der unendlichen Ausbreitungsgeschwindigkeit des Lichtes hat sich Spyros Sakellariadis (1982) beschäftigt.

[3] Siehe hierzu auch die historische Untersuchung dieses Experiments von I. B. Cohen (1940).

[4] Vgl. hierzu E. Buchwald (1951); C. Ramsauer [1953, S. 63–70]; F. Dannemann [1923, S. 71–75].

[5] Siehe hierzu auch Paulis Mitteilung [1233] über die neuesten Messungen der Lichtgeschwindigkeit an seinen Freund und Nachbarn in Zollikon, den Elektrotechniker August Karolus, der dieses elektrooptische Verfahren mit Hilfe des Kerr-Effektes 1925 in Leipzig zuerst vorgeschlagen hatte. Vgl. Karolus (1951).

[6] Vgl. von Franz [1985, S. 162].

[7] Jean-Dominique Cassini (1625–1712) war 1669 aus Italien nach Paris berufen worden, um hier am Observatorium das sog. Längenproblem (d. h. die Bestimmung der geographischen Länge auf See) zu lösen. Zu diesem Zwecke ließ er genaue Tafeln über die Bewegung der Jupitermonde anfertigen. Obwohl diese zur Lösung des gestellten Problem nichts beitrugen, konnte Römer diese Ergebnisse für die Bestimmung der Lichtgeschwindigkeit heranziehen.

[8] Siehe hierzu auch Einstein und Infeld [1938/56, S. 64ff.].

[9] Diese Fragestellung wiederholte Pauli auch noch später bei anderen Gelegenheiten [1388].

† Skandinavisch: ‚Gengangere' = Gespenster heißt wirklich die Zurückgehenden. Der skandinavische Wortstamm *gen* findet sich auch im englischen Wort again (wieder).

[10] Siehe hierzu auch Paulis im Brief [1337] angestellter Vergleich zwischen Descartes gespaltener Wirklichkeit mit der durch die Einführung einer Pilotwelle durch L. de Broglie und Bohm bewirkten.

†† Descartes vergleicht das Licht mit der Bewegung eines Stockes, der am einen Ende gehalten wird.

[11] Pauli (1948/92).

[12] White [1940/48]. Siehe hierzu Band **III**, S. 516f.

[13] Vgl. hierzu St. Drake (1964) und [1970, Kapitel 13].

[14] Der kartesischen Lehre zufolge sollten nur die dem freien Willen unterliegenden seelischen Bewegungsvorgänge ihre Richtung ändern können. Nachdem Descartes Nachfolger den vektoriellen Charakter der Impulserhaltung erkannt hatten, wurde sein System zu einem streng deterministischen Gebilde, in dem auch keine Willensfreiheit mehr zugelassen war. Siehe hierzu B. Russells *History of Western Philosophy* [1946, S. 551].

[15] Pauli (1948/92).

††† Ich muß es als unzulässig ablehnen, irgend einen Bewußtseinsbegriff außerhalb des Menschen anzuwenden. Das führt zu einer ganz heillosen Verwirrung!

[16] Pauli benutzte den von Richard Wilhelm aus dem Chinesischen übertragenen Text des Orakelbuches *I Ging: Das Buch der Wandlungen*, Jena 1924, worin im 1. Buch, 2. Abteilung die Bedeutung des Dschen-Zeichen erklärt wird.

[17] Vgl. hierzu M.-L. von Franz' Deutung der kartesischen Wirbel als Projektionen des Unbewußten in ihrer Descartes-Studie [1985, S. 172f.].

[18] Siehe hierzu M.-L. von Franz [1985, S. 155].

[19] Es handelt sich um das von Francesco Colonna (1433–1527) aus Treviso publizierte Werk *Hypnerotomachia Poliphili*, Venedig 1499, in dessen Mittelpunkt ein symbolischer Liebestraum steht. Das mit prächtigen Illustrationen ausgestattete Werk gilt als eines der schönsten Bücher der Renaissance und inspirierte als solches viele andere Kunstwerke (wie z. B. bei Dürer). Pauli kannte diese Traumdarstellung sowohl aus C. G. Jungs *Psychologie und Alchemie* als auch aus der psychologischen Studie von Linda David-Fierz [1947].

[20] Siehe Fierz (1954).

[21] Siehe insbesondere Th. Hobbes [1655]. Vgl. hierzu auch die Betrachtung bei B. Russell [1975, S. 531–541] und die historische Untersuchung von S. L. Mintz [1962].

*** Vakuum! (Torricelli, von Guerickes Luftpumpe). Die Körper suchen nicht mehr „ihren Ort".

[22] M.-L. von Franz [1965, S. 169] hatte in ihrem Manuskript erwähnt, daß das Unbewußte bei Descartes ihn nach „links auf die weibliche Seite" hinzudrängen suchte. Diese rechts-links Problematik hat später auch in Paulis Träumen eine große Rolle gespielt und ihn zu Spekulationen über einen tieferen Zusammenhang mit der Beobachtung der Paritätsverletzung angeregt.

§ Ich erinnere mich in jüngeren Jahren (als N. Bohr schon etwas pathetisch von „Korrespondenz" sprach), das ausdrücklich als Verkündigung eines Konzils von Bischöfen der anglikanischen Kirche gelesen zu haben. Obwohl mir der persönliche Gott nicht salonfähig zu sein schien, hat mich das sehr beeindruckt.

[23] Schopenhauer (1851a, S. 78].

§§ Wie leicht war es ihnen immer, die eigenen Denkfehler als besondere Geheimnisse Gottes hinzustellen!

[24] Unleserliches Wort.

[25] Die Arianer vertraten im frühen 4. Jahrhundert gegenüber den Athanasiern die Auffassung, daß Christus nicht wesensgleich mit Gott sein könne (Homoi-ousia versus Homo-ousia). Darüber entbrannte ein dogmatischer Streit, der zu einer Spaltung der Kirche, dem sog. Schisma, führte, der erst allmählich durch das Konzil von Nikäa (325 n. Chr.) und die Dogmatisierung der Trinitätslehre beigelegt werden konnte. Siehe hierzu Carl Schneider: *Geistesgeschichte der christlichen Antike.* München 1970/78, S. 232ff. In einem seiner früheren Briefe [995] hatte Pauli diese Spaltung der Kirche mit einer Meinungsdifferenz von Physikern verschiedener Herkunft verglichen.

[26] Pauli lehnte sich hier an Bertrand Russells Auffassungen an, wie aus seinem Schreiben [1343] an den *Supper Club* hervorgeht.

[27] Siehe auch den Brief [1304] und die Anlage zu [1308].

[28] Die in der Doppelklammer eingefügte (und mit Bleistift geschriebene) Textpassage wurde offenbar nachträglich (am Anfang der beiden folgenden, neu numerierten Textseiten) hinzugefügt.

[29] Siehe hierzu die Studie von F. A. Yates [1964]: *Giordano Bruno and the hermetic tradition.* Chicago 1964 und den Aufsatz von Copenhaver (1990).

[30] Vgl. Giordano Brunos [1584] Hauptschrift: *Della causa, principio et uno.* Venedig 1584.

[1329] PAULI AN VON KAHLER

[Zürich-Zollikon], 22. Dezember [1951]
[Postkarte][1]

Herzliche Grüße und Weihnachtswünsche von uns beiden an Sie selbst und Frau Lilli Löwy. Die Keplerarbeit ist im Druck.[2] Außerdem hat Panofsky ein (bis auf die Figuren) vollständiges Exemplar in Princeton, das er Ihnen auf Wunsch gerne leihen wird.

Prosit Neujahr!

Wolfgang und Franca Pauli

Grüße an die Knolls

[1] Auf der Rückseite der Karte ist das Stadtbild von Zürich mit Schnee zu sehen.

[2] Pauli wollte seinen Aufsatz zusammmen mit Jung in einem gemeinsam herausgegebenen Band veröffentlichen. Das Korrekturenlesen zog sich noch über vier volle Monate hin, bis das Werk im Mai 1952 (vgl. den Brief [1408]) beim Rascher Verlag in Zürich erscheinen konnte.

[1330] PAULI AN FIERZ

Zürich, 23. Dezember 1951

Lieber Herr Fierz!

Ich bin gerade in Stimmung, Ihnen zum Christkind ein paar wissenschafts-historische Bemerkungen zu schicken. Zunächst: gleich nach den Feiertagen will ich Ihnen mit Dank den Plotin zurückschicken und dazu als Leihgegengabe* ein Buch mit 2 Abhandlungen von Huygens: Traité de la lumière[1] und Discours de la cause de la pesanteur.[2] Die zweitgenannte Arbeit müssen Sie unbedingt lesen, wenn Sie sich mit Newton beschäftigen, denn sie enthält in einer längeren „Addition" des Huygens Kommentar zu Newtons Principia. Es ist ein menschliches, psychologisches und physikalisches Dokument ersten Ranges. Auf p. 122 werden Sie die von mir am Rand vor einigen Jahren angebrachten !-Zeichen finden. Eine wie wesentliche Rolle spielen doch die Vorurteile: was für einen vollendeten Quatsch da ein so genialer Mensch wie Huygens zusammenschreibt – nur, weil er gegen Newton ist: Die ganze Beugung des Schalles beim Austritt aus einer Öffnung sei nur scheinbar, der ganze Effekt komme nur vom Echo an den umliegenden Wänden, beim Schall sei das alles ganz anders als bei den Wasserwellen etc. – etc. Sie werden da Ihre Wunder erleben. – Eine andere, amüsante Stelle findet sich auf p. 118, wo Huygens so etwa sagt, das $1/r^2$-Gesetz von Newton sei ja sehr vernünftig, daß aber bei einem ausgedehnten Körper (wie der Erde) auch noch die einzelnen Volumelemente einander nach diesem Gesetz anziehen sollen, damit sei er nicht einverstanden! – Amüsant sind auch Huygens' Ideen über die feine himmlische Materie, welche die Schwere verursachen soll.

Im Traité de la lumière ist mir immer noch die amüsanteste Stelle p. 66, wo er offen eingesteht, daß er folgendes *eigenes* (für uns sehr einfaches) Experiment über den isländischen „Doppelspat" gar nicht erklären könne: Wenn er einen Kristall in zwei Stücke schneidet und sie so orientiert, daß ihre sogenannten „Hauptschnitte" parallel sind, dann teilen sich die Strahlen beim Eintritt in den 2. Kristall *nicht* noch einmal in zwei (was Huygens erwartet hatte), sondern der „ordinäre" geht als ordinärer, der „extraordinäre" als extraordinärer weiter – und, Wunder aller Wunder; wird der 2. Kristall um 90° gedreht, dann geht der im 1. Kristall regulär gebrochene, im 2. Kristall als irregulär gebrochener weiter und vice versa – wieder ohne Zweiteilung. (Bei allen anderen Lagen tritt die Zweiteilung ein.) „Mais pour dire comment cela se fait, je n'ay rien trouvé jusqu'icy qui me satisfasse." (N. B. An die französische Orthographie des 17. Jahrhunderts habe ich mich leicht gewöhnt.) – An solchen Vorkommnissen erkenne ich am besten die geistige Physiognomie eines Jahrhunderts.

Auf p. 7 und 8 des Traité ist auch Des Cartes', (wie Huygens diesen Namen schreibt) scheinbares Argument für die instantane (zeitlose) Ausbreitung des Lichtes diskutiert, und zwar in sehr klarer Weise. (Die Sache steht übrigens im Kapitel I von Descartes' Dioptrices, ich habe aber nicht das Original gelesen.)[3] Sie hatten *nicht* Recht mit Ihrer Bemerkung, daß man hierzu eine Mondtheorie nötig hätte. Es würde vielmehr genügen, den Winkel der Richtung Erde-Sonne mit der Richtung Erde-Mond – d. h. die Abweichung dieses Winkels von 180° – im Moment des Eintrittes der Mondfinsternis sehr genau zu messen (Stand der Sonne *und* des Mondes). Descartes' Argument ist vollkomen richtig: die Endlichkeit der Fortpflanzungsgeschwindigkeit des Lichtes *muß* einen solchen Effekt (Erde-Sonne-Mond nicht genau in einer Geraden im Moment, wo auf der Erde der Beginn der Verfinsterung wahrgenommen wird) zur Folge haben. Die Sache scheitert nur am Quantitativen wie Huygens richtig bemerkt.

Hier liegt meines Erachtens eine recht amüsante Situation vor: In dem Bestreben, seine unsinnige Philosophie (von der momentanen Lichtausbreitung) auch empirisch zu stützen, hat Descartes die allgemeine Aufmerksamkeit in die *richtige* Richtung gelenkt – darauf nämlich, daß die Himmelsräume, und daher die astronomische Empirie, sehr geeignet sind, um über die Lichtgeschwindigkeit etwas in Erfahrung bringen zu können. (Ich bin einigermaßen sicher, daß vor Descartes das niemand hervorgehoben hat. An der „Laternen-Stelle" der „Discorsi"[4] steht es nicht und Kepler** glaubte wie Descartes an die instantane Lichtausbreitung.) Es ist mir nicht unwahrscheinlich, daß dies für Römer bei der richtigen Interpretation seiner Beobachtung am Jupitermond*** hilfreich gewesen ist. (Diese Interpretation durch die Endlichkeit der Lichtgeschwindigkeit hat zum Teil auch Widerspruch gefunden.) – Da sieht man wieder die Macht des Vorurteils: es wäre für den Mathematiker Descartes doch leicht gewesen, seine Idee quantitativ zu diskutieren und daraus etwa eine *untere Grenze* für die Lichtgeschwindigkeit abzuleiten. Aber nein! Schon ist es ein „Beweis" für die *momentane* Lichtausbreitung.

Nun noch eine ganz andere Bemerkung über die tourbillons des Descartes, auf die – wie wir es besprochen haben – ganz Frankreich so lange hereingefallen ist: Ich hatte neulich Gelegenheit, die Träume[†] des Descartes zu lesen, die schon in seinen Jugendjahren stattfanden. In einem dieser Träume kommt ein Wirbelsturm vor, der den Träumer ergreift. Bei der Weise, wie Descartes über diese Träume meditierend, bestrebt ist, den Trauminhalt in bewußte Gedanken zu verwandeln, ist es mir nun recht wahrscheinlich, daß die Wirbeltheorie Descartes' aus diesem Traum stammt. Wenn etwas physikalisch so blödsinnig ist wie diese Theorie, dann *muß* es doch „Hintergrundsphysik", d. h. ein psychologisch zu deutendes Symbol sein („Projektion" des Unbewußten). (Was also Wasser auf meine alte „Hintergrunds"-Mühle wäre.)[5] Ist man in Frankreich auch deshalb auf diesen Leim gegangen, weil der französische Durchschnitts-Gefühlstyp hinter dieser „clareté"[6] irgend welche archetypischen Inhalte gewittert hat? Es dürfte aber nicht leicht sein, eine solche Vermutung zu beweisen (so leicht es ist, sie auszusprechen) oder über die Natur dieser Inhalte weitere Aussagen zu machen. Fällt Ihnen etwas dazu ein?

Um erst bei der Historie zu bleiben: Ich habe eben begonnen, eine längere Arbeit von van der Waerden über die Astronomie der Pythagoräer zu lesen.[7] Er hat auch sonst einiges über antike Wissenschaft geschrieben.[8] Ich bin neugierig, was er zu sagen hat.

Zum Schluß zur Gegenwart: ich habe Källén daran gesetzt, hinter den Schleier der Dysonschen Potenzreihen zu blicken.[9] Zunächst hat er eine Defintion der Renormalisationen formuliert, die nicht explizite an diese Potenzreihen gebunden ist. Nun untersucht er die schwierigere Frage, ob diese Gleichungen auch Lösungen haben: es ist immer noch möglich, daß die Potenzreihen für *keinen* (von Null verschiedenen) Wert der Ladung konvergieren. Dyson selbst hat dies im Sommer vermutet. Nach den Ferien hoffe ich mehr darüber zu wissen.

Alles Gute zum neuen Jahr! Stets Ihr　　　　　　　　　　　　　　　W. Pauli

---

* Ich möchte das Buch später gerne zurück haben, es ist mir sehr wertvoll.
[1] Huygens [1690].
[2] Von dieser im Anhang von Huygens [1690] enthaltenen Abhandlung wurde 1896 eine deutsche Übersetzung von Rudolf Mewes angefertigt.
[3] Siehe hierzu den Hinweis in der Anlage zum Brief [1328].
[4] Siehe die deutsche Ausgabe von Galileis *Discorsi* [1638/1904, S. 39f.].

** Paralipomena ad Vitellionem (1604), insbesondere p. 9. – Seine Begründung: Das Licht habe keine Masse und kein Gewicht, daher habe „die bewegende Kraft" ein „unendliches Verhältnis" dagegen!

*** Es ist tröstend, daß Galilei so wenigstens die richtige Laterne aufgefunden hat, wenn er schon die Lichtgeschwindigkeit nicht messen konnte.

† Fräulein von Franz hat mir darüber kürzlich eine Arbeit zugeschickt, die in den Schriften des C. G. Jung-Institutes im Druck ist. Leider muß ich sagen, daß ich diese Arbeit sowohl stilistisch als auch inhaltlich recht unzulänglich finde.

[5] Siehe Paulis Aufsatz über die Hintergrundsphysik (1948/92).

[6] Dieses Wort ist undeutlich geschrieben und seine Bedeutung ließ sich erst nach einer Rückfrage bei M. Fierz aufklären. Offenbar war Pauli sich unsicher, ob es mit zwei oder drei Silben geschrieben wird. *Clareté* bezieht sich hier auf die kartesische Behauptung, daß alles, was „clair et distinct" ist, wegen des göttlichen Ursprungs unserer Ideen auch wahr sein muß. Siehe Descartes' *Principia philosophiae* [1644], Teil **I**, Artikel 30.

[7] B. L. van der Waerden (1943). B. L. van der Waerden hatte 1951 die Nachfolge von R. Fueter an der Universität Zürich angetreten und kam jetzt bei den gemeinsamen wissenschaftlichen Veranstaltungen der ETH und der Universität häufig mit Pauli zusammen. Vgl. auch den Brief [1383].

[8] B. L. van der Waerden [1950].

[9] Siehe auch die Anmerkung zum Brief [1249] und den Brief [1327].

[1331] Pauli an Destouches

Zürich, 29. Dezember 1951
[Maschinenschrift]

Cher Monsieur et Collègue!

Je vous remercie de votre lettre et je me réjouis spécialement de la possibilité de pouvoir vous voir à Zuerich. Je pourrais être au Physikalisches Institut, Gloriastrasse 35, Zuerich, le 3 ou 4 janvier, soit le matin, à partir de 11h, ou n'importe quel temps que vous trouverez agréable dans l'après-midi.[1] Veuillez bien avoir l'obligeance de m'informer d'avance quand vous avez l'intention de venir. Nous pourrions alors nous entendre sur les détails concernant mes conférences à Paris[2] et en outre nous entretenir sur les autres questions théoriques. Je vous donnerais bien volontiers, pour l'amener à Paris, la copie du travail de M. Bohm, si vous le désirez.

Je vous prie, cher Monsieur et Collègue, d'agréer mes meilleurs voeux pour l'année nouvelle et de croire en mes sentiments bien dévoués.   W. Pauli

[1] Destouches besuchte Pauli am 3. Januar 1952 in Zürich, wie aus dem Bericht seines Besuches in Paulis Brief [1337] an Fierz hervorgeht.

[2] Siehe hierzu den Brief [1323].

[1332] PAULI AN BHABHA

[Zürich], 31. Dezember 1951

Dear Bhabha!

This year is coming to a close, it is just the right moment to make plans for the next one, that is for 1952. Now in this coming year I would really like very much to go to India *with* my wife and even not for too short a time. I believe that I could get in Zürich a leave from about October 15 until the summer term of 1953 and could stay in India from *November 1st 1952 till end of February 1953 approximately.*[1] I also had then enough time to prepare a boat's trip in advance (which seems to me more comfortable than going by plane).

Now the main question is: does it suit you really? And *will you* certainly *be in Bombay* during this interval of time? (I am, of course, afraid that you will represent India on the South-pole or somewhere else or that you will prevent some atomic-energy committee (in Paris or somewhere else) from falling asleep – a very unwise action, by the way – and leave me alone and lonesome in Bombay.[2] So I think, that I need an asse[rtion] and a promise from you in this respect.

We shall of course be very glad to have you here during our summer term 1952 (end of April till middle of July) and will certainly be able to pay you a salary if you are willing to give us some lectures.[3] Please let me know your intentions. I am also thanking you very much for your postcard from Mexico. But "ist es erreicht?", with the spin 3/2-admixture I mean.[4]

Until then I hope to know a little more about physics than now, although the progress of theoretical physics is rather low and slow at these times. Here in Zürich Källén (a Swede) is working on the rather difficult question to look behind the veil of Dyson's power series.[5] He has already a way to *define* the renormalization, without using explicitly these series and is now attacking the more difficult question whether his equations have at all solutions. It is in no way excluded that Dyson's power series (though every single term is finite) never converge (never means for *no* value of the electric charge e different from zero) and it is even so, that during last summer (when Dyson stayed for a while in Zürich)[6] Dyson himself guessed that it is really so. (Now he is in Cornell and I did not hear anything from him since then.) I have some hope that this question can be decided. At least Källén is trying it very eagerly.[7] We shall see.

Then our new Swiss "infant prodigy", Mr. Alder,[8] is working on angular correlation, shell model and related problems, and Schafroth on superconductivity.[9] All this is in 'statu nascendi' and if you come in spring, I hope to know more about it.

Please also write to me what my lecturing obligations in India would be.[10] Of course I could repeat my course in *field quantization* with some modifications, or parts of it. (*I hope, you got my lecture notes.*)[11] Or do you have particular wishes otherwise? What kind of listeners I shall have in Bombay?

There is still another question (confidentially, please) regarding *Seligman* (please tell him and Mrs. *Seligman* my regards). I was asked several times from different places in the States, where some jobs are vacant to say my opinion about him.[12] I would be very glad to recommend him but there is always the difficulty that the list of his publications seems to me very meager (or am I wrong?). Therefore I would like to ask you what he achieved in Bombay. If you could say that he has made (or is going to make) some really good theoretical work [there], it would be a great help for me for his recommendation.

At the end of March I may be in Paris, as some people want to hear me stammer some conferences *in French* over there.[13] But I am not quite sure yet. – What journeys you have in mind for yourself this spring?

Mrs. Pauli joins me in sending you our most cordial regards and good wishes for 1952.

Sincerely yours

W. Pauli

[1] Siehe hierzu den Kommentar zum Brief [1489].

[2] Bhabha war als Chairman der 1948 gegründeten *Indian Atomic Energy Commission* und seit 1945 als Direktor des *Tata Institute of Fundamental Research* (vgl. Band **III**, S. 466 und 471) ein vielbeschäftigter Mann, der häufig auf Reisen war.

[3] Aus Paulis Brief [1492] an Hans Thirring wissen wir, das Bhabha nach mehreren Aufschüben ihn schließlich im Sommer 1952 in Zürich besuchte.

[4] Siehe Bhabha (1951). Diese sog. Fierz-Pauli Theorie für Teilchen mit Spin 3/2 wurde später von Bhabhas Schüler Suray N. Gupta an der *Purdue University* in Lafayette, Indiana weitergeführt.

[5] Vgl. Källén (1952a).

[6] Dyson war laut Paulis Angabe in seinem Brief [1249] vom 25.–30. Juni 1951 in Zürich gewesen.

[7] Siehe hierzu auch die Bemerkungen in den Briefen [1330 und 1332].

[8] Vgl. Alder (1952). Es handelte sich um Alders Diplomarbeit.

[9] Schafroth (1951 und 1952) .

[10] Nachdem ihm Bhabha seine Wünsche mitgeteilt hatte, machte ihm Pauli in seinem Schreiben [1441] genauere Vorschläge. U. a. wollte er dort auch einen allgemeineren Kurs über Feldquantisierung halten.

[11] Pauli [1951].

[12] Siehe hierzu die Angaben zum Brief [1320].

[13] Siehe hierzu den Kommentar zum Brief [1347].

Für einen Vortrag über die Geschichte des periodischen Systems der Elemente, den Pauli am 28. Januar 1952 während der Tagung der *Züricher Naturforschenden Gesellschaft* halten wollte [1337 und 1342], benötigte er noch einige genauere Angaben über Rydbergs eigenartige Elementenlehre aus dem Jahre 1913. Er bat deshalb seinen schwedischen Gast Gunnar Källén, der seit Oktober 1951 als *post-doctoral guest* bei ihm in Zürich weilte, ihm diese Informationen zu beschaffen. Dieser verwies ihn daraufhin an S. Bertil Nilsson, weil dieser in Lund einen direkteren Zugang zu Rydbergs Publikationen und Nachlaß besaß.[1]

Sven Bertil Nilsson hatte sich im Rahmen seines Studiums an der Universität Lund mit Mathematik und Physik beschäftigt und die Riesz-Gustafson-Methode der analytischen Fortsetzung zur Eliminierung von Singularitäten bei der Lösung der Dirac-Gleichung angewandt. Durch die Vermittlung seines Lehrmeisters Torsten Gustafson war er dann vom Oktober bis zum Dezember 1946 bei Pauli in Zürich gewesen.[2] Im Jahre 1949 promovierte er in Lund mit einer Arbeit aus dem Gebiet der Quantenfeldtheorie. Seitdem war er dort als Assistent tätig.

Nachdem Nilsson einige Publikationen von Rydberg an Pauli geschickt hatte, stellte ihm Pauli in einem Schreiben vom 23. November 1951[3] noch einige Fragen, die Nilsson in dem folgenden Brief [1333] beantwortete.

[1] Diese Angaben wurden mir von S. B. Nilsson in einem Schreiben vom 6. April 1995 mitgeteilt.
[2] Siehe Band **III**, S. 385 und 395.
[3] Dieser und zwei weitere von Pauli an Nilsson gerichtete Briefe (vom 3. Februar 1947 und 11. Januar 1952) trafen erst nach Fertigstellung des vorliegenden Manuskriptes ein und können deshalb erst in dem vorgesehenen *Nachtrag zu Band IV* publiziert werden. Die in diesen Briefen mitgeteilen Informationen hat Pauli später auch in seinem Beitrag (1955a) zur *Rydberg Centennnial Conference* verwendet, die im Juli 1954 in Lund stattfand.

[1333] Nilsson an Pauli

Lund, 31. Dezember 1951
[Maschinenschrift]

Dear Professor Pauli!

I think I had better send in a report this year, though it cannot be a complete one.[1]

1. Rydberg's elements (2) and (3).[2] Rydberg's reasons for postulating these elements are, according to section 5 of his paper in Lunds Universitets Arsskrift **9** (1913):[3] the formula $4p^2$ for the length of a full group or period; the mean atomic-weight difference always increases from one group to the next; from the rest of the periodic system one would expect, immediately before He, a negative univalent element; the new elements are not wholly hypothetical, since some spectral lines from the sun corona and from gas nebulae seem(ed) to indicate the presence of two unknown elements (light gases). Both elements, according to Rydberg, should be very light gases; (2) should be a noble gas, which would account for its not being found on earth. On the contrary, this makes a difficulty in the case of element (3), which should belong to the halogen family and so, being extremely electronegative, should not be able to escape so easily from its compounds. If the element is not very rare (contradicted by its omnipresence in nebulae), one possibility might be that some substances hitherto accepted as elements are in fact compounds containing element (3).

By the way, I have since found that this paper of Rydberg's, in French translation (Recherche sur le système des éléments), is reproduced in the Journal de Chimie physique **12**, 585–639, 1914.[4]

Rydberg's attitude to the Bohr theory I cannot say anything about.[5] In the Philosophical Magazine extract for July 1914 which I think I sent you,[6] he does not mention Bohr and still retains his elements (2) and (3). However, Professor Edlén heard some time ago that Rydberg's manuscripts are preserved in the University Library at Uppsala, and I have written to the Head Librarian about them. I do not know if anything will come out of this; it is very possible that Rydberg, who was ill for the last five years of his life, gave up scientific work at about this time.

2. The "Wechselsatz". Sommerfeld, in his "Atombau und Spektrallinien. I" (Chapter 8, section 2; p. 466 in the 5th edition),[7] mentions Rydberg and refers to H. Kayser, Handbuch der Spektroskopie, 2. Band (Leipzig 1902), No. 464, p. 590.[8] The reference given here is to Rydberg's paper, On Triplets with Constant Differences in the Line Spectrum of Copper, Astrophysical Journal

6, 239–243 (1897).[9] On page 243 one finds: – "In another respect also the triplets of Cu must excite interest. Hitherto triplets have been recognized only in the spectra of diatomic elements, and the series of Cu supposed to be made up of doublets like those of elements of uneven valency in general. Now the difference between elements of uneven and of even valency is partly smoothed out, triplets having been found in the former group as well as doublets in the latter."

This is perhaps a rather indirect indication of the original formulation of the "Wechselsatz", but it is all that I have been able to find about such a generalization of Rydberg's. I thought at one time, from a mistaken interpretation of Källén's first letter, that something might be contained in the "Öfversigt af Konglige Vetenskaps-Akademiens Förhandlingar", 1894; but when at last I got it from our University Library in Lund, this turned out not to be the case.

Finally I may mention that Rydberg's papers in the "Öfversigt ..." of 1893 (No. 8 and No. 10, Contributions à la connaissance des spectres linéaires) are also printed, in German (Beiträge zur Kenntnis der Linienspektren), in the "Annalen der Physik und Chemie", **50**, 625 (1893) and **52**, 119 (1894).[10]

With many greetings and very best wishes for 1952.

Sincerely yours,

S. Bertil Nilsson

[1] Vgl. hierzu auch Nilssons folgendes Schreiben [1339].

[2] In seinen „Untersuchungen über das System der Grundstoffe" (1913) hatte Rydberg zwei hypotetische Elemente mit der Massenzahl 2 und 3 postuliert, worüber Pauli sich in seinem (in der vorangehenden Fußnote erwähnten) Brief wunderte.

[3] Rydberg (1913).

[4] Rydberg (1914a).

[5] Pauli hatte sich in seinem Brief gewundert, wieso Rydberg in seiner Arbeit aus dem Jahre 1913 nicht auf Bohrs Atomtheorie einging.

[6] Rydberg (1914b). Ein Sonderdruck dieser Veröffentlichung befindet sich in Paulis Sammlung von Sonderdrucken beim CERN in Genf.

[7] Sommerfeld [1931, S. 466].

[8] Kayser [1902].

[9] Rydberg (1897).

[10] Rydberg (1893/94).

[1334] PAULI AN VON FRANZ

[Zürich, Ende Dezember 1951][1]
Zum neuen Jahr und zum diesmal bewußtem Geburtstag

Liebes Fräulein von Franz!

Wenn das alte Kalender – und Lebensjahr zur Neige geht und ein neues sich ankündigt, braucht es einen Rück- und Ausblick. Ich habe sehr viel von der gefühlsmäßigen, menschlichen Beziehung zu Ihnen gehabt. Hat sie mich doch auch gefühlsmäßig in die religiöse Sphäre geführt, als ich plötzlich jene „Theologia Deutsch" zu lesen mich entschlossen hatte und daraufhin eine Art allgemeine seelische Vergiftung als „nightmare" erlebt habe.[2] Aber auf die Bedrückung folgte ebenso auch die Entsühnung, Schuldtilgung und Befreiung;

Es ist ein *ebenso* eigentümliches Gefühlserlebnis. Mit möglichst einfachen Worten, kann ich es am besten so schildern: Der Mensch spricht zu Gott: „Ich verzeihe Dir, Herr, denn *Du* weißt ja nicht, was Du tust!" Dafür fehlt im Abendland wohl jedes Vorbild, obwohl diese Gefühlshaltung dem östlichen Geist nahe zu kommen scheint (hat da meine „chinesische Seite" gesprochen?). Sie nimmt Gott die Liebe, *aber sie gibt ihm die Unschuld* und der Mensch wie die ganze Welt scheint in neuer Kindschaft („in novam infantiam") zu erwachen. Der Giftzahn des menschenähnlichen Bewußtseins ist dem Kosmos ausgezogen, der nun nicht mehr – wie der Mensch – moralisch verantwortlich gemacht werden kann. Ein „unbewußtes Wissen"* oder ein „multiples Wissen" mag dort sein, aber kein (menschenähnliches) *Bewußtsein*.[3] Ich glaube, dies ist auch die *Gefühlshaltung*, die Schopenhauers Philosophie zu Grunde liegt, und jene ist es, die mich an dieser so fasziniert, sein sogenannter „Wille" (kein gut gewältes Wort übrigens) ist nichts anderes als der „unbewußte Gott" oder die „Agnosie des Gottes", die mit der Numinosität des Unbewußten identisch ist.**

Ein solcher Gott kann ebensowenig moralisch zur Verantwortung gezogen werden wie die Aale oder die Zugvögel, die doch sicher, aber ohne Vernunft, den fernen Ort finden, um den sie „wissen" und wo sie hingehören.[4] Auch ist das Prädikat „logisch" oder „unlogisch" nicht auf ihn oder auf Naturvorgänge anwendbar, sondern nur auf Ideen und Gedanken des Menschen.

Ich glaube, es ist dieses Gefühlserlebnis *der Tilgung der Schuld*, das Ihnen fehlt. Wenn ich Ihre Arbeiten studiere, sind es oft eben *die* Stellen, die meine intellektuelle Kritik besonders herausfordern,[5] die zugleich meine starke persönliche Sympathie erregen – nicht für das Werk, aber für die Autorin. Wie kommt das zu Stande? Nun, die Sympathie reagiert auf einen gefühlsbetonten Komplex und dieser ist es zugleich, der sich vor Ihr Auge schiebt wie der „Kohlensack" vor die Milchstraße und Sie am richtigen Sehen, Beobachten und Schließen verhindert.*** Es ist dann immer ein *Schuldspruch*, zwar unausgesprochen, aber in Ihrer Gefühlshaltung sehr „*wirk*-lich" hinter der Szene vorhanden, der seinen *Sündenbock* sucht, um diesen herum eine Arbeit schreibt und dann noch zugleich nach gefälltem Richtspruch die Exekutivgewalt spielt. Einmal ist es Trevisanus,[6] dann Descartes und immer das Christentum. Diesmal ist es aber nicht mehr eine Selbstverteidigung des Instinktes, die mir aufgefallen ist, sondern die Stelle auf p. 54 über die „untere Entsprechung", die mir ebensowenig auf Descartes zu passen scheint wie die bei den Haaren herbeigezogene Wotans-Lehre.[7] Bei Descartes fehlt wohl jede „Entsprechung" zwischen „Ausdehnung" und „Denken", daher die Starrheit seines philosophischen Systems und die skeptische Gefühlshaltung. *Hier sind Sie mir noch eine wichtige Erläuterung schuldig.* Denn hier ist der „Kohlensack": ein *Leiden*, mit dem ich *mitfühle*, das mit einer schicksalhaften *Schuld* bei Ihnen verknüpft ist und das zu seiner Überwindung – hier geht Ihr persönliches Problem in ein *allgemeines* Problem über – eine Form des religiösen Gefühles benötigt, die das Christentum nicht vorsieht und die sich mehr der *östlichen* (z. B. chinesischen) Haltung nähert (vgl. die „strohenen Opferhunde" der Taoteking, Nr. 5).[8]

Vielleicht wäre es ganz gut, Sie würden diese Äußerungen und Eindrücke von mir einmal mit Professor Jung besprechen, denn meines Erachtens liegt hier eine typisch „analytische" Situation vor.

In der Philosophie hat mir da Schopenhauer sehr geholfen, er leugnet „den alten Juden", „den Dieu" deshalb, weil – hätte er ein menschenähnliches Bewußtsein – auch alles Böse auf ihn zurückfallen müßte. Man bleibt dann ein wenig einsam und ungeliebt, aber auch „ungequält" und „entgiftet" zurück. Die Idee des vollständigen Determinismus bei Schopenhauer läßt sich leicht und natürlich durch die der heutigen Physik angemessene Idee der komplementären Gegensatzpaare ersetzen. Eine solche ist auch der Mensch und der unbewußte Gott und Schopenhauers Formel: „die Welt als Wille und Vorstellung" bedeutet für mich nichts anderes als „die Welt als komplementäres Gegensatzpaar", dessen bewußtseinstranszendente *Einheit*[†] jener alte und neue „Gott" eben *auch* ist (Paradoxie jeder psychologischen, ja jeder philosophischen Aussage).[††] So klingt auch die beiliegende Geschichte[9] in die Komplementaritätsidee aus, wobei ich mich hinsichtlich der Moral (also „gut und böse") ebenfalls auf *Schopenhauers* Schrift „über die Grundlagen der Moral"[10] stützen konnte. Nach dessen an den Buddhismus sich anlehnender Auffassung bedingt *die Einheit des Unbewußten (der Psyche)*, daß – wenn nicht bewußt, so doch unbewußt – eine *Identifikation* eines jeden mit dem Mitmenschen stattfindet. (Vgl. hierzu C. G. Jungs Formulierung, wonach das sowohl einmalige als auch allgemeinere „Selbst" unbestimmbar viele „Ich's" umfaßt.) Daher fällt jede Handlung, die den Mitmenschen involviert auf den Handelnden selbst zurück und erzeugt in seiner Seele eine Reaktion, die „Gewissen" genannt wird und die die Quelle alles nicht-egoistischen Handelns und alles Mitleidens ist.

Alle diese Ideen sind von mir *nicht* als „Metaphysik" oder als *endgültige* Wahrheiten gemeint, sondern als „Programm" und als „Arbeitshypothese", ein *Schema*, das in meinen Gedanken und Gefühlen ein wenig Ordnung macht. Männer brauchen solche „Ordnungs-Schemata", Frauen vielleicht nicht!

In diesem Sinne herzliche Glückwünsche von Ihrem nun schon alten Freund

W. Pauli

Anmerkung zu Seite 3: In dem nicht-anthropomorphen Teil des Christentums (wie Trinität, etc.) wird ernstlich versucht, diese Paradoxien *symbolisch* auszudrücken. Vgl. hierzu auch die coincidentia oppositorum des Nikolaus *Cusanus*.[11] Es gab dann andrerseits immer simplifizierende Autoren (zum Teil Gefühlstypen), die versucht haben diese paradoxen Symbole auszumerzen (Mystiker wie jenen „Frankfurter", dann „Unitarier" wie z. B. Newton – dessen Physik ja ganz frei von Paradoxien ist, weshalb er Schwierigkeiten hat, solche zu begreifen. Bei ihm Hang zum Eindeutig – Absoluten!)

[1] Dieses Datum wird durch den Inhalt des Schreibens nahegelegt.
[2] Siehe hierzu auch die Bemerkung in dem Brief [1325]. Über den Frankfurter soll Pauli gesagt haben: „Da ringt und ringt einer mit Gott. Aber Gott sagt: ‚Schwab blübt Schwab'." Vgl. Enz et al. [1988, S. 118].
* Aus C. G Jungs Synchronizitäts-Arbeit.

[3] Auf die Terminologie der Bezeichnung „multiples Bewußtsein" (S. 473) kommt Pauli nochmals in seinem Brief [1341] und in der Anlage zum Brief [1328] zurück.

** Siehe „Aion", S. 278 und 282.

[4] Dieses Beispiel aus der Verhaltensforschung kannte Pauli aus unmittelbarer Erfahrung während seines früheren Aufenthaltes in Kopenhagen (vgl. Band **II**, S. 604f.).

[5] Siehe die Fußnote zu dem Brief [1330] an Fierz.

*** Die „Täuschung" ist natürlich wieder bei der minderwertigen Funktion!

[6] Siehe hierzu das Schreiben [1189].

[7] Vgl. von Franz [1952/90, S. 172].

[8] Vgl. auch die Anlage zum Brief [1328].

† Vgl. Plotin τo εv und εv $\kappa \alpha \iota$ $\pi \alpha v$. {Siehe Schopenhauer [1819/44, Band 2, Kapitel 25].}

†† Siehe Anmerkung am Schluß.

[9] Pauli bezieht sich auf die in der Anlage zum Brief [1335] wiedergegebene *philosophische Komödie* „Der Kampf der Geschlechter".

[10] Schopenhauer (1840).

[11] Vgl. hierzu die Bemerkungen in dem Brief [1373].

III. Das Jahr 1952

Keplerstudie, Kopenhagener Junikonferenz und Formfaktortheorie

[1335]	Pauli an von Franz	Zürich	4. Januar	1952
[1336]	Pauli an von Franz	Zürich	4/5. Januar	1952
[1337]	Pauli an Fierz	Zürich	6. Januar	1952
[1338]	Fierz an Pauli	Basel	7. Januar	1952
[1339]	Nilsson an Pauli	Lund	8. Januar	1952
[1340]	Pauli an Fierz	Zürich	10. Januar	1952
[1341]	Pauli an von Franz	Zürich	13. Januar	1952
[1342]	Pauli an Panofsky	Zürich	19. Januar	1952
[1343]	Pauli an den *Supper-Club*	Zürich	19. Januar	1952
[1344]	Fierz an Pauli	Basel	19. Januar	1952
[1345]	Pauli an von Franz	Zürich	20. Januar	1952
[1346]	Nilsson an Pauli	Lund	20. Januar	1952
[1347]	Pauli an das *Comité Louis de Broglie*	Zürich	22. Januar	1952
[1348]	Nilsson an Pauli	Lund	22. Januar	1952
[1349]	Pauli an Fierz	Zürich	23. Januar	1952
[1350]	Pauli an Jaffé	Zürich	23. Januar	1952
[1351]	Fierz an Pauli	Basel	24. Januar	1952
[1352]	Pauli an Fierz	Zürich	25. Januar	1952
[1353]	Pauli an Fierz	Zürich	26. Januar	1952
[1354]	Pauli an Schwyzer	Zürich	27. Januar	1952
[1355]	Louis de Broglie an Pauli	Paris	o. D. Februar	1952
[1356]	Schwyzer an Pauli	Zürich	1. Februar	1952
[1357]	Pauli an Schwyzer	Zürich	3. Februar	1952
[1358]	Pauli an das *Comité Louis de Broglie*	Zürich	4. Februar	1952
[1359]	Pauli an Destouches	Zürich	4. Februar	1952
[1360]	Pauli an Panofsky	Zürich	7. Februar	1952
[1361]	Pauli an den Sekretär der Schwedischen Gesellschaft	Zürich	7. Februar	1952
[1362]	Schwyzer an Pauli	Zürich	8. Februar	1952
[1363]	Pauli an von Franz	Zollikon-Zürich	10. Februar	1952
[1364]	Pauli an Panofsky	Zürich	10. Februar	1952
[1365]	Louis de Broglie an Pauli	Paris	10. Februar	1952
[1366]	Panofsky an Pauli	Princeton	12. Februar	1952
[1367]	Pauli an Destouches	Zürich	14. Februar	1952
[1368]	Pauli an Fierz	Zürich	14. Februar	1952
[1369]	Oppenheimer an Pauli	Princeton	20. Februar	1952
[1370]	Schafroth an Pauli	Zürich	25. Februar	1952
[1371]	Pauli an Destouches	Zollikon-Zürich	26. Februar	1952
[1372]	Pauli an Jaffé	Zollikon-Zürich	27. Februar	1952
[1373]	Pauli an Jung	Zollikon	27. Februar	1952
[1374]	Pauli an Seelig	Zürich	28. Februar	1952

[1375]	Pauli an Thellung	Zürich	29. Februar	1952
[1376]	Pauli an Panofsky	Zürich	1. März	1952
[1377]	Pauli an Jordan	Zürich	5. März	1952
[1378]	Panofsky an Pauli	Princeton	5. März	1952
[1379]	Heisenberg an Pauli	Göttingen	7. März	1952
[1380]	Pallmann an Pauli	Zürich	7. März	1952
[1381]	Pauli an Jaffé	Zollikon-Zürich	8. März	1952
[1382]	Pauli an van der Waerden	Zollikon-Zürich	8. März	1952
[1383]	Pauli an von Franz	Zürich	9. März	1952
[1384]	Pauli an Panofsky	Zürich	13. März	1952
[1385]	van der Waerden an Pauli	Zürich	13. März	1952
[1386]	Pauli an Rosenfeld	Zürich	16. März	1952
[1387]	Pauli an das *Comité Louis de Broglie*	Zürich	17. März	1952
[1388]	Pauli an Panofsky	Zürich	20. März	1952
[1389]	Rosenfeld an Pauli	Manchester	20. März	1952
[1390]	Pauli an Fierz	Zürich	1. April	1952
[1391]	Pauli an Rosenfeld	Zürich	1. April	1952
[1392]	Pauli an Kollros	Zürich	2. April	1952
[1393]	Glimstedt an Pauli	Lund	3. April	1952
[1394]	Pauli an Pallmann	Zürich	4. April	1952
[1395]	Rosenfeld an Pauli	Manchester	6. April	1952
[1396]	Pauli an Jaffé	Zollikon-Zürich	10/11. April	1952
[1397]	Pauli an Møller	Zürich	12. April	1952
[1398]	Jaffé an Pauli	Küsnacht	13. April	1952
[1399]	Pauli an Rosenfeld	Zürich	16. April	1952
[1400]	Pauli an Seelig	Zürich	22. April	1952
[1401]	Pauli an Thellung	Zürich	23. April	1952
[1402]	Pauli an von Franz	Zürich	26. April	1952
[1403]	Pauli an Oppenheimer	Zürich	27. April	1952
[1404]	Pauli an Møller	Zürich	28. April	1952
[1405]	Pauli an Pais	Zürich	28. April	1952
[1406]	Pauli an Glimstedt	Zürich	29. April	1952
[1407]	Pauli an von Franz	Zürich	30. April	1952
[1408]	Pauli an Kronig	Zürich	2. Mai	1952
[1409]	Møller an Pauli	Kopenhagen	3. Mai	1952
[1410]	Pauli an Fierz	Zürich	7. Mai	1952
[1411]	Pauli an von Kahler	Zürich	7. Mai	1952
[1412]	Pauli an Pais	Zürich	7. Mai	1952
[1413]	Pauli an Møller	Zürich	8. Mai	1952
[1414]	Pauli an Jung	Zollikon-Zürich	17. Mai	1952
[1415]	Pauli an Pais	Zürich	20. Mai	1952
[1416]	Jung an Pauli	Küsnacht	20. Mai	1952
[1417]	Pauli an Fierz	Zürich	3. Juni	1952
[1418]	Pauli an Møller	Zürich	5. Juni	1952
[1419]	Pauli an Bohr	Zürich	15. Juni	1952
[1420]	Fierz an Pauli	Basel	15. Juni	1952
[1421]	Pauli an Møller *und andere*	Zürich	18. Juni	1952
[1422]	Fierz an Pauli	Basel	18. Juni	1952
[1423]	Pauli an Fierz	Zürich	19. Juni	1952
[1424]	Fierz an Pauli	Basel	22. Juni	1952
[1425]	Pauli an Møller *und andere*	Zürich	24. Juni	1952

[1426]	Pauli an Bhabha	Zürich	25. Juni	1952
[1427]	Pauli an Kronig	Zürich	25. Juni	1952
[1428]	Pauli an Schrödinger	Zürich	26. Juni	1952
[1429]	Fierz an Pauli	Basel	1. Juli	1952
[1430]	Pauli an Rosbaud	Zürich	7. Juli	1952
[1431]	Fierz an Pauli	Basel	8. Juli	1952
[1432]	Pauli an Karolus	Zürich	10. Juli	1952
[1433]	Pauli an Fierz	Zürich	12. Juli	1952
[1434]	Bernays an Pauli	Basel	12. Juli	1952
[1435]	Pauli an Panofsky	Kopenhagen	14. Juli	1952
[1436]	Møller an Pauli	Liverpool	16. Juli	1952
[1437]	Fierz an Pauli	Basel	17. Juli	1952
[1438]	Fierz an Pauli	Braunwald	18. Juli	1952
[1439]	Pauli an Fierz	Zürich	24. Juli	1952
[1440]	Pauli an Panofsky	Zürich	25. Juli	1952
[1441]	Pauli an Bhabha	Zürich	26. Juli	1952
[1442]	Fierz an Pauli	Braunwald	1. August	1952
[1443]	Pauli an Møller	Zürich	2. August	1952
[1444]	Pauli an Fierz	Zürich	4. August	1952
[1445]	Reichenbach an Pauli	Zell am See	9. August	1952
[1446]	Pauli an Peierls	Zürich	14. August	1952
[1447]	Pauli an Peierls	Zürich	14. August	1952
[1448]	Pauli an Rosbaud	Zürich	14. August	1952
[1449]	Pauli an Peierls	Zürich	16. August	1952
[1450]	Pauli an Källén	Zürich	19. August	1952
[1451]	Pauli an Møller	Zollikon-Zürich	19. August	1952
[1452]	Pauli an Fierz	Zürich	20. August	1952
[1453]	Peierls an Pauli	Birmingham	20. August	1952
[1454]	Pauli an Stern	Zürich	25. August	1952
[1455]	Pauli an Møller und Kristensen	Zürich	27. August	1952
[1456]	Pauli an Gustafson	Zürich	29. August	1952
[1457]	Pauli an Källén	Zürich	29. August	1952
[1458]	Pauli an Peierls	Zürich	29. August	1952
[1459]	Pauli an Peierls	Zürich	30. August	1952
[1460]	Peierls an Pauli	Les Houches	1. September	1952
[1461]	Møller und Kristensen an Pauli	Kopenhagen	9. September	1952
[1462]	Pauli an Bohr	Zürich	16. September	1952
[1463]	Pauli an Källén	Zürich	16. September	1952
[1464]	Pauli an Rosbaud	Zürich	24. September	1952
[1465]	Heisenberg an Pauli	Göttingen	27. September	1952
[1466]	Pauli an Bhabha [1. Brief]	Zürich	30. September	1952
[1467]	Pauli an Bhabha [2. Brief]	Zürich	1. Oktober	1952
[1468]	Pauli an Jordan	Zürich	1. Oktober	1952
[1469]	Pauli an Heisenberg	Zürich	8. Oktober	1952
[1470]	Pauli an Fierz	Zürich	11. Oktober	1952
[1471]	Fierz an Pauli	Basel	11. Oktober	1952
[1472]	Pauli an von Franz	Zollikon-Zürich	12. Oktober	1952
[1473]	Pauli an Fierz	Zürich	14. Oktober	1952
[1474]	Pauli an Fierz	Zürich	15. Oktober	1952
[1475]	Pauli an Stern	Zürich	15. Oktober	1952
[1476]	Pauli an Rosenfeld	Zürich	17. Oktober	1952

[1477]	Pauli an Stern	Zürich	17. Oktober	1952
[1478]	Fierz an Pauli	Basel	17. Oktober	1952
[1479]	Fierz an Pauli	Basel	18. Oktober	1952
[1480]	Pauli an Fierz	Zollikon-Zürich	18./19. Oktober	1952
[1481]	Pauli an von Franz	Zürich	19. Oktober	1952
[1482]	Fierz an Pauli	Basel	19. Oktober	1952
[1483]	Fierz an Pauli	Basel	21/22. Oktober	1952
[1484]	Fierz an Pauli	Basel	22. Oktober	1952
[1485]	Pauli an Fierz	Zürich	23. Oktober	1952
[1486]	Pauli an Fierz	Zürich	24. Oktober	1952
[1487]	Fierz an Pauli	Basel	24. Oktober	1952
[1488]	Pauli an von Franz	Zürich	27. Oktober	1952
[1489]	Pauli an Panofsky	Zürich	27. Oktober	1952
[1490]	Pauli an Rosbaud	Zürich	29. Oktober	1952
[1491]	Pauli an Bhabha	Zürich	30. Oktober	1952
[1492]	Pauli an von Franz	Zollikon-Zürich	30. Oktober	1952
[1493]	Pauli an Peierls	Zürich	30. Oktober	1952
[1494]	Pauli an Hans Thirring	Zürich	31. Oktober	1952
[1495]	Pauli an von Franz	Zürich	3. November	1952
[1496]	Pauli an Rosbaud	Port Said	12. November	1952
[1497]	Pauli an van der Waerden	Bombay	27. November	1952
[1498]	Pauli an von Franz	Bombay	16. Dezember	1952
[1499]	Jordan an Pauli	Hamburg	17. Dezember	1952
[1500]	Pauli an Jaffé	Bombay	18. Dezember	1952

[1335] PAULI AN VON FRANZ

[Zürich, 4. Januar 1952]

Fräulein Marie-Louise von Franz

zum Geburtstag am 4. Januar 1952

gewidmet,[1] die in merkwürdigerweise die damalige Stimmung eines inneren Konfliktes zwischen Denken und Fühlen hat wiederaufleben lassen. Mögen Sie sich nach fast 10 Jahren erfreuen an diesem kleinen, doch ernsten Scherz, der vielleicht doch besser ist als Descartes Spuk.[2] Mögen Sie sich auch erfreuen an meiner kleinen Persiflage des „cogito ergo sum", sowie auch an jener Frauenfigur, die manche meiner Freunde so sehr „realistisch" fanden, die aber nie gelebt hat, sondern ausschließlich aus der Selbstbeobachtung entsprungen ist.

W. Pauli

[1] Zusammen mit dem Schreiben [1334] schickte ihr Pauli den im Anhang zum Brief [1335] wiedergegebenen Essay *Der Kampf der Geschlechter*, den er im Mai 1942, während seines Aufenthaltes in Princeton, verfaßt hatte.
[2] Pauli bezieht sich hier auf die Descartes-Studie von M.-L. von Franz (1952), in der das Spuk-Problem in einer für ihn noch nicht befriedigenden Weise behandelt worden war. Vgl. hierzu

seine Bemerkung in der Anlage zum Brief [1326]: Demzufolge soll bei manchen Philosophen das philosophische System die psychologische Funktion einer *Ersatz-Frau* übernehmen. „Die haben dann eine *praktische Vernunft* oder einen Pudel *Atma* oder – last not least – eine verzauberte Zirbeldrüse, wo sich Denken und Fühlen treffen und es daher gründlich *spukt*."

ANLAGE ZUM BRIEF [1335]

[Maschinenschrift]

Der Kampf der Geschlechter

Eine philosophische Komödie

Aphrodite: Ich möchte mich zuerst entschuldigen, daß ich als Hilfsmittel zur Mitteilung von Emotionen Worte gebrauche. Es wäre viel angenehmer für Sie, wenn ich zu diesem Zweck nur Liebkosungen verwenden würde, aber abgesehen von einer kleinen Zahl von Fällen wäre das nicht angenehm für mich. Deshalb gebrauche ich Worte, um meine Emotionen Denkern zugänglich zu machen, deren eigene Emotionen so undifferenziert und kindisch sind, daß sie nicht imstande sind, alle meine Emotionen ohne Liebkosungen und ohne Worte zu erraten. Die Worte sind zweifellos nur Rationalisierungen von Emotionen. Es gab kindische unbewußte Leute, die sagten „Im Anfang war das Wort" und „cogito, ergo sum", aber am Anfang waren natürlich die Emotionen, sonst wären Worte nie erfunden worden und „amo, ergo sum", sonst wären die Denker überhaupt nie geboren worden.

Immanuel: Aber da gibt es doch das weite Gebiet der Wissenschaft mit seinen Methoden der Klassifikation, des Experiments und der Logik!

Aphrodite: Das ist die Ausnahme, die meine Regel bestätigt. Die wissenschaftlichen Methoden können nur in dem kleinen Bereich angewendet werden, wo menschliche Gefühle nicht existieren. Die Logik ist dieselbe, ob Sie einen Gegenstand gerne oder ungerne haben und ob ich über eine kleine Fliege oder über den ganzen Kosmos rede. Die wissenschaftlichen Methoden mögen Rationalisierungen intuitiver Imaginationen sein, aber das interessiert mich nicht. Was mich interessiert ist ihre Unabhängigkeit vom Wert der Gegenstände. In diesem kleinen Bereich – den ich ganz gerne mag als Liebhaberei, um von meinen Emotionen, das heißt vom wahren Leben, Ferien zu haben – gibt es solche sonderbaren Aussagen wie wahr und falsch. Abgesehen von dieser kleinen Ausnahme, die Sie soeben ein weites Gebiet genannt haben, gibt es keine objektive Wahrheit.

Immanuel: Satan, Antichrist, führe mich nicht in Versuchung! Es gibt kein objektives Kriterium für Gut und Böse? Die zehn Gebote sind keine objektive Wahrheit? Es gibt kein geschriebenes System der Moral?

Aphrodite: Es gibt solche Systeme, aber sie sind nur Rationalisierungen von Emotionen. Zum Beispiel steht geschrieben „Du sollst nicht töten." Das ist eine Rationalisierung der elementaren emotionalen Erfahrung des „schlechten Gewissens", die Menschen gemacht haben, nachdem sie andere Menschen getötet hatten. Für Denker-Babies mit schwachen Emotionen oder für kranke

Menschen, die man lieber in Spitälern statt in Gefängnissen unterbringen sollte, sind solche geschriebenen Worte notwendig, aber nicht für Erwachsene mit gesunden, deutlichen und tiefen Emotionen.

Immanuel: Sie treiben mich in einen vollständigen Subjektivismus im Bereich der Moral und des Glaubens. Gemäß Ihrer Behauptung hätte es überhaupt keinen Sinn zu fragen „Warum glaubt Herr X nicht an den persönlichen Gott" oder „Warum ist Fräulein Y so nationalistisch?" genau so wie es im Gebiet der persönlichen Liebe keinen Sinn hat zu fragen: „Warum liebt Fräulein X den Herrn Y nicht?" Alles, was Sie darüber sagen, ist, daß gewisse Worte gewisse Emotionen bei manchen Menschen hervorrufen und andere oder vielleicht keine Emotionen bei anderen Menschen. Wenn auf das fünfte Gebot „Du sollst nicht töten" die Emotionen eines Menschen nicht ansprechen, dann kann man eben nichts machen. Die große Idee wird „nur" eine Rationalisierung, die nicht mehr ihren Zweck erfüllt, Emotionen zu reproduzieren und zu lenken. „Herr X ist nicht länger durch das fünfte Gebot bewegt, er wird töten." „In der Nation A rufen die nationalen Gesänge in größeren Menschenansammlungen solche Emotionen hervor, daß diese Nation einen Krieg gegen die Nation B unternimmt." „Herr X kann das Kollektiv nicht leiden und weigert sich, mitzukämpfen." Das sind sicherlich alles einfache emotionale Tatsachen und ihre Rationalisierungen genau so wie „Fräulein X verliebt sich in Herr Y". Nur Denker-Babies fragen warum.

Ich werde verzweifelt: also das soll nichts zu tun haben mit einer objektiven Wahrheit, weil es etwas mit Gefühlen zu tun hat; ich habe alle diese emotionalen Reaktionen als einfache Tatsachen hinzunehmen. Es gibt nur Liebe, Haß und Emotionen, unabhängig und frei, die Gründe für sie mögen existieren, haben aber kein Interesse. Es gibt keine moralische Verantwortlichkeit, es gibt keinen heiligen Geist!

Das genügt mir nicht, ich fühle wie ich dissoziiere!

Aphrodite: Armer Narr, ich habe nie gesagt, daß Emotionen frei und unabhängig sind, obwohl ich leugne, daß sie *direkt* durch Ideen beeinflußt sind. Die sensualistischen Philosophen sagten „Nihil est in intellectu, quod non antea fuerit in sensu."[1] Ich sage „Nihil est in intellectu quod non antea fuerit in corde." Emotionen sind nie isoliert, so wie Sie sie beschrieben haben. Es gibt einen geheimen Zusammenhang zwischen allen Emotionen in der Welt, auch wenn er nicht wahrgenommen wird. Deshalb sind Emotionen durch andere Emotionen beeinflußt und haben ein Eigenleben. Sie entwickeln ihre innere Tendenz, zu wachsen und sich auszubreiten wie Pflanzen. Deshalb muß ich alles tun, um verschiedene Emotionen zu vereinigen und zu verstärken und ich muß jedes Mittel gebrauchen, um dieses Ziel zu erreichen: Musik, Gedichte, den Geist – und sogar Sie. Ich gebe zu, daß ich Sie brauche, aber denken Sie nicht, daß Sie etwas anderes sind als ein Werkzeug für diesen Zweck. Nennen Sie es „Vermehrung des Bewußtseins" wenn Sie mögen, aber vergessen Sie nicht, daß Bewußtsein nicht nur aus Worten, Ideen und Gedanken besteht. Jede Emotion, die klar, intensiv und tief genug ist, vermehrt das Bewußtsein durch sich selber, ohne Worte.

Immanuel: Ich freue mich zu sehen, daß auch eine Frau logisch ist und daß Sie mich brauchen. Aber ich habe immer noch große Schwierigkeiten betreffend den moralischen Subjektivismus und seine schrecklichen Folgen wie Kriege, Hunger und Armut. Wir brauchen ein allgemeingültiges System der Moral wie die zehn Gebote.

Aphrodite: Erst hat man mich eingesperrt in der Familie und in den Kirchen, später in philosophischen Büchern und dann hat man versucht, mich mit Nützlichkeit zu kaufen. Ich brauche das Übel, Kriege und Katastrophen, um befreit zu werden. Solange ich eingesperrt bin, wird das immer so weiter gehen und Ihre Rationalisierungen werden nutzlos sein. Sobald ich aber frei sein werde, werden die Rationalisierungen überflüssig sein.

Immanuel: Allein ohne den Geist werden Sie nie befreit werden, und Sie werden mich immer brauchen genau so wie ich Sie brauche. Sie sind selbst nur ein Werkzeug, um unbekannte ferne Ziele zu erreichen. Deshalb wird es immer Liebe, Ehe und Kinder geben. Die Kinder werden immer fragen „Warum?" und „Was war früher, der Gedanke oder die Emotion?" – was mich an die alte Scherzfrage erinnert, „Was war früher, das Huhn oder das Ei?" Was wirklich früher war ist etwas, was sowohl Emotion wie Gedanke ist, sowohl Intuition wie Gefühl – etwas, woher die Wurzel des Lebens stammt und wo Geburt und Tod ein und dasselbe ist. Wenn wir intensiv genug sind, werden wir beide zu dieser Tiefe vordringen, jeder in seiner Weise und Sie werden dann sehen, daß ich ein Bild in Ihnen selber bin, ebenso wie ich sah, daß Sie ein Bild in mir sind. Das ist das Ziel der wahren Ehe und das ist auch die Ursache der Ehe, denn in dieser Tiefe sind auch Ziel und Ursache dasselbe. Und das Bewußtsein, daß jeder ein Bild innerhalb eines jeden anderen ist, schließt die ganze Moral in sich ein. Es ist wahr, daß dieses Bild nur eine Rationalisierung des Lebens ist, aber es ist auch wahr, daß das Leben nur die Verwirklichung eines Bildes ist.

Aphrodite und *Immanuel*: Für immer und ewig!   Mai 1942

---

[1] Dieser auch von Jung [1944/75, S. 174] zitierte Ausspruch wird J. Locke zugeschrieben.

[1336] PAULI AN VON FRANZ

[Zürich], 4/5. Januar 1952

Liebes Fräulein von Franz!

Ihr Brief hat mich sehr interessiert und ich glaube, daß wir uns dadurch sehr den Fragen nähern, die mir wesentlich sind. Die *Fragen*, die Sie stellen sind dieselben, die auch mich beschäftigen; mit den *Antworten* allerdings, die Sie zu geben versuchen, bin ich noch nicht zufriedengestellt.

Was den Einfluß von Deutschland betrifft, so bin ich ganz einverstanden, daß Descartes bei seinem Aufenthalt dort[1] der Einwirkung der umgebenden Kollektiv-Atmosphäre ausgesetzt war. Und diese Atmosphäre war offenbar diejenige der *Reformation*. Wie weit nun und wie direkt bei dieser der Wotan-Archetypus im Spiel war, das ist ein Teilproblem in sich selber, das ich hier ganz offen lassen möchte. Dazu brauchte es *weiteres* Material. Es scheint mir jedenfalls ungenügend, was Sie in Ihrer Arbeit darüber sagen.[2] Aber das ist eine sekundäre Frage.

Ich gehe nun lieber gleich zur Hauptsache über (p. 54 und 55):[3] Die Existenz
der Entsprechung der oberen Trinität durch eine untere Trinität* war den
Alchemisten viel früher bekannt als im 17. Jahrhundert (wie Sie besser wissen
als ich), und auch im 17. Jahrhundert war diese Kenntnis nicht verlorengegangen,
wie z. B. die in meiner Keplerarbeit wiedergegebene Figur von Fludd

(Bild A)

beweist.[4] Wenn also diese untere Entsprechung der Trinität *bekannt* war, *warum
sollte es denn unbewußt geblieben sein, wenn diese untere Trinität im 17.
Jahrhundert nach oben drängte* (angenommen, es war tatsächlich so)? Das ist
die *erste* Frage. Eine mich voll befriedigende Antwort auf diese Frage weiß ich
nicht, habe aber auch weder in Ihrer Arbeit noch in Ihrem Brief eine Antwort
finden können, die mich zufriedenstellt.

Die *zweite* Frage, *warum das Mandala mit der in ihr wohnenden Anima nach
dem 17. Jahrhundert wieder im Unbewußten verschwunden ist*, kann ich auch
noch nicht beantworten. Immerhin kann ich dieser zweiten Frage bereits eine
etwas amplifizierte Form geben. Wie Ihnen sicher bekannt ist, findet sich in J.
Böhmes „40 Fragen von der Seele"[5] ein Bild von 2 Halbkreisen, die einander
eben gerade *nicht* zu einem Vollkreis ergänzen, sondern so liegen:

dunkel   Z   hell   (Bild B)

(Es ist wiedergegeben in Tafel 3 der „Gestaltungen des Unbewußten".)[6] Offenbar stellt es eine *in zwei Hälften geteilte Realität* dar, die im Berührungspunkt
Z der beiden Halbkreise lose, und ich möchte fast sagen „illegitim", zusammenhängen. Eine bessere graphische Veranschaulichung der Descartesschen Philosophie als dieses Bild kann ich mir gar nicht vorstellen: Links ist die „Ausdehnung", rechts das „Denken" und Z ist die Zirbeldrüse.**

Daß ein „Mandala" der Form des Bildes B die Tendenz hat, wieder im
Unbewußten zu verschwinden, das ist mir recht einleuchtend. Das zugegeben,
reduziert sich also unsere zweite Frage auf diese: *Wodurch kam der Übergang
von dem früheren, durch das Bild (A) veranschaulichten psychischen Zustand zu
dem neuen, durch das Bild (B) veranschaulichten psychischen Zustand des 17.
Jahrhunderts zustande?*

Natürlich hängt diese Frage sehr eng zusammen mit der ersten Frage, die
ebenfalls noch unbeantwortet geblieben ist.

Was mir bei sorgfältiger Beobachtung auffällt, ist dieses, daß das Drängen der
unteren Trinität nach oben im 17. Jahrhundert nicht direkt, sondern indirekt in
einer *verkleideten* Form auftritt. Es scheint den Gelehrten des 17. Jahrhunderts
nicht so, sondern es erscheint ihnen als Streben nach empirischer *Messung*, nach
Erfassung der Natur durch die *Zahl* überhaupt (wovon die 3-Zahl der Trinität
nur ein Sonderfall ist). Es tritt nämlich insbesondere eine *Wiederbelebung*
des *ganzen pythagoräischen Geistesgutes ein* (Harmonie der Sphären, *Töne*

der Bewegung der Himmelskörper, Zahlenmystik. Man vergesse auch nicht, daß die heliozentrische Idee des Kopernikus auch schon im Altertum bekannt war – Aristarch von Samos *und andere* – und im Grunde eine Konsequenz der pythagoräischen Voraussetzungen ist.) Diese *pythagoräischen* Ideen, die notwendig zur *Messung* drängen (fängt man einmal mit den Schwingungszahlen der Töne an, so gibt es bald kein Halten mehr), *wickeln sozusagen die ältere obere bzw. untere Trinität ein und tragen sie versteckt mit nach unten bzw. oben, d. h. in die Außenwelt.* Deshalb *erscheint* den Gelehrten und Philosophen des 17. Jahrhunderts ihre Tätigkeit als eine *Weiterführung* des *antiken Geistes* und als dessen Synthese mit dem Christentum. (Das hat natürlich etwas zu tun mit dem *Herrn N.* des Traumes von Descartes.)[7]

Ihr Zitat (p. 54) von Maritain[8] „mesurant la terre et trouvant tout droit Dieu dans l'âme" wirft insofern auf diese Sache Licht als das von Kepler zunächst auch zu gelten scheint. Natürlich wird nicht nur die Erde gemessen, sondern auch insbesondere die Sterne am Himmel. Was ist das Analogon hierzu bei den Pythagoräern? Bei diesen würde ich sagen „mesurant *quelque* chose et trouvant tout droit l'âme!" Bei diesen *war die Zahl Seele* und wo die Proportion war, da war auch Seele, insbesondere in den Himmelskörpern. Bei Kepler ist auch noch etwas davon vorhanden (anima terrae!), das Mandala ist dementsprechend noch außen. Aber rasch wurde die *Gesetzmäßigkeit selbständig* und die materiellen Körper weitgehend *entseelt.* Das ist nun *dem Geist der Antike entgegengesetzt.* Durch Entseelung der Körperwelt zerfällt dann die Welt in einen der Messung zugänglichen Teil – der mehr oder weniger ausgesprochen den Denkern als der allein „wirkliche" erscheint – und in die der Messung nicht zugängliche Seele des Menschen. *Dadurch erst* verwandelt sich die pythagoräische harmonia mundi in etwas, was psychologisch gut durch obiges Bild (B) dargestellt werden kann.

Es ist also so, wie wenn dem Herrn N. die Melone nicht rechtzeitig abgenommen worden wäre! Aber dazu war wohl die Zeit nicht *reif* (vielleicht auch nicht die Melone). Aber *wir* müssen *jetzt* wohl auf diesen schicksalhaften Moment zurückkommen!

Das einzige, was als „sedimentäre Substanz" seiner Träume bei Descartes zurückgeblieben zu [sein] scheint, sind die *Wirbel.* Diese wissenschaftlich „unmögliche" und „sterile" „Hintergrundsphysik" enthält offenbar wirklich latent die archetypischen Inhalte (Mandala!) und appellierte auch an die *Gefühlswelt des Durchschnittsfranzosen* („auf die Straße gehen").

Hierfür ist ein interessanter Beleg vorhanden in einer Stelle in einem Stück von Molière, auf die mich Herr Fierz zu meiner Freude aufmerksam gemacht hat: Molière läßt irgendwo eine (natürlich ungebildete) *femme savante* sagen: „J'aime les tourbillons!"[9]

Ich habe nun nochmals durchgelesen, was ich gestern geschrieben habe, und es ist doch so etwas wie eine vorläufige Antwort auf die beiden Grundfragen zustande gekommen. *Weil* die Ecclesia nur den kollektiven und lichten, nicht aber auch den individuellen und dunklen Aspekt der Anima beherbergen konnte, sank die „Libido" ins Unbewußte hinunter und belebte dort den *heidnischen Schatten.* Dadurch tritt der allgemeine „Hexenkessel" der früheren Renaissance („Umrühren"!) ein: die Theologia platonica[10] wird geschrieben, und in der Kunst z. B. Michelangelos zeigt sich eine allerdings der Antike sehr fremde Dynamis. Auch die *bewußte* Einstellung Keplers ist auf den heidnischen Schatten hin orientiert: Sein *bewußtes* Problem ist die Integration der pythagoräischen Sphären und des antiken *Helios* ins Christentum, wozu er sich charakteristischerweise der aus der *Korrespondenzlehre* entstammenden Idee der „signatura rerum" (angewandt auf die Trinität) bedient.[11] *Sie können aber sehr recht haben mit Ihrer Idee, daß die wahre ihm unbewußte Natur dieser Dynamis die nach oben drängende Entsprechung der Trinität ist.*[†]

Denn nun *demaskiert* sich im 17. Jahrhundert plötzlich der *heidnische* Schatten, wird unwichtig und man steht nolens volens da als naturbezogen und nicht mehr gottbezogen (niederländische Malerei). *Galilei* ist der erste, der nicht mehr bewußt auf die Antike bezogen ist. Aristoteles lehnt er ebenso ab wie den Neuplatonismus (anima mundi), es bleibt nur ein wenig Plato übrig.

Und bei Ihrem armen Sündenbock Descartes legt Herr N. im Sturm die *Maske* ab: *er gibt nämlich die Melone* her und verschwindet. Descartes reagiert darauf mit einem Vorgang, den ich als *absichtliche Kontraktion* des *Bewußtseins* bezeichnen möchte. Gott und Materie werden beide *begriffs-* und *qualitätsarm gemacht* in seiner Philosophie. Die Materie verliert die energetischen und zeitlichen Qualitäten, behält nur die räumliche Ausdehnung; Gott verliert die Freiheit, behält nur die gesetzmäßige Notwendigkeit; die Tiere verlieren die Seele und daß der Mensch sich nicht auch verliert, ist eigentlich nur eine Konzession an den Schulhof (die Kirche). Die zugrunde liegende Idee ist, daß die Grundlagen der Philosophie den sogenannten „gesunden" Verstand des Durchschnittsmenschen nicht übersteigen sollen. In der Gefahr (Sturm) greift man zu dem Notbehelf, den *eigenen* Verstand zu amputieren {der sich dann aber in der anderen Schublade, den Fachwissenschaften Mathematik und Physik (Optik) weiter betätigt}. Da hat Newton doch einen mutigeren Weg zu gehen versucht! – Aber die Demaskierung des heidnischen Schatten ging zu rasch vor sich für ein Festhalten des Mandalas im Bewußtsein; es tritt eine Dissoziation ein (Bild B), die immer noch andauert (20. Jahrhundert), die sich aber nun langsam zu bessern scheint.

Können wir uns nun auf dieser Basis einigen? Inzwischen habe ich auch meine Träume und meinen eigenen Schatten beobachtet. Dieser ist ausgesprochen intellektuell und hat auch etwas mit der oben (Note 1, Seite 2)[12] erwähnten „Schattenphysik" zu tun. Die Korrekturen der Keplerarbeit kommen allmählich, und da werde ich wieder Ihre freundliche Hilfe brauchen.

Alles Gute und auf Wiedersehen   Stets Ihr W. Pauli

---

[1] Siehe hierzu die Angaben in dem Brief [1325].

[2] Vgl. von Franz [1950/85, S. 172].

[3] Von Franz [1950/85, S. 212].

[*] Ich selbst habe mich sehr mit dem Symbol „Treff-Ass" beschäftigt {vgl. die Briefe [1137, 1146, 1159 und 1172]}.

[4] Pauli (1952, S. 148).

[5] J. Böhme [1620].

[6] Vgl. Jung [1950, S. 99].

[**] Es gibt hierzu ein Analogon in der Gegenwart. Als Konkurrenz zur Komplementarität von Bohr gibt es in der Physik eine Theorie, bei der ebenfalls die Realität in 2 Hälften zerfällt. Gemäß dieser „Schatten"-Theorie, die aber immer wieder noch Anhänger hat, sollen „Welle" und „Teilchen"

beide nebeneinander existieren, wobei das Teilchen immer auf den Stromlinien des Wellenfeldes läuft. (Französisch heißt das „theorie de l'onde pilote".) Den heutigen *Cartesianern* und auch den Kommunisten in *Frankreich* gefällt das immer noch sehr, wie ich höre. Die Idee ist sehr schauerlich und läßt sich wohl widerlegen!

[7] Vgl. von Franz [1950/85, S. 155].

[8] J. Maritain [1932]. Vgl. hierzu M.-L. von Franz [1950/85, S. 137, 162 und 174].

[9] Pauli schrieb *femme servante*! In seiner 1672 erstmals in Paris aufgeführten Komödie *Les femmes savantes* machte sich Molière über die bildungshungrigen Frauen jener Zeit lustig, die sich mit wissenschaftlichen Fragen beschäftigen und auch für die kartesische Physik interessierten. Das entsprechende Zitat findet man im 3. Akt der Komödie. Vgl. auch die Briefe [1337, 1338 und 1391].

[10] Vgl. Ficino [1482].

[11] Diesen Titel trägt ein Werk [1635] von Jakob Böhme. Siehe hierzu auch den Brief [1197].

[†] Die Weise, wie Sie das Wort „Entsprechung" auf S. 54 gebrauchen, scheint mir nach wie vor irreführend. Descartes nimmt die untere Hälfte *nicht* als „Entsprechung" wahr, sondern gemäß Bild (B) als *Verdoppelung*!

[12] Entspricht der Anm. ** in unserer Transkription.

[1337] Pauli an Fierz

Zürich, 6. Januar 1952

Lieber Herr Fierz!

Vielen Dank für Ihren Brief. – Um zur Gegenwart überzugehen: Herr Destouches war (am 3. Januar) auch bei mir und hat mir ähnliches erzählt wie Ihnen. Daß Katholiken und Kommunisten sich in Frankreich gegen die Komplementarität (was „Indeterminismus" einschließt) geeinigt haben, wundert mich nicht.[1] Beide sind nämlich psychologisch an eine eschatologische Erwartung gebunden, ob diese nun im Diesseits oder im Jenseits liegt ist relativ unwichtig. Das „eherne Muß" der Geschichte – möge sie nun mit dem Triumph des „Guten" am Jüngsten Tag oder mit der endgültigen Etablierung des Weltkommunismus enden – darf natürlich nicht in Frage gestellt werden. Wo käme man denn dahin, wenn man den „Kladderadatsch", das ist das Weltende (= Ende des Kapitalismus) einer bloßen Wahrscheinlichkeitsbetrachtung unterwirft? Ich bin sicher, daß das die Psychologie ist. (Es ist mir schon lange aufgefallen, daß die Zeitungen* – besonders *auch* die anglosaxonischen – ganz irreführend über die Beziehung von Christentum und Kommunismus berichten, indem sie die Unterschiede statt die Analogien hervorheben. Da ist doch auch auf die Analogie der früheren Behandlung der Anhänger der heliozentrischen Lehre durch die Kirche mit der Behandlung der auf die Mendelgesetze basierten Genetik und ihrer Vertreter im heutigen Rußland hinzuweisen. Es ist aber auch zu sagen, daß B. *Russell* in seiner Geschichte der Philosophie[2] und auch sonst, ebenso wie ich hier, die *Analogie* Christentum-Kommunismus hervorhebt (Gott erhalte die aufsässigen Lords!).

Ich kann nun Destouches' Bericht noch ergänzen durch Erzählungen über Herrn D. *Bohm* (zur Zeit in Sao Paulo, Brasilien).[3] Dieser schreibt mir Briefe wie ein Sektenpfaff, um mich zu *bekehren* – und zwar zur alten, von ihm aufgewärmten „théorie de l'onde pilote" von de Broglie (1926/27). Ich habe Bohm zwar vorgeschlagen, unsere Korrespondenz vorläufig abzubrechen, bis er neue Resultate zu berichten habe;[4] das hat aber nichts geholfen, es kommen weiter fast täglich Briefe von ihm, oft mit Strafporto (er hat offenbar einen unbewußten Wunsch, mich zu bestrafen).[5]

Zur onde pilote ist zu sagen, daß sie eine gewisse Ähnlichkeit aufweist mit der Struktur der Descartesschen Philosophie.[6] Erstere „Schattentheorie" ist ein klassisch-deterministischer Mythos des atomphysikalischen Geschehens, bei dem ebenfalls die Realität in zwei nebeneinander befindliche distinkte Hälften zerfällt: das Teilchen und die Pilotwelle. {Im Jahr 1927 haben wir Witze gemacht über das „Kindermädchen" (Welle), welches das „Baby" (Teilchen) an der Hand führt.} Der als „real" angenommene Ort des Teilchens auf der Stromlinie des ψ-Feldes entspricht der Zirbeldrüse bei Descartes.

Ich fürchte nun, daß Bohm auch unter jungen Leuten eine beträchtliche Zahl von Anhängern finden wird – eben aus den von Destouches angegebenen Gründen besonders in Frankreich. In Amerika wird wohl nur eine kleinere Zahl von „links-gerichteten" ihm folgen, da er auf das Hindernis der empiristisch-sensualistischen Einstellung der Anglosaxonen stößt. (Was Herrn Bohm bei mir besonders reizt und ärgert, ist der Umstand, daß ich erklärte, kein Positivist zu sein. Denn er habe doch „bewiesen", daß nur „das positivistische Vorurteil" dem Akzeptieren seiner kausalistischen Lehre der verborgenen Parameter entgegenstehe.)[7]

In diesem Zusammenhang – möge er zu Ihrem persönlichen Amüsement beitragen! – möchte ich Ihnen nun folgende, als *pädagogisch* aufzufassende Frage vorlegen. Aufgefordert, zu einer Festschrift für de Broglies 60. Geburtstag einen Beitrag zu schreiben,[8] denke ich nun daran, über die Idee der „verborgenen Parameter" (seien sie nun im beobachteten System, im Apparat oder in beiden)** im allgemeinen (wovon dann die „théorie de l'onde pilote" nur eine spezielle Anwendung ist) einige Bemerkungen einzusenden. Und zwar möchte ich in Verbindung damit besonders auf die Thermodynamik von aus gleichartigen Teilsystemen bestehenden Gesamtheiten (Einstein-Bose oder Fermi-Dirac-Statistik) hinweisen. Es sind mir hierbei nicht die Energiewerte, sondern die statistischen Gewichte wichtig, ferner die Indifferenz der thermodynamisch-statistischen Betrachtungsweise gegenüber der Alternative „Welle oder Teilchen" und Gibbs' Nachweis, daß sich *gleiche* oder nur ähnliche Zustände (bzw. Teilsysteme) qualitativ verschieden verhalten. Stehen verborgene Parameter nicht nur auf dem Papier, sondern würden sie ein wirklich unterschiedenes Verhalten verschiedener Einzelsysteme (bzw. Teilchen) – je nach ihren „realen" Werten – bedingen, so müßte doch – ganz unabhängig von Fragen der *technischen* Meßbarkeit der Parameter – die Einstein-Bose oder Fermi-Dirac Statistik völlig gestört werden. Denn es gibt keinen Grund, warum die thermodynamischen Gewichte durch eine Hälfte (bzw. einen Teil) der „Realität" allein schon bestimmt sein sollten: Entweder zwei Zustände sind gleich oder nicht gleich (es gibt da eben kein „ähnlich"!), und wenn die ψ-Funktion keine vollständige Beschreibung des Einzelsystems wäre, so müßten auch Zustände mit gleicher ψ-Funktion im allgemeinen *ungleich* sein! Jede Ausrede, die ich mir zwecks Rettung der Einstein-Bose und Fermi-Dirac Statistik von seiten der kausalistischen Parametermythologen vorstellen kann, muß darauf hinauslaufen, daß sie – mit Anleihen bei der gewöhnlichen Theorie, in welcher die ψ-Funktion eine *vollständige* Beschreibung eines Zustandes ist – die andere Hälfte der Realität nachträglich doch wieder für unreal erklär[t].

Einem Narren wie Bohm ist natürlich nicht mehr zu helfen;[9] aber meinen Sie nicht, *daß ein solches Argument* den jüngeren Studenten, die sich orientieren wollen, Eindruck machen würde? Fällt Ihnen etwas ein, was die Narren dagegen sagen könnten? (Es besteht auch die Gefahr, daß – wenn ich mich einfach in Schweigen hülle – Bohm verbreiten wird, ich hätte „außer philosophischen Vorurteilen" gegen seine „Theorie" nichts einzuwenden.)

Verlassen wir hiermit die „Schattenphysik"! – Ich soll, wie ich Ihnen schon erzählt habe, im März in Paris 3 oder 4 Vorlesungen im Institut Poincaré halten.[10] (Da in der Stiftung, aus der ich bezahlt werde, die Bestimmung besteht, daß die Vorträge in französischer Sprache gehalten werden müssen, gestattet mir Destouches nicht früher als in der 3. Vorlesung einen Nervenzusammenbruch zu mimen und englisch weiter zu reden, bis dahin muß ich französisch stammeln. Vive la France!) Ich möchte doch gerne eine Auswahl mit Variationen aus meinen Züricher Vorlesungen über Feldquantisierung[11] bringen (denn es braucht gar nicht nur *Neues* zu sein, was ich dort erzähle). Nun wäre Ihre Arbeit über die Λ_C-Funktionen,[12] die ja ohnehin in meinen Züricher Vorlesungs-Noten[13] behandelt ist, u. a. ein gutes Thema – denn sie illustriert die „Komplementaritäts-Philosophie". Sie haben mir, wenn ich nicht irre, einmal gesagt, man könne diese noch besser verdeutlichen, als es in meinen Vorlesungs-Noten geschehen ist. Deshalb wäre ich froh, wenn Sie mir bei Ihrem nächsten Kommen nach Zürich (Montag, den 14. ist Seminar, und Alder trägt über Kerne vor)[14] diesen *pädagogischen* Punkt noch etwas erläutern würden (eventuell bringen Sie, bitte, etwas Geschriebenes darüber mit).

Noch kurz zur Historie nach all der vielen „Pädagogik". Ihr Vergleich von Mach und Descartes scheint mir nicht sehr glücklich. Jener ist nämlich ein *Empfindungstyp.* Daher eben am Experiment und an der Empirie interessiert. Daher war ihm das Denken unsicher, „hypothetisch"; Begriffe sind für Mach „nichts als" „Gedankensymbole für Empfindungskomplexe", die Sinne sind absolut zuverlässig, was man Sinnestäuschungen nennt sind in Wahrheit Denktäuschungen, nämlich „falsche Schlüsse". Natürlich ist Mach *esoterisch* beim Experimentieren (was er auch gerne tut), exoterisch *im Denken.* Die „Moral von der Geschicht" ist meines Erachtens nur: *Ein Philosoph ist im allgemeinen exoterisch bei seiner inferioren Funktion, wohin er auch gerne die Quelle der „Täuschungen" des Menschen verlegt. Dort ist er eben nahe dem Durchschnittsmenschen.*

Das scheint mir auch bei Descartes zu stimmen, der offenbar ein Denktyp war. Er war esoterisch in Mathematik und Optik, exoterisch im Gefühl. Letzteres wird in sehr interessanterweise durch Ihr Molière-Zitat der femme savante[15] über die tourbillons illustriert, für das ich Ihnen sehr dankbar bin. Wissen Sie, *wo* es steht?

Descartes' Philosophie, die gegenüber seinen mathematischen und optischen Arbeiten eine Art „getrennte Schublade"[16] zu bilden scheint, ist ein besonderer Fall. Sie erscheint mir als eine durch Furchtsamkeit oder starkes Erschrecken*** verursachte *absichtliche Kontraktion des Bewußtseins,* die eine

möglichst begriffs- und qualitätsarme Grundlage herstellen sollte. Der Rest ging
in die „Hintergrundsphysik" der tourbillons hinaus: Die archetypischen Inhalte,
die im Spiel waren, konnten nur teilweise dem Bewußtsein integriert werden.
– Sicher haben Sie aber recht, daß zu Descartes' individuell Erlebtem noch die
allgemeine lateinische Denkart hinzutritt, die populäre Philosophien bevorzugt.

Nun muß ich aber diesen teilweise gewiß recht komischen Brief schließen,
denn es wartet noch ein anderes historisches Kapitel auf mich: mein Vortrag
über die Geschichte des periodischen Systems der Elemente am 28. Januar.[17]

Viele Grüße von Haus zu Haus Ihr W. Pauli

[1] Siehe hierzu Rosenfelds Schreiben [1389] vom 20. März.

* Ich gebe zu, daß ich diese nicht selbst lese, sondern hier eine Identifizierung dieser mit der
Einstellung der Durchschnittsmenschen vollziehe. [Pauli hat auch bei anderen Gelegenheiten immer
wieder seine Abneigung gegen das Zeitunglesen betont.]

[2] B. Russell [1945/84]. In der Einleitung zu diesem Werk (auf S. 20 der Ausgabe von 1984) erwähnte
Russell beispielsweise die anarchistischen Ideen der Wiedertäufer, die sowohl bei den Quäkern als
auch gegen Ende des 19. Jahrhunderts im Kommunismus neu auflebten.

[3] Siehe hierzu den Kommentar zum Brief [1263].

[4] Siehe den Brief [1313].

[5] Vgl. die Briefe [1314 und 1315] vom Dezember 1951.

[6] Vgl. die Fußnote zu dem vorangehenden Schreiben [1336] an M.-L. von Franz und den Anhang
zum Brief [1328].

[7] Vgl. Bohms Brief [1314].

[8] Pauli (1953c).

** Von Neumanns Satz umfaßt den letzteren Fall *nicht*.

[9] Siehe hierzu den Kommentar zum Brief [1263].

[10] Pauli war von L. de Broglie Ende März 1952 zu Vorlesungen im *Institut Henri Poincaré* eingeladen
worden (vgl. die Briefe [1359, 1365, 1367, 1368, 1371, 1375, 1381, 1387 und 1391]).

[11] Eine von U. Hochstrasser und R. Schafroth ausgearbeitete Mitschrift dieser von Pauli [1951] im
Wintersemester 1950/51 gehaltenen Vorlesung war 1951 im *Verlag des Vereins der Mathematiker
und Physiker der ETH Zürich* erschienen.

[12] Fierz (1951). Siehe hierzu auch den folgenden Brief [1368].

[13] Pauli [1951, Kapitel XV.].

[14] Kurt Alder beschäftigte sich damals mit der Bestimmung von Winkelkorrelationen der Momente
von angeregten Kernen. Siehe Alder (1952 und 1953).

[15] Siehe den folgenden Brief [1338].

[16] Siehe hierzu auch Paulis Bemerkungen im Brief [1328].

*** Im I Ging ist diese Situation durch das Zeichen „Dschen" = Donner, Erschütterung
gekennzeichnet. Sie hat auch die Möglichkeit einer „multiplicatio" (*viele* Wirbel) in sich. [Siehe
hierzu den Anhang zum Brief [1328].]

[17] Diesen Vortrag wollte Pauli (1952b) auch während der Tagung der *Naturforschenden Gesellschaft
Zürich* halten. Vgl. auch die Bemerkung in dem Brief [1342] an Panofsky und Paulis Mappe mit
„Notizen zur Geschichte des periodischen Systems" im *Pauli-Nachlaß* 10/1-55.

[1338] FIERZ AN PAULI

Basel, 7. Januar 1952

Lieber Herr Pauli!

Vielen Dank für Ihren langen Brief, den ich jetzt nicht ausführlich beantworten will. Ich möchte nur sagen, daß die erwähnte Molière-Stelle in „Les femmes savantes", 3. Akt, 2. Szene steht.[1] Dort unterhalten sich die gelehrten Frauen zuerst mit Trissotin über zwei recht dumme Gedichte, die sie höchlichst preisen. (Trissotin, der ursprünglich Tricoutin heißen sollte, ist die Karikatur eines Abbé Cotin. Dieser hat jene Gedichte, die lächerlich gemacht werden, wirklich geschrieben.)

Hierauf wendet sich Trissotin an Philaminte, die ihn sehr bewundert, und fordert diese auf, ihrerseits etwas zu produzieren, damit auch er etwas bewundern könne. Darauf:

Philaminte:
Verse habe ich nie gemacht, aber ich habe Grund zur Hoffnung,
Daß ich Ihnen bald, vertraulich,
Acht Kapitel unseres Plans für eine Akademie zeigen kann.
Plato hat ja dies Projekt nicht vollendet,
Wie er in seinem Staat eine solche entwarf.
Sonderbar ärgert es mich,
Daß man uns in geistiger Hinsicht so Unrecht tut.
So will ich uns alle, alle Frauen, rächen,
Weil uns die Männer so unwürdig einreihen.
Sie beschränken unsere Talente auf Eitelkeiten
Und schließen uns das
Tor zur erhabenen Klarheit.

Weiter erklärt Philaminte, daß man in dieser Akademie gelehrte Versammlungen veranstalten werde, die besser organisiert werden würden als die der Männer. Das was sonst getrennt würde, solle hier vereinigt werden: Die schöne Sprache solle mit höchster Wissenschaft vereinigt werden und die Natur in tausendfachen Experimenten erforscht werden. Jede Sekte solle in jeder möglichen Frage zu Worte kommen und mit keiner werde man sich identifizieren.

Jetzt sagt *Trissotin*, er werde in diesem Falle den peripatetischen Standpunkt vertreten. *Philaminte* liebt dagegen, der Abstraktion wegen, den Platonismus. *Armande* findet an Epikur Gefallen, da seine Dogmen so stark sind.

Bélisa sagt:
Ich entscheide mich sehr gerne für die kleinen Körper
(die Atome). Das Vakuum dagegen scheint mir schwer
erträglich und so ziehe ich die subtile Materie vor.
Trissotin:
Was Descartes über den Magneten sagt, paßt mir sehr.
Armande:
Ich liebe seine Wirbel.
Philaminte:
Ich seine fallenden Welten.

Damit erklärt *Armande* die Sitzung für eröffnet.

Das ist also die Stimmung dieser Szene. Liest man diese öfter, so wird sie immer besser.

Über Bohm, von dem ich soeben auch ein Manifest erhielt, werde ich vielleicht noch nachdenken. Ich habe zwar große Widerstände, da ich das alles als Spiegelfechterei empfinde.

Mit besten Grüßen Ihr   M. Fierz

---

[1] Siehe die deutsche Übertragung von Molières *Komödien* durch Gustav Fabricius und Walter Widmer, München 1970, S. 918

[1339] NILSSON AN PAULI

Lund, 8. Januar 1952
[Maschinenschrift]

Dear Professor Pauli!

This is a sequel, mainly negative, to my letter of December 31.[1] I have now had word from the University Library at Uppsala; it turned out that they have not got all of Rydberg's manuscripts – as Professor Edlén[2] had been optimistically led to believe – but only one of them (from 1890).[3] So in that respect the attempt was a failure.

However, in my letter to Uppsala I had mentioned the problem you were interested in, and they have been in telephone contact with Professor Siegbahn about it. Professor Siegbahn (Nobel Institute for Physics, Stockholm) held Rydberg's chair in Lund during the latter's illness. He thought it very unlikely that Rydberg had given up his ideas, which were based on theoretical arguments – though I am not quite sure that the question had been correctly understood since he had referred to the publication, Elektron der erste Grundstoff, 1906,[4] which does not contain the hypothetical elements (2) and (3).[5]

I could write to Professor Siegbahn, or perhaps, if you think it is worth while to question him further on this point, it may be simpler for you to get into touch with him directly.[6]

Sincerely yours,   S. Bertil Nilsson

---

[1] Siehe den Kommentar zum Brief [1333] und den Brief [1333].

[2] Der Astrophysiker Bengt Edlén (geb. 1906) war seit 1944 Vorstand des physikalischen Institutes der Universität Lund, in dem auch Nilsson arbeitete. Für die im Jahre 1954 bevorstehende Jahrhundertfeier von Rydberg bereitete er schon jetzt eine große Veranstaltung vor, zu der namhafte Spektroskopiker und Astrophysiker aus aller Welt eingeladen werden sollten.

[3] Siehe hierzu auch Paulis „Notizen zur Geschichte des periodischen Systems der Elemente" im *Pauli-Nachlaß* 10/23-24.

[4] Rydberg [1906].

[5] Diese Fragen waren von Pauli in seinem Brief vom 23. November 1951 gestellt worden. Siehe hierzu den Kommentar zum Brief [1333].

[6] In seinem Antwortschreiben vom 11. Januar 1952 teilte Pauli mit, daß er sich Rydbergs Veröffentlichung über das Periodensystem aus dem Jahre 1914 auch in Zürich beschaffen könne und weitere Nachforschungen deshalb nicht mehr nötig seien. Siehe hierzu auch Paulis Beitrag (1955a) zur Rydberg-Festschrift.

[1340] PAULI AN FIERZ

Zürich, 10. Januar 1952

Lieber Herr Fierz!

Schnell eine kurze Antwort auf Ihren Brief vom 9.

1. Die Sache von Bohm ist beinahe ein *Plagiat*.[1] Die ganze Schreibweise der ψ-Funktion in Polarkoordinaten $\psi = \mathrm{Re}^{\frac{i}{\hbar}S}$ stammt von *de Broglie*, ebenso die „Quantenkraft" (Potential $-\frac{\hbar^2}{2m}\frac{\Delta R}{R}$). Sie finden das ausführlich dargelegt in de Broglies Bericht auf dem *Solvay Kongreß 1927*; der Kongreßbericht ist gedruckt erschienen.[2] Ferner hat er in seinem Lehrbuch „mécanique ondulatoire" von 1929 (es ist sowohl ins Englische wie ins Deutsche übersetzt)[3] seine Gegengründe dargelegt und sich dem Heisenberg-Bohr-Standpunkt angeschlossen (siehe insbesondere Kapitel XI).

Bohm hat auf mein Drängen hin eine kleine Fußnote mit Zitat von de Broglie in seiner ausführlichen Arbeit hinzugefügt.[4] Die Weise, wie er sich im Haupttext ins Licht setzt, finde ich aber immer noch *recht* unanständig!

De Broglie hat die Konzeption der „onde pilote" *vor* Heisenbergs Unsicherheitsrelation gehabt, und damals konnte man so etwas schon diskutieren.[5]

2. Mein pädagogischer Gesichtspunkt mit den Systemen aus gleichen Teilchen ist der, daß ich den *Weg von der Symmetrie der ψ-Funktion* (die kann man natürlich annehmen) zur thermodynamischen Statistik abgeschnitten sehe, sobald man annimmt, die Parameter seien nicht nur auf dem Papier, sondern wirklich meßbar. – Natürlich hängt das zusammen mit der allgemeinen Frage des Zusammenhanges der statistischen und der nicht statistischen Bedeutung der ψ-Funktion in dieser Konzeption (diese Frage hat de Broglie schon kürzlich aufgeworfen). Es scheint mir, daß bei gleichen Teilchen der Widerspruch zwischen diesen beiden Bedeutungen besonders sichtbar wird, es sei denn, man nimmt doch wieder an, die Parameter seien unbeobachtbar. Ich habe eine kleine Note verfaßt (sie hat aber noch nicht die endgültige Form) für de Broglies 60. Geburtstag (Festschrift)[6] aus Ärger über Bohm (es paßt dorthin auch wegen des „Fastplagiates"). Die möchte ich Ihnen gerne Montag zeigen. Vielleicht könnten Sie etwas früher kommen. (Ich werde ab 11 Uhr mit kurzer Mittagspause im Institut sein.) Es freut mich, daß Sie finden, „ich solle irgendwo in aller Schärfe gegen diesen Unsinn Stellung nehmen"!

Vielen Dank auch noch für die Molière Zitate[7] und viele Grüße.

Stets Ihr   W. Pauli

---

[1] Weiter unten und in anderen Briefen [1364] spricht Pauli hier auch von einem *Fast-Plagiat*. L. de Broglie vertritt in seinem Brief [1365] an Pauli ebenfalls die Meinung, daß Bohms Ideen – bis auf kleinere Ergänzungen – vollständig mit seinen eigenen 1927 während des Solvay-Kongresses geäußerten Gedanken übereinstimmen. Siehe hierzu auch den Kommentar zum Brief [1263].

[2] L. de Broglie (1927).

[3] L. de Broglie [1928].

[4] Bohm (1952a, Anm. 7). Außerdem diskutierte Bohm (1952b, Appendix B) de Broglies Vorschlag und Paulis anschließende Kritik während der Solvay-Konferenz ausführlich im Teil II seiner Veröffentlichung (1952b).

[5] Mit der Entwicklung seiner Vorstellung einer *onde pilote*, einer das Teilchen begleitenden Pilotenwelle, hatte L. de Broglie (1925) bereits kurz nach Aufstellung seiner Ondulationsmechanik begonnen. Siehe hierzu den historischen Bericht seines Schülers Georges Lochak (1990).
[6] Pauli (1953c). Siehe hierzu auch den Kommentar zum Brief [1306].
[7] Siehe den Brief [1338].

[1341] PAULI AN VON FRANZ

Zürich, 13. Januar 1952

Liebe!

Anbei die erste Hälfte der Kepler-Korrekturen samt Manuskript.[1] (Mehr ist noch gar nicht eingetroffen.) Ich habe sie erst einmal durchgesehen (und das nicht einmal sehr gründlich), aber ich schicke sie Ihnen, damit Sie Zeit haben, *in Ruhe* die lateinischen Übersetzungen durchzugehen. Vielen Dank im voraus!

Inzwischen habe ich weiter nachgedacht über die Terminologie „multiples Bewußtsein" und finde sie noch weniger befriedigend als früher:[2] Es scheint mir, *daß die Angelegenheit über das Stadium „wenn die Begriffe fehlen, findet ein Wort zur rechten Zeit sich ein"*[3] *noch nicht wesentlich hinausgekommen ist.* Nicht nur die indiskutable contradictio in adjecto „unbewußtes Bewußtsein", sondern auch der Terminus „Halb-Bewußtsein" oder „partielles Bewußtsein" scheint mir wenig befriedigend. Was ich bei den „Luminositäten" sehen kann, ist höchstens etwas wie „Keime möglicher Bewußtseinsinhalte des Ich" auf der einen Seite, Zielstrebigkeit (wenn auch eine nur begrenzte), Sinnhaftigkeit des Unbewußten und eventuell auch physisch-materieller Vorgänge auf der anderen Seite. Daher kann man hier wohl von einer „multiplen Erscheinungsform eines formalen, anordnenden Faktors (Archetypus)" reden.

Nach meiner Meinung ist es aber schon deshalb inkonsequent, den unbewußten Inhalten „Bewußtsein" zuzuordnen, weil man dann auch leblosen materiellen Gegenständen ein solches zusprechen müßte (wohl kann man unter Umständen materiellen Körpern eine „latente Psyche" zusprechen, nicht aber „Bewußtsein".) Ich möchte deshalb vorschlagen, *den Begriff „Bewußtsein" nur solchen Inhalten zuzuordnen, welche Vorstellungen eines Subjektes (Ich's) sind.* Ein anderes Vorgehen halte ich für wissenschaftlich unzulässig.

Überhaupt zeigt sich die Begrenztheit der Anwendbarkeit des Begriffes „Bewußtsein" nicht nur in der Psychologie, sondern auch in der Biologie: *Es läßt sich nicht exakt angeben, welches die notwendigen und hinreichenden Eigenschaften (Kriterien) der beobachtbaren Phänomene sind, die uns ermächtigen, einem bestimmten Objekt „Bewußtsein" zuzusprechen.* Bei einem Haustier glauben wir noch einigermaßen sicher zu sein; aber hat eine Pflanze „Bewußtsein"? Oder gar ein Virus? Es scheint mir, daß hier (also a fortiori bei den „Luminositäten") nicht nur die Antwort aufhört, vernünftig zu sein, sondern auch die Frage. Offenbar muß der Fortschritt der Wissenschaft hier so laufen, daß der Begriff „Bewußtsein" durch einen allgemeineren und besseren ersetzt wird.

Ich habe die vage Absicht, im Laufe des Februar dem Professor Jung einmal einen Brief zu schreiben und darin u.a. auch diese Frage aufzuwerfen. Es ist nun schon ein Jahr her, daß ich ihn zum letzten Mal gesehen habe, und im Lauf der Zeit haben sich einige „Diskussionspunkte" angesammelt. Was meinen Sie dazu? Vorher werden wir uns sicher noch sehen.

Es tut mir furchtbar leid, daß ich Samstag den 19. nicht in Ihren Vortrag kommen kann, und ich wünsche Ihnen noch viel Glück dazu; hoffentlich wird die Diskussion interessant sein.

Herzliche Grüße

Stets Ihr   W. Pauli

---

[1] Pauli (1952a).
[2] Vgl. hierzu den Brief [1334] und die Bemerkung in der Fußnote zum Brief [1373].
[3] Frei zitiert nach Goethes Faust, I. Teil, Studierzimmer-Szene.

[1342] PAULI AN PANOFSKY

[Zürich], 19. Januar 1952

Lieber Herr Panofsky!

Diesmal bin ich sehr in Ihrer Schuld, was das Briefschreiben betrifft. Ihre Briefe vom 27. November,[1] 29. November und 2. Januar[2] haben mir große Freude gemacht, und ich danke Ihnen sehr für Ihre hilfreichen Angaben. Nun liegen auch die Korrekturen der Keplerarbeit noch unerledigt auf meinem Tisch. Über den Satz vom Kreise, „dessen Zentrum überall und dessen Peripherie nirgends" ist, konnte ich leicht in C. G. Jungs Institut* hier Zitate bekommen, die mit Ihren Angaben übereinstimmen.[3] (Es gibt Hinweise darauf bei Bonaventura, Alanis de Insulis, Albertus Magnus). Die älteste Quelle ist Liber Hermetis de regulis theologiae = Codex Paris, Bibliothèque nationale b 319, Seite XIV p. 6286, fol. 21^{IV}–21^V. Ich will noch ein Zitat anfügen. – Wenn ich in etwa 2 Wochen die Korrekturen erledige, will ich Ihnen auch noch einmal berichten, wie Ihre Kritik der Übersetzung auf p. 31 berücksichtigt wurde. – Das Buch von Mahnke[4] und die Dissertation von G. Prym-von Becherer werde ich für diese Keplerarbeit wohl nicht mehr heranziehen können; ich will sie aber gerne (unabhängig von der Keplerarbeit) beschaffen und lesen.

Viele herzliche Glückwünsche zum neuen jungen Setter (*ohne* nebbich!). *Wie heißt er? Biblisch-alttestamentarisch?*[5]

Momentan bin ich sehr beschäftigt mit den Vorbereitungen zu einem Vortrag (am 28. Januar) für die Naturforschende Gesellschaft „Über die Geschichte des periodischen Systems der Elemente".[6] Aber die Hauptsache ist jetzt erledigt. – Galileis Aufsatz über die Malerei und Skulptur[7] kenne ich nicht. Ich bin aber überzeugt, daß die Renaissance „existiert". – Ich habe allerdings den Eindruck, daß die antikisierende Einkleidung dieser Zeit eine *Maske* ist, die im 17. Jahrhundert abgelegt wurde. Z.B. ist die alte pythagoräische Einstellung diese: Zahl ist Seele, und wo immer eine Zahl-Proportion zu finden ist, da ist auch Seele. Dahingegen im 17. Jahrhundert eine Entseelung der Körperwelt** (insbesondere der Himmelskörper) eintritt und die mathematische Naturgesetzlichkeit wird *seelenlos-selbständig*. Bei Galilei ist dieser Prozeß bereits viel weiter fortgeschritten als bei Kepler, jener verwirft –

außer Aristoteles – auch den Neuplatonismus, geht auf Plato selbst (Dialog „Menon")[8] zurück. Von der Religionsgeschichte ist das alles gar nicht zu trennen, wahrscheinlich war hier auch das Problem des Bösen überfällig (vgl. hierzu verschiedene Teufelsvisionen – Luther, Böhme etc.), wie man stets aus Unruhig- und Aggressiv-werden der Pfaffen sehen kann (diese verfolgen meines Erachtens primär das religiöse Erlebnis und nur ganz sekundär intellektuelle Tätigkeiten). – Es ist mir aufgefallen, daß Fludd und Kepler in der Polemik mit *verdeckten Karten* spielen (siehe oben das Wort „Maske"), indem der eine (Fludd) vorgibt, gar nicht empirisch, der andere *nur* empirisch zu sein. (Vgl. dazu aber Fludds Wetterglas und Keplers Trinitätssymbol.) – Es ist wie wenn sich das Lichtreich*** auch auf die materielle Welt ausdehnen würde und das Dunkle (moralisch: das Böse, naturphilosophisch: das ungesetzlich-akausale und einmalige) ganz abgedrängt würde. Selbst die Natur, auch Keplers Trinitäts-Kugel wandert nach natura rerum in die Natur, wird vergottet und *gut* im (neuplatonisch gefärbten) Pantheismus Giordano Brunos – womit ich wieder beim „Bösen" bin, worüber ich einen offenen Brief an den ‚supper-club' beifüge.[9] (Sie können ihn ja leicht ins Englische übersetzen.) Können Sie denn John von Neumanns Militarismus* aushalten, oder hat sich dieser gebessert?

Herzliche Grüße und Wünsche von Haus zu Haus   Ihr alter W. Pauli

---

[1] Brief [1313].
[2] Die beiden letzteren Briefe konnten bisher nicht aufgefunden werden.
* Die sind Spezialisten in alten alchemistischen Texten.
[3] Vgl. hierzu auch Paulis Kepler-Aufsatz (1952a, Anm. 3).
[4] Mahnke [1937].
[5] Pauli maß Hunden eine besondere psychologische Bedeutung bei, wie seine Bemerkungen über den Namen von Panofskys Schattenhund *Moses* [1297] und Schopenhauers Pudel *Atma* = Weltseele [Anlage zu 1326 und 1373] zeigen.
[6] Pauli (1952b). Siehe auch den Kommentar zum Brief [1333].
[7] Vgl. hierzu auch Panofskys Studie *Galileo as a critic of the arts* (1954) und die Aufsätze in *Isis* **47**, 3–15; 182–185 (1956).
** Kepler mag z. T. noch ein „Animist" sein, aber schon verwirft er die „anima mundi" gegenüber Fludd. – Die Planetenseelen sind bei ihm nicht mehr mit Hilfe der anima mundi *aufeinander* bezogen.
[8] In Platos Dialog *Menon* (81f.) wird seine Lehre der Anamnesis (Wiedererinnerung) beispielhaft durch geschicktes Fragen vorgeführt. Auf dieses Verfahren hat sich Kepler in seinen Schriften (z. B. im 4. Buch seiner *Weltharmonik*) mehrfach bezogen.
*** Vgl. Lichtmetaphysik bei Telesio und Patrizzi in der Renaissance.
[9] Dieses wohl in Anlehnung an Bohrs offenen Brief als *offener Brief* an den Supper Club deklarierte Schreiben wurde erst Ende Februar während einer Sitzung des Clubs diskutiert. Vgl. hierzu Panofskys Schreiben [1378] vom 5. März 1952.
* Ist er einverstanden, hinter U. S. „nebbich" hinzuzufügen?

Der im folgenden mehrfach erwähnte Princetoner *Supper Club*[1] gehörte zu denjenigen wissenschaftlichen Veranstaltungen, deren Existenz durch keinerlei schriftlichen Zeugnisse dokumentiert ist. Es gehörte zu den erklärten Regeln dieses Clubs: „No Papers" [1378]. Das einzige heute noch lebende Mitglied ist Abraham Pais, von dem die folgende Beschreibung stammt:[2] „In the early 1950s Erwin Panofsky, Harold Cherniss and I got together to organize this Supper Club. It would meet for dinner, at irregular intervals, at the Nassau Tavern (now Nassau Inn). Its core members were the above, Ernst

H. Kantorowicz, George Kennan, George Placzek, John von Neumann (we agreed never to invite Oppenheimer). Guests were permitted, but never more than two per evening. There was no program. We just ate and talked. Pauli may well have been a guest. We met for several years, then the Club gently faded away."

---

[1] Siehe die Briefe [1366, 1378, 1381 und 1435].
[2] In einer Mitteilung vom 11. Oktober 1994.

[1343] PAULI AN DEN SUPPER-CLUB

[Zürich, 19. Januar 1952][1]

Dear Supper Club!

Ich bin sehr interessiert an der Idee eines Ihrer Mitglieder, den Nebbich-Wert von Behauptungen zu diskutieren und festzusetzen.[2] Allerdings soll man da, glaube ich, nicht bei den *Anwendungen* stehen bleiben. (In U. S. A. besteht bekanntlich eine gewisse Neigung, das zu tun – wie mein nun leider verstorbener Freund Arthur Schnabel[3] gesagt hat: „man will in U. S. A. die Ursachen behalten und die Folgen beseitigen.") Aber ich bin und bleibe ein Theoretiker und möchte deshalb dringend den Nebbich-Wert gewisser philosophischer oder religiöser Thesen feststellen – die „facts" den sogenannten „Realisten" überlassen (die meines Erachtens alles können, nur nicht das durchsetzen oder erreichen, was sie jeweils gerne haben möchten).

Es scheint mir nun, daß sich die meisten oder alle Ihrer nebbichs zurückführen lassen auf den Nebbichwert 2 der Überschrift „privatio boni" (bzw. für Gott „Summum bonum"),[4] die in den ersten christlichen Jahrhunderten über das Böse gesetzt wurde.* Es fängt an – soweit mir bekannt (siehe unten) – beim Neuplatoniker *Plotin*, worüber bereits ein mir sehr lehrreicher Briefwechsel zwischen mir und dem honourable member Panofsky stattgefunden hat.[5] In II 9 (letzte Abhandlung der 2. Enneade) – προς τους γνωστικους[6] – wird dieser Gegenstand ausführlich behandelt und dort geht es los „. . . man darf im Bösen nichts anderes sehen als eine weniger vollkommene (nebbich) Einsicht, einen geringeren Grad des Guten, sein stufenweises immer geringer Werden . . ." Das Böse gehört zu den „nichtseienden" Dingen (offenbar im Sinne von Parmenides).[7] Letztere sind „so wie das Schattenbild vom Seienden verschieden". „Mangel" (nebbich) „hat also nicht-gut sein im Gefolge, völliger Mangel dagegen böse-sein, und zunehmender Mangel die Möglichkeit, ins Böse abzusinken und dann böse zu sein". Soweit die christlichen Philosophen vom Neuplatonismus herkommen – wie insbesondere *Augustin* (da gibt es doch große Kenner im humanity-department), dann auch Dionysios Areopagites, Scotus Eriugena (der ja diesen übersetzt hat und eigentlich kaum christlich, sondern rein neuplatonisch ist) und viele andere übernehmen diese Philosophie. Die Gründe sind lauter Scheingründe, es ist vielmehr die Standard-Formulierung der neuplatonischen (mehr oder weniger heidnischen oder christlichen) Gefühlshaltung, der das Böse offenbar so unerträglich ist, daß es im Prinzip bereits als eliminiert hingestellt werden muß.†

Ich möchte nun zuerst die historische Frage aufwerfen: Wo findet sich diese Idee der privatio boni zuerst? Bei Christen oder bei spätantiken Heiden? Oder bei beiden unabhängig? Hat sie Plotin von früheren Christen angenommen? Doch wie steht es mit den älteren (heidnischen) Neuplatonikern vor Plotin? Kann vielleicht the honourable member Cherniss[8] darüber Auskunft geben, ob man die „privatio boni" schon dort findet – *unabhängig* vom Christentum? Es ist mir eigentlich sehr wahrscheinlich, denn die antike Philosophie seit Parmenides *läßt sich* in diese Richtung weiterbilden, *wenn* man es gefühlsmäßig so will.[9] Die Gnostiker waren offenbar diejenigen, die (meines Erachtens mit Recht) auf griechisch „nebbich" dazu gesagt haben!

Die ursprüngliche, alte antike Gefühlshaltung war anders, nämlich fatalistisch (siehe den zitierten Brief des honourable members Panofsky über Plato), aber auch die alttestamentarisch-jüdische Gefühlshaltung war grundsätzlich verschieden von dieser neuplatonisch-christlichen. Jahwe hat man *gefürchtet*, man hat ihn angerufen „der Heilige gelobt sei er" (was wohl soviel heißt wie „werde nicht zornig, ich will mir mit Dir nichts aufzwicken") und Satan war sein Genosse, im Buch Hiob war dieser sogar „unter den Gottessöhnen".[10]

Auf einmal sagt man der „*liebe*" (nebbich) „Gott", der „nur *gut* sein kann" (nebbich). Hier möchte ich die Klubmitglieder von mosaischer Konfession** gerne fragen, ob das nicht *einer der Gründe* gewesen ist, warum am Anfang des Christentums nur ein kleinerer Teil der Juden dieses angenommen hat? (Eine Erklärung, die sich etwa auf „Konservativismus" beruft, scheint mir ganz inadäquat in diesem Falle.) Die Idee eines nur und ausschließlich „guten" Gottes muß den Juden doch gefühlsmäßig sehr fremdartig gewesen sein. Dieses wäre also die *zweite historische Frage* an den Supper-Club.

Mir selbst scheint die Idee des *lieben* und *guten* Gottes ganz außerordentlich verlogen,*** und die Idee eines launischen Tyrannen, der manchmal zornig, manchmal wieder freundlich ist wie Jahwe, ist mir wesentlich sympathischer. Für das 20. Jahrhundert kommt auch dieser mir allerdings naturphilosophisch antiquiert vor.

Ich komme selbst von Schopenhauer her, der dem „$\vartheta \varepsilon o \varsigma$" oder „Dieu" (wie er immer gerne gesagt hat), das menschenähnliche Bewußtsein (beim Menschen bekommt dieses dann gerade einen Sinn) abgesprochen (und ihn deshalb „Wille" genannt) hat. Damit nimmt man Ihm zwar die Liebe, aber *man gibt Ihm die Unschuld*. Dies stimmt auch überein mit Taoteking, Nr. 5, wo von den „strohenen Hunden" die Rede ist.[11] Interessanterweise war es gerade die „privatio boni", gegen die Schopenhauer Sturm gelaufen ist (insbesondere am Beispiel von Scotus Eriugena); er wollte (wie ich) eine Philosophie, bei der das Böse (etwa, weil er den Teufel *duldet*) nicht auf den oder einen Schöpfer zurückfallen kann.

In diesem Sinne Ihr stets ergebener   W. Pauli

---

[1] Die Datierung erfolgte aufgrund der Bemerkung in dem voranstehenden Brief [1342], daß Pauli einen *offenen Brief* an den *supper-club* beilegen wolle. Die in diesem Schreiben an den supper-club gestellten Fragen werden erst im Brief [1378] beantwortet. Am oberen Briefrand steht der handschriftliche Vermerk „1952, March", was offensichtlich auf die Sitzung des *supper-clubs* hinweist, bei der der Inhalt dieses Schreibens diskutiert wurde.

[2] Über die Bedeutung des aus dem Jiddischen stammenden Wortes *Nebbich* als Bezeichnung für „jemanden, auf den es nicht ankommt", hatte sich Pauli früher bereits mit seinem Freund Paul Ehrenfest auseinandergesetzt (vgl. Band **II**, S. 137).

[3] Pauli war mit dem österreichischen Pianisten Artur Schnabel (1882–1951) bereits seit den 30er Jahren befreundet.

[4] Siehe hierzu auch den Brief [1283].

* A physicist would say: this is a „theory of holes" for the evil and I beg the honourable members Pais and Plaçzek to explain this to the Club. Nebenbei: Den Marxismus halte ich übrigens für eine verweltlichte Form der „privatio boni-Stimmung". Siehe hierzu B. Russell, History of Western Philosophy, p. 364 (chapter on Augustine). [Dort hatte Russell die Ähnlichkeiten der jüdisch-christlichen und der marxistischen Lehre durch ein *dictionary* entsprechender Begriffe veranschaulicht.]

[5] Pauli hatte im Sommer 1951 während seines Aufenthaltes in Italien in Plotins Werken gelesen. Vgl. die Briefe [1278, 1283 und 1284].

[6] „Gegen die Gnostiker". Die betreffende Stelle bei Plotin [1492, II, 9] findet man auch in der deutschen Übersetzung von R. Harder [1973/86, S. 118]. Pauli erwähnte dieses Zitat ebenfalls in seinem Brief [1284].

[7] Platon: *Parmenides*. Siehe hierzu auch Schwyzer (1951, Spalte 559f.).

[†] Siehe Note* voriger Seite: Beim Marxismus ist das „der Geschichte ehernes Muß".

[8] Es handelt sich um den Altphilologen Harold F. Cherniss, der 1935 sein bekanntes Werk über *Aristotle's criticism of presocratic philosophy* veröffentlicht hatte. Vgl. auch [1378 und 1384].

[9] Siehe hierzu die Bemerkungen in den Briefen [1343, 1357 und 1360].

[10] Hier fügte Panofsky ein (unleserliches) Wort hinzu, das wahrscheinlich den Hinweis auf das in dem Brief [1378] erwähnte *Lämmerschwänzchen* enthält.

** Ich selbst bin zwar in der katholischen Konfession erzogen worden, aber etwas in mir hat von Anfang an immmer „nebbich" dazu gesagt. Sie werden es mir also hoffentlich gestatten, es zu versuchen, mich in die andere Seite einzufühlen.

*** Ist vorne alles *rosa*, dann macht man leicht unwillkürlich ein paar Schritte zurück – und fällt dabei unfehlbar in einen recht dunklen Schacht hinunter!

[11] Dieses Zitat aus Laotses *Taoteking* hatte Pauli bereits in seinen Briefen [1172 und 1174] mit A. Jaffé diskutiert.

[1344] FIERZ AN PAULI

Basel, 19. Januar 1952

Lieber Herr Pauli!

Im letzten Seminar haben Sie wiederum die Frage nach dem Entwicklungssatz der halbzahligen Eigenfunktionen des symmetrischen Kreisels aufgeworfen. Diesen will ich jetzt ableiten, und Sie werden sehen, daß Ihre Bedenken gegenstandslos sind.

Bedeutet α eine Drehung um $(\vartheta, \varphi, \psi)$ und $\alpha + \beta$ die aus α und β zusammengesetzte Drehung, dann erfüllen die Darstellungs-Matrices von ϑ_j die Gleichung

$$A_{ik}^{j}(\alpha) A_{kl}^{j}(\beta) = A_{il}^{j}(\alpha + \beta). \tag{1}$$

Sei nun α eine infinitesimale Drehung, so ist

$$A_{ik}^{j}(\alpha) = \delta_{ik} + i(\omega \mu_{ik}), \tag{2}$$

wo ω der Gyrationsvektor. Andererseits kann man die rechte Seite von (1) in der Form

$$A_{il}^{j}(\alpha) + i(\omega \alpha) A_{il}^{j}(\alpha)$$

schreiben, wo α die Drehimpulsoperatoren, also Differentiationen nach den Eulerschen Winkeln sind.

Es gilt aber in ϑ_j

$$(\mu_{ik}\mu_{kl}) = \delta_{il}\, j\,(j+1). \tag{3}$$

Daher erfüllen die $A_{il}^{j}(\vartheta, \varphi, \psi)$ die Differentialgleichung des (symmetrischen) Kreisels. Also sind sie passend normierte Eigenfunktionen desselben zum Eigenwert j.

(1) ist deshalb der gesuchte Entwicklungssatz, der nichts anderes als die Darstellungseigenschaft der $A_{ik}^{j}(\vartheta, \varphi, \psi)$ darstellt.

Setzt man in (1) $i = l = 0$, so erhält man das Additionstheorem der Kugelfunktionen als Spezialfall.

Sehen Sie irgendeinen Einwand gegen diese Überlegungen?

Wenn ich also nicht etwas übersehen habe, und ich wüßte nicht was, so ist damit die Frage beantwortet.

Wesentlich ist natürlich, daß man alle drei Eulerschen Winkel verwendet. Das ist aber geometrisch klar. Im Falle ganzer j kann man allerdings $l = 0$ betrachten, und dann tritt der dritte Winkel in $A_{k0}^{j}(\beta)$ und $A_{i0}^{j}(\alpha + \beta)$ nur implizite auf – nämlich nur in den Entwicklungskoeffizienten $A_{ik}^{j}(\alpha)$. Aber das ist ein Spezialfall.

Die unitären Darstellungen der Lorentzgruppe erhält man sodann auf die früher von mir angegebene Art:

Man betrachte drei orthogonale Vektoren und eine Frequenz, die sich bei Lorentztransformationen so transformieren, wie E, H, k, ν einer ebenen elektromagnetischen Welle. Diese bestimmen das „körperfeste" System und k ist die „Figurenachse". Das Verhalten einer Funktion dieser Vektoren bei Drehung um die k-Achse ist offenbar invariant. Daher gibt es die Invariante i; $j, l \geq i$; welche das Verhalten der irreduziblen Funktionensysteme bei Drehung um diese Achse anzeigt.

Mit besten Grüßen
Ihr M. Fierz

[1345] PAULI AN VON FRANZ

Zürich, 20. Januar 1952

Liebes Fräulein von Franz!

Anbei der Rest der Korrekturen,[1] die Figuren fehlen noch. Dazu noch folgende Bemerkungen

1. Panofskys Kritik (siehe Beilage)[2] scheint mir berechtigt. Sie bezieht sich aber auf den Teil des Manuskriptes, den Sie schon das letzte Mal bekommen haben. Ich habe es damals leider versäumt, das beizulegen.[3]

2. Auf p. 175 sind hebräische Buchstaben, die im Originaltext vorhanden waren, ausgelassen worden.[4] Da muß wohl noch jemand anderer helfen.[5]

3. Wo im lateinischen Text (entsprechend dem Original) ein Kursivdruck ist, soll auch in der deutschen Übersetzung Kursivdruck angewendet werden.[3]

4. Auf *p. 181 und 182* fehlt eine kleine (dieselbe) Figur.

5. Den doppelten Satz auf der Schlußseite 188 der Korrekturbogen verstehe ich gar nicht. – Sollen wir die Kreisfigur drucken? Sie stammt übrigens aus Eisler, Geschichte der Philosophie des Mittelalters,[6] was man dann zitieren müßte.

Besten Dank im voraus (es eilt nicht sehr).[7]   Ihr W. Pauli

[1] Es handelte sich um die Druckfahnen von Paulis Kepleraufsatz (1952a).
[2] Bei der Durchsicht der englischen Übersetzung des Kepleraufsatzes hatte Panofsky einige Passagen der von M.-L. von Franz vorgenommenen Übersetzungen beanstandet. In einem Schreiben vom 12. Dezember 1953 an Pauli hat Panofsky eine Liste dieser Übersetzungsfehler zusammengestellt.
[3] Handschriftlicher Zusatz: „erledigt"
[4] Pauli (1952a, S. 182).
[5] Handschriftlicher Zusatz: „Dr. Schärf". Siehe hierzu die Anmerkung zum Brief [1381].
[6] Es handelt sich um Rudolf Eislers 1913 in Tübingen veröffentlichte Übersetzung des französischen Werkes von M. de Wulf [1912].
[7] Handschriftlicher Zusatz: „p. 156 *seit* sollte korrigiert werden; p. 158 sollte meines Erachtens ganz weg."

[1346] NILSSON AN PAULI

Lund, 20. Januar 1952
[Maschinenschrift]

Dear Professor Pauli!

Many thanks for your letter. I have asked Professor Edlén[1] about Rydberg's triplets of Cu as given in the Astrophysical Journal, **6**, 239, 1897.[2] Evidently they do relate to the arc-spectrum of copper and are no proper triplets, but made up of doublets and quartets (quartets were not yet known at that time). I may, for the sake of completeness, copy a note of the level-scheme that Professor Edlén gave me (referring to Shenstone, Philosophical Transactions of the Royal Society, London A **241**, 297, 1948):[3]

Levels in Cu I (arc-spectrum) giving rise to Rydberg's constant wave-number differences:

	level	electron-configuration	symbol
	43513. 95	$3d^9$ 4s 4p	$^4D_3\frac{1}{2}$
212. 24			
	43726. 19	"	$^2F_2\frac{1}{2}$
680. 08			
	44406. 27	"	$^4D_2\frac{1}{2}$
	70998. 12	$3d^9$ 4s 4d	$^4S_1\frac{1}{2}$
129. 69			
	71127. 81	"	$^2F_3\frac{1}{2}$
50. 38			
	71178. 19	"	$^4P_2\frac{1}{2}$

Some of the triplets and doublets given by Rydberg are only accidental (as he himself suspected, p. 241).

I do not know of any photo of Rydberg[4] in a periodical, but I hope you can use this picture, which is of course not a photo of Rydberg himself, but of the oil-painting in the lecture-hall at the Physical Institute (painted by his son-in-law, Johan Johansson). The negative had been prepared earlier in the Physics Department, and they promised me a diapositive; only when they got down to it they had used up all their plates.

With my best compliments and greetings. Sincerely yours, S. Bertil Nilsson

[1] Siehe hierzu die Angaben zum voranstehenden Brief [1339].

[2] Rydberg (1897).

[3] Shenstone (1948).

[4] Eine Aufnahme von Rydberg ist auch in dem Band der 1954 von Pauli besuchten Rydberg-Konferenz enthalten. An einer solchen Aufnahme war Pauli auch im Hinblick auf seinen Vortrag (1952b) über die Geschichte des periodischen Systems der Elemente bei der bevorstehenden Schweizerischen Naturforscherversammlung interessiert, die dieses Mal am 11. Februar 1952 in Zürich abgehalten werden sollte.

Schon mehrmals wurde in dem vorangehenden Briefwechsel auf Paulis bevorstehende Pariser Vortragsveranstaltung über Quantenfeldtheorie am *Institut Henri Poincaré* hingewiesen, die zugleich mit der am 15. August bevorstehenden Jubiläumsfeier für Louis de Broglie abgestimmt werden sollte.[1]

Am 3. Januar und nochmals Anfang März 1952 war Jean-Pierre Destouches bei Pauli in Zürich gewesen.[2] Bei dieser Gelegenheit hatten sie sich eingehend über das allgemeine ideologisch gefärbte wissenschaftliche Klima in Paris unterhalten, auf das Pauli die Vorliebe der französischen Physiker für den „möglichst begriffs- und qualitätsarmen" kartesisch-materialistischen Standpunkt in der Kausalitätsfrage und ihre besondere Ansprechbarkeit für Bohms Ideen zurückzuführen versuchte [1337].[3] Ebenso wurden die Voraussetzungen der von Pauli für den 20.–30. März angesetzten Veranstaltung vereinbart. In diesen Vorträgen wollte Pauli „eine Auswahl mit Variationen" aus seinen im vergangenen Wintersemester an der ETH in Zürich gehaltenen Vorlesungen über Feldquantisierung bringen, die nun auch schon im Druck vorlagen.

Die von Pauli zu diesem Zweck ausgearbeiteten Vorträge [1367] mit dem Titel *Quelques chapitres choisies de la théorie des champs quantifiés* wurden ins Französische übersetzt und vervielfältigt [1310], um den französisch sprechenden Teilnehmern das Verständnis zu erleichtern.

Neben seiner Vortragsveranstaltung nahm Pauli als Anhänger der Kopenhagener Schule diese Gelegenheit wahr, um seine vielen Einwände gegen die von Bohm wiederbelebte Theorie der de Broglieschen Pilotwelle vorzubringen, die besonders in Frankreich viele Anhänger besaß [1337]. Besonders wichtig schien ihm die Tatsache, daß die Einführung *verborgener Parameter* zu einem unterschiedlichen Verhalten statistisch-thermodynamischer Gesamtheiten *gleicher* oder *nur ähnlicher* Teilsysteme führe und somit dem durch die Erfahrung bestätigten Verhalten von Systemen widerspreche, die der Bose-Einstein bzw. Fermi-Dirac Statistik gehorchen.

In einer abschließenden Diskussion nach diesen Vorträgen hat Pauli seinen Standpunkt zur Theorie der Pilotwelle nochmals zusammengefaßt:[4] „The base of the theory of the pilot wave (in every variety of it) is a deterministic scheme in which the wave function ψ plays the role of a physically real field represented by two real functions. If we first consider one particle only these functions are in ordinary space and time and determine the trajectories of the particle. – I wish to point out here, that in order to reach accordance with ordinary wave mechanics one uses additional assumptions which are entirely arbitrary from the deterministic standpoint. They are borrowed from ordinary wave mechanics which however, is based on the very different idea that the ψ-function describes the state of a quantum mechanical system *completely*. These additional assumptions present the new parameters to manifest themselves even indirectly by any physically effects, so that these parameters become entirely fictious (or if one prefere this word, ‚metaphysical‘).“

Ein Jahr danach, in einem Schreiben vom 29. Mai 1953 an Bohr, rekapitulierte Pauli seine scheinbar fruchtlosen Pariser Bekehrungsversuche: „Mein Besuch in Paris vor einem Jahr war leider nur sehr kurze Zeit wirksam. Die Autoren sprechen immer nur von hypothetischen Lösungen noch gar nicht vorhandener nichtlinearer Differentialgleichungen, so daß es mir nicht möglich ist, die Mathematik darin ernstlich zu diskutieren. Es sind nur Träume, und nicht einmal schöne Träume. Von Dir wird dort die amüsante Charakterisierung gegeben: ‚M. Bohr, qui est l’un des plus grands savants de notre époque, mais qui est un peu le Rembrandt de la physique contemporaine, car il manifeste parfois certain goût pour le clair obscur etc.‘[5] Sollen wir Dich von nun an *unseren Rembrandt* nennen?“

---

[1] Siehe hierzu die Briefe [1310 und 1337] und den Kommentar zum Brief [1355].

[2] Siehe den Brief [1371] und Paulis Kommentar zu diesen Besuchen in seinem Schreiben [1391] an Rosenfeld.

[3] Siehe hierzu den Brief [1391] und auch Borns Bemerkungen über Marxismus und Physik in seinem Schreiben vom 21. Januar 1953 an Rosenfeld.

[4] Das Manuskript dieses Textes (und eine in französischer Sprache abgefaßte Übersetzung desselben) mit der Überschrift *Discussion, Tuesday* (bzw. *Discussion mardi*) befindet sich im *Pauli-Nachlaß* 6/26-32. Siehe hierzu auch die Bemerkung im Brief [1391].

[5] Das gleiche Zitat wurde auch in einem Aufsatz von L. de Broglie wiedergegeben, der in einer deutschen Übersetzung unter dem Titel „Wird die Quantenmechanik indeterministisch bleiben?“ in den *Physikalischen Blättern* **9**, 541–548 (1953) abgedruckt wurde.

[1347] PAULI AN DAS COMITÉ LOUIS DE BROGLIE

Zürich, 22. Januar 1952
[Maschinenschriftliche Durchschrift]

Monsieur!

Sur votre prière j’accepte volontiers d’écrire un article pour le livre jubilaire de Monsieur Louis de Broglie.[1] Je pense qu’une note de 6 à 8 pages ayant pour titre: „Remarques sur le problème des paramètres cachés dans la mécanique quantique et sur la théorie de l’onde pilote“ sera particulièrement appropriée, ces questions jouissant d’un regain d’actualité par suite des travaux de D. Bohm.[2]

Selon votre désir je réduirai les signes mathématiques au strict minimum et pense vous envoyer mon travail jusqu’au 15 février.

Mais avant j’aimerais vous demander si vous préférez avoir le travail en français (je peux faire une traduction ici accompagnée éventuellement d’un sommaire en anglais) plutôt qu’en anglais (ce qui aurait l’avantage d’éveiller de plus grands échos aux U. S. A.). D’autre part j’aimerais savoir si Monsieur de Broglie recevra dès maintenant une copie de mon travail, ou bien si tout le livre jubilaire est réservé pour le 15 août. Enfin j’aimerais vous prier de m’envoyer le plustôt possible des tirages à part de la note de L. de Broglie dans les Comptes Rendus de l'Académie de sciences **233**, 1951, p. 1012 (29 octobre)[3] et des travaux de Vigier, ebenda **232**, p. 1187 et **233**, p. 1010.[4]

Avec parfaite considération [W. Pauli]

[1] Siehe hierzu den Kommentar zum Brief [1306] und Paulis Aufsatz (1953c).
[2] Vgl. Bohm (1952).
[3] L. de Broglie (1951).
[4] In dem Schreiben wurde irrtümlich Kigier geschrieben. J.-P. Vigier (1951a, b).

[1348] NILSSON AN PAULI

Lund, 22. Januar 1952
[Maschinenschrift]

Dear Professor Pauli!

It seems that double agencies have been at work, as a result of my inquiries in the Physics Department, to procure photos of J. R. Rydberg.[1] Today I received, unexpectedly, this cabinet portrait, which Profesor Edlén had caused to be copied in a photographic studio in town. He asks you to accept it as a gift from the Physical Institute.[2]

I do not think any further photographs are likely to make their appearance.

Sincerely yours, S. Bertil Nilsson

[1] Eine Photographie Rydbergs befindet sich im *Pauli-Nachlaß* 10/46.
[2] Siehe hierzu die Mappe „Periodisches System der Elemente" im *Pauli-Nachlaß* 10/1–55, in der sich neben Aufzeichnungen und Notizen für seinen Vortrag auch die Photographie eines Gemäldes von Rydberg befindet. Wahrscheinlich handelt es sich um das gleiche Portrait, das auch als Frontispiz in der von Edlén (1955) herausgegebenen Rydberg-Festschrift wiedergegeben wurde.

[1349] PAULI AN FIERZ

Zürich, 23. Januar 1952

Lieber Herr Fierz!

1. *Hahlbzahlige Darstellungen der Drehgruppe.* Ihr Brief ist mir zu „stenographisch" geschrieben, an einer Stelle steht wohl auch α statt β.* Am einfachsten wird es sein, Sie rechnen mir den Fall $j \times 1/2$ am Montag explizite an der Tafel hier vor. Die größeren j geben dann bestimmt nichts Neues im Prinzip.

2. *Der relativistisch-phänomenologische Energie-Impulstensor.* Herr von Laue schickte mir sein Buch[1] mit einem Begleitbrief, in welchem er u. a. hervorhebt, daß er gerade in dieser Sache seinen Standpunkt geändert habe. Ich habe in der Neuauflage seines Buches nun nachgelesen, daß er auf Grund sehr ähnlicher Argumente wie diejenigen Ihres früheren Briefes (Drehmomente in anisotropen Medien) den symmetrischen Tensor nunmehr als ganz künstlich verwirft und sich Minkowskis früherer Formulierung anschließt. Ferner weist

Laue in seinem Brief auf eine Arbeit von ihm in Zeitschrift für Physik **128**, 387, 1950[2] hin, die ich dann nicht mehr gelesen habe, die *Sie* aber vielleicht der Vollständigkeit halber noch ansehen sollten. – Ich vermute, daß nunmehr völlige Übereinstimmung zwischen Laue und Ihnen bestehen dürfte.

3. *Herr Bohm.* – Kürzlich hat mich hier Herr *G. Beck* aus Südamerika (Rio de Janeiro)[3] besucht, der auch Bohm vor nicht allzu langer Zeit gesehen hat.[4] Beck berichtete, daß Bohm gar nicht damit zufrieden ist, nur eine andere Formulierung der jetzigen Quantentheorie zu geben, sondern dies nur als ersten Schritt einer Weiterbildung und Verallgemeinerung der jetzigen Quantenmechanik betrachtet.

Das muß auch so sein, da ja Einstein selbst der verborgene Parameter ist und er ein Aufgehen der Relativitätstheorie (sogar der allgemeinen) in der Quantentheorie (bzw. umgekehrt) anstrebt. Die Hauptmeinungsverschiedenheit besteht natürlich über die *Richtung*, in welcher diese Verallgemeinerung zu suchen ist, da Einstein offenbar meint, daß diese in „*reicheren* Gesetzen" (mit neuen Parametern) als denen der jetzigen (statistischen) Quantenmechanik zu suchen sei.[5] Deshalb dürfte er glauben, daß Bohms Überlegungen in der „richtigen" Richtung gehen, während sie nach meiner Meinung in der „falschen" Richtung gehen.

Inzwischen wurde ich mehr und mehr unzufrieden mit allem, was Sie das letzte Mal in Zürich über das „Sich-nicht-Äußern" eventueller verborgener Parameter zu der Thermodynamik oder sonstwo gesagt haben. Ich halte meinen Einwand voll aufrecht, daß genug Zeit verstrichen wäre mit Entstehung der Erde, um die empirischen thermodynamischen Gleichgewichtszustände völlig zu verändern – wenn Bohms neue Parameter existieren würden – es sei denn, man nimmt an, daß diese *prinzipiell* nur auf dem Papier stehen und sich *nie* äußern können. *Letztere* Annahme ist natürlich widerspruchsfrei, aber an *der* scheint Herr Bohm gar nicht interessiert zu sein!

In einer gewissen Stimmung von Unzufriedenheit mit Ihnen, die sich nächsten Montag hoffentlich wieder in Zufriedenheit verwandeln wird, grüßt Sie herzlich
Ihr   W. Pauli

---

* Die Bezeichnung $\alpha + \beta$ in Ihrem Brief ist schon deshalb schlecht, weil die Zusammensetzung der Drehungen nicht kommutativ ist. – Ich weiß also nicht, was wirklich gemeint ist.

[1] Es handelte sich um die 5. Auflage von M. von Laues Buch *Die spezielle Relativitätstheorie* [1952], das er als Band I seines Werkes über *Die Relativitätstheorie* veröffentlicht hatte.

[2] M. von Laue (1950).

[3] Heisenbergs ehemaliger Leipziger Assistent Guido Beck (1903–1988) war 1932 zunächst an die Universität in Prag gegangen. Infolge des dort herrschenden Antisemitismus verließ er Europa bis er nach längeren Irrfahrten schließlich 1943 eine Stellung in Argentinien an dem Observatorium in Cordoba erhielt. 1952 war er zum Professor an dem brasilianischen *Centro Brasileiro de Pesquisas Físicas* der Universität in Rio de Janeiro ernannt worden. Vgl. Nussenzveig (1990).

[4] Vgl. hierzu die Angaben über Bohm im Kommentar zum Brief [1263].

[5] Diese Auffassung hatte Einstein in seinem Beitrag zur de Broglie Festschrift [Einstein (1952): Einleitende Bemerkungen über Grundbegriffe. In L. de Broglie 1953/55, S. 13–17] vertreten, auf die sich Pauli hier bezieht.

[1350] PAULI AN JAFFÉ

[Zürich], 23. Januar 1952

Liebe Frau Jaffé!

Da Sie gestern erkältet waren, will das Schicksal offenbar, daß ich Ihnen schreiben soll. *Was ist die Beziehung des Ich-Bewußtseins zu den Bildern und Realitäten des Unbewußten?* Ich will die Frage einmal so stellen, denn weder weiß ich *allgemein* was „Gott" ist, noch bin ich damit einverstanden, die Begriffe „Wesen" und „Bewußtsein" miteinander zu vertauschen, noch damit, von Bewußtseinsinhalten zu reden, die nicht einem Subjekt vorgestellt sind. Die wissenschaftliche Begriffsbildung scheint mir da erschöpft. Ich sage „non liquet" dazu, und wende nun Ihre Aufforderung „können Sie das noch ‚gefühlshafter' ausdrücken?" auf die oben stehende und unterstrichenen Frage an. Als ich Ihren Brief (vom 2. I.)[1] las, hatte ich bei diesem Satz sofort das Gefühl „Das kann ich nicht" und sah mich davor stehen wie der Ochs am Berge.

Um etwas „gefühlshafter" ausdrücken zu können, braucht es bei mir einen längeren „rite d'entrain" und einen allmählichen Übergang vom wissenschaftlichen zum belletristischen oder Märchen-Stil (siehe meine Gedichte und Prosa-Geschichten),[2] wobei sich die anfangs gestellte Frage immer mehr modifiziert. Ich phantasiere nun einfach drauf los, habe noch keine Ahnung, was in diesem Brief stehen wird und noch viel weniger, ob er heute oder je fertig werden wird.

Schopenhauer's „Wille" ist „eigentlich" der „unbewußte Gott", von dem im „Aion"[3] die Rede ist, das steht für mich fest. Also was ist bei Schopenhauers *Gefühlshaltung* denn anders als bei *meiner* Gefühlshaltung zu den am meisten superioren d. h. dominierenden männlichen Figuren des Unbewußten (der „Fremde", der „Ganzheitskern" etc.). Es ist sehr *Wesentliches* anders. Schopenhauers Gefühlshaltung zu seinem „Wille ohne Bewußtsein" ist nämlich negativ-pessimistisch. Nun, die Frauen fehlen bei ihm (statt dessen ist ja der Pudel „Atma" vorhanden).[4] Der „Fremde" dominiert aber auch die Anima, nur *das Ich-Bewußtsein dominiert er nicht*.

Das Ich-Bewußtsein ist ein Einbruch in die Welt des Fremden genau so wie der Fremde auch ein Einbruch in die Welt des „Ich" ist. Der Fremde weiß *nicht* vorher, was das „Ich" machen wird. Das einzige, was das „Ich" vom Fremden *sicher* weiß, ist, daß er sich bestimmt in „anordnender" Weise (eventuell *störend*) bemerkbar machen wird, wenn er sich *vernachlässigt* fühlt. Denn er will etwas vom „Ich" haben – er will *keine* „Ferien vom Ich" – er will, daß das Ich in ihn „einschlägt", denn das, und nur das, bedeutet für ihn (wenigstens temporäre und partielle) *Erlösung*. Er ist also, kurz gesagt, *erlösungsbedürftig*, und diese Note fehlt bei Schopenhauers „Wille". Wie sich der „Fremde" zu Tieren und Pflanzen verhält, weiß ich nicht; aber seitdem der Mensch vorhanden ist, hat er es hauptsächlich auf *ihn* abgesehen. Soweit ein „Wissen" als „unbewußte Vorstellung oder Bild" beim Fremden vorhanden ist, scheint es mir eher, daß das menschliche Ich-Bewußtsein es *durchbrechen* kann und daß das eben das ist, was der „Fremde" auch „*will*". Vom Menschen aus gesehen hat der „Fremde" sowohl „gute" wie auch „böse" Züge, er stellt ein kontinuierliches, niemals endendes *Experimentieren* mit dem (oder den) Menschen an und er liebt es, sie in *Spannung* und *Konflikt* zu halten. Nur *dann* scheint das Ich in ihn „einschlagen" zu können. Um dieses zu erreichen, muß er sich zuweilen der großen Mühe unterziehen, seine Ausdrucksmöglichkeiten in Worten und Bildern der Welt des „Ich" so weit zu nähern, daß dieses ihn wenigstens annähernd verstehen, „begreifen" kann. Das muß sehr schwer für ihn sein, denn seine Welt ist eine ganz andere als die des Ich. Mag sein „Wissen" dämmerhaft – [weit] sein, wie das der Zugvögel, seine Handlungsfreiheit erscheint mir eingeschränkt durch dem Menschen erforschbare Regeln (mögen diese auch nicht die der „Kausalität" im engeren Sinne sein). Er ist *unfrei*, schon durch seine schicksalhafte, nach eigener Erlösung lechzende Bindung an das menschliche Ich-Bewußtsein. Die „*Willensfreiheit*" (die moralische Verantwortlichkeit einschließt) *hat der Mensch*, der „Fremde" hat eine solche *nicht*. Menschlich gesprochen verhält „er" sich zum Menschen wie ein Vater zu einem Sohn, der wunschgemäß das väterliche Geschäft weiterführen soll, aber auf andere, neue Weise, die dem Vater nicht *direkt* verständlich ist. (Das ist – nun mehr intellektuell gesprochen das „kompensierende Verhältnis". Aber nun wieder zurück zum „gefühlshaften" Ausdruck.)

Dies alles nun hat eine Analogie in einem Mythos, der mich immer wieder fasziniert, so als ob er auch mein eigener, persönlicher Mythos wäre: es ist die alte Geschichte vom *Merlin*, die ich – nun „märchenhaft" ausgedrückt – persönlich weiterführen will (nicht notwendig auf die Idee vom Graal bezogen bleibend).[5] In der alten Geschichte ist er entsprungen aus einer Verbindung des *Teufels* mit einer guten frommen Frau. Er selbst ist dann sowohl gut als auch böse. Modern: Aus der Verbindung des negativen „Schatten" mit einer positiven „Mutter-Anima" entsteht ein „hell-dunkler", „gut-böser" Sohn: der „Fremde". Wie Merlin *weiß* er die Zukunft, aber ändern kann er sie nicht, auch dort nicht, wo er „hineingelegt" wird (siehe die Merlin-Geschichte). Meines Erachtens kann aber *der Mensch* diese „Zukunft" *ändern*!

Die alte Geschichte von Merlin hat ja keinen Schluß. Er stirbt *nicht*, lebt weiter in einem Luftschloß oder einem „Elfenbeinturm", von keinem Menschen gesehen, von einer „heidnischen Anima", Diana oder Viviane, bewacht, die ihn für sich ganz allein haben will.

Ich will nicht die Viviane, aber ich will ihr den Merlin wieder entreißen, den sie gefangen hält. Ich will ihn erkennen, mit ihm wieder sprechen, seine Erlösung ein kleines Stück vorwärts bringen. Das, glaube ich, ist der Mythos meines Lebens.

(N.B. Und ist es nicht auch die innere Geschichte meiner Beziehung zu Fräulein F.? Sie erscheint mir als eine Viviane, die einen Merlin gefangen hält. Das ist das Geheimnis meiner Faszination dabei. Und ich will gar nicht die Viviane, sondern ich will den Merlin.)

So ist die Sache nun subjektiv-gefühlshaft-märchenhaft ausgedrückt statt wissenschaftlich. Nun ist die Frage: hat das nur persönliche Gültigkeit für mich oder *hat es auch eine objektive Gültigkeit für alle*?

Der „Merlin" (oder „Fremde") ist ein erlösungsbedürftiges Stück im Unbewußten, das als Antwort auf den Sieg des Christentums am Beginn des Äons der Fische von einer naturhaft-heidnischen Anima im Unbewußten zurückgehalten und bewacht ist. Und dieses Stück ist also sowohl gut als auch böse.

Ist es nun „gefühlshaft" ausgedrückt? Nun haben Sie mehr aus mir herausgebracht, als Sie vielleicht selbst geahnt haben! Ihr Katarrh hat damit, hoffe ich, seine Funktion erfüllt und verschwindet wieder!

In diesem Sinne

Stets

Ihr W. Pauli

Der „Huxley" geht zugleich an Sie ab.[6]

---

[1] Dieser Brief ist ebenso wie die meisten anderen Briefe von Jaffé an Pauli nicht erhalten.

[2] Vgl. die in der Anlage zu Paulis Brief [1166] enthaltenen Gedichte.

[3] Jung [1951].

[4] Vgl. hierzu auch Paulis Bemerkung in der Anmerkung zu seinem Brief [1373] an Jung.

[5] Siehe hierzu Paulis Briefwechsel mit Emma Jung [1156 und 1167] und die Graal-Studie von E. Jung und M.-L. von Franz [1960].

[6] Als ein begeisterter Leser der Werke von A. Huxley besaß Pauli eine große Zahl seiner Romane, die sich noch heute in seiner bei CERN in Genf aufgestellten Privatbibliothek befinden. Siehe hierzu auch die Briefe [1316 und 1325], in denen Huxleys *Perennial Philosophy* erwähnt wird.

[1351] FIERZ AN PAULI

Basel, 24. Januar 1952[1]

Lieber Herr Pauli!

1. Sie haben offenbar Widerstände in Sachen halbzahlige Drehgruppe, die vielleicht auf Erinnerungen an ältere Zeiten zurückzuführen sind. Aber alles ist ganz einfach. Im Falle Spin $1/2 = j$ ist die unitäre Matrix, welche der Drehung ϑ, φ, ψ zugeordnet ist[2]

$$S(\vartheta, \varphi, \psi) = \begin{pmatrix} \cos\frac{\vartheta}{2}e^{i(\varphi+\psi)/2} & \sin\frac{\vartheta}{2}e^{i(\varphi-\psi)/2} \\ \sin\frac{\vartheta}{2}e^{i(-\varphi+\psi)/2} & \cos\frac{\vartheta}{2}e^{-i(\varphi+\psi)/2} \end{pmatrix} .$$

Nun berechne man $S(\vartheta, \varphi, \psi)S(\alpha, \beta, \gamma) = S(\lambda, \mu, \nu)$ und man findet

$$\cos\frac{\lambda}{2}e^{i(\mu+\nu)/2} = S_{11}(\lambda, \mu, \nu)$$

$$= \cos\vartheta/2\cos\alpha/2 e^{i(\psi+\varphi+\gamma+\beta)/2} - \sin\vartheta/2\sin\alpha/2 e^{i(\varphi-\psi+\gamma-\beta)/2}$$

$$\sin\frac{\lambda}{2}e^{i(\nu-\mu)/2} = S_{21}(\lambda, \mu, \nu)$$

$$= \sin\vartheta/2\cos\alpha/2 e^{i(\psi-\varphi+\gamma+\beta)/2} + \cos\vartheta/2\sin\alpha/2 e^{i(\varphi-\psi+\gamma-\beta)/2}$$

Hieraus ergibt sich die „Zusammensetzung der Winkel".* Weiter zeigt die Formel, wie $S_{11}(\lambda, \mu, \nu)$ und $S_{21}(\lambda, \mu, \nu)$ durch $S_{11}(\alpha, \beta, \gamma)$ und $S_{21}(\alpha, \beta, \gamma)$ ausgedrückt werden können. Das ist der Entwicklungssatz.

Für beliebiges j gilt

$$S^j_{mm'}(\vartheta, \varphi, \psi)$$
$$= e^{i(m\varphi+m'\psi)} \frac{\sqrt{(j-m)!}}{2^j\sqrt{(j+m')!(j-m')!(j+m)!}}(1+x)^{\frac{m+m'}{2}}(1-x)^{\frac{m-m'}{2}}$$
$$\frac{d^{j+m}}{dx^{j+m}}[(x+1)^{j-m'}(x-1)^{j+m'}]; \quad x = \cos\vartheta. \tag{1}$$

Weiter gilt dann

$$S^j_{mm''}(\lambda, \mu, \nu) = \sum_{m'} S^j_{mm'}(\vartheta, \varphi, \psi)S^j_{m'm''}(\alpha, \beta, \gamma). \tag{2}$$

Ist j eine ganze Zahl, so kann man hier $m'' = 0$ setzen, und dann kommen die Winkel ν und γ in der Formel (2) nicht mehr vor.

Die $S^j_{m0}(\alpha, \beta)$ sind dann, bis auf den Faktor $\frac{\sqrt{2l+1}}{4\pi}$, gleich den Kugelfunktionen $Y_{j,m}(\alpha, \beta)$.

Wenn also j ganz ist, gibt es Funktionen der Polarwinkel α, β (bzw. ϑ, φ), d. h. Funktionen auf der Kugel, die sich nach ϑ_j transformieren. Wenn jedoch j halbganz ist, gibt es nur Funktionen von 3 Eulerschen Winkeln, welche diese Eigenschaft besitzen. Als solche kann man immer die wählen, welche zu $m'' = 1/2$ gehören, aber das ist natürlich willkürlich.

Es ist ja überhaupt eine Art Zufall, daß man wenigstens die Hälfte aller Darstellungen der Drehgruppe in einem „zweidimensionalen" Raume darstellen kann, da ja diese Gruppe drei Parameter enthält. Die Drehung um die „Figurenachse" ist eben in diesem Falle durch die Einheitsmatrix dargestellt.

Ich hoffe, nun sei die Sache klar dargestellt.

3. Es ist immer eine undankbare Aufgabe, den Advocatus diaboli zu spielen, vor allem dann, wenn die Macht des Teufels sich in Verführungskünsten und Blendwerk offenbart.

Glauben Sie ja nicht, daß mich meine Argumente beglückt hätten! Rein logisch, oder sagen wir, philosophisch stört es mich jedoch, daß Sie aus einer Theorie, die aus der *Erfahrung* begründet wird, z. B. aus der Thermodynamik, schließen möchten, die Parameter Bohms seien *prinzipiell* nicht beobachtbar.[3] Kann man denn aus der Erfahrung je prinzipielle Schlüsse ziehen? Man kann doch immer nur sagen, daß in Anbetracht der Erfahrung gewisse Spekulationen über spätere Erfahrungen hochgradig unvernünftig seien.

Bohm wird zugeben müssen, daß für alle bekannten bisherigen Erfahrungen und Tatsachen seine Parameter ohne Bedeutung sind. Sie stehen also gegenwärtig gewiß bloß auf dem Papier.

---

[1] Das Schreiben trägt keine Unterschrift und stellt wahrscheinlich nur eine Aufzeichnung für das endgültige Antwortschreiben auf Paulis Brief [1349] dar. (Darauf deutet auch der Inhalt von Paulis folgendem Brief [1352] hin; u. a. bezieht er sich dort auch auf ein in dem vorliegenden Brief nicht vorkommendes Zitat.) Die Numerierung 1. und 3. bezieht sich auf die entsprechenden Punkte in Paulis Schreiben [1349].

[2] Pauli machte hierzu folgende Randbemerkung: „Einer der Winkel φ, ψ mod. 4π, der andere mod. 2π. bestimmt. (Egal welcher). $(\varphi + \psi)/2$ oder $(\varphi - \psi)/2$ mod. 2π; d. h. $\Delta\varphi = (N + 2N')2\pi$; $\Delta\psi = N2\pi$.“
* Mir fällt dazu immer ein: „das ist die Zusammensetzung der Wasser.“
[3] Siehe hierzu auch Reichenbachs Bemerkung in seinem Brief [1445].

[1352] PAULI AN FIERZ

Zürich, 25. Januar 1952

Lieber Herr Fierz!

Vielen Dank für Ihren Brief vom 24.[1] Er hat vieles geklärt, insbesondere scheint mir Ihre $S(\vartheta, \varphi, \psi)$-Matrix und ihr Additionstheorem ganz in Ordnung zu sein, ich will es auch noch im einzelnen durchgehen, habe aber keinerlei Bedenken mehr.

Nun zum „Fall Bohm“. Die Philosophie verstehe ich schon, aber da ist ein Punkt, der einfach die *Physik* der Sache betrifft, wo ich Sie nie verstehen kann. Nämlich: für *welche Zeiten* wären Abweichungen von den jetzt bekannten Erfahrungen zu erwarten, wenn die Bohmschen Parameter sich *doch* äußern würden. Meine Antwort ist gerade: für *lange* Zeiten (nicht etwa für *kurze* Zeit „*bevor* die Parameter alle ihre möglichen Werte annehmen“; Seite 3 Ihres Briefes).

Ich behaupte nämlich, die jetzt als thermodynamische Gleichgewichte betrachteten Zustände (insbesondere bei Gesamtheiten, die aus vielen gleichen Teilgesamtheiten bestehen und Bose-Einstein oder Fermi-Dirac Statistik aufweisen) müßten dann nur *scheinbare* Gleichgewichte sein, die sich im Lauf der Zeit *langsam* verändern würden. So etwa wie in der Mixtur von Ortho- und Para-He bei tiefen Temperaturen eine langsame Reaktion einsetzt und zunächst das Verhältnis 3 : 1 der beiden Gase noch bleibt, obwohl es kein Gleichgewichtszustand mehr ist. Bei den Bohmschen Parametern würde das nur noch viel langsamer gehen.

Ein zugehöriges Modell stelle ich mir mathematisch so vor, daß die zeitliche Änderung der ψ-Funktion nicht nur vom Wert der ψ-Funktion im betreffenden Zeitmoment abhängen würde, sondern explizite auch noch von den Werten der neuen Parameter. Dann könnten die letzteren und die ψ-Funktion als Funktion der Zeit nur mehr simultan bestimmt werden, nicht die ψ-Funktion allein ohne die Parameter-Werte.* Aber alles bliebe „deterministisch“. Sind nun die „Zusatzglieder“ genügend klein, so könnte Bohm allerdings die Ausrede gebrauchen, daß sie sich erst in Zeiträumen bemerkbar machen würden, die *lang* sind gegenüber dem Alter der Erde.

Das ist nun genau das Umgekehrte von dem, was Sie an der zitierten Stelle Ihres Briefes sagen, und deshalb verstehe ich die Voraussetzung Ihres Gedankenganges nicht. Das ist offenbar gar nicht Philosophie, sondern ich habe einen ganz bestimmten Typus eines mathematischen Modelles einer Theorie im Auge, an den Sie offenbar nicht denken.

Also auf Wiedersehen am Montag! Ich glaube, wir werden uns nun einigen.

Herzlichst   Ihr W. Pauli

¹ Siehe den voranstehenden Brief [1351].
* Dies allein wäre mathematisch „natürlich" in einer solchen Theorie, da ja umgekehrt die zeitlichen Änderungen der Parameter auch nur bestimmt sind, wenn die ψ-Funktion bekannt ist.

[1353] PAULI AN FIERZ

[Zürich], 26. Januar [1952]

Lieber Herr Fierz!

Anbei noch ein paar Zeilen über Bohm. Ich bin jetzt ganz befriedigt, weil Sie mich gezwungen haben, ein *mathematisches* Modell für alle meine früheren Behauptungen und Aussagen zu machen. Dabei werden von selbst sowohl diese als auch Ihre Philosophie zu ihrem Recht kommen. In meinen Zeilen von gestern abend¹ habe ich das schon angedeutet, ich kann es aber in einem wesentlichen Punkt jetzt noch ergänzen.

Also die Grundannahme ist, daß

a) in jedem Zeitmoment der „reale" Zustand des *abgeschlossen* gedachten (siehe unten) Systems durch eine (komplexe, eventuell in Polarkoordinaten zu schreibende) Funktion $\psi(q_1 \ldots q_n)$ eines n-dimensionalen Raumes und außerdem noch durch n-Parameter $z_1 \ldots z_n$ beschrieben werden soll. (Das nicht-statistische Feld im n-dimensionalen Raum ist reichlich ungewohnt, aber wir wollen zum Zwecke des Argumentes das einmal zulassen.)

b) Sowohl das ψ wie die z sind Funktionen der Zeit, die bei so gegebenem Anfangszustand *eindeutig* kausal determiniert sein sollen.

Die Naturgesetze müssen demnach von der Form sein

$$i\,\hbar\frac{\partial \psi^{(q)}}{\partial t} = \boldsymbol{H}(q;z)\psi^{(q)} \tag{1}$$
Operator

$$k = 1 \ldots n \qquad \frac{dz_k}{dt} = F_k\left(\left[\psi(q), \psi^*(q), \frac{\partial \psi}{\partial q_i}, \frac{\partial \psi}{\partial q_i}, \frac{\partial \psi^*}{\partial q_i}\right]\right). \tag{2}$$

Werte für $q_k = z_k$ zunehmend.*

Man kann rechts den Quotienten aus Stromdichte-Komponente und Teilchendichte $\psi^*\psi$ nehmen, wenn man will. Die $\psi(q)$ sind *nicht* eliminierbar.

Herr Bohm nimmt zunächst speziell an, daß der Operator $\boldsymbol{H}$ in (1) von den z unabhängig sein solle. Aber das kann meines Erachtens nur eine Näherung sein (und ich glaube, *daß auch Herr Bohm selbst dieser Ansicht ist*). Diese zwar logisch mögliche Annahme prägt der Theorie nämlich den Stempel des *dissoziativen Charakters der Wirklichkeit* auf. (Hier spielt bei mir sowohl Psychologie als auch Descartes herein.) *Die mathematisch natürliche Verallgemeinerung der jetzigen Theorie, zu der die Voraussetzung a) führt, muß darin bestehen, daß der Operator $\boldsymbol{H}$ in der ersten Gleichung (1) von allen $z_1 \ldots z_n$ (zur betreffenden Zeit t_0) abhängen wird.***

{Hierin ist implizite bereits ein von Ihnen von mir verlangtes principium regulae philosophandi enthalten.² Nämlich dieses: „Hat man einmal eine

Grundvoraussetzung in die Theorie eingeführt, so ist es nicht erlaubt – obwohl rein logisch möglich – die weiteren Gleichungen durch Schielen auf ein daneben liegendes Blatt Papier aufzustellen, auf welchem eine *andere* Theorie mit ganz anderen Grundvoraussetzungen aufgeschrieben ist." Mit anderen Worten „Die *allgemeine Form* der aufzustellenden Gleichungen darf *nicht* durch *Anleihen* bei dieser anderen Theorie gewonnen werden." Hierfür müssen vielmehr mathematisch-logische Gesichtspunkte maßgebend sein, die den genannten Voraussetzungen *inhärent* sind. – Stimmen nachher die Folgerungen aus einem ehrlichen mathematischen Procedere in einem prinzipiellen Punkt nicht mit der Erfahrung oder mit anderen Theorien überein, so sind die Voraussetzungen wesentlich zu ändern.}

N. B. Für weitere *Annahmen* über Wahrscheinlichkeiten ($W = |\psi|^2$ oder dergleichen) ist natürlich *kein* Platz mehr.

Weitere Diskussion:

1. Folgerung aus (1) für Systeme, *die aus vielen* gleichartigen Teilchen bestehen. Der Operator H wird nur unverändert bleiben, wenn man *zugleich* die $q_1 \ldots q_n$ *und* die $z_1 \ldots z_n$ einer und derselben Permutation P unterwirft. Symmetrieeigenschaften ergeben sich demnach nur noch für

$$\psi[P_q; P_z] = \pm\psi(q; z).$$

Die z stehen als den Anfangszustand charakterisierende Parameter in den ψ.

Auch wenn die z in H nur in Form von *kleinen* Zusatzgliedern enthalten wären, würde doch im Lauf genügend langer Zeit die Einstein-Bose bzw. die Fermi-Dirac-Statistik vollkommen verwischt werden. „Philosophisch" kann man diese Zeiten so lang machen als man will, aber das interessiert mich nicht.

Die Meinungsverschiedenheit mit Bohm ist diese: Während Bohm der Ansicht zu sein scheint, man könne die Modifikation des Hamiltonoperators H, welche die Parameter enthält, so vornehmen, daß die Abweichungen von der jetzigen Theorie auf kleine Räume der Ordnung 10^{-13} cm beschränkt bleiben,[3] glaube ich hiermit gezeigt zu haben, daß – wenn man genügend *lange* wartet (wie *verkehrt* ist doch die schon gestern zitierte Stelle auf p. 3 Ihres Briefes!)[4] – diese Modifikationen *überall* „verheerend" sein werden (insbesondere bei den thermodynamischen Eigenschaften gleichartiger Systeme).

2. Der „Abschluß" eines Systems bezieht sich in dieser Theorie auf die Funktion $\psi^*(q)$ und die z. Während in der jetzigen Quantenmechanik auch Erwartungswerte von beliebigen Funktionen der Impulse eine Eigenschaft des abgeschlossenen Systems sind, ist das bei Bohm nicht der Fall, die letzteren erscheinen bei ihm vielmehr zum Teil als Eigenschaft der Umgebung während der Messung (und man entgeht so dem Neumannschen Einwand.)[5] Dadurch wird eine Unsymmetrie der Interpretation in bezug auf p und q in die Theorie eingeführt, die meines Erachtens nur bei *Verallgemeinerung* der jetzigen Theorie (um eine solche ist es auch Bohm zu tun) in der durch diese neue kausalistische Form aufgezeigten Richtung gerechtfertigt wäre. Sonst ist es nur „schlechter Geschmack". – Für eine Annahme Wahrscheinlichkeit $= |\psi|^2$ ist natürlich *kein* Platz!

Viele Grüße   Ihr W. Pauli

[1] Siehe den Brief [1352].
* Diese Annahme, daß F_k [nicht] vom ganzen Verlauf der $\psi(q)$ abhängt, ist [auch willkürlich]. Aber ich will das einmal annehmen.
** Ich würde dann *nicht mehr* sagen, daß der Ansatz „dissoziativ" sei.
[2] Fierz hatte in seinem Schreiben [1351] Pauli inkonsequente Argumentation vorgehalten.
[3] Siehe hierzu Bohms Bemerkung in Punkt 4 seines Briefes [1315].
[4] Vgl. den Brief [1351].
[5] Siehe hierzu den Brief [1323].

[1354] PAULI AN SCHWYZER

Zürich, 27. Januar 1952[1]

Sehr geehrter Herr Doktor!

Ich möchte Ihnen sehr danken für die Zusendung Ihres Artikels über Plotin,[2] aus dem ich bereits einige mir wertvolle Anregungen geschöpft habe. Nun möchte ich mir erlauben, Ihnen kurz zu sagen, was im Moment mich speziell philosophiegeschichtlich interessiert, und in Verbindung mit dem Neuplatonismus noch einige weitere Fragen an Sie zu richten.

Es handelt sich um die Gespräche der ‚privatio boni', d. h. der Idee oder Doktrin, daß das Böse „ein Nichts", nur ein „Mangel des Guten" sei. (N. B. Ich selbst bin sehr ablehnend gegen diese Idee, wie das ja auch schon die Gnostiker waren, aber das steht nun *nicht* zur Diskussion, sondern nur die *historische* Seite der Sache.) Hier entstand eine gewisse Diskrepanz zwischen mir und einigen meiner Freunde, die behaupteten, diese Idee sei spezifisch *christlich* und sich dabei u. a. auf *Basileios* und *Augustinus* beziehen, wo diese Doktrin ausdrücklich entwickelt ist; sie wiesen auch auf den Zusammenhang dieser Idee mit der bereits frühchristlichen Lehre hin, daß Gott ein summum bonum, d. h. *nur gut* sei.[3] Nun kannte ich Plotin, den ich (allerdings nicht *ganz*, nur zum Teil) in Harders Übersetzung[4] gelesen habe. Ich wies auf die ‚privatio boni'* insbesondere auf II 9 ($\pi\rho o\varsigma$ $\tau o\upsilon\varsigma$ $\gamma\nu\omega\sigma\tau\iota\kappa o\upsilon\varsigma$), ferner auf Plotins Identifizierung des $\varepsilon\nu$ mit dem $\alpha\gamma\alpha\vartheta o\nu$.[5] (Die Bezeichnung $\upsilon\nu\varepsilon\rho\alpha\gamma\alpha\vartheta o\nu$ in Plotins ‚*negativer* Theologie' des ‚Einen' war mir wohlbekannt, aber ich halte Plotin nicht für einen systematischen Denker, sondern für einen intuitiven Gefühlstyp,** der logische Widersprüche oft gar nicht zu vermeiden trachtet. So widersprechen sich wohl auch Plotins *positive* Aussagen über das „Eine" mit seiner an anderen Stellen entwickelten *negativen* Theologie des „Einen".) Sicher ist bei Plotin die ‚privatio boni' logisch verknüpft mit seiner Identifizierung des $\varepsilon\nu$ mit dem $\alpha\gamma\alpha\vartheta o\nu$.[6] {Die ähnliche Auffassung der ‚Materie' ($\upsilon\lambda\eta$) als einer bloßen privatio und als identisch mit dem absolut Bösen war mir nicht entgangen; Plotin versteht aber unter Materie wohl etwas ganz anderes als wir, vielleicht auch etwas anderes als Aristoteles (?).}[7]

Auf diese Entgegnung von meiner Seite hat dann einer meiner Bekannten die Vermutung geäußert, Plotin könnte hierbei von früheren Christen beeinflußt sein. Dies war mir schon rein intuitiv sehr unwahrscheinlich, und das Umgekehrte (daß später die Christen von Plotin beeinflußt waren) schien mir viel einleuchtender. Ohne Fachleute konnte ich nun nicht weiter kommen.

Nun traf ich neulich, wie Sie wissen, Herrn Professor Howald,[8] und dieser
bestritt auf meine Frage sofort sehr energisch *jeden* christlichen Einfluß bei
Plotin. Er fügte hinzu, daß zu Plotin's Zeit unter den Christen sich noch keine
geistig ernst zu nehmenden Leute befanden.*** Dagegen betonte er, daß die
Gnostiker (meines Erachtens zum Teil mit Recht) dem Plotin das Leben recht
sauer gemacht haben (was mir auch bekannt war). Dann empfahl er mir sehr,
Ihre Schrift über Plotin zu lesen und ich freue mich sehr, daß Sie mir das nun
ermöglicht haben.

Besonders interessiert hat mich Ihr Nachweis, daß Basileios und Origenes[9]
von Plotin direkt beeinflußt waren (Parallele: *νους* – Gottessohn, *φυχη* (Weltseele) – heiliger Geist),[†] daß ferner Plotin dem Augustinus bekannt gewesen
ist. Ebenso interessierte mich sehr Ihr Hinweis auf *Albinos* didasc. (*Wann lebte
dieser?*)[10]

Meine zuerst rein intuitiv gebildete Ansicht,[††] daß die *privatio boni Doktrin*
und die *Identifizierung* des *εν* mit dem bonum (*αγαϑον*) *primär heidnisch-neu-
platonisch gewesen sei und erst von da ins Christentum überging*, scheint also
nun ganz gut gestützt. Es würde mich aber sehr interessieren, von Ihnen zu
hören, *ob sich diese beiden Thesen* (die ja direkt miteinander zusammenhängen)
schon vor Plotin bei heidnischen Autoren (Neuplatonikern und Neupythagoräern)
der Spätantike (besonders den ersten beiden Jahrhunderten der christlichen
Ära) *finden*. (Diese Thesen scheinen mir eine Art Standard-Formulierung der
neuplatonischen *Gefühlshaltung* zu sein.)

Ohne Fachleute kann ich diese Frage nicht beantworten. Für Ihre Gabe und
im voraus auch für Ihre Bemühungen herzlich dankend   Ihr ergebener Pauli

---

[1] Auch abgedruckt in Meier [1992, S. 193–194].

[2] R. H. Schwyzer (1951) hatte Pauli einen Fahnenabzug seines soeben erschienenen Artikels über
„Plotinos" in der *Realenzyklopädie der klassischen Altertumswissenschaft*, Band **21**/1, Spalten 471–
592 zugesandt.

[3] Siehe hierzu Schwyzers Antwortschreiben [1356].

[4] R. Harder hatte eine zweisprachige Ausgabe von Plotins Schriften in 5 Bänden, Leipzig 1930–1937
publiziert.

* Könnten Sie mir, bitte, das *griechische* Wort für privatio sagen? Ich habe etwas Griechisch im
Gymnasium gelernt.

[5] D. h. „des Einen mit dem Guten".

** Schopenhauer bezeichnet Plotin als „Kanzelredner", der den Plato ebenso „platt trete" wie die
heutigen Kanzelredner die Evangelien. – Er lobt aber dann IV als „vortrefflich". [Vgl. S. 301 und
360.]

[6] Siehe hierzu [1373].

[7] Siehe hierzu auch die Angaben über Aristoteles' Materiebegriff im Brief [1373].

[8] Ernst Howald (1887-1967) war Professor für klassische Philologie an der Universität Zürich. Wie
Pauli in seinem Schreiben [1373] an Jung vom 27. Februar 1952 mitteilte, hatte er sich bei Howald
wegen der Neuplatoniker erkundigt und war von diesem auf Schwyzer aufmerksam gemacht worden.

*** Ich habe einmal *Tatian* und *Meliton von Sardes* (II. Jahrhundert) zitiert gesehen, weiß aber nicht,
ob diese Autoren Christen waren. Ich vermute aber, sie waren ‚Neuplatoniker oder Neupythagoräer'.

[9] Siehe hierzu den Brief [1356].

[†] Die plotinische „Trinität" *εν, νους, ψυχη* ist allerdings *übereinander* angeordnet, *nicht* mit
gleichgestellten Gliedern wie bei der christlichen Trinität.

[10] Schwyzer (1951, Spalte 560) hatte Albinos didasc. X 164, 31 in seinem Artikel über Plotinos
zitiert.

†† Ich wußte wohl, daß man, *wenn man es so will*, des Parmenides Unterscheidung der „seienden" und der „nicht seienden" Dinge, so wie auch Plato in dieser Richtung weiter entwickeln *kann*. – Ferner fiel mir auf, daß auch Scotus Eriugena sehr extrem die privatio boni verficht, obwohl er mehr neuplatonisch als christlich ist. Seine direkte Quelle ist wohl Dionysius Areopagites, den er ja übersetzt hat.

Das für den 15. Februar zugesagte Manuskript [1347] von Paulis Beitrag zur L. de Broglie-Festschrift[1] war inzwischen weitgehend abgeschlossen [1368] und wurde nun von der Sekretärin getypt [1371]. In Übereinstimmung mit den Vereinbarungen des Herausgeberkomitees ließ Pauli seinen Beitrag ins Französische übersetzen [1358]. Die deutsche Vorlage befindet sich jedoch im Genfer *Pauli-Nachlaß*.[2]

Bei dieser Gelegenheit hatte Pauli sich auch mit Louis de Broglie in Verbindung gesetzt und mit ihm einen regen Briefaustausch begonnen [1368], von dem bisher allerdings nur das folgende Brief-Fragment [1355] und ein weiteres längeres Schreiben [1365] von de Broglie an Pauli aufgefunden werden konnten.

Acht weitere Autoren hatten sich in ihren Beiträgen zur Festschrift ebenfalls mit der Frage der Interpretation der Quantenmechanik auseinander gesetzt.[3] Einstein reichte zusammen mit seiner Mitarbeiterin Bruria Kaufmann zu diesem Anlaß eine Verbesserung der Grundlage seiner relativistisch verallgemeinerten Theorie der Gravitation ein,[4] die 1946 in den *Annals of Mathematics* erschienen war. Unter ihnen war Pauli jedoch der einzige, der sich mit Bohms neuer Theorie der verborgenen Parameter ernsthaft auseinandersetzte und Argumente zu ihrer Widerlegung zusammenstellte.[5]

[1] Siehe den Kommentar zum Brief [1306].
[2] *Pauli-Nachlaß* 6/40-54. Siehe hierzu auch den Brief [1353]. Der in der deutschen Ausgabe der de Broglie-Festschrift abgedruckte Aufsatz von Pauli (1953c) ist eine nicht von Pauli stammende Rückübersetzung aus dem Französischen.
[3] Vgl. hierzu auch A. Georges Einleitung zur L. de Broglie-Festschrift [1953/55].
[4] Einstein und Kaufmann (1955).
[5] Siehe hierzu insbesondere Paulis Bemerkungen in seinem Brief [1337].

[1355] DE BROGLIE AN PAULI

[ca. Februar 1952][1]
[Fragment eines Briefes]

Si l'on suppose comme la forme de l'onde $\psi = ae^{i\varphi}$ et si l'on admet la formule $v = -\frac{h}{2\pi m}\mathrm{grad}\varphi$ qui détermine le mouvement, on a d'après l'équation de propagation

$$\frac{\partial a^2}{\partial t} + \mathrm{div}(a^2 v) = 0. \tag{1}$$

D'autre part la probabilité de présence de la particule dans l'élément $d\tau$ étant $\rho d\tau$, on doit avoir l'équation de conservation

$$\frac{\partial \rho}{\partial t} + \mathrm{div}(\rho v) = 0 \tag{2}$$

c'est à dire que ρ obéit à la même équation que a^2. Ceci ne suffit pas, bien entendu, à prouver que l'on a $\rho = \kappa a^2$ et il semblerait que l'on puisse prendre pour ρ une solution quelconque de (2), c'est à dire une forme quelconque de $\rho(\kappa yzt_0)$ à un instant initial t_0, l'équation (2) déterminant ensuite entièrement $\rho(\kappa yzt)$ en fonction $\rho(\kappa yzt_0)$.

Cependant si l'on trouve des raisons d'admettre qu'à un instant t_0, on doit poser $\rho(\kappa yzt_0) = \kappa a^2(\kappa yzt_0)$, alors à tout instant $t > t_0$, on aura $\rho = \kappa a^2$.

Or, considérons une onde ψ qui, à un instant initial t_0, a la forme d'un long train d'ondes assimilable, sauf sur ses bords, à une onde plane monochromatique. On aura dans le train d'ondes $a^2(\kappa yzt_0) = C^t$. Toutes les trajectoires possibles seront des droites parallèles. Or il est impossible de savoir laquelle de ces trajectoires est décrite par la particule et où se trouve la particule sur sa trajectoire, car pour le savoir, il faudrait faire des mesures de position, ce qui changerait tout. Il est donc naturel d'admettre que $\rho(\kappa yzt_0) = C^t$, c'est à dire que $\rho(\kappa yzt_0) = \kappa a^2(\kappa yzt_0)$, d'où résulte qu'à tout instant $t > t_0$, on a $\rho(\kappa yzt) = \kappa a^2(\kappa yzt)$.

De même si à l'instant t_0, l'onde ψ a la forme d'une onde sphérique divergente, on aura $a^2(\kappa yzt_0) = \frac{C^t}{r^2}$ (r distance à la source). Toutes les trajectoires possibles seront les droites radiales divergeant à partir de la source. Comme on ne peut savoir laquelle de ces droites est décrite par la particule et où se trouve la particule sur la droite qu'elle décrit, il est naturel de poser $\rho(\kappa yzt_0) = \frac{C^t}{r^2}$ c'est à dire $\rho(\kappa yzt_0) = \kappa a^2(\kappa yzt_0)$, d'où encore pour tout instant postérieur $\rho(\kappa yzt) = \kappa a^2(\kappa yzt)$.

Or dans toutes les expériences d'interférence et de diffraction (pour les photons ou pour les particules matérielles), on peut toujours supposer que l'état initial correspond à une onde plane ou à une onde sphérique et la relation $\rho = \kappa a^2$ me paraît ainsi vérifiée dans tous ces cas.

Il serait un peu plus difficile de justifier la relation $\rho = \kappa a^2$ dans le cas d'une particule comprise dans un système quantifié, par exemple d'un électron qui serait à l'intérieur d'un atome dans un état stationnaire ou dans un état superposition d'états stationnaires. Il faudrait partir d'un état initial de l'électron représenté par une onde plane ou une onde sphérique et montrer que, soit par l'application d'un champ extérieur dans le temps, soit par collision avec une autre particule, on peut faire passer l'électron dans l'état final où il est lié à l'atome. On arriverait sans doute à montrer ainsi que, la relation $\rho = \kappa a^2$ étant vérifiée dans l'état initial de l'électron, l'est encore dans son état final.

Il me semble donc que l'objection relative à l'équation $\rho = \kappa a^2$ n'est peut-être pas insurmontable. Mais il y a beaucoup d'autres difficultés très graves et la possibilité de revenir à la théorie de la double solution me paraît toujours très douteuse.

---

[1] Dieser Auszug aus dem Schreiben von L. de Broglies war zusammen mit dem Schreiben [1389] von L. Rosenfeld im *Pauli Nachlaß* 6/21-22 abgelegt. Auf diesen Brief verweist Pauli auch in seinem Beitrag (1953c, S. 30, Anm.) zur de Broglie-Festschrift.

[1356] SCHWYZER AN PAULI

Zürich, 1. Februar 1952

Sehr geehrter Herr Professor!

Vorerst möchte ich Ihnen recht herzlich danken für das Interessse, das sie meinem Artikel entgegenbringen.[1] Ich weiß dies um so mehr zu würdigen, als es bei einem Gelehrten vorhanden ist, dessen Hauptverdienste auf einem ganz anderen Gebiete liegen.

Was Ihre Fragen in Ihrem Briefe vom 27. 1. anbelangt, so möchte ich versuchen, sie zu beantworten, soweit ich dazu imstande bin:

1. Die Identifikation des εv mit dem $\alpha\gamma\alpha\vartheta o v$[2] ist sicher primär heidnisch, geht möglicherweise bis in die alte Akademie zurück. Jedenfalls hat schon Aristoteles Platon so interpretiert, nachher Moderatos, ein Neupythagoreer (1. Jahrhundert post ??)[3] und Albinos (2. Jahrhundert post).[4] Die scharfe Scheidung zwischen $\varepsilon v = \alpha\gamma\alpha\vartheta o v$ und $vovs$ ist freilich erst plotinisch. (Vgl. darüber meinen Artikel 559/560).

2. Schwieriger ist die Frage, wo die privatio boni-Doktrin vorgebildet erscheint. Wie Sie selbst sagen, hängt diese Frage mit 1 zusammen. Und da εv und $\alpha\gamma\alpha\vartheta o v$ mit ϑeos identifiziert werden, glaube ich, daß das Problem der Theodizee der Ausgangspunkt dieser Lehre war. Dieses Problem erscheint schon in der Odyssee (im ersten Gesang, Vers 33):[5]

> Nur von uns (Göttern), wie sie schrein, kommt alles Übel; und dennoch
> schaffen die Toren sich selbst, dem Schicksal entgegen, ihr Elend.

Freilich ist hier in diesem vorphilosophischen Werk nur die Befreiung der Gottheit von der Schuld am Übel durchgeführt, die Frage der Herkunft des Übels noch nicht einmal gestellt. Platon betont auch immer wieder die Schuldlosigkeit der Gottheit, die weit schwierigere Frage, wieso trotz Gott das Übel möglich sei, wird von ihm nicht immer gleich beantwortet. An der berühmten und im Altertum vielleicht meist-zitierten Stelle, Theätet 176a[6] wird von der Unmöglichkeit, daß die Übel aussterben, gesprochen; denn es müsse dem Guten immer etwas entgegengesetzt sein ($v\pi\varepsilon v\alpha v\tau\iota o v \gamma\alpha\rho \tau\iota \tau\varpi \alpha\gamma\alpha\vartheta\varpi \alpha v \varepsilon\iota v\alpha\iota \alpha v\alpha\gamma\kappa\eta$).

Während hier also, mathematisch gesprochen, das Böse eine negative Größe ist und darum mit der bösen Weltseele verglichen werden kann, die in Platons Gesetzen 896e[7] auftaucht und dann bei den Gnostikern wieder auftritt, wird an anderen Stellen das Übel eher als ein Defekt angesehen, z.B. im Staat 444e[8] die $\kappa\alpha\kappa\iota\alpha$ als $vooos$, $\alpha\iota\sigma\chi os$, $\alpha\sigma\vartheta\varepsilon v\varepsilon\iota\alpha$ bezeichnet. An solchen Stellen haben wir, wenn auch nicht scharf definiert, die privatio, auf Griechisch $\sigma\tau\varepsilon\rho\eta\sigma\iota s$. Das Wort $\sigma\tau\varepsilon\rho\eta\sigma\iota s$ kommt bei Platon in diesem Sinne noch nicht vor, aber bereits Aristoteles polemisiert gegen die von Auslegern Platons stammende Gleichsetzung von $\sigma\tau\varepsilon\rho\eta\sigma\iota s$ und $v\lambda\eta$. Unter der $v\lambda\eta$ versteht Plotin in der Tat nicht dasselbe wie Aristoteles (und noch weniger, was wir heute unter Materie), sondern, was Platon im Timaios als $\pi o\vartheta o\chi\eta$ (Aufnehmerin), $\chi\omega\rho\alpha$ (Raum für die Ideen $\varepsilon\iota\delta\eta$), $\tau\iota\vartheta\eta v\eta$ (Amme) bezeichnet hat. Diese $v\lambda\eta$ wird nun spätestens bei den sogenannten Neupythagoreern (die wohl mehr aus der alten Akademie als von Pythagoras berichten) als das Schlechte bezeichnet, so bei dem schon erwähnten Moderatos. Die privatio boni-Theorie ist also nicht eine Erfindung Plotins, sondern von ihm höchstens am konsequentesten durchgeführt, besonders in der Schrift I 8, die den Titel ποθεν τα κακα[9] trägt, aber auch in II 4 und III 6.[10]

3. Die Ansicht von der christlichen Beeinflussung Plotins möchte ich rundweg bestreiten. Alle seine Theoreme erwachsen aus seiner Platon-Interpretation und sind bei Platon selbst oder bei früheren Platon-Interpreten mehr oder weniger vorgebildet (daß dabei manches aus Platon herausgeholt wird, was wohl nie gemeint war, ist dem boshaften Schopenhauer zuzugeben).[11] Nirgends verrät Plotin Kenntnis der Bibel, und die Parallelen mit Philon stammen aus den Quellen, die Philon als Platoniker benutzt, und nicht aus denen, die der Bibelexeget Philon auslegt. Die Gnostiker, gegen die Plotin polemisiert, sind vermutlich heidnische, nicht christliche Gnostiker.

4. Die Frage, ob Plotin christliche Denker beeinflußt habe, kann für Augustin bedenkenlos bejaht werden, der die Schrift I 8 wahrscheinlich schon vor seiner Bekehrung kennengelernt hat.[12] Ob er die privatio boni-Theorie aber nur hier gefunden hat, oder ob diese vielleicht doch schon bei früheren christlichen Denkern vorgebildet ist, das zu entscheiden, reichen meine mageren Kenntnisse der frühchristlichen Literatur nicht aus; ich halte es zwar nicht für wahrscheinlich. Dagegen ist die Lehre von der Trinität schon dem Christentum vor Plotin geläufig. Wenn Basileios die Trinität mit den Ausdrücken Plotins schildert[13] und Kyrillos (Alexandrinus) plotinische und christliche Trinität miteinander in Beziehung setzt,[14] so darf das natürlich nicht darüber hinwegtäuschen, daß die Begründung für diese beiden Trinitäten völlig verschieden ist. Hier handelt es sich also nicht um einen Einfluß Plotins, sondern um eine späte und zudem gewaltsame Gleichsetzung zweier durchaus verschiedener Trinitäten.

5. Die von Ihnen erwähnten Tatian und Melito von Sardes sind christliche Apologeten, die freilich zunächst heidnisch-griechische Bildung genossen haben.[15]

6. Origenes ist nicht von Plotin beeinflußt; er starb wahrscheinlich kurz nachdem Plotin mit seiner Schriftstellerei begonnen hatte. Über die Möglichkeit einer Beeinflussung Plotins durch Origenes vgl. meinen Artikel 480/81.[16]

7. Für Scotus Eriugena ist schon Lektüre Plotins behauptet worden. Der Beweis scheint mir nicht geglückt; indirekte Beeinflussung über Proklus-Dionysios Areopagites liegt aber jedenfalls vor.[17]

Damit hoffe ich, Ihre Fragen einigermaßen beantwortet zu haben, und verbleibe mit nochmaligem Dank für Ihr Interesse

Ihr sehr ergebener   Hans-Rudolf Schwyzer

---

[1] Schwyzer (1951). Siehe hierzu Paulis vorhergehenden Brief [1354].

[2] „Das Gute".

[3] Es handelt sich um den auch von Porphyrius ausführlich zitierten Pythagoreer Moderatos von Gades, der im ausgehenden 1. Jahrhundert nach Christus lebte und Zahlenspekulationen anstellte, die wegen der Hervorhebung des Einen Beziehungen zum späteren Neuplatonismus aufwiesen.

[4] Albinos gehörte ebenfalls zu den frühen Platonikern. Er lebte um 150 n. Chr. im kleinasiatischen Smyrna.

⁵ Schwyzer zitiert nach der deutschen Übertragung der Odyssee aus dem Jahre 1793 von Johann Heinrich Voss.

⁶ Platon: *Theaitetos*, 176a.

⁷ Platon: *Die Gesetze*, 896e.

⁸ Platon: *Der Staat*, 444e

⁹ „Woher kommt das Böse?"

¹⁰ Plotins *Enneaden* wurden von seinem Schüler Porphyrius (232–304) posthum herausgegeben. Dabei hat er die erhaltenen 54 Abhandlungen ohne Beachtung ihrer chronologischen Reihenfolge in 6 Neunergruppen (Enneaden) verteilt. Nach dieser Einteilung werden auch hier Plotins Texte zitiert. Hans Rudolf Schwyzer arbeitete damals zusammen mit P. Henry an einer dreibändigen Ausgabe von Plotins *Opera*, welche auch die Enneaden 1–5 enthält. Eine deutsche Übersetzung von Plotins Schriften findet man in der zweisprachigen (griechisch-deutsch) Ausgabe von R. Harder [1956ff.].

¹¹ Vgl. Schopenhauer [1890/92, Band **4**, S. 75ff.].

¹² In seinem Beitrag über Plotin behandelte Schwyzer (1951, Spalte 585/586) ebenfall diesen Einfluß Plotins auf Augustinus. Pauli strich diese Passage in den Druckfahnen an, die ihm Schwyzer gesandt hatte.

¹³ Vgl. Schwyzer (1951, Spalte 584). Der im 4. Jahrhundert lebende Kirchenvater und Bischof von Caesarea Basileios ahmte in seinen Schriften – in christlichem Gewande und ohne ihn namentlich zu erwähnen – häufig Gedanken und Redewendungen von Plotin nach.

¹⁴ Kyrillos von Alexandreia († 444) war als Patriarch dieser Stadt in zahllose dogmatische und kirchenpolitische Streitigkeiten verwickelt, die sich auch in seinen Schriften niederschlugen.

¹⁵ Tatianus der Syrer lebte im 2. Jahrhundert und gehörte zu den ältesten Apologeten des Christentums. Nach einer griechischen Ausbildung in Assyrien war er später in Rom zum Christentum übergetreten. Infolge einer Auseinandersetzung mit der römischen Gemeinde kam es aber zu einem Bruch. Er kehrte in seine syrische Heimat zurück und setzte dort seine auf Intoleranz und rücksichtslose Verfolgung anders Gesinnter gegründete Lehrtätigkeit fort. – Meliton († vor 190) gehörte ebenfalls zu den frühen Apologeten, der als Bischof von Sardes in seinen Lehren die Auffasung der zwei Naturen Christi vertrat. Vgl. hierzu Schneider [1970, S. 223 und 324f.].

¹⁶ Schwyzer (1951, Spalte 480–481). Neben dem Neuplatoniker Origenes, der im 3. Jahrhundert n. Chr. lebte und Plotins Zeitgenosse war, gab es noch den frühchristlichen Theologen Origenes, der um 185 während der Zeit der Christenverfolgungen in Alexandrien und in Cäsarea (in Palästina) wirkte.

¹⁷ Siehe hierzu Schwyzer (1951, S. 587).

[1357] Pauli an Schwyzer

Zollikon-Zürich, 3. Februar 1952¹

Sehr geehrter Herr Doktor!

Haben Sie sehr vielen Dank für Ihr ausführliches Schreiben, das in der Tat meine Fragen so weit beantwortet als es möglich ist. Ich habe nun den bestimmten Eindruck, daß das ursprüngliche Modell der privatio boni Doktrin die Gleichsetzung von ($\upsilon\lambda\eta$) und ($\sigma\tau\epsilon\rho\eta\sigma\iota\varsigma$)* ist. (Sie erwähnen ja des Aristoteles Polemik dagegen.) Das hat zunächst mit Ethik oder Moral nichts zu tun, führt mich vielmehr in mein eigentliches Gebiet, die Naturphilosophie, zurück. Es interessiert mich also auch an sich, unabhängig von der privatio boni. Auch die Unterscheidung der „seienden" von den „nicht seienden" Dingen (Parmenides)² war ursprünglich naturphilosophisch und nicht ethisch.

Es scheint nun, daß am Beginn der christlichen Ära – aber unabhängig vom Christentum auch bei den heidnischen (neupythagoräischen und neuplatonischen) Philosophen alle Gegensatzpaare eine ethisch-moralische Färbung annahmen und irgendwie auf das eine Gegensatzpaar gut-böse bezogen wurden. So wurde, wie Sie sagen, spätestens von Moderatos die $\upsilon\lambda\eta$ damals mit dem $\kappa\alpha\kappa\upsilon$ identifiziert und wohl zugleich damit $\tau\upsilon\ \varepsilon\upsilon$ mit dem $\alpha\gamma\alpha\vartheta\upsilon\upsilon$. Daraus ergab sich dann alles Weitere von selbst, natürlich traten diese Ideen als *Auslegungen* der älteren Philosophen auf.

Vorläufig danke ich Ihnen noch sehr herzlich und hoffe, daß sich einmal eine Gelegenheit ergeben wird, Sie persönlich kennenzulernen.

Mit freundlichen Grüßen   Ihr ergebener [W. Pauli]

---

[1] Auch abgedruckt in Meier [1992. S. 195].
* Daß diese Gleichsetzung bei Plotin vorhanden ist, war mir bekannt, nicht aber die Polemik des Aristoteles. [Siehe hierzu Schwyzers Antwort [1362].]
[2] Siehe hierzu insbesondere den Brief [1360].

[1358] PAULI AN DAS COMITÉ LOUIS DE BROGLIE

[Zürich], 4. Februar 1952
[Maschinenschriftliche Durchschrift]

Messieurs,

N'ayant pas obtenu de réponse à ma lettre du 22 janvier,[1] dans laquelle je m'informais de la question de la langue de ma contribution pour le livre d'hommage à Monsieur Louis de Broglie, je suppose que vous êtes d'accord qu'elle soit écrite en anglais. Si vous aviez des objections à cet égard je vous prierais de me les communiquer immédiatement.

Je reste, Messieurs, avec mes salutations distinguées   [W. Pauli]

---

[1] Siehe den Brief [1347].

[1359] PAULI AN DESTOUCHES

Zürich, 4. Februar 1952

Dear Colleague Destouches!

First I excuse myself to write in English because I can better and quicker express myself in this way. I thank you very much for your letter of January 26.

1. The singular solution of the Schrödinger equation of L. de Broglie (Journal de Physique **8**, 225, 1927).[1]

I do *not* agree with the way, you have presented the case on p. 46, 47 of your longer paper „sur l'interpretation physique de la mécanique ondulatoire".[2] I do *not* see any difficulty regarding the existence of the solution in the case where an external field is present, but I see the difficulties on very different places. It is, generally speaking, the question whether anything which is *similar* at all to the present wave mechanics can be obtained from this singular solutions (see below).

Now the *construction of the singular solutions*. I propose to use for them the notation of the inhomogeneous equation

$$-i\hbar\frac{\partial\psi}{\partial t} + H\psi = +4\pi\delta^{(3)}(x-z)\left(\frac{\hbar^2}{2m}\right);$$

Factor due to Hamilton operator is unessential.

(I consider *first* a single particle, the three dimensional space and time independent external fields contained in the Hamiltonian operator H.) The use of the Dirac δ-function on the right side does not mean anything else than the statement, that the flux integral around a small spherical surface (radius a) around the center $x-z$ has the value

$$\lim_{a\to 0}\oint\frac{\partial\psi}{\partial x}dp = 1.$$

In the following I write simply

$$-i\hbar\frac{\partial\psi}{\partial t} + H\psi = C\delta^{(3)}(x-z). \tag{1}$$

2. Now we first want to have *time-independent* solutions. Then we write, using a complete orthogonal-system $u_k(x)$ (normalized) of H with

$$Hu_k(x) = E_k u_k(x)$$
$$\delta^{(3)}(x-z) = \sum_k u_k(x)u_k^*(z). \tag{2}$$

In case of a continuous spectrum (as for instance if external fields are absent) one has to replace the sum $\sum_k$ in the usual way by an integral (plane-waves for force-free particles). Now put for the solution of (1)

$$\psi(x) = \sum_k f_k(z)\cdot u_k(x) \tag{3}$$

and one gets $\left(\frac{\partial\psi}{\partial t} = 0\right)$

$$E_k f_k(z) = Cu_k^*(z) \tag{4}$$

$$f_k(z) = C\frac{e_k^*(z)}{E_k}.$$

There is an exception if in a *discrete* eigenvalue-spectrum one of these energy values is zero. Then no *time-independent* solution exists. Otherwise one gets

$$f_k(z) = C\frac{u_k^*(z)}{E_k}.$$
$$\psi(x) = C\sum_k\frac{u_k(x)u_k^*(z)}{E_k}.$$

The mathematicians call this the Green-function.

In the case of a continuous-spectrum one has of course

$$\psi(x) = C \int \frac{d^3 k}{E(k)} u(x, k) u^*(z, k).$$

{Normalization of the $u(x, k)$ according to $\int u(x, k) u^*(x, k') d^3 k = \delta^{(3)}(k - k').$}

In this case it is even irrelevant, if one of the $E(k)$ is zero. For instance in the absence of forces

$$u(x, k) = \text{const.}\, e^{i(kx)}, \quad E(k) = \text{const.}\, k^2$$

$$\int \frac{d^3 k}{k^2} e^{ik(x-z)} = \frac{\text{const.}}{|x - z|}$$

in the usual way.

This is de Broglie's regular solution for a particle.

In the case of scruples because of convergence define the integral by

$$\lim_{E \to 0} \int \frac{d^3 k}{k^2 + \varepsilon} e^{ik(x-z)},$$

but I think this is [sophistics].

(A good application is the harmonic oscillator.)

3. Now we proceed to *time dependent solutions*, also admitting an *arbitrary* motion of the singularity $z = z(t)$.

Put then

$$\psi(x) = \sum_k f_k(z, t) e^{-\frac{i}{\hbar} E_k t} u_k(x) \tag{5}$$

$$Hu_k = E_k \cdot u_k$$

from (1), (2) $\qquad\qquad -i\hbar \frac{\partial f_k}{\partial t} = Cu_k^*[z(t)] e^{-\frac{i}{\hbar} E_k t}.$

Hence

$$f_k = \frac{i}{\hbar} C \int^t u_k^*[z(t')] e^{+\frac{i}{\hbar} E_k t'} dt' \tag{6}$$

the lower limit in the integral (6) is arbitrary, what corresponds to the arbitrariness of a additive *regular* solution to the Schrödinger equation $-i\hbar \frac{\partial \psi}{\partial t} + H\psi = 0$ in the singular solution, where is *no* exception here, no convergence-difficulty. Moreover the orbit of the point source is quite arbitrary and cannot be determined on this basis. (This seems to me a difficulty of the *physical basis* of the applications of this singular solutions.)

The assumption that the external field is time-independent is unessential too.

So it seems to me that your quotation of 'Hadamard, le problème de Cauchy'[3] is a misunderstanding, as there is no difference regarding the existence of the singular solutions, whether or not an external field is present.

On the other hand I do not see at all, how one can ever obtain by averaging processes out of these singular solutions anything which has even some similarity only with the usual regular solutions of the homogeneous Schrödinger equation. As these difficulties are known to me since 1927 I found it more polite to write to M. Louis de Broglie directly about it, what I have done a few days ago.[4]

I also read meanwhile the note of M. Vigier in the Compte Rendu,[5] which I did not find written in a satisfactory way, for instance because he did not mention that the Schrödinger equation is in a polydimensional space whilst the *classical* field equations are in the ordinary space, but I have other objections regarding the probability concept also against Vigier's note. It is my impression that his knowledge of wave mechanics is poor, although he seems to be an expert in general relativity and classical field equations.

I wrote about a week ago to the 'committee L. de Broglie'[6] asking whether they have any particular ideas with respect to the language in which the papers for the de Broglie anniversary volume should be written. But I do not have any answer until now. – I shall quote your complementarity l'univers-system.[7] Where this will appear?

The photocopies of the pages of my Handbook article[8] will be sent to you soon.

Are you coming to Zurich this month? I am looking very much forward to my visit in Paris[9] and also to the discussions which you propose.

Sincerely Yours

W. Pauli

(P. S. I am, of course, glad if you answer in French.)

---

[1] L. de Broglie (1927c). Siehe hierzu auch Paulis Darstellung in seinem Beitrag (1953c) zur L. de Broglie-Festschrift.

[2] Destouches (1952). Siehe auch den Brief [1367].

[3] Hadamard (1922).

[4] Dieser Brief von Pauli an L. de Broglie konnte bisher noch nicht gefunden werden, zumal über den Nachlaß von L. de Broglie keine Informationen vorliegen.

[5] Vigier (1952).

[6] Siehe den Brief [1347].

[7] Pauli zitierte diese noch nicht erschienene Arbeit von Destouches (1952) in seinem Beitrag (1953c) zur de Broglie-Festschrift.

[8] Pauli [1933].

[9] Pauli war im März nach Paris zu Vorträgen im *Institut Henri Poincaré* eingeladen (vgl. den Kommentar zum Brief [1347]).

[1360] PAULI AN PANOFSKY

[Zürich], 7. Februar 1952

Lieber Herr Panofsky!

Zu meinem letzten längeren Brief kann ich heute selbst einiges hinzufügen, besonders was die Geschichte der Idee von der privatio boni betrifft. Es scheint mir das Folgende sogar eine befriedigende Antwort auf diese Frage zu sein, ich möchte aber gerne auch Ihr Urteil darüber hören. Zu meinen Kenntnissen kam ich so: auch in Zürich gibt es „humanities". Kürzlich traf ich in einer Gesellschaft meinen guten alten Bekannten Howald wieder, den Ordinarius für klassische Philologie an der Universität.[1] Nach einigem Alkoholgenuß (es war eine Geburtstagsfeier für einen anderen medizinischen Kollegen) hatte ich in vorgerückter Stunde den gänzlich unvermittelten Ausbruch „Das ist doch einfach ein Blödsinn, daß Plotin durch Christen beeinflußt worden sein soll!" Howald bestätigte meine Meinung sofort und fügte sogleich hinzu, es träfe sich sehr gut, eben sei eine überaus sorgfältige Arbeit eines seiner Schüler, (Philologe) Dr. Hans R. Schwyzer über Plotin in der „Real-Encyclopädie der klassischen Altertumswissenschaft" erschienen, er würde diesen veranlassen, mir einen Abdruck zu senden. Dies geschah bald darauf,[2] und ich schrieb dann noch einen besonderen Brief mit Fragen über die vor-plotinische (neuplatonische und neupythagoräische) Literatur. Er beantwortete diese mit einem langen Brief,[3] aus dem die folgenden Angaben stammen. (Es machte mir alles, was er sagte, einen überaus klaren und einleuchtenden, auch zuverlässigen Eindruck.)

1. Die Geschichte beginnt mit der rein naturphilosophischen Gleichsetzung (die also *nicht* ethisch oder moralisch ist) von $\upsilon\lambda\eta$ und $\sigma\tau\varepsilon\rho\eta\sigma\iota\varsigma$, gegen die sich Aristoteles bereits gewehrt hat. Bei Plato kommt das Wort $\sigma\tau\varepsilon\rho\eta\sigma\iota\varsigma$ (= privatio, Ermangelung) nicht vor, die Gleichsetzung $\upsilon\lambda\eta = \sigma\tau\varepsilon\rho\eta\sigma\iota\varsigma$ wurde aber von Auslegern Platos zur Zeit des Aristoteles offenbar bereits vertreten. Die Idee ist, daß die $\upsilon\lambda\eta$ an sich qualitätslos, leer, „nicht-seiend" ein bloßer Schatten, ein Aufnahmegefäß für die $\varepsilon\iota\delta\eta\varsigma$ sei. Es wird dabei angeknüpft an Platons Ausdrücke $o\pi o\delta o\chi\eta$ (Aufnehmerin), $\chi\omega\rho\alpha$ (Raum), $\tau\iota\vartheta\eta\nu\eta$ (Amme) für die Materie.

Offenbar hat Aristoteles keineswegs diese negative Idee von der $\upsilon\lambda\eta$, die mir psychologisch eine ganz außerordentlich starke Entwertung der Materie zugunsten des rein Geistigen zu sein scheint.* Bei Plotin findet sich das alles wieder (II 4),[4] aber zusammen mit einer späteren Zutat.

2. Spätestens im ersten christlichen Jahrhundert färben sich die früher naturphilosophischen Gegensatzpaare (wie z. B. des Parmenides „seiende" und „nichtseiende" Dinge)[5] ethisch-moralisch zu gut-schlecht (oder böse). Schwyzer gibt an, daß spätestens der Neupythagoräer (dessen Quelle wohl die alte Akademie ist) *Moderatos* (1. Jahrhundert post ??) *die $\upsilon\lambda\eta$ mit dem $\kappa\alpha\kappa o\nu$ identifiziert habe*.[6] (Er hat auch, ebenso wie Aristoteles, die Gleichsetzung $\varepsilon\nu = \alpha\gamma\alpha\vartheta o\nu$ als Plato-Interpretation.) Später folgt Albinos (2. Jahrhundert post). Aus der ersten und der zweiten Gleichung:

$$\upsilon\lambda\eta = \sigma\tau\varepsilon\rho\eta\sigma\iota\varsigma \tag{1}$$
$$\upsilon\lambda\eta = \tau o\ \kappa\alpha\kappa o\nu \tag{2}$$

folgt dann „mathematisch" die privatio-boni-Lehre vom Bösen. Diese hat dann Plotin konsequent durchgeführt (sie war aber schon vor ihm da) in I 8 ($\pi o\vartheta\varepsilon\nu\ \tau\alpha\ \kappa\alpha\kappa\alpha$)[7] und auch in II 4, III 6.[8] Die Materie ist das absolut Böse. (Die sichtbaren Körper sind aber eine Mischung von Materie und Ideen.)

Beweise für einen etwaigen zweiten biblischen Ursprung dieser Idee *neben* dem sicher nachweisbaren heidnischen scheinen nicht zu existieren und, überdies erklärt der heidnische Ursprung schon alles. Während Plotin von den früheren Christen sicher unbeeinflußt ist (die spärlichen früh-christlichen Apologeten wie Tatian und Melito von Sardes haben sicher zunächst heidnisch-griechische Bildung genossen), läßt sich umgekehrt sicher nachweisen, daß Basileios und Augustin den Plotin gekannt haben. Scotus Eriugena, ein typischer Verkünder der privatio boni, ist zum mindesten indirekt über Proklus-Dionysios Areopagites beeinflußt.[9]

So rundet sich mir ein Stück antiker Geistesgeschichte und ihrer Nachwirkung einigermaßen ab. Wie eine reife Frucht fällt den Kirchenvätern und frühen Christen der Neuplatonismus in den Schoß; mit einigen kleineren redaktionellen Änderungen können sie einfach abschreiben: sowohl die Formel deus = summum bonum als auch die privatio boni. In der Auslegung Platos tritt eine Art Zweiteilung ein, die einen vergeistigen alles Dunkle und Materielle, die anderen werden Gnostiker. Ist es nicht eine Art Dissoziationsprozeß innerhalb der heidnischen Spätantike, der zur anderen Dissoziation Juden – Christen eine gewisse Analogie aufweist?

Haben Sie noch sehr vielen Dank für die Zitate über das ‚Wetterglas'.[10] Ich will sie noch anfügen. Ferner will ich von mir aus noch ein Zitat anfügen über die Idee der Beseelung der Erde in der Spätantike: Cicero de natura deorum II 83, Ovid metamorphosis XV 342, Seneca naturales quaestiones VI 16, 1; ferner Plotin IV 4, wo die Erde als $\zeta\tilde{\omega}ov$ mit $\varphi\nu\tau\iota\kappa\eta$ $\psi\nu\chi\eta$ aufgefaßt wird. (Angaben aus Schwyzers Plotin-Artikel.)[11]

Mit herzlichen Grüßen an Sie und den ‚supper Club' Ihr alter   W. Pauli

---

[1] Vgl. hierzu auch die Bemerkungen über Howald in den Briefen [1354 und 1373].

[2] Auf diesen Artikel von Schwyzer (1951) beziehen sich Paulis Briefe [1354 und 1357].

[3] Vgl. den Brief [1356].

* Als Physiker ist mir diese negative Naturphilosophie der $\nu\lambda\eta$ sehr interessant, ganz unabhängig von der privatio boni.

[4] Die *Enneade* II 4 behandelt die zwei Sorten von Materie.

[5] Vgl. den Brief [1357].

[6] Siehe die Briefe [1356, 1363 und 1364].

[7] „Woher kommt das Böse?"

[8] Die *Enneade* III 6 behandelt die unveränderliche Materie als Aufnahmeort aller Qualitäten.

[9] Siehe hierzu den Brief [1356]. – Die neuplatonisch inspirierten Schriften des Bischofs von Athen Dionysios Areopagite (330–379) waren von Scotus Eriugena übersetzt worden.

[10] Pauli benötigte diese Angaben für seine Keplerstudie.

[11] Schwyzer (1951, Spalte 578).

[1361] PAULI AN DEN SEKRETÄR
DER KÖNIGLICH SCHWEDISCHEN GESELLSCHAFT DER WISSENSCHAFTEN

Zürich, 7, Februar 1952
[Maschinenschriftliche Durchschrift]

Dear Sir!

I thank you very much for your letter and also for the diploma which arrived today. I hope that the honour to be an ordinary member of your Society will make my contact with the Swedish scientists still closer.

I am, dear Sir, very sincerely   Yours [W. Pauli]

[1362] Schwyzer an Pauli

Zürich, 8. Februar 1952

Sehr geehrter Herr Professor!

Haben Sie recht herzlichen Dank für Ihr erneutes interessantes Schreiben vom 3.2.52, dem ich nichts mehr beizufügen habe. Schuldig bin ich Ihnen nur noch die Stellenangaben. Des Aristoteles Polemik gegen die Gleichsetzung von $\nu\lambda\eta$ und $\sigma\tau\epsilon\rho\epsilon\sigma\iota\varsigma$ steht in seiner Physik A9, p. 192a 3 sqq., über Moderatos' Lehren berichtet der Aristoteles-Kommentator Simplikios in seinem Kommentar zur aristotelischen Physik A7, p. 230f.[1]

Über die antiken Auffassungen der $\nu\lambda\eta$ ist immer noch Clemens Baeumker, das Problem der Materie in der griechischen Philosophie, München 1890,[2] zu vergleichen. (Leider besitze ich das Buch selbst nicht, und in der Zentralbibliothek Zürich ist es auch nicht vorhanden.)

Mit höflichem Gruße verbleibe ich

Ihr sehr ergebener

Hans-Rudolf Schwyzer

---

[1] Siehe hierzu insbesondere die ausführliche Studie zum Aristotelischen Materie-Begriff von Heinz Happ [1971].
[2] Baeumker [1890]. Vgl. auch Paulis Notizen zu diesem Werk im Pauli-Nachlaß 6/320–323 und Baeumker (1913).

[1363] Pauli an von Franz

Zollikon-Zürich, 10. Februar 1952

Motto: (Die Götter sprechen, sich verteidi-
gend:) ω ποπει οιονδη νυ Θεους βροτος αε —
τιαονται εξ ημεων γαρ φασι κακ' εμμεναι
αι δε και δυται σγνζσιν ατασϑαλιγσιν υπερ
μορον αλγε εχουσιν. (Welche Klagen erhe-
ben die Sterblichen wider die Götter! Nur
von uns, wie sie schrein, kommt alles Übel;
und dennoch schaffen die Toren sich selbst,
dem Schicksal entgegen, ihr Elend.)
Odyssee, 1. Gesang, Vers 32–34.[1]

Liebes Fräulein von Franz!

Zu unserem Telefongespräch: Herr Schwyzer hat mir noch folgende Quellen angegeben. 1. Die Aristoteles-Polemik gegen die Gleichsetzung von $\nu\lambda\eta$ und $\sigma\tau\epsilon\rho\eta\sigma\iota\varsigma$ steht in seiner Physik A 9, p 192.[2] Könnten Sie mir diese Stelle verschaffen? Bei diesem Klassiker genügt mir auch eine Übersetzung. (Es eilt *nicht*, das wichtigste ist nun die Erledigung der Kepler-Korrekturen.) Ich kenne das Gegensatzpaar Materie-Form bei Aristoteles – schon deshalb, weil sich Fludd als Vertreter der Alchemie ganz dieser Terminologie anschließt und weil die Alchemisten auch das increatum für die Materie ganz offenbar von Aristoteles haben. Es ist auch richtig, daß Aristoteles eine gewisse Tendenz hat, die Form zu *mehren*. Aber das ist doch nicht dasselbe wie diese $\sigma\tau\epsilon\rho\eta\sigma\iota\varsigma$-

Idee. Deshalb wäre es mir sehr wichtig, diese Stelle zu kennen. Übrigens bin ich dabei, mein Griechisch aufzufrischen: Wie heißt „Form" auf Griechisch bei Aristoteles? Bei Plato stehen im Timaios Ausdrücke wie

$\upsilon\pi o\delta o\chi\eta$	$\chi\omega\rho\alpha$	$\tau\iota\vartheta\eta\nu\eta$
Aufnehmerin	Raum für die Ideen	Amme

im Zusammenhang mit der Materie, Das Wort $\sigma\tau\epsilon\rho\eta\sigma\iota\varsigma$ steht bei Plato nicht. Man kann aber den Plato leicht dorthin drehen, wobei dann allerdings andere Plato-Stellen unter den Tisch fallen, d. h. *verdrängt* werden.

Ich habe nun gar keinen Zweifel, daß die Gleichsetzung von $\upsilon\lambda\eta$ und $\sigma\tau\epsilon\rho\eta\sigma\iota\varsigma$ das naturphilosophische Modell der privatio boni ist. Herr Schwyzer gibt mir an, daß über die Lehren des *Moderatos* der Aristoteles-Kommentator Simplikios berichtet, und zwar im Kommentar zur aristotelischen *Physik* A 7, p. 230f.[3] Daraus gehe hervor, daß Moderatos die Gleichsetzung $\upsilon\lambda\eta = \tau o\ \kappa\alpha\kappa o\nu$ bereits macht. Plotin macht bei der $\upsilon\lambda\eta$ gewisse *Abstufungen*, die eine hat noch gewisse Eigenschaften und ist noch nicht ganz böse, die andere aber sei sine quale und das „absolut Böse".[4]

Ich habe mich im Lauf der Zeit – nicht zuletzt wegen der Keplerarbeit, man beachte die Zuordnung Kepler – Proklus, Fludd – Jamblichus – so viel mit dem Neuplatonismus beschäftigt, daß ich in der Weltflucht-Tendenz, in der Idee des *nur guten* Jenseits und in der Lehre von der privatio boni *absolut keinen Unterschied gegenüber dem Christentum sehen kann*, auch nicht in der Betonung. Natürlich ist bereits die Naturphilosophie $\upsilon\lambda\eta = \sigma\tau\epsilon\rho\eta\sigma\iota\varsigma$ *psychologisch* zu deuten: Die seienden und die nicht-seienden Dinge scheinen mir psychologisch die *sein-sollenden* und die *nicht-sein-sollenden* Dinge zu bedeuten und das nur gute Jenseits ist gewiß das, was die Verkünder dieser Ideen *werden* wollen. Darüber besteht keinerlei Meinungsverschiedenheit zwischen uns, auch nicht in der *Ablehnung* dieser Ideen. (Komme ich doch von Schopenhauer.) Eine Meinungsverschiedenheit besteht nur in der *historischen* Frage der Herkunft der Ideen. Nach meiner Ansicht ist die Geschichte der Plato-Auslegung psychologisch bereits die Geschichte derjenigen geistigen *Dissoziation*, die ein Ausdruck ist für die Spaltung eines Archetypus in einen hellen und einen dunklen Teil im kollektiven Unbewußten (wie das C. G. Jung im „Aion" beschreibt).[5]

Ich habe dann weiter gesehen, wie Basilius plotinische Redewendungen gebraucht, wie nach Ansicht der Philologen Augustin sicher Plotin gekannt hat, wie der nur sehr schwach christliche Scotus Eriugena (zu dem der Neuplatonismus über Proklus, Dionysios Areopagites gelangt ist) vehement die privatio boni verkündet (weshalb er von Schopenhauer verhöhnt wird)[6] – und wie dieser ganze Ideen-Komplex seit Marsilio Ficino in der Renaissance wiederkommt, Tatian und Melito von Sardes beweisen *gar nichts* für einen *biblischen* Ursprung der privatio boni, da diese christlichen Apologeten zunächst heidnische Bildung genossen haben.[7]

Ich möchte Ihnen daher nochmals warm ans Herz legen, das Christentum in dieser Sache nicht zum Sündenbock zu machen. (Es kann dann nämlich leicht passieren, daß bei einer solchen Verurteilung ein Stück des eigenen Gefühls *mit* verurteilt wird, besonders bei einer Frau.)

Was meine eigene Einstellung betrifft, so halte ich – ebenso wie Sie – die Idee eines *nur guten* Jenseits für *ungesund*. Man sei etwas skeptisch, *auch* gegenüber der Flucht aus dieser Welt in das angeblich bessere Jenseits: Insofern ich an ein Unbewußtes glaube, glaube ich auch an ein Jenseits, *aber ich glaube gar nicht, daß es besser ist*: es ist *ebenso* gut *und* böse, hell *und* dunkel wie *diese* Welt auch; es ist also weiser, lieber gleich hier zu bleiben. Ich möchte also vorschlagen, wieder zum Anfang der Auseinandersetzung der nachdenklichen Griechen mit dem Problem des Bösen zurückzukehren, die Sie in dem Motto aus der Odyssee finden. Wenn man die Menschen dazu bringen könnte, wenigstens die Fleißaufgaben im Bösen zu unterlassen, die sie dem Jenseits υπερ μορον noch hinzufügen, muß man schon ganz zufrieden sein. Man begnüge sich mit diesem Minimalprogramm und erdichte sich kein „besseres" Jenseits!

Als ich früher sehr mit dem Neuplatonismus beschäftigt war, hatte ich u. a. folgende Träume:

1. Eine Katze (dunkle Anima) springt, wild geworden, auf meinem Schreibtisch herum, dann wieder auf meine Schulter, dann wieder auf den Schreibtisch. Ich kann sie nicht fangen.

2. Es erscheinen Schriftrollen, Dokumente mit *schwarzen* „chinesischen" oder „hieroglyphischen" Zeichen, die ich nicht entziffern konnte.

In solchen Auseinandersetzungen mit dem Unbewußten entwickelt sich allmählich meine bewußte Einstellung.

Herzlichst   Ihr W. Pauli

---

[1] Zitiert nach der Übertragung von Johann Heinrich Voss. Vgl. auch [1356].
[2] Vgl. den vorangehenden Brief [1362].
[3] Vgl. den vorangehenden Brief [1362].
[4] Vgl. Schwyzer (1951, Spalte 546).
[5] Vgl. Jung [1951].
[6] Vgl. Schopenhauer [1890/92, Band 4, S. 79–83].
[7] Siehe hierzu die Briefe [1356 und 1360].

[1364] PAULI AN PANOFSKY

[Zürich], 10. Februar 1952

Lieber Herr Panofsky!

Als Nachtrag zu meinem letzten Brief noch zwei Quellenangaben:

1. Des Aristoteles Polemik gegen die Gleichsetzung von υλη und στερησις steht in seiner „Physik" A 9, p. 192.

2. Über die Lehren des Neupythagoräers Moderatos, (der sowohl εν mit αγαδον, als auch die υλη mit το κακον identifiziert) berichtet *Simplikios* in seinem Kommentar zur aristotelischen Physik A 7, p. 230f.

Ich bin nun einigermaßen sicher, auf der richtigen Spur zu sein. Nun habe ich noch meditiert über Sie, Ihre allgemeinen historischen Probleme betreffend die Renaissance (siehe Ihren Brief vom 27. XI. 1951)[1] und über die in meinen 2 letzten Briefen aufgeworfenen Probleme über die privatio. Es scheint mir, daß das *alles* in einer ganz merkwürdigen Weise zusammenhängt. Darüber will ich nun (besonders da Sie schrieben, Sie seien noch etwas konfus) versuchen, ganz vorsichtig einige Hypothesen zu formulieren.

Was die στερησις betrifft, so hat diese Auffassung eine allgemein *formallogische* Seite, die das honourable member von Neumann interessieren wird. Wenn man irgendein Gegensatzpaar hat, sagen wir absichtlich der Physik zuliebe P und Q, so besteht immer die Möglichkeit als große Erkenntnis auszuposaunen, P ist „nichts als eine Ermangelung (privatio) von Q".[2] (Wir haben neulich in der Physik wieder so einen Fall erlebt an dem Fast-Plagiat, das Herr D. Bohm an alten Arbeiten von L. de Broglie aus 1926–27 verübt hat[3] – worüber Ihnen außer dem zitierten von Neumann noch die Mitglieder Pais und Placzek berichten können. Aber lassen wir nun die „Schatten der Physik" auf sich beruhen.) Offenbar ist das in der Geschichte die „Auslegung" von Plato mit dem Gegensatzpaar ειδη – υλη (Idee – Materie) geschehen.[4] Bezeichnen wir dieses einmal als licht (geistig) – dunkel (materiell). Das entsprechende in der modernen Physik scheint mir kausal – „Korrespondenz"* (= akausale Anordnung) zu sein. Das an zweiter Stelle genannte ist insofern dem „Dunklen" analog als es das ist, was sich der Erfassung durch Gesetzmäßigkeit im Einzelfall entzieht. (Weshalb eben Einstein z. B. sich verzweifelt dagegen wehrt, was mir aber nur als tragischer Überrest aus dem 19. Jahrhundert erscheint.)

Es scheint mir nun, daß zu Beginn der christlichen Ära das Gegensatzpaar „gut-böse" mit einer solchen Vehemenz in den Vordergrund „ausgebrochen" ist, daß alle anderen Gegensatzpaare auf dieses bezogen wurden: daher wird ειδη – υλη dann das Bild für αγαδον-κακον.

Ich schlage nun vor, die verschiedenen geistesgeschichtlichen Strömungen daraufhin zu untersuchen, ob die verschiedenen Gegensatzpaare symmetrisch oder „schief" behandelt werden. Wobei mit dem letzteren jene oben definierte formale Operation der („schiefen") „Nebbichatio" der einen Hälfte, sagen wir P gemeint ist. (Ein ganz hübsches Beispiel für diese Operation ist in der Geschichte der Physik die *Ein*fluidumstheorie der Elektrizität, die aus der *Zwei*fluidumstheorie durch Nebbichatio hervorgeht. Ferner z. B. beim Gegensatzpaar Geist-Trieb, die Freudsche Nebbichatio nichts als Triebverdrängung.) Die symmetrische Betrachtungsweise ist dagegen wie in der Mathematik die der positiven und der negativen Zahlen (lassen wir die Multiplikation dabei noch außer Betracht und beschränken wir uns auf die Addition), wobei es gleichgültig ist mit *welchen* Größen man anfängt; man kann *jede* der beiden, wenn man will, als privatio der anderen erklären.

Wenn ich nun meine Keplerarbeit betrachte, so fällt mir auf, daß Fludd dieses Gegensatzpaar hell-dunkel (übrigens mit aristotelischer Terminologie „Materie") *symmetrisch* behandelt. Dies ist überhaupt der Fall bei der *Alchemie* (von der Fludd ein später Epigone ist). Sie verwendet ja eine Art neutrale Sprache eines psycho-physischen Einheitserlebnisses (wenn auch auf Kosten einer wirklichen Kenntnis der Naturvorgänge, speziell der chemischen). Dementsprechend komplettiert sie den circulus amorosus der Platoniker nach „unten" durch einen stofflichen „Prozeß".** Dieser endet immer damit, daß gerade dann, wenn die Gegensatzpaare *gleich stark* sind, das „infans solaris", der „filius philosophorum", der „lapis", das „aurum non vulgi" entstehen. Zugleich wird dann auch der Stoff erlöst von der in ihm schlafenden anima mundi – nicht nur steigt die Seele zu Gott empor. – Wohingegen das Christentum (seit Nebbichatio an der Materie und dem Bösen) sowie die Platoniker (daher auch Kepler auf dem Weg über Proklus) ganz auf der lichten Seite sind.

Seit der großen „schiefen" Nebbichatio im Jahre 0 unserer gloriosen Ära lag das „Dunkle" vernachlässigt außerhalb des Bewußtseins. Nun habe ich die vage Idee, etwa in der Renaissance Zeit *wollte* es an die Oberfläche, es ist aber nicht ganz durchgedrungen. Dieses „Dunkle" (um diesen absichtlich recht allgemeinen Ausdruck zu gebrauchen) *erschien* den damaligen Zeitgenossen zunächst als Wiedergeburt der *Antike* (Pythagoräer, Plato etc.), aber das war zum Teil ein Mißverständnis. Inzwischen war einige Zeit vergangen, und auch das Dunkle war nicht mehr dasselbe wie in der heidnischen Zeit vor dessen großer Nebbichatio.

Nun komme ich auf mein eigenes Suchen im 17. Jahrhundert, das aus dem Gefühl entsprungen war, dort sei etwas für uns Wichtiges verloren gegangen. Wenn ich unter dem „Dunklen" diejenige Seite eines Gegensatzpaares verstehe, die sich der Beherrschung durch eine geistige (sei es eine ethische, sei es eine gedanklich-philosophische) Ordnung eher entzieht, so ist es eben das „Dunkle", das damals verlorenging: In der Physik das Akausale und Einmalig-Gesetzlose, in der Ethik wohl auch das Böse. Letzteres ist ein sehr schwieriges Problem, da man natürlich nicht in einen Nihilismus „jenseits von Gut und Böse" verfallen darf. Mit einer bloßen „Nebbichatio" des Bösen (wie im Neuplatonismus und im Christentum) dürfte man aber nicht mehr durchkommen. Was dann im 17. Jahrhundert geschah, war ein Abwandern des lichten trinitarischen Gottes in die Natur (siehe Kepler) auf Kosten der älteren („archaischen") mehr symmetrischen Ganzheitsauffassung, wie sie in der frühen Alchemie (siehe Fludd) noch lebendig war. Demgemäß dehnte sich die Macht der lichten Ordnung auch auf die Natur aus (die dann beherrscht wurde), aber gemeint war ursprünglich etwas anderes. (Siehe meinen letzten Brief „verdeckte Karten", „Maske".) Und dieses andere will *jetzt wieder* durchdringen.***

Dieser etwas komplizierte Sachverhalt dürfte vielleicht auch das Schwanken des Urteils der verschiedenen historischen Richtungen über die „Renaissance" erklären, die Sie in Ihrem Brief vom 27. November 1951 so lebhaft geschildert haben. Hoffentlich können Sie mit Ihrem großen Wissen meine noch etwas vagen Ideen weiter präzisieren, von der kunsthistorischen Seite her, namentlich hinsichtlich der Begriffsbestimmung „das Dunkle". Auf dieser Seite oben habe ich da nur einen allerersten Anfang gemacht.

Zum Schluß dieses Briefes habe ich noch eine Art geistiges Anliegen, das ich nur mit dem größten Zaudern vorbringe, da es nämlich – wie immer ich es drehen und wenden mag – einen Einbruch in eine Ihrer sehr speziellen Domänen der Kunstgeschichte darstellt. Seit etwa diesem Sommer habe ich eine Art ketzerischer Idee über Dürers Melancholie. Ich hatte sie durch bloßes Nachdenken und logisches Schließen aus Erinnerungen an Gespräche mit Ihnen gewonnen. An Düreres Bild habe ich mich dabei kaum noch erinnert. Als Sie mir dann das Zitat eines alchemistisch-hermetischen Traktates geschickt haben (in Verbindung mit Fludd) schien mir das ein „Omen", ich solle auf meine Idee vom letzten Sommer zurückkommen. Ich sah mir nun *wirklich* eine Reproduktion des Dürerbildes an, und es schien mir gar nicht schlecht zu meiner

Ansicht zu passen. Ich sehe eigentlich keinen Grund, warum das ein „trennendes Geheimnis" zwischen uns bleiben sollte. Ich bringe alles nur ex hypothesi vor, bin auch gerne bereit, alles zu widerrufen, falls es sich als Unsinn erweisen sollte, werde auch bestimmt nie Artikel über ‚Iconography' schreiben.

Auf Seite III dieses Briefes habe ich das, was nun sehr speziell angewendet wird, schon angedeutet. Der Beginn des „Prozesses" bei den Alchemisten ist die *Nigredo*, welche die im Stofflichen ergänzte „Melancholie" der Platoniker ist. Auch in alten alchemistisch-hermetischen Traktaten heißt es, eine große schwarze Wolke senkt sich auf die Seele, nur wird sie dann – im Stil des psycho-physischen Einheitserlebnisses – *auch* „chemisch" konkret als „Schwärze" bezeichnet (vgl. Sie hierzu den Stil von Fludd über die „materielle Pyramide"). Ferner ist oft die „prima materia" dem *Saturn* zugeordnet (das hat mit der Zuordnung der 7 Metalle zu den 7 Planeten zu tun; wenn ich nicht irre, entspricht dem Saturn das Blei. Am Anfang ist das *Schwere*.) Dazu paßt auch, daß die Eigenschaften der prima materia bei den Alchemisten immer ganz unbestimmt gelassen werden, es gibt kaum eine Eigenschaft, die ihr nicht schon zugesprochen worden ist. (Ganz so wie Sie es vom Saturn nachgewiesen haben.) Ich sehe nun nicht unbedingt einen Grund, das Dürerbild nur einseitig im Sinne des Platonismus zu deuten. Ich möchte gerne bescheiden die *Hypothese* eines Laien zur Diskussion stellen: *es handelt sich um ein alchemistisch-hermetisches Bild, gemeint ist das Anfangsstadium des „Prozesses"*; auch bei den Alchemisten fährt da oft ein Blitz aus den Planetensphären (Zirkel!) in die prima materia, die doch sehr *schwarze* Dame ist die *Nigredo*, der *Saturn* oder seine Quadrate sind die *prima materia*, das Pentagon-Dodekaeder[5] bedeutet den Himmel (nach der allgemeinen Zuordnung der regulären Polyeder zu den antiken „Elementen") und dann sind da doch einige Geräte – eine Waage, scheint mir – mit denen der Platoniker nichts und der Alchemist recht viel anfangen könnte. Man muß eben bedenken, daß der platonische Prozeß die „obere Hälfte" des vollständigeren Alchemistischen ist, daß es daher speziell beim Anfangsstadium des Prozesses manchmal nicht so leicht ist, die beiden Richtungen auseinanderzuhalten. Gegen das Ende des Prozesses ist es freilich leichter, denn der Platoniker endet da mit der unio mystica der Seele mit Gott („Kuß Gottes"), der Alchemist aber mit der „chymischen Hochzeit" (siehe Fludd)† und dem Lapis (siehe Seite III).

Nun, was immer Sie denken werden, der Schluß des so lang gewordenen Briefes paßt zu seinem allgemeineren Thema dem „Dunklen". Obwohl ich – anders als Galilei – wirklich nur ‚ex hypothesi' gesprochen habe, sehe ich nunmehr meiner Verurteilung durch die kunsthistorische Inquisition entgegen, verbleibe aber auf alle Fälle nicht nur Ihr getreuer Freund, sondern auch

Ihr dankbarer Schüler W. Pauli

P. S. Die Gedanken kamen leicht. Es scheint, ich bin Ihnen heute nahe. ‚Verbirg dich einen Augenblick, bis der Zorn vorübergeht' (Jesaia XXVI, 20).

---

¹ Vgl. den Brief [1313].
² Pauli fügte an dieser Stelle mit Bleistift hinzu: „D. h. das *nebbich* wird ganz einseitig hinter das *P* gesetzt."

³ Siehe den Kommentar zum Brief [1263].
⁴ Siehe hierzu auch die Bemerkungen im Brief [1373] an Jung.
* Dieser Terminus schließt sich an N. Bohr an, der auch nach Aufstellen der Wellenmechanik von einem Korrespondenz-Argument spricht. Für Sie wird die alte „correspondentia" dabei sogleich hindurchschimmern, das ist gerade auch meine Absicht. In der Quantenphysik hat diese Korrespondenz speziell einen statistischen Charakter.
** Beide Richtungen, die platonische wie die hermetische, gehen in ihrer Essenz in graue Vorzeit zurück. Niemand weiß, welche älter ist!
*** Ich hoffe, es wird schließlich, nach vielen Schmerzen, integriert werden – trotz Einstein und de Broglie.
⁵ Diese irrtümliche Interpretation wird im Brief [1378] durch Panofsky korrigiert. Siehe hierzu auch S. 397, den Brief [1384] und die Untersuchung von W. von Engelhardt (1993).
† Oft als conjunctio Sol und Luna dargestellt.

[1365] LOUIS DE BROGLIE AN PAULI

Paris, 10. Februar 1952[1]

Cher Monsieur Pauli!

Je vous remercie bien vivement de votre aimable lettre[2] qui m'a beaucoup touché. Elle m'a rappelé le souvenir agréable de nos rencontres d'autrefois[3] et notamment du temps déjà ancien où nous avions eu l'occasion d'échanger amicalement des idées au sujet de l'interprétation qu'il convenait de donner à la mécanique ondulatoire alors dans la première phase de son développement.

Après mes premiers travaux sur la nouvelle mécanique en 1923–24,[4] j'avais essayé en 1926–27 d'obtenir une interprétation de ces nouvelles idées qui fut du type classique, c'est à dire déterministe (causale) et objective. J'avais résumé mes idées dans un article du Journal de Physique du printemps de 1927[5] où je proposais la théorie de „la double solution" en établissant un lien entre l'onde ψ continue envisagée par l'optique classique et la mécanique ondulatoire et une onde à singularité qui représenterait la réalité physique profonde avec sa structure corpusculaire. Les résultats que j'avais obtenus me paraissaient encourageants, mais j'étais arrêté par des difficultés mathématiques que je ne savais pas résoudre. Appelé à faire un rapport sur la mécanique ondulatoire au Conseil Solvay d'octobre 1927,[6] je me suis contenté de considérer le corpuscule comme une donnée et de le supposer „guidé" par l'onde ψ continue (théorie de l'onde-pilote). Mais vous vous en souvenez, au Conseil Solvay le point de vue indéterministe de MM. Bohr et Heisenberg, que je ne connaissais pas encore bien car il était tout nouveau, a été examiné avec beaucoup de faveur et de nombreuses objections [furent] faites à mon point de vue. Je me suis alors convaincu de l'exactitude de certaines des idées de Bohr et Heisenberg, notamment de la validité des relations d'incertitude. D'autre part je me suis persuadé, en y réfléchissant, de l'inefficacité de la théorie de l'onde pilote telle que je l'avais exposée au Conseil Solvay parce qu'elle fait „guider" le corpuscule par une onde ψ qui n'est que la représentation d'une probabilité et dont le caractère fictif est évident (propagation dans l'espace de configuration notamment). Ne me sentant pas en état de justifier mathématiquement la théorie de la double solution, je me suis rallié à l'interprétation non déterministe de

Bohr et Heisenberg. D'ailleurs, juste à ce moment, j'ai été nommé Professeur à l'Université de Paris et je n'ai pas cru pouvoir enseigner des idées que j'étais seul à avoir soutenu: j'ai donc toujours adopté depuis l'attitude prise à la suite de Bohr et Heisenberg par tous les physiciens quantistes de ma génération. Cependant certaines objections, notamment celle de M. Einstein, m'ont toujours un peu troublé, notamment dans ces toutes dernières années où j'en ai fait un exposé dans mes cours.

Alors sont venus tout récemment le travail de Bohm,[7] puis ceux de M. Vigier.[8] Bohm a repris intégralement les idées que j'avais soutenues au Congrès Solvay, en y ajoutant du reste d'intéressantes précisions en ce qui concerne notamment les processus de mesure. Dès que j'ai eu connaissance du travail de Bohm, j'ai rappelé dans une note du mois de Septembre dernier les objections que soulevait ce point de vue et qui m'avait conduit à l'abandonner. Mais ensuite M. Vigier a remarqué qu'il y avait une analogie entre ma vieille théorie de la double solution et les travaux dans lesquels Einstein et ses collaborateurs ont montré que, s'il existe une singularité du champ gravifique, cette singularité se déplace en suivant les géodésiques du champ, ce qui est très important en Relativité générale. Cela m'a donné l'espoir que l'on pourrait peut-être reprendre sur de nouvelles bases l'idée de la double solution. C'est ce que j'ai dit très brièvement dans une remarque ajoutée à une note de M. Vigier et, un peu plus longuement, dans une note personnelle toute récente[9] dont je vous envoie un tirage à part. Malheureusement, dans cette période d'hiver mes obligations universitaires et académiques m'ont empêché de réfléchir à ces problèmes autant que je l'aurais voulu. Je vais cependant essayer de répondre à vos questions en m'excusant du caractère bien incomplet de mes réponses.

Tout d'abord, je crois maintenant que ma théorie de la double solution n'est pas acceptable sous la forme que je lui avais donnée en 1927, c'est à dire, si l'on suppose que l'onde u à singularité est simplement une solution avec une singularité de l'équation satisfaite par l'onde continue ψ. En effet, considérons une particule enfermée dans une enceinte: pour une onde ψ stationnaire (fonction propre de l'enceinte) qui correspond à une énergie (valeur propre) E_n, ma conception d'autrefois exige que l'onde u ait une singularité *immobile* et soit fonction du temps par le facteur $e^{\frac{i}{\hbar}E_n t}$. Si M désigne le point courant et Q la position de la singularité, on doit avoir

$$\Delta_M u(M, Q) + k^2 u(M, Q) = \delta(M, Q).$$

Or on peut exprimer $\delta(M, Q)$ par le développement

$$\delta(M, Q) = \sum_r \psi_r^*(Q) y_r(M)$$

suivant les fonctions propres $\psi_r(M)$ de l'enceinte. On voit alors aisément que l'on a

$$u(M, Q) = \sum_r \frac{\psi_r^*(Q)\psi_r(M)}{k^2 - k_r^2}$$

où k_r est la valeur propre correspondant à l'énergie quantifiée. On pourra donc trouver une solution u avec singularité en Q à condition que k ne coïncide avec aucune des valeurs propres k_r. Or justement il faudrait que k coïncide avec la valeur propre k_n. Ceci me paraît prouver que l'on ne peut établir entre u et ψ la liaison postulée par ma théorie de la double solution si l'on admet que u est simplement une solution à singularité de l'équation d'onde de la mécanique ondulatoire valable pour ψ.

De plus une démonstration que j'avais donnée en 1927 et que j'ai rappelée dans la note ci-jointe, montre que, si l'onde u a la même phase φ que l'onde ψ, le mouvement de la singularité-corpuscule sera donné par la formule de la théorie de l'onde-pilote

$$v = -\frac{1}{m}\operatorname{grad}\varphi.$$

Mais ceci ne suffit sans doute pas pour imposer à toute onde u à singularité, solution de l'équation satisfaite par ψ, le même mouvement de la singularité.

Pour ces raisons l'hypothèse que l'onde u obéit partout à la même équation linéaire que l'onde ψ me paraît difficile à conserver. Mais on pourrait peut-être supposer, comme je l'ai indiqué dans ma dernière note, que les singularités ponctuelles de ma théorie de 1927 doivent être remplacées par des régions singulières, mobiles en général, où la fonction u devient si grande qu'elle n'obéit plus à l'équation linéaire habituelle, mais à une équation plus compliquée, par exemple non linéaire. Autrement dit, la véritable équation pour u serait non linéaire, mais en dehors d'une région singulière de dimensions très petites (10^{-13} cm) u obéirait très sensiblement à l'équation linéaire habituelle de la Mécanique ondulatoire. Il me semble qu'en entourant la région singulière d'une petite sphère et en appliquant à la limite de cette sphère le raisonnement que j'avais donné en 1927, on puisse encore démontrer que la région singulière se déplace avec la vitesse $v = -\frac{1}{m}\operatorname{grad}\varphi$. Telle est l'idée de Vigier: elle semble pouvoir se raccorder avec celles qu'a développées M. Einstein dans son mémoire „Allgemeine Relativitätstheorie und Bewegungsgesetz"[10] de Janvier 1927. M. Vigier pense même qu'en dehors de la région singulière la valeur de u serait proportionelle à celle de ψ, c'est à dire que ψ étant normée, on aurait $u = \kappa\psi$: naturellement κ aurait une signification physique puisque u correspondrait à une réalité physique et ne serait pas comme ψ une simple représentation de probabilité. Si l'idée de M. Vigier était exacte, cela faciliterait beaucoup l'interprétation, si difficile avec une onde à singularité, d'une expérience comme celle des trous d'Young.[11]

Tout cela est bien loin encore d'être démontré, mais il ne paraît pas absolument impossible qu'il y ait de ce côté une manière d'obtenir une interprétation plus concrète des phénomènes de la mécanique ondulatoire ainsi peut-être qu'un raccord entre les théories quantiques et la Relativité généralisée.

Plus difficile encore serait la construction de la mécanique ondulatoire des ensembles de particules en interaction. Pour des particules de nature différente, il faudrait représenter chacune d'elles par une onde à singularité dans l'espace à trois dimensions et analyser le mouvement des singularités. Il faudrait montrer qu'en constituant un espace de configuration (abstrait) à $3N$ dimensions avec les coordonnées des N singularités, le mouvement des singularités dans l'espace physique est donné par la formule $v = -\frac{1}{m}\operatorname{grad}\varphi$ où les vecteurs sont des vecteurs à $3N$ composants dans l'espace de configuration et où φ est la phase de l'onde ψ habituelle dans cet espace. J'avais esquissé une démonstration dans mon article de 27, mais il faudrait la préciser. Il faut noter qu'ici il y aurait une grande différence entre les ondes u individuelles définies dans l'espace physique et l'onde ψ définie dans l'espace de configuration formé avec les coordonnées des singularités des ondes u.

Dans le cas des particules de même nature, on conçoit aisément qu'une même onde u puisse porter plusieurs singularités. Je n'ai pas pu voir jusqu'à présent clairement comment, avec les idées de la double solution, il fallait interpréter la différence entre les particules qui obéissent au principe de Pauli et celles qui n'y obéissent pas. L'une des tâches essentielles de la théorie de la double solution devrait être évidemment de préciser l'interprétation physique du grand principe que vous avez découvert et dont le rôle est si fondamental dans toute la physique atomique.

Je m'excuse de ne pouvoir vous en dire davantage: depuis que le mémoire de Bohm a ramené mon attention sur le sujet, le temps m'a manqué pour y réfléchir plus complètement.

Je me réjouis beaucoup de vous voir à Paris à la fin de Mars.[12] J'espère que nous pourrons parler ensemble de ces problèmes et cela m'intéressera beaucoup. J'espère aussi que vous aurez l'occasion de rencontrer ici M. Vigier et de causer avec lui.

En vous envoyant mes amicaux souvenirs, je vous prie d'agréer, cher Monsieur Pauli,

l'expression de mes sentiments cordialement dévoués   Louis de Broglie

---

[1] Vgl. Paulis Hinweis auf diesen bisher nicht aufgefundenen Brief in einer Fußnote seines Beitrags (1953/55, S. 30) zur de Broglie Festschrift.

[2] Paulis anderen Briefe *an* L. de Broglie sind bisher ebenfalls nicht zugänglich.

[3] Pauli war zuletzt im April 1950 in Paris bei der Elementarteilchenkonferenz gewesen, wo er wahrscheinlich auch den ebenfalls dort anwesenden L. de Broglie getroffen hatte.

[4] Siehe L. de Broglies *Gesamtüberblick* über seine wissenschaftlichen Arbeiten (1953c) in der ihm gewidmeten Festschrift. [5] L. de Broglie (1927). Siehe auch den Brief [1359].

[6] L. de Broglie (1928).

[7] Bohm (1952).

[8] Vigier (1952).

[9] L. de Broglie (1952a, b).

[10] Einstein (1927).

[11] Diese Gedanken wurden von L. de Broglie zusammen mit seinem Schüler J.-P. Vigier in dem Buch [1953] *La physique quantique restera-t-elle indeterministe?* ausgearbeitet.

[12] Pauli wollte im März seine Vorträge am *Institut Henri Poincaré* halten. Siehe hierzu den Kommentar zum Brief [1347].

[1366] PANOFSKY AN PAULI

Princeton, 12. Februar 1952

Lieber Herr Pauli!

Ich habe Ihnen auf Ihren Brief vom 19. Januar[1] bisher nicht geantwortet, weil ich meine Antwort bis nach dem auf den 29. Januar angesetzten *conventus* des

„supper club" verschieben wollte, um Ihnen über die Reaktionen der ehrenwerten
Mitglieder auf Ihren „offenen Brief"[2] berichten zu können. Leider wurde dieser
Plan dadurch verhindert, daß ich kurz vor dieser Zusammenkunft krank wurde
(„systemic infection", die sich maliziöserweise auf einen besonders sensitiven
Körperteil konzentrierte*) und erst vor einigen Tagen wiederauferstand. Ich
werde also Ihren „offenen Brief" erst bei dem *nächsten* „supper club" Abend
vorlegen können, nunmehr ergänzt bei Ihren soeben empfangenen Brief vom 7.
Februar.[3] Und für diesen möchte ich Ihnen *gleich* danken, um so mehr, als ich
mich Ihnen seit gestern, oder vielmehr vorgestern, ganz besonders verpflichtet
fühle (cf. *infra*).

Sie haben natürlich ganz recht – soweit ich urteilen kann – in der Ablehnung
aller christlichen Einflüsse auf Plotin, und ich weiß eigentlich niemanden,
der ernstlich an diese glauben würde. Die negative Bewertung der $\nu\lambda\eta$ geht
sicher ganz organisch und konsequent *innerhalb* des Platonismus vor sich und
begründet sich, glaube ich, vor allem darauf, daß Plato ja, obwohl er die Materie
oder Raum oder Ausdehnung noch nicht als „böse" oder „nicht seiend" anspricht,
sie doch, um es vulgär auszudrücken, als eine „nuisance" für Gott empfindet:
da nämlich, wo er ausführt, daß sein $\delta\eta\mu\iota\upsilon\rho\gamma o\zeta$ – der ja, im Gegensatz zu
der jüdisch-christlichen Idee einer *creatio ex nihilo*, „nicht eigentlich" *schöpft*
– sondern Ideen und Materie schon *vorfindet*, – durch die *Materie* immer
daran verhindert wird, die Ideen ohne Verzerrung und Verschiebung abzubilden,
d. h. physisch zu realisieren. Der materielle Raum hat die fatale Eigenschaft,
immer dann, wenn der $\delta\eta\mu\iota\upsilon\rho\gamma o\zeta$ in ihm herumoperiert, auf die von diesem
beabsichtigte Operation durch Verschiebungen zu reagieren, die jener trotz
besten Willens nicht verhindern kann (auf etwas niedrigerer Sphäre, nämlich
in bezug auf die Probleme des Frühstückstisches, hat F. Th. Vischer[4] einmal
geschrieben: „Der Raum ist ja nichts anderes als die niederträchtige Einrichtung,
infolge derer man keinen Gegenstand da hinstellen kann, wo ein andrer schon
steht", oder so ähnlich). Dadurch wird für Plato die $\nu\lambda\eta$ zwar nicht „das
Böse", wohl aber, sozusagen, die *Mutter* des Bösen, und es ist ganz logisch,
dieses Abstammungsverhältnis zu einer Identität zu verdichten, sobald das $\varepsilon\nu$,
das die Griechen immer höher schätzten als das „Vielfältige" (in eventuellem
Gegensatz zum Nominalismus, mit dem die „moderne" Welt recht eigentlich
anfängt), mit dem positiv Guten gleichgesetzt wurde. Für Aristoteles ist natürlich
die $\nu\lambda\eta$ keineswegs böse, sondern das zweite, absolut notwendige, wenn auch
untergeordnete, Daseinsprinzip seiner Welt; das drückt er sehr schön durch einen
Vergleich aus, der die $\nu\lambda\eta$ dem weiblichen, das $\varepsilon\iota\delta o\varsigma$ aber (das für Aristoteles
ja nicht mehr die metaphysisch sanktionierte „Idee", sondern bloße „Form" ist)
dem männlichen Prinzip gleichsetzt: „Die Materie *sehnt* sich nach der Form
wie das Weibliche – $\tau o\ \delta\eta\lambda\upsilon$ – nach dem Männlichen" (*Physik, Aristoteles:* I, 9,
192). Daß die $\nu\lambda\eta$ „böse" sei, lehnt er ausdrücklich ab, was insofern interessant
ist, als es zeigt, daß schon zu *seiner* Zeit diese Vergröberung der Platonischen
Auffassung *vertreten* worden sein muß (cf. Cl. Baeumker, „Das Problem der
Materie in der griechischen Philosophie", 1890,[5] besonders p. 263).

Nun zu meiner speziellen Dankbarkeitsschuld: vielleicht erinnern Sie sich,
daß ich in der Diskussion nach Ihrem zweiten Vortrag *chez* Kahler[6] bemerkte,
mein einziger Einwand sei Ihre Bezeichnung der vor-Galileischen und vor-

Keplerschen Vermischungen als „mittelalterlich". Es sei vielmehr das Kuddel-muddel charakteristisch für die Renaissance (die mit 1590–1600 ihr Ende erreicht) als für das Mittelalter, das umgekehrt sehr zu einer Haltung neigte, für die ich inzwischen das schöne Wort „compartmentalization" gefunden habe; und daß die in der Renaissance vollzogene „decompartmentalization" dann im 17. Jahrhundert zu einer „recompartmentalization" führe, die sozusagen die „stable compounds" von den „unstable compounds" isoliert und damit die bis heute gültigen Trennungen schafft.[7]

Diese nicht gerade tiefsinnige, aber von kunsthistorischem Standpunkt ganz amüsante Idee, habe ich inzwischen in einem kleinen Essay etwas weiterentwickelt, der das nur aus „decompartmentalization" verständliche Verhältnis von „Kunst" und „Wissenschaft" in der Renaissanceperiode zum Gegenstand hat, besonders mit Bezug auf die „beschriebenen" Disziplinen, [...][8], einerseits, Perspektive* etc. [–] andrerseits, Anatomie, Zoologie, Botanik, Paläontologie und sogar gewisse Zweige der Experimentalphysik (z. B. die Tatsache, daß Aristoteles' Behauptung, die Fallgeschwindigkeit der Körper eine Funktion ihres Gewichtes sei, zwar seit dem 12. Jahrhundert aus logischen Gründen heftig angegriffen und sogar von Thomas von Aquino abgelehnt wurde, daß aber niemand vor ca. 1550** auf die Idee kam, Gegenstände von einem Turm herunterzuwerfen). Diesen Essay habe ich vorgestern im großen Saal des Metropolitan Museum vorgelesen,[9] mit einem geradezu genanten[10] Erfolg. Und diesen verdanke ich *Ihnen*, erstens, weil, wie gesagt, die Grundidee (ob richtig oder falsch) von Ihrem Vortrag angeregt wurde; und zweitens, weil ich mit einem kurzen Hinweis auf die Fludd-Kepler Kontroverse und einem wirklichen Zitat aus Ihrem Aufsatz schloß. Ich werde Ihnen den kleinen Aufsatz im Durchschlag zuschicken, obwohl er kaum je gedruckt werden wird (ich werde vielmehr zunächst einer Einzelfrage, nämlich der sehr interessanten und unbeachteten Tätigkeit Galileis als Kunst- und Literaturkritiker[11] und seinem Verhältnis zu dem ihm befreundeten Maler Ludovico Cigoli nachzugehen versuchen).[12] Aber ich weiß nicht, ob Sie Zeit und Lust haben, so etwas zu lesen, und außerdem fehlen zur Zeit noch die alleinseligmachenden Fußnoten, und diese werde ich wegen andrer Sachen erst in einigen Wochen hinzufügen können.

Alles Gute von Haus zu Haus!

Stets Ihr getreuer   Erwin Panofsky

P. S. Eine letzte Frage: ich verstehe nicht ganz, wieso Sie auf Seite 4 Ihres Aufsatzes das dritte Keplersche Gesetz so schreiben: „τ proportional $a^{3/2}$", wenn a die große Halbachse. Ist das eine mir unbekannte Form der Notation? Es ist doch das Quadrat der Umlaufszeit proportional dem Kubus der großen Halbachse, also etwa:

$$\tau^2 : \tau_1^2 = \left(\frac{a}{2}\right)^3 : \left(\frac{a_1}{2}\right)^3 ; \quad \frac{\tau}{\tau_1} = \sqrt{\frac{a^3}{a_1^3}} .$$

Oder bin ich zu dumm?

[1] Brief [1342].
[2] Siehe den Brief [1342].
* Cf. Don Quixote: „Sie fressen, sie fressen mir schon daran, womit ich am meisten Sünde getan."
{Es handelt sich hierbei um eine von Cervantes aus den *Canzionero* übernommene Romanze des
Königs Don Rodrigo. Vgl. Cervantes [1605–1615/1966, S. 1204]. Im spanischen Original heißt sie:
„Ya me comen, ya me comen, por do más pecado había."}
[3] Brief [1360].
[4] Der mit D. F. Strauß befreundete Schriftsteller und Vertreter der Hegelschen Philosophie Friedrich
Theodor von Vischer (1807–1887) war von 1855–1866 Professor am Zürcher Polytechnikum
gewesen und als Verfasser satyrischer Abhandlungen und Romane bekannt.
[5] Cl. Baeumker [1890]. Siehe hierzu auch die in Band III, S. 997 erwähnten Aufzeichnungen von
Pauli aus dem Jahre 1947/48, *Pauli-Nachlaß* 6/320–323. Dort heißt es: „p. 263: Materie begehrt
nach der Form wie das Weibliche zum Männlichen."
[6] Pauli hatte während seiner Anwesenheit in Princeton im Hause seines Freundes Kahlers seinen
Kepler-Vortrag gehalten.
[7] Panofsky [1960/79] publizierte seine Auffassungen später ausführlich in seinem Buch *Die
Renaissancen der europäischen Kunst*. Dort auf S. 169ff. beschreibt er auch die durch Marsilio
Ficino (1433–1499) ausgelöste, alle Schranken beseitigende Bewegung des Neuplatonismus, die
bald ganz Europa eroberte.
[8] Unleserlich.
* Im Mittelalter gibt es eine sehr entwickelte „Optik", d. h. mathematisch Rationalisierung des
Sehbildes; aber niemand dachte daran, diese auf eine Wiedergabe des Sehbildes in einer Zeichnung
oder einem Gemälde anzuwenden.
** Galilei tat es zwar auch, war aber nicht der erste.
[9] Wahrscheinlich handelt es sich um den Vortrag „Artist, Scientist, Genius. Notes on the Renaissance-
Dämmerung", den Panofsky 1952 während eines Symposiums im New Yorker *Metropolitan Museum*
gehalten hatte.
[10] Soll sich dieses Wort auf *genieren* beziehen?
[11] Vgl. Panofsky [1954].
[12] Der zeitweilig in Rom lebende Maler und Architekt Ludovico Cardi di Cigoli (1559–1613)
war damals in verschiedene wissenschaftliche Kontroversen (über schwimmende Körper und die
Sonnenflecken) verwickelt, die sich auch in seiner Korrespondenz mit Galilei niederschlugen.

[1367] PAULI AN DESTOUCHES

Zürich, 14. Februar 1952

Dear Colleague Destouches!
I received a very nice letter of L. de Broglie very recently[1] which clarified
certain points. At least I know what he has now in mind. His paper in
Journal de Physique **8**, 225, 1927[2] is nearly ununderstandable to me because
of the §2, where in equation (15), (16) a function $U(x, t)$ is defined by
a certain *summation* over many singularities denoted by an index i like
$\sum_i f_i \cdot (\dots)\cos(\dots)$, (see p. 228 below). It is this function U which satisfies
an *inhomogeneous* Schrödinger equation

$$-i\hbar\frac{\partial\psi}{\partial t} + H\psi = \psi\pi\rho(x, t)$$

and *not* the usual *homogeneous* equation. So the transition from the single
singular solution to the 'cloud' (nuage) always seemed to me a failure.

It is only now that I learn from de Broglie's most recent note in the Compte rendu,[3] that he seems to abandon the summation $\sum_i$ (superposition of fields) and to search directly for a singular solution which has the same *phase* as a 'corresponding' solution of the homogeneous Schrödinger equation. (In this way he hopes to determine the path of the particle otherwise unknown).

Of course I agree with de Broglie himself, that this *principle of phase equality* has only solutions in very particular cases. It seems to me so artificial from a purely mathematical point of view that I never thought on it.

So it may be that I was not juste in my criticism of the p. 46 of your paper[4] (in case you meant the phase equality). But to my defense I may say, that you refer there to a 'method of double solution' which is in no publication explained correctly. So the harmless reader can easily drive into a disorientation. But if I was unjust I am sorry. In any case you should explain to what you actually refer (the old paper of 1927 of de Broglie being incorrect).

This whole idea of a correlation of the singular solutions with the regular solutions of ordinary wave-mechanics is still entirely obscure. I do not understand at all, what the bridge is between the singular solutions on the one side and the wave mechanical probability of the other side.

Still less I understand the case of u particle present. It seems that de Broglie wishes to describe them by n different wave functions in the three-dimensional x-space, which however depend on the configuration $z_i \ldots z_n$ of the singularities

$$u_1(x; z_i \ldots z_n) \ldots u_n(x; z_i \ldots z_n)$$

in such a way that the field u_k is singular for $x = z_k$. But this n-complex fields have also n phases $\phi_k(x; z_i \ldots z_n)$, $(k = 1, 2, \ldots 4)$. One can of course put $x = z_n$ in ϕ_k, but then we still have n phase functions, whilst the one Schrödinger function $\psi(z_i \ldots z_n)$ has only one. – So there will be many things to discuss in Paris.[5] Of course I do not change my positive attachment to complementarity. Do you come to Zurich soon?[6] Next week I shall be rather busy particularly Thursday and Friday, afterwards it will be much better.

I start now with the preparation of my lectures in Paris.[7]

Very sincerely Yours

W. Pauli

I would like to quote your idea complementarity 'système-univers'. Which paper I have to quote?[8]

[1] Vgl. den Brief [1365].
[2] L. de Broglie [1927c].
[3] L. de Broglie (1952b).
[4] Siehe den Brief [1359].
[5] Siehe den Kommentar zum Brief [1347].
[6] Vgl. hierzu auch Paulis Brief [1371].
[7] Pauli wollte Ende März in Paris am *Institut Henri Poincaré* Vorträge über quantisierte Feldtheorien halten. Vgl. den Kommentar zum Brief [1347].
[8] Destouches (1952).

[1368] Pauli an Fierz

Zürich, 14. Februar 1952

Lieber Herr Fierz!

Ich danke Ihnen noch sehr für Ihren letzten Brief, den ich Alder und den anderen Interessenten gerne zu lesen gegeben habe.

Was die „Schattenphysik" betrifft, so hatte ich einen Austausch langer Briefe mit L. de Broglie über diese Frage, der auch wiederum im Comptes rendus eine neue Note publiziert hat.[1] Bohm scheint auf ihn die teuflische Wirkung ausgeübt zu haben, daß er (de Broglie) nun auf seine Bieridee der *singulären* Wellen* zurückkommen will. Das schlimmste ist, daß nach diesem Wunschtraum (und es ist „nicht einmal ein schöner Traum") ein System von n Teilchen durch n verschiedene Wellen im gewöhnlichen 3-dimensionalen Raum x beschrieben werden sollen, die jedoch noch von den n weiteren Vektoren $z_1 \ldots z_n$ abhängen sollen:

$$u_1(x; z_1 \ldots z_n) \ldots u_n(x; z_1 \ldots z_n)$$

und zwar so, daß die $i^{\text{-te}}$ Funktion u_i gerade für $x = z_i$ singulär sein soll. Der Konfigurationsraum ist also der Raum der Singularitäten der u-Wellen im gewöhnlichen Raum. Sind die Teilchen ungekoppelt, so muß u_i von den z_1 für $k \neq i$ unabhängig werden und sich auf den dreidimensionalen Fall

$$u_i(x, z_i)$$

resultieren. Von einer Produktbildung wie in der Wellenmechanik kann dabei keine Rede sein.

Die Gesetze des zeitlichen Ablaufes der u_i sind de Broglie „noch nicht" bekannt, ebenso ist ihm „noch nicht" bekannt, wie sich diese singulären Felder für Teilchen mit symmetrischer und antisymmetrischer Statistik eigentlich unterscheiden sollen. Die Verknüpfung mit der Wellenmechanik soll programmgemäß so erfolgen, daß die Phasen $\phi_i(x; z_1 \ldots z_n)$ der komplexen u_i (definiert gemäß $u_i = R_i e^{i\phi_i}$ mit $R_i \geq 0$ reell) für $(x_i = z_i)$, also $\phi_i(x_i; z_1 \ldots z_n)$ alle mit der einen wellenmechanischen Phase $\phi(z_1 \ldots z_n)$ einer Lösung der homogenen gewöhnlichen Schrödinger-Gleichung im Konfigurationsraum übereinstimmen sollen. Ob es Gleichungen für die singulären u_i gibt, die das leisten, ist de Broglie „noch nicht" bekannt. Die Verknüpfung des deterministischen Bildes mit der wellenmechanischen Wahrscheinlichkeit verstehe ich nicht.

Ich bin im Begriffe, nun meine Arbeit für die de Broglie Festschrift zu redigieren (glücklicherweise hat das Zeit bis Ende März) und werde Ihnen dann (wenn sie fertig ist) eine Kopie schicken. Luftschlösser kann ich natürlich nicht diskutieren. Aber ich will bei der Formulierung meiner Einwände mich nicht zu sehr an spezielle Modelle halten.

Könnten Sie, bitte, Montag für mich etwas Schriftliches über Ihre Komplementaritäts-Philosophie der D_c-Funktion[2] (für meine Pariser Vorträge)[3] mitbringen? Ich brauche das jetzt.

Viele Grüße

Ihr W. Pauli

[1] L. de Broglie (1952b).
* Journal de Physique, Série VI; **8**, 221, 1927 [L. de Broglie (1927c)]; – ist *verschieden* von der onde pilote, die er am Solvay-Kongreß vortrug und die dann Bohm gestohlen hat.
[2] Siehe den Brief [1337].
[3] Siehe den Kommentar zum Brief [1347].

[1369] OPPENHEIMER AN PAULI

Princeton, 20. Februar 1952
[Maschinenschrift]

Dear Wolfgang!

This letter is to reopen, or to attempt to reopen, the question that you may regard as long since answered. Would you like to come to the Institute permanently, from now on? I know that you considered very seriously what to do in 1946,[1] and that at that time I felt great sympathy with your going back to Switzerland. I believe that things are changed, and that I am writing not only because of my personal desire to have you back here, though that is very strong.

We now have, and will continue to have, I think, an interesting, varied and talented group of physicists here.[2] It is not a school in the sense that even the younger people are not listening to lectures or working for doctor's degrees; but it is a school in the sense that almost everyone who comes learns of parts of physics, and sometimes of other science as well, which are new to him. It is a very fertile group, and the feeling of it is good; and for you it might be, as for me it is, a pleasant as well as an exciting association. Another side of it is what is happening in physics itself. We are certainly, as far as the atomic problems go, remarkably stuck, and I have the impression that this may continue for some time. We have thought of it in these terms. It seems not unlikely that it will begin to unravel some time in the next decade. For all of us, having you here then would be an exciting adventure. In the meantime, there are certainly limits on what anyone can do; and we understand that you may prefer to be a spectator rather than an actor. We would like to have you here in this role as well; and think perhaps that some of the other parts of what happens at the Institute and in Princeton will be of interest to you.

You know too well the formalities of this place, such as they are, to need much of an account of that from me. I need to remind you that our terms are short, and our summers long; and that coming here in a permanent way would not preclude your maintaining your friendships and interests in Europe. I need to remind you that the professor's salary here is $18,000 a year, and that we try to make reasonable arrangements for that time, which in the future, I imagine, will be the age of 68, when we can no longer pay that salary. I have not asked the Faculty and the Trustees for the formal authority to make this invitation. You are already a member of the Institute; and I am persuaded that everyone concerned would be happy were you to be willing to come. It has rather seemed to me that I should explore with you your own desires in a completely candid and simple way, confident that we shall be able to do whatever you would like to make your coming here pleasant and personally agreeable. Everyone with whom I have discussed this prospect is enthusiastic and hopeful. This nevertheless remains largely a personal matter to say that I hope that you will reconsider your past decision in the light of what is now, I think, a new situation. I should add only that Kitty and I send our love to you and to Franca, and that we hope you will come.[3]

Robert Oppenheimer

---

[1] Siehe Band **III**, S. XLVIff.

[2] Laut einem vom *Institute for Advanced Study* angefertigten bibliographischen Verzeichnis wurden in den Jahren 1950–1952 von folgenden Physikern Arbeiten publiziert, die aus ihrer Tätigkeit am *Institute* hervorgegangen sind: Olivier Costa de Beauregard, Keith A. Brueckner, Kenneth M. Case, Freeman J. Dyson, David Feldman, Donald R. Hamilton, Léon van Hove, Robert Jastrow, Res Jost, Walter Kohn, Robert Karplus, Norman Kroll, Toichiro Kinoshita, Tsung Dao Lee, Joseph V. Lepore, Maurice M. Levy, Harold Walker Lewis, Stewart P. Lloyd, José Leite Lopes, Francis E. Low, Joaquin M. Luttinger, Robert Marshak, Paul T. Matthews, Eugen Merzbacher, Albert M.L. Messiah, Cécile Morette, Yoichiro Nambu, B.R.A. Nijboer, Abraham Pais, Rudolph Peierls, George Placzek, Giulio Racah, Abdus Salam, Edwin Ernest Salpeter, Murray Slotnick, Felix Villars, John C. Ward, Chen-Ning Yang und Donald R. Yennie.

[3] In seinem Schreiben [1376] an Panofsky äußert Pauli seine Überraschung über dieses Angebot, das er erst noch „verdauen" müsse. Er antwortete darauf erst in seinem Schreiben [1405] Ende April.

[1370] SCHAFROTH AN PAULI

Zürich, 25. Februar 1952

Sehr geehrter Herr Professor!

Mir ist nur noch eingefallen, daß die Tatsache, daß die Phase von u stets regulär sein soll, eine starke Einschränkung der Inhomogenität liefert.[1] Etwa so,

$$i\frac{\partial u}{\partial t} + Hu = \gamma(t)\delta^3(x - z(t)); \quad H = -\Delta g B. \tag{1}$$

Sei $u = Re^{i\varphi}$ *regulär*; φ *regulär*,

$$R = \frac{R_0}{x - z(t)}; \quad R_0 \text{ regulär.}$$

$$\to -\left(\frac{\partial\varphi}{\partial t}u + \Delta Re^{i\varphi} + \Delta\varphi e^{i\varphi}\right) + i\left(\frac{\partial\log R}{\partial t} + 2\text{grad}\varphi\,\text{grad}\log R\right)$$

$$= \gamma(t)\delta^3(x - z)$$

a)
$$\frac{\partial\log R}{\partial t} + 2\text{grad}\varphi\,\text{grad}\log R \text{ soll regulär sein}$$

$$\to \frac{\partial\log\rho}{\partial t} + 2\text{grad}\varphi\,\text{grad}\log\rho = 0; \quad [\rho \equiv x - z(t)]$$

$$\to \frac{\rho}{\rho^2}[\dot{z} - 2\text{grad}\varphi] = 0; \quad \to \dot{z} = 2\text{grad}\varphi|_{x=z} \tag{2}$$

b)
$$-\Delta Re^{i\varphi} = \gamma(t)\delta^3(x - z(t)) + \text{reg.}$$

$$\rightarrow \gamma(t) = -4\pi R_0 e^{i\varphi}|_{x=z(t)}$$

oder:
$$\gamma(t) = |x - z(t)|u.$$

Also:
$$i\frac{\partial u}{\partial t} + Hu = |x - z(t)|\delta^3(x - z(t))u \tag{3}$$

statt (1).

Für diese, nun eigentlich *homogene* Gleichung, gilt Ihr Existenzbeweis nicht mehr; man darf auch nicht mehr Lösungen der Schrödinger-Gleichung superponieren. Dafür scheint nun doch zu folgen, daß durch (2) und (3) aus einem Anfangszustand $u(x, 0)$ der Ablauf des Systems bestimmt sei. Es gibt also nicht zu jedem $z(t)$ eine singuläre Lösung mit vorgegebenem $u(x, 0)$. Oder steckt ein Fehler in meiner Überlegung?

Mit herzlichen Grüßen verbleibe ich   Ihr M. R. Schafroth

---

[1] Offenbar hatte Pauli mit seinem Assistenten Schafroth über L. de Broglies neue Arbeit die Frage der Existenz der von de Broglie eingeführten singulären Lösungen diskutiert, woraufhin dieser nun seine Überlegung mitteilt. Siehe hierzu auch den Brief [1359].

[1371] Pauli an Destouches

Zollikon-Zürich, 26. Februar 1952

Dear Colleague!

It was good to receive your letter of February 18 but unfortunately it was only yesterday that he reached me.

Concerning our date it would be the most convenient for me if you could come to Zurich during March 3rd on your way home.* I am free the whole day then and we could arrange a discussion at the Institute, may be together with my Assistant Dr. Schafroth, who speaks French quite well and with whom I discussed all questions, which were the subject of our letters, quite thoroughly. I think that it should be easy now for me to reach a complete agreement with you, as our general attitude is the same and only some nuances are different. (It may be less easier, though to reach an agreement between me and de Broglie.)

Meanwhile I wrote a critical note for the de Broglie anniversary volume,[1] which is now being typewritten and also my lectures for Paris are going to be translated in French and prepared.[2] I hope to fix now definitely the date of my coming to Paris during our meeting here.

One can reach me by telephone either at home (249 948) on Friday evening (between 20^h and 21^h for instance) or at the E. T. H. (327 330) on Friday around 18^h in the afternoon. Or you are so kind just to write to me at what hour you could be in Zurich on Monday and you just go then to the Institute Gloriastraße 35.

Sincerely Yours   W. Pauli

---

* On Friday the 29th I have examinations from 11–12^h and from 15–17^h, so the time would be rather narrow.

[1] Pauli (1953c).
[2] Ein Manuskript dieser im März 1952 von Pauli am *Institut Henri Poincaré* gehaltenen Vorträge konnte bisher nicht gefunden werden. Siehe hierzu auch die Angaben zum Brief [1310].

[1372] PAULI AN JAFFÉ

Zollikon-Zürich, 27. Februar 1952

Liebe Frau Jaffé!

Haben Sie vielen Dank für Ihre rasche Arbeit. Ich bringe nun den Brief an Professor Jung[1] zugleich mit diesem kurzen Schreiben an Sie auf die Post.

Für Sie noch einige Zitate aus den ‚Alten'*

1. *Heraklit* (der *Dynamiker*):

Der Weg aufwärts und der Weg abwärts ist ein und derselbe.[2]

Er (Heraklit) sagt auch, dieses Feuer sei vernunftbegabt und sei die Ursache der Lenkung des Alls. Er nennt es Darben und Sattheit. Denn alles (sagt er) wird das Feuer, wenn es herankommt, sichten und erfassen.[3]

Herakleitos sagt, alles sei ein Sichumsetzen des Feuers.[4]

Man kann nicht zweimal in denselben Fluß steigen.
es verfließt, strömt wieder zusammen,
kommt herzu und entfernt sich.[5]

Alles strömt, und nichts dauert.

Gott** ist Tag/Nacht, Winter/Sommer, Krieg/Frieden, Sattheit/Hunger. – Er wandelt sich wie das Feuer, das mit Räucherwerk vermischt, nach Duft eines jeglichen heißt.[6]

Gott ist alles schön und gut und recht, nur die Menschen halten das eine für unrecht, das andere für recht.[7]

Der Seele Grenzen wirst du nicht ausfindig machen, wenn du auch jeden Weg abschrittest, so unergründlich tief ist ihr Wesen.[8]

Der Seele ist der Logos eigen, der sich selbst zu mehren vermag.[9]

Herakleitos erklärt die Seele für einen Funken aus der Substanz der Gestirne.[10]

Des Menschen Wesen ist sein daimon.[11]

Parmenides (der *Statiker*): Aus dem Lehrgedicht vom Sein:

Dies mußt du sagen und denken – *daß nur das Seiende ist!*[12]

... Denn wie könnte das Seiende auch in der Zukunft bestehen? Wie ist möglich es auch, daß Seiendes einmal entstand?
Wäre es wirklich entstanden, dann gäbe es niemals ,Es ist'; darum auch gibt es kein Sein, das erst in Zukunft entstand!
So ist Entstehen verlöscht und der Dinge Vergehen getilgt?

Nochmals vielen Dank und sehr herzliche Grüße   Stets Ihr W. Pauli

[1] Wahrscheinlich bedankte sich Pauli bei A. Jaffé für die Abschrift des langen nachfolgenden Briefes [1373] an Jung.
* Die Fragmente der Vorsokratiker sind bequem in Übersetzung zugänglich in der (gekürzten) Ausgabe der „Bibliothek der Alten Welt." Artemis-Verlag Zürich.

[2] Kirk et al. [1994, S. 206].
[3] Capelle [1968, S. 141].
[4] Capelle [1968, S. 142].
[5] Kirk et al. [1994, S. 213].
** Heraklitos hat einen Gott im Singular *neben* „den Göttern" im Plural.
[6] Kirk et al. [1994, S. 208].
[7] Capelle [1968, S. 140].
[8] Capelle [1968, S. 148].
[9] Capelle [1968, S. 148].
[10] Capelle [1968, S. 145].
[11] Capelle [1968, S. 156].
[12] Capelle [1968, S. 165].

[1373] PAULI AN JUNG[1]

Zollikon-Zürich, 27. Februar 1952[2]
[Maschinenschrift mit handschriftlichen Zusätzen]

Lieber Herr Professor Jung!

Es ist schon lange her, daß ich Sie ausführlicher gesprochen habe und inzwischen hat sich allerlei Stoff angesammelt, den ich Ihnen gerne mitteilen und zugänglich machen möchte. Mit dem Aufhören meiner Vorlesungen am Semesterende kann ich nun daran gehen, diesen lange gehegten Plan zur Ausführung zu bringen. Es handelt sich um verschiedene Erwägungen und Amplifikationen, die Ihr Buch „Aion"[3] bei mir ausgelöst hat. Auch abgesehen von der Astrologie, über die wir wohl nicht diesselbe Ansicht haben,[4] bleibt noch sehr viel, das mein Interesse gefesselt hat, und zwar handelt es sich einerseits um das Thema des Kapitel V, anderseits um das der Kapitel XIII und XIV.[5] Vielleicht interessiert es Sie, die dort behandelten Probleme einmal auch von einer anderen Seite her betrachtet zu sehen, als es gewöhnlich geschieht.

Wie Sie ja wohl wissen, komme ich in religiöser und philosophischer Hinsicht von Laotse und Schopenhauer her (wobei ich die zeitbedingten deterministischen Ideen des letzteren im Sinne der modernen Physik leicht durch die Idee der komplementären Gegensatzpaare und das Akausale ergänzen konnte). Während mir von dieser Grundlage aus Ihre analytische Psychologie – und, wie ich glaube, auch Ihre persönliche geistige Einstellung im allgemeinen – immer gut zugänglich zu sein schien, muß ich gestehen, daß mir die speziell christliche Religiosität, insbesondere deren Gottesbegriff, bis heute sowohl gefühlsmäßig wie intellektuell recht unzugänglich geblieben ist. (Gegen die Idee eines launischen Tyrannen wie Jahwe habe ich zwar *keine gefühlsmäßigen Widerstände*, jedoch scheint mir die übergroße Willkür im Kosmos, die diese Idee impliziert, als ein naturphilosophisch unhaltbarer Anthropomorphismus.) Im Weltbild Laotses gibt es wohl kein Problem des Bösen, wie insbesondere aus Taoteking Nr. 5 („Nicht Liebe nach Menschenart hat die Natur ...") hervorgeht.[6] Aber Laotses ganze Konzeption paßt besser zum intuitiven Weltbild der Chinesen, während ihr die abendländische Naturwissenschaft und ihre Erkenntnisse fremd gegenüberstehen. Ich möchte daher nicht zu behaupten wagen, daß Laotses Standpunkt, so befriedigend er mir auch erscheint, für das Abendland bereits das letzte Wort in diesen Fragen ist. Anderseits ermöglichte mir Schopenhauers Philosophie – auch deshalb, weil sie zwischen dem Abendland und Ostasien vermittelt – einen wesentlich leichteren Zugang zu Ihrem Buch „Aion". Denn ich war immer der Meinung, daß gerade die privatio boni der Stein des Anstoßes war, der Schopenhauer zur Verwerfung „des $\vartheta\varepsilon o\varsigma$", (wie er sich ausdrückte) geführt hat.* Schopenhauer verwirft also „ihren $\vartheta\varepsilon o\varsigma$", weil das Übel auf ihn zurückfallen müßte. Es war gerade dieser Punkt, der mich an Schopenhauer stets gefühlsmäßig angezogen hat.

Kritisch möchte ich jedoch selbst dazu sagen, *daß das, was hier verworfen wird, nur die Idee eines menschenähnlichen Bewußtseins* Gottes ist. Ich bin in der Tat geneigt, Schopenhauers sogenannten „Willen" (die Weise, wie er dieses Wort gebraucht, hat sich ja auch gar nicht eingebürgert) mit dem $\vartheta\varepsilon o\varsigma\ \alpha\nu\varepsilon\nu\nu o\eta\tau o\varsigma$ der Gnostiker zu identifizieren, von dem p. 278–282 des „Aion"[7] die Rede ist. Ein solcher „nicht wissender Gott" bleibt unschuldig, kann nicht moralisch zur Verantwortung gezogen werden; gefühlsmäßig und intellektuell entfällt dann die Schwierigkeit, ihn mit der Existenz der Sünde und des Übels in Einklang zu bringen.

Ich kann mich gern Ihrer Meinung anschließen, daß die gefühlsmäßige und intellektuelle Auseinandersetzung mit dem „Problem des Bösen" gerade für den modernen Menschen wieder eine dringende Notwendigkeit geworden ist. (Dies gilt sogar in besonderem Maße für einen Physiker, nachdem die Möglichkeit, die Ergebnisse der Physik zu Zwecken gigantischer Zerstörungen zu gebrauchen, in handgreifliche Nähe gerückt ist.[8] Auch dann, wenn keine *direkte* Beschäftigung mit diesen Anwendungen der Physik vorhanden ist, kann die Unterlassung dieser Auseinandersetzung unter Umständen eine gewisse Stagnation in der Physik zur Folge haben, weil dann im Unbewußten ein Abströmen der Libido und damit des Interesses von der Physik im engeren Sinne eintreten kann.) Bei der zentralen Bedeutung, welche die Doktrin der privatio boni hierbei spielt (ich glaube, daß heute sehr viele – ebenso wie Sie oder ich – geneigt sein werden, sie abzulehnen), bin ich zunächst dem historischen Ursprung dieser Lehre weiter nachgegangen.

Meine Arbeit über Kepler[9] hatte mich dazu geführt, mich eingehender auch mit dem Neuplatonismus zu beschäftigen (da Kepler von Proklus, Fludd – als Alchemist sich allerdings viel stärker an Aristoteles als an Plato oder die Neuplatoniker anlehnend – von Jamblichus stark beeinflußt war.)[10] Da habe ich nun nicht nur gesehen, wie (der meinem Gefühl nach nur sehr schwach christliche) Scotus Eriugena ein prominenter Verkünder der privatio boni war, sondern daß auch Plotin (den ich im letzten Sommer in Übersetzung gelesen habe) diese als einigermaßen durchgebildete Doktrin vertritt. Zugleich bekommt man bei diesem den Eindruck des Vorhandenseins einer mächtigen Opposition von seiten der Gnostiker gegen diese Lehre.** Es fiel mir auf, daß auch die Materie ($v\lambda\eta$) nach Plotin eine bloße privatio und außerdem „absolut böse" sein soll; ferner, daß das Böse, offenbar im Sinne des Parmenides, als „nicht seiend" bezeichnet wird. Als ich nun kürzlich Herrn Professor Howald in einer Gesellschaft traf und ihn über den Neuplatonismus befragte, wies er mich freundlicherweise darauf hin, daß einer seiner Schüler, Herr Dr. M. R. Schwyzer gerade eine überaus sorgfältige Arbeit über Plotin verfaßt habe.*** Mit diesem fand dann noch ein Briefwechsel statt, in welchem ich meine

Kenntnisse über die Geschichte der privatio boni noch wesentlich erweitern konnte: Während bei Plato weder das Wort $\upsilon\lambda\eta$ noch das Wort $\sigma\tau\epsilon\rho\eta\sigma\iota\varsigma$ steht, polemisiert schon Aristoteles[†] (und zwar in Verbindung mit Parmenides und seiner Schule) gegen die Gleichsetzung von $\upsilon\lambda\eta$ und $\sigma\tau\epsilon\rho\eta\sigma\iota\varsigma$. Es muß also schon damals die Idee, daß die $\upsilon\lambda\eta$ kein quale, eine bloße $\sigma\tau\epsilon\rho\eta\sigma\iota\varsigma$ der „Ideen" sei, namhafte Vertreter gehabt haben. (Man kann in der Tat, den Plato, wenn man will, so auslegen,[††] was mir allerdings als wesentliche Vergröberung von Plato erscheint.) Ich bin geneigt *in dieser Gleichsetzung von $\upsilon\lambda\eta$ und $\sigma\tau\epsilon\rho\eta\sigma\iota\varsigma$ das ältere naturphilosophische Modell zu erblicken* (für mich als Physiker auch an sich interessant), *das der späteren privatio boni zugrunde lag.* Später wurde sodann von den Neupythagoräern die $\upsilon\lambda\eta$ als $\tau o\ \kappa\alpha\kappa o\nu$ bezeichnet.[†††] Es scheint, daß – im Einklang mit der Idee Ihres Buches „Aion" – damals alle Gegensatzpaare auf das *eine* nunmehr überaus wichtig werdende Gegensatzpaar „gut-böse" bezogen wurden. Parallel damit geht die Identifizierung des „Einen" mit dem „Guten", die auch schon bei den frühen Plato-Auslegern anfängt.[11] Diese halte ich für das Modell der von Ihnen erwähnten theologischen Formel, deus summum bonum.[§] Bei Plotin ist das alles zu einer Doktrin verarbeitet,[§§] bereichert durch die Unterscheidung des $\nu o\upsilon\varsigma$ vom $\epsilon\nu$. (Diese letztere Unterscheidung gibt Anlaß zur plotinischen „Trinität" $\tau o\ \epsilon\nu$, $\nu o\upsilon\varsigma$, $\psi\upsilon\chi\eta$, deren Glieder aber übereinander geordnet und nicht wie bei der christlichen Trinität gleichberechtigt sind.) Während sich alle darüber einig sind, daß Plotin, der die Christen nie erwähnt, die Bibel nicht kannte und daß kein Einfluß der Christen auf ihn vorhanden war, läßt sich umgekehrt ein Einfluß des Plotin auf die christliche Theologie, insbesondere auf Augustin (und auch auf Basilius, den Sie zitieren) leicht nachweisen. Man hat den Eindruck, daß den frühen christlichen Theologen die intellektuellen Formulierungen des Neuplatonismus wie eine reife Frucht in den Schoß fielen. Sie mußten nur ein wenig redigieren, um sie mit der Bibel und deren Gottesbegriff in Einklang zu bringen.

Hier möchte ich nun die Frage zur Diskussion stellen, was diese ganze Entwicklung der antiken Philosophie seit Parmenides *psychologisch* bedeutet, worüber mich Ihre Ansichten sehr interessieren würden. Ich selbst habe den Eindruck, daß insbesondere die Geschichte der Plato-Auslegung bereits der Dissoziation eines frühen *einheitlichen Archetypus in einen lichten (Neuplatoniker) und einen dunklen* (Gnostiker) *entspricht.*[§§§] Diese Teilung ist wohl dieselbe, die etwas später im Christentum als „Christ" und „Antichrist" erscheint. Ich habe ferner den Verdacht, daß die „seienden" und „nicht seienden" Dinge bei Parmenides psychologisch den „sein sollenden" (gewünschten) und „nicht sein sollenden" (unerwünschten) entsprechen. Parmenides war die Reaktion auf Heraklit. Für letzteren gibt es nur das „Werden", als ewig lebendes *Feuer* dargestellt, die Gegensatzpaare werden symmetrisch behandelt und Gott ist eine coincidentia oppositorum (wie später in christlicher Form bei Nikolaus Cusanus).[12] Bei Parmenides gibt es kein Werden (über das „Nicht-Seiende", d. h. auch über das „Werden", kann nicht gedacht werden, da es keine Eigenschaften hat), die Gegensatzpaare werden unsymmetrisch (schief) zugunsten des „Seienden" behandelt, das als *ruhende Kugel* vorgestellt wird.[13] Psychologisch ist das die Sehnsucht nach Ruhe und Frieden (Konfliktlosigkeit) gegenüber dem Streit (Krieg) des Heraklit, der „nicht zweimal in denselben Fluß steigen" konnte. Die folgende außerordentlich starke Entwertung der Materie halte ich für eine Art rationalisierte Weltflucht. Es scheint mir psychologisch bedeutungsvoll, daß es gerade die *Leugner des Werdens* waren, die mit ihrer statischen „Wunschwelt" im Lauf der Zeit die Auffassung der Materie, dann des Bösen als einer bloßen „Ermangelung" verbunden haben.

Ich verstehe wohl, daß diese philosophischen Ideen gefühlsmäßig zu einer „Provokation", gedanklich zu einem logischen Widerspruch verschärft werden, wenn sie sich mit der biblischen Idee eines *Schöpfergottes* verbindet, der dann obendrein noch „allmächtig", „nur gut" und „allwissend" zugleich sein soll.[‡] Sie sehen, daß mich Ihr Kapitel V ziemlich weit zurück in die Antike (und zu den klassischen Philologen) geführt hat. Nach diesem historischen Exkurs kehren wir nun wieder zu dem Punkt zurück, wo ich Schopenhauers „Willen" und den „nicht wissenden Gott" der Gnostiker als dasselbe festgestellt habe. Kann nun diese „*Agnosie*" *des Gottes*, die es diesem Gott erlaubt, seine Unschuld zu bewahren, *dem modernen Menschen* philosophisch und gefühlsmäßig *weiterhelfen*?[‡‡]

Es ist dies eine wesentliche und schwierige Frage, zu der ich nicht *direkt* Stellung nehmen kann, da ich keine Metaphysik treibe. Wenn ich aber die Frage *psychologisch* zu betrachten versuche, muß ich mir statt dessen die *andere Frage* vorlegen, ob meine eigene Gefühlsbeziehung zum Unbewußten (und insbesondere zu dessen superioren männlichen Figuren, wie dem „Fremden")[‡‡‡] ähnlich ist wie diejenige Schopenhauers zu seinem „Willen". Da finde ich alsbald, daß wesentliche Unterschiede bestehen. Schopenhauers Gefühlshaltung zum „Willen" ist negativ-pessimistisch. Meine eigene Gefühlshaltung zum „Fremden" ist aber die, daß ich ihm *helfen* will, da ich ihn als *erlösungsbedürftig* empfinde. *Was er anstrebt*,[14] ist seine eigene *Transformation*, wobei das Ich-Bewußtsein so mitwirken muß, daß es sich zugleich erweitert. Was die letzten Ziele und die Gesetze dieser Transformation sind, muß ich offen lassen, aber dieses Problem hängt eng zusammen mit den Fragen, die im Kapitel XIV des „Aion"[15] behandelt werden.[#] Im Frühjahr 1951 flog mir in einem Traum das (der Mathematik entnommene) Wort „*Automorphismus*" zu.[16] Es ist dies ein Wort für die Abbildung eines Systems auf sich selber, eine Spiegelung des System in sich selber, für einen Prozeß also, in welchem sich die innere Symmetrie, der Beziehungsreichtum (Relationen) eines Systems offenbart. In der abstrakten Algebra gibt es auch „den Automorphismus erzeugende Elemente" (wie ich hier nicht weiter ausführen kann) und diesen entsprechen in der Analogie wohl die „Archetypen" als anordnende Faktoren, wie Sie diese 1946 definiert und aufgefaßt haben.[17] Ich habe den damaligen Traum (es war ein regelrechtes Examen, mit dem „Fremden" als Examinator, in dem das Wort „Automorphismus" wie ein „Mantra" gewirkt hat) so aufgefaßt, daß ein *Oberbegriff* gesucht wurde, der sowohl Ihren Begriff der Archetypen als auch den des physikalischen Naturgesetzes umfassen sollte.

Ich habe daher mit dem größten Interesse Ihre Formel auf p. 370 des „Aion" betrachtet, als dieses Buch erschien. – Einem Mathematiker würde es sehr nahe liegen, den Begriff „*Automorphismus*" auf die Beziehung der kleinen Vierecke zum großen anzuwenden. Ferner fiel mir gleich dazu ein, daß man den Quaternio auf p. 96 Ihrer Synchronizitätsarbeit[18] (auf den wir uns geeinigt hatten) auch so schreiben kann:[19]

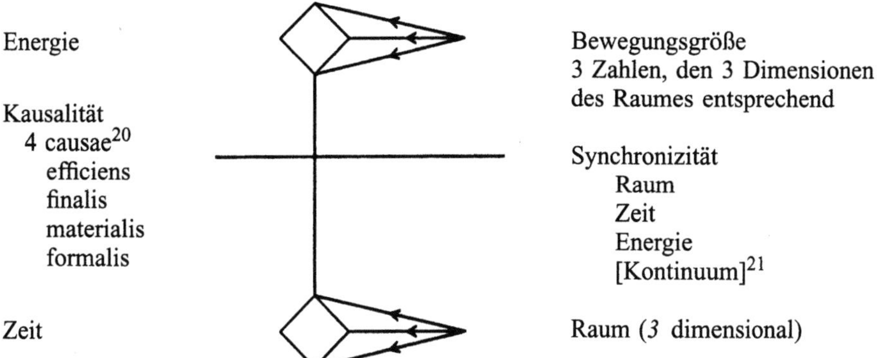

insofern der 3-dimensionale Raum zur eindimensionalen Zeit und entsprechend die (ebenfalls unzerstörbare) Bewegungsgröße (3 Komponenten den 3 Raumdimensionen entsprechend) zur (einkomponentigen) Energie gehört. Die kleinen Vierecke entsprechen dann der Vierdimensionalität des Raum-Zeit-Kontinuums und den 4 Zahlen für Energie *und* Bewegungsgröße.

So erscheint mir in dem Oberbegriff „Automorphismus" hier die Möglichkeit eines weiteren Fortschrittes zu liegen, besonders da er einer (in bezug auf Physis und Psyche) neutralen Sprache angehört und da er auch eine Komplementarität von Einheit und Vielheit (bzw. von Einzigartigkeit und Allgemeinheit, vgl. Aion p. 99) andeutet.

Insofern nun auch jene Bilder des „Selbst" (oder des Gottessohnes) den Gesetzen oder dem Schicksal oder der Notwendigkeit ($\alpha\nu\alpha\gamma\kappa\eta$) jener Transformationen unterworfen sind, erscheinen sie als erlösungsbedürftig, und es entsteht eine psychologische (auch gefühlsmäßige) Beziehung zwischen ihnen und dem Menschen (bzw. seinem Ich -Bewußtsein).##

Wir wissen nicht, ob diese Transformationen alle wieder in sich selbst zurücklaufen oder ob sie eine Evolution### nach ungekannten Zielen darstellen. (Letzteres haben Sie im Zusammenhang mit Ihrer Formel auf p. 370 angedeutet durch die Erwähnung einer „höheren Ebene, welche durch den Wandlungs- bzw. Integrationsprozeß erreicht wird.")

Was dies nun im praktischen Leben für die Einstellung zu ethischen oder moralischen Problemen bedeutet, darüber würde ich mich gerne einmal mündlich mit Ihnen unterhalten.

Der Schluß dieses Briefes führt mich wieder zu dem historischen Exkurs zurück. Es waren die Leugner des Werdens (die „Statiker"), welche die Idee der „privatio" produziert haben. Es wundert mich daher nicht, daß diejenigen unter den Modernen, die sich, wie Sie, heute wieder für eine symmetrische Behandlung der Gegensatzpaare einsetzen, auch wieder dem *Werden* näher stehen¶ als dem statischen Sein (der ruhenden Kugel des Parmenides). Es ist das *Feuer des Heraklit*, das Ihnen nunmehr „auf einer höheren Ebene" als „Dynamik des Selbst" wieder erscheint.

Zur Entschuldigung für die Länge dieses Briefes kann ich nur anführen, daß ich etwa ein Jahr gebraucht habe, bis ich ihn heute schreiben konnte und verbleibe mit den besten Wünschen

Ihr sehr ergebener   W. Pauli

[1] Dieser Brief ist auch bei Meier [1992, S. 76–83] abgedruckt.

[2] Von diesem Brief existiert eine maschinenschriftliche Abschrift, in der einige der handschriftlichen Zusätze fehlen.

[3] Jung [1951].

[4] Die Gründe für Paulis ablehnende Haltung gegenüber dem „astrologischen Experiment", das Jung in seiner Synchronizitätsarbeit beschrieben hat, werden in den Briefen [1119, 1170 und 1188] dargelegt.

[5] Die Überschriften der entsprechenden Kapitel lauten: Kapitel V: *Christus ein Symbol des Selbst*; Kapitel XIII: *Gnostische Symbole des Selbst*; Kapitel XIV: *Die Struktur und Dynamik des Selbst*.

[6] Siehe Paulis Briefwechsel [1172, 1176] mit A. Jaffé und sein Schreiben [1343] an den *Supper Club*.

* Vgl. hierzu a) „Die Welt als Wille und Vorstellung", Band **2**, Kapitel 50, Epiphilosophie. Schopenhauer [1990/92, Band **2**, S. 758] kritisiert hier speziell *Scotus Eriugena*, als ausgesprochenen Vertreter der privatio boni: „Scotus Eriugena erklärt, im Sinne des Pantheismus ganz konsequent, jede Erscheinung für eine Theophanie: dann muß aber dieser Begriff auch auf die schrecklichen und scheußlichen Erscheinungen übertragen werden: saubere Theophanien!" Sodann anschließend über den Pantheismus im Allgemeinen. „2. Daß ihr $\vartheta\varepsilon o\varsigma$ sich manifestiert animi causa, um seine Herrlichkeit zu entfalten oder gar sich bewundern zu lassen. Abgesehen von der ihm hierbei untergelegten Eitelkeit, sind sie dadurch in den Fall gesetzt, die kolossalen Übel der Welt hinwegsophistizieren zu müssen: aber die Welt bleibt in schreiendem und entsetzlichem Widerspruch mit jener phantasierten Vortrefflichkeit stehen". b) Parerga, Band 1, Fragmente zur Geschichte der Philosophie, §9 Scotus Eriugena: [1890/92, Band **4**, S. 81] „...". Der Gott soll Alles, Alles und in Allem Alles gemacht haben; das steht fest: – folglich auch das Böse und das Übel. Diese unausweichbare Konsequenz ist wegzuschaffen und Eriguena sieht sich genötigt, erbärmliche Wortklaubereien vorzubringen. Da sollen das Übel und das Böse gar nicht *sein*, sollen also nichts sein. – Den Teufel auch! ...." Die „erbärmlichen Wortklaubereien" sind nichts anderes als die in Ihrem Kapitel V kritisch erläuterte Doktrin der privatio boni, die Eriugena von den nicht christlichen Neuplatonikern (über Proklus und Dionysius Areopagita) bezogen hat.

[7] Jung [1951, S. 278–282].

[8] Vgl. Band **III**, S. 314.

[9] Pauli (1952 a).

[10] Jamblichos aus Chalkis war ein Schüler des Porphyrios. Er versuchte eine physikalische, ethische als auch metaphysische Deutung aller Ausagen Platons zu geben.

** Alle Gelehrten scheinen sich nun darüber einig zu sein, daß es sich hierbei um heidnische, nicht um christliche Gnostiker handelt. Später, etwa im Herbst, war ich erfreut, feststellen zu können, daß *G. Quispel*, in seinem Buch [1951] „Gnosis als Weltreligion", die privatio boni bei Plotin (siehe p. 23 oben) ausdrücklich erwähnt. [Gilles Quispel war ein dem Jungschen Kreis nahestehender Kirchenhistoriker an der Universität in Utrecht, der häufig an den Eranos-Tagungen teilnahm.]

*** Real-Encyclopaedie der klassischen Altertumswissenschaft (Pauly-Wissowa etc., Artikel Plotinus, Band XXI, Spalte 471–592, erschienen 1951. [Siehe Schwyzer (1951).]

† Siehe seine *Physik* A9, p. 192 a. – Bei Aristoteles ist zwar die $\upsilon\lambda\eta$, verglichen mit der Form (männlich), als weibliches Prinzip *zweitrangig*, aber nicht nur eine bloße privatio. Die Materie sehnt sich bei ihm nach der Form, wie das Weibliche nach dem Männlichen.

†† Die sichtbaren Körper sind bei Plato eine Mischung von „Hyle" und „Ideen". Die Hyle ist $\upsilon\pi o\delta o\chi\eta$ (Aufnehmerin), $\chi\omega\rho\alpha$ (Raum für die Ideen), $\tau\iota\vartheta\eta\nu\eta$ (Amme).

††† Dies erfolgt spätestens bei *Moderatos* (1. Jahrhundert post Chr.), über dessen Lehren der Aristoteles-Kommentator *Simplicius* berichtet. (Kommentar zur aristotelischen Physik, A 7 p. 230f.)

[11] Siehe hierzu auch die Bemerkung über die Geschichte der Plato-Auslegung im Brief [1364].

§ Die entsprechende Formel bei Plotin lautet (II 9): $\delta\tau\alpha\nu\ \lambda\varepsilon\gamma\omega\mu\varepsilon\nu\ \tau o\ \varepsilon\nu, \kappa\alpha\iota\ \delta\tau\alpha\nu\ \lambda\varepsilon\gamma\omega\mu\varepsilon\nu\ \tau\alpha\gamma\alpha\vartheta o\nu, \tau\eta\nu\ \alpha\upsilon\tau\eta\nu\ \delta\varepsilon\iota\ \nu o\mu\iota\ \zeta\varepsilon\iota\nu\ \tau\eta\nu\ \phi\upsilon\sigma\iota\nu\ \kappa\alpha\iota\ \mu\iota\alpha\nu\ \lambda\varepsilon\gamma\varepsilon\iota\nu$. [Die Übersetzung (gemäß der von R. Harder,

R. Beutler und W. Theiler herausgegebenen griechisch-deutschen Plotin-Ausgabe) dieser Textstelle vom Beginn der Ennade II 9 lautet: „So muß immer, wenn wir das ‚Eine' und das ‚Gute' sagen, darunter ein und dieselbe Wesenheit verstanden werden."]

§§ Siehe insbesondere I 8 (ποϑεν τα κακα). Das Böse ist „nicht seiend", „gestaltlos", ein „Schatten" des Seienden, ein „Mangel"; es ist aber außermenschlichen Ursprunges. Die Materie ist „böse, sofern sie keine Qualität hat", sogar das „absolut Böse". Als privatio kann dieses durch Denken nicht erfaßt werden. Siehe ferner II 9 („Gegen die Gnostiker").

§§§ Die böse Weltseele in Platos Gesetzen 896 e, tritt bei den Gnostikern wieder auf. Bei den Neuplatonikern ist sie aber ebenso verschwunden wie die Stelle υππεναντιον γαρ τι τω αγαϑω αει ειναι αναγκη im Theätet 176 a.

¹² Siehe auch den Brief [1334].

¹³ Siehe hierzu auch Paulis Bemerkungen in seinem Brief [1376] an Panofsky.

‡ Plato war in dieser Hinsicht in einer viel besseren Lage, da sein Demiurg als Handwerksmeister die Welt mit *ihm vorgegebenem Material* bauen muß, so gut er es eben kann. Für eventuelle Diskrepanzen zwischen den Ideen und der χωρα, dem „materiellen" Raum, ist daher bei Plato niemand verantwortlich. Plotin dagegen muß bereits „die kolossalen Übel der Welt hinwegsophisticieren", da sein το εν = αγαϑον alle Eigenschaften eines Schöpfergottes hat. (Nach V 1 ist es nicht nur Ursache der Dinge, sondern hat sie auch erschaffen.) Die geistige Situation wird bei ihm jedoch dadurch etwas unklar, als er an anderen Stellen über das „Eine" eine sogenannte „negative Theologie" entwickelt, wonach Positives über das Eine gar nicht ausgesagt werden kann und dieses sogar υπερ αγαϑον ist (VI 9). Diese andere Betrachtungsweise Plotins erinnert sehr an Meister Eckart. (Ich habe protestantisch-christliche Freunde, die sich ebenfalls gerne auf diesen Standpunkt der „negativen Theologie" zurückziehen und bereit sind, auf die oben angeführten Attribute Gottes als „eigentlich bedeutungslos" zu verzichten. Gemäß diesem Standpunkt wäre Gott auf einer ethischen Basis nicht erreichbar. (Mit dieser Gruppe unter den Protestanten komme ich persönlich am besten aus. Sie würden Ihnen betreffend Ihre Polemik gegen die Formel deus = summum bonum ganz recht geben, indem sie sagen: „Das Gute ist ein abstrakter Begriff aus der Ethik und ‚Gott ist Gott', zwischen beiden besteht keine direkte Verbindung. Zwar sagen noch etwa 80% der Pfarrer, daß Gott auch auf einer ethischen Basis erreichbar sei, aber das ist natürlich nicht so." – Psychologisch scheint mir bei dieser Minorität die Sache so zu liegen, daß bei ihr *die Beziehung „Gott-Mensch" selbst eine ‚privatio'* geworden ist. Das, was ihr und mir gemeinsam ist, ist das Gefühl, daß beim Modernen hier eine Leere vorhanden ist, die nach Ausfüllung verlangt.) Aber die neuplatonische „negative Theologie" des Einen (und ebenso die analoge „negative Theologie" des christlichen Gottes) hat die andere Schwierigkeit, daß dann kaum zu verstehen ist, warum das Eine (bzw. Gott) nicht allein geblieben ist und noch die Theophanien (und gar erst den Menschen) nötig hatte. (Diese Schwierigkeit entspringt aus der neuplatonischen Voraussetzung einer exakten Unveränderlichkeit Gottes, bzw. des „Einen".)

‡‡ Ich möchte an dieser Stelle über den Bewußtseinsbegriff im allgemeinen sagen, daß ich es vorziehe, ihn auf das Ich-Bewußtsein zu beschränken und *nicht* solche paradoxen Terminologien wie ein „Bewußtsein im Unbewußten" zu gebrauchen. Das für das Ich-Bewußtsein Charakteristische ist die Unterscheidung, für das Unbewußte charakteristisch ist die Ununterschiedenheit (z. B. der 4 Funktionen oder der Gegensatzpaare). Es mag Zwischenstufen geben, wie die Unterscheidung zwischen „licht und dunkel" im Unbewußten. Ihr Ausdruck „*multiples Bewußtsein*" (1946) für die Luminositäten scheint mir aber Mißverständnissen ausgesetzt, wenn damit ein „Bewußtsein" außerhalb des Ich-Bewußtseins gemeint sein sollte.

‡‡‡ Diese Figur hat als „hell *und* dunkel" einerseits eine Beziehung zum Merlin der Graalsgeschichte (worüber ich am 16. XI. 1950 ausführlich an Frau Prof. Jung [1167] geschrieben habe), andererseits zum Merkurius der Alchemie.

¹⁴ Unterstreichung von Jung.

¹⁵ In diesem Kapitel seines Buches [1951, S. 321–378] mit der Überschrift „Die Struktur und Dynamik des Selbst" hatte Jung sein psychologisches Funktionsschema mit Hilfe eines quaternären Diagramms veranschaulicht, auf das sich Pauli weiter unten bezieht.

Die Figur des Unbewußten erfährt während der Transformation oft eine Verdopplung oder sogar Multiplikatio.

¹⁶ Vgl. die Briefe [1219, 1227, 1285 und 1289].

¹⁷ Jung [1946b].

¹⁸ Jung (1952/90, S. 91).

[19] Siehe Jung [1952/90, S. 92]
[20] Siehe hierzu auch Diksterhuis [1956, S. 45f.].
[21] Unleserliches Wort.
Daß diese Note bei Schopenhauer fehlt, dürfte mit dem Fehlen einer Gefühlsbeziehung zu Frauen bei ihm sehr eng zusammenhängen. Ich hatte immer den Eindruck, daß sein Pudel seine Anima exteriorisiert und habe später auch tatsächlich gelesen, er habe einen von seinen Pudeln „Atma" (die Weltseele) genannt. [Vgl. hierzu die Bemerkungen zu den Briefen [1335 und 1342].]
Jede evolutionistische Idee ist diametral entgegengesetzt zu Laotse.
¶ In China ist Dschuang-Dsi ausgesprochen auf der Seite des Werdens.

Der Schweizer Wissenschaftsjournalist Carl Seelig (1894–1962) stellte damals seine Biographie *Albert Einstein und die Schweiz* fertig,[1] die 1952 und in einer umgearbeiteten und erweiterten Fassung nochmals 1954 unter dem Titel *Albert Einstein. Eine dokumentarische Biographie* erschien. Zu diesem Zwecke befragte und interviewte er verschiedene Kollegen Einsteins, sammelte authentische Texte und Quellen und schuf damit die erste wesenlich auf Quellen gestützte Einsteinbiographie.[2] In einem Schreiben vom 21. Februar 1952 informierte er Einstein über die Motivation seines Unternehmens: „Kurze Zeit, nachdem unser gemeinsamer Freund Professor Hermann Broch, mit dem ich in Zürich verabredet war, gestorben ist, habe ich meine liebe Frau verloren. ... In dieser Zeit der Verzweiflung las ich neben Tolstois *Volkserzählungen* zum Trost Ihr *Weltbild* sowie später die Biographien von Philipp Frank und Dima Marianoff. Ich bekam den Eindruck, daß darin in der Schilderung der Schweizer Zeit nicht alles richtig und genau ist. Dies führte zum Plan, in einer schmalen, von jedem Personenkult und Geschwatz sich distanzierenden Publikation ausschließlich die Zeit Ihres Schweizer Aufenthaltes von 1896 bis – mit Unterbruch – Ende 1913 darzustellen. Ich setzte mich mit den Universitäten Bern und Zürich, dem Rektorat der ETH in Zürich, der Kantonschule in Aarau sowie mit dem Eidgenössischen Patentamt in Verbindung." Insbesondere berührte es Seelig, daß Einstein „nach dem Diplom hier in Zürich gehungert" und „wahrscheinlich aus Antisemitismus" keine akademische Anstellung erhalten habe. Um „dazu beizutragen, daß etwas Licht in diese Welt fällt", hatte er anonym 10 000 Schweizerfranken für mittellose Studenten und Dozenten zur Verfügung gestellt. In seiner Anwort vom 25. Februar stimmte Einstein dem Plane von Seelig zu, zumal „in der Frankschen Biographie dieser Lebensabschnitt nur kümmerlich behandelt ist", und andere „einigermaßen verläßliche Biographien existieren überhaupt nicht."

Seelig bedrängte seine Informanten zuweilen mit unbequemen Fragen und erregte dabei manchmal ihren Unwillen. Er hatte u.a. Einsteins 41jährigen Sohn Eduard, der an einer Schizophrenie litt und seit 1932 mit Unterbrechungen in der Züricher Nervenheilanstalt Burghölzli in Pflege war, besucht und von ihm lückenhafte Berichte über seinen Vater erhalten, die er nun ergänzt haben wollte.[3] Einstein betrachtete deshalb das Unterfangen des „unseeligen Seelig", der sich, wie er am 6. März 1952 seinen Freund Michele Besso wissen ließ, jetzt mit seiner „Kinderleiche" beschäftigte, keineswegs ohne ein gewisses Mißbehagen.[4] Pauli war durch seinen Umgang mit Reportern und Publizisten hinreichend geschult, um im Verkehr mit Seelig von vorne herein klare Abmachungen zu treffen.

[1] Seelig [1952].
[2] Vgl. hierzu auch die Angaben über Seelig in der Einleitung zur Neuausgabe des von Seelig [1956/86] zu Einsteins Gedächtnis herausgegebenen Buches *Helle Zeit – Dunkle Zeit*.
[3] Insbesondere hatte Seelig das Angebot gemacht, Eduard Einsteins Vormundschaft zu übernehmen. Vgl. Einsteins Briefwechsel mit Seelig, insbesondere Seeligs Schreiben vom 22. März und Einsteins Antworten vom 26. März und 12. Mai 1952.

4 Viele Einzelheiten über Einsteins persönliches Leben, die er und seine engeren Angehörigen als reine Privatangelegenheit betrachtet wissen wollten, sind erst in den letzten Jahren bekanntgeworden. Einen ausführlichen Bericht über die verworrene Geschichte der Sicherung des relevanten Quellenmaterials vermittelt das Buch von Highfield und Carter [1994]. Vgl. auch Speziali [1972, S. 464] und Hermann [1994, S. 95].

[1374] PAULI AN SEELIG

Zürich, 28. Februar 1952
[Maschinenschrift]

Sehr geehrter Herr Seelig!

In Beantwortung Ihres Schreibens vom 25. Februar[1] muß ich Ihnen leider mitteilen, daß ich Ihren Wunsch nicht erfüllen kann. Ich habe zwar Einstein besonders in Princeton viel gesehen, habe aber keinerlei Briefe oder Dokumente, welche die geringste Verbindung mit seinem Aufenthalt von 1896–1913 in der Schweiz haben. Ich glaube übrigens meine Pflicht gegenüber Einstein erfüllt zu haben durch einen Beitrag zu dem größeren Band: A. Einstein, Philosopher and Scientist, Library of Living Philosophers, Evanston 1949.[2] In diesem Band ist auch eine ausführliche Autobiographie Einsteins (doppelsprachig deutsch und englisch) erschienen.[3]

Mit vorzüglicher Hochachtung   W. Pauli

1 Dieser Brief ist nicht erhalten.
2 Pauli (1949).
3 Es handelt sich um Einsteins eigenen oft vielzitierten *Nekrolog*, der zusammen mit einer englischen Übersetzung im gleichen Band abgedruckt wurde. Vgl. auch Band **III**, S. 450f.

[1375] PAULI AN THELLUNG[1]

Zürich, 29. Februar 1952

Lieber Herr Thellung!

Zuerst nochmals herzliche Glückwünsche zum Doktor;[2] Ihre Arbeit hat nun die *beiden* Konferenzen passiert[3] und ihrem Erscheinen steht nichts mehr im Wege.

Was meine Pläne betrifft, so hat Bhabha sehr positiv geantwortet, und meine (und meiner Frau) Indienfahrt von Mitte Oktober bis etwa Februar 1953[4] steht nun ziemlich fest. In diesem Falle möchte ich also gerne durch Schafroth mich im Wintersemester 52/53 vertreten lassen und es wäre nicht zweckmäßig, daß Sie hier in meiner Abwesenheit anfangen. Dagegen möchte ich Sie nun definitiv bitten, ab 1. April 1953 mein Assistent zu werden. Schafroth war dann lange genug hier, braucht „Luftveränderung" und es wird wohl nicht allzu schwer sein, ihn unterzubringen. Bitte schreiben Sie mir, also, was Ihre eigenen Pläne sind und ob Sie mit meinem Vorschlag einverstanden sind.

Källén hat die Frage, ob seine Gleichungen Lösungen haben oder nicht, bis jetzt nicht entscheiden können.[5] Über seine Definition der Renormalisation *ohne*

Potenzreihen hat er aber noch eine Arbeit in die Helvetica Physica Acta in Druck geschickt,[6] bevor er letzten Samstag nach Lund zurückgefahren ist.

Was sind Professor Kronigs Pläne (bitte viele Grüße an ihn und seine Familie auszurichten)? Kommt er dieses Frühjahr wieder nach Zürich?[7] Ich selbst gehe nur für kürzere Zeit Ende März nach Paris,[8] sonst bin ich hier bis Juni, wo ich höchstens eine Woche lang (noch nicht genau bestimmt, *wann*) nach Kopenhagen gehe (wie ich Bohr versprochen habe).[9]

Ich hoffe also, von Ihnen wieder zu hören und bleibe mit herzlichen Grüßen
Stets Ihr   W. Pauli

[1] Das vorliegende Schreiben ist auch in dem Dokumentenband von Glaus und Oberkofler [1995, Dokument III. 81] wiedergegeben.

[2] Pauli hatte am 14. Januar 1952 ein ausführliches Gutachten zu dieser Doktorarbeit verfaßt (vgl. Glaus und Oberkofler [1995, Dokument III. 78]). Siehe auch den Kommentar zum Brief [1168].

[3] Pauli war seit Juli 1950 zum Vorstand der *Abteilung für Mathematik und Physik* der ETH gewählt worden. Als solcher war er natürlich auch über alle verwaltungstechnischen Vorgänge direkt informiert. Siehe hierzu den demnächst erscheinenden Dokumentenband über Pauli und die ETH-Zürich von Glaus und Oberkofler [1995].

[4] Pauli beabsichtigte zusammen mit Franca im kommenden Wintersemester die schon lange geplante Indien-Reise anzutreten. Siehe hierzu den Kommentar zum Brief [1489].

[5] Vgl. die Briefe [1317, 1327, 1330 und 1333].

[6] Källén (1952a). Die Arbeit war am 14. Februar 1952 bei der Zeitschriftenredaktion eingegangen. Mit dieser Arbeit von Källén war Pauli äußerst zufrieden, wie er am 11. Januar 1952 Stefan Rozental wissen ließ: „Er ist entschieden der beste unter den jüngeren schwedischen theoretischen Physikern. Über Resultate seiner Untersuchungen hoffe ich in nicht zu ferner Zeit (ich bin stets vorsichtig in solchen Voraussagen) berichten zu können." Das betreffende Schreiben wird im Nachtrag zum Band **IV** wiedergegeben.

[7] Kronig kannte Zürich aus seiner Assistentenzeit bei Pauli (vgl. Band **I**, S. 415, 417 und 431ff.). „Ab 1950 kam er bis zu Paulis Tod ziemlich regelmäßig im Mai für ein, zwei Wochen nach Zürich, um Pauli zu besuchen (und mit der Zeit auch andere, neue Bekannte und Freunde)," berichtet Thellung. „Er machte gerne längere Wanderungen in der Umgebung. Er sagte mir, Zürich, mit den umgebenden Hügeln und durchflossen von der Limmat, erinnere ihn stark an Dresden, wo er 1904–1919 seine Kindheit verbracht hatte. 1969, nach seiner Emeritierung an der TH Delft, zog er mit seiner Frau ganz hierher (sie kauften eine Eigentumswohnung in Erlenbach, nahe bei Zürich), bis sie 1991 aus gesundheitlichen Gründen wieder nach Holland, in die Nähe ihrer Kinder, übersiedelten."

[8] Siehe hierzu den Kommentar zum Brief [1346].

[9] Bohr war offenbar im Februar 1952 bei Pauli zu Besuch in Zürich gewesen, wie folgende Widmung in einem Werk von Jung [1948a] anzeigt, das Pauli seinem Gast bei dieser Gelegenheit verehrte: „Seinem lieben Niels Bohr zur Erinnerung an seinen Besuch in Zürich im Februar 1952". Das Buch befindet sich in Bohrs Büchersammlung, die im Kopenhagener Bohr-Institut aufbewahrt wird.

[1376] PAULI AN PANOFSKY

[Zürich], 1. März 1952

Lieber Herr Panofsky!
Unsere letzten beiden Briefe[1] haben sich gekreuzt. Da mein letzter Brief sehr lang war, kann mein heutiger etwas kürzer ausfallen. Also Ihr Brief vom 12. II. hat mich sehr gefreut, besonders Ihr Vortragserfolg. Von Ihrer Gesundheit hoffe ich, daß sie inzwischen gut geblieben ist.[2]

Über die negative Bewertung der $\upsilon\lambda\eta$ im Laufe der Entwicklung des Platonismus sind wir ganz einig. (Übrigens habe ich gesehen, daß Plato selbst das Wort $\upsilon\lambda\eta$ ebensowenig gebraucht hat wie das Wort $\sigma\tau\epsilon\rho\epsilon\sigma\iota s$.) Die polemische Stelle des Aristoteles gegen die Gleichsetzung von $\upsilon\lambda\eta$ und $\sigma\tau\epsilon\rho\eta\sigma\iota s$, die ich in meinem letzten Brief zitiert habe,* scheint sich mehr auf die Schule des Parmenides (Eleaten?) als auf die Platoniker zu beziehen. Parmenides, der Erfinder des Epithetons „nicht seiend" für alles, was ihm nicht paßt, der „Statiker", der dem *Dynamiker* Heraklit seine ruhende Kugel entgegenhält, scheint *letzten Endes* der Urheber des $\sigma\tau\epsilon\rho\eta\sigma\iota s$ Begriffes zu sein (der ja dem $\mu\epsilon$ ov sehr nahe liegt).[3] Des Aristoteles Vergleich, nach welchem die $\upsilon\lambda\eta$ sich nach dem $\epsilon\iota\delta os$ sehne wie das weibliche Prinzip nach dem männlichen,[4] legt – besonders für jemanden, der sich für eine symmetrische Behandlung der Gegensatzpaare einsetzt (wie z. B. Heraklit – und ich bin geneigt, mich selbst zu dieser großen Gruppe von Denkern zu zählen)[5] – den Gedanken nahe, daß sich doch auch das männliche Prinzip nach dem weiblichen sehnt. Es ist nun interessant, daß – im Rahmen des aristotelischen Vergleiches – diese spiegelbildliche Idee tatsächlich *auch* existiert. Ich kenne dafür zwei Quellen: Schultz, Dokumente der Gnosis, Verlag Diederichs, p. 64[6] und *Reitzenstein*, Poimandres p. 50.[7] Ersteres Buch habe ich vor vielen Jahren wirklich gelesen. Das ist ein *gnostischer* Mythos und [er] lautet etwa so. Der $vovs$ oder das „$\pi v\epsilon v\mu a$" oder der Gott „$Av\delta\rho\omega\pi os$", ein Gegner der Planetensphären, zerreißt den Sphärenkreis und beugt sich zur Erde nieder. Auf die Erde fällt sein Schatten, *im Wasser aber spiegelt sich sein Bild.* Dieses entflammt nun die Liebe der Elemente und ihm selber gefällt das Spiegelbild göttlicher Schönheit dermaßen, daß er darin Wohnung nehmen möchte. Aber kaum ist er heruntergestiegen, so *umschlingt ihn schon die Physis mit brünstiger Liebe.* Aus dieser Umarmung entstehen die sieben ersten hermaphroditischen Wesen.

Die Beziehung[en] der Gnosis zur Alchemie sind sehr enge: die sieben haben wieder die Beziehung zu den Planeten *und den Metallen.* (Die Zuordnung Saturn–Blei in meinem letzten Brief war *richtig.*) Das christliche („liale") Analogon zur Geschichte vom Pneuma, das in den Stoff sinkt, ist natürlich die Menschwerdung Christi. – Bei dem alchemistischen Blitz, der am Beginn des „Prozesses" in die prima materia fährt, schwingen diese alten Mythen immer mit.

Ihr Rhythmus com-, decom-, recom-partmentalization gefällt mir ausgezeichnet. Es sind äußere *Symptome*, die eben dem inneren Vorgang entsprechen, den ich in meinem letzten Brief als „nach oben kommen Wollen des Dunklen" zu beschreiben versucht habe. Kommt dieses nämlich nach oben, so entsteht notwendig „*de*compartmentalization" (bzw. Kuddel-Muddel) wie in der Renaissance, während die recompartmentalization im 17. Jahrhundert damit zusammenfällt, daß „das Dunkle" wieder verschwunden ist. Aber es scheint mir, daß heute in unserem geschätzten 20. Jahrhundert wieder der „Kuddel-Muddel" ($\equiv$ *de*compartmentalization) kommt und [ich] hoffe, daß wir beide für diesen der Welt ein klassisches Beispiel geben können.[8]

In diesem Sinne mit herzlichen Grüßen von Haus zu Haus

Stets Ihr W. Pauli

P. S. Kürzlich erhielt ich einen unerwarteten Brief von Robert Oppenheimer, den ich erst verdauen muß.[9]

[1] Die Briefe [1364 und 1366].
[2] Siehe hierzu die Bemerkung im Brief [1366].
* Physik, A 9, p. 192a.
[3] Diese Gedanken hatte Pauli auch schon in seinem Brief [1373] Jung mitgeteilt.
[4] Vgl. hierzu auch die Bemerkung in dem Brief [1391].
[5] Siehe hierzu den Kommentar zum Brief [1286] und von Meyenn (1987).
[6] Schultz [1910]. Vgl. Paulis Brief [531] vom 14. September 1938 an Erich Hecke.
[7] R. Reitzenstein [1904]. Der Traktat *Poimandres* des *corpus Hermeticum* gehört zu den bedeutendsten Schriften der heidnischen Gnosis des 2. Jahrhunderts nach Christus. Vgl. hierzu auch Rudolph [1977, S. 31].
[8] Siehe hierzu auch Paulis Bemerkung über das *falsche Jahrhundert* im Kommentar zum Brief [1102].
[9] Siehe den Brief [1369].

[1377] PAULI AN JORDAN

Zürich, 5. März 1952

Lieber Herr Jordan!

Ich höre, daß Sie im American Journal of Parapsychology einen Aufsatz über Komplementarität bei Rhines Versuchen geschrieben haben. Könnten Sie mir (sowie auch an Professor C. G. Jung, Küsnacht bei Zürich, Seestraße 228) einen Sonderdruck davon schicken?

Ich hatte über dieses Thema schon vor längerer Zeit eine Diskussion mit Jung,[1] über die er dann im Eranos-Jahrbuch 1946 („Der Geist der Psychologie")[2] kurze Bemerkungen gedruckt hat. Nun ist eine große Arbeit von Jung mit dem Titel „Synchronizität als Prinzip akausaler Zusammenhänge"[3] im Druck (in der „Schriftenreihe des C. G. Jung-Instituts"), worin er u. a. seine besondere Auffassung der Rhineschen Experimente ausführlich darlegt.[4] (Ich selbst habe im gleichen Heft der „Schriftenreihe" eine historische Arbeit im Druck „Über den Einfluß archetypischer Vorstellungen auf naturwissenschaftliche Theorien bei Kepler").[5] Dieses Heft kommt wohl im Frühjahr heraus.

Es interessiert uns daher sehr, was Sie als Physiker dazu sagen. Übrigens habe ich auch gehört, daß in England wilde mathematische Spekulationen (in vielen Dimensionen) über die Rhineschen Versuche erscheinen im Journal der „Society for Psychic Research".[6] Wissen Sie etwas darüber?

Mit freundlichen Grüßen

Ihr W. Pauli

[1] Siehe Band **III**, S. 510.
[2] Jung (1947).
[3] Jung (1952).
[4] Jung (1990b, S. 45ff.).
[5] Pauli (1952a).
[6] Der Psychiater John R. Smythies vom Queen Hospital in London und Herausgeber der genannten Zeitschrift hatte auf einem Symposium die Hypothese eines 7-dimensionalen Universums aufgestellt.

Die Vorträge wurden 1952 in den *Proceedings der Society for Psychic Research* publiziert. Siehe hierzu auch die Briefe von Jung an Smythies vom 29. Februar 1952 und an Rhine vom 25. September 1953 in Jung [1972, S. 252–256 und 344–346].

[1378] PANOFSKY AN PAULI

Princeton, 5. März 1952

Lieber Freund Pauli!

(Die *subscriptio* Ihres sich mit dem meinen gekreuzt habenden Briefes vom 10. Februar[1] gibt mir den Mut zu dieser informaleren Anrede): endlich, und zwar am Tage des Eingangs Ihres *jüngsten* Briefes (1. März)[2] kann ich Ihnen über die vor kurzem stattgehabte Zusammenkunft des *Supper Clubs* berichten, an der Ihr „Offener Brief"[3] an diesen zur Diskussion gestellt wurde. Die Verzögerung erklärt sich daraus, daß ich die vorige εστιασις[4] wegen meiner Krankheit versäumen mußte. Die Zusammenkunft selbst war sehr nett und komisch und stand ganz in Ihrem Zeichen, d. h. zunächst im Sinne des Pauli-Effektes, dann aber im Sinne des Nebbich-Prinzips.[5] Dem guten Pais explodierte ein „book of matches" während der Debatte, glücklicherweise ohne ihn zu verletzen; Placzek vergaß beim Aufbruch seine Brieftasche und mußte nochmal zurückfahren; ich selber hatte bei der Ankunft die Lampen meines Wagens brennen lassen, so daß nach der Debatte die Batterie erschöpft war und ich nur mit Hilfe meiner Fahrgäste (Cherniss und Kantorowicz)[6] und eines netten Negerjünglings, die mit vereinten Kräften schoben, anfahren konnte. Da der *Supper Club* nur eine Regel hat („No Papers"), Ihr Brief aber als ein solches betrachtet wurde, konnte die Debatte selbst nur in der Weise stattfinden, daß der *Supper Club* sich zunächst als solcher vertagte, nachdem er seine anwesenden Mitglieder zu einem „Committee of Seven on a Letter Received" ernannt hatte, und sich nachher wieder rekonstituierte.

Punkt 1 Ihres Offenen Briefes war ja schon in unserer zwischenzeitigen Korrespondenz insofern erledigt worden, als wir uns beide, von Howald[7] bestärkt, ganz darüber einig waren, daß die *privatio boni* Idee *nicht* von den Christen in die spätere griechische Philosophie eingeführt worden ist (eher umgekehrt), sondern sich ganz organisch auf Grund von Aristoteles im prae-plotinischen Neuplatonismus entwickelte. Dies wurde vom honourable member Cherniss bestätigt.

Punkt 2 (Erklärung der Abwehrstellung des Judentums gegen das Christentum, obgleich dieses doch von Christus selbst, und auch noch von Petrus, nur als reformiertes Judentum und nicht als „neue Religion" aufgefaßt wurde, aus der ganz abweichenden, keineswegs „*lieber* Gott"-haften Gottesdarstellung) wurde allgemein gebilligt. Es wurde besonders auf Isaias XLV, 7 verwiesen (wo Gott von sich sagt: „faciens pacem et *creans malum*")[8] aber auch auf Heines „Disputation",[9] wo der Rabbi sagt: „... unser Gott ist kein sanftes Lämmerschwänzchen" etc. Inzwischen habe ich Luthers furchtbares Buch *De servo arbitrio*[10] zur Hand nehmen müssen, und darin sind Stellen, wo er direkt von dem „*Haß* Gottes auf die Menschen" spricht. Sie wissen wahrscheinlich, daß Luthers Endergebnis die Vorstellung des Menschen als eines Reittieres ist, das zwischen Gott und dem Teufel steht und absolut keinen Einfluß darauf hat, ob dieser oder jener es besteigen wird. „Nebbich" auf seiten des Reittiers! Vielleicht liegt es so, daß wir Menschen prinzipiell vor die Wahl gestellt sind, entweder von Gott oder von uns selbst „nebbich" sagen zu müssen. Wenn so, ist ja eigentlich Platos δημιουργος, der trotz fester Absicht immer wieder an der Undurchdringlichkeit (erkenntnismäßig gesprochen) der χωρα scheitert, auch in einer „nebbich"-Lage.

3. Lebhaft – so lebhaft, daß der Kellner mehrfach seinen Kopf zur Tür hereinsteckte, um festzustellen, ob er nach der Polizei oder einem Doktor schicken müsse – wurde die Diskussion über das „Dunkle" (als des prinzipiell nicht im Einzelfall gesetzmäßig Erfaßbaren). Hier behaupteten die Physiker (Placzek und der als Gast anwesende Peierls), die sich sofort auf das „indeterminacy principle" konzentrierten und nicht davon abzubringen waren, daß man von einem „unknowable" nicht reden könne; es liege vielmehr so, daß man eben nicht zugleich nach „velocity" und „position" *fragen* dürfe (dies sei, als ob man fragen würde, ob ein Dreieck grün oder blau sei), und dann wäre alles gut. Cherniss aber meinte – und ich stimmte ihm bei, obwohl diese Fragen über mich etwas hinausgehen –, daß Sie doch etwas *Allgemeineres* meinten – Bereiche im Sinne des platonischen Raumes der unintelligent und daher *prinzipiell* unintelligibel ist und dessen Unintelligibilität sich aber jetzt, wo man ihn besser kennt als im 19. Jahrhundert, gewissermaßen experimentell wieder geltend macht. Mit anderen Worten: daß sich das Problem nicht, wie die beiden P.s meinten, durch vorsichtigere Begriffsbildung verharmlosen läßt, sondern ein echtes, metaphysisches Problem darstellt. Cherniss erklärte zu allgemeiner Erleichterung, daß Sie im Grunde auf denjenigen Platonismus heraus wollten, der nach seiner Ansicht die einzig „richtige" Philosophie ist und sich natürlich nur aus der Korrektur (d. h. Cherniss-schen) Deutung von Plato selber ergibt. Dies scheint dem Referenten zweifelhaft. Aber Sie müßten sich wirklich mit Cherniss selber unterhalten, der in diesen Dingen wirklich Bescheid weiß. Cherniss und ich waren jedenfalls auf *Ihrer* Seite (ohne dabei den Anspruch zu erheben, Sie richtig verstanden zu haben) und amüsierten uns besonders, als die Physiker an einer Stelle sagten, daß irgend etwas (ich habe vergessen was) zwar denkmöglich, aber physikalisch unmöglich sei – mit genau denselben Worten, die der selige Aristoteles von dem Begriff des Unendlichen gebraucht.

Es schien, daß die beiden P.s an die Anerkennung eines Akausalen nicht recht heranwollen.

A propos Kausalität: am Schluß, als wir aufbrachen, erzählte Peierls eine jüdische Geschichte, deren Pointe lautete: „Wenn Sie mich fragen, warum, werd' ich Ihnen sagen, wieso."* Er dachte dabei gar nicht mehr an die vorangegangene Diskussion. Mir aber erschien diese Wendung geradezu als eine Offenbarung, was die Kausalität in der *Geschichte* angeht: wenn Sie mich fragen, *warum* der romanische Stil sich in den gotischen transformierte oder vielmehr mutierte (was wir „Entwicklung" nennen, ist, wenn wirklich was dabei herauskommt, eigentlich eine Serie von „Mutations"), so kann ich Ihnen das *nicht* sagen. Was ich Ihnen sagen kann ist, daß die Transformation, so wie sie nun einmal vorliegt, im Lichte des Vorangegangenen Sinn hat, sich also *verstehen*, aber nicht als notwendig *ableiten* läßt. Ich weiß aber nicht, ob sich die Formel auch auf das Kausalproblem in der Physik anwenden läßt.

Nun zu der alchemistischen Interpretation der *Melancholie* von Dürer. Diese ist öfters vorgeschlagen worden: G. F. Hartlaub, *„Arcana Artis"*, *Zeitschrift für Kunstgeschichte*, VI, 1937, p. 298; idem. „Albrecht Dürers Aberglaube", *Zeitschrift des deutschen Vereins für Kunstwissenschaft*, VII, 1940, p. 167 (mit Zitierung anderer Artikel, in denen aber ziemlich dasselbe steht);[11] J. Read, „Dürer's Melancolia: an Alchemical Interpretation", *Burlington Magazine*, LXXXVII, 1945, p. 283.[12]

Mich hat diese Deutung aber nicht sehr überzeugt, offen gesagt auch nicht in den von Ihnen angeführten Einzelheiten. Natürlich sind alchemistische und astrologische Ideen so eng verbandelt, daß sich sehr viele Motive aus *beiden* Sphären würden erklären lassen. Aber erstens gibt es keine Stelle in Dürers umfangreichen Schriften, die auf ein Interesse an der Alchemie schließen lassen (dagegen mehrere, die seine Bekanntschaft mit Astrologie und auch mit „Plato" beweisen). Zweitens ist der Kupferstich *bild*geschichtlich betrachtet, eine Synthese aus den älteren Temperamentsbildern einerseits und den *Artes*-Bildern (die „Künste" umgeben von ihren Werkzeugen und Attributen) andererseits. Dürers Figur ist eine *Melancholia artificialis*, eine *melancholisch gewordene Geometrie* (Dürer war ja selbst Geometer und litt darunter, daß man durch sie „nicht *alles* beweisen kann.") Das Platonische Element spielt *nur insofern* eine Rolle, als Dürer die Melancholie nicht mehr als ein nur faules, geistig bedrücktes, beschränktes und geiziges Wesen auffaßt, sondern als ein in jedem Sinne „tiefsinniges", dabei aber bedrohtes und zu schöpferischer Arbeit befähigtes (Aristoteles, Problemata, XXX, I,[13] platonisch interpretiert durch Ficino). Drittens glauben wir, Saxl und ich, Dürers direkte *schriftliche* Quelle in der als solche unveröffentlichten, schon 1509 vollendeten und nachweislich im Dürerkreis bekannten *Occulta Philosophia* des Agrippa von Nettesheim[14] gefunden zu haben (Manuskript in Würzburg, aus dem Besitz des Trithemius!),[15] der drei „Stufen" der melancholisch-saturnischen Inspiration unterscheidet, je nachdem der betreffende oder betroffene Mensch ein *imaginativer*, *rationaler* oder „*mentaler*" Typus ist. Im ersten, *niedrigsten* Fall (daher die „I") wird er Künstler, Architekt,** kurz etwas was mit sinnlicher Anschauung zu tun hat, und leidet natürlich an dieser Begrenztheit. Im zweiten Falle ein Historiker, Staatsmann (nebbich), Jurist, Philosoph etc. Im dritten ein religiöses Genie, Prophet, Reformator oder dergleichen. Aber alles dieses ist, wenn Sie wollen, mein Dürer Buch.[16]

Die Saturn-Zuordnung ist natürlich axiomatisch. Aber das ist eben der Haken: da der Saturn *auch* der Alchemie angehört, aber primär der Astrologie und Temperamentenlehre, wird man den Zusammenhang mit der Alchemie nur dann beweisen können, wenn einige der Dürerschen Motive eben *nur* alchemistisch, und nicht ebensogut astrologisch und humoral erklärt werden könnten. Und das scheint mir, verzeihen Sie, auch bei den von Ihnen angeführten Details nicht der Fall zu sein.

a) Die „Schwärze" des Gesichts ist ständiges Kennzeichen des Melancholikers *per se*, sowohl wegen der *atra bilis* ($\mu\varepsilon\lambda\alpha\nu\iota\alpha\chi o\lambda\eta$) als wegen des Saturn. Er hat eine *facies nigra* oder eine *facies coloris terrae* (die „Erde" gehört ja auch zum

Saturn als Gott der Ackerbauer, Totengräber, etc.).*** Noch Milton schreibt über seine „divinest Melancholy": [17]

> Her saintly visage is so bright
> That it appears human sight
> *O'erlaid with black*, dark
> wisdom's true.

b) Die Waage gehört zu der allgemeinen Idee des Messens, auf dem nach Dürer alle künstlerische und handwerkliche Tätigkeit beruht: schon Gott hat nach Plato und der Bibel (Sap[ientia] Sal[omonis] XI)[18] „alles nach *Maß, Zahl und Gewicht* eingeteilt", und in einem mittelalterlichen Merkvers über die 7 freien Künste heißt es: „Geometria *ponderet*, Astrologia colit astra."

c) Das „Pentagon-Dodekaeder" ist *de facto* ein Rhomboeder (verzogener Würfel), dessen diagonal gegenüberliegende zwei Ecken abgeschnitten sind, hat also 8, nicht 12, Flächen. Er bezieht sich auf *darstellende* Geometrie, die sich damals besonders lebhaft mit regelmäßigen und halbregelmäßigen Körpern beschäftigte (im Gegensatz zum Mittelalter).

d) Das magische Quadrat in der Mauer ist das des *Jupiter*, der schon bei Horaz als Besänftiger des Saturn gilt

> Te Jovis imprio –
> Tutela Saturno refulgens ...,

vor seinen bösen Einflüssen schützt und daher den saturnischen Melancholiker davor bewahrt, *gänzlich* verrückt zu werden.

Trotzdem haben Sie natürlich recht, wenn Sie das ganze als ein *Anfangs-Stadium*, eine *niedrige, erste Stufe* des Erkenntnis- oder Schaffensprozesses ansehen; nur daß eben, *cf. supra*, dieser Prozeß nicht notwendig der *alchemistische* zu sein braucht. Der „furor melancholicus" wie Agrippa immer schreibt, hat *als solcher* seine dreifache Stufenfolge.

Mein Brief ist nun auch gewaltig lang geworden. Trotzdem kann ich ihn nicht schließen, ohne Ihnen über einen während seiner Schreibung eingetretenen Pauli-Effekt[19] zu berichten. Am Ende von Seite 4 schlug ein *Blitz* (im März!) in unsere Antenne ein. Es war aber ein junger, verspielter Blitz, der nur folgendes tat: Er zerstörte eine Hälfte der Antenne und einen Teil des Drahtes, aber nicht das Radio. Er verirrte sich dann anscheinend im Boden und verschwand durch zwei Löcher, etwa 8 cm im Durchmesser, die er in zwei ganz verschiedene Wände des Oberstockes schlug, den Boden mit Stuckfragmenten bestreuend aber im übrigen keinen weiteren Schaden anrichtend, außer daß das Telephon verstummte (das Licht dagegen blieb brennen) und das Wasser, wohl wegen Losreißung des Sedimentes in den Röhren (facies – Anspielung) für einige Minuten braun wurde.

In getreuer Freundschaft Ihr alter (oh dieser Mensch!)[20]   Erwin Panofsky

P.S. Wenn das State-Department mir einen Paß gibt und nichts anderes dazwischen kommt, plane ich, vom 21. Juli bis Anfang August in Holland und Belgien zu sein (Kongreß in Amsterdam)[21] und dann für ein paar Wochen nach

Schweden zu gehen, wo ich auf Schloß Gripsholm eine Art Kurs geben soll. Any chance of your being in either of these two neighbourhoods at that time?

[1] Brief [1364].
[2] Brief [1376].
[3] Paulis Brief [1343] vom 19. Januar 1952, den er mit Anspielung auf Bohr als *offenen Brief* bezeichnet hatte.
[4] D. h. Sitzung.
[5] Siehe hierzu auch die Briefe [1343 und 1364].
[6] Der Historiker Ernst H. Kantorowicz (1895–1963) war ebenso wie Cherniss und Panofsky Mitglied des *Institute for Advanced Study*. Sein bekanntestes Werk [1957] ist eine Studie über politische Theologie im Mittelalter. Eine Bibliographie seiner Schriften findet man im Anhang seiner *Selected studies*.
[7] Der seit 1918 als Professor für klassische Philologie an der Universität Zürich wirkende Ernst Howald (1887–1967) war auch im Ausland vor allem durch seine zahlreichen philosophischen Schriften über Platon (*Platons Leben* [1923] und *Die echten Briefe Platons* [1951]) bekannt. In einer zu seinem 70. Geburtstage von seinen Freunden 1957 herausgegebenen Festschrift wird auch Pauli unter den Gratulanten aufgeführt. Vgl. Howald [1957, *Tabula Gratulatoria*].
[8] „Der ich Friede gebe und schaffe das Übel." Siehe hierzu auch den Brief [1381].
[9] H. Heine [1972, Band 1, S. 621]: *Romanzero*: Drittes Buch: Hebräische Melodien. Dort heißt es:
Unser Gott ist nicht gestorben
Als ein armes Lämmerschwänzchen . . . .
[10] Luther [1525].
* Der Witz handelt sich darum, daß ein Jude einem anderen ein Zeugnis über Zuverlässigkeit etc. ausstellen soll und schreibt: „Gut *kann* ich nicht über ihn schreiben. Schlecht *will* ich nicht über ihn schreiben. Wenn Sie mich fragen . . ."
[11] G. F. Hartlaub (1937, 1940).
[12] J. Read (1945).
[13] Aristoteles: *Problemata*, Buch XXX, 1.
[14] Agrippa von Nettesheim [1510].
[15] Siehe hierzu die Anmerkung zum Brief [1384].
** Auch Naturwissenschaftler.
[16] Vgl. Panofsky [1943/71].
*** Darunter auch Erd-Messung (Geometrie). Saturn wird oft mit Zirkel dargestellt und „bezeichnet aus den Künsten die Geometrie".
[17] Milton [1667]. Dieser Vers wird auch in Panofskys Dürer-Biographie [1971, S. 163] zitiert.
[18] Den gleichen Hinweis findet man auch in Panofskys Dürer-Studie [1971, S. 157].
[19] Im Hause der Panofskys soll sich ein weiterer *Pauli-Effekt* ereignet haben. Als Pauli einmal zu einem Abendessen eingeladen war, zersprang plötzlich ohne erkennbaren äußeren Anlaß das Glas einer Vitrine. (Nach einer Mitteilung von Gerda Panofsky.)
[20] Mit diesem biblischen Ausspruch *Ecce homo* werden in der Kunstgeschichte auch Darstellungen des leidenden Jesus mit der Dornenkrone bezeichnet.
[21] In Amsterdam tagte der *XVIIᵉ Congrès international d'histoire de l'art*.

[1379] HEISENBERG AN PAULI

Göttingen, 7. März 1952
[Maschinenschrift]

Lieber Pauli!
Beiliegend die schriftliche Darstellung meines Vortrages über die Mesonen-erzeugung.[1] Der Aufsatz soll ein Kapitel in der 2. Auflage unseres Buches über

die kosmische Strahlung[2] bilden, eventuell nach Zusammenarbeit mit einem
früheren Entwurf von Zumino.[3]

Mit vielen Grüßen, auch an gemeinsame Züricher Bekannte,

Dein W. Heisenberg

[1] Wahrscheinlich handelte es sich um das Manuskript von Heisenbergs Vortrag (1952) für die
Kopenhagener Physikerkonferenz, die vom 3.–17. Juni 1951 in Kopenhagen stattfinden sollte.
Für die geplante Neuauflage des Buches [1953] schrieb Heisenberg (1953c) schließlich nur den
einleitenden Übersichtsbericht über den gegenwärtigen Stand der Forschung in der kosmischen
Strahlung, während B. Zumino zusammen mit G. Lüders ein Referat über die Theorie des β-Zerfalls
und μ-Einfangs verfaßte.
[2] Das in Gemeinschaft mit seinen Göttinger Mitarbeitern und Gästen L. Biermann, K. Wirtz, P.
Budini, G. Molière u. a. verfaßte und von Heisenberg [1953] herausgegebene Werk erschien erst im
Jahr 1953.
[3] Bruno Zumino war Heisenbergs Mitarbeiter am MPI in Göttingen gewesen. Siehe den Kommentar
zum Brief [1107] und die Angaben zum Brief [1106].

[1380] PALLMANN AN PAULI[1]

Zürich, 7. März 1952
[Maschinenschriftliche Durchschrift]

Sehr geehrter Herr Professor!

Wie Ihnen bekannt ist, beabsichtigt Herr Dr. Carl Seelig eine Arbeit über die
Jahre des Wirkens von Prof. Albert Einstein in unserem Lande herauszugeben.[2]
Er würde in diesem Zusammenhange gerne das Thema der seinerzeitigen
Diplomarbeit von Professor Einstein kennenlernen. Gemäß einer Mitteilung der
Schweizerischen Lehrerzeitung, Jahrgang 1944, soll sich die Diplomarbeit auf
das Thema der inneren Reibung der Gase bezogen haben.

Da im Archiv des Schweizerischen Schulrates die Themata der Diplomarbei-
ten nicht aufbewahrt werden, gestatten wir uns, Sie anzufragen, ob vielleicht in
alten Protokollen oder im Archiv der Konferenz der Abteilung für Mathematik
und Physik[3] das Thema der Diplomarbeit von Professor Albert Einstein[4] noch
ausfindig gemacht werden könnte.

Ihre Bemühungen zum voraus verbindlichst verdankend, sehen wir Ihrem
Berichte gerne entgegen und begrüßen Sie, sehr geehrter Herr Professor, mit
vorzüglicher Hochachtung,

Der Präsident des Schweizerischen Schulrates
sig. Pallmann

[Maschinenschriftlicher Zusatz:] Durchschlag an Herrn Dr. Carl Seelig zur geflis-
sentlichen Kenntnisnahme. Wir erlauben uns gleichzeitig, Ihnen mitzuteilen, daß
Fräulein Mileva Marić, von Titel (Ungarn), geboren am 8. Dezember 1875, vom
Oktober 1896 bis Juli 1901, an der Abteilung für Mathematik und Physik unserer Hochschule studiert hat. Der Austritt aus der Hochschule erfolgte im August
1901. Fräulein Marić hat die Hochschule jedoch nur mit einem Abgangszeugnis
verlassen, d. h. sie hat keine Diplomprüfung abgelegt, was damals allgemein
üblich war.[5]

Wir fügen eine Notiz bei, auf welcher Sie die laudatio für die Verleihung des Titels eines Doktors sc. nat. an Prof. Einstein im Jahre 1930 finden.

In den Akten, die Herr Professor Kollros[6] seinem Nachfolger, Professor Dr. Eckmann, übergeben hat, haben sich keine Schriftstücke finden lassen, die irgendwie Bezug nehmen auf Professor Albert Einstein.

Mit vorzüglicher Hochachtung
Der Präsident des Schweizerischen Schulrates: Pallmann

[1] Das vorliegende Schreiben ist auch bei Glaus und Oberkofler [1995, Dokument III. 82] wiedergegeben.
[2] Vgl. Seelig [1952].
[3] Pauli war sei Juli 1950 Vorstand der für den mathematischen und physikalischen Unterricht an der ETH zuständigen Abteilung IX. Siehe hierzu den Kommentar zum Brief [1434].
[4] Die an der ETH in Zürich übliche Schlußdiplomprüfung, die Einstein im Juli 1900 ablegte, beinhaltete auch eine schriftliche Diplomarbeit. Nur die Ergebnisse dieser Prüfung wurden dem damaligen Schulratspräsidenten Hermann Bleuler von dem Abteilungsvorstand Adolf Hurwitz zugeleitet. Die unter Heinrich Friedrich Weber angefertigte Diplomarbeit ist aber nicht mehr erhalten. (Siehe hierzu *The Collected Papers of Albert Einstein*, Band **1**, S. 44f. und *Document* 67.) Einstein selbst gab darüber aber in einem Schreiben vom 8. April 1952 an Seelig folgende Auskunft: „Meine und meiner ersten Frau Diplom-Arbeiten bezogen sich auf Wärmeleitung und waren für mich ohne irgendwelches Interesse."
[5] Siehe hierzu auch die von J. Renn und R. Schulmann herausgegebenen Liebesbriefe zwischen A. Einstein und M. Marić [1994].
[6] Louis Kollros (1878–1959) war Einsteins Kommilitone an der ETH gewesen und war dann von 1909–1949 Dozent für Mathematik und Geometrie an der ETH.

[1381] PAULI AN JAFFÉ

Zollikon-Zürich, 8. März 1952

Liebe Frau Jaffé!

Zunächst noch vielen Dank für Ihren offiziellen Brief im Auftrag von Professor Jung. Ich hoffe, diesem geht es besser, erwarte aber nicht so bald eine direkte Antwort von ihm, vielleicht sollte er zuerst Ferien machen. (N. B. Vom 20. bis etwa 30. März bin ich in Paris.)[1]

Heute kam ein sehr langer Brief von Panofsky.[2] Er berichtet u. a. über eine Zusammenkunft des sogenannten „Supper Clubs" (bestehend aus ihm selbst und einigen Physikern, Historikern und einem Philologen), bei welcher auch Fragen bzw. Thesen diskutiert wurden, die ich brieflich gestellt hatte.[3] U. a. war darunter auch die Frage „ob die Abwehrstellung des Judentums gegen das Christentum, obgleich dieses doch von Christus selber, und auch noch von Petrus, nur als reformiertes Judentum und nicht als ‚neue Religion' aufgefaßt wurde, aus der ganz abweichenden, keineswegs *lieber* Gott'-haften Gottesvorstellung zu erklären sei." Panofsky schreibt nun, der Klub hätte diese Auffassung allgemein bejaht und gebilligt und fügt hinzu, daß besonders auf Jesaias 45,7 verwiesen worden sei, wo Gott von sich sagt „faciens pacem et *creans malum*." – Ich habe die Stelle gleich in meiner Bibel nachgeschaut, sie lautet ausführlich: „Ich bin Jahwe, und keiner sonst, der das Licht bildet *und Finsternis schafft*, der Heil wirkt *und Unheil schafft* – ich, Jahwe, bin's, der alles dies bewirkt."

Vielleicht interessiert diese Stelle auch Professor Jung und Fräulein Schärf.[4]

Da Panofskys Brief in dem für den Autor charakteristischen Stil geschrieben ist, gespickt mit Witzen, Anekdoten und Berichten über „Pauli-Effekte", kann ich Ihnen bei unserer nächsten Zusammenkunft eine vergnügte Stunde versprechen.[5] Z. B. sagt Panofsky: „vielleicht liegt es so, daß wir Menschen prinzipiell vor die Wahl gestellt sind, entweder von Gott oder von uns selbst ‚nebbich' sagen zu müssen." Näheres mündlich.

Panofsky schreibt auch noch über Dürer, daß ihm zwei Abhandlungen von G. F. *Hartlaub* und eine von *Read* bekannt seien, in welchen Dürers ‚Melancholie' alchemistisch interpretiert wird.[6] Er begründet dann aber, warum er selbst davon nicht überzeugt ist. Insbesondere gibt er Gründe dafür, daß Agrippa von Nettesheims ‚Occulta Philosophia' als schriftliche Quelle für Dürers Bild fungiert hat.[7] (Diese Sache will ich auch noch mit Fräulein von Franz besprechen.)

Ich bin Montag und Dienstag in der Stadt, möchte Sie an einem dieser Tage gerne sehen und werde Ihnen deswegen Montag (etwa um 12 Uhr Mittag) ins Büro telefonieren.

Viele herzliche Grüße und auf frohes Wiedersehen   Stets Ihr W. Pauli

P. S. Jener Princetoner Klub hat auch meine Ansicht bestätigt, daß die privatio boni Idee *nicht* von den Christen in die spätere griechische Philosophie eingeführt worden ist (eher umgekehrt), sondern sich ganz organisch „im prae-plotinischen Neuplatonismus entwickelt hat."

---

[1] Pauli hielt dort Vorträge am Institut Henri Poincaré.

[2] Brief [1378].

[3] Siehe Paulis Brief [1343] an den Supper Club.

[4] Fräulein Riwkah Schärf-Kluger war eine analytische Psychologin, die damals als Lektorin am C. G. Jung-Institut wirkte. Siehe auch ihren Beitrag „Die Gestalt des Satans im Alten Testament" zu Jung [1948b].

[5] Siehe hierzu den vorangehenden Brief [1378].

[6] Siehe hierzu die Angaben in den Briefen [1378 und 1383].

[7] Vgl. Panofsky [1943/71, S. 168ff.]

[1382] PAULI AN VAN DER WAERDEN

Zollikon-Zürich, 8. März 1952

Lieber Herr van der Waerden!

Nun kamen endlich die Ferien, und ich konnte recht fleißig in Ihrem Buch „Ontwakende Wetenschap" lesen.[1] Das Holländische macht mir kaum Schwierigkeiten (falls ich einmal ein Wort nicht weiß, pflege ich es spätestens zu erraten, sobald es etwa zum 3. Mal vorkommt). Ich möchte also gerne definitiv das Buch behalten und Sie deshalb zugleich fragen, wohin ich das Geld (es waren doch, wenn ich nicht irre, 11 Schweizer Franken?) schicken soll (Bank- oder Postscheck-Konto?).

Bis jetzt bin ich bis zum Ende des Kapitels V gekommen und vieles hat mich außerordentlich interessiert, besonders die Pythagoräer (auch wegen des Zusammenhanges mit meiner eigenen Arbeit über *Kepler*)[2] und ihre geistige Herkunft von den Babyloniern.

Ich will versuchen, mir die englisch übersetzte und kommentierte Ausgabe (Martin Luther d'Ooge) der Arithmetik des *Nikomachos* zu beschaffen;[3] wissen Sie vielleicht, bei welchem Verleger das Buch erschienen ist?

Es interessiert mich nämlich allgemein, wie weit der Zahlbegriff aus empirischen Quellen und wie weit er aus präexistenten Bildern stammt. {Kepler nennt diese Bilder in Anlehnung an ein in der Spätantike in Mode gekommenes Wort „archetypisch". Im Gegensatz zu Kant meine ich aber, daß man mit diesem „a priori" ebenso „hereinfallen" (sich irren) kann wie mit der Empirie.}

Die ‚Zahlenmystik' scheint mir nun sehr für solche präexisten Bilder zu sprechen {wie z. B. die Einheit, das Gegensatzpaar (z. B. gerade und ungerade),* die Auffassung der Zahlen als „individuelle Persönlichkeiten", etc.} Deshalb interessiert sie mich.[4]

Wissen Sie auch einigermaßen verständliche und nicht allzu umfangreiche Literatur über *babylonische* Zahlenmystik?

Im voraus vielen Dank und freundliche Grüße   Ihr W. Pauli

---

[1] B. van der Waerden [1950].

[2] Pauli (1952a).

[3] Vgl. die von Robbins und Kapinski herausgegebene Übersetzung der Arithmetik des Nicomachos von Gerasa [1938].

* Die Identifizierung (gerade ~ weiblich, ungerade ~ männlich) findet sich – wohl unabhängig (?) von den Babyloniern – auch in China als Yin- und Yang-Zahlen. Das ist wohl so ein „Ur-Bild."

[4] Vgl. hierzu auch den folgenden Brief [1383].

[1383] PAULI AN VON FRANZ

[Zürich], 9. März 1952

Liebes Fräulein von Franz!

Sie haben das letzte Mal eine Bemerkung gemacht, die bei mir wie „in einen tiefen Brunnen" gefallen ist, nämlich: über die *archetypische Bedeutung der Zahlen* sei bisher fast nichts gearbeitet worden.[1] Diese Bemerkung von Ihnen kam immer wieder zurück, ich habe schon lange Träume, in denen insbesondere die Primzahlen eine Rolle spielen, und nun lese ich ja gerade von der Waerdens holländisches Buch „erwachende Wissenschaft".[2] Dieses enthält z. B. interessante Angaben über die Zahlenmystik der Pythagoräer und über ihre Herkunft aus Babylonien (es ist eine *Weiterentwicklung* der babylonischen Zahlenmystik).

Sicher sind präexistente (archetypische) Bilder vorhanden, die durch Zahlen ausgelöst und dann auf sie projiziert *vorgefunden* werden. Da ist der Archetypus der *Einheit* und der Archetypus des *Gegensatzpaares*, der sofort die Begriffe „gerade" und „ungerade" ergibt. Ebenso wie die Chinesen nennen auch die

Babylonier die geraden Zahlen weiblich, die ungeraden männlich. Daß die
Babylonier diese Zuordnung aus China bezogen haben, ist mir aber bei dem
recht ehrwürdigen Alter dieser Idee unwahrscheinlich; ich halte die Idee für
archetypisch und sie dürfte überall vorkommen. Bei den Pythagoräern folgt
dann die weitere Einteilung der geraden Zahlen in solche, die das doppelte
einer geraden, und solche, die das doppelte einer ungeraden Zahl sind. Dies
führt zur heiligen „Tetraktys",* die den Archetypus der Quaternität realisiert.[3]
Durch Geometrisierung ergeben sich dann weitere Spekulationen wie

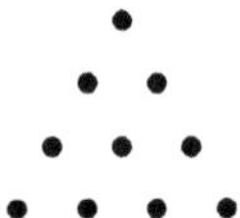

welches geheimnisvoll-gleichseitige (die Pythagoräer sagen „vollkommen" für
„gleichseitig") Dreieck die Gleichung $1 + 2 + 3 + 4 = 10$ veranschaulicht. (Es
werden dem Pythagoras Aussprüche zugeschrieben wie: „was ihr für 4 haltet,
ist 10".)[4]

Aus solchen Anfängen entstehen dann exakte, abstrakte Begriffe wie „Drei-
eckszahl" für $1 + 2 + \cdots + n = \frac{1}{2}n(n + 1)$, „Quadratzahl" für $1 + 3 + 5 + \cdots$
$(2n - 1) = n^2$; dazu Figur:

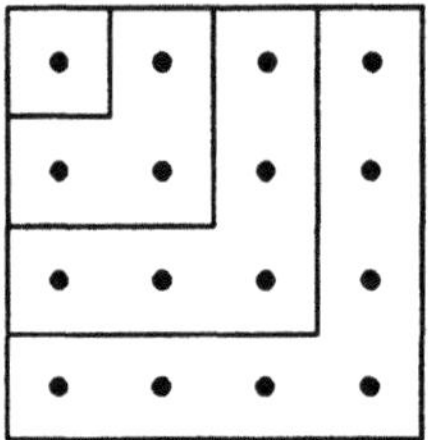

Sehr früh war die Aufmerksamkeit auf die Teilbarkeitseigenschaften der
Zahlen gelenkt (Teiler = ganze Zahlen, die in einer gegebenen ganzen Zahl
ohne Rest aufgehen), wobei man insbesondere mit der Summe aller Teiler
herumspekulierte. Man nannte eine Zahl „vollkommen", wenn sie gleich ist
der Summe ihrer Teiler wie $6 = 1 + 2 + 3$ (andere Beispiele 28, 496).

Daraus entstehen dann *Aufgaben* (sie sind gar nicht immer leicht) wie *alle*
„vollkommenen Zahlen zu finden". Solche Aufgaben erfordern oft bereits ein
komplizierteres Begriffssystem.

Durch van der Waerdens Buch bin ich besonders aufmerksam geworden auf
die „Arithmetica" des *Neupythagoräers Nikomachos von Gerasa* (100 post. Chr.)

Von dieser existiert eine englische Übersetzung mit Kommentar von einem
Herrn Martin Luther d'Ooge, die ich versuchen will, mir zu beschaffen.[5]
Zu seiner Arithmetica hat Nikomachos nämlich eine populäre Einleitung
geschrieben, mit dem Zweck „die wunderbaren und göttlichen Eigenschaften der
Zahlen in einer für jedermann begreiflichen Weise auseinanderzusetzen". Dort
stehen viele Beispiele ohne Beweise, um gerade das Publikum in die „Mystik"
einzuweihen. Ich vermute daher dort eine Fundgrube für Archetypisches.

Z. B. steht dort folgende Geschichte „Als man Pythagoras einst fragte, was ein Freund sei, antwortete er, *ein zweites Ich*.[6] Dann nannte er die befreundeten Zahlen 284 und 220."

Mit diesen „befreundeten Zahlen" hat es folgende Bewandtnis: Die Teilersumme der einen ist gerade gleich der anderen: Die Summe der Teiler von 220 gibt

$$1 + 2 + 4 + 5 + 10 + 20 + 11 + 22 + 44 + 55 + 110 = 284,$$

und die Summe der Teiler von 284 gibt

$$1 + 2 + 4 + 71 + 142 = 220.$$

Wie erscheint Ihnen dieses jeweils „zweite Ich", von der *Psychologie* her gesehen?

Man kann auf diese Weise einen mathematisch *exakten* Begriff „befreundete Zahlen" definieren und es ist gar keine leichte Aufgabe, *alle* Paare „befreundeter Zahlen" wirklich zu finden. Offenbar wird hier ein *psychologisches* Beziehungsproblem in die Zahlen projiziert.

Wir wollen doch ernstlich sehen, ob wir nicht weiterkommen können mit diesem Gegenstand. Aus meinen früheren Träumen ist zu erwarten, daß mein Unbewußtes bald aktiviert werden wird, sobald ich einmal durch eine geeignete Lektüre „angekurbelt" bin.

Am Samstag kam ein langer Brief von Panofsky[7] über die verschiedensten Sachen. Über die „Melancholia" von *Dürer* schrieb er, daß über die Möglichkeit einer alchemistischen Deutung dieses Bildes bereits Literatur vorhanden und ihm bekannt ist. Er nennt:

1. *G. F. Hartlaub*, „Arcana Artis", Zeitschrift für Kunstgeschichte, VI, 1937 p. 298.[8]

2. derselbe Autor: „Albrecht Dürer's Aberglaube", Zeitschrift des deutschen Vereins für Kunstwissenschaft. VII, 1940 p. 167.

3. *J. Read.* „Dürer's Melancholia; an Alchemical Interpretation"; Burlington Magazine. LXXXVII, 1945, p. 283.[9]

Panofsky sagt aber, diese Deutungen haben ihn nicht überzeugt und gibt (mir ganz einleuchtende) Gründe dafür, daß *Agrippa von Nettesheims* Philosophia Occulta[10] als schriftliche Quelle für Dürers Bild fungiert habe. Wir können uns das nächste Mal noch mündlich über die Details unterhalten. Ich werde wieder telefonieren.

Bis dahin herzliche Grüße   Stets Ihr W. Pauli

---

[1] Siehe hierzu M.-L. von Franz [1970/90].

[2] Eine englische Übersetzung von B. L. van der Waerden [1950/56] erchien 1954 in Groningen unter dem Titel *Science awakening*. [Vgl. auch B. L. van der Waerden: Die Harmonielehre der Pythagoreer. *Hermes* **78** (1943).]

* „Die Quelle und die Wurzel der ewigen Natur". [Siehe van der Waerden [1954, S. 95].]

[3] Pauli hatte sich bei einem Experten über die Herkunft und Bedeutung des Wortes erkundigt. In einem undatierten Antwortschreiben desselben heißt es: „Aus einem sehr schlechten Buch von Kucharski ‚Sur la doctrine pytagoricienne de la tétrade' zitiere ich: p. 18, Anm. 1) Armand Delatte: Études sur la litérature pytagoricienne. Paris 1915; p. 19, Anm. 4) Delatte, p. 253. La formule la

plus ordinaire de ce serment et qui, d'après Delatte, serait aussi la plus exacte, est: $ου, μα των αμετρα ψυχα παρδοντα παγαν αεναου φυσεω ριζωμα τ εχουσαν$, d. h. ‚Nein, bei dem, der unserer Seele die Tetraktys überliefert hat, dem Urquell und der Wurzel der ewigen Natur.' " (*Pauli-Nachlaß* 6/311)

[4] Vgl. van der Waerden [1954, S. 95].

[5] M. Luther d'Ooge [1926]: *Introduction to arithmetic of Nicomachus*. New York 1926. Dieses Werk war auch schon von R. Hoche 1893 in Leipzig herausgegebenen worden.

[6] Vgl. van der Waerden [1954, S. 98].

[7] Brief [1378].

[8] Hartlaub (1937). Diese und die folgende Untersuchung wurden in Panofskys Brief [1378] zitiert.

[9] Read (1945).

[10] Agrippa von Nettesheim [1533].

[1384] PAULI AN PANOFSKY

[Zürich], 13. März 1952

Lieber Freund
Verehrter Meister Panofsky!

Ihr langer Brief und Bericht (5. März)[1] hat mir zugleich Vergnügen und Belehrung gebracht. Vielen herzlichen Dank! Es scheint mir, was noch übrig bleibt und weiter diskutiert werden soll, ist Punkt 3, das „Dunkle", die Kausalität und Akausalität, deren Form in der Physik und deren mögliche Verallgemeinerung auf andere Gebiete.[2] Die Sache ist mir doch wichtig und ich will versuchen, nach weiterer Überlegung diesem Brief an Sie noch einen besonderen Brief an das größere Committee folgen zu lassen.[3] Es ist aber keine leichte Aufgabe. Ich war weder mit den P-Physikern ($παις$,* Placzek, Peierls) noch mit dem honourable member Cherniss ganz zufrieden.[4]

Heute abend begnüge ich mich mit der leichteren Aufgabe, den Rest durch einen Brief an Sie abzuschließen: Über die Punkte 1. und 2. ist jetzt wohl alles gesagt, was gesagt werden kann. Den Witz mit dem Zuverlässigkeitszeugnis[5] konnte ich gerade anwenden, als ich um ein solches für einen Physiker gefragt wurde.

Nun zu Dürers Melancholie.[6] Natürlich kommt es sehr darauf an, ob Dürer mit Alchemisten verkehrt hat, welche Quellen ihm zugänglich waren, welches sein *inneres* Erlebnis bei seinem Bild war und vieles andere. Das Bild *allein* genügt offenbar nicht, um sich für die eine oder die andere Deutung zu entscheiden. Über all dies weiß ich praktisch nichts. Es ist deshalb das einfachste, wenn ich mich Ihrem Urteil als Maestro füge und anschließe, sowohl hinsichtlich der Einzelheiten (Rhomboeder mit etwas tückisch abgeschnittenen Ecken, die mir den falschen Eindruck von 5 Ecken hervorgerufen haben, Schwärze, Waage, magisches Quadrat zum *Jupiter* gehörend) als auch insbesondere hinsichtlich der Occulta Philosophia des Agrippa von Nettesheim[7] als Dürers *direkter* Quelle. Da muß ich mich eben auf Ihre Dürer-Kenntnisse verlassen.

Es fällt mir um so leichter, diese Annahme zu akzeptieren, als (wie Sie schon selbst andeuteten) die mannigfachsten Beziehungen dieses Buches zur Alchemie vorhanden sind. *Dann ist eben die Aufgabe, die Beziehung des Dürerschen Bildes zur Alchemie zu finden, auf die andere zurückgeführt, die Beziehungen der „Occulta Philosophia" zur Alchemie auszuarbeiten.* (Aus der Tatsache, daß die Arbeiten von Hartlaub und Read[8] Sie nicht überzeugt haben, bin ich geneigt, zu schließen, daß diese Arbeiten schlecht sind.) Auch Trithemius,[9] den Sie erwähnen, war (soviel ich weiß) ein Alchemist. Um weiter zu kommen, müßte ich also nun die „Occulta Philosophia" des A. von Nettesheim genau lesen und mit alchemistischen Texten vergleichen. Aber das werde ich wohl nicht tun, ich will mich lieber an das Allgemeine halten und die Deutungen einzelner Bilder Ihnen als Maestro überlassen.

Aber etwas Alchemie kommt doch noch am Schluß dieses Briefes, in Verbindung mit jenem Blitz und als Wunsch zu Ihrem 60. Geburtstag.[10] In einem Traktat „De vita longa" von Paracelsus (nach Notizen von Dorneus, Ausgabe Sudhoff, Band 3),[11] soll nach Reinigung von der saturnischen Melancholie durch Kräuter schließlich (Ende des „Prozesses") ein *Blitz* eintreten (Konjunctio).[12] In manchen Texten sind es 2 Blitze, einer des Saturn und einer des Sol, in anderen ist es ein Blitz, der vom dunklen Saturn zum hellen Jupiter überschlägt. Dieser Blitz ist dort die Befreiung von der Melancholia und zugleich das Zeichen und Mittel zu einem langen Leben.

Zum 60. Geburtstag wünsche ich Ihnen also, daß der Blitz in diesem Sinne gewirkt hat! – Hoffentlich sehe ich Sie in Europa, wie und wo weiß ich noch nicht, Juli und August sind überall Ferien. Also Hauptsache und Fortsetzung folgt!

Ihr getreuer   W. Pauli

[1] Brief [1378].

[2] Siehe hierzu den Kommentar zum Brief [1286].

[3] Siehe den Brief [1388].

* Ich bin mit dem Träger dieses Namens übereingekommen, diesen entgegen seiner wahren Etymologie vom spanischen Wort pais = Land mit griechischen Buchstaben zu schreiben, da dies irgendwie gut zu meinem Bild vom Träger des Namens paßt.

[4] Vgl. hierzu auch die Bemerkungen über den Altphilologen H. F. Cherniss in dem Brief [1378].

[5] Siehe die Anmerkung zum Brief [1378].

[6] In seinem bekannten und mehrfach aufgelegten Werk *The life and art of Albrecht Dürer* hatte Panofsky [1943/71, S. 156–171] auch eine ausführliche Interpretation des Dürer-Stiches „Melencolia I" gegeben, auf die Pauli sich hier natürlich bezieht. Vgl. hierzu auch E. Panofsky und F. Saxl (1923) und R. Klibansky, E. Panofsky und F. Saxl [1964/90, 4. Teil].

[7] Der in der hermetischen Tradition stehende Naturphilosoph und Okkultist Agrippa von Nettesheim (1486–1535) vertrat die Idee einer alles durchdringenden Weltseele. In seinem 1533 erschienenen enzyklopädischen Werk *De occulta philosophia sive de magia* hatte er die in den Schriften der Kabbalisten und Neuplatoniker überlieferten okkulten Lehren der Antike und des Mittelalters zusammengestellt.

[8] Siehe hierzu die Literaturangaben im Brief [1378].

[9] Der Würzburger Benediktiner Johannes Trithemius (1462–1516), Verfasser naturwissenschaftlicher Werke und Sammler alter Handschriften und Drucke, stand zu seinen Lebzeiten in dem Rufe eines Magiers.

[10] Panofsky feierte am 30. März 1952 seinen 60. Geburtstag.

[11] Der Alchemist Gerardus Dorneus war ein Schüler des Paracelsus, den auch Jung im Zusammenhang mit seinen alchemistischen Studien häufig zitierte. Vgl. Jung [1936 und 1940]. Paracelsus *Sämmtliche Werke* in 14 Bänden wurden von Karl Sudhoff 1922–1935 in Berlin herausgegeben.

[12] Vgl. hiezu auch Jungs Bemerkungen in *Psychologie und Alchemie* [1975, S. 112, 140].

[1385] VAN DER WAERDEN AN PAULI

[Zürich], 13. März 1952
[Maschinenschriftliche Durchschrift]

Lieber Herr Pauli!

Besten Dank für Ihren Brief. Die Franken 11.– können Sie mir geben, wenn wir uns einmal im Kolloquium sehen.

Die Nikomachos-Ausgabe ist eine Publikation des Carnegie-Institutes.[1]

Mit dem was Sie über präexistente Bilder schreiben, bin ich ganz einverstanden. Es ist mir direkt aus dem Herzen gegriffen. Wie Sie aber die Zahlen-Mystik für diese Auffassung verwenden wollen, kann ich mir nicht recht vorstellen. Über babylonische Zahlen-Mystik kenne ich leider gar keine Literatur. Aus gelegentlichen Andeutungen bei verschiedenen Schriftstellern schließe ich, daß es sie gibt. Schauen Sie doch einmal bei Meißner, Babylonien und Assyrien[2] und bei Jeremias, „Handbuch der altorientalischen Geisteskultur".[3] Die Auffassungen von Jeremias sind sehr vorsichtig zu werten, aber er bringt viel wertvolles Material.

Von China weiß ich gar nichts. Daß irgend etwas Chinesisches von Babylonien unabhängig ist, darf man meines Erachtens nur dann vermuten oder behaupten, wenn man vollgültige Beweise dafür hat. Da aber die chinesischen Quellen sehr schlecht datiert sind, ist das sehr schwer.

Herzliche Grüße Ihr   B. L. van der Waerden

---

[1] Ein Exemplar dieser Ausgabe der Arithmetik des Nicomachus von Gerasa [1938] befindet sich in Paulis Büchersammlung beim CERN in Genf.

[2] B. Meißner [1920/25]: *Babylonien und Assyrien.* 2 Bände. Heidelberg 1920, 1925.

[3] A. Jeremias [1913]: *Handbuch der altorientalischen Geisteskultur.* 1913.

[1386] PAULI AN ROSENFELD

Zürich, 16. März 1952

Dear Rosenfeld!

As I heard that you are interested in Bohm's revival[1] of de Broglie's old errors of 1927, I am sending you a copy of a short paper, which I am sending for print for the anniversary volume in honour of L. de Broglie's 60th birthday.[2] *(Please forward it later to Bohr.)*

It was necessary for me to write something about it, because I am not only always asked "what I think about it", but also because the younger fellow-travellers of Bohm (mostly 'deterministic' fanaticists, more or less marxistically coloured) are spreading incorrect rumors about my opinions. (They also try to persuade de Broglie, that there is some truth in his old attempts of 1927.)[3]

My arguments can be formulated very elementary:

1. There is no room for any additional assumption on the probability distribution in classical ensembles (fulfilling deterministic laws in a classical sense) in the initial time instant (only the further time dependence of it is

then determined by the continuity equation). If, for instance, an ensemble of mass-points (or 'singularities' of fields, or quasi-singularities) without any form acting on them (force-free case) is given with *well-defined positions and straight-line trajectories*, one is entirely free to assume *any* density of the particles of the form $P(x - vt)$ even if the mass-points all have the same velocity v. The function P of three variables is *arbitrary*. All these 'streamline-pilots' have no reason whatsoever to assume that the fact, that the velocity is prescribed, should necessarily bring forth an *uniform* (x-independent) density of their 'real' positions of the mass-points. An additional assumption of this type* *means already* that their parameters are deprived of any physical sense, reduced to 'pencil marks' and that they can not manifest themselves physically (neither directly nor indirectly). You will find in my paper some further explanations how the pilots are carefully hiding their hidden parameters.

I still wish to draw your intention particularly to the ensembles consisting of many particles of the same kind. You will see, what catastrophic effects the parameters bring forth (fortunately on the paper of bad physicists only) as soon as they are not 'hidden' carefully enough any longer by the pilots. Any additional terms in the equation for $\frac{\partial \psi}{\partial t}$, which explicitly depend on the 'real positions' z_k of the parameters (or on their time-derivation)[4] will *destroy entirely* the Einstein-Bose or the Fermi-Dirac statistics;** indeed *no* symmetry property of the ψ-function will be preserved, if the z_k of the different particles are *not* permuted simultaneously with the arguments of the ψ-function. The pilots will have to take care, that their parameters remain strictly metaphysical 'pencil marks' without any possibility to manifest themselves – in order to avoid catastrophic results.

Well that is all, make a good *song* out of this. Suppressing all further still more malicious remarks, which I have in mind, I remain

Yours old   W. Pauli

[1] Bohm (1952a, b).
[2] Pauli (1953c).
[3] Vgl. hierzu den Brief [1365].
* Which obtains the statistical significance of the ψ-function in a surreptitious way.
[4] Von Pauli mit Bleistift in den Text eingefügt: „Bohm is actually writing such terms!"
** These statistics are indeed only understandable, if the ψ-function describes a 'state' *completely*.

[1387] PAULI AN DAS COMITÉ LOUIS DE BROGLIE

Zürich, 17. März 1952
[Maschinenschriftliche Durchschrift]

Messieurs!

Ci-joint je vous envoie ma contribution pour le volume anniversaire en honneur de Monsieur Louis *de Broglie*.[1] Comme vous noterez, j'en ai fait faire la traduction française à Zurich. A la fin j'ai ajouté un très court sommaire en anglais dont j'estime l'impression indispensable. Je serais très obligé si Monsieur

André George pouvait me communiquer son consentement à ce propos aussitôt que possible lors de mon séjour à Paris où je me trouverai à partir du 20 mars.[2] Ce n'est qu'à cette condition que je puis donner mon consentement définitif pour l'impression de mon article dans le volume anniversaire.

Veuillez agréer, Messieurs, l'expression de mes salutations les plus distinguées.

[W. Pauli]

[1] Pauli (1953c).
[2] Pauli beabsichtigte, vom 20.–30. März nach Paris zu reisen, um dort seine Vorträge über die quantisierten Feldtheorien am *Institut Henri Poincaré* zu halten.

[1388] PAULI AN PANOFSKY

[Zürich], 20. März 1952

Lieber Freund Panofsky!
Dear „Committee of Seven* on a Letter Received":
Am Tage des Beginnes einer Vortragsreise nach Paris (soll etwa 10 Tage dauern) will ich vor der Abreise doch noch versuchen, meine Gedanken über Kausalität und das „Dunkle" zu formulieren.

Zunächst bin ich nicht einverstanden mit den Physikern, welche die Frage anscheinend verharmlosen wollten, indem sie sie durch eine bloße Verschärfung des logischen Reglements („man soll nicht zugleich nach p und q fragen" – das ist natürlich wahr, aber das allein genügt meines Erachtens noch nicht) bewältigen wollen.

Ich will versuchen, durch ein Beispiel aus der Atomphysik die Sache zu erläutern. Denken Sie sich viele Atome in einem Zustand größerer Energie A, welche die Möglichkeit haben, in einen Zustand kleinerer Energie B (also $E_B < E_A$) überzugehen unter Aussendung irgendwelcher Strahlungen. Man kann dabei an Radioaktivität denken, das ist aber ein Spezialfall, es kann sich auch um Strahlungen im optischen Gebiet handeln. Nun ist der moderne Physiker [mit] den „aktiven" Atomen (so nenne ich die im Zustand A befindlichen) in derselben Lage wie eine Versicherungsgesellschaft gegenüber den Sterbefällen ihrer Klienten: sie weiß bei einer großen Zahl von Leuten den Prozentsatz der Sterbefälle, aber von einem herausgegriffenen Individuum weiß sie gar nicht, wie lange es noch leben wird. So weiß der Atomphysiker die „mittlere Lebensdauer" der angeregten Atome, d. h. den *Bruchteil* der vorhandenen aktiven Atome, die in der Zeiteinheit in den Zustand B herunterfallen. (N. B. Auf diese Weise kann man eine „Uhr" konstruieren, die aus *genügend vielen* aktiven Atomen besteht. Der Logarithmus ihrer Zahl ist die Zeit. Wird aber die Zahl der Atome zu klein, so funktioniert die Uhr nicht mehr.) Aber von einem *einzelnen* aktiven Atom läßt sich nicht vorhersagen, wann** es herunterfallen wird.

Jetzt stellen Sie sich, bitte, als physikalischer Laie einmal vor, Sie befinden sich in einem Versammlungslokal. Und nun sehen Sie: jede Minute geht ein ganz bestimmter Bruchteil (ich nehme die Zahl der Anwesenden als groß an, sagen wir ein paar Hundert; bei kleinen Zahlen gibt es natürlich keinen „Bruchteil") der anwesenden Personen fort. Dann werden Sie sicher denken: „Wieso wissen die Leute etwas voneinander, wer fortgehen muß und wer noch dableiben darf? Aha, natürlich: die haben das vorher miteinander verabredet, das ist ein *abgekartetes Spiel!*"

Im analogen Fall der aktiven Atome sind die Physiker aber zur Überzeugung gekommen, daß das *einmalige* Ereignis (wann ein *individuelles* Atom energetisch herunterfällt) sich grundsätzlich jeder Gesetzmäßigkeit oder Einordnungsmöglichkeit in Gesetze*** entzieht – daß also das *statistische* Gesetz eine nicht weiter reduzierbare, letzte Tatsache ist.

Eine solche weitgehende Behauptung braucht allerdings eine weitere Begründung, die ich hier nur andeuten kann (denn weder die konservativen älteren Herren unter den Physikern – in Princeton oder anderswo – die in spinozistischen oder cartesischen Denkgewohnheiten aufgewachsen sind, noch die Laien werden das gerne zugeben wollen). Die Begründung liegt darin, daß es Fälle gibt, wo es offenbar undefiniert ist, ob ein individuelles Atom sich im Zustand mit der Energie E_A oder mit der kleineren Energie E_B befindet, weil *statt dessen etwas anderes definiert ist*: nämlich *Phasenbeziehungen* der von den Atomen emittierten Strahlungen (das ist sogenannte „*Kohärenz*" dieser Strahlungen) untereinander (und eventuell mit einer vorhandenen *einfallenden Strahlung*). Hier kommt also nun jene „Komplementarität" (Bohr) ins Spiel, gemäß welcher es sinnlos ist, *zugleich* nach Phasenbeziehungen *und* nach dem energetischen Zustand (Energiewert) zu fragen.

Man kann nun im Falle unserer aus sehr vielen aktiven Atomen A bestehenden „Uhr" die Frage aufwerfen, ob es überhaupt sinnvoll oder erlaubt ist, zu fragen, ob ein individuelles Atom der Uhr „herunter"-gefallen ist, *bevor* dies von irgendwem (z.B. durch die hierbei emittierte Strahlung) beobachtet ist? Denn die Annahme der *objektiven* Existenz der Außenwelt (unabhängig von ihrem Wahrgenommenwerden)[1] läßt sich nicht trennen von der Voraussetzung ihrer *gesetzmäßig*-kausalen *Bestimmtheit*. Wenn ein Einzelphänomen nicht gesetzmäßig eingeordnet werden kann, wieso weiß ich dann, ob es überhaupt existiert, bevor es von jemandem wahrgenommen ist?

Meine persönliche Ansicht ist die, daß es für den modernen Physiker gewissermaßen eine *Geschmacksache* ist, ob er sagt, das individuelle aktive Atom sei – *unabhängig* davon, ob es beobachtet wird – in einem bestimmten Zeitpunkt bereits heruntergefallen, oder ob er diese Aussage für sinnlos erklärt. *Dann jedenfalls bleibt die Welt des Physikers insofern objektiv, als das Resultat einer Einzelbeobachtung* – auch nicht, wenn dieses gesetzmäßig *nicht* faßbar oder vorhersagbar ist – vom Beobachter[†] *nicht beeinflußt* werden kann.

Obwohl ich also nicht die Ausdrücke „unintelligible" oder „unknowable" gebrauche, möchte ich das Wort „kausal" auf Zusammenhänge *spezieller* Art in der Natur beschränken, nämlich diejenigen, die sich a) willkürlich reproduzieren lassen oder sich selbst reproduzieren und b) sich auf Einzelbeobachtungen beziehen (nicht statistisch sind). In diesem Sinne gebrauche ich das Wort „*akausal*" zugunsten des allgemeineren Begriffes „Zusammenhang".[2] Unter den letzteren fällt auch der „Zusammenhang" zwischen den vielen aktiven Atomen der oben betrachteten „Uhr" und ich habe vorgeschlagen, diesen –

im Gegensatz zum besonderen „kausalen Zusammenhang" – als *statistische Korrespondenz*" zu bezeichnen.[3] Ich halte es nämlich nicht für einen Zufall, daß Bohr das Wort „Korrespondenz" in die Quantenphysik hineingetragen hat: zuerst sagte er „Korrespondenz-*Prinzip*", aber auch nach Aufstellung der jetzigen Wellenmechanik hielt er den Ausdruck „Korrespondenz-Argument" aufrecht. Für mich persönlich (und das Urteil der anderen P.-Physiker des Committees wird mich da sehr interessieren) schimmert da nämlich die alte „correspondentia"[4] (d. h. der Zusammenhang durch Ähnlichkeit bzw. die $\sigma\upsilon\mu\pi\alpha\theta\epsilon\iota\alpha$, die das honourable member Panofsky so gut kennt)[5] deutlich hindurch (besonders bei dem hier angeführten Beispiel der Uhr aus aktiven Atomen). – Ich bin hier auf einige Opposition von seiten der P.-Physiker gefaßt, hoffe aber auf Unterstützung durch das honourable member Panofsky. Die P.-Physiker werden voraussichtlich sagen „Name ist Schall und Rauch" und unsere (*bzw.* Bohrs) „Korrespondenz" sei etwas vollkommen anderes als die alte correspondentia. Es sind da gewiß zeitbedingte Unterschiede, aber das „vollkommen anders" leuchtet mir *nicht* ein, und ich kann es *nicht* glauben. {N. B. Ich pflege die Geschichte der Naturwissenschaft gerne unter dem Gesichtspunkt zu betrachten, „was ist wohin gekommen?"[6] und habe dabei oft die merkwürdigsten „revenues" (Gespenster) entdeckt.}

Wir sind also nun bereits in der Physik auf den Begriff des nicht-reproduzierbar-*Einmaligen* gestoßen, das sich grundsätzlich der Einordnung in Gesetzmäßigkeit entzieht. Dieses „Akausale" fällt für mich unter den allgemeineren Begriff des „Dunklen".[7] Ich bin mir darüber klar, daß ein Versuch, diese Sachlage über die Physik im engeren Sinne hinausgehend zu *verallgemeinern*, notwendig undeutlich und hypothetisch sein muß. Aber dennoch schwebte mir eben dies vor, als ich meinen früheren Brief an das Committee[8] (bzw. den Supper-Club) geschrieben habe: Wir können in der Physik den Begriff „Sinn" nicht objektiv (unabhängig vom Menschen existierend und von sich aus Wirkungen ausübend) gebrauchen. Da Sie aber auf Seite 4 oben Ihres Briefes in Verbindung mit der Geschichte von „Sinn" sprechen, möchte ich als persönliche Ansicht von mir hinzufügen: ich halte es für möglich, daß es außer der „statistischen Korrespondenz"[9] (Zusammenhang durch Ähnlichkeit)[††] auch einen (*nicht*-statistischen) *Zusammenhang durch Sinn*[†††] objektiv gibt. Zwischen der Physik und der Geschichte könnte hier vielleicht die Biologie vermitteln (was Ihr Unbewußtes vielleicht bereits durch das Wort „mutations" in Ihrem Brief verraten hat). Aber da fühle ich mich zu unsicher; biologische Kollegen scheinen die Auffassung zu haben, daß eben das geordnete *Zusammenspielen vieler* Einzelvorgänge bei Lebewesen der Erfassung durch eine physikalisch-chemische Gesetzmäßigkeit entzogen bleibt.[10]

Ich will also auch *nicht* auf irgendein *spezielles* metaphysisch-philosophisches Gedankensystem hinaus, wie das honourable member Cherniss anzunehmen scheint (obwohl ich nicht anstehe, aus irgendeinem solchen System [siehe unter Schopenhauer][11] geistige Anregungen zu schöpfen), sondern auf die hier andeutungsweise formulierten Verallgemeinerungen des „Akausalen" der modernen Quantenpyhsik.

Nun kommt dieser lange Brief zunächst zu Ende und ich sehe mit Spannung den „Pauli-Effekten" entgegen, die sich bei der nächsten Sitzung des Supper-

Clubs bzw. des Committees ereignen werden.[12] Was immer diese „Pauli-Effekte" sind, es sind *einmalige* Ereignisse, die sich der Reproduzierbarkeit (d. h. auch jeder gesetzmäßigen Erfaßbarkeit) entziehen und fallen für mich daher unter „das Dunkle" (wie der sogenannte „Zufall" überhaupt. Vgl. hierzu Schopenhauers Aufsatz: „Über die anscheinende Absichtlichkeit im Schicksal des Einzelnen").[13]

Mit den herzlichsten Grüßen von Haus zu Haus

Ihr getreuer   W. Pauli

* Das honourable member Panofsky ist ermächtigt, dieses Committee, wenn nötig, zu erweitern. (Gehört $\pi\alpha\iota\varsigma$ dazu?)

** Ich kann davon absehen, daß der Zeitpunkt des „Herunterfallens" nicht beliebig genau bestimmbar ist: Er ist sehr, sehr viel genauer bestimmbar als die mittlere Lebensdauer der aktiven Atome.

*** Ich verwende *diese* Terminologie, *nicht* „unknowable" und *nicht* „unintelligible".

[1] Für diese Situation hatte Pauli den Begriff des *losgelösten Beobachters* geprägt. Siehe hierzu auch den Kommentar zum Brief [1263].

† Es ist in der Physik irrelevant, ob diese durch einen Menschen oder durch einen automatischen Registrierapparat vorgenommen wird.

[2] Siehe auch Paulis Äußerungen zur Kausalitätsfrage im Band **III**, insbesondere S. 706f.

[3] Den Begriff der *statistischen Korrespondenz* hatte Pauli zuerst in seinem Vortrag (1950c) über „Die philosophische Bedeutung der Idee der Komplementarität" eingeführt. Siehe hierzu auch Band **III**, S. 709f.

[4] Die Herkunft des alten correspondentia-Begriffes hatte Pauli bereits im Zusammenhang mit Jungs Synchronizitäts-Idee diskutiert [1119, 1192 und 1236].

[5] Darüber hatte Pauli bereits in seinem Briefwechsel [1364] mit Panofsky korrespondiert.

[6] Diese historische Frage stelle Pauli in einem anderen Zusammenhang auch in der Anlage zum Brief [1328] über Optik.

[7] Hinweise auf das *Dunkle* im Rahmen der Gegensatzproblematik sind im Kommentar zum Brief [1286] enthalten.

[8] Siehe den Brief [1343].

[9] Siehe auch die Bemerkungen über *statistische Korrespondenz* in den Briefen [1170 und 1179].

†† Auf diesem scheint mir überhaupt die Anwendung des mathematischen Wahrscheinlichkeitsbegriffes in der Quantenphysik zu beruhen. – Es ist eine (wenn auch nur *schwache*) Verallgemeinerung der „klassischen" Kausalität.

††† Ich vermute auch, daß hinter *W. Köhlers* „causality by transmission" (die meines Erachtens gar keine „causality" ist) so etwas dahinter steckt.

[10] Siehe hierzu auch den Brief [1080] an Max Delbrück.

[11] Text auf der zur Verfügung stehenden Vorlage nur undeutlich lesbar.

[12] Weitere Angaben über Pauli-Effekte sind in den Briefen [1378 und 1381] enthalten.

[13] Schopenhauer (1851).

[1389] ROSENFELD AN PAULI

Manchester, 20. März 1952[1]

Dear Pauli!

Heartiest thanks for your letter and the typescript of your article.[2] I hope that the people who told you that I was "interested" in Bohm's heresy did not suggest that I was in any way impressed by it! I am only interested in stamping out this new obscurantism, because it is positively harmful; I know some of Bohm's "fellow-travellers" and am distressed to see such intelligent and sincere young people waste their energy in this way. We may well have a laugh at it between us – and I relished your invigorating humour as usual! – but I feel we have also a duty to help these people out of the bog if we can. Your article is very forceful indeed and I enjoyed it very much; I hope it will make due impression.

My own contribution to the anniversary volume[3] has a different character. I deliberately put the discussion on the philosophical ground, because it seems to me that the root of the evil is there rather than in physics. I need not say much about it now, since I hope to send you a copy of it in a few days.

I noticed with glee that you do the Destouches the honour of a quotation. Is it not delightful that poor Bohr's only supporters in Paris should be this logical couple, while all the youth is in arms against him "under the banner of Marxism"?[4] Poor Marx too, I would add, since I belong, as you know, to the almost extinct species of *genuine* Marxists; the kind of theology dished up under this name to-day is just as repulsive to me as to you, perhaps even more so because I see it against the background of what Marx *really* meant.[5]

Anyhow, as you will see if you glance at my article, we heartily agree in condemning the *metaphysical* character of the deterministic pseudo-interpretations of quantum theory. I call the anti-metaphysical attitude of science "dialectics": you may dislike the jargon, but it just describes the way in which you as a scientist think and act. I thought it might be just as well to say so explicitly. I shall be grateful, needless to say, for your criticism, considering that the only purpose of writing once more about these things is to dispell confusion arising from *meta*physical prejudices.

I am very happy with Baltensperger.[6] He is making good progress with his work and is quite a pleasant chap.

With heartiest wishes Yours ever   L. Rosenfeld

---

[1] Diesem Brief war der Auszug aus L. de Broglies Schreiben [1355] vom Februar 1952 beigefügt.

[2] Pauli (1953c).

[3] Rosenfeld (1955).

[4] Siehe hierzu auch den Kommentar zum Brief [1347].

[5] Vgl. hierzu auch Rosenfelds Bemerkungen über *Komplementarität und Materialismus* in seinem Beitrag (1955, S. 54–56) zur L. de Broglie-Festschrift. In dem Sonderdruck eines Aufsatzes, den Rosenfeld (1953b, S. 254) ein Jahr darauf Pauli zur Begutachtung schickte, hob Pauli folgende Passage über den Unterschied eines Metaphysikers und eines Naturwissenschaftlers durch Anstreichung hervor: „The metaphysical thinker, who forgets the mutual limitation of contradictory concepts, is under the illusion that their co-existence is an intolerable incongruity, and he vainly tries to get rid of one of the terms of the contradiction. The scientist, on the other hand, knows that both concepts, although mutually exclusive, are useful in their own spheres, and he retains them both in the form of a synthesis." – Max Born stellte nach Lektüre von Rosenfelds Beitrag (in einem Schreiben vom 21. Januar 1953 an Rosenfeld) ebenfalls halb belustigt fest: „I was really smiling at your tight-rope walk over the abyss of being either heretical to your St. Niels or to your St. Marx. The physical thinking moves in big waves in which different trends are alternating to be on top, and new trends appear. Pauli has compared it with styles in art. You call it *dialectic*. There is no objection against words from my side, only dialectic is too much connected with one special crest of such a wave, the belief that all human endeavours are based on economical relations. All this would not matter much if the present fanatical upholders of the dialectic philosophy had not just missed the last wave and were floating quite happily on the previous one, namely the Newtonian-Maxwellian determinism. It is so clear from the work of the Russians which you describe, that it is so, and

your way of wriggling out of this is amusing. Ore perhaps it is not so amusing any more after the Kremlin has come out as anti-Semitic as Hitler."
[6] Vgl. Baltensperger (1951).

[1390] PAULI AN FIERZ

Zürich, 1. April 1952

Lieber Herr Fierz!

Vielen Dank für Ihren Brief. – Es ist da noch eine Frage betreffend die „Kausalität" oder „Akausalität" in makroskopischen Distanzen bei gewissen Formfaktoren zurückgeblieben, über die ich gerne Ihre Meinung hören würde. Herr C. Bloch hat gezeigt, daß bei denjenigen Formfaktoren* in allen Näherungen Konvergenz vorhanden ist, die immer *Null* sind, wenn einer der drei Vektoren p_1, p_3 und $p_1 + p_3$ raumartig ist.[1] – Es bestehen nun gute Gründe, zu erwarten, daß bei den *anderen* Formfaktoren immer irgendwo Divergenzen eintreten werden.

Diese „Blochschen" Formfaktoren jedoch enthalten natürlich *nicht* die lokale Theorie als Grenzfall. Die größte Annäherung an die lokale Theorie sind dann (wie Kristensen und Møller richtig bemerken)[2] Theorien mit Greenfunktionen, die im Impulsraum durch

$$X(k)\Delta^R(k) \text{ statt } \Delta^R(k) \text{ gegeben sind,}$$

worin

$$X(k) = \frac{1}{2}\left(1 - \frac{k_\mu k_\mu}{|k_\mu k_\mu|}\right) = \frac{1}{2}(1 - \text{sign}(kk_1)).$$

Im x-Raum genügen diese der Gleichung

$$(\Box - m^2)D(x - x') = \frac{1}{2}\delta(x - x') - \frac{1}{\pi^3}\frac{1}{[(x_\mu - x'_\mu)(x_\mu - x'_\mu)]^2}.$$

Wir *alle* glauben, daß solche D-Funktionen des letzten Zusatzes halber der „Kausalitätsforderung" auch für große Distanzen widersprechen müssen. Ich möchte dies aber sicherheitshalber von Ihnen gerne noch bestätigt haben.

Was den Vizepräsident der Schweizer physikalischen Gesellschaft betrifft,[3] will ich gar nicht a priori nein sagen! Ich möchte aber noch genauer wissen, was die Pflichten des Präsidenten sind, betreffend organisieren der Meetings, Verschicken von Einladungen etc. Und *wer* ist der Sekretär? (bzw. wer würde in 2 Jahren mein Sekretär sein?)

Vom Tod des Vaters Stückelberg wußte ich nichts, aber ich kenne seine Auferstehungswahnideen.[4] Er scheint aber eine gute Technik zu haben, mit Hilfe von Mathematik und Physik den Wahn zu brechen, denn er sagte mir einmal, mit deren Hilfe komme er schließlich immer wieder aus jener Anstalt heraus. – Man soll also die Rationalisierung *nicht* analysieren, sondern *unterstützen*.

Also auf Wiedersehen bei der „Wahrscheinlichkeit" und viele Grüße und frohe Ostern an Sie beide

Ihr W. Pauli

* Bezeichnung $\qquad F(x', x'', x''')F(x')u(x'')\psi(x''')$

und $\qquad F(x', x'', x''') = (2\pi)^{-8} \int G(p_1, p_3)e^{i[p_1(x'-x'')+p_3(x'''-x'')]}d^4 p_1 d^4 p_3.$

[1] Siehe hierzu C. Bloch (1952).

[2] Kristensen und Møller (1952). Vgl. hierzu auch Paulis Aufzeichnungen im *Pauli Nachlaß* 5, 620–626.

[3] Offenbar hatte man Pauli schon damals für diesen Posten vorgeschlagen. Wie den Mitteilungen in den *Helvetica Physica Acta* **26**, S. 563; **27**, S. 149, 483; **28**, S. 297, 447; **29**, S. 187, 419 und **30**, 221 zu entnehmen ist, hat Pauli in den Jahren 1954 und 1955 das Amt eines Vizepräsidenten und in den Jahren 1956 und 1957 das Amt des Präsidenten der *Schweizerischen Physikalischen Gesellschaft* ausgeübt.

[4] Siehe hierzu auch die Bemerkungen in Band **III**, S. 6.

[1391] Pauli an Rosenfeld

Zürich, 1. April 1952
Motto: „Ah, Wilderness!"
(Titel eines Stückes von O'Neill)[1]

Lieber Herr Rosenfeld!

Bitte entschuldigen Sie zunächst die deutsche Sprache. Sie ist nur das Resultat des Zusammenstoßes von zwei Sprachgeistern, des englischen und des französischen (die sind jetzt vermischt bei mir), nach einem nicht sehr langen, aber sehr intensiven Aufenthalt in Paris[2] und nach Lektüre Ihres Artikels.[3] (Auf *beides* bezieht sich auch das Motto.)

Besonders gefreut hat mich Ihr Brief,[4] den ich auch bei meiner Rückkehr vorfand. Nun, da war *kein* Mißverständnis: ich wußte, „that you are only interested in stamping out this new obscurantism", ich glaube auch „that it is positively harmful", und die Leute, die mir von Ihrem Interesse an dieser Diskussion berichtet haben, die hatten mir auch ganz richtig in diesem Sinne berichtet.

Die Situation war so, daß Destouches mit seiner Frau Nr. 2 (die Nummern 1 und 2 sind rein chronologisch gemeint, siehe unten) zweimal in Zürich war und mich quasi für die cause der Bohrschen Komplementarität zu Hilfe gerufen hat. Er berichtete mir von L. de Broglies schwankend gewordener Haltung,[5] von Vigiers kommunistischer Gruppe[6] und vom Bündnis katholischer Kartesianer mit mehr oder weniger russisch orientierten Marxisten in der Frage des „Determinismus". Er berichtete auch, wie ihm und seiner Frau Nr. 1 der „Indeterminismus" immer als „unfranzösisch" vorgeworfen wurde. (N. B. Ich würde darauf einfach antworten „es muß ja nicht alles französich sein" – aber für Pariser Professoren scheint diese Antwort vielleicht nicht so direkt möglich. Indirekt wird sie aber doch gegeben, indem die wenigen Anhänger der Komplementarität in Frankreich Kontakt mit dem Ausland suchen.) Es war bereits früher verabredet, daß ich im März Vorlesungen am Institut Poincaré halten sollte,[7] ferner war ich aufgefordert, einen Artikel für den Jubiläumsband zu Ehren von de Broglie zu schreiben.[8]

Ich hatte sogleich den Eindruck, daß ich nun verpflichtet war, um der guten Sache willen Destouches zu helfen (was immer sonst meine Meinung über ihn als theoretischen Physiker sein mag,[9] und es kam mir zunächst die Idee, daß ich de Broglie vielleicht zurückgewinnen könnte. Er ist ein überaus bedenklicher und kritischer Mensch, es ist nicht schwer, Zweifel in seine Brust zu senken (nur darf man dabei seine Eitelkeit nicht verletzen), und ich schrieb ihm zunächst „Kritik-Bonbons", d. h. mit viel respektvollem Zucker umgebene Einwände. Er schrieb dann sehr freundlich zurück, und ich schrieb dann noch einen zweiten Brief.[10] Das Resultat war, daß er in einer größeren Sitzung eines Seminars nach Vigiers speech eine wohl präparierte Rede hielt (er sprach sehr ‚presto' mit einer hohen Stimme, fast wie eine Koloratur-Sängerin in der Oper), die nach einem längeren historischen Exposé in dem Resumé gipfelte „Aucune des difficultés (der théorie de l'onde pilote), que j'ai vues déjà en ans '27, est levée". Ich atmete erleichtert auf (glauben Sie, daß ich noch als Diplomat enden werde?)* und attackierte die Kommunisten noch besonders dort, wo sie eine Terminologie benutzten, die de Broglie nie gebraucht hat (wie z. B. die verrückte Bezeichnung „Ergodensatz" für die von ihnen erschlichene statistische Bedeutung der φ-Funktion). Dies war eine weitere Rückenstärkung für de Broglie und in der abschließenden Diskussion[11] machte er nur noch kritische Bemerkungen gegen Vigiers Gruppe, um sich offenkundig zu distanzieren. Ich sagte dann noch, ich sei auch aus allgemeinen Gründen (erkenntnistheoretischer Art) sehr befriedigt darüber, „daß keine der Schwierigkeiten, die Herr de Broglie schon 1927 gesehen hat, beseitigt werden konnte" – und der Fürst lächelte weltmännisch und zufrieden.

Herr Destouches sagte mir, er wolle Ihnen ohnehin noch über die Sitzung berichten (the Destouches were jubilant). Deshalb will ich hier nur noch eine Episode berichten: Eine der „Entdeckungen" Vigiers besteht darin, daß es zu jeder Kurvenschar eine Metrik $g_{\mu\nu}$ gibt derart, daß diese Kurven *Geodäten* der Metrik sind. Vigier verspricht sich offenbar viel davon, dies auf die Stromlinien der ψ-Funktion anzuwenden (wobei es ihn nicht stört, daß diese Linien für Teilchen verschiedener Masse verschieden sind – der Fürst machte darüber die ironische Bemerkung „il est difficile de s'imaginer des metrics différents pour des particules différentes"). Zum Schluß seines speech sagte Vigier, darauf Bezug nehmend, wenn „*seine* Theorie" Erfolg haben werde, dann würde das bedeuten, daß Einsteins universeller Äther (das $g_{\mu\nu}$-Feld) „alles erklären" würde und das würde dann auch Descartes' Traum der tourbillons verwirklichen. (Offenbar ist es eine Hauptaufgabe moderner „Revolutionäre", Bierideen von Descartes zu verwirklichen.)

Ich erinnerte mich an *Molières* „femmes savantes", wo im 3. Akt eine derselben sagt „j'aime les tourbillons et les mondes tombants", und Herr Vigier schien mir eine Art „femme savante" zu sein.[12] Als ich mich von Destouches und seiner Frau Nr. 1 verabschiedete, kamen wir darauf noch zurück, und diese sagte mit einer tiefen Verachtung (die ein Mann niemals fertig gebracht hätte) über Vigier: „c'est un théoreticien pour des femmes!" Welch ein von Molière ganz ungeahnter Aktschluß! (Ist es nicht wie eine „kopernikanische" Umkehrung?)

Nun, ich habe da noch anderes gesehen, was Molière nicht geahnt hat und was auch mir vollkommen neu war: in derselben Wohnung leben Destouches, Frau Nr. 1 mit 2 Kindern** und Frau Nr. 2, die ein Baby erwartet. Wenn man Destouches und Nr. 1 (= Mme Février) miteinander sieht, machen sie auf mich eigentlich den Eindruck eines verliebten Paares, aber sie sind *geschieden*, und zwar waren sie es bereits in Kopenhagen (wo wir uns ja beim Physikerkongreß

alle gesehen haben).[13] Ist das praktischer Existentialismus? (Die Frau Nr. 2
ist eine West-Schweizerin (französische Sprache) aus dem Berner Jura und
ihr Mädchenname ist Äschlimann).[14] Jetzt könnte man noch viel „Gescheites"
Psychologisches sagen, aber ich weiß nur zu gut, daß alles, was man *von außen
her* über menschliche Beziehungen sagt, ohnehin falsch ist. Ich bin jedenfalls
nun eine Erfahrung reicher, indem ich eine Lebensform kennengelernt habe,
die mir vollkommen neu war. Vielleicht ist das alles das Beste, was diese 3
Menschen (einschließlich der Kinder) aus ihrem Leben machen konnten; jeder
muß eben nach seiner façon selig werden und ich tat einfach so, als ob das die
einfachste und selbstverständlichste Sache von der Welt wäre.

Nun, es ist Bohrs Komplementarität, die mich zu all dem geführt hat,
und nun führt sie mich wieder zu Ihrem Artikel. Die Exegese, was der
„richtige" und was der „falsche" Marx ist, interessiert mich offen gestanden
recht wenig, denn der ganze Marxismus erschien mir immer wie eine Theorie,
in der der Haupteffekt vernachlässsigt wird, dabei aber einige Effekte kleinerer
Größenordnung inkonsequenterweise berücksichtigt werden. (So ist es ja in
Rußland auch praktisch herausgekommen.) – Wichtiger ist mir aber die Weise,
wie Sie in Ihrem Artikel den Terminus „Materialismus" gebrauchen, womit ich
nämlich gar nicht einverstanden bin.[15] Da müßte ich Ihnen nun eine Vorlesung
halten, die mit der Materie in der Antike beginnt, die χώρα des Plato, die ὑλη des
Aristoteles, dessen Gegensatzpaar ὑλη – μορφη (wie weibliches und männliches
Prinzip) behandelt; dann würde ich weitergehen zu den Neuplatonikern, die
die Materie (ὑλη) als bloße στερησις (= privatio = Ermangelung) der Ideen
definieren und sie später außerdem noch mit dem κακον (= malum = dem
Übel) identifizieren, das dann absurderweise selbst nur eine privatio boni sein
soll {worauf die frühen christlichen Kirchenväter glatt hineingefallen sind,
wobei sie dem launischen Tyrannen Jahwe ein „Lammschwänzchen" (das
stammt von Heines Rabbi) angehängt haben,[16] um ihn in den „lieben" Gott
zu verwandeln}. Es folgt dann weiter die alchemistische*** und gnostische
Richtung, welche die στερησις-Idee ablehnt, sich mehr an Aristoteles hält, am
„Increatum" der Materie festhält – kurz das Gegensatzpaar Idee (oder „Form")-
Materie mehr symmetrisch zu behandeln versucht. Dieses Increatum scheint
mir die psychologische Grundlage des Materialismus zu sein, der eben eine
Reaktion gegen die neuplatonisch-christliche Verflüchtigung der Materie ist. Die
neuplatonisch-neupythagoräische Formel „es ist der Geist, der sich den Körper
baut" (dies in Goethes Formulierung)[17] wird im 17. Jahrhundert durch die Frage
ersetzt, ob die Materie denken könne, es entsteht der Nebel des „Parallelismus"
bei der Betrachtung des „psycho-physischen" Problems, ein Nebel, der die
deterministische Kausalitätsidee stets begleitet und sich nicht mehr verziehen
will.

Marx scheint mir nun einerseits zwar der aus dem 17. und 18. Jahrhundert
entstammenden Gegenbewegung des Pendels zugunsten der Materie und gegen
die Ideen zu folgen, andererseits aber gefühlsmäßig ganz der neuplatonischen
privatio-boni-Stimmung gegenüber dem Übel zu erliegen mit seinen Reformi-
deen und seiner klassenlosen Gesellschaft, seiner eschatologischen Erwartung
der Arbeiterrepublik (ach, es wurden daraus nur Tyrannen mit Peter dem Großen

als politischem, Descartes als philosophischem Ideal), die er noch wie einen Hut über Hegels preußischen Staat stülpte. (Nach Hegel sollte es nur bis zu diesem Staat „ständig aufwärts" gehen, nach Marx noch ein bißchen weiter, bis zur Arbeiterrepublik.) Hegel und Marx bleibt gemeinsam die unglückliche Idee, den Staat mit einem ganz besonders großen S zu schreiben (wie eine Art „S-Matrix"); da halte ich mich lieber an Schopenhauer (dessen persönliche Aversion gegen Hegel ich wohl verstehe), der vom Staat nur gesagt hat „dieses Meisterstück des sich selbst verstehenden, aufsummierten Egoismus Aller."[18]

Nun: die eschatologische Erwartung ist immer die Psychologie des Leidenden, Gekränkten – gleichgültig ob sie sich auf ein materieloses Jenseits oder ein materielles Diesseits bezieht. Es ist die Flucht aus dieser Welt des Leidens, Sterbens und Kämpfens, die sicher *nicht* nur „gut" oder gar „vollkommen" ist (wenn sie „die beste aller Welten ist", so kann man mit Bradley hinzufügen „and everything in it is a necessary evil")[19] – in eine bessere *Wunsch*-Welt. Und daher rührt nach meiner Meinung das Sich-Finden der Cartesianer und der Marxisten in der Bekämpfung des Determinismus her: wo würden sie denn da hinkommen, wenn man über den Verlauf der Geschichte, ihr „Ende" am „jüngsten Tag", bzw. am Tag des „Kladderadatsch", nur *Wahrscheinlichkeits*-betrachtungen anstellen würde und keine Sicherheit hätte! – Hinc illae lacrimae[20] über den „Indeterminismus"!

Für mich sind „Idealismus" und „Materialismus" selbst nur ein komplementäres Gegensatzpaar, das ebenso *symmetrisch* behandelt werden muß wie p und q (daher ich mit Ihrem Aufsatz in dieser Hinsicht nicht einverstanden bin). Für die *unsichtbare Realität*, von der wir sowohl in der Quantenphysik wie in der Psychologie des Unbewußten ein kleines Stück bereits vor uns haben, muß *letzten Endes* eine *symbolische* psycho-physische Einheits-Sprache das Adäquate sein und das ist das ferne Ziel, dem ich eigentlich zustrebe. Ich habe volle Zuversicht, daß man zum Schluß zum gleichen Ziel kommen muß, ob man nun von der Psyche (den Ideen) oder von der Physis (der Materie) seinen Ausgangspunkt nimmt – weshalb ich die alte Unterscheidung Materialismus contra Idealismus für überholt halte (ich glaube, dieser Ansicht ist auch Bohr) – das ist nur eine kleine Episode aus dem 19. Jahrhundert („ah, Wilderness!") und sollte mit den Bestrebungen des wirklich Modernen gar nichts zu tun haben.

Ich schicke Ihnen demnächst ein Heft der „Dialectica" über Komplementarität,[21] einen Artikel von mir aus der Zeitschrift „Experientia"[22] und 2 getypte Seiten über Diskussionsbemerkungen an einem Züricher Philosophen-Kongreß, wo diese Fragen gestreift sind.[23] Der Name „Dialectica" der Zeitschrift meines Kollegen Gonseth zeigt Ihnen, daß ich viel *positiver* als zu „Materialismus" zum Ausdruck „*dialektisch*" (contra „metaphysisch") eingestellt bin – zumal dieser Ausdruck ja bis Plato zurückgeht. Ist dieser Brief nicht „dialektisch"?

Herzliche Grüße   Stets Ihr W. Pauli

[Mit Bleistift geschriebener Zusatz am oberen Briefrande:] If you wish to answer, please do it in English and regards to Baltensperger.[24]

[1] O'Neill [1933]. Siehe hierzu auch die Bemerkung weiter unten im Text.

[2] Pauli war am 30. März von seiner Vortragsveranstaltung aus Paris zurückgekehrt. Siehe hierzu den Kommentar zum Brief [1347].

[3] L. Rosenfeld (1953c).

[4] Rosenfelds Brief [1389].

[5] Vgl. hierzu Pauli (1953c) und Rosenfeld (1955).

[6] Diese politische Polarisierung der damaligen Jahre spiegelte sich auch bei der Gründung des Europäischen Physik-Laboratoriums CERN in Genf. Der französischen Regierung wurde von den linken Parteien vorgeworfen, sie würden durch ihren Beitrag zu CERN die französische Wissenschaft schädigen und dem amerikanischen Imperialismus ausliefern. Die von Cécile Morette organisierten und auch von Pauli besuchten Sommerschulen in Les Houches wurden ebenfalls als solche Wegbereiter des amerikanischen Einflusses dargestellt. (Siehe hierzu den Bericht in *Physics Today*, August 1953, S. 21f.) In einer Stellungnahme zu der ihm im Oktober 1951 vom Schweizerischen Schulratspräsidenten zugeleiteten französischen Propagandaschrift *La politisation des atomes ou le prétendu ,indéterminisme' physique* sprach Pauli von einer „ernsten Bedrohung der akademischen Lehrfreiheit und nicht nur von einer harmlosen Mitteilung fachwissenschaftlicher Ergebnisse," die von solchen Schriften ausgehen (vgl. Glaus und Oberkofler [1995, Dokument III. 72]).

[7] Siehe den Kommentar zum Brief [1347].

[8] Siehe den Kommentar zum Brief [1306] und und Paulis Beitrag (1953c) zur Festschrift.

[9] Zusatz von Pauli: „daher auch die Zitate". {Pauli bezieht sich hier auf Rosenfelds Bemerkung [1389] über seine Destouches-Zitate in seinem Beitrag zur Festschrift.}

[10] Siehe die Briefe [1355 und 1365].

* Ich sagte mir, Bosheiten sind ja für uns sehr schön, aber in Paris (und vorher) will ich nicht wie Hitler auftreten, der den Churchill (lies: de Broglie) dem Stalin (lies: Vigier) in die Arme getrieben hat.

[11] Im dem Ordner mit der Überschrift *Schattenphysik* des *Pauli-Nachlasses* 6/29–31 befindet sich ein englischsprachiges Manuskript mit der Überschrift *Discussion, Tuesday*, in dem Pauli nochmals seine Argumente gegen die Theorie der Pilotwelle zusammenfaßt.

[12] Diesen Hinweis auf Molières Komödie verdankte er M. Fierz [1337, 1338 und 1340]. Siehe auch Paulis Bemerkung in seinem Schreiben [1336] an M.-L. von Franz.

** Von diesen hat das jüngere Mädchen denselben Vornamen (Florence) wie die Frau Nr. 2.

[13] Pauli bezieht sich auf den Kopenhagener Kongreß vom 6.–10. Juli 1951, bei dem Rosenfeld und Møller ihre neue nicht-lokale Feldtheorie vorgestellt hatten. Siehe hierzu den Kommentar zum Brief [1418].

[14] Siehe hierzu den Sonderdruck, den ihm F. Äschlimann (1951) zugeschickt hatte.

[15] In seinem Beitrag zur de Broglie Festschrift hatte Rosenfeld (1955, S. 43) den Übergang vom klassischen Determinismus zur Komplementarität als „den Ablauf einer dialektischen Bewegung nach klassischem Schema" dargestellt. „Die Unmöglichkeit, das Wirkungsquantum im Rahmen der deterministischen Gesetze der klassischen Physik unterzubringen, entspricht dem Stadium der *Negation*: die dialektische Negation besteht in der Tat, wie Engels [1946, S. 173f.] bemerkt, in der Erkenntnis der Gültigkeitsgrenze eines Begriffes, hier des klassischen Determinismus. Die von den Widersprüchen der alten Quantentheorie beherrschte Phase endete mit der Formulierung der Quantenmechanik und ihrer Deutung im Rahmen der Komplementarität: das ist die Synthese, in der sich diese Widersprüche aufheben, um einer neuen Harmonie zu weichen."

[16] Siehe hierzu Panofskys Bemerkung in dem Brief [1378].

*** Diese will jedoch eine *sichtbare* Realität mit Hilfe eines psycho-physischen Einheitspaares ausdrücken.

[17] Zitiert nach Schiller, *Wallensteins Tod* III, 13.

[18] Bei Schopenhauer, *Die Welt als Wille und Vorstellung* I, §62 heißt es: „Der Staat ist, ... so wenig gegen den Egoismus überhaupt und als solchen gerichtet, daß er ... vom einseitigen auf den allgemeinen Standpunkt tretenden und so durch Aufsummirung gemeinschaftlichen Egoismus Aller entsprungen und diesem zu dienen allein da ...."

[19] Das vollständigere Zitat des englischen Philosophen Francis Herbert Bradley [1893, Vorwort] aus dem Werke *Appearance and reality* lautet: „The world is the best of all possible worlds, and everything in it is a necessary evil."

[20] „Daher diese Tränen!" Nach Terenz, *Andria* I, 1, 99.

[21] Pauli (1948).

^{22} Pauli (1950c).
^{23} Vgl. hierzu auch Pauli (1950c).
^{24} Siehe den vorangehenden Brief [1389].

[1392] PAULI AN KOLLROS

Zürich, 2. April 1952[1]

Lieber Herr Kollege!

Herr Schulratspräsident Pallmann hat sich an mich (als Abteilungsvorstand)[2] gewendet betreffend eine dokumentarische Zusammenstellung, die ein Herr C. Seelig über *Einsteins* frühen Aufenthalt in der Schweiz bearbeiten will.[3] Insbesondere fragt mich Präsident Pallmann, ob der *Titel* von *Einsteins Diplomarbeit* noch festgestellt werden kann.[4]

Nun weiß ich, daß Sie seinerzeit mit Einstein sehr befreundet waren und möchte Sie deshalb gerne anfragen, ob Sie den Titel dieser Diplomarbeit noch wissen. Ich selbst habe in den alten Protokollbüchern der Konferenzen der Abteilung IX nachgesehen, habe dort einiges (z. T. Amüsante) über Einstein gefunden (auch die Noten seiner Diplomprüfung), das Thema seiner Diplomarbeit stand aber nicht darin.[5]

Darf ich Sie ferner als Referenz für Herrn Seelig angeben, vielleicht können Sie ihm auch sonst noch einiges über Einstein mitteilen, was für seine Arbeit von Interesse ist?

Mit bestem Dank und freundlichen Grüßen Ihr ergebener   W. Pauli[6]

---

^{1} Das Original dieses Briefes befindet sich im Besitze der Familie Kollros.

^{2} Pauli war am 6. Juli 1950 zum Vorstand der Abteilung für Mathematik und Physik gewählt worden.

^{3} Siehe hierzu Seelig [1952] und Paulis Schreiben [1400] vom 22. April 1952 an Carl Seelig. Vgl. hierzu auch den in dem *Born-Einstein-Briefwechsel* abgedruckten Brief vom 28. Oktober 1952 von Born an Einstein.

^{4} Einstein bearbeitete in seiner Diplomarbeit unter Heinrich Friedrich Webers Anleitung ein Problem der Wärmeleitung. Eine Ausfertigung dieser Arbeit ist nicht erhalten. Zusammen mit Jakob Ehrat, Marcel Grossmann, Louis Kollros und Mileva Marić (welche das Examen nicht bestand) legte er die mündliche Schlußdiplomprüfung am 27. Juli 1900 ab. Siehe hierzu *The Collected Papers of Albert Einstein*, Band **1**, S. 61 und Documente 61 und 67.

^{5} Die Frage nach dem Thema der Einsteinschen Diplomarbeit hatte Seelig ebenfalls in einem Schreiben an Einstein vom 4. April 1952 gestellt.

^{6} [Am oberen Briefrand vermerkte Kollros:] „1905: Doktor-Arbeit: Eine neue Bestimmung der Molekulardimensionen. – 1905: Zur Elektrodynamik bewegter Körper. – 11. Dezember 1909: Antrittsvorlesung an der Universität Zürich: Über die Rolle der Atomtheorie in der neueren Physik."

[1393] GLIMSTEDT AN PAULI[1]

Lund, 3. April 1952
[Maschinenschrift]

Sehr geehrter Herr Professor!

Im Auftrag der Königlichen Physiographischen Gesellschaft zu Lund habe ich die Ehre Ihnen mitzuteilen, daß die Gesellschaft in der Sitzung den 2. April Sie zu auswärtigem Mitglied der Gesellschaft zu berufen beschlossen hat.

Das Diplom wird Ihnen gesandt werden, sobald es möglich ist.

In vorzüglicher Hochachtung   (Gösta Glimstedt)
                                                  Sekretär der Gesellschaft

[1] Der 1905 in Göteborg geborene Gösta Erik Glimstedt war seit 1943 als Professor für Histologie an der Universität in Lund tätig und Mitglied mehrerer wissenschaftlicher Gesellschaften.

[1394] PAULI AN PALLMANN[1]

Zürich, 4. April 1952
[Maschinenschrift]

Sehr geehrter Herr Präsident!

Ich habe bis heute mit der Antwort auf Ihr Schreiben vom 7. März[2] betreffend Materialien über Einsteins früheren Aufenthalt in der Schweiz gewartet, weil ich vorher noch Professor Kollros befragen wollte, der mit Einstein in seiner Studentenzeit sehr befreundet war. Herr Professor Kollros teilte mir nunmehr mit, daß auch ihm das Thema von Einsteins Diplomarbeit nicht bekannt sei, daß er aber Herrn Dr. Seelig bereits andere Daten über Einstein mitgeteilt habe. Da ich fand, daß im alten Protokollbuch der Konferenzen der Abteilung IX dieses Diplomthema ebenfalls nicht angegeben ist, dürfte es sich nicht mehr feststellen lassen.

Dagegen freue ich mich, Ihnen beiliegend Kopien aus diesem alten Protokollbuch, die Einstein betreffen, zusenden zu können. Die authentischen Noten von Einsteins Diplomprüfung sowie die Episode mit der Rüge dürften vielleicht auch für Herrn Seelig von Interesse sein. Falls sie Herrn Seelig den beiliegenden Auszug aus dem Protokollbuch weiterleiten wollen, bitte ich Sie, ihm auch meine persönlichen Grüße zu übermitteln.

Mit vorzüglicher Hochachtung   W. Pauli

[1] Das vorliegende Schreiben ist auch bei Glaus und Oberkofler [1995, Dokument III. 83] wiedergegeben. Siehe dort auch Pallmanns Antwortschreiben vom 15. April 1952, von dessen Existenz der Herausgeber erst nach Fertigstellung des Manuskriptes erfahren hat. In diesem Schreiben wird Pauli der Wunsch Seeligs mitgeteilt, eine erweiterte Fassung seines Beitrags (1949) zum Einstein-Band für das von Seelig geplante Buch zur Verfügung zu stellen. Pauli lehnte diesen Vorschlag jedoch ab [1400].
[2] Siehe den Brief [1380].

ANLAGE ZUM BRIEF [1394]

Sitzung vom 20. Dezember 1898

Anwesend die Herren: Hurwitz, Weber, Franel, Minkowski, Lacombe, Herzog und Wolfer.[1]

4. Ein weiteres Schreiben des Herrn Schulratspräsidenten teilt mit, daß die Studierenden Dupasquier, Ehrat, Einstein, Grossmann & Kollros,[2] die das Übergangs-Diplomexamen bestanden haben, zum Schlußexamen zuzulassen seien.

gez. N. Wolfer[3]

Sitzung vom 15. März 1899

Anwesend die Herren: Hurwitz, Herzog, Hirsch, Franel,[4] Minkowski, Lacombe und Wolfer.

3. Semesterbericht: ... Einstein erhält auf brieflichen Antrag des Herrn Dr. Johann Pernet[5] [der sich ärgerte, daß Einstein wie viele andere Kommilitonen sein physikalisches Praktikum schwänzte][6] wegen Vernachlässigung des physikalischen Praktikums einen Verweis durch die Direktion.

gez. N. Wolfer

Sitzung vom 27. Juli 1900[7]

Anwesend die Herren: Hurwitz, Weber, Fiedler, Minkowski, Herzog, Franel, Geiser, Lacombe, Wolfer.

Schlußdiplomprüfungen

	Theoretische Physik	Praktikum Physik	Funktionen Theorie	Astronomie	Diplom Arbeit	Summe	Mittel*
Einstein	10	10	11	5	18	54	4,91
	5	5	5,5	5	4,5		

„Mit Ausnahme von Fräulein Marić** werden die sämtlichen übrigen Kandidaten*** zum Diplom empfohlen."

gez. N. Wolfer

---

[1] Es handelt sich bei den hier aufgeführten Dozenten der ETH Zürich um die Mathematiker Adolf Hurwitz (1859–1919), Jérôme Franel (1859–1939), Wilhelm Fiedler (1832–1912) und Hermann Minkowski (1864–1909); den Physiker Heinrich Friedrich Weber (1843–1912), den Professor für mechanische Maschinenlehre und Direktor der ETH Albin Herzog (1852–1909), den Astronomen Alfred Wolfer (1854–1931) und den seit 1894 an der ETH wirkenden Professor für darstellende Geometrie Marius Lacombe (1862–1938).

[2] Louis-Gustave Dupasquier (1876–1953), Jakob Ehrat (1876–1960), Marcel Grossmann (1878–1936) und Louis Kollros (1878–1959).

[3] Offenbar ist bei der maschinenschriftlichen Abschrift des Dokumentes die Initiale A des Vornamens von Wolfer in ein N vertauscht worden.

[4] Arthur Hirsch (1866–1948) war ebenfalls Mathematikprofessor der ETH.

[5] Jean Pernet (1845–1902) war Professor für Experimentalphysik an der ETH.

[6] Bei dem in Klammern eingeschlossenen Text handelt es sich um einen handschriftlichen Zusatz.

[7] Die untenstehenden Ergebnisse wurden am 27. Juli 1900 von dem Abteilungsvorstand Adolf Hurwitz dem Schulratspräsidenten Hermann Bleuler zusammen mit den Ergebnissen der anderen Diplomanden übermittelt. Vgl. *The Collected Papers of Albert Einstein*, Band **I**, Document 67.
* Die Gewichte sind offenbar: bzw. Summe
                             2   2   2   1   *4*   11   W. Pauli
** Einsteins spätere Frau.
*** Ehrat, Grossmann, Kollros, Einstein.

[1395] ROSENFELD AN PAULI

Manchester, 6. April 1952
[Maschinenschriftliche Durchschrift]

Lieber Herr Pauli!

Herzlichen Dank für Ihren köstlichen, erbaulichen, wohltuenden Brief![1] Mit derselben Post kam von Schatzmann[2] (einem Freunde Vigiers) ein anderer, 14-seitiger Brief über denselben Gegenstand aber, wie es sich geziemt, auf rotem Papier geschrieben. Es lohnt sich nicht, Näheres darüber zu berichten: die Konfusion, die sich darin offenbart, ist so unermeßlich, daß es mir beim Lesen geradezu schwindelte. In einem Punkt hat mir *Ihr* Brief allerdings fast dasselbe Gefühl hervorgebracht: so unerwartet kam mir die Nachricht von der dialektischen Auffassung der Ehe bei Destouches! Dem tief menschlichen Kommentar, den Sie zu dieser Situation geben, stimme ich herzlich bei.

Nun zu Ihren Betrachtungen über Marxismus und Materialismus.[3] Wenn ich in meinem vorigen Brief mein Ärgernis darüber aussprach, daß Marx' Ideen heutzutage verdreht werden, so rührt dies keineswegs her von exegetischen Motiven, sondern einfach vom Respekt für die historische Wahrheit. Es würde mich ebenso ärgern, wenn jemand z. B. Newton Gedanken unterschieben würde, die seiner ganzen Einstellung zur Wissenschaft und zum Leben widersprechen. Ich betrachte Marx als einen großen Wissenschaftler, etwa wie Darwin und Maxwell (um beim bärtigen Zeitalter zu bleiben) und ich glaube nicht, mich in diesem Urteil zu irren. Ich werde aber nicht versuchen, Sie von dem wissenschaftlichen Charakter seiner Analyse der ökonomischen Verhältnisse (wobei er gerade bei richtiger Einschätzung der Nebenumstände die grundlegenden Gesetze hervortreten ließ) sowie seiner Geschichtsauffassung zu überzeugen. Ich möchte nur betonen, daß die Inspiration, die ich von Marx erhalte, von derselben Art ist wie diejenige, die ich aus Darwin und Maxwell schöpfe: die Lehren dieser großen Forscher haben neben zeitbedingtem Beiwerk einen Kern von bleibendem Wert, den man sich eben unter Kontrolle der Erfahrung heraussuchen und selbständig erneut durchdenken muß.

Dies sage ich, damit es Ihnen (wie ich hoffe) verständlich wird, daß mir der Romantismus von Marx ebenso fern stehen kann wie Ihnen (mit Ihrer feinen Analyse der *psychologischen* Seite des Materialismus bin ich im großen und ganzen einverstanden), daß ich aber dennoch an der materialistischen Einstellung Marxens festhalte. Diese hat nämlich einen anderen, erkenntnistheoretischen Aspekt, der in der Erfahrung fester begründet ist.

Dies möchte ich etwas ausführlicher erläutern, da ich aus der Weise, wie Sie über Materialismus schreiben, den Eindruck habe, daß Sie das Problem etwas anders auffassen, als ich es tun möchte. Zwar habe ich vorsichtshalber in meinem Artikel auf eine Stelle bei Engels verwiesen,[4] aber diese haben Sie höchstwahrscheinlich nicht nachgeschlagen!

Selbstverständlich betrachte ich das Gegensatzpaar Idealismus-Materialismus als in einem dialektischen Entwicklungsprozeß begriffen, was mit der Komplementaritätsauffassung durchaus verträglich ist, ja diese eigentlich in einen allgemeineren historischen Verband einschließt. An dieser Stelle könnte ich auch mit einer Vorlesung kommen, die etwa so anfangen würde:[5] bei Thales urwüchsiger, naiver Materialismus, Antithese bei Parmenides, Krisis bei den Eleaten, Auflösung der Krisis durch Synthese bei Leukipp und Demokrit, deren Atomismus eine höhere Stufe des Materialismus darstellt. Das Hauptproblem, das von Parmenides bereits mit wundervoller Schärfe gestellt (und in idealistischem Sinne entschieden) wurde, ist das der Übereinstimmung des Denkens mit der Erfahrung. Rührt diese davon her, daß ein Geist der Ursprung alles Geschehens ist, oder ist das Denken ein Produkt der Entwicklung organischer Wesen, das sich an die Erfahrung allmählich anpaßt? (Das letztere, und *nur* das, ist es, was ich unter Materialismus verstehe. Das ist übrigens die marxistische Auffassung, die von Engels klar formuliert wird und sogar noch bei Lenin – obwohl dessen „Materialismus und Empiriokritizismus"[6] deutlich zeigt, daß er weder Marx noch Mach verstanden hat – in entarteter Form vorkommt.)

Nun kann man mit gewissem Recht behaupten, diese Frage sei unentscheidbar, sondern eben nur in dialektischer Abwechslung aufzufassen. Wahrscheinlich ist das Ihre Meinung. Für eine Entscheidung in materialistischem Sinne kann ich jedoch drei Gründe anführen:

1. einen praktischen. a) Jeder Wissenschaftler steht in seinem praktischen Wirken instinktiv auf materialistischem Standpunkt. b) Allgemeiner ist die Ideologie einer fortschrittlichen Klasse, die ihre Stellung gegenüber der Außenwelt mit Zuversicht betrachtet, grundsätzlich materialistisch (obgleich oft in scheinbar idealistischer Form verkleidet); eine verfallende Klasse sucht eine Zuflucht von einer als feindlich empfundenen Welt in idealistische Vorstellungen.

2. einen wissenschaftlich-empirischen. Die Erfahrungen über das Denken oder allgemeiner über das Bewußtsein im Tierreich scheinen darauf hinzuweisen, daß diese Eigenschaften unter sehr speziellen Bedingungen innerhalb einer mit Bewußtsein oder Denken nicht behafteten Welt entstehen und sich entwickeln können.

3. einen „denkökonomischen". Daß die obigen Schlüsse immer bestritten werden können, gebe ich gerne zu. Man kann sich immer auf die Unzulänglichkeit unseres Wissens berufen, um einem Weltgeist zu huldigen. Aber wozu, wenn man auf allen bisherigen Stufen der Erkenntnis ohne den sehr gut auskommt? Idealismus in welcher Form auch ist immer durchaus steril, gar hinderlich gewesen. Mit gutem Gewissen kann man immer noch wie Laplace sagen: „je n'ai pas besoin de cette hypothèse".[7] Materialismus ist jedenfalls billiger: keine überflüssigen Begriffe, keine Kirchensteuer!

Wie man zu dieser Entscheidungsfrage auch steht, wird sie durch die Probleme, die Sie als das ferne Ziel moderner Forschung hinstellen, meines Erachtens kaum berührt. Diese Probleme werden natürlich eine starke Hervorhebung des komplementären Verhältnisses zwischen dem „Materiellen" und dem Psychischen verlangen; darüber ist keine Meinungsverschiedenheit zwischen uns. Aber ob die Beziehung zwischen „Materialismus" und Idealismus dadurch symmetrischer oder unsymmetrischer wird, darüber läßt sich streiten ohne Ende – oder lieber gar nicht! Nun sehen Sie wohl (um im echt Kopenhagener Geist zu schließen), daß wir viel mehr einig sind als Sie glauben.

Mit herzlichen Grüßen   Ihr [Rosenfeld]

[1] Brief [1391].
[2] Evry L. Schatzmann (geb. 1920) wurde später Professor für Astrophysik an der Sorbonne.
[3] Siehe hierzu auch Rosenfelds Bemerkungen in seinem Beitrag (1953a) zur Festschrift für L. de Broglie.
[4] Vgl. die Anmerkung zum Brief [1391].
[5] Siehe hierzu auch Rosenfeld [1979, S. 32ff.].
[6] Lenin [1927].
[7] Dieser in zahlreichen Laplace-Biographien wiederholte Ausspruch steht u. a. bei Ball [1908, S. 418].

[1396] PAULI AN JAFFÉ

Zürich, 10/11. April 1952

Motto:
1. Jene *Doppelköpfe* (δεκρανοι) meinen, Sein und Nichtsein sei dasselbe und auch nicht dasselbe.

Parmenides über die Herakliter[1]

2. *Unbegrenzt*
Daß du nicht enden kannst, das macht dich groß
Und daß du nie beginnst, das ist dein Los.
Dein Lied ist drehend wie das Sterngewölbe,
Anfang und Ende immerfort dasselbe,
Und was die Mitte bringt ist offenbar
Das was zu Ende bleibt und Anfangs war.

. . .

Nun töne Lied mit eignem Feuer!
Denn du bist älter, du bist neuer.

(Goethe, *West-östlicher Diwan*)[2]

Liebe Frau Jaffé!

Es ist dies einer jener Briefe, von dem ich weder weiß, ob er je beendet werden wird noch, was darin stehen wird. Ich schwimme eben – „lernt schwimmen!" Als ich von Ihnen fortging, stürmten eine Menge Gedanken auf mich ein: Handelt es sich nicht in jenem Buch „Antwort auf Hiob"[3] sehr wesentlich um die Frau, d. h. um das archetypische Bild der Frau? War ich nicht, ohne es zu wissen, eine Zeitlang mit dem protestantischen Widerstand gegen dieses Bild identisch gewesen? Ist dieser Widerstand vielleicht zum Teil berechtigt? Inwiefern ist er berechtigt, inwiefern nicht? Da waren doch sehr alte Träume von mir, die sich über einen Zeitraum von etwa 10 Jahren erstreckt haben (etwa 1930 bis 1940), worin immer ein innerer Konflikt als Gegensatz zwischen Katholizismus und Protestantismus dargestellt war. Und immer drehte es sich um die Zulassung der „Anima" im Religiösen und darum, daß aber im „Prolog im Himmel" (Faust)[4] nur männliche Darsteller sind. Und wie ging das alles weiter? Ja, das archetypische Bild der Frau ist untrennbar vom archetypischen Bild der Materie: das hat schon Aristoteles offen ausgesprochen, der sagte, die $\upsilon\lambda\eta$ (Materie) sehne sich nach der $\mu o\rho\varphi\eta$ (Form) wie das Weibliche nach dem Männlichen.[5] Und die Katholiken haben neuerdings gelegentlich der Assumptio Mariae[6] es wieder offen ausgesprochen: es handle sich quasi um einen „metaphysischen" Schachzug gegen die Kommunisten: wenn die *Materie* in den Himmel aufgenommen sei, dann sei dem Materialismus der Kommunisten der Wind aus den Segeln genommen. Nun las ich Bäumkers „Probleme der Materie in der griechischen Philosophie".[7] Sollte ich nicht alles zusammen verarbeiten, dieses Buch, die Pariser Eindrücke, unser letztes Gespräch über C. G. Jungs Buch „Antwort auf Hiob",[8] meine Widerstände dagegen, die protestantischen Widerstände gegen „assumptio Mariae", den Gegensatz der letzteren zum Neuplatonismus (der die Materie a) als privatio der Ideen, b) als das Böse auffaßt). Das hat nun wieder etwas zu tun damit, daß das Christentum (d. h. dessen Theologie und dessen Gottesbild) ein nur sehr teilweise geglückter Versuch ist, eine Synthese zwischen dem jüdischen alten Testament und der griechischen Philosophie zustande zu bringen. Ich höre förmlich *beide* durch eine 2000jährige Geschichte „Au weh!" schreien. Professor Jung gibt nur ein unvollständiges und präjudiziertes Bild der Situation, indem er zwar das alte Testament berücksichtigt, aber die andere Hälfte, die *griechische Philosophie* nämlich, *zu stark außer acht läßt*. (Ich vermute, diese Einseitigkeit wird im Buch „Antwort auf Hiob" noch krasser sein.) Es ist eben diese nicht geglückte Synthese von griechischem Heidentum und Judentum, die meines Erachtens eine „chinesische" (bzw. „west-östliche") Antwort verlangt.

Als ich im Laufe meiner Kepler-Arbeit[9] mich sehr eingehend mit dem Neuplatonismus beschäftigte, hatte ich eine Gruppe von Träumen, deren Entwicklungslinie etwa so verlief:

a) Eine schwarze Katze springt, wild geworden, abwechselnd von meinem Schreibtisch auf meine Schulter und wieder zurück auf den Schreibtisch: Ich kann sie nicht fangen.

b) Die „Anima" erscheint als Chinesin mit Schlitzaugen, manchmal in einem Gewand mit hellen und dunklen Streifen.

c) Anstelle der Anima erscheinen Schriftrollen mit *dunklen* (schwarzen) Buchstaben in Hieroglyphen oder in einer Keilschrift, die den Eindruck macht, sehr alt zu sein, die ich aber nicht lesen oder verstehen kann.

d) Sehr viel später fand ein Traum statt, wo ich in einem Tempel mich befinde, mit 4 über-lebensgroßen *phallischen* Säulen in den 4 Ecken. Und auf diesen Säulen waren wieder Schrift-Zeichen derselben Art eingraviert.

Dies ist erst der durch die äußeren und inneren Ereignisse „konstellierte" Hintergrund. Nun sollen daraus *bewußte Schlußfolgerungen* gezogen werden.

1. Den *beiden* femininen Substantiven Psyche und Physis entsprechen (wenn auch dieser Zusammenhang, der tief in die Philosophie* geht, nicht immer

bewußt ist) zwei verschiedene Aspekte des archetypischen Bildes der Frau beim Manne

a) das Seelenbild (Anima), dem das Mütterliche fehlt, und das eine emotional-intuitive (*nicht*-begriffliche, d. h. unmännliche) Geistigkeit ausdrückt.

b) das Mutterbild (entweder gut oder böse; vgl. zu letzterem die *Isis*). Es ist mein Eindruck, daß ganz verschiedene philosophische Systeme zustande kommen, je nachdem das eine oder das andere Bild höher bewertet ist.

Beispiel: 1. Wir haben im *Neuplatonismus* die Entwertung der *Materie* (die ihrerseits dem Bild b) entspricht) als bloße privatio und als das Böse, wir haben aber die dem Bild a) entsprechende $\psi v \chi \eta$ (als 3. Element der plotinischen „Trinität") als anima mundi. 2. Wir haben in der *Stoa* die materialisierende Richtung: die Materie ist ein anderes feminines Substantivum, nämlich $ov\sigma\iota\alpha$ = Substanz,** auch Stoff, dreidimensional ausgedehnt, ein Kontinuum, sie ist indifferent (weder gut noch böse) und sie ist das Leidende gegenüber Gott, der das Tätige ist. Ich will hier nicht auf Aristoteles eingehen, der stets versucht, eine die Gegensätze vermittelnde Zwischenstellung einzunehmen, dabei sehr interessante Ideen entwickelt wie z. B. die Hypostasierung der *Möglichkeit* (des Potentiellen) als Vermittlung zwischen „Sein" und „Nicht-Sein", der aber dabei doch oft im Konflikt steckenbleibt.

Das Christentum folgte zunächst dem neuplatonischen Schema, wobei nicht einmal die anima mundi offiziell in die Theologie aufgenommen wurde; jedoch wurde diese stets toleriert. Ich habe das Gefühl, daß hierdurch beim Christen eine fortwährende Gefahr einer kompletten *Enantiodromie* in dem dem Schema b) entsprechenden Materialismus vorhanden ist. Weiter ist mein Eindruck, daß dieser *Gegenlauf*, der im 18. Jahrhundert begann und im 19. Jahrhundert einen gewissen Höhepunkt erreicht hat, von Männern durchgeführt wurde, denen jener mehr geistige Aspekt des Seelenbildes ganz unbewußt geworden ist, die daher ein Denken entwickeln, das mit dem der „Anima" mehr oder weniger identisch ist. (Daher auch ihre „weibliche" Forderung nach Anschaulichkeit!) Insbesondere ist mein Gefühl beim frühen Sozialismus des 19. Jahrhunderts und dessen Verkündern wie Marx, daß sie trotz ihres bewußten Materialismus einer Gefühlshaltung obliegen, die noch ganz der neuplatonischen privatio boni-Stimmung entspricht. Sie wird dann nur auf ein materielles Diesseits statt auf ein materieloses Jenseits bezogen. (Ein extremer Fall war jener „theoreticien pour les femmes", dem ich jetzt in Frankreich begegnet bin und der ganz einfach pathetisch seine „Anima" personifizierte.)

Wenn immer ein Mann emotional schreibt (wenn es nicht gerade ein lyrisches Gedicht ist), besteht die Gefahr einer zu starken Identifizierung mit der „Anima" und es ist wichtig, daß auch die Eigenart des männlichen Geistes (differenziertes begriffliches Denken) dabei gewahrt bleibt. Ich habe das Gefühl, daß hier auch die Wurzeln des protestantischen Widerstandes gegen die offizielle Anerkennung eines Archetypus der Frau im Christentum zu suchen sind.

Mir persönlich scheint es nun eine fundamentale Vorbedingung für eine solche Anerkennung zu sein, daß zuerst eine Stufe dieses Bildes der Frau realisiert wird, welches diese *beiden* Aspekte, den mütterlichen wie den emotional-intuitiven, vereinigt. (Für mich persönlich erfüllt das kollektive Marienbild diese Forderung *nicht*, da dieses auf mich *nur* mütterlich wirkt). Dieser Vereinigung der beiden

Aspekte dürfte wohl die *Sophia* entsprechen; die gibt es zwar in der Alchemie, aber im offiziellen Christentum gibt es sie nicht.

2. Hier möchte ich nun eine bereits vorbereitete Frage in die Diskussion werfen: ist nicht das psychologische Problem der Vereinigung dieser beiden Aspekte des archetypischen Bildes der Frau zu einer tieferen Schichte des Unbewußten *dasselbe* wie das *naturwissenschaftliche Problem einer einheitlichen Erfassung von Psyche und Physis?* Gibt es psychologisch eine Sophia, solange es noch in der Wissenschaft ein „psycho-physisches" Problem gibt? Mir scheint *hier* der Schlüssel dieser Situation zu liegen, und die bloße Verkündigung irgendeines neuen Dogmas kann meines Erachtens da nicht wirklich weiter helfen. Für die Alchemisten gab es wohl eine Sophia, aber sie glaubten *auch* bereits im Besitz einer psycho-physischen Einheitssprache zu sein. Ist nicht mit der Erkenntnis der chemischen Unzulänglichkeit der Alchemie auch die Sophia wieder ins Unbewußte verschwunden?

Hier brauchen wir, glaube ich, eine neue *west-östliche* Antwort, und insoferne gebe ich den Protestanten recht und nicht dem Papst. Hierfür sehe ich in den angeführten Träumen mit der Chinesin und mit der noch nicht entzifferten Schrift weitere Andeutungen: Was wir vom Osten entnehmen sollen, ist meines Erachtens die *ganzheitliche Anschauung,* welche die abendländische „Kausalität" im engeren Sinn überschreitet. Jene Figur des Unbewußten, die „dunkle Chinesin", hat eine solche Anschauung in Form eines „unbewußten Wissens", d. h. nach Art der Zugvögel in Form von Bildern im Unbewußten, nicht von bewußten Begriffen. Und diese Anschauung scheint einheitlich zu sein in bezug auf Psyche und Physis („dunkel" hat als Symbol oft einen Bezug auf die materielle Körperwelt und die äußere Natur). Im Bewußtsein haben wir davon erst nur sehr kleine Inseln (verglichen mit dem großen Meer des Unbewußten) wie C. G. Jungs Synchronizität und Rhines Experimente. Wohl vermittelt dieser „chinesische" psychophysisch-ganzheitliche Aspekt des Bildes der Frau zwischen dem rein geistig-emotionalen Bild der *inspirierenden* „Anima" und dem der Mutter; denn dieser dunkel-ganzheitliche Aspekt hat sowohl mit der Psyche als auch mit der materiellen Körperwelt zu tun. Aber meines Erachtens ist hier erst eine weitere, langsame Bewußtseinsentwicklung notwendig – diese Entwicklung wäre zugleich die männliche Antwort auf das Entstehen eines geistigen *und* mütterlichen Frauentypus – ehe eine neue Form der dann psychophysischen „Ganzheit"*** erreicht werden kann. Mit dieser Entwicklung dürfte Hand in Hand gehen, daß auch ein neues Gleichgewicht zwischen den superioren männlichen Figuren des Unbewußten („Selbst", „filius philosophorum") und der weiblichen Figur sich einstellt. Alle diese Transformationen wieder scheinen bewirkt zu sein durch eine übergeordnete Realität, die sich jeder Veranschaulichung entzieht.

Was nützt es, den Körper einer Frau mit in den sonst männlichen Olymp aufzunehmen, wenn doch der Zusammenhang dieses materiellen Körpers mit der Psyche unverstanden bleibt? Konkret ist nur die „Erscheinung". *Jedes* „Ding an sich" ist symbolisch.

Dies alles sind erst vorbereitende Fragen für eine eventuelle *spätere* Lektüre des Buches „Antwort auf Hiob", das ich aber aus den Händen eines Mannes bekommen will. Zunächst interessiert mich *auch* Ihre Stellungnahme zu den Fragen.

Stets Ihr δεκρανος   W. Pauli

Nachtrag   Karfreitag, 11. IV

1. Das dritte feminine Substantivum *ουσια* = Substanz[10] führt beim Modernen zum Energie-Begriff und damit zugleich zurück zum Feuer des Heraklit, für den physikalische und psychische Energie (Libido) noch nicht unterschieden war. Während die Herakliteer vom Feuer sagten, daß es vernunftbegabt sei, sagten die Stoiker in Opposition hierzu, daß die Materie *αλογον* (vernunftlos) sei. Es fragt sich nun, ob die Stoiker damit wirklich 100% recht haben, ob nicht die Bewegungen der Materie manchmal „Sinn" haben? Dies führt dann zu solchen Erscheinungen wie *Spuk*, über die wir ja auch gesprochen haben, wodurch sich mein Gesamtbild der Situation noch weiter abrundet.

2. In Verbindung mit dem Konflikt des Protestantismus und der assumptio Mariae möchte ich Sie gerne auf einen Traum verweisen, den Professor Jung in seinem Buch ‚Psychologie und Religion' besprochen hat (p. 45–47 der deutschen Ausgabe).[11] Beachten Sie, bitte, insbesondere die Figur des *protestantischen Freundes* in diesem Traum.

Ich vermute nämlich, daß – symbolisch gesprochen – [ihm] nun dieser protestantische Freund, der ihn nicht wird verstehen können, bald außen begegnen wird, wenn er über die assumptio Mariae geschrieben hat. Wenn man diesen Freund nämlich mitnehmen will, muß man erst die Sophia treffen und die wird einem sagen: „Ich bin immer noch eine Griechin, wie mein Name sagt. Und nun gehe weit nach Osten, dort wirst du zwei Schlitzaugen sehen. Diese sind eine neue *θεωρια* (Anschauungsvermögen, Betrachtungsweise), und diese mußt du dir aneignen. Dann wird auch dein protestantischer Freund das Bild der Frau annehmen und mit dir in die *Kirche* gehen. Kehrst du aber zu früh nach Westen zurück, dann wird der protestantische Freund nicht mitgehen. So spreche ich zwischen Karfreitag und der Auferstehung (Erneuerung des Gottesbildes)."

---

[1] Vgl. Kirk et al. [1994, S. 272].

[2] Goethe [1948, Band **3**, S. 303].

[3] Jung [1952].

[4] Siehe Goethe [1948, Band **5**, S. 149–152]. Dieser Prolog wurde auch in die Kopenhagener Faust-Parodie einbezogen, bei dem Pauli den Mephistopheles verkörperte. Vgl. hierzu von Meyenn, Stolzenburg und Sexl [1985, S. 309–342].

[5] Aristoteles: *Physik* A9, 192a. Siehe hierzu insbesondere auch Paulis Ausführungen über Aristoteles' Materie-Begriff in seinem Brief [1373] an Jung sowie die Studie von Happ [1971].

[6] Die *Assumptio Mariae* (Maria Himmelfahrt) war 1950 gerade durch den Papst Pius XII. zum Dogma erhoben worden. Vgl. hierzu den Brief [1500] und Jungs [1952] Ausführungen in seinem Buch *Antwort auf Hiob*.

[7] Clemens Baeumker [1890]. Im *Pauli-Nachlaß* 6, 320–323 befindet sich auch ein Manuskript mit Paulis Notizen zu dem Buch *Das Problem der Materie in der griechischen Philosophie* von Cl. Baeumker.

[8] Jung [1952].

[9] Pauli (1952a).

* Idealismus (bzw. in der Antike: Begriffs*real*ismus) und Materialismus.

** Es gibt bei den Stoikern nur die *eine*, materielle Substanz.
*** Zugleich psycho-physische Einheitssprache für symbolisch-unanschauliche Realität.
[10] Siehe auch Band **III**, S. 589.
[11] Jung [1940].

Claude Marc Maurice Bloch (1923–1971) hatte 1942 sein Studium an der Pariser *École Politechnique* mit Auszeichnung abgeschlossen und gehörte mit Anatole Abragam, Jules Horowitz und Albert Messiah zu der französischen Physikergeneration der Nachkriegszeit, die sich ebenfalls mit den neuesten Entwicklungen auf dem Gebiete der Quantenfeldtheorie befaßten.

Vom Herbst 1948 bis zum Winter 1950 war Bloch zur Fortbildung mit einem französischen Stipendium bei Christian Møller in Kopenhagen gewesen. Dort hatte er zusammen mit dem amerikanischen Gast aus Iowa Julian Knipp zunächst auf eine Anregung von Niels Bohr hin das im Zusammenhang mit den italienischen Experimenten stehende Problem des Energieverlustes beim Mesoneneinfang bearbeitet.[1]

Anschließend wandte sich Bloch der Yukawaschen Theorie der nicht-lokalen Wechselwirkung (1950b, c, d) zu. Er zeigte, daß die Grundlagen einer solchen Theorie sich in Übereinstimmung mit den Forderungen der Heisenbergschen S-Matrix-Theorie befinden und schuf damit die Voraussetzung für die von Kristensen und Møller (1952) entwickelte Formfaktortheorie, die auch in den folgenden Briefen [1397, 1397, 1404, 1409, 1412, 1418 und 1423] eine große Rolle spielt.[2]

Nach Ablauf seines Kopenhagener Stipendiums kehrte Bloch zunächst nach Paris zurück. Anschließend bewarb er sich beim *Institute of International Education* in New York um ein *fellowship*, mit dem er sich dann nach Pasadena begab.[3] Nachdem er eine weitere schon in Kopenhagen begonnene Untersuchung über die nicht lokale Feldtheorie fertiggestellt hatte,[4] wandte er sich kernphysikalischen Fragestellungen zu, die durch Weisskopfs Pariser Vorträge über Kernreaktionen angeregt worden waren[5] und ihn auch weiterhin beschäftigen sollten.[6]

---

[1] Siehe hierzu das im Kopenhagener *Møller-Nachlaß* aufbewahrte Gutachten von Møller vom 2. Juni 1950 für das Ministerium *de l'Industrie et du Commerce*.
[2] Siehe hierzu auch den Kommentar zum Brief [1418].
[3] Siehe hierzu die Bemerkungen in den Briefen [1409, 1418 und 1441].
[4] Bloch (1952). Vgl. auch den Brief [1446].
[5] Siehe hierzu den undatierten Brief aus dem Møller-Nachlaß, den Bloch an einem *Freitag* an Møller sandte und Weisskopfs Bericht (1951) *Physics in France*.
[6] Blochs Verdienste um die französische Nuklearphysik wurden in einem in der Zeitschrift *Nuclear Physics* A **196**, 1–8 (1972) veröffentlichten Nachruf gewürdigt.

[1397] PAULI AN MØLLER

Zürich, 12. April 1952

Dear Møller!

I just read yours and Kristensen's form-factor paper[1] and I still have the same positive impression of it which I received already when I did *not* hear your lecture about it in Copenhagen and instead of it had a talk with C. Bloch on this subject. (Unfortunately I have now to defend my positive opinion against everybody who heard your lecture.) It is an interesting enrichment of the found possibilities.

Still, I have to make some more specific remarks: It would not be satisfactory if a whole *class* of theories with (to a large extent) indetermined form-factors satisfied all postulates* which from a purely logical point of view can be claimed in this type of theories. I am therefore thinking, where is a deficiency from a purely mathematical point of view (apart from any agreement with experiment).

1. First there is a real hole in your results, as you proved the convergence only in the second approximation of the perturbation theory. Do you know anything on the higher approximations? It is not entirely excluded that one could be forced to introduce form-factors depending on more than 3 points in the next higher approximation, and so on an always increasing number of points with every step of the perturbation theory (in order to attain convergence). I feel myself, that this is not very likely, but I would like to be sure.

2. A much more crucial point, however, is the gauge-invariance in electromagnetic fields. Here I *object* against your statements on p. 42 (already in the case of *external* electron-fields) regarding the replacement of $-i\partial_\mu$ by $-i\partial_\mu - eA_\mu(x)$: This is not a well defined rule as the latter operators $-i\partial_\mu - eA_\mu(x)$ do not any longer commute with each other for different values of $\mu = 1, 2, 3, 4$. Hence such a rule is quite senseless. And in case of a quantized electromagnetic field (radiation field) a dependence of the form factor on the potentials is in no way more admissible than a dependence of $\psi(x)$. Here is certainly a fundamental limitation of the form-factor theories.

A minor remark: it is never convenient to introduce an η by $S = e^{i\eta}$ but much more convenient to define η by $S = \frac{1+i\eta}{1-i\eta}$. It is only in your approximation, that you cannot yet distinguish between these two definitions.

Of course, I shall also be interested in your results regarding bound states of compound systems. „Doch davon sei noch nichts gesagt – denn das kommt erst im nächsten Akt".**

Meanwhile I expect to hear from you about the points 1 and 2 raised here.
Very sincerely   Yours W. Pauli

---

[1] Kristensen und Møller (1952).
* Lorentz-invariance, coincidence with the Hamiltonian-theory for slowly varying fields, Hermiticity and convergence.
** Words of Menelaus in *Offenbachs* „schöner Helena".

[1398] JAFFÉ AN PAULI

Ostersonntag, [13. April[1] 1952]
[Maschinenschriftliche Durchschrift]

Lieber Herr Pauli!

Als ich mich an die Beantwortung Ihres Briefes[2] machte, befand ich mich in einiger Verlegenheit: ich wußte nicht, wie anfangen – bis mir bewußt wurde, daß meine Hemmung, auf Ihre hochinteressanten Gedankengänge einzugehen, aus deren – wie mir scheint überflüssigen – Verquickung mit Jungs Hiob-Buch[3] entsprang. So habe ich mir vorgenommen, die beiden Problemkreise in der Antwort zu trennen, und da ich eine Frau bin (ich bin es gern und mit voller Bejahung), fange ich mit dem Gefühlsproblem – Hiob – an. Ich will dies – und fühle mich der uns verbindenden Freundschaft gegenüber dazu verpflichtet – mit aller nur möglichen Aufrichtigkeit tun. Dies ist darum nicht so ganz einfach, weil ich nicht werde umhin können, auch einen kleinen Vorwurf auszusprechen – und dieses tue ich nie gerne und ohne Not.

Auf meine Ihnen berichteten positiven Wertungen des Manuskriptes Hiob und einige fragmentarische Wiedergaben von ein paar von Jung darin ausgedrückten Gedankengängen entstand in Ihnen sogleich eine merkwürdige – und von mir leider nicht genügend beachtete – Ambivalenz. Teils schienen Sie fasziniert, wofür das Interesse sprach, mit dem Sie die Berichte anhörten, Ihre diesbezüglichen Fragen, Ihre eigene Lektüre des biblischen Hiob-Buches und schließlich auch die Tönung, welche Ihre Korrespondenz mit Professor Panofsky durch im „Hiob" aufgerollte Fragen erfuhr. – Ihre Widerstände (und man hat ja nur da Widerstände, wo man *auch* fasziniert ist) äußerten sich in seltsamen „Vermutungen", ja sogar effektiven Fehlbehauptungen über Inhalt und auch Form der Schrift. – Und hier müssen Sie begreifen, lieber Herr Pauli, daß ich nicht ganz frei von Vorwurf sein kann: Sie kritisieren ein Werk, das Sie nicht, oder doch nur vom Hörensagen, aus *weiblichen* Berichten (von Marielouis [von Franz] und mir) kennen, Sie haben und äußern Meinungen darüber und – lesen es nicht. Aus dieser mir bei Ihnen ganz unbekannten Einstellung, sowie auch aus einer mit Ihren Äußerungen über das Buch verbundenen sehr deutlichen Affektivität schloß ich auf ein persönliches Problem bei Ihnen, das Ihnen bei der Lektüre im Wege stand und steht. Sie waren (und sind?) da nämlich – wenn Sie es mir erlauben, offen auszusprechen – ganz weiblich-emotiv eingestellt und verfallen in den Fehler, der uns von den Männern immer als Unsachlichkeit vorgeworfen wird. Zu diesem Bild (Cherchez l'anima!) paßt auch die Angst, die Sie nicht nur große Bogen um die Schaufenster mit diesem Buch machen läßt, sondern die Sie durch apotropäische Maßnahmen[4] zu bannen versuchen, so als müsse die gefährdete männliche Seite auf jede mögliche oder unmögliche Art oder Vorsichtsmaßnahme eine Verstärkung erfahren. All dies wäre ja gar nicht schlimm, denn die Lektüre des Hiob ist für Sie ganz bestimmt nicht von entscheidender Bedeutung. Es gibt genug anderes – Psychologisches und Nicht-Psychologisches, woraus Sie sich Ihr Weltbild, oder Zeit-Weltbild, schmieden können. Ich habe Ihnen davon erzählt, weil ich es für ein sehr bedeutendes Werk halte und weil ich in einer geistigen Freundschaft ziemlich naiv all das vorzubringen mir erlaube, was mich im Geistigen beschäftigt und berührt – wie auch Hogg,[5] oder Zauberflöte, oder das Spukbuch,[6] von dem ich letztes Mal sprach. Ich dachte allerdings auch – und diesen Irrtum nehme ich nun zurück – daß Ihnen speziell die psychologischen Aspekte oder die wichtigen neuen psychologischen Gesichtspunkte wesentlich seien. Ich begreife aber sehr wohl, daß das gar nicht unbedingt der Fall zu sein braucht. Hier habe ich subjektiv einen Irrtum begangen. Worunter ich aber nun am meisten leide, ist das Gefühl, ich sei durch meine teilweisen Berichte, durch meine Nicht-Beachtung

Ihrer Verletzbarkeit in diesen Dingen (daß Sie im Geistigen sehr verletzbar und vergiftbar sind, zeigte mir Ihre Reaktion auf die „Theologia Deutsch")[7] daran schuld, daß Sie die Unvoreingenommenheit, die nicht nur für die Lektüre dieses Buches, sondern für die Beurteilung irgendwelcher Ideen notwendig ist, nicht mehr erreichen können. Wenn ich mir darum heute etwas wünschte, so wäre es, daß Sie die Hiob-Buch-Lektüre ad calendas graecas[8] verschieben, bis all diese weiblichen Diskussionen darüber vergessen und begraben sind. Es könnte bei einer jetzigen oder baldigen Lektüre für Sie gar nichts Rechtes herauskommen, so fürchte ich.

Was nun, nachdem ich mir das gefühlsmäßige Problem vom Herzen geschrieben habe, Ihre Gedanken betrifft, so möchte ich Ihnen mit Dank schreiben, daß ich mühelos und mit Genuß hinter Ihnen her „geschwommen" bin. – Der Zusammenhang, den Sie zwischen Weltanschauung und Animabild sehen, ist durch[aus] einleuchtend, und die historische Linie, die Sie vom Neuplatonismus bis zur Assumptio Mariae[9] ziehen, schien mir wichtig und interessant. Für mich wirkt allerdings die Maria nicht – wie für Sie – nur mütterlich. Für mich ist sie auch die Geliebte des Heiligen Geistes. Es scheinen beide Aspekte bei ihr vorhanden, jedoch beide verwischt, da sie „sine macula peccati" geboren wurde, unbefleckt empfangen und als *Jungfrau* (nicht als Mutter) geboren hat. Es ist alles in ihr, aber alles im Sinne der Vergeistigung gefärbt. So ist auch mit ihrer Assumptio *nicht* eigentlich die Materie in den Himmel aufgenommen, denn ihr Körper und ihre „Materie" haben gerade das nicht, was speziell im Christentum Materie kennzeichnet: dunkle Stofflichkeit und (im Menschlichen) Belastung mit Sünde oder Schuld.

Das Dogma der Assumptio Mariae ist nur als ein Symptom (in der Wandlung der Symbolgeschichte) zu bewerten, darf aber – so scheint es mir – geistesgeschichtlich nicht übersehen werden. Es bleibt – wie mir scheint – den Protestanten vorbehalten, das Dogmatische (betont Konkretistische) auf seinen symbolischen Gehalt zurückzuführen. – Wie Sie sehr richtig sagen, ist Maria noch nicht das endgültig befriedigende weibliche Symbol unserer Zeit. Ihnen scheint das so wegen der einseitigen Vertretung des Mutterbildes (Anima b); mir – gerade umgekehrt, weil sie eben doch nicht Materie (oder Mensch) ist. – Sophia wäre, wie Sie sehr richtig anführen – die viel umfassendere Gestalt (sie ist auch – vom Judentum-Christentum her gesehen – die anfänglichere, taucht sie doch schon im Alten Testament auf). Diese wird aber wahrscheinlich nur (siehe Ihr Protestant im Traum) vom *Einzelnen* realisiert (bewußt gemacht) werden können und nicht in einem kollektiven (katholischen) Kult. Der Individuationsprozeß scheint mir darum eine Angelegenheit zu sein, bei welcher sich protestantische Einstellung (die Behauptung des Einzelnen gegenüber dem Gottesbild) mit katholischer Tradition christlicher Symbole eint; oder – wie Sie so schön ausführen – noch weiter: die westlich-christliche (wissenschaftliche und ins einzelne gehende) Tradition mit östlich-ganzheitlicher (paradoxer) Betrachtungsweise. Der Mensch der Zukunft wird daher weder Protestant noch Katholik noch Jude, weder westlich noch östlich sein können, sondern – wie mir scheinen will – einfach: *Mensch*. Gefährlich scheint mir heut lediglich Einseitigkeit in jeder Form: jede ausschließliche Forderung nach Anschaulichkeit oder Abstraktion, nach männlicher oder weiblicher Betrachtungsweise, nach westlicher Tradition oder östlichem Geist, nach Protestantismus oder Katholizismus, nach natur- oder geisteswissenschaftlicher Betrachtung etc. etc. sind von vorneherein zum Scheitern verurteilt. – Sehr schön erscheinen mir in diesem Zusammenhang die von Ihnen geschilderten Beziehungen zwischen dem noch unerreichten Sophienbild (als Vereinigung von Anima a und b) und den Bemühungen einer einheitlichen Auffassung von Psyche und Physis. Es scheinen mir da synchrone Strömungen vorzuliegen, oder vielmehr handelt es sich wohl dabei um Eines und Dasselbe (in meiner Anna-Kingsford-Schlußbetrachtung[10] letztes Jahr habe ich soweit es in meinen schwachen Kräften stand, auf diese Zusammenhänge hingewiesen. Es ging ja auch da um „das Weibliche".)

Übrigens waren solche Bemühungen der Zusammenschau schon in der Romantik lebendig, allerdings nur auf gefühlsmäßig-intuitive Weise. Damals bezeichnete man als „Natur" das „Meer der Bilder", d. h. das Unbewußte (wofür es unendlich viele Bezeichnungen gab), und ebenso auch den Kosmos. Beides war „*Mutter* Natur" und wurde – sowie ich erinnere von Novalis – auch als „Sophia" bezeichnet.

Ihre Frage: „Gibt es psychologisch eine Sophia, solange es noch in der Wissenschaft ein psychophysisches Problem gibt?" habe ich nicht ganz verstanden, oder ich (miß)verstehe sie kausal. Mir scheint es bei der Bewußtmachung der Sophia (im Individuationsprozeß) und bei den physikalischen Forschungen um Ausdruck des Weges zu handeln, auf welchem heut der Zeitgeist wandelt, sozusagen als „Abgeordneter" jener „übergeordneten Realität, die sich jeder Veranschaulichung entzieht".[11]

Ich fürchte, lieber Herr Pauli, nun muß ich aufhören, obwohl noch sehr viel zu Ihren Gedanken zu sagen wäre. Ich schicke den Brief – ohne viel Bedenken oder Korrekturen – so ab, wie er mir in die Feder kam. Dies hat nämlich den Vorteil, daß er ein Osterbrief wird – und so wesensmäßig zu dem Ihren gehört – und ich ihn mit Ferienmuße schreiben kann.

A. Jaffé

---

[1] Dieses Datum wurde nachträglich ermittelt.

[2] Wahrscheinlich den Brief [1396] vom 10/11. April 1952.

[3] Jung [1952]. Siehe hierzu auch die Besprechung durch A. Jaffé (1953).

[4] D. h. Unheil abwehrende Maßnahmen.

[5] Es handelt sich um eine phantastische Geschichte der religiösen Kämpfe in Schottland während des 17. Jahrhunderts von James Hogg [1824]. Siehe hierzu auch Paulis Brief vom 18. Oktober 1953 an Fierz.

[6] Siehe hierzu A. Jaffés Studie über Geistererscheinungen (1958).

[7] Dieses Werk hatte Pauli im Herbst 1951 gelesen. Siehe hierzu die Angaben in den Briefen [1308, 1316, 1325 und 1334].

[8] Der auf den römischen Schriftsteller Sueton zurückgehende Ausspruch „an den griechischen Kalenden" (d. h. den römischen Zahltagen an den Monatsersten) bezieht sich auf eine nie erfüllbare Forderung, weil der griechische Kalender solche Tage nicht vorsieht.

[9] Siehe hierzu die Anmerkung zum Brief [1396].

[10] Siehe Maitland [1896].

[11] Vgl. den Brief [1396].

[1399] PAULI AN ROSENFELD

Zürich, 16. April 1952

Dear Rosenfeld!

Many thanks for your letter of April 6,[1] which I enjoyed very much. I feel obliged to add some more concluding remarks, partly also in answer to your questions.

The strongest tension is still present between my regarding your point 1b) in which in a way well known and equally well disbelieved by me a connection is asserted between the ideology and the social position of a class. I think this has to be abandoned entirely: One could just as well substitute for your sentences the following ones: the better immaterial 'Beyond' is an idea typical for tired (and exploited) proletarians or slaves, whilst a strong, [...][2] pirate class will always be materialistic. Indeed the early Christian 'spiritualization' of the world was swallowed by the exploited slaves like honey whilst the leisure-class of wealthy Romans had some resistance against it to continue their pagan pleasures. Similar ideas were put forward by B. Russell,*[3] whose judgment of Marx seems to me impartial and correct. "It is said that love of the eternal is characteristic of a leisure class, which lives on the labour of others. I doubt if this is true. Epictetus and Spinoza were not gentlemen of leisure. It might be urged, on the contrary, that the conception of heaven as a place where nothing is done is that of weary toilers who want nothing but rest.** Such argumentation can be carried on indefinitely, and leads nowhere." With this conclusion I heartily agree. I do not wish to enter with you this old blind alley.

Much more interesting for me is your point 2 regarding the evolution of the animals. I am a great admirer of Darwin (contrary to Freud I even believe that dreams have sometimes a connection with earlier stages of the biological evolution) and just as you I take it for granted that the thinking and the consciousness are products of a particular evolution and characteristic for its later stages. (Why apes never use trees as bridges? No language would be necessary for this and the apes bodily forces would be entirely sufficient to take trees throw them over smaller rivers and pass on them. They probably even have seen such trees and may be they were going over them already. But it is impossible for an ape to use trees for the construction of primitive bridges, because its *brain* has not the necessary development for building up and collecting all the necessary association for such an action.)

But still this does *not* lead me to materialism; we know the existence of objective unconscious factors in the psyche, so there is probably a psyche long before there is consciousness. This *Unconscious* of a species of animals will presumably produce 'archetypical pictures' and with this 'patterns of behaviour'. The adaptation and the physical experience will react backwards on the unconscious psyche and here we are: I am accepting the evolutionary point of view but I stay complementary (and symmetrical) with respect to the distinction 'matter versus psyche'. There is *no* 'decision' in favour of materialism for me but there is also psyche long before there is consciousness.

There is agreement between us also in another respect (beside my accepting of Darwin's evolution): The idea of a 'Geist' or 'Weltgeist' (as the Germans like to say) as origin of all 'Geschehen' is rejected by me for the reason that 'Geist' is too much similar to 'human consciousness' and much too 'anschaulich'. Just because I think that the last reality must be 'unanschaulich' and *beyond* the distinction between 'psychisch' and 'physisch' I cannot accept a human-like consciousness (menschenähnliches Bewußtsein) outside men. I am also a pupil of Schopenhauer and Laotse, who are certainly no materialists but who are no 'theists' in the narrow occidental sense either. (So I am neither for church-taxes nor for materialism.) Therefore any deeper (to avoid the word 'ultimate') *reality must* necessarily be 'symbolical'*** (only *phenomena* can be *'concrete'*).

At the end I shall say just a word on the complementarity 'individual' – 'Gesellschaft'. First I do not like very much the word 'society' or 'Gesellschaft', because it was used by nationalists in such a way that 'Gesellschaft' was tacitly identified with a particular state. I prefer to say 'collective' instead of 'Gesellschaft' and this can be *any* collective. A small one like a family or a club, a larger one like a State, or again a different one like all people with the same profession, or with the same religion, or the members of the same party or anything else until to the whole humanity.

Now, I wished very much that I knew more about this complementarity 'individual – collective' than I actually do. I am getting very sketchy now: There is one thing which I know certain and this is, that this complementarity only interests me if it is not considered from a narrow 'sociological' or 'materialistic' point of view. I know a little bit on 'group souls' and 'representations collectives' of Levi-Bruhl,[4] I know Schopenhauer's paper "Über die Grundlagen der Moral" (on conscience, egoism and altruism).[5] I know that the true altruism is never derived from the 'State' (how capital the S in it may be written) but that it springs from Eros and love. I know, that deeper levels in the soul or psyche are collective but that any change in human society is first in the consciousness of an *individual*, where it causes a change of interest and *value*. I wished, I knew more but I know enough to recognize whether a man attacks a problem from the wrong or the right end.

I know that there exist a general 'Einheit – Vielheit' problem (of which the complementarity 'individual – collective' is only a part) and I want to draw once more your attention to de Broglie's article on the complementarity 'element – system'[6] in the 'Dialectica' issue which I have sent to you. I have the feeling that here is a problem left *inside physics* (the last word about it is not spoken yet) – but my creative forces are decreasing. – So I give a historical lecture once a year, and your letter gave me also the inspiration, perhaps once to give one on the idea of matter in antique Greek philosophy. The continuation of our correspondence is in the future and for now: Vale!

Sincerely Yours

W. Pauli

---

[1] Brief [1395].

[2] Unleserliches Wort.

* See **1.** A History of Western Philosophy, Chapter **27**; 'Karl Marx' (the following quotations above are from p. 786.) **2.** Freedom and Organization 1814–1914. **3.** *Power*. This book seems to me very good from a purely phenomenological point of view. On the contrary Marx seems to me very bad and untenable from this point of view, and his apparent 'insights' seem to me false.

[3] Siehe Russell [1934, 1938 und 1945] und Band **III**, S. 384. Russells *Geschichte der westlichen Philosophie* [1945] wurde nicht nur von Pauli sehr geschätzt. Albert Einstein bezeichnete sie als „ein in höchstem Sinne pädagogisches Werk, das über dem Streite der Parteien und Meinungen steht." Vgl. Sandvoss [1980, S. 105]

** Freud würde sowohl von der Idee des ‚Himmels' wie von der „klassenlosen Gesellschaft" sagen: Das ist eine typische ‚*Wunschwelt*' (wishful thinking).

*** The claim for 'Anschaulichkeit' seems to me typically *feminine* even if it occurs with certain men.

[4] Pauli hatte bereits im Jahre 1934 ein Werk des bekannten französischen Philosophen und Soziologen Lévy-Bruhl [1922/27] gelesen (vgl. Band **II**, S. 341), welcher u. a. die Auffassung vertrat, daß die moralischen Prinzipien einer jeden Epoche als ein unbeeinflußbares kollektives Phänomen auftreten.

[5] Schopenhauer (1840).

[6] L. de Broglie (1948).

[1400] Pauli an Seelig[1]

[Zürich], 22. April 1952
[Maschinenschriftliche Durchschrift]

Sehr geehrter Herr Seelig!

Aus einer Mitteilung des Herrn Schulratspräsidenten[2] entnehme ich, daß Sie nach unserem letzten Briefwechsel eine weitere Anfrage gestellt haben, die meinen Artikel „Einstein's Contributions to Quantum Theory" im Einsteinband der „Library of Living Philosophers"[3] betrifft.

Ich kann mich darauf beschränken, zur Klarstellung kurz folgendes hierzu zu bemerken:

1. Ein Neudruck meines Artikels, losgetrennt von den übrigen Artikeln des Bandes, kommt nicht in Frage.[4]

2. Eine deutsche Fassung meines Artikels hat niemals existiert.

3. Neuere Beiträge Einsteins zur Quantentheorie seit dem Erscheinen des Bandes sind nicht vorhanden.

Ihr [W. Pauli]

Kopie an: Herrn Schulratspräsident Professor Dr. H. Pallmann

[1] Dieses Schreiben ist auch bei Glaus und Oberkofler [1995, Dokument III. 87] abgedruckt.

[2] Diese Anfrage des Schulratpräsidenten vom 15. April 1952 ist bei Glaus und Oberkofler [1995, Dokument III. 84] abgedruckt.

[3] Pauli (1949).

[4] Pallmann vermerkte hierzu in einer Randnotiz: „kurz und bündig!"

[1401] PAULI AN THELLUNG

Zürich, 23. April 1952

Lieber Herr Thellung!

Nachdem Sie fort waren, habe ich mir das Problem, das wir diskutiert haben, noch einmal überlegt[1] und kam zum Resultat, daß in Ihren Notizen ein *Fehlschluß* war: Es gibt *keinen* Grund dafür, daß die von Møller mit $\psi(x, \sigma)$ und $u(x, \sigma)$ bezeichneten Felder den kräftefreien Vertauschungsrelationen genügen, es existiert also im allgemeinen auch gar kein unitärer Operator $U(\sigma, \sigma')$, der die Feldgrößen $F(x, \sigma)$ in $F(x, \sigma')$ transformiert. (N. B. Møller behauptet dies nur für den *Sonderfall*, daß σ nach $t = -\infty$, σ' nach $t = +\infty$ rückt, wobei die Felder in F^{in} und F^{out} übergehen. Er beruft sich dabei auf einen noch unpublizierten und mir nicht bekannten Beweis von Cl. Bloch.[2] Für diesen Sonderfall ist mir die Behauptung allerdings plausibel, daß die F^{in} und die F^{out} denselben Vertauschungsrelationen genügen.) Deshalb braucht auch gar kein zeitlich konstantes H zu existieren.

Ihr Fehlschluß nun ist dieser: wir wissen, daß die $\psi(x, \sigma)$ und $u(x, \sigma)$ auf σ mit den Heisenberg-Operatoren $\psi(x)$ und $u(x)$ übereinstimmen.

1.
$$\psi(x, \sigma) = \psi(x) \text{ und } u(x, \sigma) = u(x) \text{ für } x \text{ auf } \sigma.$$

Wir wissen zweitens, daß diese Größen die kräftefreien Feldgleichungen erfüllen:

2.
$$(\gamma_\mu \partial_\mu + M)\psi(x, \sigma) = 0$$
$$(\Box - m^2)u(x, \sigma) = 0.$$

Aber daraus allein folgt *noch gar nicht* die Behauptung, daß die $\psi(x, \sigma)$ und $u(x, \sigma)$ die gewöhnlichen kräftefreien Vertauschungsrelationen erfüllen.[3]

In der gewöhnlichen Theorie (bzw. bei Yang und Feldman)[4] schließt man so weiter:

3. Die Heisenberg-Operatoren $\psi(x), u(x)$ erfüllen die gewöhnlichen Vertauschungs-Relationen

$$\{\psi(x), \bar{\psi}(x')\} = (-i)S_M(x - x') \tag{*}$$

wenn x und x' beide auf σ liegen.

$$[u(x), u(x')] = i\,\Delta_m(x - x') \text{ bzw. } \left[\frac{\partial u}{\partial x_\nu}(x), u(x')\right] = i\frac{\partial}{\partial x_\nu}\Delta_m(x - x').$$

Denn σ hat die Eigenschaft, daß alle Punktepaare auf σ *raumartig* liegen, und dann fällt die Behauptung 3 mit den gewöhnlichen *kanonischen* Vertauschungsrelationen zusammen.

Aus 1 folgt dann (*) auch für $\psi(x, \sigma)$ und $u(x, \sigma)$, wenn x und x' auf σ liegen und aus 2 folgt weiter das gleiche allgemein. {Aber 3 gilt *nicht* in der Møllertheorie. Es wird nur behauptet für den Fall, daß σ nach $t = -\infty$ oder nach $t + \infty$ rückt. In einem dieser beiden Fälle ($t = -\infty$) kann das übrigens *festgesetzt* werden; ein Beweis ist nur nötig dafür, daß dann dasselbe im anderen Fall ($t = +\infty$) gilt.}

Ich habe mich auch davon überzeugt, daß die klassischen Überlegungen, von denen wir gestern sprachen, für eine Theorie vom Typus der Møllerschen nur zum Resultat führen können, daß ein Energie-Impulsausdruck existiert, der für $t = -\infty$ und für $t = +\infty$ denselben Wert hat, daß aber im allgemeinen keine Integrale existieren, die für alle t exakt denselben Wert haben.

Nun bin ich sehr froh, daß „die Welt wieder rund ist" und grüße Sie nochmals herzlich.

Wie geht es Kramers?[5] Stets Ihr

W. Pauli

[1] Thellung war, wie er sich erinnert, über die Osterferien nach Zürich gefahren und hatte bei dieser Gelegenheit Pauli im Institut aufgesucht, um mit ihm über seine Doktorarbeit und die damit zusammenhängenden Fragen in der Mesonenfeldtheorie zu diskutieren. „Am 18. April machte Pauli mit mir (wie er das auch früher mit seinen zukünftigen Assistenten getan hatte) einen ganztägigen Ausflug über Land (wo über Gott und die Welt, aber auch über Physik gesprochen wurde), und am 21. April trafen wir uns bei ihm zuhause, um einen Artikel (wohl von Kristensen und Møller über nicht-lokale Feldtheorie) zu diskutieren. Wir machten einige Rechnungen, bei denen mir offenbar ein Fehler unterlief. Ich habe aber nie wirklich über nicht-lokale Feldtheorie gearbeitet. Am 22. April fuhr ich nach Holland zurück."
Da Pauli beabsichtigte, demnächst im theoretischen Seminar über die nicht-lokale Feldtheorie von Kristensen und Møller (1952) zu berichten, war er natürlich besonders an diesem Thema interessiert, wie dieser Brief und der Hinweis auf Thellungs Notizen nahelegen.
[2] Siehe hierzu auch die Bemerkung in dem Brief [1404] und den Brief [1409] vom 3. Mai, in dem Møller das Eintreffen von Blochs Manuskript mitteilt.
[3] Vgl. hierzu Pauli (1953b, S. 18).
[4] Yang und Feldman (1950).
[5] Kramers starb am 24. April 1952 an einem Lungenkrebs, der einen Monat zuvor diagnostiziert worden war. Vgl. hierzu auch die Bemerkungen im Brief [1405] und in Borns Schreiben vom 4. Mai 1952 an Einstein.

[1402] PAULI AN VON FRANZ

Zürich, 26. April 1952

Liebes Fräulein von Franz!

Ich habe noch über einiges nachgedacht, was Sie das letzte Mal gesagt haben und es sind mir einige Bedenken aufgestiegen, die ich Ihnen zwecks weiterer Diskussionen gerne schreiben möchte:

1. Man kann meines Erachtens die anima mundi der Platoniker *gar nicht* als „Mutter" bezeichnen.[1] Zur Mutter gehört wesentlich die *Fruchtbarkeit* (Kinder; bei der Materie und Ackererde die Feldfrüchte), die hat aber die anima mundi gar nicht. Die Funktion der Weltseele in dieser Philosophie ist das Stiften einer *Beziehung* (Koordination, „Form"). Z. B. sind nach dieser Auffassung die Planeten dadurch aufeinander bezogen, daß deren Einzelseelen auch einer und derselben Weltseele angehören.

2. Es muß wesentlich berücksichtigt werden, daß auch als Traumfigur moderner Männer die „Anima" als Frau erscheinen kann, die *nicht* mit einer

lebenden, wirklichen Frau übereinstimmt (reine Phantasiefigur), während ihr anderseits das Mütterliche gänzlich fehlt. – Richtig und wichtig ist jedoch, daß diese Figuren in gewissem Sinne den Charakter einer „Braut" gewöhnlich haben, indem sie oft gerne „heiraten" möchten, oder einen Mann, d. h. den *Logos*, *suchen*. – Bei den Neuplatonikern ist wohl die Weltseele in gewissem Sinne auch die Braut des Nous.

3. Man kann meines Erachtens eine Philosophie mit der Tendenz einer Vergeistigung und Entmaterialisierung nicht einfach dadurch abtun, daß man sagt, sie sei von „Muttersöhnchen" erfunden. Das mag im Einzelfall zutreffen, aber zu einer Philosophie gehört auch, daß sie „einschlägt", Anhänger findet, von *Vielen* getragen und weiterentwickelt wird. Das hängt. meines Erachtens wesentlich vom allgemeinen geistigen Rhythmus einer Zeitepoche ab.* Das Persönliche tritt dabei in den Hintergrund.

4. Ich glaube deshalb nach wie vor, daß Materialismus und Idealismus eben diesen beiden Arten des Archetypus der Frau entsprechen, dem Mütterlichen und jenem anderen, *Nicht*-mütterlichen. Philosophisch ist das zugleich die konkretisierende versus entkörperlichende (vergeistigende) Tendenz. Das psychologische Problem, eine Vereinigung dieser beiden Aspekte des Archetypus der Frau zu finden (N. B. Weist das als „Mutter" und „Braut" auf den Inzest hin?), scheint mir in der Tiefe der Psyche mit dem naturphilosophischen „psycho-physischen" Problem zusammenzufallen.

Viele Grüße, schreiben Sie, bitte, Ihren Stundenplan   Stets Ihr W. Pauli

---

[1] Siehe hierzu auch die Bemerkung in Panofskys Brief [1366].
* Auch der Buddhismus ist „vergeistigend", nicht nur der Platonismus.

[1403] PAULI AN OPPENHEIMER

[Zürich], 27. April 1952
[Maschinenschrift]

Dear Robert!

The long time I needed to answer your letter[1] shows you how seriously I considered your important and generous proposal. But seductive as it is in many respects, I eventually reached the conclusion, that I can not accept it. Besides the reasons which influenced my decision already in 1946,[2] new factors come into play today to maintain my old decision. The one is, that with increasing age I get still more hesitant to make a drastic change in the entire form of my life. The second, more important, is that I definitely feel, that I am more urgently needed and more indispensable here than I ever could be in the States, particularly in connection with the new plans for an European Research Institute of Physics.[3]

On the other hand I also feel that my very close scientific and human relations with your Institute in Princeton are of equal importance to me than these other duties and projects here, which I can not well abandon. Considering all circumstances, the permanent membership of your Institute, which so kindly was given to me after my last visit in Princeton, seems to me at present still the best attainable solution.

In the autumn of this year I shall make with Franca a journey to India for several months, which I promised Bhabha long time ago.[4] On my next following leave I am planning to visit Brazil,[5] and I propose you to combine this with a new visit to your Institute. I am looking very much forward to this new occasion to take up my personal contact with you and my other friends in Princeton, perhaps also making use of your really generous offer to accept me even as a spectator.

For now we are sending our love to you and to Kitty, with all my thanks to yourself.

Wolfgang

[1] Brief [1369].
[2] Siehe hierzu Band **III**, S. XLVIff. und 381.
[3] Pauli bezieht sich auf die Verhandlungen zur Gründung eines großen *Europäischen Laboratoriums für Kernforschung* (CERN), die im Februar 1952 zu einem entscheidenden Abschluß gekommen waren. Als Standort dieses Laboratoriums wurde im Oktober 1952 von den Vertretern der 10 Mitgliedsländer die Umgebung von Genf gewählt. Siehe hierzu die Berichte von Zucker (1951, S. 18), Kowarski (1955), Jacob [1981] sowie die historischen Untersuchungen von Hermann et al. [1987, 1990] und von Pestre und Krige (1992).
[4] Pauli wollte Anfang November 1952 seine schon seit längerer Zeit geplante Indienreise antreten. Siehe hierzu die Briefe [1426, 1440, 1441, 1454, 1462, 1464, 1466 und 1472].
[5] Wahrscheinlich war Pauli auf Veranlassung seines ehemaligen Schülers Leite Lopes und von David Bohm ebenfalls zur Teilnahme an dem vom 15.–29. Juli 1952 in Sao Paulo und Rio de Janeiro veranstalteten internationalen Symposium über *Novas técnicas de pesquisa em fisica* eingeladen worden.

[1404] PAULI AN MØLLER

Zürich, 28. April 1952

Dear Møller!
I am still expecting an answer from you to my last letter,[1] but meanwhile I wish to add one more question: I am interested in the proof (see p. 15 of your paper), that the out-fields satisfy the same commutation relations (7) as the in-fields. It is plausible to me, but it does not seem to me trivial. {In your Note 7 you refer to something unpublished of Bloch,[2] which, of course, is not (or not yet) accessible to me.} I intend to give a talk on the paper of you and Kristensen[3] in our theoretical seminar in Zurich (but perhaps only after my visit in Copenhagen in June.[4] Will you be there at that time?)

Is Bohr back in Copenhagen? He was not seen in Zurich, as we expected.[5] – I urgently need some news from Rozental (I have talked with him on the telephone during his stay in Bern) about which week will be best for my coming to Copenhagen in June.[6] Do you or Rozental know, when Pais will be in Copenhagen? I would like very much to see him.

Of course it is possible that this letter will just cross more recent news from Copenhagen.

I have heard about the dead of Kramers on April 24 and, of course, I am very sad about it. This was a *long* friendship with Kramers, which just lasted for 30 years and started in 1922 in your Institute on Blegdamsvej. For Niels Bohr it will be just as sad as it is for me.

All good wishes to yourself and to all other friends
Sincerely Yours
                                                                           W. Pauli

[1] Brief [1397].
[2] Siehe Bloch (1952).
[3] Kristensen und Møller (1952).
[4] Pauli wollte vom 3.–17. Juni an der Kopenhagener Physiker-Konferenz teilnehmen.
[5] Siehe hierzu die Bemerkung im Brief [1375] über Bohrs Züricher Aufenthalt im Februar 1952.
[6] Siehe hierzu die Briefe [1405, 1414 und 1417].

[1405] PAULI AN PAIS

[Zürich], 28. April 1952

Dear παις!

Ich glaube, zunächst gehe ich doch zur deutschen Sprache über. Nun sind sehr traurige Tage für uns: *Kramers* ist am 24. April gegen Abend gestorben. Am Tag darauf* hatte ich eine kurze Nachricht darüber von dem holländischen Maler Kelder (der auch ein guter Freund von Kramers ist), heute kam die offizielle Anzeige. Von meinem Schüler Thellung, der jetzt Assistent von Kronig ist, sowie auch von Herrn Kelder hatte ich vorher gehört, daß man (etwa am 16. April) Kramers die Hälfte der Lunge wegen Krebs operativ entfernt hatte.[1] Die Operation ist zwar gelungen, aber später ist Lähmung des ganzen Gesichtes und der einen Körperhälfte erfolgt (Folge einer Hirnblutung?). Die Lage von Kramers war hoffnungslos, zum Schluß dürfte er kaum bei Bewußtsein gewesen sein, und für ihn ist es besser so als noch ein qualvolles Dasein von einigen Monaten.[2] – Morgen (29.) ist die Beerdigung in Oeghstgeest.

So endet für mich nun eine lange, gerade 30 Jahre während Freundschaft, die mit Kramers regelmäßigem Ruf „Pauli, hol Milch!" jeden Mittag im Institut am Blegdamsvej in Kopenhagen (1922) begann – und in deren Verlauf die moderne Atomphysik entstanden ist. Nach dem Krieg freilich war er nicht mehr derselbe wie früher.

Allmählich lichten sich die Reihen um mich: A. Schnabel, Sommerfeld, E. Hecke, Harald Bohr, Ladenburg,[3] der Bildhauer Haller, Bradt und jetzt auch Kramers sind dahin![4] (Von den Jüngeren Yukawa, Dancoff und Slotnick.)[5]

Das ist nun Vergangenheit – für uns beide. Nun wenden wir uns wieder der Zukunft zu. Jedenfalls bin ich froh, daß auch Jüngere, wie Sie, unter meinen näheren Bekannten vertreten sind, und ich möchte Sie nicht in Kopenhagen verfehlen.[6] Die Sache liegt so, daß ich Bohr versprochen habe, eine Woche lang während des Juni (länger kann ich nicht wegen des Semesters hier) in Verbindung mit der Mesonen-Konferenz nach Kopenhagen[7] zu kommen. Ich weiß noch nicht, *welche* Woche ich dort sein werde, erwarte aber fast täglich

Bescheid aus Kopenhagen. (Ich muß es *bald* entscheiden, weil Bhabha im Lauf des Juni in Zürich vortragen wird, was ich auch nicht versäumen darf.) Bitte schreiben Sie mir *gleich, wann* im Juni Sie in Kopenhagen sind.

Ich danke Ihnen auch noch sehr für Ihren langen Brief vom 12. März. Vielleicht können wir uns mündlich darüber noch unterhalten. Nunmehr habe ich nach einiger Überlegung an Oppenheimer geschrieben,[8] daß ich meinen Status nicht ändern will (I feel myself in Europe much more indispensable than I ever would be in the States), daß ich aber meine Besuche in Princeton als permanent member wieder aufnehmen will. Ihr Punkt 2 „On politics" spielt bei meiner Entscheidung heute nur eine sehr *untergeordnete* Rolle, wie ich hier ausdrücklich hinzufügen will.

Für heute viele Grüße von uns beiden an Sie selbst sowie auch an die Josts (ich erwarte einen Brief von ihm, hoffe ihn auch in Kopenhagen zu treffen).

Stets Ihr   W. Pauli

---

* Gerade an meinem Geburtstag! {Vgl. hierzu die Briefe [1401 und 1404].}

[1] Thellung berichtet über Kramers Gesundheitszustand folgendes: „Kramers hatte zwar seit Jahren Herzbeschwerden, die ihn körperlich belasteten. (Immerhin fuhr er noch lange Fahrrad. Dabei hatte er Mühe vor allem an den Brücken (den einzigen Stellen, wo man in Holland eine Steigung überwinden muß); er fand aber, wie er sagte, eine Lösung zu diesem Problem, indem er vor der Brücke seine Geschwindigkeit erhöhte!) Seine geistige Aktivität war jedoch nicht beeinträchtigt. Er kam jeweils am Freitag nach Delft, um eine Vorlesung zu halten. Er suchte mich oft in meinem Zimmer auf, und wir sprachen über alle möglichen Probleme der Physik (und auch Nicht-Physik), vor allem Feldtheorie und He II. Zum letzten Mal sah ich Kramers am 14. und 21. März 1952 in Delft. Dann kam der große Schicksalsschlag: Lungenkrebs wurde diagnostiziert, der innerhalb eines Monats zu seinem Tode führte."

[2] Vgl. die Kramers-Biographie von Max Dresden [1987].

[3] Siehe den Nachruf von Kopfermann (1952).

[4] Arthur Schnabel († 15. August 1951); Arnold Sommerfeld († 26. April 1951); Erich Hecke († 13. Februar 1947); Harald Bohr († 22. Januar 1951); Rudolf Ladenburg († 3. April 1952); Hermann Haller (1880–1950); Helmut Bradt († 24. Mai 1950; weitere Angaben über den frühzeitigen Tod von Bradt findet man in *Physics Today*, Juli 1950, S. 40 und Band **III**, S. 630).

[5] Pauli meinte Kusaka, wie er im Brief [1412] erklärt. – Hedeki Yukawa war damals noch Professor am Physik-Department der Columbia University in New York, bevor er 1953 von seiner Regierung nach Japan zurückgerufen wurde, um dort in Kyoto die Leitung eines Instituts für physikalische Grundlagenforschung zu übernehmen. – Paulis ehemaliger Mitarbeiter in Princeton, der inzwischen an der *University of Illinois* wirkende Sidney M. Dancoff, war 1951 im Alter von 37 Jahren gestorben; und Murray M. Slotnick war 1950 noch als AAEC Postdoctoral Fellow am *Institute for Advanced Study* in Princeton gewesen und hatte dort mit Jost und Luttinger zusammengearbeitet, als auch er plötzlich starb.

[6] Pauli beabsichtigte vom 8.–15. Juni 1952 nach Kopenhagen zu dieser Konferenz zu reisen (vgl. den Brief [1417]).

[7] Die vom „Council of Representatives of European States for Planning an International Laboratory and Organising other Forms of Co-operation in Nuclear Research" unterstützte Konferenz fand vom 3.–19. Juni 1952 in Kopenhagen statt. Außer den dänischen Veranstaltern N. Bohr und Chr. Møller nahmen an dieser Konferenz O. Kofoed-Hansen, A. S. Wightman, L. Rosenfeld (Manchester), C. F. Powell (Bristol), G. D. Rochester (Manchester), W. Heisenberg (Göttingen), R. Wilson (Cornell), A. Pais (Princeton), W. Heitler (Zürich), G. Källén (Lund) und W. Pauli teil.

[8] Brief [1403].

[1406] PAULI AN GLIMSTEDT

Zürich, 29. April 1952
[Maschinenschriftliche Durchschrift]

Sehr geehrter Herr Kollege!

Der Königlichen Physiographischen Gesellschaft in Lund möchte ich hiermit meinen herzlichen Dank aussprechen für die ehrenvolle Aufnahme als auswärtiges Mitglied und die Übersendung des Diploms.[1] Ich hoffe, daß sich meine Beziehungen zur Universität Lund dadurch noch enger gestalten werden.

Mit vorzüglicher Hochachtung [W. Pauli]

[1] Vgl. den Brief [1393].

[1407] PAULI AN VON FRANZ

Zürich, 30. April 1952

Liebes Fräulein von Franz!

Vielen Dank für Ihren Brief, der mir durchaus diskutabel zu sein scheint: Es besteht kein logischer Widerspruch mit dem Begriff „Mutter", wenn entweder a) die betreffende Frau nur Adoptivkinder hat oder b) von der betreffenden Frau im Mythos ein *zweiter*, steriler Aspekt vorhanden ist. (Letzteres erscheint mir als Beginn einer Differenzierung.)

In dieser Verbindung möchte ich darauf hinweisen, daß in meinen Träumen sehr oft das Schwester-Bruder Inzestmotiv, angewandt auf die Beziehung Anima-Schatten vorkommt.[1] Dieses Paar erscheint dann als Braut und Bräutigam, jedoch verbunden mit einer Note von Illegitimität. (N. B. Das hat auch mit dem archetypischen Hintergrund unserer persönlichen Beziehung[2] etwas zu tun.) Ich möchte nun fragen, ob ein solches Motiv auch in antiken Mythen vorkommt und wo.

Wenn Sie weiter nichts von mir hören, komme ich definitiv Freitag Vormittag gegen 11 Uhr zu Ihnen (N. B. Der 1. Mai ist am Poly kein Feiertag, ich bin also Donnerstag hier im Institut erreichbar), worauf ich mich schon sehr freue.

In letzter Zeit war ich sehr mit einem Todesfall beschäftigt. Ein langjähriger Kollege und Freund (Holländer) ist vor einer Woche gestorben, in relativ noch jungen Jahren.[3] Das hat auch das Unbewußte sehr aktiviert, äußerte sich nachts in Träumen von Wanderungen über Pässe mit hohen Bergen ringsum und tags in Depressionen.

Näheres mündlich.

Inzwischen viele Grüße Stets Ihr W. Pauli

[1] Siehe hierzu Jung [1975, S. 471f.].
[2] Pauli besaß gemäß Jung das gleiche psychologische Funktionsschema wie M.-L. von Franz (vgl. hierzu den Brief [1209]).
[3] Kramers starb wie Pauli im 58. Lebensjahr. Siehe hierzu auch die Bemerkungen in den Briefen [1404 und 1405].

[1408] PAULI AN KRONIG

Zollikon-Zürich, 2. Mai 1952

Lieber Kronig!

Eben kam Dein Brief. Das ist wunderbar, daß Du kommst. Übrigens will Tom Kelder selbst auch hierher kommen (er spricht vom 8., 9. und 10. Mai) und bei der Eröffnung seiner Ausstellung anwesend sein.[1] Das paßt gut, dann treffen wir uns alle drei + meine Frau. Daß Deine Blumen alle gerade blühen in unserem Garten, paßt auch zum Eintreffen Deines Briefes. – Von Janssen halte ich einiges;[2] er ist nur sehr mit Geldverdienen beschäftigt und war in letzter Zeit wenig sichtbar. Würde er bei Dir eine feste Stelle bekommen, so wäre er wahrscheinlich sehr gut.

Deine Fragen über Kramers sind sehr interessant. Ich wußte schon lange alles, was über Dich, Deine Frauen 1 und 2 (besonders 2) und Kramers in Deinem Brief steht. (So soll es eigentlich auch sein bei Freunden.) Ich habe mir auch schon Gedanken gemacht über Kramers im allgemeinen und seine Beziehung zu Euch im besonderen. Mich hat sein Tod gefühlsmäßig sehr getroffen, war es doch eine nun 30-Jahre alte Freundschaft. Ich weiß 1. Kramers' Beziehung zu Frauen war *nicht* im Gleichgewicht, und zwar schon sehr lange nicht. 2. Seit dem Krieg ist ein außerordentlich stark *dissoziativer* Zustand bei ihm eingetreten bzw. sichtbar geworden. Er hatte für mich eine Art „Doppelgesicht" mit einem sehr starken „Schatten", der destruktiv wurde (weil von seinem Bewußtsein nicht anerkannt). Diese Frauen haben auf seinen „Schatten" reagiert!

Näheres mündlich. Es war schön, daß Du gesprochen hast! Die von Kramers ungelöst zurückgelassenen Gefühlsprobleme (über Gut-Böse im allgemeinen) beschäftigen mich auch.[3] Sein Leben ist *unerfüllt* abgebrochen, deshalb auch hat mich sein Tod sehr getroffen!

Es war Tom Kelder, von dem ich die erste Nachricht von Kramers Operation und dann von seinem Tod erhielt. Vielleicht erkundigst Du Dich bei Kelder selbst, wann genau er nach Zürich kommt.

Am 10. Mai soll auch meine Keplerarbeit erscheinen (zusammen mit einer anderen Arbeit von C. G. Jung). Welche Koinzidenzen! Also auf baldiges Wiedersehen, you are most welcome!

Herzliche Grüße von uns an Dich und Frau   Stets Dein Wolfgang Pauli

P. S. Sollen wir ein Zimmer für Dich hier in Zürich reservieren lassen?

---

[1] Siehe hierzu auch die Bemerkungen über Tom Kelder in den Briefen [1214 und 1405].

[2] Es handelt sich um den holländischen Physiker Laurens Jansen. Er war jung verheiratet und arbeitete deshalb nebenbei in der Industrie. Nach seiner Emeritierung zog er in die Schweiz nach Küsnacht.

[3] Siehe hierzu auch die Kramers-Biographie von Max Dresden [1987].

[1409] Møller an Pauli

Kopenhagen, 3. Mai 1952
[Maschinenschrift]

Dear Pauli!

Thank you very much for the two letters[1] and for the kind interest you have taken in our work. We would have answered your first letter at once if we had known exactly what to answer. Nearly simultaneously with your letter we received a paper from C. Bloch[2] – which is now in Pasadena – in which he treats the problem of convergence in higher orders and before answering your letter we wanted to read his paper. Since it is in the Dysonian style and of corresponding length and complication it took us some more time than we had expected. As far as we have understood Bloch's result is that, while the introduction of a form factor makes most of the terms convergent, there should be some terms - the simplest is that corresponding to the graph

which can be made convergent only by violating the correspondence for slowly varying fields. Since we did not quite understand Bloch's argument we decided to calculate the S-matrix to the fourth order in the coupling constant. We have not yet finished the calculation of the fourth order contribution to the selfenergy but would be quite surprised if it should be necessary to give up the correspondence requirement in order to obtain convergence.

We quite agree with your remarks about the question of gauge invariance. Surely the choice of a form factor like (§5, 14) in our paper[3] is very ambiguous on account of the non-commutability of the factors in G. In the just mentioned paper of Bloch he uses a method invented by Dirac, I think. He takes for the form factor in the case of an external potential the expression

$$F_A(x', x'', x''') = e^{-ie \int_{x'}^{x'''} A_\mu dx_\mu} F(x', x'', x''')$$

where the integral is taken along a straight line connecting x' and x''', and $F(x', x'', x''')$ is the form factor for $A_\mu = 0$. Of course there is also here an arbitrariness in the choice of the path of integration in $\int A_\mu dx_\mu$. We agree that a dependence of the form factor on the electromagnetic field is not at all satisfactory and we are more inclined to give up the requirement of gauge-invariance for the field equations, except for slowly varying fields, and require gauge-invariance for the S-matrix only. We have tried to carry through such a program in the case of charged particles in interaction with the electromagnetic field, but met with some difficulties in connection with the subsidiary condition and so far we have no real results.

As regards your last question concerning the commutation relation for the out-fields Bloch's paper contains a proof which runs as follows: Assuming that the interaction between nucleons and mesons can be neglected in the far past and in the far future we get from the conservation theorem in section 1 of our paper

$$Q^{\text{in}} = Q^{\text{out}}, \quad G_\mu^{\text{in}} = G_\mu^{\text{out}}, \tag{1}$$

where the Q and G_μ are the total charge and energy momentum calculated with in-fields and with the out-fields, respectively. Further postulating the usual free field commutation relations for the in-fields we have for any in-field variable

$$
\begin{aligned}
[Q^{\text{in}}, \varphi^{\text{in}}] &= -i\frac{\partial}{\partial\alpha}\varphi^{\text{in}} \\
[G_\mu^{\text{in}}, \varphi^{\text{in}}] &= -i\frac{\partial}{\partial x_\mu}\varphi^{\text{in}},
\end{aligned}
\tag{2}
$$

where α is the constant phase in a gauge transformation of the first kind. The relations (2) are true also for any functional built up of powers of the in-fields. If the out-fields are determined by the usual iteration method they appear as such functionals and provided the series is convergent the equation (2) must hold also for the out-fields. Using (1) we therefore have

$$
\begin{aligned}
[Q^{\text{out}}, \varphi^{\text{out}}] &= -i\frac{\partial}{\partial\alpha}\varphi^{\text{out}} \\
[G_\mu^{\text{out}}, \varphi^{\text{out}}] &= -i\frac{\partial}{\partial x_\mu}\varphi^{\text{out}}.
\end{aligned}
$$

From these equations Bloch now derives the commutation relations for the out-fields by similar arguments to those used by Wigner, Physical Review 77, 711 (1950)[4] in a similar problem.

I suppose that you have now received the letter from Aage.[5] About Pais, Rozental told me that he will come to Copenhagen June 9th and stay about a month. We are looking forward very much to your visit here at the conference.

With kind regards, sincerely yours   C. Møller

---

[1] Briefe [1397 und 1404].

[2] Bloch (1952). Siehe auch den in der Anlage zu [1409] wiedergegebenen Brief, den Claude Bloch kurz darauf an Møller sandte. Claude Bloch war 1948 als Gast am Bohr-Institut gewesen und anschließend mit einem Stipendium nach Pasadena gegangen.

[3] Kristensen und Møller (1952, S. 34).

[4] Wigner (1950).

[5] Dieser Brief liegt uns nicht vor.

ANLAGE ZU [1409]

Claude Bloch an Møller

Pasadena, 11. April 1952
[Maschinenschrift]

Dear Professor Møller!

I am glad to be able to send you, at last, the manuscript of my paper on non-localized interaction.[1] I would be most interested in knowing what you think of it. The whole thing took me a long time since I wanted to put the theory on some sort of a serious basis. This involved some mathematics.

The final conclusion about convergence seems strange: the introduction of a smooth form function of three variables having a Fourier transform going nicely to zero at high momenta is not sufficient to make everything convergent. Some graphs are still divergent. The simplest one is the double self-energy graph given in figure 2.[2] The simplest divergent graph which is not of this type is a sixth order graph. I wonder if you have come across such graphs which are not of the types usually computed. I think, however, that all terms should be convergent, and this can in fact be achieved if the form function is supposed to have only time-like Fourier components. I expect that such an assumption would lead to physical results very different from conventional field theory. This may not be bad, but it requires a detailed investigation which I have not made. I would be very interested in the results you have obtained with P. Kristensen.

If you think that my paper is O. K., I would be glad if it is accepted for publication in Det Kongelige Danske etc., etc.[3]

Here I became, of course, interested in light nuclei. It certainly is a very lively field. I have got an appointment at Cal Tech for next year, and I plan to stay here until about the end of the year, and then to take a trip to the East, and go home next summer.

I would be very interested in hearing about the Institute, who is there, what problems you are interested in, etc.

Would you, please, forward my best regards to Mrs. Møller, and also to Miss Hellmann, Yours, very sincerely   Bloch

---

[1] Cl. Bloch (1952).
[2] Ibid., S. 45.
[3] Die Abhandlung wurde laut Angabe am 26. Juni bei der Druckerei der dänischen Wissenschafts-akademie eingereicht und am 6. November 1952 ausgeliefert.

[1410] PAULI AN FIERZ

Zürich, 7. Mai 1952

Lieber Herr Fierz!

1. Alle Beteiligten waren sehr begeistert, daß Sie am Montag den 19. Mai im Seminar vortragen wollen. Sie können mir in Basel den genauen Titel sagen.

2. Herr Møller schreibt mir u. a.[1] „... As far as we have understood Bloch's result is that, while the introduction of a form factor makes most of the terms

convergent there should be some terms – the simplest is that corresponding to the graph

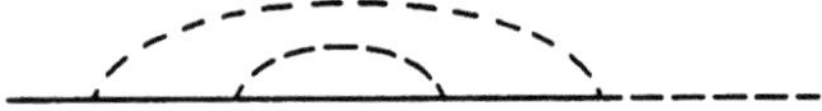

which can be made convergent only by violating the correspondence for slowly varying fields."

Die Kopenhagener Herren glauben das nicht (ich aber glaube es sehr wohl) und bemühen sich nun selbst den Beitrag 4. Ordnung der Selbstenergie zu berechnen. (Die Fachleute haben mir erklärt, daß obiger Regenbogen[2] solche Selbstenergieterme bedeutet.)

In Basel zeige ich Ihnen dann den ganzen Brief von Møller.[3]

Herzliche Grüße und auf Wiedersehen   Ihr W. Pauli

---

[1] Vgl. den vorangehenden Brief [1409].
[2] Das bezieht sich auf den von Pauli gezeichneten Feynman-Graph, der auch in Møllers Brief [1408] erwähnt ist.
[3] Siehe den Brief [1409].

[1411] PAULI AN VON KAHLER

[Zürich], 7. Mai 1952

Lieber Herr Kahler!

Heute möchte ich mich sehr bedanken für Ihren Sammelband „Verantwortung des Geistes".[1] Ich habe darin bereits einiges gelesen, insbesondere haben die Aufsätze „Ursprung und Wandel des Judenhasses" „Das Problem Deutschland" „Das Fortleben des Mythos" „Der Verfall des Wertens" meine Aufmerksamkeit gefesselt. – Der erstgenannte Aufsatz[2] behandelt ein Problem, das mich immer schon interessiert hat, ohne daß ich jedoch Zeit und Lust habe, große Geschichtswerke zu wälzen. Eine Grundfrage dabei ist doch auch die: woher und warum entstand gleich am Anfang des Christentums die Abwehrhaltung gegen dieses im Judentum, obwohl Jesus und Petrus anfangs nur von einem reformierten Judentum, nicht von einer „neuen Religion" sprachen? – Wahrscheinlich hat das doch mit der dem Judentum fremden Gottesvorstellung von Jesus zu tun. Zwischen dem launischen Tyrann Jahwe und dem „lieben Gott" (nie gab es den letzteren im Alten Testament) scheint eine unüberbrückbare Kluft.[3] War es vielleicht der innere Widerspruch eines „nur guten" und zugleich allmächtigen Gottes im Christentum, den die orthodoxen Juden instinktiv gefühlt – und abgelehnt haben? – Bei Plato ist der $\delta\varepsilon o\varsigma$ zwar nur gut, aber keineswegs allmächtig; er hat ja nicht alles erschaffen, findet sein Baumaterial, die $\chi\omega\rho\alpha$ einerseits, die Ideen andererseits vor, muß damit eben machen, was und so gut er es kann und muß die $\alpha\nu\alpha\gamma\kappa\eta$ anerkennen.

Aber im Christentum sollte dies (bzw. der daraus entstandene Neuplatonismus), d. h. die *griechische* Philosophie, mit dem biblischen Schöpfergott „zusammengeklebt" werden, und dieser „alte Bruch" ist im Christentum niemals ganz geheilt.

Ich frage mich, ob das religiöse Genie der Juden nicht gleich am Anfang dazu gesagt hat: „Das kaufen wir nicht!"

Aber ich armer Tor, stehe nun davor, d. h. ich stehe gar nicht, sondern hänge in einem Vakuum. Der launische Tyrann ist mir intellektuell nicht haltbar, zu willkürlich gegenüber der kosmischen Ordnung; die alt-jüdische Religion (die ich nur vom Hörensagen oder aus Büchern kenne) ist für mich einfach irgendeine exotische Religion, wie die altägyptische z. B. auch. Die christliche Gottesvorstellung (Allmacht und Güte) erscheint mir aber gefühlsmäßig als eine Provokation. Also bleibt mir nur das Ausweichen nach Osten (China und Indien) übrig.

Ich scheine nun etwas weit abgekommen vom Thema Ihres Aufsatzes über den Judenhaß, aber das scheint nur so, in Wahrheit liegt meines Erachtens *hier* die Wurzel des Problems.

Wie Ihr Aufsatz „Das Problem Deutschland"[4] zeigt, ist es (für Naturen wie Sie jedenfalls) viel leichter, die richtige historische Einsicht in die Entstehung eines Zustandes zu haben als praktische Vorschläge für die Zukunft zu machen.[5] Wir sind nicht so weit, daß wir diejenigen Faktoren und Triebkräfte im voraus richtig abwägen können, die für die künftige Entwicklung den Ausschlag geben werden. (Wie z. B. bei Deutschland das Eingespanntsein und Geteiltsein zwischen West und Ost. Welch fabelhafte Chance wäre es für eine Nation, die geschult darin wäre, geschickt im trüben zu fischen!)

Aber es scheint mir, gerade das können die Deutschen *nicht*. Unsichtbar steht dort zwischen den Zeilen geschrieben: „Es ist die Pflicht jedes guten Deutschen, *das Unmögliche zu wollen!*" Nur das gewalttätige eigene Dreinschlagen ist dort populär, das Mitmachen bei irgendwelchen anderen ist es nicht.

Was mich betrifft, so bleibe ich noch mehr bei der Theorie wie Sie: Zwar verschlinge ich mit dem größten Appetit Ihre historischen Einsichten und Ausführungen, Ihre praktischen Vorschläge „beschnuppere" ich zwar, lasse sie dann aber vorsichtig liegen.

Dieser Haltung wiederum kommt Ihr letzter Aufsatz „Der Verfall des Wertens"[6] sehr entgegen. Ist er ja hauptsächlich diagnostisch. Aber dann fühle ich mir persönlich liebevoll auf die Schulter geklopft und eine freundliche (theoretische) Stimme sagt zu mir „come, come!" Sie „brauchen mich" und es ist mir eine Freude, von Ihnen „gebraucht zu werden"![7] (N. B. Die Keplerarbeit muß nun dieser Tage herauskommen, vielleicht schon nächste Woche.)

Dies führt mich wieder zurück zu dem „Osten", von dem oben (Seite 2) die Rede war. Es ist natürlich nur sehr teilweise der wirkliche Osten (d. h. China und Indien und deren geistige Produkte). Richard Wilhelm konnte sein Kreuz für das Tao ablegen, aber ich kann *nicht* dasselbe tun mit dem Calculus und mit der Atomphysik. Das alles ist eine eherne Verhaftung an das Abendland (kann nicht „abgelegt" werden!), der wirkliche und historische Osten kannte das alles ja nicht. Jener „Osten" der Phantasie des wirklich Modernen ist eine neue ganzheitliche Anschauungsform ($\vartheta\varepsilon\omega\rho\iota\alpha$), die er vorerst nur ahnt, d. h. die erst in einem vorbewußten Zustand *latent* bei ihm vorhanden ist. (Immerhin ist diese bei mir stark genug, um mir jeden Versuch, philosophisch zum 19. Jahrhundert zurückzuschielen, nicht nur als aussichtslos, sondern auch als geschmacklos erscheinen zu lassen.) Es ist aber diese Ahnung, hinter der eine Triebkraft steckt, die es mir ermöglicht, in allem Widerwärtigen dieses Jahrhunderts weiter auszuhalten (wenn auch nur theoretisch, ohne praktische Ambitionen).

In der Hoffnung, noch ein Stück Weges nach jenem neuen „Osten" gemeinsam mit Ihnen zurücklegen zu können,

grüßt Sie herzlich   Ihr W. Pauli

P. S. Viele Grüße auch an Frau Löwy[8] (wie entwickelt sich deren Tochter[9] weiter?) und auch von meiner Frau.

---

[1] E. von Kahler [1952]. Dieser u. a. dem Andenken an Friedrich Gundolf und Hermann Broch gewidmete Band befindet sich auch in Paulis Büchersammlung in der *Salle Pauli* bei CERN in Genf. Er enthält eine Sammlung von kulturgeschichtlichen Aufsätzen aus der Zeit zwischen 1919 und 1951.

[2] Kahler [1952, S. 53–90]. Kahlers 1933 vom Münchener *Delphin-Verlag* unter dem Titel *Israel unter den Völkern* veröffentlichte Schrift verwandten Inhaltes war im *Dritten Reich* vollständig vernichtet worden. Eine zweite Auflage war daraufhin 1936 im *Humanitas-Verlag* in Zürich gedruckt worden.

[3] Wie F. J. Dyson am 18. Februar 1974 in seiner Züricher *Pauli-Memorial Lecture* bemerkte, müßte der von Einstein geprägte Spruch „Raffiniert ist der Herrgott, aber boshaft ist er nicht", für Pauli, der sich auch einen boshaften Herrgott vorstellen konnte, entsprechend abgeändert werden.

[4] Kahler [1952, S. 92–118].

[5] E. von Kahler (1950) hatte sich 1950 im *Bulletin of the Atomic Scientists* über Fragen der „Foreign policy today" geäußert, was der Grund für Paulis Bemerkung gewesen sein mag. Siehe hierzu auch Paulis Bemerkungen in seinem Brief [1070] an Kahler.

[6] Kahler [1952, S. 258ff.].

[7] Siehe hierzu die Bemerkung in dem Brief [1268].

[8] Es handelte sich um von Kahlers Lebensgefährtin Alice Löwy, die später seine Frau wurde.

[9] Hanna M. Löwy war die Tochter von Alice aus erster Ehe. Sie war mit David Bohm befreundet. Durch den Briefwechsel, den sie während Bohms Aufenthalt in Brasilien mit ihm führte, waren die Kahlers auch über dessen wissenschaftliche Auseinandersetzung mit Pauli unterrichtet. Diese Kenntnis entnehme ich den von Hanna M. Löwy mir freundlicherweise zugänglich gemachten Briefen.

[1412] PAULI AN PAIS

[Zürich], 7. Mai 1952

Dear $\pi\alpha\iota\varsigma$!

Many thanks for your letter of May 3.[1] – Meanwhile I also received a preliminary programme from Copenhagen[2] and my intention is to be there during the last week of the Conference, which starts June 16 (may be I can arrive already two days earlier, namely Saturday June 14, then we would have the Sunday for talks and excursions and I could divide this day between you and Jost). I cannot stay longer than one week in Copenhagen during our summer term in Zürich, but we shall have some time for "Lange Linie" and for "Krogs Fiskehuset" in this way. The programme of this last week will be field-quantization, where

I am interested in the form-factor theory of Møller, Kristensen[3] and Claude Bloch[4] besides the work of Källén[5] (who is in the neighbour-place Lund and will certainly come). Soon after I mailed my last letter it came in my mind that I had written 'Yukawa' instead of 'Kusaka' as you noticed.[6] But then I did not find it a sufficient reason to send a correction afterwards. The psychoanalysis of this 'Fehlleistung' I do not know, you can try to make it. In any case I am sorry.

The 'Sektenpfaff' D. Bohm wrote very recently a short, but very crazy and impudent letter to me.[7] So we are on rather bad terms. Probably I shall not answer him at all (at least not soon). – From Panofsky I did not hear anything new yet, but may be something will arrive in a short time.

'Paa Gensyn'[8] in Copenhagen. Yours old   W. Pauli

[1] Siehe den Brief [1409].

[2] Für die im Juni 1952 angesetzte Kopenhagener Konferenz hatte man ein Programm mit den geplanten Vorträgen verschickt. Zugleich sollte auf dieser Konferenz auch über mögliche Forschungsgegenstände für die in Genf geplante europäische Forschungsstätte CERN beraten werden. Tatsächlich tagte die Konferenz vom 3.–17. Juni. Siehe hierzu den *Report of the International Physics Conference sponsored by the Council of Representatives of European States for Planning an International Laboratory and Organising other Forms of Co-operation in Nuclear Research* und die Angaben bei Hermann et al. [1987, S. 212]. Siehe hierzu auch den Kommentar zum Brief [1418].

[3] Kristensen und Møller (1952).

[4] Cl. Bloch (1952).

[5] Källén (1951).

[6] Siehe Paulis Bemerkung im Brief [1405].

[7] Bohms Brief ist nicht erhalten.

[8] Pauli verwendete in dem dänischen Gruß „på gensyn" (auf Wiedersehen) inkorrekterweise die holländische Schreibweise „paa".

Walter Thirring, der Sohn des mit Pauli befreundeten Wiener Physikers Hans Thirring, arbeitete seit dem Wintersemester 1951/52 zusammen mit Gunnar Källén bei Pauli in Zürich und befaßte sich hier mit Fragen der Renormalisierbarkeit von Quantenfeldtheorien [1327].

Zuvor hatte er in Innsbruck bei Arthur March und Johann Karl August Radon Mathematik und Physik studiert. „Er versteht von der Diracschen Theorie schon viel mehr als sein Vater und ist außerdem sehr besessen von der Musik," hatte sein Vater – der damals gerade an seinem schon seit seiner frühesten Jugend geplanten Buch *Homo sapiens* arbeitete – seinem Kollegen Adolf Smekal geschrieben.[1] „Beim Militär war er nur fünf Tage, denn bei der Abrichtung explodierte in der Unterrichtungsstunde eine Gewehrgranate, die den, der sie in der Hand hielt, zerriß, sieben weitere tötete und 29, darunter Walter, schwer verletzte. Walter wurde fünf Meter weit weggeschleudert und blieb mit 24 Splittern im Leibe liegen, was zur Folge hatte, daß er bis zur Kapitulation im Krankenstand blieb."

Nachdem Walter Thirring im Jahre 1949 sein Studium in Wien mit der Promotion bei Felix Ehrenhaft abgeschlossen hatte, ging er zunächst mit einem Stipendium zu Erwin Schrödinger nach Irland an das *Institute for Advanced Studies* in Dublin. Hier erhielt er eine erste Gelegenheit, seine Kenntnisse über die neuen Methoden der Feldquantisierung von Feynman und Dyson in einer Vorlesung vorzuführen.[2] Es folgte vom Oktober bis

November 1950 ein fellowship an der Universität Glasgow und dann ab Dezember 1950 ein mit einem kargen Stipendium der *Notgemeinschaft der deutschen Wissenschaft* unterstützter einjähriger Aufenthalt bei Heisenberg am *Max-Planck-Institut für Physik* in Göttingen.[3]

Während dieser Zeit hatte sich Thirring ausgiebig mit dem Formalismus der neuen Quantenfeldtheorie vertraut gemacht und ihn an mehreren Beispielen aus der Mesonentheorie ausprobiert.[4] Dabei stellte er fest, daß bei der Meson-Meson-Streuung Unendlichkeiten auftreten, „die sich nicht durch Renormalisierungen wegschaffen ließen, auch wenn man Mesonengleichungen höherer Ordnung nimmt."[5] In Göttingen lernte er Heisenbergs jüngere Mitarbeiter Gerhard Lüders, Reinhard Oehme, Wolfhart Zimmermann, Paolo Budini und Walter Glaser kennen, mit denen auch Pauli in den folgenden Jahren in Berührung treten sollte. Mit Lüders und Oehme verfaßte Thirring auch einen größeren Übersichtsartikel über renormierbare und nicht-renormierbare Mesonentheorien.[6] Bei seinem Fortgang nach Zürich lobte Heisenberg ein „ausgezeichnetes Verständnis über die ganze moderne Entwicklung der Quantenelektrodynamik" und seine „anregenden Vorträge im Seminar und Diskussionen mit den anderen Institutsmitgliedern," die viel zu dem Institutsleben beigetragen hätten.[7]

Während seines Aufenthaltes in Zürich [1327] beschäftigte sich Thirring auch mit Fragen der Kernstruktur, insbesondere mit dem neuen Schalenmodell, das Paul Scherrer und die anderen Züricher Experimentalphysiker sehr interessierte. Eine größere Attraktivität übte jedoch die hier besonders durch die Anwesenheit von Paulis schwedischem Gast Gunnar Källén vertretene Feldtheorie auf ihn aus, der „versuchte, die Divergenz der Störungstheorie zu beweisen."[8]

Am 30. Januar 1952 berichtete Thirring in einem Brief an Heisenberg über seine ersten Züricher Eindrücke: „Hier sieht man nichtlineare Mesonentheorien allgemein als vernünftig an, auch wenn sie nichtrenormalisierbare Nichtlinearitäten besitzen. Die Dysonisten sind hier überhaupt ausgestorben, seit die jüngsten amerikanischen Messungen zeigen, daß auch bei der Streuung von π^- an Protonen der Wirkungsquerschnitt mit der Energie ansteigt. Sonst ist hier das physikalische Stimmungsbarometer auf veränderlich bis trüb, etwas sehr Aufregendes gibt es jedenfalls nicht." Während dieser Zeit arbeitete Thirring auch an seinem bereits erwähnten Buch über Quantenfeldtheorie weiter, dessen Manuskript er am 9. April 1952 mit einem Begleitschreiben zur Begutachtung an Heisenberg schickte: „Nur wäre ich froh, wenn ich Kritik und Verbesserungsvorschläge noch vor Mitte Mai erhalten könnte, weil ich den Verlag nicht zu lange warten lassen will." Das Buch konnte jedoch erst nach einigen Umarbeitungen und Ergänzungen im Jahre 1955 erscheinen.

Thirring befaßte sich zunächst mit der Quantisierung nicht-linearer Mesonengleichungen unter der approximativen Voraussetzung räumlich konstanter Felder. Alsdann wollte er mit Hilfe dieses Verfahrens solche Fälle untersuchen, bei denen die übliche Störungstheorie auf divergente Integrale führt. Dabei wollte er das von Dyson vorgeschlagene Renormierungsverfahren benutzen. Das durch geeignete Wahl der Renormierungskonstanten für kleine Kopplungsparameter konvergente Störungsverfahren sollte sich ihm zufolge durch analytische Fortsetzung auf beliebige Werte der Kopplungskonstanten ausdehnen lassen. Die Terme höherer Ordnung dieser Störungstheorie waren jedoch meist so kompliziert, daß sich dieser Sachverhalt nicht allgemein überprüfen ließ. Thirring untersuchte deshalb das Konvergenzverhalten mit Hilfe eines vereinfachten Modells und kam zu dem Ergebnis, daß sich in diesem Fall keine allgemeine Konvergenz einstellte.[9]

Im Mai konnte Thirring bereits Heisenberg „berichten, daß es mir gelungen ist, das Dysonsche Problem zu lösen. Ich kann beweisen, daß die Reihenentwicklung nach Potenzen der Kopplungskonstante auch nach Renormalisation für alle Werte der Kopplungskonstante divergiert. Das alte Beruhigungsmittel, es wird schon konvergieren weil 1/137 so klein ist, stimmt nicht, sondern es ist tatsächlich so wie Dyson vermutet hat, daß nach dem 137ten Glied die Terme wieder anwachsen. Der Beweis geht über direkte Berechnung aller Graphen n-ter Ordnung und ist daher entsprechend kompliziert."[10] Nach Heisenbergs späterem Urteil hatte Thirring „als erster den Nachweis der Divergenz der störungstheoretischen Reihen in der Quantenelektrodynamik erbracht und damit einen wichtigen Fortschritt erzielt."[11]

Thirring begleitete Pauli im Juni 1952 auch auf seiner Reise zur Kopenhagener *Mesonen-Konferenz* und wies dort im Anschluß an Källéns Vortrag auf seine störungstheoretischen Untersuchungen hin.[12] Nachdem Thirring seine abschließenden Züricher Ergebnisse bereits in einer längeren Arbeit zur Publikation vorbereitet hatte, traf aus Cambridge eine von dem australischen Physiker C. A. Hurst bei John Hamilton am *Trinity College* im Januar 1952 fertiggestellte Dissertationsschrift ein, in der „genau das Thirringsche Resultat" für dasselbe System und unter denselben Voraussetzungen hergeleitet worden war [1450]. Nachdem ein bereits von Källén vermuteter und von Pauli [1469, 1494] als Folge einer typisch „österreichischen Schlamperei" bezeichneter Fehler beseitigt worden war [1457], reichte Thirring im Oktober seine Untersuchung (1953a) unter Hinweis auf die parallele Arbeit von Hurst bei den *Helvetica Physica Acta* zur Veröffentlichung ein [1463, 1470].[13] Pauli konnte dem Vater jetzt nach Wien berichten, daß damit seine „Erziehungsarbeit" erfolgreich abgeschlossen sei und der „Züricher Aufenthalt nun ein happy end gefunden" habe [1494].

Nach Ablauf seines von der UNESCO finanzierten Stipendiums ging Thirring im Herbst 1952 als wissenschaftlicher Assistent nach Bern, um dort mit Fritz Houtermans auf dem Gebiete der Mesonen- und Neutrinophysik zusammen zu arbeiten. Außerdem wollte er die Berner Experimentalphysiker bei der Auswertung ihrer mit photographischen Emulsionsplatten ausgeführten Höhenstrahlungsexperimente unterstützen, auf welche sich diese damals unter Anleitung der Göttinger Kernphotoplattengruppe unter Martin Teucher und Klaus Gottstein zu spezialisieren gedachten.[14]

Mit Pauli blieb Thirring auch noch in den folgenden Jahren durch Briefaustausch und Gespräche weiterhin in Verbindung.

---

[1] In einem Brief vom 21. Mai 1946.

[2] Diese Erfahrungen verwertete Thirring auch für eine Publikation (1951a). Insbesondere konnte Thirring bei dieser Gelegenheit zeigen, wie viel einfacher die in der 2. Auflage von Heitlers Buch [1944] ausgeführten Berechnungen sich mit Hilfe dieser Methoden behandeln lassen. Damals entstand bereits der Plan zu seiner bekannten *Einführung in die Quantenfeldtheorie*, die er zum größten Teil während seines anschließenden Aufenthaltes bei Pauli in Zürich im Manuskript fertigstellte.

[3] In einem Brief vom 14. September 1950 klagte Thirring, bei dem eng bemessenen Stipendium von DM 200.– monatlich „bleibt zwar nicht viel über, aber ich hoffe, daß das Leben in Göttingen entsprechend billiger ist, so daß man sich damit durchwurschteln kann."

[4] Siehe Thirring (1950a, 1951b und 1952a).

[5] Zitiert aus einem Schreiben vom 22. Mai 1950 an Heisenberg.

[6] Lüders, Oehme und Thirring (1952).

[7] In einem Schreiben vom 2. Januar 1952 an den Vater.

[8] Aus einem Züricher Schreiben von Thirring an Heisenberg vom 22. Januar 1952.

[9] Thirring (1953a).

[10] Aus einem Schreiben vom 11. Mai 1952 an Heisenberg.

[11] Aus einem Schreiben vom 10. Februar 1955 an Houtermans.

[12] Siehe den *Report* der Kopenhagener Juni-Konferenz [1953, S. 54].

[13] Das gleiche divergente Störungsproblem mit einer $\lambda\varphi^3$ Wechselwirkung war außerdem auch noch durch Stückelbergs Schüler André Petermann (1953) behandelt worden. Siehe hierzu Thirring [1955, S. 102].

[14] Siehe hierzu die Briefe von Thirring vom 22. September 1952 und von Houtermans vom 1. Februar 1955 an Heisenberg sowie die historische Darstellung bei Waloschek [1986, S. 33ff.].

[1413] PAULI AN MØLLER

Zürich, 8. Mai 1952

Dear Møller!

Many thanks for your letter. The new paper of Cl. Bloch[1] seems to be very clarifying and – different from your own opinion it is quite plausible to me (and also to Fierz, with whom I had a talk on the phone yesterday), that there could be a conflict between the claim for convergence and the postulate of correspondence for slowly varying fields, as soon as higher approximations of the perturbation theory are taken into account. The violation of the postulate of correspondence will presumably manifest itself (in the case of convergence) in a wrong order in time of consecutive processes also in an macroscopic scale. Please let me know when your own calculations of the 4th order lead to definite results.

Regarding the factor $\exp(-ie \int_{x' \text{ (straight line)}}^{x''} A_\mu dx_\mu)$ it will certainly give rise to new divergencies as soon as the electromagnetic field is quantized (this was pointed out here by Thirring[2] in a discussion) already because of trivial infinities of the vacuum expectation value of $A_\mu(x) A_\nu(x)$ at the same point. I do not think it is justified to restrict oneself to *external* (*c*-number) fields as Bloch does.

I received the letter of Aage and it is my present intention to be present in Copenhagen during the last week of the Conference which starts on June 16.[3]

Meanwhile kind regards to yourself and to all friends (especially to Jost who may just arrive).

Sincerely Yours

W. Pauli

[1] Cl. Bloch (1952).

[2] Walter Thirring hielt sich im Sommersemester 1952 mit Hilfe eines Fellowships der UNESCO bei Pauli in Zürich auf und beschäftigte sich mit dem Problem der Störungstheorie in der Quantenfeldtheorie (vgl. hierzu auch die Briefe [1441 und 1450]).

[3] Aus den in dem *Report* [1953, S. 46] veröffentlichten Diskussionsbemerkungen zum Vortrag über π-Mesonenstreuung von A. Pais geht hervor, daß Pauli schon am 12. Juni in Kopenhagen war. – Siehe hierzu [1415] und den Kommentar zum Brief [1418].

[1414] PAULI AN JUNG[1]

Zollikon-Zürich, 17. Mai 1952

Lieber Herr Professor Jung!

Ich möchte Ihnen gerne nochmals danken für den schönen Abend, den ich mit Ihnen verbringen konnte. Über vieles, was Sie gesagt haben, werde ich noch lange nachdenken, um es gründlich zu verdauen. Am eindrucksvollsten war mir die zentrale Bedeutung, den der Begriff „Inkarnation",[2] als naturwissenschaftliche Arbeitshypothese gefaßt, in Ihrem Gedankensystem einnimmt. Dieser Begriff ist mir besonders interessant, weil er erstens überkonfessionell ist („Avatara" im Indischen)[3] und weil er zweitens eine psycho-physische Einheit ausdrückt. Mehr und mehr sehe ich im psycho-physischen Problem den Schlüssel zur geistigen Gesamtsituation unserer Zeit und die allmähliche Auffindung einer neuen („neutralen") psycho-physischen Einheitssprache, die symbolisch eine unsichtbare, potentielle, nur indirekt durch ihre Wirkungen erschließbare Realität zu beschreiben hat, erscheint mir auch als eine unerläßliche Voraussetzung für das Eintreten des neuen von Ihnen vorausgesagten $\iota\epsilon\rho\sigma\varsigma\ \gamma\alpha\mu\sigma\varsigma$.[4]

Ich habe auch wohl gesehen, wie Sie den Begriff der Inkarnation mit der Ethik in Verbindung gebracht haben, die Sie im übrigen ganz wie Schopenhauer (in seiner Schrift über die Grundlagen der Moral)[5] auf die Identität des Ich mit dem Mitmenschen in tieferen psychischen Schichten begründet haben („was man dem anderen antut, das tut man auch sich selbst an", etc.).

Kann man Ihren Standpunkt als „incarnatio continua" bezeichnen?

Über die psychische Evolution (zu unterscheiden von der biologischen) gibt es zwei wesentlich verschiedene Meinungen: Die eine von der periodischen Wiederkehr, die sich z. B. in Indien findet {die sich stets wiederholenden 4 Weltalter (Yugas)},[6] aber auch bei Heraklit, nach dem die Welt stets aus dem „Feuer" wieder entsteht, um von diesem schließlich wieder verschlungen zu werden.[7] Die andere christlich- abendländische, von der nur einmaligen Entstehung der Welt, die schließlich in einem permanenten Ruhezustand endet. Ich sehe vorläufig keine Möglichkeit, zwischen beiden Auffassungen objektiv zu entscheiden.

Das Feuer des Heraklit habe ich übrigens schon in meinem letzten Brief[8] auch deshalb erwähnt, weil es damals, in der Antike, psychophysisch einheitlich sowohl ein physikalisches Energiesymbol als auch ein psychisches Libidosymbol war (das Feuer sollte ja nach Heraklit „vernunftbegabt" sein). Nun scheint das Problem der psychophysischen Einheit „auf einer höheren Ebene" zurückzukehren.

Über die „fliegenden Teller" werde ich noch weitere Erkundigungen einziehen.[9] Im Juni muß ich zu einem Physikerkongreß nach Kopenhagen fahren[10] und will mich dort auch mit Leuten aus Amerika darüber unterhalten. Hier stehen sich zwei einander widersprechende Meinungen gegenüber: nach der einen, die besonders unter Experimentalphysikern auch jetzt noch Anhänger hat, ist es eine Halluzination (wie die „Seeschlange" und ähnliche „Seeungeheuer"); nach der anderen, die mehr von militärischen Stellen verbreitet wird, ist das Phänomen real und es handelt sich um amerikanische Erfindungen mit militärischem Zweck, entweder um besondere Flugzeuge oder um Ballone (daher „Säcke").

Als ich von Ihnen nach Hause kommend, vom Bahnhof Zollikon den Berg hinaufstieg, sah ich zwar keine „fliegenden Teller", wohl aber ein besonders schönes, großes *Meteor*. Es flog verhältnismäßig langsam (das hat gewöhnlich perspektivische Gründe) in der Richtung von Westen nach Osten und zerplatzte schließlich, ein eindrucksvoll-schönes Feuerwerk produzierend. Ich nahm es als ein günstiges „Omen", daß meine allgemeine Einstellung zu den geistigen Problemen unserer Zeit im Sinne des καιρος, d. h. eben eine „sinngemäße" ist.

Nochmals herzlichen Dank   Ihr ergebener W. Pauli

[1] Dieser Brief ist auch bei Meier [1992, S. 83–85] abgedruckt.

[2] Jung hat in seinen religionspsychologischen Schriften die Inkarnation auch als eine Integration des Unbewußten bezeichnet.

[3] Avatara bedeutet soviel wie den Herabstieg eines Gottes.

[4] Unter *Hieros gamos* oder *heilige Hochzeit* versteht man in der griechischen und indischen Mythologie den Vollzug eines Fruchtbarkeitsrituals. Jung versteht darunter in Psychologie und Alchemie [1975, S. 53f.] den Archetypus der Gegensatzvereinigung.

[5] Schopenhauer (1840).

[6] Vgl. Zimmer [1951a, S. 18–24].

[7] Siehe hierzu die von Pauli zusammengestellten Zitate in dem Brief [1372].

[8] Vgl. den Brief [1373].

[9] Jung interessierte sich für die damals in der Öffentlichkeit viel diskutierten *fliegenden Untertassen*. Vgl. seinen Brief vom 6. Februar 1951 an die amerikanische Psychologin Beatrice Hinkle, die ihm aus New York mit entsprechender Literatur versorgte. Siehe hierzu auch die Bemerkung im Brief [1465] und Jungs Aufsatz (1954).

[10] Siehe den Kommentar zum Brief [1418].

[1415] PAULI AN PAIS

Zürich, 20. Mai 1952

Lieber παις!

Wegen einer Programmänderung der Kopenhagener Konferenz habe ich nun beschlossen, am 8. Juni abends in Kopenhagen einzutreffen und am 15. Juni wieder abzureisen. Freue mich sehr, Sie dort zu sehen und mich *nicht* mit Ihnen über Ihre letzten papers (Mesonen und ein anderes mit Jost) zu unterhalten.[1]

Herzliche Grüße und auf Wiedersehen   [W. Pauli]

[1] Vgl. hierzu auch den Bericht aus Princeton, den Abraham Pais am 14. Mai [1952] an Fierz übermittelte: „Dieser Frühling ist der schönste den ich bis jetzt in Princeton verbracht habe. Das Wetter ist wirklich herrlich, Sonne und kühl am Abend und die ganze Umgebung ist wie ein Garten. Term ist vorbei und man geht jetzt wieder »es ruhig nehmen« wie Pauli sagt und kann sich wieder allerhand überlegen. Besonders die V-tracks lassen mir keine Ruhe. Vor einigen Tagen habe ich Uhlenbeck in New York getroffen. Er hatte es so weit gebracht, daß er eine vollständige Menge von asymptotischen Vermutungen hatte über die kombinatorischen Zahlen beim cluster approach zur Kondensation (d. h. die Zahlen welche ich $S_i(l, k)$ nannte für großes l, k) – vollständig in dem Sinne, daß, wenn man sie beweisen könnte, es »nur« noch eine Frage der Integrale wäre. Er hat seine Vermutungen dem Erdös geschrieben. Dieser hat zurückgeschrieben, es sei alles richtig und er könne das prüfen, yours sincerely. (Insbesondere sind die $S_i(l, k)$ asymptotisch im wesentlichen unabhängig vom i – und wie man mir erzählt ist es nicht nötig, topologische Gelehrsamkeiten über das i zu produzieren.) Vielleicht ist das ein Fortschritt, jedenfalls ist es eine Sorge weniger."

[1416] JUNG AN PAULI[1]

Küsnacht-Zürich, 20. Mai 1952
[Maschinenschriftliche Durchschrift]

Lieber Herr Pauli!

Ihren freundlichen Brief[2] habe ich mit viel Interesse gelesen. Den Ausdruck „Incarnatio" habe ich wie zufällig gewählt, allerdings wie ersichtlich, in Anlehnung an die religiöse Symbolik. Als „incarnatio continua" ist er synonym mit „creatio continua" und bedeutet eigentlich die Verwirklichung einer potentiell vorhandenen Realität, eine Aktualisierung des „mundus potentialis" des ersten Schöpfungstages, bzw. des „Unus Mundus", in welchem noch keine Unterschiede vorhanden sind. (Dies ist ein Stück alchemistischer Philosophie.) Eine ähnliche Idee findet sich bei Ch'uang-tze.

Ich sehe in der Tat auch keine genügende Möglichkeit, die Frage zu entscheiden, ob die „Rotation", d. h. der Verlauf der Ereignisse zyklisch in sich selber oder spiralig verläuft. Wir haben nur die Erfahrung im psychischen Bereich, daß der Anfangszustand unbewußt, der Endzustand aber bewußt ist. Im biologischen Bereich haben wir die Tatsache, daß neben dem Weiterbestehen niederer Organismen allmählich hochkomplizierte Lebewesen entstanden sind, zuletzt die einzigartige Tatsache des reflektierten Bewußtseins (d. h. „ich weiß, daß ich bewußt bin"). Diese Tatsachen deuten wenigstens die Möglichkeit einer „analogia entis" an, d.h. daß diese Teilaspekte des Seins wohl einer allgemeinen Eigenschaft des Seins entsprechen.

Das psychologische Problem scheint mir wirklich im Brennpunkt der heutigen Problematik zu liegen. Ohne daß wir diesem Stein des Anstoßes zu Leibe rücken, wird keine einheitliche Naturbeschreibung oder – Erklärung möglich sein.

Inbetreff der „flying discs"[3] war ich bislang der Ansicht, daß es sich um „Massenhalluzination" handelt (was immer das sein mag). Nun scheint aber das Phänomen von den in Frage kommenden höheren Militärinstanzen in Amerika ernst genommen zu werden – daher meine Neugier.

Das Meteor war gut, in der Tat ein $\kappa\alpha\iota\rho o\varsigma$: $\epsilon\nu\ \tau\omega\ \kappa\alpha\iota\rho\omega\ \pi\alpha\rho\epsilon\sigma\tau\iota\ \pi\alpha\nu\tau\alpha\ \tau\alpha\ \kappa\alpha\lambda\alpha$. (Alles Gute liegt am $\kappa\alpha\iota\rho o\varsigma$.)

Mit den besten Grüßen und vielem Dank für Ihre allzeit ungemein anregende Unterhaltung,

Ihr ergebener [C. G. Jung]

---

[1] Auch in Meier [1992, S. 85] enthalten.
[2] Siehe den Brief [1414].
[3] Siehe die Angaben zum Brief [1414].

[1417] Pauli an Fierz

Zollikon-Zürich, 3. Juni 1952

Lieber Herr Fierz!

In diesen Tagen geht ein Exemplar des Bandes an Sie ab, der C. G. Jungs Synchronizitäts- und meine Keplerarbeit enthält.[1] Bei dieser Gelegenheit möchte ich nicht nur nochmals danken für Ihre verschiedenen ermutigenden Bemerkungen, sondern diesem letzten Kind von mir auch noch einen Kommentar mitgeben.

Das hier „konstellierte" zentrale Problem ist meines Erachtens das „*psychophysische*". Mehr und mehr kam ich zur Überzeugung, daß der im Anschluß an Leibniz und Spinoza ausgebildete Begriff des „*Parallelismus*" vom Standpunkt der *klassischen* Physik aus betrachtet, illegitim und „erschlichen" sei (siehe p. 169)[2] (siehe hierzu auch C. G. Jung, p. 91.) Denn wenn alles deterministisch-kausal sein soll, gibt es meines Erachtens keinen Platz für eine andere Art von Zusammenhang, die etwa statt mit „kausal" mit „parallelistisch" zu bezeichnen wäre. Daher das Vorhandensein des „psycho-physischen Parallelismus" getauften geistigen Nebelfleckens ebenso ein Hinweis auf die Unvollständigkeit des klassisch-naturwissenschaftlichen Weltbildes ist wie z. B. der lichtelektrische Effekt und das Wirkungsquantum. Es ist mir daher befriedigender zu denken, daß es die *akausale* Art des Zusammenhanges, die „psycho-physischer Parallelismus" genannt wurde, qua „Angeordnet-sein" bzw. „Korrespondenz" *sonst auch* geben muß, und nicht nur speziell bei Psyche-Physis. C. G. Jung hat versucht, den Zusammenhang Psyche-Physis mit seinem „Synchronizitäts"-Phänomen (Abkürzung: Σ) in Verbindung zu bringen (siehe Fußnote 2, p. 85/86).[3] Aber dabei entstand eine prinzipielle Schwierigkeit, auf die ich nachdrücklich hingewiesen habe und die Jung dann (p. 103 und 104) ausdrücklich in Betracht gezogen hat: Die von ihm betrachteten Synchronizitäts- (Σ-) Phänomene im engeren Sinne entziehen sich der Einfangung in Natur-„*Gesetze*", da sie nicht-reproduzierbar, d. h. einmalig sind und durch die Statistik großer Zahlen *verwischt* werden. In der Physik dagegen sind die „Akausalitäten" gerade durch statistische Gesetze (große Zahlen) *erfaßbar*. Vollkommen reproduzierbar, sozusagen stets vorhanden, sind ferner nicht nur alle psycho-physischen Zusammenhänge, sondern auch solche empirischen Tatsachen wie der Fernsinn vieler Tiere (Zugvögel etc.) und in gewissem Sinne auch die von Rhine angegebenen Effekte, die gerade durch die Statistik bei großen Zahlen *hervortreten*. (N. B. Jungs astrologische Unternehmung in Kapitel II scheint mir völlig mißglückt.)

Es tritt daher bei Jung ein gewisses unsicheres Schwanken in der Auffassung der Σ-Phänomene ein, indem er bald Reproduzierbares, bald wieder Nicht-Reproduzierbares und Seltenes dafür in Betracht zieht. (N. B. Erstere Σ-Phänomene im engeren Sinne würde ich lieber als „Sinn-Korrespondenz" denn als „Σ", *ohne* explizite Hervorhebung des *Zeit*begriffes, bezeichnen.) Mir persönlich wäre es viel lieber, mit allezeit *reproduzierbaren* „akausalen Anordnungen" (einschließlich denen der Quantenphysik) zu beginnen und zu versuchen, die psycho-physischen Zusammenhänge als Sonderfall dieser allgemeinen Spezies von Zusammenhängen zu begreifen (wie dies ja auch Niels Bohr versucht).

So erscheint mir das Kapitel IV der Arbeit von Jung noch etwas anderes zu sein als eine „Zusammenfassung": es erscheint mir als C. G. Jungs geistiges Testament, das von der speziellen „analytischen Psychologie" wegdrängt in die Naturphilosophie im allgemeinen und das psycho-physische Problem im besonderen.

Gerne möchte ich Ihre Ansicht hören. Inzwischen alles Gute für Paris. Ich bin in Kopenhagen vom 8. bis 15. Juni.[4]

Viele Grüße Ihr

W. Pauli

[1] Jung und Pauli [1952].
[2] Pauli (1952a, S. 169). In der dort wiedergegebenen *Replicatio* von Fludd wird begründet, weshalb die Seele des Menschen nicht ein Teil der Natur sein kann.
[3] Jung (1952, S. 85f.).
[4] Siehe hierzu auch die Angaben in den Briefen [1405, 1414 und 1415].

Vom 3.–17. Juni dieses Jahres fand in Kopenhagen eine vom *Council of Representatives of European States for Planing an International Laboratory* getragene Physikerkonferenz statt, bei der weitere Beratungen über das am 15. Februar 1952 offiziell gegründete und später als CERN bekannte europäische Großlaboratorium abgehalten wurden.

Kramers Vorschlag vom vorangehenden Jahre, ein solches internationales Laboratorium im Umkreis des Kopenhagener Bohr-Institutes einzurichten, war bei den meisten Vertretern der anderen Länder (besonders bei den Belgiern, Franzosen und Italienern) auf Ablehnung gestoßen. Deshalb wurde im Mai 1952 der Beschluß gefaßt, zunächst vier verschiedene Studiengruppen zu bilden, welche sich den speziellen technischen und wissenschaftlichen Aufgaben widmen sollten, die ein solches Unternehmen aufwarf. Eine dieser Gruppen sollte unter Bohrs Leitung im Kopenhagener Institut die theoretischen Probleme bearbeiten.[1] Bohrs Mitarbeiter Stefan Rozental wurde mit der technischen Verwaltung betraut.[2]

Im Rahmen dieser ersten Zusammenkunft der Theoriegruppe sollte auch das traditionelle Kopenhagener Physikertreffen dieses Jahres stattfinden. Pauli hatte Bohr bereits im Februar seine Teilnahme versprochen. Er wollte aber „höchstens eine Woche" bleiben [1375], weil er in Zürich seine Vorlesungen halten mußte und außerdem den Besuch von Bhabha erwartete. Walter Thirring und Scherrers Doktorand Kurt Alder wollten ihn begleiten.[3]

Nachdem Pauli im Mai das vorläufige Tagungsprogramm erhalten hatte, beschloß er, nur zu der in der letzten Woche am 14. oder 16. Juni angesetzten „Mesonen-Konferenz" zu kommen [1412]. Nachdem diese Veranstaltung auf den 12. Juni verlegt worden war, änderte auch Pauli seinen Plan und kam schon etwas früher.[4]

Besonders interessierte sich Pauli aber für Christian Møllers angekündigten Vortrag über eine noch unpublizierte Untersuchung, die dieser gemeinsam mit dem z. Z. in Rom weilenden P. Kristensen durchgeführt hatte.[5] Es handelte sich um einen neuen relativistisch invarianten Formalismus zur feldtheoretischen Beschreibung der durch ein Mesonenfeld $u_\alpha(x)$ vermittelten Nukleon-Nukleon-Wechselwirkung.

Alle bisher vorgeschlagenen Theorien, die von einer punktförmigen Struktur der wechselwirkenden Elementarteilchen ausgingen, hatten zu unvermeidbaren Divergenzen geführt. Deshalb hatten verschiedene Autoren nicht-lokale Wechselwirkungen vorgeschlagen, bei denen, wie nach früheren Überlegungen von Pauli [1933, S. 271; 1946, S. 11], Gleb Wataghin (1934, 1935), Rudolf Peierls (1948) und der kürzlich erschienenen Abhandlung von Pais und Uhlenbeck (1950), die nicht-lokale Wechselwirkung der Felder durch eine *Gestaltfunktion* bzw. einen *Formfaktor* berücksichtigt wird.[6] Ein solches Verfahren ließ sich aber nicht im Rahmen der konventionellen Quantentheorie in relativistisch invarianter Weise formulieren. Deshalb versuchte Møller – nach dem Vorbild von Heisenbergs S-Matrixtheorie – dieses Problem ebenfalls durch eine Erweiterung des üblichen quantentheoretischen Formalismus zu vermeiden.

Einem Vorschlag seines französischen Gastes Claude Bloch[7] folgend, wurde die folgende Lagrangefunktion

$$L^{\text{int}} = \int \psi_{\zeta'}(x') \Lambda^{\alpha}_{\zeta'\zeta''} u_\alpha(x'') \psi_{\zeta''}(x''') F(x', x'', x''') dx' dx'' dx'''$$

zugrunde gelegt.[8] $\psi_\zeta(x)$ beschreibt hier das Spinorfeld der Nukleonen und Λ stellt den üblichen Ein-Teilchen Matrixoperator dar. Anstelle einer punktförmigen Wechselwirkung tritt hier der relativistisch invariante, von drei verschiedenen Raum-Zeitpunkten x', x'', x''' abhängige Formfaktor $F(x', x'', x''')$ auf. Die so gewählten Formfaktoren sollten gemäß dem Korrespondenzprinzip nur für hohe Energieen der streuenden Teilchen Abweichungen von der gewöhnlichen Theorie ergeben. Obwohl Pauli von dieser Theorie keinen entscheidenden Durchbruch in der Feldtheorie erwartete, so hoffte er doch aus ihr neue Aufschlüsse über die Natur des Divergenzproblems zu gewinnen [1462].

Otto Kofoed-Hansen, P. Kristensen, M. Scharff und Aage Winther stellen von den bei dieser Gelegenheit in Kopenhagen gehaltenen Vorträgen ein vervielfältigtes Manuskript mit der Aufschrift *Preliminary Notes from the Copenhagen Conference, June 3 to 19, 1952* zusammen, das an die Teilnehmer verteilt wurde. Der anschließend in verbesserter Form zusammen mit den Diskussionsbeiträgen und dem einleitenden Kommentar von Niels Bohr als Broschüre herausgegeben *Report* wurde in der damaligen Literatur häufig zitiert.[9]

Wie Pauli schon in dem folgenden Brief [1418] andeutete, beabsichtigte er, die Diskussion nach Møllers Vortrag mit einigen kritischen Bemerkungen zu eröffnen. In dem veröffentlichten *Report* [1953, S. 51] heißt es: „As an opening of the discussion Pauli gave a historical outlook of this kind of theories. It was his opinion that such theories could not be made gauge invariant and that they are not able to account for bond systems of elementary particles. Fierz has pointed out that the manifold of solutions might be greater in a theory with a form factor than in the corresponding theory without. However, Pais pointed out that according to investigations of Pais and Uhlenbeck the preservation of the manifold of solutions just imposes a further condition on the form factor.“

Im Anschluß an diese Diskussionsbemerkungen folgte eine durch Arthur S. Wightman angeregte Erörterung über die Lorentz-Invarianz des gesamten Formalismus, auf die Pauli später in einem Brief [1425] nochmals zurückkam.

Nach seiner Rückkehr aus Kopenhagen hat Pauli sich weiterhin mit der Formfaktortheorie beschäftigt. In der ihm Anfang Juni von C. Bloch (1952)[10] zugeschickten Arbeit [1418, 1423] entdeckte er nun zahlreiche Fehler und „voreilige Unmöglichkeits-Behauptungen“ [1439], die er als „nonsense of higher order“ abqualifizierte [1441, 1443].

Mit R. Peierls, der sich ebenfalls mit einer nichtlokalen Feldtheorie beschäftigte,[11] begann Pauli eine längere Auseinandersetzung über dessen „leichtfertige“ Behauptung, daß es sich bei der Formfaktortheorie um eine nicht-Hamiltonsche Theorie handle [1446, 1449, 1453].

Während einer Physikertagung im März des folgenden Jahres in Turin hat Pauli (1953b) den ganzen Themenbereich in einem klärenden Referat abgehandelt.

---

[1] Ab September 1954 übernahm Christian Møller die Leitung der Theoriegruppe.
[2] Siehe hierzu Hermann et al. [1987, insbesondere Kapitel 7] und Rozental [1991, S. 128ff.].

[3] Siehe hierzu die bei Glaus und Oberkofler [1995, Dokument III. 93] wiedergegebene Korrespondenz mit dem Schulratspräsidenten (vom 19. und 24. Mai 1952), der die Teilnahme an dieser Konferenz genehmigen mußte. Pauli ließ sich für die Zeit vom 9.–14. Juni beurlauben.

[4] Paulis Anwesenheit am 12. Juni 1952 in Kopenhagen geht aus seiner Beteiligung an den Diskussionen während der an diesem Tage gehaltenen Vorträge hervor, die bei dem von Kofoed-Hansen et al. herausgegebenen *Report* [1953, S. 46ff.] abgedruckt sind.

[5] Kristensen und Møller (1952b). Diese Arbeit war am 17. April 1952 fertiggestellt worden und erschien erst am 20 November im Druck. Eine kurze Ankündigung der beiden Autoren (1952a) war schon im Januar 1952 beim *Physical Review* eingereicht worden. Pauli bezeichnete diese Theorie im folgenden meist als *Møller-Kristensen Theorie*.

[6] Auch Max Born meldete im Januar 1952 in einem Schreiben an Heisenberg seine Mitautorenschaft bei der von Heisenberg in seiner Göttinger Festschrift (1951c, S. 57 und 60) als „Verwaschung der Elementarteilchen" bezeichneten Prozedur an: „Tatsächlich habe ich beide Typen von *Aufweichung* der Unstetigkeiten früher vorgeschlagen. Der erste Vorschlag, den ich mit H. W. Peng (1944) veröffentlicht habe, betrifft die Idee der nicht-lokalisierten Felder und ist, soviel ich mich erinnere, in Yukawas erster Veröffentlichung zitiert. ... Was Uhlenbeck und Pais betrifft (1950), so habe ich den Vorschlag, die Differentialgleichung $L(x) = 0$ (in Ihrer Schreibweise) durch $e^{\lambda \Box x} L(x) = 0$ zu ersetzen, schon 1949 veröffentlicht, und zwar, wie ich glaube, in einer Weise, die tiefer geht (wenn auch mathematisch nicht durchgedacht)." Siehe hierzu auch Heisenbergs Brief [1465] vom 27. September.

[7] Cl. Bloch war Ende 1950 aus Kopenhagen bereits wieder abgereist und hielt sich jetzt in Pasadena auf. Siehe hierzu auch die Angaben über C. Bloch im Kommentar zum Brief [1397]. C. Bloch (1952) publizierte seine Vorstellungen im Anschluß an die Arbeit von Kristensen und Møller (1952) ebenfalls in den dänischen Akademieberichten.

[8] Siehe hierzu auch Paulis Bemerkungen über Blochsche Formfaktoren in seinem Schreiben [1390] an Fierz.

[9] *Report of the International Physics Conference*, Copenhagen, 3.–17. June 1952. [1953].

[10] Das Manuskript war am 26. Juni 1952 eingegangen, so daß die gedruckte Fassung erst am 6. November 1952 fertiggestellt werden konnte.

[11] Siehe Peierls (1952, 1953). Cl. Bloch berichtete in einem Schreiben an Møller, auch er habe eine Korrespondenz mit Peierls über Formfaktorentheorien begonnen, in der Peierls mitteilte: „We are, in fact playing with equations for a quantized theory which are identical with the ones you set out except for the difference in the smearing function which is a function of 2 instead of 3 points."

[1418] PAULI AN MØLLER

Zürich, 5. Juni 1952

Dear Møller!

I just received Cl. Bloch's paper from Pasadena[1] and take this opportunity to send you a few lines as a basis for discussions in Copenhagen.[2] At present I have a growing suspicion, which establishes a connection between the pages 23 or 26 on the one hand, and 60, 61 on the other hand.

On p. 23 you read: „The equations E_Ω and E_∞ are then very nearly identical everywhere if Ω is so large that no collision takes place outside Ω or near its boundary" and on p. 26: "*If* (!) the interaction term H_I vanishes outside Ω, then $(3, 11)$ vanishes and we obtain the conservation equation $(3, 7)$."

According to my opinion, however, a further new condition for the form-function $F(x, x'', x''')$ is here introduced. One can *not* expect that this condition, let us say X, which is formulated under „if ..." will hold for *every* $F(x, x', x'')$. I am quite willing to believe that the condition will actually hold for all F's fulfilling the 'correspondence' postulate, which is explicitly introduced in the paper of you and Kristensen (but *not* at all in the paper of Bloch!) that F has to coincide with the δ-function-product *for slowly varying fields*.

But Bloch has proved (p. 60, 61) that this latter postulate leads to *divergent* results. My conjecture is now, that all such F's which give convergence (particularly the ϕ's discussed on p. 60 below of Bloch's paper) will just violate the condition X mentioned above,* in this case the whole theory would not be consistent (which seems to me very likely now). At least the consistency is not proved.

With many thanks to Miss Hellmann for her information's about the 'oil magnates' and 'paa Gensyn' on Monday (there is no danger that I shall telephone you on Sunday morning, as I am arriving only on evening!)

Yours W. Pauli

---

[1] Cl. Bloch (1952). Siehe hierzu auch Paulis Bemerkungen in den Briefen [1390].
[2] Pauli sollte ein Thema zur Diskussion während der im Juni in Kopenhagen geplanten Physikerkonferenz vorschlagen. Siehe hierzu den Kommentar zum Brief [1418].
* His statement p. 61 "The assumption made here does not contradict any condition previously formulated ..." seems to me *false*.

[1419] PAULI AN BOHR

Zollikon-Zürich, 15. Juni 1952
(Sunday)

Dear Bohr!

I came well home today, where Franca (who is very well) expected me.[1] Before I went tomorrow again to physics and to my duties at the Polytechnicum, I just want to drop a few lines to you: Not only in order to say how much I have learnt at this Copenhagen Conference and how well I felt among you and the old friends, but also to come back to our talk of yesterday on the connection between the concepts 'God' and 'knowing' or 'knowledge'.

It is true that such a connection exists in the official 'confession' of the Christian Churches, but besides it there was always a more hidden tradition of a God, *who is only dreaming* (and also brings forth creation in a kind of dreaming state). The Gnostics have the idea of an 'agnosia' of God and Meister Eckhart (a Christian mystics of the 11th century)[2] was very near to this idea.

Most clearly this idea is expressed in *India* in the Upanishads,[3] about which I add here as an example a German translation of Deussen of a certain part of the Rigveda.[4] I only wish to emphasize, that one has to *know* all this extra-church-traditions if one discusses such questions as you did yesterday – whatever the opinion may be, which one has oneself. – I hope you will enjoy the question at the end of the Veda-text. *I did so.* (May be Heisenberg is interested in this text, too.)[5]

Many regards from both of us to you and Margrethe and thanks again!
Always Yours

W. Pauli

Rigveda X, 129
Übersetzung von Deussen[6]

Doch, wem ist auszuforschen gelungen.
Wer hat, woher die Schöpfung stammt, vernommen?
Die Götter sind diesseits von ihr entsprungen!
Wer sagt es also, wo sie hergekommen?

Er, der die Schöpfung hat hervorgebracht,
Der auf sie schaut im höchsten Himmelslicht,
Der sie gemacht hat, oder nicht gemacht,
Der weiß es! – oder weiß auch er es nicht?

---

[1] Pauli war in Kopenhagen bei der vom 8.–15. Juni tagenden Physikerkonferenz gewesen und vorzeitig von dort zurückgekehrt.

[2] Pauli verweist Eckhart irrtümlich in das 11. Jahrhundert. Der Kölner Dominikaner und Vertreter der deutschen Mystik Johann Eckhart (1260–1327) verfaßte zahlreiche erkenntniskritische Schriften, in denen er die Auffassung eines unpersönlichen, in der eigenen Seele schaubaren Gottes vertrat, die große Ähnlichkeiten mit der indischen Vedanta Philosophie aufwies. Pauli weist in seiner von ihm sog. Mainzer *Predigt* (1955) auf eine Studie von R. Otto [1926]: *West-östliche Mystik* hin, der ebenfalls dieser Auffassung ist. Vgl. auch *Meister Eckeharts Schriften und Predigten*, herausgegeben von H. Büttner, Jena 1903. Dort in Band I: Von der Abgeschiedenheit.

[3] Die um 800–500 v. Chr. entstandenen altindischen Upanishads gelten als Vorläufer der Vedalehre. Siehe hierzu Deussen [1919].

[4] Der von Pauli sehr geschätzte Kieler Professor und Gründer der *Schopenhauer-Gesellschaft* Paul Deussen (1845–1919) ist außer durch seine *Allgemeine Geschichte der Philosophie* [1906] auch durch zahlreiche Übersetzungen aus dem Indischen bekannt geworden.

[5] Heisenberg war zu diesem Zeitpunkt noch bei der Kopenhagener Physikerkonferenz.

[6] Siehe Deussen [1921].

[1420] FIERZ AN PAULI[1]

[Basel], 15. Juni 1952[2]

Lieber Herr Pauli!
Vielen Dank für die Zusendung des synchronistischen Buches,[3] in welchem der sogenannte Symbölimann und der mit Recht hochgeschätzte Entdecker des Pauli-Effektes gleichzeitig zu Worte kommen. Auch danke ich Ihnen für Ihren Brief, in dem Sie einige wichtige Hinweise geben, was in dem Buche zu lesen sei.[4]

So habe ich denn besonders die von Ihnen zitierte Seite 103 ff.[5] nachgelesen und festgestellt, daß das, was dort geschrieben steht, mir auch bei der Lektüre des Buches schon stark auffiel.

Jung meint, daß unter den Terminus des „ursachelos Angeordneten" eigentlich alle „Schöpfungsakte", wie die Eigenschaften ganzer Zahlen (!), die Diskontinuitäten der modernen Physik u. s. w. fallen sollten.

Sie, in Ihrem Briefe, sagen, das Zentralproblem sei das sog. „psychophysische" und weisen auf Leibniz und Spinoza hin.

Was kann ich nun hierzu sagen? Mir scheint das Problem ungemein verwickelt. Ich glaube, daß Sie recht haben, daß in Jungs Betrachtung zwei

Dinge untersucht werden, deren Zusammenhang nicht klar herauskommt, nämlich solche Phänomene, die einmalig und ominös sind und dann jene, die man in den Rhineschen Experimenten statistisch nachweisen kann. Sodann gibt es noch die physikalischen akausalen Prozesse, die wieder einem anderen Typus anzugehören scheinen.

Es fehlt nun eigentlich der Gesichtspunkt, der diese Erscheinungen vereinigt; denn damit, daß man ein Wort Synchronizität prägt und unter diesem Titel alle drei in einem Buche abhandelt, ist ja nicht eigentlich etwas geschehen.

Weil das so ist, möchte ich versuchen etwas besser zu sehen, wieso die Ideen Leibniz' in diesen Zusammenhang gehören und was es mit den „Schöpfungsakten" auf sich hat.

Leibniz ist, obwohl er es nicht zugeben wollte, von Spinoza stark beeindruckt. Dieser hat das durch Descartes' Dualismus „Seele-Denken ↔ Körper-raum-zeitliche Ausdehnung" entstandene Problem dadurch zu lösen versucht, daß er nur *eine* Substanz, die er willkürlich Gott nannte, annahm. Gottes Zustände, seine Modi, das ist die Welt. Diese Theorie wird aber der individuellen Wesenheit der Erscheinungen, ihrer Vielheit, nicht gerecht und so hat Leibniz an Stelle der einen Substanz eine Vielheit angenommen. Diese Vielheit, das sind die Monaden. Die Monaden sind Träger von Eigenschaften, die Leibniz als mehr oder weniger unbewußte Vorstellungen ansieht. Allen Monaden sind die gleichen Vorstellugnen eigen, nur der Grad ihres Bewußtseins ist verschieden.

Die Existenz dieser Monaden kann jedoch nicht zu ihren Inhalten oder Prädikaten gerechnet werden, sondern fließt aus der schöpferischen Kraft Gottes. Sie sind seine „Ausblitzungen". Da sie selber nicht Träger ihrer Existenz sein können, müssen sie *dauernd* von Gott geschaffen werden. Insofern dies wirklich die Meinung Leibnizens war, ist das Uhrengleichnis, das ja ad hominem gemeint ist, irreführend, weil es den Anschein erweckt, als ob Gott nur einmal – man müßte fragen wann? – geschaffen habe. Leibniz hat nun in der Tat, z. B. im Briefwechsel mit Clarke (Newton)[6] sich so geäußert, daß man behaupten könnte, er hätte dergleichen gedacht; aber ich glaube, daß er, in eine Polemik verwickelt, da nicht sein Bestes geschrieben hat.

Daß und was existiert wäre also die Folge eines dauernden Schöpfungsaktes. Die Vielheit des Geschaffenen entspricht der Vielheit der Bewußtseinsaspekte, was zur Idee Schopenhauers paßt, daß das Bewußtsein das Principium Individuationis sei.

Bei Leibniz gibt es nun zwei Arten der Ordnung: Die eine Art nennt er logisch-mathematisch. Sie verlangt, daß die Prämissen widerspruchsfrei und vollständig seien und daß aus diesen alles Weitere notwendig folgt. Diese Ordnung entspricht dem kausalen Ablauf des Geschehens, d. h. dem Ablauf oder der Ordnung in den Vorstellungen der Monaden.

Die 2. Ordnung sagt, was wirklich existiert, was also die Prämissen seien oder was die Vorstellungen der Monaden sind. Hierfür dient Leibniz das „große Prinzip" des zureichenden Grundes – worauf er ins Dunkle oder Erbauliche gerät.

Obwohl nun diese Theorie sehr anfechtbar ist, so ist vielleicht etwas Richtiges dran. Es scheint zwei derartige Aspekte zu geben und ich habe immer versucht, sie als „Sinn" und „Gesetz" zu charakterisieren. Was das „Gesetz" sei und wo es gefunden wird, das hängt von der Einstellung des Bewußtseins ab, und ebenso steht es mit der Frage nach dem Sinn. Der Sinn ist das schöpferische Prinzip und hat mit dem Individuellen zu tun. Denn etwas neu Geschaffenes ist insofern individuell, als es unabhängig von dem was schon da ist in Erscheinung tritt.

Die Gesetze selbst sind nun auch kontingent, d. h. es folgt eben nicht aus anderen Gesetzen, was diese seien.

Nicht kritisieren!   14. Juni 1952

Jung Seite 103: „ursacheloses Angeordnetsein": alle „Schöpfungsakte" wie Eigenschaften ganzer Zahlen, Diskontinuitäten der Physik u. s. w.

„Klassische" Versuche:

Leibniz vor allem: Die Welt ist Schöpfungsakt Gottes, der Quelle des Seins. Die Einzelseelen – Monaden – sind die vollständige Spiegelung aller *Aspekte* dieses einen Schöpfungsaktes: Prästabilierte Harmonie. Sie spiegeln, weil sie *Bewußtsein* haben.

Schopenhauer u. a. Das Bewußtsein und das Principium Individuationis.[7] Besonders gilt es nur als individuelles Bewußtsein, also ist dieses, als individuell, auch *endlich.*

> Wozu in die Ferne schweifen, sieh das Gute liegt so nah,
> Lerne nur das Glück begreifen, denn das Glück ist immer da!

D. h. der Sinn ist immer gegenwärtig.

Rhinesche Experimente: reproduzierbar, was ist der Sinn? Merkwürdig-sinnvolle Erlebnisse: die Vögel auf dem Dach. An sich nicht reproduzierbar, wesentlich individuell.

Grundsätzlich muß man annehmen, daß die Welt einen Sinn habe.

Der Mephistophelische Einwand, daß es besser wäre, wenn nichts bestünde, da man sich doch so all die Not und Qual hätte ersparen können, ist abzuweisen. Und zwar wie ein jeder solcher Einwand, der das „wie wärs wenns anders wär" in irgendeiner Form enthält, falls sich dies auf Umstände bezieht, die nicht geändert werden können.

Man könnte nun behaupten, die Welt bestünde allerdings, aber hätte gar keinen Sinn. Wenn man dies glaubt, dann lohnt es sich gar nicht über sie nachzudenken, ja es lohnt sich nicht, überhaupt etwas zu denken. Es wäre dann zwar vielleicht nicht besser, wenn keine Welt bestünde, aber es käme auf dasselbe heraus.

Allerdings vermute ich, daß „an sich" dem Weltgetriebe kein Sinn in sich wohnt. Dieser muß den Dingen vielmehr erteilt werden. Die Welt ist wohl eine Veranstaltung, die dazu da ist, daß der Sinn geboren werden kann. Man muß nach dem Sinn fragen, bzw. man tut es von selber, man muß ihn suchen, und das Suchen führt zur Geburt des Sinnes.

Dies wird ausgedrückt in Mythologemen der Suche und des Findens des neugeborenen Heilands.

Gedanke: „Idee" einer Sache ist das, das der Sache Gestalt gibt. Es ist ihre „Form" oder „Aktualität". Die Materie ist bloße „Potentialität". Gott ist „seine" Aktualität.

Die Form wird als etwas Geistiges verstanden – eben im Gegensatz zur Materie. Sie wird selbständig gedacht.

	Luft	warm	Feuer
Quaternäres Schema:	feucht		trocken
	Wasser	kalt	Erde

Hier hat man die Bildung eines Elementes im Zusammentreten formaler Prinzipien.

Das Werden: aus etwas, zu etwas, durch etwas.

Daß es nicht alles gibt, was möglich, scheint A.[8] ausgemacht. Nun, wie steht es mit den Ideen? Gibt es da auch solche, für das bloß Mögliche? Gibt es solche, die nie wirksam werden?

Sein Interesse am „Werden" bringt ihn auf diese Frage.

Ich nehme an,[9] man vermute, zwei Alternativen hätten die Wahrscheinlichkeiten α und β

$$\alpha + \beta = 1 : w.$$

Die Beobachtung besteht aus m und n Ergebnissen: $p = (m, n)$. Dann ist

$$P(p \mid q''H) \equiv P(m, n \mid w) = \alpha^m \beta^n \binom{m+n}{n}.$$

Falls man gar nichts weiß, wird man $\alpha = \beta = 1/2$ setzen, und

$$P(p \mid H) \equiv P(m, n \mid 0) = \frac{1}{2^{n+m}} \binom{m+n}{n}.$$

Weiter wird man erwarten, daß

$$P(\alpha, \alpha + d\alpha) = d\alpha \text{ ist (bevor irgend etwas bekannt !).}$$

Jetzt gilt

$$P(\alpha, \alpha + d\alpha \mid m, n) \cdot P(m, n \mid 0) =$$
$$P(\alpha, \alpha + d\alpha \mid m, n) \cdot \frac{1}{2^{n+m}} \binom{m+n}{n} = \alpha^m \beta^n \binom{m+n}{n} \cdot d\alpha,$$

also

$$P(\alpha, \alpha + d\alpha \mid m, n) = 2^{n+m} \cdot \alpha^m \beta^n d\alpha;$$

als Funktion von α muß man das möglichst groß machen:

$$m\alpha^{m-1} \beta^n - n\alpha^m \beta^n - 1 = 0 \rightarrow m\beta = n\alpha; \quad \alpha/b = m/n.$$

Wenden wir nun diese Axiome und den daraus fließenden Hauptsatz auf den Fall an, daß bei *einem* Versuch die Alternative +− besteht. Jetzt muß man irgend etwas wissen: d. s.[10] die Kenntnisse H.

Z. B. es seien bei mehreren Versuchen diese unabhängig. Dann muß ein $P(+ \mid H)$ und ein $P(- \mid H)$ existieren. Da *sicher* bei einem Versuch $+$ oder $-$ herauskommt, so ist

$$P(+, - \mid H) = 1.$$

Nach V, Regel 2 ist sodann

$$\alpha = P(+ \mid H) = 1 - P(- \mid H).$$

Macht man n Versuche, so folgt aus V und VII: daß $P(k \mid H)$, d.h. die Wahrscheinlichkeit, daß k mal $+$ herauskommt,

$$P(k \mid H) = \binom{n}{k}\alpha^k(1 - \alpha)^{n-k}$$

ist.

Nun müssen wir etwas über α wissen. Dieses liegt jedenfalls zwischen 0 und 1, und es ist vernünftig anzunehmen, daß die Wahrscheinlichkeit dafür, daß α zwischen α und $\alpha + d\alpha$ liegt, gleich $d\alpha$ sei:

$$P(\alpha \mid H) = d\alpha$$

Man macht nun n Versuche und findet k mal $+$. Jetzt kann man den Hauptsatz anwenden. Vor dem Versuch kann man irgend etwas über α annehmen, z. B. $\alpha = 1/2$. D.h.

$$P(k \mid H) \text{ ist dann } \binom{n}{k}\frac{1}{2^n}.$$

Man kann jedoch auch $P(k \mid H)$ einfach als feste Zahl behandeln. Also

$$P(\alpha \mid kH) \cdot P(k \mid H) = d\alpha\binom{n}{k}\alpha^k(1 - \alpha)^{n-k}.$$

Man suche nun denjenigen Wert von α, der $P(\alpha \mid kH)$ zu einem Maximum macht. Das ist aber $\alpha = \frac{k}{n}$.

Man sieht natürlich, daß man durch Iteration das Verfahren prüfen kann, ob man ein schärferes Maximum von $P(\alpha \mid k, k' \ldots, H)$ erhält.

Ich glaube, daß dieses Beispiel genügt, um sich das Prinzip der Sache klar zu machen. (Die Axiome und den Hauptsatz habe ich vor längerer Zeit aus dem Buch Jeffreys' abgeschrieben.)[11] Ich sehe auch nicht, daß das Beispiel zu einfach ist.

Wesentlich ist immer dies: Man muß zuerst annehmen, daß, im allgemeinen für das Einzelereignis, eine Wahrscheinlichkeitsverteilung existiert, die noch von einer Anzahl von Parametern abhängt.

Summen- und Produktregel liefert sodann die Wahrscheinlichkeit einer Anzahl von Ereignissen. Wenn diese dann wirklich vorliegen, so liefert der Hauptsatz die Wahrscheinlichkeitsverteilung der Parameter.

So kann man also aus Häufigkeiten von Ereignissen auf Wahrscheinlichkeiten schließen, d.h. auf die in der Wahrscheinlichkeitsverteilung vorkommenden Parameter. Natürlich ist man nie sicher, daß man das Richtige getroffen hat und das ist, der Natur der Sache nach, unmöglich.

Wir haben noch über eine andere Frage gehandelt und die hängt mit der ersten eng zusammen. Es ist dies die Frage nach einem Sinn der dreiwertigen Logik.[12] Damit wird nun, wie mir scheint, ein interessantes philosophisches Problem in eine absurde Form gekleidet.

Es handelt sich um folgendes: In einer deterministischen Theorie ist alles von je entschieden und bestimmt. In einer nicht deterministischen jedoch gibt es Dinge, die noch gar nicht bestimmt sind. Aussagen über solche, noch nicht bestimmten Dinge können daher nicht entschieden werden, bevor die Bestimmung eingetreten ist.

Wenn ich sage: Wenn Du morgen würfelst, kommt 6 heraus, so ist das u. U. eine ganz unbegründete Behauptung, und dann ist es müßig darüber zu streiten, ob dieselbe wahr oder falsch sei. Wenn nämlich der andere überhaupt nicht würfelt, dann ist die Behauptung gegenstandslos. Im Moment meiner Voraussage ist es also überhaupt fraglich, ob ihr ein Gegenstand zukommt.

Man könnte nun sagen, daß z. B. der Aussage: „morgen ist es schön", immer ein Gegenstand zukomme. Insofern dies zugestanden ist, muß die Aussage aber auch entweder wahr oder falsch sein: tertium non datur. Aber, insofern „morgen" ein empirisches Faktum, ist auch das Eintreten dieses „morgen" nicht in Strenge gewiß. Es ist nun höchst wahrscheinlich, daß auch morgen ein Tag sein wird.

Die Aussage also: „Morgen ist auch ein Tag" ist höchstwahrscheinlich richtig. Dies gilt aber für jede Aussage über einen empirischen Gegenstand, nämlich daß nur mit einer mehr oder minder großen Wahrscheinlichkeit entschieden werden kann, ob sie wahr oder falsch ist. Das tertium non datur äußert sich sodann darin, daß die Wahrscheinlichkeit, daß man recht hat plus diejenige, daß man unrecht hat gleich 1 ist.

In unserem ersten Beispiel handelt es sich um einen konditionellen Satz. Dieser hat offenbar überhaupt nur dann einen Sinn, wenn er nicht gegenstandslos ist.[13]

[[Es ist müßig darüber zu streiten, ob dieselbe wahr oder falsch sei. Das wird besonders dann deutlich, wenn der andere beschließt, überhaupt nicht zu würfeln. Dann ist die Behauptung gegenstandslos. Ich glaube, daß im *wissenschaftlichen* Sinne dies auch der Fall ist, wenn der andere doch würfelt. Zwar kann es sich erweisen, daß er dann in der Tat 6 würfelt. So hatte ich recht, aber das war Zufall. Ich hatte mit meiner Behauptung daher keine Wahrheit erkannt.

Es gibt aber auch noch anderes als Wissenschaft. Und da würde ich sagen, daß der, der richtig rät, auch die Wahrheit errät: vera imaginatione, non phantastica!

Dieses, durch wahre Einbildung erraten, ist ein schöpferischer Vorgang, in dem, wie das Wort sagt, etwas gebildet wird. Das riecht nach Magie, was mich aber nicht im geringsten stört. Man könnte nämlich behaupten, daß das Eintreffen jener scheinbar unbegründeten Voraussage eben durch diese Voraussage befördert wurde. Eine derartige Annahme scheint mir nötig, damit das Problem überhaupt einen Sinn hat. Wenn man nämlich annimmt, es sei eben nur reiner Zufall, daß richtig geraten wurde, dann ist die Sache ganz uninteressant, da *die* Aussage in keinerlei Beziehung zu ihrem Gegenstand steht als derjenigen der Koinzidenz. Und daraus kann nichts gefolgert werden. Wenn man aber annimmt, daß es sich um ein Vorherwissen handelte, so bedeutet das, daß der Gegenstand auch schon vorherbestimmt war, was in den Determinismus zurückführt.

Was nun die reine Logik angeht, so finde ich, daß die Unbestimmtheit nichts mit dem tertium non datur zu schaffen hat.]]

---

[1] Dieser Brief enthält keine Unterschrift und ist einer von wahrscheinlich mehreren Versuchen, sich zur Keplerstudie von Pauli zu äußern. Einen weiteren solchen Versuch stellt das ebenfalls unsignierte Schreiben [1256] dar.

[2] Die wohl endgültige Fassung dieses Schreibens [1256] war irrtümlich 1951 datiert worden und konnte nicht mehr korrekt in das Manuskript eingefügt werden.

[3] Jung und Pauli [1952].

[4] Vgl. Paulis Brief [1417] vom 3. Juni.

[5] Jung (1952, S. 103ff.).

[6] Vgl. z. B. Schüller [1991, S. 28ff. und 117f.].

[7] Vgl. hierzu Schopenhauer [1890/92, Band 3, S. 6511f.].

[8] Da es sich um einen Entwurf handelte, hat Fierz nicht alle Gedanken ausformuliert und hier wohl auch den Namen Aristoteles nicht ausgeschrieben.

[9] Die folgenden Ausführungen stehen offenbar mit Paulis Vortrag über „Wahrscheinlichkeit und Physik" im Zusammenhang, den er 1952 während der Schweizerischen Naturforschertagung in Bern hielt.

[10] detur signetur: man gebe.

[11] Jeffreys [1939].

[12] Über das erkenntnistheoretische Problem einer dreiwertigen Logik hatte Reichenbach kürzlich einen Aufsatz (1951) in der *Zeitschrift für Naturforschung* veröffentlicht.

[13] Die folgende (in zwei eckige Klammern eingeschlossene) auf einen zweiten mit 5 numerierten Bogen geschriebene Passage enthält Wiederholungen und stellt somit offenbar einen weiteren Entwurf dieses Briefteils dar.

[1421] PAULI AN MØLLER UND ANDERE

Zürich, 18. Juni 1952

Addendum[1]

Dear Møller and other gentlemen!

I have to add some completing remark, which may lead to a further simplification. For $P = p' + p'' + p''' = 0$ I can give an explicit formula for $e_{\mu\nu}(p', p'', P = 0)$, namely {remember $G(p, p'') \equiv g(J_{11}, J_{22}, J_{12})$, $J \equiv p^{2'}$, $J_{12} = (p' p'')$, $J_{22} = p^{2''}$} for $P = 0$:

$$e_{\mu\nu} = \delta_{\mu\nu} G(J_{11}, J_{22}, J_{12}) - 2\frac{\partial g}{\partial J_{11}} p'_\mu p'_\nu - \frac{\partial g}{\partial J_{12}}(p'_\mu p''_\nu + p''_\mu p'_\nu) - 2\frac{\partial g}{\partial J_{22}} p''_\mu p''_\nu.$$

In my last letter I gave only the result for the first term.

Now it seems to me, that this result is sufficient to compute the total energy-momentum vector

$$W_\mu = \int (t^0_{\mu 4} + t^{\text{int}}_{\mu\nu}) d^0 x$$

explicitly. It is true that the spatial integration is first only identical with putting the *spatial* components $P_1 = P_2 = P_3 = 0$ in momentum space to naught; but the equations of motion (field-equations) take care of the constancy of W_μ in time and that must mean that in the final result for the total W_μ in momentum space a factor $\delta(P_4)$ must automatically split off. Therefore it seems to me at present that an explicit formula for W_μ can be given.

Also for the other integral, the difference of the total numbers of nucleons and antinucleons, one can compute the value of the vector $e_\mu(p', p'', P)$ for $P = 0$ in a similar way: I get

$$e_\mu(p', p'', P = 0) = 2\frac{\partial G}{\partial J_{11}}p'_\mu + \frac{\partial G}{\partial J_{12}}p''_\mu.$$

This should be sufficient to determine $\int(j_4^{(0)} + j_4^{(1)})d^3x$.
Best regards

W. Pauli

P. S. All my considerations are first made for *classical* fields with a form factor in the field equation. But it seems to me for quantized fields one should then *postulate* the exact validity of the equation

$$[W_\mu, f] \sim i\frac{\partial f}{\partial x_\mu}$$

for all field quantities f.

That means one has *also* formulae for translations *small* (or of the same order as λ) in comparison with λ, only the operator will then also essentially depend on the field values *outside* the space-time domain considered.

---

[1] Auf diese Ergänzung zum Brief [1418] und Paulis andere Bemerkungen im Brief [1425] wiesen Kristensen und Møller am Ende ihrer Publikation (1952) hin.

[1422] FIERZ AN PAULI

Basel, 18. Juni 1952

Lieber Herr Pauli!

Auf Ihren Brief möchte ich kurz* antworten. Was die Gravitationswellen betrifft, so habe ich erkannt, daß die Annahme $\gamma_{22} = -\gamma_{23}$ zu eng ist, und dies ist dann der Grund für das sonderbare Ergebnis.[1] Allgemeiner wäre es, $g_{ik} = \delta_{ik} \cdot g_{(k)}$ anzunehmen und weiter $g_{(1)} = g_{(4)} = 1$ zu setzen, so daß dann nur $g_{(2)} = \lambda^2(x_1, x_4)$; $g_{(3)} = \mu^2(x, x_4)$ übrig bleiben. Falls weiter $\lambda(x_1 + ix_4)$, $\mu(x_1 + ix_4)$ sein soll, dann folgt

$$\frac{\mu''}{\mu} + \frac{\lambda''}{\lambda} = 0$$

als einzige Differentialgleichung. So etwas hat aber keine regulären Lösungen. Aber das kommt, wie gesagt, davon her, daß man die Form der g_{ik} zu stark eingeschränkt hat.

Was die Formfaktoren betrifft,[2] so bin ich ganz mit Ihnen einig, daß es darauf ankommt, keine neuen Nullstellen einzuführen.[3] Dies wurde bei Pais und Uhlenbeck[4] besonders beachtet, bei Møller[5] steht hiervon nichts. Da sein Formalismus jedoch viel komplizierter ist als der bei Pais-Uhlenbeck, so müßte diesem Punkte besondere Beachtung geschenkt werden. Das eine der beiden Felder, Møller nennt es ψ, genügt ja einer homogenen Gleichung, in der der Formfaktor vorkommt und es wäre zu erwägen, was eine „vernünftige Wahl der Formfaktoren" sei.

Gesetzt nun, man habe eine solche Wahl getroffen. Dann ist in der c-Zahl-Theorie durch $\psi(x, 0)$, $u(x, 0)$, $\dot{u}(x, 0)$ der Zustand völlig festgelegt – wäre das nicht so, dann wäre ja die Lösungsmannigfaltigkeit eine größere, was gegen die Voraussetzung. Daher sollte es möglich sein, sich von der „Nichtlokalität" in bezug auf die Zeit zu befreien. Also sollte auch ein „Hamiltonoperator" existieren. Hierfür habe ich mir ein Modell gemacht. Dieses ist allerdings unrelativistisch! Man betrachte nämlich die Gleichung

$$-\psi'' + V(x) \cdot \frac{\alpha}{\sqrt{\pi}} \int\limits_{-\infty}^{+\infty} e^{-\alpha^2(t-t')^2} \psi(t', x) dt' = i\dot{\psi}.$$

Nun setze ich $\psi = \varphi(x)e^{-i\omega t}$ und erhalte

$$-\varphi'' + V(x)e^{-\frac{\omega^2}{4\alpha^2}} \varphi = \omega\varphi.$$

Das ist ein Eigenwertproblem. Nun nimmt man an, daß alle Eigenwerte aus denjenigen mit $\alpha \to \infty$ stetig hervorgehen: $\omega_n(\alpha)$. Dazu gehört ein, wie ich denke, vollständiges, aber nicht-orthogonales System φ_n, das man nach einem beliebigen Orthogonalsystem u_n entwickeln kann:

$$u_n = c_{nm}\varphi_m, \qquad \varphi_n = c_{nm}^{-1}u_m.$$

Sei jetzt $c_{nm}\omega_n c_{nl}^{-1} = H_{nl}$, so ist das der Hamiltonoperator, d.h. man kann schreiben

$$H(x, x') = u_n^+(x)H_{nl}u_l(x')$$

und es gilt

$$\int \psi(x')H(x', x)dx' = i\dot{\psi}.$$

Der Hamiltonoperator ist nicht-hermitesch, hat aber alles reelle Eigenwerte – so ist er eingerichtet. Daher gibt es zwar keine Kontinuitätsgleichung, aber im Zeitmittel bleibt die Norm dennoch erhalten.

Wie in einer relativistischen Theorie ein solcher Operator aussehen könnte, davon habe ich allerdings nicht die blasseste Ahnung. Aber ich sehe keinen Fehler in meiner allgemeinen Überlegung und schließe somit: wenn Møllers Theorie überhaupt möglich ist, dann gehört zu ihr ein nicht-hermitescher Hamiltonoperator.[6]

Vor Jahren habe ich übrigens für die Gleichungen

$$\dddot{x} - \tau\,\dddot{x} = f(x) \text{ (nicht, wie Dirac, } f(t)!)$$
$$\lim_{t\to\infty} \ddot{x}(t) = 0,$$

falls $f(x)$ einer Potentialschwelle entspricht, explizite die zugehörige Gleichung 2. Ordnung $\ddot{x} = K(x, \dot{x})$ ausgerechnet, in der dann keine Zusatzbedingung mehr nötig ist. Weil jedoch hier die Wurzeln von $1/\tau$ nicht wirklich ganz wegfallen, gibt es Anfangswerte $x, \dot{x}$, für welche $K(x, \dot{x})$ nicht definiert ist. Das wäre eine Analogie zum Møllerschen Formalismus. Falls in ihm keine zusätzlichen Wurzeln auftreten, wenn man also die Formfaktoren passend wählt, dann sollten auch alle Anfangsbedingungen zulässig sein.

Das ist alles, was ich zu bemerken habe, und Sie können jetzt Ihre Attacke passend vorbereiten.

Mit bestem Gruß bleibe ich

Ihr M. Fierz

* Gerade „kurz" ist er nicht geworden.
[1] Siehe hierzu Pauli [1921, Nr. 61].
[2] Siehe hierzu den Kommentar zum Brief [1418].
[3] Siehe hierzu die Bemerkungen im Brief [1446].
[4] Pais und Uhlenbeck (1950).
[5] Vgl. Møller (1951) und Kristensen und Møller (1952a, b).
[6] Siehe hierzu auch Paulis Briefwechsel [1446, 1447 und 1449] mit Peierls.

[1423] PAULI AN FIERZ

Zürich, 19. Juni 1952

Lieber Herr Fierz!

Dank für Ihren zweiten Brief, in dem mir aber verschiedene Ihrer Bemerkungen unklar sind.

1. Formfaktortheorie. – Ich glaube zeigen zu können, daß (im allgemeinen) in diesen Theorien à la Møller ein Hamiltonoperator (und zwar ein hermitescher – Ihre Nicht-Hermitizität verstehe ich nicht)[1] *existiert*. Zum ungestörten Teil H^0 des Operators kommt ein Zusatzterm der Form

$$t_{\mu\nu}^{\text{int}}(x) = \iiint d^4x' d^4x'' d^4x''' E_{\mu\nu}(x'-x, x''-x, x'''-x) F(x') u(x'') \psi(x''')$$

hinzu, so daß

$$H_\mu = \int d^3x\, t_{\mu 4}(x) \qquad \text{(das berühmte „}\sigma\text{")}$$

der Hamiltonoperator wird. $E_{\mu\nu}$ ist eine c-Zahl unabhängig von den Feldern. Man geht besser in den Impulsraum und erhält dann für $E_{\mu\nu}(p', p'', p''')$ lineare Gleichungen, die diesen Tensor mit dem Formfaktor (bzw. dessen Fourierzerlegung)

$$G(p', p''') = \int F(x'-x'', x'''-x'') \cdot e^{-i[p'(x'-x'')+p''(x'''-x_4)]} dx' dx'''$$

verknüpfen, in denen die Felder nicht mehr vorkommen. Ich sehe nicht ein, daß diese Gleichungen keine Lösungen haben sollen,* kann im Gegenteil $E_{\mu\nu}$ nach Potenzreihen des *einen* Vektors $P_\mu = (p'_\mu + p''_\mu + p'''_\mu)$ entwickeln. Der

Unterschied der „nicht-lokalen" von den „lokalen" Theorien besteht dann in folgendem:

a) Der Hamiltonoperator ist in einem Zeitmoment t (bzw. auf einer Fläche σ) *nicht* ausdrückbar durch die Felder auf dieser Fläche σ (zu dieser Zeit t) *allein*.

b) die Felder in der quantisierten Theorie werden in raumartig gelegenen Punktpaaren im allgemeinen *nicht* vertauschbar sein. – Die Idee ist, man kann sie zwar in lim $t \to -\infty$ und $t \to +\infty$ (ein- und auslaufende Felder) vorgeben, aber nicht dazwischen.

Ich muß allerdings bemerken, daß mir der positive Teil dieser letzteren Behauptung in einer Theorie mit Formfaktor dunkel ist. Die Arbeit von Cl. Bloch[2] habe ich inzwischen auch bekommen, und dieser Punkt ist recht undeutlich geblieben.

c) Die Frage wäre, ob bzw. wann eine nicht lokal aussehende Theorie durch eine triviale Transformation $\psi^{(0)}(x) = \int A(x - x')\psi(x')dx\,dx'$ (etc. für die anderen Felder) in eine lokale transformiert werden kann. Sind die $\psi^0(x)$, $u^0(x)$ in Punkten, die raumartig liegen, vertauschbar, so brauchen es ja die $\psi(x)$ nicht zu sein. Aber die Konvergenz der Selbstenergien sollte wohl ein objektives Kriterium für eine solche Äquivalenz oder Nichtäquivalenz von Theorien sein.

Jedenfalls bin ich *sicher*, daß *keine* zusätzlichen Wurzeln im Formfaktor auftreten dürfen und daß (wenigstens für $t \to -\infty$) alle Anfangsbedingungen zulässig sein sollen. Fortsetzung Montag.

Gravitationswellen. Was ist es mit der Lösung

$$\lambda^4 + \alpha\lambda = 0, \quad \mu'' - \alpha\mu = 0, \quad \lambda(x) = A\cos\alpha(x - x_0), \quad \mu = Be^{-\alpha(x - x_0)}?$$

Wie sind die *stehenden* Wellen $\lambda = \lambda_1(x_1)\lambda_4(x_4)$, $\mu = \mu_1(x_1)$, $\mu_4(x_4)$? (d.h. Produkt-Zerlegung)?

Viele Grüße

Ihr W. Pauli

---

[1] Siehe hierzu auch den Brief [1423]. – Fierz hatte auch an Møller einen Brief geschrieben und ihm seine Befürchtungen bezüglich der Lösungen der Møller-Kristensenschen *Feldgleichungen* mitgeteilt. Møller antwortete am 31. Mai 1952: „Der Gedanke war ja, daß die Variablen $\psi(x)$, $u(x)$ usw. nur im *slowly* varying Grenzfall als gewöhnliche Feldvariablen aufgefaßt werden sollen. Im allgemeinen, dagegen, sind diese Funktionen nur Hilfsvariable, die in korrespondenzmäßiger Weise die Berechnung einer S-Matrix erlauben. Infolgedessen brauchen die Vertauschungsrelationen zwischen den Größen $u(x)$ usw. garnicht kanonisch zu sein (was sie im allgemeinen auch nicht sind), nur für die in- und out- Felder hat man die gewöhnlichen Vertauschungsrelationen." Der betreffende Brief befindet sich im Kopenhagener *Møller-Nachlaß*.

* Ausnahmen wären möglich.

[2] Bloch (1952).

[1424] FIERZ AN PAULI

Basel, [ca. 22. Juni 1952][1]

Lieber Herr Pauli!

Danke für Ihren Brief. Unsere Ansichten nähern sich trotz allem in der Frage der Formfaktoren. Das mit der Hamiltonfunktion, die nicht-lokal, finde ich sehr bemerkenswert. Ich stellte mir allerdings etwas anderes vor. Ich betrachte z. B. die Gleichung

$$\Box\psi - \kappa^2\psi = \varepsilon \int F(x, x', x'')u(x')\psi(x'')d^4x'd^4x''. \tag{1}$$

Hier behandle man $u(x)$ als äußeres, vorgegebenes Feld.

Nun nehme ich an, man dürfe ψ und $\dot\psi$ zu einer Zeit t_0 vorgeben und dadurch sei eine Lösung bestimmt. Wieso man das *nur* für $t = -\infty$ tun dürfte, ist mir unerfindlich.

Man mache nun ein Iterationsverfahren

$$\psi = \psi_0 + \psi_1 + \psi_2 \ldots$$
$$\Box\psi_k - \kappa^2\psi_k = \varepsilon \int Fu\psi_{k-1}d^4x'd^4x'' = \rho_{k-1} \tag{2}$$
$$\Box\psi_0 - \kappa^2\psi_0 = 0.$$

Diese Gleichungen integriere man so, daß

$$\psi_0(t_0) = \psi(t_0); \quad \dot\psi_0(t_0) = \dot\psi(t_0)$$
$$\psi_k(t_0) = 0; \quad \dot\psi_k(t_0) = 0.$$

$$\text{Es ist } \psi_0(x, t) = \int\limits_{t'=t_0} d^3)x' \left[\psi(x', t')\frac{\partial D(x - x')}{\partial t'} - \frac{\partial\psi(x', t')}{\partial t'}D(x - x') \right] \tag{3}$$

$$\psi_k = \int D_s(x - x')\rho_{k-1}(x')d^4x'$$
$$- \int\limits_{t''=t_0} d^3x'' \left[\int D_s(x'' - x')\rho_{k-1}(x')d^4x'\frac{\partial D(x - x'')}{\partial t'} \right. \tag{4}$$
$$\left. - \left(\frac{\partial}{\partial t''}\int D_s(x'' - x') \cdot \rho_{k-1}(x')d^4x'\right) D(x - x'') \right].$$

D_s ist die symmetrische Funktion $\frac{1}{2}(D_{\text{av}} + D_{\text{ret}})$. Diese Iteration entspricht einer Störungsrechnung, d. h. einer Entwicklung der Lösungen nach ε. Falls diese konvergiert, ist ψ durch die Anfangswerte dargestellt.

Man kann die Gleichungen *symbolisch* so schreiben

$$\Box\psi - \kappa^2\psi = G\psi; \tag{1'}$$

G ist ein nicht lokaler, von u abhängiger Operator; ebenso L und R.

$$\psi_0 = L[\psi(t_0)], \text{ wo } \psi(t_0) \text{ für die Anfangswerte steht.} \tag{3'}$$
$$\psi_k = R[\rho_{k-1}]; \quad \rho_{k-1} = G[\psi_{k-1}]. \tag{4'}$$

Daraus folgt

$$\Box\psi_k - \kappa^2\psi_k = G(RG)^{k-1}L[\psi(t_0)]. \tag{2'}$$

Addiert man über k, so erhält man

$$\Box\psi - \kappa^2\psi = G\sum_{k=0}^{\infty}(RG)^k L[\psi(t_0), \dot{\psi}(t_0)]; \tag{5}$$

hier haben wir beide Anfangswerte explizit angegeben.

In dieser Gleichung setze ich jetzt $t_0 = t$, d. h. gleich der Zeit auf der linken Seite und erhalte so eine Differentialgleichung 2. Ordnung in t für ψ.

Die Frage, ob sich der in (5) stehende Operator nicht auf etwas ganz Triviales reduzieren muß, habe ich noch nicht entschieden, aber ich hoffe es eigentlich. Ich denke, daß man das Verfahren auch verallgemeinern kann, wenn man $u(x)$ durch eine Gleichung bestimmt denkt, und nicht vorgibt.

Was die Reduktion auf etwas Triviales betrifft: Muß sich nicht, da ja die Theorie invariant, der Operator auf einen lokalen reduzieren?

Gravitationswellen: Die Lösungen

$$\lambda = A\cos\alpha(x - x_0)$$
$$\mu = Be^{\alpha(x-x_0)}$$

waren mir bekannt. Sie sind jedoch auch singulär, weil der cos periodisch verschwindet, weshalb $g_{22} = \lambda^2$ jeweils Null wird. An diesen Stellen ist dann die Metrik, d. h. g^{22}, singulär. Ich konnte nicht sehen, daß stehende Wellen Lösungen geben, weil die Gleichungen, die der Wellengleichung entsprechen, nicht linear sind und weil zudem Gleichungen auftreten, die $\frac{\partial^2}{\partial x^1 \partial x^4}$ enthalten.

Am Montag bin ich den ganzen Tag in Zürich. Gerne würde ich Sie länger sprechen. Ich will [bei] Ihnen am Sonntag-Abend anrufen, um etwas abzumachen.

Mit besten Grüßen   Ihr M. Fierz

---

[1] Die Behandlung der Formfaktor-Theorien legt den Sommer 1952 als Entstehungsdatum dieses Briefes nahe (vgl. die Briefe [1433, 1439, 1442 und 1444]).

[1425] PAULI AN MØLLER UND ANDERE

Zürich, 24. Juni 1952

For *Circulation*: Jost, Heisenberg, Kristensen, Møller, Pais, Wightman*
Dear Møller and other gentlemen!
Coming back to my remark to Wightman in the discussion in Copenhagen,[1] where I pointed to the possibility of the existence of energy-momentum integrals in your formfactor theory (with the implication that until now one was just not clever enough to find them), I am glad to sketch here the proof, that this is

actually just so. With my first "Ansatz" I reached already this goal yesterday evening in a way, which I think, is straightforward.

Using the notation of the paper of you and Kristensen (= Møller-Kristensen),[2] I put

$$t_{\mu\nu}(x) = t^{(0)}_{\mu\nu}(x) + t^{int}_{\mu\nu}(x).$$

In order to fulfill $\frac{\partial t_{\mu\nu}}{\partial u^\nu} = 0$, according to equation $(1, 25)$[3] p. 10 the $t^{int}_{\mu\nu}$ has to fulfill the equation (I discuss here the scalar meson theory only, but the method is general)

$$\frac{\partial t^{int}_{\mu\nu}}{\partial x^\nu} = -\int \left\{ \frac{\partial \bar{\psi}}{\partial x^\mu} \phi(x, x', x''')u(x'')\psi'(x''')dx''dx''' \right.$$

$$+ \bar{\psi}(x')\phi(x', x, x''')\frac{\partial u(x)}{\partial x^\mu}\psi(x''')dx'dx'''$$

$$\left. + \bar{\psi}(x')\phi(x', x'', x)u(x'')\frac{\partial \psi}{\partial x^\mu}dx'dx'' \right\}. \tag{1}$$

The „Ansatz" is now

$$t^{int}_{\mu\nu}(x) = \sim\int \bar{\psi}(x')E_{\mu\nu}(x' - x, x'' - x, x''' - x)u(x'')\psi(x''')dx'dx''dx'''. \tag{2}$$

{I think, one has until now assumed too early that $E_{\mu\nu}$ should be equal $\delta_{\mu\nu}$ times a scalar. Only in the localized theory one has $E_{\mu\nu} = \delta_\mu$, $\delta(x' - x)\delta(x'' - x)\delta(x''' - x)$ with $\phi = \delta(x'' - x')\delta(x''' - x')$.}

$E_{\mu\nu}$ is a c-number to be connected with the form factor ϕ. We shall see, that if ϕ is a scalar, $E_{\mu\nu}$ will be actually a tensor. Now we pass immediately to the momentum space by

$$E_{\mu\nu}(x' - x, x'' - x, x''' - x)$$

$$= (2\pi)^{-12}\int dp'dp''dp'''e_{\mu\nu}(p', p'', p''') \cdot e^{i[(p'x')+(p''x'')+(p'''x''')]}$$

$$\cdot e^{-i(p'+p''+p''')x} \tag{3a}$$

$$\bar{\psi}(x) = (2\pi)^{-4}\int \psi(p)e^{i(px)}dp, \text{ etc.} \tag{3b}$$

and using the translation invariance of the form factor

$$\phi(x', x'', x''')$$

$$= (2\pi)^{-8}\int G(p', p'')e^{i[(p'x')+(p''x'')-\{(p'+p'')x'''\}]}dp'dp''. \tag{3c}$$

The equation (1) to be fulfilled gets then the form

$$(p'_\nu + p''_\nu + p'''_\nu)e_{\mu\nu}(p', p'', p''')$$

$$= p'_\mu G(-p'' - p''', p'') + p''_\mu G(p', -p' - p''') + p'''_\mu G(p', p''). \tag{I}$$

One can also use instead of third vector p''' the vector $P \equiv p' + p'' + p'''$ as a new variable, writing

$$P_\nu e_{\mu\nu}(p', p'', P - p' - p'')$$

$$= p'_\mu[G(p' - P, p'') - G(p', p'')] + p''_\mu[G(p', p'' - P) - G(p', p'')]$$

$$+ P_\mu G(p', p'') \tag{Ia}$$

which makes it obvious that the right side is identically zero for $P = 0$ just as the left side. *I found, that this equation has always a solution which fulfills all requirements.*

Remarks:

1. An *ambiguity* is left in $e_{\mu\nu}$, namely an additional term

$$\delta_{\mu\nu}(P_\lambda X_\lambda) - P_\mu X_\nu, \quad (X \text{ an arbitrary vector})$$

which gives zero if multiplied with P_ν after summation over $\mu\nu$.

This means, that the additional term in $t^{\text{int}}_{\mu\nu}(x)$ has a vanishing divergence. But remembering the x dependence in the integral of (3a) being of the form e^{-iPx} and using the equation $\frac{\partial(t^0_{\mu\nu}+t^{\text{int}}_{\mu\nu})}{\partial x^\nu} = 0$ one can see that this means only an ambiguity in the localization of energy-momentum in space leaving the vector

$$W_\mu = \int t_{\mu 4}\delta^3 x$$
$$\downarrow$$
$$(t^0_{\mu 4} = t^{\text{int}}_{\mu\nu})$$

uniquely determined.

2. *Lorentz-invariance.* From the three vectors p', p'', P the six invariants

$$J_{11} = p'^2, \quad J_{22} = p''^2, \quad J_{33} = p'''^2;$$
$$J_{12} = J_{21} = (p'p''), \quad J_{23} = (p''P), \quad J_{13} = (p'P)$$

can be constructed. The G-function depends on three of them

$$G(p', p'') \equiv g(J_{11}, J_{22}, J_{12});$$

of course one can write

$$e_{\mu\nu}$$
$$= A\delta_{\mu\nu} + B_{11}(p'_\mu p'_\nu) + \cdots + B_{12}(p'_\mu p''_\nu) + B_{21}(p''_\mu p'_\nu) + \cdots + B_{33}(P_\mu P_\nu)$$

where the ten scalars A, $B_{11} \ldots B_{33}$ all depend on the six invariants $[I]^4$ indicated above.

The equation (Ia) decomposes then into three independent equations by putting zero the coefficients of p'_μ, p''_μ, P_μ separately. For the local theory one has $G = g = 1$, $e_{\mu\nu} = \delta_{\mu\nu} \cdot 1$, if one develops $g(J_{11}, J_{22}, J_{12})$ as a power serie (which is at the same time a serie in powers of λ^2, λ being the new small length), one obtains also for $A \ldots B_{33}$ power series (with the ambiguity mentioned under 1. above).

For the first scalar A the relation holds

$$\text{For } P \to 0 \quad A \to g(J_{11}, J_{22}, J_{12}).$$

3. A similar treatment can be made for the integral of the difference of the numbers of nucleons and antinucleons; one has to put here

$$j_\mu(x)z\bar{\psi}(x)\sqrt{\mu}\varphi(x)$$
$$+ \int \bar{\psi}(x')E_\mu(x'-x, x''-x, x'''-x)u(x'')\psi(x''')dx'dx''dx'''$$

and to fulfill $\frac{\partial j_\mu}{\partial x^\mu} = 0$.

The c-number vector E_μ can be determined in the momentum-space in a similar way as the tensor $t_{\mu\nu}$ above. (N.B. For a lorentz-invariant form-factor the vector E_μ has here *no* ambiguity.) For the local theory one has $E_\mu = 0$.

This does not change at all the results of the Møller-Kristensen paper,[5] but there may be hope, that the rigorous energy integral will be helpful for the discussion of bound states.

With best wishes for the x-million dollar baby**[6]

always Yours

W. Pauli

---

* He is free to interpret this letter as a peace-offer of a cannibal to a missionary. [Pauli schrieb Whiteman statt Wightman.]

[1] Møller hatte am 12. Juni während der Kopenhagener Physiker-Konferenz vom 3.–17. Juni 1952 über die wesentlichsten Ergebnisse dieser „konvergenten Mesonentheorie" berichtet. An der anschließenden von Pauli geleiteten Diskussion beteiligten sich u. a. Heisenberg, Jost, Pais und Wightman. Wightman selbst trug am Samstag den 14. Juni über „An example of a consistent relativistic quantum theory of interacting particles" vor. Da Pauli am 15. Juni schon wieder in Zürich war, konnte er diesem Vortrag wahrscheinlich nicht mehr beiwohnen.

[2] Kristensen und Møller (1952).

[3] Pauli bezieht sich hier auf das von der gedruckten Fassung der Arbeit von Kristensen und Møller (1952, S. 12) abweichende Manuskript.

[4] Unleserliche Textstelle in der verfügbaren Kopie.

[5] Kristensen und Møller (1952).

** I mean the new engine.

[6] Wahrscheinlich bezog sich Pauli auf den – nach den langen Beratungen während der Kopenhagener Konferenz im Juni 1952 – beschlossenen Bau einer 25 GeV Maschine im Rahmen des seit 1951 als CERN bezeichneten europäischen Großforschungslabors. Diese Einrichtung wurde von einer theoretischen Abteilung unterstützt, die vorläufig unter Bohrs Leitung ihren Sitz im Kopenhagener Institut bezogen hatte. Später (im September 1954) sollte Christian Møller als Bohrs Nachfolger die Leitung dieser Theorie-Abteilung übernehmen. Vgl. Hermann et al. [1987, S. 217f.].

[1426] PAULI AN BHABHA

[Zürich], 25. Juni 1952

Dear Bhabha!

Coming back from Copenhagen[1] I did not find any news from you whether you will come here during this term (which closes officially July 19th).[2] According to rumors which I heard in Copenhagen it is doubtful whether you will come to Europe this summer at all.

Please drop me a few lines about it. Regarding our trip to India[3] we plan to take a boat sailing from London October 9th, which will be in Bombay about October 29th. It is arriving one week earlier than the beginning of your term (November 1) – I hope no trouble will spring from that and that you will be present nevertheless – but the next boat available arrives much too late.

Could you perhaps write in time to the Indian legation in Bern about our visas? I do not know the successor of Batlivala there. Who is it?

With the inoculations we were just going to start already now.

Hoping to hear from you soon with all good wishes from my wife, too.

Sincerely yours

W. Pauli

---

[1] Siehe hierzu den Kommentar zum Brief [1418].
[2] Der angekündigte Besuch von Bhabha war mit ein Grund dafür, daß Pauli nur so kurze Zeit bei der Physikerkonferenz in Kopenhagen geblieben war [1405].
[3] Siehe die Angaben über die Indienreise in den Briefen [1375, 1403, 1440 und 1441].

[1427] PAULI AN KRONIG

Zürich, 25. Juni 1952

Lieber Kronig!

Vielen Dank für Deinen interessanten Brief. Daß die beiden Schallsorten in He II bei ganz verschiedenen Frequenzen existieren (und zwar die Bosonen mit der großen freien Weglänge mit viel kleinerer Frequenz),[1] war eine richtige Enthüllung für mich! Dadurch wird mir die Idee der mit phänomenologischer Hydrodynamik beschriebenen „Dichtewellen des Phononengases" sehr viel verständlicher. Es fragt sich nur noch, ob etwas Besonderes passiert bei einer Frequenz, wo freie Weglänge und Apparatdimensionen gerade von *derselben* Größenordnung werden? Aber ich weiß nicht, ob solche Bedingungen technisch herstellbar sind.

Nunmehr bin ich in allem Wesentlichen mit den Formulierungen Deines Briefes einverstanden!

Kürzlich war ich in Kopenhagen,[2] wo wir über die Theorie mit relativistisch-invarianten Formfaktoren von Møller und anderen sehr heftig diskutiert haben. Darüber hoffe ich Thellung bald erzählen zu können.

Für heute sehr viele Grüße an Dich und Familie von uns beiden

Stets Dein

W. Pauli

---

[1] Vgl. Kronig, Thellung und Woldringh (1952).
[2] Siehe den Kommentar zum Brief [1418].

Im Sommer 1952 hatten sich Born und Schrödinger in Genf getroffen[1] und dort abermals heftig über ihre voneinander abweichenden Auffassungen über die Bedeutung der Wellenfunktion diskutiert. Ach Pauli hatte davon gehört, ohne sich jedoch selbst daran zu beteiligen. „I left the cause of quantum-mechanics in the hands of Born and Rosenfeld," ließ er Bohr im September wissen [1462].

Im August sollten in der Festschrift für Louis de Broglie zwei Aufsätze von Born und Schrödinger erscheinen, in denen die beiden ihre Standpunkte nochmals darlegten.[2]

Am 8. Dezember 1952 war in London vom Sekretär Alistair C. Crombie der *Society for History of Science* eine Veranstaltung mit einer öffentlichen Diskussion zwischen Born und Schrödinger angesagt worden. Born behauptete, daß Schrödinger, „genau wie [Einstein], die statistische Auffassung der Quantenmechanik nicht mag, aber glaubt, seine Wellen seien die endgültige deterministische Lösung."[3]

In einem Schreiben vom 12. November 1952 wurde auch Rosenfeld durch Born von diesem Ereignis verständigt und um Hilfestellung gebeten: „I am busy preparing the introduction to the discussion with Schrödinger, which I have to present. ... I wonder whether you could come to London on this occassion and assist me if it comes to a real discussion?"

Doch diese Gegenüberstellung der beiden Kontrahenden kam wegen einer schweren Operation Schrödingers nicht zustande und mußte auf später vertagt werden. An seiner Stelle sollte Born sein vorbereitetes Manuskript verlesen und damit die anschließende Diskussion eröffnen. „Es tat ja auch sehr leid, daß ich am 8. nicht dabei sein konnte," bedauerte Schrödinger am 22. Dezember 1952 in einem Schreiben an Max Born sein Ausbleiben. „Popper hatte mir in rührender Weise schon geschrieben, daß er als, sagen wir *advocatus diaboli*, auftreten wolle. Es ist schon möglich, wie Du sagst, daß wir uns nie einigen werden. Viel wäre aber schon gewonnen, wenn wir uns auf einen Punkt einigen könnten, nämlich, daß es bei der ganzen Streitfrage sich nicht darum handeln kann, zu entscheiden, ‚wie es nun *wirklich* ist'. Mein Anwurf gegen das jetzige Gebäude der Quantenmechanik ist ja viel ärger als etwa: ‚Ihr stellt es Euch so vor, es ist aber anders' – und auch ärger als sich einigermaßen höflich ausdrücken läßt. Mein Anwurf geht auf erkenntnistheoretische Stümperei. Es gibt da, vor allem, sehr präzise und klare mathematische Vorschriften, wie man die Statistik für jede geplante Versuchsanordnung vorausberechnen kann aus a) der Wellenfunktion (Zustandsvektor), die den augenblicklichen Zustand des Systems beschreibt, und b) den linearen Operator (Tensor), welcher zu der geplanten Versuchsanordnung gehört. Vergessen ist, daß in keinem wirklichen konkreten Einzelfall die Wellenfunktion oder der Operator bekannt sind. Kein Meßvorgang geht so vor sich, daß die schöne Theorie auf ihr anwendbar wäre, welche daher eine reine Schreibtischangelegenheit bleibt. Fast alle großen Erfolge der Quantenmechanik bestehen in der zutreffenden Berechnung umfangreicher Eigenwertprobleme, ja aus einer bescheidenen mehr oder weniger naheliegenden Annahme über die *Natur* des betreffenden Systems (Hamiltonoperator) und haben mit der statistischen Deutung überhaupt nichts zu tun. Dem stehen gegenüber nur die Streuversuche (Berechnung differentieller Wirkungsquerschnitte) und dgl. Quantitativ bestätigt ist wohl nur die Klein-Nishina-Formel. Das kann ja kaum anders sein, denn es ist der einzige Fall, wo man hinsichtlich der Wechselwirkung gebundene Marschroute hatte. Aber ist denn nun etwa auf diese Streu- und sonstigen Stoßversuche das von Neumannsche Schema wirklich direkt anwendbar? Da liegt doch wohl noch die Annahme dazwischen, daß die 20 oder 200 ... Einzelfälle, die man unter konstant gehaltenen Versuchsbedingungen beobachtet und ausgemessen hat, als darin Born-von Neumannsche Statistik eines und desselben Anfangszustandes anzusehen sind. Das ist ein petitio principii oder, freundlicher ausgedrückt, eine allgemeine Annahme von unermeßlicher (Tragweite); um an ihr als an einem religiösen Glaubensartikel festzuhalten, dazu genügt wohl nicht, daß man damit in ein paar Fällen aus einem plausiblen Modell (= Hamiltonfunktion) zutreffende Verteilungen ausrechnet."

Als Schrödinger einen zweiteiligen Aufsatz[4] mit dem polemischen Titel *Are there quantum jumps?* im *British Journal of the Philosophy of Science* publizierte, antwortete ihm Born als Vertreter der statistischen Interpretation der Quantentheorie mit einem längeren Artikel.[5] Am 2. März 1953 dankte ihm zwar Schrödinger für diese klare und entschiedene Erwiderung mit einem langen Schreiben, jedoch ohne von seiner einmal eingenommenen Position abzurücken.[6]

Während eines Weihnachtsbesuches in Kopenhagen war auch Bohr über diese Ereignisse ausführlich durch Rosenfeld unterrichtet worden.[7] Pauli, der darüber natürlich ebenfalls Bescheid wußte, hat sich aber erst später in die direkte Diskussion eingeschaltet.[8]

[1] Siehe hierzu auch Paulis Bemerkungen in seinem Brief [1462] an Bohr.

[2] In seinem Brief vom 20. Oktober 1952 an Heisenberg weist Schrödinger auf seinen Aufsatz hin: „Übrigens sollte im August der Jubiläumsband für de Broglie herausgekommen sein, der einen kürzeren, mehr direkt an Physiker gerichteten Artikel von mir enthält über denselben Gegenstand (The meaning of wave mechanics)."

[3] Aus Borns Brief vom 28. Oktober 1952 an Einstein. Siehe hierzu auch den Briefwechsel zwischen Einstein und Born [1969] aus den vorangehenden Jahren, in dem die Frage der Unvollständigkeit der Quantentheorie und ihre voneinander abweichenden Ansichten darüber erörtert werden.

[4] Schrödinger (1952a, b).

[5] Born (1953). Siehe hierzu auch den im Heisenberg-Archiv befindlichen Briefwechsel zwischen Schrödinger und Heisenberg vom Oktober 1952 über die Frage der Widersprüchlichkeit von physikalischen Theorien.

[6] Siehe hierzu Schrödingers Briefwechsel aus den späteren Jahren, in dem er unverdrossen seine von Born als *Wellenphilosophie* bezeichneten Auffassungen vertritt. Ebenso wie Einstein hat jedoch auch er die von Bohm vorgeschlagene Theorie der verborgenen Parameter abgelehnt. In einem Schreiben vom 26. Januar 1953 an Einstein machte er folgenden Einwand: „Am Bohmschen Vorschlag ist mir unannehmbar, daß er dieselbe Funktion als Wahrscheinlichkeitsverteilung und als Kräftepotential benutzt. Nun kann aber jede wirklich auftretende Bahn doch wohl als Mitglied verschiedener Bahngesamtheiten gedacht werden. Die hinzugedachten, aber nicht verwirklichten Bahnen können doch nicht auf das Bewegliche einwirken."

[7] Vgl. auch Schrödingers Korrespondenz mit Bohr (Schrödingers Brief vom 3. Juni 1952 an Bohr und Bohrs Antwortschreiben), in dem Bohr sich über die unpassend gewählte Bezeichnung eines *Quantensprungs* ausläßt.

[8] Siehe hierzu insbesondere die im Einstein-Born Briefwechsel [1969] abgedruckten Pauli-Briefe aus dem Jahre 1954.

[1428] PAULI AN SCHRÖDINGER

Zürich, 26. Juni 1952

Lieber Schrödinger!

Dank für Deinen Brief.[1] Die Übersendung der 100 Schweizer Franken wurde nach Wunsch besorgt.

Deine von populären Aufsätzen[2] (siehe „Endeavour")[3] umrankte Kriegserklärung an die Quantenmechanik habe ich mehr mit psychologischem Interesse für Dich als mit objektivem Interesse hinsichtlich der theoretischen Physik zur Kenntnis genommen. Denn ich selbst bin überzeugt, daß eine Rückkehr zum Stil der Naturgesetze von Newton bis 1927 nicht möglich ist; *so geht es ganz bestimmt nicht*!

Hingegen soll es mich freuen, wenn einer was wirklich Neues erfinden könnte, in den Grundbegriffen (wenn auch nicht in den Folgerungen) verschieden *sowohl* von der „klassischen" Physik *als auch* von dem gerade jetzt in Geltung

Befindlichen. Am Bestehenden hänge ich nicht, bzw. nur *relativ* zu dem, was *vorher* gegangen ist. Ich bin eben progressiv und nicht regressiv[4] eingestellt, halte letzteres sogar für psychisch recht ungesund, besonders auch für Dich!

In diesem Sinne recht herzliche Grüße von Deinem alten   W. Pauli

[1] Dieser Brief ist nicht erhalten.
[2] Schrödinger (1952a, b).
[3] Schrödinger (1950).
[4] Schrödinger fügte an dieser Stelle die Bemerkung „Trottel!. E. Schrödinger" hinzu.

[1429] FIERZ AN PAULI

Basel, 1. Juli 1952

Lieber Herr Pauli!

Hier ist es ungemein warm, die Kinder haben Hitzeferien und ich bin mit meinem Jungen heute nachmittag im Rhein gewesen. Sonst habe ich mich wieder einmal mit Aristoteles beschäftigt, da Sie mir in Zürich eine auf ihn bezügliche Erkundigungsfrage stellten.

Von diesem Autor besitze ich die Metaphysik, die sog. Nikomachische Ethik und die Psychologie. Die Meteorologie habe ich einmal gelesen. Sonst weiß ich noch, was in Büchern steht, insbesondere bei Schopenhauer[1] und Russell.[2] Ich fühle mich also keineswegs als Kenner!

Mein Eindruck ist der, daß Aristoteles kein eigentlicher spekulativer Denker war – im Gegensatz zu Platon. Das Denken hat bei ihm etwas Handwerksmäßiges, es ist nicht wirklich produktiv. Also würde man es als Auxiliärfunktion bezeichnen. Es ist schulmeisterlich, so daß es dort am besten ist, wo Schulmeisterei am Platz; also in der Rhetorik, im Organon, d. h. der Logik, beim Kritisieren seiner Vorgänger. Hierduch ist er zum Lehrer des Mittelalters geworden und hat uns viele Kenntnisse über die Vorsokratische Philosophie vermittelt.

Superior war bei ihm wohl die Empfindung im Sinne der fonction du réelle.[3] Daher hat er auch die Schwäche des platonischen Idealismus richtig gewittert. Der Idealismus nämlich ist immer in Gefahr, in Statik zu versteinern und den Kontakt mit dem quellenden Leben zu verlieren. Da er nun dies Quellende deutlich empfand, suchte er dieses in die Ideenlehre einzubauen, diese also zu dynamisieren.

Die Welt ist ein Feld der Möglichkeiten – so würde Weyl sagen – und nicht alles, was möglich, ist realisiert. In der Ideenlehre besteht nun die Schwierigkeit, daß wenn wirklich etwas werden soll, daß also aus dem Felde der Möglichkeiten eine Wahl getroffen wird, es entweder für alles mögliche Ideen geben muß – dann gibt es Ideen, die sich nie realisieren – oder das, was sich realisiert, den Ideen entspricht, was zum Fatalismus führt: „tout est écrit là-haut", so sagt Jacques le fataliste bei Diderot.[4]

Entsprechend seiner Empfindung ist nun die Materie dieses Feld der Möglichkeiten. Die Ideen aber sind gestaltende Prinzipien – plastische Formen sagte man im 17. Jahrhundert – welche der Materie Leben und Form geben. Die Ideen wirken in der gestalteten Natur, d. s. die Entelechien. Das sich Wandeln der vier Elemente, wo die Gegensätze warm-kalt, feucht-trocken die gestaltenden, formalen Prinzipien sind, ist ein Modell dieser Denkweise, die in der Alchemie ihre deutlichen Spuren hinterlassen hat.

Aristoteles hat also die Ideen vom Himmel herabgeholt und in die Gestalten dieser Welt projiziert, was, trotz einiger Konfusion der Ausdrucksweise, eine bedeutende Leistung gewesen ist.

Die überragende Kraft seiner „fonction du réelle" hat auch dazu geführt, daß Jahrhunderte die empirische Wirklichkeit aus den Händen des Aristoteles übernehmen konnten und man sich im 16. Jahrhundert nur schwer von diesem, zum Popanzen gewordenen Lehrer befreien konnte. Die Befreiung geschah, z. T., mit Platons Hilfe und führte vielleicht nicht umsonst zu einem deterministischen und absoluten Weltbild, in welchem der schöpferische Aspekt der Ideen, daß sie in den Dingen – wir sagen, in uns, – wüten, allzu sehr übersehen wird.

Das ist alles, was ich im Moment zu sagen habe. Thellung habe ich eine Rechnung geschickt.

Mit besten Grüßen   Ihr M. Fierz

---

[1] Schopenhauers Ansichten über Aristoteles sind besonders in seinem Hauptwerk *Die Welt als Wille und Vorstellung* [1819/44] enthalten.
[2] Vgl. Russell [1936/46, Kapitel XIX–XXII].
[3] Nach der Herkunft dieses Ausdrucks befragt, erklärte Fierz: „*Sens du réelle* sagte man im Elternhaus. Woher er stammt, weiß ich nicht." (Korrekt müßte es im Französischen natürlich *réell* heißen.)
[4] Diderot [1796].

Der Physiker und Verlags-Lektor Paul Rosbaud (1896–1963) hatte seit 1932 als Mitarbeiter des Springer-Verlages gewirkt, bei dem auch Pauli seine beiden Handbucharti-kel verlegt hatte. Er war mit einer jüdischen Frau verheiratet und hatte diese noch vor Ausbruch des Krieges mit seiner Tochter nach England gebracht. Während des Krieges gewann Rosbaud als Mitherausgeber der *Naturwissenschaften* Einblicke in die deutschen Uranforschungen. Infolge seines „glühenden Hasses"[1] gegen das Naziregime gab er diese Kenntnisse an den Britischen Geheimdienst weiter.[2] Infolgedessen verfügte er auch noch nach dem Kriege über ausgezeichnete Auslandskontakte, die ihm halfen als Springers Vertreter in London ernannt zu werden. In London lernte er 1949 Robert Maxwell ken-nen, der sich im Auftrage der britischen *Control Commission* u. a. mit dem Vertrieb der einst von Springer herausgegebenen und enteigneten Zeitschriften befaßte und nun Mit-inhaber der Verlagszweigstellen *Lange, Maxwell und Springer* in London und in New York wurde.[3] Gemeinsam mit ihm beteiligte sich Rosbaud 1951 als *Scientific Director* an der Gründung von *Pergamon Press*, die mit Springer weiterhin eng zusammenarbeitete.[4] Auf die Mitglieder dieser Zweigstelle des Verlages anspielend, spricht Pauli hier [1343] von den „Seitenspringern".

Pauli hatte Rosbaud wahrscheinlich während der Heidelberger Physikertagung Anfang Juli 1951 persönlich kennengelernt [1489].[5] Anknüpfungspunkt für ein Gespräch dürfte die Neuausgabe des Springerschen *Handbuches der Physik* gewesen sein, die jetzt der Marburger Ordinarius für Physik Siegfried Flügge übernehmen wollte und an der sich Rosbaud als Verbindungsmann zum Auslande beteiligte. Natürlich wurde auch

Pauli um seine Mitwirkung gebeten,[6] der seinerseits Källén für den Beitrag über Quantenfeldtheorie empfahl.[7]

In einem Schreiben vom 13. Dezember 1952 an Rosenfeld berichtete Flügge über den Stand seiner Verhandlungen mit Paul Rosbaud: „Seit Ende 1948 bemühte sich Herr Dr. Rosbaud, als langjähriger ehemaliger Angestellter des Springer-Verlages, der nach dem Kriege unter schwierigen Umständen so etwas wie ein Auslandsvertreter von Herrn Dr. Springer wurde, um einen englischen Mitherausgeber. Seine Verhandlungen mit verschiedenen Kollegen blieben bis Ende 1950 ohne Ergebnis; dann erst hat auf Rosbauds Einladung hin Herr Heitler an einigen Handbuchbesprechungen teilgenommen, ohne daß sich dieser allerdings jemals entschieden hätte, ob er bereit sei, Mitherausgeber zu werden oder nicht, und – Sie müssen mir diese Deutlichkeit erlauben – auch ohne die Arbeit deutlich zu fördern." Von diesen Verlagsquerelen bei der Herausgabe des neuen Handbuches war natürlich auch Pauli durch Walter Heitler unterrichtet worden.

Offenbar haben sich die beiden Österreicher Pauli und Rosbaud ausgezeichnet verstanden, wie der in den folgenden Jahren immer stärker anwachsende Briefwechsel erkennen läßt.[8] Pauli nannte Rosbaud – in Anlehnung an den Helden in Ludwig Anzengrubers Bühnenstück „Die Kreuzelmacher" – von nun an den „Steinklopferhansl".[9] Seiner Frau erzählte er „viel von ihm". Während eines Besuches in Zürich lud Pauli ihn auch bei sich zu Hause zum Abendessen ein [1464].

---

[1] Nach einem Zeugnis von Springer. Vgl. Sarkowski [1992, S. 405].

[2] Vgl. Kramish [1986].

[3] Siehe hierzu Maxwells Biographie, die kürzlich von seiner Frau Elisabeth Maxwell [1994, S. 237ff.] veröffentlicht wurde.

[4] Siehe Cahn (1994).

[5] Auf eine solche Bekanntschaft jüngeren Datums weist auch Paulis Bemerkung über den Bericht an seine Frau in dem Schreiben [1464] hin.

[6] Pauli ließ nochmals seinen alten Handbuchartikel über die Wellenmechanik unter Berücksichtigung einiger Korrekturen und Weglassung des letzten, inzwischen überholten Kapitels über relativistische Theorien abdrucken. Später regte Rosbaud auch die Herausgabe von Paulis allgemeinen physikalischen und erkenntnistheoretischen Schriften an, die jedoch erst nach seinem Tode erschienen.

[7] Die damit einhergehenden Verhandlungen hat Pauli vor allem mit Jensen geführt.

[8] Rosbauds Neffen, Vincent C. Frank-Steiner, danke ich für die Überlassung der fünf hier wiedergegebenen Schriftstücke.

[9] Den Hinweis auf den Ursprung dieses Namens lieferte der Konstanzer Wissenschaftshistoriker Ernst-Peter Fischer.

[1430] PAULI AN ROSBAUD

Zürich, 7. Juli 1952

Lieber Steinklopferhans!

Es ist so heiß, daß ich nicht mehr denken kann oder genauer gesagt, daß ich nur noch an Sie denken kann. In die Berge fahren kann ich auch nicht, denn wir haben noch 2 Wochen Semester. Das Schreiben der Adresse machte mir große Mühe.

Ich habe gerade ein Photo hier und erinnere mich, daß Sie eines haben wollten.[1]

Mit allen guten Wünschen an alle Seitenspringer   Ihr W. Pauli

1 Wahrscheinlich hatte ihn Rosbaud um eine solche Aufnahme für seine Sammlung von Autoren-
bildnissen gebeten. Rosbaud vermachte diese beachtliche Sammlung nach seinem Tode seinem
verlegerischen Freund Wagner, über den sie schließlich an das *Clarendon Laboratory* in Oxford
gelangte {vgl. Cahn (1994, S. 41)}.

[1431] FIERZ AN PAULI

[Basel], 8. Juli 1952
[Briefentwurf]

Lieber Herr Pauli!

Gestern war eine sehr vergnügte Vollmondnacht, für die wir Ihnen nochmals
bestens danken.[1] Ich habe mir nochmal die sog. dreiwertige Logik[2] durch den
Kopf gehen lassen und gefunden, daß doch etwas dran ist. Das Problem, das
durch diese Sache angedeutet wird, tritt dann ein, wenn Aussagen über *zukünftige*
Ereignisse oder Verhältnisse gemacht werden sollen, und man nicht glaubt, daß
alles, was geschieht, vorherbestimmt sei.

Sage ich, morgen wird es regnen, dann kann „morgen" festgestellt werden,
ob ich recht oder unrecht hatte, und meine Voraussage wird sich „morgen" als
wahr oder als fasch erweisen. Man kann nun annehmen, daß somit auch heute
die Wahrheit oder Falschheit meiner Aussage entschieden sei. Sinn hat aber eine
solche Annahme nur dann, wenn wenigstens prinzipiell die Wahrheit meiner
Aussage auch entschieden werden kann. Insofern aber ein zukünftiges Ereignis
zufällig oder willkürlich ist, muß dieses heute noch als nicht determiniert
angesehen werden, und Aussagen über dasselbe sind daher weder wahr noch
falsch. Man sieht noch besser, daß das Zuschreiben eines Wahrheitswertes für
solche Aussagen nicht zweckmäßig ist, wenn man eine konditionelle Aussage
wählt: „Wenn Du morgen mit einer Münze Kopf oder Wappen wirfst, wird
Kopf herauskommen". Wenn der andre den Versuch macht, kann er prüfen, ob
die Aussage richtig war. Aber wenn er auf den Versuch verzichtet, dann wird
die Aussage gegenstandslos und es hat, wie mir scheint, wenig Sinn, über ihren
Wahrheitsgehalt zu streiten.

Allerdings scheint es mir nun nicht zweckmäßig, einen dritten, unbestimmten
Wahrheitswert einzuführen. Dadurch wird nämlich der wirkliche Sachverhalt
gänzlich verwischt. Man soll sich vielmehr überlegen, was mit „wahr" und
„falsch" gemeint sei. Wir wollen dabei von dem banalen Fall absehen, daß aus
gegebenen, als wahr geltenden Voraussehungen, Schlüsse gezogen werden, die
wahr sind, wenn man logisch richtig schließt, falsch, wenn man Denkfehler
begeht. Das hat mit Wahrheit eigentlich nichts zu tun. Das Problem ist
vielmehr das, ob ein Urteil über empirische Gegenstände wahr sei. Das ist
ein viel schwierigeres Problem und die klassische Lösung desselben war, daß
jeder Gegenstand eine „Existenz" besitze, die in der Gesamtheit aller ihm
zukommenden Prädikate besteht, oder durch diese ausgedrückt werden kann.
Diese Lösung hat aber eigentlich nur in einer deterministischen Philosophie
Bestand. Insofern nun der Determinismus ein recht weites Anwendungsfeld
besitzt, ist diese Wahrheitstheorie nützlich, aber nicht ausreichend.

Frage der empirischen Induktion.

Die Frage tritt auf, falls man die empirische Wissenschaft *begründen* will. Man möchte eigentlich *beweisen*, daß die Wissenschaft zur Wahrheit, zu wahren Erkenntnissen führt.

Im theologischen Zeitalter – dem Mittelalter – wollte man ebenso die Existenz Gottes beweisen und damit beweisen, daß die Theologie „wahr" sei.

Nun gibt es Wissenschaften, die Erfolge aufweisen können. Ebenso gibt es Theologie, die Erfolge aufweisen kann; d. h. sie verbreitet Lehren, die, mindestens in gewissem Ausmaß, glaubwürdig sind und der religiösen Erfahrung, dem religiösen Leben, entsprechen.

Das Prinzip der empirischen Wissenschaft ist die Induktion. Kann nun ein solches Prinzip bewiesen werden? Kann man rationale Gründe dafür angeben, daß man so zu forschen hat?

Ja, kann man, das muß wohl zuerst gefragt werden, das Prinzip formulieren?

---

[1] Fierz und Houtermans waren bei den Paulis zum Nachtessen eingeladen (vgl. den folgenden Brief [1433]).
[2] Vgl. hierzu den Bericht von Reichenbach (1951).

[1432] PAULI AN KAROLUS

Zürich, 10. Juli 1952

Lieber Herr Karolus!

Anbei (leihweise) ein Sonderdruck unseres gemeinsamen Bekannten, des „Ingenieurs in den Wechseljahren".[1] Was mich bedenklich stimmt, sind nicht so sehr die psychologischen Allgemeinheiten in dieser Arbeit (in meinen Jugendtagen pflegten wir so etwas als „Schmus" zu bezeichnen) als vielmehr die behaupteten physikalischen Wirkungen der Sonnenstrahlung, insbesondere die Behauptung „planetarischer Wirkungen" dieser Strahlung (p. 418 bis 424). Es geht dies offenbar auf einen anderen Ingenieur, J. H. Nelson, zurück (siehe die Zitate p. 419, Note 78).[2] Weder kenne ich diesen Mann, noch seine Arbeiten.

Sollten Sie diesbezüglich meinen Kenntnissen etwas aufhelfen können, würde mich das sehr interessieren. Auf jeden Fall möchte ich aber gerne Ihre (voraussichtlich kritische) Meinung über Nelsons Material und Schlüsse hören.

Mit herzlichen Grüßen von Haus zu Haus Stets Ihr   W. Pauli

---

[1] Pauli bezieht sich auf seinen Bekannten, den Elektroingenieur Max Knoll, dessen Eranos-Vortrag „Wandlungen der Wissenschaft in unserer Zeit" gerade im *Eranos Jahrbuch* erschienen war. Der Autor sandte Pauli einen Sonderdruck mit der Inschrift: „In Erinnerung an unsere Gespräche."
[2] Knoll zitiert in dem genannten Aufsatz Nelson (1951): Shortwave radio propagation correlation with planetary positions. *R. C. A. Review* (New York) **12** (Mai), 26 (1951)

[1433] Pauli an Fierz

Zollikon-Zürich, 12. Juli 1952

Alles Gute Ihnen und Familie für die Ferien!

> Motto:
> "There was a young man who said: Damn!
> I learn with regret that I am
> A creature that moves
> In predestinate grooves,
> In short, not a bus but a tram."
> (Lied eines unbekannten Engländers.)

Lieber Herr Fierz!

Dies wird ein schwieriger Antwortbrief. Es ist zwar auch jetzt kühl und gewittrig, aber der Wahrscheinlichkeitsbegriff macht mir zu schaffen. Das Buch von Jeffreys[1] habe ich aus der Bibliothek des mathematischen Seminars der E. T. H. bekommen, habe bis jetzt nur flüchtig hineingeschaut, will es noch genauer lesen. Das Kapitel über Probabilities in B. Russells Buch „Human Knowledge"[2] habe ich genauer gelesen, dieser Autor, C. D. Broad,[3] und der verstorbene Nationalökonom Keynes[4] (seine Schrift On Probabilities stammt von 1921)[5] und Jeffreys[6] sind wohl alle dieselbe Schule, der Ausdruck ‚reasonable belief' stammt wohl von Keynes, Russell sagt auch ‚degree of credibility'.

Was mir nun zuerst auffällt ist das Motiv. *Das Eine* (scilicet: der zu rationalisierende Grad der Glaubwürdigkeit) und *die Vielen* (scilicet: Fälle).[7]

Die logische Verbindung von beiden ist etwa so: Man stellt zuerst Axiome für den Gebrauch des Wortes Wahrscheinlichkeit auf und zeigt dann die Möglichkeit der Interpretation der Axiome durch eine *endliche Häufigkeit*. Die Festsetzung „Gegeben sei eine endliche Klasse B mit n Elementen und gegeben sei, daß m von diesen zu einer Klasse A gehören. Dann sagen wir: *Wenn* ein Element der Klasse B »nach Zufall« (ohne Bemühung weiterer Kenntnisse) gewählt wird, ist die Chance, daß es zur Klasse A gehört, gleich m/n."

Es läßt sich zeigen, daß die so definierte „chance", für den Zahlwert der Wahrscheinlichkeit eingesetzt, die früher aufgestellten Axiome erfüllt. Die so erhaltenen Aussagen beziehen sich auf ein *unspezifiziertes Element einer Klasse (B) mit einer bekannten, endlichen Anzahl von Elementen.*

Frage Nr. 1 an Sie: sind Sie damit einverstanden, daß dies die wesentliche Verbindung zwischen der *einen* Erwartung und ihrer Rationalisierung durch Abzählung endlich *vieler* Fälle sei?

Nun aber weiter: ich sehe ohne weiteres ein, daß der Satz von Bayes[8] und das Theorem von Bernoulli[9] aus den Axiomen folgen. Letzteres kann man so aussprechen: Voraussetzung: Bei *jeder* einer Anzahl von Gelegenheiten sei die Chance für das Eintreten eines gewissen Ereignisses p. Dann „gibt es" zu „allen" Zahlpärchen (ε, δ) ein gewisses großes N (ganz), das folgende Bedingung erfüllt: „Die *Chance*, daß der Bruchteil der Anzahl der Gelegenheiten, bei denen das Ereignis eintritt, von N Gelegenheiten aufwärts von *p jemals* um mehr als ε abweichen wird, ist kleiner als δ".

Das ist eine rein logische Folge der Spielregeln über den Gebrauch des Wortes „chance". Es scheint mir aber doch wichtig zu betonen, daß hieraus rein logisch *nichts* folgt, was empirisch verifizierbar ist.

Frage Nr. 2 an Sie: Stimmen Sie dem zu? Dann nehmen wir nun an, wir haben eine statistische Theorie, die den Wert p für den Eintritt unseres Ereignisses voraussagt, und wir wollen diese Theorie durch das Experiment prüfen, und es tritt folgendes ein:

<table>
<tr><td align="center">Entweder A</td><td align="center">oder B</td></tr>
<tr><td>Nach vielen Versuchen ergibt sich eine nur äußerst kleine mittlere Abweichung von p. Ein Skeptiker mit einem Vorurteil gegen die Theorie sagt einfach immer: „Lieber Experimentator, du hast zu wenig Versuche gemacht. Bei Vermehrung des Materiales wirst du schließlich häufige, große Abweichungen von p finden."</td><td>Nach vielen Versuchen ergeben sich häufige, größere Abweichungen von p. Ein gläubiger Anhänger der Theorie sagt, weil psychologisch präjudiziert, immer wieder: „Lieber Experimentator, du hast zu wenig Versuche gemacht. Bei Vermehrung des Materiales wirst du schließlich keine größeren Abweichungen von p als ε finden. Ich glaube sogar, daß es zu jedem ε ein *schließlich* geben wird, bei dem keine Abweichungen größer als ε mehr stattfinden werden."</td></tr>
</table>

Der Staat mag nun gesetzlich, oder die Gesellschaft durch einen Machtspruch, entscheiden, der Glaube unserer Präjudizierten sei so wenig „vernünftig", daß sie ins Irrenhaus gehören. Sie hätten nämlich zwar den Verstand behalten, aber *alles andere* verloren. Aber die beiden können antworten: „Mit den Axiomen der Wahrscheinlichkeitsrechnung, an denen wir für ewig treu festhalten wollen, hat unsere Verfolgung nicht das geringste zu tun. Wir sind unschuldige Märtyrer der reinen Logik! Denn alles, was Ihr über Chance sagt, ist ganz richtig, aber unsere Erwartung des Eintrittes des einen Falles, der nur wenig Chance hat, geben wir nicht auf!" Nun bin ich bei dem Punkt, auf den ich hinaus will – oder genauer gesagt, mit dem ich *anfangen* will. Gleich in der ersten Zeile, lange *vor* der Aufstellung von Axiomen: Bei einem jeden, der praktisch Statistik treibt, sei er ein Physiker, ein Nationalökonom oder sonstwer, stellt sich ein gewisses natürliches Verhalten ein, „als ob" „hinreichend" unwahrscheinliche Ereignisse „unmöglich" wären. Ein solches Reagieren verlangt daher auch die Gesellschaft von ihren „nützlichen" Mitgliedern. Und nur auf diesem unlogischen Zusatz beruht die Möglichkeit einer empirischen Verifikation (oder Falsifikation) von statistischen Theorien. Man kann aber wohl sehr darüber streiten, was hier „hinreichend" bedeutet, d. h. wieweit die „License" im allgemeinen gehen soll. Ich persönlich wage es nicht, hier allgemeingültige Regeln aufstellen zu wollen; jeder Einzelfall ist wiederum anders, und es kommt auch sehr auf das System der Theorien an, an das man glaubt (und bis zu welchem Grade man daran glaubt). Die Prämissen sind dann bald so komplex, daß ich fürchte, man könne hier zu jeder formulierten „Regel" auch Gegenbeispiele finden.

Ich kann mir wohl denken, daß das Gefühl, hier „in der Luft zu hängen" sehr verstärkt ist, sobald man den Satz, daß „alles was sich je ereignet hat und ereignen wird, von vornherein im Himmel aufgeschrieben steht" – nicht mehr für das Einzige hält, was *kein* Aberglauben (sondern Wissenschaft) ist. Und ich habe daher eine gewisse Sympathie für den „magischen" Schluß Ihres Briefes.

Vielleicht kann ich dasselbe von einer anderen Seite her „beleuchten". Die „Objektivität" der Welt des Physikers, was die indeterminierten Einzelereignisse betrifft, ergibt sich aus der (empirisch anscheinend gut gestützten) Voraussetzung, daß *der Physiker diese Ereignisse* – das heißt das indeterminierte Einzel-Resultat seiner Messungen, nach dem er einmal seine Versuchsanordnung gewählt hat – *nicht beeinflussen kann*. Betrachtet man einmal die Quantenmechanik kritisch – jedoch *nicht* mit einer regressiven Sehnsucht nach der früheren klassischen Physik – so muß ich gestehen, daß mir diese Annahme, rein logisch gesehen, als eine der schwächsten Stellen der Theorie erscheint. Ich sehe – ähnlich wie Sie (*Frage Nr. 3 an Sie: interpretiere ich Sie hier richtig?*) – keinen rechten Grund, warum ein indeterminiertes Ereignis unbeeinflußbar sein soll. Warum soll sich die Natur um intellektuelle Wünsche kümmern, die „Objektivität" der Welt des Physikers zu retten? Könnte hier nicht das Emotionale mit ins Spiel kommen? Sind die Wahrscheinlichkeiten der Quantenmechanik ausnahmslos gültig? Könnten eventuelle Abweichungen von diesen nicht leicht in statistischen Schwankungen untergehen?

Vielleicht ist die Grenze der Unabhängigkeit der Physik vom Subjekt mit den quantenmechanischen Statistiken *erreicht*. Soweit diese zutrifft, gilt auch jene. Das brauchte aber nicht alles zu sein, was sich sagen läßt. Vor langer Zeit – es muß etwa 1934 gewesen sein – hatte ich einen Traum: Ein Einstein ähnlich sehender Mann zeigt mir eine Figur, wo ein 2-dimensionales, schraffiertes Gebiet einer eindimensionalen Linie übergeordnet wird, und zwar mit folgenden Überschriften:[10]

Fällt Ihnen etwas dazu ein? (Frage Nr. 4).

Mit einem Traum fangen neue Ideen oft an, nachher erfolgt eine bewußte Auseinandersetzung damit. Es ist eines der offenen Probleme. Man kann aber nicht erwarten, daß alle bereits zu unseren Lebzeiten eine Lösung finden werden.**

Ich habe im Sinne jetzt, wo das Semester zu Ende geht und ich nicht mehr lesen muß, mir die Formfaktortheorien, insbesondere die von Ihnen angeschnittene Frage der kanonischen Variablen, weiter anzusehen. Møller hat mir bis jetzt nicht geantwortet. Aber Luttinger war gestern, von Kopenhagen kommend, auf der Durchreise hier und berichtete, daß Møller, ein wenig belämmert, sich von Cl. Bloch ein wenig hineingelegt fühlt und diesem nun meinen Energieausdruck geschickt hat. Es scheint also, daß er auf eine Antwort von Bloch wartet, bevor er mir schreibt. – *Welche Arbeit von Peierls*[11] hatten Sie, im Zusammenhang mit Stückelbergs Bemerkungen, an unserem Abend zitiert? (Frage Nr. 5).

Es freut mich sehr, daß Ihnen beiden der Abend bei uns gefallen hat. Machen Sie sich keine Sorgen, daß Sie dem Houtermans zu sehr eingeheizt haben. Was das „einheizen" betrifft, so ist er von den russischen Gefängnissen her ganz anderes gewöhnt![12] – Als er übrigens den Zug versäumt hat, hatte ich gleich die Intuition, er will mir (unbewußt) noch etwas erzählen – wahrscheinlich etwas, was ihm wesentlich wichtiger ist als Herr Keberle.[13] Und so war es auch!

Houtermans' Leben ist ganz außerordentlich „unwahrscheinlich". Wenn man später einmal seine Biographie finden sollte, wird man sie für die Ausgeburt eines kitschig-erfindungsreichen Romanciers halten! Womit wir wieder bei der Beurteilung der Prämissen angelangt sind – und der Ring sich schließt.

Stets Ihr　　　　　　　　　　　　　　　　　　　　　　　　　W. Pauli

---

[1] Jeffreys [1939].

[2] Russell [1948]. Ein Exemplar dieses Buches befindet sich in Paulis Bibliothek beim CERN.

[3] Charly Dunbar Broad (geb. 1887) war seit 1933 Professor für Moralphilosophie an der *Cambridge University* und hatte verschiedene Bücher über erkenntnistheoretische Probleme der Physik veröffentlicht.

[4] Es handelt sich um den Britischen Nationalökonomen John Maynard Keynes (1883–1946), der sich durch seine Bücher- und Manuskriptsammlungen, die er später dem Kings College in Cambridge übergab, auch große Verdienste um die Newton-Forschung erwarb.

[5] Keynes [1921].

[6] Jeffreys [1939].

[7] In seinen Antworten [1437 und 1438] weist Fierz auf Plato als Urheber dieses *Motivs* hin.

[8] Die nach dem englischen Wegbereiter der wissenschaftlichen Wahrscheinlichkeitsrechnung Thomas Bayes (1702–1761) benannte Regel gestattet, aufgrund wiederholter Beobachtungen Rückschlüsse auf die zugrundeliegenden Wahrscheinlichkeiten zu gewinnen. Siehe Bayes (1763). Vgl. auch Czuber (1901, S. 759ff.) und Stigler [1986, S. 102f.]. Einführungen zur historischen Literatur und Auszüge der wichtigsten Passagen aus den Texten zur *Entwicklung der Wahrscheinlichkeitstheorie von den Anfängen bis 1933* findet man bei Schneider [1988].

[9] Dieses zuerst von Jakob Bernoulli (1654–1705) formulierte sog. *Gesetz der großen Zahlen* bezieht sich auf die Erwartungsbildung für das Ergebnis einer großen Anzahl gleichartiger Beobachtungen, von denen jede eines von zwei einander ausschließenden Ereignissen A, B mit konstant bleibenden Wahrscheinlichkeiten p, q hervorbringt. Siehe Bernoulli [1713, S. 236f]. Vgl. hierzu auch Czuber (1901, S. 755f.).

* Auch nur einmal!

[10] Die gleiche Traumerscheinung teilte Pauli in einem Brief vom 27. Mai 1953 Jung mit.

** Der unbekannte Engländer singt:

> 'Nature and Nature's laws lay hid in night,
> God said "Let Newton be" and all was light.
> It did not last. The Devil, shouting "Ho!
> Let Einstein be", restored the status quo.'

Bei dem bißchen Relativitätstheorie des konservativen Einstein jammert er schon! Er wird noch ganz andere Sachen erleben! [Dieser Vers wurde von Pauli nochmals in seinem Schreiben [1440] an Panofsky wiederholt.]

[11] Vgl. Peierls (1952).

[12] Siehe hierzu den Bericht von Khriplovich (1992) über Houtermans' Verhöre während der Stalinistischen Säuberungsaktionen Ende der 30er Jahre (vgl. auch Band **II**, S. 547f.) durch den NKVD in der Sowjetunion.

[13] Der bulgarische Physiker Edouard Keberle (geb. 1920) hatte im Sommer 1948 an der Universität Bern unter der Anleitung von André Mercier mit *magna cum laude* promoviert. Anschließend war er dort bis zum Wintersemester 1952/53 dort Assist am Seminar für theoretische Physik der Universität. Offenbar hatte Fierz eine zur Publikation in den *Helvetica Physica Acta* eingereichte Arbeit abgelehnt und sich deshalb den Unmut der Berner Physiker auf sich geladen. Siehe hierzu auch den Hinweis auf die im Brief [1483] angesprochene Arbeit von Mercier (1951) und die Bemerkung über Keberle in dem Schreiben [1456].

Seit seiner Rückkehr aus den Vereinigten Staaten im Frühjahr 1950 hatte Pauli sich aktiver am Institutsleben der ETH-Zürich beteiligt. Häufiger besuchte er jetzt die Abteilungskonferenzen, bei denen allgemeine Unterrichtsgeschäfte und Verwaltungsangelegenheiten besprochen wurden, bevor man diese an den Schulratspräsidenten weiterleitete.[1]

Am 6. Juli 1950 war Pauli für die nächsten zwei Jahre zum Vorstand der für Mathematik und Physik an der ETH zuständigen Abteilung IX gewählt worden. Wie Beat Glaus die damit verbundenen Aufgaben treffend umschreibt, erforderte „das mehr Bürde als Würde bedeutende Amt einiges Verhandlungsgeschick und speditive Bewältigung von viel *Administrativkram*.“[2] Während seiner bis Ende 1952 währenden Amtsperiode mußte Pauli routinemäßig zahlreiche Gesuche begutachten und andere Geschäftsaufgaben erledigen, von denen in seinem wissenschaftlichen Briefwechsel jedoch nur selten eine Rede ist.

Weitere Mitglieder der Abteilungskonferenz waren Paul Scherrer, der Leiter der Halbleiterforschung Georg Busch, der Leiter der Zyklotron-Gruppe Raymund Sänger, der Direktor der Eidgenössischen Sternwarte Max Waldmeier, die Vertreter der Ingenieurwissenschaften Henry Favre und Hans Ziegler, der angewandte Mathematiker Eduard Stiefel, sowie die Mathematiker Beno Eckmann, Ferdinand Gonseth, Heinz Hopf, Albert Pfluger und Michel Plancherel, der auch einmal das Amt der Rektors der ETH versehen hatte.

[1] Über die Sitzungen der Abteilungskonferenzen wurde ein Protokollbuch geführt. Aus diesen (bis 1955 erhaltenen) Protokollbüchern lassen sich Paulis administrativen Aktivitäten teilweise rekonstruieren. Eine kommentierte Auswahl dieser Hochschulakten im Umfeld von W. Pauli wird z. Z. von Beat Glaus (mit Gerhard Oberkofler und unter Mitarbeit von Charles P. Enz) dem Leiter der *Wissenschaftshistorischen Sammlungen* an der ETH-Bibliothek (dem ich auch diese Hinweise verdanke) für eine Edition vorbereitet.
[2] Die erste von Pauli geleitete Abteilungskonferenz zu Beginn des Wintersemesters fand am 27. Oktober statt.

[1434] BERNAYS AN PAULI

Zürich, 12. Juli 1952
[Maschinenschrift]

An den Abteilungsvorstand Herrn Professor Dr. Wolfgang Pauli, E. T. H. Zürich

Lieber Herr Professor Pauli!

Mit diesen Zeilen erlaube ich mir, anknüpfend an unsere Besprechung von Dienstag Nachmittag und unter Bezugnahme auf das Ihnen bekannte Schreiben des Herrn Schulratspräsidenten an Herrn Professor Gonseth[1] vom 1. Juli, betreffend das Gesuch von Herrn A. Wittenberg,[2] an Sie als Abteilungsvorstand und an die Professoren-Konferenz meinerseits das Gesuch zu richten, es möge Herrn Wittenberg für die Durchführung einer begonnenen und in wesentlichen Zügen schon konzipierten Untersuchung zur Erkenntnistheorie der Mathematik aus dem Sonderfonds unserer Abteilung von dem Jubiläumsfonds ein Stipendium gewährt werden, damit er, für eine längere Zeit von seinen Assistenten-Funktionen absolviert, sich intensiv dieser Aufgabe widmen kann.

Der Antrieb zu der Untersuchung ist Herrn Wittenberg einerseits aus seiner Arbeit bei Herrn Gonseth, andererseits aus seinen mathematischen und grundlagentheoretischen Studien erwachsen. Er hat einen bestimmten Plan der Durchführung vor Augen, der für die Grundlagenfragen der Mathematik klärende Gesichtspunkte beizutragen verspricht. Es bedarf aber, damit etwas wirklich Abgerundetes erreicht und den verschiedenen Seiten der Frage genügend Rechnung getragen wird, noch sorgsamer Durcharbeitung und Ausgestaltung der vorliegenden Ansätze.

Herr Wittenberg hat durch seine mit dem besten Prädikat zensierte Diplomarbeit (er erhielt das Diplom mit Auszeichnung) seine Qualifikation für wissenschaftliches Arbeiten erwiesen.

Durch die Gewährung des Stipendiums würde ihm die Chance gegeben, für das ja noch immer der prinzipiellen Problematik unterliegende Grundlagengebiet der Mathematik einen lohnenden Beitrag zu leisten.

Mit verbindlichem Gruß Ihr ergebener   Paul Bernays

---

[1] Mit dem Mathematiker und Erkenntnistheoretiker Ferdinand Gonseth hatte Pauli bereits bei der Herausgabe der Zeitschrift *Dialectica* zusammengearbeitet (siehe Band **III**, S. 438). Als Gonseth jetzt bei einer Abteilungskonferenz vom 16. Juli 1952 den Plan zur Errichtung eines *Instituts für Geschichte und Philosophie der Wissenschaften* an der ETH vorstellte, leitete Pauli diesen von der Abteilung wohlwollend aufgenommenen Vorschlag an den Schulratspräsidenten weiter. Siehe hierzu das von Glaus und Oberkofler [1995, III. 99] wiedergegebene Dokument aus dem Schulratsarchiv.
[2] Alexander Wittenberg (geb. 1926) hatte an der ETH in Zürich Mathematik und Physik studiert und war dann (laut einem Protokoll des Präsidenten des Schweizerischen Schulrates vom 11. Oktober 1948) bei F. Gonseth zeitweilig als Assistent tätig.

[1435] PAULI UND PAIS AN PANOFSKY

Kopenhagen, [14. Juli 1952][1]
[Postkarte]

Herzliche Grüße aus der Hauptstadt der Korrespondenz und Komplementarität an Sie und den Supper Club

Ihr alter   W. Pauli

Wir haben uns geeinigt über* das Lichte und das Dunkle. Das werden wir noch weiter diskutieren.

Herzliche Grüße   Ihr Bram

¹ Die Datumsangabe erfolgte nach dem Poststempel. Pauli hat sich aber nur im Juni 1952 während des internationalen Physikerkongresses in Kopenhagen aufgehalten (vgl. hierzu [1440]). Es wird deshalb vermutet, daß diese Karte erst mit großer Verspätung durch A. Pais verschickt worden ist.
* Mehr oder weniger.

[1436] Møller und Fröhlich an Pauli

Liverpool, 16. Juli 1952¹
[Postkarte]²

Dear Pauli!

Before leaving for a holiday in England I want to thank you for your interesting letters of June 24th, 28th which were circulated among different people including the „missionary". It gave us all a lot to think about and I would be grateful to hear from you if new things come up. I will be back in Copenhagen in the beginning of August.

With best wishes for the holidays yours sincerely C. Møller

Kind regards Fröhlich

¹ Møller war von Fröhlich am 9. Februar 1952 zu Vorträgen über Mesonentheorie an die Universität von Liverpool eingeladen worden, die er nun Anfang Juli hielt. [Vgl. das Schreiben von Fröhlich an Møller vom 9. Februar 1952.]
² Auf der Rückseite der Karte sind die Fabrikanlagen Liverpools mit rauchenden Schornsteinen zu sehen. Darunter steht der Aufdruck: *Fresh air from the potteries.*

[1437] Fierz an Pauli

[Basel], 17. Juli 1952
[1. Fassung]¹

Lieber Herr Pauli!

Mit viel Vergnügen habe ich Ihren wohlgeordneten und durch ein Motto bekrönten Brief² gelesen.

Mir ist es sehr aufgefallen, daß Sie als erstes das *Eine* und das *Viele* hervorgehoben haben. Dieser Hinweis auf Platon ist verdächtig und zeigt, daß hinter Ihrer ersten Frage mehr steckt, als in ihr tatsächlich gefragt ist. Dies vorausgeschickt, und nachdem ich viele Bedenken gewälzt habe, so bejahe ich die Frage.

Das soll aber nicht heißen, daß damit das Problem des Einen und Vielen erledigt sei. Das bleibt vorerst als Rätsel im Hintergrund.

Dagegen möchte ich darauf hinweisen, daß die Klasse A/B mit $m \leq n$ Elementen natürlich die Urne mit den Losen ist. Diese n Lose in der Urne, von denen m günstig sind, sind etwas Ideales; denn es wird nur je *eines* gezogen, die *vielen* bleiben in der Urne verborgen. Das ist gerade umgekehrt wie bei Platon, wo das *Eine* das Ideale, die *Vielen* aber wohl der Fülle der Welt entsprechen.

Die 2. Frage bejahe ich auch, und ich habe auch stets diese Ansicht gehegt. Aber dieses negative Resultat beweist eben nur, daß rein logisch nicht über die Wirklichkeit geurteilt werden kann.

Was nun die beiden Opponenten angeht, die nach der logischen Märtyrerkrone streben, so halte ich es für unzweckmäßig, ihnen von Staats- oder Gesellschafts wegen irgend etwas zu verbieten. Man soll sie vielmehr zu einer *Wette* herausfordern. Man muß sie fragen, ob sie bereit seien anzugeben, wieviel Versuche zu einer Entscheidung ausreichend sein sollten. Falls sie eine derartige Wette eingehen würden, so würden sie verlieren, hätten also nicht nur theoretisch, sondern praktisch alles andere, d. h. das Geld, verloren.

Das ist somit gerade umgekehrt wie bei Plato, wo die Idee das „*eine*" ist und das, was wir als Schatten *sehen*, das „*viele*".

Denn die vielen (n) Kugeln in der Urne sind etwas Ideales – nämlich bloß potentiell Sichtbares – was auch darin sich äußert, daß es nicht auf die Zahl n, sondern nur auf das Verhältnis m/n ankommt.

Wenn die a priori Wahrscheinlichkeit durch Abzählen endlich vieler Möglichkeiten gewonnen werden kann, so ist dieses klassische Modell geeignet, alle wesentlichen Züge des Zusammenhangs *einer* Erwartung und endlich vieler Möglichkeiten zum Ausdruck zu bringen. In diesem Sinne bejahe ich Frage 1.

Es ist jedoch nicht notwendig, daß man die a priori Wahrscheinlichkeit durch Abzählen finden kann. Notwendig ist vielmehr nur, daß ein mathematisches Modell als richtig angenommen wird: Man weiß nicht wieso, aber man weiß, *daß* die Eigenschaften des betrachteten, nun statistisch determinierten Objektes durch ein bestimmtes Modell wiedergegeben werden. So kann man die a priori Wahrscheinlichkeit bestimmen.

Das Theorem von Bernoulli[3] geht nun davon aus, daß man die a priori Wahrscheinlichkeit kenne. Gesteht man das zu, so läßt sich das Theorem wohl schon empirisch prüfen. Es gibt Fälle, wo man das Modell realisieren kann, z. B. ein guter Würfel oder eine Roulette. Ich kann eine Wette abschließen, daß jemand, der würfelt, in 600 Würfen mindestens 50 mal 6 werfen wird, und werde wohl kaum damit rechnen zu verlieren. Das ist ein empirischer Tatbestand insofern, als kaum ein skeptischer Opponent eine Wette um 1000 Franken gegen mich eingehen wird! Und tut er das, so wird er verlieren.

Das Theorem von Bayes[4] ist eine Art Umkehrung des Bernoullischen Satzes; denn hier wird aus dem Ausfall von Experimenten auf die a priori Wahrscheinlichkeit geschlossen. Insofern finde ich Bayes' Satz viel interessanter.

Ihr Beispiel, in welchem eine Theorie geprüft werden soll, bezieht sich nun auf diesen letzteren Satz.

Ich bin nun ganz dagegen, jenen gedachten Opponenten von Staats oder Gesellschafts wegen zu verbieten, ihre Ansichten zu hegen. Vielmehr soll man sie zu einer *Wette* herausfordern. Gehen sie diese ein, so werden sie ihr *Geld verlieren*, womit dann tatsächlich dargetan ist, daß sie zwar nicht den Verstand, doch alles andere, insbesondere das Geld, verloren haben.

Gehen sie die Wette jedoch nicht ein, dann ist damit gezeigt, daß ihre Überzeugung ohne praktische Folgen ist, daß sie also das, was sie behaupten, gar nicht wirklich glauben.

Ich stimme Ihrer Behauptung durchaus zu, habe sie auch immer gehegt, daß aus den Sätzen von Bayes und Bernoulli rein logisch nichts über einen konkreten Einzelfall folgt. Das ist die Antwort auf Frage 2.

Die Maximen unseres praktischen Handelns können aber niemals logisch begründet werden. Wäre das so, so könnte die Empirie auf die Logik reduziert werden. Zu jeder Handlung gehört ein *Entschluß* und dieser ist ein Willensakt, der geführt sein muß von dem, was ich „sens du réelle" genannt habe.[5] Es kann jemand ganz logisch denken, doch gleichwohl den Sinn für die Wirklichkeit verloren haben, der keine logische Funktion ist. (Siehe das, was ich früher über die Kategorien Kants ausgeführt habe.)[6]

a) Zu diesen Ausführungen füge ich noch folgende Hinweise: Die „ars conjectandi" (Jakob Bernoulli)[7] ist eine Theorie der Glücksspiele, d.h. des Wettens.

b) Das Geld ist ein Symbol der „Materie", der Wirklichkeit, weshalb es sehr ambivalent ist.

Es ist daher nicht ohne tieferen Sinn, daß die Probleme der Wahrscheinlichkeit zuerst als solche der Glücksspiele aufgetreten sind.

c) Beachte Newtons Regel (Principia, Regulae philosophandi), man solle eine Hypothese solange festhalten, als man nicht durch experimentelle Erfahrung dazu gezwungen ist, sie zu ändern oder aufzugeben, ansonsten das Argument der Induktion aufgehoben wird.

d) Dieser Regel entspricht, daß ein Prozeß (Rechtshandel) nur dann nochmals aufgenommen werden kann, wenn neue, wesentliche Tatsachen aufgewiesen werden können.

c) und d) sind *Maximen* des praktischen Handelns. Die Wahrscheinlichkeits-Theorie hat von dem Forum der reinen Logik keinen Inhalt – sie ist durchaus zirkelhaft. Fürs praktische Handeln ist sie aber eine entscheidende Instanz. Darum brauche ich auch nicht anzunehmen, hinreichend unwahrscheinliche Ereignisse seien unmöglich. Ich kann mir im Gegenteil sehr wohl bewußt sein, Überraschungen zu erleben. Aber *vorbereiten* kann ich mich nur auf die wahrscheinlichen Umstände, wenn anders meine Handlungsfähigkeit nicht völlig blockiert werden soll oder ich mich nicht einem reinen Wunschdenken ausliefern will.

Andererseits *soll* es so sein, daß man nicht angeben kann, was „hinreichend" wahrscheinlich oder unwahrscheinlich sei. Denn das muß eine Frage des Geschmacks, der guten Nase bleiben; eine Frage des abwägenden Urteils des Talentes; wie man in Wissenschaft und im Geschäftsleben ja gar oft beobachten kann.

„Wissenschaft" und „Geschäft", das ist ein sonderbares Paar, aber sie treffen sich auf dem Boden der irrationalen Wirklichkeit, so ungern das der Intellekt sehen mag.

Nun kommen wir zur Magie. Da glaube ich (Frage 3.), daß Sie mich richtig interpretieren, wenn ich auch irgendwie die Formulierung, daß ein indeterminiertes Ereignis „beeinflußt" werden könnte durch unsere Emotionen, als zu kausal empfinde. Das Wort „Einfluß" enthält doch die Vorstellung, daß etwas von außen in eine Sache einfließt – etwa die Gestirnseinflüsse – und das ist wohl nicht der Fall.

Mir geht es einerseits um die Analyse dessen, was man „Grund" oder „Ursache" nennt. In der klassischen Denkweise ist die Welt eine Maschine, wo alles zwangsläufig mit dem Rest gekoppelt ist. Eine letzte Ursache soll dann noch gefunden werden, etwa in der Kosmogonie: Man hat sehr komplizierte Feldgesetze, die irgendwie die einzig möglichen sein sollen und die nur eine einzige Lösung haben – das ist so das Ideal; von Leibniz bis Einstein.

Das wäre nun sehr schön, für die Moral sehr bequem und auch für die Erkenntnis, die eine ganz passive und daher verantwortungslose Funktion wäre. Aber zum Glück ist's nicht wahr.

Also ist die Erkenntnis aktiv und was sie schafft ist eine Korrespondenz. Diese geschieht außen und innen, oder besser, dort wo beides eins ist.

Die Emotionen zeigen, daß etwas in Bewegung ist, und diese Bewegung äußert sich außen in äußerlich nicht determinierten Ereignissen, innen aber durch die Konstellation der gefühlsbetonten Komplexe (z. B.).

Die „Kausalität" ist zweifellos ein anthropomorpher Begriff, der nach außen, in die Natur projiziert wurde. Dadurch entstand Naturwissenschaft. Vorher war sie in den Sternen lokalisiert oder in magischen Riten. All dies ist gleich richtig oder falsch.

Das Wort „Wirklichkeit" meint ja das, was ich bisher „Existenz" hieß, nämlich das „Aktuelle" (Aktus = Wirkung), im Gegensatz zum Potentiellen.

Diese Bemerkung erinnert mich daran, daß ich früher feststellte, unsere Wissenschaft sei allzu platonisch (Jung würde sagen: trinitarisch). Aristoteles machte den Versuch, die Idee als Aktualität zu fassen und nannte sie so „Entelechie".

Ohne daß ich behaupte, viel zu verstehen, sehe ich doch deutlich, daß die von uns in letzter Zeit besprochenen Fragen zusammenhängen, einen Komplex bilden; und das ist auch eine Erkenntnis.

---

[1] Dieses und das folgende Schreiben [1437 und 1438] scheinen zwei Versuche für den am 19. Juli von Fierz vollendeten und von Pauli in seinem Antwortschreiben [1439] erwähnten Brief gewesen zu sein.

[2] Siehe den Brief [1433].

[3] Dieses zuerst von Jakob Bernoulli (1654–1705) in seinem 1713 in Basel erschienenen Werk *Ars conjectandi* ausgesprochene und auch als Gesetz der großen Zahlen bezeichnete Theorem besagt, daß die relative Häufigkeit W eines Zufallsereignisses n bei einer genügend großen Anzahl N von Versuchen mit großer Wahrscheinlichkeit bei n/N liegt. Vgl. hierzu Stigler [1986, S.65f.] und die Anmerkungen zum Brief [1433].

[4] Dieser nach dem englischen Mathematiker Thomas Bayes (1702–1761) auch als *Bayessche Regel* benannte Satz legt die bedingte Wahrscheinlichkeit für das Eintreten eines Ereignisses unter der Voraussetzung fest, daß ein anderes Ereignis bereits eingetreten ist.

[5] Vgl. die Briefe [1429 und 1438].

[6] Siehe den Brief [1292].

[7] J. Bernoulli [1713].

[1438] FIERZ AN PAULI

Braunwald, 18. Juli 1952
[2. Fassung]

Lieber Herr Pauli!

Mit Vergnügen habe ich Ihren, mit einem Motto geschmückten Brief[1] gelesen. Die Fragen 1. und 2. beantworte ich bejahend, wobei ich allerdings erst gewisse Hemmungen verspürte. Das kommt, wie ich herausfand, daher, weil Sie den logischen Aspekt der Probleme fast zu stark betont haben, wie dann ja auch aus dem Beispiel mit den beiden Opponenten klar hervorgeht.

Die Wahrscheinlichkeitsrechnung ist ja ein Versuch, unsere Maximen des Handelns zu rationalisieren. Da man sich auch zu Entschlüssen durchringen muß, wenn deren Folgen nicht absehbar sind, ja vielleicht prinzipiell nicht absehbar sein können, so muß man, um nicht in Passivität zu versinken oder wenn man auf die Vernunft nicht ganz verzichten will, irgendwelche Gesichtspunkte beibringen. Diese können offenbar nicht rein logischer Art sein, da sie ja auf die Irrationalität der Erfahrung angewendet werden sollen.

Man könnte z. B. mit jenen gedachten Opponenten eine Wette eingehen, die diese sodann verlieren würden. Oder ich kann ohne jedes Zögern wetten, daß bei 600-maligem Würfeln mindestens 50mal 6 hcrauskommt: Das ist eine *praktische* Konsequenz des Bernoullischen Theorems.[2]

Was nun Frage 1 betrifft, so gibt es noch eine Umkehrung der Zuordnung: Man wirft z. B. mit einer Münze 1000mal und findet 480mal Wappen. Daraus schließt man, daß Kopf und Wappen aller Voraussicht nach gleich wahrscheinlich sind.

Allgemein: Man wählt n mal aus der Klasse B ein Element – jedesmal wird dieses Element wieder ersetzt, so daß vor jeder Wahl die Zusammensetzung von B dieselbe. M mal findet man ein Element der Eigenschaft A. Daraus schließt man, daß die Wahrscheinlichkeit A zu finden in der Nähe von m/n liegen muß.

Es ist nun eine Idealisierung im Sinne Platons, wenn man die Aussage: „Bei Wahl eines Elementes aus B besteht die Wahrscheinlichkeit m/n A zu finden" als eine Struktureigenschaft der Klasse B deutet: „Der Bruchteil der Elemente A in B ist m/n."

Wahr ist, daß dies für unsere *Versuchsreihe* zutrifft. Ob aber die Klasse B, ganz unabhängig davon, ob aus ihr gewählt wurde oder nicht, existiert, ob eine solche Behauptung überhaupt zulässig sei, das ist eine noch offene Frage. Mit den Axiomen der Wahrscheinlichkeitsrechnung allerdings ist sie verträglich.

Die gedachte Klasse B mit gegebener Struktur, das ist die Urne, welche die Schicksalslose enthält; das ist die als existierend gedachte Menge der Möglichkeiten; diese Existenz ist nur potentiell. Aktuell existierend ist immer nur die gegebene Versuchsreihe.

Sie zitieren am Anfang Ihres Briefes Platon, indem Sie auf das *Eine* und das *Viele* Gewicht legen.

Ist es hier nun nicht gerade umgekehrt wie bei Plato: Das *Eine* ist hier die eine, realisierte Versuchsreihe oder gar der eine Versuch. Das *Viele*, das ist die Fülle der Möglichkeiten – etwas bloß Ideales, Potentielles. Bei Plato ist aber das Eine die Idee, die sich im Vielen spiegelt. (Ganz klar ist mir allerdings nie geworden, was Platon meint.)

Beispiele: „Wenn Du aus B ein Element auswählst, so hat es mit der Wahrscheinlichkeit q die Eigenschaft A."

Diese Aussage bedeutet: Nach der Wahl existiert mit der Wahrscheinlichkeit q ein Element aus B mit der Eigenschaft A.

Oder: »Ich gehe durch den Wald und erblicke ein Einhorn. Nun ist die Alternative die: Es existiert ein *Tier*, ein Einhorn. Oder: Das Ereignis, daß ich die *Halluzination* eines Einhorns hatte, existiert. Beiden Möglichkeiten gehört im Urteil ein Wahrscheinlicheitswert m.

Die Modalität des Urteils – um mit Kant zu reden – ist wieder keine rein logische Qualität, sondern ist Funktion des „sens du réelle", wie ich früher einmal zu erläutern suchte.[3] Der „sens du réelle" ermöglicht erst „Existential-Urteile" (an diesem Terminus ist mir nichts gelegen, ja vielleicht findet sich ein besserer, da „Existenz" gar sehr belastet ist). Er liefert uns die Maximen des praktischen Handelns. Ihre Märtyrer der Logik können wir gerne sich selber überlassen. Sie werden, falls sie wirklich an ihre Aussagen glauben und sie nicht bloß aufrecht halten, um die Bürger zu ärgern, recht bald auch praktisch, nicht nur theoretisch, alles verlieren. Dies ganz ohne Zutun der Gesellschaft. Es sind die Leute, die dasitzen, bis ihnen die Tauben ins Maul fliegen, die untätig auf die große Idee hoffen u. s. f.

Die sehr unwahrscheinlichen Fälle zu vernachlässigen, ist eine praktische Maxime, die nötig ist, um überhaupt zu Entschlüssen zu gelangen. Man braucht dabei nicht anzunehmen, das ganz Unwahrscheinliche sei unmöglich. Im Gegenteil, ich würde es stets als möglich im Auge behalten. Das sind die Überraschungen des Lebens. Aber ich kann nicht damit rechnen, meine Handlungen danach richten, mich darauf vorbereiten.

Noch etwas: Was ich für wahrscheinlich halte, hängt immer von gewissen Prämissen ab und diese sind wieder „Existential Urteile". An einer Stelle wird daher immer ein rational nicht zu begründender Entschluß stehen müssen, der zur Anerkennung gewisser Prämissen führt. Erst wenn dies geschehen ist, kann von Wahrscheinlichkeiten überhaupt geredet werden. Das sind bei Jeffreys die allgemeinen Voraussetzungen H, unter denen ein Ereignis p die Wahrscheinlichkeit $P(p \mid H)$ besitzt. Die Prämissen H sind so etwas wie eine allgemeine, vorwissenschaftliche Theorie, von der man ausgeht. Ohne eine solche Theorie kann nichts aus der Erfahrung geschlossen werden. Der Satz von Bayes ist eine abstrakte und schematische Formulierung dieser Tatsache.

Nun zur Magie. Eine schwierige Frage, denn ich kann nicht zaubern. Auch ist vielleicht die Formulierung, ein indeterminiertes Ereignis sei beeinflußbar, zu kausal. Praktisch ist es zwar oft so, z. B. insofern ich an meine Willensfreiheit glaube, und ich denke doch, daß es so etwas gibt. Es scheint doch, als ob meine Entschlüsse zwar nicht determiniert, jedoch beeinflußbar seien. Sicher ist, daß logisch kein Grund besteht, die Kausalität nach außen, in die Natur zu verlegen; daß es durchaus ebenso gut denkbar wäre, unseren Emotionen kausale Kraft in der Außenwelt zuzuschreiben. Ich denke also, Sie interpretieren mich richtig. Aber ich glaube, daß dann die Kausalität in einer Schicht wirksam ist, wo die Trennung von Außen und Innen noch nicht statthat. Diese Trennung ist ja eine

Funktion des Bewußtseins und hat emotional wenig Sinn. Ähnlich dachten schon Kant („intelligibler Charakter") und Schopenhauer („Wille").

Wie könnte man nun in solche Schicht vorstoßen? Auch Ihr Traumbild steht unter dem Motto des Einen (Eine Linie) und Vielen (die Schraffur besteht aus vielen Linien). Das „Viele" haben wir oben als etwas „Ideales" im Sinne Platons erkannt, als das Reich des Möglichen.

Würde man das mit dem Traum zusammenhalten, so ergäbe sich, daß die „Tieferen Wirklichkeitszusammenhänge" potentiell-idealer Art sind.

Die Quantenmechanik wird als eindimensional dargestellt. Eindimensional ist das sog. diskursive Denken, sind auch die sog. Kausalreihen.

So erscheint die Theorie als allzu intellektuell. Es fehlt ihr die „andere" Dimension.

Wie ich noch bei Ihnen Assistent war, sagten Sie einmal, sie fänden es dumm, daß in unserer jetzigen Theorie sich Wahrscheinlichkeiten in Raum und Zeit abspielten. Das fällt mir jetzt wieder ein. Ich würde sagen, alles weist darauf hin, daß uns derzeit noch ein Motiv fehlt, das unserem Theoretisieren einen reellen Gehalt verleiht, die Theorie ist zu abstrakt. Der Wahrscheinlichkeitsbegriff bleibt deshalb zu blaß, da er erst als letztes, der Not gehorchend, hinzugefügt wurde. Dem entspricht es ja auch, daß die Theorien der Messung ganz schematisch bleiben, so daß, fern von aller Wirklichkeit, jeder hermitesche Operator als „Observable" gelten kann. Sicherlich existieren aber Schranken für unsere Messungen; es existieren nur bestimmte Strukturen, die als Meßapparate gelten können.

Ist es vielleicht gerade die Schwäche, sowohl der Quantentheorie als auch der Wahrscheinlichkeitsrechnung, daß das, was theoretisch erfaßt wird, also die „tiefere Wirklichkeit" nur als ein Reich der Möglichkeiten erscheint? (Man kann z. B. eine Feldtheorie mit „beliebigem Spin" machen.) Eine Theorie sollte vielleicht doch etwas sagen darüber, was existiert, nicht nur, was existieren kann. Oder, wenn das nicht geht, dann müßte aus der „Konstellation" des Subjekts folgen, was existiert. Das wäre sodann ein „tieferer Wirklichkeitszusammenhang".

[1] Siehe den Brief [1433].
[2] Siehe hierzu auch die Briefe [1433 und 1437].
[3] Siehe den Brief [1429].

[1439] PAULI AN FIERZ[1]

Herr Schrödinger hat mir einen Aufsatz geschickt,[2] den ich nun als „die Maske des roten Todes" bezeichnen möchte.[3] Ich finde nämlich dahinter nichts!

Zürich, 24. Juli 1952

Lieber Herr Fierz!

Haben Sie sehr vielen Dank für Ihren Brief vom 19.[4] Dessen Thema will ich zunächst ruhen lassen, um eventuell später wieder darauf zurückzukommen. Ich will nur kurz sagen, daß das Wort „Einfluß" ja in der Tat aus der Magie entsprungen ist. Ich glaube nicht, daß dieses Wort, so wie wir es heute gebrauchen, sich in natürlicher Weise in der Umgangssprache herausgebildet hat, sondern daß es aus gelehrten Abhandlungen durch Übersetzung von „influxus" entstanden ist. Wie mir Herr Panofsky in Princeton nachgewiesen hat, stammt die „influxus"-Idee von Marsilio Ficino, steht allerdings nicht so sehr in seinem Hauptwerk als in verschiedenen anderen Abhandlungen, die oft nicht aus dem Lateinischen übersetzt wurden. Die „influxus"-Idee verbreitete sich dann wie ein „Lauffeuer", besonders über Paracelsus und Agrippa von Nettesheim. Auf diesem Wege kam sie dann auch zu Kepler (vgl. mein Zitat von ‚Tertius interveniens' Nr. 107, auf p. 139 meines Artikels).[5] Der influxus wurde als „Einfluß" rasch populär. Ich möchte deshalb zu meinem eigenen letzten Brief kritisch sagen, daß – sofern kein physikalisches Modell bzw. keine physikalische Erklärung oder Deutung eines „Einflusses" vorliegt – die Aussage, etwas sei beeinflußbar, kaum hinausgeht über die andere Aussage, ein Resultat sei erraten worden. Insofern ist die Idee, das erratene Resultat sei „beeinflußt" gewesen, in der Tat *auch* abergläubisch.

Dies alles sei hiermit vertagt, wir können ja in Bern darüber weiter reden.[6] Heute möchte ich Ihnen gerne über weitere Rechnungen und Überlegungen zur *Formfaktor*theorie berichten, ich möchte auch gerne wissen, was Sie im allgemeinen über diese mir doch überraschende Bereicherung der mathematischen Möglichkeiten denken (ist es aussichtsreich, in irgendeiner Richtung weiterzugehen?) Ich selbst bin zwar nicht mit Ihrer früheren negativen Behauptung einverstanden, daß sich alles „auf Banalitäten reduziere", bin aber mit allen Ihren *positiven* Behauptungen einverstanden: Lösbarkeit des Anfangswertproblems für eine *beliebige* Fläche $t = $ const. (das heißt: in der c-Zahltheorie *mit* Formfaktor sind die Felder dort *genau so weit* willkürlich vorgebbar wie in der lokalen Theorie ohne Formfaktor). Existenz kanonischer Feld-Variablen, Existenz des Hamiltonoperators. Was in der Formfaktortheorie neu und ungewohnt ist, das ist der Zusammenhang zwischen dem kanonischen Formalismus und dem lorentz-invarianten Formalismus. Man kann auch sagen, daß der Übergang von kanonischen Variablen auf $t = $ const. zu anderen kanonischen Variablen auf $t' = $ const. eine recht unübersichtliche Operation wird: Man kann nicht mehr (wie in der lokalen Theorie) Felder finden, deren Kommutator in allen raumartig liegenden Punktpaaren zugleich Null ist.

Zunächst lege ich eine *explizite Formel für den* (über das dreidimensionale Volumen integrierten) *Energie-Impuls-Vektor* auf den Tisch des Hauses.

Seien also die Bewegungs(Feld-)Gleichungen

$$\left(\gamma^\mu \frac{\partial}{\partial x^\mu} + M\right)\psi(x) + g \iint dx'dx'' F(x, x'', x''')u(x'')\psi(x''') = 0 \qquad \text{(I)}$$

$$-\frac{\partial\bar\psi}{\partial x^\mu}\gamma^\mu + M\bar\psi(x) + g \iint dx'dx'' F(x', x'', x)\bar\psi(x')u(x'') = 0$$

$$(-\Box + m^2)u(x) + g \iint dx'dx''' F(x', x, x''')\bar\psi(x')\psi(x''') = 0$$

und

$$t^{(0)}_{\mu\nu} = \frac{1}{2}\left(\bar\psi\gamma^\nu\frac{\partial\psi}{\partial x^\mu} - \frac{\partial\bar\psi}{\partial x^\mu}\gamma^\nu\psi\right) - \delta_{\mu\nu}\left\{\frac{1}{2}\left(\bar\psi\gamma_\lambda\frac{\partial\psi}{\psi x^\lambda} - \frac{\partial\bar\psi}{\partial x^\lambda}\gamma_\lambda\psi\right) + M\bar\psi\psi\right\}$$

$$+\frac{\partial u}{\partial x^\mu}\frac{\partial u}{\partial x^\nu} - \frac{1}{2}\delta_{\mu\nu}\left(\frac{\partial u}{\partial x^\lambda}\frac{\partial u}{\partial x^\lambda} + m^2 u^2\right).$$

Dann habe ich angesetzt

$$t_{\mu\nu}(x) = t_{\mu\nu}^{(0)}(x) + t_{\mu\nu}^{(\mathrm{int.})}(x); \quad \frac{\partial t_{\mu\nu}}{\partial x^\nu} = 0 \tag{II}$$

$$t_{\mu\nu}^{(\mathrm{int.})}(x) = -g\int \bar\psi(x')u(x'')\psi(x''')E_{\mu\nu}(x'-x, x''-x, x'''-x)dx'dx''dx'''$$

$$= -g\int \bar\psi(x+\xi')u(x+\xi'')\psi(x+\xi''')E_{\mu\nu}(\xi',\xi'',\xi''')d\xi'd\xi''d\xi'''.$$

Damit (II) gilt, ist notwendig und hinreichend

$$\left(\frac{\partial}{\partial\xi_\nu'} + \frac{\partial}{\partial\xi_\nu''} + \frac{\partial}{\partial\xi_\nu'''}\right)E_{\mu\nu}(\xi',\xi'',\xi''') =$$

$$= \frac{\partial}{\partial\xi_\mu'}[\delta^{(4)}(\xi')F(\xi',\xi'',\xi''')] + \frac{\partial}{\partial\xi_\mu''}[\delta^{(4)}(\xi'')F(\xi',\xi'',\xi''')]$$

$$+\frac{\partial}{\partial\xi_\mu''}[\delta^{(4)}(\xi''')F(\xi',\xi'',\xi''')]. \tag{1}$$

(Diesmal gehe ich *nicht* in den Impulsraum.)
Nun führe ich vorübergehend neue Variable ein

$$\xi' = x + y, \quad \xi'' = x, \quad \xi''' = x + z$$

und beachte, daß wegen der Translationsinvarianz F nur von zweien dieser Vektoren abhängt: $F(\xi',\xi'',\xi''') \le F(y,z)$.
Dann wird aus (1)

$$\frac{\partial E_{\mu\nu}(y+x, x, z+x)}{\partial x_\nu} = \left(\frac{\partial}{\partial x^\mu}\delta^{(4)}(x)\right)F(y,x)$$

$$+\frac{\partial}{\partial y_\mu}[(\delta^4(y+x) - \delta^4(x))\cdot F(y,z)] + \frac{\partial}{\partial z_\mu}[(\delta^4(z+x) - \delta^4(z))F(y,z)]. \tag{1a}$$

Nun sei

$$i\ \eta_\mu = \int E_{\mu4}(y+x, x, z+x)d^3x.$$
$$\downarrow$$
$$\text{(wegen } x_4 = it)$$

Also η_μ Funktion von $y, z; t$
$$\quad\quad\quad\quad \downarrow\ \downarrow\ \downarrow$$
$$\quad\quad\quad\quad 4\ \ 4\ \ \text{Zeit Koordinate von } x$$
$$\quad\quad\quad \text{Koordinate}$$

Dann folgt

$$\frac{\partial\eta_\mu}{\partial t} = (-i)\delta_{\mu4}\frac{\partial\delta(t)}{\partial t}F(y,z) + \frac{\partial}{\partial y_\mu}[(\delta(t_y+t) - \delta(t))F(y,z)]$$

$$+\frac{\partial}{\partial z_\mu}[(\delta(t_z+t) - \delta(t))F(y,z)]. \tag{2}$$

Diese Gleichung kann man nun ohne weiteres integrieren und erhält

$$\eta_\mu(y, z; t) = (-i)\delta_{\mu 4}\delta(t)F(y, z) + \frac{\partial}{\partial y_\mu}[\frac{1}{2}(\varepsilon(t_y + t) - \varepsilon(t))F(y, t)]$$

$$+ \frac{\partial}{\partial t_\nu}[\frac{1}{2}(\varepsilon(t_z + t) - \varepsilon(t))F(y, z)]. \tag{3}$$

Es ist $\varepsilon(t) = +1$ für $t > 0$, $\varepsilon(t) = -1$ für $t < 0$; $\frac{\partial \varepsilon}{\partial t} = 2\delta(t)$.
Die additive Konstante wurde natürlich so bestimmt, daß $\eta_\mu = 0$ für $t \to \pm\infty$.
Nun sei der Energieimpulsvektor

$$W_\mu(t) = W_\mu^{(0)}(t) + W_\mu^{\text{int}}(t) = \frac{1}{i}\int t_{\mu 4}d^3x; \quad \frac{dW_\mu}{dt} = 0.$$

Dann wird

$$W_\mu^{\text{int}}(t) = -g\int d^{(4)}y\, d^{(4)}z\, d^{(4)}x''\, \eta_\mu(y, z; t'' - t)\bar\psi(y + x'')u(x'').$$

Und aus (3) ergibt sich mit einer kleinen Veränderung der Variablen und partieller Integration

$$W_\mu^{\text{int}}(t) =$$

$$g\iiint d^{(4)}x'\, d^{(4)}x''\, d^{(4)}x'''\left\{\frac{\partial\bar\psi(x')}{\partial x'_\mu}F(x', x'', x''')u(x'')\psi(x''')\frac{1}{2}[\varepsilon(t' - t)\right.$$

$$\left. - \varepsilon(t'' - t)] + \bar\psi(x')F(x', x'', x''')u(x'')\frac{\partial\psi(x''')}{\partial x'''_\mu} - \frac{1}{2}[\varepsilon(t''' - t) - \varepsilon(t'' - t)]\right. \tag{4}$$

$$\left. + i\delta_{\mu 4}\bar\psi(x')F(x', x'', x''')u(x'')\psi(x''')\delta(t'' - t)\right\} \qquad \textit{Hauptresultat}$$

(N. B. Kleine Vorzeichenfehler vorbehalten.) – Die Formel gefällt mir. Natürlich verbirgt ε und δ die Lorentzinvarianz.
Für die lokale Theorie ($F = \delta(x' - x'')\delta(x''' - x'')$) verschwinden die ε-Terme identisch. *Sehr charakteristisch sind die Zusätze mit den ε für den Impuls ($\mu = 1, 2, 3$), die in der gewöhnlichen Theorie fehlen (siehe unten).*
Nun muß man die (in der Kopplungskonstanten) *exakten* kanonischen Vertauschungsrelationen verlangen

$$\frac{\partial f}{\partial x^\mu} = -i[W_\mu, f]. \tag{5}$$

Es scheint mir, die zeitliche Konstanz der W_μ als Folge der Bewegungsgleichungen (I, Seite 2) genügt für die Kompatibilität der Gleichungen (I) mit (4), (5). (N. B. Eine ähnliche explizite Formel gilt für das Ladungsintegral, doch will ich diesen Brief nicht damit anfüllen.)

Bemerkung über *kanonische Feldvariablen*.

Es ist zu erwarten, daß kanonische Feldvariablen $\bar\varphi(x)$, $\varphi(x)$, $U(x)$, $P(x)$ existieren, die für $g = 0$ bzw. in $\bar\psi(x)$, $\psi(x)$, $u(x)$, $\frac{\partial u}{\partial t}$ übergehen, und welche die kanonischen Vertauschungsrelationen

$$\{\varphi_x(\boldsymbol{x}, t), \bar\varphi_\beta(\boldsymbol{x}', t)\} = \gamma^4_{\alpha\beta}\delta^{(3)}(x - x')$$
$$\{\varphi_\alpha, \varphi_\alpha\} = 0, \quad \{\bar\varphi_\beta, \varphi_\beta\} = 0,$$
$$[\varphi, \varphi] = [\varphi, P] = [\bar\varphi, U] = [\bar\varphi, P] = 0,$$
$$[U, U] = 0, \quad [P, P] = 0$$
$$\text{(stets \textit{gleiches} } t)$$
$$i[P(\boldsymbol{x}, t), U(\boldsymbol{x}', t)] = \delta^{(3)}(x - x')$$

exakt erfüllen. Für *diese* Variablen muß der Totalimpuls wieder die Normalform annehmen ($k = 1, 2, 3$)

$$i W_k = \int d^3x \left\{ \frac{1}{2}\left(\bar\varphi\gamma_4\frac{\partial\varphi}{\partial x^k} - \frac{\partial\bar\varphi}{\partial x^k}\gamma_4\varphi \right) + \frac{\partial u}{\partial x^k}(-i)P \right\}$$

ohne daß Zusatzterme auftreten, die g explizite enthalten. Dies ist vielleicht sogar das einfachste Mittel, um die kanonischen Feldvariablen durch Reihenentwicklung nach g zu berechnen. (N. B. Dadurch wird deutlich, daß die Quantisierung für die Definition kanonischer Feldgrößen unwesentlich ist. Natürlich kann man auch (5) in der c-Zahltheorie als Poissonklammer definieren.)

Die formale Aufgabe, die kanonischen Feldvariablen zu finden, ist aber eng verknüpft mit dem „Anfangswertproblem", die Feldgrößen zur Zeit t durch diejenigen zu einer anderen Zeit t' auszudrücken. Ich habe wenig Hoffnung, dies irgendwie *exakt* in der Kopplungskonstante g durchführen zu können. Die Reihenentwicklungen nach g machen aber keine Schwierigkeiten. (Ich könnte mit einigem Fleiß auch die Näherung ausrechnen; es fragt sich aber, ob das genügend interessant ist.)

Die in g lineare Näherung ist einfach: $U = u$, $P = \frac{\partial u}{\partial t}$ sind in dieser Näherung noch ungeändert, während für q, $\bar\varphi$ bis einschließlich erster Ordnung in g gilt

$$\varphi(x) = \psi(x) - g\int d^{(4)}x'd^{(4)}x''d^{(4)}x'''\delta(x - x')F(x', x'', x''')u(x'')\psi(x''')$$
$$\cdot\frac{1}{2}[\varepsilon(t' - t) - \varepsilon(t'' - t)]$$
$$\bar\varphi(x) = \bar\psi(x) + g\int dx^{(4)'}dx^{(4)''}dx^{(4)'''}\bar\psi(x')u(x'')F(x', x'', x''').$$
$$\cdot\delta(x''' - x)\frac{1}{2}[\varepsilon(t''' - t) - \varepsilon(t'' - t)].$$

(N. B. Ich habe nicht alle Vorzeichen kontrolliert.) Natürlich ist $\{\varphi(x), \bar\varphi(x')\}$ nur *normal* für $t' = t$. Ich habe verschiedene Kontrollrechnungen gemacht, man kann z. B. die Zusätze zu den Vertauschungsrelationen auch unabhängig vom [in *g* linearen]⁷ Energieausdruck [indirekt]⁷ aus den Bewegungsgleichungen (I) ausrechnen. Das Auftreten der δ *in den Formeln hängt mit dem Anfangswertproblem zusammen.* (N. B. Die fragliche Arbeit von Peierls ist sicher die alte mit McManus.)⁸ Soll man nun Konvergenzfragen untersuchen? Was passiert auf dem Lichtkegel? Was meinen Sie nun gefühlsmäßig zum Ganzen? Banal scheint es mir nicht, obwohl Cl. Blochs voreilige und unrichtige Unmöglichkeitsbehauptungen das Ganze in Nebel eingehüllt hatten. – In welcher Richtung soll man wohl weitergehen?

Herzliche Grüße Ihr W. Pauli

---

¹ Von dem vorliegenden Schreiben stand dem Herausgeber eine nur sehr unvollkommene Kopie zur Verfügung, so daß die nachträglich mit einem Bleistift hinzugefügten Textteile nur unvollständig entziffert werden konnten.

² Schrödinger (1952a, b). – In einem Schreiben vom 12. November 1952 an Rosenfeld (vgl. S. 656) berichtete Born über seine Beteiligung bei der am 8. Dezember 1952 in der *Society for the History of Science* in London geplanten Diskussion über Schrödingers neue Ideen zur Interpretation der Quantenmechanik: „I am busy preparing the introduction to the discussion with Schrödinger, which I have to present. If you are interested, I shall send you a copy of my little manuscript. I wonder whether you could come to London on this occasion and assist me if it comes to a real discussion?" Ebenso erwähnte Born bei dieser Gelegenheit auch eine ihm unverständlich erscheinende Kritik an der Quantentheorie des Meßprozesses, die Wigner (1952) als Beitrag zu einer Festschrift für Born und Francks 70. Geburtstag eingereicht hatte.

³ Über verschiedene Ansichten, was mit „behind the phenomena" gemeint sein könnte, setzt sich Born in einem Schreiben vom 10. März 1953 an Bohr auseinander.

⁴ Siehe hierzu die Anmerkung zum Briefentwurf [1437].

⁵ Pauli (1952a, S. 139).

⁶ Wie Pauli in seinem Brief [1440] mitteilt, beabsichtigte er am 1. August in Bern zu sein (vgl. S. 694). Außerdem besuchte er am 23. August 1952 auch die in Bern tagende *Schweizerische Naturforschende Gesellschaft.*

⁷ Der in Klammern eingeschlossene Text wurde von Pauli in schwer leserlicher Schrift mit Bleistift hinzugefügt.

⁸ Peierls und McManus (1946).

[1440] PAULI AN PANOFSKY

Zollikon-Zürich, 25. Juli 1952

Lieber Freund Panofsky!

Ich mache einen Versuch, Sie (trotz etwas mangelhafter Adresse) postalisch zu erreichen. Hoffentlich gelingt er. Es ist ein etwas schwieriges Problem, Sie während Ihres Aufenthaltes in Europa zu treffen: In Kopenhagen war ich im Juni,¹ und im Sommer werde ich wohl kaum dort hinkommen, da sind überall noch Ferien. Am 1. und am 23. August habe ich etwas in Bern zu tun,² sonst habe ich allerdings Zeit.

Ich möchte aber gerne wissen, *ob Sie nach dem 7. September noch einmal nach Holland gehen?* Da wäre eine Möglichkeit für mich hinzufahren; a) ist ein kleinerer Physiker-Kongreß in Holland im September (das genauere Datum will ich noch eruieren). Ich habe zwar nicht im Sinn hinzugehen, aber wenn Sie dort sind, wäre es ein Grund; b) habe ich noch irgendwo eingefrorene 150 Gulden in Holland, die ich dort verjubeln könnte. (Der Physiker, der weiß, wo sie sind, heißt *van den Handel* (Leiden),[3] so daß ich mir leicht in dieser Verbindung seinen Namen merken kann.) Nun kommt es aber auf *Ihre* Pläne an und ob ich Sie vor Ihrer Abreise eventuell in Holland abfangen könnte.

Bitte schreiben Sie mir auch etwas genauer Ihre Adresse. Wenn man einfach schreibt: „Panofsky, Schloß Gripsholm, Schweden" – kommt das an?[4]

Also vielleicht klappt es doch noch irgendwo! Ihren „nicht ganz neidlosen" Glückwunsch habe ich mit Vergnügen zur Kenntnis genommen und hoffe, mich der Nichtexistenz einer historischen Trade Union noch lange erfreuen zu können!

In letzter Zeit war ich wieder mehr mit theoretischer Physik als mit Wissenschaftshistorie (oder gar mit Religionsphilosophie) beschäftigt. Bäumker, Das Problem der Materie in der griechischen Philosophie, habe ich gelesen.[5] (Die einzige Stelle in der ganzen Schweiz, wo dieses Buch aufzutreiben war, war die kantonale Bibliothek in *Luzern* – etwas kurios. Aber so konnte ich schließlich das Buch bekommen.) Die Verflüchtigung der $\upsilon\lambda\eta$ im Neuplatonismus fand ich sehr lehrreich. – Ich kann *nicht* sagen, daß mir *alles* an dem Begriff $\sigma\tau\epsilon\rho\eta\sigma\iota\varsigma$ klar geworden ist – besonders nicht bei Aristoteles. Aber ich habe den Verdacht, daß dieser berühmte Autor eben wirklich unklar *ist*!

Zu hell und dunkel einen lustigen Vers aus England (mit dessen Inhalt ich mich im übrigen nicht identifizieren will):

Nature and Nature's laws lay hid in night,
God said „let Newton be" and all was light.
It did not last. The Devil shouting „Ho!
Let Einstein be" restored the status quo.

Im November fahren meine Frau und ich nun definitiv nach Indien (zunächst nach Bombay).[6] Die Impfspritzen haben schon jetzt begonnen und ihr Ende ist noch gar nicht abzusehen. Aber es wird doch ein neues Erlebnis sein, auf das ich mich schon sehr freue. Hoffentlich gibt es also noch vorher ein Wiedersehen!

Inzwischen viele Grüße von Ihrem alten W. Pauli

[1] Vom 3.–7. Juni 1952 fand dort der internationale Physikerkongreß statt, an dem Pauli teilgenommen hatte.

[2] Am 23. August 1952 hielt Pauli seinen Vortrag über „Wahrscheinlichkeit und Physik" während einer Sitzung der *Schweizerischen Naturforschenden Gesellschaft* (vgl. auch die Briefe [1439 und 1450]).

[3] J. van den Handel war Professor am *Kamerlingh Onnes Laboratorium* der Reichsuniversität in Leiden. Im Juni 1953 sollte dort auch das hundertjährige Geburtsjubiläum von Kamerlingh Onnes und Lorentz gefeiert werden (vgl. hierzu Belinfantes Bericht in *Science* **118**, 393–399). Am 12. Dezember 1952 erhielt Rosenfeld von dem aus C. J. Gorter, J. Korringa und J. van den Handel gebildeten Organisationskomitee folgende Ankündigung: „This conference will have a restricted character, more or less in analogy to the Solvay conferences. – The subject will be: The electron, with the specification that a) quantum-electrodynamics and b) electrons in metals at low temperature will be discussed. No detailed program has yet been made up, but it is hoped that reports prepared by some of the participants will provide a basis for the discussions. It is the intention that also a few lectures will be delivered to a wider scientific public."

[4] Auch *Casimir* berichtete, seine Eltern hätten einmal einen an ihn gerichteten Brief nur mit der Aufschrift: bei Niels Bohr in Copenhagen, Dänemark versehen.
[5] Bäumker [1890]. Der weiter unten zitierte Vers ist auch auf S. 666 wiedergegeben.
[6] Siehe hierzu den Kommentar zum Brief [1489].

[1441] PAULI AN BHABHA

[Zürich], 26. Juli 1952[1]

Dear Bhabha!

Many thanks for your kind letter of July 5. – There is a minor change in my plans regarding the *date* of my trip to India.[2] Mostly because of examinations which I have to hold here during October, it turned out to be too early to take the boat on October 9th. Now we definitively booked on the next available one, which is the "Stratheden" sailing *from London November 6*. I hope, you won't be too angry because of this little delay. My own and my wife's passport are now at the Indian embassy in Bern and we hope to hear from them soon. (I do not know anybody personally there at present.) The inoculations are in full swing.

Now about my lectures in Bombay. According to your information's I am proposing now to give a) a more general lecture *"on field quantization"*, which every student who knows ordinary wave mechanics can hear. I gave such a course in Zürich and can repeat it in Bombay with some modifications and improvements.[3] I would propose *2 hours a week*, but if time should get short one could also increase the number of hours to three. I also agree with 3 hours weekly if you prefer that. b) A *Seminar* (with discussions) on open problems and recent papers on theoretical problems – as usual our [*double hour* a weak] – related with the subject of the general lecture. This seminar would be for a smaller group and I propose it in connection with your information's, that Abdus Salam, Gupta and perhaps Eliezer will be present.[4] At least for the first two of them the general lecture would be too elementary and, of course, I like to make my presence (in Bombay) as interesting for them as possible.

I think, Salam could tell us in the Seminar about his own work on meson-theory (intermediate coupling).[5] My own contribution to the Seminar would be besides other papers of Källén[6] and some on non-local theories using Lorentz-invariant form factors. There exist papers on this subject by Cl. Bloch (a French man now in Pasadena)[7] and by Møller and Kristensen (the papers did not appear yet, but I have the copies). We had detailed discussions about it in Copenhagen,[8] I am getting more and more interested in it (of course nobody knows the final outcome of these theories in advance), I partly disagree with certain mathematical assertions of "impossibilities" by Cl. Bloch and I have also some new results myself, which (perhaps) I shall publish later.[9] I will be interested to hear Salam's and Gupta's opinion about it. I am really very much pleased that they and others will be present. – This Seminar or Colloquium is just a *proposal*, which could also be modified if you wish.

Regarding Gupta[10] I do not know anything about his teaching abilities, but I was impressed by the mathematical skill of his works, particularly the one about the indefinite metric,[11] the other about his new formulation for charge – renormalization[12] which was very useful both for Dyson and for Källén in Zürich. (His paper on gravitational fields,[13] however, I found less interesting.) In case he should be in Bombay this winter, I shall try 'to get' something out of him! He would be just the right person to assist me with the form-factor-theories.[14] The best for your Institute, I believe, would be to appoint him first temporarily and then to see later whether you wish to have him permanently.

Many thanks also for the paper of Peters[15] which I gave to our 'meson-group'. It seems to be very interesting and I am looking forward to see him in Bombay.

Seligman got eventually a job in Berkeley,[16] but my opinion on his scientific abilities is not a very high one. We can talk in Bombay about the possibility to extend my stay there to a part of March.[17] I shall certainly be there the whole February. – By the way, all physicists who were in India tell me that the *South* of India is very beautiful. Do you think it possible and advisable for Mrs. Pauli and me to go there during January?

The little shift of my sailing date also enables us to repeat our invitation to you to give some lectures in Zürich.[18] We had to find out in case that it is possible for you to come, a convenient date in October – also taking into account the vacations on the University and the examinations at the Polytechnicum. My travelling plans for September in Europe are not yet fixed. So please write to me more about your plans.

Regarding mesons I did not work myself in this field during the last time. But Thirring,[19] who was in Zürich the last academic year, did not only work on mathematical convergence questions of some renormalized field theories (a little more simpler ones than electrodynamics). – I could report on his paper in the proposed Seminar – but also on meson theories of a type similar to that of the papers of Schiff, published in the Physical Review.[20] – Are some of your students interested in this direction?

Of course some new things could happen, too until my arrival in Bombay and in the moment my interest in theoretical physics in general is much more alive than at the time of our last meeting in Europe.

Looking very much forward to all events to come with all good wishes from Mrs. Pauli and myself

Sincerely yours

W. Pauli

---

[1] Von dem folgenden Schreiben liegt uns nur eine mangelhafte Kopie vor, die viele Textergänzungen notwendig machte.

[2] Siehe hierzu den Kommentar zum Brief [1489].

[3] Paulis Vorlesungen an der ETH Zürich waren 1951 von U. Hochstrasser und R. Schafroth ausgearbeitet und vom *Verlag des Vereins der Mathematiker und Physiker an der ETH Zürich* veröffentlicht worden.

[4] Nach seinem Aufenthalt in Cambridge (siehe den Kommentar zum Brief [1108]) und seiner mit dem *Smith Preis* ausgezeichneten Promotion 1952 war Abdus Salam vorübergehend wieder in seine Heimat zurückgekehrt.

[5] Abdus Salam war Anfang 1951 zum *Institute for Advanced Study* nach Princeton gegangen und hatte sich dort mit der Renormierungstheorie der skalaren Elektrodynamik befaßt. Siehe hierzu Matthews und Salam (1951b), Salam (1952) und seinen historischen Rückblick (1989, S. 533). Über

den allgemeinen Stand der Mesonen-Feldtheorie vermittelt der Bericht von Oehme (1953) einen Überblick.

[6] Vgl. Källén (1952b).

[7] Claude Bloch gehörte zu den Schülern von Leprince-Ringuet. Nach seinem Aufenthalt in Kopenhagen war er an das Caltech in Pasadena gegangen.

[8] Siehe hierzu den Kommentar zum Brief [1418].

[9] Pauli (1953b).

[10] Offenbar hatte sich Bhabha in seinem (nicht erhaltenen) Schreiben über Guptas Fähigkeiten erkundigt. Suray N. Gupta (*1924) war als Schüler von Bhabha mit einem Stipendium der Indischen Regierung nach England gekommen und hatte dort in Cambridge bei Kemmer am *Trinity College* und an der *University of Manchester* unter Rosenfeld gearbeitet. Er ging im Dezember 1953 als Research Associate an die *Purdue University* in Lafayette, Indiana, wo er schließlich zum Professor ernannt wurde. Weitere Angaben über Gupta und Eliezer findet man in den Briefen des Rosenfeld-Nachlasses.

[11] Gupta (1950a).

[12] Gupta (1950c).

[13] Gupta (1952a, b).

[14] Vgl. hierzu auch den Brief [1397].

[15] Unter der Leitung von Oppenheimers ehemaligen Studenten Bernard Peters wurden in Bombay Höhenstrahlungsforschungen mit der Hilfe von Kernemulsionsplatten ausgeführt, die 1952 zu der Aufsehen erregenden Entdeckung einer neuen hochenergetischen Strahlungskomponente führten. Siehe auch Peters (1952).

[16] Vgl. hierzu den Brief von G. Breit [1320] und Paulis Anfrage [1332] über Seligmans wissenschaftlichen Fähigkeiten bei Bhabha.

[17] Pauli mußte seinen Aufenthalt bereits im Februar 1953 wegen der Erkrankung seiner ihn begleitenden Frau abbrechen.

[18] Bhabha besuchte während seiner Europareise im Oktober auch Pauli in Zürich (vgl. den Brief [1494]).

[19] Vgl. die im Dezember 1951 gemeinsam von Lüders, Oehme und Thirring (1952) in Göttingen abgeschlossene Untersuchung über Mesonenfelder.

[20] Schiff (1951a, b).

[1442] Fierz an Pauli

Braunwald, 1. August 1952

Lieber Herr Pauli!

Besten Dank für Ihren inhaltsreichen Brief über die Bloch-Møllersche Theorie.[1] Die Arbeit von Peierls – um das vorauszunehmen, ist die mit McManus zusammen[2] – ich konnte nur diesen Namen nicht mehr erinnern.

Was Sie mir berichten, verstehe ich so ziemlich und es ist schön zu sehen, wie in Ihrem Energieausdruck – dem „Hauptresultat" – der Formfaktor eingeht.

Nur ein Punkt ist mir nicht ganz klar; das ist der, welcher die kanonischen Variablen betrifft.[3] Einerseits ist mir Ihre Behauptung plausibel, daß es keine Felder gibt, die in allen raumartigen Punkten kommutieren. Andererseits bedeutet das aber, daß die Lorentztransformationen nicht zu den kanonischen Transformationen gehören. Es mag sein, daß dieser Schluß falsch ist und ich denke, daß sich diese Nebenfrage von selber klären wird.

Ganz unklar ist es mir, ob die Argumente von Peierls und Bloch, daß Formfaktoren, obwohl sie auf dem Lichtkegel nach unendlich gehen, doch keine unphysikalischen Konsequenzen haben. Wenn man sich vorstellt, daß ein derartig, mit einem Formfaktor behaftetes Teilchen Licht ausstrahlt, so kann das

Licht dem Bereich des Formfaktors ja gar nicht entrinnen. Aber eben, eine eichinvariante Theorie können die Autoren ja gar nicht machen. Man kann aber das μ-Feld als ein solches ohne Ruhmasse ansehen, und dann fällt die Eichgruppe weg, und man könnte untersuchen, ob in diesem Falle irgendein Unglück eintritt.

Das wäre also etwas, was man studieren könnte.

Wenn Sie mich fragen, was mein allgemeines Gefühl dieser Theorie gegenüber sei, dann muß ich gestehen, daß diese mir gar nicht einleuchtet. Was soll eigentlich erklärt werden, was möchte man in solcher Art verstehen?

In der Elektrodynamik kann man renormalisieren, ein Verfahren, das hier durchaus eindeutig ist. Die Formfaktoren hingegen führen eine willkürliche Mannigfaltigkeit von Parametern ein, über die bisher kein Experiment etwas aussagt. Zudem, wenn die Reihenentwicklungen der Elektrodynamik nicht konvergieren, was ja sehr wahrscheinlich ist, dann werden sie auch in der Bloch-Møller-Theorie dies nicht tun.

Es ist mir höchst unsympathisch, mit einer „verbesserten" c-Zahl-Theorie anzufangen. Ich bin überzeugt, daß z. B. die Elektronentheorie, als c-Zahl-Theorie, schon das Beste ist, was sich erreichen läßt, und daß die Schwierigkeiten daher rühren, daß wir die Quantisierung, insbesondere diejenige der Ladung, nicht verstehen. Die Formfaktoren können, wie mir scheint, auf dieses Problem kein Licht werfen.

Ich glaube auch nicht, daß das berühmte Funktional, die Schrödingerfunktion der Feldtheorie, wirklich etwas Sinnreiches ist. Die Formfaktoren sollten daher nicht nur in der Wechselwirkung vorkommen, sondern die Variablen im Funktional sollten z. B. immer mit Hilfe eines Formfaktors gemittelt erscheinen. Mein Gefühl sagt mir also – vielleicht irre ich mich ja – daß die Formfaktoren an der unrichtigen Stelle eingeführt wurden.

Das traurige ist nun, daß ich auch nicht weiß, was zu tun wäre. Der vorliegende Versuch aber enthält keinen neuen, irgendwie einleuchtenden Gedanken. Er zeigt nur, daß wir vorläufig nicht mehr können, als irgendein, meinetwegen sehr spitzfindiges, klassisches Modell nach Schema f quantisieren. In Wirklichkeit kommen aber nur Systeme vor, die sehr speziellen Modellen entsprechen. Demgemäß müßte jede richtige Weiterentwicklung zu einer *Einschränkung* der Möglichkeiten in der Wahl der klassischen Modelle führen, was hier gerade nicht zutrifft.

Die einzige c-Zahl-Theorie, die wir besitzen und einigermaßen verstehen, ist die Elektronentheorie. Es scheint mir kein Zufall, daß gerade sie auch renormalisierbar ist.

Ja, das sind alte Lieder, aber man soll nicht müde werden, dieselben zu singen, solange nicht einer wirklich neue Töne anschlägt!

Vielleicht kann man, im Sinne eines Vorschlags zur Güte, angeben, daß Studien, wie die zur Diskussion stehenden, eine Art gymnastisches Instrument darstellen, an dem wir unseren Witz üben sollen. Wir lernen dabei, daß noch viel zuviel rein Formal-Mathematisches in der Theorie enthalten ist, daß diese noch viel zu wenig der wirklichen Natur angemessen ist, und daß es physikalische Prinzipien geben muß, die sich mannigfaltig anzeigen – durch Quantisierung der Ladung, durch das Pauli-Prinzip, in der Symmetrie zwischen Eichgruppe und derjenigen der allgemeinen Relativitätstheorie – und die wir doch in unserer Blindheit nicht erfassen können.

Ich hoffe, daß das, was ich hier kritisch anmerke, in seiner Unklarheit nicht zu destruktiv sei; aber Sie fragten mich ja nach meinen allgemeinen Eindrücken.

Mit besten Grüßen bleibe ich   Ihr M. Fierz

---

[1] Siehe den Brief [1439].
[2] Peierls und McManus (1946) und McManus (1948).
[3] Siehe hierzu auch die Anmerkung zum Brief [1423].

[1443] PAULI AN MØLLER

Zürich, 2. August 1952

Dear Møller!

Just about when your nice postcard from Liverpool arrived[1] I resumed the work on the formfactor theory and got quickly some more results which I wrote down for your use on the included blanks.[2] Please show it to Jost, Pais, Kristensen (and to whomever else you like).

I find these results satisfactory* but they have nothing yet to do with the Lorentzinvariance. For the latter the convergence-questions are decisive. Do you have some new results about it yourself? {N. B. The discussion in the Møller-Kristensen paper in §27 seems to me too much in the line of the zero (or first) approximation. For the higher approximation it is not permitted to assume such simple relations as $(p, p) = -m^2$ and $(P, P) = -M^2$.

Moreover regarding your particularly chosen form factor I do not like it at all that M^2 is getting singular for $(l^1 + l^3)^2 = 0$.}

The passage from a section $t =$ const. to another section $t' =$ const. (Lorentz-transformation) is of course a rather tricky operation in the non-local theories and the connection between the canonical formalism on the one side with the lorentz-invariant formalism on the other side will get quite new aspects.

With all good wishes   Yours old W. Pauli

---

[1] Pauli bezieht sich offenbar auf die Abbildung auf der Rückseite der Karte [1436] (siehe dort die Anmerkung).
[2] Siehe die Anlage zum Brief [1443].
* I do not see *any* difficulty to make calculations for bound states with the same approximations as one does it in the usual local theory.

Anlage zum Brief [1443]

August 1952
[Handschriftliches Manuskript][1]

1. Derivation of exact charge and energy-momentum integrals in form factor theory

Start with equation of motions

$$\left(\gamma^\mu \frac{\partial}{\partial x^\mu} + M\right)\psi(x) + g\iint dx'' dx''' F(x, x'', x''')u(x'')\psi(x''') = 0$$

$$-\frac{\partial\bar\psi}{\partial x^\mu}\gamma^\mu + M\bar\psi(x) + g\iint dx' dx'' F(x', x'', x)\bar\psi(x')u(x'') = 0$$

$$(-\Box + m^2)u(x) + g\iint dx' dx''' F(x', x, x''')\bar\psi(x')\psi(x''') = 0. \tag{1}$$

For the following, it is *not* necessary to assume Lorentzinvariance of F, it holds *more generally* for every translational invariant

$$F = E(x' - x'', x''' - x'') = F^*(x''' - x'', x' - x'').$$

Define now

$$t_{\mu\nu} = t^0_{\mu\nu} + t^{\text{int}}_{\mu\nu} \tag{2}$$

{int = interaction, $t_{\mu 4} = i$ (momentum-density), $t_{44} = -$ (energy-density), $t^0_{\mu\nu}$ given by Møller-Kristensen* equation (24), p. 9} and put

$$t^{\text{int}}_{\mu\nu}(x) = -g\int E_{\mu\nu}(x' - x, x'' - x, x''' - x)\bar\psi(x')u(x'')\psi(x''')dx' dx'' dx''' \tag{2a}$$

$$= -g\int E_{\mu\nu}(\xi', \xi'', \xi''')\bar\psi(x + \xi')u(x + \xi'')\psi(x + \xi''')d\xi' d\xi'' d\xi'''.$$

Then, according to Møller-Kristensen, equation (25), p. 10, the postulate

$$\frac{\partial t_{\mu\nu}}{\partial x_\nu} = 0 \tag{3}$$

is equivalent to

$$\left(\frac{\partial}{\partial \xi'_\nu} + \frac{\partial}{\partial \xi''_\nu} + \frac{\partial}{\partial \xi'''_\nu}\right)E_{\mu\nu}(\xi', \xi'', \xi''')$$

$$= \frac{\partial}{\partial \xi'_\mu}[\delta^{(4)}(\xi')F(\xi', \xi'', \xi''')]$$

$$+ \frac{\partial}{\partial \xi''_\mu}[\delta^{(4)}(\xi'')F(\xi', \xi'', \xi''')] + \frac{\partial}{\partial \xi'''_\mu}[\delta^{(4)}(\xi''')F(\xi', \xi'', \xi''')]. \tag{4}$$

This time I do *not* pass to momentum space. Introduce the variables

$$\xi \equiv \xi'', \quad Y \equiv \xi' - \xi'', \quad Z \equiv \xi''' - \xi''; \quad F(\xi', \xi'', \xi''') \equiv F(Y, Z);$$

$$\frac{\partial}{\partial \xi'} = \frac{\partial}{\partial Y}; \quad \frac{\partial}{\partial \xi'''} = \frac{\partial}{\partial Z}; \tag{5}$$

$$\left(\frac{\partial}{\partial \xi''}\right)_{\xi',\xi''' \text{ const}} = \left(\frac{\partial}{\partial X}\right)_{Y, Z \text{ const}} - \frac{\partial}{\partial Y} - \frac{\partial}{\partial Z}.$$

Then, (4) becomes

$$\frac{\partial E_{\mu\nu}(X+Y, X, Z+X)}{\partial X_\nu} =$$

$$\frac{\partial \delta^{(4)}(X)}{\partial X_\mu} F(Y,Z) + \frac{\partial}{\partial Y_\mu}[(\delta^{(4)}(X+Y) - \delta^{(4)}(X)) \cdot F(Y,Z)]$$

$$+\frac{\partial}{\partial Z_\mu}[(\delta^{(4)}(X+Z) - \delta^{(4)}(X)) \cdot F(Y,Z)]. \tag{5a}$$

We wish now to compute the *integral* of the $t_{\mu\nu}$ *over the 3-dimensional volume*; in other words, *total* energy and momentum.

$$W_\mu = W_\mu^0 + W_\mu^{\text{int}}; \quad iW_\mu^0 = \int t_{\mu4}^0 d^3x, \quad iW_\mu^{\text{int}} = \int t_{\mu4}^{\text{int}} d^3x$$

$$\frac{dW_\mu}{dt} = 0. \tag{6}$$

(W_k = momentum for $k = 1, 2, 3$, $W_4 = iH$, H = energy – Hamiltonian).

$$W_\mu^{\text{int}}(t)$$

$$= -g \int \eta_\mu(x' - x'', x''' - x'', t'' - t)\bar{\psi}(x')u(x'')\psi(x''')d^{(4)}x'd^{(4)}x''d^{(4)}x''' \tag{7}$$

(N. B.: Es ist $d^{(4)}x \equiv dx_1, dx_2 dx_3 \, dx_0$; $\delta^{(4)}(x) \equiv d(x_1)d(x_2)d(x_3)d(x_0)$.) oder
$$\downarrow$$
$$\text{reell}$$

auch mit $X \equiv (X, iT)$

$$W_\mu^{\text{int}} = -g \int \eta_\mu(Y, Z, T - t)\bar{\psi}(Y + X)u(X)\psi(Z + X)d^{(4)}Y d^{(4)}Z d^{(4)}X. \tag{7a}$$
$$\downarrow$$
$$\text{je vier Komponenten}$$

Hierin ist analog zu (6)

$$i\eta_\mu(Y, Z; T) = \int E_{\mu4}(X + Y, X, X + Z)d^{(3)}X. \tag{8}$$

By integration over the 3-dimensional volume $d^{(3)}x$, one obtains now from (5) the very simple equation ($X_4 = iT$)

$$\frac{\partial \eta_\mu(Y, Z; T)}{\partial T} = (-i)\delta_{\mu4}\frac{d\delta(T)}{dT} F(Y,Z) + \frac{\partial}{\partial Y_\mu}[(\delta(T + t_y) - \delta(T)) \cdot F(Y,Z)]$$

$$+\frac{\partial}{\partial Z_\mu}[(\delta(T + t_z) - \delta(T)) \cdot F(Y,Z)], \tag{9}$$

t_y, t_z being the time coordinates of Y, Z, respectively.

The last equation, however, can be very simply integrated with respect to time: Using the well known function $\varepsilon(t) = +1$ for $t > 0$, $\varepsilon(t) = -1$ for $t < 0$,

$\frac{\partial \varepsilon}{\partial t} = +2\delta(t)$ and choosing the integration constant in such a way that $\eta_\mu \to 0$ for $T \to \pm\infty$ and t_y, t_z fixed, we get indeed

$$\eta_\mu(Y, Z; T) = (-i)\delta_{\mu 4}\delta(T) \cdot F(Y, Z) + \frac{\partial}{\partial Y_\mu}\left[\frac{1}{2}(\varepsilon(T + t_y) - \varepsilon(T)) \cdot F(Y, Z)\right]$$

$$+ \frac{\partial}{\partial Z_\mu}\left[\frac{1}{2}(\varepsilon(T + t_z) - \varepsilon(T)) \cdot F(Y, Z)\right]. \tag{10}$$

Inserting this into (7) or (7a), and going back to the variables x', x'', x''', one obtains now with partial integration the final result

$$W_\mu^{\text{int}}(t) = -g \int d^{(4)}x' d^{(4)}x'' d^{(4)}x''' F(x', x'', x''')$$

$$\cdot \left\{(-i)\delta_{\mu 4}\delta(t'' - t)\bar{\psi}(x')u(x'')\psi(x''')\right.$$

$$- \frac{1}{2}[\varepsilon(t' - t) - \varepsilon(t'' - t)]\frac{\partial \bar{\psi}(x')}{\partial x'_\mu}u(x'')\psi(x''') \tag{11}$$

$$\left. - \frac{1}{2}[\varepsilon(t''' - t) - \varepsilon(t'' - t)]\bar{\psi}(x')u(x'')\frac{\partial \psi(x''')}{\partial x'''_\mu}\right\}.$$

In the local theory, we have $F = \delta^{(4)}(x' - x'')\delta^{(4)}(x''' - x'')$ and the terms with the ε-functions do vanish. While, in the local theory, one has $W_\mu^{\text{int}}(t) \equiv 0$ for $k = 1, 2, 3$, in the theory with form factor the additional terms $W_\mu^{\text{int}}(4)$ in the momentum are very characteristic.

An analogous (and even a little simpler) treatment is possible for the charge integral. Put

$$j_\mu^0(x) = i\bar{\psi}(x)\gamma_\mu\psi(x) \tag{12}$$

$$j_\mu(x) = j_\mu^0(x) + j_\mu^{\text{int}}(x) \tag{12a}$$

$$j_\mu^{\text{int}}(x) = -ig \int E_\mu(x'-x, x''-x, x'''-x)\bar{\psi}(x')u(x'')\psi(x''')d^{(4)}x'd^{(4)}x''d^{(4)}x'''$$

$$= -ig \int E_\mu(\xi', \xi'', \xi''')\bar{\psi}(x + \xi')u(x + \xi'')\psi(x + \xi''')d^{(4)}\xi'd^{(4)}\xi''d^{(4)}\xi'''. \tag{12b}$$

The postulate

$$\frac{\partial j_\mu}{\partial x_\mu} = 0 \tag{13}$$

is then, according to Møller-Kristensen, equation (21), p. 8, equivalent to

$$\left(\frac{\partial}{\partial \xi'_\nu} + \frac{\partial}{\partial \xi''_\nu} + \frac{\partial}{\partial \xi'''}\right) E_\nu(\xi', \xi'', \xi''') = [\delta^{(4)}(\xi') - \delta^{(4)}(\xi''')]F(\xi', \xi'', \xi''') \tag{14}$$

or, with the variables (5),

$$\frac{\partial E_\mu(X + Y, X, X + Z)}{\partial X_\mu} = [\delta^{(4)}(X + Y) - \delta^{(4)}(X + Z)]F(Y, Z).$$

Passing now to the volume integral analogous to (7a), (8)

$$iQ = \int j_4(x)d^3x; \quad Q = Q_0 + Q_{\text{int}}; \quad i\frac{dQ}{dt} = 0 \tag{15}$$

$$Q_{\text{int}}(t) = -ig \int \eta(x' - x'', x''' - x'', t'' - t)\bar{\psi}(x')u(x'')\psi(x''') \cdot d^4x'd^4x''d^4x''' \tag{16}$$

or

$$Q_{\text{int}}(t) = -ig \int \eta(Y, Z, T - t)\bar{\psi}(Y + X)u(X)\psi(Z + X)d^{(4)}Yd^{(4)}Zd^{(4)}X \tag{16a}$$

with

$$i\eta = \int E_4(X + Y, X, X + Z)d^{(3)}X. \tag{17}$$

We obtain analogous to (9), the simple equation

$$\frac{\partial \eta(Y, Z; T)}{\partial T} = [\delta(T + t_y) - \delta(T + t_z)]F(Y, Z). \tag{18}$$

Integration gives

$$\eta(Y, Z; T) = \frac{1}{2}[\varepsilon(T + t_y) - \varepsilon(T + t_z)]F(Y, Z) \tag{19}$$

$$Q_{\text{int}}(t) = -ig \int d^{(4)}x'd^{(4)}x''d^{(4)}x''' F(x', x'', x''') \\ - \frac{1}{2}[\varepsilon(t' - t) - \varepsilon(t''' - t)]\bar{\psi}(x')u(x'')\psi(x'''). \tag{20}$$

In the local theory, one has $Q_{\text{int}}(t) = 0$.

2. The canonical formalism

As the exact constancy in time of $Q = Q_0 + Q_{\text{int}}$ and of $W_\mu = W_\mu^0 + W_\mu^{\text{int}}$ follows from the "equations of motion" given by (1), it is both consistent and necessary to postulate for all field quantities $F(x)$ the exact commutation rules

$$i[F, W_\mu] = -\frac{\partial F}{\partial x_\mu} \tag{I}$$

(hence $i[F, W_\mu] = -\frac{\partial F}{\partial x_\mu}$, $i[F, H] = +\frac{\partial F}{\partial t}$, $W_4 = iH$, $x_4 = it$) and, moreover, for Q

$$[Q, \psi^*] = \psi^*, \quad [Q, \psi] = -\psi, \quad [Q, u] = 0. \tag{II}$$

(I) corresponds to the existence of the translation group and can in the usual way be extended to *finite* translations, (II) corresponds to the gauge-group.

As the derivatives of $E_{\mu\nu}$ and E_ν nowhere enter in the formal computation of $\frac{dW_\mu}{dt}$ or $\frac{dQ}{dt}$ {compare (2a) and (12b)}, (I) also holds for $F = W_\lambda$ or $F = Q$, and one gets

$$[W_\lambda, W_\mu] = 0, \quad [Q, W_\mu] = 0. \tag{III}$$

These equations are not characteristic for field quantization and hold just as well classical, if i times commutation is replaced by (or interpreted as) Poisson brackets.

In analogy to the well-known classical theorem of existence, one has here to expect the existence of *canoncial field variables*

$$\bar{\varphi}(y) = \varphi^*\gamma_4,\ \varphi(x),\ v(x),\ p(x) \tag{2,2}$$

which for equal values of the time t will satisfy the canonical commutation rules

$$\{\varphi_\alpha^*(x,t), \varphi_\beta(x',t)\} = \delta_{\alpha\beta}\delta^{(3)}(x-x'),\ \varphi,\ \varphi' = 0 \text{ etc.}$$
$$i[p(x,t), v(x',t)] =$$
$$\delta^{(3)}(x-x'),\ [v(x), v(x')] = (p(x), p(x') = 0 \text{ etc.} \tag{2,1}$$

and which for $g = 0$ ($g \approx$ coupling constant) go over in

$$\bar{\psi}(x) = \psi^*\gamma_4,\ \psi(x),\ u(x),\ \frac{\partial u}{\partial t}$$

$\{(2,2)$ for $g = 0\}$ respectively. Applying (I) for $\mu = 1, 2, 3$ and (II) to $(2,1)$ one sees that W_k and Q will in the canonical variables *get their normal form*

$$Q = \int d^{(3)}x \varphi^*(x,t)\varphi(x,t) \tag{2,3}$$
$$W_k = \int d^{(3)}x \left\{ (-i)\frac{1}{2}\left[\varphi^* \frac{\partial j}{\partial x_k} - \frac{\partial \varphi^*}{\partial x_k}\varphi \right] - p\frac{\partial v}{\partial x_k} \right\}. \tag{2,4}$$
$$(k = 1, 2, 3)$$

Regarding the usual existence-theorem for canonical variables in classical mechanics, I have to mention two qualifications: 1) the number of degrees of freedom is supposed to be finite; 2) classically, there are only Poisson-brackets, but nothing which corresponds to the "brackets" $\{\ldots\}$. The latter remark would of course not come into play if one had considered charged spin zero particles instead of the nucleons.

Nevertheless I believe that we have sufficient good reason to expect, in the case considered, canonical field-variables defined by $(2,1)$ to be existent and also the possibility of power series for them in the coupling constant (starting with the zero approximation $\bar{\psi}, \psi, u, \frac{\partial u}{\partial t}$).

To find the first approximation in g is relatively simple and my result is

$$v = u + g^2(\ldots),\quad p = \frac{\partial u}{\partial t} + g^2(\ldots). \tag{2,5a}$$

No linear terms in g here.

My result is

$$\varphi(y) = \psi(x) - g \int S(x - x') \, F(x', x'', x''')$$

↓
Schwinger function

$$\frac{1}{2}[\varepsilon(t' - t) - \varepsilon(t'' - t)] \cdot U(x'')\psi(x''')d^{(4)}x'd^{(4)}x''d^{(4)}x''' + g^2(\ldots) \quad (2,5\mathrm{b})$$

$$\bar{\varphi}(x) = \bar{\psi}(x) + g \int F(x', x'', x''')\bar{\psi}(x')d(x'')$$

$$\frac{1}{2}[\varepsilon(t''' - t) - \varepsilon(t'' - t)]S'(x''' - x)d^4x'd^4x''d^4x''' + g^2(\ldots). \quad (2,5\mathrm{c})$$

Remind that only for $t = t'$ the brackets $\{\varphi(x), \bar{\varphi}(x')\}$, $\{\varphi(x), u(x')\}$ etc. are getting simple and that the "equations of motion" for $\bar{\varphi}$, φ are different from the original equations of motion for $\bar{\psi}$, ψ.

N. B. I remember that C. Bloch says in *his* paper** that there are dependences of $\psi(x)$, $u(x)$ on a given section $t = $ const., different from the local theory. This is simply "nonsense of higher order".

Zusammenfassung

Der „Geist, der stets verneint":

„In der nicht lokalen Theorie bestehen Abhängigkeiten zwischen den Feldern auf einem Schnitt $t = $ const., die in der lokalen Theorie nicht bestehen."

„In der nicht lokalen Theorie können dieselben Anfangsbedingungen gestellt werden wie in der lokalen."

„In der nicht lokalen Theorie gibt es keine zeitlich exakten konstanten Integrale."

„Zeitlich exakt konstante Integrale für Energie-Impuls und für Ladung sind leicht zu finden."

„In der nicht lokalen Theorie gilt der kanonische Formalismus nicht." (Compare Møller-Kristensen!)

„Für jedes System paralleler Hyperbeln $t = $ const. gibt es (voraussichtlich) kanonische Feldvariable."

(W. Pauli)

Result: The difference between non-local and local field theory is just this *and nothing else*: In the former, it is not possible to choose the field variables in such a way that for all space-like pairs of points their commutators vanish *simultaneously*.

---

[1] Kristensen und Møller (1952) hatten das Manuskript ihrer gemeinsamen Arbeit zur Begutachtung an Pauli geschickt. Die im folgenden angegebenen Seitenangaben beziehen sich auf dieses Manuskript. Von dem Manuskript existiert außerdem eine mit handschriftlich eingetragenen Formeln versehene maschinenschriftliche Abschrift, die Møller offenbar für die anderen Mitarbeiter des Kopenhagener Institutes anfertigen ließ.

* Means Møller-Kristensen, and refers to copy which I have received (to appear in the Communications of the Copenhagen Academy).

** The copy is at present on Fierz's desk in Basle and Fierz himelf is somewhere else in vacation.

Die *École d'Été de Physique Théorique* in dem in der Nähe von Chamonix gelegenen Gebirgsort Les Houches war durch einen Beschluß des *Conseil de l'Université de Grenoble* vom 18. April 1950 begründet worden. Die eigentliche Seele und Organisatorin dieser Verantaltungen waren aber Cécile Morette und ihr Mann Bryce Seligman DeWitt.[1]

Die Sommerschule sollte alljährlich unter Mitwirkung sowohl älterer erfahrener Forscher und etwa 30 jüngerer französischer und ausländischer Physikstudenten jeden Sommer (im allgemeinen von Mitte Juli bis Mitte September) stattfinden. Neben einführenden Grundkursen waren Seminare und Arbeitsgruppen für Fortgeschrittene vorgesehen, in denen die neuesten Entwicklungen in der theoretischen Physik diskutiert werden konnten. Diese Tätigkeit wurde durch eine kleine von einigen Teilnehmern und Institutionen gestifteten Arbeitsbibliothek und die Verteilung von vervielfältigten Skripten der Vorträge an die Teilnehmer unterstützt.

An der ersten Veranstaltung im Sommer 1950 beteiligten sich außer Bryce und Cécile DeWitt auch Walter Heitler, Alfred Kastler, Walter Kohn, Emilio Segré und Léon van Hove. Ein besonders großer Erfolg war die zweite Veranstaltung im Sommer 1951, an der außer Pauli[2] u.a. auch Res Jost, Bruno Rossi, Robert Schafroth, Victor Weisskopf und Walter Heitler teilnahmen.[3]

Für die 3. Veranstaltung im Sommer 1952 waren neben den allgemeinen Kursvorlesungen über statistische Mechanik (L. Rosenfeld), theoretische Kernphysik (M. Verde)[4] und Quantenmechanik (J. M. Luttinger) diesmal mehrere speziellere Vorlesungen angesagt. Schafroth behandelte beispielsweise die Supraleitung.[5] Die Seminar-Veranstaltungen waren dagegen für fortgeschrittnere Studenten und Forscher gedacht.

In der zweiten Augustwoche 1952 veranstaltete Pauli ein spezielles Seminar über „Time reversal",[6] ein Problem, das später für die Entdeckung der CPT-Invarianz noch so bedeutsam werden sollte. Ein Manuskript seiner *Conférences* war von den Veranstaltern der Sommerschule an die Teilnehmer verteilt worden.[7] Als sich Louis Michel, später weiterhin mit diesem Problem auseinandersetzte und zusammen mit Arthur Wightman, einem Mitglied der „Wigner Schule", dieses Manuskript studierte, ließ er sich (in einem Brief vom 22. Dezember 1954) durch Pauli beraten.

---

[1] Vgl. hierzu auch die Anmerkung zum Brief [1391].

[2] Siehe die Postkarte [1272].

[3] Siehe hierzu den Bericht von B. Seligman DeWitt (1951).

[4] Der aus Tarent stammend Mario Verde (geb. 1920) hatte in Pisa studiert und war 1941 mit einem Stipendium bei Heisenberg in Leipzig gewesen. Nach dem Kriege wurde er in Rom Assistent von Gian Carlo Wick. 1946 kam er mit einem Stipendium zunächst zu Wentzel nach Zürich und dann als Assistent zu Scherrer an die ETH. Als M. Verde im Frühjahr 1950 sein Habilitationsgesuch bei der ETH einreichte, wirkte Pauli als Erstreferent. Im fogenden Jahr folgte Verde einem Ruf an die Universität Turin. Siehe hierzu den von Glaus und Oberkofler [1995] zusammengestellten Band mit Dokumenten aus dem Schweizerischen Schulratsarchiv.

[5] Vgl. hierzu auch die Berichte von Weisskopf (1951, S. 9) und von Luttinger (1952).

[6] Wie aus dem folgenden Brief [1444] hervorgeht, reiste Pauli am Donnerstag, den 7. August nach Les Houches und blieb dort etwa eine Woche lang [1446].

[7] Siehe hierzu Paulis von den Veranstaltern der Sommerschule herausgegebenes Manuskript *Time reversal*. Eine Kopie befindet sich im *Pauli-Nachlaß* 5/69.

[1444] PAULI AN FIERZ

Zollikon-Zürich, 4. August 1952

Lieber Herr Fierz!

Haben Sie sehr vielen Dank für Ihren Brief vom 1. August.[1] – Ich hatte schon sehr schlechtes Gewissen, Sie während Ihrer Ferien so sehr mit Physik zu bemühen. Es kommt nur daher, daß es bei mir umgekehrt ist: gerade während der Ferien mache ich gerne Physik, jetzt muß ich nichts anderes machen und ich habe das Gefühl, daß ich im Semester (außer in Kopenhagen und beim Seminarvortrag) keine Physik getrieben habe. Aber nun erwarte ich wirklich keinen Brief mehr von Ihnen bis zum 23. August, wo wir uns wohl in Bern sehen werden.[2] (Am 1. August war ich auch dort, da ich nämlich anläßlich der Gründung des Nationalfonds[3] zu Festakt und Bankett eingeladen war. „Alexander der Große"* war sehr in Form.)

Mit dem Inhalt Ihres Briefes bin ich (bis auf den kleinen, von Ihnen selbst bereits bezweifelten Punkt mit den Lorentztransformationen – Ihr Schluß ist wirklich falsch – siehe unten) ganz einverstanden. Insbesondere würde auch ich „wetten", daß auf dem Lichtkegel etwas passieren wird. Am Donnerstag fahre ich nach Les Houches bei Chamonix (Sommerschule der Cécile Morette)[4] und wenn ich in der Woche darauf zurückkomme, will ich mir das vielleicht noch ansehen.

Die Integrale für Energie-Impuls und Ladung in der Formfaktortheorie kann man in *noch* einfacherer Weise herleiten als in meinem letzten Brief, so daß die „Banalität" meiner Resultate dann in die Augen springt. Ich bin in der eigentümlichen Lage, mit Banalitäten gegen Unsinn kämpfen zu müssen, denn „zu jeder vorgegebenen" Banalität „gibt es stets" eine gegenteilige falsche Behauptung von Bloch-Møller.[5] (Ich habe nochmals ausführlich an Møller geschrieben, auch mit Witzen in diesem Sinne versehen.)[6]

Nun zu den Lorentztransformationen, wozu ich gerne auf meinen Handbuch-Artikel von 1932, insbesondere p. 263 und 264, verweisen möchte.[7] Da darf man nämlich nicht die Transformationen erster und zweiter Art verwechseln. Die *letzteren* – die der berühmten Variation δ^* entsprechen, an die Sie sich von den Zeiten Ihrer Habilitationsschrift her noch erinnern werden – verknüpfen Feldgrößen in *verschiedenen* Raum-Zeit-Punkten P und P', derart, daß die gestrichenen Koordinaten von P' gleich den ungestrichenen Koordinaten von P sind $x'_{p'} = x_p$. Die Transformation der zweiten Art (siehe Handbuch, l. c.) ist eine kanonische:

$$p'_r(x'), q'_s(x') \text{ in } P'$$
$$S \quad p_r(x), q_s(x) \text{ in } P \quad S^{-1}$$

(worin also x' und x, insbesondere t' und t *denselben* Wert haben).

Das genügt, damit kein Bezugssystem ausgezeichnet ist, denn zu jedem Zustand, wo die angestrichenen Variablen (in den ursprünglichen Punkten) gewisse Erwartungswerte haben, gibt es einen *anderen* Zustand, wo die *gestrichenen* Variablen (in den gestrichenen Punkten) *dieselben* Erwartungswerte haben.

Dies ist in der Formfaktortheorie erfüllt, wenn nur der Formfaktor lorentz-invariant ist. Ich hatte inzwischen nachgerechnet, daß die Integrale $\Lambda_{\mu\nu} =$

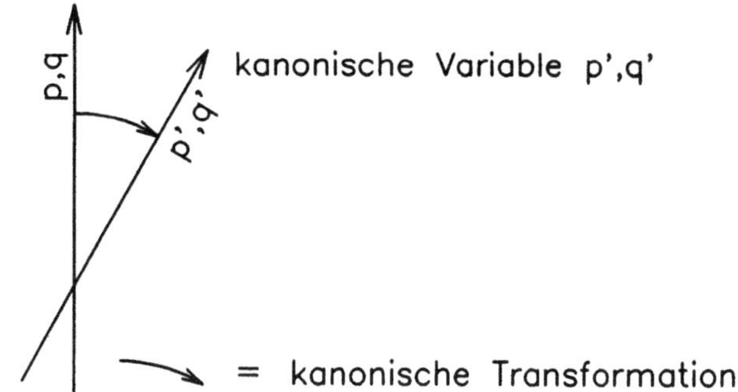

$-\Lambda_{\nu\mu}$, die den infinitesimalen Lorentztransformationen (2. Art) entsprechen, in dieser Theorie existieren. Auch sind Totalenergie und Totalimpuls (vermöge der Feldgleichungen) ein Vierervektor, obwohl man es ihnen nicht direkt ansieht.

Aber daraus allein folgt *gar nicht*, daß in einem und demselben Koordinatensystem *dieselben* Feldgrößen in *allen* raumartigen Punktepaaren verschwindende Kommutatoren haben. Für diejenigen (nicht-kanonischen) Feldgrößen $\bar{\psi}(x), \psi(x), u(x), \ldots$, die sich bei Lorentztransformationen *einfach* (lokal) transformieren (skalare, Spinoren, etc.), verschwinden diese Kommutatoren nämlich in *keinem* Bezugssystem und im allgemeinen *für gar kein* raumartiges Punktpaar (sobald die Kopplungskonstante $\neq 0$). (Die *kanonischen* Felder werden sich natürlich nicht-lokal transformieren.)

In der Frage der Existenz der kanonischen Feldgrößen – die an sich mit der Lorentzgruppe nichts zu tun hat – habe ich inzwischen keinen weiteren Fortschritt gemacht. Ich habe keinen Zweifel, daß sie exakt existieren (nicht nur in 1. Näherung in der Kopplungskonstante), aber bis jetzt konnte ich keine exakte (nicht nur näherungsweise) Definition für sie finden. Bloß eine Näherung in der Kopplungskonstante weiter zu rechnen, hat keinen rechten Sinn. Ich will aber noch versuchen, eine Verbindung der Defintiion der kanonischen Feldgrößen mit dem Anfangswertproblem herzustellen.

Mit Ihrer allgemeinen Kritik bin ich völlig einverstanden: die Formfaktortheorie ist zu allgemein, geht in einer falschen Richtung (Veränderung des c-Zahlmodelles) und hilft nicht gegen die Konvergenzschwierigkeiten der renormalisierten Theorien. Heisenberg meint, daß die Konvergenzforderung für die Potenzreihen der Theorien gerade eine wesentliche Einschränkung für die Zulässigkeit der Hamiltonoperatoren sein sollte. Z.B. daß gerade Theorien mit Elektron-Positron und Photon allein (Quantenelektrodynamik) unzulässig und nur ganz speziell nichtlinear „gekochte" Felder gerade etwas Konvergentes geben sollten. Aber da ist mir Heisenberg noch zu sehr im Fahrwasser der in rosafarbenem Optimismus eingewickelten Sterilität. Doch habe ich eine gewisse Hoffnung, daß er sich allmählich davon befreien könnte. Ich hatte mit ihm ein langes Gespräch auf der „langen Linie" in Kopenhagen.[8]

Also nun recht gute Ferien, schreiben Sie vor dem 23. August nicht mehr und – bei der Wahrscheinlichkeit sehen wir uns wieder!

Viele Grüße von Haus zu Haus

Ihr W. Pauli

[1] Siehe den Brief [1442].
[2] Pauli besuchte die dort am 24. August tagende *Schweizerische Naturforschende Gesellschaft* und hielt einen Vortrag über „Wahrscheinlichkeit und Physik" (vgl. auch den Brief [1440]).
[3] Mit der Gründung des *Schweizerischen Nationalfonds zur Förderung der wissenschaftlichen Forschung* am 1. August 1952 wollte der Schweizerische Bundesrat seinen Einfluß auf die landesweite Forschungspolitik ausüben. Weitere Angaben über seine Aufgaben und Ziele findet man im *Schweizer Lexikon*, Band **5**, S. 725f.
* Sie wissen, daß das der Spitzname von Prof. von Muralt ist. Sein Vorname macht diese Benennung beinahe unvermeidlich. [Der Schweizer Biophysiker und Professor der Physiologie an der Universität in Bern, Alexander von Muralt, war Präsident des *International Council of Scientific Unions* und hatte als solcher am 18. Oktober 1951 eine schwungvolle Ansprache (1953) über internationale wissenschaftliche Kooperation in Washington gehalten.]
[4] Siehe hierzu den voranstehenden Kommentar.
[5] Siehe Cl. Bloch (1952) und Kristensen und Møller (1952).
[6] Vgl. Paulis Brief [1443] an Møller.
[7] Pauli [1933].
[8] Diese Begegnung hatte im Juni 1952 während der internationalen Physikerkonferenz in Kopenhagen stattgefunden.

[1445] REICHENBACH AN PAULI

Zell am See, 9. August 1952
[Postlagernd]

Lieber Pauli!

Ich habe mit großem Interesse Ihren Artikel über verborgene Parameter[1] gelesen und muß mich nur entschuldigen, daß ich das Manuskript so spät zurückschicke. Aber wir sind mit unserem Wagen so viel hin und her gefahren, durch Deutschland und dann in Österreich, daß ich nicht die Zeit fand, Ihre Arbeit in Ruhe zu lesen. Erst heute bin ich endlich dazu gekommen.

Ich finde es sehr erfreulich, daß Sie eine solche scharfe Kritik aller dieser Theorien gegeben haben. Besonders Ihre klare Zusammenfassung (auf Englisch) am Anfang gefällt mir sehr. Es scheint mir, daß Ihre Kritik sich in ganz ähnlicher Richtung bewegt wie meine eigene, die zum Teil in den Vorträgen angedeutet ist, welche ich Anfang Juni in Paris gehalten habe.[2]

Es war mir sehr interessant, zu sehen, wie Sie zeigen, daß eine mögliche experimentelle Individualisation der Teilchen zu beobachtbaren Abweichungen im thermodynamischen Gebiet führen würden. Ich verstehe Sie wohl richtig, daß Sie meinen, in diesem Fall könnte die Bose- oder Fermi-Statistik nicht mehr wahr sein. Dieses Argument würde ich lieber andersherum drehen: da diese Statistik wahr ist, müßte man sie dann als kausale Abhängigkeiten zwischen den räumlich entfernten Teilchen deuten. Dadurch würden solche Abhängigkeiten, die ich kausale Anomalien genannt habe,[3] zwischen beobachtbaren Größen (nämlich den Teilchen) entstehen. In dieser Konsequenz liegt ein starkes induktives Argument enthalten, daß die Idee einer experimentellen Individualisation nicht haltbar ist. Wenn Bohm recht hätte,[4] würde er uns einen ziemlich ungeheuerlichen Determinismus bescheren, der mit dem klassischen nicht viel Ähnlichkeit hätte.

Wir wollen von hier durch die Dolomiten und Italien nach Paris zurück fahren,[5] wo ich Ende August an einem Kolloquium über Logik teilnehmen muß.[6] Leider wird uns unser Weg nicht wieder über Zürich führen, sonst hätte ich Sie gern nochmal gesprochen.

Inzwischen bin ich mit herzlichen Grüßen   Ihr Hans Reichenbach

[1] Es handelte sich um ein Manuskript von Paulis Beitrag (1953) zur de Broglie-Festschrift, das Pauli ihm ausgehändigt hatte.

[2] Reichenbach war von Jean-Louis Destouches eingeladen worden, um vom 4.–7. Juni 1952 an der Sorbonne über die logischen Grundlagen der Quantenmechanik vorzutragen. Seine vier Vorlesungen wurden anschließend in den *Annales de l'Institut Henri Poincaré* **13**, Teil 2, S. 109–158 (1952/53) abgedruckt.

[3] Siehe Reichenbach (1948) und Paulis Bemerkungen dazu in seinem Schreiben [882] an Reichenbach.

[4] Vgl. hierzu auch den Kommentar zum Brief [1263].

[5] Im Anschluß an seine Pariser Vorträge unternahm Reichenbach gemeinsam mit seiner Frau Maria eine Reise durch Süddeutschland. Bei dieser Gelegenheit besuchte er auch seinen alten Lehrer Erich Regener aus seiner Studienzeit in Stuttgart, dem er im vorangehenden Jahre einen Aufsatz (1951) zur Feier seines 70. Geburtstages gewidmet hatte.

[6] Reichenbach wollte an einem Kongreß über die mathematischen Grundlagen der Wahrscheinlichkeitstheorie teilnehmen, der vom 25.–30 August 1953 in Paris tagte. Dort hielt er einen Vortrag (1954) über die dreiwertige Quantenlogik.

[1446] PAULI AN PEIERLS

Zollikon-Zürich, 14. August 1952

Lieber Herr Peierls!

Ich habe mit einigem Interesse Ihre Arbeiten über die Definition der Poisson-Klammern gelesen. (1. Die im Bombay-Report,[1] 2. das typewritten Manuskript von Princeton[2] – ich komme eben aus Les Houches zurück,[3] wo ich u. a. auch mit Rosenfeld diskutiert und diese Arbeiten ein 2. Mal wiedergelesen habe.) Seit der Konferenz in Kopenhagen im Juni[4] habe ich mich etwas ausführlicher mit den Formfaktortheorien (siehe Peierls-McManus,[5] Møller-Kristensen,[6] Cl. Bloch[7]) beschäftigt.

In dieser Verbindung, besonders im Hinblick auf die Möglichkeit, Ihren Formalismus auf Theorien à la Møller-Kristensen anzuwenden, habe ich zunächst einige Fragen, die sich – unabhängig von der Lorentzinvarianz der Theorie – auf alle Theorien mit Translationsinvarianz beziehen.

1. Sie sprechen in Ihrer Arbeit etwas leichtfertig von „nicht-Hamiltonschen Theorien".[8] Es läßt sich jedoch leicht zeigen, daß alle translations-invarianten Theorien *exakte* Energie-Impulsintegrale P_μ ($\mu = 1, 2, 3, 4$) besitzen müssen. Die gegenteiligen Behauptungen von Møller-Kristensen sowie von Cl. Bloch sind unrichtig. Im Falle der reell-skalaren Mesontheorie, elektrisch neutrale Mesonen in Wechselwirkung *mit* Formfaktor $F(x' - x'', x''' - x'')$ mit Nukleonen (Spinorfeld), habe ich diese Integrale leicht streng ausrechnen können und habe sie kürzlich Møller geschrieben. Davon gibt es noch ein ebenfalls in der Zeit exakt konstantes „Ladungs"-Integral Q der Nukleonen (entsprechend der Eichgruppe $\psi \to \psi e^{i\alpha}$, $\bar{\psi} \to \bar{\psi} e^{-i\alpha}$ mit konstanter Phase α).

Die Relationen (f = beliebige Feldgröße)

$$-\frac{\partial f}{\partial x^\mu} = i[P_\mu, f], \quad [Q, \psi] = -\psi, \quad [Q, \psi^*] = \psi^*$$

$$[Q, \underset{\downarrow}{u}] = 0, \quad [P_\mu, P_\nu] = [P_\mu, Q] = 0$$

reelles Mesonfeld

müssen aus gruppentheoretischen Gründen exakt gelten. (N. B. Ich konnte zeigen, daß dies mit Ihrer Definition der Klammersymbole im Einklang ist. Siehe unten.) Was Sie mit „nicht-Hamiltonschen Theorien" meinen, wird dem p. t. Leser nicht erklärt. Man kann und soll unter Umständen allerdings quantisierte (oder klassische) Feldtheorien in *nicht kanonischen Variablen* schreiben, die Bezeichnung „nicht-Hamiltonsche *Theorie*" scheint mir aber deswegen allein nicht angebracht.

2. Die einzige Voraussetzung für die Anwendbarkeit Ihres Formalismus scheint mir die zu sein, daß die Mannigfaltigkeit der Lösungen dieselbe ist wie für Kopplungskonstante Null (freie Teilchen). Im Falle Møller-Kristensen bedeutet das, daß $\bar\psi(x)$, $\psi(x)$, $u(x)$, $\frac{\partial u(x)}{\partial t}$ im Sinne der klassischen Theorie auf einem Schnitt $t = $ const. als Anfangszustand willkürlich vorgegeben werden können* und die weitere zeitliche Entwicklung eindeutig definieren. Es soll also nicht so etwas wie ‚run-away solutions' geben. Pais-Uhlenbeck haben ja gezeigt, daß dies erfüllt ist, wenn der Formfaktor keine Nullstellen bzw. Pole hat (z. B. $e^{-\alpha\Box^2}$).[9] (Im gegenteiligen Fall würde ich lieber sagen, daß der Anfangszustand im Sinne der Theorie ungenügend charakterisiert war als daß „die Feldgleichungen unvollständig sind".) Wäre dies nicht so, so müßten Møller-Kristensen und Cl. Bloch mit ihrer Störungstheorie sowieso einpacken (der letztere Autor schwätzt Unsinn über diesen Punkt in einer in Pasadena verfaßten Arbeit, von der er mir ein Manuskript geschickt hat).[10]

Daraus, daß $\bar\psi$, ψ, u, $\frac{\partial u}{\partial t}$ auf einem Schnitt $t = $ const. den Anfangszustand bestimmen, folgt natürlich gar nicht, daß sie kanonische Variable sind: Natürlich sind sie es *nicht*, und weder Q noch $\boldsymbol{P}$ (Impuls, entsprechend $\mu = 1, 2, 3$) haben die Normalform (beide bekommen Zusatzterme proportional zur Kopplungskonstante, die in der lokalen Theorie verschwinden).

3. Nun betrifft eine erste Frage die Gültigkeit Ihres Lemmas[11]

$$[A, B] = -[B, A] \text{ oder } D_A^{\text{ret}} B - D_A^{\text{av}} B = -D_B^{\text{ret}} A + D_B^{\text{av}} A.$$

Ihr Beweis, der explizite *kanonische Variable* verwendet, scheint mir nicht adäquat. Selbst wenn man für A, B die Feldgrößen selbst einsetzt, geben Sie keinen von der Hamiltonschen Form der Gleichungen unabhängigen Beweis, der die Allgemeinheit der Gültigkeit des Satzes in Erscheinung treten läßt. *Ich möchte Sie deshalb fragen, was Sie darüber wissen* (bevor ich anfange, mich selbst damit zu plagen).

Dazu noch einige allgemeine Bemerkungen über Ihre Methoden. Insofern die Differenzen der gestrichenen und der ungestrichenen Feldgrößen *nur in der ersten Ordnung Ihres Parameters* λ benötigt werden, verwendet Ihre Methode die sogenannten „*Equations de variation*" (Poincaré).** Den $D_A B$ entspricht, im

Falle, daß B eine Feldgröße selbst ist (wie u, $\frac{\partial u}{\partial t}$, $\bar{\psi}$, ψ bei Møller-Kristensen),
das $\delta_{x_1} \ldots \delta_{x_k}$ der Punktmechanik (siehe Whittaker, l. c.)[12] – Sie haben aber
die „Variationsgleichungen" durch *Anbringen einer Inhomogenität (Quelle)*
bereichert und das ist vielleicht eine gute Idee. (Natürlich kann man dasselbe
in der Punktmechanik machen.)*** (N. B. Die *Differenz* der retardierten und
der avancierten Lösung der inhomogenen Variationsgleichung genügt natürlich
der gewöhnlichen *homogenen* Variationsgleichung. Deshalb verhält sich diese
Differenz auch so schön stetig.) Ob homogen oder inhomogen, jedenfalls sind die
Variationsgleichungen *linear* in den $D_A f$ (f Feldgrößen wie $\bar{\psi}$, ψ, u etc.) und
das sollte es wohl ermöglichen, Reziprozitätssätze über selbstadjungierte lineare
Differentialgleichungen anzuwenden und so zu Ihrem Satz $\{A, B\} = -\{B, A\}$
zu gelangen. Ich habe das aber noch nicht durchgeführt.

Dagegen habe ich für $B = P_\mu$ die $D_f \cdot P_\mu$ ausgerechnet und fand, daß sie
brav die Sprünge bei $t = t_1$ machen und für $t < t_1$ bzw. $t > t_1$ Null sind, obwohl
die (nicht kanonischen) Feldgrößen selbst viel komplizierter sind. Die Relationen
für $[P_\mu, f]$ kommen ganz richtig heraus.

4. Ich habe absichtlich die Analogien zur Punktmechanik mit endlich vielen
Freiheitsgraden hervorgehoben, weil ich nun auf den Begriff „*Integralinvariante*" lossteuern möchte (Whittaker, §113). An Stelle von „Integralinvariante"
(bzw. invariante Differentialform 1. und 2. Grades)

$$(M_1\delta x_1 + \cdots + M_n\delta x_n)$$

der Punktmechanik tritt im Falle *kanonischer* Feldvariablen $p(x, t)$, $q(x, t)$

$$\sum_\rho \int \left\{ M_\rho(p(x), q(x))\delta p_\rho(x) + N_\rho(p(x), q(x))\delta q_\rho(x) \right\} d^3x$$

mit einer endlichen $\sum_\rho$ (die auch nur aus einem einzigen Term bestehen kann)
und einem Integral über den 3-dimensionalen Raum (an Stelle der Summe über
die δx_r).

Das $\int$ der Integralinvariante der Punktmechanik wäre nunmehr über den
Funktionenraum zu erstrecken, was immer Schwierigkeiten macht (es sei denn,
daß man ein Kristallgitter mit nach oben abgeschnittener endlicher Anzahl
von Eigenschwingungen statt des wirklichen Raumes einführt). Aber man
kann ja von einer zeitlich konstanten linearen Differentialform sprechen, z. B.
$M_\rho(x)$, $N_\rho(x)$ mit $\frac{\delta J}{\delta p_\rho(x)}$, $\frac{\delta J}{\delta q_\rho(x)}$ identifizieren, worin J ein Integral ist. Z. B.

↓   ↓
Variationsableitung

kann man für J das Impulsintegral $P = \sum_\rho \int d^3x\, p_\rho(x) \frac{\partial q_\rho}{\partial x}$ nehmen. Dann kann
man auch zu invarianten *Bi*linearformen[†] in den δ (bzw. Ihren Dt) übergehen.
(Das $\int$ über den Funktionenraum ist vermeidbar.)

5. Ganz unabhängig von Ihrem Formalismus war ich zu dem Schluß
gekommen, daß das Existenztheorem von Lie-Königs, wonach die zeitlich-
konstante Bilinearform sich immer auf die kanonische Normalform bringen
läßt,[13] *es also kanonische Variable geben muß, sobald es Poissonklammern gibt,*

auch für Feldtheorien gültig sein sollte. Einen strengen Beweis dafür habe ich allerdings noch nicht gefunden, aber ich bin bereit zu wetten, daß es z. B. in der Møller-Kristensen Formfaktortheorie kanonische Feldvariable geben muß: Diese wären dadurch charakterisiert, daß die Impuls- und Ladungsintegrale in den neuen Variablen wieder die Normalform

$$P_k = \int \left(\varphi^* \frac{\partial \varphi}{\partial x_\mu} + p_v \frac{\partial v}{\partial x} \right) d^3x, \quad Q = \int \varphi^* \varphi d^3x$$

(Im Ausdruck dieser Variablen durch die ursprünglichen können letztere zu verschiedenen Zeiten eingehen.)

annehmen, daß für φ^*, φ, p_v, v die kanonischen Kommutatoren richtig sind und daß für Kopplungskonstante 0 diese Variablen stetig in ψ^*, ψ, p_u, u übergehen. *In der ersten Näherung der Störungstheorie habe ich das in der Tat verifizieren können* (linear in der Kopplungskonstante).

Ich möchte also wissen: *den Zusammenhang Ihrer Definition der Poisson-Klammern*[††] *mit dem Begriff „bilineare Kovariante"* (bzw. die Verallgemeinerung dieses Zusammenhanges für Systeme mit ∞-vielen Freiheitsgraden wie es die Felder sind). Meine das Theorem von Lie-Königs verallgemeinernde Vermutung ist, daß immer wenn Ihr Formalismus anwendbar ist, *die Theorie sich auch auf die Hamiltonsche-kanonische Form bringen läßt* (auch dann, wenn Formfaktoren vorhanden sind). – Natürlich kann die explizite Durchführung schwierig und auch *unnötig* sein!

Das ist alles reine Mathematik, also Vorfragen, die übrigens nichts direkt mit der Lorentzinvarianz zu tun haben. Die letztere wird für lorentz-invariante Formfaktoren typische Konvergenzprobleme verursachen, wohl auch dann, wenn der Formfaktor wie bei Møller-Kristensen von drei (statt nur zwei) Punkten abhängt. Auch bin ich sonst aus physikalischen Gründen eher ziemlich skeptisch gegenüber den Formfaktortheorien. Was ist Ihre Ansicht? (N. B. Die Eichgruppe der Elektrodynamik wird unmöglich!)

Viele Grüße

Ihr W. Pauli

[1] Die im Dezember 1950 während der *International Conference on Elementary Particles* am Tata Institute in Bombay gehaltenen Vorträge waren inzwischen als Report veröffentlicht worden. Vgl. Peierls (1951).

[2] Peierls (1952). Diese am 15. April 1952 bei der Redaktion der *Proceedings of the Royal Society* eingegangene Untersuchung hatte Peierls im Frühjahr während eines Aufenthaltes am *Institute for Advanced Study* in Princeton fertiggestellt.

[3] Siehe hierzu die Angaben im Brief [1444].

[4] Siehe den Kommentar auf S. 635ff.

[5] Peierls-McManus (1948).

[6] Kristensen und Møller (1952).

[7] Cl. Bloch (1952).

[8] Peierls (1952, S. 153f.). Peierls hatte allerdings bereits in seiner Arbeit (1948, S. 312) von „non-Hamiltonian theories" gesprochen.

[*] D. h. es sollen keine supplementary conditions für diese Größen bestehen.

[9] Vgl. den Brief [1422] und Pais und Uhlenbeck (1950).

[10] Claude Bloch hatte sich im Anschluß an seinen Kopenhagener Aufenthalt an das *Kellog Radiation Laboratory* am *California Institute of Technology* in Pasadena begeben und sich nun der statistischen Theorie der Bestimmung von Kern-Niveaus auf der Grundlage des neuen Schalenmodells zugewandt.

Das von Pauli erwähnte Manuskript über die Formfaktortheorie wurde offenbar nicht mehr zur Publikation eingereicht.

[11] Vgl. Peierls (1952, S. 145).

** Vgl. Whittaker, *Analytical Dynamics*. Chap. X, §112.

[12] Whittaker [1924, S. 287f.].

*** Sie wäre den Gleichungen für $\frac{d}{dt}\delta x_r$ (Whittaker p. 285) als Zusatzterm $\frac{\partial A}{\partial x_r}$ hinzuzufügen. Dann gibt es wieder eine retardierte und eine avancierte Lösung.

† N. B. Die Koeffizienten der bilinearen Kovariante ist die reziproke Matrix zu den Poisson-Klammern.

[13] Vgl. Whittaker [1924, S. 291f.].

†† Mit Hilfe der inhomogenen „Variationsgleichungen".

[1447] Pauli an Peierls

Zollikon-Zürich, 14. August 1952
[Entwurf]

Nicht abgeschickt weil unfertig!

Lieber Herr Peierls!

Ich schicke noch einen Nachtrag, um an einem einfachen (rein klassischen – alles sind c-Zahlen) Beispiel aus der Punktmechanik klar zu machen, was ich meine. Ich betrachte 3 Massenpunkte mit den Koordinaten q_1, q_2, q_3, die sich auf einer Geraden bewegen mögen. Das Bewegungsgesetz folge aus einer (in bezug auf die Zeit translations-invarianten) Lagrangefunktion, die einen Integraloperator enthalten möge (Oszillator oder Wand einführen, um D_n zu beschränken):

$$\int L\,dt = \int[\frac{m}{2}(\dot{q}_1^2 + \dot{q}_2^2 + \dot{q}_3^2) - V\overset{\underset{\text{ein Born Potential}}{\downarrow}}{(q)}]dt$$

$$-g\iiint dt_1 dt_2 dt_3\, F(t_1, t_2, t_3)\varphi[q_1(t_1), q_2(t_2), q_3(t_3)].$$

F hängt nur von den *zwei Differenzen* $t_1 - t_2$, $t_1 - t_3$ ab und ist eine (reelle) Funktion, für die $F(\tau_1, \tau_2, \tau_3) = F(-\tau_1, -\tau_2, -\tau_3)$ (Spiegelinvarianz; z. B. eine Gauss-Funktion).

Von φ und g setze ich nur voraus, daß $q_i(t), \dot{q}_i(t)$ für $t = t_0$ willkürlich vorgegeben werden können und eindeutig den weiteren Verlauf in Zukunft und Vergangenheit bestimmen sollen.* Die Bewegungsgleichungen lauten

$$m\ddot{q}_1(t) + \frac{\partial V}{\partial q_1} + g\iint dt_2 dt_3\, F(0, t_2 - t, t_3 - t)\frac{\partial\varphi[q_1(t_1), q_2(t_2), q_3(t_3)]}{\partial q_1} = 0$$

$$\{\text{N. B. } F(t_1, t_2, t_3) \equiv F(0, t_2 - t, t_3 - t)\}$$

und entsprechend für q_2, q_3.

Ihre inhomogenen Variationsgleichungen bei einer Quelle für q_j kann man schreiben

$$md\ddot{q}_k^{(j)}(t) + \frac{\partial^2 V}{\partial q_k \partial q_r} + g\int dt_1 dt_2 dt_3\, F(\tau_1, \tau_2, \tau_3)\delta(t - t_k)$$

$$\cdot\sum_\rho \frac{\partial^2\varphi}{\partial q_k \partial q_r}dq_\rho^{(j)}(t_\rho) = \delta_{kj}\delta(t - t_i). \tag{A}$$

Ihre Vorschrift ist nun die: man suche erst die retardierten Lösungen $\delta q_k^{(j)} \to 0$ für $t \to -\infty$, dann die avancierten Lösungen $\delta q_k^j \to 0$ für $t \to +\infty$ und setze

$$[q_k(t_k), q_j(t_j)] = \delta q_{k\;\text{ret}}^{(j)}(t_k) - \delta q_{k\;\text{av}}^{(j)}(t_k). \tag{I}$$

Nun kommt alles darauf an, direkt einzusehen, daß die rechte Seite bei Vertauschung von (j, t_j) mit (k, t_k) antisymmetrisch ist.

Ich habe das bis jetzt noch nicht gesehen, aber auch nicht das Gegenteil. *Können Sie es zeigen?*

(N.B. Wenn ich dieses Beispiel verstanden habe, kann ich ohne weiteres dasselbe auch für eine Feldtheorie mit Formfaktor wie die von Møller-Kristensen.)

Was meine eigenen Behauptungen über ein solches System betrifft, so sind sie folgende:

1. Es existiert ein Energieintegral

$$H = \frac{m}{2}(\dot{q}_1^2 + \dot{q}_2 + \dot{q}_3^2) + V(q)$$

$$+ g \int E(t_1 - t_3, t_2 - t, t_3 - t)dt_1 dt_2 dt_3 \sum_k \dot{q}_k(t_k) \frac{\partial \varphi[q_1(t_1) \ldots q_3(t_3)]}{\partial[q_k(t_k)]}.$$

Man muß nur E gemäß der Gleichung bestimmen

$$\sum_k \frac{\partial}{\partial \tau_k}[F(\tau_2 - \tau_1, \tau_3 - \tau_1)\delta(\tau_k)] = \sum_{k=1}^{3} \frac{\partial}{\partial \tau_k} E \underset{\substack{\downarrow \\ \text{hängt wirklich von 3 Variablen ab}}}{(\;\tau_1, \tau_2, \tau_3)}$$

oder mit

$$\tau_2 = \tau_1 + \rho, \quad \tau_3 = \tau_1 + \sigma, \quad \tau_1 \equiv \tau$$

$$F(\rho, 0)\frac{\partial\delta(\tau)}{\partial\tau} + \frac{\partial}{\partial\rho}[F(\rho, 0)(\delta(\rho + \tau) \ldots \delta(\tau))]$$

$$+\frac{\partial}{\partial\sigma}[F(\rho, 0)(\delta(\sigma + \tau) - \delta(\tau))] = \frac{\partial}{\partial\tau}E(\tau, \tau + \rho, \tau + \sigma),$$

also $E(\tau, \tau + \rho, \tau + \sigma) = F(\rho, \sigma)\delta(\tau) + \dfrac{1}{2}\dfrac{\partial}{\partial\rho}[F(\rho, \sigma)(\varepsilon(r + \tau) - \varepsilon(\tau))]$

$$+\frac{1}{2}\frac{\partial}{\partial\sigma}[F(\rho, \sigma)(\varepsilon(\sigma + \tau) - \varepsilon(\tau))].$$

Man sieht, daß bei festem ρ, σ (bei dieser Wahl der additiven Konstante in E) für $\tau \to +\infty$ und für $\tau \to -\infty$ $E \to 0$ gilt.

2. Aus $\dot{q}_k = [H, q_k]$, $\ddot{q}_k = [H, \dot{q}_k]$, ... müßten die Poisson-Klammern im Prinzip folgen und sobald nur im Prinzip (für irgendein t) $q_k(t)$ sich durch $q_r(t_0)$ und $\dot{q}_r(t_0)$ ausdrücken läßt (etwa durch Potenzreihen in g), muß diese Theorie als „Hamiltontheorie" betrachtet werden und kanonische Variable sollten existieren.

Also die Hauptsache ist mir der Beweis für die Antisymmetrie der rechten Seite von (I) in k und j. Inzwischen werde ich weiter darüber nachdenken.
Nochmals viele Grüße   Ihr W. Pauli

[Zusatz am unteren Ende des Blattes:] $\varepsilon(t) = +1$ für $t > 0$, $\varepsilon(t) = -1$ für $t < 0$, $\frac{\partial \varepsilon}{\partial t} = 2\delta(t)$.

* Ein Beispiel ist q gleich dem Produkt $q_1(t_1)q_2(t_2)q_3(t_3)$.

[1448] PAULI AN ROSBAUD

Zollikon-Zürich, 14. August 1952

Lieber Steinklopferhans!
Vielen Dank für Ihren Brief. Ja freilich, der Theaterbart und die Theaternase nützen bei mir nichts. Irgendwo ist in mir ein Radar, das alles zur Wahrnehmung bringt (auch bei künstlichem smoke-screen).
Also meine Pläne sind – nachdem ich soeben von der Sommerschule in den Bergen bei Chamonix[1] zurückgekommen bin – daß ich zunächst in Zürich bin. Nur am 23. und 24. August bin ich in Bern, wo ich bei der Schweizerischen Naturforschenden Gesellschaft über Wahrscheinliches (und Unwahrscheinliches) in Mathematik und Physik[2] kurz referieren muß.[3] Wenn nicht andere unerwartete Besucher kommen werden (was in Zürich allerdings stets „wahrscheinlich" ist), sollten meine Frau und ich Zeit haben und würden uns sehr freuen, Sie zu sehen. Also versuchen Sie Ihr Glück und einen guten „Seitensprung" nach Heidelberg.
Viele Grüße   Stets Ihr W. Pauli

[1] Pauli war am 7. August für eine Woche zur Sommerschule nach Les Houches gefahren. Dort hatte er seine Vorlesung „Time reversal" gehalten.
[2] Vgl. Pauli (1953a).
[3] Pauli hielt dort seinen Vortrag über „Wahrscheinlichkeit und Physik".

[1449] PAULI AN PEIERLS

Zollikon-Zürich, 16. August 1952

Lieber Herr Peierls!
Das beiliegend vorgerechnete Beispiel aus der Punktmechanik[1] läßt alles im Detail hervortreten, was ich in meinem letzten Brief nur in allgemeinen Worten ausgeführt habe.
Es ergibt sich daran anschließend eine mir wesentliche Frage betreffend die Anwendbarkeit Ihres Formalismus. Überträgt man diesen wörtlich, so hat man statt der Gleichung (2) der beiliegenden Noten die *inhomogenen*

Variationsgleichungen

$$m\delta^{(j)}\ddot{q}_k + \sum_l \left(\frac{\partial^2 V}{\partial q_k \partial q_l}\right)_t \delta q_l(t) + g \int dt_1 \ldots dt_k F(t_1, \ldots t_k)$$

$$\cdot \delta(t - t_k) \sum_l \frac{\partial^2 \varphi}{\partial[q_k(t_k)]\partial[q_l(t_l)]} \delta q_l(t_l) = \lambda \delta_{kj} \delta(t - t_j) \quad (2, \text{Peierls})$$

zu bilden. Diese haben eine retardierte Lösung $\delta^{(j)}q_k^{\text{ret}}(t)$, die mitsamt ihrer Ableitung nach der Zeit für $t \to -\infty$ verschwindet und eine avancierte Lösung, die (ebenso ihre zeitliche Ableitung) für $t \to +\infty$ verschwindet. Dann hat man ihre Differenz zu bilden

$$\delta^{(j)}q_k \equiv \delta^{(j)}q_k^{\text{ret}} \sim \delta^{(j)}q_k^{\text{av}}$$

die eine (besondere) Lösung der *homogenen* Variationsgleichungen ist. Für *diese* Lösung hätte man nun die Poisson-Klammern anzusetzen:

$$[q_k(t_k), q_j(t_j)] = \delta^{(j)}q_k.$$

Leider kann ich nun aber *nicht* einsehen, daß die rechte Seite bei Vertauschung von (k, t_k) mit (j, t_j) das Vorzeichen ändert, wie das Ihr „Lemma" behauptet.[2] Bei kanonischen Variablen stimmt es schon, *aber allgemein* – für die Gleichungen, wie sie da stehen – *halte ich es nicht für richtig*. (Ich sehe auch keine allgemeine Beziehung zwischen δq_k^{ret} und δq_k^{av}, da die nicht variierten Lösungen $q_k(t)$ bei Umkehr der Zeit kein einfaches Verhalten zu zeigen brauchen.)

Auch ist der Passus Ihrer Arbeit, wo „die Lösungen" der ursprünglichen Gleichungen mit denen der inhomogenen Gleichungen durch eine kanonische Transformation verbunden werden sollen, etwas unklar geschrieben. Natürlich kann man Größen *mit denselben Vertauschungs-Relationen* durch eine S-Transformation verbinden, aber dazu muß man schon wissen, was die Vertauschungs-Relationen sind. Im vorliegenden Fall sehe ich keine einfache Beziehung zwischen den Vertauschungs-Relationen der homogenen und der inhomogenen Gleichungen.

Bitte schreiben Sie mir also, ob für die Gleichungen „(2, Peierls)" Ihr Antisymmetriesatz für die Differenz der retardierten und der avancierten Lösung gilt. Sollte das nicht der Fall sein (was ich vermute), so würde Ihr Formalismus für mich wesentlich an Interesse verlieren, und ich würde dann lieber brav bei den *homogenen* Variationsgleichungen bleiben (die ja auch alles Gewünschte schon enthalten) wie in den beiliegenden Notizen.

Viele herzliche Grüße

Ihr W. Pauli

---

[1] Siehe die Anlage zum Brief [1449].
[2] Siehe hierzu auch den Brief [1446].

ANLAGE ZUM BRIEF [1449]

Beispiel zur Punktmechanik mit „nicht-momentanen" Bewegungsgleichungen*

Seien n Massenpunkte gegeben, die sich auf einer Geraden bewegen mögen mit den Lagen $q_1(t_1)\ldots q_n(t)$. Es sei $F(t_1,\ldots t_n)$ ein „Formfaktor", der nur von Null verschieden sei, wenn sich die Variablen $t_1\ldots t_n$ nur wenig unterscheiden. Für in bezug auf die Zeit translationsinvariante Systeme hängt F nur ab von $n-1$ Variablen, nämlich von den Differenzen $t_2 - t_1,\ldots t_n - t_1$. Eine solche Annahme werde ich später beim Energiesatz einführen, will aber zunächst noch F allgemeiner lassen. Wegen Invarianz bei Zeitumkehr soll man $F(-t_1,\ldots -t_n) = F(t_1,\ldots t_n)$ annehmen. (Man kann z. B. für F eine Gauss-Funktion ansetzen $F = \text{const.}e^{-\alpha^2}[(t_2 - t_3)^2 + \cdots + (t_n - t_1)^2$. Das Bewegungsgesetz folge aus der Lagrangefunktion (g = Kopplungskonstante)

$$L \equiv \int L\,dt = \int \frac{m}{2}\left(\sum_k \dot{q}_k^2 - V(q_1 - q_n)\right)dt$$

$$-g\iint\int_{-\infty}^{+\infty} dt_1 dt_2\ldots dt_n F(t_1, t_2, t_3)\cdot \varphi[q_1(t_1),\ldots q_n(t_n)].$$

(N. B. Das Kräftepotential V kann man so wählen, daß die Lagen q_k in beschränkten Räumen bleiben, z. B. harmonischen Oszillatoren oder einer reflektierenden Wand für die Massenpunkte entsprechend. Die Wahl der kartesischen Koordinaten ist natürlich unwesentlich. Für q kann man z. B. ein Produkt der q oder ein symmetrisches Produkt einiger q wählen.)

Die Bewegungsgleichungen lauten dann

$$m\ddot{q}_k(t) + \frac{\partial V}{(\partial q_k)_t} + g\int dt_1\ldots dt_n F(t_1\ldots t_n)\delta(t - t_k)\frac{\partial\varphi}{\partial[q_k(t_k)]} = 0 \quad (1)$$

und die (homogenen) „Variationsgleichungen" $\{\delta\dot{q} = \frac{d}{dt}(\delta q)\text{ etc.}\}$

$$md\ddot{q}_k + \sum_l \frac{\partial^2 V}{(\partial q_k \partial q_l)_t}\delta q_l(t)$$

$$+g\int dt_1\ldots dt_k F(t_1\ldots t_k)\delta(t - t_k)\sum_l \frac{\partial^2\varphi}{\partial[q_k(t_k)\partial q_l(t_l)]}\delta q_l(t_l) = 0. \quad (2)$$

In diesen linearen Integro-Differentialgleichungen für $\delta q_k(t)$ sind die nicht-variierten $q_k(t)$ nun als bekannte Funktionen der Zeit, die Lösungen von (1) sind, anzusehen und in φ und $\frac{\partial^2\varphi}{\partial q_k(t_k)\partial q_l(t_l)}$ einzusetzen. Wir bilden nun bei gleichen $q_k(t)$ zwei verschiedene Lösungen δq_k und Dq_k der Variationsgleichungen (2) (die verschiedenen „Anfangszuständen" entsprechen), multiplizieren die Gleichung (1) für Dq_k mit δq_k, die für δq_k mit Dq_k, *subtrahieren* und summieren über k. Dann folgt

$$m\frac{d}{dt}\sum_k[\delta q_k(t)D\dot{q}_k(t) - Dq_k(t)\delta\dot{q}_k(t)]$$

$$+ g \int dt_1, \ldots dt_k \, F(t_1 \ldots t_k) \sum_{k,l} \delta(t - t_k)$$

$$\cdot \frac{\partial^2 \varphi}{\partial q_k(t_k) \partial q_l(t_l)} [\delta q_k(t_k) D q_l(t_l) - D q_k(t_k) \delta q_l(t_l)].$$

Der zweite Term läßt sich in t_k, t_l antisymmetrisieren, und man erhält durch Integration des zweiten Termes nach t

$$\frac{d}{dt} J(t) = 0 \text{ oder } J = \text{const.}$$

mit

$$J = m \sum_k [\delta q_k(t) D \dot{q}_k(t) - D q_k(t) \delta \dot{q}_k(t)]$$

$$+ g \int dt_1 \ldots dt_k \, F(t_1 \ldots t_k) \sum_{k,l} \frac{1}{4} [\varepsilon(t - t_k) - \varepsilon(t - t_l)].$$

$$\cdot \frac{\partial^2 \varphi}{\partial q_k(t_k) \partial q_l(t_l)} [\delta q_k(t_k) D q_l(t_l) - D q_k(t_k) \delta q_l(t_l)]. \tag{4}$$

(Es ist wie üblich $\varepsilon(t) = +1$, für $t > 0$, $\varepsilon(t) = -1$ für $t < 0$, $\frac{d\varepsilon}{dt} = 2\delta(t)$.)

Für $F(\ldots) \to \delta(t_1 - t_2) \ldots \delta(t_1 - t_k)$ verschwindet der zweite Term. Es ist J die *bilineare* Kovariante. Nun nehme ich an, daß auch *mit* „Formfaktor" F der Anfangszustand, der durch $\dot{q}_k(t_0), q_k(t_0)$ charakterisiert ist, willkürlich vorgegeben werden kann und die zeitliche Entwicklung (sowohl nach Vergangenheit wie nach der Zukunft) eindeutig bestimmt. Man weiß, daß diese Voraussetzung für eine große Klasse von Systemen mit Formfaktor (vielleicht für nicht zu große Werte der Konstante g) zutrifft. Dann läßt sich im Prinzip als Folge von (2) $\delta q_k(t_k)$ für alle k durch $\delta q_k(t_0)$ und $\delta \dot{q}_k(t_0)$ ausdrücken. (Man kann dies durch Störungsrechnung nach g bestätigen.) Infolgedessen läßt sich auch J durch $\delta x_\rho(t_0) D x_\sigma(t_0) - D x_\rho(t_0) \delta x_\sigma(t_0)$ als schiefe Bilinearform

$$J = J_{\rho\sigma}(x(t_0)) \big[\delta x_\rho(t_0) D x_\sigma(t_0) - D x_\rho(t_0) \delta x_\sigma(t_0) \big]$$

ausdrücken. ($J_{\rho\sigma} \equiv -J_{\sigma\rho}$), worin ρ, σ von 1 bis $2n$ läuft und die $x_\rho(t)$ irgendwelche unabhängige Kombinationen der $q_k(t)$ und $\dot{q}_k(t)$ sind. Es muß (und kann) angenommen werden, daß die Form J nicht ausgeartet ist (d. h. eine von Null verschiedene Determinante hat).

Dann bilde man die reziproke Matrix** $J^{\rho\sigma}$ (ich habe noch die oberen Indizes, d. h. ein Vorzeichen vertauscht), so daß

$$\sum_\alpha J_{\rho\alpha} J^{\sigma\alpha} = \delta_{\rho\sigma},$$

und definiere die Poisson-Klammer

$$[x_\rho(t), x_\sigma(t)] = J^{\rho\sigma}(t).$$

Da man $J^{\rho\sigma}$ oder auch $J_{\rho\sigma}$ stets auf die Normalform transformieren kann, gibt es stets kanonische Variable (Lie-Königs-Theorem)[1]

$$\begin{pmatrix} 0 & -1 & & & \\ 1 & 0 & & & \\ & & 0 & -1 & \\ & & 1 & 0 & \\ & & & & \ddots \end{pmatrix}$$

Aus der zeitlichen Konstanz der bilinearen Kovariante schließt man leicht auf die Existenz einer „relativen" (d. h. bis auf ein additives vollständiges Differential) Integralinvariante 1. Ordnung (d. h. linear in den δx^ρ) und daß dieses vollständige Differential dH (worin t explizite fest ist) zu den Bewegungsgleichungen

$$\dot{x}_\rho = [H, x_\rho]$$

Anlaß gibt.

(Es ist deshalb vorschnell und mathematisch ungeschickt, solche Theorien als „nicht Hamiltonsche Theorien" zu bezeichnen. Es handelt sich im Gegenteil um Hamiltonsche Systeme, jedenfalls sofern die über den Anfangszustand gemachte Voraussetzung zutrifft.)

Nun noch das Energieintegral für den Fall, daß

$$F = F(t_2 - t_1, \ldots t_n - t_1)$$

translationsinvariant ist. Dieses bekommt die Form

$$H = \frac{m}{2} \sum_k \dot{q}_k^2(t) + (V(q))_t + g \int E(t_1 - t, t_2 - t, \ldots t_n - t).$$

$$\cdot \sum_k \dot{q}_k(t_k) \frac{\partial \varphi[q_1(t_1) \ldots q_n(t_n)]}{\partial[q_k(t_k)]} dt, \ldots dt_n. \tag{5}$$

Die Bedingung $H = $ const. ist gleichbedeutend mit der (die $q_k(t)$ nicht mehr enthaltenden) Bedingung (ich setze $\tau_2 = t_2 - t_1, \ldots \tau_n = t_n - t_1$)

$$\left(\frac{\partial E(t_1, t_1 + \tau_2 \ldots, t_1 + \tau_n)}{\partial t_1} \right) =$$

$$F(\tau_2 \ldots \tau_n) \frac{\partial \delta(t_1)}{\partial t_1} + \sum_{k=2}^n \frac{\partial}{\partial \tau_k} \underset{t_2 \ldots t_n \text{fest}}{\downarrow} [\, F(\tau_2 \ldots \tau_n)(\delta(t_1 + \tau_k) - \delta(t_1))]$$

woraus folgt

$$E(t_1, t_1 + \tau_2 \ldots, t_1 + \tau_n)$$

$$= F(\tau_2 \ldots \tau_n)\delta(t_1) + \sum_{k=2}^n \frac{\partial}{\partial \tau_k}[F(\tau_2 \ldots \tau_n)\frac{1}{2}(\varepsilon(t_1 + \tau_k) - \varepsilon(t_1))]. \tag{6}$$

(Die additive Konstante in E bestimmt sich natürlicherweise so, daß $E \to 0$ sowohl für $t_1 \to +\infty$ als auch für $t_1 \to -\infty$ bei festen $\tau_2 \ldots \tau_n$.)

Nach einfacher Umformung läßt sich das Energieintegral dann schreiben

$$H = \frac{m}{2} \sum_k \dot{q}_k^2 + (V(q))_t + g \int d\tau_1 \ldots d\tau_n F(\tau_2 \ldots \tau_n)$$

$$\cdot \left\{ \delta(\tau_1) + \sum_{k=2}^{n} \frac{1}{2} \left[\varepsilon(\tau_1) - \varepsilon(\tau_k + \tau_1) \right] \frac{\partial}{\partial \tau_k} \right\} \sum_l \dot{q}_l(\tau_l + t) \frac{\partial \varphi}{\partial [q_l(\tau_l + t)]}. \quad (7)$$

(Für $F \to \delta(\tau_2) \ldots \delta(\tau_n)$ gehen die ε-Terme gegen 0.)

Der Verallgemeinerung dieser Formeln auf Feldphysik steht (abgesehen von Epsilontik) nichts im Wege. An Stelle des diskreten, von 1 bis n laufenden Index k tritt dann der 3-dimensionale Raum, und die bilineare Kovariante wird (neben eventuellen endlichen Summen über verschiedene Felder) ein 6 dimensionales Integral über ein Punktepaar des 3-dimensionalen Raumes.

Erst bei Einführung der Lorentzgruppe kommt etwas wesentlich Neues hinzu.

* Ich betrachte eine rein klassische Theorie, alles sind c-Zahlen. – Alle Größen, die benutzt werden, sind skalar reell.

** Man erkennt leicht, daß bei Einführung neuer Variablen die Koeffizienten der bilinearen Kovarianten sich *immer* zu den Poissonklammern [transformieren].

[1] Siehe hierzu auch die Anlage zum Brief [1455]

[1450] PAULI AN KÄLLÉN

[Zürich], 19. August 1952

Lieber Herr Källén!

Von Frankreich zurückkehrend fand ich Ihren Brief (von etwa 6. August) vor.[1] Leider kann ich ihn nur vorläufig beantworten, da ich mit Thirring nicht in Verbindung bin, seit er im Juli von Zürich abgereist ist.[2] Ich weiß weder seine gegenwärtige Adresse, noch ob er Ihnen inzwischen geantwortet hat. Es ist aber möglich, daß er demnächst wieder hier auftauchen wird.

Meine *vorläufge* Antwort ist aber, daß ich an Ihre negative Behauptung zunächst *nicht* glaube, und zwar aus zwei Gründen:

1. Aus Cambridge kam (*nach* Thirrings Abreise) ein dickes Buch mit einer (ungedruckten) Dissertation von *Hurst* (dieser selbst ist, wie mir Herr Hamilton[3] schrieb, jetzt in Melbourne, Australien).[4] Diese, datiert Januar 1952, enthält die verschiedensten Sachen. Darunter befindet sich nun im mittleren Teil *genau* das Thirringsche Resultat: für *dasselbe* System mit der Wechselwirkung $\{\psi(x)\}^3$, mit *denselben* Einschränkungen für die Impuls-Energie-Variablen (keine reellen Teilchen sollen entstehen), mit *derselben* Abschätzung des kritischen Integrals wie bei Thirring und mit sicherlich ganz ähnlichen Überlegungen.[5] (Ich selbst bin nicht genug Experte in „Graph's", um die Details kontrollieren zu können.) Auch Hurst kann *nichts* behaupten für die Quantenelektrodynamik.

Ich selbst war sehr beeindruckt von dieser „Duplizität der Fälle" und ich wollte, Thirring würde die Hurstsche Arbeit bald lesen! *Nachher* wäre ich froh, wenn Sie sie auch ansehen könnten. (Wir werden sehen, wie wir die Arbeit Ihnen zugänglich machen können.)

2. Die von Ihnen beanstandete Abschätzung des Integrals hat seinerzeit Thirring im Detail mit Schafroth diskutiert (der jetzt hier ist). Thirring hatte die *elementare* Abschätzung, von der Sie offenbar sprechen, *zuerst* und war sehr besorgt über diese. Nachher fand man die bessere, gelehrte und nach dem, was Schafroth sagt, scheint es *nicht*, daß die Autoritäten mißverstanden wurden (dieser Ihr Vorwurf[6] würde dann ebenso auch Hurst treffen), sondern daß die elementare Abschätzung wesentlich ungenau ist.

Dieses alles ist vorläufig, die definitive Klärung muß auf Thirring warten.[7]

Nun noch eine *andere* Frage bei dieser Gelegenheit. In letzter Zeit habe ich mir die *Peierls*sche Arbeit über die Klammersymbole[8] näher angesehen und habe selbst Einwände gegen ihre Verallgemeinerungsfähigkeit. (Ich selbst gebrauche eine andere Methode wie Peierls zur Quantisierung der Formfaktor-Theorie à la Møller.) Nun sagte mir Schafroth, Sie hätten Einwände gegen die Methode von Peierls formuliert (ich weiß nicht, wann und wo). Das überrascht mich wesentlich weniger als Ihre Behauptungen über Thirring, und der Vollständigkeit halber möchte ich gerne wissen, was Ihre Einwände sind.

Alles Gute für Kopenhagen!   Stets Ihr W. Pauli

---

[1] Vgl. hierzu auch Paulis Brief [1457].

[2] Walter Thirring war nach einem einjährigen Aufenthalt bei Pauli in Zürich im Juli 1952 nach Bern gegangen (vgl. [1441]).

[3] John Hamilton war Physikprofessor und Doktorvater von C. A. Hurst am *Christ's College* in Cambridge.

[4] C. A. Hurst kam mit einem scholarship der *Australian National University* zu J. Hamilton zum *Trinity College* in Cambridge und fertigte hier die von Pauli erwähnte Dissertation an. Ein Auszug war bereits am 14. November 1951 durch Dirac der *Royal Society* vorgelegt worden und am 8. Februar zur Veröffentlichung in den *Proceedings* angenommen. Vgl. Hurst (1952a).

[5] W. Thirring (1953a) trug seine Ergebnisse im Juni 1952 während der Kopenhagener Physiker-konferenz vor und reichte sie im Oktober 1952 zur Veröffentlichung in den *Helvetica Physica Acta* ein.

[6] Auf diesen Vorwurf weist auch Thirring (1953a, S. 34) in seiner Veröffentlichung hin.

[7] Vgl. hierzu auch Paulis Urteil über Thirring in seinem Brief [1469].

[8] Peierls (1952). Da diese Arbeit erst am 15. April 1952 bei der Zeitschriftenredaktion einging, muß Pauli offenbar schon vorher ein Manuskript erhalten haben.

[1451] PAULI AN MØLLER

Zollikon-Zürich, 19. August 1952

All good wishes to all friends. I hope to hear from you again.

Dear Møller!

Meanwhile I was in Les Houches in Cécile's (Morette or DeWitt or Seligman) summer school.[1] I was thinking hard all the time on the problem, to prove my conjecture regarding the existence of canonical variables in form-factor-theories.

Eventually I found a solution of it which seems to me satisfactory. What remains to do is of an "epsilontic" character* and I think, I can leave this now to others. You find my new considerations in the included notes.[2]

We can now pass to the discussion of convergence problems in *Lorentz-invariant* form-factor theories. The danger is on the light cones and it seems to me the reason for the convergence of the results of you and Kristensen[3] is the fact, that the occurring momentum vectors are time like *and correspond to a rest-mass different from zero*. Indeed, it does not seem possible to perform the limit $m \to 0$ for your scalar mesons, as is clearly visible in your equation (16), p. 32[4] – although nothing happens in the equation themselves for $m \to 0$. In this case $m = 0$ the light-cone will be disastrous (and also for $M = 0$).

Now the whole discussion in your §4 is done in the spirit of the g^2-approximation. The fundamental question seems to me the following: Even if you start with a non-vanishing rest mass m for the meson, *why in higher approximation in g (where the fields in no way satisfy any longer an homogeneous wave-equation) it can not occur that (p, p) is getting as small as one likes or even equal zero? In the same way it could, of course, also occur $(PP) = 0$ or $\Pi^2 = 0$.*** These are the dangerous spots of the lorentz-invariant form factor theories and perhaps Cl. Bloch[5] had such cases in mind, when he claimed his convergence difficulties. – I would like hear your opinion about it what happens to you and your theory when the protection of the homogeneous wave-equations is taken away from you and you are nakedly exposed to the light cones $(p, p) = 0$ or $(P, P) = 0$.

When I came back from France I also found a letter from Niels Bohr regarding Alder.[6] Now both Alder himself and Scherrer are in vacations, so please say regards to Bohr and I shall come back to this question later.

I think indeed that the Copenhagen-Conference[7] was not only nice but very useful for me personally. I was driven there into this form-factor theory, not at least by the statements of Wightman,[8] the missionary, about whom I have now a much more positive opinion (I do not any longer compare him with Green). He was right, indeed to insist that the existence of certain integrals follows from the invariance's of a theory with respect to a certain group of transformations.[9] By the way, I also established the integrals $\Lambda_{\mu\nu} = \lambda_{\nu\mu}$ for infinitesimal Lorentz-transformation explicitly in case of lorentz-invariant form-factor, just as I did with energy-momentum.

Most cordial regards   Yours W. Pauli

---

[1] Pauli beteiligte sich auch diesmal an der Summer school in Les Houches und hielt dort eine Vorlesung über „Time reversal". (Vgl. hierzu die Anmerkungen zu den Briefen [1444 und 1446].)
* One can of course decompose into the proper vibrations which are not continuous but discrete.
[2] Vgl. hierzu die Anlage zum Brief [1443]
[3] Kristensen und Møller (1952).
[4] Kristensen und Møller (1952, S. 38)
** The denominator $(l^1 + l^3)^2$ in your expression p. 30, equation (10) for Π^2 is hiding some difficulties, according to my opinion.
[5] Cl. Bloch (1952).
[6] Es handelte sich um ein Stipendium, das für Alders Kopenhagenaufenthalt im Wintersemester 1952/53 beantragt worden war (vgl. den Brief [1462]).

7 Die Berichte und Diskussionsbemerkungen der im Juni 1952 in Kopenhagen abgehaltenen Physiker Konferenz waren inzwischen in einer kleinen Auflage verschickt worden.
8 Wightman (1953).
9 Vgl. hierzu den Kommentar auf S. 636 und Josts Bemerkung [1960, S. 117].

[1452] PAULI AN FIERZ

Zollikon-Zürich, 20. August 1952

Lieber Herr Fierz!

Anbei noch einige Überlegungen, die mir die Frage der Definition der kanonischen Variablen in den Formfaktortheorien so weit zu klären scheinen, daß ich das Weitere nun anderen überlassen kann. Bitte bringen Sie diese Notizen nach Bern[1] wieder mit, auch deshalb, weil Herr Jost (der dort sein wird) sich auch für die Sache interessiert.[2]

Was die Konvergenzfragen bei *lorentz-invarianten* Formfaktoren betrifft, so habe ich aus Møllers Formeln gesehen, daß tatsächlich ein Unglück passiert, wenn man die Ruhmasse m seiner Mesonen nach 0 gehen läßt. Daß die auftretenden Impulsvektoren *nicht* Nullvektoren sind, scheint mir doch nur in der 1. Näherung gesichert und ich weiß nicht, was die Herren machen werden, wenn der Schutz vor den Lichtkegeln, welche die mit Ruhmasse versehenen Feldgleichungen der 0ten Näherung (kräftefrei) ihnen gewährt, sich in höheren Näherungen immer weiter verflüchtigen wird.

Heute habe ich noch eine Konferenz mit van der Waerden über die Wahrscheinlichkeiten.[3] Auf Wiedersehen in Bern.

Ihr W. Pauli

1 Pauli und Fierz besuchten in Bern die Jahresversammlung der *Schweizerischen Naturforschenden Gesellschaft.*
2 Vgl. hierzu auch Jost und Pais (1952).
3 Siehe hierzu auch die Bemerkungen in dem Brief [1439].

[1453] PEIERLS AN PAULI

[Birmingham], 20. August 1952
[Maschinenschriftliche Durchschrift]

Dear Professor Pauli!

Thank you very much for your two long and interesting letters.[1] On the question of defining non-Hamiltonian systems I meant really nothing deep, but I wanted to know how one should handle the quantum mechanics of non-local equations (non-local meaning simply equations containing form functions). I took it for granted, perhaps too easily, that for those equations one could not practically employ the canonical formalism and that one would not be able to do anything with them without having a new technique. The method which I have worked out is, of course, very far from being a usable one, but it gives at least some hope in that direction.

However, I agree with you that one should specify more carefully in what way such systems differ from the canonical scheme (if at all).

Turning now to the example, which is worked out in your note,[2] and discussed in your second letter. I think I can assert that this is a case to which classically my method is applicable. This, as far as I can see, follows directly from section 6 of my Princeton paper,[3] which is entitled "Non-Hamiltonian Theories", as you point out without sufficient justification, but which does carry through the proof of the anti-symmetry of the Poisson bracket without the use of canonical variables.

I tried to-day to write out this proof for the specific system contained in your note, but it would cover several pages of algebra and contain nothing that is not evident from the few equations in my paper, so I think you will really find those more satisfactory, but if you have any trouble in following the argument or any objection to its validity, I would be glad to give more detail.

Further in the same letter you raise an objection to the argument used in section three of my paper, but this section was intended merely to prove that in cases where canonical variables exist the definitions of the Poisson bracket, which I have given, are correct, and for this case the canonical transformation (3. 7) does, in fact, explicitly provide the transformation from the original to the modified solutions of the system and its existence is therefore established. As I tried to make clear in the paper there remains still an essential gap in the justification of the general commutation law, the argument of section 3 is valid only for canonical systems and that of section 6 is valid only classically, that is to say, regardless of the order of factors, I cannot therefore assert that I can quantize a non-local theory, except for a somewhat trivial case, to which I want to come back later.

From what you say one might think of approaching the problem of quantization by your method, which essentially depends on expressing the solutions of the field equations in terms of the values of variables at any one time, but the trouble is that the expressions one then obtains will no doubt algebraically be very complicated and the question of the ordering of factors will arise, if one chooses the wrong ordering of factors, one will presumably get a theory which is not Lorentz invariant and since the whole procedure of solving in terms of the quantities at one time destroys the co-variance of the description it will be hard to make the right choice.

Of course, the question of quantization does not really arise, if one is prepared to expand in powers of the coupling constant, since one then needs only the commutators between the free particle quantities (Yang-Feldman). But I would like to get somewhat beyond this power series, which may after all be divergent and I would like at least to be able to make some general statements about a theory without series expansion, even though one might not be able to obtain any particular solution without expanding. In this way I rather differ from Møller and Kristensen and incidentally I never believed their statement that there was not an energy and charge operator in such a theory that is completely conserved.

Turning now to some points in your first letter. I agree that the only condition for the validity of my formulae *classically* is that the introduction of the coupling should not produce new degrees of freedom, but, as I have stressed before, this does not dispose of the problem of quantization.

You ask my views about the value of non-local theories in general. This is somewhat linked up with the question whether in the existing field theory one can divorce the renormalization from the series expansion and whether one can write finite equations (however complicate and implicit) which are rigorous, and which one then can solve, if necessary, by means of an expansion. If this is possible, then I would doubt whether one really needs non-local equations, that is to say whether one would ever have to put a form factor into the basic postulate. However, it seems to me certain that the equations which one would then obtain after eliminating the infinities, would in themselves contain integral operations, so that the experience of handling such equations would not be wasted. On the other hand it [is] also possible that such finite equations which contain all the physical results of the existing theory may not exist and that the only way to get finite equations without series expansion is to leave out some part of the integration's which, in any case refers to energy regions about which we know nothing and in which new things like the production of as yet unknown particles will change things. In other words, I would like to be able to write down that part of the present theory about which we can really be sure, and I would like do so in a finite, consistent, and Lorentz and gauge invariant form.

This brings me to another point. You say that the use of form factor destroys the gauge invariance, but this is not necessarily true. That such integral expressions can be made gauge invariant, was pointed out by C. Bloch, though he put it in a rather complicated form. It is true that the product $\bar{\psi}(x_1)\psi(x_2)$ is not gauge invariant, but one can replace it by

$$\bar{\psi}(x_1)e^{\,ie\int_{x_1}^{x_2}A_\mu\delta x_\mu}\,\psi(x_2), \tag{1}$$

where the integral goes over the straight line (in four dimensions) from x_1 to x_2.

Evidently (1) is gauge invariant. Its occurrence in the action principle does not give any new trouble that is not already present in any form factor theory. If one wants to use a series expansion, the only change is some slight algebraic complication, and the occurrence of higher powers of A in the action principle which have to be taken together with the higher order approximations from the lower powers.

We have been playing for some time with an action principle of this kind that has attractive features, and which looks as follows:

$$L = i\oint d^4x_1 d^4x_2 \bar{\psi}(x_1)([\gamma_\mu\frac{\partial}{\partial x_\mu}+M]F(x_1-x_2))e^{\,ie\int_{x_1}^{x_2}Adx}\,\psi(x_2) \tag{2}$$

$$+ \text{ hermitian conjugate} + L_f.$$

Signs and numerical factors are not guaranteed, units are such that $h = c = 1$, F is a form factor (depending on one distance only). The brackets are meant indicate that the differentiation acts only on F, not on the other factors, L_f is the action of the electromagnetic field by itself. The other term contains both the Lagrangean of free particles and the coupling.

The equations derived from (2) have the property that (a) in the absence of a field they admit only the solutions of the free-electron Dirac equation, (b) in the limit in which the spread of the form factor goes to zero it reduces to the usual local theory.

We have tried to apply this to some simple cases, using a power series in e, in particular we have looked at the vacuum polarization. The result is that the non-gauge-invariant term is still divergent. I am fairly sure that the next term, i. e. the charge renormalization will be finite, but it is of course messy to try to define this term in the presence of the divergent leading term.

The reason for this trouble lies mathematically in the fact that, considering the effect of a potential with wave vector k, one is left with a four dimensional integration over a momentum p, which is restricted to be a real-electron momentum, i. e. $p^2 = m^2$. The integral contains the four-dimensional Fourier transform g of the form factor in the form

$$g(p - sk)$$

and for other similar arguments. Here s is an auxiliary variable which runs from 0 to 1, and arises from the line integral in (2). If g is to be invariant, it will depend only on the square of its argument, i. e. on

$$p^2 + s^2k^2 - 2spk \tag{3}$$

In the integration over p, p^2 remains constant, and k is, of course, given and finite. If k is space-like, as for a static potential, then pk is zero in a two-dimensional section of the three-dimensional integration. In that section the form factor therefore does not reduce the integrand, and so it can reduce the order of the divergence only by one, which is not enough.

Now (2) is not the most general action principle of this type, and we are at present studying the most general case. However, I am not very hopeful, because the integrand can only be reduced by a more general function of the three invariants, of which (3) is a linear combination. Since, in the two dimensional section of the integration, all three of these are finite, it does not look as if this can help to remove the divergence.

The same is true in the theory of Møller and Kristensen, their contrary assertion is due to the fact that they work out the vacuum polarization only for external fields satisfying the free-meson equation, and hence have a time-like k. In that case the situation is quite different, and pk is always large if *any* component of p is large (provided $p^2 = m^2$). This means the self-energy of a meson will in their theory diverge when k is space-[like], which will happen in virtual states. I believe this to be connected with Bloch's statement that he tends to get divergences in fourth order.

From some remarks in your letter it seems to me that you will not be surprised about this trouble.

This may well force one to abandon the non-local theories. We are discussing the following means of avoiding this conclusion:

1. The divergence may just be the fault of the method of calculation, and there may be a reasonable way of looking at the answer which makes it evident that the non-gauge invariant term [is] zero. There are such cases in four-dimensional Fourier transforms, and one can write the most harmless expressions in a way which makes them appear divergent. But I am not very hopeful in this direction.

2. One may simply prescribe a method of integration which preserves the gauge invariance, and therefore makes this term vanish, but this would remove the main point of a non-local theory.

3. One might expect this term to be cancelled by a "realistic" renormalization, since the contributions to this term from different kinds of fields do have different signs. This does not make me very happy either.

[4.][4] The divergence may have something to do with the power series in e, and if one were to obtain the rigorous solutions of the equations this might be equivalent to a prescribed order of integration, which would remove the difficulty. This seems to me at the moment the most promising line, but it makes things very difficult mathematically. Rather surprisingly it is possible to get the rigorous solutions of (2) for the case of an external homogeneous magnetic field, without specifying the shape of the form factor, and I am playing with these at the moment. Unfortunately it seems that the infinite extent of such a field introduces some new ambiguities (similar to those in the diamagnetism of free electrons) and I have therefore not been able as yet to calculate the induced current.

Apart from these difficulties, I have been interested in the action principle (2) as an exercise in quantization. I have no idea what to do with the general case of interacting quantized fields. But at least in the very modest case of a classical vector potential everything goes through all right. One then has the simplification that the action principle is bilinear in the field variables, so that the Poisson brackets are c-numbers. One can then carry through the quantization in a covariant manner, and finds that the wave function can be expanded in terms of the c-number solutions which minimize (2), with coefficients which can be given the usual interpretation of emission and absorption operators. However, each of these refers to the whole space-time picture and it appears rather arbitrary to relate them to any specific time. I admit that to quantize such a simple case is not much of an achievement, but it is at least one case where the non-local theory works. If you are interested I could send you details of how this goes through quite covariantly.

In such a gauge invariant theory there is, of course, no difficulty defining a current density, since this is simply the functional derivative of the action principle with respect to the vector potential. Hence also the expression for the total charge is unambiguous. I think one should define the energy-momentum tensor in the corresponding way, namely by writing the action principle in terms of curvilinear coordinates and then differentiating with respect to the g_{ik}. This can be done for any of these non-local theories. By integrating over space, one can then define the expression for the total energy, which is presumably the same thing as the Hamiltonian. But I am not sure what one does with it. (It is, of course, exactly constant in time, not merely on the average.) It would be interesting to know how this definition of the energy is related to yours.

Just one more point: It seems to be possible, by treating an expression like (1) as a density matrix, and finding the equations for it, to get a formulation of the theory in which only the electromagnetic field appears, but not the vector potential. There no question of gauge invariance arises, and there cannot possibly any gauge-dependent term in the polarization. I have not got very far with this, however, because of some mathematical troubles.

Any comments on all this would be most welcome.

Yours very sincerely,

[Peierls]

[1] Vgl. die Briefe [1446 und 1449].
[2] Siehe die Anlage zum Brief [1449].
[3] Peierls (1952).
[4] Im Manuskript steht nochmals „3.“

[1454] PAULI AN STERN

[Zürich], 25. August 1952

Lieber Herr Stern!

Vielen Dank, nun kommt alles doch noch zu einem happy end: Die Sache ist nämlich die, daß meine Frau und ich diesen Winter nach Indien fahren (auf Einladung Bhabhas), und zwar am 6. November per Schiff ab London. Die ganze Zeit dachte ich: „Nun kommt Stern sicher nach Europa, wenn wir fort sind." Nun kommt es doch *besser* heraus: sie kommen *schon vorher*, und wir freuen uns sehr![1]

Das Projekt des europäischen Kernphysiklabors[2] halte ich nicht für ganz dumm und ich bin wegen der Jüngeren insoweit interessiert, als es dort auch jobs für Theoretiker geben wird. Ich gehe zunächst zu dem Teil der Kongresse, wo gar nicht über Maschinen, sondern über cosmic rays und Feldquantisierung geredet wird – besonders, wenn diese Kongresse in Kopenhagen sind[3] – und halte mich von allem Adminstrativen fern.

Was Physik betrifft, so werde ich überhäuft mit Literatur über eine sogenannte „kausale Interpretation" der Quantenmechanik (im wesentlichen de Broglies alte Bieridee der „Théorie de l'onde pilote" von 1927), insbesondere von einem Herrn D. Bohm, zur Zeit in São Paulo (Brasilien) – dem ich den Spitznamen „der Sektenpfaff" gegeben habe.[4] Auch Schrödinger sandte an Bohr und an mich eine Art „Kriegserklärung" gegen die Quantenmechanik.[5]

Ich halte das alles für Irrsinn, möchte aber ganz gerne wissen, ob Sie derselben Ansicht sind wie ich.

Also auf frohes Wiedersehen und inzwischen viele Grüße von uns beiden

Stets Ihr W. Pauli

[1] Siehe hierzu den Brief [1477].
[2] Pauli bezieht sich auf die Planung eines *European Nuclear Physics Laboratory* (CERN), das in der Nähe von Genf entstehen sollte. Es waren ursprünglich zwei Beschleunigungsanlagen vorgesehen, ein Synchrozyklotron von 600 MeV und ein Protonbeschleuniger, der Teilchenstrahlen von 6–10 Billionen eV liefern sollte. Diese Anlage sollte nach Angaben von O. Dahl innerhalb von sechs Jahren fertiggestellt werden. (Vgl. *Physics Today*, November 1952, S. 27 und Hermann et al. [1987, S. 213ff.])
[3] Insbesondere meinte Pauli die im Sommer dieses Jahres in Kopenhagen abgehaltene internationale Physikerkonferenz, die ebenfalls im Zusammenhang mit der geplanten Großversuchsanlage stand. Siehe hierzu den Kommentar zum Brief [1418].
[4] Vgl. hierzu die Briefe [1337 und 1412].
[5] Siehe den Kommentar zum Brief [1428] und Paulis Bemerkungen in seinen Briefen [1428] und [1439].

[1455] PAULI AN MØLLER UND KRISTENSEN

Zürich, 27. August 1952
[mit Manuskript]

Dears Møller & Kristensen!

Entering now the discussion of convergence questions in lorentz-invariant form-factor theories, I wish to raise to day a smaller question regarding "the polarization of the vacuum by an external meson field" (§6 of your paper).[1] On p. 46 you say very suddenly {after equation (9)} "p is a time-like vector."

There is not only no justification whatsoever for this assertion, but everybody who knows a little bit of the theory of vacuum-polarization is aware that the *space-like p's* are a very important case, as they include the (*x*-dependent) *static* meson fields (which are always produced by free nucleons present initially).

I therefore like to ask you whether for space like p', $(p^2 > 0)$, the analytical continuation of the expression (10), p. 46 still holds (without convergence difficulties) and in any case to give the missing discussion of this important case.

Hoping to convey to you the impression that your vacations are over I always remain with many good wishes

Yours   W. Pauli

[1] Kristensen und Møller (1952, S. 35–39). Paulis Seitenangaben beziehen sich auf das ihm von Møller zugesandte Manuskript.

ANLAGE ZU [1455]

1. Corrections of the Møller-Kristensen paper due to order of factors. Simplified derivation of energy-momentum integral.

The middle term of Møller-Kristensen equation (25), p. 10 is not correct in the q-number theory as $\partial_\mu u(x)$ does not commute with $\bar{\psi}(x')$ and $\psi(x''')$. This is only so in the local theory (where, moreover, the 3 fields occur at the same time instant).

It is necessary to hermitize the term $\frac{\partial u}{\partial x^\nu}\frac{\partial u}{\partial x^\mu}$ in $t^0_{\mu\nu}$ {write $\frac{1}{2}\left(\frac{\partial u}{\partial x^\nu}\frac{\partial u}{\partial x^\mu}+\frac{\partial u}{\partial x^\mu}\frac{\partial u}{\partial x^\nu}\right)$}, then one gets for the middle term in Møller-Kristensen, equation (25), p. 10

$$\frac{1}{2}g\int[\partial_\mu u(x) - \bar\psi(x')F(x',x,x''')\psi(x''')$$
$$+\bar\psi(x')F(x',x,x''')\psi(x''')\partial_\mu u(x)]dx'dx'''.$$

There is no direct possibility to shift $\partial_\mu u(x)$ to the middle* and I could find no simplifications either by changing the order of factors in the field equations Møller-Kristensen (19) which, on the contrary, I left in the form assumed by Møller-Kristensen

$$(\gamma_\nu\partial_\nu + M)\psi + g\iint dx''dx'''F(x,x'',x''')u(x'')\psi(x''') = 0$$
$$\left(\frac{\partial\bar\psi}{\partial x^\nu}\gamma_\nu - M\bar\psi\right) - g\iint dx'dx''F(x',x'',x)\bar\psi(x')u(x') = 0 \qquad \text{(I)}$$
$$-(\Box - m^2)u + g\iint dx'dx'''F(x',x,x''')\bar\psi(x')\psi(x''') = 0.^\dagger$$

With

$$i\eta^0_\mu = \int t^0_{\mu 4}\, d^{(3)}x$$
$\downarrow$
three-dimensional volume-integral

one gets then immediately

$$\frac{d\eta^0_\mu}{dt} - g\int d^{(4)}x'd^{(4)}x''d^{(4)}x'''F(x',x'',x''')$$
$$\left\{\delta(t-t')\frac{\partial\bar\psi(x')}{\partial x'^\mu}u(x'')\psi(x''') + \bar\psi(x')u(x'')\frac{\partial\psi(x''')}{\partial x'''_\mu}\delta(t-t''')\right.$$
$$\left.+\frac{1}{2}\delta(t-t'')\left(\frac{\partial u(x'')}{\partial x''^\mu}\bar\psi(x')\psi(x''') + F(x')\psi(x''')\frac{\partial u(x'')}{\partial x''^\mu}\right)\right\} = 0,$$

or (integration by parts, convergence assumed)

$$\frac{d\eta^0_\mu}{dt} + g\int d^{(4)}x'd^{(4)}x''d^{(4)}x'''$$
$$\left[\left\{\frac{\partial}{\partial x'^\mu}[F(x',x'',x''')\delta(\psi-\psi')] + \frac{\partial}{\partial x'''^\mu}[F(x',x'',x''')\delta(t-t''')]\right\}\right.$$
$$\bar\psi(x')u(x'')\psi(x''')$$
$$+\left\{\frac{\partial F(x',x'',x''')}{\partial x''^\mu}\delta(t-t'') + i\delta_{\mu 4}\left[\frac{\partial}{\partial t}\delta(t-t'')\right]F(x',x'',x''')\right\}$$
$$\left.\frac{1}{2}(u(x'')\bar\psi(x')\psi(x''') + \bar\psi(x')\psi(x''')u(x''))\right].$$

Now using *translational invariance* of the form-factor

put
$$\frac{\partial F}{\partial x^{\nu\mu}} = -\left(\frac{\partial F}{\partial x'^{\mu}} + \frac{\partial F}{\partial x'''^{\mu}}\right)$$

and obtain, reversing the partial integration,

$$\frac{d\eta_\mu^0}{dt} - g \int d^4x' d^4x'' d^4x''' F(x', x'', x''')$$

$$\left[\delta(t-t')\frac{\partial\bar\psi(x')}{\partial x'^\mu}u(x')\psi(x''') - \delta(t-t'')\frac{1}{2}\left(u(x'')\frac{\partial\bar\psi(x')}{\partial x'^\mu}\psi(x''')\right.\right.$$

$$\left.+\frac{\partial\bar\psi(x')}{\partial x'^\mu}\psi(x''')u(x'')\right) + \delta(t-t''')\bar\psi(x')u(x')\frac{\partial\psi}{\partial x'''^\mu}-$$

$$-\delta(t-t'')\frac{1}{2}\left(u(x'')\bar\psi(x')\frac{\partial\psi(x''')}{\partial x'''^\mu} + \bar\psi(x')\frac{\partial\psi(x''')}{\partial x'''^\mu}u(x'')\right)$$

$$\left.+i\delta_{\mu 4}\left(\frac{\partial}{\partial t}\delta(t-t'')\right)\frac{1}{2}\left(u(x'')\bar\psi(x')\psi(x''') + \bar\psi(x')\psi(x''')u(x'')\right)\right].$$

Hence
$$\frac{d}{dt}(\eta_\mu^0 + \eta_\mu^{\text{int}}) = 0, \quad \eta_\mu^0 + \eta_\mu^{\text{int}} = \text{Const.},$$

with

$$\eta_\mu^{\text{int}} = -g \int d^4x' d^4x'' d^4x''' F(x', x'', x''')$$

$$\left\{\frac{1}{2}\varepsilon(t-t')\frac{\partial\bar\psi(x')}{\partial x'^\mu}u(x')\psi(x''') - \frac{1}{2}\varepsilon(t-t'')\right.$$

$$\cdot\frac{1}{2}\left(u(x'')\frac{\partial\bar\psi(x')}{\partial x'^\mu}\psi(x''') + \frac{\partial\bar\psi(x')}{\partial x'^\mu}\psi(x''')u(x'')\right)$$

$$+\frac{1}{2}\varepsilon(t-t''')\bar\psi(x')u(x')\frac{\partial\psi}{\partial x'''^\mu} - \frac{1}{2}\varepsilon(t-t'')$$

$$\cdot\frac{1}{2}\left(u(x'')\bar\psi(x')\frac{\partial\psi(x''')}{\partial x'''^\mu} + \bar\psi(x')\frac{\partial\psi(x''')}{\partial x'''^\mu}u(x'')\right)$$

$$\left.-i\delta_{\mu 4}\delta(t-t'')\frac{1}{2}(u(x'')\bar\psi(x')\psi(x''') + \bar\psi(x')\psi(x'')u(x''))\right\}.$$

Apart from the change in the order of factors this is my old expression. There is *no* change in the earlier expression of the charge-integral which can be simply derived [in an analogous way].[1]

2. Derivation of an expression for the 'Bracket-covariant'.
The existence of canonical variables.

What I call here the 'Bracket-covariant' is a straightforward generalization of the "bilinear covariant" in classical point mechanics, where in canonical variables this invariant J is simply given by

$$J = \sum_r (\delta p_r Dq_r - Dp_r \delta q_r) \tag{1}$$

where δ and D are two independent variations of the initial state. This expression J is

a) invariant with respect to coordinate-transformation. If $x_1 \ldots x_{2n}$ are any (independent) functions of the (p_r, q_r) then one has with $J_{\rho\sigma} \equiv -J_{\sigma\rho}$

$$J = \sum_\rho \sum_\sigma J_{\rho\sigma} \delta x_\rho D x_\sigma = \frac{1}{2} \sum_\rho \sum_\sigma J_{\rho\sigma} (\delta x_\rho D x_\sigma - D x_\rho \delta x_\sigma) \qquad (2)$$

(ρ, σ running from 1 to $2n$).

The (apart from a sign) reciprocal matrix $J^{\rho\sigma}$ of $J_{\rho\sigma}$ (satisfying $\sum_\alpha J_{\rho\alpha} J^{\sigma\alpha} = \delta^\sigma_\rho$) gives the Poisson-brackets**

$$[x_\rho, x_\sigma] = J^{\rho\sigma} \qquad (3)$$

even if the canonical variables are unknown and only the form J is known. – In wave mechanics the $[x_\rho, x_\sigma]$ become i times commutator.

b) The expression J is *also* an integral of motion (constant in time), or an "integral invariant of the second degree". From this it follows a "relative" (apart from an additive total differential) "integral invariant" of the first degree, which means the existence of an H, such that

$$\dot{x}_\rho = [H, x_\rho]$$

(If H does not depend explicitly on time, one has also $H = $ const.)

The theorem of Lie-Königs[2] now asserts, given (2), the possibility to reestablish the normal form (1) of the covariant (3) – in other words the existence of canonical variables – by a suitable choice of the independent variable (p_r, q_r). One has only to assume that the bilinear-form (3) is not degenerate, what means that its determinant does not vanish identically.*** Then one can indeed always transform the matrix $J_{\rho\sigma}$ to its normal-form

$$\begin{pmatrix} 0 & -1 & & & \\ 1 & 0 & & & \\ & & 0 & -1 & \\ & & 1 & 0 & \\ & & & & \cdots \end{pmatrix}$$

I can now generalize these well known theory to the case of a form-factor theory in space-time (from which I assume translational invariance only). One has to bear in mind that the sums over the index r or ρ will now go over (partly) to integrals over the continuous variables x, the spaces coordinates. A certain "epsilontics" is therefore required sometimes because of the $\delta^{(3)}(x - x')$ function, but one should not forget the simple model of point-mechanics (or wave-mechanics).

In the case of no coupling ($g = 0$) the analogy to J is here

$$J_0 = \frac{1}{V} \int_V d^3x \lim_{\varepsilon \to 0} \int_{-\varepsilon}^{+\varepsilon} d^3\xi \left(\{\bar{\psi}(x, t)\gamma_4, \psi(x + \xi, t)\} + \right.$$
$$\left. + i \left[\frac{\partial u}{\partial t}(x, t), u(x + \xi, t) \right] \right). \qquad (4)$$

The "epsilontic" is necessary because of the $\delta^{(3)}(x - x') - \delta^{(3)}(\xi)$ function in the expression for the brackets the $\lim_{\varepsilon \to 0}$ makes possible *regular* terms (for $\xi = 0$) disappear. The volume V is the well known 'hole' in the theory of proper-vibration for the field with which one can possibly pass to the limit $V \to \infty$ afterwards. The numerical value of J_0 is normalized to unity in the case of free particles.

We are computing now the time derivative of J_0, if there is interaction and find from the field-equations (1)

$$\frac{dJ_0}{dt} + g \iiint d^4x' d^4x'' d^4x''' F(x', x'', x''')$$
$$\cdot ([\delta(t - t') - \delta(t - t'')] i [\bar\psi(x'), u(x'')] \psi(x''')$$
$$- [\delta(t - t''') - \delta(t - t'')] \bar\psi(x') i [u(x''), \psi(x''')]$$
$$+ \delta(t - t') u(x'') \{\bar\psi(x'), \psi(x''')\} - \delta(t - t''') \{\bar\psi(x'), \psi(x''')\} u(x'')).$$

Remarks:

1. $\iiint d^4x' d^4x'' d^4x''' F(x', t'; x'', t''; x''', t''') f(x', x'', x''')$ means

$$\frac{1}{V} \int_V d^3x \int_\infty d^3\xi' d^3\xi''' \int dt d\tau' d\tau'''$$
$$F(\xi', \tau'; \xi'', \tau'') f(x + \xi'; x + \xi''; \dots^3$$

2. I left out the epsilontics in the term with S for the sake of simplicity. We obtain therefore

$$\frac{d}{dt}(J_0 + J_{\text{int}}) = 0, \quad J \equiv J_0 + J_{\text{int}} = \text{const.} = 1 \tag{5}$$

with

$$J_{\text{int}} = g \iiint d^4x d^4x' d^4x'' F(x', x'', x''')$$
$$\left[\frac{1}{2}(\varepsilon(t - t') - \varepsilon(t - t'')) i [\bar\psi(x'), u(x'')] \psi(x''') \right.$$
$$- \frac{1}{2}(\varepsilon(t - t''') - \varepsilon(t - t'')) \bar\psi(x') i [u(x''), \psi(x''')]$$
$$\left. + \frac{1}{2}\varepsilon(t - t') u(x'') \{\bar\psi(x'), \psi(x''')\} - \frac{1}{2}\varepsilon(t - t''') \{\bar\psi(x'), \psi(x''')\} u(x'') \right]. \tag{6}$$

This is now the main result. In the c-number theory the order of factors would be irrelevant and the last two-terms would become simpler, the brackets would become "bilinear variations". – The total J commutes with the η_μ and the charged which is guaranteed by invariance of all equations with respect to translations.[††]

Now the conditions for the possibility of canonical variables $\bar{\varphi}$, φ, v, p_v which for $g = 0$ go over in $\bar{\psi}$, ψ, u, $\frac{\partial u}{\partial t}$ (compare last letter) are getting clearly visible: One has to transform $J \equiv J_0 + J_{\text{int}}$ to its normal form

$$J = \frac{1}{V} \int_V d^3\xi \lim_{\varepsilon \to 0} \int_{-\varepsilon}^{+\varepsilon} d^3\xi (\{\bar{\varphi}(x, t)\gamma_4, \varphi(x + \xi, t)\} + i[p_v(x, t), v(x + \xi, t)]).$$

$$(4a)$$

This can in principle be done in two steps.

Step 1. One has to solve the "initial value problem" expressing

$$\bar{\psi}(x, t'), \psi(x, t'''), u(x, t''), \frac{\partial u(x, t'')}{\partial t}$$

by its values *for a given time* t. Here it is assumed *that the manifold of solutions is not changed by the interaction.* This is certainly true for a larger class of problems (Pais-Uhlenbeck). (Here then is also included an analogy to the above mentioned assumption in mechanics, that the determinant of the bilinear-form is different from zero.)

Express in this way the brackets in (6) by the corresponding brackets between fields of the given time t.

Step 2. Bring the resulting bilinear form (bracket form) to its normal form (4a) by a suitable transformation of the fields. I am confident, that the generalization of the corresponding well known algebraic theorem (see above) to the continuous space-coordinates as variables won't make any difficulties.

Both steps can be performed by *power series in g.* What I have computed earlier *was actually the first approximation (linear in g) of both steps.* (N.B. Linear in g the computation of a reciprocal matrix gets trivial.) That the expressions for the η_μ and for q are then also transformed to normal form is a simple consequence of the general commutation rules for $[\eta_\mu, F]$, $[q, F]$ (see last letter).[4]

---

* I have to blame the authors Møller-Kristensen for that. Accuracy in such matters being necessary.

† [Zusatz am unteren Ende der Seite:] $\Box = \Delta - \frac{\partial^2}{\partial t^2}$.

1 Unleserliche Textstelle.

** One sees immediately, that the Poisson-brackets transform contra-gradient to the coefficients $J_{\rho\sigma}$ for coordinate-transformation.

2 Vgl. Whittaker [1926, S. 291f.]. Siehe auch die Anlage zum Brief [1449].

*** It *follows* from that, that the degree of the matrix is [unlesbarer Text]

3 Der Rest der Formel ist unlesbar.

†† And for charge q with respect to gauge-transformations with constant.

4 Siehe die Anlage zum Brief [1443].

[1456] Pauli an Gustafson

Zürich, 29. August 1952

Dear Professor Gustafson!

It was very kind from you to write to me such a long letter in the affair of Keberle, from which it is not yet decided, how it will develop.[1] (One is very slow in Bern, what sometimes has also advantages.) After my return from vacations I showed your letter to Houtermans, who was interested in it.

It is possible that either he or another member of the Faculty in Bern will write to you again officially.

Meanwhile many thanks again and all good wishes
Sincerely Yours

W. Pauli

---

[1] Auf diese *Affaire* mit dem Physiker Eduard Keberle bezieht sich offenbar auch die Bemerkung im Brief [1433].

[1457] Pauli an Källén

Zürich, 29. August 1952

Lieber Herr Källén!

Vielen Dank für Ihren zweiten Brief: Also, Sie haben die Wette gewonnen! (Was wünschen Sie sich?) Der Fehler bei Thirring[1] ist genau dort, wo Sie es angegeben haben (wird auch von ihm zugegeben): er hat Polya mißverstanden und falsch angewendet. Thirring kam gestern durch Zürich und ist momentan in Bern, wo er die Arbeit von Hurst studiert.

Die wichtigste Frage ist jetzt die, ob die Arbeit von Hurst[2] richtig ist (wenn ja, so hat es keinen Sinn, daß Thirring an dem Problem weiterarbeitet). Ich möchte Ihnen diese Arbeit gerne schicken, vielleicht in etwa einer Woche. Bitte schreiben Sie mir, falls Sie Ihre Adresse ändern.

Die Princetoner Arbeit von Peierls[3] habe ich nun genauer studiert und seine positiven Behauptungen sind alle richtig.

Viele herzliche Grüße
Ihr (wenn auch indirekt mit Thirring) hereingefallener

W. Pauli

---

[1] Siehe hierzu Paulis Brief [1450].
[2] Hurst (1952c).
[3] Peierls (1952).

[1458] Pauli an Peierls

Zürich, 29. August 1952

Lieber Herr Peierls!
Vielen Dank für Ihren Brief vom 20.[1] – Meine Bemerkungen dazu haben zum Teil einen provisorischen Charakter.

1. Ihren Beweis von section 6^2 habe ich nun genau durchüberlegt und sehe kein Hindernis mehr, ihn auf das von mir diskutierte Beispiel anzuwenden. Darin sind wir also einig. – Es sind aber noch einige Fragen zurückgeblieben, auf die ich noch keine Antwort weiß.

Sei $D_{\mathrm{ret}}q_k^{(j)}(t)$ die retardierte Lösung (0 für $t \to -\infty$) mit der Inhomogenität $-\lambda\delta_{kj}\delta(t-t_j)$ in der Variationsgleichung,* $D_{\mathrm{av}}q_k^{(j)}(t)$ die avancierte Lösung (0 für $t \to +\infty$) mit derselben Inhomogenität und $\delta q_k^{(j)}(t) \equiv D_{\mathrm{ret}}q_k^{(j)} - D_{\mathrm{av}}q_k(j)$ diese *spezielle* Lösung der *homogenen* Variationsgleichung. *Wodurch sind die Anfangswerte* $\lim\limits_{t \to t_i}\delta q_k^{(j)}(t) \equiv \delta q_k^{(j)}(t_j)$ *charakterisiert?* Bei kanonischen Variablen ist die Antwort so einfach, aber im allgemeinen Fall bin ich bisher nicht durchgekommen. Hier muß die mir noch fehlende Brücke von Ihrer Methode zu meinen Ausdrücken für die bilineare Kovariante sein.**

Die Schwierigkeit hängt natürlich damit zusammen, daß das „Anfangswertproblem" in den nicht lokalen Theorien nicht explizite lösbar ist und man hier – wie Sie es ganz richtig rügen – noch ganz in den Potenzreihen nach der Kopplungskonstante gefangen ist.***

Die Schwierigkeiten wegen der Reihenfolge von Faktoren beim Übergang von der c-Zahltheorie zur q-Zahltheorie im nicht lokalen Fall halte ich für objektiv und tatsächlich vorhanden. (N.B. Bei Møller-Kristensen ist ein nicht ganz unwichtiger Fehler gemacht hinsichtlich dieser Reihenfolge in ihrem Ausdruck für $\frac{\partial t^0_{\mu\nu}}{\partial x^\nu}$).[3]

2. Der Vorschlag von Cl. Bloch von einer Wechselwirkungsenergie,[4] die

$$\bar{\psi}(x_1)e^{\,ie\int_{x_1}^{x_2}A_\mu dx_\mu}\;\psi(x_2)$$
$$\downarrow$$
$$\text{gerade Linie}$$

enthält, war mir wohl bekannt, ich habe ihn aber (vielleicht zu Unrecht) bisher nicht ernst genommen.

Zunächst hatte ich ein wenig Angst wegen der *Identität zwischen den Feldgleichungen*, die aus der Divergenzgleichung $\frac{\partial j_\mu}{\partial x^\mu} = 0$ entspringen. Diese Gleichungen folgen ja in der lokalen Theorie auf zweierlei Weise aus den Feldgleichungen: a) aus den Maxwellschen, b) aus den Diracschen (bzw. bei Spin 0 aus den Klein-Gordonschen) Gleichungen für das Materiefeld. Eine solche echte Identität *muß auch in der nicht-lokalen Theorie bestehenbleiben*, damit die Felder nicht überbestimmt sind. Natürlich kommt alles darauf an, daß der Stromvektor $j_\mu(x)$ richtig definiert wird.

Herr Cl. Bloch drückt sich um diese Frage, da er die A_μ nur als *äußeres* Feld einführt. Es fragt sich, ob bei der Definition des Stromvektors als Funktionalableitung des Wirkungsintegrals nach dem elektromagnetischen Potential (Seite 6 Ihres Briefes) diese Identität richtig herauskommt. Im Moment scheint es mir allerdings, daß das der Fall sein muß (wenigstens in der c-Zahltheorie) als Folge der Eichgruppe für die Lagrangefunktion und die Feldgleichungen. Aber ich möchte ganz sicher sein.

Der zweite Einwand betrifft das mögliche Auftreten neuer Divergenzen aus $e^{ie\int A_\mu dx_\mu}$ bei Quantisierung des elektromagnetischen Feldes. Wie ist es mit dem gewöhnlichen Vakuumerwartungswert eines solchen Operators? Entwickelt man die Exponentialfunktion in eine Potenzreihe, so treten doch voraussichtlich schreckliche Divergenzen (à la Nullpunktsenergie) auf?[†] Das scheint mir immer noch so häßlich, daß ich den Cl. Blochschen Vorschlag recht ungerne mag.

3. *Vakuum-Polarisation*. Dies ist mir eigentlich noch wichtiger als die anderen unter 2 erwähnten Punkte. In der Møller-Kristensen-Theorie ist die Sachlage doch noch ein wenig anders, als Sie es in Ihrem Brief schildern.

Es ist richtig, daß Møller-Kristensen plötzlich sagen, der Vektor[††] k sei zeitartig (*ohne* übrigens anzunehmen, daß das äußere Meson-Feld die kräftefreie Wellengleichung erfüllt – es kann also nur „reine Dummheit" sein). Aber im *Zähler* der Formel von Møller-Kristensen *steht ein Faktor* (pk); das ist sehr bedeutungsvoll und dürfte für die Konvergenz der Møller-Kristensen Formeln für die Vakuum-Polarisation im Falle raumartiger k wohl genügen.

Es fragt sich nun, ob das nur am skalaren Charakter des speziellen Mesonfeldes von Møller-Kristensen liegt, oder vielleicht doch allgemeiner ist. Haben Sie sorgfältig nachgesehen, ob bei Ihrem Wirkungsprinzip (2) nicht am Ende *auch* der Ausdruck für die Vakuum-Polarisation für $(pk) = 0$ von selbst verschwindet? (Das dürfte für die Konvergenz genügen.)

Die Antwort auf diese letzte Frage interessiert mich besonders und vielleicht wird es sogar letzten Endes hiervon abhängen, ob ich die lorentz-invarianten Formfaktoren ernst nehme.

Denn von solchen besonderen Glücksfällen abgesehen, ist Cl. Blochs Argument, daß in höheren Näherungen doch Divergenzen auftreten werden – entgegen dem Optimismus von Møller-Kristensen – ganz richtig. Diese diskutieren sehr stark die Ausdrücke unter dem Schutze der Voraussetzung, daß alle auftretenden Impulsvektoren bestimmten (nicht verschwindenden) Massen entsprechen.

Nochmals vielen Dank für Ihren Brief und herzliche Grüße   Ihr W. Pauli

---

[1] Siehe den Brief [1453].
[2] Peierls (1952, S. 153f.).
* In den Index k kann auch die Raumkoordinate mit einbezogen werden, die Zeit schreibe ich aber extra.
** Das Lemma von der Antisymmetrie der nach Ihnen definierten Poisson-Klammern ist übrigens äquivalent mit der Behauptung, daß die aus den beiden oben angeführten Lösungen der *inhomogenen* Variationsgleichung gebildete Kovariante J $(D_{\mathrm{ret}}q_k^{(j)}, D_{\mathrm{av}}q_k^{(j)})$ – die nicht zeitlich konstant ist – *sowohl* für $t \to +\infty$ *als auch* für $t \to -\infty$ *verschwindet*.
*** Bei den Renormalisations-Theorien hat Herr G. Källén hier in Zürich einen ersten Versuch gemacht, von diesen Potenzreihen wegzukommen. Seine Arbeit ist gerade in den Helvetica Physica Acta [**25**, 417–434 (1952)] erschienen. Ihre Meinung würde mich interessieren.
[3] Siehe die Anlage zum Brief [1455].
[4] Bloch (1952, S. 46).
† Sie sollten das ja wissen auf Grund Ihrer Untersuchungen über das Wirkungsprinzip (vgl. p. 3 Ihres Briefes).
†† Ich verwende die Bezeichnung Ihres Briefes. Møller-Kristensen haben L statt Ihres P, p statt Ihres k.

[1459] PAULI AN PEIERLS

Zollikon-Zürich, 30. August 1952

Dear Peierls!

I have one more question regarding the section 6 of your Princeton-paper:[1]
In order to prove the possibility of your definition of Poisson-brackets one has
still to show that the *Jacobi-identity*

$$[A, [B, C]] + [B, [C, A]] + [C, [A, B]] \equiv 0 \tag{I}$$

holds for your definition of $[A, B]$.[2] I am satisfied, if you prove it for the
classical case, moreover it is sufficient to prove it for field-quantities $\phi_\alpha, \phi_\beta, \phi_\gamma$
themselves. – What disturbs me is always the initial value problem which it
involves. Of course, I believe, that it will be all right, but it is *your* business to
give the proof (the Jacobian-identity being fundamental).

Besides it one needs the proof, that for all F's not explicitly depending on
time one has

$$\frac{\partial F}{\partial t} = [F, H]. \tag{II}$$

But the latter was always trivial in the examples which I considered; one has
only to compute $\frac{dH}{dt}$ if the solutions of the *inhomogeneous* variational-equations
are inserted (see my last letter).[3]

So the missing point in your section 6 is just the *Jacobi-identity*. Please let
me know about it.

If this is completed the Lie-Königs-theorem asserts the existence of canonical
variables for a finite number of degrees of freedom. (But I think one can venture
its generalization to a system with an infinite number of degrees of freedom.)

This theorem is simply the circumstance that in an arbitrary space (without
metrics) one can always transform a covariant antisymmetric tensor-field $J_{\rho\sigma}(x)$,
which fulfills

$$J_{\rho\sigma} \equiv -J_{\sigma\rho} \qquad \frac{\partial J_{\rho\sigma}}{\partial x^\tau} + \frac{\partial J_{\tau\rho}}{\partial x^\sigma} + \frac{\partial J_{\sigma\tau}}{\partial x^\rho} = 0$$

{expresses the Jacobi-identity $\delta_1 J(\delta_2, \delta_3) + \delta_2 J(\delta_3, \delta_1) + \delta_3 J(\delta_1, \delta_2) = 0^*$ for

$$J(\delta_1, \delta_2) \equiv \frac{1}{2} J_{\rho\sigma}(\delta_1 x_\rho \delta_2 x_\sigma - \delta_2 x_\rho \delta_1 x_\sigma)\}$$

to its normal form

$$\begin{array}{cc} 0 & -1 \\ 1 & 0 \end{array}$$

$$\begin{array}{cc} 0 & -1 \\ 1 & 0 \end{array}$$

$$\cdots$$

(with some trivial modifications if the determinant $\mathrm{Det}\,\|J_{\rho\sigma}\|$ would be
identically zero).

One can, of course, if one wishes put $J_{\rho\sigma} = \frac{\partial \varphi_\sigma}{\partial x^\rho} - \frac{\partial \varphi_\rho}{\partial x^\sigma}$ and then use the
theorem of Pfaff, that $\varphi_\rho(x)dx^\rho$ can be transformed into $x_1 dx_2 + x_3 dx_4 +$
$\dots x_{2n-1} dx_{2n}$ (+ possibly dx_{2n+1}, which does not occur, if $\mathrm{Det}\,\|J_{\rho\sigma}\| \neq 0$).[4]

If you give a prove of the Jacobi-identity you have practically** proved that all *classical* systems, which you considered in section 6 are Hamiltonian systems.[5]

Regarding troubles with order of factors in the *quantized* systems, they will actually exist for arbitrary Lagrangians and I believe that the formalism can work only for particular Lagrangians.

Best wishes yours

W. Pauli

[1] Peierls (1952, S. 153f.).

[2] Vgl. auch Pauli (1953b, S. 656).

[3] Siehe den Brief [1449].

* It follows for $\sum_{\alpha} J_{\rho\alpha}[x^{\sigma}, x^{\alpha}] = \delta_{\rho}^{\sigma}$ from the Jacobi-identity for the $[x^{\rho}, x^{\sigma}]$. It also follows from (II) that $J(\delta_1, \delta_2)$ is constant in time ("bilinear covariant").

[4] Siehe hierzu die von Pauli (1953b, Anm. 17) zitierte Schrift von E. Goursat: *Leçons sur le problème de Pfaff.*

** Apart from epsilontic questions like treatment of space coordinates [...] as an index α etc.

[5] Dieser Beweis wurde von Pauli (1953b, S. 12) in seinem Beitrag zur Konferenz über nicht-lokale Feldtheorien geliefert, die vom 9.–14. März 1953 in Turin tagte.

[1460] PEIERLS AN PAULI

Les Houches, 1. September 1952

Lieber Herr Pauli!

Ihr Brief vom 29/8.[1] erreichte mich in Birmingham gerade vor der Abreise in die Ferien, der nächste wurde mir nach Paris nachgeschickt. Ich bin jetzt auf einer Rundreise zur Riviera und vielleicht Spanien, und daher nur mit Verzögerung erreichbar.

Über die Eigenschaften des Ausdruckes $e^{\,i \int_1^2 A\,ds}$ habe ich im Falle quantisierter A_μ noch nichts bewiesen. Ich habe aber keine Angst vor der Identität $\frac{\partial j_\mu}{\partial x_\mu} \equiv 0$, da diese doch automatisch aus der Definition $j_\mu(x) = \frac{\delta L}{\delta \Lambda_\mu(x)}$ folgt (sobald L eichinvariant ist) und unabhängig von der Reihenfolge von Faktoren.

Über Vakuumfluktationen eines solchen nichtlinearen Ausdruckes weiß ich auch noch nichts, aber ich glaube, das kommt später. Man muß natürlich nur verlangen, daß die Fluktationen von beobachtbaren Größen endlich sind.

Über den anscheinend divergenten Ausdruck der Vakuumpolarisation versuchen wir noch immer uns zu überzeugen, daß er wirklich verschwindet. Man kann schon Rechenvorschriften geben, mit denen die Integration Null ergibt. Aber das genügt mir nicht. Es könnte sein, daß man eine eindeutige Vorschrift bekommt, wenn man (im Prinzip) die Gleichungen für endliches e löst und dann entwickelt.

Ich glaube, ich werde die Jacobi-Identität beweisen können – im wesentlichen unter Benutzung eines Variationsprinzips $L + \lambda A + \mu B$ und seiner Lösungen bis zur zweiten Ordnung in $\lambda\mu$. Aber das muß warten, bis ich wieder zu Hause bin.

Mit herzlichen Grüßen

Ihr R. Peierls

[1] Siehe den Brief [1458].

[1461] Møller und Kristensen an Pauli

Kopenhagen, 9. September 1952
[Maschinenschrift][1]

Dear Pauli!

We thank you very much for your kind and very instructive letters[2] which, finally, have made us realize that our vacations are over. We have learned a great deal from your letters about the form factor theory and, most of all, that such theories are more similar to the ordinary theory than we ever should have expected. However, we have not quite understood your arguments in all detail. In particular, your remark that the constancy of the quantities Q and W_μ, derived by you,[3] *necessarily* implies that these quantities are generators of gauge transformations and displacement transformations, respectively. In other words, we would like somewhat better to understand if your method of quantization is the *only* consistent one and, hence, identical with the one used by us. We are at present studying this and connected problems. Although we have nothing interesting to tell you about this, we are writing to you in order to destroy your suspicion that we are still on holidays.

As regards the direct questions which you asked in your letters, we shall only be able to give more or less incomplete answers.

In your last letter of August 27th,[4] you have objected that we have treated only a very special case of vacuum polarization. It is quite true that, for reasons of simplicity, we have only considered the case where neither real scattering processes nor pair production can occur to the first order in the coupling constant. This is of course a very special case excluding, for instance, static external fields. But this assumption considerably simplified the calculation of the effect and, since the usual theory already in this case gave rise to an infinite polarization, we found it justified to include this simple calculation in our paper.

Of course we agree that a discussion of the more general case where also space like p_μ's come in should be discussed, but this problem is intimately connected with the questions of the convergence of the self-energies to the fourth order; and to this question we have no other reply than at the time of the Conference. At that time, we found a convergent result with the simple form factor depending on Π^2 only. However, as soon as we get time, we shall look thoroughly through again these rather lengthy calculations. In fact, if you had not given us so many interesting things to think about, we would already have done this.

As regards the correspondence requirement[5] to the form factor discussed in our paper (p. 27), we quite agree that this may be a minimum requirement. This whole problem is rather complicated, since it is somewhat difficult to decide which features of the usual divergent theories one wants to maintain in the "corresponding" form factor theory. We have required that, if the wave functions are slowly varying at one time, the time derivative must be given by the usual field equations, and this requirement leads, irrespective of the magnitude of the coupling constant, to the conditions (5), (6), (7) in section 4 of our paper. With these relatively mild conditions the type of form factor is still largely arbitrary. The assumption that $G(l^1, l^3) = G(\Pi^2)$ is not justified for other reasons than reasons of convenience. As you pointed out in your letter of August 19th,[6] such a form factor would not simultaneously give correspondence and convergence in the limit $m \to 0$. In this limit, one would then have to look for other types of form factors. Actually, one could also have used a form factor $G((l^1 - l^3)^2)$ where the denominator $(l^1 + l^3)^2$ does not occur. One could even have taken a form factor depending on more than one variable. This great arbitrariness is of course very disagreeable and it would be most welcome if just a sharpening of the correspondence requirement could lead to a further restriction in the possible choice of form factors.

We have been very happy for the active interest you have taken in the whole problem and would be most grateful for any further comments and contributions to the discussion.

With best regards,   C. Møller and P. Kristensen

---

[1] Von diesem Schreiben ist außerdem die von Møller aufbewahrte Kopie in seinem Nachlaß in Kopenhagen erhalten.
[2] Siehe die Briefe [1443, 1451 und 1455].
[3] Vgl. die Anlage zum Brief [1443] und Pauli (1953b).
[4] Siehe den Brief [1455].
[5] Siehe Kristensen und Møller (1952, S. 23f.).
[6] Siehe den Brief [1451].

[1462] PAULI AN BOHR

Zürich, 16. September 1952

Dear Bohr!

First I want to thank you for your letter of August 7 and I am glad to inform you that we got for Alder a stipend of the amount of 3000 Swiss Franks as a contribution to the costs for his stay in Copenhagen.[1] This won't cover *all* of his expenses, but I hope that you can take care of an additional contribution which will enable him to be in Copenhagen during 6 months, starting about October 1st.

On the formfactor-theories I had interesting discussions both with Møller-Kristensen and with Peierls, which seem still to continue. Like to you it seems to me rather unlikely that one will reach a real progress in this way, but it seems to me of interest to learn still a little more about, where formally the limitations (divergencies?) of this models become obvious.

Franca and I are now preparing our trip to India (which will start November 6 from London).[2] We were for 2 weeks in Italy, mostly on the island of Elba[3] and on the way back we passed also Tremezzo on the lake of Como (to visit some friends). There in 1927 we have worked so hard "complementary" from proofs back to the manuscript.[4]

From Schrödinger I received proofs of a paper (British Journal of Philosophy of Science),[5] with which I was unable to join any sense whatsoever. It is in some way still more empty than Bohm's attempt to resume de Broglie's old pilote-wave idea: Like a child Schrödinger is crying "Waves are so much more beautiful than particles and these evil statisticians deprive me of my favourite play". In Geneva, on a less-than-semi-scientific occasion, some discussion on quantum-mechanics must have taken place, in which Schrödinger was supposed to be present.[6] I was not there, but I left the cause of quantum-mechanics in the hands of Born and Rosenfeld.

I hope that your "study-group"[7] will get some positive results during the winter and I may add, that I shall have nothing against it, if such results will concern subjects without any direct connection with engines.

Franca joins me in sending to you, Margrethe and the whole family all good wishes.

As ever Yours

W. Pauli

---

[1] Vgl. hierzu auch den Brief [1451].

[2] Siehe hierzu den Kommentar zum Brief [1489].

[3] Paulis waren Anfang September für zwei Wochen nach Italien gereist.

[4] Nach dem Comer Kongreß im September 1927 hatte Bohr eine Woche gemeinsam mit Pauli am Comer See verbracht und mit ihm sein Vortragsmanuskript diskutiert. Siehe hierzu Band **I**, S. 409ff.

[5] Schrödinger (1952a, b).

[6] Siehe hierzu den Kommentar zum Brief [1428]. Später griff Pauli durch seinen Briefwechsel mit M. Born aufklärend in diese Diskussion ein. Vgl. hierzu die im *Einstein-Born-Briefwechsel* abgedruckten Briefe von Pauli an Born vom 3. und 31. März 1954.

[7] Diese Bemerkung bezieht sich auf Bohrs Mitwirkung als Leiter der theoretischen Studien-Gruppe des *European Nuclear Research Centre* (CERN). In diesem Rahmen war auch die schon mehrfach erwähnte Kopenhagener Physikerkonferenz im Juni 1952 veranstaltet worden.

[1463] PAULI AN KÄLLÉN

Zürich, 16. September 1952

Lieber Herr Källén!

Die Arbeit von Hurst[1] geht gleichzeitig separat als eingeschriebene Sendung an Sie ab. Ich wäre Ihnen sehr dankbar, wenn Sie mir Ihre Meinung darüber schreiben würden, insbesondere ob es sich trotz dieser Arbeit für Thirring lohnt, an diesem Problem weiter zu arbeiten.

Thirring schreibt mir aus Bern (2. September) (nachdem er ausdrücklich zugibt, daß sein Beweis falsch war), „Die Arbeit von Hurst stellt für mich in dem Sinn keine Konkurrenz dar, daß er gar nicht versucht, einen strengen Beweis zu geben. Er kümmert sich gar nicht um die Renormalisierung und berechnet nur etwa die Hälfte aller Graphen, die zu renormalisierenden läßt er weg. Wenn ich mir von Hurst ein paar Rechenkniffe ausborge, dann kann ich jetzt einen Beweis bringen, der etwas einfacher als mein erster, falscher Beweis ist. Ich möchte die Sache publizieren, sobald ich mit Källén einig geworden bin."

Der letzte Satz ist für mich vorläufig nur ein Versprechen. Was meinen Sie nun zur ganzen Sachlage Hurst + Thirring?

Inzwischen ist einige Zeit vergangen, da meine Frau und ich noch etwa 2 Wochen in Italien in Ferien waren.[2] Bei meiner Rückkehr fand ich auch Ihren letzten Brief vor und will gerne die Neuauflage des Buches von Heitler für Sie besorgen, sobald sie erscheint.[3]

Inzwischen vielen Dank für alle Ihre Mühe und herzliche Grüße

Stets Ihr   W. Pauli

---

[1] Vgl. Hurst (1952a) und den Brief [1450].
[2] Siehe hierzu die Bemerkung im vorangehenden Brief [1462].
[3] Die dritte stark überarbeitete und erweiterte Auflage von Heitlers *Quantum theory of radiation* erschien erst 1954.

[1464] PAULI AN ROSBAUD

Zollikon-Zürich, 24. September 1952

Lieber Steinklopfer Hans!

Vielen Dank für Ihren Brief. Meine Frau und ich laden Sie *gleich* für Freitag, den 10. Oktober zum Nachtessen bei uns ein. (Ich habe ihr schon viel von Ihnen erzählt.)[1] An diesem Tag habe ich nur von 10–12 Uhr Prüfungen und bin nachher frei.

Die Reise nach Indien startet am 6. November in London (Dampfer „Stratheden").[2]

Alles andere (einschließlich fliegende Teller)[3] mündlich.

Auf frohes Wiedersehen   Stets Ihr W. Pauli

---

[1] Paulis Bemerkung läßt vermuten, daß er Rosbaud noch nicht sehr lange kannte.
[2] Siehe hierzu den Kommentar zum Brief [1489].
[3] Paulis Interesse an den fliegenden Tellern war durch die Beschäftigung einiger Mitarbeiter des Jung-Institutes mit diesem Thema geweckt worden. Vgl. hierzu Hannah [1991, S. 336ff.] und Jung, *Gesammelte Werke*, Band **10**, S. 337–474.

[1465] HEISENBERG AN PAULI

Göttingen, 27. September 1952
[Maschinenschrift]

Lieber Pauli!

Der junge Freese[1] erzählte mir von einem Gespräch, das er mit Dir in Grenoble gehabt hat,[2] und ich hatte den Eindruck, daß sich Deine Meinung über die Feldtheorie seit Kopenhagen[3] etwas geändert hat. Da mich in dieser zentralen Frage Deine Stimmung sehr interessiert, möchte ich Dir noch einmal die meinige schreiben und Dich um Deine Ansicht dazu bitten. Du hast schon in Kopenhagen vermutet und inzwischen bewiesen, daß es für die Møller-Kristensensche Theorie[4] einen Hamilton-Operator gibt, der allerdings nicht-lokale Operationen enthält. Nach Freeses Bericht schließt Du daraus, daß die Møllersche Theorie nicht besonders interessant ist, da sie nur zu dem üblichen Typus mit Hamilton-Funktionen gehört.

Mit dieser Meinung wäre ich aus folgendem Grund nicht einverstanden: Nach den Überlegungen über die Kausalität (Stückelberg, Fierz usw.) muß man schließen, daß in der Theorie der Elementarteilchen nicht nur eine S-Matrix existiert, die von $-\infty$ nach $+\infty$ führt, sondern auch eine S-Matrix, die über ein endliches Zeitintervall T transformiert, wenn nur dieses Zeitintervall T groß gegen die „kleinste Zeit" ist. Ich möchte (auch nach den Überlegungen von Wightman)[5] vermuten, daß die Existenz einer solchen S-Matrix immer die Existenz einer Hamiltonfunktion in diesem allgemeinen Sinne zur Folge hat; denn man kann die S-Matrix ja einfach in der Form $S_t^{t+T} = e^{iHT}$ schreiben. Die so definierte Hamiltonfunktion wird aber natürlich im allgemeinen Zeitintegrale und nicht-lokale Operationen enthalten. Wenn dies richtig ist, so wäre die Møllersche Theorie doch keineswegs uninteressant, sondern im Gegenteil ein erstes mathematisch gut analysiertes Beispiel für den Typus von Theorien, der später gebraucht wird.

In meiner Arbeit vom Jahr 1946[6] hatte ich vermutet, daß die richtige Theorie der Elementarteilchen irgendwo in der Mitte liegt zwischen dem eben genannten Typus und einer Theorie, in der nur die $S_{-\infty}^{+\infty}$-Matrix gegeben ist. Diese Meinung wäre auf Grund der Fierz-Stückelbergschen Kausalitätsforderung jetzt dahin zu korrigieren, daß die wahre Theorie nicht irgendwo „in der Mitte", sondern genau auf der einen Seite, nämlich bei den Theorien von dem Møller-Kristensenschen Typus liegt. Meine eigene Kritik an Møller-Kristensen würde also im Augenblick nicht dahin gehen, daß diese Theorie ein zu enger Rahmen ist, sondern im Gegenteil, daß sie ein noch zu weiter Rahmen ist. Denn ich glaube (im Zusammenhang mit meinen Rechnungen zur Mesonenerzeugung),[7] daß man sich unter den Theorien vom nicht-lokalen Typus noch besonders für diejenigen interessieren muß, bei denen die nicht-lokalen Operationen im Grenzfall großer Wellenamplituden verschwinden bzw. unwichtig werden, bei denen die „Verwaschungen" also nur von der Quantisierung herrühren.

Ich wäre Dir dankbar, wenn Du mir noch einmal Deine Ansicht zu dieser Frage schreiben könntest.

Mit vielen Grüßen von Institut zu Institut   Dein W. Heisenberg

---

[1] Ernst Freese beschäftigte sich im Göttinger Max-Planck-Institut mit Streuproblemen und gebundenen Teilchen in der Quantenfeldtheorie.

[2] Pauli war dort in der zweiten Augustwoche während seiner Teilnahme an der Sommerschule in Les Houches.

[3] Im Juni 1952 führten Pauli und Heisenberg ein längeres Gespräch über die Formfaktortheorie während eines Spaziergangs an der Kopenhagener *Langen Linie* (vgl. den Brief [1444].

[4] Kristensen und Møller (1952).

[5] Vgl. Wightman (1952).

[6] Heisenberg (1946).

[7] Vgl. Heisenberg (1952).

[1466] PAULI AN BHABHA

Zollikon-Zürich, 30. September 1952
[1. Brief][1]

Dear Bhabha!

I do not know exactly which is the best address to write to you to day. I have heard about your staying in New York, but I also heard from Bretscher, that he wanted to meet you about now in Copenhagen, so it seems that you are expected there. Moreover I have no address of you in New York, so I try to send this letter to the Bohr-Institute.

The purpose of this letter is to inform you about the very slow rate of our negotiations with the Indian Embassy in Berne about our visas to India.

I wrote to this Embassy already on July 19th, informing them of my invitation to the Tata-Institute and requesting for the visas for Mrs. Pauli and myself, also telling that we intend to sail with the "Stratheden" from London to Bombay sailing November 6th.[2] I enclosed my passports in this letter. This letter has never been answered. I was glad that, after telephoning with some clerk 2 weeks later, I got my passport back, which I needed for trips to France and Italy.[3]

After return from Italy we immediately wrote again to the Embassy on September 18th (with 2 forms for visa applications included and referring to the previous letter) again including our passports.

One week later we received a brief letter dated September 25 and signed "N. V. Agate, Second Secretary" with the only information "Your case has been referred to the Government of India. You will be addressed on receipt of their reply." This is all "assistance", and moreover the only information, which we received from the Embassy until today. (Whether or not the "official intimation" – mentioned in your letter of July 5 –, to give us "all possible assistance in the matter of obtaining visas etc.", was actually received by the Embassy in Berne, I do not know.) No explanation was given by the secretary, why he has not a reply from his Government already since long time, because of my letter of July 19th.

I am at present a bit anxious that this entirely unnecessary delay will be prolonged still further, not knowing how quickly the offices of the Government of India are working. We decided therefore on *September 26* to send the following "Night letter" to Mr. Batlivala (Bhulabhai Dezai Road 89, Bombay 21):

"Cannot contact Bhabha Stop Please help accelerate our Visa with Indian Government Stop Your Embassy in Berne does not give assistance Stop. Please answer. Pauli"

No answer arrived until now (September 30). We found it practical, to send a message to somebody in India, hoping that in case of absence of Batlivala (that means if he should be on some trip to U. S. A. or Europe) somebody else will open the telegram and make some proper steps.

I regret that you did not give me a personal introduction to some *higher* official at the Embassy in Berne.

I hope that this letter will reach you not too late and that I shall so obtain then your help and advice. In case something new will happen meanwhile I shall let

you know as soon as I have your address. We all hope, that you will come to
Zürich soon and that you will give us some report on Peters' results on meson
showers[4] together with your own theoretical considerations.[5]

With all good wishes from Mrs. Pauli and myself

Sincerely yours

W. Pauli

[1] Pauli verfaßte die zwei nahezu identischen Briefe [1466 und 1467]. Das vorliegende Schreiben
schickte er nach Kopenhagen, in der Hoffnung, daß es dort Bhabha erreichen würde.
[2] Siehe hierzu den Kommentar zum Brief [1489].
[3] Siehe die Bemerkungen in den Briefen [1450, 1451 und 1462, 1463].
[4] Vgl. Peters (1951, 1952) und die Bemerkung zum Brief [1441].
[5] Vgl. Bhabha (1952).

[1467] PAULI AN BHABHA

This is essentially a copy of a letter which I sent yesterday to you to
Copenhagen. Meanwhile I got a new address of you. You only need to read
one of these two letters. I hope, one of them will reach you.

Zollikon-Zürich, [1.][1] Oktober 1952
[2. Brief]

Concerns: Necessity to accelerate our *visas* to India with Indian Government.
Dear Bhabha!

This is an account of the rather slow rate of my negotiations with the Indian
Embassy in Berne on our visas to India.

On July 19th I have sent a letter to this Embassy containing full information
about the invitation by the Tata-Institute, my intention to take the steamer
"Stratheden", sailing from London November 6 and requesting visas for Mrs.
Pauli and myself. The letter has never been answered. (I was glad to get our
passports back after a telephone call to some clerk about two weeks later. I
needed them for trips to France and Italy.)

After my return from Italy I wrote a second time to the Embassy on September
18th (again sending the passports, referring to my previous letter).

In a letter, dated September 25th and signed by "N. V. Agate, Second
Secretary" I got the brief information "Your case has been referred to the
Government of India. You will be addressed on receipt of their reply". The
secretary did not give an explanation, why, as a consequence of my letter
of July 19th, he had not a reply from his government since long time. After
your information (your letter of July 5) "official intimation is being sent to our
Embassy in Berne to give you all possible assistance in the matter of obtaining
visas etc." I was very surprised and also somewhat afraid of a further long delay,
not knowing, how quickly the offices of the Indian Government will work.

I therefore decided to send the following night letter to Batlivala (Address:
Bhulabhai Dezai Road 89, Bombay 21):

"Cannot contact Bhabha Stop. Please help accelerate our visa with Indian Government Stop. Your embassy in Berne does not give assistance. Please answer. Pauli"

Of course I did not know whether Batlivala is at present in Bombay, but it seemed to me more practical to cable to Bombay (hoping that possibly somebody else will replace Batlivala in the case of his absence) than to search you in the whole world.

Until now (October 1) no answer arrived. I doubt whether "assistance" is just the right word to characterize rightly the behaviour of the Second Secretary of the Indian Embassy toward me and I regret that you did not give me a personal introduction to a *higher* official of this Embassy.

Now I would appreciate it very much to have your help and your advise in the matter of our visas.

We hope that you will come soon to Zürich and that you will give us a talk on Peters' experiments on meson showers and on your own theoretical considerations about it.

With many regards from Mrs. Pauli and myself

Sincerely yours

W. Pauli

---

[1] Unleserliche Textstelle.

[1468] PAULI AN JORDAN

Zollikon-Zürich, 1. Oktober 1952

Ich will im Sommersemester ein Kolleg lesen: „Probleme der allgemeinen Relativitätstheorie",[1] um die Sachen wieder frisch zu lernen.

Lieber Herr Jordan!

Ich habe mich noch nicht bedankt für Ihr interessantes Buch „Schwerkraft und Weltall"[2] und will das gerne heute nachholen. Inzwischen habe ich es nämlich genauer studiert und habe auch in das Buch von G. Ludwig (Fortschritte der projektiven Relativitätstheorie)[3] etwas hineingesehen.

Da ich an letzterer nicht ganz unschuldig bin,[4] so möchte ich bei dieser Gelegenheit betonen, daß ich das Gefühl habe, das Opfer einer Täuschung gewesen zu sein,* wenn ich nunmehr meine alten Arbeiten von 1933 darüber wiederlese. Die Täuschung besteht darin, daß man meint, durch die projektive Form, d.h. die homogenen Koordinaten, die Mängel der Kaluzaschen Formulierung behoben und überhaupt über Kaluza hinaus irgend etwas geleistet zu haben. Der Übergang von Kaluza zur projektiven Form** (der mir damals – 1933 – nicht *explizite* bekannt war) ist aber zu einfach und zu banal, als daß der sachliche Inhalt beider äquivalenten Formulierungen irgendwie verschieden sein könnte. Seien $x^1 \ldots x^4; x^5$ Kaluzas Koordinaten für welche $\frac{\partial}{\partial x^5} = 0$ für alle physikalischen Größen (insbesondere für die $g_{\mu\nu}$), so mache man eben die Koordinatentransformation

$$X^\alpha = f^\alpha(x^k)e^{x^5}$$

(lateinische Indizes, wie k, von 1 bis 4, griechische, wie α, von 1 bis 5), so werden die X^α von selbst homogen, der Vektor, der in Kaluzas Koordinaten die Komponenten $(0, 0, 0, 0; 1)$ hat, wird im neuen System mit den X^α identisch, und $\frac{\partial(\cdot)}{\partial x^5} = 0$ nimmt in den X^α die Form an, daß die Komponenten des Tensors $(\cdot)$ homogen werden in den X^α mit einem Grad gleich der Differenz der Anzahlen seiner kontravarianten und seiner kovarianten Indizes. Es ist eine Illusion, daß das letztere verständlicher sei als Kaluzas Bedingung $\frac{\partial(\cdot)}{\partial x^5} = 0$. Vom Standpunkt der Geometrie aus ist eben *jede* Metrik ein Fremdkörper im projektiven (durch *homogene* Koordinaten beschriebenen) Raum.

Ferner scheint mir das Vorkommen von „Projektionsgrößen" wie $\gamma_\nu^{\cdot k}$ und $\gamma_{\cdot l}^\nu$ in der Theorie überaus häßlich und unnatürlich und eben nur ein Anzeichen, daß Kaluzas Koordinaten unter den eingeführten Voraussetzungen eben *doch* die natürlichen sind! (Ich glaube jetzt, daß in einer vernünftigen Theorie solche Größen wie $\gamma_\nu^{\cdot k}$ und $\gamma_{\cdot l}^\nu$ nicht vorkommen dürfen!) Ferner habe ich auf p. 329 des Teil I meiner Arbeit von 1933 naiv geschrieben, daß die Naturgesetze die $\gamma_{\cdot l}^\nu$ und $\gamma_\nu^{\cdot k}$ nicht explizite enthalten sollen; aber dafür ist vom Standpunkt der zugrunde gelegten Gruppe von Koordinaten-Transformationen kein Grund vorhanden.

Wie Sie ja richtig bemerkt haben, ist diese Gruppe völlig äquivalent den 4-dimensionalen Koordinaten- und den *Eich*transformationen (1), daher zunächst *alle* Invarianten gegenüber diesen Transformationen als Integranden im Wirkungsintegral zulässig sind. Die Auszeichnung des fünf-dimensionalen Krümmungsskalars $R^{(5)}$ ist zunächst nicht gerechtfertigt. Dies wäre nur dann der Fall, wenn eine *umfassendere* Transformationsgruppe gefordert wäre, als

$$x'^k = f^k(x^a); \quad x'^5 = x^5 + f(x^a). \tag{1}$$

Selbstverständlich ist der Verzicht auf die Bedingung $J \equiv g_{\mu\nu}X^\mu X^\nu = \text{const.}$ äquivalent mit dem Zulassen eines *beliebigen* g_{55} bei Kaluza, da in dessen K-System eben $J = g_{55}$ ist (was Herr Ludwig merkwürdigerweise gar nicht erwähnt).

Ich habe mir nun einige Formeln in Kaluzas Theorie (mit $\frac{\partial(\cdot)}{\partial x^5} = 0$) *mit* S_{55} aufgeschrieben. Der metrische Tensor (mit eichinvarianten g_{ik}) wird (N. B. Die Dimension von J fällt zum Schluß ganz heraus, so daß J *nicht* dimensionslos zu sein braucht.)

$$\begin{matrix} g_{ik} + J\varphi_i\varphi_k, & J\varphi_i \\ J\varphi_k, & J \end{matrix}$$

mit der reziproken Matrix

$$\begin{matrix} g^{ik}, & -g^{ir}\varphi_r \\ -g^{kr}\varphi_r, & \frac{1}{J} + g^{rs}\varphi_r\varphi_s \end{matrix}$$

(Die φ_i sind so definiert, daß sie bei der Transformation $x'^5 = x^5 + f(x^a)$ sich wie $\varphi_k' = \varphi_k + \frac{\partial f}{\partial x^k}$ transformieren.)

Der Krümmungsskalar wird dann ($g \equiv -\text{Det}\|g_{ik}\|$) mit $f_{ab} \equiv \frac{\partial \varphi_b}{\partial x^a} - \frac{\partial \varphi_a}{\partial x^b}$

$$R^{(5)} = R^{(4)} + \frac{1}{4}J f^{ab} f_{ab} + \frac{1}{\sqrt{Jg}} \frac{\partial}{\partial x^i} \left(g^{ik}\sqrt{g}2\frac{\partial\sqrt{J}}{\partial x^k} \right),$$

so daß die Dichte

$$\sqrt{Jg}\,R^{(5)} = \sqrt{J}\,\sqrt{g}\,(R^{(4)} + \frac{1}{4}Jf^{ik}f_{ik}) + \text{vollständiges Differential.}$$

(Im speziellen Wirkungsprinzip $\delta \int \sqrt{Jg}\,R^{(5)}d^{(4)}x = 0$ kann letzteres gerade weggelassen werden.)

Für diese spezielle Wahl der Wirkungsdichte besteht allerdings kein a priori Grund, und ich habe Ihr allgemeines Wirkungsintegral (p. 132, 133 Ihres Buches und ähnliches bei Ludwig) mit Interesse zur Kenntnis genommen.

Baade[5] war kürzlich auf der Durchreise hier und hat mir vom neuesten Wert der Hubble-Konstante erzählt.[6] Bitte schicken Sie mir einen Sonderdruck Ihrer neuesten Publikation der Zeitschrift für Physik darüber.[7] – An sich scheint mir der Diracsche Gedanke eines veränderlichen κ natürlich und ich bin im Moment davon überzeugt, daß die Wirkungsprinzipien vom Typus der auf p. 132 Ihres Buches verwendeten die einzig vernünftige Formulierung des „Diracschen Gedankens" ist. Ein Urteil darüber, ob dieses der physikalischen Wirklichkeit entspricht oder nicht, wage ich noch nicht.

Die Kaluzasche (oder mit ihr äquivalente) Fassung dieser Theorie (die ja übrigens auch ein zu speziell gewähltes Wirkungsprinzip zugrunde legt) ist nun ihrerseits ein Sonderfall und es war klug von Ihnen, sich (im Gegensatz zu Ludwig) nicht zu sehr auf diese besondere Deutung einzulassen. Interessant ist, daß nach dieser das (mir recht rätselhaft erscheinende) Vorzeichen der Gravitationskonstante (d. h. hier das Vorzeichen von J) durch den raumartigen Charakter der 5. Dimension interpretiert wird.

Im ganzen könnte aber Kaluzas Kombination der Riemann-Geometrie des 5-dimensionalen Raumes, kombiniert mit $\frac{\partial(\cdot)}{\partial x^5} = 0$ (und die projektive Form ist um nichts besser, denn *warum* muß a priori $g_{\mu\nu}$ homogen vom Grad -2 sein?) nur ernst genommen werden, wenn sich hinter (1) eine umfassendere T_r-Gruppe verbergen würde.

Kann man Ihnen nun zur Sicherung der Pensionskasse gratulieren?[8]
Viele Grüße

Ihr W. Pauli

[1] Pauli hielt nach seiner Rückkehr aus Indien im Sommer 1953 eine Vorlesung über „Probleme der allgemeinen Relativitätstheorie". Ein von seinem späteren Assistenten Charles Enz ausgearbeitetes Manuskript befindet sich im *Pauli-Nachlaß*.

[2] Jordan [1952]. Markus Fierz berichtete, Pauli habe versehentlich vom Verlag ein im Inneren völlig unbedrucktes Exemplar dieses Buches zugestellt erhalten. Er soll ironisch dazu bemerkt haben: „Der Jordan weiß, daß ich mir selbst denken kann, was darin stehen sollte."

[3] Ludwig [1951]. Siehe hierzu auch den Brief [510].

[4] Vgl. Pauli (1933a, b).

* Dasselbe Opfer scheint mir auch Herr Ludwig zu sein, während das bei Ihnen nicht, oder jedenfalls viel weniger der Fall ist.

** Siehe z. B. *P. Bergmann*: An Introduction to the theory of Relativity, New York 1942, p. 269 und 270.

[5] Pauli kannte Walter Baade noch aus der Zeit in Hamburg, wo sie auch eine kleine gemeinsame Arbeit (1927) über die Wirkung des Strahlungsdruckes auf die Teilchen in Kometenschweifen verfaßt hatten. Weitere Angaben über Baade findet man z. B. in dem Nachruf von ten Bruggencate (1962).

[6] Vgl. Baade (1952).

[7] Jordan (1952).

[8] Offenbar hatte Pauli durch ein Gutachten Jordans Gesuch um Anrechnung der abgeleisteten Dienstjahre bei der Pensionskasse unterstützt. Siehe hierzu auch die Bemerkung am Schluß des Briefes [1499].

[1469] PAULI AN HEISENBERG

Zürich, 8. Oktober 1952
[Maschinenschrift]

Lieber Heisenberg!

Ich freue mich über Deinen Brief,[1] da er mir Gelegenheit gibt, über die Formfaktor-Theorie vom Typus der Møller-Kristensen Theorie mit Dir in einen Ideenaustausch zu kommen. Meinen eigenen Gedankengang habe ich allerdings aus Deinem Brief kaum wiedererkennen können. (Herr Freese[2] ist sehr nett, hat aber noch nicht viel Übung im Zuhören, wie ich schon früher bemerkt habe. Ich lasse ihn schön grüßen.)

Energie-, Impuls- und Ladungsintegrale, die exakt zeitlich konstant sind, haben sich in der Tat in der Møller-Kristensen-Theorie leicht finden lassen. In diesem Fall muß der ganze Hamiltonsche Formalismus gelten, wenn auch die Hamilton-Funktion, wie sie explizite dasteht, zunächst Zeitintegrale enthält. Nach meiner Meinung muß daher auch die S-Matrix für beliebig kleine T existieren (nicht nur für endliche T, wie Du in Deinem Brief anzunehmen scheinst). Ob die Zeitintegrale in der Hamiltonfunktion wesentlich oder im Prinzip eliminierbar sind, hängt wesentlich davon ab, ob die Mannigfaltigkeit der Lösungen bei der Koppelung mit Formfaktor dieselbe ist wie die der kräftefreien Teilchen. Nur wenn diese Forderung erfüllt ist, kann eine Entwicklung nach Potenzen der Koppelungskonstante (Störungstheorie) überhaupt versucht werden. (Auf die Möglichkeit dieses Falles hast Du ja selbst in Kopenhagen im Zusammenhang mit den ganzen transzendenten Funktionen als Formfaktoren bei Pais-Uhlenbeck hingewiesen.) Ist nun diese Bedingung erfüllt, so sind im c-Zahlmodell auch bei Vorhandensein der Formfaktor-Koppelung die Anfangswerte der Felder ψ, $\bar{\psi}$, u und $\frac{\partial u}{\partial t}$ auf einer beliebigen Fläche $t = $ const. immer noch willkürlich vorgebbar und bestimmen dann eindeutig den weiteren Ablauf. Die Zeitintegrale in der Hamilton-Funktion sind dann durch Potenzreihenentwicklung nach der Koppelungskonstante im Prinzip eliminierbar.

Dennoch enthält auch in diesem Fall die Theorie eine wesentlich neue formale Eigenschaft hinsichtlich der Lorentz-Transformationen. Diejenigen Felder nämlich, die sich bei diesen Transformationen in der üblichen Weise lokal transformieren – z. B. wie Skalare oder Spinoren – werden im allgemeinen als Folge der Formfaktorkoppelung in raumartigen Punktepaaren nicht mehr kommutieren. Deshalb enthält die Theorie formal eine verallgemeinernde Bereicherung verglichen mit der lokalen Koppelung, und man kann nicht von vornherein sagen, daß sie uninteressant ist.[3]

Negativ ist aber zu dieser Theorie zu sagen, daß sie, verglichen mit den renormalisierten Theorien vom Typus Dyson-Schwinger, keinen Fortschritt bringt.[4] Ob die Reihen der Störungstheorie für irgendeinen Wert der Koppelungskonstanten konvergieren, das ist bei *beiden* Theorien zweifelhaft (siehe unten), und aus physikalischen Gründen ist ja in der Formfaktortheorie auch dann eine Renormalisation nötig, wenn die Störungen der Ruhmasse und der Koppelungskonstanten endlich sein sollten.

Was die zu große Allgemeinheit der Formfaktortheorie betrifft, so halte ich die Diskussion der Endlichkeit der höheren Näherungen der Störungsrechnung (Terme proportional zu höheren Potenzen der Koppelungskonstante) in diesen Theorien nicht für abgeschlossen: Ich habe einen gewissen Verdacht, daß doch noch Divergenzen darin sind, eben als Folge der Lorentzinvarianz des Formfaktors.

Aus physikalischen Gründen bin ich aber recht zufrieden mit der letzten Bemerkung Deines Briefes: Man sollte eine Zusatzforderung stellen von der Art, daß die Theorie automatisch „lokal" werden muß, wenn man zu einem klassischen Limes übergeht, oder mit anderen Worten: eine Abänderung des *klassischen* Modelles im Sinne einer Nichtlokalität auch ohne Quantisierung sollte nicht zugelassen sein. In diesem Sinne stimme ich ganz Deinem Gesichtspunkt zu, daß die (lorentzinvarianten) Formfaktor-Theorien ein zu *weiter* Rahmen sind.

Auf Deine Frage nach meiner Meinung über Thirring zurückkommend, möchte ich bemerken, daß sie im Moment wieder etwas weniger gut ist als bei unserem letzten Treffen in Kopenhagen.[5] In seiner Arbeit über die $[\psi(x)]^3$ Koppelung war doch ein wesentlicher und nicht harmloser Fehler; wir stimmen also beide in der Feststellung des störenden Vorhandenseins einer „österreichischen Schlamperei" bei ihm überein. Inzwischen ist eine (ungedruckte) Dissertation von Hurst[6] aus Cambridge hier eingetroffen, in der dasselbe Problem behandelt wird, aber in wesentlich unvollständiger Weise, da die Renormalisation außer Betracht bleibt. Thirring hat deshalb an dem Problem weitergearbeitet und hat nun eine Neuauflage seiner Arbeit verfaßt,[7] die ich aber noch nicht gesehen habe. Er behauptet nun wieder bei diesem Modell die Divergenz der Potenzreihen der renormalisierten Störungstheorie für alle Werte ($\neq 0$) der Koppelungskonstanten (wenigstens in einem speziellen Bereich der Impulsvariablen – denselben legt auch Hurst zugrunde) beweisen zu können.[8]

Viele Grüße   Dein W. Pauli

[Handschriftlicher Zusatz:] P. S. Ich habe nun Thirrings neues Manuskript auf meinem Tisch. Im Moment scheint mir und anderen seine Arbeit richtig.

---

[1] Siehe den Brief [1465].
[2] Pauli hatte Heisenbergs Schüler Ernst Freese während der Sommerschule in Les Houches kennengelernt.
[3] Vgl. auch Pauli (1953b, S. 3).
[4] Siehe hierzu auch die allgemeinen Übersichtsberichte von Dyson (1952a, 1953).
[5] Heisenberg hatte sich im Juni mit Pauli in Kopenhagen getroffen und bei dieser Gelegenheit offenbar auch Erkundigungen über Walter Thirrings physikalischen Fähigkeiten eingezogen (vgl. hierzu auch die Anmerkung in Paulis Brief [1494]).
[6] Vgl. Hurst (1952c).
[7] Thirring (1953a). Siehe hierzu auch die Darstellung bei Källén (1958, S. 359).
[8] Siehe den Brief [1463].

[1470]　Pauli an Fierz

Zollikon-Zürich, 11. Oktober 1952

Lieber Herr Fierz!

Wir (Schafroth und ich) haben hier neulich mit Ergötzen Ihren Brief über Thirring gelesen, wo Sie ihm gegenüber als „braver Schulmeister" auftreten und hoffen, daß ihn dieses Auftreten in einen ebenso „braven Schüler" verwandeln wird.

Inzwischen war auch Thirring hier, und sein neues Manuskript[1] habe ich gelesen (ihm nun auch wieder zurückgeschickt). Die geänderte Stelle konnte ich leicht feststellen, ebenso auch, daß keine Widersprüche mit irgendwelchen Behauptungen von Källén mehr vorhanden sind. Von letzterem kam gestern auch noch das Manuskript von Hurst zurück[2] mit einem Brief, in dem nicht viel für mich Neues stand. Es scheint mir also nicht mehr nötig, ein besonderes Gutachten über die Arbeit von Thirring einzuholen,[3] zumal nunmehr auch Sie selbst sie sehr sorgfältig gelesen haben. Mir scheint die Sache nun auch richtig. Meine Befürchtungen über einen Prioritätsstreit mit Hurst haben sich auch wieder verflüchtigt, denn erstens hat bereits eine briefliche Korrespondenz zwischen Thirring und Hurst stattgefunden, zweitens wird im Heft vom 1. Oktober der Proceedings of the Cambridge Philosophical Society ohnehin eine Arbeit von Hurst gedruckt erscheinen.[4]

Für mich ist der „Fall Thirring" hiermit erledigt, und die Herstellung eines technisch einwandfreien Manuskriptes bleibt *seine* Aufgabe. Am 4. November reisen wir Richtung London und am 6. von dort Richtung Bombay.[5] (Ob vorher noch ein Seminar sein wird, ist fraglich.) Meine Adresse in *Bombay* ist: Tata's Institute of Fundamental Research.

Inzwischen alles Gute und viele Grüße　　　　　　　　　　　　　　Ihr W. Pauli

P. S. Ob nun in Indien der „Interferenzeffekt" „Pauli-Effekt" versus „Yogis" sich feststellen lassen wird?

---

[1] Vgl. Thirring (1953a) und Paulis Bemerkungen in seinem Brief [1469] an Heisenberg.
[2] Vgl. den Brief [1450].
[3] Da Thirrings Arbeit in den *Helvetica Physica Acta* gedruckt werden sollte, benötigte Fierz als Herausgeber dieser Zeitschrift gemäß dem üblichen Vorgang ein solches Gutachten.
[4] Hurst (1952c).
[5] Siehe den Kommentar zum Brief [1489].

[1471]　Fierz an Pauli

Basel, 11. Oktober 1952

Lieber Herr Pauli!

Dieser Tage habe ich mich wieder mit unserer alten Arbeit über das *H*-Theorem[1] beschäftigt. Abgesehen, daß es in ihr von Druck- und Schreibfehlern wimmelt, so daß ich mir noch heute bei der Lektüre Asche aufs Haupt streuen möchte, gefällt sie mir auch sonst nicht; und zwar darum, weil in ihr nicht das Richtige diskutiert wird.

Das Modell als solches möchte ich jetzt nicht anfechten, obwohl man es vielleicht noch verallgemeinern kann. Aber die daran angeschlossene Diskussion finde ich immer noch zu unphysikalisch und darum auch allzu kompliziert.

Ich möchte folgendes vorschlagen:

Man hat einen Makrobeobachter, der durch eine Energieschale mit S Zuständen und darin N Phasenzellen $v = 1 \ldots N$ mit je S_v Zuständen charakterisiert ist. ω_τ seien seine Eigenfunktionen, φ_σ diejenigen der stationären Zustände. Es gibt eine unitäre Transformation $U_{\tau\sigma}$, welche S Spalten und Zeilen hat, die beide Funktionssysteme verbindet.

Das System werde durch eine Funktion $\psi = \sum\limits_{\sigma} r_\sigma \varphi_\sigma = \sum t_\tau \omega_\tau$ beschrieben.

Die r_σ ändern sich gemäß $r_\sigma = |r_\sigma| e^{-i\omega\sigma t + i\alpha}$. Das ist alles wie in unserer Arbeit.

Weiter ist die Wahrscheinlichkeit, das System in der Phasenzelle v zu finden, durch

$$x_v = \sum_{\tau=1}^{s_v} = |t_\tau|^2$$

gegeben.

Jetzt würde ich aber so sagen:

Wenn der Beobachter eine *Messung* macht und hierbei das System in der Phasenzelle v findet, dann schreibt er dem System die Entropie

$$\lg s_v$$

zu, und nicht etwa $- \lg \frac{x_v}{s_v}$! Denn er *weiß* ja, daß das System in der Zelle v sich befindet, hat also mehr Kenntnisse, als der mikrokanonische Beobachter, der nur weiß, das System befindet sich in der Energieschale. Seine Entropie ist darum

$$\lg S.$$

Hat der Makrobeobachter Glück, ist zufällig die Zelle v sehr klein, so ist auch die Entropie sehr klein.

Da nun die Wahrscheinlichkeit, das System in der Zelle v zu finden, x_v ist, so ist der Erwartungswert der Entropie

$$\sum_{v=1}^{N} x_v \lg s_v.$$

Es ist wesentlich, daß es sehr kleine Zellen v gibt, nur ist es höchst unwahrscheinlich, daß sich das System in ihnen befinde, d. h. die x_v sind für diese Zellen meistens klein.

Was heißt „meistens"? Das heißt, diese x_v sind im Zeitmittel und für fast alle Beobachter klein.

Die x_v haben nämlich im Zeitmittel und für fast alle Beobachter den Wert $\frac{s_v}{S}$, d. h. für fast alle Beobachter sind die x_v im Zeitmittel gleich den statistischen Wahrscheinlichkeiten, das System in der Zelle v zu finden. Das ist der Ergodensatz.

Das ist nun leicht zu beweisen:

Das Zeitmittel von x_v ist ja

$$\bar{x}_v = \sum_{\rho\sigma} \sum_{\tau=1}^{s_v} U_{\tau\sigma} r_\sigma \bar{U}_{\tau\rho} \bar{r}_\rho = \sum_{\tau=1}^{s} \sum_{\tau=1}^{s_v} |U_{\tau\sigma}|^2 |r_\sigma|^2 = \sum_{\sigma=1}^{s} C_{\sigma\sigma}^v |r_\sigma|^2.$$

Ich nehme an, man habe schon früher festgestellt, daß sich das System in der Energieschale befindet, so daß $\sum_{\sigma=1}^{s} |r_\sigma|^2 = 1$ ist. Nun hat Neumann gezeigt,[2] daß die Wahrscheinlichkeit dafür, daß $C_{\sigma\sigma}^v$ zwischen u und $u + du$ liegt, gleich

$$W(u)du = (S - 1) \begin{bmatrix} S - 2 \\ s_v - 1 \end{bmatrix} u^{s_v - 1} (1 - u)^{S - s_v - 1} du$$

sei.

Jetzt wollen wir kurz diskutieren, wie groß denn S und N (die Zahl der Phasenzellen) sein sollen.

$\lg S$ ist die mikrokanonische Entropie und hat daher die Größenordnung der Anzahl der Freiheitsgrade des Systems. S ist daher ganz ungeheuer groß. N hingegen ist die Zahl der makroskopisch unabhängigen Messungen, die ein Beobachter an einem System durchführen kann. Er kann z. B. die Dichteverteilung im Inneren eines Systems, Konzentrationsdifferenzen und dergleichen mit einer beschränkten Genauigkeit messen. Setzen wir $N = 10^6$, so ist das schon sehr optimistisch! Es wird somit gelten

$$\lg S \gg \lg N.$$

Ist das nicht der Fall, dann kann der Beobachter kaum mehr als makroskopisch gelten.

Nach dieser Abschweifung kehre ich wieder zu den x_v zurück. Die $C_{\sigma\sigma}^v$ haben gemäß der Verteilung $W(u)$ den Mittelwert $\frac{s_v}{S}$ und ihre Schwankungen sind nur, wenn $s_v \sim 1$, relativ erheblich. Absolut sind sie immer sehr klein.

Für fast alle Beobachter ist daher die Entropie im Zeitmittel

$$\eta = \sum_{v=1}^{N} \frac{s_v}{S} \lg s_v.$$

Nun gilt

$$\lg S \geq \eta \geq \lg \frac{S}{N}.$$

Die Abweichung der Entropie vom mikrokanonischen Wert ist daher von der Ordnung $\lg N$, und so groß soll sie auch sein; denn dies entspricht den spontanen Schwankungen.

Diese Überlegungen sind offenbar viel einfacher als diejenigen in unserer alten Arbeit. Sie entsprechen auch der Wirklichkeit. Es ist unsinnig zu verlangen, daß die Schwankungen numerisch klein sein sollen; das sind sie auch gar nicht.

Die Formel (6) in unserer Arbeit {ich schreibe η statt $S(\psi)$}

$$\eta(\psi) = \sum_\nu x_\nu \lg \frac{s_\nu}{x_\nu}$$

hat meines Erachtens keinen rechten Sinn und stammt von der viel zu formalen Auffassung des Problems bei Gibbs her.

Es ist vielleicht nützlich, die Fragestellung in der Sprache der klassischen Mechanik nochmals zu rekapitulieren.

Ich würde so sagen: Klassisch wird das System durch einen *Punkt* (nicht durch eine Dichte) im Phasenraum beschrieben – es ist ja nur *ein* System vorgelegt. (Die Ensembles und die Dichte sind eine formale Beschreibung!)

Mache ich gewisse Messungen, so kann hierdurch der Zustand des Systems mit einer beschränkten Genauigkeit festgelegt werden: Alle Phasenpunkte, die in einem gewissen Gebiete des Phasenraumes liegen – das Gebiet hat die Phasenausdehnung Ω – würden zu den gleichen Meßergebnissen führen. Andere Meßresultate entsprechen anderen Gebieten des Phasenraumes, und so wird hierdurch der Phasenraum in Gebiete, in Phasenzellen eingeteilt, die durch makroskopische Messungen unterschieden werden können. Eine Messung (a) stellt den Phasenpunkt im Gebiete $\Omega(a)$ fest, und so gehört zu diesem makroskopischen Zustande die Entropie

$$\eta = \lg \Omega_{(a)}.$$

Eine Messung ist die Energiemessung. Zu ihr gehört die Ausdehnung Ω_E, die „Energieschale". Wenn man nur die Energie kennt, so ist daher die Entropie

$$\eta_E = \eta_\mu = \lg \Omega_E.$$

Das ist die mikrokanonische Gesamtheit. Neben der Energie kann man nun noch N weitere, unabhängige Messungen machen, die die Energieschale weiter unterteilen. Es gibt große und kleine Zellen in der Energieschale, aber natürlich ist

$$\sum_{(a)=1}^{N} \Omega_E^{(a)} = \Omega_E.$$

Wenn der Phasenpunkt im Zeitmittel mit der Wahrscheinlichkeit $x_{(a)} = \Omega_E^{(a)}/\Omega_E$ in der Zelle (a) angetroffen wird, so hat die Entropie den Mittelwert

$$\eta = \sum_{(a)} x_{(a)} \lg \Omega_E^{(a)} > \lg \frac{\Omega_E}{N}.$$

Man sieht leicht, daß für die kleinen Zellen die $x_{(a)}$ nicht genau den angegebenen Wert haben müssen, die Größenordnung reicht hin. So brauchen wir also den Ergodensatz nur in ganz schwacher Form.

Die Dichten P kommen nun wie folgt in die Theorie hinein. Wenn ein Meßergebnis (a) genau angeschaut wird, so mag es sein, daß auf seiner Basis es immerhin wahrscheinlicher ist, daß der Phasenpunkt sich in gewissen Gebieten befindet als an gewissen anderen. So kann man diesem Meßergebnis eine Dichte $P_{(a)}$ zuschreiben und eine Entropie

$$\eta_{(a)} = -\int P_{(a)} \lg P_{(a)} d\Omega.$$

Es ist wesentlich, daß die makroskopisch unterscheidbaren Zustände eine *endliche* Mannigfaltigkeit bilden und deshalb ist es in diesen Betrachtungen unbequem, mit solchen Dichten zu operieren. Ich glaube nicht, hierüber noch viele Worte verlieren zu müssen.

Mir scheint meine Auffassung natürlich sehr vernünftig. Was meinen Sie dazu. Eventuell möchte ich eine Arbeit darüber schreiben.

Mit besten Grüßen   Ihr M. Fierz

[1] Pauli und Fierz (1937). Die folgenden Überlegungen legte Fierz später seinem Beitrag zur Pauli-Festschrift zugrunde.
[2] J. von Neumann (1929). Farquhar und Landsberg (1957) wiesen auf die Schwäche dieser Voraussetzung hin.

[1472] PAULI AN VON FRANZ

Zollikon-Zürich, 12. Oktober 1952

Liebes Fräulein von Franz!

Ich wollte Ihnen schon lange schreiben, um Ihnen eine gewisse Stimmung zu vermitteln, in der eine Art von ganzheitlicher Anschauung sich bei mir durchzusetzen beginnt. Um eine solche auszudrücken, muß ich in einer merkwürdigen Weise halb rational, halb phantastisch schreiben. Herausgekommen ist dabei eine Art „Meditation", die zugleich zwei für Sie neue Träume enthält. Ich bin gewissermaßen verpflichtet, diese Ihnen mitzuteilen, da sie – wie ihr Zusammenhang mit den (Ihnen bekannten) früheren Träumen vom Juni 1951 zeigt – auch eine sehr enge Relation zum tieferen Sinn unserer Beziehung haben.

Das Buch ‚Antwort auf Hiob'[1] habe ich von C + A = F geliehen bekommen, ebenso die Arbeit von McConnell.[2] Ich habe später einen längeren Brief an C + A = F über den ganzen Gegenstand geschrieben, der sich zum Teil mit Sätzen aus meiner jetzigen „Meditation" deckt, der aber darüber hinaus auch den pseudotheologisch-philosophischen Aspekt des Themas berührte. Darüber habe ich nichts Ihnen Neues zu sagen, habe das also hier weggelassen, zumal ich diese Seite des Themas zu einem gewissen Abschluß brachte, indem ich eines Abends hier mit C + A = F ein Glas geleert habe auf Fortdauer schlechter Beziehungen zwischen dem C. G. Jung Institut und den Theologen. Wichtig ist mir dagegen „die Dunkle".

Meine „Meditation" hat noch keinen Schluß. Sie soll auch sicher weiter gehen, ebenso die Träume.

Aber meine Abreise nach Indien rückt näher,[3] und ich schicke Ihnen daher vorläufig das Material, so wie es ist. Gerne würde ich sie bald noch sehen, will

Montag oder Dienstag telefonieren, um etwas zu verabreden. Meine Adresse in Indien ist:

Tata's Institute of Fundamental Research, Bombay.

Also auf bald! Herzlichst stets   Ihr W. Pauli

[1] Jung [1952].
[2] Siehe die Anlage zum Brief [1472].
[3] Pauli reiste am 4. November 1952 nach Indien [1494].

ANLAGE ZUM BRIEF [1472][1]

Am Abend des 19. September 1952 lese ich das Buch von C. G. Jung „Antwort auf Hiob"[2] (etwa bis ausschließlich zum Kapitel über die Apokalypse). Ich genieße die Sarkasmen und freue mich, daß eine Übereinstimmung oder gar Harmonie des Autors mit den Theologen sich keineswegs hergestellt hat. Ich lese das Buch an diesem Abend gar nicht kritisch, sondern eher so, wie man ein Märchen liest, d. h. ich lasse mich etwas „ansäuseln". Meine Stimmung ist also angenehm, aber etwas oberflächlich.

Darauf findet in der Nacht vom 19. zum 20. September folgender *Traum* statt.

Erst fahre ich im Zug mit Bohr. Dann befinde ich mich allein in einer Landschaft mit kleinen Dörfern. Ich suche einen Bahnhof, um „nach links" zu fahren und finde ihn auch bald. Der Zug kommt „von rechts", offenbar ist es eine kleine Lokalbahn. Im Wagon, in den ich einsteige, sitzt bereits *„das dunkle Mädchen" von fremden Leuten umgeben.*[3] Ich frage, wo wir sind und die Leute sagen: „Die nächste Station ist *Esslingen*, wir sind gleich dort." Sehr ärgerlich, in einen für mich so uninteressanten und langweiligen Ort zu kommen, erwache ich.

Soweit der Traum. Die Stimmung beim Erwachen hat sich dann in die weitere Lektüre des Buches fortgesetzt, und zwar besonders bei den Stellen, die vom neuen Mariendogma handeln.

Zuerst aber will ich noch sagen, daß mir zu Esslingen wohl einfiel, daß ich mich heuer dort einmal von einer alten Jugendbekanntschaft verabschiedet habe, die ich nunmehr sehr selten sehe. Sie wohnt übrigens in Mönchaltdorf bei Uster. – Diese Details scheinen mir nicht so wichtig als vielmehr die Tatsache, daß diese ganze provinzielle Gegend des Traumes als Wohn- und Aufenhaltsort der „dunklen Anima" erscheint. Der Ärger entsteht bei mir darüber, daß diese „Dunkle" wie verbannt erscheint in diese entlegene und „dumme" bzw. „langweilige" Gegend und daß ich, wenn ich sie treffen will, in eine *solche* Gegend fahren muß.

„Dunkel" bedeutet bei mir „mit der materiellen Körperwelt" verbunden. Die „Dunkle" ist daher selbst eine Einheit von Materie und Seele und eben deshalb die Trägerin sämtlicher *psychophysischer Geheimnisse*, von der Sexualität bis zu den subtilsten ESP-Phänomenen.[4] Ihr Auftreten und ihre Wahrnehmung in

Träumen ist für mich daher der Ausdruck eines (vielleicht für unsere Zeit charakteristischen) archetypischen Geschehens: des Zusammenkommens, bzw. der „monistischen" Vereinigung von Materie (Körper) und Seele.

Ich bin weiter der Ansicht, daß die Verkündigung des neuen Mariendogmas der Ausdruck *genau desselben archetypischen Geschehens* ist – so verschieden die Einstellung des Bewußtseins bei mir und bei einem orthodox-gläubigen Katholiken auch sein mag. Denn dieses neue Dogma ist als ein „metaphysischer" Schachzug gegen den Kommunismus, d. h. Materialismus gemeint gewesen: (Der Anlaß ging als vom Schatten bzw. „Teufel" aus. Wer sonst macht Politik?) In ihrer anorganischen Form kann die Materie nicht in den „Himmel" aufgenommen werden, sondern nur als Körper des metaphysischen Bildes der Frau, d. h. der Anima, also beim Katholiken der Madonna Maria. Wie kann demnach der protestantische Geist dieses Dogma anders deuten *als die monistische Vereinigung von Körper und Seele in der unsichtbaren Realität* (Atom und Seele z. B.)?

Für die „Dunkle" gibt es keinen Gegensatz zwischen „Materialismus" und dessen Gegenteil, für das ich den Namen „Psychismus" vorschlagen möchte (zu unterscheiden von „Psychologismus"). Sie *hat* von selbst die ganzheitliche, den Gegensatz (Materie/Psyche) aufhebende *Anschauung*, die in unserem wissenschaftlichen Begriffssystem noch fehlt. Aber sie ist eben dafür nicht begrifflich, und sie ist auch unwissend, sie *sucht* den männlichen Geist, den *Logos* als „Bräutigam". Noch ist der Hierosgamos zwischen ihnen nicht erfolgt, der auf der wissenschaftlichen Ebene als Lösung des psycho-physischen Problems, auf der menschlich-sozialen Ebene als richtige relative *Bewertung* des Materiellen und des Seelischen erscheinen soll. Aber die ersten vorbereitenden Schritte hierzu werden im Unbewußten unserer Zeit bereits getan.

Mit diesen „Augen" die Situation betrachtend, las ich sodann das Buch zu Ende. Und prompt stellte sich auch die gleiche ärgerliche Enttäuschung ein wie im Traum, als ich zu den das Mariendogma betreffenden Stellen des Buches kam: Von der Materie war dort kaum die Rede (nur die Worte „Inkarnation" und „natürlicher Mensch" haben sie ganz schwach angedeutet): in den „Himmel" ist die Materie zwar (qua Körper der Madonna) aufgenommen, aber nicht in die Geistigkeit dieses Buches. Da ist dieses doch zu sehr „psychistisch-provinziell" geblieben.

Merkwürdigerweise gibt es hierfür eine Korrektur, welche die Natur selbst vollzogen hat: das Buch „Antwort auf Hiob" liegt auf meinem Schreibtisch zusammen mit einer Arbeit über ESP-Phänomene (den „Ermüdungseffekt" bei der sogenannten „Psychokinese") von McConnell (Pittsburgh). Ich erkenne darin den „anordnenden Faktor", den „Archetypus" (der bildhaft als jener mir nun bereits recht intim bekannte „Fremde" erscheint), den ich also wieder am Werke sehe. Übrigens hat ja auch der Autor des Buches, C. G. Jung, es absichtlich etwa zugleich mit jener anderen Schrift über Synchronizität erscheinen lassen. Der Zusammenhang des Hiob-Buches mit den ESP-Phänomenen, also allgemeiner mit der „dunklen Anima", existierte also bereits (man müßte wohl schon Theologe sein, um das nicht zu bemerken). Aber er ist nun nochmals unterstrichen worden durch die „Anordnung" des „Fremden".

Hiermit war meine Aufmerksamkeit wieder besonders auf die „fremden Leute" des Traumes gerichtet. Sie sind bei mir immer „noch nicht assimilierte Gedanken" (wie das Professor Jung einmal vor einigen Jahren in einem Brief an mich formuliert hat), und sie sind bei mir der Ursprung der stärksten Faszination vom Unbewußten her. Sie erscheinen sofort im Traum, wenn das Unbewußte „angekurbelt" ist, sei es durch ein Gefühlserlebnis, sei es durch ein Buch, das mein Interesse fesselt. Bald darauf pflegen im Traum Abhandlungen zu erscheinen, die ich zunächst noch nicht lesen kann. Dies ist eine Weiterentwicklung der „fremden Leute", d. h. in meinem Unbewußten sind nun schon gewisse Formulierungen gefunden, wenn sie auch noch nicht bis ins Bewußtsein vorgedrungen sind. Hier tritt öfters das „Schmuggel"-Motiv hinzu, die Abhandlungen müssen durch irgendwelche streitenden Parteien „hereingeschmuggelt" werden. Diesmal treten ähnliche Träume auf: die miteinander streitenden Gegner der „fremden Leute" und der Abhandlungen sind Katholiken und Protestanten – andererseits dürften die fremden Leute, welche die „Dunkle" umgeben haben, geeignet sein, den Gegensatz Katholizismus/Protestantismus überhaupt zu überwinden. In dieser Stimmung nun und nachdem ich das Buch „Antwort auf Hiob" zu Ende gelesen hatte, fand – nach anderen Träumen von phantastischeren und nicht mehr provinziellen Reisen – folgender Traum statt, der mich außerordentlich beeindruckt hat:

Traum in der Nacht vom 27. zum 28. September 1952[5]

Die „Dunkle" ist anwesend, und zwar erscheint sie diesmal ganz ausgesprochen deutlich als „Chinesin". Sie spricht nicht, aber ihre Bewegungen sind tänzerisch und pantomimisch, wie etwa in einem Ballet. Sie ist sehr schön, ganz dunkelhaarig, klein und zierlich und hat Schlitzaugen. Sie winkt mir, ihr zu folgen und geht tänzelnd voraus. Sie öffnet eine Geheimtüre, durch die eine Treppe in ein unteres Stockwerk führt. Sie läßt die Türe offen, nachdem wir durch sie hindurchgegangen sind. Im Keller öffnet sie nun eine weitere Türe und vor mir ist ein erleuchteter Hörsaal, in welchem „*die* fremden Leute" als Auditorium sitzen. Ja, ganz fremd sind sie nicht mehr, einige kann ich schon wieder erkennen (es sind alles Männer), es ist eine Ähnlichkeit mit den „fremden Leuten" im Zug (siehe oben Seite 1) vorhanden. Aber sie umgeben diesmal nicht die Dunkle, sondern die Chinesin beginnt einen Tanz:
Erst drückt sie mit Handbewegungen aus, ich solle auf das Podium treten und eine Vorlesung halten. Dabei weist sie immer mit dem Zeigefinger der linken Hand nach oben, mit dem der rechten Hand nach unten. „Aha" denke ich, „man soll oben hören, was ich unten vortrage". Dann geht sie einige Mal tanzend die Treppe hinauf – bis durch die Türe hinaus ins Freie – und kommt dann wieder bis ganz herunter, mich auf das Podium hinweisend. „Für sie ist kein Unterschied zwischen oben und unten", denke ich weiter. Der Tanz hinauf, hinunter – hinauf, hinunter – mitsamt der Haltung des linken Armes nach oben, der rechten nach unten gibt mir das Gefühl einer Rotationsbewegung („Zirkulation des Lichtes").
Während ich, ihrem Wink folgend, langsam und nachdenklich auf das Podium gehe, erwache ich.

Ich erinnerte mich gleich an einen früheren Traum (notiert unter 24. Juni 1951),[6] wo Fräulein Franz und ich nacheinander Vorlesungen halten sollten. Zu *meiner* Vorlesung kam es wirklich im Traum. Im Auditorium waren damals auch die „fremden Leute". Am 25. Juni '51 träumte ich ferner von einem Zug in die Schweiz, in dem sich lauter Chinesen befanden. Es ist eine gewisse Analogie zum Zug vom 20. September '52[7] vorhanden. Auch am 16. Juni 1951[8] lief ich im Traum in eine öffentliche Vorlesung „Über die chinesischen Inhalte", nachdem ich einen alten chinesischen Weisen getroffen hatte. Die damalige Situation scheint sich nunmehr weiter zu entwickeln.

[1] Dieses Schreiben wird durch van Erkelens (1995, S. 78) kommentiert.

[2] Jung [1952].

[3] Dieses Thema der *fremden Leute* setzt sich in Paulis Träumen fort (vgl. weiter unten im Brief den Traum vom 28. September 1952) und wird auch in seinen folgenden Briefen ([1495] sowie im Brief vom 27. Februar 1953 an C. G. Jung) beschrieben.

[4] Siehe hierzu auch die Bemerkungen im Brief [1498].

[5] Dieser Traum wird auch in Paulis Brief vom 27. Februar 1953 an C. G. Jung beschrieben. Vgl. hierzu auch Robèrt (1995, S. 154f.) und van Erkelens (1995, S. 80f.).

[6] Beide Träume sind in der Anlage zum Brief [1261] wiedergegeben.

[7] Siehe den weiter oben mitgeteilten Traum.

[8] Siehe die Anlage zum Brief [1250].

[1473] PAULI AN FIERZ

Zürich, 14. Oktober 1952

Lieber Herr Fierz!

Ich habe soeben Ihren Brief vom 11.[1] über das H-Theorem genauer studiert und finde darin noch einiges der Aufklärung bedürftig. Es dreht sich offenbar bei Ihnen nun alles um die Richtigkeit bzw. den Anwendungsbereich der Gibbsschen Entropiedefinition

$$S = -\text{Spur}(P \log P). \tag{1}$$

Diese Definition nahm ihren Ausgangspunkt von ihrer zweifellosen Gültigkeit für die kanonische Gesamtheit

$$P = \text{const.}e^{-H/T}, \quad \text{const.} = e^{F/T} \quad (H = \text{Hamiltonoperator}). \tag{1a}$$

Ihre Verallgemeinerung auf nicht-stationäre Gesamtheiten wurde problematisch wegen der Notwendigkeit zu einer „groben" Dichte überzugehen, die man etwas willkürlich als *diagonal* in bezug auf gewisse Zustände „w_τ" annahm. Dies ergibt dann die nunmehr beanstandete Gleichung (6) unserer Arbeit[2]

$$S = -\sum_\nu s_\nu P_\nu \log P_\nu = -\sum_\nu x_\nu \log \frac{x_\nu}{s_\nu} \quad (x_\nu = s_\nu P_\nu). \tag{1b}$$

Sie sagen nun, der letztere Ausdruck sei physikalisch unrichtig und zu ersetzen durch

$$S = \text{Mittelwert } S_{(\nu)} = \sum_\nu x_\nu \log s_\nu \tag{1c}$$

$$S_\nu \equiv \log s_\nu. \qquad (\textit{Diese} \text{ Formel ist klar!})$$

Die physikalische Diskussion der Anwendbarkeit des nach (1b) ausgeführten Mittelwertes {contra (1b)!} ist mir noch nicht genügend deutlich.

Insbesondere befürchte ich, daß hier ein Kind mit dem Bade ausgeschüttet wird. Denn es scheint mir, wenn Sie recht hätten, dürfte (1) auch nicht mehr auf die *kanonische* Gesamtheit angewendet werden, müßte vielmehr dort durch

$$S = \text{Mittelwert } S_E - \sum x_E \log \Omega_E$$

ersetzt werden. Vor dieser Konsequenz schrecke ich aber etwas zurück.

Es scheint mir eher, daß die Formeln (1c) versus (1b) verschiedenen *Bedingungen* entsprechen müssen. Inzwischen werde ich noch darüber nachdenken, möchte aber – unabhängig vom H-Theorem und Ergodensatz – von Ihnen hören, wie weit und wie weit nicht im allgemeinen gemäß Ihrem Standpunkt die Gibbssche Formel (1) anwendbar bleiben soll.

In dieser Hinsicht scheint mir Ihr Brief unklar! Inzwischen denke ich also noch weiter nach.

Viele Grüße

Ihr W. Pauli

---

¹ Siehe den Brief [1471].
² Pauli und Fierz (1937).

[1474] PAULI AN FIERZ

betreibt, von denen jeder einer gewissen *mikro*kanonischen Gesamtheit mit bekanntem Energiewert entspricht.

Kurz, ich halte es für verfehlt, die Gibbssche Formel

$$S = -\mathrm{Spur}(P \log P)$$

abzutun zugunsten einer physikalisch zweifelhaften Mittelbildung, die „Erwartungswert der Entropie" genannt wird.

Viele Grüße

Ihr W. Pauli

[Zusatz am oberen Briefrand:] P. S. Nachdem ich diesen Brief noch habe 12 Stunden liegen lassen, bin ich davon überzeugt, daß Ihre ganze Auffassung „physikalischer Unsinn" ist. Vereinfachen kann man die alte Arbeit wahrscheinlich höchstens durch Veränderung des Modells.

---

[1] Siehe den Brief [1471].

[2] Die in Klammern eingeschlossene Textstelle wurde von Pauli mit Bleistift hinzugefügt.

[1475] PAULI AN STERN

Zürich, 15. Oktober 1952

Nachtrag zu den »Compound-Systemen: „Ganzheit" bedeutet: „Was an 1 ruiniert ist, ist auch an 2 ruiniert, *was aber an 1 gemessen ist, ist auch an 2 gemessen!*"

Lieber Stern!

Ich habe noch über unsere gestrige Diskussion nachgedacht[1] und schreibe diesen Brief, um diese Diskussion fortzusetzen, aber auch mit dem ausgesprochenen Zweck Sie so zu „reizen", daß Sie *in Fahrt kommen.*

1. Ich glaube, Herr Fierz hat zwei physikalisch ganz verschiedene Fälle verwechselt.

a) Die Entropie *eines* Systems, das sich mit Sicherheit in einer Phasenzelle mit s_ν Zuständen befindet, ist allerdings $\log s_\nu$. (Ich lasse den constanten Faktor 2 immer weg.) Aber nun treibt Fierz plötzlich eine Statistik dieser Einzelentropiewerte $\log s_\nu$ und sagt, wenn dieser die Wahrscheinlichkeit w_ν hat, so ist der „Erwartungswert" der Entropie

$$\bar S = \sum_\nu w_\nu \log s_\nu \tag{a}$$

$$\left(\sum_\nu w_\nu = 1 \right).$$

b) Davon ist zu *unterscheiden* die aus der Gibbsschen Formel definierte Entropie eines durch die Wahrscheinlichkeitsverteilung w_ν charakterisierten Systems

$$S = - \sum_{\nu} w_\nu \log \frac{w_\nu}{s_\nu} \tag{b}$$

(Summe über Phasenzellen; „grobe Dichte" $P_\nu = \frac{w_\nu}{s_\nu}$)

Dieselbe Formel kommt auch heraus, wenn man ein Gas von vielen Einzelsystemen in Kästen betrachtet und die verschiedenen „Zustände" ν durch semipermeable Wände trennt.* Es scheint mir, daß in Fierz' letztem Brief eine physikalische Konfusion herrscht, weil er a) an Stelle von b) setzen will.

Ich bin von der Richtigkeit der Formel b) überzeugt, ebenso von der Unmöglichkeit, sie irgendwie „wegzuwerfen"!

Bezüglich der Herleitung mit semipermeablen Wänden habe ich allerdings ein grundsätzliches Bedenken, mit dem ich Sie nun noch „reizen" will: Es wird dabei stets angenommen, daß die betrachteten Zustände ν unendlich stabil sind und „warten", bis die Herren Thermodynamiker mit ihren langsamen reversiblen Prozessen fertig sind. In Wirklichkeit sind aber die Resultate immer auch gültig, wenn die Zustände eine endliche Lebensdauer haben. *Ich sehe darin ein deutliches Anzeichen eines wesentlichen Mangels bzw. Fehlschlages der Begriffe der phänomenologischen Thermodynamik* (was übrigens schon von Kirchhoff bemerkt worden ist).[2]

Natürlich wende ich b) auch für nichtstationäre Zustände an** und will noch hinzufügen, daß keine Nachfrage vorhanden ist, falls Sie mir etwa „Dekatalysatoren" verkaufen wollen![3] Da sollen sich die Herren schon etwas Grundsätzlicheres einfallen lassen, anstatt mit diesen halb-chemischen Quacksalbereien zu hausieren! (Überschrift eines theoretischen Physikers für Thermodynamiker: Das Betteln und Hausieren ist hier verboten!)

Ich möchte auch gerne nochmals auf die Compound-Systeme mit statistischen Korrelationen in der Quantenmechanik zurückkommen. Es war mir nicht klar, auf welche „experimentellen Bedingungen" Sie eigentlich aus waren. Es ist immer so, daß ein quantenmechanischer „Zustand" eines *Gesamtsystems*, bei welchem die φ-Funktion *nicht* einfach in ein Produkt der Teilfunktionen zerfällt, eine *Ganzheit**** darstellt, die zerstört wird, wenn man an einem Teil herummanipuliert – auch dann wenn die Teile beliebig weit voneinander entfernt sind!

Herzlichst Ihr   W. Pauli

---

[1] Otto Stern hielt sich damals in Zürich auf (vgl. Paulis Briefe [1454 und 1485].

* Dies ist z.B. ganz hübsch dargestellt bei *Neumann*, Mathematische Grundlagen der Quantenmechanik, Berlin 1932, Kapitel V, §2: Thermodynamische Betrachtungen. Dieser Abschnitt ist unter dem Einfluß von Szilard geschrieben.

[2] Siehe Kirchhoff [1894].

** Es ist dann eine Art Entropie-Definition.

[3] Diese Fragen behandelte Pauli 1958 in einer seiner letzten Publikationen, seinem Beitrag zur Festschrift für Jakob Ackeret.

*** Siehe Nachtrag, vorige Seite oben.

[1476] PAULI AN ROSENFELD

Zürich, 17. Oktober 1952
[Maschinenschrift]

Dear Rosenfeld!

Thank you very much for your letter. Unfortunately you did not tell me *from whom*[1] you learned that I am willing to visit you next spring. I cannot remember that I said so to anybody.

As I plan to come back from India only in March 1953, then, as I promised already, will go to Turin,[2] and as a professor has also to be sometimes at home, it will be very difficult, indeed, to go to Manchester next spring.

On the other hand, I would like very much to go there when I have time and also to have discussions with Peierls on the formfactor-theory on such an occasion. Please tell me exactly when your terms start in autumn, perhaps my visit in Manchester can be arranged for end of September or beginning of October 1953.

Please tell the registrar of the University of Manchester that I thank him very much for his friendly invitation but that he presumably won't get an answer until spring, as I am leaving for Bombay November 4th.

With most cordial regards, Yours sincerely   W. Pauli

---

[1] Handschriftliche Unterstreichung.

[2] Anfang März 1953 fand eine Konferenz über nicht-lokale Feldtheorien in Turin statt, für die auch Pauli einen Vortrag zugesagt hatte.

[1477] PAULI AN STERN

Zürich, 17. Oktober 1952

Lieber Stern!

Haben Sie vielen Dank für den Zettel mit Ihrer Signatur „Z[auber]-K[asten]", die nun einmal historisch mit den Molekularstrahlen verbunden bleibt.[1]

Was die Formel betrifft, so ist sie mir wohlbekannt (obwohl Schüler von Sommerfeld, pflege ich den van't Hoffschen Kasten[2] ausführlich in meiner Vorlesung[3] zu bringen). Am leichtesten merke ich sie mir in *der* Form, daß die Gibbsschen Potentiale $\phi = E - TS + pV$ pro Mol für die beiden Zustände (stets Modifikationen) im Gleichgewicht den gleichen Wert haben müssen. Man kann auch einen Carnot-Prozeß mit zwei benachbarten Temperaturen $T, T + dT$ machen und bekommt dann Ihre Formel nach T differenziert.

Aber, wie gesagt, das alles *geht gar nicht*, weil jenseits der semipermeablen Wand sofort wieder die Reaktion $1 \leftrightarrow 2$ eintritt und nicht wartet, bis die Thermodynamiker fertig sind. Sollten Ihre „Z[auber]-K[asten]-Strahlen" (gepriesen seien sie!) hier helfend eingreifen, so würde mich das riesig freuen!

Ich schicke Ihnen beiliegend ein sehr zerlesenes Exemplar der alten Arbeit von Neumann,[4] über die wir gesprochen haben, mit der Bitte, es mir noch vor meiner Abreise[5] wieder zurückzusenden, da es mir unersetzlich ist.

Bitte lesen Sie *nur* die Einleitung, eventuell Teile von Kapitel I und auf keinen Fall Kapitel II. Auf p. 47 unten steht der Passus betreffend die Frage, die wir gestern diskutiert haben: daß „mit Beachtung der Makroskopie" die mißliche Aussage, jeder reine Fall habe die Entropie 0, aufhört zu gelten. – Es interessiert mich, was Sie zu diesem Versuch, die „grobe Dichte"[6] im Prinzip mathematisch zu fassen, meinen.

Viele Grüße
Ihr W. Pauli

[1] Stern war im Herbst 1952 nach Zürich gekommen, um mit Pauli eine alte Diskussion über thermodynamische Probleme (wie das sog. „Rührkapitel" und den van't Hoffschen Kasten) wieder aufzunehmen.

[2] Siehe hierzu auch die Darstellung des Nernst-Schülers John Eggert [1960, S. 499], der 1946 zum Vorstand des photographischen Instituts an der ETH in Zürich ernannt worden war und während der gemeinsamen Seminarveranstaltungen Gelegenheit hatte, über diese Fragen auch mit Pauli zu diskutieren.

[3] Vgl. Pauli [1952b, S. 36f.]. Später hat Pauli (1958g) dieses Problem sogar in einer eigenständigen Veröffentlichung behandelt.

[4] J. von Neumann (1929).

[5] Pauli beabsichtigte, im November nach Indien zu reisen.

[6] Siehe hierzu auch den Brief [1480].

[1478] FIERZ AN PAULI

Basel, 17. Oktober 1952

Lieber Herr Pauli!

Besten Dank für Ihre beiden Briefe,[1] deren zweiter mir mehr genützt hat, da er die nötige Schärfe besitzt.

Trotzdem gebe ich mich nicht sofort geschlagen. Vielleicht muß ich aber zuerst allgemeiner begründen, warum ich eine Änderung der Auffassung vorschlage.

Immer hat mich der auf Seite 575 von uns formulierte Satz[2] gestört: „Hier besteht ein Unterschied der Quantentheorie gegenüber der klassischen Theorie. Da nämlich die Quantentheorie eine statistische Theorie ist, so *entspricht* der durch eine ψ-Funktion beschriebene *reine Fall einer statistischen Gesamtheit der klassischen Theorie*; u. s. w."

Diese Entsprechung halte ich mehr und mehr für unrichtig. Sie führt dazu, daß auch für einen mikroskopischen Beobachter, für welchen alle $s_\nu = 1$ sind, die Entropie nicht verschwindet. Daraus folgt dann, daß eine quantentheoretische Messung die Entropie eines Systems ändert, woraus sich unnütze und unfruchtbare Diskussionen ergeben haben.

Diesen möchte ich gerne den Hals abschneiden.

Weiter muß man sich die Frage vorlegen: Ist die Entropie eines vorgelegten Systems, z. B. meines Schreibtisches, eine sinnvolle Größe. Wenn ja, dann kann man sie messen, und das System hat jederzeit eine bestimmte Entropie.

Dies ist die Auffassung der Thermodynamik.

Wenn man die Entropie als Zustandsfunktion eines Ensembles auffaßt, so ist das eine andere Auffassung, die u. U. zu wesentlich anderen Aussagen führt.

Ein Beispiel hierfür liefert eine Flasche voll Wasser, Wasserdampf und Eis in einem Wärmebad am *Tripelpunkt*.

Im Sinne der Thermodynamik handelt es sich hier um ein indifferentes Gleichgewicht. Ich kann jederzeit feststellen, wie viel Eis in der Flasche ist, und daraus ergibt sich ein Wert für die Entropie der Flasche. Die Eismenge wird sich mit der Zeit langsam verändern und damit auch die Entropie. Ebenso ändert sich die Energie langsam, während die Freie Energie konstant bleibt. Das als „physikalischen Unsinn" zu bezeichnen, halte ich für verfehlt.

Wie Energie und Entropie in der Zeit schwanken, weiß man allerdings nicht. Wenn man daher die Eismenge nicht dauernd beobachtet – was makroskopisch zwar leicht möglich ist – sondern sich damit begnügt, zu wissen, daß sich das System am Tripelpunkt befindet, dann allerdings weiß man nur, daß das System kanonisch verteilt ist.

Während im ersten Falle die Entropie die mikrokanonische ist, die sich langsam mit der Zeit ändert, ist sie im 2. Falle die kanonische.

Somit hängt der Entropiewert von der Art der makroskopischen Messungen ab, die man gemacht hat und dauernd macht.

Gibt man das nicht zu, dann ist die Entropie meiner Flasche zur Zeit t, bei gleicher Eismenge, verschieden, je nachdem diese thermisch isoliert ist oder mit einem Wärmebad in Verbindung steht.

Ein Ziel all dieser Betrachtungen ist nun aber doch, einem Nicht-Gleichgewicht eine Entropie zuzuschreiben. Da dieser Zustand, weil er kein Gleichgewicht ist, sich mit der Zeit ändert, so hat man zu fragen:

Was ist die Entropie eines vorgelegten Systems zur Zeit t? Um diese Frage zu beantworten, macht man makroskopische Messungen am System, die den Phasenpunkt mit einer gewissen Unschärfe lokalisieren. Das wird durch die Dichte

$$P_{a(t)}(t)$$

beschrieben. $a(t)$ bedeutet dabei den durch gewisse Messungen zur Zeit t festgestellten makroskopischen Zustand. Die zugehörige Entropie ist sodann

$$-\int P_{a(t)}(t)\lg P_{a(t)}(t)d\Omega.$$

Sie ist *nicht* einem Ensemble, sondern einem *Einzelsystem* zugeordnet. Wenn der Zustand durch eine Temperaturmessung allein festgelegt wird, so geschieht die Lokalisierung durch die kanonische Verteilung, und die Entropie ist die kanonische Entropie.

Macht man zu Zeiten $t' \neq t$ keine Messungen mehr, so ist der mikroskopische Zustand zu diesen Zeiten durch

$$P_{a(t)}(t')$$

festgelegt, was man, mit Hilfe der als bekannt betrachteten, mikroskopischen Gesetze *ausrechnen* kann.

Der Ergodensatz behauptet nun, daß für hinreichend große $|t - t'|$, ganz unabhängig vom Anfangswert $P_{a(t)}(t)$, die Dichte eines isolierten Systems

$$P_{a(t)}(t')$$

beliebig nahe an der mikrokanonischen Verteilung liegt. Daß man zur Zeit $t = t'$ mehr gewußt hat als nur dies, wird somit gegenstandslos.

Nun ist aber die Thermodynamik eine „klassische Wissenschaft", das heißt, man nimmt an, das System befinde sich jederzeit in einem bestimmten, makroskopischen Zustande. Der Umstand, daß ich diesen – vielleicht aus Bequemlichkeit – nicht festgestellt habe, ändert hieran nichts (in der Quantentheorie ist das bekanntlich nicht so.)

Die Entropie

$$-\int P_{a(t)}(t') \lg P_{a(t)}(t') d\Omega,$$

die für große $|t - t'|$ den mikrokanonischen Wert annimmt und beibehält, hat somit nichts mit der Entropie des makroskopischen Zustandes zur Zeit t' zu tun. Man sieht dies am obigen Beispiel der Wasserflasche am Tripelpunkt, wo die Entropie

$$-\int P_{a(t)}(t') \lg P_{a(t)}(t') d\Omega$$

gegen den kanonischen Wert strebt, die Entropie im Sinne der Thermodynamik, die durch die Eismenge in der Flasche bestimmt wird, einen ganz anderen Wert haben kann.

Was ist nun der Sinn der üblichen Betrachtungen? Wie mir scheint der: Ein makroskopischer Beobachter kann den Zustand zur Zeit t messen und damit den Phasenpunkt bis zu einem gewissen Grade festlegen. Indem er nun den Zustand in der Zeit verfolgt, könnte er hoffen, durch diese späteren Messungen auch den Anfangszustand noch genauer festzulegen. Die Aussage nun, daß jede nicht-stationäre Gesamtheit mit der Zeit beliebig genau mikrokanonisch wird, zeigt aber, daß solche Hoffnungen vergeblich sind. Das ist die Stelle, an welcher die Aussagen über die Gesamtheiten wichtig werden, und ebenso auch die Ungleichung (8) unserer Arbeit.[3]

Wenn man zugibt, daß die Entropie eine Zustandsgröße ist, die durch Messungen an einem *einzigen* System bestimmt werden kann, dann ist sie quantentheoretisch eine *Observable*. Während nun klassisch zu einem bestimmten, mikroskopischen Zustand, relativ zu einem Makrobeobachter, eine bestimmte Entropie gehört, gibt es als entsprechende Größe in der Quantentheorie nur den *Erwartungswert*.

Der Erwartungswert ist keine Mittelwertsbildung im Sinne der thermodynamischen Statistik, sondern eine quantentheoretische Angelegenheit.

Klassisch kann der Makrobeobachter jederzeit feststellen, in welcher Phasenzelle sich das System befindet. Man kann das durch eine Funktion $x_\nu(t)$ darstellen, die nun die Werte 1 und 0 annimmt, je nachdem zur Zeit t das System in der Zelle ν gefunden wird oder nicht.

Der *Zeitmittelwert* irgendeiner makroskopischen Größe A, die den Zellen entsprechend die Werte A_ν annimmt, ist

$$\bar{A}(t) = \sum_\nu \bar{x}_\nu(t) A_\nu.$$

$A(t) = \sum_\nu x_\nu(t) A_\nu$ beschreibt dabei die zeitliche Veränderung der Größe A.

Quantentheoretisch ist auch in einem bestimmten Mikrozustand des Systems $[A]^4$ in keiner bestimmten Phasenzelle. Die $x_\nu(t)$ können daher alle Werte zwischen 0 und 1 annehmen, wobei

$$\sum_\nu x_\nu(t) = 1$$

ist. An Stelle von $A(t)$ tritt daher der Erwartungswert

$$\langle A(t)\rangle = \sum_\nu x_\nu A_\nu$$

und dementsprechend sein Mittelwert über die Zeit.

Wenn das System in der Phasenzelle ν gefunden wird, so ist seine Entropie $\lg s_\nu$, und die Entrope zur Zeit t muß als Erwartungswert aufgefaßt werden mit dem Wert

$$\sum_\nu x_\nu(t)\,\lg s_\nu.$$

Man muß dann beweisen, daß diese Größe fast jederzeit ganz nahe am mikrokanonischen Wert liegt.

Für einen mikroskopischen Beobachter, dessen s_ν alle 1 sind, ist die Entropie immer 0.

Das folgt aber nur, wenn [man] zwischen dem quantentheoretischen Aspekt der Statistik, der mikroskopisch schon vorhanden ist, und dem makroskopischen, thermodynamischen Aspekt unterscheidet.

Der Zeitmittelwert der $x_\nu(t)$ liegt immer beliebig nahe an $\frac{s_\nu}{S}$. Daher ist der Zeitmittelwert einer jeden makroskopischen Größe gleich dem mikrokanonischen Wert. Die Zeitgesamtheit ist somit gleich der mikrokanonischen Gesamtheit.

Das ist auch für die Entropie wahr, weil die Zellenzahl N in der Energieschale immer gegen e^L, wo L die Loschmidt Zahl ist, vernachlässigt werden kann (genau: $L \ggg \lg N$).

Bei von Neumann findet sich noch eine Betrachtung (Seite 59ff.),[5] in der er begründen will, daß die Gleichung

$$W_{\rho,\alpha} - W_{\sigma,\alpha} \neq W_{\rho',\alpha} - W_{\sigma',\alpha}$$

garantiert, daß das System ergodisch sei. Diese Betrachtungen sind ganz ungenügend.

Eine Mischung zweier Gase A und B, die zwar beide je für sich nicht-ideal sind, bei der es aber keine Wechselwirkung zwischen den Molekülen A und denjenigen von B gibt, ist nicht ergodisch – so etwas gibt es zwar nicht, ebensowenig wie ein ideales Gas – und doch sind obige Ungleichungen erfüllt. Das ist nur eine Randbemerkung.

Ich hoffe, daß dieser lange Brief nicht Ihren Unwillen erregt. Das täte mir leid.

Ich lege noch eine etwas breitere Ausführung dessen, was in meinem ersten Brief stand, bei und hoffe, damit die Standpunkte zu klären.

Es bleibt ja eigentlich nur die Frage: Gibt es etwas wie die einem Einzelsystem zur Zeit t zugeordnete Entropie, oder hat der Entropiebegriff grundsätzlich nur für ein Ensemble irgendeinen Sinn?*

Mit besten Grüßen   Ihr – hoffentlich nicht ganz unsinniger M. Fierz

P. S. Ein Unterschied zwischen der klassischen und der quantentheoretischen Betrachtung besteht allerdings; nämlich der:

Klassisch sind die $x_\nu(t)$ unstetige Funktionen, die 0 und 1 sein können. Quantentheoretisch sind sie stetig und nicht nur ihr Mittelwert strebt nach dem kanonischen Werte, sondern auch die $x_\nu(t)$ selber. D. h. sie schwanken auch beliebig wenig.

Während daher klassisch irgendeine Makrovariable A sich in der Zeit wie

$$\sum_\nu A_\nu x_\nu(t) = A(t)$$

verhält, werden die dementsprechenden, quantentheoretischen Erwartungswerte praktisch konstant. Die Zeiten, die es braucht, bis so etwas eintritt, haben aber nichts mit der makroskopischen Relaxationszeit des Systems zu tun, für diese sind nur die Minima von $w_\sigma - w_\rho$ maßgebend, für jene kommt es noch auf $w_\sigma - w_\rho - (w_{\sigma'} - w_{\rho'})$ an.

[1] Siehe die Briefe [1473 und 1474].
[2] Pauli und Fierz (1937).
[3] Pauli und Fierz (1937, S. 576).
[4] Der fehlende Ausdruck wurde vom Herausgeber hinzugefügt.
[5] J. von Neumann (1929).
* Ich bin der ersteren Meinung. Die Entropie ist eine Zustandsgröße, die von einem makroskopischen Beobachter dem System zugeschrieben wird.

ANLAGE ZUM BRIEF [1478]

[Maschinenschrift][1]

[1. Klassisches Modell.]

Als Modell einer atomistischen Theorie wollen wir vorläufig die klassische Punktmechanik verwenden: die Atome werden durch Massenpunkte dargestellt, und der mikroskopische Zustand des Systems kann durch einen Punkt in dessen $2f$ dimensionalen Phasenraum beschrieben werden (f ist die Zahl der Freiheitsgrade des Systems). Der Phasenpunkt bewegt sich gemäß den Hamiltonschen kanonischen Gleichungen.

Wenn das dem System entsprechende atomistische Modell bekannt ist, sind seine mikroskopischen Eigenschaften bestimmt. In dieser Beschreibung fehlen jedoch die für die Thermodynamik charakteristischen Größen. Insbesondere haben wir keine Möglichkeit, die Entropie in die mikroskopische Beschreibung sinnvoll einzuführen.

Diese ist eine makroskopische, phänomenologische Größe und kann nur dann definiert werden, wenn man ausdrücklich einen makroskopischen Beobachter in die Betrachtung einführt.

Bei den thermodynamischen Systemen handelt es sich immer um solche, die eine sehr große Zahl von Freiheitsgraden besitzen. Dementsprechend ist die Mannigfaltigkeit mikroskopischer Zustände derartig groß, daß es unmöglich ist, mit Hilfe wirklicher Messungen am System dessen mikroskopischen Zustand mit einiger Genauigkeit festzustellen.

Auch wenn es gelingt, z. B. in einem Gase nicht nur die mittlere Dichte, sondern auch überdies deren Schwankungen messend zu verfolgen, so gehören zu einem derartigen, momentanen Zustand noch sehr viele mikroskopische Zustände.

Daher ist jedem makroskopischen Zustand nicht ein Punkt, sondern ein ganzes Gebiet des Phasenraumes zugeordnet: Liegt der das System beschreibende Phasenpunkt in diesem Gebiet, so beobachtet man makroskopisch stets dasselbe.

Einem endlichen Teil des Phasenraumes entspricht daher eine endliche Zahl makroskopisch unterscheidbarer Zustände, die seiner Unterteilung in ebensoviele Teilgebiete entsprechen.

Ein bestimmtes, abgeschlossenes System sei nun makroskopisch durch Angabe seiner Energie beschrieben. Die Energie ist immer nur mit einer beschränkten Genauigkeit bekannt und alle Phasenpunkte, die der gemessenen Energie innerhalb der Fehlergrenzen entsprechen, sind mit dem so definierten Zustand verträglich. Die Energiemessung bestimmt daher ein endliches Gebiet des Phasenraumes, eine *Energieschale*, die die Phasenausdehnung, d. h. ein $2f$-dimensionales Volumen Ω_E besitzen möge. Man kann jedoch makroskopisch noch mehr als nur die Energie messen, d. h. bei gleicher Energie können auch bei einem abgeschlossenen System noch viele Zustände unterschieden werden. So kann z. B. die Dichte eines Gases räumlich variabel sein, oder man kann in ihm Strömungen feststellen usw. Dieser Mannigfaltigkeit der makroskopischen Zustände entspricht daher eine Einteilung der Energieschale in Teilgebiete, welche je die Phasenausdehnungen Ω_E^ν besitzen sollen. N sei die Anzahl dieser Gebiete, also auch diejenige der ihnen entsprechenden makroskopischen Zustände. Natürlich ist

$$\sum_{\nu=1}^{N} \Omega_E^\nu = \Omega_E. \tag{1}$$

Die Art der Gebiete und ihre Anzahl N hängt nicht nur vom System, sondern auch von der Art, von der Geschicklichkeit des makroskopischen Beobachters ab. Wenn es auch klar ist, daß N nicht allzu groß sein darf, damit der Beobachter als makroskopisch gelten kann, so darf N doch sehr große Werte annehmen, etwa 10^{20}, wie wir sogleich sehen werden.

Einem makroskopischen Zustande ν kann man nun eine Entropie zuordnen. (Die Boltzmannsche Konstante setzen wir im folgenden gleich 1.)

Dies geschieht mit Hilfe des Boltzmannschen Prinzips. Die sog. a priori Wahrscheinlichkeit, den Phasenpunkt im Gebiete zu finden, setzt man gleich dessen Phasenausdehnung, die man zweckmäßig in den natürlichen Einheiten h^f mißt (h ist die Plancksche Konstante). Da die Entropie gleich dem Logarithmus der a priori-Wahrscheinlichkeit sein soll, den Zustand ν zu finden, haben wir

$$\eta_\nu = \lg \Omega_E^\nu. \tag{2}$$

Falls nur die Energie und sonst keine weitere makroskopische Größe bekannt ist, so entspricht diese Situation der *mikrokanonischen Gesamtheit*. Ihre Entropie ist durch

$$\eta_\mu = \lg \Omega_E \tag{3}$$

gegeben. Sie entspricht derjenigen des thermodynamischen Gleichgewichtszustandes.

Der makroskopische Zustand v und damit η_v wird im allgemeinen eine Funktion der Zeit sein, da sich ja der Phasenpunkt innerhalb der Energieschale bewegt. Dabei ist stets

$$\eta_v < \eta_\mu. \tag{4}$$

Große Abweichungen vom mikrokanonischen Werte sollten praktisch nicht vorkommen – kleine sind zu erwarten; sie entsprechen den Schwankungserscheinungen. Die Schwankungen sind klein, bzw. große Abweichungen von η_μ sind dann selten, wenn der Zeitmittelwert $\bar{\eta}$ von η_μ sehr nahe an η_μ liegt. Dies ist dann der Fall, wenn der *Ergodensatz* in der folgenden Form gilt:

Die Wahrscheinlichkeit W_v, den Phasenpunkt im Laufe der Zeit in Ω_E^v anzutreffen, ist durch

$$W_v = \frac{\Omega_E^v}{\Omega_E} \tag{5}$$

gegeben.

Ob dies zutrifft oder nicht, hängt ebensosehr vom betrachteten System wie von der Art des Makrobeobachters ab, der ja die Einteilung der Energieschale in Teilgebiete v bestimmt.

Wir werden weiter unten mit Hilfe eines quantenmechanischen Modells beweisen, daß dieser Satz fast immer richtig ist. Wenn er gilt, so ist

$$\bar{\eta} = \sum_v \frac{\Omega_E^v}{\Omega_E} \lg \Omega_E^v. \tag{6}$$

Man erkennt weiter leicht, daß die Ungleichung

$$\eta_\mu > \bar{\eta} \geq \eta_\mu - \lg N \tag{7}$$

richtig ist. Das Gleichheitszeichen gilt dann, wenn für alle v

$$\Omega_E^v = \frac{\Omega_E}{N}$$

gilt.

Unsere Abschätzung (7) zeigt nun, daß die Schwankungen immer sehr klein sind. η_μ ist nämlich von der Ordnung der Zahl der Freiheitsgrade unseres Systems, d. h. von derjenigen der Loschmidtschen Zahl. $\lg N$ ist darum, auch wenn N den sehr großen Wert von 10^{20} besitzt, was einem ungemein geschickten Makrobeobachter entspricht, immer äußerst klein gegen η_μ. Ebenso erkennt man, daß ein Zustand, für den die relative Abweichung seiner Entropie von η_μ merklich ist, ungeheuer unwahrscheinlich sein wird.

Sei nämlich

$$\eta_\nu = (1 - \varepsilon)\eta_\mu$$

dann folgt hieraus sofort, daß

$$\lg W_\nu = -\varepsilon\eta_\mu.$$

Da nun η_μ, wie wir gesehen haben, von der Ordnung 10^{20} ist, so ist auch für sehr kleine ε die Größe W_ν verschwindend klein. Man macht sich im übrigen ohne Mühe klar, daß es nicht wesentlich ist, daß die W_ν genau die Werte $\frac{\Omega_E^\nu}{\Omega_E}$ besitzen. Es genügt vielmehr, daß dies der Größenordnung nach zutrifft.

2. Quantentheoretisches Modell.

Wir denken uns das System im Sinne der unrelativistischen Wellenmechanik durch eine Schrödinger-Gleichung und die ihr entsprechenden Eigenfunktionen φ_σ beschrieben. Jeder mikroskopische Zustand ist dann durch eine ψ-Funktion gegeben und es gilt

$$\psi(t) = \sum_\sigma r_\sigma(t)\varphi_\sigma. \tag{8}$$

Die r_σ ändern sich mit der Zeit t gemäß:

$$r_\sigma = |r_\sigma|e^{-i\omega_\sigma t + i\alpha_\sigma}.$$

Ist ΔE die Genauigkeit, mit der der makroskopische Beobachter die Energie messen kann, so haben makroskopisch alle Zustände

$$\psi_E = \sum_{\sigma=1}^{S_E} r_{\sigma_0+\sigma}\,\varphi_{\sigma_0+\sigma} \tag{9}$$

die gleiche Energie E, wenn die in (9) vorkommenden mikroskopischen Energieeigenwerte E_σ den Ungleichungen

$$E \leq E_{\sigma_0+\sigma} \leq E + \Delta E$$

genügen. Diese Zustände spannen im Hilbertraum einen S_E-dimensionalen, unitären Unterraum auf, der der Energieschale entspricht. Der Operator, welcher der Makroenergie zugeordnet ist, ist in diesem die mit E multiplizierte Einheitsmatrix.

Zu gegebener Energie E gibt es aber im allgemeinen noch viele makroskopische Zustände n, die der Feststellung entsprechen, daß sich der das System beschreibende Zustandsvektor in einem s_ν dimensionalen, unitären Unterraum der „Energieschale" befinde.

Der Zustand eines quantenmechanischen Systems wird nun immer so gefunden, daß an diesem eine gewisse Zahl vertauschbarer Messungen durchgeführt wird. Daher entsprechen unseren makroskopischen Beobachtungen Observable, die sowohl mit der Makroenergie wie auch untereinander vertauschbar sind und die eine Unterteilung der Energieschale in N unitäre Unterräume bestimmen, deren jeder die Dimensionszahl s_ν besitzt. Es gilt

$$\sum_\nu s_\nu = S. \tag{10}$$

Die Unterräume entsprechen der Zelleneinteilung der Energieschale. Alle mikroskopischen Zustände, für welche ψ im selben Unterraum ν liegt, führen zum gleichen makroskopischen Zustand. Die s_ν sind deshalb auch die Entartungsgrade der makroskopischen Observablen. Der makroskopische Beobachter kann im allgemeinen auch miteinander nicht vertauschbare Messungen durchführen; diese können jedoch nicht zur Festlegung eines Zustandes dienen.

Zu einem makroskopischen Zustand gehört eine Entropie, welche den Wert

$$\eta_\nu = \lg s_\nu \tag{11}$$

besitzt. η_ν ist somit ebenfalls eine makroskopische Variable, welche in der Phasenzelle ν einen s_ν-fach entarteten Eigenwert besitzt.

Die mikrokanonische Entropie hat dagegen den Wert

$$\eta_\mu = \lg S_E. \tag{12}$$

Wir haben nun wiederum die Frage zu beantworten, was die Wahrscheinlichkeit sei, das System im Laufe der Zeit in einer Phasenzelle ν anzutreffen; und dies ist in der Quantentheorie möglich.

ω_τ^ν seien die Eigenfunktionen der makroskopischen Observablen. Der Index ν unterscheidet die Phasenzellen, τ die Mikrozustände in diesen.

Wir entwickeln ψ nach den ω_τ^ν gemäß

$$\psi = \sum_\nu \sum_\tau t_\tau^\nu \omega_\tau^\nu. \tag{13}$$

Die *quantenmechanische* Wahrscheinlichkeit x_ν, das System in der Phasenzelle ν zu finden, ist durch

$$x_\nu = \sum_{\tau=1}^{s_\nu} |t_\tau^\nu|^2 \tag{14}$$

gegeben.

Nun gibt es eine unitäre Matrix $U_{\tau\nu,\sigma}$, die von den Funktionen φ_σ zu den Funktionen ω_τ^ν führt. Die Matrix zerfällt in, den verschiedenen Energieschalen zugeordnete, Teilmatrizen, die jeweils den Rang S_E besitzen.

Wir drücken jetzt die t_τ^ν durch die r_ν aus und erhalten

$$x_\nu = \sum_{\rho,\sigma,\tau} U_{\tau\nu,\sigma} U_{\tau\nu,\rho}^* |r_\rho r_\sigma| e^{i(\omega_\rho-\omega_\sigma)t+i(\alpha_\rho-\alpha_\sigma)}. \tag{15}$$

Die mittlere Wahrscheinlichkeit W_ν ist der Zeitmittelwert von x_ν. Falls die Energieeigenwerte E_σ nicht entartet sind:

$$\omega_\rho \neq \omega_\sigma \text{ für } \rho \neq \sigma$$

gilt

$$W_\nu = \sum_{\sigma,\tau} |U_{\tau\nu,\sigma}|^2 |r_\sigma|^2. \tag{16}$$

Wir wollen nun der Einfachheit halber annehmen, es sei bekannt, daß das System die makroskopische Energie E besitze. Dann ist

$$\sum_{\sigma=1}^{S_E} = |r_\sigma|^2 = 1 \tag{17}$$

und in (16) kommt nun die der Energieschale E zugeordnete Teilmatrix von U vor. Es kommt nun auf den Wert der Größen

$$C_\sigma^\nu = \sum_\tau |U_{\tau\nu,\sigma}|^2 \tag{18}$$

an. Diese charakterisieren die makroskopische Messung und hängen von ihr ab. v. Neumann hat gezeigt,[2] daß die C_σ^ν für fast alle makroskopischen Beobachter den Wert

$$C_\sigma^\nu = \frac{s_\nu}{S} \tag{19}$$

besitzen. Unter der Annahme, daß alle Beobachter mit gegebenen s_ν gleiches Gewicht haben, ergibt sich nämlich für die Wahrscheinlichkeit $W(u)du$, daß $u \leq C_\sigma^\nu \leq u + du$ sei:

$$W(u)du = \frac{(S-1)!}{(s_\nu-1)!(S-s_\nu-1)!} u^{s_\nu-1}(1-u)^{S-s_\nu-1}du. \tag{20}$$

Daher wird

$$\bar{C}_\sigma^\nu = \bar{u} = \frac{s_\nu}{S}$$
$$\bar{C}_\sigma^{\nu 2} = \bar{u}^2 = \frac{s_\nu(s_\nu+1)}{S(S+1)}. \tag{21}$$

Wir müssen nun wieder bedenken, daß $\lg S$ von der Ordnung der Anzahl der Freiheitsgrade des Systems sein wird. Phasenzellen, die relativ wenig Zustände enthalten, deren Entropie also merklich vom mikrokanonischen Werte abweicht, haben darum ein verschwindend kleines Gewicht. Sobald aber $\frac{s_\nu}{S}$ merkliche Werte annimmt, d. h. mit $1/N$ vergleichbar ist, sind die C_σ^ν sehr scharf bestimmt. Wir dürfen daher behaupten, daß für praktisch jeden makroskopischen Beobachter (19) zutrifft, und wegen (17) ist dann

$$\bar{x}_\nu = W_\nu = \frac{s_\nu}{S}. \tag{22}$$

Der Erwartungswert der Entropie hat den Wert

$$\eta = \sum_\nu x_\nu \lg s_\nu \tag{23}$$

und sein Zeitmittelwert ist daher

$$\bar{\eta} = \sum \frac{s_\nu}{S} \lg s_\nu. \tag{24}$$

Also gilt wirklich

$$\eta_\mu \geq \bar{\eta} \geq \eta_\mu - \lg N.$$

Was werden Sie sagen? Etwa: Ist es schon Unsinn, hat es doch Methode![3]

---

[1] Das folgende Manuskript von M. Fierz und die entsprechenden Briefe *an* Pauli (zur Identifizierung dieser Briefe vgl. die im alphabetischen Brief-Verzeichnis angegebenen Signaturen der Briefe) waren in einer Mappe mit der Überschrift *Das H-Theorem* in Paulis Nachlaß 3/218–224 abgelegt. Siehe hierzu auch Fierz' Beitrag (1960) zur Pauli-Festschrift.
[2] J. von Neumann (1929).
[3] Diese letzte Zeile wurde von Fierz als handschriftlicher Zusatz dem Manuskript hinzugefügt.

[1479] FIERZ AN PAULI

Basel, 18. Oktober 1952

Lieber Herr Pauli!

Heute habe ich nochmals Ihren Brief vom 15. Oktober[1] gelesen und finde, daß Sie in ihm keine sachlichen Einwände vorbringen, die gegen das, was ich sagte, sprechen. Der „Erwartungswert einer makroskopischen Größe" ist ja kein zweifelhafter Begriff und muß in jeder quantenmechanischen Theorie vorkommen. Er ersetzt den „Wert einer Größe zur Zeit t" in der klassischen Theorie.

Daß der *Zeitmittelwert* einer Makrogröße gleich dem ergodischen Mittelwert sei, folgt aus dem von Neumannschen Satze, daß für fast alle Beobachter $\bar{x}_\nu = s_\nu/S$ ist.

Ganz einverstanden bin ich auch damit, daß die Entropie *eines* Systems (unterstrichen in Ihrem Brief) durch $-\int P \lg P d\Omega$ gegeben sei, wenn P die Kenntnisse des Beobachters über das System charakterisiert. Daher muß man sich aber auch einigen, was diese Kenntnisse sein sollen. Meines Erachtens sind sie, da man ja eben deshalb einen Beobachter eingeführt hat, immer von der Form: Das System befindet sich in der und der Zelle ν. Quantentheoretisch tritt allerdings eine Komplikation darum auf, weil auch der beste Beobachter aus quantentheoretischen Gründen nur Wahrscheinlichkeitsaussagen machen kann, die aber mit Thermodynamik gar nichts zu schaffen haben, also auch nicht mit der Entropie.

Wenn ich es auch nicht liebe, mich auf „Autoritäten" zu berufen, da wir ja nicht mehr im Mittelalter leben, so mag doch darauf hingewiesen werden, daß mir das Problem im allgemeinen zutreffend bei P. und T. Ehrenfest formuliert erscheint, insbesondere Ziffer 11 (Encyclopädie der mathematischen Wissenschaften IV/32, Seite 33f.).[2]

Man muß nur die Funktion $\psi(p, q)$ in (32) als Makrovariable deuten, die in einer jeden Phasenzelle jeweils konstant ist. Das sind also die von mir mit A_ν bezeichneten Größen.

Die Gleichung (33) Zahlmittel = Zeitmittel kann man dann quantenmechanisch beweisen. Wie Ziff. 11b feststellt, handelt es sich um ein rein mechanisches Theorem, das unabhängig von „Wahrscheinlichkeitsüberlegungen" ist.

Ja, das wäre alles, was ich noch nachtragen wollte.

Mit besten Grüßen

Ihr M. Fierz

[1] Siehe den Brief [1474].
[2] P. und T. Ehrenfest (1912).

[1480] PAULI AN FIERZ

Zollikon-Zürich, 18/19. Oktober 1952

Lieber Herr Fierz!

Ich habe heute Ihren langen, teils handschriftlichen, teils getypten Brief bekommen.[1] Meine erste Reaktion ist gerade das *Gegenteil* von „Unwillen", daß ich nämlich in einer mir angenehmen Weise zum Nachdenken gezwungen werde. Erfahrungsgemäß geht Nachdenken bei mir am besten so vor sich, daß ich mich hinsetze und zu schreiben anfange. Was schließlich in diesem Brief stehen wird, das weiß ich noch nicht. Bestimmt werde ich heute diesen Brief noch nicht abschicken!

1. Um zunächst mit etwas Nebensächlichem, aber Einfachem anzufangen, möchte ich die Charakterisierung „Unsinn" sofort anwenden auf das, was Sie über die Mischung zweier verschiedener Teilsysteme A und B ohne Wechselwirkung und die Ungleichung

$$W_\rho - W_\sigma \neq W_{\rho'} - W_{\sigma'}$$

sagen. Selbstverständlich bezieht sich der Index ρ oder σ auf den Zustand des Gesamtsystems $A + B$. Setzt man also für $\rho' \neq \rho$, $\sigma' \neq \sigma$ Zustände ein, so daß B in ρ und in σ genau im gleichen Zustand ist, ebenso in ρ' und in σ' (dagegen ist der Zustand von B in ρ und in ρ' verschieden), also

$$W = W^A + W^B, \quad W_\rho^B = W_\sigma^B, \quad W_{\rho'}^B = W_{\sigma'}^B,$$

und daß ferner A in den Zuständen ρ und ρ' gleich und in den Zuständen σ und σ' gleich ist, also

$$W_\rho^A \equiv W_{\rho'}^A, \quad W_\sigma^A \equiv W_{\sigma'}^A,$$

so ist

$$W_\rho - W_\sigma = W_{\rho'} - W_{\sigma'}, \quad (W_\rho^A - W_\sigma^A \equiv W_{\rho'}^A - W_{\sigma'}^A)$$

für ∞ viele Zustandspaare ρ, ρ' und σ, σ'. Es gibt also in der Tat die verbotene Gleichung $W_\rho - W_\sigma = W_{\rho'} - W_{\sigma'}$. Wie ich es mit Neumann selbst einmal

diskutiert habe, ist es eben gerade der Fall einer Mischung zweier Systeme
A, B ohne Wechselwirkungsenergie, der durch eine Ungleichung

$$W_\rho - W_\sigma \neq W_{\rho'} - W_{\sigma'}$$

ausgeschlossen wird. – Dies zu Ihrer „Randbemerkung."

2. Nun komme ich aber zu den wirklichen Fragen, und ich werde mit meiner
Charakterisierung „Unsinn" bereits sehr vorsichtig.

In der ursprünglichen nicht-statistischen Thermodynamik läßt sich der Entropiebegriff strenggenommen nur auf Systeme anwenden, die *exakt* zeitlich
konstant sind. Es ist dort gleichgültig, ob das System ein „Schreibtisch" ist oder
etwas anderes, dagegen ist man im Prinzip hineingefallen, wenn das System
nicht während eines zusammenhängenden, ∞ langen Zeitintervalles konstant
bleibt. Denn die Thermodynamik definierte die Entropie im Prinzip durch ∞
langsame („reversible") Prozesse, die zu ihrer Durchführung ∞-viel Zeit brauchen. Die allgemeinste Veränderung, die noch behandelt werden kann, ist also
die, daß das System von $t = -\infty$ bis $t = t_0$ im gleichen Zustand A und von
$t = t_1 - t_0$ bis $t = +\infty$ im gleichen Zustand B sich befindet.

Strenggenommen, geht daher Ihre Betrachtung der Flasche voll Wasser, Wasserdampf und Eis bereits über die phänomenologische Thermodynamik hinaus.
Sie haben ja gar keine Zeit, den Entropiewert der Flasche durch reversible
Prozesse zu messen. Vom rigorosen Standpunkt der phänomenologischen Thermodynamik aus kann man daher über Ihr System *wirklich* nur aussagen, daß es
sich am Tripelpunkt befindet und daß der kanonische Entropiewert gilt. (Siehe
Teil II des Briefes.)

Es scheint mir fundamental, sich diese – wenn auch aus pädagogischen
Gründen zugespitzte – Situation stets vor Augen zu halten; denn hierin liegt
die ganze logische Schwierigkeit unserer Diskussion.

Nun kommt nämlich der physikalische Geschmack sofort herein bei der Frage:
wie weit läßt sich die ursprüngliche Defintion des Entropiebegriffes „vernünftig"
– abweichend von der ursprünglichen Definition, die nur *reversible* Prozesse und
nichts anderes benutzt – so *extrapolieren,* daß sie auch Zustände umfaßt, die nur
während endlicher Zeitintervalle realisiert sind? (Nicht-Gleichgewichtszustände)

Die „*Schule G*" (siehe Gibbs) wird sagen: wir lassen uns bei dieser Extrapolation durch Gesichtspunkte mathematischer Einfachheit leiten, kümmern uns
gar nicht um die Existenz reversibler Prozesse und schreiben als „natürliche
Verallgemeinerung" der kanonischen Entropie

„fein":
$$S = -\mathrm{Spur}(P \log P)$$

mit feiner Dichte P (P = Matrix) (stets = 0 für „reinen" Fall, auch wenn dieser
nicht-stationär ist!) und

„grob":
$$S = -\sum s_\nu P_\nu \log P_\nu$$

mit grober Dichte P_ν (P_ν = Zahl) in „makroskopischen" Phasenzellen von je s_ν
Zuständen.

Die „*Schule K*" (siehe Kirchhoff)[2] wird sagen: Das interessiert uns gar nicht, was für eine Größe Ihr – wie logisch widerspruchsfrei auch immer – aufs Papier oder auf Tafeln schreibt. Das ist gar keine Entropie, das ist ein rein mathematischer, nicht-physikalischer Ausdruck, kurz – um mit Hibert zu reden – „es ist nur Kreide!"

Zwischen den beiden Extremen „G" und „K" lassen sich ∞ viele Zwischenstufen einschalten. Die einen werden sagen: „nun ja, bei der Flasche mit Eis, Wasser und Wasserdampf kann man doch schon noch vernünftig von Entropie reden: man nehme z. B. das Eis aus der Flasche heraus und messe dann langsam dessen Entropie." Das ist allerdings recht fragwürdig, weil es herausgenommen sofort wieder schmelzen und verdampfen wird. Bei einer „raschen" Änderung des Zustandes wissen wir allerdings auch nicht mehr, was wir machen sollen etc., etc. „De gustibus non est disputandum."[3]

Es scheint mir aber unleugbar, daß man den sicheren Boden der phänomenologischen Thermodynamik bereits verlassen hat, wenn man anfängt, von Entropiewerten von Zuständen endlicher Lebensdauer zu reden. *In Ihrem Brief kommt das gar nicht zum Ausdruck!*

Der psychologische Hintergrund bei den Thermodynamikern, die von der Entropie eines Nicht-Gleichgewichtszustandes reden, ist die Idee eines „Zaubermittels" („Dekatalysator" oder sonst eine halbchemische Quacksalberei) das, wenn „zugesetzt", die spontane Veränderung eines gegebenen Makrozustandes *stoppt*, ohne dabei die Entropie zu verändern – damit man nachher *doch* Zeit hat, die Entropie zu messen. Manchmal mag ja ein solches helfendes „Pharmakon athanasias"[4] für Zustände existieren, aber bei weitem nicht so allgemein wie die Herren meinen.

Ich selbst bin mehr mathematisch veranlagt und habe mich daher (ohne Quacksalbereien!) bis jetzt der (vielleicht etwas formalen) „Schule G" angeschlossen.

3. *So* liegt das Problem, das Wesentliche davon ist in Ihrem Brief *überhaupt nicht* gesagt!

Will man überhaupt die Entropie eines in *spontaner* Veränderung begriffenen (d. h. Nichtgleichgewichts-) Zustandes definieren, so wird der Entropiewert *sicher* von der Art der makroskopischen Messung abhängen – *darüber sind wir uns einig!*

Das Einzelresultat der Makromessung brauche ich nicht zu kennen, nur die Art der Messung. Die Entropie, die der („feinen") Dichtematrix P entspricht ($S = -\operatorname{Spur} P \log P$) wird nun als unphysikalisch verworfen. Es gibt nur das *Gemisch*, in das die makroskopische Messung den Mikrozustand $\psi(t)$ überführt. Dieser ist charakterisiert durch die grobe Dichte $P_\nu = \frac{x_\nu}{s_\nu}$.

Im Sinne der „Schule G" scheint es mir daher immer noch konsequent, die („grobe") Entropie zur Zeit t zu definieren als

$$S(t) = \sum_\nu s_\nu P_\nu \log P_\nu = -\sum_\nu x_\nu(t) \log \frac{x_\nu(t)}{s_\nu}.$$

Sie schreiben ja selbst $S = -\int P_{a(t)}(t) \log P_{a(t)}(t) d\Omega$. Warum ist es nicht erlaubt, $P_{a(t)}(t) = \frac{x_\nu}{s_\nu}$ hierin einzusetzen?

Da die makroskopische Messung den Mikrozustand in ein Gemisch verwandelt, scheint es mir, *daß der Übergang von der „feinen" zur „groben" Entropie in der Quantenmechanik eine scharfe Unterscheidung von Einzelsystem und Ensemble unmöglich macht. Will man also den Begriff „Entropie eines Ensembles" vermeiden, so muß man auch den Begriff „grobe Dichte" vermeiden.* Ist das nicht in der klassischen Mechanik ebenso? Wird dort nicht das Ensemble aller Mikrozustände betrachtet, die zur selben „groben Dichte" gehören?

Nun scheinen Sie mir hier eine *dritte* „Schule F" (siehe Fierz) zu gründen, deren Mathematik ich zwar ganz zu verstehen glaube, deren Physik mir aber – gelinde gesagt – nicht so unmittelbar einleuchtet, wie Sie das zu hoffen oder zu erwarten scheinen. Das formale Grundpostulat der „Schule F" ist etwa dieses: „Die ‚grobe' Entropie eines Einzelsystems muß die Form haben

$$S(t) = \sum x_\nu(t) A_\nu,$$

(Spezialfall des Ausdruckes für den Erwartungswert einer *makro*skopischen Observablen in einem *Mikro*zustand), worin A_ν nur von der Zelle ν, nicht aber vom ursprünglichen Mikrozustand (d. h. von x_ν) abhängen kann." Es folgt dann $A_\nu = \log s_\nu$, da für $x_\nu = \delta_{\mu\nu}$ der Ausdruck gleich $\log s_\mu$ werden muß. Dieses „Grundpostulat" – dessen mathematische Folgen ich wohl zu verstehen glaube – scheint mir nun der schwache Punkt der „Schule F" zu sein: *gibt es denn wirklich eine makroskopische Observable, deren quantentheoretischer Erwartungswert die (grobe) Entropie ist?*

Ich fürchte, daß die Schule F mit der bejahenden Antwort auf diese Frage in der Minorität bleiben wird, denn *sowohl* die „Schule K" *als auch die „Schule G"* können nun sagen, daß $\sum_\nu x_\nu \log s_\nu$ „nur Kreide" ist!

Ich kenne gar kein Verfahren, die Entropie an einem Einzelsystem durch „eine Messung" festzustellen, wenn der betrachtete Zustand sich spontan mit der Zeit verändert (und diese Veränderung nicht „gestoppt" werden kann)!***
Ich kenne nur die Möglichkeit, den Entropiebegriff für Nichtgleichgewichtszustände (in mehr oder weniger *formaler* Verallgemeinerung des ursprünglichen phänomenologisch-thermodynamischen, nur für Gleichgewichtszustände definierten Entropiebegriffes) mathematisch mit dem *Wahrscheinlichkeitsbegriff* in Verbindung zu bringen. Letzterer nimmt aber implizite *immer* Bezug auf ein *Ensemble.*

Teil II   Fortsetzung 19. Oktober 1952

Nun habe ich über das alles eine Nacht geschlafen und halte das, was ich gestern geschrieben habe, immer noch im wesentlichen für richtig. Ich kann aber vielleicht noch einzelne Punkte etwas erläutern.

1. Man kann natürlich beim Beispiel des Eises beim Tripelpunkt eine *quantitative* Abschätzung des Fehlers versuchen, der daher rührt, daß man genötigt ist, die thermodynamische Funktion innerhalb *endlicher* Zeiten festzulegen. Dadurch werden Prozesse, die, wenn unendlich langsam, reversibel verlaufen, nun *irreversible* Teile enthalten, und die Gleichungen werden sich in Ungleichungen mit einem Fehler verwandeln (auch für die freie Energie!). Aber das hängt vom

Tempo der Veränderung ab und davon, ob dieses als spontan vorgegeben oder als vom Beobachter willkürlich regulierbar gedacht wird.

2. Bei der Flasche mit dem Eis merkt man das zunächst nicht so kraß – obwohl die Sache *im Prinzip* hier ebenso ernst ist – bei den späteren Anwendungen auf das H-Theorem wird das aber wesentlich.

Bisher sind nur zwei allgemeine Methoden angegeben worden, um den Entropiebegriff auf Nicht-Gleichgewichtszustände auszudehnen (die sich spontan rasch verändern).

A) Die *formale* Methode: man wendet einen Ausdruck, der phänomenologisch-thermodynamisch nur für einen stationären Fall bewiesen ist, *definitorisch* auch auf einen nicht stationären Fall an (Gibbs).

Die Entropie eines Gemisches, bestehend aus nw_ν Einzelsystemen in *stationären* Zuständen mit Gewicht s_ν, ist laut Thermodynamik (siehe Neumann, l. c., Fußnote 1, p. 6 des gestrigen Briefes)[5]

$$S = -n \sum_\nu w_\nu \log \frac{w_\nu}{s_\nu}.$$

(Dabei ist die Entropie eines „reinen" Falles [zu Null normiert].)[6]

Man *definiert* dasselbe auch für nicht-stationäre Zustände und man sagt weiter: „Dies, durch n dividiert, *nenne* ich auch die »grobe« Entropie zur Zeit t eines Einzelsystemes, wenn die *Art* der makroskopischen Messung (nicht aber ihr Resultat) bekannt*** ist und w_ν die Wahrscheinlichkeit (zur Zeit t) ist, daß *ein* System aus dem vorgegebenen Mikrozustand durch diese makroskopische Messung in die Zelle ν übergeführt wird."

Persönlich halte ich diese Definition für *befriedigend*. Klassisch und quantentheoretisch kommt dabei das Ensemble durch den Übergang von der feinen zur groben Dichte hinein. Es gibt *keine* „makroskopische Observable", deren quantenmechanischer Erwartungswert im ursprünglichen Mikrozustand diese Entropie ist.

B) Man kann versuchen, diese formale Methode weiter physikalisch zu stützen durch die „*Zaubermethode*" (wie ich das kurz nennen möchte).

Das Wort „Zauber" soll darauf hinweisen, daß ein Eingriff vorgenommen wird, dessen Mechanismus nicht angegeben, für den also kein physikalisches Modell vorgewiesen wird. Es ist dann nur ein psychologischer Unterschied, ob man sich eine Art Verkehrspolizisten für Zustände vorstellt, der, auf einen Knopf drückend, die Hamiltonfunktion des Systems so verändert, daß die betrachteten Zustände plötzlich stationär werden (Fußnote 1, p. 6)[7] oder lieber eine Art von Quacksalber, der ein Lebenselixier, ein Pharmakon athanasias, für diese Zustände besitzt, das – wenn zugesetzt – die Lebensdauer dieser Zustände beliebig verlängert.

Ein Fortschritt der Einsicht müßte meines Erachtens hier in einer Vollautomatisierung des „Zauberers" bestehen. Ein Physiker müßte einen beherrschten und bekannten „Mechanismus" (mit vorgelegtem physikalischen Modell) „einschalten", der die zeitliche Veränderung der betrachteten Zustände so weit verlangsamt (ohne dabei die Entropie des Systems zu verändern), daß der phänomenologische Thermodynamiker das gewonnen hätte, was ihm (vielleicht mit Unrecht) als so unendlich kostbar erscheint, nämlich *Zeit*.

Ich kann mir zwar denken, daß in einzelnen Beispielen ein solcher Mechanismus sich angeben läßt, aber ich fürchte, er wird nie auch im entferntesten so *allgemein* anwendbar sein, als man es brauchte, um gänzlich bei der Definition des Entropiewertes durch reversible Prozesse stehenbleiben zu können.

Das ist „des Thermodynamikers Not!"

Wenn ich nun nochmals Ihre beiden Briefe zusammenfassend überblicke, so komme ich wieder zum Resultat (ich will nun das Wort „Unsinn" vermeiden!), daß Ihr Schuß daneben gegangen, d. h. das Wesentliche von Ihnen verfehlt worden ist. (Ich glaube auch gar nicht, daß man auf diese Weise den Diskussionen über die Zunahme der Entropie bei einer quantentheoretischen Messung „den Hals abschneiden" kann!)

Die „Schule F" – deren einziges Mitglied vorläufig Sie selbst sind – setzt ihr Axiom (siehe Seite 5 dieses Briefes) *immer schon* (in der einen oder anderen [äquivalenten Form][8]) *voraus, ohne es wirklich zu begründen.*

Ich kann dieses Axiom nun einfacher so formulieren: „Die Entropie soll linear von den $x_\nu(t)$ abhängen".

Die weiteren, hieraus gezogenen Folgerungen scheinen mir zwar – das Axiom einmal vorausgesetzt – mathematisch und logisch richtig, aber das Axiom selbst scheint mir, physikalisch gesprochen, in den Wolken zu hängen.[†]

Es hängt dies meines Erachtens zu einem wesentlichen Teil zusammen mit dem völligen Verschweigen der oben dargelegten prinzipiellen Sachlage über die Entropie von Systemen, die sich in spontaner zeitlicher Veränderung befinden. Auf diese Weise ist es Ihnen möglich, die instantane Messung einer Observablen vorzutäuschen, die Sie dann – meines Erachtens zu Unrecht – „Entropie" nennen!

Nun, hiermit beende ich diese lange Epistel, hoffentlich kommt noch mehr bei dieser Diskussion heraus. Bis jetzt hat sie mich sehr interessiert, ich war gar nicht unwillig, sondern – glaube ich – recht willig. Aber nun habe ich meinen Standpunkt so gut und so deutlich dargelegt, als ich es im Moment tun kann!

Mit freundlichen Grüßen   Ihr W. Pauli

[1] Siehe den Brief [1478] mit Anhang.
[2] Siehe hierzu auch die Bemerkung in Paulis Brief [1475] an Stern.
[3] „Über Geschmäcker läßt sich nicht streiten."
[4] D. h. Universalheilmittel. Diese Bezeichnung wurde auch gerne von Jung verwendet, so z. B. am Ende des Kapitel VIII von *Aion.*
[*] Für den Thermodynamiker ist es ein Unterschied wie Tag und Nacht, ob das Tempo eines Prozesses von außen willkürlich regulierbar ist oder naturgesetzlich vorgegeben ist. Das letztere meine ich mit „spontan"! Ich verweise zur folgenden Fußnote [**] auf das Buch von Neumann, Mathematische Grundlagen der Quantenmechanik, Berlin 1932, Kapitel V, §2, Thermodynamische Betrachtungen, ferner auf L. Szilard, Zeitschrift für Physik **32**, 1925. Es wird dort ein Gemisch *vieler* Systeme in verschiedenen stationären Einzelzuständen reversibel in einen reinen Fall übergeführt.
[**] Läßt man beliebige plötzliche Änderungen der Hamiltonfunktion zu (was aber sehr formal ist), so *kann* man die zeitliche Veränderung des Makrozustandes (ohne Entropieänderung) „stoppen"! – Dann aber könnte man (mit semipermeablen Wänden etc.) thermodynamische Messungen *am Ensemble* machen und erhält den Gibbsschen Entropie-Ausdruck.
[5] Das entspricht in der vorliegenden Fassung dieses Briefes der Fußnote [**].
[6] Unleserliche Textstelle.

*** Ich muß unbedingt daran festhalten, daß die Entropie eines Systems von unserer *Kenntnis* über das System wesentlich abhängt (vgl. Szilard, l. c.); sie ist um so kleiner, je größer diese Kenntnis. – Ist als Resultat der Makromessung *bekannt*, daß das System sich in der Zelle ν befindet, so ist die Entropie $\log s_\nu$. Über die letztere Aussage scheint Einigkeit zwischen uns zu bestehen.

[7] Das entspricht in der vorliegenden Fassung des Briefes der Fußnote **.

[8] Unleserliche Textstelle.

† Das Axiom ist im getypten Teil Ihres Briefes in Gleichung (16) und (23) eingeschmuggelt.

[1481] PAULI AN VON FRANZ

[Zürich], 19. Oktober [1952]

In aufrichtige Dankbarkeit für viele seelische Hilfe im Jahr 1952 vor der Abreise nach Indien von W. Pauli

Liebe!

Dank für Ihre Zeilen. Daß wir uns Montag (22.) treffen werden und nicht Dienstag, habe ich erwartet. An ersterem Tag habe ich eine Doktorprüfung von 3 bis 4 und bin nachher frei bis Abend; werde mittags noch telefonieren.

Daß der alchemistische Prozeß schon das Ganze ist, damit haben Sie wohl ganz recht. Man kann vielleicht besser sagen, daß der platonische circulus amorosus durch „Abschneiden" der unteren Hälfte aus dem alchemistischen Prozeß entsteht. Es kommt mir nur darauf an, die enge Beziehung und Entsprechung beider zu betonen. Inzwischen lese ich nochmals die Aurora.[1]

Inzwischen hatte ich eine lange Korrespondenz mit M. Fierz über Physik und Psychologie und auch über Newton, mit dem er sich weiter sehr befaßt.[2] Über diesen schreibt er u. a.:

„Ich vermute, daß Newtons Krise 1692/93 nicht zuletzt durch die Anstrengung bedingt war, seinen naiven, an philosophischer *und alchemistischer* Tradition genährten Spiritualismus gegenüber der von ihm entdeckten Physik aufrechtzuerhalten." Das paßt gut zu den Resultaten Ihres englischen Gewährsmannes. Das Tragische an Newton war, daß er es nicht wahr haben wollte, daß die von ihm entdeckte Physik gerade zu dem von ihm leidenschaftlich verworfenen und abgelehnten Materialismus führen mußte (welchen Materialismus er dann den anderen *vorwarf*, z. B. Leibniz). Das gab einen „Bruch" bei Newton, den ihm niemand „operieren" konnte!

Also auf bald!

Stets Ihr W. Pauli

[1] Siehe die Anlage zum Brief [1291] und M.-L. von Franz [1955].
[2] Vgl. Fierz (1943, S. 205f.).

[1482] Fierz an Pauli

[Basel], 19. Oktober 1952
[Postkarte]

Lieber Herr Pauli!

Schrecklich werden Sie mit Recht sagen, auch noch eine Postkarte.

Diese schreibe ich, um die sogenannte Randbemerkung über die von Neumannsche Bedingung $w_\rho - w_\sigma \neq w_{\rho'} - w_{\sigma'}$, wo von zwei Gasen A und B geredet wird (bei mir!), als *Unsinn* zu erklären.[1]

Das ist alles, und ich hoffe damit, einen Teil Ihres Zornes beschwichtigt zu haben.

Mit bestem Sonntagsgruß   Ihr M. Fierz

---

[1] Siehe hierzu auch Paulis Bemerkungen in seinem vorangehenden Brief [1480].

[1483] Fierz an Pauli

Basel, 21/22. Oktober 1952

Lieber Herr Pauli!

Ihr wohlüberlegter und überlegener Brief[1] hat mir manches deutlicher gemacht. Ich hoffe langsam, so weit zu kommen, wenigstens das, was mir vorschwebt, klar sagen zu können.

Was die allgemeine Rolle der Entropie in der eigentlichen Thermodynamik angeht, so glaube ich, das schon lange begriffen zu haben. Daß Sie es auch wußten, war mir klar, darum habe ich nicht davon geredet. Die Folge davon war jedoch eine gewisse Begriffsverwirrung, denn man sollte Dinge, die man zu wissen glaubt, wenn nötig auch deutlich vor Augen haben.

Übrigens kann man schon in der Theorie der Gleichgewichte nicht ganz ohne Zaubermittel auskommen; denn die Unterscheidung von Arbeit und Wärme: $dE = dA + dQ$ kann nicht erklärt werden, ohne daß man die Wärme isolierende Wände einführt. (Carathéodory, Landé im blauen Handbuch).[2]

Weil Sie die Zaubermittel ablehnen, so war Ihnen auch von je $dE = dA + dQ$ eine ungefreute Gleichung.

Ohne Zaubermittel gibt es eigentlich nur das „Maß der Information" eines makroskopischen Beobachters, was man aber mit der Entropie identifizieren kann – auch für Nicht-Gleichgewichte.

Wenn im folgenden von Entropie die Rede ist, soll das immer in diesem Sinne gemeint sein.

Klassische Theorie:

Was ist nun die Information des makroskopischen Beobachters? Er kann folgendes sagen: Ich habe während der Zeit τ: $t_i \leq t \leq t_i + \tau$ das System untersucht und finde den makroskopischen Zustand (E, ν). Jetzt, d. h. zur Zeit $t_i + \tau$, weiß ich, daß die Wahrscheinlichkeit dafür, daß sich der den mikroskopischen Zustand des Systems beschreibende Phasenpunkt im Element $d\Omega$ befindet, gleich

$$P_E^\nu(t_i, 0)d\Omega$$

ist {0 in $(t_i, 0)$ bezieht sich darauf, daß die Aussage für $t = t_i + \tau$ gemacht wird}.

Damit ist die „Entropie" des Zustandes (ν, E) durch

$$\eta_E^\nu = -\int P_E^\nu \lg P_E^\nu d\Omega \tag{1}$$

gegeben. Diese „Entropie" ist einem bestimmten Beobachter und einem bestimmten Meßergebnis zugeordnet. Sie soll ja das „Maß der Information" sein; und da muß ich nicht nur wissen, wer informiert ist, sondern auch was seine Informationen sind, wenn von einem solchen Maß geredet werden soll.

Daher verstehe ich nicht, was Sie damit meinen, wenn Sie sagen: „Will man überhaupt die Entropie eines, in spontaner Veränderung begriffenen Zustandes definieren, so wird der Entropiewert sicher von der Art der makroskopischen Messung abhängen.

Das Einzelresultat der Makromessung brauche ich nicht zu kennen, nur die Art der Messung."

In diesen Sätzen handelt es sich offenbar um die Entropie eines, in spontaner Veränderung begriffenen Zustandes. Dieser soll gemessen, d. h. festgestellt werden und die Entropie hängt doch gerade davon ab, was festgestellt wird. Oder nicht?

Zu jedem makroskopischen Zustand ν, E gehört eine derartige Dichteverteilung P_E^ν. Alle makroskopischen Zustände müssen zusammen allen makroskopisch möglichen Meßresultaten entsprechen. Das bedeutet:

Es gibt Zahlen (Gewichte) α_ν, derart, daß

$$\sum_\nu \sum_E \alpha_\nu^E P_E^\nu = 1 \tag{A}$$

für alle Werte der Variablen.

Die Wahrscheinlichkeit, bei einem System, das einem Ensemble P angehört, den Zustand ν zu finden, ist sodann durch

$$\alpha_\nu^E \int P_E^\nu P d\Omega = w_E^\nu \tag{3}$$

gegeben. Wegen (A) ist $\sum w_E^\nu = 1$.

Die „grobe" Dichte, die dem Ensemble zugeschrieben werden muß, ist sodann

$$\bar{P} = \sum w_E^\nu P_E^\nu. \tag{4}$$

Wenn der Beobachter durch seine Messung den Phasenraum in Zellen Ω_E^ν einteilt, so ist $P_E^\nu = \frac{1}{\Omega_E^\nu}$ in der Zelle, sonst 0; die α sind sodann gleich Ω_E^ν. Das ist ein Spezialfall, der eigentlich unphysikalisch ist. Der allgemeine Fall ist allerdings etwas merkwürdig. Ich habe jedoch nichts anderes herausfinden können, als daß die Gleichung (A) gelten, also Gewichte α_ν^E existieren sollen.

Man kann nun fragen: Was ist die Information, die der Beobachter, der den Zustand des Systems zur Zeit t_i festgestellt hat, über *spätere* Zeiten besitzt? *Dabei setze ich voraus, daß er auf weitere Messungen verzichtet!*

Er hat zur Zeit t_i, wie gesagt, den Zustand $v_0 E$ gefunden. Jetzt kann er sagen: Die Wahrscheinlichkeit, zur Zeit t den Zustand $v E$ zu finden, ist

$$w_E^v; \quad \sum_v w_E^v(t) = 1; \quad w_E^v(t_i) = \delta_{v v_0}.$$

Die $w_E^v(t)$ sind wie folgt bestimmt:

Sei $P_E^v(t_i, t)$ diejenige mikroskopische Dichte, die für $t = t_i$ den Wert $P_E^v(t_i, 0) = P_E^v$ annimmt. Dann ist

$$w_E^v(t) = \alpha_E^v \int P_E^v P_E^{v_0}(t_i, t) d\Omega.$$

Die „grobe" Dichte ist daher

$$\bar{P} = \sum_v w_E^v(t) P_E^v \tag{5}$$

und die Information des Beobachters über den Zustand zur Zeit t wird durch

$$\bar{\eta} = - \int \bar{P} \lg \bar{P} d\Omega \tag{6}$$

gemessen.

Man kann in diesen Überlegungen die $P_E^v = \frac{1}{\Omega_E^v}$ in Ω_E^v, sonst $= 0$ setzen; das ist eine Vereinfachung. Nötig scheint mir das nicht.

Der *Zeitmittelwert* von $\bar{\eta}$ ist sodann das Maß der Information, die der Beobachter über den gesamten zeitlichen Ablauf hat, wenn er lediglich *einmal* den Zustand festgestellt hat. Wenn das System ergodisch ist, zeigt es sich, daß dieser Mittelwert ungeheuer nahe am mikrokanonischen Wert liegt, so daß über den gesamten Ablauf nicht mehr gesagt werden kann, als daß der Zustand die Energie E hat.

Es ist gewiß wichtig, daß der makroskopische Beobachter auf Grund seiner Kenntnisse nun Wahrscheinlichkeitsaussagen über das zukünftige Verhalten des Systems machen kann. Diese macht er aber nicht, insofern er ein Beobachter, sondern insofern er ein Theoretiker ist.

Die Entropie $\bar{\eta}$ ist auch gar nicht diejenige des makroskopischen Zustandes des Systems zur Zeit t für einen *Beobachter*, sondern die für einen *Theoretiker*, dem der Beobachter seine alten Meßresultate übergeben hat. Darum finde ich $\bar{\eta}$ eine „pap ier erne" Größe.

Für den Beobachter ist die *einzige* Gesamtheit, die eine Rolle spielt, diejenige, die seinem, von ihm beobachteten, makroskopischen Zustand zugeordnet werden kann. Ich sehe nicht ein, weshalb für ihn noch überdies eine Gesamtheit makroskopischer Zustände, die durch die w_E^v beschrieben wird, existieren sollte. Durch die Größen P_E^v wird ja die makroskopische Unwissenheit völlig charakterisiert, und es scheint mir, man müsse nun zulassen, daß der Beobachter sich alle Kenntnisse wirklich verschafft, die er sich verschaffen kann.

So bin ich dazu gekommen, daß ich von einem makroskopischen Zustande, der sich mit der Zeit ändert, spreche, der im allgemeinen kein Gleichgewichtszustand ist. Es kann vorkommen, daß dieser Zustand während längerer Zeit unverändert besteht. Das sind die Zustände, denen ein relativ großer Teil der Energieschale entspricht, für die also

$$-\int P_E^{\nu}\, \lg P_E^{\nu}\, d\Omega$$

besonders nahe am mikrokanonischen Wert liegt. Aber, ob das eintritt, hängt von der Natur des Beobachters ab. Ist er sehr geschickt, so wird er immer gewisse Änderungen bemerken.

Indem der Beobachter den Zustand verfolgt, ändert sich seine Information mit der Zeit, also auch die „Entropie".

22. Oktober 1952

Das Zeitmittel der Entropie des *Beobachters* ist der Mittelwert über diese, beobachtete Entropie – man sollte vielleicht besser sagen: das Zeitmittel der Entropie der Beobachtungen. Das beschreibt die Formel (6) des getippten Briefes.[3] Ich glaube, daß ich nichts „hereingeschmuggelt" habe.

Mir scheint: Entweder gibt es makroskopische Zustände eines Einzelsystems. Dann gehört zu jedem dieser Zustände auch eine Entropie.

Der mikroskopische Zustand des Einzelsystems ist immer durch einen Punkt im Phasenraum dargestellt. Eine „mikroskopische Dichte" gibt es darum nicht.

Oder aber: Es gibt nur Zustände von Gesamtheiten. Diese werden mikroskopisch durch die feine Dichte dargestellt, und es gibt sodann etwas, was man Entropie dieser Gesamtheit nennen kann. Diese hat allerdings nichts mit Thermodynamik zu tun und wird „verworfen". Weiter gibt es eine „grobe Dichte". Diese ist abhängig 1. von der mikroskopischen Gesamtheit, 2. vom Beobachter und hat eine von beidem abhängige Entropie, welche mit der thermodynamischen Entropie identifiziert wird.

Ist aber nicht hier die mikroskopische Gesamtheit ein Pleonasmus? Sie sagen selber: „Ich muß *unbedingt* daran festhalten, daß die Entropie eines Systems von unserer *Kenntnis* über das System abhängt; sie ist um so kleiner, je größer diese Kenntnis ist".

Da reden Sie von „einem System", nicht von einer Gesamtheit. Weiter wird von „groß" und „klein" gesprochen. Das kann nur so gemeint sein, daß man mit einem mikroskopischen Beobachter, der alles weiß, vergleicht. Der würde einen Punkt im Phasenraum sehen, und für ihn existiert die Entropie nicht.

Quantentheorie:

Hier muß ich zugeben, daß meine Überlegungen problematisch sind. Die von Ihnen angeführten Gründe, daß nämlich ein reiner Fall und ein „Gemisch" makroskopisch nicht zu unterscheiden sind, halte auch ich für schwerwiegend. Das *ist* mir schon am Sonntag deutlich geworden.

Aber wir wollen nun nochmals versuchen, die Fragen genau zu prüfen. Dabei soll auch mir der soeben zitierte Satz dienen: „Ich muß *unbedingt* daran festhalten ...".

Als „Einheit" für „groß" und „klein" gelten die Kenntnisse eines mikroskopischen Beobachters, der alles weiß, was es zu wissen gibt.

Dieser also kennt die ψ-Funktion des Systems, d. h. er weiß, welche Observable er messen muß, damit er eine sichere Voraussage über diese Messung machen kann: ψ muß Eigenfunktion der Observablen sein.

Weiter kann er statistische Aussagen über den Ausfall anderer Messungen machen – nicht aus „Unkenntnis", sondern weil dies von Natur aus so ist. Diese statistischen Aussagen können dann, unseres Leitsatzes wegen, nie mit dem Entropiebegriff in Zusammenhang gebracht werden. Falls dies, zufolge irgendeiner Formulierung, doch herauskommen würde, so verwerfe ich diese, da dem Leitsatz nicht entsprechend.

Mißt der mikroskopische Beobachter eine Observable, für die ψ keine Eigenfunktion ist, so wird hierdurch der Zustand verändert. Der Beobachter weiß nach der Messung nicht, welches der Zustand vor der Messung war, oder, wenn er es doch weiß, was er früher gemessen hat und ψ fand, so wird jetzt diese Kenntnis gegenstandslos.

Diese, für die Quantentheorie charakteristische Situation, die in der klassischen Theorie kein Analogon hat – es sei denn, man führe dort mikroskopische Dichten, d. h. Gesamtheiten ein – führt jetzt zu neuartigen Komplikationen.

Betrachten wir einen mikroskopischen Beobachter, der aber nicht *jede* Observable messen kann, insbesondere nicht die Energie.

Er habe zur Zeit $t = 0$ den Zustand ν gefunden (mikroskopisch!). Nach der Messung kennt er somit den Zustand. Weiter kann er ihn auch für spätere Zeiten *ausrechnen*. Er kann aber später keine Messung machen, die die Richtigkeit seiner Rechnung *beweist*. Zwar kann er über seine späteren Messungen statistische Aussagen machen, doch ist es eine offene Frage, ob er aus seiner Statistik ψ wirklich bestimmen kann, auch dann, wenn er die Statistik mehrerer, nicht vertauschbarer Observablen kennt.

Andererseits ist *nach* der Messung für diesen Beobachter der Zustand des Systems wieder völlig bestimmt – wenn nur die Messung von der 1. Art war.

Es scheint mir aber, daß auch ein solcher „eingeschränkter mikroskopischer" Beobachter immer noch zu denen gezählt werden darf, der „alles weiß", was es zu wissen gibt.

Er kennt ja den Zustand vor der Messung; er kann über das Meßresultat alles sagen, was man sagen kann; und er kennt den Zustand nach der Messung.

Stellt man sich auf den Standpunkt, daß ψ nicht einem System, sondern einer Gesamtheit zugeordnet sei, so ändert das nichts an der Sachlage. Vor der Messung lag jetzt ein reiner Fall vor, nach ihr ein „Gemisch". Diesem Gemisch eine Entropie zuzuschreiben, halte ich für unzulässig, weil es niemanden geben kann, der dies „Gemisch" als reinen Fall betrachten könnte, der die Phasen der einzelnen Komponenten kennen kann. Diese sind prinzipiell unbestimmt. Daher ist auch die Entropie des Gemisches kein sinnvoller Begriff – ebensowenig wie diejenige, die man mit Hilfe der „feinen Dichte" einer statistischen Gesamtheit zuordnet.

Vor der Messung weiß ich alles, was zu wissen ist, nachher auch. Also ist meine Information immer optimal – von Entropie keine Spur! So sagt der mikroskopische Beobachter.

Bis da, scheint mir, bin ich auf sicherem Boden. Aber jetzt beginnt er, ich sehe es wohl, zu wanken. Ich habe nämlich *einerseits* das Prinzip festgehalten, daß für den, der alles weiß, was zu wissen ist, die Entropie *verschwinden* muß. Damit ist eigentlich schon mehr gesagt, als daß für diesen dieser Begriff *sinnlos* ist.

Andererseits habe ich, recht stumpfsinnig, das klassische Gebäude quantentheoretisch umgeschrieben.

Das ist anfechtbar.

Was soll man aber denn sonst machen? Der andere Weg, der dazu führt, einem „Gemisch" eine Entropie zuzuschreiben, ist eben auch anfechtbar, führt er doch zu einer sinnlosen Konsequenz.

Mein Vorgehen kann man wie folgt stützen.

Die Entropie soll das Maß der Information eines Beobachters sein. Sie existiert somit nur, insofern beobachtet wird.

In der klassischen Theorie ist letzterer Zusatz nicht entscheidend, da die Beobachtung den Zustand des Systems nicht wesentlich verändert. Man kann da sagen: Wenn der Beobachter eine Beobachtung machen würde, so wird das Resultat bestimmt sein, da der Zustand des Systems ein bestimmter ist. Ob er bekannt ist oder nicht, ist gleichgültig. Es gibt da keine *grundsätzlich* unbestimmten Zustände oder Sachverhalte.

In der Quantentheorie ist etwas im allgemeinen nur bestimmt, wenn es beobachtet wird.

Ich bestimme, beobachte nun den makroskopischen Zustand eines Systems. Dadurch gewinne ich Information und dieser entspricht einer Entropie. Die Information ist durch den makroskopischen Zustand gegeben, also kann man diesem Entropie zuschreiben. So komme ich dazu, die Entropie dem makroskopischen Zustand zuzuschreiben. Dies kann nur geschehen, insofern er gemessen wird.

Das ist analog zu dem, daß man einem System nur eine Energie zuschreiben kann, insofern diese gemessen wird.

Daneben gibt es noch den Erwartungswert der Energie. Also habe ich auch vom Erwartungswert der Entropie geredet.

Um diesem Begriff zu entrinnen, kann man wie Neumann u. a. die Entropie als Eigenschaft einer *Gesamtheit* deuten. Dann hat auch ein „mikroskopisches Gemisch" eine Entropie, weshalb diese Größe nicht mehr den Sinn, Maß der Information zu sein, beibehält. Das „Verwerfen" dieser Art Entropie ist ein Verdrängungsakt!

Weiter ist man sodann gezwungen, auch in die klassische Theorie mikroskopische Gesamtheiten einzuführen.

Die Entropie meines Schreibtisches, der sich keineswegs im Gleichgewicht mit der Umgebung befindet, denn dieses ist Rauch und Asche, bezieht sich sodann nicht eigentlich auf ihn, sondern auf eine gedachte Gesamtheit gleicher Schreibtische.

In der klassischen Theorie scheint mir das künstlich und dient meines *Erachtens* nur *dazu, die* Schwierigkeiten, die in der Quantentheorie erwachsen sind, zu vertuschen.

Klassisch ist die Gesamtheit ein mathematischer Hilfsbegriff, der bei Gibbs in formaler Weise eingeführt wurde. Oder aber, diese wird durch eine makroskopische Messung definiert und hängt vom makroskopischen Zustand ab. Dann gibt es nur die Gesamtheiten P_E^ν, die den verschiedenen makroskopischen Zuständen entsprechen. Ist der makroskopische Zustand durch die Energie allein charakterisiert, so hat man die mikrokanonische Gesamtheit, ist er durch die Temperatur definiert, die kanonische Gesamtheit und wird ein Zustand festgestellt, der größerer Information entspricht, so ist es ein Nicht-Gleichgewicht – das allerdings meist kaum vom Gleichgewicht abweicht.*

In der Quantentheorie dagegen gibt es grundsätzlich und legitimerweise Gesamtheiten. Diese können als „reine Fälle" und „mikroskopische Gemische" unterschieden werden und haben mit Thermodynamik oder makroskopischen Zuständen nichts zu tun.

Ich gestehe, dem „Papier" auch mit meinem Vorschlag nicht ganz entronnen zu sein.

Das von mir vorgeschlagene *klassische* Schema scheint mir allerdings frei von ernstlichen Einwendungen zu sein. Wenn man klassisch die Gesamtheit und die „grobe Dichte"

$$\bar{P} = \sum w_\nu P^\nu$$

beibehält, so scheint mir, könnte man dies nur mit Rücksicht auf die Quantentheorie rechtfertigen.

Damit würde man Leuten wie Mercier in Bern zugestehen,[4] daß er nicht völligen, sondern nur halben Unsinn schwatzt, wenn er in konfuser Art behauptet, ohne Quantentheorie lasse sich der Entropiebegriff statistisch gar nicht rechtfertigen.

Sie sehen, ich muß Ihren Angriffen doch etwas weichen, ziehe mich auf die „klassische Burg" zurück und warte auf einen erneuten Sturm.

Wenn meine Überlegungen so papieren sind, wie das viele Papier, das ich verschwendete, um diesen Brief zu schreiben – denn es gibt noch viele Seiten, die ich kassiert habe – dann ist es allerdings traurig. Aber falls ich noch etwas lerne und zu Vernunft komme, ist ja alles gut.

Mit besten Grüßen   Ihr M. Fierz

---

[1] Siehe den Brief [1478].

[2] Landé (1926): Axiomatische Begründung der Thermodynamik durch Carathéodory. *Handbuch der Physik*, Band **9**, S. 281–300, Berlin 1926.

[3] Siehe die Anlage zum Brief [1478].

* Wasser am Tripelpunkt im Wärmebad ist ein Beispiel. Die Information kann, neben der Kenntnis der Temperatur, auch enthalten, daß man weiß, wie viel Wasser – neben Eis und ein wenig Wasserdampf – vorhanden ist, was man, in die Flasche blickend, also makroskopisch beobachtend, sehen kann. Man sieht dann auch die spontane Änderung der Wassermenge. Aber das gehört dazu. Will man hierauf entscheidendes Gewicht legen, so muß man sich der Schule „K" anschließen.

[4] Vgl. Mercier (1951).

[1484] FIERZ AN PAULI

Basel, 22. Oktober 1952

. Lieber Herr Pauli!

Heute vormittag habe ich viel Papier an Sie geschickt, damit ich endlich zu einem Ziel gelange. Jetzt habe ich nochmals Ihren Brief gelesen und die Anmerkung entziffert, die sich auf Szilard bezieht.[1] Es heißt da: „Es wird dort ein Gemisch vieler Systeme in verschiedenen stationären Zuständen in einen reinen Fall übergeführt, und zwar reversibel".

Das kommt mir merkwürdig vor. Die Szilard-Arbeit[2] fand ich schwer lesbar und hoffe, daß Sie mich aufklären werden.

Ich denke so: Gegeben viele gleiche Kästen, die immer dasselbe System enthalten. Diese sind völlig unabhängig und werden nie, direkt oder indirekt, in Wechselwirkung treten.

In jedem Kasten hat das System einen bestimmten Zustand. Man kann die Kästen zusammenfassen, die den gleichen Zustand aufweisen, und das ist dann je ein reiner Fall.

Falls man jedoch nur den Bruchteil w_σ kennt, der je einen Zustand σ besitzt, aber nicht weiß, welcher bestimmte Kasten zu welcher Klasse σ gehört, so würde ich das ein „Gemisch" nennen, das jetzt eine endliche Entropie besitzt, die pro Kasten den Wert $- \sum\limits_{i=\sigma} w_\sigma \lg w_\sigma$ hat.

Wie kann man dieses Gemisch reversibel in einen reinen Fall überführen, wenn man nicht den Zustand jedes Kastens einzeln kennt?

Übrigens, wenn ich an einer solchen Gesamtheit, die einem reinen Fall entspricht, eine Messung mache und die Wahrscheinlichkeiten x_τ sollen angeben, wie oft das Ergebnis τ gefunden wird, dann erhalte ich *kein* Gemisch, sondern wieder eine Reihe reiner Fälle. Denn ich weiß ja nach der Messung, welche Kästen das Ergebnis τ geliefert habe. Ein „Gemisch" würde ich nur erhalten, wenn ich zwar die Meßoperation durchführe, jedoch das Resultat nicht zur Kenntnis nehme, sondern mich damit begnüge, auf die Theorie zu verweisen, die mich lehrt, daß der Bruchteil der Systeme im Zustand τ gleich x_τ sein wird.

Das scheint mir ein blödsinniges Vorgehen. Ich verstehe darum auch nicht mehr, wieso man sagen kann, die Messung verwandle den reinen Fall in ein Gemisch. Oder hat man das nie gesagt?

Man könnte höchstens sagen: Die Aussagen über das Resultat einer noch nicht durchgeführten Messung beziehen sich auf ein Gemisch. Aber da ist der Zustand ja noch der alte, also noch nicht „verwandelt". Oder aber, wenn man den Meßakt durchgeführt hat, aber das Resultat noch nicht zur Kenntnis genommen hat, dann liegt ein Gemisch vor. All das ist jedoch künstlich.

Es tut mir leid, daß ich so viel schreibe. Das ist die Folge meiner Schwierigkeiten.

Mit bestem Gruß

Ihr M. Fierz

---

[1] Siehe den Brief [1480, Anm. *].
[2] Szilard (1925).

[1485] PAULI AN FIERZ

Zürich, 23. Oktober 1952

Lieber Herr Fierz!

Heute ist sehr viel Papier von Ihnen gekommen vom 21. und 22. Oktober in 2 verschiedenen Enveloppen,[1] deren Größen etwa der makroskopischen und der mikroskopischen Betrachtungsweise entsprechen (?).

Um den weiteren Papierverbrauch etwas einzuschränken, wäre es nett, wenn wir uns noch treffen könnten, bevor ich verreise (4. November).[2] Wir sind jetzt auf einem Punkte, wo die *mündliche* Diskussion fruchtbarer wird als das Briefeschreiben. Übrigens ist zur Zeit auch O. Stern in Zürich,[3] der sich ja stets für Thermodynamik interessiert. Wie wäre es mit Montag den 27.? Ein Seminar wird an diesem Tage nicht sein, da ich mich doch *nicht* entschlossen habe, noch vor der Abreise schnell einen Vortrag zu übernehmen. Wir können also den ganzen Nachmittag (oder sogar schon ab 11 Uhr vormittags) Thermodynamik diskutieren. Ich werde morgen (d. h. Freitag nachmittag) in der Anstalt anrufen, um etwas mit Ihnen zu verabreden.

Hier nur kurze Bemerkungen:

1. *Literatur.* Der Satz „Es wird dort ein Gemisch vieler Systeme in verschiedenen stationären Zuständen in einen reinen Fall übergeführt" bezieht sich nicht direkt auf Szilard, sondern direkt auf *Neumann*, Mathematische Grundlagen der Quantenmechanik, Berlin 1932, Kapitel V, §2 („Thermodynamische Betrachtungen").[4] Der Standpunkt dort ist derjenige einer mikroskopischen Entropie, die hier ein Gemisch $\neq 0$ ist, die Idee der *ma*kroskopischen Entropie, die in der von uns herangezogenen Arbeit Neumanns aus Zeitschrift für Physik 1929 entwickelt ist,[5] findet sich in diesem Buch nicht. Das betreffende Kapitel des Buches war offenbar früher geschrieben worden als die Arbeit in der Zeitschrift für Physik.

Die Arbeit von *Szilard*, Zeitschrift für Physik **32**, 1925[6] ist deshalb schwer zu lesen, weil der Autor, anders als Neumann, außerordentlich schreibfaul war und noch ist und deshalb wesentliche Teile seiner Gedankengänge weggelassen hat; überdies verweist er auf einen Teil II, der dann *nie* erschienen ist.[7] (Neumann war durch Szilard stark beeinflußt,[8] als er das zitierte Buch schrieb, übrigens steckten „die 3 Ungarn", nämlich Neumann, Szilard und Wigner immer beisammen.)[9]

Szilard versucht zu begründen, daß man auch in der *klassischen* statistischen Mechanik immer *Gesamtheiten* betrachten soll (entweder *wiederholte* Versuche *an einem* System, oder *gleichzeitige* Versuche an *vielen gleichartigen* Systemen) – weil das Verhalten der Wärmereservoire beim Einzelsystem „zufällig" sei als Folge der Schwankungsphänomene. Nur das *Ensemble* (bzw. dessen Mittelwert) zeigt nach Szilard ein einfaches statistisch-gesetzmäßiges Verhalten! Auch *Einstein*, Verhandlungen der deutschen physikalischen Gesellschaft 12, 1914[10] verwendet das Ensemble und nicht das Einzelsystem für den Entropiebegriff bereits in der klassischen Statistik (und erst recht muß das dann in der Quantentheorie so sein).

2. *„Ensemble oder Einzelsystem"?* Ich glaube, daß eine tiefe physikalische Wahrheit in der Benutzung der Ensembles gleichartiger Einzelsysteme bei der

Definition der Entropie steckt.* Im Gegensatz zu Ihnen halte ich das *nicht* für künstlich. (Mein Standpunkt ist eben der: „wenn man den Meßakt durchgeführt hat, aber das Resultat noch nicht zur Kenntnis genommen hat, dann liegt ein Gemisch[11] vor".)

Der Grund Ihrer Schwierigkeiten scheint mir darin zu liegen, daß Sie eine zu scharfe logische Trennung aufrichten wollen zwischen Einzelsystem und Gesamtheit.

Die beste Methode, die „Information" (=„Kenntnis") über ein Einzelsystem zu charakterisieren, besteht *nämlich darin*, ein (der Information korrespondierendes) *Ensemble* anzugeben, als dessen *Mitglied das Einzelsystem im gegebenen „Zustand" zu betrachten ist.*

Die Nichtbeachtung dieser These scheint mir die Hauptwurzel Ihrer Schwierigkeiten und auch der Grund, warum Sie fortwährend die Gibbsschen Überlegungen (es handelt sich aber nicht nur um Gibbs, sondern auch um Einstein, Szilard, Neumann, l. c. – ich nannte das alles und noch mehr die „Schule G") als „formal" bezeichnen. Die unterstrichene These halte ich aber für inhaltlich-physikalisch und *nicht* für formal! Sie ist wohl allen Anwendungen des *Wahrscheinlichkeits*-Begriffes in der Physik gemeinsam (Motiv „das Eine und die Vielen")[12] und trifft interessanterweise zu sowohl a) beim Entropiebegriff (*sowohl* in der klassischen Theorie *als auch* in der Quantenmechanik) als auch b) bei der ψ-Funktion in der Quantenmechanik.

Das ist es, was mich hauptsächlich an unserer Diskussion interessiert!

Akzeptiert man obige These, so scheinen mir die beiden Begriffe „Entropie als Maß der Information über ein Einzelsystem" und „Entropie der [...][13] zugeordneten Gesamtheit" (Ensemble von Systemen), sich zu decken, zusammenzufallen, *synonym* zu werden – während Sie Armer eine wahre Sysyphusarbeit** im Schweiße Ihres Angesichtes daran verschwenden, diese beiden identischen Begriffe doch auseinanderhalten zu wollen!:

„Entropie des Gemisches" *ist* in der Quantentheorie ein sinnvoller Begriff, da ein Gemisch *nicht* durch eine ψ-Funktion, sondern durch eine allgemeinere Dichtematrix P mit Spur $P = 1$, aber $P^2 \neq P$ beschrieben ist. *Gemisch ist alles, worüber man nicht alles weiß, was man wissen könnte.*[†] Dagegen ist alles, was durch eine einzige ψ-Funktion beschrieben ist, ein „reiner Fall" – gleichgültig, ob diese ψ-Funktion ein Eigenzustand der Energie ist oder ob $|\psi|^2$ von der Zeit abhängt; und jeder reine Fall hat die Entropie Null![††]

Daher halte ich den „Ansatz" (*keine* Analogie zur Energie und drum Erwartungswert!) $S = -\sum_\nu w_\nu \log\frac{w_\nu}{s_\nu}$ für die grobe = makroskopische Entropie für den einzig vernünftigen. (N. B. Ihr Ausdruck $S = \sum_\nu w_\nu \log s_\nu$ geht für den hier zulässigen[†††] Sonderfall, daß alle $s_\nu = 1$, in Null über – trotz Existenz der w_ν – was mir unsinnig erscheint!)

Einem Gemisch eine Entropie ($\neq 0$) zuzuschreiben, ist gerade deshalb *sinnvoll*, „weil es niemanden gibt, der es als reinen Fall betrachten könnte"!

Also ich telefoniere Freitag. Hoffentlich auf Wiedersehen.

Viele Grüße   Ihr W. Pauli

[1] Siehe die Briefe [1483 und 1484].

[2] Pauli reiste zu diesem Zeitpunkt nach Indien (vgl. den Kommentar zum Brief [1489]).

[3] Sterns Besuch in Zürich wird auch in den Briefen [1454 und 1475] erwähnt.

[4] Neumann [1932, S. 191–202].

[5] Neumann (1929).

[6] Szilard (1925).

[7] Wahrscheinlich bezieht sich Pauli auf eine Anmerkung Szilards (1925, S. 758), daß eine weitere Veröffentlichung über den Maxwellschen Dämon geplant sei. Offenbar hat Pauli übersehen, daß diese Publikation 1929 tatsächlich mit einiger Verzögerung erschienen ist.

[8] Auch Neumann [1932, S. 262] weist auf einen solchen Einfluß von Szilard hin.

[9] Siehe hierzu Wolff (1992) und die Szilard-Biographie von Lanouette [1992].

[10] Einstein (1914). Pauli gibt irrtümlich den Band **14** (statt **16**) der *Verhandlungen* an.

* Auch schon klassisch!

[11] Pauli fügte unter dieses Wort mit Bleistift die folgende Präzisierung hinzu: „Meßakt, der weniger genau ist als naturgesetzlich nötig wäre."

[12] Siehe hierzu auch den Brief [1474].

[13] Unleserlicher Zusatz.

** $\alpha o\tau\iota\kappa\ \epsilon\pi\epsilon\iota\tau\alpha\ \kappa\epsilon\delta o\nu\ \delta\epsilon\ \kappa\upsilon\lambda\iota\nu\ \delta\epsilon\tau\alpha\ \lambda\alpha\alpha s\ \alpha\nu\epsilon\iota\delta\eta s$ = „Sofort wälzte sich da der unverschämte Stein wieder zum Grund." [Dieses Zitat bezieht sich auf Sisyphos. Vgl. Homer: *Odyssee* XI, 598. Nach der klassischen Übersetzung von J. H. Voss lautet der entsprechende Vers: „Hurtig mit Donnergepolter entrollte der tückische Marmor."]

† Das *hat* ein Analogon in der klassischen Theorie: Die „*grobe* Dichte" als Resultat einer Messung, die *weniger* genau ist als die Naturgesetze gestatten!

†† Eben weil diese Konsequenz dem physikalischen Gefühl unangenehm scheint, hat Neumann später – nicht ganz ohne mein Drängen – den Begriff der „groben" oder „makroskopischen" Entropie eingeführt.

††† Hier wird ja noch nicht der Ergodensatz diskutiert.

[1486] PAULI AN FIERZ

Zollikon-Zürich, 24. Oktober 1952

Lieber Herr Fierz!

1. Ich bin heute sehr froh über meinen gestrigen Brief: Das wirklich Wichtige ist mir die ein-eindeutige Korrespondenz

Gesamtheit ↔ Information über *einen* ihrer Repräsentanten.

Man kann daraus direkt ein physikalisches und auch zugleich ein formal-logisches Prinzip machen: alle Sätze einer physikalischen Theorie müssen richtig bleiben, wenn man die Werte links mit den Werten rechts vertauscht (et vice versa), insbesondere ist „Entropie einer Gesamtheit" und „Entropie eines Einzelsystems als Maß der (dieser Gesamtheit korrespondierenden) Information (über dieses Einzelsystem)" ein und dasselbe.

2. Das ist mir wirklich fundamental und wichtig. Demgegenüber sind die anderen Fragen teils terminologisch, teils technisch. Als Vorbereitung für unsere mündliche Diskussion möchte ich einige *Vorschläge* machen:

a. Soll man ein „Gemisch" auch einen „Zustand" nennen? Ich bin geneigt, diese terminologische Frage eher verneinend zu entscheiden (natürlich handelt es sich hier um eine *Konvention*). Denn man soll sich dabei von der Forderung leiten lassen, keine unnötige terminologische Kluft zwischen Quantentheorie und klassischer Theorie aufzureißen. Zu letzterer wird man aber nicht sagen, ein unvollständig gemessenes System sei in einem anderen „Zustand" als ein genau gemessenes; nur unsere *Information* über das System ist in erstem Fall anders (und *deshalb* hat auch die Entropie des Systems einen anderen Wert).

b. Diese terminologische Frage hängt eng zusammen damit, ob man „makroskopischer Zustand" sagen soll (dieser Ausdruck findet sich – wenn ich nicht irre – bei Boltzmann und Planck)[1] oder ob man „Zustand" reservieren soll für eine Information, die sich nicht weiter verfeinern läßt – d. h. für den Phasenpunkt in der klassischen Theorie, für den „reinen Fall" in der Quantenmechanik.

Ich würde statt „makroskopischer Zustand" lieber sagen: „makroskopische (= einem makroskopischen Beobachter zugängliche) Information über ein System", ferner gibt es in der Quantenmechanik „makroskopische Observable" eines Systems (und ihre mikroskopischen Eigenzustände im Hilbertraum). („Makroskopische Information" ist sowohl klassisch *als auch* quantentheoretisch.)

c. Es scheint mir, daß Sie in Ihrem Brief den Unterschied von „mikroskopischer Dichte" und „makroskopischer Dichte" sehr übertrieben haben. Die makroskopischen Gemische sind einfach *spezielle* Gemische.

Ich hatte seinerzeit Neumann vorgeschlagen zu untersuchen, was aus dem Entropiebegriff wird für einen Beobachter, „der nicht alles messen kann". Er hat dann, durch seine mathematische Intuition geleitet, untersucht, was folgt, wenn man insbesondere nur die Messung von Größen zuläßt, *die alle* miteinander vertauschbar und *alle entartet* sind. *Diese* nannte er „makroskopisch" (wobei es offen blieb, was sie im einzelnen sind).[2]

Er begründet diesen Ansatz selbst in seiner Arbeit von 1929 in einer *opportunistischen* Weise (was Herr Stern gerügt hat): daß man nämlich auf diese Weise eben den Ergodensatz beweisen kann – also etwa so wie: „der Erfolg heiligt die Mittel."

Diese spezielle Definition von „makroskopisch" – nennen wir das das „Modell 1929 N" – hat für mich bei weitem nicht denjenigen Grad von Sicherheit wie das oben unter Punkt 1 Gesagte. Es ist natürlich mathematisch interessant, daß der gemäß „1929 N" definierte makroskopische Beobachter *immer* nur *Gemische* in seinen Händen hat {etwa so wie ein Physiker, der nur über unpolarisiertes (=„natürliches") Licht verfügt}. Er kann diese *entweder* im Zeitmoment t_1 *oder* im Moment $t_2 \dots$ *oder* $t_n \dots$ untersuchen (das „Sowohl-Als-auch" ist hierbei zu vermeiden!) und gelangt so zu Aussagen über die Zeitgesamtheit und über deren „Makro-Entropie".

Gegen das Modell 1929 N spricht aber die außerordentliche Kompliziertheit der mathematischen Folgerungen, und ich möchte deshalb nicht unbedingt an diesem besonderen Modell festhalten.

Dagegen möchte ich definitiv sagen: es gibt *nicht* zugleich *zwei* Dichten für dasselbe System, eine mikroskopische und eine makroskopische. Jede Art von „Information" über *ein* System in ihrer Totalität ist durch *eine* Dichte P (in der Quantenmechanik im allgemeinen eine Matrix) beschrieben. Hat diese Dichte spezielle Eigenschaften,* so entspricht sie jenen *besonderen* Informationen, *die auch den „makroskopischen" Beobachtern zugänglich sind. Nach dem Grundprinzip unter 1 oben besteht auch* eine ein-eindeutige Zuordnung: Dichte $P \leftrightarrow$ Gesamtheit *vieler* gleichartiger Systeme.

Die zuletzt formulierten, unterstrichenen Sätze gelten alle *sowohl* für die klassische Theorie *als auch* für die Quantentheorie.

Nun für heute genug Papier. (Zu meinem vorletzten Brief: soviel ich mich erinnere, habe ich nicht geschrieben „groß" und „klein", sondern „grob" und „fein" – aber ich weiß den Zusammenhang nicht mehr genau, auf den Sie sich beziehen.)[3]

Es scheint mir alles gar nicht so schwierig oder so kompliziert wie Ihnen und ich habe den Eindruck, daß Sie – verführt durch eine künstliche und nicht aufrechtzuerhaltende Unterscheidung zwischen „Eigenschaften eines Einzelsystems" und „Eigenschaften einer Gesamtheit", (Achtung: diese Unterscheidung ist nur so lange möglich, *als die Eigenschaften des Einzelsystems, um die es sich handelt, als vom Maß und von der Art unserer Informationen über dieses Einzelsystem unabhängig gedacht werden dürfen!*)**[4] – sich in eine Art Martinswand des Denkens verstiegen haben, von welcher Sie dann weder vorwärts noch zurück können!

In der Hoffnung, daß Sie nicht mehr Ihren schweren Stein keuchend den Berg hinaufstoßen werden, von dem er doch unfehlbar wieder ins Tal herunterrollen muß –

mit freundlichen Grüßen

Stets Ihr W. Pauli

P. S. Ich würde sagen, daß ebenso wie der Wert der Entropie auch der Unterschied von „Arbeit und Wärme" auf einem Unterschied unserer Information über das System beruht {bei [jedem][5] (Mikro)-Zustand}.

---

[1] Siehe Boltzmann (1877) und Planck [1906, §121].
[2] Vgl. von Neumann (1929, S. 43).
* Über diese kann man noch diskutieren!
[3] Zusatz von Fierz: „Entropie ist ‚groß' oder ‚klein'."
** Diese Behauptung mache ich sowohl im Hinblick auf die statistische Thermodynamik (*klassisch* und quantentheoretisch) als auch im Hinblick auf die ψ-Funktion der Quantenmechanik!
[4] [Z. T. unleserliche] Texteinfügung von Pauli: „Die Entropie ist *nicht* in diesem klassischen Sinne objcktiv!"
[5] Unleserliches Wort.

Die Idee einer Institutsgründung in Genf war auf Anregung von Vertretern der dortigen Universität und der Industrie schon während der Kriegsjahre aufgekommen. An der Planung des Gebäudes und der Ausstattung des zu bauenden Physik-Institutes hatten sich vor allem auch Paul Scherrer und Adrien Jacquerod beteiligt. Im Juli 1949 konnte schließlich mit den Bauarbeiten begonnen werden. Nachdem der *Président du Conseil d'État de Genève* L. Casaï am 8. Oktober 1952 die Fertigstellung des Institutes bekanntgegeben hatte, sollte (laut eines Fakultätsbeschlusses vom 8. Juli 1952) die Einweihung des *Institut de Physique* am 4. Oktober 1952 stattfinden.

Die Einweihungsfeier mußte offenbar, wie aus dem vorliegenden Brief [1487] hervorgeht, bis zum 23. Oktober verschoben werden. Bei dieser Gelegenheit wurde

P. Scherrer in Anbetracht seiner vielfältigen Verdienste um die schweizerische Physik und insbesondere für seine Mitwirkung bei der Institutsgründung der Ehrendoktor verliehen.[1]

[1] Die hier mitgeteilten Angaben aus dem Genfer Universitätsarchiv wurden mir durch Ch. P. Enz übermittelt.

[1487] FIERZ AN PAULI

Basel, 24. Oktober 1952

Lieber Herr Pauli!

Besten Dank für Ihren Brief. Unabhängig davon, ob ich Sie am Montag sehen werde oder nicht, möchte ich Ihnen doch kurz schreiben. Ich war gestern in Genf bei der Feier für das neue Physik-Institut, wo Scherrer einen Dr. h. c. einheimste, und habe abends nochmals meine Hefte revidiert. Ich komme jetzt langsam wieder zur Vernunft und sehe deutlicher, inwiefern Sie und die Schule „G" recht haben und was deren Aussagen eigentlich bedeuten. Weiter ist es mir auch klar geworden, was ich eigentlich will und daß in meinem Zusammenhang der Begriff „Entropiewert der Entropie" unnötig und dumm ist.

Ich fasse nun kurz das, was ich bisher gelernt habe, in „Thesen" zusammen, die einer eventuellen mündlichen Diskussion nützlich sein könnten.

1. Die Entropie ist ein Maß für die Kenntnis (oder besser Unkenntnis), die ein Beobachter über den mikroskopischen Zustand eines Systems besitzt.

2. Dieser Beobachter kann:

a) den makroskopischen Zustand eines Systems zur Zeit 0 feststellen.

b) er kann *empirische* Wahrscheinlichkeitsgesetze der folgenden Gestalt gewinnen: Hat man eine Gesamtheit von Systemen im Zustand ν_0 zur Zeit $t = 0$, so besteht die Wahrscheinlichkeit $w_\nu^{\nu_0}(t)$ dafür, eines der Systeme zur Zeit t im Zustande ν zu finden. Die Wahrscheinlichkeit ist der Bruchteil derjenigen Systeme der Gesamtheit, die man zur Zeit t im Zustand ν erwarten darf.

Der Beobachter kennt dagegen keine mikroskopischen Größen, er kann z. B. aus der ν_0 entsprechenden Anfangsdichte P_{ν_0} nicht eine feine Dichte $P^{\nu_0}(t)$ ausrechnen. Das heißt diese wird „verworfen".*

3. Hieraus folgt, daß die Information, die er auf Grund seiner Erfahrungen und aus der Kenntnis, daß seine Gesamtheit zur Zeit $t = 0$ im makroskopischen Zustand ν_0 war, besitzt, in betreff zukünftiger Zustände der Gesamtheit durch:

$$\eta = + \sum_\nu w_\nu \eta_\nu - \sum_\nu w_\nu \log w_\nu$$

mit

$$\eta_\nu = - \int P^\nu \lg P^\nu d\Omega$$

gemessen wird.

4. Macht er zur Zeit t wieder eine Messung und nimmt deren Resultat zur Kenntnis – das zu verbieten scheint mir dem Begriff „Beobachter" zu

widerstreiten – dann zerfällt seine Gesamtheit in Teilgesamtheiten. Hatte die ursprüngliche Gesamtheit N Mitglieder, so hat man jetzt solche mit je $w_\nu^{\nu_0} N = N_\nu$ Mitgliedern, die je die Entropie η_ν pro Mitglied haben. Die Entropie einer Teilgesamtheit ist somit $w_\nu^{\nu_0} N \eta_\nu$.

5. Die so entstehenden Teilgesamtheiten wieder irgendwie zu einer neuartigen statistischen Gesamtheit zusammenzusetzen, das hat wohl keinen Sinn.

Es ist immer so, daß das Prüfen einer statistischen Aussage über eine Gesamtheit diese zerstört; sie in Teilgesamtheiten auflöst.[2]

Ad 3. Ist der Beobachter ein quantenmechanischer Beobachter, so ist es denkbar, daß er verschiedene, nicht-vertauschbare Observable messen kann. Diesen entsprechen komplementäre Makrozustände $\nu, \mu, \lambda, \ldots$

Durch Erfahrung kann sodann der Beobachter herausbringen, daß z. B. aus dem Zustande ν_0 sich mit den Wahrscheinlichkeiten

$$w_\nu^{\nu_0}, v_\mu^{\nu_0}, r_\lambda^{\nu_0}, \ldots$$

die Zustände ν, μ, λ entwickeln. Es ist wohl eine mathematisch schwierige Frage, was für eine Information dieses Wissen bedeutet. In η müßten jedenfalls nicht nur die w, sondern auch die $v, r, \ldots$ vorkommen.

Ad 4, 5. Werden diese Punkte zugestanden, dann ist bei *Kenntnis* des makroskopischen Zustandes die Entropie dieses Zustandes immer gleich η_ν oder η_μ …. Einem solchen Zustand entpsricht natürlich immer noch eine Gesamtheit mikroskopischer Zustände.

Ad 2b. Ein Beobachter, für welchen die $s_\nu = 1$ sind, kann über den Zustand der Gesamtheit zur Zeit t, wenn er weiß, daß für $t = 0$ der Zustand ν_0 vorlag (reiner Fall), auch nur statistische Aussagen machen („Gemisch"). Denn er hat, per definitionem, keine Möglichkeit, $\psi(t)$ zu *berechnen*. Könnte er das, dann allerdings wäre er in der Lage, eine nicht-statistische Aussage zu machen. Wurde nämlich zur Zeit $t = 0$ die Observable A gemessen und war das Resultat A_{ν_0}, so hat man zur Zeit t die Observable $e^{-iHt} A e^{iHt}$ zu messen, und das Resultat wird mit *Sicherheit* wieder A_{ν_0} sein.**

Der Punkt, der unklar bleibt, ist die Interpretation von 1. Die Schule „G" interpretiert das so:

Aus einem vorgegebenen Anfangszustand, der immer, in jeder Theorie, nur der Erfahrung entnommen werden kann,[3] soll die Theorie Aussagen über die Zukunft machen. Diese Aussagen nenne ich „Information". Die Information ist daher eine Funktion des Anfangszustandes und der Zeit. Ihr Maß ist somit η gemäß 3.

Die Schule „F" sagt: Information ist das, was sich ein Beobachter durch eine Beobachtung, die er auch zur Kenntnis nimmt, verschafft. Sie bezieht sich auf den Zeitpunkt der Kenntnisnahme. Dann, d. h. in diesem Moment, weiß der Beobachter etwas über den Zustand des Systems – oder der Gesamtheit –: Er stellt den makroskopischen Zustand ν fest. Diesem entspricht natürlich eine Gesamtheit mikroskopischer Zustände, die durch P_ν beschrieben ist. Die Entropie ist daher η_ν.

Das H-Theorem besagt, es sei äußerst unwahrscheinlich, daß die Entropie anwachse.

Wenn ich zur Zeit 0 den Zustand v_0 antreffe, zur Zeit t den Zustand v, so ist daher fast immer

$$\eta_v \geq \eta_{v_0}.$$

Weiter wird behauptet, daß nach sehr langer Zeit t, $\eta_v \sim \eta_\mu$ sein wird, wobei die Abweichung der Ordnung $\lg N$ ist. N ist dabei die Zahl der makroskopischen Zustände gleicher Energie.

Um dies zu beweisen, genügt es zu wissen, daß $\bar{w}_v^{v_0}(t) = \frac{s_v}{S}$ ist.

Alles, was ich sonst noch behauptet habe und was nicht diesen Thesen entspricht, ist entweder überflüssig und verwirrend oder falsch!

So, das ist alles. Ich hoffe, daß damit schon eine gewisse Abklärung eingetreten sei.

Mit besten Grüßen   Ihr M. Fierz

---

[1] Siehe die im Brief [1485] getroffene Verabredung.

* Man kann auch sagen, daß er zwar $P^v(t)$ ausrechnen kann (d. i. die feine Dichte), daß ihm das aber zu nichts helfen kann. Also wird er es bleiben lassen.

[2] Pauli fügte folgende Randbemerkung hinzu: „Ist möglich; dabei wächst Entropie: irreversibler Prozeß!"

** Siehe Anmerkung 2b. Er kann die Berechnung von ψ nicht ausnützen, wenn er $A(t) = e^{-iHt} A e^{+iHt}$ nicht messen kann.

[3] Pauli fügte folgende Randbemerkung hinzu: „Das scheint mir nicht [klar bewiesen.]"

[1488]   Pauli an von Franz

[Zürich], 27. Oktober [1952]

Liebe!

Anbei ein Heft, da ich glaube, daß das Referat von K. von Frisch, p. 176[1] Sie interessieren wird. Ich war leider verreist, als von Frisch in Zürich seinen Vortrag gehalten hat. Die Ultraschallsignale der Fledermäuse[2] haben mich sehr beeindruckt. Wie C. G. Jung seinerzeit in der Diskussion betont hat, interessiert er sich ja auch sehr für „Schlüsse", die ohne Gehirn zustande kommen.[3]

Auch wegen der Buchbesprechung der „Gestaltungen"[4] im gleichen Heft (p. 211) möchte ich Sie bitten, dieses Heft an Frau Jaffé weiterzugeben, wenn Sie es gelesen haben. Sie kann es mir dann nachher retournieren.

Montag und Dienstag kann ich diesmal nicht, vielleicht habe ich Donnerstag den 1. November Zeit, es ist aber noch nicht sicher. Dienstag den 6. November bin ich voraussichtlich frei, und da dürfte ja auch Professor Jung in Bollingen sein.

Inzwischen habe ich im Sinne, meinen Träumen besondere Aufmerksamkeit zu schenken. Immer freut es mich, von Ihnen schriftlich zu hören.

Herzlichst stets Ihr   W. Pauli

---

[1] Der ebenfalls in Wien geborene und besonders durch seine Studien über das Verhalten der Bienen bekanntgewordene Biologe Karl von Frisch war 1950 nach München berufen worden. Über von

Frischs Experimente mit tanzenden Bienen hatte der Basler Zoologe Adolf Portmann (1951) im Sommer 1951 während der Eranos-Tagung in Ascona berichtet.
[2] Siehe hierzu auch den im Juni 1952 erschienenen Aufsatz des Münchener Biologen Franz Peter Möhres (1952) über „Die Ultraschall-Orientierung der Fledermäuse".
[3] Für solche von den Verhaltensforschern untersuchten Phänomene hatte sich Pauli auch schon in den 30er Jahren interessiert (vgl. Band **II**, S. 604f.).
[4] Es handelte sich um eine Rezension von Jung [1950].

Der schon seit langer Zeit von Pauli gehegte Plan einer Indienreise[1] sollte nun zum Wintersemester 1952/53 endlich ausgeführt werden. Seine Teilnahme an der internationalen Elementarteilchenkonferenz im Dezember 1950 hatte Pauli „aus Zeitgründen" kurzfristig abgesagt [1168].[2] Im Dezember des folgenden Jahres kündigte er seinem ehemaligen Schüler Homi Bhabha an [1332], daß es nun der richtige Zeitpunkt sei, seine Reise nach Indien vorzubereiten. Als einzige Vorbedingung forderte er jedoch Bhabhas Anwesenheit während seines Aufenthaltes in Bombay.

Nachdem im Februar 1952 Bhabhas Zusage eingetroffen war [1375], reichte Pauli im Juli sein Urlaubsgesuch beim Schulratspräsidenten ein.[3] Kurz darauf erhielt er die Bewilligung zur Abhaltung von Gastvorlesungen an dem von Bhabha geleiteten *Tata Institute of Fundamental Research* in Bombay.[4]

Ende Juli hatte Pauli bereits die Schiffsplätze für sich und seine Frau auf dem Dampfer *Stratheden* gebucht, der am 6. November von London abfahren sollte [1441]. Im gleichen Monat mußte mit den langwierigen Tropenimpfungen begonnen werden. Die Beschaffung der Einreisepapiere bei der Indischen Botschaft in Bern zog sich ebenfalls – trotz der Einschaltung einflußreicher Persönlichkeiten – in die Länge [1466, 1467].[5] Erst kurz vor der Abreise erlangten Pauli und seine Frau das notwendige Reisevisum.

Pauli wollte ursprünglich vom November 1952 bis zum März 1953 in Indien bleiben und neben seiner wissenschaftlichen Arbeit im *Tata Institute*[6] auch noch gemeinsam mit Franca den Süden des Landes bereisen [1498]. Im Rahmen seiner Vorlesungen über Quantenfeldtheorie wollte er dort insbesondere über Källéns neueren Ergebnisse über das Renormalisierungsverfahren und über seine noch im Fluß befindlichen Forschungen zur Kristensen-Møllerschen Formfaktortheorie behandeln [1441]. In der zusätzlichen Seminarveranstaltung für einen kleineren Hörerkreis hoffte er auch auf die Beteiligung einiger ihm direkt oder indirekt bekannter Physiker wie Abdus Salam, Suraj N. Gupta und C. Jayaratnam Eliezer.

Während seiner Abwesenheit sollte an Paulis Stelle sein Assistent Robert Schafroth die vierstündige Vorlesung über statistische Mechanik übernehmen,[7] bevor dieser im Frühjahr 1953 die ETH verließ, um eine Stellung an der *University of Sydney* in Australien anzunehmen.

Infolge gesundheitlicher Probleme seiner Frau, die das indische Klima nicht vertrug, mußte Pauli seinen Indien-Aufenthalt vorzeitig beenden. Am 16. Januar 1953 berichtete er Fierz, daß „leider meine Frau dort krank geworden ist. (Sie wurde immer schwächer und bekam schließlich Attacken, bei denen sie sich hinlegen mußte, dazu noch weitere Komplikationen). Nun geht es ihr im europäischen Klima wieder besser, aber ganz gesund ist sie noch nicht. – Mir selber ging es immer gut, ich halte mich für physisch und psychisch immun gegen indische Einflüsse. Auf diese Weise sind wir zwar nicht so weit in Indien herumgekommen wie es geplant war, ich habe aber doch einiges Interessante gesehen und erlebt."

Am 30. März 1953 erklärte Pauli dem Schulratspräsidenten, daß er von Mitte Januar an die während seiner Abwesenheit von Schafroth gehaltenen Vorlesungsveranstaltungen an der ETH wieder selbst erteilt habe.[8]

[1] Siehe hierzu die Bemerkungen in den Briefen [1403, 1441, 1454, 1462, 1466, 1467 und 1494].
[2] Siehe hierzu den Kommentar zum Brief [1157].
[3] Siehe hierzu die bei Glaus und Oberkofler [1995, Dokument III. 97 und 98] wiedergegebenen Schreiben vom 10. und 12. Juli 1952.
[4] Vgl. auch die Beschreibung des *Tata Institute of Fundamental Research* in Bhabhas *Collected Scientific Papers* [1985, S. 970ff.] sowie den Aufsatz von Curtiss (1952).
[5] Als Direktor des angesehenen Tata-Institutes und als Chairman der indischen *Atomic Energy Commission* verfügte Bhabha über ausgezeichnete Kontakte zu hohen indischen Regierungsstellen bis hin zum indischen Ministerpräsidenten Nehru, auf die er bei dieser Gelegenheit zurückgreifen konnte.
[6] Eine Beschreibung zusammen mit einer Abbildung des Institutsgebäudes ist in *Bhabhas Collected Scientific Papers* [1985, S. 969] enthalten.
[7] R. Schafroth hatte bereits Paulis Vorlesung über statistische Mechanik ausgearbeitet, die 1947 vom *Verein der Mathematiker und Physiker an der ETH Zürich* herausgegeben worden war. 1951 war eine zweite Auflage dieser Vorlesung erschienen.
[8] Siehe Glaus und Oberkofler [1995, Dokument III. 109].

[1489] PAULI AN PANOFSKY

Zürich, 27. Oktober [1952]
[Postkarte]

Lieber Herr Panofsky!

Am 4. November fahren meine Frau und ich endgültig ab Richtung Bombay (über London). Von dort hoffe ich dann wieder mehr zu schreiben.*

Der andere Unterzeichnete bleibt etwas länger hier als ich; er hat Sie ebenfalls verfehlt diesen Sommer![1]

Herzliche Grüße an Sie und Familie von uns beiden

Ihr W. Pauli und O. Stern[2]

* How the dogs will bark there?
[1] Pauli hatte im Juli verschiedene Alternativen für ein Treffen mit Erwin Panofsky vorgeschlagen, der sich im Sommer auf eine Europareise begeben hatte (vgl. den Brief [1440]).
[2] Otto Stern war zu Besuch in Zürich. Hier traf er sich mehrfach mit Pauli, um mit ihm u. a. besonders über thermodynamische Fragen zu diskutieren, die auch M. Fierz sehr interessierten. Panofsky dürfte Otto Stern ebenso wie Pauli in den 20er Jahren kennengelernt haben, als sie gemeinsam der Hamburger Universität angehörten.

[1490] PAULI AN ROSBAUD

Zollikon-Zürich, 29. Oktober 1952

Lieber Steinklopferhansl!

Vielen Dank für die Hotel Reservation; in Erinnerung an die 3 Stufen in Heidelberg,[1] auf die es nicht mehr ankam, haben wir uns entschlossen, das Zimmer im Hyde Park Hotel zu nehmen.[2]

Meine Frau hat das Buch (The Traitors)[3] erhalten, es ist gut angekommen, sie wird sich noch persönlich bei Ihnen besonders dafür bedanken; dies ist jetzt nur ein provisorischer Dank. (N. B. Was ist *nicht* provisorisch, besonders im 20. Jahrhundert?)

Wir freuen uns also sehr, von Ihnen „um 6" herum abgeholt zu werden, um uns in das Seitenspringerbüro zu begeben. (N. B. Werde ich auf dem kurzen Weg vom Hotel dorthin wieder den Hut in der Hand halten müssen?)

Auf frohes Wiedersehen, hoffentlich ist Poseidon milde zwischen Calais und Folkestone.[4] Der Abend des 5. November ist also für Sie reserviert.[5] (N. B. Sie werden mir dann übrigens als Neuigkeit erzählen können, wie die amerikanische Präsidentenwahl ausgegangen ist;[6] ich werde versuchen, es *nicht* vorher zu erfahren, kann letzteres allerdings nicht mit Sicherheit garantieren!)

Herzliche Grüße von uns beiden   Stets Ihr W. Pauli

---

[1] Pauli war Anfang Juli 1951 bei der Physikertagung in Heidelberg gewesen [1265]. Möglicherweise hatte er hier den Auslandsvertreter des Springer-Verlages Paul Rosbaud kennengelernt, der damals Autoren für die von Siegfried Flügge besorgte Neuauflage des *Handbuches der Physik* betreute.

[2] Die Paulis logierten im *Hyde Park Hotel*, Knightsbridge, SW 1, in der Nähe des weiter unten genannten Büros, in dem Rosbaud seine Tätigkeiten als „Scientific Director" des Springerschen Ablegers *Butterworth-Springer* ausübte {siehe hierzu Cahn (1994, S. 39)}, bevor sie sich am 6. November nach Indien einschifften [1372, 1440 und 1441].

[3] Alan Moorehead: *The Traitors*. London 1952

[4] Das Fährschiff setzte von Calais nach Folkstone über.

[5] Siehe hierzu auch die Bemerkung in dem folgenden Brief [1491] an Bhabha.

[6] Am 4. November wurde Eisenhower zum neuen amerikanischen Präsidenten gewählt.

[1491] PAULI AN BHABHA

Zollikon-Zürich, 30. Oktober 1952[1]

Dear Bhabha!

Thanks for your letter. Our address in London for the [one night] from November 5th to 6th is

Hyde Park Hotel, Knights bridge, SW 1.

(We shall arrive on November 5th afternoon. On evening we have [a] dinner engagement with friends,[2] so I am sorry, that we are not free. The boat train to Tilbury[3] is scheduled leaving St. Pancras station, November 6th at 1.55 p.m.).

I include a note from the general regulations of the P. + O. Line[4] concerning gramophones. We do not know [exactly] what this means practically, but we think, that if [I] take personally the gramophone from the Hotel to the boat we shall have no difficulties. (Perhaps you could [inq]uire whether a certificate for export will be necessary in England, as we shall have not much time in London.)

I am also writing a short note with the above address of the TATA Ltd. London.

Looking forward to see you either in London or latest in Bombay (the arrival of the Stratheden[5] in Bombay is scheduled [five hour 22[d]]).

With most cordial regards from Mrs. Pauli and myself

Yours sincerely   W. Pauli

[1] Von diesem Brief stand nur eine mangelhafte Kopie für die Transkription zur Verfügung. Mehrere Textpassagen konnten deshalb nur erraten werden. Am oberen Briefrand war ein Ausschnitt aus den in dem Schreiben erwähnten Transportvorschriften der *Peninsular and Oriental Steamship Company* (siehe hierzu auch die Karte [1496]) angeheftet, welche den Transport von Elektroartikeln und anderen Haushaltsgeräten betrafen. Offenbar hatte Bhabha seinen Gast gebeten, ihm ein in Indien nur schwer erhältliches Grammophon mitzubringen.

[2] Pauli hatte sich am 5. November mit Paul Rosbaud zum Dinner verabredet (vgl. den Brief [1490]).

[3] In Tilbury wollten die Paulis den Dampfer besteigen, der sie nach Indien bringen sollte.

[4] Es handelt sich um die britische *Peninsular and Oriental Steamship Company* (vgl. die Postkarte [1497]).

[5] Dieser Dampfer *Stratheden* ist auf der Rückseite der Postkarte [1496] abgebildet.

[1492] Pauli an von Franz

Zollikon-Zürich, 30. Oktober 1952
Adresse in Indien: Tata Institute of Fundamental Research, Bombay

Liebe!

Nach unserem Telefongespräch ist mir eingefallen, daß ich mich gar nicht nach dem Ergebnis Ihrer Autofahrprüfung erkundigt habe. Zu gleicher Zeit war ich aber einigermaßen sicher, daß sie *gut* ausgegangen ist. Deshalb schicke ich lieber gleich meine Gratulation statt zu fragen.*

Dann wollte ich Sie noch auf einen Vortrag von Professor H. Weyl über „Theorie, Praxis und Magie der Zahlen" am 1. Dezember (Montag), 20 Uhr 15 im Poly (wenn ich nicht irre, Auditorium II) aufmerksam machen (im Rahmen der Züricher Naturforschenden Gesellschaft). Vielleicht haben Sie Lust zu gehen (es braucht keinerlei Eintrittskarten).

Meine Träume sind progressiv insofern als (nach einigem „Krach" mit einer männlichen Schattenfigur) Kinder in ihnen vorkommen,[1] später auch zwei weiße Kinderschuhe, die mir der „Fremde" brachte (nachdem ich gemerkt habe, daß ich selbst plötzlich keine Schuhe mehr anhatte).

Dies weist auf die Zukunft und muß mit der Indienreise in Beziehung gesetzt werden.[2] Für die Zukunft habe ich auch einen etwas vagen Plan, etwa um die Zeit von Professor Jungs 80. Geburtstag einen erkenntnistheoretischen Aufsatz über die Beziehung der Jungschen Psychologie zur Naturphilosophie (oder: über die naturphilosophische Bedeutung von Jungs Psychologie) zu schreiben.[3] Dazu möchte ich mir eine geeignete Zeitschrift philosophischer Richtung, ganz abseits von den Mitgliedern des C. G. Jung-Instituts, als Publikationsort aussuchen.

Was meinen Sie dazu? (Nach einigen Gläsern Wein bei meiner letzten Zusammenkunft mit C + A = F erfand ich für den Aufsatz – frei nach Schopenhauer – den Titel: „Transzendentale Spekulation über Psychotherapeuten und was mit ihnen zusammenhängt".)

Ein weiterer Plan ist, nächstes Frühjahr (etwa ein Jahr später als den letzten Brief) wieder einen Brief an Professor Jung zu schreiben, etwa der Überschrift entsprechend „Betrachtungen eines Ungläubigen über das Buch *Antwort auf Hiob*",[4] diesmal sehr persönlich, mit einigen Träumen und etwas phantastisch.[5] Es sollen dann aber auch Eindrücke aus Indien mit hinein verarbeitet werden, die noch kommen werden.

Sonst habe ich noch, als besondere Fleißaufgabe, einen Brief an Professor Scholem geschrieben,[6] worin ich mich mit einem Pferd vergleiche, das – zwischen den beiden Stühlen der Orthodoxie und des Rationalismus auf der Erde stehend – es liebt, nach allen Seiten auszuschlagen. Um hierfür gleich ein Beispiel zu geben, habe ich auch meiner Hoffnung Ausdruck gegeben, die Rabbiner würden in Israel nicht wieder die Macht bekommen, Männer vom Schlage Spinozas mit Acht und Bann zu belegen.

An Sie oft und mit viel Wärme denkend, bleibe ich in steter Freundschaft

Ihr W. Pauli

---

* Sollte ich mich irren, so können Sie mir noch ans Poly schreiben, wo ich Montag zum letzten Mal nach der Post sehe. [Der Montag fiel auf den 3. November. Pauli wollte am 5. November bereits in London sein, um am nächsten Tag den Dampfer nach Indien zu besteigen (siehe den Kommentar zum Brief [1489]).]

[1] Solche Träume, in denen Kinder auftreten (vom 2. Juli 1949, 28. Oktober 1950 und 10. Januar 1951), sind in den Anlagen zu den Briefen [1197, 1200 und 1250] beschrieben.

[2] Siehe den Kommentar zum Brief [1489].

[3] Pauli veröffentlichte seinen Beitrag (1954b) zur Feier von Jungs 80. Geburtstag 1954 in der Zeitschrift Dialectica.

[4] Vgl. Paulis Brief an Jung vom 27. Februar 1953.

[5] Diese Bemerkung erlaubt Rückschlüsse auf Paulis Einstellung zu Jung.

[6] Eine Nachfrage nach diesem Brief bei Itta Shedletzky, der Herausgeberin des Briefwechsels von G. Scholem war bisher ergebnislos.

[1493] PAULI AN PEIERLS

Zürich, 30. Oktober 1952

Dear Peierls!

I am writing you just a few lines in a hurry before my departure to India on November 4.[1]

I thank you still for your letter from your vacations.[2] Meanwhile I did not continue any work in the formfactor theory, but I may well resume it in Bombay.

I would be, therefore, very grateful, if you could write to me to the Tata Institute in Bombay, if you made some progress with your own work in this field, particularly with the proof of the Jacobi identity, which you sketched in your last letter.[3]

With best regards

Sincerely yours

W. Pauli

---

[1] Siehe hierzu den Kommentar zu [1489].

[2] Siehe den Brief [1460].

[3] Siehe hierzu Paulis Beitrag (1953b) zur im März 1953 in Turin abgehaltenen Konferenz über Form-Faktor-Theorien, in dem diese Fragen behandelt sind.

[1494] Pauli an Hans Thirring

Zürich, 31. Oktober 1952

Lieber Thirring!

Ich möchte Dir vor meiner Abreise nach Indien am 4. November[1] schnell noch ein paar Zeilen schreiben, denn an jenem Abend, als Du in Zürich warst,[2] hatte ich zu meinem großen Bedauern (infolge der Anwesenheit Bhabhas und anderer Inder)[3] nicht Zeit, mit Dir in Ruhe zu reden.

Die Tätigkeit Deines Sohnes[4] in Zürich ist nun zu einem gewissen, und zwar zu einem für uns und für ihn erfreulichen Abschluß gekommen. Und ich glaube, daß die Atmosphäre in Zürich ihm im ganzen recht gut bekommen ist (wie Du das ja auch selbst in Deinen freundlichen, an mich gerichteten Dankesworten ausgedrückt hast). Das wichtigste war, ihn dazu zu bringen, sich nicht immer auf kleinere Bemerkungen zu beschränken[5] und einmal eine größere Arbeit zu machen. Dies ist auch gelungen und seine Arbeit[6] ist nun – nach der Ansicht von mir und auch von anderen – besser als die Arbeit von Hurst (in den Proceedings of the Cambridge Philosophical Society).[7] Es war dabei nötig, die österreichische Schlamperei, die sich bei Deinem Sohn öfters bemerkbar macht,* einigermaßen in Schranken zu halten;[8] ferner schien es mir manchmal erforderlich, die äußeren Formen seines Auftretens etwas abzuschleifen.[9]

Das wichtigste ist aber, ich habe das Gefühl, daß diese ganze Erziehungsarbeit nicht umsonst war und es haben mir auch andere gesagt, daß sie Deinen Sohn nun zu seinem Vorteil verändert finden.

So scheint es mir, daß die Geschichte seines Züricher Aufenthalts nun ein happy end gefunden hat. Was die Zukunft betrifft, so stimme ich ganz mit ihm selbst überein, daß er sich wieder mit Mesonen beschäftigen soll.[10] Er hat da schon einige theoretische Ansätze, die sich vielleicht weiter ausbauen lassen; außerdem gibt es verschiedene Gruppen von Experimentatoren, die sich mit Mesonen befassen[11] und froh sind, wenn sie zur Deutung ihrer Experimente junge Theoretiker finden.

Mit freundlichen Grüßen, stets Dein   W. Pauli

---

[1] Vgl. hierzu den Kommentar zum Brief [1489].

[2] Hans Thirring hatte sich bei seinem Besuch in Zürich nach seinem Sohn Walter erkundigt, der im Sommer einige Monate bei Pauli in Zürich gearbeitet hatte (vgl. S. 683).

[3] Siehe hierzu Paulis Bemerkung im Schreiben [1441] an Bhabha.

[4] Walter Thirring war im Sommersemester 1952 bei Pauli in Zürich gewesen und hatte dort das Divergenzproblem der Störungstheorie bei den quantisierten Feldtheorien mit einem Wechselwirkungs-Term $\lambda \psi^3$ untersucht. Abschließend publizierte Thirring (1953a) seine Ergebnisse in einem längeren Aufsatz in den *Helvetica Physica Acta*.

[5] Thirring war zuvor am *Institute for Advanced Studies* in Dublin und am *Department of Natural Philosophy* der University of Glasgow gewesen. Dort hatte er mehrere Beiträge über Mesonentheorie (1950a, 1951b) und über die Grenzen der feldtheoretischen Verfahren (1950b) veröffentlicht. Als Beitrag zu Heisenbergs 50. Geburtstag hatte er zusammen mit Gerhard Lüders und Reinhard Oehme (1952) einen umfangreichen Bericht über die Mesonenfeldtheorie geliefert.

[6] Thirring (1953a).

[7] C. A. Hurst (1952c) hatte die Ergebnisse seiner im Januar 1952 abgeschlossenen Dissertation im Oktober 1952 veröffentlicht.

* Darauf hat auch Heisenberg hingewiesen.

[8] Siehe hierzu auch die Bemerkungen in den Briefen [1457, 1463 und 1470].
[9] Ähnliche *erzieherische Ermahnungen* hat Pauli auch seinen anderen Schülern erteilt [siehe z. B. seine Bemerkungen zu seinem Assistenten Peierls (Band **II**, S. 85) und Jauch (Band **III**, S. 34 und 300)].
[10] Zum Wintersemester ging W. Thirring nach Bern und beschäftigte sich dort mit der „Photoerzeugung von Mesonen in Atomkernen".
[11] Vgl. hierzu den Übersichtsbericht über die neueren experimentellen Ergebnisse in der Hochenergiephysik von Maier-Leibnitz (1951).

[1495] PAULI AN VON FRANZ

[Zürich], 3. November [1952]

Liebe!

Anbei interessante Träume von heute nacht. Sie hängen wohl auch damit zusammen, welche praktischen Folgerungen ich aus dem Synchronizitätserlebnis mit Pasadena ziehen soll. (Ein Biologe kann ich ja nicht wirklich werden.)

Ich möchte das alles sehr gerne mit Ihnen am Dienstag besprechen, werde mittags telefonieren. Am Abend dieses Tages muß ich wieder in einen Vortrag der „Naturforschenden Gesellschaft".

Also auf Wiedersehen

Stets Ihr W. Pauli

ANLAGE ZUM BRIEF [1495]

Traum   3. November [1952]

1. Ich lese in einer Zeitung: „Es freut uns mitteilen zu können, daß Hitler nun endgültig fort ist".

Dann folgte eine großgedruckte Anzeige:

„Spezialdekret der sibirischen Gesandtschaft":

„Alle chinesischen Arbeitsmädchen werden eingelassen und erhalten Arbeits-Erlaubnis."

Erwachen

2. Ich gehe mit zwei Mathematikern des Poly spazieren, einem Statistiker und einem Topologen. Letzterer sagt: „Ich muß nun leider verreisen. Was mache ich dann mit dem Fräulein Schärmin (? Germaine?), wo soll sie dann ihre *Botanik* weiterstudieren, wenn ich fort bin? Vielleicht geht es an der Universität."

Erwachen

Bemerkung: Der erste Satz könnte bedeuten, daß das Hitlererlebnis bei mir nun auch psychisch vorüber ist. Hitler kann aber auch auf der Subjektstufe auch „Inflation" bedeuten. – Die „sibirische" Gesandtschaft hat durch das „Dekret" wohl den Druck (bzw. „Terror") der Ratio beträchtlich gemildert. Die chinesischen Mädchen haben etwas mit den „fremden Leuten" von früher zu tun.[1] Warum sind es aber diesmal Mädchen?

China und Sibirien sind extrem auf der anderen Seite als Pasadena. Der zweite Traum ist aber wieder mehr im Westen. – Es ist wichtig, daß Sibirien an

China grenzt. Zu „Botanik": Mandalas werden bei mir manchmal mit „Blumen" verglichen.

[1] Vgl. die Anlage zum Brief [1472].

[1496] PAULI AN ROSBAUD

Port Said, 12. November 1952
[Postkarte][1]

Lieber Steinklopferhansl!

Vielen herzlichen Dank für Blumen und Keplerbriefe.[2] Diese ließen das bekannte Bild, um interessante Details bereichert, nochmals an mir vorüberziehen. (N. B: Wer ist die Autorin? Beim Wort Harmonice[3] fehlt ein s am Ende.)

Viele Grüße an Sie und Frau   Ihr W. Pauli

Ihre schönen Rosen haben den ersten Eindruck von P. + O.[4] erfolgreichst kompensiert!

Herzlichst an Sie beide,   Ihre Franca Pauli

[1] Die Rückseite der Postkarte zeigt den Dampfer *Stratheden* der *Peninsular and Oriental Steamship Company*. Dieses Passagierschiff, mit dem Pauli und seine Frau Franca von London nach Indien reisten, hatte in Port Said eine Zwischenlandung gemacht. Da Franca Bertram mit ihren Eltern einen Teil ihrer Jugend in Ägypten verbracht hatte, dürfte diese erste Wiederbegegnung mit dem Orient alte Erinnerungen bei ihr geweckt haben (siehe S. 802).
[2] Martha List, die Mitarbeiterin des Herausgebers von Keplers *Gesammelten Werken* Max Caspar, stellte damals eine Auswahl von Texten und Briefen Keplers für eine Buchveröffentlichung [1953] zusammen. Wahrscheinlich hatte Rosbaud ein Manuskript erhalten, das er nun Pauli zugänglich machen wollte. Im gleichen Jahr erschien auch die Kepler-Anthologie von Baumgardt.
[3] Pauli bezieht sich hier auf Keplers 1619 in Augsburg erschienenes Hauptwerk *Harmonices mundi*.
[4] P. + O. ist die Abkürzung der obengenannten Schiffahrtsgesellschaft.

[1497] PAULI AN VAN DER WAERDEN

Bombay, 27. November 1952

Lieber Herr van der Waerden!

Wir sind hier gut angekommen, und ich habe schon einiges Interessante gesehen und gehört. Aber Bombay ist noch nicht Indien.

Heute will ich Ihnen also nur schreiben, daß ich Ihre Arbeit „Sun-Worship and Zodiacal Astrology"[1] auf dem Schiff mit großem Interesse gelesen habe. Ihre Ansicht, daß der Übergang von der alten Oman-Astrologie zur Zodiakal-Horoskopie (etwa im 4. Jahrhundert ante C.) durch Synkretismus der altpersischen Religion der Magi mit der babylonischen Astronomie entstanden sei, ist sicher einer näheren Prüfung wert. Mir ist alles sehr plausibel, insbesondere die

Rolle, welche hierbei die Betonung der Sonne in Persien, die des Mondes in Babylon spielt, sowie auch die mit der hellenistischen Astrologie parallel gehende Entwicklung des hellenistischen Mithraismus.[2]

Dem in der Arbeit behandelten Synkretismus dürfte nun eine Kooperation eines Kenners der babylonischen Mathematik und Astronomie mit einem Kenner alt-persischer Religion, insbesondere Zarathustras entsprechen. Als letzterer gilt Prof. Emil *Abegg* (Adresse: Rütistraße 56, Zürich 7),[3] er soll ungemein zuverlässig und gelehrt sein. Ich möchte deshalb anregen, daß Sie sich mit ihm in Verbindung setzen, auch zwecks weiteren Literaturstudiums über persische Religion.

Mir selbst ist p. 13 aufgefallen, daß insbesondere $\tau\nu\chi\eta$ auch die Bedeutung fortuna im Sinne von *Zufall* oder Chance hat. In der Antike hat man wohl kaum die strenge Unterscheidung von determinierender und prädestinierter Kausalität einerseits und Zufall andrerseits oder mit etwas anderen Worten von *causa* und *occasio*. Diese Fragestellung ist erst seit dem 17. Jahrhundert akut geworden. Nachdem die Naturwissenschaften seit Descartes das zweite Element des Gegensatzpaares, den Zufall (was einem „zufällt"), für im Prinzip eliminierbar gehalten haben, ist nun das im Prinzip Einmalig-Indeterminierte in der Quantenphysik wieder breit hereingebrochen.

Es interessiert mich daher auch sehr, wieweit der Begriff $\alpha\nu\alpha\gamma\kappa\eta$ bei Plato den Sinn eines „mechanistisch" oder „automatisch" ablaufenden Geschehens in unserem Sinne hat (natürlich gibt es „mechanistisch" selbst bei Kepler noch nicht). Ist es nicht gerade der „Zufall", der in der Antike besonders *unentrinnbar* erschien?

Punkto „Fatalismus" ist auch der Begriff $\epsilon\iota\mu\alpha\rho\mu\epsilon\nu\eta$ sehr interessant, von dem ich einigermaßen sicher bin, daß er nicht im Sinne eines gesetzmäßigen Ablaufes (etwa wie unser Uhrwerk) verstanden wurde.

Ich habe das Gefühl, daß wir, die wir – anders als die Antike – durch das Zeitalter der *klassischen* Physik eben hindurchgegangen sind, wenn wir vom *fatum* lesen, dem psychologisch einen gewissen *Ton* geben, welcher der Antike doch eigentlich fremd war.

Der Astrologie (ebenso wie der Mantik und dem *alten Begriff* „fatum" überhaupt) liegt die an sich richtige Idee zugrunde, daß der ganze Kosmos irgendwie einheitlich-ganzheitlich sein muß (unabhängig von „Übertragungs-Mechanismen"). Aber es fragt sich eben *wie*, und da ist dem Irrtum und dem Aberglauben Tür und Tor geöffnet. (Warum ist der Geburtsmoment so wichtig, warum der Tierkreis und seine „Häuser" etc., etc.?)

Ihre (bzw. Cumonts)[4] Auffassung bzw. „Erklärung" der Sonnentheologie und des Sonnenkultes (p. 43) ist mir zu rationalistisch und leuchtet mir nicht ein. (Vgl. hierzu auch meinen Keplerartikel. Keplers Hang zu ‚sun-worship' ist wohl bekannt, wird auch von Bertrand Russell in seiner „Geschichte der Philosophie des Abendlandes"[5] explizite hervorgehoben.) Ein Kult beruht immer auf der Verlegung („Projektion")[6] eines nicht direkt wahrgenommenen *inneren* Vorganges oder Objektes (es gibt doch seelische Vorgänge, die eine über ein Einzelindividuum weit hinausgehende Geltung und Bedeutung haben) in ein *äußeres* Objekt. Dadurch wird dieses, wie z.B. die Sonne, „bedeutend", interessant und wichtig. Ein solcher „Projektions"vorgang wird natürlich nicht bewußt vollzogen, sondern es wird einfach sein Resultat vorgefunden. *Nachdem* das äußere Objekt auf diese Weise „bedeutend" geworden ist, wird es auch empirisch untersucht; so entstehen Wissenschaft, Astronomie und gelehrte Doktrinen.

Da ich einigermaßen sicher bin, daß es sich bei Keplers Betonung des Helios so (und *nicht* umgekehrt!) verhält, so bin ich auch davon überzeugt, daß Herrn Cumont die Anfänge der solaren Theologie entgangen sind und die „learned doctrines, based upon certain astronomical facts" ein relativ spätes Entwicklungsstadium sind, dem der Sonnenkult lange vorherging.

Es würde mich auch interessieren, was der Kollege Abegg dazu meint.

Bitte lassen Sie es mich wissen, falls sie das Manuskript zurück haben wollen. (Die *gewöhnliche* Post von hier nach Zürich braucht etwa 3 Wochen.)

Viele Grüße an Sie selbst sowie an das Seminar für theoretische Physik (insbesondere an Kollegen Heitler) Ihr W. Pauli

[1] Siehe hierzu B. L. van der Waerdens kurz darauf im *Archiv für Orientforschung* veröffentlichte Studie (1952/53) über die Geschichte des Tierkreises. Im *Pauli-Nachlaß* 6/365–366 befinden sich außerdem zwei Seiten mit Paulis Aufzeichnungen, die er offenbar bei der Lektüre dieser Schrift anfertigte.

[2] Vgl. hierzu auch die Darstellung bei Wikander [1951].

[3] Emil Abegg (1885–1962) war Professor für Indologie an der Universität Zürich. Vgl. hierzu auch sein in Paulis ehemaligem Besitz befindlches Werk [1945] über *Indische Psychologie*.

[4] Cumont [1896/99].

[5] Russell [1945/75, dort S. 516].

[6] Pauli bezieht sich auf den von Jung [1990a, S. 169f.] geprägten Begriff, demzufolge mit Projektion „die Hinausverlegung eines subjektiven Vorgangs in ein Objekt" bezeichnet wird.

[1498] PAULI AN VON FRANZ

Bombay, 16. Dezember 1952
(aus Indien)

Liebes Fräulein von Franz!

Eine längere Reise nach dem Süden und Norden Indiens steht mir bevor, und die wird erst eigentlich der Haupteindruck von Indien sein. (Etwa ab 15. Januar bin ich wieder in Bombay.)

Immerhin habe ich die Höhlen-Tempel auf der Insel Elephanta sowie in Ellora und Ajunta gesehen,[1] von denen mich die ersteren am stärksten beeindruckt haben. Die große Monumental-Figur der „dynamischen" Trinität (Trimurti)[2] – mit Brahma als Erschaffer, Vishnu als Erhalter und Shiva als Zerstörer –, ferner die Figur von Shiva als Tänzer haben mir mit einiger Sicherheit den Eindruck vermittelt, daß das zugrunde liegende rhythmische Gefühl wesentlich *dasselbe* ist wie dasjenige in der von Jung publizierten* Rhythmen und Uhrsymbolik. In der Hindu-Mythologie hat man ebenfalls einen langsameren kosmischen Rhythmus (die aufeinanderfolgenden Weltzeitalter mit periodischer Erschaffung und Zerstörung der Welt)[3] und einen kürzeren, individuellen (Seelenwanderungslehre, Geburt, Tod, Wiedergeburt etc. buddhistisch als *Rad* dargestellt).

Der Identität des zugrunde liegenden Erlebnisses bei den Hindus einerseits, in dem von Jung publizierten Fall andrerseits, bin ich vollkommen sicher. Es handelt sich um die *Projektion* eines *rhythmischen Gefühles* (Tanz!) in die Physis, das auf der direkten inneren Wahrnehmung einer Abfolge archetypischer Situationen beruht. Über solche Sequenzen siehe a) Frau Jaffé ‚Goldener Topf',[4] b) das durch eine Widmung an Ärzte verunzierte Werk von Jung: „Psychologie der Übertragung"[5] (Neuausgabe bzw. Vorlesungen von Ihnen persönlich für mich und für die philosophische Fakultät wäre sehr wünschenswert!) – Vielleicht ist in der Alchemie einiges darüber zu finden!

Als Abendländer glaube ich *nicht* an die direkte Konkretisierung dieser rhythmischen Bilder als Vorgänge in der physischen Außenwelt, ebensowenig wie ich an die Seelenwanderungslehre glaube.

Wohl aber glaube ich, daß auch in meinen Ihnen bekannten Träumen über „fremde Leute" in einem Auditorium[6] – insbesondere im Hinblick auf das tänzerische Verhalten** der „Chinesin" – ein rhythmisches Gefühl dieser besonderen Art hineinspielt. Die Betonung der objektiven Bedeutung der Situation (Hörsaal, Berufung zu einer neuen Professur etc., wiederholt als Traummotiv auftretend) dürfte auf eine allgemein gültige archetypische Aufeinanderfolge hinter dem Ablauf einer (bzw. unserer) persönlichen Beziehung (bzw. des Individuationsprozesses) hinweisen (siehe „Psychologie der Übertragung"). (Dies wäre noch näher zu untersuchen und zu überlegen!) „Die Chinesen" (siehe Traum von 1951)[7] und die „Schlitzaugen" der „Dunklen"[8] deuten auf jenes besondere rhythmische Gefühl.

Dieses scheint merkwürdigerweise auch etwas mit ESP „Phänomenen" zu tun zu haben,[9] insofern diese von einer besonderen Einfühlung in die *Richtung eines Ablaufes* herrühren. Dies ist eines der „Geheimnisse" *psychophysischer Art der „Dunklen".*

Im Abendland ist diese rhythmisch-dynamische Idee in der griechischen Antike ausgedrückt

a) bei *Heraklit* – das *Feuer* vernichtet alles und erschafft wieder alles – ewige Wiederkehr des Gleichen – der Weg abwärts und der Weg aufwärts folgen einander für ewig. Ein indischer Einfluß auf dem Weg über Babylon ist wohl möglich. (Was meinen Sie selbst über die Möglichkeit dieses Einflusses?)

b) in der *Sphärenmusik* der *Pythagoräer*. Daß diese von Babylon beeinflußt sind, ist sicher. Soviel ich weiß, haben sie auch die Seelenwanderungslehre übernommen.

Dagegen fehlt dieses Stück – *die rhythmisch empfundene innere Wahrnehmung archetypischer Abläufe* – völlig in der Symbolik der jüdischen und der christlichen Religion. Ich halte diesen Mangel für einen der wesentlichen Gründe dafür, daß diese Religionen mit ihrer Symbolik mein Unbewußtes nicht gültig ausdrücken können.

Über das Persönliche hinausgehend vermute ich aber (auch gestützt auf frühere Träume, die sich über viele Jahre erstreckten), daß der offene Gegensatz Katholizismus-Protestantismus direkt auf das Fehlen dieses wesentlichen Stückes zurückzuführen ist, dieses sozusagen seit dem 16. oder 17. Jahrhundert sichtbar manifestiert.[†]

(Die Situation entspricht etwa dem Zeichen „Die Stockung" im I-Ging).[10] Durch vernünftiges Überlegen oder Zureden läßt sich ein solcher Gegensatz nicht heilen, sondern nur durch ein neues *Erleben,* das die Assimilation eines *neuen* unbewußten Inhaltes an das abendländische Bewußtsein ermöglicht.

Mir persönlich erschien nach einer langen Zeit von Träumen über das Gegensatzpaar Katholizismus-Protestantismus zuerst die „Chinesin", dann – bei weiterem Fortschreiten der Zentrierung – der „Fremde" als das Zentrum, das eine Überwindung („Überwachsen") dieses Gegensatzpaares[††] in Aussicht stellte, d. h. wenigstens als erreichbar erscheinen ließ.

Was meinen Sie zu meiner Konjektur, insofern sie über das Persönliche hinausgeht?

Im Frühjahr erzähle ich Ihnen dann noch mehr über Indien. Inzwischen frohe Weihnachten, ein gutes Neues Jahr und viel Glück auf der Reise nach U. S. A.[11]

Ende Dezember und Anfang Januar werde ich auf der Reise sein, so sende ich schon heute meine Glückwünsche zum Geburtstag. Ich wünsche Ihnen alles Liebe und Schöne von ganzem Herzen, aber auch, daß Sie sich über die Art Ihrer Geistigkeit und Begabung noch klarer werden sollten. Auf Grund meiner Erfahrung – und ich kenne einige Fälle von autonomer geistiger Aktivität bei Frauen – kenne ich keinen Fall einer schöpferischen Begabung, die Wert darauf legt, bei Publikationen direkt zusammen mit berühmten Persönlichkeiten aufzutreten. Vielmehr ist jede solche Begabung bestrebt, ihre Unabhängigkeit öffentlich zu betonen.

Herzlichst

stets Ihr W. Pauli

---

[1] Eine Beschreibung dieser indischen Tempelanlagen kannte Pauli aus dem (mit vielen Illustrationen versehenen) Buch über *Mythen und Symbole in indischer Kunst und Kultur* [1951] des durch Jung geprägten Indologen Heinrich Zimmer (1890–1943), der in den 30er Jahren regelmäßig an den Eranos-Tagungen teilgenommen hatte.

[2] Ein Trimurti-Bildnis kannte Pauli aus Jungs *Psychologie und Alchemie* [1935/36, Abbildung 75].

* *Psychologie und Alchemie* [1935/36, S. 237f.] sowie *Psychologie und Religion* [1940].

[3] Siehe hierzu auch die Bemerkung im Brief [1414].

[4] Jaffé (1950).

[5] Jung [1946b].

[6] Vgl. die in der Anlage zum Brief [1472] wiedergegebenen Träume.

** Vgl. hierzu wieder Shivas Tanz.

[7] Dieser Traum vom 24. Juni 1951 ist in der Anlage zum Brief [1261] wiedergegeben.

[8] Vgl. hierzu auch Paulis Manuskript „Die Klavierstunde", das er M.-L. von Franz im Oktober 1955 widmete.

[9] Siehe hierzu auch die Bemerkungen in der Anlage zu Paulis Brief [1472] an M.-L. von Franz.

[†] Sie entsteht, wenn die *Verbindung* zwischen rationalem Bewußtsein (Protestantismus – die Anima ist nicht anerkannt) und Unbewußtem (Katholizismus – die Anima bleibt als Madonna nicht individuell, die ratio ist nicht anerkannt) *unterbrochen* ist.

[10] Vgl. *I Ging* [1956, S. 66].

[††] Vgl. dazu auch den Gegensatz Kepler-Fludd.

[11] M.-L. von Franz berichtet, daß sie nach New York und Los Angeles reiste, um dort Vorträge zu halten. Anschließend besuchte sie auch einige Indianer-Reservate. Siehe auch die Bemerkungen über diese Reise in Paulis Brief vom 1. April 1953 an M.-L. von Franz.

[1499] JORDAN AN PAULI

Hamburg, 17. Dezember 1952
[Maschinenschrift]

Lieber Herr Pauli!

Vielen Dank für Ihren freundlichen Brief vom 1.10.,[1] der mir viele willkommene Anregungen zum Nachdenken gab. Sie haben natürlich vollkommen recht, daß die projektive Fassung nichts ergibt, was nicht auch schon in der von Kaluza enthalten wäre; und ich habe ja in meinem Buche[2] auch geradezu besonders betont, daß die Theorie inhaltlich sogar gegenüber der kombinierten Einstein-Maxwell-Theorie nichts Neues ergeben, sondern nur eine mathematisch bemerkenswerte Umformulierung darstellen soll. Sicherlich ist aber die Kaluza-sche Fassung – als Zwischenstufe zwischen der Einstein-Maxwellschen Formulierung und der projektiven – in meinem Buche doch etwas zu stiefmütterlich behandelt; und wenn ich einmal Gelegenheit haben sollte, eine zweite Auflage vorzubereiten, so wird mir Ihr Brief eine sehr angenehme Hilfe sein, in dieser Hinsicht das Versäumte nachzuholen.

Nur hinsichtlich der Größen γ_v^k würde ich gern etwas anders urteilen als Sie: Ich bevorzuge die Auffassung, daß diese Größen überhaupt nicht zur *Formulierung* der projektiven Theorie gehören, sondern lediglich dazu dienen sollen, den mathematischen Beweis für die Äquivalenz dieser Theorie mit der vierdimensionalen zu erleichtern. Zweifellos könnte man aber auch in diesem Beweise die Größen γ_v^k völlig entbehren und den Beweis so ausführen, daß zunächst die fünfdimensional-projektive Formulierung als solche präzisiert und dann der Beweis gegeben wird, daß diejenige vierdimensionale Theorie, mit welcher die fünfdimensionale äquivalent ist, eben die Einstein-Maxwellsche sein muß. Das kann, wie mir ganz sicher scheint, ohne explizites Operieren mit den Größen γ_v^k geschehen, und ich habe während der Bearbeitung des Buch-Manuskriptes erwogen, die Sache in dieser Weise darzustellen. Aber ich hatte damals mein drittes Kapitel schon nahezu fertig und konnte mich dann nicht entschließen, es im Sinne dieser veränderten Darstellung noch einmal ganz neu zu schreiben.

Daß die projektive Theorie mit *irgendeiner* vierdimensionalen äquivalent ist, ergibt sich ja von selbst aus dem Ansatz der Komponenten $g_{\mu v}$ als homogener Funktionen. Daß man dabei insbesondere den Grad -2 annimmt, ist freilich nur durch den Erfolg dieser Annahme zu begründen. Ähnliche Festsetzungen kommen aber auch vor in der in meinem Buch erwähnten Arbeit des Mathematikers Lyra,[3] der die Weylsche Geometrie etwas abgeändert und dann volle Übereinstimmung mit Einstein-Maxwell erzielt hat. Er bestätigte mir übrigens brieflich meine Vermutung, daß seine modifizierte Weyl-Geometrie auch unmittelbar als äquivalent mit dem fünfdimensionalen Ansatz erkannt werden kann; natürlich bei Beschränkung der fünfdimensionalen Theorie auf den Fall der Konstanz von $g_{\mu v} X^\mu X^v$.

Thiry hat ja übrigens in seiner 1951 veröffentlichten Thèse[4] die Theorie mit variabler Gravitationskonstante systematisch und ausführlich studiert; wahrscheinlich kennen Sie das. Ich habe es erst nach Erscheinen meines Buches von ihm bekommen und auch augenblicklich noch nicht sehr genau gelesen. Ich weiß also auch noch nicht recht, ob interessante Neuigkeiten darin stehen. Wenn Sie übrigens im Sommer Ihre Vorlesung über Relativitätstheorie[5] von einem der Hörer ausarbeiten lassen, würde ich mich natürlich sehr freuen, das einmal lesen zu können.

Es ist mir sehr beruhigend, daß meine auf das Diracsche Prinzip gestützte Formulierung des Variations-Prinzips von Ihnen grundsätzlich sanktioniert ist. Was die empirische Prüfung betrifft, so wird man freilich noch Geduld haben müssen bis zu einer klaren Entscheidung, obwohl ja die Astrophysik gegenwärtig einen ähnlichen explosiven Aufschwung zu nehmen scheint, wie seinerzeit nach 1920 die Atomtheorie und später noch einmal die Kerntheorie. Baade,[6] mit dem ich neulich einen Abend zusammen war, konnte mir während mehrerer Stunden fortlaufend geradezu sensationell aufregende Neuigkeiten erzählen;[7] man wird wohl in einigen Jahren recht bestimmte Urteile abgeben können, ob insbesondere die Sternentstehung ohne Zuhilfenahme meiner Ideen aus Gas-Kondensation erklärt werden kann oder nicht. Einstweilen amüsiert es mich, daß verschiedene empirische Anhaltspunkte dafür sprechen, daß die Gravitationskonstante vor einigen Milliarden Jahren größer war als jetzt. In meinem Buche habe ich ja den von dem Amerikaner Fisher geäußerten Gedanken[8] besprochen, daß die Gestaltung der Erdoberfläche dafür zu sprechen scheint, daß diese Oberfläche seit der Erdentstehung um einen Faktor 2 bis 3 vergrößert worden ist. Beim Monde würde man dann einen ähnlichen Effekt erwarten, aber um einen *sehr* viel kleineren Faktor; und in der Tat zeigt der Mond als jüngste seiner Formationen gewisse „Rillen", für die es bislang keine Erklärung gibt; sie ziehen sich als lange, schmale Risse über die Mondoberfläche und machen sehr den Eindruck, als wenn das Innere des Mondes nachträglich eine ganz geringfügige Volumen-Vergrößerung erfahren hätte. In dieser Weise gibt es noch einige weitere Tatsachen, deren genauere Diskussion mir wünschenswert scheint. Aber ein Versuch, hierüber quantitative Rechnungen anzustellen, könnte nur von geophysikalischen Spezialisten wie Bullen[9] usw. unternommen werden; und die werden meine Idee zu unglaubhaft finden, um sich darum zu bemühen.

Besten Dank auch für Ihre freundliche Unterstüzung in der Pensionskassen-Angelegenheit.[10] Die Sache ist, wie mir von Zeit zu Zeit immer wieder versichert wird, in günstiger Entwicklung. Allerdings ist es ganz unklar, wann diese günstige Entwicklung sich einmal durch das Endergebnis als solche erweisen wird: Es müssen allerlei verschiedene Instanzen sich damit befassen und ihren Beifall aussprechen. Und dies Verfahren erfordert unabsehbare Zeit. Jedenfalls aber ist auf Grund des erwarteten positiven Endresultates zunächst einmal wieder eine Verlängerung der bisherigen Regelung eingetreten, und das ist auf alle Fälle schon ein greifbares Ergebnis.

Herzliche Grüße und beste Neujahrswünsche!   Stets Ihr P. Jordan

---

[1] Brief [1468].

[2] Jordan [1952]. Eine zweite gemeinsam mit E. Schücking vorbereitete Auflage erschien 1955.

[3] G. Lyra (1951).

[4] Thiry [1951]. Vgl. auch Y. Thiry (1948).

[5] Von dieser Vorlesung existiert ein von Ch. Enz ausgearbeitetes Manuskript von 111 Seiten im *Pauli-Nachlaß*. Wie Pauli in seinem Brief vom 14. Juli 1953 O. Klein mitteilte, hatte er, „um die

Jordansche Theorie zu lernen," eine Vorlesung über Probleme der allgemeinen Relativitätstheorie gehalten. Siehe hierzu auch die Bemerkungen in den Briefen vom 8. Juni 1953 an Jordan und vom 3. Juli 1953 an Fierz.

[6] Den Astrophysiker Walter Baade (1893–1960) kannte Pauli noch aus seiner Hamburger Zeit, als Baade dort an der Sternwarte in Bergedorf beschäftigt war. Bereits im Jahre 1931 war Baade zum Mt. Wilson Observatory nach Kalifornien gegangen und hatte dort seine grundlegenden Untersuchungen über Spiralnebel ausgeführt. Besonders aber seine Entdeckung von zwei Sorten von Cepheiden-Sternen führte zu einer Revision der astronomischen Entfernungsbestimmung. Siehe hierzu den Nachruf auf Baade von ten Bruggencate (1962).

[7] Siehe hierzu George W. Grays Bericht (1952) über die großartigen Entdeckungen mit dem Mt. Palomar Teleskop im *Scientific American* vom Februar 1952.

[8] Fisher (1952).

[9] Vgl. K. E. Bullen (1949).

[10] Siehe hierzu den Brief [1468].

[1500] PAULI AN JAFFÉ

Bombay, 18. Dezember 1952

Liebe Frau Jaffé!

Soeben kam Ihr Brief mit der Besprechung.[1] – Was diese betrifft, so habe ich nur an *einer* Stelle etwas auszusetzen: daß Sie sagen „vier*dimensionales*" Urbild. Ich glaube, man soll den *Dimensions*-Begriff nicht so frei anwenden (hier spreche ich qua Mathematiker) und möchte vorschlagen, statt dessen zu sagen: „eine Vierheit ausdrückendes Urbild." (Weiter oben fehlt hinter „urtümliche" wohl irgendein Wort, da es weitergeht „oder *Instinkte des Vorstellens*".) Das andere kann sich schon sehen lassen!

Hier hatte ich mit dem Philosophieprofessor Radhakrishnan[2] eine Diskussion über die indische Terminologie, die den Bewußtseins-Begriff so stark ausdehnt wie etwa

Nach Jung	Indisch
1. Ultrarotes (psychoides) Ende des Unbewußten	1. Instinktives Bewußtsein
2. Ich-Bewußtsein	2. Intellektuelles Bewußtsein
3. Ultraviolettes Ende des Unbewußten	3. Spirituelles Bewußtsein

In Indien ist immer alles Bewußtsein, dazu noch eine wilde Spekulation über „Bewußtsein" im Tiefschlaf. Dazu siehe meine Kritik in meinem Aufsatz über Komplementarität (Experientia),[3] besonders betreffend die indische Idee eines Subjektes ohne Objekt.

Radhakrishnan versuchte den Unterschied zu verkleinern, ihn nur als „semantisch" (bezeichnungs-gemäß) hinzustellen, aber dieser Unterschied scheint mir auf einer wesentlich verschiedenen *Einstellung* zu beruhen, da man hier das Ich-Bewußtsein (als eine sehr spezielle und mindere Form des Bewußtseins überhaupt) *unterschätzt*. In den Trancezuständen (wie Samadhi[4] etc.) hat ja das Ich-Bewußtsein in unserem Sinne abgedankt, wir würden aber sagen, es seien Ohnmachtszustände oder unbewußte Zustände, in denen das Ich-Bewußtsein vom kollektiven Unbewußten *überwältigt* ist.

Radhakrishnan ist sehr belesen in abendländischer Philosophie (im Gegensatz zu Zimmer oder Campbell),[5] was die Diskussion sehr erleichtert. Interessant war mir, daß ihm Plato (mit seiner Episteme $\varepsilon\pi\iota\sigma\tau\eta\mu\eta$) und Plotin (mit dem „Einen" τo $\varepsilon\nu$) von den abendländischen Philosophen am zugänglichsten sind, ebenso Meister Eckhart,[6] von dem er sagte, daß er der Vedanta-Philosophie außerordentlich nahe steht. Ebenso hatte er natürlich Jungs Auffassung, wonach viele Neurosen auf der Störung der religiösen Funktion bzw. eines ‚Zentrums' beruhen,[7] sofort akzeptiert.

Aber Platos Episteme ist nicht eine Einheit von Subjekt und Objekt in der *phänomenalen* Sphäre, sondern deren Einheit – wie *wir* sagen – im Unbewußten und in der ideellen Sphäre (aber „überhimmlischen" Orte).

Für mich bleibt also der im zitierten Aufsatz betonte Gegensatz zum „fernen Osten" *bestehen* und es ist auch kein Zufall, daß sich in der indischen Symbolik nirgends eine Quaternität findet (nur die androgyne Gegensatzvereinigung und die *nicht*-statische, dynamische Trinität (Trimurti oder Trikaya).[8]

Vor einigen Tagen habe ich einen Brief an Fräulein von Franz geschrieben[9] über Rhythmen – Symbolik und Shivas Tanz, und da scheint mir der ferne Osten einen positiven Beitrag geleistet zu haben, den der Westen assimilieren sollte. Da ich das aber in jenem Brief an Fräulein von Franz ausführlicher dargestellt habe, will ich das hier nicht wiederholen. Dieser Brief kann zugleich als Weiterführung meiner Ideen und Einstellungen angesehen werden, die in meinem Brief an Jung über das Hiob-Buch stehen sollen.[10] Ich will dieses stark in Verbindung bringen mit seinem früheren Buch „Psychologie und Religion",[11] ein Zusammenhang, der, so viel ich weiß, nicht gesehen wird und über das „Anima"-Problem geht (hierzu auch Assumptio Mariae und der Gegensatz Katholizismus-Protestantismus).[12] Sie sehen also, daß ich hier an diesem „Projekt" weiterarbeite – die anderen Projekte ruhen allerdings.

An C + A = F habe ich geschrieben;[13] er hat offenbar den unbewußten Wunsch, daß der wire-recorder von sich aus Ideen produzieren soll[14] (aber sagen Sie ihm das, bitte, nicht).

Nun steht mir eine lange Reise nach dem Süden und nach dem Norden Indiens bevor, erst gegen 15. Januar werde ich in Bombay zurück sein. Bisher habe ich hier – unberufen keine Beschwerden – dagegen verträgt meine Frau Indien und dessen Klima nicht gut, sie hat oft Atembeklemmungen, Bronchitis und Verdauungsstörungen. Dies habe ich gar nicht vorausgesehen, zumal in Amerika immer *ich* die Hitze nicht vertragen habe (Herzklopfen, Atemnot etc.) und meine Frau ja in Ägypten aufgewachsen ist (das allerdings von Indien recht verschieden ist).[15] Wenn das nicht besser wird, wollen wir schon in der 2. Hälfte des Februar von hier nach Rom fliegen, dort etwas bleiben – dann soll ich etwa eine Woche lang in Turin Vorlesungen halten,[16] und im März kommen wir nach Zürich zurück. Ich freue mich schon sehr darauf, auch Sie dann wiederzusehen. Inzwischen alles Gute zu Weihnachten und zum neuen Jahr. Meine besten Wünsche für seine Gesundheit an Professor Jung.

Herzlichst

Ihr W. Pauli

Gute Bücher über Indien, zum Teil mehr künstlerisch-poetisch als realistisch sind

1. Hermann Hesse, Siddhartha[17]
2. E. M. Forster, A passage to India[18]
3. R. Kipling, Kim (1908 erschienen).[19]

Letzteres enthält das West-Ost-Problem in Form einer merkwürdigen Beziehung zwischen einem als Waise unter Indern aufgewachsenen jungen Mann englisch-irischer Herkunft mit einem alten tibetanischen (buddhistischen) Lama. Die Geschichte hat bezeichnenderweise keinen rechten Schluß, was Kim betrifft – wie das West-Ost Problem ja auch.

[1] A. Jaffé (1953) hatte ihm ihre Besprechung des Buches von Jung und Pauli [1952] für die Zeitschrift *Universitas* zugesandt. Die von Pauli hier angeregten Verbesserungen sind in der gedruckten Fassung ausgeführt.

[2] Der indische Philosoph und Staatsmann Sarvepalli Radhakrishnan (1888–1975) veröffentlichte kritische Schriften über den Niedergang der indischen Philosophie und gab 1957 zusammen mit Charles A. Moore *A source book in Indian philosophy* bei *Princeton University Press* heraus.

[3] Pauli (1950c). Am Ende dieses Aufsatzes charakterisiert Pauli die Hindu-Metaphysik als ebenfalls unhaltbare *komplementäre Extrapolation* des abendländischen Denkens, dem *kein Objekt* mehr *gegenübersteht*.

[4] Nach den strengen Vorschriften der Vedanta-Lehre versteht man darunter eine Folge von Zuständen der inneren Versenkung (Samadhi), die seine Anhänger durchlaufen mußten. Siehe hierzu Zimmer [1973, S. 387ff.].

[5] Der nach 1933 von Heidelberg nach Oxford und dann in die Vereinigten Staaten emigrierte Indologe Heinrich Zimmer (1890–1943) und dessen Schüler Joseph Campbell (1904–1987) standen in ihren Auffassungen C. G. Jung sehr nahe. Sie gehörten zu den regelmäßigen Teilnehmern der von Olga Fröbe-Kapteyn in Ascona organisierten *Eranos-Tagungen*, seitdem sich ab 1933 auch C. G. Jung daran beteiligte. Diese Tagungen trugen wesentlich zur Verbreitung der Jungschen Lehre auch außerhalb der psychologischen Fachkreise bei.

[6] Siehe hierzu auch Paulis Hinweis auf Meister Eckhart im Brief [1419].

[7] Vgl. Jung [1940]. In diesem Zusammenhang weist Jung mehrfach auf die Träume eines Intellektuellen von bemerkenswerter Intelligenz (Pauli) hin, welche sich u. a. auch „mit geheimnisvollen Erschaffungs- und Erneuerungsriten befaßten."

[8] Bei der brahmanistischen Lehre des *Trimurti* (oder *Trikaya*) handelt es sich um die triadische Vorstellung der *drei Leiber des Buddha*. Vgl. hierzu auch Paulis Bemerkung in seinem Brief [1498] an M.-L. von Franz.

[9] Vgl. den erwähnten Brief [1498].

[10] Dieses seit längerem geplante Schreiben (vgl. den Brief [1492]) verfaßte Pauli am 27. Februar 1953.

[11] Jung [1940].

[12] Siehe hierzu die Bemerkungen in den Briefen [1395 und 1397].

[13] Dieser Brief liegt nicht vor.

[14] Offenbar hat man damals begonnen, bei der Analyse Tonbandaufzeichnungen zu verwenden.

[15] Vgl. hierzu auch den in der Anmerkung zu [1496] gegebenen Hinweis auf Franca Paulis in Ägypten verbrachten Jugendjahre.

[16] Infolge des schlechten Gesundheitszustandes von Franca mußte Pauli den Indienaufenthalt vorzeitig abbrechen. Mitte Januar 1953 kehrte er über Rom nach Zürich zurück. In der zweiten Märzwoche 1953 reiste er abermals nach Italien, um in Turin seine angekündigten Vorträge über nicht-lokale Feldtheorien zu halten.

[17] Hesse [1922].

[18] Forster [1924]. – In Paulis Büchersammlung am CERN befinden sich auch die *Collected short stories* von E. M. Forster.

[19] Pauli bezieht sich auf die 1908 in Berlin erschienene deutsche Übersetzung von Kipling [1901].

IV. Anhang

1. Nachwort

Die Korrespondenz aus Paulis letztem Lebensjahrzehnt ist so umfangreich, daß der letzte Briefband IV in vier Teilen erscheinen wird. Der jetzt hier vorliegende erste Teil umfaßt mit 429 Briefen und anderen dazugehörigen Anlagen und Dokumenten den gesamten erhaltenen Briefwechsel aus den Jahren 1950–1952. Drei weitere Teilbände mit einer jeweils etwa gleich großen Anzahl von Briefen sollen im Anschluß folgen.

In diesen frühen 50er Jahren zeichnet sich auch in Paulis wissenschaftlichem Denken eine bemerkenswerte Veränderung ab. Er selbst bezeichnete sie als Übergang von einer rational-trinitarischen zu einer ganzheitlich-quaternären Einstellung (S. 375). Eine besondere Rolle für diese veränderte Grundeinstellung spielte eine im Frühjahr 1948 durchlebte Traumserie, die Pauli in einem Manuskript mit dem Titel *Hintergrundsphysik* festgehalten und im Sinne der Jungschen Tiefenpsychologie interpretiert hat (vgl. S. 233). Dieser geistige Standortswechsel hat sich auch in seinem gesamten späteren Briefwerk niedergeschlagen.

Zunehmend werden in diesen Briefen jetzt Themen behandelt, die weit über den Rahmen der eigentlichen Physik hinausreichen. Häufig kommen dabei auch Betrachtungen über die Beziehung zwischen physikalischer Erkenntnis und ihrem psychologischem Hintergrund zur Sprache. Die bereits Anfang der 30er Jahre angebahnte Bekanntschaft mit dem Züricher Psychologen Carl Gustav Jung führt jetzt zu einer engeren Zusammenarbeit. Mit Paulis Studie über die naturwissenschaftliche Begriffsbildung bei Kepler aus der Sicht der Jungschen Archetypenlehre erreicht sie einen ersten Höhepunkt.

Doch Pauli war weniger an der Psychologie als therapeutisches Hilfsmittel als vielmehr an ihrer Bedeutung für die Naturwissenschaft selbst interessiert. Seine ursprünglich durch die frühe Auseinandersetzung mit der Quantentheorie gewonnenen erkenntnistheoretischen Auffassungen werden jetzt immer stärker durch Jungs Lehre des kollektiven Unbewußten umgeprägt. Dem Unbewußten als Randschicht unterschwelliger Inhalte, das „alles Schöpferische im Keime als Inhalte enthält" und welche „die im Bewußtsein wahrgenommenen Vorgänge unter Umständen beträchtlich beeinflussen können", hat Pauli sogar einen ähnlichen Realitätsgrad eingeräumt wie dem historisch etwa gleichzeitig eingeführten physikalischen Feldbegriff (S. 194). Die von Jung als dynamisch aufgefaßte Wechselbeziehung zwischen Bewußtem und Unbewußtem als Teilaspekte einer psychophysischen Ganzheit hat Pauli jedoch im Sinne der Bohrschen Komplementaritätsidee umzudeuten versucht. Solche Ansichten gewinnen bei der neu aufkommenden Debatte über die Interpretationsfrage in der Quantentheorie Einfluß auf sein physikalisches Denken (S. 374ff.).

Pauli schwebte damals sogar eine zukünftige Einheitswissenschaft vor [1391], in der „die Realität weder *psychisch* noch *physisch* sein würde, sondern irgendwie beides und irgendwie keines von Beiden" (S. 152). Für eine solche übergeordnete Wissenschaft sollten neue Begriffsbildungen geschaffen werden, die nicht notwendigerweise mit denjenigen übereinzustimmen brauchten, die wir zur Beschreibung unserer Alltagserfahrungen verwenden.

Im weiteren Verlauf hat Pauli sich darüberhinausgehend auch mit der geistesgeschichtlichen Entwicklung verschiedener physikalischer Grundbegriffe – wie z. B. dem Materiebegriff – auseinandergesetzt und darüber mit ausgewählten Briefpartnern korrespondiert. Im Zusammenhang mit dieser Beschäftigung findet ein immer regerer Gedankenaustausch mit Jung und seinen engsten Mitarbeitern statt. Außer Carl-Alfred Meier gehören dazu vor allem die beiden Psychologinnen Marie-Louise von Franz und Aniella Jaffé. Weil gerade durch Jungs Arbeiten endlich eine engere Verbindung der Psychologie mit den Naturwissenschaften hergestellt worden sei, wollte Pauli hier seinen Einfluß als Physiker geltend machen. Als selbsternannter *naturwissenschaftlicher Patron* des Züricher *C. G. Jung-Institutes* betrachtete er sich zunehmend für die Einhaltung des naturwissenschaftlichen Standards auch in diesem Institut verantwortlich. Die erhaltenen Briefen zeigen, auf welche Weise er diese Funktion zuweilen ausgeübt hat.

Aus äußeren, bereits im Nachwort zum vorangehenden Band erörterten Gründen konnte Paulis sog. psychologischer Briefwechsel bisher nicht mit in die Edition aufgenommen werden. Die inzwischen erfolgte Veröffentlichung des Pauli-Jung-Briefwechsels durch den mit Pauli befreundeten Psychologen Carl Alfred Meier haben jedoch die bisher dafür geltend gemachten Gründe entkräftet, so daß einer vollständigen Herausgabe der Briefe nun nichts mehr im Wege steht.

Die Briefe sind integraler Bestandteil von Paulis geistigem Vermächtnis, und seine unkonventionellen Ideen lassen sich nur auf der Grundlage der Gesamtheit *aller* Briefe verstehen. Die in den Briefen angesprochenen Probleme sind oft in verschiedenen Korrespondenzen behandelt, so daß eine teilweise Unterdrückung derselben die Gefahr einer inhaltlichen Verstümmelung mit sich bringt. Aus diesem Grunde wurden nun neben den rein physikalischen Briefen auch solche allgemeineren wissenschaftlichen Inhalts – wozu insbesondere die psychologische Korrespondenz gehört – in die Edition mit aufgenommen. Für den vorliegenden Teilband bedeutet das einen zusätzlichen Anteil von mehr als 100 Briefen, sofern man nicht die mit anderen Physiker-Kollegen (wie M. Fierz) gewechselten Briefe, in denen ebenfalls ausführlich psychologische Themen behandelt sind, hinzurechnet. Dieser relativ große Anteil psychologischer Briefe tritt in den Folgebänden gegenüber der Physik wieder etwas zurück.

Auch die 16 in der erwähnten Ausgabe von C.-A. Meier veröffentlichten Pauli-Jung-Briefe aus den Jahren 1950–1952 sind hier nochmals wiedergegeben, um sie im Kontext des gesamten Briefwechsels angemessen behandeln zu können. Da diese Briefedition sich an einen allgemeinen – nicht unbedingt eine psychologische Schulung voraussetzenden – Leserkreis richtet, wurde diesem Umstand durch eine ausführlichere Kommentierung und durch Hinweisung auf die damit zusammenhängende psychologische Fachliteratur Rechnung getragen.

Die Zahl der frühen noch nicht erfaßten psychologischen Briefe aus der Zeit vor 1950 ist relativ klein. Diese Briefe sollen zusammen mit anderen inzwischen noch aufgefundenen Briefen aus den Vorjahren als Nachtrag im letzten Teilband von Band IV publiziert werden.

Auch dieser Briefband ist abermals mit der Unterstützung der *Deutschen Forschungsgemeinschaft* entstanden. Der *Schweizerische Nationalfonds* hat weiterhin bei der Finanzierung einer Schreibkraft und einiger zusätzlicher Archivreisen mitgewirkt. Die Arbeiten wurden in den Räumen des *Max-Planck-Instituts für Physik* in München durchgeführt. Hans-Peter Dürr, Helmut Rechenberg, Wolfgang Drechsler, Hanno Tann und den anderen Mitgliedern dieses Institutes danke ich ganz besonders für ihre vielfältige Hilfe und die gewährte Gastfreundschaft. Jürgen Teichmann verdanke ich Ratschläge zur technischen Durchführung des Unternehmens. Marianne Willi hat wieder die mühsame Transkription der Briefe übernommen und auch bei der Überprüfung derselben geholfen. Die nochmalige systematische Überprüfung aller Briefe anhand der vorliegenden Briefkopien wurde von Felicitas von Meyenn durchgeführt.

Von den zahlreichen Personen, die durch ihre Mitarbeit und anderweitige Unterstützung das Vorhaben ganz wesentlich förderten, möchte ich im Folgenden einige ganz besonders hervorheben.

An erster Stelle sind hier die noch lebenden Korrespondenten Paulis zu nennen, die auf unterschiedlichste Weise bei der historischen Kommentierung und Erschließung der Briefe mitwirkten. Besonders Paulis langjähriger und intensivster Briefpartner Markus Fierz, aus dessen Korrespondenz mit Pauli in diesem Bande allein 77 Briefe enthalten sind, hat die Editionsarbeit laufend mit seinem Rat unterstützt und dazu beigetragen, daß viele heute nicht mehr verständliche Aussagen in den Briefen aufgeklärt werden konnten. Ebenso hat Paulis ehemaliger Züricher Assistent Armin Thellung genaue Angaben über die Zeit seiner Tätigkeit bei Pauli vermittelt und auch neue Briefe zur Verfügung gestellt. Weitere Fragen im Zusammenhang mit den Briefen wurden bereitwillig von anderen Kollegen und Freunden Paulis beantwortet, darunter diesmal besonders von Freeman J. Dyson, Abraham Pais, Aage Bohr, Fritz Rohrlich, Walter Thirring, Charles P. Enz, Chen Ning Yang, Rudolf Peierls, Marie-Louise von Franz und Carl-Alfred Meier.

Die Transkription und Übersetzung der dänischen Briefe überprüften Hilde Levi und der Leiter des Kopenhagener Niels-Bohr Archive Finn Aaserud. Felicity Pors hat mich auf die Existenz neuer Pauli-Briefe in diesem Archive hingewiesen und bei der Durchsicht der Nachlässe von Léon Rosenfeld, Christian Møller und Oskar Klein unterstützt. Den französischen Briefwechsel kontrollierte Olivier Darrigol. Griechische Wörter sind hier ohne Akzente wiedergegeben. Die Verfasser der Briefe setzten diese Akzente oft in unsystematischer Weise und die korrekte Wiedergabe hätte einen zusätzlichen Aufwand erfordert, der das Erscheinen dieses Bandes verzögert hätte. Suzanne Gieser hat im Zusammenhang ihrer in Stockholm angefertigten Doktorarbeit [1995] über Pauli und Jung bei der Transkription und Kommentierung einiger psychologischer Briefe mitgewirkt. Als nützliches Hilfsmittel diente auch das von ihr angefertigte Verzeichnis der von Pauli hinterlassenen belletristischen Büchersammlung, die sich in der *Salle Pauli* bei CERN in Genf befindet. Ein weiterer wertvoller Führer zur Benutzung des in 10 Schachteln bei CERN im Pauli-Archiv aufbewahrten Pauli-Nachlasses stellt der von David Cassidy angefertigte sog. *Cassidy Catalogue* dar, der durch John Krige inwischen auf den neuesten Stand gebracht wurde.

Vincent Frank-Steiner stellte für diesen Band fünf Briefe aus der umfangreichen Korrespondenz Paulis mit seinem Onkel Paul Rosbaud zur Verfügung. Die Verhandlung über die Aufnahme weiterer Teile aus dieser Korrespondenz, die interessante Einblicke in einen bisher unbekannten Bekanntenkreis Paulis vermittelt, sind zur Zeit noch nicht abgeschlossen.

Weitere Hilfe leisteten die Leiter und Mitarbeiter der Archive und Bibliotheken, welche Teile der Pauli-Korrespondenz beherbergen. Hier sind insbesondere die Betreuerin des Pauli-Archivs bei CERN in Genf Roswitha Rahmy und der Leiter der Wissenschaftshistorischen Sammlungen der ETH in Zürich Beat Glaus zu nennen, die stets ihre tatkräftige Unterstützung in allen Phasen des Projektes gewährten. Dr. Glaus stellte darüber hinaus das Manuskript eines bisher noch nicht veröffentlichten Dokumentenbandes [1996] zur Verfügung, der wichtige Dokumente und Informationen über Pauli und seine Beziehung zur ETH Zürich enthält. Ebenso haben folgende Wissenschaftshistoriker Hinweise auf neue Briefe oder andere Informationen zu ihrer Bearbeitung beigesteuert: Erwin N. Hiebert, Manuel Garcia Doncel, Armin Hermann, Dieter Wuttke, Helge Kragh, Michael Eckert, Andreas Kleinert, Xavier Roqué und Ivo Schneider.

Das für den Pauli-Nachlaß zuständige und vom Generaldirektor von CERN ernannte *Pauli Committee* hat weiterhin die wissenschaftliche Betreuung des Unternehmens fortgesetzt und es in großzügiger Weise unterstützt. Allen Mitgliedern dieses Committees gilt der besondere Dank des Herausgebers.

Der Springer-Verlag hat auch diesmal den Druck dieses Bandes durchgeführt. Sabine Landgraf führte die vorbereitenden Arbeiten aus und Claus-Dieter Bachem betreute den Druck. Den Bemühungen von Wolf Beiglböck ist es besonders zu verdanken, daß die Briefe nun in aller Vollständigkeit in diesem Werke erscheinen können.

2. Abkürzungsverzeichnis

Bei den in diesem Verzeichnis genannten Zeitschriften wird im allgemeinen auch der Erscheinungsort angegeben.

Acta math.	*Acta mathematica*, Stockholm
Acta Phys. Austr.	*Acta physica austriaca*, Wien
Acta Phys. Polonica	*Acta physica polonica*, Warschau
AAdW	*Archiv der Akademie der Wissenschaften*, Berlin
AHES	*Archive for History of Exact Sciences*, Berlin und Heidelberg
AIHS	*Archives Internationales d'Histoire des Sciences*, Rom
AIP	*American Institute of Physics, Niels Bohr Library*, New York
AJP	*American Journal of Physics*, Lancaster, Pa.
Amer. Sci.	*American Scientist*, New Haven, Connecticut
Annais Acad. Brasileira	*Annais da Academia Brasileira de Sciencias*, Rio de Janeiro
Ann. Inst. Poincaré	*Annales de l'Institut Henri Poincaré*, Paris
Ann. Math.	*Annals of Mathematics*, Princeton
Ann. Phys.	*Annalen der Physik*, Leipzig
Ann. Sci.	*Annals of Science*
APS	*American Physical Society*
Arch. Néerl. Sci.	*Archives néerlandaises des sciences exactes et naturelles*, Haarlem
Arch. Sci.	*Archives des sciences*, Genf
Arch. sci. phys. nat.	*Archives des sciences physiques et naturelles*, Genf, Lausanne, Paris
Arkiv för Fysik	*Arkiv för Fysik*, Stockholm
Arkiv för Matematik	*Arkiv för Matematik, Fysik och Astronomi*, Uppsala
BCW	*Niels Bohr, Collected Works*
Ber. sächs. Akad.	*Berichte über die Verhandlungen der sächsischen Akademie der Wissenschaften zu Leipzig*
BHLM	*Bentley Historical Library, Michigan Historical Collections*, University of Michigan
BJHS	*British Journal for the History of Science*, Durham
BJPS	*British Journal for the Philosophy of Science*, London
BK	*Briefkarte*
BLO	*Bodleian Library*, Oxford
BMFRS	*Biographical Memoirs of Fellows of the Royal Society*, London
Bull. Amer. Math. Soc.	*Bulletin of the American Mathematical Society*, Lancaster, Pa.
Bull. atom. Sci.	*Bulletin of the Atomic Scientists*, Chicago
Cal. Tech.	*California Institute of Technology*, Pasadena
CBP	*Cornell University, Bethe Papers*
CCC	*Churchill College*, Cambridge
Centaurus	*Centaurus*, Aarhus

CERN	*Conseil Européen pour la Recherche Nucléaire*, Genf
Comm. Dublin	*Communications of the Dublin Institute of Advanced Studies*
Comm. pure appl. Math.	*Communications on Pure and Applied Mathematics*, New York
C. R. Acad. Sci., Paris	*Comptes rendus hebdomadaires des séances de l'Académie des sciences*, Paris
C. R. Acad. Sci. USSR	*Comptes rendus (Doklady) de l'Académie des Sciences de l'URSS*, Moskau
CUL	*Cornell University Libraries*, Ithaca, New York
Curr. Sci.	*Current Science*, Bangalore
Daedalus	*Daedalus*, Stockholm
dän.	Dänisch
Dialectica	*Dialectica*, Neuchâtel
DGP	*Domus Galileana*, Pisa
DIA	*Institute for Advanced Studies*, Dublin
DPG	*Deutsche Physikalische Gesellschaft*
DSB	*Dictionary of Scientific Biography*
engl.	Englisch
Entw.	Entwurf
Erg. exakt. Naturw.	*Ergebnisse der exakten Naturwissenschaften*, Berlin
Erkenntnis	*Erkenntnis*, Leipzig
Experientia	*Experientia*, Basel
Forsch. u. Fortschr.	*Forschungen und Fortschritte*, Berlin
franz.	Französisch
Gesnerus	*Gesnerus*, Basel
Göttinger Nachr.	*Nachrichten von der Gesellschaft der Wissenschaften zu Göttingen*
HAM	*Werner-Heisenberg-Archiv*, München
Hist. Sci.	*History of Science*, Cambridge
HPA	*Helvetica Physica Acta*, Basel
HSPS	*Historical Studies in the Physical Sciences*, Berkeley, Los Angeles, London
IAS, Princeton	*Institute for Advanced Study*, Princeton
Indian J. Phys.	*Indian Journal of Physics*, Kalkutta
Jahresber. DMV	*Jahresberichte der Deutschen Mathematikervereinigung*, Leipzig
J. Appl. Phys.	*Journal of Applied Physics*, Lancaster, Pa.
J. chem. Phys.	*Journal of chemical Physics*, Lancaster, Pa.
J. chem. Soc.	*Journal of the Chemical Society*, London
J. Franklin Inst.	*Journal of the Franklin Institute*, Philadelphia
J. Hist. Ideas	*Journal for the History of Ideas*
J. Math. Pures et Appl.	*Journal de mathématiques pures et appliquées*, Paris
J. Phil. Sci.	*Journal of the Philosophy of Science*
J. Phys. (Moskau)	*Journal of Physics*, Moskau
J. Phys. Radium	*Journal de Physique et le Radium*, Paris
JRE	*Jahrbuch der Radioaktivität und Elektronik*, Leipzig
JSHS	*Japanese Studies in the History of Science*
K. fysiogr. Sällsk. Lund	*Kungl. Fysiografiska Sällskapets i Lund Förhandlingar*, Lund
Kgl. Danske Vid. Selsk.	*Det Kongelige Danske Videnskabernes Selskabs*, matematisk-fysiske Meddelelser, Kopenhagen
LCW	*Library of Congress*, Washington
Math. Intelligencer	*Mathematical Intelligencer*

Medd. Lund	*Meddelanden från Lunds Universitets matematiska seminarium*
Mem. Acad. Roy. Belg.	*Mémoires de l'Académie royale de Belgique*, Brüssel
Minerva	*Minerva*, London
MIT	*Massachusetts Institute of Technology*, Cambridge, Mass.
MPI	*Max-Planck-Institut für Physik und Astrophysik*, München
Ms.	Manuskript
MS	Maschinenschrift
MSA	Maschinenschriftliche Abschrift
MSD	Maschinenschriftliche Durchschrift
MSK	Maschinenschriftliche Kopie
MSR	Maschinenschriftliches Rundschreiben
Nature	*Nature*, London
Naturwiss.	*Die Naturwissenschaften*, Berlin
NBA	*Niels-Bohr-Archive*, Kopenhagen
NBI	*Niels Bohr Institutet*, Kopenhagen
Noesis	*Noesis*, Rumänien
Nuovo Cimento	*Il Nuovo Cimento*, Pisa
o. D.	ohne Datum
OHS	*Office for History of Science and Technology*, Berkeley, California
Osiris	*Osiris*, Philadelphia, Penns.
PBW	W. Pauli, *Wissenschaftlicher Briefwechsel*
Phil. Mag.	*Philosophical Magazine*, London
Phil. Sci.	*Philosophy of Science*, Baltimore
Phys. Bl.	*Physikalische Blätter*, Mosbach (Baden)
Physica	*Physica*, 's Gravenhage
Physics Today	*Physics Today*, New York
Physik. Z.	*Physikalische Zeitschrift*, Leipzig
Physik. Z. Sowjetunion	*Physikalische Zeitschrift der Sowjetunion*, Charkow
Phys. Rev.	*Physical Review*, New York
PK	Postkarte
PLC	*Pauli Letter Collection*, CERN, Genf
PLC Bi, 0–306	*Pauli Letter Collection*, Kassette für *Autorisierte Biographien* (Die Zahlenangaben 0 306 verweisen auf den dazugehörigen Archiv-Katalog)
PRC	*Catalogue of Reprints of Scientific Papers in the Pauli Collection.* CERN Bibl. 8, Genf 1969
PRIA	*Proceedings of the Royal Irish Academy*, Dublin
Priv.	Privatbesitz
Proc. Amer. Phil. Soc.	*Proceedings of the American Philosophical Society*, Philadelphia
Proc. Cambr. Phil. Soc.	*Proceedings of the Cambridge Philosophical Society*, Cambridge
Proc. Indian Acad. Sci.	*Proceedings of the Indian Academy of Sciences*, Bangalore
Proc. Nat. Acad. Sci.	*Proceedings of the National Academy of Science*, U. S. A.
Proc. phys.-math., Japan	*Proceedings of the physico-mathematical Society of Japan*, Tokio
Proc. Phys. Soc.	*Proceedings of the Physical Society*, London
Proc. Roy. Soc.	*Proceedings of the Royal Society*, London
Proc. Roy. Soc. Edinb.	*Proceedings of the Royal Society of Edinburgh*
Progr. Theor. Phys.	*Progress of Theoretical Physics*, Kyoto

Quart. Rev. Psych. Phil.	*Quarterly Review of Psychology and Philosophy*
R. C. Accad. Lincei	*Rendiconti della Reale Accademia Nazionale dei Lincei*, Roma
R. C. Circ. Palermo	*Rendiconti del Circolo matematico di Palermo*, Palermo
Rep. Progr. Phys.	*Report on Progress in Physics*, London
Rev. Mod. Phys.	*Reviews of modern physics*, New York
Rev. Sci. Instr.	*Review of Scientific Instruments*, New York
Riv. Stor. Sci.	*Rivista di storia della Scienza*, Mailand
RNP	*Reichenbach-Nachlaß*, Pittsburgh
ROCK	Rockefeller Archive Center, Pocantico Hills, New York
RSIF	*Rendiconti della Società Italiana di Fisica*
RUA	*Rockefeller University Archives*, New York
RUG	Rijks-Universiteit, Groningen
SBAW	*Sitzungsberichte der königlich-bayerischen Akademie der Wissenschaften* zu München
Science	*Science*, New York
Scientific American	*Scientific American*, New York
SHPS	*Studies in History and Philosophy of Science*
SPAW	*Sitzungsberichte der königlich-preußischen Akademie der Wissenschaften* zu Berlin
SPK	*Staatsbibliothek Preußischer Kulturbesitz*, Berlin
Stud. Phil.	*Studia philosophica*, Basel
Stud. Phil. Sci.	*Studies in the Philosophy of Science*
SUNY	*State University of New York* at Albany
Telegr.	Telegramm
TIB	*Tata Institute for Fundamental Research*, Bombay
Trans. Phil. Soc.	*Transactions of the Cambridge Philosophical Society*
TSH	*Teylers Stichting*, Haarlem
UCB	*University of California, Bancroft Library*, Berkeley
UCR	*Joseph Regenstein Library, University of Chicago*
Verh. Akad. Amsterdam	*Verhandelingen der koninklijke Akademie van Wetenschappen*, Amsterdam
Verh. DPG	*Verhandlungen der Deutschen Physikalischen Gesellschaft*, Braunschweig
Verh. Naturf. Ges. Basel	*Verhandlungen der Naturforschenden Gesellschaft Basel*
Vierteljahrsh. f. Zeitg.	*Vierteljahrshefte für Zeitgeschichte*
VNGZ	*Vierteljahrschrift der Naturforschenden Gesellschaft Zürich*
Wiener Ber.	*Sitzungsberichte der Österreichischen Akademie der Wissenschaften*, Mathematisch-naturwissenschaftliche Klasse, Wien
YUL	*The Yale University Library*, New Haven, Connecticut
Z. angew. Chemie	*Zeitschrift für angewandte Chemie*, Leipzig
Z. angew. Math. Phys.	*Zeitschrift für angewandte Mathematik und Physik*, Basel
Z. Naturforsch.	*Zeitschrift für Naturforschung*, Tübingen
Z. Phys.	*Zeitschrift für Physik*, Braunschweig
ZPW	*Zentralbibliothek für Physik*, Wien

3. Zeittafel 1950–1952*

1950	Pauli als Gast am *Institute for Advanced Study* in Princeton
2.–4. Februar	Teilnahme am *New York Meeting* der APS. Vortrag über „Recent developments in quantized field theories". [1073, 1075, 1087]
Februar–März	Bohr kommt ebenfalls zu Besuch nach Princeton [1087, 1091]
Mitte März	Physikerkonferenz in Cambridge, Mass. Entdeckung des neutralen π^0-Mesons durch Bjorklund et al. (1950) und Steinberger et al. (1950)
Ende März	Pauli hält in Princeton seinen Keplervortrag [1080, 1085, 1087]
12. April	Abreise von Princeton [1095, 1102]
24.–29. April	Pariser Konferenz über Elementarteilchen [1085, 1104, 1108, 1109]
1. Mai	Rückkunft in Zürich [1098]
10. Mai	Pauli zum Mitglied der *American Academy of Arts and Sciences* ernannt
1. Juli	Für die Zeit vom 1. Juli 1950 – 30. Juni 1955 zum Mitglied des *Institute for Advanced Study* ernannt [1099]
6. Juli	Einstimmig zum Vorstand der *Abteilung für Mathematik und Physik* der ETH für die nächsten zwei Jahre gewählt
12.–14. Juli	Pais zu Besuch in Zürich [1141, 1144]
18. Juli	Kramers zu Besuch in Zürich [1147]
15.–20. September	Italienreise (mit Schafroth, Frauenfelder, Glauber, Huber und Zünti) und Teilnahme am 36. Kongreß der *Società Italiana di Fisica* in Bologna [1151, 1153, 1157]
7. Oktober	Korreferat über Valentine Telegdis Doktorarbeit über die Photospaltung des C^{12} in drei α-Teilchen
27. Oktober	Erste von Pauli geleitete Abteilungs-Konferenz
14.–22. Dezember	*International Conference on Elementary Particles* in Bombay [1157, 1178]
Wintersemester 50/51	Vorlesungen über Quantenfeldtheorie
9. Dezember	Pauli zum Mitglied der *Heidelberger Akademie der Wissenschaften* gewählt

---

* Die in den eckigen Klammern angegebenen Zahlen beziehen sich auf die Briefe, in denen das betreffende Ereignis erwähnt ist.

13. Dezember	Pauli zum Mitglied des *Conseil Scientifique* der *Solvay-Institution* ernannt
16. Dezember	1. Rochester-Konferenz
1951 16. Februar	Pauli zum Mitglied der *Bayerischen Akademie der Wissenschaften* gewählt [1204]
Anfang April	Aufenthalt in Süditalien und Sizilien [1222, 1224, 1226]
13. April	Aufnahme in die *Dänische Akademie der Wissenschaften* [1223]
16. April	Rückkehr aus Italien nach Zürich
18.–21. April	Philosophenkongreß *Entretiens de Zürich* [1216, 1229]
Sommersemester	V. Weisskopf zu Gastvorlesungen an der ETH in Zürich eingeladen
30. Mai–4. Juni	Reise zur Institutseinweihung nach Lund [1231, 1236, 1246, 1247]
31. Mai	Pauli hält in Lund einen Vortrag über „The connection between spin and statistics"
2.–4. Juni	Physiker-Konferenz in Lund
25.–30 Juni	Dyson und Ferretti zu Besuch in Zürich [1249]
1.–3. Juli	Diskussions-Konferenz über Probleme der Kernphysik und Ultrastrahlung in Heidelberg [1262]
6.–10. Juli	Physikerkonferenz in Kopenhagen [1206, 1249, 1267]
26. Juli–5. August	Reise ins Engadin [1267]
15.–22. August	Besuch der Sommer-Schule in *Les Houches* [1270, 1271]
27. Aug.–15. Sept.	Italienreise [1275–1279]
25.–29. September	9. Solvay-Konferenz in Brüssel [1284]
17. Oktober	Zulassungsgesuch zur Promotion von I. Talmi
30. Oktober	Gutachten zur Dissertation von Amos de Shalit[1]
	Pauli zum Mitglied der *Schwedischen Akademie* in Uppsala ernannt [1361]
1952 11.–12. Januar	2. Rochester Meeting Promotion von A. Thellung [1267]
28. Januar	Vortrag über die „Geschichte des periodischen Systems der Elemente" während der Züricher Naturforscherversammlung [1284]
Februar	Bohr zu Besuch in Zürich: Pauli widmet ihm „zur Erinnerung an den Besuch in Zürich im Februar 1952" Jungs *Psychologie des Unbewußten*
11. Februar	Sitzung der *Schweizerischen Naturforschenden Gesellschaft* in Zürich: Vortrag über die Geschichte des periodischen Systems der Elemente [1342]
13. Februar	Pauli erhält die *Franklin-Medaille*

---

[1] Siehe Glaus/Oberkofler [1995, Dok. III. 75].

20.–30. März	Vorlesungen über quantisierte Feldtheorien am *Institut Henri Poincaré* [1337, 1391]
2. April	Pauli zum Mitglied der *Naturforschenden Gesellschaft* in Lund ernannt [1393, 1406]
3.–17. Juni	Kopenhagener Physiker-Konferenz (Pauli ist nur vom 8.–15. Juni anwesend) [1417]
15. Juli	Abteilungskonferenz der ETH
Anfang August	Vorlesung über *Time reversal* während der Sommerschule in *Les Houches* [1444, 1446, 1451] Promotion von Amos de Shalit
24. August	Teilnahme an der Versammlung der *Schweizerischen Naturfor-schenden Gesellschaft* in Bern: Vortrag über Wahrscheinlichkeit in Physik und Mathematik [1444, 1448, 1452]
Anfang September	Ferienreise nach Italien [1462, 1463]
Wintersemester	Indienreise vom November 1952 bis Februar 1953. Besuch bei Bhabha in Bombay [1466, 1470, 1476, 1489, 1497]

4. Literaturverzeichnis

4a. Allgemeine Literatur*

Aaserud, F.
(1985)   Niels Bohr as fund raiser. *Physics Today*, Oktober 1985, S. 38–46
[1990]   *Redirecting science: Niels Bohr, philanthropy and the rise of nuclear physics.*
            Cambridge 1990

Abegg, E.
[1928]   *Der Messiasglaube in Indien und Iran.* Berlin und Leipzig 1928
[1945]*   *Indische Psychologie.* Zürich 1945

Abragam, A.
(1988)   Louis Victor Pierre Raymond de Broglie, 15. August 1892–19 March 1987.
            BMFRS **34**, 23–41 (1988)
[1989]   *Time Reversal.* An Autobiography. Oxford 1989

Abt, Th.
(1995)   Archetypische Träume zur Beziehung zwischen Psyche und Materie. In
            Atmanspacher et al. [1995, S. 109–136]

Actes du 2ᵉ Colloque International de la logique mathématique
[1954]   Paris, August 25–30, 1952. *Institut Henri Poincaré*, Paris 1954

Adam, Ch. und P. Tannery
[1974]   *Oeuvres de Descartes, Correspondance.* Band **V**, Paris 1974

Agrippa von Nettesheim, Heinrich Cornelius
[1510]   *De occulta philosophia libri tres.* Köln 1510

Aitchison, I. J. R. und J. E. Paton, Hrsg.
[1974]   *Rudolf Peierls and theoretical physics.* Oxford 1974

Aiton, E. J.
(1976)   Johannes Kepler in the light of recent research. *History of Science* **14**, 77–
            100 (1976)

Albert, D. Z.
(1994)   Bohm's alternative to quantum mechanics. *Scientific American* **270** (Mai)
            32–39 (1994)

---

* Bei Literaturhinweisen im Text, in den Kommentaren, in den Fußnoten oder in den Verzeichnissen
wurde die hinter den Namen gesetzte und in Klammern eingeschlossene Jahreszahl als Abkürzung
verwendet. Jahresangaben in eckigen Klammern beziehen sich auf Buchveröffentlichungen; die
Angaben in runden Klammern auf Zeitschriftenaufsätze oder Beiträge zu einer Sammelschrift.
Die mit einem Stern (*) versehenen Buchveröffentlichungen befinden sich in der Sammlung von
Paulis Büchern, die z.Z. in der *Salle Pauli* bei CERN in Genf aufbewahrt wird. Alle in dem
Literaturverzeichnis verwendeten Abkürzungen sind in dem Abkürzungsverzeichnis **IV**, 2 erklärt.

Alder, K.
(1952)   Beiträge zur Theorie der Richtungskorrelation. *HPA* **25**, 235–258 (1952)
(1953)   Angular correlations. In *Report of the International Physics Conference* [1953, S. 10–12]

Alvarez, L.
(1972)   Recent developments in particle physics. In *Nobel Lectures* [1972, S. 241–290]
[1987]   *Adventures of a physicist.* New York 1987

Allen, J. S.
[1958]   *The neutrino.* Princeton, New Jersey 1958

Allison, S. K.
(1950)   Die Lage der Physik oder die Gefahr, wichtig zu sein. *Phys. Bl.* **6**, 193–199 (1950)

Amaldi, E.
(1966)   Ettore Majorana, man and scientist. In *Strong and weak interactions-Present problems.* New York 1966. Dort S. 10–77
(1982)   Beta decay opens the way to weak interactions. In *Colloque International* [1982, S. 261–300]

Amaldi et al.
(1953)   Fundamental particles. Symbols proposed at Bagnères congress. *Physics Today*, Dezember 1953, S. 24–26

Anderson, C. D.
(1961)   Early work on the positron and muon. *AJP* **29**, 825–830 (1961)

Anderson, H. L.
(1955)   Meson experiments with Enrico Fermi. *Rev. Mod. Phys.* **27**, 269–272 (1955)
(1982)   Early history of physics with accelerators. In *Colloque International* [1982, S. 101–162]

Aramaki, S.
(1987)   Formation of the renormalization theory in quantum electrodynamics. *Historia Scientiarum* **32**, 1–42 (1987)

Aris, R., H. T. Davis und R. H. Stuewer, Hrsg.
[1983]   *Springs of scientific creativity.* Minneapolis 1983

Armstrong, A. H.
(1937)   *Emanation* in Plotinos. *Mind* **46**, 62–64 (1937)

Artephius
[1659/61]   *Clavis maioris sapientiae.* Enthalten in der zwischen 1659 und 1661 von Lazarus Zetzner in 6 Bänden herausgegebenen Sammlung alchemischer Traktate *Theatrum chemicum*

Arzt, Th.
(1994)   Unus Mundus: Die Eine Welt. *Philosophia Naturalis* **31**, 250–262 (1994)

Äschlimann, F.
(1951)   Espace physique. *C. R. Acad. Sci., Paris* **235**, 1578–1580 (1951)
(1952)   Sur la représentation géométrique des corpuscules et la méthode triondulatoire. *J. Phys. Radium* **13**, 600–604 (1952)

Atmanspacher, H.
(1992a,b)   Wolfgang Pauli und die Alchemie. Teil **I**: Biographische und historische Aspekte;

(1993)   Teil **II**: Das opus alchemicum; Teil **III**: Impulse für die modernen Naturwissenschaften. *Zeitschrift für Parapsychologie und Grenzgebiete der Psychologie* **34**, 3–32; 131–162; (1992); **35**, 1–27 (1993)
(1995)   Raum, Zeit und psychische Funktionen. In Atmanspacher et al. [1995, S. 238–274]

Atmanspacher, H., H. Primas, E. Wertenschlag-Birkhäuser, Hrsg.
[1995]   *Der Pauli-Jung Dialog und seine Bedeutung für die moderne Wissenschaft.* Berlin, Heidelberg 1995

Baade, W.
(1952)   A revision of the extra-galactic distance scale. *Transactions of the International Astronomical Union* **8**, 397–398 (1952)

Bacon, Roger
[1542]   *Epistola de secretis artis et naturae operibus.* Paris 1542

Bade, W. L. und H. Jehle
(1953)   An introduction to spinors. *Rev. Mod. Phys.* **25**, 714–728 (1953)

Bagge, E.
(1950)   Zur Interpretation des Hubbleschen Expansionsgesetzes für das Weltall. *Phys. Bl.* **6**, 533–538 (1950)

Ball, W. W. R.
[1908]   *A short account of the history of mathematics.* Cambridge ⁴1908

Ballentine, L. E.
(1970)   The statistical interpretation of quantum mechanics. *Rev. Mod. Phys.* **42**, 358–381 (1970)
(1972)   Einstein's interpretation of quantum mechanics. *AJP* **40**, 1763–1771 (1972)

Baltensperger, W.
(1951)   Contributions to the theory of impurity centers in Silicon. *Phys. Rev.* **83**, 1055–1056 (1951)

Baranger, M.
[1951]   *Relativistic corrections to the Lamb shift.* Dissertation, Cornell University, Ithaca, New York 1951
(1951)   Relativistic corrections to the Lamb shift. *Phys. Rev.* **84**, 866–867 (1951)

Baranger, M., H. A. Bethe und R. P. Feynman
(1953)   Relativistic corrections to the Lamb shift. *Phys. Rev.* **92**, 482–501 (1953)

Baranger, M., F. J. Dyson und E. E. Salpeter
(1952)   Fourth-order vacuum polarization. *Phys. Rev.* **88**, 680 (1952)

Bargmann, V.
(1947)   Irreducible unitary representations of the Lorentz group. *Ann. Math.* **48**, 568–640 (1947)
(1954)   On unitary ray representations of continuos groups. *Ann. Math.* **59**, 1–46 (1954)
(1957)   Relativity. *Rev. Mod. Phys.* **29**, 161–174 (1957)
(1969)   Relativity. In Fierz und Weisskopf [1960, S. 187–198]

Barreau, H., P. Février und G. Lochak, Hrsg.
[1982]   *Jean-Louis Destouches. Physicien et philosophe (1909–1980).* Paris 1982

Baumann, K.
(1952/53)   Bericht über die neuere Entwicklung der Quantenelektrodynamik I, II und III. *Acta Phys. Austr.* **5**, 544–558 (1952); **6**, 53–70; 195–208 (1953)

Baumann, K. und R. U. Sexl, Hrsg.
[1984]   *Die Deutungen der Quantentheorie.* Braunschweig/Wiesbaden 1984

Baumgardt, Carola
[1952]*   *Johannes Kepler: Life and letters.* With an introduction by Albert Einstein. London 1952

Bäumker, Cl.
[1890]   *Das Problem der Materie in der griechischen Philosophie.* Münster 1890. Neudruck: Frankfurt a. M. 1963
(1913)   Die christliche Philosophie des Mittelalters. In P. Hinneberg, Hrsg.: *Die Kultur der Gegenwart,* Teil 1, Abt. 5. Berlin/Leipzig 1913, S. 301ff
(1917)   Mittelalterlicher und Renaissance Platonismus. In *Beiträge zur Geschichte der Renaissance und Reformation.* Joseph Schlecht zum 60. Geburtstag. München und Freising 1917. Dort S. 1–13

Bayes, Th.
(1763)   An essay towards solving a problem in the doctrine of chances. *Philosophical Transactions of the Royal Society of London* **53**, 370–418 (1763)

Beadle, G. W.
(1948)   The genes of man and molds. *Scientific American,* September 1948, S. 30ff.

Beck, F. und W. Godin
[1951]*   *Russian purge and the extraction of confession.* London 1951

Beierwaltes, W.
[1994]   *Eriugena. Grundzüge seines Denkens.* Frankfurt a. M. 1994

Beit, Hedwig von
[1952/56]   *Symbolik des Märchens.* 3 Bände. Bern 1952, 1956; ^{2}1960

Belinfante, F. J.
(1949)   On the part played by scalar and longitudinal photons in ordinary electromagnetic fields. *Phys. Rev.* **76**, 226–233 (1949)

Belinfante, F. J., D. I. Caplan und W. I. Kennedy
(1957)   Quantization of the interacting fields of electrons, electromagnetism, and gravity. *Rev. Mod. Phys.* **29**, 518–546 (1957)

Beller, M., J. Renn und R. S. Cohen, Hrsg.
[1993]   *Einstein in context.* In *Science in Context* **6**, 1–368 (1993)

Bender, H.
(1961)   Schopenhauer und die Parapsychologie. *Zeitschrift für Parapsychologie und Grenzgebiete der Psychologie* **4**, 100–113 (1961)

Benham, W. Gurney
[1931]   *Playing Cards.* London 1931

Bense, M.
(1950)   Logik und physikalische Theorienbildung. *Phys. Bl.* **6**, 241–247 (1950)

Benz, U.
[1975]   *Arnold Sommerfeld. Lehrer und Forscher an der Schwelle zum Atomzeitalter, 1868–1951.* Stuttgart 1975

Berezin, F. A.
[1966]   *The method of second quantization.* New York 1966

Bergmann, P. G.
[1942]*   *Introduction to the theory of relativity.* New York 1942.
[1951]*   *Basic theories of physics. Heat and quanta.* New York 1951

Bergson, H.
[1907/12]   *L'évolution créatrice.* Paris 1907. Deutsche Übersetzung 1912
[1920]   *Réflexions sur le temps, l'espace et la vie.* Paris 1920
[1922]   *Durée et simultanéité. A propos de la théorie d'Einstein.* Paris 1922

Bernardini, G.
(1964)   Weak interactions. *Rendiconti della Scuola Internazionale di Fisica E. Fermi,* XXXII Corso 1964, S. 1–51
(1983)   The intriguing history of the μ meson. In Brown und Hoddeson [1983, S. 155–172]

Bernoulli, J.
[1713]   *Ars conjectandi.* Basel 1713

Bernstein, Barton J.
(1982)   "In the matter of J. Robert Oppenheimer". *HSPS* **12**, 195–252 (1982)

Bersohn, R., J. Weneser und N. M. Kroll
(1952)   A fourth-order radiative correction to atomic energy levels. *Phys. Rev.* **86**, 596 (1952)

Bethe, H. A.
(1950)   The hydrogen bomb: II. *Scientific American* **182** (April), 18–23 (1950)
(1953)   What holds the nucleus together? *Scientific American* **189** (September), 58–63 (1953)
(1954)   Mesons and nuclear forces. *Physics Today,* Februar 1954, S. 5–11
(1960)   The history of nuclear physics at Cornell. Unveröffentlichtes Manuskript, Bethe Papers, Cornell University Library.
[1966]   Siehe Marshak [1966]
(1968)   J. Robert Oppenheimer 1904–1967. *BMFRS* **14**, 391–416 (1968)
[1991]   *The road from Los Alamos.* New York 1991

Bethe, H. A., L. M. Brown und J. R. Stehn
(1950)   Numerical value of the Lamb-shift. *Phys. Rev.* **77**, 370–374 (1950)

Bethe, H. A., P. A. M. Dirac, W. Heisenberg, E. P. Wigner, O. Klein und L. D. Landau
[1968/89]   *From a life of physics.* [Wiederabdruck einer Sammlung von Vorträgen, die 1968 am *International Center for Theoretical Physics* in Triest gehalten wurden.] Singapore 1989

Bethe, H. A. und F. de Hoffmann
[1955]   *Mesons and fields.* Band **II**. *Mesons.* Evanston, Illinois 1955

Bethe, H. A. und F. Rohrlich
(1952)   Small angle scattering of light by a Coulomb force. *Phys. Rev.* **86**, 10–16 (1952)

Beyerchen, A.
(1983)   Anti-intellectualism and the cultural decapitation of Germany under the Nazis. In Jackman und Borden [1983, S. 29–44]

Bhabha, H. J.
(1949)   On the postulational basis of the theory of elementary particles. *Rev. Mod. Phys.* **21**, 451–462 (1949) {Murkherji (1974, S. 66)}
(1951a)   The present concept of the physical world. Presidential address, *Thirty-eighth Indian Science Congress,* Bangalore, 1951. In Bhabha [1985, S. 856–866]

(1951b)   On a class of relativistic wave equations of spin 3/2. *Proc. Indian Acad. Sci.* **34**, Nr. 6, Section A, 1951

(1952)   An equation for a particle with two mass states and positive charge density. *Phil. Mag.* **43**, 32–47 (1952)

[1985]   *Collected scientific papers.* Edited by B. V. Sreekantan, Virendra Singh und B. M. Udgaonkar. Bombay 1985

Birkhoff, G. und J. von Neumann
(1936)   The logic of quantum mechanics. *Ann. Math.* **37**, 823–843 (1936)

Bjorklund, R., W. E. Crandall, B. J. Moyer und H. F. York
(1950)   High energy photons from proton-nucleon collisions. *Phys. Rev.* **77**, 213–218 (1950)

Blanke, F.
[1948]   *Bruder Klaus von Flühe. Seine innere Geschichte.* Zürich 1948

Blatt, J. M. und V. Weisskopf
[1952]   *Theoretical nuclear physics.* New York 1952

Blau, M.
(1950)   Bericht über die Entdeckung der durch kosmische Strahlung erzeugten Sterne in photographischen Emulsionen. Festschrift des Instituts für Radiumforschung anläßlich seines 40-jährigen Bestandes. *Wiener Ber.* **159**:2a, 1–57 (1950)

Bleaney, B.
(1982)   John Hasbrouck van Vleck, 13 March 1899–27 October 1980. *BMFRS* **28**, 627–665 (1982)

Bleuler, K.
(1950)   Eine neue Methode zur Behandlung der longitudinalen und skalaren Photonen. *HPA* **23**, 567–586 (1950)

(1960)   Zur Struktur der leichten Atomkerne. In Frauenfelder et al. [1960, 169–175]

Bleuler, K. und W. Heitler
(1950)   The reversal of time and the quantization of the longitudinal field in quantum electrodynamics. *Progr. Theor. Phys.* **5**, 600–605 (1950)

Bloch, Cl.
(1950a)   Variational principle and conservation equations in non-local field theory. *Kgl. Danske Vid. Selsk.* **26**, Nr. 1, 1–30 (1950)

(1950b)   On some developments in non-local field theory. *Progr. Theor. Phys.* **5**, 606–613 (1950)

(1952)   On field theories with non-localized interaction. *Kgl. Danske Vid. Selsk.* **27**, Nr. 8, 1–55 (1952)

(1954)   Theory of nuclear level density. *Phys. Rev.* **93**, 1094–1106 (1954)

(1972)   [Nachruf] Claude Bloch, 18. March 1923–29. December 1971. *Nuclear Physics* **A196**, 1–8 (1972)

Bloch, F.
(1950)   Nuclear induction. *Physics Today*, August 1950, S. 22–25

Boehm, F.
(1960)   Der Betazerfall. In Frauenfelder et al. [1960, 126–137]

Bogoliubov, N. N. und D. V. Shirkov
[1957/76]   *Introduction to the theory of quantized fields.* New York 1976

Bohm, D.
(1946)   Relations of Dirac's new method of field quantization to older theories. *Phys. Rev.* **70**, 795 (1946)
[1951]*   *Quantum theory.* New York 1951
(1952a)   A suggested interpretation of the quantum theory in terms of *hidden* variables. I. *Phys. Rev.* **85**, 166–179 (1955)
(1952b)   A suggested interpretation of the quantum theory in terms of *hidden* variables. II. *Phys. Rev.* **85**, 180–193 (1952)
(1953a)   A discussion of certain remarks by Einstein on Born's probability interpretation of the ψ-function. In Born [1953, S. 13–19]
(1953b)   Comments on an article of Takabayasi concerning the formulation of quantum mechanics with classical pictures. *Progr. Theor. Phys.* **9**, 273–287 (1953)
(1953c)   Proof that probability density approaches $|\psi|^2$ in causal interpretation of the quantum theory. *Phys. Rev.* **89**, 458–466 (1953)
[1957]   *Causality and chance in modern physics.* London 1957
(1962)   Hidden variables in quantum theory. *BJPS* **12**, 265f. (1962)

Bohm, D. und B. J. Hiley
(1982)   The de Broglie pilot wave theory and the further development of new insights arising out of it. *Foundations of Physics* **12**, 1001–1016 (1982)

Bohm, D., R. Schiller und J. Tiomno
(1955)   A causal interpretation of the Pauli equation. (A). *Nuovo Cimento*, Suppl. **1**, 48–66 (1955)

Bohm, D., R. Schiller
(1955)   A causal interpretation of the Pauli equation. (B). *Nuovo Cimento*, Suppl. **1**, 67–91 (1955)

Bohm, D. und W. Schützer
(1955)   The general statistical problem in physics and the theory of probability. *Nuovo Cimento*, Suppl. al vol. **II**, Serie X, No. 4, S. 1004–1047

Bohm, D. und J.-P. Vigier
(1954)   Model of the causal interpretation of quantum theory in terms of a fluid with irregular fluctuations. *Phys. Rev.* **96**, 208–216 (1954)

Böhme, G., Hrsg.
[1989]   *Klassiker der Naturphilosophie. Von den Vorsokratikern bis zur Kopenhagener Schule.* München 1989

Böhme, J.
[1620]   *Psychologia vera, oder vierzig Fragen von der Seelen.* 1620. In Band **3** von Jakob Böhme: *Sämmtliche Schriften* in 11 Bänden. Stuttgart 1955–1961
[1643]   *Aurora oder Morgenröte im Aufgang.* [Dresden] 1634
[1635]   *De signatura rerum oder von der Geburt und Bezeichnung aller Wesen.* [Amsterdam] 1635
[1905]   *Morgenröte im Aufgang. Von den drei Prinzipien. Vom dreifachen Leben.* Herausgegeben und eingeleitet von J. Grabisch. München 1905

Böhmer, F.
[1936]   *Der lateinische Neuplatonismus und Neupythagoreismus und Claudius Mamertus in Sprache und Philosophie.* Leipzig 1936

Bohr, A.
(1950)   On the quantization of angular momenta in heavy nuclei. *Phys. Rev.* **81**, 134–138 (1950)

(1952)   The coupling of nuclear surface oscillations to the motions of individual nucleons. *Kgl. Danske Vid. Selsk.* **26**, Nr. 14, 1–40 (1952)
(1957)   On the structure of the atomic nucleus. *AJP* **25**, 547–553 (1957)

Bohr, A. und V. F. Weisskopf
(1950)   The influence of nuclear structure on the hyperfine structure of heavy elements. *Phys. Rev.* **77**, 94–98 (1950)

Bohr, N.
(1949)   Discussions with Einstein on epistemological problems in atomic physics. In Schilpp [1949, S. 199–241]
(1950)   For an open world. *Bull. atom. Sci.* **6**, 213–217; 219 (1950)
[1972–1987] *Collected Works.* Band **1–6**; **8–9**. Amsterdam 1972–1987

Bohr, N. und L. Rosenfeld
(1950)   Field and charge measurements in quantum electrodynamics. *Phys. Rev.* **78**, 794–798 (1950). Wiederabdruck in Rosenfeld [1979, S. 401–412]

Bol, Kees
(1950)   Determination of the speed of light by the resonant cavity method. *Phys. Rev.* **80**, 298 (1950)

Boltzmann, L.
(1877)   Über die Beziehung zwischen dem zweiten Hauptsatz der mechanischen Wärmetheorie und der Wahrscheinlichkeitsrechnung, respektive den Sätzen über das Wärmegleichgewicht. *Wiener Ber.* **76**, 373–435 (1977)
[1898]   *Vorlesungen über Gastheorie.* Band **2**. Leipzig 1898

Bopp, F. und H. Kleinpoppen, Hrsg.
[1969]   *Physics of the one- and two-electron atoms.* Proceedings of the Arnold Sommerfeld centennial memorial meeting. München, 10.–14. September 1968. Amsterdam 1969

Borel, É.
(1955)   Louis de Broglie und das Institut Henri Poincaré. In L. de Broglie [1955, S. 193–198]

Born, M.
(1949)   Two topics in theoretical physics. *Nature* **164**, 165 (1949)
(1950)   Non-localizable fields and reciprocity. *Nature* **165**, 269–270 (1950)
[1953]*   *Scientific Papers presented to Max Born.* New York 1953
(1953)   The interpretation of quantum mechanics. *BJPS* **4**, 95–106 (1953). Auch enthalten in Born [1983, S. 132–144].
[1983]   *Physik im Wandel meiner Zeit.* Mit einleitenden Bemerkungen von R. U. Sexl und K. von Meyenn. Braunschweig/Wiesbaden 1983

Born, M. und H. S. Green
(1949)   Quantum theory of rest masses. *Proc. Roy. Soc. Edinb.* **62**, 470–488 (1949)

Börner, F.
[1932]   *Der lateinische Neuplatonismus.* 1932

Borowitz, S. und W. Kohn
(1950)   On the electromagnetic properties of nucleons. *Phys. Rev.* **76**, 818–827 (1950)

Borowitz, S., W. Kohn und J. Schwinger
(1950)   On the self stress of the electron. *Phys. Rev.* **78**, 345–346 (1950)

Boveri, M.
[1976]   *Der Verrat im 20. Jahrhundert.* Reinbek bei Hamburg 1976

Bozzano, Ernesto
[1948]*   *Übersinnliche Erscheinungen bei Naturvölkern.* Bern 1948

Brackett, F. S., Hrsg.
[1954]   *The present state of physics.* A symposium presented on December 30, 1949
           at the New York meeting of the American Association for the Advancement
           of Science. Washington, D. C. 1954

Bradley, F. H.
[1893]   *Appearance and reality. A metaphysical essay.* London 1893. Eine deutsche
           Übersetzung erschien 1928 unter dem Titel *Erscheinung und Wirklichkeit.*
           Ein metaphysischer Versuch.

Bradner, H.
(1952)   Künstlich erzeugte geladene Mesonen. *Phys. Bl.* **8**, 55–62 (1952)

Bradt, H. L., M. F. Kaplon
(1950)   Energy transfer to nucleons in cosmic-ray stars at 95 000 feet. *Phys. Rev.*
           78, 680–682 (1950)

Bradt, H. L., M. F. Kaplon und B. Peters
(1950)   Multiple meson and γ-ray production in cosmic ray stars. *HPA* **23**, 24–62
           (1950)

Breit, G.
(1962)   Aspects of nucleon-nucleon scattering theory. *Rev. Mod. Phys.* **34**, 766–812
           (1962)

Breit, G. und M. H. Hull
(1953)   Advances in knowledge of nuclear forces. *AJP* **21**, 184–220 (1953)

Breitkopf, J. G. I.
[1784]   *Versuch, den Ursprung der Spielkarten, die Einführung des Leinenpapiers
           und den Anfang der Holzschneidekunst in Europa zu erforschen.* Leipzig
           1784

Brentano, L.
[1931]   *Mein Leben im Kampf um die Entwicklung Deutschlands.* Jena 1931

Brink, D. M.
[1971]   *Kernkräfte.* Einführung und Originaltexte. Berlin, Oxford und Braunschweig
           1971

Brinkman, H. C.
[1956]*   *Application of spinor invariants in atomic physics.* Amsterdam 1956

Broch, H.
[1945]   *Der Tod des Vergil.* New York 1945, Zürich 1947

Brockdorff, Cay von
[1923]   *Descartes und die Fortbildung der kartesianischen Lehre.* München 1923

Brocke, B. vom
[1987]   *Sombarts ‚Moderner Kapitalismus'.* Materialien zur Kritik und Rezeption.
           München 1987
(1992)   Werner Sombart (1863–1941). Capitalism-socialism. His life, works and
           influence since fifty years. *Jahrbuch für Wirtschaftsgeschichte* 1992, S. 113–
           182

Broglie, L. de

(1925)   Sur la fréquence propre de l'électron. *C. R. Acad. Sci., Paris* **180**, 498 (1925)

(1926)   Sur la possibilité de relier les phénomènes d'interférences et de la diffraction à la théorie des quanta de lumière. *C. R. Acad. Sci., Paris* **183**, 447–448 (1926)

(1927a)   La structure atomique de la matière et du rayonnement et la mécanique ondulatoire. *C. R. Acad. Sci., Paris* **184**, 273–274 (1927)

(1927b)   Sur le rôle des ondes continues en mécanique ondulatoire. *C. R. Acad. Sci., Paris* **185**, 380–382 (1927)

(1927c)   La mécanique ondulatoire et la structure atomique de la matière et du rayonnement. *J. Phys. Radium* **8**, 225–241 (1927)

(1928)   La nouvelle dynamique des quanta. In *Électrons et photons. Rapports et discussions du cinquième conseil de physique tenu a Bruxelles du 24 au 29 Octobre 1927 sous les auspices de l'Institut International de Physique Solvay.* Paris 1928. Dort S. 105–141.

[1928/29] *La mécanique ondulatoire.* Paris 1928. Ins Deutsche übersetzt von R. Peierls: *Einführung in die Wellenmechanik.* Leipzig 1929

[1937]   *Matière et lumière.* Paris 1937. Deutsche Übersetzung: *Licht und Materie.* Hamburg 1939. Eine von G. Eder zusammengestellte Auswahl von Texten aus diesem Werk und aus L. de Broglie [1947] erschien 1958 unter dem gleichen Titel als Taschenbuch in der *Fischer Bücherei.*

[1947]   *Physique et microphysique.* Paris 1947

(1949)   L'oeuvre d'Einstein et la dualité des ondes et des corpuscules. *Rev. Mod. Phys.* **21**, 345–347 (1949)

[1951]   *Savants et découvertes.* Paris 1951

(1951a)   Remarques sur la théorie de l'onde pilote. *C. R. Acad. Sci., Paris* **233**, 641–644 (1951)

(1951b)   Remarques sur la note précedente de M. Vigier. *C. R. Acad. Sci., Paris* **233**, 1012 (1951)

(1952a)   Sur le tenseur énergie-impulsion dans la théorie du champ soustractif. *C. R. Acad. Sci., Paris* **234**, 20–22 (1952)

(1952b)   Sur la possibilité d'une interprétation causale et objective de la mécanique ondulatoire. *C. R. Acad. Sci., Paris* **234**, 265–668 (1952)

[1953/55] *Louis de Broglie. Physicien et penseur.* Paris 1953. (Eine deutsche Übersetzung erschien unter dem Titel *Louis de Broglie und die Physiker.* Hamburg 1955.)

(1953a)   Wird die Quantenphysik indeterministisch bleiben? *Phys. Bl.* **9**, 488–497; 541–548 (1953)

(1953b)   Vue d'ensemble sur mes travaux scientifiques. In L. de Broglie [1953, S. 457–486]

[1956a]   *Nouvelles perspectives en microphysique.* Paris 1956

[1956b]   *Une tentative d'interpretation causale et non linéaire de la mécanique ondulatoire: la théorie de la double solution.* Paris 1956

[1957]   *La théorie de la mesure en mécanique ondulatoire.* Paris 1957

[1960]   *Non linear wave mechanics. A causal interpretation.* Amsterdam 1960

[1971]   *La réinterpretation de la mécanique ondulatoire.* Paris 1971

(1973/90) On the true ideas underlying wave mechanics. In L. de Broglie [1990, S. XLI–XLIV]

[1986]   *La physique nouvelle et les quanta.* Paris 1986

[1987]   *Un itinéraire scientifique.* Textes réunis et présentés par Georges Lochak. Paris 1987

[1990]   *Heisenberg's uncertainties and the probabilistic interpretation of wave mechanics.* With critical notes by the author. Dordrecht, Amsterdam, London 1990

Broglie, L. de und J.-P. Vigier
[1953]   *La physique quantique, restera-t-elle indéterministe?* Paris 1953. Wiederabgedruckt in L. de Broglie [1987, S. 67–90]

Broglie, M. de
[1951]   *Les premiers congrès de physique Solvay et l'orientation de la physique depuis 1911.* Paris 1951

Brown, L. M.
(1981)   Yukawa's prediction of the meson. *Centaurus* **25**, 71–132 (1981)
(1985)   How Yukawa arrived at the meson theory. *Progr. Theor. Phys.* **85**, Supplement, 13–19 (1985)
[1993a]   [Herausgeber] *Renormalization. From Lorentz to Landau (and beyond).* New York, Berlin, Heidelberg 1993

Brown, L. M., M. Dresden, L. Hoddeson und M. West, Hrsg.
[1989]   *Pions to quarks.* Particle physics in the 1950s. Based on a Fermilab Symposium. Cambridge 1989

Brown, L. M. und R. P. Feynman
(1952)   Radiative corrections to Compton scattering. *Phys. Rev.* **85**, 231–244 (1952)

Brown, L. M. und L. Hoddeson, Hrsg.
[1983]   *The birth of particle physics.* Based on a Fermilab Symposium. Cambridge 1983

Brown, L. M., R. Kawabe, M. Konuma und Z. Maki, Hrsg.
[1988]   *Elementary particle theory in Japan, 1935–1960.* Kyoto 1988

Brown, L. M. und H. Rechenberg
(1990)   Landau's work on quantum field theory and high-energy physics (1930–1961). In Gotsman et al. [1990, S. 53–81]

Brown, L. M. und J. S. Rigden, Hrsg.
[1993b]   *Most of the good stuff. Memories of Richard Feynman.* New York 1993

Brownell, G. L.
(1952)   Physics in south America. *Physics Today*, Juli 1952, S. 5–12

Brueckner, K., W. Hartsough, E. Hayword und W. M. Powell
(1949)   Neutron-proton scattering at 90 MeV. *Phys. Rev.* **75**, 555–564 (1949)

Bruggencate, P. ten
(1962)   Nachruf auf Walter Baade. *Jahrbuch der Akademie der Wissenschaften in Göttingen.* Übergangsband für die Jahre 1944–1960. Göttingen 1962

Brulin, O.
(1950)   On the charged meson pair theory of nuclear forces. *Arkiv för Fysik* **1**, 117–190 (1950)

Brundell, B.
[1987]   *Pierre Gassendi. From Aristotelianism to a new natural philosophy.* Dordrecht 1987

Bruno, G.
[1584]   *Della causa, principio et uno.* Venedig 1584

Buber, M.
[1949]*   *Die Erzählungen der Chassidim.* Manesse Verlag 1949

Buchwald, E.
(1951)   Hundert Jahre Fizeauscher Mitführungsversuch. *Naturwiss.* **38**, 519–524
            (1951)

Buddha, Gautama
[1983]   *Gautama Buddha. Die vier edlen Wahrheiten.* Herausgegeben und übersetzt
            von K. Mylius. Leipzig 1983

Bullen, K. E.
(1949)   *Monthley Notices of the Astronomical Society; Geophysical Supplement* **5**,
            355f. (1949)

Bunge, M.
(1956)   Survey of the interpretations of quantum mechanics. *AJP* **24**, 272–286
            (1956)

Burdach, G.
[1974]   *Der Graal. Forschungen über seinen Ursprung und seinen Zusammenhang
            mit der Longinuslegende.* Darmstadt 1974

Bürger, G. A.
[1786]   *Wunderbare Reisen zu Wasser und zu Lande ... des Freiherrn von Münch-
            hausen.* Göttingen 1786

Burhop, E. H. S.
[1952]   *The Auger effect and other radiationless transitions.* Cambridge 1952

Butler, C. C.
(1982)   Early cloud chamber experiments at the Pic du Midi. In *Colloque Interna-
            tional* [1982, S. 177–184]
(1988)   Cloud chamber physics on the mountain top. In Foster und Fowler [1988,
            S. 133–145]

Cahn, R. W.
(1994)   The origins of Pergamon Press: Rosbaud and Maxwell. *European Review*
            2(1), 37–42 (1994)

Campbell, J., Hrsg.
[1957]   *Man and time.* Papers from the Eranos Yearbooks. *Bollingen Series* XXX/3.
            Princeton 1957

Capelle, W.
[1953/68]   *Fragmente der Vorsokratiker.* Stuttgart 1953, 1968

Carnap, R.
[1928]*   *Der logische Aufbau der Welt.* Berlin 1928

Carr, R. K.
[1952]   *The House Committee on Un-American Activities, 1945–1950.* Ithaca, New
            York 1952

Case, K. M.
(1949a)   Divergences in field theory (Letter). *Phys. Rev.* **75**, 1440–1441 (1949)
(1949b)   On nucleon moments and the neutron-electron interaction. *Phys. Rev.* **76**,
            1–13 (1949)
(1949c)   Equivalence theorems for meson-nucleon couplings. *Phys. Rev.* **76**, 14–17
            (1949)

Case, K. M. und A. Pais
(1950a)   On high energy nucleon-nucleon interaction scattering (Letter). *Phys. Rev.*
            79, 185 (1950)

(1950b)   On spin-orbit interactions and nucleon-nucleon scattering. *Phys. Rev.* **80**, 203–211 (1950)

Casimir, H. B. G.
(1955)   On the theory of superconductivity. In Pauli [1955, S. 118–133]
[1983]   *Haphazard reality. Half a century of science.* New York 1983

Caspar, M.
[1948]   *Johannes Kepler.* Stuttgart 1948

Cassidy, D. C.
(1990)   Werner Karl Heisenberg. *Dictionary of Scientific Biography.* Volume **17**, Supplement II. New York 1990. Dort S. 394–403
[1992]   *Uncertainty. The life and science of Werner Heisenberg.* New York 1992. Deutsche Übersetzung von Andreas und Gisela Kleinert. Heidelberg, Berlin, Oxford 1992

Cassirer, E.
[1918]   *Kants Leben und Lehre.* Berlin 1918
(1932)   *Die platonische Renaissance in England und die Schule von Cambridge. Studien der Bibliothek Warburg* **24**, S. 1–143. Leipzig und Berlin 1932
(1940)   Mathematische Mystik und mathematische Naturwissenschaft. Betrachtungen zur Entstehungsgeschichte der exakten Wissenschaft. *Lynchos* **2**, 248–265 (1940)

Castell, L., M. Drieschner und C. F. von Weizsäcker, Hrsg.
[1977]   *Quantum theory and the structure of time and space.* Band **2**. München 1977

CERN
(1952)   European physics laboratory. Convention signed by nine countries. *Physics Today*, August 1953, S. 20–22

Cervantes Saavedra, M. de
[1605–1615] *El ingenioso hidalgo don Quijote de la Mancha.* 2 Bände. Madrid 1605/1615. Edición preparada por J. García Soriano y J. García Morales. Madrid 1966

Chambers, E. E. und R. Hofstadter
(1956)   Structure of the proton. *Phys. Rev.* **103**, 1454–1463 (1956)

Chang, N. P., Hrsg.
[1977]   Five decades of weak interactions [Marshak Festschrift]. *Annals of the New York Academy of Science* **294** (1977)

Chayut, M.
(1994)   From Berlin to Jerusalem: Ladislaus Farkas and the founding of physical chemistry in Israel. *HSPS* **24**, 237–263 (1994)

Cheng, T. P. und Li Ling-Fong
(1988)   Resource letter: GI-1 gauge invariance. *AJP* **56**, 586–600 (1988)

Cherniss, Harold F.
[1935]   *Aristotle's criticism of presocratic philosophy.* Baltimore 1935

Chester, G. V. und A. Thellung
(1959)   On the electrical conductivity of metals. *Proc. Phys. Soc.* **73**, 745–766 (1959)

Chodorow, M., R. Hofstadter, H. E. Rorschach und A. L. Schawlow, Hrsg.
[1980]   *Felix Bloch and twentieth century physics.* Dedicated to Felix Bloch on the occasion of his seventy-fifth birthday. Houston 1980.

Chrétien, M. und R. E. Peierls
(1953)   Properties of form factors in non-local theories. *Nuovo Cimento* **10**, 668–676 (1953)
(1954)   A study of gauge-invariant non-local interactions. *Proc. Roy. Soc.* **A223**, 468–481 (1954)

Christian, R. S. und E. W. Hart
(1950)   Neutron-proton interaction. *Phys. Rev.* **77**, 441–454 (1950)

Cicero, M. T.
[1533/37]   *Opera Omnia, cum Castigationibus Petri Victorii.* 4 Bände. Venedig 1533–1537
[1547]   *Epistulae ad Atticum.* (Briefe an Atticus, 16 Bücher). Frühe Ausgabe von P. Manutius, Venedig 1547. (Siehe auch die Edition der Korrespondenz Ciceros von R. J. Tyrrell und L. C. Purser, London 1897–1898)
[1471]   *De natura deorum.* Rom 1471. (Deutsche Übersetzung 1739: *Drey Bücher von dem Wesen und den Eigenschaften der Götter*)

Cirkler, F.
(1952)   Die Supraleitung. *Phys. Bl.* **8**, 106–120 (1952)

Clarke, D. M.
[1982]   *Descartes' philosophy of science.* Manchester 1982

Cline, D. und G. Riedasch, Hrsg.
[1986]   *Fifty years of weak interactions.* Wingspread International Conference, 29 May–1 June 1984. Madison 1986

Coester, F.
(1951a)   Quantum electrodynamics with nonvanishing photon mass. *Phys. Rev.* **83**, 798–800 (1951)
(1951b)   Principle of detailed balance. *Phys. Rev.* **84**, 1259 (1951)

Coester, F. und J. M. Jauch
(1950)   On the role of the subsidiary condition in quantum electrodynamics. *Phys. Rev.* **78**, 149–156 (1950)

Cohen, I. B.
(1940)   Roemer and the first determination of the velocity of light. *Isis* **31**, 327–379 (1940)

Colloques Internationaux *du Centre de la Recherche Scientifique*
[1950]   *Particules fondamentales et noyaux.* Paris, 24–29 Avril 1950. Paris 1953

Colloque International *sur l'Histoire de la Physique des Particules,* Paris, 21–23 juillet 1982.
[1982]   Quelques découvertes, concepts, institutions des annés 30 aux annés 50. *Journal de physique* **43** (Supplément au n° 12). Paris 1982

Colonna, F.
[1499]   *Hypnerotomachia Poliphili.* Venedig 1499

Compton, A. H.
[1956]   *Atomic quest.* A personal narrative. London 1956

Conant, J. B.
[1970]   *My several lives. Memoirs of a social inventor.* New York 1970

Congresso Internazionale di Fisica dei Raggi Cosmici, Como 11.–16. Settembre 1949.
[1949]*   Supplemento al Volume **VI**, Serie IX del *Nuovo Cimento*, 1949, Nr. 3

Conversi, M.
(1988)   From the discovery of the mesotron to that of its leptonic nature. In Foster und Fowler [1988, S. 1–20]

Conversi, M., E. Pancini und O. Piccioni
(1945)   On the decay process of positive and negative mesons (Letter). *Phys. Rev.* **68**, 232 (1945)
(1947)   On the disintegration of negative mesons. *Phys. Rev.* **71**, 209–210 (1947)

Copenhaver, B. P.
(1990)   Natural magic, hermetism, and occultism in early modern science. In Lindberg und Westman [1990, S. 261–301]

Corinaldesi, E.
(1953)   Some aspects of the problem of measurability in quantum electrodynamics. Suppl. *Nuovo Cimento* **10**, Serie 9, 83–100 (1953)

Corinaldesi, E. und R. Jost
(1948)   Die höheren strahlungstheoretischen Näherungen zum Compton-Effekt. *HPA* **21**, 183–186 (1948)

Crease, R. P. und Ch. C. Mann
[1986]   *The second creation. Makers of the revolution in twentieth-century physics.* New York 1986

Crombie, A. C.
[1959]   *Augustine to Galileo.* 1959. Deutsche Ausgabe: *Von Augustinus bis Galilei. Die Emanzipation der Naturwissenschaft.* München 1977

Crowe, M. J.
[1994]   *Modern theories of the universe from Herschel to Hubble.* New York 1994

Cummings, J. und H. Osborn, Hrsg.
[1971]   *Hadronic interactions of electrons and photons.* London 1971

Cumont, F.
[1896/99]   *Textes et monmuents figurés relatifs aux mystères de Mithra.* 2 Bände. Brüssel 1896, 1899
[1912]   *Astrology and religion among the Greeks and Romans.* New York 1912
[1923]   *Die Mysterien des Mythra.* Leipzig 1903, ^{3}1923

Curie, M.
[1963]   *Pierre Curie.* New York 1963

Curtis, Ch. P.
[1955]   *The Oppenheimer case: The trial of a security system.* New York 1955

Curtiss, L. F.
(1952)   Physics in India. *Physics Today*, März 1952, S. 16–20

Cushing, J. T.
(1986)   The importance of Heisenberg's S-matrix program for the theoretical high energy physics of the 1950s. *Centaurus* **29**, 110–149 (1986)
(1990)   *Theory construction and selection in modern physics: The S matrix.* New York 1990
[1994]   *Quantum mechanics. Historical contingency and the Copenhagen hegemony.* Chicago und London 1994

Czuber, E.
(1901)   Wahrscheinlichkeitsrechnung. *Encyklopädie der mathematischen Wissenschaften*, Band I, Teil II, S. 734–767

Dancoff, S. M.
(1950)   Non-adiabatic meson theory of nuclear forces. *Phys. Rev.* **78**, 382–385 (1950)
(1952)   Existiert das Neutrino wirklich? *Phys. Bl.* **8**, 385–391 (1952)

Dannemann, F.
[1923]   *Die Naturwissenschaften in ihrer Entwicklung.* Band **4**, S. 71–75, Leipzig 1923

Darrigol, O.
(1990)   Léon Nicolas Brillouin. *Dictionary of Scientific Biography.* Volume **17**, Supplement II. New York 1990. Dort S. 104–109

David-Fierz, Linda
[1947]   *Der Liebestraum des Poliphilio. Ein Beitrag zur Psychologie der Renaissance und der Moderne.* Zürich 1947

Debus, A. G.
[1978]   *Man and nature in the renaissance.* Cambridge 1978
[1979]   *Robert Fludd and his philosophicall key.* Being a transcription of the manuscript at Trinity College, Cambridge. Introduction by Allen G. Debus. New York 1979

DeKosky, R. K.
(1972/73) Spectroscopy and the elements in the late nineteenth century. The work of Sir William Crookes. BJHS **6**, 400–422 (1972/73)

Delatte, A.
[1915]   *Études sur la litterature pythagoricienne.* Paris 1915

Delbrück, M.
           A physicist looks at biology. *Transactions of the Connecticut Academy of Arts and Science* **38**, 173–190 (1949)

De Maria, M. und F. La Tena
(1982)   Schrödinger's and Dirac's unorthodoxy in quantum mechanics. *Fundamenta Scientiae* **3**, 129–148 (1982)

Demeur, M.
(1950)   Contribution à l'étude du système neutron-proton. *Physica* **16**, 353–358 (1950)

Descartes, R.
[1637]   *Discours de la méthode.* Leiden 1637
[1644]   *Principia philosophiae.* Amsterdam 1644

De-Shalit, A., H. Feshbach und L. van Hove, Hrsg.
[1966]   *Preludes in theoretical physics.* In honor of V. F. Weisskopf. Amsterdam 1966

Destouches, J.-L.
[1941]   *Corpuscules et systèmes de corpuscules.* Paris 1941
[1942]   *Principes fondamentaux de physique théorique.* Band **I**: *Orientation préalable*; Band **II**: *Physique du solitaire*; Band **III**: *Physique collective.* Paris 1942
(1948)   Quelques aspects théoriques de la notion de complémentarité. *Dialectica* **2**, 351–382 (1948)
(1952a)   Sur l'interprétation physique de la mécanique ondulatoire et l'hypothèse des paramètres cachés. *J. Phys. Radium* **13**, 354–358 (1952)

(1952b) Sur l'interprétation physique des théories quantiques. *J. Phys. Radium* **13**, 385–391 (1952)

Destouches-Février, P.
(1948) Manifestations et sens de la notion de complémentarité. *Dialectica* **2**, 383–412 (1948)
[1951]* *La structure des théories physiques.* Paris 1951
(1951a) Sur la notion de système physique. *C. R. Acad. Sci., Paris* **233**, 604–606 (1951)
(1951b) Sur le caractère ouvert de la mécanique ondulatoire. *C. R. Acad. Sci., Paris* **233**, 1430–1432 (1951)

Deussen, P.
[1906] *Allgemeine Geschichte der Philosophie mit besonderer Berücksichtigung der Religionen.* 2 Bände. Leipzig 1906 und 1915.
[1917] *Die neuere Philosophie von Descartes bis Schopenhauer.* Leipzig 1917
[1919] *Die Philosophie der Upanischads.* Leipzig ^{3}1919
[1921] *Die Geheimlehre des Veda.* Ausgewählte Texte der Upanischads. Leipzig ^{6}1921
[1922] *Mein Leben.* Leipzig 1922

Deutschmann, M.
(1955) Die neuesten Teilchen in der kosmischen Strahlung. *Naturwiss.* **42**, 499–506 (1955)

Deutschmann, M. und P. Meyer
(1953) Schwere instabile Teilchen. In Heisenberg [1953, S. 237–245]

DeWitt, B. S.
(1971) Resource letter IQM-1 on the interpretation of quantum mechanics. *AJP* **39**, 724–738 (1971)

Diderot, D.
[1796] *Jacques le fataliste et son matre.* Paris 1796. Eine deutsche Übersetzung von W. Ch. S. Mylius war 1792 unter dem Titel *Jakob und sein Herr* in Berlin erschienen

Dijksterhuis, E. J.
[1956] *Die Mechanisierung des Weltbildes.* Berlin, Göttingen, Heidelberg 1956

Dingle, H.
[1952]* *The scientific adventure.* Pitmans and Sons, London 1952

Dirac, P. A. M.
(1949) La seconde quantification. *Ann. Inst. Poincaré* **11**(1), 15–47 (1949)
[1947] *The principles of quantum mechanics.* Oxford ^{2}1935, ^{3}1947
(1950) A new meaning for gauge transformations in electrodynamics. {Nach einer Vorlesung an der Universität Turin vom 24. August 1950} *Nuovo Cimento* **7**, 924–938 (1950)
(1962) The conditions for a quantum field theory to be relativistic. *Rev. Mod. Phys.* **34**, 592–596 (1962)
(1977) Recollections of an exciting era. In Weiner [1977, S. 109–146]
(1983) The origin of quantum field theory. In Brown und Hoddeson [1983, S. 39–55]

Dolch, H.
[1950] *Theologie und Physik.* Freiburg i. Br. 1950

Doncel, M. G., A. Hermann, L. Michel und A. Pais
[1987]   *Symmetry in Physics (1600–1980).* 1st International meeting on the history of scientific ideas. Sant Feliu de Guixols, Catalonia, Spain. Septembre 20–26, 1983. Bellaterra (Barcelona) 1987

Drake, St.
(1964)   Galilei and the law of inertia. *AJP* **32**, 601–608 (1964)
[1970]   *Galilei studies.* Ann Arbor 1979

Dresden, M.
[1987]   *H. A. Kramers. Between tradition and revolution.* New York, Berlin, Heidelberg 1987

Dschuang Dsi
[1920/40]*   *Das wahre Buch vom südlichen Blütenland.* Aus dem Chinesischen verdeutscht und erläutert von Richard Wilhelm. Leipzig 1940

DuBridge, L. A.
(1953)   Physics in California. *Physics Today*, März 1953, S. 6–9

Dunne, J. W.
[1927]   *An experiment with time.* London 1927
[1934]   *The serial universe.* London 1934

Durand, D. B.
(1942)   Magic and experimental science. The achievement of Lynn Thorndike. *Isis* **33**, 691–712 (1942)

Durbin, R. P., H. H. Loar und W. W. Havens
(1952)   Lifetimes of π^+- and π^--mesons. *Phys. Rev.* **88**, 179–183 (1952)

Dürr, H. P., Hrsg.
[1971]   *Quanten und Felder.* Braunschweig 1971
(1993)   Unified field theory of elementary particles I: 1950–1957. In Heisenberg, *Gesammelte Werke* [1984/93, A **III**, S. 133–141]

Duschek, A.
(1954)   Der Tensorbegriff und seine Bedeutung für die Physik. *Phys. Bl.* **10**, 389–395; 436–444 (1954)

Dyson, F. J.
(1946)   Two problems in the theory of numbers. Fellowship dissertation, *Trinity College*, Cambridge 1946
(1948a)   The electromagnetic shift of energy levels. *Phys. Rev.* **73**, 617–626 (1948)
(1948b)   The interactions of nucleons with meson fields (Letter). *Phys. Rev.* **73**, 929 (1948)
(1948c)   The electromagnetic level shift. *Phys. Rev.* **73**, 1272 (1948)
(1949a)   The radiation theories of Tomonaga, Schwinger and Feynman. *Phys. Rev.* **75**, 486–502 (1949). Wiederabdruck in Schwinger [1958, S. 275–291]
(1949b)   The S-matrix in quantum electrodynamics. *Phys. Rev.* **75**, 1736–1755 (1949). Wiederabdruck in Schwinger [1958, S. 292–311]
(1949c)   Recent developments in the quantum theory of fields. Lecture während des meetings der APS vom 28.–30. April 1949 in Washington. *Phys. Rev.* **76**, 162 (1949)
(1950a)   The radiation theory of Feynman. In *Internationaler Kongress* [1950, S. 240–242]
(1950b)   Longitudinal photons in quantum electrodynamics. *Phys. Rev.* **77**, 420 (1950)

[1951]   *Advanced quantum mechanics*. Lecture notes for a course in relativistic
                quantum mechanics given at *Cornell University* in the Fall of 1951
(1951a)   Heisenberg operators in quantum electrodynamics. **I**. *Phys. Rev.* **82**, 428–
                439 (1951)
(1951b)   Heisenberg operators in quantum electrodynamics. **II**. *Phys. Rev.* **82**, 608–
                627 (1951)
(1951c)   The Schrödinger equation in quantum electrodynamics. *Phys. Rev.* **83**, 1207–
                1216 (1951)
(1951d)   The renormalization method in quantum electrodynamics. *Proc. Roy. Soc.*
                207, 395–401 (1951)
(1951e)   Continous functions defined on spheres. *Ann. Math.* **54**, 534–536 (1951)
(1951f)   Review von Feynman (1950). *Math. Rev.* **12**, 889 (1951)
(1952a)   Quantum electrodynamics. *Physics Today*, September 1952, S. 6–9
(1952b)   Divergence of perturbation theory in quantum electrodynamics. *Phys. Rev.*
                85, 631–632 (1952)
(1953)   Field theory. *Scientific American* **188** (4), 57–64 (1953)
(1964)   Mathematics in the physical sciences. *Scientific American* **211** (9), 129–146
                (1964)
(1965)   Old and new fashions in field theory. *Physics Today*, Juni 1965, S. 21–24
(1974)   Our stability is but balance. Pauli memorial lecture, given at Zürich in
                February 18, 1974. (Unveröffentlichtes Manuskript)
[1979]   *Disturbing the universe*. New York 1979
(1989)   Feynman at Cornell. *Physics Today*, Februar 1989, S. 32–38
[1992]   *From Eros to Gaia*. New York 1992

Ebreo, Leone [Jehuda Abravanel]
[1535]   *Dialoghi d'amore*. Rom 1535

Edlén, B., Hrsg.
[1955]   *Proceedings of the Rydberg centennial conference on atomic spectroscopy*.
                Lund 1955

Eggert, J.
[1960]   *Lehrbuch der physikalischen Chemie*. Stuttgart [7]1948, [8]1960

Ehrenfest, P. und T.
(1912)   Begriffliche Grundlagen der statistischen Auffassung der Mechanik. *Ency-*
                klopädie der mathematischen Wissenschaften, Band **4**, Art. 32. Leipzig 1912

Engels, F.
[1879/1946]   *Herrn Eugen Dührings Umwälzung der Wissenschaft. (Anti-Dühring)*. Mos-
                kau 1946

Einstein, A.
(1914)   Beiträge zur Quantentheorie. *Verh. DPG* **16**, 820–828 (1914)
(1948a)   A generalized theory of gravitation. *Rev. Mod. Phys.* **20**, 35–39 (1948)
(1948b)   Quanten-Mechanik und Wirklichkeit. *Dialectica* **2**, 320–324 (1948)
(1949)   Autobiographisches/ Autobiographical notes. In Schilpp [1949, S. 3–94]
(1950)   ... Expectations of a definite form. *Physics Today*, Februar 1950, S. 7–11
(1953)   Elementare Überlegungen zur Interpretation der Grundlagen der Quanten-
                Mechanik. In Born [1953, S. 33–40]
[1989]   *Albert Einstein. Oeuvres Choisies*, Band **4**: *Correspondances françaises*.
                Herausgegeben von M. Biezunski, Paris 1989

Einstein, Hedwig und Max Born
[1969]   *Briefwechsel 1916–1955*. München 1969

Einstein, A. und L. Infeld
[1938] *The evolution of physics.* New York 1938. Deutsche Übersetzung: *Die Evolution der Physik.* Hamburg 1956. Neuausgabe, mit einer Einleitung von A. Fölsing, Reinbek bei Hamburg 1995

Einstein, A., B. Podolski und N. Rosen
(1935) Can quantum-mechanical description of physical reality be considered complete? *Phys. Rev.* **47**, 777–780 (1935)

Eisenbud, L. und E. P. Wigner
[1961] *Einführung in die Kernphysik.* Mannheim 1961

Elsasser, W.
[1978] *Memoirs of a physicist in the atomic age.* New York und Bristol 1978

Engelhardt, W. von
(1993) Dürers Kupferstich ›Melencolia I‹. *Städel Jahrbuch* **14**, 173–198 (1993)

Enz, Ch. P.
(1986) Obituary for E. C. G. Stueckelberg. *Physics Today*, März 1986, S. 119–121

Enz, Ch. P. und J. Mehra, Hrsg.
[1974] *Physical reality and mathematical description.* Dedicated to Josef Maria Jauch on the occasion of his sixtieth birthday. Dordrecht 1974

Enz, Ch. P. und K. von Meyenn, Hrsg.
[1988] *Wolfgang Pauli. Das Gewissen der Physik.* Braunschweig/Wiesbaden 1988
[1994] *Wolfgang Pauli. Writings on physics and philosophy.* Berlin, Heidelberg, New York 1994

Epstein, P. S.
[1937] *Textbook of Thermodynamics.* New York 1937
(1948) Robert Andrews Millikan as physicist and teacher. *Rev. Mod. Phys.* **20**, 10–25 (1948)

Epstein, S. T.
(1948a) Remarks on H. W. Lewis' paper "On the reactive terms in quantum electrodynamics" (Letter). *Phys. Rev.* **73**, 177; (Erratum) 630 (1948)
(1948b) Note on stimulated decay of negative mesons. *Phys. Rev.* **73**, 1140–1141 (1948)

Eriugena, Johannes Scotus
[1681] *De divisione naturae.* Oxford 1681

Erkelens, H. van
(1995) Pauli und Jungs *Antwort auf Hiob.* In Atmanspacher et al. [1995, S. 67–88]

Euler, H.
(1936) Über die Streuung von Licht an Licht nach der Diracschen Theorie. *Ann. Phys.* **26**, 398–448 (1936)

Euler, H. und W. Heisenberg
(1938) Theoretische Gesichtspunkte zur Deutung der kosmischen Strahlung. Erg. exakt. *Naturwiss.* **17**, 1–69 (1938)

Eve, A. S.
[1939] *Rutherford. – Being the life and letters of the right honorable Lord Rutherford, O. M.* Cambridge 1939

Farquhar, I. E. und P. T. Landsberg
(1957) On the quantum-statistical ergodic and H-theorems. *Proc. Roy. Soc.* A **239**, 134–144 (1957)

Feenberg, E. und K. C. Hammach
(1949)   Nuclear shell structure. *Phys. Rev.* **75**, 1877–1893 (1949)

Feingold, M.
(1984)   The occult tradition in the English universities of the Renaissance: a reassessment. In Vickers [1984, S. 73–94]

Feldman, D.
(1949)   On realistic field theories and the polarization of the vacuum. *Phys. Rev.* **76**, 1396–1375 (1949)

Feldman, D. und J. Schwinger
(1948)   Radiative correction to the Klein-Nishina formula. (Abstract, Chicago Meeting der APS., 26.–27. November 1948) *Phys. Rev.* **75**, 338 (1949) Vgl. auch *Bulletin of the American Physical Society* **23**, No. 7, 17 (1948)

Fermi, E.
(1949a)   On the origin of the cosmic radiation. *Phys. Rev.* **75**, 1169–1174 (1949)
[1949/50]   *Nuclear physics.* A course given by Enrico Fermi at the University of Chicago. Notes compiled by Jay Orear, A. H. Rosenfeld, and R. A. Schluter. Chicago 1949, ^{2}1950
[1951]   *Elementary particles.* New Haven 1951
(1955)   Physics at Columbia University. – The genesis of the nuclear energy project. *Physics Today*, November 1955, S. 12–16

Fermi, E. und C. N. Yang
(1949)   Are mesons elementary particles? *Phys. Rev.* **76**, 1739–1743 (1949)

Fermi, L.
[1968]   *Illustrious immigrants. The intellectual migration from Europe 1930–41.* Chicago, London 1968

Ferretti, B.
(1950a)   Sulla diagonalizzazione della hamiltoniana nella teoria dei campi d'onda. *Nuovo Cimento* **7**, 79–81 (1950)
(1950b)   Ancora sulla diagonalizzazione della hamiltoniana nella teoria dei campi d'onda. *Nuovo Cimento* **7**, 375–377 (1950)
(1951)   Sulla diagonalizzazione della hamiltoniana nella teoria dei campi d'onda e sulla teoria dei sistemi. *Nuovo Cimento* **8**, 108–131 (1951)

Feynman, R. P.
(1948a)   Pocono Conference. *Physics Today*, Juni 1948, S. 8–10
(1948b)   Space-time approach to non-relativistic quantum mechanics. *Rev. Mod. Phys.* **20**, 367–387 (1948). Wiederabdruck in Schwinger [1958, S. 321–341]
(1948c)   A relativistic cut-off for classical electrodynamics. *Phys. Rev.* **74**, 939–946 (1948)
(1948d)   A relativistic cut-off for quantum electrodynamics. *Phys. Rev.* **74**, (Abstract) 1212; 1430–1438 (1948)
(1949a)   The theory of positrons. *Phys. Rev.* **75**, 1321 (Abstract);**76**, 749–759 (1949). Wiederabdruck in Schwinger [1958, S. 225–235]
(1949b)   Space-time approach to quantum electrodynamics. *Phys. Rev.* **76**, 769–789 (1949). Wiederabdruck in Schwinger [1958, S. 236–256]
(1950)   Mathematical formulation of the quantum theory of electromagnetic interaction. *Phys. Rev.* **80**, 440–457 (1950)
(1951a)   An operator calculus having application in quantum electrodynamics. *Phys. Rev.* **84**, 108–128 (1951)

(1951b)   The concept of probability in quantum mechanics. In *Second Berkeley Symposium on Mathematical Statistics and Probability*. Dort S. 533–541. Berkeley 1951

(1953)   Sur la théorie de l'éctrodynamique quantique. In *Colloques Internationaux* [1953, S. 91–92]

[1965]   *The character of physical law*. Cambridge, Massachusetts 1965

(1966)   The development of the space-time view of quantum electrodynamics. In *Les Prix Nobel en 1965*, Stockholm 1966. Dort S. 172–191

(1987)   Negative probability. In Hiley und Peat [1987, S. 235–248]

Feynman, R. P. und H. A. Bethe
(1946)   Attempt of an analysis of some cosmic-ray phenomena. (Abstract, Berkeley Meeting der APS., 12.–13 Juli 1946). *Phys. Rev.* **70**, 786–787 (1946)

Feynman, R. P. und A. Hibbs
[1965]   *Quantum mechanics and path integrals*. New York 1965 {Deutsche Übersetzung, Mannheim/Zürich 1969}

Feynman, R. P. und J. A. Wheeler
(1949)   Classical electrodynamics in terms of direct interparticle action. *Rev. Mod. Phys.* **21**, 245 (1949)

Ficino, M.
[1482]   *Teologia platonica de imortalitate animorum XVIII libris comprehensa*. Florenz 1482

[1497]   *Auctores Platonici*. Venedig 1497

[1561]   *Opera omnia*. Basel 1561

[1576]   *De Vita Triplici*. In *Marsilii Ficini florentini ... opera et quae hactemos extitere*. Basel 1576

Fierz, M.
(1937a)   Über die Quantisierung von Theorien des β-Zerfalls. *HPA* **10**, 123–129 (1937)

(1937b)   Zur Fermischen Theorie des β-Zerfalls. *Z. Phys.* **104**, 553–565 (1937)

(1939)   Über die relativistische Theorie kräftefreier Teilchen mit beliebigem Spin. *HPA* **12**, 3–37 (1939)

(1940)   Über den Drehimpuls von Teilchen mit Ruhemasse null und beliebigem Spin. *HPA* **13**, 45–60 (1940)

(1942)   Bemerkung zur Mesontheorie der Kernkräfte. *HPA* **15**, 329–330 (1942)

(1943a)   Isaac Newton. Sein Charakter und seine Weltansicht. *Vierteljahrsschrift der Naturforschenden Gesellschaft in Zürich* **88**, 198–216 (1943)

(1943b)   Isaak Newton. Zum Andenken an seinen 300. Geburtstag. *Neue Zürcher Zeitung*, 6. Januar 1943

(1944a)   Zur Theorie magnetisch geladener Teilchen. *HPA* **17**, 27–34 (1944)

(1944b)   Über die Wechselwirkung zweier Nukleonen in der Mesonentheorie. *HPA* **17**, 181–194 (1944)

(1947)   Labyrinth des Kontinuums und die prästabilierte Harmonie in ihrer Beziehung zum mathematischen Denken Leibniz'. *Studia philos.* **7**, 103–113 (1947)

(1948a)   Zur physikalischen Erkenntnis. *Eranos Jahrbuch* **16**, 433–460 (1948)

(1948b)   Betrachtungen zur Literatur: „Werner Heisenberg: Wandlungen in den Grundlagen der Naturwissenschaften." *Dialectica* **2**, 421–422 (1948)

(1950a)   Zusammenhang der nicht-lokalen Felder H. Yukawas mit solchen, die Teilchen mit dem Spin f beschreiben. *HPA* **23**, 412–416 (1950)

(1950b)   Über die Bedeutung der Funktion D_c in der Quantentheorie der Wellenfelder. *HPA* **23**, 731–739 (1950)

(1950c)   Non local fields (Letter). *Phys. Rev.* **78**, 184 (1950)

(1950d)   Die Formulierung des zweiten Hauptsatzes der Thermodynamik durch R. Clausius vor hundert Jahren. *Experientia* **6**, 199 (1950)

(1950e)   [Besprechung] Nuclear Forces, by L. Rosenfeld. *Experientia* **6**, 236–237 (1950)

(1951a)   Zur Theorie der Kondensation. *HPA* **24**, 357–366 (1950)

(1951b)   Die Entwicklung der Elektrizitätslehre als Beispiel der physikalischen Theorienbildung. Rektoratsprogramm der Universität Basel für die Jahre 1950 und 1951. Basel 1951

(1952)   Bemerkungen zur Polarisation der bei der D-D-Reaktion entstehenden Protonen und Neutronen. *HPA* **25**, 629–630 (1952)

(1954)   Über den Ursprung und die Bedeutung der Lehre Isaak Newtons vom absoluten Raum. *Gesnerus* **11**, 62–120 (1954)

(1960)   Statistische Mechanik. In Fierz und Weisskopf [1960, S. 161–186]

(1962)   Die Verantwortung des Physikers. *Neue Zürcher Zeitung*, Literatur und Kunst, 16. September 1962

(1966)   Die unitären Darstellungen der homogenen Lorentzgruppe. In De-Shalit et al. [1966, S. 1–4]

(1968)   Otto Stern. Zu seinem 80. Geburtstag. *Neue Zürcher Zeitung*, Literatur und Kunst, 16. Februar 1968

(1974)   Wolfgang Pauli. In Ch. C. Gillispie, Hrsg.: *Dictionary of scientific biography*, Band **10**, New York 1974, S. 422–425

(1980)   Physik in den dreißiger Jahren – ein Rückblick. *Phys. Bl.* **36**, 133–136 (1980)

(1983a)   Die Entstehung der Wellenoptik. *Vierteljahrsschrift der Naturforschenden Gesellschaft Zürich* 1 **28**, 1–20 (1983)

(1983b)   Betrachtungen zur *Persona* und zum *Schatten* anläßlich des Buches von Ernst H. Kantorowicz. *Zeitschrift für analytische Psychologie und ihre Grenzgebiete* **14**, 126–133 (1983). Auch enthalten in Fierz [1988, S. 207–214]

[1988]   *Naturwissenschaft und Geschichte*. Vorträge und Aufsätze. Basel, Boston, Berlin 1988

Fierz, M. und W. Pauli

(1939)   On relativistic wave equations for particles of arbitrary spin in an electromagnetic field. *Proc. Roy. Soc.* A**173**, 211–232 (1939)

Fierz, M. und V. F. Weisskopf, Hrsg.

[1960]   *Theoretical physics in the twentieth century: A memorial volume to Wolfgang Pauli*. New York 1960.

Fine, A.

(1993)   Einstein's interpretations of the quantum theory. *Science in Context* **6**, 257–273 (1993)

Fiorini, E., Hrsg.

[1982]   *Neutrino physics and astrophysics*. New York und London 1982

Fischer, P.

[1985]   *Licht und Leben. Ein Bericht über Max Delbrück, den Wegbereiter der Molekularbiologie*. Konstanz 1985

Fisher, J. E.
(1952)   Control of cycles of glaziation by variation in the flow of internal heat, and possible causes of such variation. (Private Druckschrift, zitiert bei Jordan [1952, S. 196])

Fizeau, A. H.
(1849)   Sur une expérience relative à la vitesse de la propagation de la lumière. *C. R. Acad. Sci., Paris* **29**, 90 (1849). Deutsche Übersetzung: Bestimmung der Fortpflanzungsgeschwindigkeit des Lichtes in *Poggendorffs Annalen* **79**, 167 (1850)

Flasch, K.
[1986]   *Das philosophische Denken des Mittelalters.* Stuttgart 1986

Flato, M., C. Fronsdal und K. A. Milton, Hrsg.
[1979]   *Selected papers (1937–1976) of Julian Schwinger.* Dordrecht 1979

Fleckenstein, J. O.
(1950)   Cartesische Erkenntnis und mathematische Physik des 17. Jahrhunderts. *Gesnerus* **7**, 120ff. (1950)
(1975)   Kepler and Neoplatonism. *Vistas in Astronomy* **18**, 427–438 (1975)

Fludd, R.
[1617/21] *Utriusque cosmi maioris scilicet et minoris metaphysica, physica atque technica historia.* 2 Bände. Oppenheim 1617/1621
[1637]   *Philosophia moysaica.* Gouda 1637
[1979]   Siehe Debus [1979]

Flügge, S.
(1943)   Mesonentheorie des Deuterons. In Heisenberg [1943, S. 110–115]
(1954)   Theoretische Behandlung von Problemen der Mesonenphysik. *Erg. exakt. Naturw.* **28**, 145–231 (1954)

Fock, V.
(1951)   Kritik der Anschauungen Bohrs über die Quantenmechanik. *Fortschritte der Physik* **45**, 3–14 (1951). Deutsche Übersetzung auch in Baumann und Sexl [1984, S. 130–139]

Foley, H. M. und P. Kusch
(1948)   On the intrinsic moment of the electron. *Phys. Rev.* **73**, 412 (1948) Wiederabdruck in Schwinger [1958, S. 135]

Folse, H. J.
[1985]   *The philosophy of Niels Bohr.* Amsterdam 1985

Fölsing, A.
[1995]   *Wilhelm Conrad Röntgen. Aufbruch in das Innere der Materie.* München/ Wien 1995

Ford, K. W.
(1963)   Magnetic monopoles. *Scientific American*, Dezember 1963, S. 122–131

Forman, P.
(1987)   Behind quantum electronics: National security as basis for physical research in the United States, 1940–1960. *HSPS* **18**, 149–229 (1987)
(1995)   *Swords into ploughshares:* Breaking new ground with radar hardware and technique in physical research after World War II. *Rev. Mod. Phys.* **67**, 397–455 (1995)

Foster, B. und P. H. Fowler, Hrsg.
[1988]   *44 years of particle physics.* Proceedings of the international conference to celebrate the 40th anniversary of the discoveries of the π- and V-particles, held at the University of Bristol, 22–24 July 1987. Bristol 1988

Foucault, J. B. L.
(1850)   Méthode générale pour mesurer la vitesse de la lumière dans l'air et les milieux transparents. – Vitesses relatives de la lumière dans l'air et dans l'eau. – Projet d'expérience sur la vitesse de propagation du calorique rayonnant. *C. R. Acad. Sci., Paris* **30**, 551–560 (1850). Deutsche Übersetzung in *Poggendorffs Annalen* **81**, 434f.
(1862a)   Détermination expérimentale de la vitesse de la lumière; parallaxe du soleil. *C. R. Acad. Sci., Paris* **55**, 501–503 (1862). Deutsche Übersetzung in *Poggendorffs Annalen* **118**, 485f. (1863)
(1962b)   Détermination expérimentale de la vitesse de la lumière; description des appareils. *C. R. Acad. Sci., Paris* **55**, 792–796 (1862). Deutsche Übersetzung in *Poggendorffs Annalen* **118**, 588f. (1863)

Fradkin, D. M.
(1966)   Comments on a paper by Majorana concerning elementary particles. *AJP* **34**, 314–318 (1966)

Frank, Ph.
[1947]   *Albert Einstein.* New York 1947

Frank, W.
(1993)   Erinnerungen an Wolfgang Pauli, jun. *Österreichische Mathematik und Physik* 1993, S. 63–71

Franklin, A.
(1989)   The nondiscovery of parity nonconservation. In Brown, Dresden, Hoddeson und West [1989, S. 409–433]

Frankfurter, Der
[1920]*   *Eine Deutsche Theologie.* Übertragen und eingeleitet von Joseph Bernhart. Leipzig [1920]
[1926]   *Der Franckforter. Ein deutsch theologia.* Ausgabe von W. Uhl. Bonn 1926

Franz, M.-L. von
(1951/83)   Die Passio Perpetua. In Jung [1951]. Neudruck bei *Daimon*, 1983
[1952/85]   *Der Traum des Descartes.* In *Zeitlose Dokumente der Seele.* Studien aus dem C. G. Jung Institut, Zürich 1952. Auch enthalten in von Franz [1985]
(1952)   Die Parabel von der Fontina des Grafen von Tarvis. (Manuskript)
[1955]   *Aurora Consurgens.* Ein dem Thomas von Aquin zugeschriebenes Dokument der alchemistischen Gegensatzproblematik. In C. G. Jung: *Mysterium Coniunctionis* **III**, Ergänzungsband. Auch in C. G. Jung: *Gesammelte Werke* **14/III**. Zürich 1957.
(1968)   Der Individuationsprozeß. In Jung u. a. [1968, S. 160–229].
[1985]   *Träume.* Zürich 1985
[1970/90]   *Zahl und Zeit. Psychologische Überlegungen zu einer Annäherung von Tiefenpsychologie und Physik.* Stuttgart 1970, ^{2}1990

Frauenfelder, H., O. Huber und P. Stähelin, Hrsg.
[1960]   *Beiträge zur Entwicklung der Physik.* Festgabe zum 70. Geburtstag von Professor Paul Scherrer, 3. Februar 1960. Basel und Stuttgart 1960

Freeland, M. R.
[1972]   *The Truman Doctrine and the origins of the McCarthyism.* New York 1972

Freese, E.
(1953)   Gebundene Teilchen und Streuprobleme in der Quantenfeldtheorie. *Z. Naturforsch.* **8**a, 776–790 (1953)

Freire, Jr. O., M. Paty und A. L. da Rocha
(1994)   David Bohm, sua estada no Brasil e a teoria quântica. *Estudos Avançados* **8**, 53–82 (1994)

French, J. B. und V. F. Weisskopf
(1949)   The electromagnetic shift of energy levels. (Abstract, Chicago meeting 26.–27. November 1948) *Phys. Rev.* **75**, 338; 1240–1248 (1949)

Frenkel, V. J.
(1990)   Abraham Isaakovich Frenkel. *Dictionary of Scientific Biography.* Volume **17**, Supplement II. New York 1990. Dort S. 15–16

Fretter, W. H.
(1982)   Cosmic rays and particle physics at Berkeley. In *Colloque International* [1982, S. 191–194]

Freund, P., Ch. Goebel und Y. Nambu, Hrsg.
[1970]   *Quanta, essays in theoretical physics dedicated to Gregor Wentzel.* Chicago 1970

Friedman, M.
[1992]   *Kant and the exact sciences.* Cambridge, Mass. 1992

Frisch, Chr., Hrsg.
[1858ff.]   Siehe Kepler [1858ff.]

Frisch, K. von
[1948]*   *Aus dem Leben der Bienen.* Berlin 1948, ⁵1953

Frisch, O. R.
[1979]   *What little I remember.* Cambridge 1979

Frisch, O. R., F. A. Paneth, F. Laves und P. Rosbaud, Hrsg.
[1959]   *Beiträge zur Physik und Chemie des 20. Jahrhunderts.* Braunschweig 1959

Fröberg, C. E.
(1948)   The eigenfunction for the ground state of the deuteron in a non-symmetrical theory. *Arkiv för Matematik, Astronomi och Fysik* **35A**, Nr. 17 (1948)
(1950)   On the determination of the P–P interaction between two particles from scattering experiments (Letter). *Phys. Rev.* **80**, 105 (1950)

Fröhlich, H.
(1950)   Theory of the superconducting state. I: The ground state at the absolute zero of temperature. *Phys. Rev.* **79**, 845–856 (1950)
(1951)   Theory of the superconducting state. II: Magnetic properties at the absolute zero of temperature. *Proc. Phys. Soc.* **A64**, 129–134 (1951)
(1953)   Superconductivity and lattice vibrations. *Physica* **19**, 755–764 (1953)

Frowein, Fr.
(1950)   Forschungskontrolle in Westdeutschland. *Phys. Bl.* **6**, 222–225; 316–321 (1950)

Fukuda, H. und Y. Miyamoto
(1949)   On the γ-decay of neutral meson (Letter). *Progr. Theor. Phys.* **4**, 235 (1949)

Fukuda, H., Y. Miyamoto T. Miyazima, S. Tomonaga
(1949)   Applicability of Pauli's regulator to the γ-decay of neutrettos. **I** und **II** (Letter). *Progr. Theor. Phys.* **4**, 385–386; 477–484 (1949)

Fukuda, H., Y. Miyamoto und S. Tomonaga
(1949)   A self consistent subtraction method in the quantum field theory. I und II. *Progr. Theor. Phys.* **3**, 391 (1948); **4**, 47–59 (1949)

Furry, W. H.
(1937)   A symmetry theorem in the positron theory. *Phys. Rev.* **51**, 125–129 (1937)

Furry, W. H. und M. Neumann
(1950)   Interactions of mesons with the electromagnetic field. *Phys. Rev.* **76**, 432 (1949)

Futscher, K.
(1949)   Elementarteilchen. *Phys. Bl.* **5**, 258–267 (1949)

Galilei, G.
[1632]   *Dialogo sopra i due massimi sistemi del mondo.* Florenz 1632. Deutsche Übersetzung von E. Strauss, Leipzig 1891; Neuausgabe Stuttgart 1982
[1638]   *Discorsi e dimostrazioni matematiche intorno a due nuove scienze.* Leiden 1638. Deutsche Übersetzung, herausgegeben von A. von Oettingen, *Ostwalds Klassiker der exakten Naturwissenschaften* Nr. **24** und **25**. Leipzig 1904 und 1890

Galison, P.
(1983)   The discovery of the muon and the failed revolution against quantum electrodynamics. *Centaurus* **26**, 262–316 (1983)
[1987]   *How experiments end.* Chicago und London 1987

Galison, P. und Bernstein, B.
(1989)   In any light: Scientists and the decision to build the Superbomb, 1952–1954. *HSPS* **19**, 267–347 (1989)

Galison, P. und B. Hevly
[1992]   *Big science. The growth of large scale research.* Stanford, California 1992

Gamow, G.
(1949a)   Die Existenz des Neutrinos. *Phys. Bl.* **5**, 108–114 (1949)
(1949b)   Any physics tomorrow? *Physics Today*, Januar 1949, S. 17–21
[1966]   *Thirty years that shook physics. The story of quantum theory.* Garden City, New York 1966

Gamow, G. und E. Teller
(1937)   Some generalizations of the β transformation theory. *Phys. Rev.* **51**, 289 (1937)

Garber, D.
(1992)   Descartes' physics. In J. Cottingham [1992, S. 286–334]

Gardner, D. P.
[1967]   *The California oath controversy.* Los Angeles 1967

Gardner, E.
(1949)   Stars in photographic emulsions initiated by alpha-particles. *Phys. Rev.* **75**, 379–382 (1949)

Garlinski, J.
[1981]   *The Swiss Corridor: Espionage networks in Switzerland during World War II.* London 1981

Géhéniau, J.
[1938]   *Electron et photon.* Paris 1938

Géhéniau, J. und F. Villars
(1950)   La self-énergie de l'électron dans un champ électromagnétique extérieur. *HPA* **23**, 178–186 (1950)

Gell-Mann, M.
(1953)   Isotopic spin and new unstable particles (Letter). *Phys. Rev.* **92**, 833–834 (1953)

Gell-Mann, M. und F. Low
(1951)   Bound states in quantum field theory. *Phys. Rev.* **84**, 350–354 (1951)
(1953)   Isotopic spin and new unstable particles. *Phys. Rev.* **92**, 833–834 (1953)
(1954)   Quantum electrodynamics at small distances. *Phys. Rev.* **95**, 1300–1312 (1954)

Gentner, W.
(1965)   Individuelle und kollektive Erkenntnissuche in der modernen Naturwissenschaft. *Phys. Bl.* **21**, 541–548 (1965)

George, A., Hrsg.
[1932]   *Mécanique quantique et causalité.* Paris 1932
[1953]   [Hrsg.] *Louis de Broglie, physicien et penseur.* Paris 1953. Siehe auch L. de Broglie [1953/55]
(1955)   Entwurf zu einem Bildnis. In L. de Broglie [1955, S. 199–207]

Gerlach, W.
(1949)   Edgar Meyer zum 70. Geburtstag. *HPA* **22**, 100 (1949)
(1973)   August Karolus, 16.3.1893 – 1.8.1972. *Jahrbuch der Bayerischen Akademie der Wissenschaften* 1973, S. 226–230

Geyer, B.
[1928]   *Die Patristik und das Mittelalter.* In F. Überweg: *Grundriß der Geschichte der Philosophie*, bearbeitet von B. Geyer. Band II. [11] 1928

Giamati, C. C. und F. Reines
(1962)   Experimental test of the conservation of nucleons. *Phys. Rev.* **126**, 2178–2188 (1962)

Gieser, S.
[1995]   *Den innersta kärnan. Djuppsykologi och kvantfysik: Wolfgang Paulis dialog med C. G. Jung.* Uppsala 1995

Gingerich, O.
(1994)   The summer of 1953: A watershed for astrophysics. *Physics Today*, December 1994, S. 34–40

Ginzburg, V. L.
(1989)   Landau's attitude toward physics and physicists. *Physics Today*, Mai 1989, S. 54–61

Glasstone, S.
[1950/58] *Sourcebook on atomic energy.* Princeton, New Jersey 1950, [2] 1958

Glauber, R. J.
(1951)   Some notes on multiple boson processes. *Phys. Rev.* **84**, 395–400 (1951)
(1952)   The scattering of neutrons by systems of nuclei. *Phys. Rev.* **87**, 189 (1952)
(1953)   On the gauge invariance of the neutral vector meson theory. [Auszug aus der im Juni 1949 in Harvard eingereichten und 1950 in Zürich erweiterten Dissertationsschrift.] *Progr. Theor. Phys.* **9**, 295–298 (1953)

Glauber, R. J. und V. Shomaker
(1952a)   The Born approximation in electron diffraction. *Nature* **170**, 290–291 (1952)

Glaus, B., G. Oberkofler, Hrsg., unter Mitwirkung von Ch. P. Enz
[1996]   *Wolfgang Pauli und sein Wirken an der ETH-Zürich.* Amtliche Dokumente aus dem Archiv des Schweizerischen Schulrates in den wissenschaftshistorischen Sammlungen der ETH-Bibliothek Zürich. Zürich-Wien [in Vorbereitung]

Godwin, J.
[1979]   *Robert Fludd: Hermetic philosopher and surveyer of two worlds.* London 1979

Goebel, J. Ch.
(1970)   Strong coupling in static models. In Freund et al. [1970, S. 20–100]

Goeppert-Mayer, M.
(1951)   The structure of the nucleus. *Scientific American*, März 1951, S. 22ff.
(1972)   The shell model. In *Nobel Lectures* [1972, S. 20–37]

Goethe, J. W. von
(1961)   Die Natur. Fragment [von Christof Tobler]. In Goethe [1960/66, Band **16**, S. 921–924]
[1961ff.]   *Sämmtliche Werke*, in 18 Bänden. Artemis-Gedenkausgabe. Zürich ^{2}1961–1966

Goetz, W., Hrsg.
[1930]   *Propyläen-Weltgeschichte.* Band **8**: *Liberalismus und Nationalismus, 1848–1890.* Berlin 1930. Dort S. 179

Goichon, A. M.
[1944]*   *La philosophie d'Avicenne et son influence en Europe médiévale.* Paris 1944, ^{2}1951

Gold, T.
(1949)   Rotational and terrestrial magnetism. *Nature* **163**, 313–515 (1949)

Goldberg, S.
(1990)   Samuel Abraham Goudsmit. *Dictionary of Scientific Biography.* Volume **17**, Supplement II. New York 1990. Dort S. 362–368

Goldhaber, A. S. und W. P. Trower
(1990)   Resource letter MM-1: Magnetic monopoles. *AJP* **58**, 429–439 (1990)

Goldhaber, G.
(1976)   Discovery of massive neutral vector mesons. *Adventures in experimental physics* **5**, 131–140 (1976)

Goldschmidt, R.
[1952]*   *Die Lehre von der Vererbung.* Berlin ^{4}1952

Goldwasser, E. L.
(1982)   How little science became big science in the U. S. A. In *Colloque International* [1982, S. 345–354]

Gonseth, F.
(1948)   Remarque sur l'idée de complémentarité. *Dialectica* **2**, 413–420 (1948)

Good, R. H., Jr.
(1955)   Properties of the Dirac matrices. *Rev. Mod. Phys.* **27**, 187–211 (1955)

Goodchild, P.
[1982]   *J. Robert Oppenheimer.* Eine Bildbiographie. Basel, Boston, Stuttgart 1982

Gorter, C. J.
(1949)   A trend in contemporary physics. The Netherlands. *Physics Today, Mai 1949*, S. 26

Gotsman, E., Y. Ne'eman und A. Voronel, Hrsg.
[1990]   *Frontiers of physics.* Proceedings of the Landau Memorial Conference, Tel Aviv, Israel, 6–10 June 1988. Oxford 1990

Gottstein, K.
(1991)   Die Anfänge der Elementarteilchenphysik im Göttinger Max-Planck-Institut für Physik. Manuskript eines Vortrags zum 90. Geburtstag von W. Heisenberg am 5. Dezember 1991

Goudsmit, S.
(1961)   The Michigan Symposium in theoretical physics. *Michigan alumnus quarterly review* **67**, 178–182 (1961)

Goursat, E.
[1922]   *Leçons sur le problème de Pfaff.* Paris 1922

Gowing, M.
[1964]   *Britain and atomic energy, 1939–1945.* London 1964

Graffunder, W.
(1949)   Die Entwicklung des linearen Accelerators. *HPA* **22**, 232–250 (1949)

Gray, G. W.
(1952)   The universe from Palomar. *Scientific American*, Februar 1952

Green, H. S.
(1949)   Quantized field theories and the principle of reciprocity. *Nature* **163**, 208 (1949)

Gross, B.
(1950)   Physics in Brazil – ways and means. *Physics Today*, Januar 1950, S. 26–27

Gross, H.
(1973)   Bartel Leendert van der Waerden. *Neue Zürcher Zeitung*, 2. Februar 1973

Groves, L. R.
[1962]   *Now it can be told. The story of the Manhattan Project.* New York und Evanston 1962

Guerlac, H. E.
[1987]   *Radar in World War II.* New York 1987

Gugelot, P. C.
(1960)   Beschleuniger. In Frauenfelder et al. [1960, 110–125]

Gunn, J. C.
(1955)   Theory of radiation. *Progr. Theor. Phys.* **18**, 127–183 (1955)

Gundolf, F.
[1923]*   *Shakespeare und der deutsche Geist.* Berlin 1926

Gupta, Suraj N.
(1950a)   Theory of longitudinal photons in quantum electrodynamics. *Proc. Phys. Soc.* **A63**, 681–691 (1950)

(1950b)   On the calculation of self-energy of particles. *Phys. Rev.* **77**, 294–295 (1950)

(1950c)   The S-matrix and radiation damping. *Proc. Cambr. Phil. Soc.* **47**, 454–456 (1950)

(1951a)   On the elimination of divergencies from classical electrodynamics. *Proc. Phys. Soc.* **A64**, 50–53 (1951)

(1951b)   On the elimination of divergencies from quantum electrodynamics. *Proc. Phys. Soc.* **A64**, 426–427 (1951)

(1951c)   On the supplementary condition in quantum electrodynamics. *Proc. Roy. Soc.* **64**, 850–852 (1951)

(1951d)   On Fierz-Pauli equations for particles of spin 3/2. In International Conference on elementary particles [1951, S. 94–95]

(1952a)   Quantization of Einstein's gravitational field: linear approximation. *Proc. Phys. Soc.* **A65**, 161 (1952)

(1952b)   Quantum electrodynamics with auxiliary fields. *Proc. Phys. Soc.* **A65**, 608–619 (1952)

(1953)   Quantum electrodynamics with auxiliary fields. *Proc. Phys. Soc.* **A66**, 129–138 (1953)

Gustafson, T.
(1946a)   Elimination of divergencies in quantum electrodynamics and in meson theory. *Nature* **157**, 734–735 (1946)

(1946b)   On the elimination of certain divergencies in quantum electrodynamics. *Arkiv för Matematik, Astronomi och Fysik* **34**A, Nr. 2, 1–9 (1946)

(1946c)   Elimination of certain divergencies in quantum electrodynamics. *Nature* **158**, 273 (1946)

Gustavs, A.
(1962)   Zur Entdeckung des Mesons. *Phys. Bl.* **18**, 503–506 (1962)

Hadamard, J.
[1922]   *Lectures on Cauchy's problem in linear partial differential equations.* Cambridge, New Haven 1922

Hahn, O.
[1968]   *Mein Leben.* München 1968

Hamilton, J.
(1952)   Real and virtual processes in quantum electrodynamics. *Proc. Cambr. Phil. Soc.* **48**, 640–651 (1952)

Handel, K.
[1994]   *Historische Entwicklung der mikroskopischen Theorie der Supraleitung.* Hamburger Physik-Diplomarbeit, Oktober 1994

Hansen, H. M., T. Takamine und S. Werner
(1923)   On the effect of magnetic and electric fields on the mercury spectrum. *Kgl. Danske Vid. Selsk.* **V** Nr. 3 (1923)

Happ, H.
[1971]   *Hyle. Studien zum Aristotelischen Materiebegriff.* Berlin/New York 1971

Harding, J. B. und D. H. Perkins
(1949)   Production of heavy mesons in cosmic ray stars. *Nature* **164**, 285–287 (1949)

Hargrave, Catherine Perry
[1930]   *A history of playing cards and a bibliography of cards and gaming.* New York 1930

Harish Chandra
(1947)   Infinite irreducible representations of the Lorentz group. *Proc. Roy. Soc.* **A189**, 372–401 (1947)

Harlem, J. von
(1952)   Über die Natur der V-Teilchen. *Phys. Bl.* **8**, 29–30 (1952)

Härtel, H. und J. Anboyer
[1985]   *Indien und Südostasien. Propyläen Kunstgeschichte*, Band **21**. Berlin 1985

Hartlaub, G. F.
(1937)   Arcana artis. *Zeitschrift für Kunstgeschichte* **6**, 298 (1937)
(1940)   Dürer's Aberglaube. *Zeitschrift des Vereins für Kunstwissenschaft* **7**, 167–
             196 (1940)

Hartmann, E. von
[1869]   *Philosophie des Unbewußten. Versuch einer Weltanschauung*. 3 Bände.
             Berlin 1869
[1901]   *Die moderne Psychologie*. In *Ausgewählte Werke*, Band **13**. Leipzig 1901

Hase, C. B. und W. und L. Dirndorf, Hrsg.
[1831/65]   *Thesaurus Graecae a H. Stephano constructus*. 8 Bände. Paris 1831–1865

Haubst, R.
(1958)   Johannes von Franckfurt als mutmaßlicher Verfasser von *Eyn deutsch
             Teologia. Scholastik* **33**, 375 (1958)

Havas, P.
(1948)   On the classical equations of motion of point charges. *Phys. Rev.* **74**, 456–
             463 (1948)

Hawkins, D.
[1983]   *Project Y: The Los Alamos story*, Part I: *Toward Trinity*. Los Angeles, San
             Francisco 1983

Haxel, O., J. H. D. Jensen und H. E. Suess
(1948)   Das Schalenmodell des Atomkerns. *Erg. exakt. Naturw.* **26**, 244–290 (1948)

Hayakawa, S.
(1983)   The development of meson physics in Japan. Brown und Hoddeson [1983,
             S. 82–107]
(1988)   Sin-itiro Tomonaga and his contribution to quantum electrodynamics and
             high energy physics. In Brown et al. [1988, S. 43–60]

Hayes, W.
(1982)   Max Ludwig Henning Delbrück, 4 September 1906–10 March 1981. *BMFRS*
             28, 59–90 (1982)

Heine, H.
[1972]   *Sämtliche Werke*. München 1972

Heilbron. J. L.
(1968)   The scattering of α and β particles and Rutherford's atom. *AHES* **4**, 247–
             307 (1968)
(1986)   The first European cyclotrons. *Riv. Stor. Sci.* **3**(1), 1–44 (1986)

Heilbron, J. L. und T. S. Kuhn
(1969)   The genesis of the Bohr atom. *HSPS* **1**, 211–290 (1969)

Heilbron. J. L. und R. W. Seidel
[1989]   *Lawrence and his Laboratory. A history of the Lawrence Berkeley Labora-
             tory*. Volume **I**. Berkeley 1989

Heilbron. J. L., R. W. Seidel und B. R. Wheaton
[1981]   *Lawrence and his laboratory: Nuclear science at Berkeley 1931–1961*.
             Berkeley 1981

Heisenberg, E.
[1980]   *Das politische Leben eines Unpolitischen. Erinnerungen an Werner Heisenberg.* München 1980

Heisenberg, W.
[1943]   [Hrsg.] *Kosmische Strahlung.* Vorträge, gehalten im Max-Planck-Institut Berlin-Dahlem. Berlin 1943
(1946)   Der mathematische Rahmen der Quantentheorie der Wellenfelder. *Z. Naturforsch.* **1**, 608–622 (1946)
(1949)   Die Entstehung von Mesonen in Vielfachprozessen. In *Congresso Internazionale di Fisica dei Raggi Cosmici* [1949, S. 491–497]
[1949]   *Two lectures:* The present state in the theory of elementary particles. – The electron theory of superconductivity. Cambridge 1949
(1950a)   Zur Quantentheorie der Elementarteilchen. *Z. Naturforsch.* **5a**, 251–259 (1950)
(1950b)   Stationäre Zustände in der relativistischen Quantentheorie der Wellenfelder. *Z. Naturforsch.* **5a**, 367–373 (1950)
(1950c)   The Yukawa theory of nuclear forces in the light of present quantum theory of wave fields. *Progr. Theor. Phys.* **5**, 523–525 (1950)
(1951a)   On the mathematical frame of the theory of elementary particles. *Comm. Pure and Appl. Math.* **4**, 15–22 (1951)
(1951b)   Zur Frage der Kausalität in der Quantentheorie der Elementarteilchen. *Z. Naturforsch.* **6a**, 281–284 (1951)
(1951c)   Paradoxien des Zeitbegriffs in der Theorie der Elementarteilchen. In *Festschrift zur Feier des zweihundertjährigen Bestehens der Akademie der Wissenschaften in Göttingen.* Berlin 1951. Dort Band **1**, S. 50–64
[1952]   *Theorie der Neutronen.* Vorlesung, gehalten im Winter 1950/51. Ausgearbeitet von K. Wildermuth. Göttingen 1952
[1953]   [Hrsg.] *Kosmische Strahlung.* Berlin, Göttingen, Heidelberg ^{2}1953
(1953)   Multiple production of mesons. In *Report of the International Conference* [1953, S. 39–41]
(1953a)   Doubts and hopes in quantum-electrodynamics. *Physica* **19**, 897–908 (1953)
(1953b)   Remarque sur la théorie neutrinienne de la lumière. In L. de Broglie [1953, S. 283–286]
[1953c]   Übersicht über den heutigen Stand der Kenntnisse von der kosmischen Strahlung. In Heisenberg [1953, S. 1–8]
(1953d)   Theorie der Explosionsschauer. In Heisenberg [1953, S. 148–164]
(1955)   Der gegenwärtige Stand der Theorie der Elementarteilchen. *Naturwiss.* **42**, 637–641 (1955)
(1956)   Die Wechselwirkung der Elementarteilchen. *Forsch. u. Fortschr.* **30**, 193–194 (1956)
(1957)   Quantum theory of fields and elementary particles. *Rev. Mod. Phys.* **29**, 269–278 (1957)
(1959)   Wolfgang Paulis philosophische Auffassungen. *Naturwiss.* **46**, 661–663 (1959)
[1984/93] *Werner Heisenberg. Gesammelte Werke.* Herausgegeben durch W. Blum, H.-P. Dürr und H. Rechenberg. Abteilung **A** und **B**: Berlin, Heidelberg, New York 1984–1993. Abteilung **C**: München, Zürich 1984–1989

Heisenberg, W. und H. Euler
(1936)   Folgerungen aus der Diracschen Theorie des Positrons. *Z. Phys.* **98**, 714–732 (1936)

Heisenberg, W. und W. Pauli
(1929)   Zur Quantendynamik der Wellenfelder. *Z. Phys.* **56**, 1–61 (1929). Wieder-
            abdruck in Enz und von Meyenn [1988, S. 307–368]
(1930)   Zur Quantentheorie der Wellenfelder. **II**. *Z. Phys.* **59**, 168–190 (1930).
            Wiederabdruck in Enz und von Meyenn [1988, S. 369–406]

Heitler, W.
(1948)   Quantum theory of damping and collisions of free mesons. In Solvay [1948,
            S. 159–177]
(1949)   Theory of meson production. *Rev. Mod. Phys.* **21**, 113–121 (1949)
[1954]   *Quantum theory of radiation.* Oxford ³1954
(1955)   Über die gegenwärtige Lage der Mesonen. *Phys. Bl.* **11**, 359–361 (1959)
(1959)   The penetration of gamma-rays through matter and the development of
            radiation theory. In Frisch et al. [1959, S. 23–27]
(1960)   Wolfgang Pauli 1900–1958. *HPA* **33**, 709–710 (1960)
(1966)   Bhabha's work on high energy physics. *Science Reporter* (Oktober 1966),
            S. 449

Heitler, W. und J. McConnell
(1949)   Particles with spin one. *Nature* **164**, 219–220 (1949)

Heller, J.
[1823]   *Geschichte der Holzschneidekunst.* Bamberg 1823

Hendry, J.
[1984]   [Hrsg.] *Cambridge physics in the thirties.* Bristol 1984
(1990)   Otto Robert Frisch. *Dictionary of Scientific Biography.* Volume **17**, Supple-
            ment II. New York 1990. Dort S. 320–322

Hermann, A.
[1976]   *Werner Heisenberg. In Selbstzeugnissen und Bilddokumenten.* Reinbek 1976
(1988)   Paulis Auffassungen von der Rolle der Wissenschaft. In Enz und von
            Meyenn [1988, S. 12–19]
[1994]   *Einstein. Der Weltweise und sein Jahrhundert. Eine Biographie.* München/
            Zürich 1994

Hermann, A., J. Krige, U. Mersitz, D. Pestre und L. Belloni
[1987]   *History of CERN.* Volume **I**: Launching the European Organization for
            Nuclear Research. Amsterdam 1987

Hermann, A., J. Krige, U. Mersitz, D. Pestre und L. Weiss
[1990]   *History of CERN.* Volume **II**: *Building and running the laboratory, 1954–
            1965.* Amsterdam 1990

Hershberg, J.
[1993]   *James B. Conant. Harvard to Hiroshima and the making of the nuclear age.*
            New York 1993

Hesse, H.
[1922]   *Siddharta. Eine indische Dichtung.* Berlin 1922

Heuss, Th.
(1950)   Conrad Wilhelm Röntgen. *Phys. Bl.* **6**, 49–51 (1950)

Heyer, G.-R.
(1933)   Sinn und Bedeutung östlicher Weisheit für die abendländische Seelen-
            führung. *Eranos Jahrbuch* **1**, 215–244 (1933)
(1934)   Dürers Melancolia und ihre Symbolik. *Eranos Jahrbuch* **2**, 231–261 (1934)
[1949]   *Vom Kraftfeld der Seele.* Stuttgart 1949

Higgs, P. W.
(1964)   Broken symmetries and the masses of gauge bosons. *Phys. Rev. Lett.* **13**, 508–509 (1964)

Hiley, B. J. und F. D. Peat, Hrsg.
[1987]   *Quantum implications. Essays in honour of David Bohm.* London und New York 1987

Hill, E. L.
(1951)   Hamilton's principle and the conservation theorems of mathematical physics. *Rev. Mod. Phys.* **23**, 253–260 (1951)

Hill, D. L. und J. A. Wheeler
(1953)   Nuclear constitution and the interpretation of the fission phenomena. *Phys. Rev.* **89**, 1102–1121 (1953)

Hjalmars, S.
(1950)   On the general formulation of meson pair theory. *Arkiv för Fysik* **1**, 41–116 (1950)

Hobbes, Th.
[1655]   *Elementorum philosophiae, sectio prima: De corpore.* London 1655

Höcker, K.-H.
(1950)   Mesonen und Kernkräfte. *Phys. Bl.* **6**, 51–55 (1950)

Hoenn, Karl
[1949]*   *Anfänge der Philosophie.* Artemis 1949

Hofer, F. und S. Hägli
[1986]   *Zürcher-Personen-Lexikon.* Zürich 1986

Hoffmann, Detlef
[1972]   *Die Welt der Spielkarte: eine Kulturgeschichte.* München 1972

Hogg, J.
[1824]   *The private memoirs and confessions of a justified sinner.* London 1824

Hollitscher, W.
(1952)   Der dialektische Materialismus und die Physiker. *Phys. Bl.* **8**, 289–297 (1952)

Holm, Søren
[1955]*   *Religions filosofi.* Nyt Nordisk Forlag Arnold 1955

Holton, G.
(1983)   The migration of physicists to the United States. In Jackman und Borden [1983, S. 169–188]
[1993]   *Science and anti-science.* Cambridge, Mass. 1993

Hönigswald, R.
[1923]   *Die Philosophie von der Renaissance bis Kant.* 1923
[1938]*   *Denker der italienischen Renaissance.* Basel 1938

Hopper, V. D.
[1964]   *Cosmic radiation and high energy interactions.* London 1964

Horten, M.
[1907/09]   *Avicenna. Das Buch der Genesung der Seele. Die Metaphysik.* Leipzig 1907–1909

Horwich, P., Hrsg.
[1993]   *World changes. Thomas Kuhn and the nature of science.* Cambridge, Mass. 1993

Houriet, A. und A. Kind
(1949)   Classification invariante des termes de la matrix S. *HPA* **22**, 319–330 (1949)

Houston, W. V.
(1937)   A new method of analysis of the structure of H_α and D_α. *Phys. Rev.* **51**, 446–449 (1937)

Hove, L. van
(1949a)   Relativistic terms in the interaction between nucleons in pseudoscalar and vector mesons. *Phys. Rev.* **75**, 1519–1523 (1949)
(1949b)   Quelques propriétés générales de l'intégrale de configuration d'un système de particules avec interaction. *Physica* **15**, 951–961 (1949)
(1955)   George Placzek (1905–1955). Institute for Advanced Study Princeton, New Jersey 1955
(1958)   Von Neumanns contributions to quantum theory. *Bulletin of the American Mathematical Society* **64**, 95–99 (1958)

Hovis, R. C. und Helge Kragh
(1991)   Resource letter HEPP-1: History of elementary-particle physics. *AJP* **59**, 779–807 (1991)

Howald, E.
[1957]   *Humanismus und Europäertum.* Eine Sammlung von Essays zum 70. Geburtstag von Ernst Howald am 20. April 1957 dargebracht von seinen Freunden. Zürich und Stuttgart 1957

Hoyle, F.
[1950]   *The nature of the universe.* New York 1950

Hu, Ning
(1949a)   Correction to nucleon scattering from virtual meson emission. *Phys. Rev.* **75**, 1305 (1949)
(1949b)   On the treatment of quantum electrodynamics without eliminating the longitudinal field. *Phys. Rev.* **76**, 391–396 (1949)

Huang, K.
[1964]   *Statistische Mechanik.* Mannheim 1964

Huber, G.
(1995)   Zur kategorialen Unterscheidung von *rational* und *irrational*. In Atmanspacher et al. [1995, S. 9–19]

Huber, P.
(1960)   Neutronenphysik. In Frauenfelder et al. [1960, S. 75–82]

Hulthén, L. und A. Pais
(1947)   Scattering of high energy neutrons by protons. In *International Conference on Fundamental Particles and Low Temperatures* [1947, **I**, S. 177–180]

Hulthén, L. und E. Rudberg
(1952)   Reports from the conference of the Swedish National Committee for Physics in 1951. *Arkiv för Fysik* **5**, 109–155 (1952)

Hume, D.
[1905]   *Dialoge über natürliche Religion. Über Selbstmord und Unsterblichkeit der Seele.* Übersetzt und eingeleitet von F. Paulsen. ³Leipzig 1905

[1911]*   *Eine Untersuchung über den menschlichen Verstand.* [7]Leipzig 1911

Hund, F.
[1967]   *Geschichte der Quantentheorie.* Mannheim 1967, [2]1975

Hurst, C. A.
(1952a)   The enumeration of graphs in the Feynman-Dyson technique. *PRS* **214**, 44–61 (1952)
(1952b)   The graphs for the kernel of the Bethe-Salpeter equation (Letter). *Phys. Rev.* **85**, 920 (1952)
(1952c)   An example of a divergent perturbation expansion in field theory. *Proc. Cambr. Phil. Soc.* **48**, 625–639 (1952)

Hutchinson, K., J. A. Gray und H. Massey
(1981)   Charles Drummond Ellis, 11 August 1895–10 January 1980. *BMFRS* **27**, 199–233 (1981)

Huxley. A.
[1945]*   *The perennial philosophy.* Harper and Brothers Publishers 1945

Huxley, L. G. H.
(1951)   Physics in Australia. *Physics Today*, Juli 1951, S. 6–13

Huygens, Chr.
[1690]   *Traité de la lumière, ou sont expliquées les causes de ce qui lui arrive dans la réflexion & dans la refraction du cristal d'Islande. (Avec un discours de la cause de la pesanteur).* Leiden 1690. Auch enthalten in Chr. Huygens, *Oeuvres complètes*, Band **19**, Amsterdam 1967. Eine deutsche Übersetzung des *Traité de la lumière* erschien 1903 in *Ostwalds Klassikern der Naturwissenschaften*, Nr. 20

I Ging
[1924]*   *Das Buch der Wandlungen.* Aus dem Chinesischen verdeutscht und erläutert von Richard Wilhelm. 3 Bücher. Jena 1924/München 1956

International Conference on Fundamental Particles and Low Temperatures
[1947]   held at the Cavendish Laboratory, Cambridge, on 22–27 July 1946 [Report]. Band I: *Fundamental Particles.* London 1947

International Conference of Theoretical Physics, Kyoto and Tokyo
[1954]   *Proceedings.* Kyoto and Tokyo, September, 1953. Tokyo1954

International Conference on elementary particles
[1951]*   *held at the Tata Institute of Fundamental Research*, Bombay, on 14–22 December 1950. *International Union of Pure and Applied Physics.* Bombay 1951

Internationaler Kongress über Kernphysik und Quantenelektrodynamik
[1950]   in Basel, vom 5.–9. September 1949. Basel 1950

International Institut of Intellectual Co-operation
[1939]*   *New theories in physics.* Conference organized in collaboration with the International Union of Physics and the Polish Intellectual Co-operation Committee. Warsaw, May 30th–June 3rd 1938. Paris 1939

Jackmann, J. C. und C. M. Borden, Hrsg.
[1983]   *The muses flee Hitler: Cultural transfer and adaptation, 1930–1945.* Washington, D.C. 1983

Jackson, J. D. und J. M. Blatt
(1950)   The interpretation of low energy proton-proton scattering. *Rev. Mod. Phys.*
            22, 77–118 (1950)

Jacob. M., Hrsg.
[1981]   *CERN. 25 years of physics.* Amsterdam, New York, Oxford 1981

Jacobi, J.
[1940/93]   *Die Psychologie von C. G. Jung. Eine Einführung in das Gesamtwerk.* Zürich
            1940, Frankfurt a. M. 1993

Jaffé, A.
(1950)   Bilder und Symbole aus E. T. H. Hoffmanns Märchen „Der goldne Topf".
            In Jung [1950, S. 239–593]
(1952)   Besprechung von Quispel [1951]. *Universitas* **8**, 748–749 (1952)
(1953)   Rezension von Jung und Pauli [1952]. *Universitas* **8**, 524–527 (1953)
[1958]   *Geistererscheinungen und Vorzeichen. Eine psychologische Deutung.* Zürich
            1958
[1968]   *Aus Leben und Werkstatt von C. G. Jung.* Zürich und Stuttgart 1968

James, W.
[1902]*   *The varieties of religious experience. A study of human nature.* New York
            1902

Jammer, M.
[1966]   *The conceptual development of quantum mechanics.* New York 1966, ²1989
[1974]   *The philosophy of quantum mechanics.* New York 1974
(1988)   David Bohm and his work – on the occasion of his seventieth birthday.
            Foundations of Physics **18**, 691–699 (1988)

Jánossy, L.
[1948/50]* *Cosmic rays.* Oxford 1948, ²1950

Jaspers, K.
[1957]   *Die großen Philosophen.* 2 Bände. München 1957

Jauch, J. M. und F. Rohrlich
[1955]*   *The theory of photons and electrons. The relativistic quantum field theory of
            charged particles with spin one-half.* Reading, Massachusetts 1955

Jeffreys, H.
[1939]   *Theory of probability.* Oxford 1939

Jensen, J. H. D.
(1948)   Siehe Haxel et al. (1948)
(1972)   Glimpses at the history of the nuclear structure theory. In *Nobel Lectures*
            [1972, S. 41–50]

Jetter, U.
(1950)   Die sogenannte Superbombe. *Phys. Bl.* **6**, 199–205 (1950)
(1954)   Die Zeitgenossen der Wasserstoffbombe. *Phys. Bl.* **10**, 596–600 (1954)

Joffe, A.
(1949)   Die marxistische Philosophie in der modernen Physik. *Phys. Bl.* **5**, 302–307
            (1949)

Joint Committee on Atomic Energy
(1951)   Soviet atomic espionage. *Bull. atom. Sci.* **7**, 143–148 (1951)

Jordan, P.
[1947]*   *Verdrängung und Komplementarität. Eine philosophische Untersuchung.*
           Hamburg-Bergedorf 1947
(1947)   Zur Theorie der Sternentstehung. *Phys. Bl.* **3**, 97–106 (1947)
(1948a, b) Über den Riemannschen Krümmungstensor. **I.** Einsteinsche Theorie. **II.**
           Eddingtonsche und Schrödingersche Theorie. *Z. Phys.* **124**, 602–607; 608–
           613 (1948)
(1951)*   Reflections on parapsychology, psychoanalysis, and atomic physics. *The
           Journal of Parapsychology* **15**, 278–281 (1951)
[1952]   *Schwerkraft und Weltall. Grundlage der theoretischen Kosmologie.* Braun-
           schweig 1952
(1953)   Fortschritte und Problem der Sternentstehung. *Naturwiss.* **40**, 541–545
           (1953)
(1954)   Ergebnisse und Probleme der erweiterten Gravitationstheorie. *Phys. Bl.* **10**,
           557–564 (1954)
[1963]   *Der Naturwissenschaftler vor der religiösen Frage.* Oldenburg und Hamburg
           1963
[1971]   *Begegnungen.* Oldenburg und Hamburg 1971
[1972]   *Erkenntnis und Besinnung. Grenzbetrachtungen aus naturwissenschaftlicher
           Sicht.* Oldenburg und Hamburg 1972
(1972a)   Von der Theorie der Kontinental-Verschiebung zur Theorie der Erdexpan-
           sion. In Jordan [1972, S. 121–149]
(1972b)   Die Einordnung der Parapsychologie. In Jordan [1972, S. 207–219]

Jordan, P. und W. Pauli
(1928)   Zur Quantenelektrodynamik ladungsfreier Felder. *Z. Phys.* **47**, 151–173
           (1928)

Jost, R.
(1947a)   Über die falschen Nullstellen der Eigenwerte der S-Matrix. *HPA* **20**, 256–
           266 (1947)
(1947b)   Compton scattering and the emission of low frequency photons. *Phys. Rev.*
           72, 815–820 (1947)
(1960)   Das Pauli-Prinzip und die Lorentz Gruppe. In Fierz und Weisskopf [1960,
           dort S. 107–136]
[1965]   *The general theory of quantized fields.* Providence, R. I. 1965
(1972)   Foundations of quantum field theory. In Salam und Wigner [1972, S. 61–72]
(1984)   Erinnerungen: Erlesenes und Erlebtes. *Phys. Bl.* **40**, 178–181 (1984)
[1995]   *Res Jost. Das Märchen vom Elfenbeinernen Turm. Reden und Aufsätze.* Her-
           ausgegeben von K. Hepp, W. Hunziker und W. Kohn. Berlin, Heidelberg,
           New York 1995

Jost, R. und W. Kohn
(1952)   Construction of a potential from a phase shift. *Phys. Rev.* **87**, 977–992
           (1952)

Jost, R. und J. M. Luttinger
(1949)   Strahlungstheoretische Korrekturen zur Paarerzeugung und zur Bremsstrah-
           lung. *HPA* **22**, 391–392 (1949)
(1950)   Vakuumpolarisation und e^4-Ladungsrenormalisation für Elektronen. *HPA*
           23, 201–214 (1950)

Jost, R., J. M. Luttinger und M. Slotnick
(1950)   Distribution of recoil nucleus in pair production by photons. *Phys. Rev.* **80**,
           189–196 (1950)

Jost, R. und A. Pais
(1951)   On the scattering of a particle by a static potential. *Phys. Rev.* **82**, 840–851 (1951)

Jost, R. und J. Rayski
(1949)   Remarks on the problem of the vacuum polarization and the photon self-energy. *HPA* **22**, 457–466 (1949)

Joyce, J.
[1922]   *Ulysses.* Paris 1922

Jung, C. G.
[1921/30]* *Psychologische Typen.* Zürich 1921, ^{2}1930. Auch als Jung: *Gesammelte Werke*, Band **6**

[1925]*   *Wandlungen und Symbole der Libido. Beiträge zur Entwicklungsgeschichte des Denkens.* Leipzig und Wien ^{2}1925. Auch in Jung: *Gesammelte Werke*, Band **5**

[1926]*   *Das Unbewußte im normalen und kranken Seelenleben. Ein Überblick über die moderne Theorie und Methode der analytischen Psychologie.* Zürich ^{3}1926. Eine erweiterte Auflage erschien unter geändertem Titel als Jung [1943]

(1927a)   Die Frau in Europa. *Europäische Revue* **3** (7), 481–499 (1927). Auch in Jung: *Gesammelte Werke*, Band **10**, S. 135–156

(1927b)   Analytische Psychologie und Weltanschauung. In Jung: *Gesammelte Werke*, Band **8**, S. 393–418

[1928a]*   *Die Beziehungen zwischen dem Ich und dem Unbewußten.* Darmstadt 1928. Auch in Jung: *Gesammelte Werke*, Band **7**, S. 131–264 und in Jung [1990c]

[1928b]*   *Über die Energetik der Seele.* Zürich 1928. Auch in Jung: *Gesammelte Werke*, Band **8**, S. 11–78

(1928c)   Die Struktur der Seele. *Europa Revue* **4** (1), 27–34; **4** (2), 125–135 (1928). Auch in Jung: *Gesammelte Werke*, Band **8**, S. 161–182

[1930]*   *Psychologische Typen.* Zürich 1921, ^{2}1930. Auch als Jung: *Gesammelte Werke*, Band **6**

[1931]*   *Seelenprobleme der Gegenwart.* Zürich 1931

(1931)   Seele und Erde. In Jung [1931, S. 176–210]. Auch in Jung: *Gesammelte Werke*, Band **10**, S. 43–65

(1933)   Bruder Klaus. Auch in Jung: *Gesammelte Werke* Band **11**, S. 345–352

[1934]*   *Wirklichkeit der Seele.* Zürich 1934

(1934a)   Zur Empirie des Individuationsprozesses. *Eranos Jahrbuch* **1**, 201–214 (1933). Auch in Jung [1950, S. 95–186] und in Jung: *Gesammelte Werke*, Band **9/1**, S. 309–372

(1934b)   Über die Archetypen des kollektiven Unbewußten. *Eranos Jahrbuch* **2**, 179–229 (1934). Auch in Jung: *Gesammelte Werke*, Band **9/1**, S. 13–51

(1935)   Traumsymbole des Individuationsprozesses. *Eranos Jahrbuch* **3**, 13–133 (1935). Auch enthalten in Jung [1944, S. 65–305]

(1938/50)   Über Mandalasymbolik. In Jung [1950, S. 187–238] und *Gesammelte Werke*, Band **9/1**, S. 373–407

[1940]*   *Psychologie und Religion.* Die Terry Lectures 1937, gehalten an der Yale University. Zürich und Leipzig 1940. Auch in Jung: *Gesammelte Werke*, Band **11**, S. 17–125

(1941)   Das Wandlungssymbol in der Messe. *Eranos Jahrbuch* **8**, 67–73 (1940/41). Auch in Jung: *Gesammelte Werke*, Band **11**, S. 219–323 und in Jung [1991a, S. 139–228]

[1943]   *Über die Psychologie des Unbewußten.* Zürich 1943. Auch in Jung: *Gesammelte Werke*, Band **7**, S. 1–130

(1943)   Der Geist Mercurius (Übersicht über den Merkurius Begriff der Alchemie). *Eranos Jahrbuch* **9**, 179–236 (1942). Auch in Jung [1848b, S. 69–149] und Jung: *Gesammelte Werke*, Band **13**, S. 211–269

[1944/52]*   *Psychologie und Alchemie.* Zürich 1944, ^{2}1952, 1975. Auch 1972 veröffentlicht als Jung: *Gesammelte Werke*, Band **12**

(1945a)   Der philosophische Baum. *Verhandlungen der Naturforschenden Gesellschaft Basel* **56**(2), 411–423 (1945). Auch in Jung: *Gesammelte Werke*, Band **13**, S. 271–376

(1945b)   Nach der Katastrophe. *Neue Schweizer Rundschau* **13**, 67–88 (1945). Auch in Jung: *Gesammelte Werke*, Band **10**, S. 219–244

(1945c)   Zur Psychologie des Geistes. *Eranos Jahrbuch* **13**, 385–448 (1945) Später veröffentlichte Jung diesen Aufsatz mit geändertem Titel in Jung (1948b)

[1946a]*   *Aufsätze zur Zeitgeschichte.* Zürich 1946

[1946b]   *Die Psychologie der Übertragung.* Zürich 1946. Auch in Jung: *Gesammelte Werke*, Band **16**, S. 173–345 und Jung [1991b]

(1946c)   Der Geist der Psychologie. *Eranos Jahrbuch* **14**, 385–490 (1946). Eine überarbeitete Fassung erschien unter dem Titel „Theoretische Überlegungen zum Wesen des Psychischen" in Jung [1954, S. 497–608]

[1948a]   *Über die Psychologie des Unbewußten.* Zürich 1948. Auch in Jung: *Gesammelte Werke*, Band **7**, S. 1–126

[1948b]*   *Symbolik des Geistes. Studien über psychische Phänomenologie.* Mit einem Beitrag von Riwkah Schärf. *Psychologische Abhandlungen* **6**, Zürich 1948

(1948c)   Versuch einer psychologischen Deutung des Trinitätsdogmas. In [1948b, S. 321–446] und Jung: *Gesammelte Werke*, Band **11**, S. 119–218

[1950]*   *Gestaltungen des Unbewußten.* Mit einem Beitrag von Aniela Jaffé. Zürich 1950

[1951]*   *Aion. Untersuchungen zur Symbolgeschichte* mit einem Beitrag von Marie-Louise von Franz. Zürich 1951. Auch als Jung: *Gesammelte Werke*, Band **9/2**

(1951)   Über Synchronizität. *Eranos Jahrbuch* **20**, 271–284 (1951)

[1952]   *Antwort auf Hiob.* Zürich 1952. Auch in Jung: *Gesammelte Werke*, Band **11**, S. 363–471

(1952)   Synchronizität als ein Prinzip akausaler Zusammenhänge. In Jung und Pauli [1952, S. 1–110]. Auch in Jung: *Gesammelte Werke*, Band **8**, S. 457–553 und Jung [1990b, S. 9–106]

(1953)   Zur Phänomenologie des Geistes im Märchen. In Jung [1948b, S. 1–67] und in Jung: *Gesammelte Werke*, Band **9/1**, S. 221–269

[1954]   *Von den Wurzeln des Bewußtseins.* Zürich 1954

(1954)   Zu den fliegenden Untertassen. *Weltwoche* **22**, Nr. 1078 (1954)

[1955/57]*   *Mysterium Conjunctionis.* 3 Bände. Zürich 1955–1957. Auch als Jung: *Gesammelte Werke*, Band **14**

(1955)   Mandalas. In *Du. Schweizerische Monatsschrift* **15** (4), 16 und 21 (1955). Auch in Jung [1977] und Jung: *Gesammelte Werke*, Band **9/1**, S. 409–414

(1958)   Das Gewissen in psychologischer Sicht. In *Das Gewissen. Studien aus dem C. G. Jung Institut* **7**, S. 185–207. Auch in Jung: *Gesammelte Werke*, Band **10**, S. 475–495

[1962]   *Erinnerungen, Träume, Gedanken.* Aufgezeichnet und herausgegeben von A. Jaffé. Zürich, Stuttgart 1962

[1958/90] *Gesammelte Werke von C. G. Jung.* 20 Bände. Olten und Freiburg i. Breisgau 1958–1990
[1972] *Briefe.* Herausgegeben von A. Jaffé. Band **2**: 1946–1955. Olten und Freiburg i. Breisgau 1972
[1977] *Mandala. Bilder aus dem Unbewußten.* Olten und Freiburg i. Br. 1977
[1990a] *Typologie.* München 1990
[1990b] *Synchronizität, Akausalität und Okkultismus.* München 1990
[1990c] *Die Beziehungen zwischen dem Ich und dem Unbewußten.* München 1990
[1991a] *Psychologie und Religion.* München 1991
[1991b] *Die Psychologie der Übertragung.* München 1991

Jung, C. G. u. a.
[1968] *Der Mensch und seine Symbole.* Olten und Freiburg i. Br. 1969.

Jung, C. G. und M.-L. von Franz, Hrsg.
[1957]* *Mysterium Conjunctionis.* Zürich 1957

Jung, C. G. und W. Pauli.
[1952] *Naturerklärung und Psyche.* Zürich 1952

Jung, C. G. und R. Wilhelm, Hrsg.
[1929]* Siehe: Wilhelm [1929]

Jung, E.
[1957] *Animus und Anima. Zwei Essays.* The Analytical Club of New York 1957

Jung, E. und M. L. von Franz
[1960] *Die Graalslegende in psychologischer Sicht.* Zürich 1960. Studien aus dem C. G. Jung-Institut. XII

Kafka, G.
[1922] *Aristoteles.* München 1922

Kahler, E. von
[1937] *Der deutsche Charakter in der Geschichte Europas.* Zürich 1937
[1943] *Man the measure, a new approach to history.* New York 1943
(1950) Foreign policy today. *Bull. atom. Sci.* **6**, 356, 359–362 (1950)
[1952]* *Die Verantwortung des Geistes.* Gesammelte Aufsätze. Frankfurt 1952
[1962] *Die Philosophie Hermann Brochs.* Tübingen 1962
[1970] *Untergang und Übergang. Essays.* München 1970
[1974] *The Germans.* Princeton 1974

Kaiser, W.
(1990) Peter Paul Ewald. *Dictionary of Scientific Biography.* Volume **17**, Supplement II. New York 1990. Dort S. 272–275

Källén, G.
(1949) Higher approximations in the external field for the problem of vacuum polarization. *HPA* **22**, 637–654 (1949)
(1950) Mass- and charge-renormalizations in the quantum electrodynamics without use of the interaction representation. *Arkiv för Fysik* **2** (Nr. 19) 187–194 (1950)
(1951) Formal integration of the equations of quantum theory in the Heisenberg representation. *Arkiv för Fysik* **2** (Nr. 37) 371–410 (1950)
(1952a) On the definition of the renormalization constants in quantum electrodynamics. *HPA* **25**, 417–434 (1952)
(1952b) Formalistic regularization in quantum electrodynamics. *Arkiv för Fysik* **5**, 130–131 (1952)

(1953a)   On the magnitude of the renormalization constants in quantum electrodynamics. *Kgl. Danske Vid. Selsk.* **27**, Nr. 12, 1–18 (1953)

(1953b)   Non perturbation theory approach to renormalization technique. *Physica* **19**, 850–858 (1953)

[1956]   *Lecture notes on quantum electrodynamics.* Genf, CERN 1956

(1958)   Quantenelektrodynamik. *Handbuch der Physik*, Band **5**/1, S. 169–364. Berlin 1958

Kamefuchi, S.
(1988)   Study of the divergence problem at Nagoya around 1950. In Brown et al. [1988, S. 126–132]

Kanesawa, S. und S. Tomonaga
(1948a, b)   On a relativistic invariant formulation of the quantum theory of fields. **IV** und **V**. *Progr. Theor. Phys.* **3**, 1–13; 101–113 (1948)

Kanitscheider, B.
[1981]   *Wissenschaftstheorie der Naturwissenschaft.* Berlin, New York 1981

Kant, I.
[1766]*   *Träume eines Geistersehers, erläutert durch Träume der Metaphysik.* Königsberg 1766. (Pauli besaß eine Ausgabe aus *Philipp Reclams Universalbibliothek*)

[1785]   *Grundlegung zur Metaphysik der Sitten.* Riga 1785

[1787]   *Kritik der reinen Vernunft.* Riga ^{2}1787

[1912]*   *Naturwissenschaftliche Schriften.* Leipzig 1912

[1958]   *Schriften zur Metaphysik und Logik.* Herausgegeben von W. Weischedel, Wiesbaden 1958

Kantorowicz, E. H.
[1957]   *The king's two bodies. A study in medieval political theology.* Princeton 1957. Deutsche Übersetzung (mit einem Geleitwort von J. Fleckenstein): *Die zwei Körper des Königs.* München 1990

[1965]   *Selected studies.* New York 1965. [Mit einer vollständigen Bibliographie von Kantorowicz' Schriften]

Kaplon, M. F., B. Peters und H. L. Bradt
(1949)   Evidence for multiple meson and γ-ray production in cosmic ray stars. *Phys. Rev.* **76**, 1735–1736 (1949)

Karolus, A.
(1951)   Einige Bemerkungen zu den c-Bestimmungen der letzten Jahre. *Z. Naturforsch.* **6a**, 411–416 (1951)

Karplus, R., A. Klein und J. Schwinger
(1952)   Electrodynamic displacement of atomic energy levels. **II.** Lamb shift. *Phys. Rev.* **86**, 288–301 (1952)

Karplus, R. und N. M. Kroll
(1949)   Fourth-order corrections in quantum electrodynamics and the magnetic moment of the electron. *Phys. Rev.* **76**, 846 (1949)

(1950)   Forth-order corrections in quantum electrodynamics and the magnetic moment of the electron. *Phys. Rev.* **77**, 536–549 (1950)

Kawabe, R.
(1988a)   Chronological table for the development of quantum field theory in the 1940s. In Brown et al. [1988, S. 80–83]

(1988b)   From meson theory to non local field theory. In Brown et al. [1988, S. 218–223]

Kayser, H.
[1902]   *Handbuch der Spectroscopie*, Band **2**. Leipzig 1902

Kayser, R.
[1946]   *Spinoza, Portrait of a spiritual hero*. New York 1946.

Keberle, E.
(1949)   Zur gleichartigen Wirksamkeit der Postulate von Statik und Relativität in der Quantentheorie. *HPA* **22**, 627–636 (1949)

Kemmer, N.
(1960)   On the theory of particles of spin 1. *HPA* **33**, 829–838 (1960)
(1965)   The impact of Yukawa's meson theory on workers in Europe: A reminiscence. Supplement, *Progr. Theor. Phys.* 1965, S. 602–608
(1971)   Some recollections from the early days of particle physics. In Cummings und Osborn [1971, S. 1–16]
(1982)   Isospin. In *Colloque International* [1982, S. 359–393]
(1983)   Die Anfänge der Mesonentheorie und des verallgemeinerten Isospins. *Phys. Bl.* **39**, 170–175 (1983)
(1987)   What Paul Dirac meant in my life. In Kursunoglu und Wigner [1987, S. 37–42]
(1988)   Waiting for the pion. In Foster und Fowler [1988, S. 25–32]

Kent, Cicely
[o. J.]   *Telling Fortunes by Cards*. London, ohne Jahresangabe

Kepler, J.
[1596]   *Mysterium cosmographicum*. Deutsche Übersetzung von M. Caspar: *Das Weltgeheimnis*. Augsburg 1923.
[1604/09]   *Ad Vitellionem paralipomena*. Frankfurt 1604/1609
[1858ff.]   *Joannis Kepleri Astronomi Opera omnia*, herausgegeben von Ch. Frisch, **8** Bände, Frankfurt a. Main und Erlangen 1858–1871
[1898]   *Somnium. Traum vom Mond*. Herausgegeben von Ludwig Günther. Leipzig 1898. Vgl. auch den Auszug in *Phys. Bl.* **14**, 433–441 (1958)

Kernphysik und Quantenelektrodynamik
[1950]   Internationaler Kongress in Basel, vom 5. bis 9. September 1949. Supplement **III** zu Band **23** der *HPA*, Basel 1950

Kevles, D. J.
[1971]   *The physicists: The history of a scientific community in modern America*. New York 1971
(1990)   Cold war and hot physics: Science, security, and the American state, 1945–1956. *HSPS* **20**, 239–264 (1990)

Keynes, J. M.
[1921]   *A treatise on probability*. London 1921

Khriplovich, I. B.
(1992)   The eventful life of Fritz Houtermans. *Physics Today*, Juli 1992, S. 29–37

Kibble, T. B. W.
(1988)   Paul Tauton Matthews. *BMFRS* **34**, 555–580 (1988)

Kilmister, C. W., Hrsg.
[1987]   *Schrödinger. Centenary celebration of a polymath*. Cambridge 1987

Kinoshita, T.
(1950)   On the interaction of mesons with the electromagnetic field. **I**. *Progr. Theor. Phys.* **5**, 473–488 (1950)
(1988)   Personal recollections, 1944–1952. In Brown et al. [1988, S. 7–11]

Kinoshita, T. und Y. Nambu
(1950)   On the interaction of mesons with the electromagnetic field. **II**. *Progr. Theor. Phys.* **5**, 749–768 (1950)

Kipling, R.
[1901]   *Kim.* New York 1901. Deutsche Übersetzung, Berlin 1908

Kippenhahn, R.
[1984]   *Licht vom Rande der Welt. Das Universum und sein Anfang.* Stuttgart 1984

Kirchhoff, G.
(1858)   Über einen Satz der mechanischen Wärmetheorie und einige Anwendungen desselben. *Poggendorffs Annalen* **103**, 77 (1858). Auch in Kirchhoff [1882, S. 454–482]
[1882]   *Gesammelte Abhandlungen.* Leipzig 1882
[1894]   *Vorlesungen über mathematische Physik.* Band **4**, herausgegeben von M. Planck: *Theorie der Wärme.* Leipzig 1894

Kirchhoff, J.
[1980]   *Giordano Bruno in Selbstzeugnissen und Bilddokumenten.* Reinbek bei Hamburg 1980

Kirk, G. S., J. E. Raven und M. Schofield
[1994]   *Die vorsokratischen Philosophen.* Einführung, Texte und Kommentare. Stuttgart/Weimar 1994

Kita, H.
(1952)   Relativistic two body problem. *Progr. Theor. Phys.* **7**, 217 (1952)

Klauder, J. R.
[1972]   *Magic without magic: John Archibald Wheeler, a collection of essays in honour of his sixtieth birthday.* San Francisco 1973

Klein, F.
[1926]   *Über die Entwicklung der Mathematik im 19. Jahrhundert.* Band **I**. Berlin 1926

Klein, F. und A. Sommerfeld.
[1897/1910] *Über die Theorie des Kreisels.* Vier Hefte. Leipzig 1897–1910

Klein, M. J.
(1983)   The scientific style of Josiah Willard Gibbs. In Aris et al. [1983, S. 142–162]
(1990)   The physics of J. Willard Gibbs in his time. *Physics Today*, September 1990, S. 40–48

Klein, O.
(1948)   Mesons and nucleons. *Nature* **161**, 897–899 (1948)
(1949)   On the thermodynamical equilibrium of fluids in gravitational fields. *Rev. Mod. Phys.* **21**, 531–533 (1949)
(1952)   Theory of Superconductivity. *Nature* **169**, 578–579 (1952)
(1955)   Quantum theory and relativity. In Pauli [1955, S. 96–117]

Klein, O., G. Beskow und L. Treffenberg
(1946/47) On the origin of the abundance distribution of chemical elements. *Arkiv för Matematik, Astronomi och Fysik* **33**A, Nr. 1, S. 1–7

Kleinknecht, K. und T. D. Lee, Hrsg.
[1986]   *Particles and detectors.* Festschrift for Jack Steinberger. Berlin, Heidelberg, New York, Tokio 1986

Klibansky, R., E. Panofsky und F. Saxl
[1964/90]   *Saturn und Melancholie. Studien zur Geschichte der Naturphilosophie und Medizin, der Religion und der Kunst.* Deutsche Übersetzung, Frankfurt a. M. 1990

Kliefoth, W.
(1955)   Hearing zur Entstehung der H-Bombe oder die Verantwortung des Physikers. *Phys. Bl.* **11**, 549–554 (1955)

Knoll, M.
(1951)*   Wandlungen der Wissenschaft in unserer Zeit. *Eranos Jahrbuch* **20**, 387–436 (1951)
(1952)   Quantenhafte Energiebegriffe in Physik und Psychologie. *Eranos Jahrbuch* **21**, 359–414 (1952)

Koba, Z. und G. Takeda
(1948)   Radiation corrections for Compton scattering (Letter). *Progr. Theor. Phys.* **3**, 98 (1948)

Koenigs, G. X. P.
(1895)   Applications des invariants intégraux à la réduction au type canonique d'un système quelconque d'équations différentielles. *C. R. Acad. Sci., Paris* **121**, 875–878 (1895)

Koestler, A.
[1959]   *Der Nachtwandler. Die Entstehungsgeschichte unserer Welterkenntnis.* Bern, München, Wien 1959

Kolmogorov, A. N.
[1933]   *Grundbegriffe der Wahrscheinlichkeitsrechnung.* Berlin 1933
[1950]   *Foundations of the theory of probability.* New York 1950

König, E.
[1907]   *Ahasver, 'der ewige Jude'.* Gütersloh 1907

Konopinski, E. J.
(1955)   Fermis's theory of beta-decay. *Rev. Mod. Phys.* **27**, 254–257 (1955)

Konuma, M.
(1989)   Social aspects of Japanese particle physics in the 1950s. In Brown et al. [1989, S. 536–548]

Konuma, M. und H. Rechenberg
(1985)   Hideki Yukawa in Deutschland. *Phys. Bl.* **41**, 342–344 (1985)

Kopfermann, H.
(1952)   Rudolf Ladenburg †. *Naturwiss.* **39**, 289–290 (1952)

Koppe, H.
(1947)   Die spezifische Wärme der Supraleiter nach der Theorie von W. Heisenberg. *Ann. Phys.* **1**, 405–414 (1948)

Korff, S. A.
(1950)   High altitude laboratories. *Physics Today*, November 1950, S. 17–23
(1985)   High altitude observatories for cosmic rays and other purposes. In Sekido und Elliot [1985, S. 299–322]

Korringa, J.
(1953)   Anomalous properties of dilute alloys. *Physica* **19**, 816–820 (1953)

Kowarski, L.
(1955)   The making of CERN. An experiment in cooperation. *Bull. atom. Sci.* **11**, 354–357 (1955)

Koyré, A.
[1955]*   *Mystiques, spirituels, alchemistes.* Association Marcel Bloch 1955
[1973]   *The astronomical revolution.* London 1973, New York 1992

Krafft, F.
[1981]   *Im Schatten der Sensation. Leben und Wirken von Fritz Straßmann.* Weinheim 1981

Kragh, H. S.
[1979]   *Methodology and philosophy of science in Paul Dirac's physics.* Roskilde Universitetscenter Tekst Nr. **23**, Roskilde 1979
[1990]   *Dirac. A scientific biography.* Cambridge 1990
(1992)   Relativistic collisions: The work of Christian Møller in the early 1930s. *AHES* **43**, 299–328 (1992)
(1995a)   Heisenberg's lattice world: The 1930 theory sketch. *AJP* **63**, 595–605 (1995)
(1995b)   Arthur March, Werner Heisenberg, and the search for a smallest length. *Revue d'histoire des sciences* (im Druck)

Kramers, H. A.
(1948)   Non-relativistic quantum-electrodynamics and correspondence principle. In **Solvay [1948, S. 241–265]**
[1956]*   *Collected scientific papers.* Amsterdam 1956

Kramish, A.
[1986]   *The griffin.* Boston 1986. Eine deutsche Übersetzung erschien unter dem Titel *Der Greif. Paul Rosbaud – der Mann, der Hitlers Atompläne scheitern ließ.* München 1987

Kraut, R., Hrsg.
[1992]   *The Cambridge companion to Plato.* Cambridge 1992

Kreisel, G.
(1980)   Kurt Gödel, 28 April 1906–14 January 1978. *BMFRS* **26**, 149–224 (1980)

Kristeller, O.
[1943]   *The philosophy of Marsilio Ficino.* New York 1943. Deutsche Übersetzung Frankfurt a. M. 1972

Kristensen, P. und C. Møller
(1952a)   On a convergent meson theory. I. *Kgl. Danske Vid. Selsk.* **27**, Nr. 7, (1952)
(1952b)   Convergent S-matrix formalism with correspondence to ordinary quantum mechanics. *Phys. Rev.* **85**, 928 (1952)

Krogh, A.
(1948)   The language of the bees. *Scientific American*, August 1948, S. 18ff.

Kroll, N. M. und W. E. Lamb
(1949)   On the self-energy of a bound electron. *Phys. Rev.* **75**, 388–398 (1949). Wiederabdruck in Schwinger [1958, S. 414–424]
(1969)   Survey of the theory of quantum electrodynamics. In Bopp und Kleinpoppen [1969, S. 179–192]

Kronig, R.
(1953)   On the hydrodynamics of non-viscous fluids and the theory of helium II. Part III. *Physica* **19**, 535–544 (1953)

Kronig, R. und A. Thellung
(1950)   On the theory of the propagation of sound in helium II. *Physica* **16**, 678–690 (1950)
(1952)   On the hydrodynamics of non-viscous fluids and the theory of helium II. Part [I]. *Physica* **18**, 749–761 (1952)

Kronig, R., A. Thellung und H. H. Woldringh
(1952)   On the theory of the propagation of sound in helium II. *Physica* **18**, 21–32 (1952)

Kuhn, T. S., J. L. Heilbron, P. Forman und L. Allen
[1967]   *Sources for History of Quantum Physics. An Inventory and Report.* Philadelphia 1967

Künzi, H.
(1993)   Zum 90. Geburtstag von Bartel van der Waerden. *Neue Zürcher Zeitung*, 2. Februar 1993

Küppers, G., P. Weingart und N. Ulitzka
[1982]   *Die Nobelpreise der Physik und Chemie 1901–1929.* Materialien zum Nominierungsprozeß. Bielefeld 1982

Kursunoglu, B. N. und E. P. Wigner, Hrsg.
[1987]   *Reminiscences about a great physicist: Paul Adrien Maurice Dirac.* Cambridge 1987

Kusch, P.
(1954)   The magnetic moment of the electron. In Brackett [1954, S. 3–10] [Auch in *Nobel lectures 1942–1962*, S. 298–310 und (in deutscher Übersetzung) in *Phys. Bl.* **12**, 385–395 (1956)]

Kusch, P. und H. M. Foley
(1948)   The magnetic moment of the electron. *Phys. Rev.* **74**, 250–263 (1948)

Laird, W. R.
(1986)   The scope of Renaissance mechanics. *Osiris* **2**, (2nd series) 43–68 (1986)

Lamb, W. E.
(1951)   Anomalous fine structure of hydrogen and singly ionized helium. *Reports on Progress in Physics* **14**, 19–64 (1951)
(1955)   Fine structure of hydrogen atom. In *Nobel lectures 1942–1962*, S. 286–295
(1983)   The fine structure of hydrogen. In Brown und Hoddeson [1983, S. 311–328]

Lamb, W. E. und R. Retherford
(1947)   Fine structure of the hydrogen atom by a microwave method. *Phys. Rev.* **72**, 241–243 (1947). Wiederabdruck in Schwinger [1958, S. 136–138]

Lamb, W. E. und M. Skinner
(1950)   The fine structure of singly ionized helium. *Phys. Rev.* **78**, 539–550 (1950)

Landau, L. D.
[1965]   *Collected papers.* Oxford 1965

Landé, A.
(1926)   Axiomatische Begründung der Thermodynamik durch Carathéodory. *Handbuch der Physik*, Band **9**, S. 281–300. Berlin 1926

Langevin, A.
(1966)   Paul Langevin et les congrès de physique Solvay. *La pensée* Nr. 129/130, 3–32; 89–104 (1966)

Langhoff, W.
[1935]   *Die Moorsoldaten.* Zürich 1935

Langlands, R. P.
(1985)   Harris-Chandra, 11 October 1923–16 October 1983. *BMFRS* **31**, 199–225 (1985)

Lanouette, W. und B. Silard
[1992]   *Genius in the shadows. A biography of Leo Szilard.* New York 1992

Laotse
[1921]*   *Tao Te King. Das Buch des Alten vom Sinn und Leben.* Aus dem Chinesischen verdeutscht und erläutert von Richard Wilhelm. Leipzig 1921

Laporte, O. und G. Uhlenbeck
(1931)   Application of the spinor analysis to the Maxwell and Dirac equations. *Phys. Rev.* **37**, 1380–1397 (1931)

Lattes, C. M. G.
(1983)   My work in meson physics with nuclear emulsions. In Brown und Hoddeson [1983, S. 307–310]

Lattes, C. M. und E. Gardner
(1948)   Production of mesons by the 184-inch Berkeley cyclotron. (Abstract) *Phys. Rev.* **74**, 1236 (1948)

Lattes, C. M., G. P. S. Occhialini und C. F. Powell
(1948a, b)   Observations on the tracks of slow mesons in photographic emulsions. [Teil 1 und 2] *Nature* **160**, 453–456; 486–492 (1948)
(1948c)   A determination of the ratio of the masses of π^- and γ^- mesons by the method of grain-counting. *Proc. Phys. Soc. London* **61**, 173–183 (1948)

Lattes, C. M. und G. P. S. Occhialini
(1947)   Determination of the energy and momentum of fast neutrons in cosmic rays. *Nature* **159**, 331–332 (1947)

Lattimore, S.
(1948)   The mass of σ-mesons. *Nature* **161**, 518 519 (1948)

Laue, M. von
[1913/21]   *Die Relativitätstheorie.* Band 1: *Das Relativitätsprinzip.* Braunschweig ^{2}1913, ^{4}1921
(1950)   Zur Minkowskischen Elektrodynamik der bewegten Körper. *Z. Phys.* **128**, 387–394 (1950)
[1952]   *Die spezielle Relativitätstheorie.* Braunschweig ^{5}1952

Laurikainen. K. V.
[1985]   *Beyond the atom. The philosophical thought of Wolfgang Pauli.* Berlin, Heidelberg, New York 1985

Lawrence, E. O.
(1952)   The evolution of the cyclotron. Nobel lecture 1951. Abgedruckt in Livingston [1966, S. 136–150]

Lecoq de Boisbaudran, P. É.
(1875a)   Caractères chimiques et spectroscopiques d'un nouveau métal, le Gallium,

           découvert dans une blende de la mine de Pierrefitte, vallée d'Argelès
           (Pyrénées). *C. R. Acad. Sci., Paris* **81**, 493–495 (1875)
(1875b)   Sur quelques propriétés du gallium. *C. R. Acad. Sci., Paris* **81**, 1100–1105
           (1875)
(1877a)   Sur un nouveau métal, le gallium. *Annales de chimie et de physique* [5] **10**,
           100–140 (1877)
(1877b)   On the new metal – gallium. *The Chemical News* **35**, 148–150; 157–160;
           167–170 (1877).

Lederman, L. M.
(1970)   Resource Letter Neu-1: History of the neutrino. *AJP* **38**, 129–136 (1970)

Lee, T. D.
(1954)   Some general examples in renormalizable field theory. *Phys. Rev.* **95**, 1329–
           1334 (1954)
[1986]   *Selected papers*. 3 Bände, Hrsg. von G. Feinberg. Boston, Basel, Stuttgart
           1986

Lehmann, H.
(1954)   Über Eigenschaften von Ausbreitungsfunktionen und Renormierungskon-
           stanten quantisierter Felder. *Nuovo Cimento* **11**, 342–357 (1954)

Leibniz, G. W.
[1933]*   *Hauptwerke*. Leipzig 1933

Leisegang, H.
[1923]   *Hellenistische Philosophie von Aristoteles bis Platon*. Leipzig 1923
[1924]*   *Die Gnosis*. Leipzig 1924
(1950)   Der Gott-Mensch als Archetypus. *Eranos Jahrbuch* **18**, 9–45 (1950)
[1951]   *Denkformen*. Berlin 1951

Lenin, V. I.
[1909/27] *Materialismus und Empiriokritizismus*. Deutsche Übersetzung von N. Bo-
           rowski und H. Grabenko. Wien/Berlin 1927

Leone Ebreo (Jehuda Abravanel]
[1535]   *Dialoghi d'Amore*. Rom 1535

Lepore, J. V.
(1952)   Symmetrical pseudoscalar meson theory of nuclear forces. *Phys. Rev.* **88**,
           750 (1952)

Leslie, S. W.
(1987)   Playing the education game to win: the military and interdisciplinary
           research at Stanford. *HSPS* **18**, 55–88 (1987)
[1993]   *The cold war and American science. The military industrial-academic
           complex at MIT and Stanford*. New York 1993

Levi, H.
[1985]   *George de Hevesy. Life and work*. Bristol und Boston 1985

Levi-Bruhl, L.
[1910]   *Les fonctions mentales dans les sociétés inférieures*. Paris 1910, ²1912.
           Deutsche Übersetzung von P. Friedländer unter dem Titel: *Das Denken der
           Naturvölker*. München ²1926
[1922]   *La mentalité primitive*. Paris 1922
[1935]   *La mythologie primitive*. Paris ²1935

Lewis, H. W.
(1948a)   On the reactive terms in quantum electrodynamics. *Phys. Rev.* **73**, 173–176 (1948)
(1948b)   On the analysis of extensive cosmic-ray shower data. *Phys. Rev.* **73**, 1341–1345 (1948)

Libof, R. L.
(1984)   The correspondence principle revisited. *Physics Today*, Februar 1984, S. 50–55

Lichnérowicz, A.
[1955]   *Théories relativistes de la gravitation et de l'électromagnétisme.* Paris 1955

Lichtenberg, G. Chr.
[1935]*   *Aphorismen und Schriften.* Sein Werk, ausgewählt und eingeleitet von Ernst Vincent. Leipzig [1935]

Lie, M. S.
(1877)   Das Pfaffsche Problem. *Archiv for Math. og Naturv. Christiana* **2**, 10–52 (1877)

Lieb, E., B. Simon und A. S. Wightman
[1976]   *Studies in mathematical physics: Essays in honor of Valentine Bargmann.* Princeton 1976

Lightman, A. und R. Brawer
[1990]   *Origins. The lives and worlds of modern cosmologists.* Cambridge, Mass. 1990

Lindberg, D. C.
(1986)   The genesis of Kepler's theory of light: light metaphysics from Plotinos to Kepler. *Osiris* **2** (2nd Series), 2–42 (1986)
[1992]   *The beginnings of western science. The European scientific tradition in philosophical, religious, and institutional context, 600 B. C. to A. D. 1450.* Chicago und London 1992

Lindberg, D. und R. S. Westman, Hrsg.
[1990]   *Reappraisals of the scientific revolution.* Cambridge 1990

Lindhard, J.
(1955)   On the passage through matter of swift charged particles. In Pauli [1955, S. 185–195]

List, M., Hrsg.
[1953]   *Johannes Kepler. Der Mensch und die Sterne. Aus seinen Werken und Briefen.* Wiesbaden 1953

Livingston, M. S., Hrsg.
(1959)   Early development of particle accelerators. *AJP* **27**, 626–629 (1959)
[1966]   *The development of high-energy accelerators.* New York 1966

Lochak, G.
(1990)   The evolution of the ideas of Louis de Broglie on the interpretation of wave mechanics. In L. de Broglie [1990, S. XXIII–XL]

Longuet-Higgins, H. Ch. und M. Fisher
(1978)   Lars Onsager, 27. November 1903–5. October 1976. *BMFRS* **24**, 443–471 (1978)

Lopes, J. L. und M. Paty, Hrsg.
[1977]   *Quantum mechanics, a half century later.* Dordrecht 1977

Lovell, B.
(1975)   Patrick Maynard Stuart Blackett. *BMFRS* **21**, 1–115 (1975)

Lubin, G. B.
(1983)   Seeds of history sown on Shelter Island. *Physics Today*, September 1983, S. 67–69; 123

Lüders, G., R. Oehme und W. E. Thirring
(1952) π-mesonen und quantisierte Feldtheorien. *Z. Naturforsch.* **7**a, 213–234 (1952)

Lüders, G. und B. Zumino
(1953)   Theorie des μ-e-Zerfalls und μ-Einfangs. In Heisenberg [1953, S. 259–272]

Ludwig, G.
[1951]   *Fortschritte der projektiven Relativitätstheorie.* Braunschweig 1951

Ludwig, G. und C. Müller
(1948)   Ein Modell des Kosmos und der Sternentstehung. *Ann. Phys.* **2**, 76–84 (1948)

Luther, M.
[1525]   *De servo arbitrio.* Wittenberg 1525

Luttinger, J. M.
(1948a)   A note on the magnetic moment of the electron. *Phys. Rev.* **74**, 893–898 (1948)
(1948b)   On the magnetic moments of the neutron and proton. *HPA* **21**, 483–496 (1948)
(1949)   On the magnetic moments of the nucleons in meson theory (Letter). *Phys. Rev.* **75**, 1277 (1949)
(1952)   A report from Les Houches. 3rd theoretical physics summer session. *Physics Today*, November 1952, S. 26

Lyra, G.
(1951)   Über eine Modifikation der Riemannschen Geometrie. *Math. Z.* **54**, 52–64 (1951)

Ma, S. T.
(1949a)   Relativistic formulation of the quantum theory of radiation. *Phys. Rev.* **75**, 535 (1949)
(1949b)   Vacuum polarization (Letter). *Phys. Rev.* **75**, 1264–1265 (1949) {Siehe auch *Phil. Mag.* **11**, 1112 (1949)}

Maak, W.
(1949)   Erich Hecke als Lehrer. *Abhandlungen aus dem Mathematischen Seminars der Humburgischen Universität* **16**, 1–6 (1949)

Mach, E.
(1866)   Über die Geschwindigkeit des Lichtes. In Mach [1897, S. 59–77]
[1896]*   *Die Prinzipien der Wärmelehre.* Leipzig ^{1}1896, ^{2}1900
[1897]*   *Populär-wissenschaftliche Vorlesungen.* Leipzig ^{2}1897, ^{4}1910*, ^{5}1923
(1906)   Über den Zusammenhang zwischen Physik und Psychologie. In Mach [1897/1923, S. 589–612]
[1912]*   *Die Mechanik.* Leipzig ^{7}1912
[1921]   Die Prinzipien der physikalischen Optik. Leipzig 1921

Macke, W.
(1955)   Grundlagen und Ergebnisse der Quantenelektrodynamik. *Phys. Bl.* **11**, 15–25; 55–64 (1955)

Macrakis, K.
(1989)   The Rockefeller Foundation and German physics under national socialism. *Minerva* **27**, 33–57 (1989)

Mahnke, D.
[1937]   *Unendliche Sphäre und Allmittelpunkt. Beiträge zur Genealogie der mathematischen Mystik.* Halle/Saale 1937. Neudruck Stuttgart 1966

Maier-Leibnitz, H.
(1951)   Bericht über neuere experimentelle Arbeiten zur Physik sehr schneller Teilchen. *Naturwiss.* **38**, 6–11 (1951)

Maitland, E.
[1896]   *Anna Kingford, her life, letters, diary and work.* 2 Bände. London 1896

Manley, J. H.
(1950)   Secret Science. *Physics Today,* November 1950, S. 8–16

Mann, Th.
[1938]*   *Schopenhauer.* Wien/Stockholm. Bermann-Fischer Verlag 1938

Manuel, F. E.
[1968]   *A portrait of Isaac Newton.* Cambridge, Mass. 1968

Marcel, R.
[1958]   *Marsile Ficin.* Paris 1958
[1964/70]   [Hrsg.] *Théologie platonicienne.* 3 Bände, Paris 1964–1970

Marciano, W. J. und M. Goldhaber
(1987)   Dirac's magnetic monopole and the fine structure constant. In Kursunoglu und Wigner [1987, S. 163–172]

Margenau, H.
[1950]   *The nature of physical reality.* New York 1950

Margenau, H. und G. M. Murphy
[1961/62]   *Die Mathematik für Physik und Chemie.* Band **I** und **II**. Frankfurt a. M. und Zürich 1965 und 1967

Marignac, J. C.
(1859)   L'application de l'étude des formes cristallines à la recherche des poids atomiques des élements. *Archives des sciences physiques et naturelles (Genf)* **6**, 106–126 (1859)

Maritain, J.
[1932]   *Le songe de Descartes.* Paris 1932

Markus, S. M.
[1986]   *Der Gott der Physiker.* Basel, Boston, Stuttgart 1986

Marshak, R. E.
(1949)   Remarks on multiple meson and gamma-ray production. *Phys. Rev.* **76**, 1736 (1949)
(1951)   Meson reactions in hydrogen and deuterium. *Rev. Mod. Phys.* **23**, 137–146 (1951)
[1952]   *Meson Physics.* New York 1952
(1952)   The multiplicity of particles. *Scientific American,* Januar 1952
(1957)   Pions. *Scientific American,* Januar 1957
[1966]   [Hrsg.] *Perspectives in modern physics.* Essays collected in honor of Bethe's sixtieth birthday. New York 1966. [Enthält auch eine Bibliographie von Bethes Schriften]

(1970)		The Rochester Conferences: The rise of international cooperation in high energy physics. *Bull. atom. Sci.* **26**, 92–98 (1970)

(1983)		Particle physics in rapid transition: 1947–1952. In Brown und Hoddeson [1983, S. 376–401]

(1989)		Scientific impact of the first decade of the Rochester conferences (1950–1960). In Brown et al. [1989, S. 645–667]

(1990)		The Khrushev détente and emerging internationalism in particle physics. *Physics Today*, January 1990, S. 34–42

Marshak, R. E. und H. A. Bethe

(1947)		On the two-meson hypothesis. *Phys. Rev.* **72**, 506–509 (1947)

Marshak, R. E. und C. C. G. Sudarshan

[1964]		*Einführung in die Theorie der Elementarteilchen.* Mannheim 1964

Marx, O. M. und A. Moses

[1994]		*Emeriti erinnern sich.* Weinheim 1994

Matsui, Makinosuke, Hrsg.

[1995]		*Sin-itiro Tomonaga – Life of a Japanese physicist.* English version edited and annotated by H. Ezawa. Tokio 1995

Matthews, P. T.

(1949a)		Generalized Schrödinger equation in the interaction representation. *Phys. Rev.* **75**, 1270 (1949)

(1949b)		The application of Dyson's method to meson interactions (Letter). *Phys. Rev.* **76**, 684–685; [Erratum] 1419 (1949)

(1949b)		The S-matrix for meson-nucleon interactions. *Phys. Rev.* **76**, 1254–1255 (1949)

(1949c)		Application of the Tomonage-Schwinger theory to the interaction of nucleons with neutral scalar and vector mesons. *Phys. Rev.* **76**, 1657–1674 (1949)

(1950a)		The S-matrix for meson-nucleon interactions. *Phil. Mag.* **41**, 185–195 (1950)

(1950b)		Spinless mesons in the electromagnetic field (Letter). *Phys. Rev.* **80**, 292 (1950)

(1950c)		Spinless mesons and nucleons in the electromagnetic field (Letter). *Phys. Rev.* **80**, 292–293 (1950)

(1951a)		Renormalization of the meson-photon-nucleon interaction. *Phil. Mag.* **42**, 221–227 (1951)

(1951b)		Renormalization of neutral mesons in three-field problems. *Phys. Rev.* **81**, 936–940 (1951)

(1955a)		Interactions of quantized fields. *Reports on Progress in Physics* **18**, 441–451 (1955)

(1955b)		Properties of the π-meson. *Reports on Progress in Physics* **18**, 452–461 (1955)

(1987)		Dirac and the foundation of quantum mechanics. In Kursunoglu und Wigner [1987, S. 199–224]

Matthews, P. T. und A. Salam

(1951a)		Intermediate coupling theory of the pseudoscalar meson-nucleon interaction. *Phys. Rev.* **86**, 715–726 (1952)

(1951b)		The renormalization of meson theories. *Rev. Mod. Phys.* **23**, 311–314 (1951)

Maxwell, E.

[1994]		*A mind of my own. My life with Robert Maxwell.* London 1994

Mayer, M. G.
(1951)   The structure of the nucleus. *Scientific American*, März 1951

Mayer, M. G. und E. Teller
(1948)   On the abundance and origin of elements. In Solvay [1948, S. 59–88]

McConnel, R. A.
(1949)   ESP – fact or fancy? *The Scientific Monthly* **69**, 121–125 (1949)

McCrea, W.
(1987)   Eamon de Valera, Erwin Schrödinger and the Dublin Institute. In Kilmister
           [1987, S. 119–135]

McManus, H.
(1948)   Classical electrodynamics without singularities. *Proc. Roy. Soc.* A**195**, 323–
           336 (1948)

McVaugh, M. und S. H. Mauskopf
(1976)   J. B. Rhine's extra-sensory perception. *Isis* **67**, 161–189 (1976)

Mehra, J.
[1973]   [Hrsg.] *The physicist's conception of nature.* Dordrecht 1973
[1975]   *The Solvay Conferences on Physics.* Dordrecht-Holland 1975
[1994]   *Richard Feynman.* Cambridge 1994

Meier, C. A.
(1935)   Moderne Physik – Moderne Psychologie. *Psychologischer Club Zürich.* In:
           Die kulturelle Bedeutung der komplexen Psychologie. Berlin 1935. Dort S.
           349–362
[1949]*   *Antike Inkubation und moderne Psychotherapie.* Zürich 1949
(1950)*   Zeitgemäße Probleme der Traumforschung. Antrittsvorlesung, gehalten am
           28. Januar 1950. *Kultur- und staatswissenschaftliche Schriften der ETH* **75**
           Zürich 1950
[1992]   [Hrsg.] *Wolfgang Pauli und C. G. Jung: Ein Briefwechsel 1932–1958.* Berlin,
           Heidelberg, New York 1992.

Meißner, B.
[1920/25] *Babylonien und Assyrien.* Band **I** und **II**. Heidelberg 1920 und 1925

Meitner, L.
(1945)   An attempt to single out some fission processes of uranium by using the
           differences in their energy release. *Rev. Mod. Phys.* **17**, 287–291 (1945)

Melville, H.
[1946]*   *Moby Dick.* London 1946

Melvin, M. A.
(1960)   Elementary particles and symmetry principles. *Rev. Mod. Phys.* **32**, 477–518
           (1960)

Mendelssohn, K.
(1949)   Low temperature physics. *Reports on Progress in Physics* **12**, 270–290
           (1948/49)

Mercier, A.
(1951)   La notion d'irréversibilité. (A propos d'une analogie de la thermodynamique
           avec la mécanique. *Mitteilungen der naturforschenden Gesellschaft Bern* **8**,
           1–27 (1951)
(1952)   Die Idee der Quantentheorie der Wellenfelder. *Phys. Bl.* **8**, 440–446 (1952)

Messiah, A.
(1982)   La physique des particules en France après la seconde guerre mondiale (1945–1960). In *Colloque International* [1982, S. 341–344]

Meya, J. und H. O. Sibum
[1987]   *Das fünfte Element.* Reinbek bei Hamburg 1987

Meyenn, K. von
(1982)   Die Rezeption der Wellenmechanik und Schrödingers Reise nach Amerika im Winter 1926/27. *Gesnerus* **39**, 261–277 (1982)
(1987)   Pauli's belief in exact symmetries. In Doncel et al. [1987, S. 329–360]
(1988)   Paulis Briefe als Wegbereiter wissenschaftlicher Ideen. In Enz und von Meyenn [1988, S. 20–39]
(1990a)   La responsabilidad del científico a la luz del descubrimiento de la fisión nuclear: Einstein, Pauli y Bohr. In J. L. Casas Sanchez, Hrsg.: *La postguerra espaola y la segunda guerra mundial.* Cordoba 1990. Dort S. 205–223
(1990b)   Jordan, Ernst Pascual. *Dictionary of Scientific Biography.* Volume **17**, Supplement II. New York 1990. Dort S. 448–454
(1990c)   [Mit M. Baig] Klein, Oskar Benjamin. *Dictionary of Scientific Biography.* Volume **17**, Supplement II. New York 1990. Dort S. 480–484
[1994]   [Hrsg.] *Quantenmechanik und Weimarer Republik.* Wiesbaden 1994

Meyenn, K. von, K. Stolzenburg und R. U. Sexl, Hrsg.
[1985]   *Niels Bohr, 1885–1985. Der Kopenhagener Geist in der Physik.* Braunschweig/Wiesbaden 1985

Meyer, L. und W. Band
(1949)   Der gegenwärtige Stand des Helium-II-Problems. *Naturwiss.* **36**, 5–16 (1949)

Meyrink, G.
[1915]*   *Der Golem.* Kurt Wolff Verlag 1915

Michel, L.
(1949)   Energy spectrum of secondary electrons from μ-meson decay. *Nature* **163**, 959 (1949)
(1950)   Interaction between four half-spin particles and the decay of the μ-meson. *Proc. Phys. Soc.* A**63**, 514–531 (1950)
(1957)   Weak interactions between „old" particles and beta decay. *Rev. Mod. Phys.* **29**, 223–230 (1957)
(1987)   Charge conjugation. In Doncel et al. [1987, S. 389–405]

Mill, John Stuart
[1891]*   *Die Hörigkeit der Frau.* Übersetzt von Ludwig Stöckmann. Berlin und Leipzig 1891

Miller, A. I.
(1981)   Unipolar induction: a case study of the interaction between science and technology. *Ann. Sci.* **38**, 155–189 (1981)

Millikan, R. A.
(1949a)   The present status of the evidence for the atom annihilation. *Rev. Mod. Phys.* **21**, 1–13 (1949)
(1949b)   Albert Einstein on his seventeenth birthday. *Rev. Mod. Phys.* **21**, 343–345 (1949)

Milton, J.
[1667]   *Paradise lost. A poem in twelve books.* London 1667, [2]1674. Ins Deutsche
              übertragen und herausgegeben von H. H. Meier. Stuttgart 1968

Mintz, S. L.
[1962]   *The hunting of Leviathan. Seventeenth-century reactions to the materialism
              and moral philosophy of Thomas Hobbes.* Cambridge 1962

Miyamotu, Yonzi
(1948)   On the interaction of the meson and nucleon field in the super-many-time
              theory. *Progr. Theor. Phys.* **3**, 124–140 (1948)

Möhrs, F. P.
(1952)   Die Ultraschall-Orientierung der Fledermäuse. *Naturwiss.* **39**, 273–279
              (1952)

Møller, Ch.
(1945/46)   General properties of the characteristic matrix in the theory of elementary
              particles. I und II. *Kgl. Danske Vid. Selsk.* **23**, Nr. 1, 1–48 (1946); **24**, Nr.
              19, 1–46 (1946)
(1948/49)   Elementary quantum field theory. Mimeographed notes of lectures presented
              at Purdue University, 1948–49, prepared by E. Strick
(1950)   Sur la dynamique des systèmes ayant un moment angulaire interne. *Ann.
              Inst. Poincaré* **11**, 251–278 (1950)
(1951)   Non-local field theory. In *International Conference on elementary particles*
              [1951, S. 163–172]
[1952]*   *The theory of relativity.* Oxford 1952
(1952)   On a convergent meson theory. In *International Physics Conference* [1952,
              S. 50–51]
(1953)   On the problem of convergence in non-local field theories. In *International
              Conference of Theoretical Physics* [1954, S. 13–23]

Møller, C., R. Jost und D. ter Haar
(1947)   Heitler's theory of radiation damping and Heisenberg's S matrix. Manuskript
              vom 30. September 1947 im Kopenhagener Møller-Nachlaß

Montet, Charles de
[1950]*   *Evolution vers l'essentiel.* Lausanne 1950

Montroll, E. W.
(1977)   Lars Onsager. Obituary. *Physics Today*, Februar 1977, S. 77

Moore, G. H.
(1990a)   Isaac Paul Bernays. *Dictionary of Scientific Biography.* Volume **17**, Supple-
              ment II. New York 1990. Dort S. 75–78
(1990b)   Kurt Friedrich Gödel. *Dictionary of Scientific Biography.* Volume **17**,
              Supplement II. New York 1990. Dort S. 348–357

Moore, R.
[1970]   *Niels Bohr. Ein Mann und sein Werk verändern die Welt.* München 1970

Moore, W.
[1989]   *Schrödinger. Life and thought.* Cambridge 1989

Moorehead, Alan
[1952]   *The traitors.* London 1952

Moorhouse, R. G.
(1949)   Bosons in an electromagnetic field. *Phys. Rev.* **76**, 1691–1696 (1949)

Morgenthaler, E.
[1950]   *Eine Reise nach Südfrankreich.* Büchergilde Gutenberg 1950
[1957]   *Ein Maler erzählt.* Zürich 1957

Moritz, E.
(1950)   Neuere Ergebnisse der Lichtgeschwindigkeitsmessung. *Phys. Bl.* **6**, 231 (1950)

Morse, Ph. M.
[1977]   *In at the beginnings: A physicist's life.* Cambridge, Mass. 1977

Morrison, M.
(1986)   More on the relationship between technically good and conceptually important experiments: a case study. *BJPS* **37**, 101–122 (1986)

Mott, N. F.
(1982)   Walter Heinrich Heitler, 2 January 1904–15 November 1981. *BMFRS* **28**, 141–151 (1982)
[1986]   *A life in science.* London 1986

Mott, N. F. und H. S. W. Massey
[1949]   *The theory of atomic collisions.* Oxford ^{2}1949

Mott, N. F. und R. Peierls
(1977)   Werner Heisenberg, 1901–1976. *BMFRS* **23**, 213–251 (1977)

Motz, L., Hrsg.
[1977]   *A Festschrift for I. I. Rabi.* New York 1977

Muralt, A. von
(1953)   International and national aspects of science. *Physics Today*, April 1953, S. 4–6

Murkherji, V.
(1974)   A history of the meson theory of nuclear forces from 1935–1952. *AHES* **13**, 27–102 (1974)

Nagle, D. E.
(1952)   Physics at the university of Chicago. *Physics Today*, Juni 1952, S. 16–18

Nakabayasi, K. und I. Sato
(1951)   Radiative corrections to anomalous magnetic moment of nucleon in pseudoscalar meson theory. *Progr. Theor. Phys.* **6**, 252–253 (1951)

Nambu, Y.
(1949)   The level-shift and the anomalous magnetic moment of the electron. *Progr. Theor. Phys.* **4**, 82–94 (1949)
(1950)   Force potential in quantum field theory. *Progr. Theor. Phys.* **5**, 614–633 (1950)
(1952)   On Lagrangian and Hamiltonian formalism. *Progr. Theor. Phys.* **7**, 131–170 (1952)

Nambu, Y. und T. Kinoshita
(1950)   On the interaction of mesons with the electromagnetic field I, II. *Progr. Theor. Phys.* **5**, 307–310; 473–488; 749–768 (1950)

Needham, J.
[1954]*   *Science and civilization in China.* Cambridge 1954

Nettesheim, Agrippa von
[1600]   *Opera omnia.* Lyon 1600

Neuman, M. und W. H. Furry
(1949)   On the interaction of mesons with the electromagnetic field. *Phys. Rev.* **76**,
              1677–1690 (1949)

Neumann, E.
[1949]   *Ursprungsgeschichte des Bewußtseins.* Mit einem Vorwort von C. G. Jung.
              Zürich 1949
[1952]   *Amor und Psyche.* Zürich 1952
[1953]   *Zur Psychologie des Weiblichen.* Zürich 1953
(1955)   C. G. Jung: Zum 80. Geburtstag. In *Merkur*, Nr. 89 (Juli 1955)

Neumann, J. von
(1929)   Beweis des Ergodensatzes und des H-Theorems in der neuen Mechanik. *Z.*
              Phys. **57**, 30–70 (1929)
[1932]   *Mathematische Grundlagen der Quantenmechanik.* Berlin 1932
(1935/36)   Quantum mechanics of infinite systems. In Pauli [1935/36, S. 147–172]

Newman, M. H. A.
(1957)   Hermann Weyl. *BMFRS* **3**, 305–328 (1957)

Nichols, S.
[1980]   *Jung and Tarot. An archetypal journey.* New York 1980

Nicomachus of Gerasa
[1938]*   *Introduction to arithmetics.* Übersetzt von M. L. D'Ooge. Hrsg. von F. E.
              Robbins und L. C. Karpinski. Ann Arbor 1938

Nietzsche, F.
[1930]*   *Der Wille zur Macht.* Leipzig 1930

Nilsson, S. B.
(1949)   Interaction of electrons and an electromagnetic field by analytic continua-
              tion. *Arkiv för Fysik* **1**, 369–423 (1949)

Nishijima, K.
(1953)   Models of V-particles. *Progr. Theor. Phys.* **9**, 414–430 (1953)
(1986)   From isospin to strangeness. In Cline und Riedasch [1986, S. 325–331]

Nishina, Y.
(1929)   Die Polarisation der Comptonstreuung nach der Diracschen Theorie des
              Elektrons. *Z. Phys.* **52**, 869–877 (1929)

Nobel Lectures
[1967]   *Physics 1901–1921.* Amsterdam, London, New York 1965
[1965]   *Physics 1922–1941.* Amsterdam, London, New York 1965
[1964]   *Physics 1942–1962.* Amsterdam, London, New York 1964
[1972]   *Physics 1963–1970.* Amsterdam, London, New York 1972
[1982]   *Physics 1971–1980.* Singapore, New Jersey, London, Hong Kong 1982

Noll, R.
[1994]   *The Jung cult. Origins of a charismatic movement.* Princeton, New Jersey
              1994

Nordheim, L. W.
(1949a)   Naturwissenschaften in Amerika. *Phys. Bl.* **5**, 393–397 (1949)
(1949b)   On spins, shells and moments in nuclei. *Phys. Rev.* **75**, 1877–1893 (1949)

Noyes, H. P.
(1953)   Recent advances in high-energy physics. *Physics Today*, Mai 1953, S. 14–16

Nussenzveig, H. M.
(1990)   Guido Beck. *Physics Today*, Dezember 1990, S. 89–90

Occhialini, G. P. S. und C. F. Powell
(1947a)   Multiple disintegration processes produced by cosmic rays. *Nature* **159**, 93–94 (1947)
(1947b)   Nuclear disintegration produced by slow charged particles of small mass. *Nature* **159**, 186–190 (1947) {Rossi [1964, S. 136]}
(1948a)   The artificial production of mesons. *Nature* **161**, 551–552 (1948)
(1948b)   Observations on the production of mesons by cosmic radiation. *Nature* **162**, 168–173 (1948)

Oehme, R.
(1953)   Quantisierte Feldtheorie der Mesonen. In Heisenberg [1953, S. 546–558]
(1989)   Theory of the scattering matrix (1942–1946). In W. Heisenberg, *Gesammelte Werke*, Band **AII** [1989, S. 605–610]

Ogawa, S.
(1988)   On Sakata's scientific research and methodology. In Brown et al. [1988, S. 97–107]

Olsen, H. und H. Wergeland
(1959)   Bremsstrahlung. In Frisch et al. [1959, S. 66–73]

O'Neill, Eugene
[1933]   *Ah, wilderness!* New York 1933

Onsager, L.
(1968)   The motion of ions: Principles and concepts. In *Les Prix Nobel en 1968*, Stockholm 1969. Dort S. 169–182

Oppenheimer, J. R.
(1949a)   Discussion of the disintegration and nuclear absorption of mesons: remarks on μ-decay. *Rev. Mod. Phys.* **21**, 34–35 (1949)
(1949b)   Concluding remarks to cosmic-ray symposium. *Rev. Mod. Phys.* **21**, 181–183 (1949)
(1949c)   The open mind. *Bull. atom. Sci.* **5**, 3–5 (1949)
(1949d)   Dr. Oppenheimers testimony. *Bull. atom. Sci.* **5**, 227–228 (1949)
(1951)   Comments on the military value of the atom. *Bull. atom. Sci.* **7**, 43–45 (1951)
[1966]   *Drei Krisen der Physiker*. Olten und Freiburg i. Br. 1966
(1966)   Thirty years of mesons. *Physics Today*, November 1966, S. 51–58
[1974]   *J. Robert Oppenheimer. Registers of Papers in the Manuscript Division of the Library of Congress*. Library of Congress, Washington 1974
[1980]   *Robert Oppenheimer. Letters and recollections*. Herausgegeben von A. K. Smith und Ch. Weiner. Cambridge, Mass. 1980.
[1980]   *Robert Oppenheimer. Letters and recollections*. Cambridge, Mass. 1980

Ortega y Gasset, J.
[1932]*   *Die Aufgabe unserer Zeit*. Berlin 1932
[1933]*   *Die Liebe*. Berlin 1933

Otto, R.
(1925)   Meister Eckharts Mystik im Unterschied zur östlichen Mystik. *Zeitschrift für Theologie und Kirche* **6**, 325ff.; 418ff. (1925)
[1926]   *West-östliche Mystik*. Gotha 1926

Ovid (Publius Ovidius Naso)
[1952]   *Metamophorsen.* Herausgegeben von E. Rösch. München 1952

Paezold, H.
[1995]   *Ernst Cassirer. Von Marburg nach New York.* Darmstadt 1995

Pagel. W.
(1960)   Paracelsus and the neoplatonic and gnostic tradition. *Ambix* **8**, 125–166 (1960)

Pais, A.
(1950)   Siehe Case und Pais (1950a, b)
(1952a)   Some remarks on the V-particles. *Phys. Rev.* **86**, 663–672 (1952)
(1952b)   Nucleon-nucleon interaction. In *International Physics Conference* [1952, S. 27–28]
(1952c)   Heavy instable particles. In *International Physics Conference* [1952, S. 33–34]
(1952d)   Cross sections for π-meson scattering. In *International Physics Conference* [1952, S. 45–46]
(1954)   On the program of a systematization of particles and interactions. *Proceedings of the National Academy of Science* (USA) **40**, 484–492 (1954)
(1967)   Reminiscences from the post-war years. In Rozental [1967, S. 215–226]
(1972)   The early history of the theory of the electron: 1897–1947. In Salam und Wigner [1972, S. 79–94]
[1982]   *"Subtle is the Lord ..." The science and life of Albert Einstein.* Oxford 1982
[1986]   *Inward bound. Of matter and forces in the physical world.* Oxford 1986
(1987)   Playing with equations, the Dirac way. In Kursunoglu und Wigner [1987, S. 93–116]
(1989a)   From the 1940s to the 1950s. In Brown et al. [1989, S. 348–355]
(1989b)   George Uhlenbeck and the discovery of electron spin. *Physics Today,* Oktober 1989, S. 34–40
[1991]   *Niels Bohr's times: In physics, philosophy, and polity.* Oxford 1991
(1994a)   Abraham Pais. In *A Current Biography* **55**, 42–46 (1994)
(1994b)   Glimpses of Oskar Klein as scientist and thinker. Opening address to the *Oskar Klein Centennial Symposium,* Stockholm, September 19–21, 1994
(1995)   Res Jost, January 10, 1918–October 3, 1990. Introduction to Jost's *Collected Essays.* (Manuskript)

Pais, A. und S. T. Epstein
(1949)   Note on relativistic properties of self-energies. *Rev. Mod. Phys.* **21**, 445–446 (1949)

Pais, A. und M. Gell-Mann
[1955]   *Proceedings of the 1954 Glasgow Conference on Nuclear and Meson Physics.* London 1955

Pais, A. und R. Jost
(1952)   Selection rules imposed by charge conjugation and charge symmetry. *Phys. Rev.* **87**, 871–875 (1952)

Pais, A. und G. Uhlenbeck
(1949)   On the interaction of charged spin 0 particles with the electromagnetic field. *Phys. Rev.* **75**, 1321 (1949)
(1950)   On field theories with non-localized action. *Phys. Rev.* **79**, 145–165 (1950)

Palter, R.
(1956)   Operations of the occult. *Philosophy of Science* 1956, S. 297–314

Panofsky, Dora und Erwin
[1956]*   *Pandora's Box*. The changing aspects of a mythical symbol. New York 1956

Panofsky, E.
[1939]*   *Studies in iconology*. New York 1939
[1943/71] *The life and art of Albrecht Dürer*. 2 Bände. Princeton 1943, 1971
[1953a]*   Artist, scientist, genius: Notes on the „Renaissance Dämmerung". *The renaissance. A symposium, February 8–10, 1952. The Metropolitan Museum of Art*, New York 1953
[1953b]   *Early Netherlandish Paintings. Its origin and character*. Cambridge, Mass. 1953
[1954]*   *Galileo as a critic of the arts*. Den Haag 1954
[1955/78] *Meaning of the visual arts*. Gloucester, Mass. 1955. Eine deutsche Übersetzung erschien unter dem Titel *Sinn und Deutung in der bildenden Kunst*. Köln 1978
(1956a)*   Galileo as a critic of the arts: Aesthetic attitudes and scientific thought. *Isis* **47**, 3–15 (1956)
(1956b)   More on Galileo and the arts. *Isis* **47**, 182–185 (1956)
[1960]   *Renaissance and renascenses in Western art*. Stockholm 1960. Deutsche Übersetzung, Frankfurt a. M. 1984

Panofsky, E. und F. Saxl
(1923)   Dürers Kupferstich *Melencolia I*. Eine Quellen- und typengeschichtliche Untersuchung. *Studien der Bibliothek Warburg* II, Leipzig und Berlin 1923

Paracelsus
[1562]   *De vita longa*. Basel 1562. Siehe auch Paracelsus [1922/35]
[1922/35] *Sämmtliche Werke*, herausgegeben von K. Sudhoff und W. Matthiesen. 15 Bände, München und Berlin 1922–1935

Pauli, H.
[1949]*   *The most beautiful house and other stories* told by Hertha Pauli. Illustrated by Kurt Wiese. New York 1949
[1970]   *Der Riß der Zeit geht durch mein Herz. Ein Erlebnisbuch*. Wien und Hamburg 1970. Englische Ausgabe unter dem Titel: *Break of time*, 1972

Pauli, W.
[1921/58] *Relativitätstheorie*. Leipzig, Berlin 1921. Englische Übersetzung von G. Field, New York 1958
(1925)   Über den Einfluß der Geschwindigkeitsabhängigkeit der Elektronenmasse auf den Zeemaneffekt. *Z. Phys.* **31**, 373–385 (1925)
(1928)   Über das H-Theorem vom Anwachsen der Entropie vom Standpunkt der neuen Quantenmechanik. In *Probleme der modernen Physik, Arnold Sommerfeld zum 60. Geburtstage, gewidmet von seinen Schülern*. Leipzig 1928. Dort S. 30–45
[1933]   *Die allgemeinen Prinzipien der Wellenmechanik. Handbuch der Physik*, 2. Auflage, Band **24**, 1. Teil, S. 83–272. Berlin 1933
(1933a,b) Über die Formulierung der Naturgesetze mit fünf homogenen Koordinaten. Teil **I**: Klassische Theorie. – Teil **II**: Die Diracschen Gleichungen für die Materiewellen. *Ann. Phys.* (5) **18**, 305–336; 337–372 (1933)
(1934)   Raum, Zeit und Kausalität in der modernen Physik. *Scientia* **59**, 65–76 (1936)
(1935)   Beiträge zur mathematischen Theorie der Dirac Matrizen. In *Peter Zeeman, 1865–1935*, Verhandelingen op 25 Mei 1935 aangeboden aan Professor Dr. P. Zeeman. The Hague 1935. Dort S. 31–43

[1935/36]   *The theory of the positron and related topics.* Report of a seminar. Princeton 1935/1936.

(1936a)   Contributions mathématiques à la théorie des matrices de Dirac. *Ann. Inst. Poincaré* **6**, 109–136 (1936)

(1936b)   Théorie quantique relativiste des particules obéissant à la statistique de Einstein-Bose. *Ann. Inst. Poincaré* **6**, 137–152 (1936)

(1938)   On asymptotic series for functions in the theory of diffraction of light. *Phys. Rev.* **54**, 924–931 (1938)

(1939a)   Über ein Kriterium für Ein- und Zweiwertigkeit der Eigenfunktionen in der Wellenmechanik. *HPA* **12**, 147–168 (1939)

(1941)   Relativistic field theories of elementary particles. *Rev. Mod. Phys.* **13**, 203–232 (1941).

(1943)   On Dirac's new method of field quantization. *Rev. Mod. Phys.* **15**, 175–207 (1943)

[1946]   *Meson theory of nuclear forces.* New York 1946

[1947]   *Vorlesungen über statistische Mechanik.* Ausgearbeitet von R. Schafroth. ETH Zürich 1947, ^{2}1951

(1947/48)   Der Einfluß archetypischer Vorstellungen auf die Bildung naturwissenschaftlicher Theorien bei Kepler. Autoreferat eines Vortrages. *Jahresberichte 1947/48 des Psychologischen Clubs Zürich*, S. 37–44. Wiederabdruck in Enz und von Meyenn [1988, S. 509–514]

(1948)   Die Idee der Komplementarität. Editorial. *Dialectica* **2**, 307–311 (1948). Wiederabdruck in Enz und von Meyenn [1988, S. 243–247]

(1948/92)   Moderne Beispiele zur „Hintergrundsphysik". In Meier [1992, S. 176–192]

(1949)   Einstein's contributions to quantum theory. In Schilpp [1949, S. 149–160] Wiederabdruck in Enz und von Meyenn [1994, S. 85–94]. Deutsche Übersetzung in Pauli [1961/84, S. 54–63]

1950–1952 Siehe das auf S. 906f. beigefügte Verzeichnis 4b der Schriften von W. Pauli

(1953a)   Der Begriff der Wahrscheinlichkeit und seine Rolle in den Naturwissenschaften. (Autoreferat eines Vortrags, der am 23. August 1952 während der Tagung der *Schweizerischen Naturforschenden Gesellschaft* in Bern gehalten wurde.) *Verhandlungen der Schweizerischen Naturforschenden Gesellschaft*, Aarau 1952, S. 76–79 (1953). Siehe auch (1954a)

(1953b)   On the Hamiltonian structure of non-local field theories. Vorgetragen in Turin während des meetings über Non-Local Field Theories vom 9.–14. März 1953. Eingegangen am 23. März 1953. *Nuovo Cimento* **10**, 648–667 (1953).

(1953c)   Remarques sur le problème des paramètres cachés dans la mécanique quantique et sur la théorie de l'onde pilote. In: *Louis de Broglie physicien et penseur.* Hrsg. von A. George. Paris 1953, S. 33–42. {Deutsche Übersetzung in Enz und von Meyenn [1988, S. 251–257]}

(1954a)   Wahrscheinlichkeit und Physik. {Erweiterte Fassung von Pauli (1953a) mit Diskussionsbemerkungen.} *Dialectica* **8**, 112–124 (1954). Auch enthalten in Pauli [1961/84, S. 18–23]. Englische Übersetzung in Enz und von Meyenn [1994, S. 43–48].

(1954b)   Naturwissenschaftliche und erkenntnistheoretische Aspekte der Ideen vom Unbewußten. *Dialectica* **8**, 283–301 (1954). Festschrift zum 80. Geburtstag von C. G. Jung. Auch enthalten in Pauli [1961/84, S. 113–128]. Englische Übersetzung in Enz und von Meyenn [1994, S. 149–164]

[1955]*   [Hrsg., unter Mitwirkung von L. Rosenfeld und V. Weisskopf] *Niels Bohr and the development of physics.* New York 1955

(1955a)   Rydberg and the periodic system of the elements. *Proceedings of the Rydberg Centennial Conference on Atomic Spectroscopy*, Lund 1954. *Universitetes Arsskrift* (Lund) 50, 22–26 (1955). Auch in Enz und von Meyenn [1994, S. 73–78] {Deutsche Übersetzung in Pauli [1961/84, S. 43–47]}

(1955g)   Die Wissenschaft und das abendländische Denken. In M. Göhring, Hrsg. *Europa – Erbe und Aufgabe*. Internationaler Gelehrtenkongreß, Mainz 1955. Wiesbaden 1956. Dort S. 71–79

(1957)   Phänomen und physikalische Realität. Vortrag auf dem internationalen Philosophenkongreß 1954 in Zürich. *Dialectica* 11, 36–48 (1957)

[1958a]   *Theory of relativity*. New York 1958

[1958b]   *Lectures on continous groups and reflections in quantum mechanics*, given by Wolfgang Pauli at the University of California, Spring Term, 1958. No 1 Thru No 28. Notes by R. J. Riddell, Jr. Washington, October 1958

(1958g)   Zur Thermodynamik dissoziierter Gleichgewichte in äußeren Kraftfeldern. Festschrift für Jakob Ackeret. *Z. angew. Math. und Phys.* 9b, 490–497 (1958)

[1961/84]   *Aufsätze und Vorträge über Physik und Erkenntnistheorie*. Braunschweig 1961. Eine Neuauflage (mit einleitenden Bemerkungen von Karl von Meyenn) erschien unter dem Titel *Physik und Erkenntnistheorie* in den *Facetten der Physik*, Band 15, Braunschweig 1984

[1964]   *Collected scientific papers by Wolfgang Pauli*. Herausgegeben von R. Kronig und V. F. Weisskopf. Band I und II. New York London Sydney 1964

Pauli, W. und M. Fierz
(1937)   Über das H-Theorem in der Quantenmechanik. *Z. Phys.* 106, 572–587 (1937)

(1938)   Zur Theorie der Emission langwelliger Lichtquanten. *Nuovo Cimento* 15, 167–188 (1938)

(1939)   Über relativistische Wellengleichungen von Teilchen mit beliebigem Spin im elektromagnetischen Feld. *HPA* 12, 297–300 (1939)

Pauli, W. und M. E. Rose
(1936)   Remarks on the polarization effects in the positron theory. *Phys. Rev.* 49, 462–465 (1936)

Pauli, W. und V. F. Weisskopf
(1934)   Über die Quantisierung der skalaren relativistischen Wellengleichung. *HPA* 7, 709–731 (1934)

Pauly-Wissowa-Kroll-Ziegler
[1951]   *Real-Enzyklopädie der klassischen Altertumswissenschaft*. Band XXI Stuttgart 1951

Peaslee, D. C.
(1950a)   Second order current corrections for boson fields. *HPA* 23, 490–492 (1950)
(1950b)   Absolute selection rules for meson decay. *HPA* 23, 845–853 (1950)
(1951a)   Boson current corrections to second order. *Phys. Rev.* 81, 94–106 (1951)
(1951b)   Infinite integrals in quantum electrodynamics. *Phys. Rev.* 81, 107–109 (1951)
(1951c)   Erratum. Absolute selection rules for meson decay. *HPA* 24, 298 (1951)
(1952) β-matrix formalism as $\kappa \to 0$. *Progr. Theor. Phys.* 8, 639–641 (1951)

Peat, F. D.
[1987]   *Synchronicity. The bridge between matter and mind*. Toronto 1987

Peierls, R. E.
(1948)   Self-energy problems. In Solvay [1948, S. 291–317]

(1951)   Commutation laws in relativistic field theory. In *International Conference on elementary particles* [1951, S. 11–15]
(1952)   The commutation laws of the relativistic field theory. *Proc. Roy. Soc.* A**214**, 143–157 (1952)
(1953)   Field theories with non-local interactions. In *International Conference of Theoretical Physics* [1953, S. 24–39]
(1960)   Wofgang Ernst Pauli: 1900–1958. *BMFRS* **5**, 175–192 (1960)
(1973)   The development of quantum field theory. In Mehra [1973, S. 370–379]
[1979]   *Surprises in theoretical physics.* Princeton, New Jersey 1979
(1979)   The development of our ideas on the nuclear forces. In Stuewer [1979, S. 179–211]
(1980)   The early days of neutrino physics. In Fiorini [1982, S. 1–10]
(1981)   Otto Robert Frisch, 1 October 1904–22 September 1979. *BMFRS* **27**, 283–306 (1981)
(1984)   Reminiscences of Cambridge in the thirties. In Hendry [1984, S. 195–200]
[1986]   *Bird of passage. Recollections of a scientist.* Princeton 1986

Peierls, R. und H. McManus
(1946)   Electrodynamics without point singularities. *Phys. Rev.* **70**, 795 (1946)

Peierls, R., A. Salam, P. T. Matthews und G. Feldman
(1955)   A survey of field theory: Lectures given at the autumn meeting of the Physical Society in the University of Birmingham, 13th and 14th December 1954. *Reports on Progress in Physics* **18**, 423–477 (1955)

Penney, W.
(1968)   Homi Jehangir Bhabha. *BMFRS* **14**, 391–416 (1960)

Penrose, R.
[1994]   *Shadows of the mind. A search for the missing science of consciousness.* Oxford, New York, Melbourne 1994

Perkins, D. H.
(1952)   The π^0 decay. In *Report of the International Physics Conference* [1953, S. 37]
(1989)   Cosmic-ray work with emulsions in the 1940s and 1950s. In Brown et al. [1989, S. 89–108]

Pestre, D.
[1984]   *Physique et physiciens en France 1819–1940.* Paris/Montreux 1984

Pestre, D. und J. Krige
(1992)   Some thoughts on the early history of CERN. In Galison und Hevly [1992, S. 78–99]

Petermann, A.
(1953a)   Divergence of perturbation expansion. *Phys. Rev.* **89**, 1160–1161 (1953)
(1953b)   Divergence de la théorie de perturbation. *Archives de Sciences*, Genève **6**, 5–23 (1953)

Petermann, A. und E. C. G. Stueckelberg
(1951)   Restriction of possible interactions in quantum electrodynamics. *Phys. Rev.* **82**, 548–549 (1951)

Peters, B.
(1951)   Recent progress in the study of primary cosmic radiation. In *International Conference on elementary particles* [1951, S. 41–45]
(1952)   The nature of primary cosmic radiation. In Wilson [1952, S. 193–242]

Petiau, G.
(1953)   De Broglies Photonentheorie. In L. de Broglie [1953/55, S. 147–159]

Petzold, H.
[1995]   *Ernst Cassirer. Von Marburg nach New York.* Darmstadt 1995

Peyrou, C. H.
(1982)   The role of cosmic rays in the development of particle physics. In *Colloque International* [1982, S. 7–67]

Pflaum, H.
[1926]   *Die Idee der Liebe. Leone Ebreo.* Tübingen 1926

Pfotzer, G.
(1954)   Die instabilen Elementarteilchen. *Phys. Bl.* **10**, 349–358; 396–403 (1954)

Piccioni, O.
(1950a)   Local production of mesons at 11,300 feet. *Phys. Rev.* **77**, 1–5 (1950)
(1950b)   On the secondary particles of local penetrating showers. *Phys. Rev.* **77**, 6–10 (1950)
(1983)   The observation of the leptonic nature of the „mesotron" by Conversi, Pancini, and Piccioni. In Brown und Hoddeson [1983, S. 224–241]

Pico della Mirandola
[1486]   *Conclusiones philosophicae, cabalisticae et theologicae.* Rom 1486
[1601]   *Opera omnia.* Basel 1601

Pinch, T. J.
(1979)   The hidden variable controversy in quantum physics. *Physics Education* **14**, 48–52 (1979)

Planck, M.
(1879)   *Über den zweiten Hauptsatz der mechanischen Wärmetheorie.* Inauguraldissertation, München 1879
[1906]   *Vorlesungen über die Theorie der Wärmestrahlung.* Leipzig 1906
[1930]   *Einführung in die Theorie der Wärme.* Leipzig 1930

Plotin
[1492]   *Enneades.* Florenz 1492. Eine griechisch-deutsche Ausgabe von *Plotins Schriften* wurde von R. Harder, R. Beutler und W. Theiler beim Felix Meiner Verlag, Hamburg 1956–1971 herausgegeben. Siehe auch W. Marg, Hrsg.: *Plotins ausgewählte Schriften.* Stuttgart 1986

Plutarch
[1968]   *De facie in orbe lunae.* Deutsche Übersetzung: *Über das Mondgesicht.* Zürich 1968

Pol, B. van der
(1931)   Über die Ausbreitung elektromagnetischer Wellen. *Jahrbuch für drahtlose Telegraphie* **37**, 152–156 (1931)

Poincaré, H.
(1884)   Groupes des équations linéaires. *Acta math.* **4**, 215–226 (1884)
[1892/99]   *Les méthodes nouvelles de la mécanique céleste.* Band **1**–**3**, Paris 1892–1899
[1914a]*   *Wissenschaft und Hypothese.* Leipzig 1914
[1914b]*   *Wissenschaft und Methode.* Leipzig 1914

Polgar, A.
[1930]*   *Auswahlband.* Berlin 1930

Pollard, E. C.
[1982]   *Radiation: One story of the MIT radiation laboratory*. Durham, N. C. 1982

Pólya, G.
[1974]   *Collected papers*. Band I. Cambridge, Mass./London 1974
[1987]   *The Pólya picture album: Encounters of a mathematician*. Edited by G. L. Alexanderson. Boston, Basel 1987

Pontecorvo, B.
(1982)   The infancy and youth of neutrino physics: some recollections. In *Colloque International* [1982, S. 221–236]

Portmann, A.
(1951)   Die Zeit im Leben der Organismen. *Eranos Jahrbuch* **20**, 437–458 (1951)

Powell. C. F.
(1950a)   The cosmic radiation. In *Nobel lectures 1942–1962*, S. 144–157
(1950b)   Mesons. *Reports on Progress in Physics* **13**, 350–424 (1950)
[1972]   *Selected Papers*. Herausgegeben von E. H. S. Burhop, W. O. Lock und M. G. K. Menon. Amsterdam und London 1972

Powell, C. F., P. H. Fowler und D. H. Perkins
[1959]   *Study of elementary particles by the photographic method*. Oxford 1959

Powell, J. F.
(1949)   Note on the bremsstrahlung produced by protons. *Phys. Rev.* **75**, 32–34 (1949)

Power, S.
(1949)   Decay of a heavy τ-meson into three lighter mesons (Letter). *Phys. Rev.* **76**, 865–866 (1949)

Primas, H.
(1995)   Über dunkle Aspekte der Naturwissenschaft. In Atmanspacher et al. [1995, S. 205–238]

Princeton, The Institute for Advanced Study
[1955]*   *Publications of members 1930–1954*. Princeton, New Jersey 1955

Proca, A.
(1936a)   Sur la théorie ondulatoire des électrons positifs et négatifs. *J. Phys. Radium* **7**, 347–353 (1936)
(1936b)   Sur les équations fondamentales des particules élémentales. *C. R. Acad. Sci., Paris* **202**, 1490–1492 (1936)
(1938)   Théorie non rélativiste des particules à spin entier. *J. Phys. Radium* **9**, 61–66 (1938)
(1947)   New possible equations for fundamental particles. In *International Conference on Fundamental Particles and Low Temperatures* [1947, S. 180–181]

Pryce, M. H. L.
(1954)   Nuclear shell structure. *Reports on Progress in Physics* **17**, 1–34 (1954)

Quispel, G.
[1951]*   *Gnosis als Weltreligion*. Zürich 1951. [Siehe hierzu Jaffé (1952)]
(1951)   Time and history in Patristic Christinity. In Campbell [1957, S. 85–107]

Radhakrishnan, S. und Ch. A. Moore, Hrsg.
[1957]   *A source book in Indian philosophy*. Princeton 1957

Ramsauer, C.
[1953]   *Grundversuche der Physik in historischer Darstellung.* Band 1: *Von den Fallgesetzen bis zu den elektrischen Wellen.* Berlin 1953

Ramsey, N. F.
(1987)   The neutron magnetic moment. In Trower [1987, S. 30–44]

Rayski, J.
(1951a)   Remarks on the non-local electrodynamics. *Proc. Roy. Soc.* A**206**, 575–583 (1951)
(1951b)   On field theories with non-localized interactions. *Phil. Mag.* **42**, 1289–1297 (1951)

Rayski, J. und J. Rzewuski
(1951)   On a system of fields free of divergences of the mass renormalization type. *Acta Phys. Polonica* **10**, 159–172 (1951) [Siehe auch die Zusammenfassung in *HPA* **23**, 287–290 (1950)]

Read, J.
(1945)   Dürers Melancolia: an alchemical interpretation. *Burlington Magazine* **87**, 283 (1945)

Rechenberg, H.
(1987)   Louis de Broglie zum Gedenken. *Phys. Bl.* **43**, 170–171 (1987)
(1989)   The early S-matrix theory and its propagation (1942–1952). In Brown et al. [1989, S. 551–578]

Regis, E.
[1987]   *Who got Einstein's office? Eccentricity and genius at the Institute for Advanced Study.* New York 1987

Reichenbach, H.
(1948)   The principle of anomaly in quantum mechanics. *Dialectica* **2**, 337–350 (1948)
(1951)   Über die erkenntnistheoretische Problemlage und den Gebrauch einer dreiwertigen Logik in der Quantenmechanik. *Z. Naturforsch.* **6a**, 569–575 (1951)
(1952/53) Les fondements logiques de la mécanique des quanta. *Ann. Inst. Poincaré* **13**, 2, 109–158 (1952/53)
(1953)   La signification philosophique du dualisme onde-corpuscules. In Louis de Broglie [1953, S. 117–134]
(1954)   Les fondements logiques de la mécanique des quanta. Utilization d'une logique à trois valeurs. In *Applications scientifiques de la logique mathématique* [1954, S. 103–114]
[1977–]   *Gesummelte Werke* in 9 Bänden. Herausgegeben von A. Kamlah und M. Reichenbach. Braunschweig/Wiesbaden 1977–

Reid, C.
[1970]   *Hilbert.* New York, Heidelberg, Berlin 1970
[1979]   *Richard Courant, 1888–1972.* Berlin, Heidelberg, New York 1979

Reines, F.
(1982)   Neutrinos to 1960 – Personal recollections. In *Colloque International* [1982, S. 237–260]

Reitzenstein, R.
[1904]   *Poimandres. Studien zur griechisch-ägyptischen und frühchristlichen Literatur.* Leipzig 1904

Reitzenstein, R. und H. Schaeder
[1926]   *Studien zum antiken Synkretismus aus Iran und Griechenland.* Berlin 1926

Renn, J. und R. Schulmann, Hrsg.
[1994]   *Albert Einstein, Mileva Maric. Am Sonntag küss' ich Dich mündlich. Die Liebesbriefe 1897–1903.* München 1994

Report of the International Physics Conference
[1953]   Copenhagen, 3.–17. June 1952, sponsored by the Council of Representatives of European States. Herausgegeben von O. Koefod-Hansen u. a., Kopenhagen 1953

Rhine, J. B.
[1937]*   *New frontiers of the mind.* London 1937
[1947]   *The reach of the mind.* New York 1947/London 1948. Deutsche Übersetzung: *Die Reichweite des menschlichen Geistes.* 1950

Rhodes, K.
[1986]   *The making of the bomb.* New York 1986. Deutsche Übersetzung, Nördlingen 1988

Ribeira, J. Costa
(1952a)   Physikalische Forschung in Brasilien. *Phys. Bl.* **8**, 405–409 (1952)
(1952b)   Hauptergebnisse physikalischer Forschung in Brasilien. *Phys. Bl.* **8**, 501–506 (1952)

Ribi, A.
(1990)   Ein Leben lang auf Entdeckungsreisen in den Tiefen der Seele. Zum 75. Geburtstag der Tiefenpsychologin Marie-Louise von Franz. *Kultur*, Heft vom 2. Januar 1990

Ridenour, L. N.
(1949)   Antwort an Professor Blackett. *Phys. Bl.* **5**, 252–257 (1949)

Rider, R. E.
(1984)   Emigration of mathematicians and physicists to Britain and the United States, 1933–1945. *HSPS* **15**, 107–176 (1984)

Riekel, A.
[1925]   *Die Philosophie der Renaissance.* München 1925

Rigden, John S.
[1987]   *Rabi. Scientist and citizen.* New York 1987

Ritter, H.
[1933]   [Hrsg.] *Pseudo-Magriti. Das Ziel des Weisen.* Leipzig, Berlin 1933.
[1955]   *Das Meer der Seele. Mensch, Welt und Gott in den Geschichten des Fariduddin 'Attar.* Leiden 1955
[1962]   *Picatrix. Das Ziel des Weisen von Pseudo-Magriti.* Aus dem Arabischen übersetzt von H. Ritter und M. Plessner. London 1962

Rivier, D.
(1949)   Une méthode d'élimination des infinitiés en théorie des champs quantifiés. Application au moment magnétique du neutron. *HPA* **22**, 265–318 (1949) {Thèse, Université Lausanne}
(1953)   On the quantum theory of fields. *Progr. Theor. Phys.* **9**, 633–662 (1953)

Rivier, D. und E. C. G. Stueckelberg
(1948)   A convergent expression for the magnetic moment of the neutron (Letter). *Phys. Rev.* **74**, 218 und (Erratum) 986 (1948)

Robèrt, R.
(1995)   Wissenschaft, Körperpolaritäten und Seele. In Atmanspacher et al. [1995, S. 137–158].

Roberts, K. V.
(1950a, b) Field dynamics. I: Classical. *Phys. Rev.* **77**, 146 (1950); Field dynamics. **II**: Quantum. *Phys. Rev.* **77**, 146 (1950)

Robertson, H. P.
(1949)   Postulate versus observation in the special theory of relativity. *Rev. Mod. Phys.* **21**, 378–382 (1949)

Rochester, G. D.
(1982)   Observations on the discovery of the strange particles. In *Colloque International* [1982, S. 169–176]
(1985)   The early history of the strange particles. In Sekido und Elliot [1985, S. 299–322]
(1988a)   The discovery of the V-particles. In Foster und Fowler [1988, S. 121–131]
(1988b)   The role of the cloud chamber in the strange particle saga. In Foster und Fowler [1988, S. 147–150]
(1989)   Cosmic-ray cloud-chamber contributions to the discovery of the strange particles in the decade 1947–1957. In Brown et al. [1989, S. 57–88]

Rochester, G. D. und C. C. Butler
(1953)   The new instable cosmic-ray particles. *Reports on Progress in Physics* **16**, 364–407 (1953)

Rohrlich, F.
(1950a)   The self-stress of the electron. *Phys. Rev.* **77**, 357–360 (1950)
(1950b)   On the electromagnetic interaction of mesons of zero spin (Letter). *Phys. Rev.* **78**, 346 (1950)
(1950c)   Quantum electrodynamics of charged particles without spin. *Phys. Rev.* **80**, 666–687 (1950)
(1960)   Selfenergy and stability of the classical electron. *AJP* **28**, 639–643 (1960)
(1962)   The classical description of charged particles. *Physics Today*, März 1962, S. 19–23
[1965]   *Classical charged particles.* Reading, Mass. 1965

Rohrlich, F. und J. Eisenstein
(1949)   Neutron-proton and neutron-neutron scattering at high energies. *Phys. Rev.* **75**, 705–724 (1949)

Roman, P.
[1960]   *Theory of elementary particles.* Amsterdam 1960

Römer, O.
(1676)   Démonstration touchant le mouvement de la lumière. *Journal des savants* (7. Dezember 1676), S. 233–236

Rose, M. E.
[1961]   *Relativistic electron theory.* New York, London 1961 Deutsche Übersetzung 1971

Rosen, S., Hrsg.
[1969]   *Selected papers on cosmic ray origin theories.* New York 1969

Rosenberger, F.
[1887/90]   *Die Geschichte der Physik in Grundzügen.* Dritter Teil: *Geschichte der Physik in den letzten hundert Jahren.* Braunschweig 1887–1890

Rosenfeld, A.
[1966]   *The quintessence of Irving Langmuir.* Oxford 1966

Rosenfeld, L.
(1950a)   Early history of quantum mechanics. *Nature* **166**, 883 (1950)
(1950b)   Meson fields and nuclear forces. *Progr. Theor. Phys.* **5**, 519–522 (1950)
(1950c)   Collisions entre nucléons. In *Colloques Internationaux* [1950, S. 117–125]
(1950d)   View of the Universe, Einstein's two equations. *The Manchester Guardian*,
              25. März 1950
[1951]*   *Theory of electrons.* Amsterdam 1950.
(1951a)   Electromagnetic properties of nuclei and nuclear structure. *Physica* **17**, 461
              (1951)
(1951b)   The problem of measurability in quantum electrodynamics. In *International
              Conference on elementary particles* [1951, S. 1–9]
(1952)   Prof. H. A. Kramers. *Nature* **170**, 99–100 (1952)
(1953a)   Strife about complementarity. *Science in Progress* **163**, 393–410 (1953)
(1953b)   The philosophy of atomic physics. I und II. *The Listener* **49**, 215–216;
              253–254 (1953)
(1953c)   L'évidence de la complémentarité. In Louis de Broglie [1953]
(1955a)   Die Evidenz der Komplementarität. In Louis de Broglie [1955, S. 36–57]
(1955b)   On quantum electrodynamics. In Pauli [1955, S. 70–95]
[1963]   [Hrsg.] *Niels Bohr: On the constitution of atoms and molecules.* Kopenhagen
              und New York 1963
(1968)   The conception of the meson field. Supplement, *Progress of Theoretical
              Physics* **41**, C1–C7 (1968)
[1979]   *Selected papers of Léon Rosenfeld.* Herausgegeben durch R. S. Cohen und
              J. J. Stachel. Dordrecht 1979

Rosenfeld, L. und E. Rüdinger
(1964)   The decisive years 1911–1918. In Rozental [1964, S. 38–73]

Rosenkreuz, Chr.
[1922]*   *Chymische Hochzeit:* Christiani Rosencreutz Anno 1459. Berlin [3]1922

Rossi, B.
[1952]   *High energy particles.* New York 1952
[1964]   *Cosmic rays.* London 1964
(1982)   Development of the cosmic ray techniques. In *Colloque International* [1982,
              S. 69–100]
(1983)   The decay of „mesotrons" (1939–1943): Experimental particle physics in
              the age of innocence. In Brown und Hoddeson [1983, S. 183–205]
[1990]   *Moments in the life of a scientist.* Cambridge 1990

Rozental, S.
(1967)   The forties and the fifties. In Rozental [1967, S. 149–190]
[1967]   [Hrsg.] *Niels Bohr. His life and work as seen by his friends and colleagues.*
              Amsterdam 1967
[1991]   *Schicksalsjahre mit Niels Bohr.* Übertragung aus dem Dänischen von K.
              Stolzenburg. Stuttgart 1991

Rudolph, K.
[1977/80]   *Die Gnosis.* Göttingen 1977, [2]1980

Rüger, A.
(1992)   Attitudes towards infinities: Responses to anomalies in quantum electrody-
              namics, 1927–1947. *HSPS* **22**, 309–337 (1992)

Russel, B.
[1934]   *Freedom and organization 1814–1914.* London 1934
[1938]   *Power.* London 1938
[1946/61]*   *A history of western philosophy.* London 1946, ^{2}1961. Deutsche Übersetzung: *Philosophie des Abendlandes. Ihr Zusammenhang mit der politischen und sozialen Entwicklung.* Wien ^{2}1975
[1948]*   *Human knowledge. Its scope and limits.* New York 1948
(1950)   Zum 300. Todestag von Descartes. *Phys. Bl.* **6**, 545–549 (1950)
[1952]*   *The impact of science on society.* London 1952
(1955)   Eine Stellungnahme zur Atomkriegsführung. *Phys. Bl.* **11**, 392–394 (1955)

Rydberg, J. R.
(1893/94)   Beiträge zur Kenntniss der Linienspectren. *Ann. Phys.* **50**, 625–638 (1893) und **52**, 119 (1894)
(1897)   On triplets with constant differences in the line spectrum of copper. *Astrophysical Journal* **6**, 239–243 (1897)
[1906]   *Elektron, der erste Grundstoff.* Berlin 1906
(1913)   Untersuchungen über das System der Grundstoffe. *Lunds Universitets Arsskrift* **9**, No. 18 (1913)
(1914a)   Recherche sur le système des éléments. *Journal de chimie physique* **12**, 585–639 (1914)
(1914b)   The ordinals of the elements and the high-frequency spectra. *Phil. Mag.* **28**, 144–148 (1914)

Rzewuski, J.
(1949)   Some cutt-off methods for the electron self energy. *Proc. Roy. Soc.* **62**, 386–391 (1949)
(1951)   Field theories without divergences. *Acta Phys. Polonica* **11**, 9–24 (1951)
(1952)   Differential conservation laws in non-local field theories. *Nuovo Cimento* **10**, 784–802 (1953)

Sachs, M.
[1973]   *The field concept in contemporary science.* Springfield, Illinois 1973

Sachs, R. G.
[1953]   *Nuclear theory.* Cambridge, Massachusetts 1953

Safranski, R.
[1987]   *Schopenhauer und die wilden Jahre der Philosophie.* München/Wien 1987

Sagane, R., W. L. Gardener und H. W. Hubbard
(1951)   Energy spectrum of the electrons from μ^+ meson decay. *Phys. Rev.* **82**, 557–558 (1951)

Sakellariadis, S.
(1982)   Descartes' experimental proof of the infinite velocity of light and Huyghen's rejoinder. *AHES* **26**, 1–12 (1982)

Sakata, S.
(1968)   On the establishment of the Yukawa theory. Supplement, *Progr. Theor. Phys.* **41**, C8–C18 (1968)
(1949/71)   Structure of elementary particles – 1949. Supplement, *Progr. Theor. Phys.* **50**, 150–151 (1971)
(1950/71)   New developments in the theory of elementary particles – 1950. – On the direction of the theory of elementary particles. Supplement, *Progr. Theor. Phys.* **50**, 152–170 (1971)
[1977]   *Shoichi Sakata. Scientific Works.* Tokyo 1977

Salam, A.

(1950)   Differential identities in three-field renormalization problem. *Phys. Rev.* **79**, 910–911 (1950)

(1951a)   Overlapping divergence and the S-matrix. *Phys. Rev.* **82**, 217–227 (1951)

(1951b)   Divergent integrals in renormalizable field theories. *Phys. Rev.* **84**, 426–430 (1951)

(1952)   Renormalized S-matrix for scalar electrodynamics. *Phys. Rev.* **86**, 731–744 (1952)

(1955)   Fields and particles. *Reports on Progress in Physics* **18**, 433–440 (1955)

[1984]   [Hrsg. Z. Hassan und C. H. Lai] *Ideals and realities. Selected essays of Abdus Salam.* Singapur 1984

(1987)   Paul Matthews. *Physics Today*, Oktober 1987, S. 142

(1989)   Physics and the excellences of the life it brings. In Brown et al. [1989, S. 525–535]

Salam, A. und E. P. Wigner, Hrsg.

[1972]   *Aspects of quantum theory.* Cambridge 1972

Salpeter, E. E.

(1948)   On the electrodynamic self-energy of the electron. *Proc. Roy. Soc.* **A195**, 163–173 (1948)

Salpeter, E. E. und H. A. Bethe

(1951)   A relativistic equation for bound-state problems. *Phys. Rev.* **84**, 1232–1242 (1951)

Sandvoss, E. R.

[1980]   *Bertrand Russell, in Selbstzeugnissen und Bilddokumenten dargestellt.* Reinbek bei Hamburg 1980

Sarkowski, H.

[1992]   *Der Springer Verlag. Stationen seiner Geschichte. Teil I: 1842–1945.* Berlin 1992

Saurat, D.

[1928]   *Milton et le matérialisme chrétien en Angleterre.* Paris 1928

Sauter, F.

(1953)   Die theoretischen Grundlagen für Streuung und Bremsung geladener Teilchen. In Heisenberg [1953, S. 456–481]

Schafroth, M. R.

(1949)   Radiative corrections to the Klein-Nishina formula (Letter). *Phys. Rev.* **75**, 1111 (1949)

(1949/50) Höhere strahlungstheoretische Näherungen zur Klein-Nishina Formel. [I] und II. *HPA* **22**, 392–394; 501–536 (1949); **23**, 542–546 (1950)

(1951)   Bemerkungen zur Fröhlichschen Theorie der Supraleitung. *HPA* **24**, 645–662 (1951)

(1952)   Coulomb interaction and the Meissner-Ochsenfeld effect. *Nuovo Cimento* **9**, 1 (1952)

(1954)   Theory of superconductivity. *Phys. Rev.* **96**, 1442 (1954)

Schelling, F. W. J.

[1799]   *Erster Entwurf eines Systems der Naturphilosophie.* Jena, Leipzig 1799

Scherrer, P.

(1950)   Prof. Dr. Helmut Bradt. (Nekrolog) *HPA* **23**, 346 (1950)

Scherrer, W.
(1950) Über den Einfluß des metrischen Feldes auf ein skalares Materiefeld. *HPA* **23**, 547–555 (1950)

Schiff, L. I.
[1949] *Quantum mechanics.* New York 1949
(1951a) Nonlinear meson theory of nuclear forces. I. Neutral scalar mesons with point contact repulsions. *Phys. Rev.* **84**, 1–9 (1951)
(1951b) Nonlinear meson theory of nuclear forces. II. Nonlinearity in the meson-nucleon coupling. *Phys. Rev.* **84**, 19–11 (1951)
(1952) Nonlinear meson theory of nuclear forces. III. Quantization of the neutral scalar case with nonlinear coupling. *Phys. Rev.* **86**, 856–857 (1952)

Schilpp, P. A., Hrsg.
[1949] *Albert Einstein. Philosopher scientist.* London 1949
[1952]* *The philosophy of Sarvepalli Radhakrishnan.* New York 1952

Schipperges, H.
(1989) Paracelsus (1493–1541). In Böhme [1989, S. 99–116]

Schlomka, T. und G. Schenkel
(1949) Relativitätstheorie und Unipolarinduktion. *Ann. Phys.* **5**, 57–62 (1949)

Schneider, C.
[1970] *Geistesgeschichte der christlichen Antike.* München 1970.

Schneider, I.
(1976) Wahrscheinlichkeit und Zufall bei Kepler. *Philosophia Naturalis* **16**, 40–63 (1976)
[1988] *Die Entwicklung der Wahrscheinlichkeitstheorie von den Anfängen bis 1933. Einführung und Texte.* Darmstadt 1988
[1993] *Johannes Faulhaber (1580–1635). Rechenmeister in einer Zeit des Umbruchs.* Basel 1993

Schneider, Walther
[1937]* *Schopenhauer. Eine Biographie.* Wien 1937

Scholem, Gershom
[1946]* *Major trends in Jewish mysticism.* New York 1946
(1949) Kabbalah und Mythos. *Eranos Jahrbuch* **17**, 287 334 (1949)
(1951)* *Tradition und Neuschöpfung im Ritus der Kabbalisten. Eranos Jahrbuch* **19**, 121–180 (1951)
(1953) Die Vorstellung vom Golem in ihren tellurischen und magischen Beziehungen. *Eranos Jahrbuch* **22**, 235–289 (1953)
[1957] *Die Jüdische Mystik in ihren Hauptströmungen.* Frankfurt 1957 [1960] *Zur Kabbala und ihrer Symbolik.* Zürich 1960

Schopenhauer, A.
[1813/47] *Über die vierfache Wurzel des Satzes vom zureichenden Grunde. Eine philosophische Abhandlung.* Rudolstadt 1813, Frankfurt a. M. ^{2}1847. Auch in Schopenhauer [1890/92, Band 3, S. 1–177]
[1819/44] *Die Welt als Wille und Vorstellung.* 2 Bände. Leipzig 1819/1844. Auch in Schopenhauer [1890/92, Band 1 und 2]
(1819/44) Kritik der Kantschen Philosophie. Anhang zu Schopenhauer [1819/44, Band I]
[1836] *Über den Willen in der Natur.* Frankfurt a. M. 1836, ^{2}1854. Auch in Schopenhauer [1890/92, Band 3, S. 179–343]

[1839]   *Preisschrift über die Freiheit des Willens.* Auch in Schopenhauer [1890/92, Band **3**, S. 381–481]

[1840]   *Preisschrift über die Grundlage der Moral.* Auch in Schopenhauer [1890/92, Band **3**, S. 483–656]

[1851]   *Parerga und Paralipomena. Kleine philosophische Schriften.* **I** und **II**. Berlin 1851. Auch in Schopenhauer [1890/92, Band **4** und **5**]

(1851a)   Fragmente zur Geschichte der Philosophie. (Erschien als gesondertes Kapitel in *Parerga und Paralipomena* I.) Auch in Schopenhauer [1890/92, Band **4**, S. 45–162]

(1851b)   Transzendente Spekulation über die anscheinende Absichtlichkeit im Schicksale des Einzelnen. (Erschien als gesondertes Kapitel in *Parerga und Paralipomena* I.) Auch in Schopenhauer [1890/92, Band **4**, S. 229–255]

[1863]   *Von ihm, über ihn. Ein Wort der Verteidigung von E. O. Lindner und Memorabilien, Briefe und Nachlaßstücke von J. Frauenstädt.* Berlin 1863

[1890/92] *Arthur Schopenhauers sämtliche Werke.* Herausgegeben von Eduard Grisebach. 6 Bände. Leipzig 1890–1892

[1919]*   *Arthur Schopenhauers sämtliche Werke.* Herausgegeben von Julius Frauenstädt. 6 Bände. Leipzig 1873/74, ²1878. Zweite Auflage, neue Ausgabe. Leipzig 1919

Schottky, W.
[1929]*   [In Gemeinschaft mit H. Ulich und C. Wagner] *Thermodynamik.* Berlin 1929

Schrecker, E.
[1986]   *No Ivory Tower: McCarthyism and the Universities.* New York und Oxford 1986

Schreier, W.
[1988]   *Biographien bedeutender Physiker.* Berlin 1988

Schrödinger, E.
(1950)   Was ist ein Elementarteilchen? *Endeavour* **9**, 109–118 (1950)
[1950]   *Space-time structure.* Cambridge 1950
(1952a, b) Are there quantum jumps? Teil I und II. *BJPS* **3**, 109–123; 233–242 (1952)
(1953)   The general theory of relativity and wave mechanics. In Born [1953, S. 65–74]

Schröter, F.
(1953)   August Karolus. *Archiv der elektrischen Übertragung* **7**, 117 (1953)

Schüller, V.
[1991]   *Der Leibniz Clark Briefwechsel.* Berlin 1991

Schultz, W.
[1910]   *Dokumente der Gnosis.* Jena 1910

Schütz, Friedrich
[1897]*   *Das heutige Rußland. Momentaufnahmen.* Leipzig 1897
[1909]*   *Werden und Wirken des Bürgerministeriums.* Mitteilungen aus unbenutzten Quellen und persönliche Erinnerungen. Leipzig 1909 [Die hierin enthaltenen Aufsätze waren zuerst als Artikelserie in der *Neuen Freien Presse* erschienen.]

Schweber, S. S.
(1961/62) Relativistische Quantenmechanik. In Margenau und Murphy [1967, Band **II**, S. 537–633]
(1986c)   Feynman and the visualization of space-time processes. *Rev. Mod. Phys.* **58**, 449–508 (1986)

(1989a)   Some reflections on the history of particle physics in the 1950s. In Brown
            et al. [1989, S. 668–693]
(1989b)   Big science in context: Cornell and MIT. In Galison und Hevly [1992, S.
            149–183]
[1994]   *QED and the man who made it: Dyson, Feynman, Schwinger, and Tomonaga.*
            Princeton, New Jersey 1994

Schweber, S. S., H. Bethe und F. Hoffmann
[1955]   *Mesons and fields.* Band I. New York 1955

Schwinger, J.
(1948a)   On quantum-electrodynamics and the magnetic moment of the electron.
            Phys. Rev. **73**, 416–417 (1948). Wiederabdruck in Schwinger [1958, S. 142]
(1948b)   On the electromagnetic shift of energy levels [Abstract, New York Meeting
            der APS, 29.–31. Januar 1948]. *Phys. Rev.* **73**, 1272 (1948)
(1948c)   Quantum electrodynamics. I. A covariant formulation. *Phys. Rev.* **74**, 1439–
            1461 (1948)
(1949a)   Radiative corrections to the Klein-Nishina formula [Abstract, Chicago
            Meeting der APS, 26.–27. November 1948]. *Phys. Rev.* **75**, 411 (1949)
(1949b)   Quantum electrodynamics II. Vacuum polarization and self-energy. *Phys.
            Rev.* **75**, 651–679 (1949)
(1949c)   Quantum electrodynamics. III. The electromagnetic properties of the
            electron-radiative corrections to scattering. *Phys. Rev.* **76**, 790–817 (1949).
            Wiederabdruck in Schwinger [1958, S. 169–196]
(1949d)   On radiative corrections to electron scattering. *Phys. Rev.* **75**, 898–899
            (1949). Wiederabdruck in Schwinger [1958, S. 143]
(1949e)   On the classical radiation of accelerated electrons. *Phys. Rev.* **75**, 1912–1925
            (1949)
(1950)   On the charge independence of nuclear forces. *Phys. Rev.* **78**, 135–139
            (1950)
(1951a)   On gauge invariance and vacuum polarization. *Phys. Rev.* **82**, 664–679
            (1951)
(1951b)   On the Green's functions of quantized fields. *Proceedings of the National
            Academy of Science* **37**, 452–459 (1951)
(1951c)   Theory of quantized fields. I. *Phys. Rev.* **82**, 914–926 (1951)
[1952a]   *Lecture notes on quantum mechanics.* Harvard University 1952 [Un-
            veröffentlicht. Zitiert nach Wu-yang Tsai, *Phys. Rev.* **9**A, S. 1086 (1974)]
[1952b]*   *On angular momentum.* Harvard University, January 26, 1952. NDA, White
            Plains, New York
[1956]   [Hrsg.] *Differential equations of quantum field theory.* Menlo Park und
            Stanford 1956
[1958]   [Hrsg.] *Selected papers on quantum electrodynamics.* New York 1958
(1965)   Relativistic quantum field theory. In *Les Prix Nobel en 1965*, Stockholm
            1966. Dort S. 161–171
(1983a, b) Renormalization theory of quantum electrodynamics: an individual view. –
            Two shakers of physics: memorial lecture for Sin-itiro Tomonaga. In Brown
            und Hoddeson [1983, S. 329–353; 354–375]
(1989)   A path to quantum electrodynamics. *Physics Today*, Februar 1989, S. 42–48

Schwinger, J. und V. F. Weisskopf
(1948)   On the electromagnetic shift of energy levels (Abstract). *Phys. Rev.* **73**, 1272
            (1948)

Schwyzer, H. R.
(1951)*   Plotinos. Artikel in Pauly-Wissowa-Kroll-Ziegler [1951, Spalte 471–592]

Scott, F.
[1952]   *The scientific work of R. Descartes.* London 1952

Scott, W. T. und G. E. Uhlenbeck
(1942)   On the theory of cosmic ray showers. **II.** Further contributions to the fluctuation problem. *Phys. Rev.* **62**, 497–508 (1942)

Seelig, C., Hrsg.
[1952]   *Albert Einstein und die Schweiz.* Zürich 1952
[1954]   *Albert Einstein. Eine dokumentarische Biographie.* Zürich, Stuttgart, Wien 1954
[1956/86]   *Helle Zeit – Dunkle Zeit. In memoriam Albert Einstein.* Braunschweig, Wiesbaden 1956, ²1986

Segré, E.
(1950)   High energy scattering of neutrons and protons. In *Kernphysik und Quantenelektrodynamik* [1950, S. 197–205]
[1970]   *Enrico Fermi, physicist.* Chicago 1970
[1980]   *From X-rays to quarks: Modern physicists and their discoveries.* San Francisco 1980

Seidel, R.
(1983)   Accelerating science: The postwar transformation of the Lawrence Radiation Laboratory: *HSPS* **13**, 375–400 (1983)

Sekido, Y. und H. Elliot, Hrsg.
[1985]   *Early history of cosmic ray studies.* Personal reminiscences with old photographs. Dordrecht/Boston/Lancaster 1985

Seligman de Witt, B.
(1951)   Theoretical physics in the Alps. *Physics Today*, Dezember 1951, S. 22–23

Seneca, L. A.
[1522]   *Naturalium quaestionum libri VII.* Venedig 1522. Deutsche Übersetzung von J. M. Moser. Stuttgart 1830

Serber, R.
(1949)   The spins of the mesons (Abstract). *Phys. Rev.* **75**, 1459 (1949)
(1983)   Particle physics in the 30s: A view from Berkeley. In Brown and Hoddeson [1983, S. 206–221]

Sexl, Th.
(1952)   Über den Schalenaufbau der Atomkerne. *Acta Phys. Austr.* **5**, 330–335 (1952)

Shalit, Amos de, O. Huber und H. Schneider
(1952)   On the decay of some odd isotopes of Pt, Au and Hg. *HPA* **25**, 279–304 (1952)

Shamos, M. H. und G. M. Murphy
[1956]   *Recent advances in science, physics and applied mathematics.* New York 1956

Shenstone, A. G.
(1948)   *Philosophical Transactions of the Royal Society*, London **A241**, 297 (1948)

Shepley, J. R. und C. Blair
[1955]   *Die Wasserstoffbombe.* Stuttgart 1955

Sherwin, M. J.

(1977) *Niels Bohr and the atomic bomb: The scientific ideal and international politics 1943–1944.* In Weiner [1977, S. 352–369]

Siegel, C. L.

[1956]* *Vorlesungen über Himmelsmechanik.* Berlin 1956

Smith, A. K.

[1965] *A peril and a hope: The scientists' movement in America 1945–1947.* Chicago 1965

Snell, H. und L. C. Miller

(1948) On the radiactive decay of the neutron. *Phys. Rev.* **74**, 1217 (1948)

Soal, Bateman

[1954]* *Modern experiments in telepathy.* London 1954

Societá Italiana di Fisica

[1949] Siehe *Congresso internazionale di Fisica* [1949]

[1951] 36. Congresso della Società Italiana di Fisica' tenutosi a Bologna in occasione della celebrazione per il centenario della nascita di Augusto Righi. Bologna, 15–20 Settembre 1950. Supplemento al volume **VIII**, serie IX del *Nuovo Cimento* 1951, Nr. 1

Solvay, Institut International de Chemie

[1948]* *Les particules élémentaires.* Rapports et discussions du 8e Conseil de Physique, tenu à l'Université de Bruxelles du 27.IX.–2.X.1948. Brüssel 1950

Sommerfeld, A.

[1919] *Atombau und Spektrallinien.* Braunschweig ^{1}1919

[1931] *Atombau und Spektrallinien.* Band **1**: Braunschweig ^{5}1931

[1939] *Atombau und Spektrallinien,* Band **2**. Braunschweig 1939

[1948] *Vorlesungen über theoretische Physik,* Band **3**: *Elektrodynamik.* Wiesbaden 1948, ^{2}1949, ^{4}1964

[1950]* *Vorlesungen über theoretische Physik,* Band **4**: *Optik.* Wiesbaden 1950

[1952] *Vorlesungen über Theoretische Physik.* Band **5** (Herausgegeben von F. Bopp und J. Meixner): *Thermodynamik und Statistik.* Wiesbaden 1952

Sommerfeld, A. und F. Krauß

(1951) Otto Blumenthal zum Gedächtnis. *Jahresberichte der Rheinisch-Westfäli- schen Technischen Hochschule, Aachen* **4**, 21–22 (1951)

Spalek. J. M.

[1978] *Verzeichnis der Quellen und Materialien der deutschsprachigen Emigration in den U.S.A. seit 1933.* Charlottesville, Virginia 1978

Speiser, A.

(1937) Der Erlösungsbegriff bei Plotin. *Eranos Jahrbuch* **5**, 137–154 (1937)

(1940/41) Die platonische Lehre vom unbekannten Gott und die christliche Trinität. *Eranos Jahrbuch* **8**, 11–29 (1940/41). Auch in Speiser [1955, S. 32–44]

[1950] *Über die Freiheit.* Basel 1950

[1952] *Die mathematische Denkweise.* Basel 1952

[1955] *Die geistige Arbeit.* Basel und Stuttgart 1955

Speiser, D.

(1986) Hermann Weyl 1885–1955. *Phys. Bl.* **42**, 39–44 (1986)

Speziali, P., Hrsg.

[1972] *Albert Einstein, Michele Besso. Correspondance 1903–1955.* Paris 1972

Spinoza, B.
[1677]   *Tractatus de intellectus emendatione et de via, qua optime in verum rerum cognitionem dirigitur*. Amsterdam 1677

Stapp, H. P.
(1972)   The Copenhagen interpretation. *AJP* **40**, 1098–1116 (1972)
[1993]   *Mind, matter, and quantum mechanics*. Berlin, Heidelberg, London 1993

Staub, H. H.
(1980)   Ten years of neutron physics with Felix Bloch at Stanford, 1938–1949. In Chodrow et al. [1980, S. 193–200]

Staub, H. H. und H. Wäffler
(1951)   Physics in Switzerland. *Physics Today*, Mai 1951, S. 16–17

Steinberger, J.
(1949)   On the use of subtraction fields and the lifetimes of meson decay. *Phys. Rev.* **76**, 1180–1186 (1949)
(1989)   A particular view of particle physics in the fiftieth. In Brown Dresden, Hoddeson und West [1989, S. 331–342]

Steinberger, J., W. K. H. Panofsky und J. Steller
(1950)   Evidence for the production of neutral mesons by photons. *Phys. Rev.* **78**, 802–805 (1950)

Steinmaurer, R.
(1962)   Fünfzig Jahre kosmische Strahlung: Rückblick auf Entdeckung und Erforschung. *Phys. Bl.* **18**, 363–369 (1962)

Stern, A. W.
(1949)   A trend in contemporary physics. *Physics Today*, Mai 1949, S. 21–26

Stern, O.
(1949)   On the term k ln n! in the entropy. *Rev. Mod. Phys.* **21**, 534–540 (1949)

Stern, Ph. M. und H. P. Green
[1969]   *The Oppenheimer case. Security on trial*. New York, Evanston, London 1969

Stevens, A.
[1993]   *Das Phänomen C. G. Jung. Biographische Wurzeln einer Lehre*. Solothurn/Düsseldorf 1993

Steward, G. R.
[1950]   *The years of the oath*. New York 1950

Stigler, S. M.
[1986]   *The history of statistics. The measurement of uncertainty before 1900*. Cambridge, Mass. 1986

Stille, U.
(1952)   Neuere Bestimmungen der Vakuumlichtgeschwindigkeit. *Phys. Bl.* **8**, 507–509 (1952)

Stössel, R.
(1960)   Als Vorlesungsassistent bei Scherrer. In Frauenfelder et al. [1960, 37–40]

Strachan, C.
[1969]   *The theory of beta-decay*. Oxford 1969

Straumann, N.
(1987)   Zum Ursprung der Eichtheorien bei Hermann Weyl. *Phys. Bl.* **43**, 414–421 (1987)

Strauss, M. D. H.
(1936)   Zur Begründung der statistischen Transformationstheorie der Quantenphysik. *SPAW* 1936, S. 382–398
[1938]   *Mathematische und logische Beiträge zur Komplementaritätstheorie.* Dissertation. Prag 1938
(1950)   Zu Einsteins neuer Feldtheorie. *Forsch. u. Fortschr.* **26**, 247–251 (1950)
[1963]   Hans Reichenbach und die Berliner Schule. *NTM*, Beiheft 1, S. 268–278 (1963)

Street, J. C.
(1954)   Developments in cosmic radiation, 1954–1950. In Brackett [1954, S. 28–53]

Stückelberg, E. C. G.
(1938)   Die Wechselwirkungskräfte in der Elektrodynamik und in der Feldtheorie der Kernkräfte. (Teil I, II und III). *HPA* **11**, 225–328; 299–328 (1938)
(1947)   The present state of the S-operator theory. In *International Conference on Fundamental Particles and Low Temperatures* [1947, Band I, S. 199–200]
(1952)   Théorème H et unitarité de S. *HPA* **25**, 577–580 (1952)

Stückelberg, E. C. G. und D. Rivier
(1950)   Causalité et structure de la matrice S. *HPA* **23**, 215–222 (1950)

Stuewer, R. H., Hrsg.
[1979]   *Nuclear physics in retrospect:* Proceedings of a symposium on the 1930's. Minneapolis 1979

Sulzer, P.
(1950)   Berechnung der Intensitätsverteilung eines kontinuierlichen Absorptionsspektrums in Abhängigkeit von der Wellenzahl und Temperatur. *HPA* **23**, 531–535 (1950)

Swartz, C.
(1966)   Resource letter SAP-1 on fundamental particles. *AJP* **34**, 1079–1086 (1966)

Swedenborg, Emanuel von
(1749/56) *Arcana coelestia.* 8 Bände, London 1749–1756

Synnott, M. G.
[1979]   *The half opened door: Discriminations and admissions at Harvard, Yale and Princeton 1900–1970.* Westport, CT 1979

Szilard, L.
(1925)   Über die Ausdehnung der phänomenologischen Thermodynamik auf die Schwankungserscheinungen. *Z. Phys.* **32**, 753–788 (1925)
(1929)   Über die Entropieverminderung in einem thermodynamischen System beim Eingriff intelligenter Wesen. *Z. Phys.* **53**, 840–856 (1929)

Takabayasi, T.
(1952)   On the formulation of quantum mechanics associated with classical pictures. *Progr. Theor. Phys.* **8**, 143–182 (1952)
(1983)   Early elementary particle theory in Japan. In Brown und Hoddeson [1983, S. 294–303]

Talmi, I.
(1952)   Nuclear spectroscopy with harmonic oscillator wave functions. *HPA* **25**, 185–234 (1952). (Züricher Dissertation)

Tamm, I. E.
[1991]   *Selected papers.* Herausgegeben von B. M. Bolotovskii und V. Ya. Frenkel. Berlin, Heidelberg, New York 1991

Tata Institute of Fundamental Research
[1951]   Siehe *International conference on elementary particles* [1951]

Taylor, J. G., Hrsg.
[1987]   *Tributes to Paul Dirac*. Bristol 1987

Telesio, B.
[1565/87]   *De natura rerum iuxta propria principia*. Buch **I** und **II**: Rom 1565, Buch
              I–IX: Neapel 1587

Teller, E.
(1949)   The origin of cosmic radiation. *Physics Today*, August 1949, S. 7–13 {Siehe
              auch Mayer und Teller [1948]}

Temple, R.
(1982)   David Bohm. *New Scientist*, 11. November 1982, S. 361–365

Thellung, A.
(1952)   Höhere mesontheoretische Näherungen zum magnetischen Moment des Pro-
              tons. *HPA* **25**, 307–338 (1952). {Im Januar 1952 eingereichte Promotions-
              arbeit an der ETH Zürich}
(1953)   On the hydrodynamics of non-viscous fluids and the theory of helium II.
              Part II. *Physica* **19**, 217–226 (1953)
(1988)   Pauli als Lehrer. In Enz und von Meyenn [1988, S. 95–104]

Thellung, A. und F. Villars
(1948)   On the magnetic moment of H^3 and He^3 in the Møller-Rosenfeld theory of
              nuclear forces. *Phys. Rev.* **73**, 924–925 (1948)

Thirring, W.
(1950a)   On a fourth-order meson equation. *Phil. Mag.* **41**, 653–662 (1950)
(1950b)   Radiative corrections in the non-relativistic limit. *Phil. Mag.* **41**, 1193–1194
              (1950)
(1951a)   Bericht über die neuen Entdeckungen im Wasserstoffspektrum. *Acta Phys.
              Austr.* **4**, 325–337 (1951)
(1951b)   Pair creation by mesons. *PRIA* **54**A, 205–216 (1951)
(1952a)   Nicht-lineare Terme in Meson-Gleichungen. *Z. Naturforsch.* **7**a, 63–66
              (1952)
(1953a)   On the divergence of perturbation theory for quantized fields. *HPA* **26**, 33–52
              (1953)
(1953b)   Photoerzeugung von Mesonen in Atomkernen. *HPA* **26**, 435; 465–488
              (1953)
[1955]   *Einführung in die Quantenelektrodynamik*. Wien 1955

Thirring, W. und B. Touschek
(1951)   A covariant formulation of the Bloch-Nordsieck method. *Phil. Mag.* **42**,
              244–249 (1951)

Thiry, Y.
(1948)   Les équations de la théorie unitaire de Kaluza. *C. R. Acad. Sci., Paris* **226**,
              216–218 (1948)
[1951]   *Étude mathématique des équations d'une théorie unitaire à quinze variables
              de champ*. Thèse de l'université de Paris, Paris 1951

Thompson, R. W.
(1983)   On the discovery of the neutral kaons. In Brown und Hoddeson [1983, S.
              251–257]

Tiomno, J. und J. A. Wheeler
(1949)		Guide to the literature of elementary particle physics. *American Scientist* **37**, Nr. 1, 2 (April und Juli 1949)

Toda, M. und A. Isihara
(1951)		On the liquid He^3 and its mixture with He^4. *Progr. Theor. Phys.* **6**, 480–485 (1951)

Tolman, R. C.
[1938]		*The principles of statistical mechanics.* Oxford 1938

Tomonaga, S.
(1948)		On infinite field reactions in quantum field theory (Letter). *Phys. Rev.* **74**, 224–225 (1948)
(1965)		Development of quantum electrodynamics. Personal recollections. In *Les Prix Nobel en 1965*, Stockholm 1966. Dort S. 151–160
[1971]		*Scientific Papers.* 2 Bände, herausgegeben von T. Miyazima. Tokio 1971

Tonnelat, M.-A.
[1955]*		*La théorie du champ unifié d'Einstein et quelqu'unes de ses dévelopments.* Paris 1955

Touschek, B. F.
(1950)		Das Synchrotron. *Acta Phys. Austr.* **3**, 146–155 (1950)

Toynbee, A., S. Radhakrishnan, u. a., Hrsg.
[1954]*		*Man's right to knowledge. A series of lectures on „Tradition and change" presented by the Columbia Broadcasting System over its radio network in Honor of the bicentennial of Columbia University, 1754–1954.* New York 1954

Trachtenberg, J.
[1945]		*The devil and the Jews. The medieval conception of the Jew and its relation to modern antisemitism.* New Haven, Connecticut ^{2}1945

Ts'ao Chan
[1932/48]*		*Der Traum der Roten Kammer. Ein Roman der frühen Tsing-Zeit.* Aus dem Chinesischen übertragen von Franz Kuhn. Leipzig 1932, 1948, 1956; Wiesbaden 1990

Tyrell, G. N. M.
[1948]*		*The personality of man.* Penguin Books 1948

Überweg, F.
[1863/66]		*Grundriß der Geschichte der Philosophie.* 3 Teile. Berlin 1863–1866

Umezawa, H.
[1956]		*Quantum theory of fields.* Amsterdam 1956

Urban, P. und F. Schwarzl
(1951)		Die Theorie der Teilchen mit höherem Spin. *Acta Phys. Austr.* **4**, 380–404 (1951)

Valatin, J. G.
(1951)		On quantum electrodynamics. *Kgl. Danske Vid. Selsk.* **26**, Nr. 13, 1–32 (1951)

Verde, M.
(1949)		On the elastic scattering of neutrons by deuterons. *HPA* **22**, 339–360 (1949)

Vickers, B.
[1984]		[Hrsg.] *Occult and scientific mentalities in the renaissance.* Cambridge 1984

Vigier, J. P.

(1951a)   Introduction géométrique des particules élémentaires en théorie unitaire affine. *C. R. Acad. Sci., Paris* **232**, 1187–1189 (1951)

(1951b)   Introduction géométrique de l'onde pilote en théorie unitaire affine. *C. R. Acad. Sci., Paris* **233**, 1010–1013 (1951)

(1982)   Non-locality, causality and aether in quantum mechanics. *Astronomische Nachrichten* **303**, 55–80 (1982)

Villars, F.

(1950)   On the energy-momentum tensor of the electron. *Phys. Rev.* **79**, 122–128 (1950)

(1960)   Regularization and non singular interactions in quantum field theory. In Fierz und Weisskopf [1960, S. 78–106]

Villars, F. und A. Thellung

(1948)   Das magnetische Moment von H^3 und He^3 nach der Møller-Rosenfeld-Theorie der Kernkräfte. *HPA* **21**, 355–364 (1948)

Vorländer, K.

[1957]   *Immanuel Kant. Der Mann und das Werk.* Hamburg ^{2}1957

Waerden, B. L. van der

(1943)   Die Harmonielehre der Pythagoreer. *Hermes* **78**, 163–199 (1943)

[1950/56]   *Ontwakende Wetenschap.* Groningen 1950. Englische Übersetzung: *Science awakening.* Groningen 1954.

[1951]   *Die Astronomie der Pythagoreer.* Amsterdam 1951

(1951)   Der Begriff der Wahrscheinlichkeit. *Studium Generale* **4**, 65–68 (1951)

(1952/53)   History of the zodiac. *Archiv für Orientforschung* **16**, 216–230 (1952/53)

[1956]   *Erwachende Wissenschaft.* [Band I:] *Ägyptisch-babylonische und griechische Mathematik.* Basel und Stuttgart 1956

(1960)   Exclusion principle and spin. In Fierz und Weisskopf [1960, S. 199–244]

(1968)   Platon und die Pytagoreer. *Neue Zürcher Zeitung*, 4. August 1968

[1968]   *Erwachende Wissenschaft.* Band II: *Die Anfänge der Astronomie.* Basel und Stuttgart 1968.

[1979]   *Die Pythagoreer. Religiöse Bruderschaft und Schule der Wissenschaft.* Zürich, München 1979

Wäffler, H.

(1960)   Kernphotoprozesse. In Frauenfelder et al. [1960, 83–100]

[1992]   *Forschung in Kernphysik an der ETH Zürich – 1928 bis 1960. Paul Scherrer Institut* Würenlingen und Villingen. CH–5232 Villingen PSI 1991.

Wagner, K., Hrsg.

[1838]   *Briefe von und an Johann Heinrich Merck.* Darmstadt 1838

Wali, K. C.

[1991]   *A biography of S. Chandrasekhar.* Chicago und London 1991

Walker, M.

[1990]   *Die Uranmaschine. Mythos und Wirklichkeit der deutschen Atombombe.* Berlin 1990

(1990a)   Heisenberg, Goudsmit and the German atomic bomb. *Physics Today*, Januar 1990, S. 52–60

(1990b)   Legenden um die deutsche Atombombe. *Vierteljahrshefte für Zeitgeschichte*, Heft **1** (1990), S. 45–74

Waloschek, P.

[1986] *Der Multimensch. Forscherteams auf den Spuren der Quarks und Leptonen.* Düsseldorf und Wien 1986

Wang, J.

(1992) Science, security, and the cold war. The case of E. U. Condon. *Isis* **83**, 238–269 (1992)

Ward, J.

(1950a) The scattering of light by light. *Phys. Rev.* **77**, 293 (1950)

(1950b) An identity in quantum electrodynamics. *Phys. Rev.* **78**, 182 (1950)

(1951a) On the renormalization of quantum electrodynamics. *Proc. Phys. Soc.* **A64**, 54–56 (1951)

(1951b) Renormalization theory of the interactions of nucleons, mesons, and photons. *Phys. Rev.* **84**, 897–902 (1951)

Wataghin, G.

(1934) Bemerkung über die Selbstenergie der Elektronen. *Z. Phys.* **88**, 92–98 (1934)

(1935) Über die relativistische Quanten-Elektrodnamik und die Ausstrahlung bei Stößen sehr energiereicher Elektronen. *Z. Phys.* **92**, 547–560 (1935)

(1948) On the multiple production of mesons (Letter). *Phys. Rev.* **74**, 975 (1948)

Watson, K. M. und J. V. Lepore

(1950) Radiative corrections to nuclear forces in the pseudoscalar meson theory. *Phys. Rev.* **76**, 1157–1163 (1949)

Wehr, G.

[1971] *Jakob Böhme. In Selbstzeugnissen und Bilddokumenten.* Reinbek bei Hamburg 1971

[1989] *Meister Eckhart. In Selbstzeugnissen und Bilddokumenten.* Reinbek bei Hamburg 1989

Weigle, J.

(1950) Paul Scherrer zum 60. Geburtstag. *HPA* **23**, 4–6 (1950)

Weiner, Ch., Hrsg.

[1977] *History of twentieth century physics.* New York 1977

Weisskopf, V. F.

(1950) Compound nucleus and nuclear resonances. *HPA* **23**, 187–200 (1950)

(1951) Physics in France. *Physics Today*, Juni 1951, S. 6–11

(1956) Elementary particles. In Shamos und Murphy [1956, S. 115–136]

[1958] *Introduction to field theory.* [17] Lectures given to the experimental physicists at CERN. Genf, Theoretical Study Division, 15th September 1958

(1963) The place of elementary particle research in the development of modern physics. *Physics Today*, Juni 1963, S. 26–34

(1967) [A Memorial to Oppenheimer] The Los Alamos Years. *Physics Today*, Oktober 1967, S. 39–42

[1972] *Physics in the twentieth century: Selected essays.* Cambridge, Massachusetts 1972.

(1972) My life as a physicist. In Weisskopf [1972, S. 1–21]

(1983) Growing up with field theory: the development of quantum electrodynamics. In Brown und Hoddeson [1983, S. 56–81]

(1988) Meine Assistentenzeit bei Pauli. In Enz und von Meyenn [1988, S. 80–88]

[1989] *The privilege of being a physicist.* New York 1981

[1991] *The joy of insight: Passions of a physicist.* Basic Books 1991 Deutsche Übersetzung: *Mein Leben. Ein Physiker, Zeitzeuge und Humanist erinnert sich an unser Jahrhundert.* Bern, München, Wien 1991

Weizel, W.
[1949/50] *Lehrbuch der theoretischen Physik.* 2 Bände. Berlin, Göttingen, Heidelberg 1949 und 1950
(1953a, b) Ableitung der Quantentheorie aus einem klassischen, kausal determinierten Modell. [I] und II. *Z. Phys.* **134**, 264–285, **135**, 270–273 (1953)

Weizsäcker, C. F. von
(1953) Klassische Feldtheorie der Mesonen. In Heisenberg [1953, S. 535–546]
(1977) Heisenberg's conception of physics. In Castell et al. [1977, S. 9–19]

Wenger, R.
[1986] *Ernst C. G. Stückelberg von Breidenbach.* Bibliothèque Section de physique, Faculté des Sciences de l'Université de Genève, 1986.

Wentzel, G.
(1949a) Zur Frage des Spins der Mesonen. *HPA* **22**, 101–104 (1949)
(1949b) Polarization effects of vector-mesons. *Phys. Rev.* **75**, 1810–1814 (1949)
(1950a) μ-pair theories and the π-meson. *Phys. Rev.* **79**, 710–717 (1950)
(1950b) Nuclear saturation phenomena deducible from pair theories. *Progr. Theor. Phys.* **5**, 584–599 (1950)
(1950c) The interaction of the lattice vibrations with electrons in a metal (Letter). *Phys. Rev.* **83**, 168–169 (1950)
(1951) Some recent problems of meson theory. In *International Conference on elementary particles* [1951, S. 99–104]
(1952a) Bemerkungen zur skalaren Paartheorie. *HPA* **25**, 569–576 (1952)
(1952b) Pion-proton scattering and the strong coupling meson theory. *Phys. Rev.* **86**, 437–439 (1952)
(1952c) Pseudoscalar coupling in pseudoscalar meson theory. *Phys. Rev.* **86**, 802 (1952)
(1960) Quantum theory of fields (until 1947). In Fierz und Weisskopf [1960, S. 48–77]

Wertenschlag-Birkhäuser, E.
(1995a) Die Begegnung des Menschen mit dem «Liecht der Natur». In Atmanspacher et al. [1995, S. 89–108]
(1995b) Kepler und Fludd: Überlegungen zu Wolfgang Paulis Kepler-Aufsatz. In Atmanspacher et al. [1995, S. 301–316]

Westfall, R. S.
[1980] *Never at rest. A Biography of Isaac Newton.* Cambridge 1980

Westman, R.
(1984) Nature, art, and psyche: Jung, Pauli, and the Kepler-Fludd polemic. In Vickers [1984, S. 177–229]

Wet, J. S. de
(1950) The interaction representation in the quantum theory of fields. *Proc. Roy. Soc.* A**201**, 284–296 (1950)

Weyl, H.
[1949]* *Philosophy of mathematics and natural science.* Princeton 1949
[1956] *Selecta Hermann Weyl.* Basel und Stuttgart 1956
[1968] *Gesammelte Abhandlungen.* Herausgegeben von K. Chandrasekaran. Band I–IV. Berlin, Heidelberg, New York 1968

Wheeler, J. A.
(1979)   Some men and moments in nuclear physics. In Stuewer [1979, S. 217–322]

White, L. D.
(1951)   The loyalty program of the United States Government. *Bull. atom. Sci.* **7**, 363–366; 382 (1951)

White, St. E.
[1940/48]   *The unobstructed Universe.* New York 1940. Deutsche Übersetzung. Zürich 1948

Whittaker, E. T.
[1924]   *Analytische Mechanik der Punkte und starren Körper.* Berlin 1924

Wick, G. C.
(1950)   Evaluation of the collision matrix. *Phys. Rev.* **80**, 268–273 (1950)
(1986)   Jack Steinberger and the early days of pion physics. In Kleinknecht und Lee [1986, S. 275–278]

Wick, G. C., A. S. Wightman und E. P. Wigner
(1952)   The intrinsic parity of elementary particles. *Phys. Rev.* **88**, 101–105 (1952)

Wightman, A. S.
(1953)   An example on a constant relativistic quantum theory of interacting particles. In *Report of the International Physics Conference* [1953, S. 55–56]
(1960)   L'invariance dans la mécanique quantique relativiste. In de Witt und Omnés [1960]

Wigner, E. P.
(1939)   On unitary representations of the inhomogeneous Lorentz group. *Ann. Math. (Princeton)* **40**, 149–204 (1939)
(1949)   Invariance in physical theory. *Proceedings of the American Philosophical Society* **93**, 521–526 (1949). Wiederabgedruckt in Wigner [1967, S. 3–13]
(1950)   Do the equations of motion determine the quantum mechanical commutation relations? *Phys. Rev.* **77**, 711–712 (1950)
(1952)   Die Messung quantenmechanischer Operatoren. *Z. Phys.* **133**, 101–108 (1952)
(1957)   Relativistic invariance and quantum phenomena. *Rev. Mod. Phys.* **29**, 255–268 (1957). Wiederabgedruckt in Wigner [1967, S. 51–81]
[1967]   *Symmetries and reflections.* Scientific essays of Eugene P. Wigner. Woodbridge, Connecticut 1967
(1987)   Remembering Paul Dirac. In Kosurnoglu und Wigner [1987, S. 57–65]

Wikander, S.
[1951]   *Études sur les mystères de Mithras.* Lund 1951

Wilhelm, R.
[1921]   *Laotse: Taoteking. Das Buch des Alten vom Sinn und Leben.* Jena [1]1921, Stuttgart [2]1948
[1922]   *Chinesische Lebensweisheit.* Barmstadt 1922
[1923]   *I Ging. Das Buch der Wandlungen.* Aus dem Chinesischen verdeutscht und erläutert von Richard Wilhelm. Jena 1923
[1923/40]* *Dschuang-Dsi. Das wahre Buch vom südlichen Blütenland.* Ins Deutsche übersetzt von R. Wilhelm. Jena 1923, 1940*, München 1992
[1929/92]* *Das Geheimnis der goldenen Blüte. Ein chinesisches Lesebuch.* Übersetzt und erläutert von Richard Wilhelm mit einem europäischen Kommentar von C. G. Jung. München 1929, [5]1992
[1931]*   *Der Mensch und das Sein.* Jena 1931

[1948]*   *Lao-tse und der Taoismus*. Stuttgart 1925, ^{2}1948
[1951]   *I Ching*. Übersetzt von Cary Baynes. London 1951

Wilkins, M. H. F.
(1987)   Complementarity and the union of the opposites. In Hiley und Peat [1987, S. 338–360]

Winckler, R. J. und D. J. Hofmann
(1966)   Resource letter CR-1 on cosmic rays. *AJP* **35**, 3–11 (1966)

Winter, K., Hrsg.
[1988]   *Festi-Val*. Festschrift for Val Telegdi. Essays in Physics in honour of his 65th birthday. Amsterdam 1988

Witt, C. de und R. Omnés, Hrsg.
[1960]   *Dispersion relations and elementary particles*. New York 1960.

Wolff, S.
(1992)   Das ungarische Phänomen – ein Fallbeispiel zur Emigrationsforschung. In *Deutsches Museum. Wissenschaftliches Jahrbuch 1991*. München 1992. Dort S. 228–245

Wolfsohn, G.
(1928)   Fortpflanzungsgeschwindigkeit des Lichts. *Handbuch der Physik*, Band **19**: Herstellung und Messung des Lichts. Berlin 1928. Dort S. 895–916

Wu, C. S.
(1959)   History of beta decay. In Frisch et al. [1959, S. 45–65]
(1960)   The neutrino. In Fierz und Weisskopf [1960, S. 249–303]
[1966]   *Beta decay*. New York, London, Sidney 1966

Wulf, M. de
[1912]   *Histoire de la philosophie médiévale*. Paris, Brüssel ^{4}1912. Deutsche Übersetzung von R. Eisler, Tübingen 1913

Wuttke, D.
(1992)   Der Einstein der Kunstgeschichte und seine Vertreibung ins Paradies. Zum hundertsten Geburtstag des Kunsthistorikers Erwin Panofsky. *Der Tagesspiegel*, 29. März 1992, S. 22

Wyckoff, Ralph W. G.
[1948]   *Cristal structures*. New York 1948
(1952)   Cristallography. *Physics Today*, Oktober 1952, S. 4–9

Yang, C. N.
(1950)   Possible experimental determination of whether a neutral meson is scalar or pseudoscalar (Letter). *Phys. Rev.* **77**, 722 (1950)
[1983]   *Selected papers 1945–1980 with commentary*. New York 1983

Yang, C. N. und D. Feldman
(1950)   The S matrix in the Heisenberg representation. *Phys. Rev.* **79**, 972–978 (1950)

Yang, C. N. und R. L. Mills
(1954a)   Isotopic spin conservation and a generalized gauge invariance. *Phys. Rev.* **95**, 631 (1954)
(1954b)   Conservation of isotopic spin and isotopic gauge invariance. *Phys. Rev.* **96**, 191–195 (1954)

Yang, C. N. und J. Tiomno
(1950) Reflection properties of spin 1/2 fields and a universal Fermi-type interaction. *Phys. Rev.* **79**, 495–498 (1950)

Yates, F. A.
[1964] *Giordano Bruno and the hermetic tradition.* London 1964

Yourgrau, W. und St. Mandelstam
[1955] *Variational principles in dynamics and quantum theory.* London 1955

Yukawa, H.
(1949a) Models and methods in the meson theory. *Rev. Mod. Phys.* **21**, 474–479 (1949)
(1949b) On the radius of the elementary particles. *Phys. Rev.* **76**, 300–301 (1949)
(1949c) Remarks on non-local spinor field (Letter). *Phys. Rev.* **76**, 1731 (1949)
(1950a) Die Entwicklung der Mesonentheorie. Nobelvortrag vom 12. Dezember 1949. *Phys. Bl.* **6**, 350–355 (1950)
(1950b) Quantum theory of non-local-fields. Part I. Free fields. *Phys. Rev.* **77**, 219–226 (1950)
(1950c) S-matrix in non-local field theory. *Phys. Rev.* **77**, 849–850 (1950)
(1950d) Quantum theory of non-local-fields. Part II. Irreducible fields and their interaction. *Phys. Rev.* **80**, 1047–1052 (1950)
(1952) On the difference between local and non-local fields. *Progr. Theor. Phys.* 7, 133–134 (1952
(1953) An attempt at a unified theory of elementary particles. In *International Conference of Theoretical Physics* [1953, S. 2–12]
[1973] *Creativity and intuition. A physicist looks at east and west.* Tokio, New York und San Francisco 1973

Zeller, B. und E. Otten, Hrsg.
[1966/80] *Kurt Wolff. Briefwechsel eines Verlegers 1911–1963.* Frankfurt a. M. 1966/ 1980

Zierold, K.
[1968] *Deutsche Forschungsgemeinschaft. Geschichte. Arbeitsweise. Kommentar. Forschungsförderung in drei Epochen.* Wiesbaden 1968

Zimmer, H.
[1926] *Kunstform und Yoga im indischen Kultbild.* Berlin 1926
(1933) Die Bedeutung der indischen Tantra-Yoga. *Eranos Jahrbuch* 1, 9–94 (1933)
[1935]* *Indische Sphären.* Zürich 1935
[1951a]* *Mythen und Symbole in indischer Kunst und Kultur.* Zürich 1951
[1951b]* *Philosophies of India.* Herausgegeben von J. Campbell. New York 1951 Deutsche Übersetzung unter dem Titel *Philosophie und Religion Indiens.* Zürich 1961/ Frankfurt a. M. 1973

Zucker, A.
(1951) A physicist's holiday. *Physics Today*, Januar 1951, S. 12–18

Zumino, B.
(1951) Relativistic Heisenberg picture. *HPA* **24**, 243–247 (1951)

Zwicky, F.
(1953) Neue Methoden der kosmologischen Forschung. *HPA* **26**, 241–254 (1953)

4b. Schriften von W. Pauli aus den Jahren 1950–1952

Neben Paulis eigentlichen Publikationen der frühen 50er Jahre enthält dieses Verzeichnis auch Diskussionsbeiträge, Referate, in einem Zeitschriftenband abgedruckte Vortragstitel und Buchbesprechungen. Die Publikationen sind nach dem Eingangs- bzw. Publikationsdatum geordnet, sofern diese nachgewiesen werden konnten. Außerdem wird auf Band- und Seitenzahl der *Collected Scientific Papers* (CSP) von Pauli verwiesen, falls die Publikation dort erfaßt ist. Schriften die außerhalb der Periode 1950–1952 veröffentlicht wurden, sind im Allgemeinen Literaturverzeichnis **4a** aufgeführt.

1950

(1950a)   Préface zu H. Schilt: *Précis de physique générale III. L'électricité.* Bibliothèque Scientifique, Vol. **18**. Neuchâtel 1950. CSP: **II**/1406

(1950b)   Recent developments in quantum field theories. Nur der Titel; New York Meeting der APS, 2.–4. Februar 1950 *Phys. Rev.* **78**, 315 (1959)

(1950c)   Die philosophische Bedeutung der Idee der Komplementarität. (Ein im Februar 1949 in der *Philosophischen Gesellschaft* in Zürich gehaltener Vortrag) *Experientia* **6**, 72–81 (1950). Wiederabdruck in Pauli [1961/84, S. 10–17] CSP: **II**/1149–1158. Englische Übersetzung in Enz und von Meyenn [1994, S. 35–42]

(1950d)   État actuel de la théorie quantique des champs. La renormalisation. In *Particules fondamentales et noyaux.* Paris, 24.–29. Avril 1950. Extrait. {Mit Diskussionsbemerkungen zu Paulis Referat von H. Bhabha, R. Feynman, P. A. M. Dirac, R. Peierls, G. Wataghin, M. Fierz und M. Courtois.} *Colloques Internationaux du Centre National de la Recherche Scientifique* **38**, 67–77 (1953). CSP: **II**/1165–1175. Paulis Diskussionsbemerkungen zu den Referaten von P. A. M. Dirac und G. Wataghin: *Colloques Internationaux du Centre National de la Recherche Scientifique* **38**, 38, 45f. und 96 (1953).

(1950e)   On the connection between spin and statistics. *Progr. Theor. Phys.* **5**, 526–543 (1950). Eingegangen am 12. Juni 1950. CSP: **II**/1131–1148

1951

[1951]   *Ausgewählte Kapitel aus der Feldquantisierung.* Ausgearbeitet von U. Hochstrasser und W. M. Schafroth. ETH Zürich 1951. Vorlesung, gehalten an der *Eidgenössischen Technischen Hochschule* in Zürich im Wintersemester 1950/51. Wiederabdruck bei Boringhieri, Torino 1962

(1951a)   Buchbesprechung: A. Sommerfeld: *Vorlesungen über theoretische Physik.* Band **IV**: *Optik. Zeitschrift für angewandte Mathematik und Physik* **2**, 21 (1951). CSP: **II**/1407

(1951b)   Arnold Sommerfeld †. *Zeitschrift für Naturforschung* **6a**, 468 (1951). CSP: **II**/1159

(1951c)   Arnold Sommerfeld. Gekürzte Fassung von (1951b). *Zeitschrift für angewandte Mathematik und Physik* **2**, 301 (1951) Auch in Pauli [1961/84, S. 42]

(1951d)   Bemerkungen zur erkenntnistheoretischen Situation in der Atomphysik. (Manuskript, *Pauli Nachlaß*, CERN)

1952

[1952a]   C. G. Jung und W. Pauli: *Naturerklärung und Psyche.* Zürich 1952

[1952b]   *Vorlesungen über Thermodynamik und kinetische Gastheorie.* Ausgearbeitet von E. Jucker. ETH Zürich 1952. Eine 2. erweiterte Auflage erschien im Jahre 1958. Wiederabdruck bei Boringhieri, Torino 1962

(1952a)   Der Einfluß archetypischer Vorstellungen auf die Bildung naturwissenschaft-licher Theorien bei Kepler. In Jung und Pauli [1952a, S. 109–194]. CSP: I/1023–1114. Englische Übersetzung in Enz und von Meyenn [1994, S. 219–279]

(1952b)   Die Geschichte des periodischen Systems der Elemente. Vortrag während der Sitzung der *Naturforschenden Gesellschaft* in Zürich am 28. Januar 1952. *Vierteljahresschrift der Naturforschenden Gesellschaft Zürich* **97**, 137–139 (1952). Wiederabdruck bei Enz und von Meyenn [1988, S. 206–209] CSP: II/1160–1162

(1952c)   Theorie und Experiment. *Dialectica* **6**, 141–142 (1952). Auch in Pauli [1961/84, S. 91–92] enthalten.. CSP: II/1163. Englische Übersetzung in Enz und von Meyenn [1994, S. 125–126]

(1952d)   Time reversal. Conférences données par le Prof. W. Pauli à l'École d'Été de physique théorique. Les Houches, Haute-Savoie (France), Été 1952

(1952e)   Wahrscheinlichkeit und Physik. Erweiterte Fassung eines 1952 anläßlich der Tagung der *Schweizerischen Naturforschenden Gesellschaft* in Bern gehaltenen Referates. *Dialectica* **8**, 112–124 (1954). Englische Übersetzung in Enz und von Meyenn [1994, S. 43–48]

5. Verzeichnis der Manuskripte aus den Jahren 1950–1952

Die Hinweise in Klammern beziehen sich auf die von den Archiven zur Identifikation der Dokumente verwendeten Signaturen. *ETH-Zürich* verweist auf die *Wissenschafts- historischen Sammlungen* der ETH-Bibliothek in Zürich, die neben der umfangreichen Pauli-Fierz Korrespondenz auch den größten Teil von Paulis *psychologischem Briefwech- sel* enthalten. – Außer den Briefen *von* und *an* Pauli, die – nach Namen geordnet – in chronologischer Reihenfolge unter dem jeweiligen Namen in der *Pauli-Letter-Collection* (PLC) bei CERN in Genf abgelegt sind, hatten die Witwe Franca Pauli und die Betreuer des Genfer Archivs die von Pauli hinterlassenen Manuskripte, Notizen, Berechnungen und anderen Aufzeichnungen (die hier als *Pauli-Nachlaß* bezeichnet sind) in 9 + 1 Schach- teln (Kartons) untergebracht. Diese von Pauli selbst nach verschiedenen Sachgebieten geordneten Papiere waren unverändert in ihrer historischen Anordnung in den entspre- chenden Mappen belassen und durch Franca Pauli blattweise durchnumeriert worden. Diese Kennzeichnung wird auch in der folgenden Aufstellung verwendet. Pauli-Nachlaß 8, 193–198 heißt also, daß die betreffenden Dokumente in Karton 8, Blatt 193–198 zu finden sind. – PLC Bi_{0-306} verweist auf eine von Franca Pauli angelegte Kassette für von ihr sog. *Autorisierte Biographien*.

1950

Bohr-Rosenfeld. Manuskript, ca. 1950. (Vgl. PBW IV/1: S. 59f.) (Pauli-Nachlaß 8/193– 198)

Abnormal theories with negative probabilities: Manuskript, z. T. in fremder Handschrift, ca. 1950. (Vgl. PBW IV/1: S. 47–52) (Pauli-Nachlaß 5/477–488)

Nichtlineare Ansätze in der Quantentheorie? Manuskript, ca. 1950 (Pauli-Nachlaß 8/164– 165)

Vorlesung, Wellenmechanik. Manuskript, ca. 1950 (Pauli-Nachlaß 8/244–246)
1. Unitäre 2×2-reihige Matrices mit Determinante 1
2. Spinoren

Aus meinen Notizen vom letzten Sommer über die geistesgeschichtliche Situation der deutschen Romantik. Manuskript von zwei Seiten, ca. Sommer 1950. (Vgl. PBW IV/1: S. 235, Anmerkung 1) (PLC Bi 70_{1-2})

1951

Aus meinen Notizen vom letzten Sommer über die geistesgeschichtliche Situation der deutschen Romantik. Manuskript von zwei Seiten, mit einem Zusatz vom 3. Januar 1951. (Vgl. PBW IV/1: S. 234f.) (PLC Bi 70_{1-2} und ETH-Zürich, Hs. 1090: 68)

Versuche der Deutung des goldenen Topfes als rein weibliches Symbol (wie der Graal). Manuskript von zwei Seiten, ca. Anfang 1951 (PLC Bi 87_{1-2})

Theorie und Experiment. Maschinenskript. Beitrag zu den „Dritten Gesprächen von Zürich" vom 18.–21. April 1951. (Vgl. PBW IV/1: S. 279ff.) (Pauli-Nachlaß 6/72–73)

Diskussion zum Renaissance Platonismus. Manuskript. (PLC Bi 70_{1-2})

Lektürenotizen, insbesondere zu diversen Schriften des Epicur, Heraklit, Empedokles, Democrit, Eudoxos von Knidos, Plotin, zur Odyssee, u. a. 7 Blatt (PLC Bi 64_{1-7})

Notizen zur *Hintergrundsphysik.* (PLC Bi 88)

1952

Über die Geschichte des periodischen Systems. Manuskript mit Aufzeichnungen für einen am 28. Januar 1952 zu haltenden Vortrag und ein Autoreferat während der Tagung der *Schweizerischen Naturforschenden Gesellschaft* in Zürich vom 11. Februar 1952. (Vgl. PBW IV/1: S. 483, 502 und 507) (Pauli-Nachlaß 10/44)

Diskussion, Mardi und *Diskussion, Tuesday.* Diskussionsbeiträge zu den Pariser Vorträgen über Feldquantisierung vom 20.–30. März 1952 am *Institut Henri Poincaré.* (Vgl. PBW IV/1: S. 501 und 514f.) (Pauli-Nachlaß 6/26–30)

Time reversal. Conférence données par le professeur W. Pauli à l' École de Physique Théorique Les Houches, Haut-Savoie (France), Été 1952. Maschinenskript. (Vgl. PBW IV/1: S. 693f., 709f. und L. Michels Brief vom 22. Dezember 1954 an Pauli) (Pauli-Nachlaß 5/69)

Die große Eichinvarianz. Manuskript von 12 Blättern, wahrscheinlich aus dem Jahre 1952 (Pauli-Nachlaß 5/301)

Wahrscheinlichkeit und Physik. Maschinenskript des Beitrags zur Tagung der *Schweizerischen Naturforschenden Gesellschaft* in Bern vom 24. August 1952. (Vgl. PBW IV/1: S. 703) (Pauli-Nachlaß 6/338)

Anwendung der Wahrscheinlichkeitsrechnung in der Physik. Manuskript. (Pauli-Nachlaß 6/339–346)

Axiome der Wahrscheinlichkeitsrechnung. Manuskript. (Pauli-Nachlaß 6/347–349)

Remarque sur le problème des parametres cachés dans la mécanique quantique et sur la théorie de l'onde pilote. Deutsche Fassung und französische Übersetzung von Paulis Beitrag (1953c) zur Louis de Broglie-Festschrift. (Vgl. PBW IV/1: S. 527) (Pauli-Nachlaß 6/40–69; 71)

Versandliste Schattenphysik. Versandliste des Manuskriptes des Beitrags (1953c) zur L. de Broglie-Festschrift. (Vgl. die Hinweise auf die „Schattenphysik" in PBW IV/1: S. 500f.) (Pauli-Nachlaß 6/70)

6. Verzeichnis der Korrespondenten

In diesem Verzeichnis ist die Gesamtanzahl der in diesem Band **IV/1** enthaltenen Briefe wiedergegeben. Die Zahl der Briefe aus der Korrespondenz Paulis mit dem betreffenden Korrespondenten steht in den eckigen Klammern *vor* dem Komma; *nach* dem Komma die Zahl der Antwortschreiben Paulis.

		1950–1952
1.	Paul Bernays (1888–1977)	[01, 01]
2.	Homi Bhabha (1909–1966)	[06, 06]
3.	Konrad Bleuler (geb. 1912)	[02, 02]
4.	David Bohm (1817–1992)	[08, 01]
5.	Aage Bohr (geb. 1922)	[01, 01]
6.	Niels Bohr (1885–1962)	[06, 05]
7.	Max Born (1882–1970)	[01, 01]
8.	Gregory Breit (1899–1981)	[01, 00]
9.	Louis de Broglie (1892–1987)	[02, 00]
10.	Klaus Clusius (1903–1963)	[01, 00]
11.	Comité Louis de Broglie	[03, 03]
12.	Max Delbrück (1906–1981)	[01, 01]
13.	Jean-Louis Destouches (1909–1980)	[06, 06]
14.	Freeman J. Dyson (geb. 1923)	[15, 09]
15.	Markus Fierz (geb. 1912)	[77, 43]
16.	Marie-Louise von Franz (geb. 1915)	[54, 53]
17.	Walter Frey (1909–1966)[1]	[02, 01]
18.	Gösta Erik Glimstedt (geb. 1905)[2]	[02, 01]
19.	Thorsten Gustafson (1904–1967)	[06, 05]
20.	Werner Heisenberg (1901–1976)	[11, 05]
21.	Heinz Hopf (1894–1971)	[01, 01]
22.	Aniella Jaffé (1903–1991)	[37, 25]
23.	Hans Jensen (1907–1973)	[02, 02]
24.	Pascual Jordan (1902–1980)	[03, 02]
25.	Carl Gustav Jung (1875–1961)	[16, 08]
26.	Emma Jung (1882–1955)	[02, 02]
27.	Erich von Kahler (1885–1970)	[06, 05]
28.	Gunnar Källén (1926–1968)	[05, 04]
29.	August Karolus (1893–1972)	[02, 02]
30.	Wolfgang Köhler (1887–1967)	[01, 00]
31.	Louis Kollros (1878–1959)	[01, 01]
32.	Hans Kramers (1894–1952)	[01, 01]
33.	Ralph Kronig (geb. 1904)	[03, 03]
34.	Paul Matthews (1919–1987)	[04, 01]

	1950–1952
35. Robert A. McConnell	[01, 01]
36. Carl-Alfred Meier (geb. 1905)	[02, 02]
37. Heinrich Mitteis (1889–1952)[3]	[02, 01]
38. Christian Møller (1904–1980)	[13, 09]
39. Charles de Montet (1880–1951)	[01, 00]
40. Jakob Nielsen (1890–1959)[4]	[02, 01]
41. Sven Bertil Nilsson (geb. 1920)	[04, 00]
42. J. Robert Oppenheimer (1904–1967)	[08, 05]
43. Friedrich Ossmann	[01, 00]
44. Abraham Pais (geb. 1918)	[07, 07]
45. Hans Pallmann (geb. 1903)[5]	[02, 01]
46. Erwin Panofsky (1892–1968)	[27, 21]
47. Rudolf Peierls (geb. 1907)	[08, 06]
48. Henry B. Philips[6]	[01, 01]
49. Isidor Rabi (1898–1988)	[02, 02]
50. Hans Reichenbach (1891–1953)	[01, 00]
51. Fritz Rohrlich (geb. 1921)	[04, 04]
52. Paul Rosbaud (1896–1963)	[05, 05]
53. Léon Rosenfeld (1904–1974)	[07, 05]
54. Raymond Sänger (1895–1962)	[01, 01]
55. Robert Schafroth (1923–1959)	[01, 00]
56. Erwin Schrödinger (1887–1961)	[01, 01]
57. Schwedische Akademie der Wissenschaften	[01, 01]
58. Hans Rudolf Schwyzer (geb. 1905)	[04, 01]
59. Carl Seelig (1894–1962)	[02, 02]
60. Bryce Seligman DeWitt (geb. 1923)	[02, 02]
61. Arnold Sommerfeld (1868–1951)	[03, 01]
62. Hans Staub (1908–1980)	[01, 01]
63. Otto Stern (1888–1969)	[03, 03]
64. Martin D. H. Strauss (1907–1978)	[04, 02]
65. Armin Thellung (geb. 1924)	[06, 06]
66. Hans Thirring (1888–1976)	[01, 01]
67. Walter Thirring (geb. 1927)	[01, 01]
68. Marie-Antoinette Tonnelat (1912–1980)	[01, 00]
69. Barthel Leendert van der Waerden (1903–1996)	[03, 02]
70. Gregor Wentzel (1898–1978)	[02, 02]
71. Chen Ning Yang (geb. 1922)	[04, 02]
Summe	[429, 300]

[1] Oberbürgermeister von Remscheid
[2] Sekretär der *Kungl. Fysiografiska Sällskapet* in Lund
[3] Präsident der *Bayerischen Akademie der Wissenschaften*
[4] Sekretär der *Kongelige Danske Videnskabernes Selskab*
[5] Schweizerischer Schulratspräsident
[6] Sekretär (von 1818–1973) der *American Academy of Arts and Sciences*

7. Briefverzeichnisse

7a. Chronologisches Verzeichnis: 1950–1952

[1072]	Pauli an Dyson	Princeton	16. Januar	1950
[1073]	Pauli an Matthews	Princeton	16. Januar	1950
[1074]	Pauli an Oppenheimer	Princeton	16. Januar	1950
[1075]	Pauli an Rohrlich	Princeton	16. Januar	1950
[1076]	Källén an Pauli	Lund	25. Januar	1950
[1077]	Pauli an Delbrück	Princeton	26. Januar	1950
[1078]	Heisenberg an Pauli	Göttingen	3. Februar	1950
[1079]	Pauli an Dyson	Princeton	9. Februar	1950
[1080]	Pauli an von Franz	Princeton	14. Februar	1950
[1081]	Dyson an Pauli	Birmingham	15. Februar	1950
[1082]	Pauli an Källén	Princeton	16. Februar	1950
[1083]	Pauli an Dyson	Princeton	22. Februar	1950
[1084]	Matthews an Pauli	Cambridge	25. Februar	1950
[1085]	Pauli an Meier	Princeton	26. Februar	1950
[1086]	Pauli an Wentzel	Princeton	26. Februar	1950
[1087]	Pauli an Fierz	Princeton	28. Februar	1950
[1088]	Pauli an Heisenberg	Princeton	28. Februar	1950
[1089]	Pauli an Rohrlich	Princeton	2. März	1950
[1090]	Pauli an Wentzel	Princeton	3. März	1950
[1091]	Pauli an Fierz	Princeton	20. März	1950
[1092]	Dyson an Pauli	Birmingham	20. März	1950
[1093]	Heisenberg an Pauli	Göttingen	25/26. März	1950
[1094]	Pauli an Dyson	Princeton	27. März	1950
[1095]	Pauli an von Franz	Princeton	27. März	1950
[1096]	Pauli an Rabi	Princeton	28. März	1950
[1097]	Pauli an Rabi	Princeton	31. März	1950
[1098]	Pauli an Heisenberg	Princeton	2. April	1950
[1099]	Oppenheimer an Pauli	Princeton	6. April	1950
[1100]	Pauli an Rohrlich	Princeton	9. April	1950
[1101]	Strauss an Pauli	London	14. April	1950
[1102]	Pauli an Panofsky	United States Line	16. April	1950
[1103]	Franca und W. Pauli an von Kahler	Cobh	18. April	1950
[1104]	Pauli an Oppenheimer	Paris	22. April	1950
[1105]	Pauli an Oppenheimer	Paris	22. April	1950
[1106]	Heisenberg an Pauli	Göttingen	23. April	1950
[1107]	K. und R. Oppenheimer an Pauli	Princeton	24. April	1950
[1108]	Matthews an Pauli	Cambridge	1. Mai	1950
[1109]	Pauli an Heisenberg	Zürich	9. Mai	1950
[1110]	Pauli an Panofsky	Zollikon-Zürich	18. Mai	1950

[1111]	Matthews an Pauli	Cambridge	18. Mai	1950
[1112]	Pauli an Fierz	Zürich	24. Mai	1950
[1113]	Pauli an Rohrlich	Zürich	24. Mai	1950
[1114]	Pauli an Sommerfeld	Zürich	24. Mai	1950
[1115]	Heisenberg an Pauli	Göttingen	24. Mai	1950
[1116]	Fierz an Pauli	Basel	29. Mai	1950
[1117]	Pauli an Fierz	Zürich	1. Juni	1950
[1118]	Pauli an Fierz	Zürich	2. Juni	1950
[1119]	Pauli an Jung	Zollikon-Zürich	4. Juni	1950
[1120]	Pauli an Bohr	Zürich	6. Juni	1950
[1121]	Pauli an Gustafson	Zürich	6. Juni	1950
[1122]	Pauli an Pais	Zürich	6. Juni	1950
[1123]	Pauli an Philips	Zürich	9. Juni	1950
[1124]	Pauli an Yang	Zürich	13. Juni	1950
[1125]	Pauli an Strauss	Zürich	19. Juni	1950
[1126]	Fierz an Pauli	Basel	20. Juni	1950
[1127]	Jung an Pauli	Küsnacht-Zürich	20. Juni	1950
[1128]	Fierz an Pauli	Basel	21. Juni	1950
[1129]	Fierz an Pauli	Basel	22. Juni	1950
[1130]	Pauli an Jung	Zollikon-Zürich	23. Juni	1950
[1131]	Pauli an Fierz	Zürich	24. Juni	1950
[1132]	Fierz an Pauli	Basel	26. Juni	1950
[1133]	Jung an Pauli	Küsnacht-Zürich	26. Juni	1950
[1134]	Fierz an Pauli	Basel	27. Juni	1950
[1135]	Yang an Pauli	Princeton	27. Juni	1950
[1136]	Pauli an Fierz	Zürich	28. Juni	1950
[1137]	Pauli an Jaffé	Zollikon-Zürich	29. Juni	1950
[1138]	Strauss an Pauli	London	2. Juli	1950
[1139]	Pauli an Strauss	Zürich	4. Juli	1950
[1140]	Pauli an Yang	Zürich	4. Juli	1950
[1141]	Pauli an Fierz	Zürich	5. Juli	1950
[1142]	Pauli an Heisenberg	Zürich	10. Juli	1950
[1143]	Jaffé an Pauli	Zürich	10. Juli	1950
[1144]	Pauli an Fierz	Zürich	27. Juli	1950
[1145]	Pauli an Meier	Zollikon-Zürich	1. August	1950
[1146]	Pauli an Jaffé	Zollikon-Zürich	2. August	1950
[1147]	Pauli an Pais	Zürich	17. August	1950
[1148]	Jaffé an Pauli	Zürich	17. August	1950
[1149]	Yang an Pauli	Rochester	17. August	1950
[1150]	Pauli an Jaffé	Zollikon-Zürich	19. August	1950
[1151]	Pauli an Fierz	Zürich	26. August	1950
[1152]	Pauli an Fierz	Zürich	4. September	1950
[1153]	Pauli an Seligman	Genua	24. September	1950
[1154]	Jaffé an Pauli	Zürich	25. September	1950
[1155]	McConnell an Pauli	Pittsburgh	28. September	1950
[1156]	Pauli an Emma Jung	Zollikon-Zürich	Oktober	1950
[1157]	Pauli an Panofsky	Zürich	1. Oktober	1950
[1158]	Pauli an Bohr	Zürich	3. Oktober	1950
[1159]	Pauli an Jaffé	Zollikon-Zürich	12. Oktober	1950
[1160]	Panofsky an Pauli	Princeton	16. Oktober	1950
[1161]	Pauli an Jaffé	Zollikon-Zürich	20. Oktober	1950

[1162]	Jaffé an Pauli	Zürich	20. Oktober	1950
[1163]	Pauli an Panofsky	Zürich	23. Oktober	1950
[1164]	Jung an Pauli	Küsnacht-Zürich	8. November	1950
[1165]	Jaffé an Pauli	Zürich	15. November	1950
[1166]	Pauli an Jaffé	Zollikon-Zürich	16. November	1950
[1167]	Pauli an Emma Jung	Zollikon-Zürich	16. November	1950
[1168]	Pauli an Thellung	Zürich	20. November	1950
[1169]	Montet an Pauli	Corseaux-Vevey	20. November	1950
[1170]	Pauli an Jung	Zollikon-Zürich	24. November	1950
[1171]	Jaffé an Pauli	Zürich	26. November	1950
[1172]	Pauli an Jaffé	Zollikon-Zürich	28. November	1950
[1173]	Jung an Pauli	Bollingen	30. November	1950
[1174]	Jaffé an Pauli	Zürich	2. Dezember	1950
[1175]	Jaffé an Pauli	Zürich	3. Dezember	1950
[1176]	Pauli an Jaffé	Zollikon-Zürich	6. Dezember	1950
[1177]	Gustafson an Pauli	Lund	7. Dezember	1950
[1178]	Pauli an Panofsky	Zürich	11. Dezember	1950
[1179]	Pauli an Jung	Zürich	12. Dezember	1950
[1180]	Pauli an Gustafson	Zürich	15. Dezember	1950
[1181]	Pauli an von Kahler	Zürich	15. Dezember	1950
[1182]	Pauli an Oppenheimer	Zürich	15. Dezember	1950
[1183]	Jung an Pauli	Küsnacht-Zürich	18. Dezember	1950
[1184]	Pauli an Jensen	Zürich	19. Dezember	1950
[1185]	Pauli an Dyson	Zürich	20. Dezember	1950
[1186]	Pauli an Jensen	Zürich	20. Dezember	1950
[1187]	Bohr an Pauli	Kopenhagen	23. Dezember	1950
[1188]	Pauli an Fierz	Zürich	25. Dezember	1950
[1189]	Pauli an von Franz	Zollikon-Zürich	3. Januar	1951
[1190]	Pauli an Jaffé	Zollikon-Zürich	3. Januar	1951
[1191]	Sommerfeld an Pauli	München	6. Januar	1951
[1192]	Jung an Pauli	Bollingen	13. Januar	1951
[1193]	Dyson an Pauli	Birmingham	16. Januar	1951
[1194]	Sommerfeld an Pauli	München	16. Januar	1951
[1195]	Pauli an Born	Zollikon-Zürich	21. Januar	1951
[1196]	Pauli an Dyson	Zürich	22. Januar	1951
[1197]	Pauli an von Franz	Zollikon-Zürich	31. Januar	1951
[1198]	Dyson an Pauli	Birmingham	31. Januar	1951
[1199]	Pauli an Bohr	Zürich	1. Februar	1951
[1200]	Pauli an Jung	Zollikon-Zürich	2. Februar	1951
[1201]	Pauli an Dyson	Zürich	5. Februar	1951
[1202]	Dyson an Pauli	Birmingham	15. Februar	1951
[1203]	Pauli an Dyson	Zürich	18. Februar	1951
[1204]	Mitteis an Pauli	München	20. Februar	1951
[1205]	Pauli an von Franz	Zollikon-Zürich	22. Februar	1951
[1206]	Pauli an Panofsky	Zürich	22. Februar	1951
[1207]	Pauli an von Franz	Zollikon-Zürich	25. Februar	1951
[1208]	Pauli an Aage Bohr	Zollikon-Zürich	27. Februar	1951
[1209]	Pauli an von Franz	Zürich	5. März	1951
[1210]	Pauli an Jaffé	Zollikon-Zürich	6. März	1951
[1211]	Pauli an Mitteis	Zürich	8. März	1951
[1212]	Pauli an Panofsky	Zürich	12. März	1951

[1213]	Jaffé an Pauli	Küsnacht	14. März	1951
[1214]	Pauli an Thellung	Zollikon-Zürich	18. März	1951
[1215]	Pauli an von Franz	Zürich	19. März	1951
[1216]	Jung an Pauli	Küsnacht-Zürich	27. März	1951
[1217]	Panofsky an Pauli	Princeton	29. März	1951
[1218]	Pauli an Jaffé	Lund	2. April	1951
[1219]	Pauli an Jaffé	Palermo	9. April	1951
[1220]	Pauli an Pais	Palermo	9. April	1951
[1221]	Pauli an Panofsky	Palermo	9. April	1951
[1222]	Pauli an von Franz	Taormina	12. April	1951
[1223]	Nielsen an Pauli	Kopenhagen	13. April	1951
[1224]	Pauli an Jung	Zürich	17. April	1951
[1225]	Pauli an Nielsen	Zürich	17. April	1951
[1226]	Pauli an Panofsky	Zollikon-Zürich	17. April	1951
[1227]	Pauli an von Franz	Zürich	18. April	1951
[1228]	Pauli an von Franz	Zürich	21. April	1951
[1229]	Pauli an Kronig	Zollikon-Zürich	26. April	1951
[1230]	Pauli an Seligman	Zollikon-Zürich	30. April	1951
[1231]	Pauli an Gustafson	Zürich	o. D. April/Mai	1951
[1232]	Møller an Pauli	Kopenhagen	7. Mai	1951
[1233]	Pauli an Karolus	Zürich	9. Mai	1951
[1234]	Pauli an von Franz	Zollikon-Zürich	9. Mai	1951
[1235]	Pauli an Jaffé	Zollikon-Zürich	9. Mai	1951
[1236]	Pauli an Fierz	Zürich	12. Mai	1951
[1237]	Fierz an Pauli	Basel	15. Mai	1951
[1238]	Dyson an Pauli	Birmingham	16. Mai	1951
[1239]	Pauli an von Franz	Zürich	17. Mai	1951
[1240]	Pauli an Gustafson	Zürich	18. Mai	1951
[1241]	Fierz an Pauli	Basel	19. Mai	1951
[1242]	Pauli an von Franz	Zollikon-Zürich	20. Mai	1951
[1243]	Köhler an Pauli	Swartmore, Penns.	20. Mai	1951
[1244]	Fierz an Pauli	Basel	25. Mai	1951
[1245]	Pauli an Fierz	Zürich	30. Mai	1951
[1246]	Pauli an von Franz	Lund	31. Mai	1951
[1247]	Pauli an Jaffé	Lund	1. Juni	1951
[1248]	Pauli an Hopf	Lund	2. Juni	1951
[1249]	Pauli an Fierz	Zürich	7. Juni	1951
[1250]	Pauli an von Franz	Zollikon-Zürich	7. Juni	1951
[1251]	Jaffé an Pauli	Zürich	9. Juni	1951
[1252]	Pauli an Fierz	Zürich	15. Juni	1951
[1253]	Pauli an Sänger	Zürich	15. Juni	1951
[1254]	Pauli an von Franz	Zollikon-Zürich	16. Juni	1951
[1255]	Pauli an Jaffé	Zollikon-Zürich	16. Juni	1951
[1256]	Fierz an Pauli*	Basel	16. Juni	1952
[1257]	von Franz an Pauli	Zürich	17. Juni	1951
[1258]	Pauli an von Franz	Zürich	20. Juni	1951
[1259]	Pauli an Jaffé	Zollikon-Zürich	20. Juni	1951
[1260]	Ossmann an Pauli	Wien	23. Juni	1951
[1261]	Pauli an von Franz	Zürich	25. Juni	1951

* Zur Umdatierung dieses Briefes vgl. die Anm. 2 auf S. 329.

[1262]	Pauli an von Franz	Heidelberg	1. Juli	1951
[1263]	Bohm an Pauli [1. Brief]	Princeton	o. D. Juli	1951
[1264]	Bohm an Pauli [2. Brief]	Princeton	o. D. Sommer	1951
[1265]	Pauli an von Franz	Zürich	14. Juli	1951
[1266]	Pauli an Dyson	Zürich	16. Juli	1951
[1267]	Pauli an von Franz	Zürich	25. Juli	1951
[1268]	von Kahler an Pauli	Luray	26. Juli	1951
[1269]	Pauli an Staub	Zürich	28. Juli	1951
[1270]	Pauli an von Franz	Zürich	8. August	1951
[1271]	Pauli an von Franz	Zürich	15. August	1951
[1272]	Pauli und Jost an Pais	Les Houches	22. August	1951
[1273]	Pauli an von Franz	Zürich	25. August	1951
[1274]	Bohm an Pauli	São Paulo	o. D. September	1951
[1275]	Pauli an von Franz	Cervia	Anfang September	1951
[1276]	Pauli an von Kahler	Cervia	9. September	1951
[1277]	Pauli an von Franz	Forte dei Marmi	10. September	1951
[1278]	Pauli an Panofsky	Forte dei Marmi	12. September	1951
[1279]	Pauli an von Kahler	Sestri Levante	15. September	1951
[1280]	Panofsky an Pauli	Princeton	18. September	1951
[1281]	Pauli an von Franz	Zürich	19. September	1951
[1282]	Pauli an von Franz	Zürich	23. September	1951
[1283]	Pauli an Panofsky	Zollikon-Zürich	23. September	1951
[1284]	Pauli an Jaffé	Brüssel	25. September	1951
[1285]	Pauli an von Franz	Zürich	2. Oktober	1951
[1286]	Pauli an Fierz	Zürich	3. Oktober	1951
[1287]	Fierz an Pauli	Basel	9. Oktober	1951
[1288]	Fierz an Pauli	Basel	10. Oktober	1951
[1289]	Pauli an Fierz	Zürich	13. Oktober	1951
[1290]	Bohm an Pauli	São Paulo	o. D. Mitte Oktober	1951
[1291]	Pauli an von Franz	Zürich	16. Oktober	1951
[1292]	Fierz an Pauli	Basel	17. Oktober	1951
[1293]	Fierz an Pauli	Basel	18. Oktober	1951
[1294]	Pauli an Fierz	Zürich	19. Oktober	1951
[1295]	Pauli an Fierz	Zürich	22. Oktober	1951
[1296]	Fierz an Pauli	Basel	22. Oktober	1951
[1297]	Pauli an von Franz	Zürich	23. Oktober	1951
[1298]	Fierz an Pauli	Basel	23. Oktober	1951
[1299]	Frey an Pauli	Remscheid	26. Oktober	1951
[1300]	Pauli an von Franz	Zollikon-Zürich	30. Oktober	1951
[1301]	Pauli an Fierz	Zürich	4. November	1951
[1302]	Clusius an Pauli	Zürich	5. November	1951
[1303]	Pauli an Jaffé	Zürich	8. November	1951
[1304]	Pauli an Jaffé	Zürich	11. November	1951
[1305]	Pauli an Frey	Zürich	12. November	1951
[1306]	Tonnelat und George an Pauli	Paris	12. November	1951
[1307]	Pauli an von Franz	Zürich	18. November	1951
[1308]	Pauli an von Franz	Zürich	19. November	1951
[1309]	Bohm an Pauli	São Paulo	20. November	1951
[1310]	Pauli an Destouches	Zürich	22. November	1951
[1311]	Pauli an Rosenfeld	Zürich	22. November	1951
[1312]	Panofsky an Pauli	Princeton	27. November	1951

[1313]	Pauli an Bohm	Zürich	3. Dezember	1951
[1314]	Bohm an Pauli	São Paulo	Mitte Dezember	1951
[1315]	Bohm an Pauli	São Paulo	Ende Dezember	1951
[1316]	Pauli an Jaffé	Zürich	3. Dezember	1951
[1317]	Pauli an Fierz	Zürich	6. Dezember	1951
[1318]	Pauli an Kramers	Zürich	6. Dezember	1951
[1319]	Pauli an Thellung	Zürich	6. Dezember	1951
[1320]	Breit an Pauli	New Haven	6. Dezember	1951
[1321]	Jaffé an Pauli	Zürich	6. Dezember	1951
[1322]	Pauli an Bleuler	Zürich	7. Dezember	1951
[1323]	Pauli an Destouches	Zürich	7. Dezember	1951
[1324]	Pauli an Bleuler	Zürich	8. Dezember	1951
[1325]	Pauli an von Franz	Zürich	13. Dezember	1951
[1326]	Pauli an von Franz	Zürich	16. Dezember	1951
[1327]	Pauli an Thellung	Zürich	20. Dezember	1951
[1328]	Pauli an von Franz	Zürich	22. Dezember	1951
[1329]	Pauli an von Kahler	Zürich	22. Dezember	1951
[1330]	Pauli an Fierz	Zürich	23. Dezember	1951
[1331]	Pauli an Destouches	Zollikon-Zürich	29. Dezember	1951
[1332]	Pauli an Bhabha	Zürich	31. Dezember	1951
[1333]	Nilsson an Pauli	Lund	31. Dezember	1951
[1334]	Pauli an von Franz	Zürich	Ende Dezember	1951
[1335]	Pauli an von Franz	Zürich	4. Januar	1952
[1336]	Pauli an von Franz	Zürich	4/5. Januar	1952
[1337]	Pauli an Fierz	Zürich	6. Januar	1952
[1338]	Fierz an Pauli	Basel	7. Januar	1952
[1339]	Nilsson an Pauli	Lund	8. Januar	1952
[1340]	Pauli an Fierz	Zürich	10. Januar	1952
[1341]	Pauli an von Franz	Zürich	13. Januar	1952
[1342]	Pauli an Panofsky	Zürich	19. Januar	1952
[1343]	Pauli an den *Supper-Club*	Zürich	19. Januar	1952
[1344]	Fierz an Pauli	Basel	19. Januar	1952
[1345]	Pauli an von Franz	Zürich	20. Januar	1952
[1346]	Nilsson an Pauli	Lund	20. Januar	1952
[1347]	Pauli an das *Comité Louis de Broglie*	Zürich	22. Januar	1952
[1348]	Nilsson an Pauli	Lund	22. Januar	1952
[1349]	Pauli an Fierz	Zürich	23. Januar	1952
[1350]	Pauli an Jaffé	Zürich	23. Januar	1952
[1351]	Fierz an Pauli	Basel	24. Januar	1952
[1352]	Pauli an Fierz	Zürich	25. Januar	1952
[1353]	Pauli an Fierz	Zürich	26. Januar	1952
[1354]	Pauli an Schwyzer	Zürich	27. Januar	1952
[1355]	Louis de Broglie an Pauli	Paris	o. D. Februar	1952
[1356]	Schwyzer an Pauli	Zürich	1. Februar	1952
[1357]	Pauli an Schwyzer	Zürich	3. Februar	1952
[1358]	Pauli an das *Comité Louis de Broglie*	Zürich	4. Februar	1952
[1359]	Pauli an Destouches	Zürich	4. Februar	1952
[1360]	Pauli an Panofsky	Zürich	7. Februar	1952
[1361]	Pauli an den Sekretär der Schwedischen Gesellschaft	Zürich	7. Februar	1952
[1362]	Schwyzer an Pauli	Zürich	8. Februar	1952

[1363]	Pauli an von Franz	Zollikon-Zürich	10. Februar	1952
[1364]	Pauli an Panofsky	Zürich	10. Februar	1952
[1365]	Louis de Broglie an Pauli	Paris	10. Februar	1952
[1366]	Panofsky an Pauli	Princeton	12. Februar	1952
[1367]	Pauli an Destouches	Zürich	14. Februar	1952
[1368]	Pauli an Fierz	Zürich	14. Februar	1952
[1369]	Oppenheimer an Pauli	Princeton	20. Februar	1952
[1370]	Schafroth an Pauli	Zürich	25. Februar	1952
[1371]	Pauli an Destouches	Zollikon-Zürich	26. Februar	1952
[1372]	Pauli an Jaffé	Zollikon-Zürich	27. Februar	1952
[1373]	Pauli an Jung	Zollikon	27. Februar	1952
[1374]	Pauli an Seelig	Zürich	28. Februar	1952
[1375]	Pauli an Thellung	Zürich	29. Februar	1952
[1376]	Pauli an Panofsky	Zürich	1. März	1952
[1377]	Pauli an Jordan	Zürich	5. März	1952
[1378]	Panofsky an Pauli	Princeton	5. März	1952
[1379]	Heisenberg an Pauli	Göttingen	7. März	1952
[1380]	Pallmann an Pauli	Zürich	7. März	1952
[1381]	Pauli an Jaffé	Zollikon-Zürich	8. März	1952
[1382]	Pauli an van der Waerden	Zollikon-Zürich	8. März	1952
[1383]	Pauli an von Franz	Zürich	9. März	1952
[1384]	Pauli an Panofsky	Zürich	13. März	1952
[1385]	van der Waerden an Pauli	Zürich	13. März	1952
[1386]	Pauli an Rosenfeld	Zürich	16. März	1952
[1387]	Pauli an das *Comité Louis de Broglie*	Zürich	17. März	1952
[1388]	Pauli an Panofsky	Zürich	20. März	1952
[1389]	Rosenfeld an Pauli	Manchester	20. März	1952
[1390]	Pauli an Fierz	Zürich	1. April	1952
[1391]	Pauli an Rosenfeld	Zürich	1. April	1952
[1392]	Pauli an Kollros	Zürich	2. April	1952
[1393]	Glimstedt an Pauli	Lund	3. April	1952
[1394]	Pauli an Pallmann	Zürich	4. April	1952
[1395]	Rosenfeld an Pauli	Manchester	6. April	1952
[1396]	Pauli an Jaffé	Zollikon-Zürich	10/11. April	1952
[1397]	Pauli an Møller	Zürich	12. April	1952
[1398]	Jaffé an Pauli	Küsnacht	13. April	1952
[1399]	Pauli an Rosenfeld	Zürich	16. April	1952
[1400]	Pauli an Seelig	Zürich	22. April	1952
[1401]	Pauli an Thellung	Zürich	23. April	1952
[1402]	Pauli an von Franz	Zürich	26. April	1952
[1403]	Pauli an Oppenheimer	Zürich	27. April	1952
[1404]	Pauli an Møller	Zürich	28. April	1952
[1405]	Pauli an Pais	Zürich	28. April	1952
[1406]	Pauli an Glimstedt	Zürich	29. April	1952
[1407]	Pauli an von Franz	Zürich	30. April	1952
[1408]	Pauli an Kronig	Zürich	2. Mai	1952
[1409]	Møller an Pauli	Kopenhagen	3. Mai	1952
[1410]	Pauli an Fierz	Zürich	7. Mai	1952
[1411]	Pauli an von Kahler	Zürich	7. Mai	1952
[1412]	Pauli an Pais	Zürich	7. Mai	1952
[1413]	Pauli an Møller	Zürich	8. Mai	1952

[1414]	Pauli an Jung	Zollikon-Zürich	17. Mai	1952
[1415]	Pauli an Pais	Zürich	20. Mai	1952
[1416]	Jung an Pauli	Küsnacht	20. Mai	1952
[1417]	Pauli an Fierz	Zürich	3. Juni	1952
[1418]	Pauli an Møller	Zürich	5. Juni	1952
[1419]	Pauli an Bohr	Zürich	15. Juni	1952
[1420]	Fierz an Pauli	Basel	15. Juni	1952
[1421]	Pauli an Møller *und andere*	Zürich	18. Juni	1952
[1422]	Fierz an Pauli	Basel	18. Juni	1952
[1423]	Pauli an Fierz	Zürich	19. Juni	1952
[1424]	Fierz an Pauli	Basel	22. Juni	1952
[1425]	Pauli an Møller *und andere*	Zürich	24. Juni	1952
[1426]	Pauli an Bhabha	Zürich	25. Juni	1952
[1427]	Pauli an Kronig	Zürich	25. Juni	1952
[1428]	Pauli an Schrödinger	Zürich	26. Juni	1952
[1429]	Fierz an Pauli	Basel	1. Juli	1952
[1430]	Pauli an Rosbaud	Zürich	7. Juli	1952
[1431]	Fierz an Pauli	Basel	8. Juli	1952
[1432]	Pauli an Karolus	Zürich	10. Juli	1952
[1433]	Pauli an Fierz	Zürich	12. Juli	1952
[1434]	Bernays an Pauli	Basel	12. Juli	1952
[1435]	Pauli an Panofsky	Kopenhagen	14. Juli	1952
[1436]	Møller an Pauli	Liverpool	16. Juli	1952
[1437]	Fierz an Pauli	Basel	17. Juli	1952
[1438]	Fierz an Pauli	Braunwald	18. Juli	1952
[1439]	Pauli an Fierz	Zürich	24. Juli	1952
[1440]	Pauli an Panofsky	Zürich	25. Juli	1952
[1441]	Pauli an Bhabha	Zürich	26. Juli	1952
[1442]	Fierz an Pauli	Braunwald	1. August	1952
[1443]	Pauli an Møller	Zürich	2. August	1952
[1444]	Pauli an Fierz	Zürich	4. August	1952
[1445]	Reichenbach an Pauli	Zell am See	9. August	1952
[1446]	Pauli an Peierls	Zürich	14. August	1952
[1447]	Pauli an Peierls	Zürich	14. August	1952
[1448]	Pauli an Rosbaud	Zürich	14. August	1952
[1449]	Pauli an Peierls	Zürich	16. August	1952
[1450]	Pauli an Källén	Zürich	19. August	1952
[1451]	Pauli an Møller	Zollikon-Zürich	19. August	1952
[1452]	Pauli an Fierz	Zürich	20. August	1952
[1453]	Peierls an Pauli	Birmingham	20. August	1952
[1454]	Pauli an Stern	Zürich	25. August	1952
[1455]	Pauli an Møller und Kristensen	Zürich	27. August	1952
[1456]	Pauli an Gustafson	Zürich	29. August	1952
[1457]	Pauli an Källén	Zürich	29. August	1952
[1458]	Pauli an Peierls	Zürich	29. August	1952
[1459]	Pauli an Peierls	Zürich	30. August	1952
[1460]	Peierls an Pauli	Les Houches	1. September	1952
[1461]	Møller und Kristensen an Pauli	Kopenhagen	9. September	1952
[1462]	Pauli an Bohr	Zürich	16. September	1952
[1463]	Pauli an Källén	Zürich	16. September	1952
[1464]	Pauli an Rosbaud	Zürich	24. September	1952

[1465]	Heisenberg an Pauli	Göttingen	27. September 1952
[1466]	Pauli an Bhabha [1. Brief]	Zürich	30. September 1952
[1467]	Pauli an Bhabha [2. Brief]	Zürich	1. Oktober 1952
[1468]	Pauli an Jordan	Zürich	1. Oktober 1952
[1469]	Pauli an Heisenberg	Zürich	8. Oktober 1952
[1470]	Pauli an Fierz	Zürich	11. Oktober 1952
[1471]	Fierz an Pauli	Basel	11. Oktober 1952
[1472]	Pauli an von Franz	Zollikon-Zürich	12. Oktober 1952
[1473]	Pauli an Fierz	Zürich	14. Oktober 1952
[1474]	Pauli an Fierz	Zürich	15. Oktober 1952
[1475]	Pauli an Stern	Zürich	15. Oktober 1952
[1476]	Pauli an Rosenfeld	Zürich	17. Oktober 1952
[1477]	Pauli an Stern	Zürich	17. Oktober 1952
[1478]	Fierz an Pauli	Basel	17. Oktober 1952
[1479]	Fierz an Pauli	Basel	18. Oktober 1952
[1480]	Pauli an Fierz	Zollikon-Zürich	18/19. Oktober 1952
[1481]	Pauli an von Franz	Zürich	19. Oktober 1952
[1482]	Fierz an Pauli	Basel	19. Oktober 1952
[1483]	Fierz an Pauli	Basel	21/22. Oktober 1952
[1484]	Fierz an Pauli	Basel	22. Oktober 1952
[1485]	Pauli an Fierz	Zürich	23. Oktober 1952
[1486]	Pauli an Fierz	Zürich	24. Oktober 1952
[1487]	Fierz an Pauli	Basel	24. Oktober 1952
[1488]	Pauli an von Franz	Zürich	27. Oktober 1952
[1489]	Pauli an Panofsky	Zürich	27. Oktober 1952
[1490]	Pauli an Rosbaud	Zürich	29. Oktober 1952
[1491]	Pauli an Bhabha	Zürich	30. Oktober 1952
[1492]	Pauli an von Franz	Zollikon-Zürich	30. Oktober 1952
[1493]	Pauli an Peierls	Zürich	30. Oktober 1952
[1494]	Pauli an Hans Thirring	Zürich	31. Oktober 1952
[1495]	Pauli an von Franz	Zürich	3. November 1952
[1496]	Pauli an Rosbaud	Port Said	12. November 1952
[1497]	Pauli an van der Waerden	Bombay	27. November 1952
[1498]	Pauli an von Franz	Bombay	16. Dezember 1952
[1499]	Jordan an Pauli	Hamburg	17. Dezember 1952
[1500]	Pauli an Jaffé	Bombay	18. Dezember 1952

7b. Alphabetisches Verzeichnis: 1950–1952

In dem folgenden Briefverzeichnis werden außer der Briefnummer, dem Datum und der Signatur (sofern das aufbewahrende Archiv das betreffende Dokument mit einer solchen versehen hat) auch Angaben über die Beschaffenheit und über den Aufbewahrungsort (bzw. das es bereits als Veröffentlichung enthaltende Werk) des der Transkription zugrundegelegten Dokumentes gemacht. Ein großes P bedeutet, daß der entsprechende Brief von Pauli verfaßt wurde.

Sofern es sich um eine deutschsprachige Handschrift handelt, wird dieses nicht extra vermerkt. Alle weiteren in diesem Verzeichnis verwendeten Abkürzungen sind in dem Abkürzungsverzeichnis spezifiziert. Liegen von einem Dokument verschiedene Fassungen vor, [wie z. B. bei maschinengeschriebenen Briefen (MS), von denen sowohl das Original als auch die vom Autor zurückbehaltene Durchschrift (MSD) erhalten ist; oder bei Entwürfen, deren Inhalt sich weitgehend mit dem des endgültigen Schreibens deckt], dann wird hier nur die vollständigere Version aufgeführt. (Auf relevante Abweichungen der anderen Version wird gegebenenfalls in den Anmerkungen zu den Briefen hingewiesen.)

Paul Bernays [01, 00]

1	**[1434]** 12.07.52		ETH Hs. 975: 3452

Homi Bhabha [06, 06]

1	P **[1332]** 31.12.51		engl.	CERN PLC 0011, 018
2	P **[1426]** 25.06.52		engl.	CERN PLC 0011, 019
3	P **[1441]** 26.07.52		engl.	CERN PLC 0011, 020
4	P **[1467]** 30.09.52		engl.	CERN PLC 0011, 021
5	P **[1468]** 01.10.52		engl.	CERN PLC 0011, 022
6	P **[1492]** 30.10.52		engl.	CERN PLC 0011, 023

Konrad Bleuler [02, 02]

1	P **[1322]** 07.12.51		CERN PLC 0012
2	P **[1324]** 08.12.51		CERN PLC 0013

David Bohm [08, 01]

1	**[1263]** [?] 07.51		engl.	CERN PLC 0000, 007r
2	**[1264]** [?] 07.51		engl.	CERN PLC 0000, 007r
3	**[1274]** [?] 09.51		engl.	CERN PLC 0000, 007r
4	**[1290]** [?] 09.51		engl.	CERN PLC 0000, 007r
5	**[1309]** 20.11.51		engl.	CERN PLC 0000, 007r
6	P **[1313]** 03.12.51	MS + Anlage	engl.	CERN Pauli-Nachlaß 6/11-13
7	**[1314]** 15.12.51		engl.	CERN PLC 0000, 007r
8	**[1315]** [?] 12.51		engl.	CERN PLC 0000, 007r

Aage Bohr [01, 01]

1	P **[1208]** 27.02. 51		engl. NBA

Niels Bohr [06, 05]

1	P **[1120]** 06.06.50		engl.	NBA BSC
2	P **[1158]** 03.10.50	Anlage		NBA BSC
3	**[1187]** 23.12.50	+ Übersetzung	dän.	CERN PLC 000, 03
4	P **[1199]** 01.02.51		engl.	NBA BSC, Supplement

  5 P **[1419]** 15.06.52   engl. NBA BSC
  6 P **[1462]** 16.09.52   engl. NBA BSC

Max Born [01, 01]

  1 P **[1195]** 21.01.51   CERN PLC 0022,5

Gregory Breit [01, 00]

  1   **[1320]** 6.12.51   engl. YUL Gregory Breit Papers

Louis de Broglie [02, 00]

  1   **[1355]** [?] 02.52   franz. CERN Pauli-Nachlaß 6/21
  2   **[1365]** 10.02.52   franz. CERN PLC 0001, 8r

Klaus Clusius [01, 00]

  1   **[1302]** 05.11.51   CERN Pauli-Nachlaß 10/34

Comité Louis de Broglie [03, 03]

  1 P **[1347]** 22.01.52   franz. CERN PLC 0028, 5
  2 P **[1358]** 04.02.52   franz. CERN PLC 0028, 5
  3 P **[1387]** 17.03.52   franz. CERN PLC 0028, 5

Max Delbrück [01, 01]

  1 P **[1977]** 26.01.50   CERN PLC Bi 163

Jean-Louis Destouches [06, 06]

  1 P **[1310]** 22.11.51   franz. CERN PLC 0040
  2 P **[1323]** 07.12.51   MS   franz. CERN PLC 0041
  3 P **[1331]** 29.12.51   MS   franz. CERN PLC 0042
  4 P **[1359]** 04.02.52   engl. CERN PLC 0043
  5 P **[1367]** 14.02.52   engl. CERN PLC 0044
  6 P **[1371]** 26.02.52   engl. CERN PLC 0045

Freeman J. Dyson [15, 09]

  1 P **[1072]** 16.01.50   engl. CERN PLC 0065
  2 P **[1079]** 09.02.50   Appendix   engl. CERN PLC 0066
  3   **[1081]** 15.02.50   MS   engl. CERN PLC5, 999r
  4 P **[1083]** 22.02.50   engl. CERN PLC 0067
  5   **[1092]** 20.03.50   Auszug   engl. NBA Rosenfeld Papers
  6 P **[1094]** 27.03.50   Anlagen   engl. CERN PLC0068
  7 P **[1185]** 20.12.50   engl. CERN PLC 0069
  8   **[1193]** 16.01.51   engl. CERN PLC 6, 8r
  9 P **[1196]** 22.01.51   engl. CERN PLC 0070
10   **[1198]** 31.01.51   2 identische Briefe engl. CERN PLC 6, 9r
11 P **[1201]** 05.02.51   engl. CERN PLC 0071
12   **[1202]** 15.02.51   engl. CERN PLC 7, 1r
13 P **[1203]** 18.02.51   engl. CERN PLC 0072
14   **[1238]** 16.05.51   engl. CERN PLC 7, 2r
15 P **[1266]** 16.07.51   Ms. *Mixed   engl. CERN PLC 0073
                             representation*

Markus Fierz [77, 43]

  1 P **[1087]** 28.02.50   CERN PLC 0092, 067
  2 P **[1091]** 20.03.50   CERN PLC 0092, 068

3	P	[1112]	24.05.50		CERN PLC 0092, 069
4		[1116]	29.05.50		CERN PLC 16, 015r
5	P	[1117]	01.06.50		CERN PLC 0092, 070
6	P	[1118]	02.06.50		CERN PLC 0092, 070a
7		[1126]	20.06.50		ETH Hs. 351: 124
8		[1128]	21.06.50		CERN PLC 16, 016r
9		[1129]	22.06.50		CERN PLC 16, 017r
10	P	[1131]	24.06.50		ETH Hs. 351: 125
11		[1132]	26.06.50		ETH Hs. 351: 126
12		[1134]	27.06.50		CERN PLC 16, 018r
13	P	[1136]	28.06.50		ETH Hs. 351: 127
14	P	[1141]	05.07.50	Kopie	ETH Hs. 351: 128
15	P	[1144]	27.07.50		ETH Hs. 351: 129
16	P	[1151]	26.08.50		CERN PLC 0092, 071
17	P	[1152]	04.09.50		CERN PLC 0092, 072
18	P	[1188]	25.12.50		ETH Hs. 1091: 379
19	P	[1236]	12.05.51		CERN PLC 0092, 073
20		[1237]	15.05.51		CERN PLC 16, 019r
21		[1241]	19.05.51		CERN PLC 16, 0191r
22		[1244]	25.05.51		CERN PLC 16, 0192r
23	P	[1245]	30.05.51		CERN PLC 0092, 074
24	P	[1249]	07.06.51		CERN PLC 0092, 075
25	P	[1252]	15.06.51		CERN PLC 0092, 076
26		[1256]	16.06.52*		CERN PLC 0016, 02r
27	P	[1286]	03.10.51		CERN PLC 0092, 077
28		[1287]	09.10.51		ETH Hs. 351: 137
29		[1288]	10.10.51		CERN PLC 0016, 03r
30	P	[1289]	13.10.51		CERN PLC 0092, 078
31		[1292]	17.10.51		CERN PLC 0016, 04r
32		[1293]	18.10.51		CERN PLC 0016, 05r
33	P	[1294]	19.10.51		CERN PLC 0092, 079
34	P	[1295]	22.10.51		CERN PLC 0092, 080
35		[1296]	22.10.51	Entwurf	ETH Hs. 351: 140
36		[1298]	23.10.51		CERN PLC 0016, 06r
37	P	[1301]	04.11.51		CERN PLC 0092, 081
38	P	[1317]	06.12.51		CERN PLC 0092, 082
39	P	[1330]	23.12.51		CERN PLC 0092, 083
40	P	[1337]	06.01.52		CERN PLC 0092, 084
41		[1338]	07.01.52		CERN PLC 0016, 07r
42	P	[1340]	10.01.52		CERN PLC 0092, 085
43		[1344]	19.01.52		CERN Pauli-Nachlaß 7, 278
44	P	[1349]	23.01.52		CERN PLC 0092, 086
45		[1351]	24.01.52		CERN Pauli-Nachlaß 7, 275
46	P	[1352]	25.01.52		CERN PLC 0092, 087
47	P	[1353]	26.01.52		CERN PLC 0092, 088
48	P	[1368]	14.02.52		CERN PLC 0092, 089
49	P	[1390]	01.04.52		CERN PLC 0092, 091
50	P	[1410]	07.05.52		CERN PLC 0092, 090
51	P	[1417]	03.06.52		CERN PLC 0092, 092

* Zur Umdatierung dieses Briefes siehe die Anm. 2 auf S. 329.

52	**[1420]** 15.06.52	Entwurf	ETH Hs. 351: 154
53	**[1422]** 18.06.52		CERN PLC 16, 076r
54 P	**[1423]** 19.06.52		CERN PLC 0092, 093
55	**[1424]** 22.06.52		CERN PLC 16, 075r
56	**[1429]** 01.07.52		CERN PLC 0016, 08r
57	**[1431]** 08.07.52	Entwurf	ETH Hs. 351: 156
58 P	**[1433]** 12.07.52		CERN PLC 0092, 094
59	**[1437]** 17.07.52		ETH Hs. 351: 158
60	**[1438]** 18.07.52		ETH Hs. 351: 159
61 P	**[1439]** 24.07.52		CERN PLC 0092, 095
62	**[1442]** 01.08.52		CERN PLC 16, 085r
63 P	**[1444]** 04.08.52		CERN PLC 0092, 096
64 P	**[1452]** 20.08.52		CERN PLC 0092, 097
65 P	**[1470]** 11.10.52		CERN PLC 0092, 098
66	**[1471]** 11.10.52		CERN PLC 16, 0861
67 P	**[1473]** 14.10.52		CERN PLC 0092, 099
68 P	**[1474]** 15.10.52		CERN PLC 0092, 100
69	**[1478]** 17.10.52	Anlage	CERN Pauli-Nachlaß 3/211, 218
70	**[1479]** 18.10.52		CERN PLC 16, 0863r
71 P	**[1480]** 18/19.10.52		CERN PLC 0092, 102
72	**[1482]** 19.10.52	PK	CERN Pauli-Nachlaß 3/226
73	**[1483]** 21/22.10.52		CERN PLC 16, 0864r
74	**[1484]** 22.10.52		CERN PLC 16, 0865r
75 P	**[1485]** 23.10.52		CERN PLC 0092, 103
76 P	**[1486]** 24.10.52		CERN PLC 0092, 104
77	**[1487]** 24.10.52		CERN PLC 16, 0866r

Marie-Louise von Franz [54, 53]

1 P	**[1080]** 14.02.50		ETH Hs. 176: 7
2 P	**[1095]** 27.03.50		ETH Hs. 176: 8
3 P	**[1189]** 03.01.51		ETH Hs. 176: 10
4 P	**[1197]** 31.01.51	Anlage *Träume*	ETH Hs. 176: 11
5 P	**[1205]** 22.02.51		ETH Hs. 176: 11a
6 P	**[1207]** 25.02.51		ETH Hs. 176: 11b
7 P	**[1209]** 05.03.51		ETH Hs. 176: 11c
8 P	**[1215]** 19.03.51		ETH Hs. 176: 12
9 P	**[1222]** 12.04.51	PK	ETH Hs. 176: 13
10 P	**[1227]** 18.04.51		ETH Hs. 176: 14
11 P	**[1228]** 21.04.51		ETH Hs. 176: 15
12 P	**[1234]** 09.05.51		ETH Hs. 176: 16
13 P	**[1239]** 17.05.51		ETH Hs. 176: 17
14 P	**[1242]** 20.05.51	Anlage *Träume*	ETH Hs. 176: 18
15 P	**[1246]** 31.05.51	PK	ETH Hs. 176: 19
16 P	**[1250]** 07.06.51	Anhang + Anlage *Träume*	ETH Hs. 176: 20
17 P	**[1254]** 16.06.51		ETH Hs. 176: 21
18	**[1257]** 17.06.51	Entwurf	ETH Hs. 176: 22
19 P	**[1258]** 20.06.51		ETH Hs. 176: 23
20 P	**[1261]** 25.06.51	Anlage *Träume*	ETH Hs. 176: 24
21 P	**[1262]** 01.07.51	PK	ETH Hs. 176: 25
22 P	**[1265]** 14.07.51		ETH Hs. 176: 26

23	P [1267] 25.07.51		ETH Hs. 176: 27
24	P [1270] 08.08.51		ETH Hs. 176: 28/29
25	P [1271] 15.08.51		ETH Hs. 176: 30
26	P [1273] 25.08.51		ETH Hs. 176: 31
27	P [1275] Anfang 09.51 PK		ETH Hs. 176: 34
28	P [1277] 10.09.51	Anhang	ETH Hs. 176: 35
29	P [1281] 19.09.51		ETH Hs. 176: 32
30	P [1282] 23.09.51		ETH Hs. 176: 51c
31	P [1285] 02.10.51		ETH Hs. 176: 33
32	P [1291] 16.10.51	Ms. *Alchemie*	ETH Hs. 176: 36
33	P [1297] 23.10.51		ETH Hs. 176: 37
34	P [1300] 30.10.51		ETH Hs. 176: 38
35	P [1307] 18.11.51	Anlage *Träume*	ETH Hs. 176: 39
36	P [1308] 19.11.51	Anlage *Träume*	ETH Hs. 176: 40
37	P [1325] 13.12.51	Anlage *Träume*	ETH Hs. 176: 41
38	P [1326] 16.12.51	Ms. *Descartes*	ETH Hs. 176: 42/43
39	P [1328] 22.12.51	Anlage *Historische Betrachtung*	ETH Hs. 176: 44
40	P [1334] Ende 12.51		ETH Hs. 176: 45
41	P [1335] 04.01.52	Ms. *Kampf der Geschlechter*	ETH Hs. 176: 46
42	P [1336] 4/5.01.52		ETH Hs. 176: 47
43	P [1341] 13.01.52		ETH Hs. 176: 48
44	P [1345] 20.01.52		ETH Hs. 176: 49
45	P [1363] 10.02.52		ETH Hs. 176: 50
46	P [1383] 09.03.52		ETH Hs. 176: 51
47	P [1402] 26.04.52		ETH Hs. 176: 51a
48	P [1407] 30.04.52		ETH Hs. 176: 51b
49	P [1472] 12.10.52	Anlage *Träume*	ETH Hs. 176: 52
50	P [1481] 19.10.52		ETH Hs. 176: 53
51	P [1488] 27.10.52		ETH Hs. 176: 54
52	P [1492] 30.10.52		ETH Hs. 176: 55
53	P [1495] 03.11.52	Anlage *Träume*	ETH Hs. 176: 56
54	P [1498] 16.12.52		ETH Hs. 176: 57

Walter Frey [02, 01]

1	[1299] 26.10.51	MS	CERN PLC Bi 102
2	P [1305] 12.11.51	MSD	CERN PLC Bi 101

Gösta Glimstedt [02, 01]

1	[1393] 03.04.52	MS	CERN PLC Bi 115
2	P [1406] 29.04.52	MSD	CERN PLC Bi 114

Thorsten Gustafson [06, 05]

1	P [1121] 06.06.50		engl.	CERN PLC 0118
2	[1177] 07.12.50	MSD	engl.	CERN PLC 0017, 0008r
3	P [1180] 15.12.50	MS	engl.	CERN PLC 0118,5
4	P [1231] 04/05.51		engl.	CERN PLC 0121
5	P [1240] 18.05.51		engl.	CERN PLC 0119
6	P [1456] 29.08.52		engl.	CERN PLC 0120

Werner Heisenberg [11, 05]

1		[1078]	03.02.50		CERN PLC 0017, 134r
2	P	[1088]	28.02.50		HAM
3		[1093]	25/26.03.50		CERN PLC 0017, 135r
4	P	[1098]	02.04.50		HAM
5		[1106]	23.04.50	Ms. *Renormalization*	CERN PLC 17, 1351r
6	P	[1109]	09.05.50		HAM
7		[1115]	24.05.50	MSD	HAM
8	P	[1142]	10.07.50	Anlage *Brief an Fierz*	HAM
9		[1379]	07.03.52	MS, MSD	HAM
10		[1465]	27.09.52		CERN PLC 17, 1353r
11	P	[1469]	08.10.52		CERN PLC 0259

Heinz Hopf [01, 01]

1	P	[1248]	02.06.51	PK	ETH Hs. 621: 1129

Aniella Jaffé [37, 25]

1	P	[1137]	29.06.50		ETH Hs. 1091: 280
2		[1145]	10.07.50	MS Entwurf	ETH Hs. 1091: 281
3	P	[1146]	02.08.50		ETH Hs. 1091: 282
4		[1148]	17.08.50	MS Entwurf	ETH Hs. 1091: 283
5	P	[1150]	19.08.50		ETH Hs. 1091: 284
6		[1154]	25.09.50	MS Entwurf	ETH Hs. 1091: 285
7	P	[1159]	12.10.50		ETH Hs. 1091: 286
8	P	[1161]	20.10.50		ETH Hs. 1091: 287
9		[1162]	20.10.50	MS Entwurf	ETH Hs. 1091: 288
10		[1165]	15.11.50	MS Entwurf	ETH Hs. 1091: 289
11	P	[1166]	16.11.50	Anlage *Gedichte*	ETH Hs. 1091: 290
12		[1171]	26.11.50	MS Entwurf	ETH Hs. 1091: 291
13	P	[1172]	28.11.50		ETH Hs. 1091: 292
14		[1174]	02.12.50	MS Entwurf	ETH Hs. 1091: 293
15		[1175]	03.12.50	Anlage *Träume*	ETH Hs. 1091: 294
16	P	[1176]	06.12.50		ETH Hs. 1091: 295
17	P	[1190]	03.01.51	Anlage *Romantik*	ETH Hs. 1091: 279; Hs. 1090: 68
18	P	[1210]	06.03.51		ETH Hs. 1091: 296
19		[1213]	14.03.51		ETH Hs. 1056: 18020
20	P	[1218]	02.04.51		ETH Hs. 1091: 300
21	P	[1219]	09.04.51		ETH Hs. 1091: 374
22	P	[1235]	09.05.51		ETH Hs. 1091: 297
23	P	[1247]	01.06.51		ETH Hs. 1091: 298
24		[1251]	09.06.51	MS Entwurf	ETH Hs. 1091: 299
25	P	[1255]	16.06.51	Anlage *Zur Diskussion*	ETH Hs. 1091: 301
26	P	[1259]	20.06.51		ETH Hs. 1091: 302, 302a
27	P	[1284]	25.09.51	MS	ETH Hs. 1091: 303, 303a
28	P	[1303]	08.11.51		ETH Hs. 1091: 304
29	P	[1304]	11.11.51		ETH Hs. 1091: 305
30	P	[1316]	03.12.51	MSD	ETH Hs. 1091: 306
31		[1321]	06.12.51	MSD	ETH Hs. 1091: 307, 308
32	P	[1350]	23.01.52		ETH Hs. 1091: 309
33	P	[1372]	27.02.52		ETH Hs. 1091: 310
34	P	[1381]	08.03.52		ETH Hs. 1091: 311

35 P **[1396]** 10/11.04.52   Nachtrag   ETH Hs. 1091: 313
36   **[1398]** 13.04.52   MSD   ETH Hs. 1091: 312
37 P **[1500]** 18.12.52   ETH Hs. 1091: 314

Hans Jensen [02, 02]

1 P **[1184]** 19.12.50   MSD   CERN PLC Bi 111
2 P **[1186]** 20.12.50   MS   CERN PLC Bi 111

Pascual Jordan [03, 02]

1 P **[1377]** 05.03.52   CERN PLC 0165, 4
2 P **[1468]** 01.10.52   CERN PLC 0165, 5
3   **[1509]** 17.12.52   CERN PLC 17, 19661r

Carl Gustav Jung [16, 08]

1 P **[1119]** 04.06.50   ETH Hs. 1056: 30911
2   **[1127]** 20.06.50   MS; MSD   ETH Hs. 1056: 30849; 1091: 384
3 P **[1130]** 23.06.50   ETH Hs. 1056: 30850
4   **[1133]** 26.06.50   ETH Hs. 1056: 30851
5   **[1164]** 08.11.50   MSD   ETH Hs. 1056: 30852
6 P **[1170]** 24.11.50   MSD   ETH Hs. 1056: 30853; 1091: 385
7   **[1173]** 30.11.50   MSD   ETH Hs. 1056: 30854; 1091: 386
8 P **[1179]** 12.12.50   MSD   ETH Hs. 1056: 30855; 1091: 387
9   **[1183]** 18.12.50   MSD   ETH Hs. 1056: 30856;
10 **[1192]** 13.01.51   MSD   ETH Hs. 1056: 18019/30857;
                                                         1091: 388
11 P **[1200]** 02.02.51   Anlage *Träume*   ETH Hs. 1056: 30858
12   **[1216]** 27.03.51   MSD   ETH Hs. 1091: 389
13 P **[1224]** 17.04.51   ETH Hs. 1091: 30286
14 P **[1373]** 27.02.52   MSD   ETH Hs. 1056: 30859/30860;
                                                         1091: 389
15 P **[1414]** 17.05.52   ETH Hs. 1056: 30286/30861
16   **[1416]** 20.05.52   MSD   ETH Hs. 1056: 30862

Emma Jung [02, 02]

1 P **[1156]** [?] 10.50   MSD   ETH Hs. 1091: 400
2 P **[1167]** 16.11.50   MSD   ETH Hs. 1091: 401

Erich von Kahler [06, 05]

1 P **[1103]** 18.04.50   PK   SUNY
2 P **[1181]** 15.12.50   SUNY
3   **[1268]** 26.07.51   CERN PLC Bi 180
4 P **[1276]** 09.09.51   PK   SUNY
5 P **[1279]** 15.09.51   PK   SUNY
6 P **[1329]** 22.12.51   SUNY
7 P **[1410]** 07.05.52   SUNY

Gunnar Källén [05, 04]

1   **[1076]** 25.01.50   CERN PLC 17, 19693r
2 P **[1082]** 16.02.50   CERN PLC 0277, 77
3 P **[1450]** 19.08.52   CERN PLC 0277, 78
4 P **[1457]** 29.08.52   CERN PLC 0277, 79
5 P **[1463]** 16.09.52   CERN PLC 0277, 80

August Karolus [02, 02]

| 1 | P | [1233] | 09.05.51 | | | ETH Hs. 1110: 1239 |
| 2 | P | [1432] | 10.07.52 | | | ETH Hs. 1110: 1439 |

Wolfgang Köhler [01, 00]

| 1 | | [1243] | 20.05.51 | MS | | CERN PLC Bi 180 |

Louis Kollros [01, 01]

| 1 | P | [1392] | 02.04.52 | | | Pivatbesitz Familie Kollros |

Hans Kramers [01, 01]

| 1 | P | [1318] | 06.12.51 | | | |

Ralph Kronig [03, 03]

1	P	[1229]	26.04.51			CERN PLC 0332
2	P	[1408]	02.05.52			CERN PLC 0332
3	P	[1427]	25.06.52			CERN PLC 0335

Paul T. Matthews [04, 01]

1	P	[1073]	16.01.50	MSD	engl.	CERN PLC 0065, 1
2		[1084]	25.02.50	MS, Anhang	engl.	CERN Pauli-Nachlaß 2/458
3		[1108]	01.05.50		engl.	CERN Pauli-Nachlaß 2/455
4		[1111]	18.05.50		engl.	CERN Pauli-Nachlaß 2/462

Robert A. McConnell [01, 00]

| 1 | | [1155] | 28 .09.50 | | engl. | CERN PLC 0022, 682r |

Carl Alfred Meier [02, 02]

| 1 | P | [1085] | 26.02.50 | | | CERN PLC Bi 199 |
| 2 | P | [1145] | 01.08.50 | | | Privatbesitz ? |

Heinrich Mitteis [02, 01]

| 1 | | [1204] | 20.02.51 | MS | | CERN PLC Bi 109 |
| 2 | P | [1211] | 08.03.51 | MS | | CERN PLC Bi 110 |

Christian Møller [13, 09]

1		[1232]	07.05.51	MSD	engl.	NBA Møller Papers
2	P	[1397]	12.04.52		engl.	NBA Møller Papers
3	P	[1404]	28.04.52		engl.	NBA Møller Papers
4		[1409]	03.05.52	MSD	engl.	NBA Møller Papers
5	P	[1413]	08.05.52		engl.	NBA Møller Papers
6	P	[1418]	05.06.52		engl.	NBA Møller Papers
7	P	[1421]	18.06.52		engl.	NBA Møller Papers
8	P	[1425]	24.06.52		engl.	NBA Møller Papers
9		[1436]	16.07.52	PK	engl.	CERN Pauli-Nachlaß 5/733
10	P	[1443]	02.08.52	Anlage	engl.	NBA Møller Papers
11	P	[1451]	19.08.52		engl.	NBA Møller Papers
12	P	[1455]	27.08.52	Anlage	engl.	NBA Møller Papers
13		[1461]	09.09.52	MS	engl.	CERN PLC 24, 33r

Charles de Montet [01, 00]

| 1 | | [1169] | 20.11.50 | | | CERN PLC Bi 305 |

Jakob Nielsen [02, 01]

| 1 | | [1223] | 13.04.51 | MS | engl. | CERN PLC Bi 107 |
| 2 | P | [1225] | 17.04.51 | MS | engl. | CERN PLC Bi 108 |

Sven Bertil Nilsson [04, 00]

1		[1333]	31.12.51		engl.	CERN Pauli-Nachlaß 10/10-11
2		[1339]	08.01.52		engl.	CERN Pauli-Nachlaß 10/12
3		[1346]	20.01.52		engl.	CERN Pauli-Nachlaß 10/115-16
4		[1348]	22.01.52		engl.	CERN Pauli-Nachlaß 10/46

J. Robert Oppenheimer [08, 05]

1	P	[1074]	16.01.50		engl.	LCW Oppenheimer Papers
2		[1099]	06.04.50		engl.	CERN PLC Bi 51
3	P	[1104]	22.04.50	Telegramm	engl.	LCW Oppenheimer Papers
4	P	[1105]	22.04.50		engl.	LCW Oppenheimer Papers
5		[1107]	24.04.50	Telegramm	engl.	LCW Oppenheimer Papers
6	P	[1182]	15.12.50	MS	engl.	LCW Oppenheimer Papers
7		[1369]	20.02.52		engl.	CERN PLC Bi 54
8	P	[1403]	27.04.52	MS	engl.	CERN PLC Bi 55

Friedrich Ossmann [01, 00]

| 1 | | [1260] | 23.06.51 | MS | | CERN PLC Bi 130 |

Abraham Pais [07, 07]

1	P	[1122]	06.06.50			CERN PLC 0408
2	P	[1147]	17.08.50			CERN PLC 0409
3	P	[1220]	09.04.51	PK	engl.	CERN PLC 04092
4	P	[1272]	22.08.51	PK Abschrift		CERN PLC 0409, 4
5	P	[1405]	28.04.52			CERN PLC 0409, 5
6	P	[1412]	07.05.52		engl.	CERN PLC 0410
7	P	[1415]	20.05.52			CERN PLC 0410

Hans Pallmann [02, 01]

| 1 | | [1380] | 07.03.52 | | | ETH Hs. 304: 927 |
| 2 | P | [1394] | 04.04.52 | Anlage | | ETH Hs. 304: 938 |

Erwin Panofsky [27, 21]

1	P	[1102]	16.04.50			CERN PLC Bi 212
2	P	[1110]	18.05.50	PK		CERN PLC Bi 214
3	P	[1157]	01.10.50			CERN PLC Bi 221
4		[1160]	16.10.50			CERN/ETH PLC Bi 275/ Hs. 1091: 287a
5	P	[1163]	23.10.50			CERN PLC Bi 215
6	P	[1178]	11.12.50			CERN PLC Bi 216
7	P	[1206]	22.02.51			CERN PLC Bi 217
8	P	[1212]	12.03.51			CERN PLC Bi 218
9		[1217]	29.03.51			CERN PLC Bi 273
10	P	[1221]	09.04.51	PK		Privatbesitz Gerda Panofsky
11	P	[1226]	17.04.51			CERN PLC Bi 213
12	P	[1278]	12.09.51			CERN PLC Bi 219
13		[1280]	18.09.51			CERN PLC Bi 272
14	P	[1283]	23.09.51			CERN PLC Bi 220

15		**[1312]** 27.11.51			CERN PLC Bi 271
16	P	**[1342]** 19.01.52			CERN PLC Bi 222
17	P	**[1343]** 19.01.52	*Supper Club*		CERN PLC Bi 227
18	P	**[1360]** 07.02.52			CERN PLC Bi 223
19	P	**[1364]** 10.02.52			CERN PLC Bi 224
20		**[1366]** 12.02.52			CERN PLC Bi 268
21	P	**[1376]** 01.03.52			CERN PLC Bi 225
22		**[1378]** 05.03.52			CERN PLC Bi 267
23	P	**[1384]** 13.03.52			CERN PLC Bi 226
24	P	**[1388]** 20.03.52	*Supper Club*		CERN PLC Bi 228
25	P	**[1435]** 14.07.52	PK		CERN PLC Bi 229
26	P	**[1440]** 25.07.52			CERN PLC Bi 230
27	P	**[1499]** 27.10.52	PK		CERN PLC Bi 231

Rudolf Peierls [08, 06]

1	P	**[1446]** 14.08.52			BLO Peierls Papers: CSAC 52/6/77
2	P	**[1447]** 14.08.52	Entwurf		CERN Pauli-Nachlaß 5/692
3	P	**[1449]** 16.08.52	Anlage		BLO Peierls Papers: CSAC 52/6/77
4		**[1453]** 20.08.52	MSD	engl.	BLO Peierls Papers: CSAC 52/6/77
5	P	**[1458]** 29.08.52			BLO Peierls Papers: CSAC 52/6/77
6	P	**[1459]** 30.08.52		engl.	BLO Peierls Papers: CSAC 52/6/77
7		**[1460]** 01.09.52			CERN Pauli-Nachlaß 5/683-684
8	P	**[1493]** 30.10.52		engl.	BLO Peierls Papers: CSAC 52/6/77

Henry B. Philips [01, 01]

1	P	**[1123]** 09.06.50	MSD	engl.	CERN PLC Bi 106

Isidor I. Rabi [02, 02]

1	P	**[1096]** 28.03.50		engl.	LCW Rabi Papers
2	P	**[1097]** 31.03.50		engl.	LCW Rabi Papers

Hans Reichenbach [01, 00]

1		**[1445]** 09.08.52			CERN PLC 0025, 2r

Fritz Rohrlich [04, 04]

1	P	**[1075]** 16.01.50		engl.	Privatbesitz F. Rohrlich
2	P	**[1089]** 02.03.50	Ms. *Abnormal theories*	engl.	Privatbesitz F. Rohrlich
3	P	**[1100]** 09.04.50		engl.	Privatbesitz F. Rohrlich
4	P	**[1113]** 24.05.50		engl.	Privatbesitz F. Rohrlich

Paul Rosbaud [05, 05]

1	P	**[1430]** 07.07.52			Privatbesitz V. C. Frank-Steiner
2	P	**[1448]** 14.08.52			Privatbesitz V. C. Frank-Steiner
3	P	**[1464]** 24.09.52			Privatbesitz V. C. Frank-Steiner
4	P	**[1490]** 29.10.52			Privatbesitz V. C. Frank-Steiner
5	P	**[1496]** 12.11.52	PK		Privatbesitz V. C. Frank-Steiner

Léon Rosenfeld [07, 05]

1	P	**[1311]** 22.11.51			NBA Rosenfeld Papers
2	P	**[1386]** 16.03.52		engl.	NBA Rosenfeld Papers
3		**[1389]** 20.03.52		engl.	CERN PLC 0025, 5r

4 P **[1391]** 01.04.52   NBA Rosenfeld Papers
5   **[1395]** 06.04.52   MSD   NBA Rosenfeld Papers
6 P **[1399]** 16.04.52   NBA Rosenfeld Papers
7 P **[1476]** 17.10.52   MS   engl. NBA Rosenfeld Papers

Raymund Sänger [01, 01]

1 P **[1253]** 15.06.51   ETH Hs. 176: 3

Robert Schafroth [01, 00]

1   **[1370]** 25.02.52   CERN PLC 0025, 8r

Erwin Schrödinger [01, 01]

1 P **[1428]** 26.06.52   CERN PLC 0459

Schwedische Akademie der Wissenschaften, Uppsala [01, 01]

1 P **[1361]** 07.02.52   MSD   CERN PLC Bi 99

Hans Rudolf Schwyzer [04, 02]

1 P **[1354]** 27.01.52   C. A. Meier [1992, S. 193-194]
2   **[1356]** 01.02.52   CERN PLC Bi 269
3 P **[1357]** 03.02.52   C. A. Meier [1992, S. 195]
4   **[1362]** 08.02.52   CERN PLC Bi 270

Carl Seelig [02, 02]

1 P **[1374]** 28.02.52   MS   ETH Hs. 404: 337
2 P **[1400]** 22.04.52   MSD   ETH Hs. 304: 939

Bryce Seligman DeWitt [02, 02]

1 P **[1153]** 24.09.50   PK   engl. Privatbesitz B. S. DeWitt
2 P **[1230]** 30.04.51   engl. Privatbesitz B. S. DeWitt

Arnold Sommerfeld [03, 01]

1 P **[1114]** 24.05.50   DMM Sommerfeld-Nachlaß
2   **[1191]** 06.01.51   CERN PLC 0039r
3   **[1194]** 16.01.51   CERN PLC 0040r

Hans Staub [01, 01]

1 P **[1269]** 28.07.51   PK   CERN PLC 0463, 912

Otto Stern [03, 03]

1 P **[1454]** 25.08.52   UCB Stern Papers
2 P **[1475]** 15.10.52   UCB Stern Papers
3 P **[1477]** 17.10.52   UCB Stern Papers

Martin D. H. Strauss [04, 02]

1   **[1101]** 14.04.50   AdW Berlin Nachlaß Strauss
2 P **[1125]** 19.06.50   AdW Berlin Nachlaß Strauss
3   **[1138]** 02.07.50   AdW Berlin Nachlaß Strauss
4 P **[1139]** 04.07.50   AdW Berlin Nachlaß Strauss

Armin Thellung [06, 06]

1 P **[1168]** 20.11.50   MS   CERN PLC 0476
2 P **[1214]** 18.03.51   CERN PLC 0478

    3 P [1319] 06.12.51   CERN PLC 0479
    4 P [1327] 20.12.51   CERN PLC 0480
    5 P [1375] 29.02.52   CERN PLC 0481
    6 P [1401] 23.04.52   CERN PLC 0482

Hans Thirring [01, 01]

    1 P [1494] 31.10.52   ZPW H. Thirring-Nachlaß

Marie Antoinette Tonnelat und André George [01, 00]

    1   [1306] 12.11.51   MS   franz. CERN PLC 0045, 062r

Barthel Leendert van der Waerden [03, 02]

    1 P [1382] 08.03.52   ETH Hs. 652: 6883
    2   [1385] 13.03.52   MSD   ETH Hs. 652: 6884
    3 P [1497] 27.11.52   ETH Hs. 652: 6885

Gregor Wentzel [02, 02]

    1 P [1086] 26.02.50   CERN PLC 0495, 89
    2 P [1090] 03.03.50   CERN PLC 0495, 90

Chen Ning Yang [04, 02]

    1 P [1124] 13.06.50   MSD   engl. CERN PLC 0503, 6
    2   [1135] 27.06.50   MSD   engl. Privatbesitz C. N. Yang
    3 P [1140] 04.07.50   MSD   engl. CERN PLC 0503, 7
    4   [1149] 17.08.50   MSD   engl. Privatbesitz C. N. Yang

7c. Liste der in den Briefen beschriebenen Träume

Traum über den *Wirklichkeitszusammenhang*
1934 S. 665

Traum von der *Abteilungskonferenz und den Kollegen*
September 1945 S. 260

Traum vom *Mann mit weißen Haaren*
Januar 1947 S. 255
Traum vom *Mann und den Leuten aus Dänemark*
Januar 1947 S. 255
Traum von den *zwei Amerikanern*
15. März 1947 S. 255
Zwei Träume, von der *blonden Frau* und von dem *Schatten*
11. Mai 1947 S. 256, 258
Traum von der *Vorlesung über das Wärmegleichgewicht*
18. November 1947 S. 256
Traum vom *Gespräch mit dem Perser*
11. Dezember 1947 S. 256f.

Träume über *Quaternitätssymbole*
1948 S. 257
Träume vom
Herbst 1948 S. 108
Traum über das *Hexagramm*
24. November 1948 S. 136, 256f., 259

Traum über den *Zeitbegriff*
29. Juni 1949 S. 107f., 110, 120, 125, 258
Traum über die *blonde Frau und die drei Kinder*
2. Juli 1949 S. 107f., 110; 120, 258f.
Traum über einen *Brand*
6. Oktober 1949 S. 260
Traum über das *Buch i Ging*
6. November 1949 S. 125, 261

Traum vom *Tobel und der Waagschale mit den zwei Hölzern*
28. Oktober 1950 S. 180, 209, 315f., 318f., 331
Zwei Träume, von der *grünen Nonne* und den *Totengeistern*
30. November 1950 S. 208

Traum vom *Hut mit dem falschen Monogramm*
10. Januar 1951 S. 249
Traum von der *Feier in Küsnacht*
10. Januar 1951 S. 249
Traum vom *Fremden mit dem Hammer*
3. Februar 1951 S. 261f.
Traum von der *Unbekannten*
3. März 1951 S. 249f.

8. Personenregister

9. Sachwortregister

Werner Heisenberg
Gesammelte Werke/Collected Works

1985. XI, 633 S. (davon 48 S. in Englisch).
(SERS A PT 1) Geb. DM 280,-;öS 2184,-; sFr 264,-
ISBN 3-540-13400-X

1993. X, 700 S. (SERS A PT 3) Geb. DM 276,-;
öS 2152,80; sFr 260,- ISBN 3-540-13848-X

The Collected Works of
Eugene Paul Wigner

Part 1: Eugene Paul Wigner - A Biographical Sketch.
Part 2:Applied Group Theory 1926-1935.
Part 3: The Mathematical Papers

With a contribution by **J. Mehra**

Notes by **B.R. Judd, G.W. Mackey**

1993. XI, 717 pp. (PT A Vol. 1) Hardcover DM 242,-;
öS 1887,60; sFr 228,- ISBN 3-540-56560-4

A.M. Weinberg (Ed.)
Nuclear Energy

With the assistance of **A.M. Perry**

1992. XIV, 808 pp. (PT A Vol. 5) Hardcover DM 206,-;
öS 1606,80; sFr 194,- ISBN 3-540-55343-6

A.S. Wightman (Ed.)
Part I: Physical Chemistry.
Part II: Solid State Physics

Notes by **N. Balazs, W. Kohn**

1996. XI, 460 pp. 1 fig. (PT A Vol. 4) Hardcover
ISBN 3-540-56985-5

J. Mehra (Ed.)
Philosophical Reflections
and Syntheses

Notes by **G.G. Emch**

1995. XI, 631 pp. (PT B Vol. 6) Hardcover DM 242,-;
öS 1887,60; sFr 228,- ISBN 3-540-56986-3

E.P. Wigner
Nuclear Physics

Annotated by **Herman Feshbach**
Edited by **Arthur S. Wightman**
Editor: **A.S. Wightman**
Notes by **H. Feshbach**

1996. Approx. 500 pp. 1 fig. (PT A Vol. 2) Hardcover
DM 220,-; öS 1606,-; sFr 207,- ISBN 3-540-56972-3

E.P. Wigner
Part I: Particles and Fields.
Part II: Foundations of Quantum Mechanics

Notes by **A.S. Wightman, A. Shimony**

1996. Approx. 600 pp. (PT A Vol. 3) Hardcover
ISBN 3-540-57293-7

E.P. Wigner
Historical and Biographical Reflections and
Syntheses

1996. Approx. 500 pp. 1 fig. (PT B Vol. 7) Hardcover
ISBN 3-540-57294-5

E.P. Wigner
Socio-Political Reflections and
Civil Defense

1996. Approx. 400 pp. (PT B Vol. 8) Hardcover
ISBN 3-540-57295-3

Springer

Springer-Verlag, Postfach 31 13 40, D-10643 Berlin, Fax 0 30 / 82 07 - 3 01 / 4 48   e-mail: orders@springer.de